新一代信息技术（人工智能）系列丛书

机器学习

张旭东◎编著

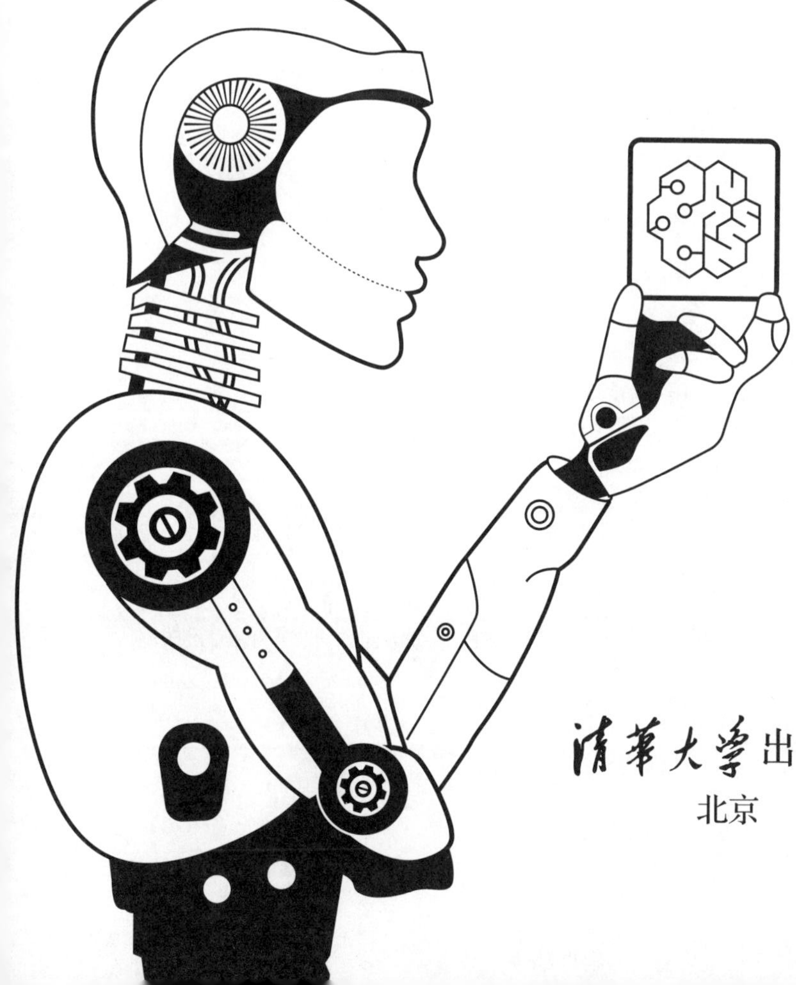

清華大學出版社
北京

内容简介

本书对机器学习的基础知识和基本算法进行了详细的介绍，对广泛应用的经典算法(如线性回归、逻辑回归、朴素贝叶斯、支持向量机、决策树和集成学习等)进行了深入的分析，并讨论了无监督学习的基本方法。书中有6章内容对深度学习和深度强化学习进行了全面的叙述，不仅讨论了反向传播算法、多层感知机、卷积神经网络、循环神经网络和长短期记忆网络等深度神经网络的核心知识和结构，对于一些发展中的专题(如Transformer、大模型和深度生成模型等)也给予了深入的介绍。对于强化学习，不仅介绍了经典表格方法，也较详细地讨论了深度强化学习及应用实例。本书对于基础理论、前沿理论、经典方法和热门技术尽可能平衡兼顾，使读者不仅能在机器学习领域打下一个良好的基础，同时也可以利用所学知识解决遇到的实际问题并进入学科前沿。

本书是一本面向大学理工科和管理类各专业的宽口径、综合性的机器学习教材，可供高年级本科生和研究生使用，也可帮助科技人员、工程师和程序员自学机器学习的原理和算法。

图书在版编目（CIP）数据

机器学习 / 张旭东编著. -- 北京 ：清华大学出版社，2024. 10（2025.5重印）.

（新一代信息技术（人工智能）系列丛书）. --ISBN 978-7-302-67525-9

Ⅰ. TP181

中国国家版本馆 CIP 数据核字第 2024QQ8007 号

策划编辑：盛东亮
责任编辑：范德一
封面设计：李召霞
责任校对：时翠兰
责任印制：沈　露

出版发行：清华大学出版社
　　网　　址：https://www.tup.com.cn，https://www.wqxuetang.com
　　地　　址：北京清华大学学研大厦A座　　**邮　　编**：100084
　　社 总 机：010-83470000　　**邮　　购**：010-62786544
　　投稿与读者服务：010-62776969，c-service@tup.tsinghua.edu.cn
　　质量反馈：010-62772015，zhiliang@tup.tsinghua.edu.cn
　　课件下载：https://www.tup.com.cn,010-83470236
印 装 者：三河市铭诚印务有限公司
经　　销：全国新华书店
开　　本：210mm×260mm　　**印　　张**：27.5　　**字　　数**：722千字
版　　次：2024年11月第1版　　**印　　次**：2025年5月第2次印刷
印　　数：1501～2500
定　　价：79.00元

产品编号：106634-01

丛书序

FOREWORD

习近平总书记指出:“人工智能是引领这一轮科技革命和产业变革的战略性技术,具有溢出带动性很强的‘头雁’效应。”人工智能的发展掀开了智能时代的帷幕,并通过赋能技术革命性突破、带动生产要素创新性配置、促进产业深度转型升级,催生新质生产力,是我国实现高水平科技自立自强、推动经济高质量发展、增强国家竞争力的重要战略抓手。

当今世界的竞争说到底是人才竞争,所以人工智能未来竞争的关键是在人才的培养。与传统学科不同,人工智能具有很强的交叉属性,其诞生之初就是神经科学、计算机科学、数学等领域的交叉,当前日新月异的深度学习、大模型等技术也与各行各业紧密交织,这为人工智能人才的培养提出了更高的要求,迫切需要理学思维与工科实践的深度融合,加快推动交叉领域中创新人才的全面培养。我国人工智能领域的人才培养仍处在发展阶段,人才缺口客观存在。因此,一套理论体系健全、前沿知识集聚、实践案例丰富、发展方向明确的教材,将为我国人工智能教育教学和人才培养打下基础,也将为更高水平、可持续的新质生产力发展埋下种子。

在教育部“十四五”高等教育教材体系建设工作部署下,新一代信息技术(人工智能)教材体系的建设工作正全面展开。作为最早开展人工智能教学及科研工作的单位之一,清华大学自动化系在该领域的课程建设和人才培养方面积累了深厚的经验,取得了显著的成果。作为领域的排头兵,清华大学自动化系以牵引人工智能核心课程建设、提升领域人才自主培养质量为己任,发掘清华大学相关院系和国内其他高校的一线专家,联合组建了编写团队,以清晰的理论框架为依据,以前沿的科研知识为核心,以先进的实践案例为示范,以国家的发展政策为导向,编写了本套人工智能教材。

本套教材在编写过程中,以培养有交叉、懂理论、会实践、负责任的人工智能人才为目标,注重基础与前沿相结合、理论与实践相结合、技术与社会相结合。首先,本套教材涵盖了人工智能的基础理论、算法和模型,同时也并入和吸纳了大量国内外最新研究成果;其次,在介绍理论知识的同时,也设计了与课程配套的实验和项目,提升解决实际问题的综合能力,并围绕产品设计、数字经济、生命健康、金融系统等多个领域,对人工智能的应用实践进行多维阐述和分析。最后,本套教材不仅关注了人工智能的技术发展,也兼顾了人工智能的安全与伦理问题,对于人工智能的内生风险、数据安全、人机关系、权责归属等方面进行了探讨。

我相信,这套人工智能系列教材的出版,将为广大读者特别是高校学生打开人工智能的大门,带领读者在人工智能的无限可能中尽情探索。我也期待广大读者能够充分利用这套教材,不断提升自己的专业素养和创新能力,成为具备“独辟蹊径”能力的创新拔尖人才、具备“领军开拓”能力的战略领军人才、具备“攻坚克难”能力的大国工匠人才,为我国人工智能事业的繁荣发展贡献智慧和力量。

最后,我要感谢所有参与教材编写和审稿工作的专家学者,感谢他们的辛勤付出和无私奉献,为保证本套教材的科学性、严谨性、前瞻性作出了重要贡献。同时,我也要感谢广大读者的信任和支持，希望这套教材能够成为您学习人工智能技术的良师益友，共同推动人工智能事业的发展。

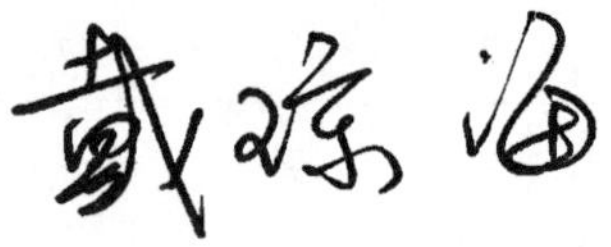

中国工程院院士

中国人工智能学会理事长

2024 年 5 月

前言

PREFACE

机器学习已经成为一种解决诸多问题的有效工具，并成为实现人工智能的重要技术支撑。本书是以理工科高年级本科生或低年级研究生的基础知识为起点，以面向应用为目标的机器学习教材。通过学习本书，读者可以为掌握机器学习的本质和算法、解决实际问题以及开展与本领域相关的研究打下基础。

本书并不完全是一本新书，而是由清华大学出版社 2022 年出版的《机器学习导论》修订而成。在清华大学牵头建设的新兴领域“十四五”高等教育教材“新一代信息技术(人工智能)系列丛书”中，规划了《机器学习》教材。作者按照该系列教材的要求，以《机器学习导论》为基础进行了修订和补充，形成了这本新教材。

作为“机器学习”课程的教材，本书在材料选择上做了尽可能地平衡，既要反映机器学习的基础知识和经典方法，又要重视近期非常活跃的深度学习的内容。由于机器学习的成果非常丰富，构成一本教材的材料非常广泛，因此我们在基础和前沿的材料中做了仔细的选择。深度学习很重要，尤其是当前的一些复杂应用(包括计算机视觉、语音识别、自然语言处理、推荐系统、信息检索等)，既有大数据支持，又可以通过大规模计算系统进行训练(学习)，取得了许多重要进展，近期以 ChatGPT 为代表的大模型就是建立在深度学习基础上的。但并不是所有应用都有必需使用深度学习，许多问题用传统机器学习技术已可以取得很好的结果，尤其是一些工程中的专门领域，获取大数据集是非常困难的，对这些领域，经典的机器学习方法仍可发挥作用。

基于以上考虑，本书对机器学习的经典算法和深度学习算法都给予相当深入的介绍，读者在学习时，可将全书内容分为 7 个单元。

第 1 单元包括第 1～3 章，涵盖基础性介绍和一些需要补充的基础知识。第 1 章是机器学习概述，介绍了机器学习要解决的基本问题，以及一些基本术语、基本类型和构成模型的基本元素；第 2 章是统计与优化基础，目的是使本书尽可能满足更广泛的读者需求，为此目的所提供的预备知识；第 3 章是贝叶斯决策，这是构成机器学习系统的一个相对独立的基本单元，同时简单介绍了图模型基础。

第 2 单元包括第 4 章和第 5 章。第 4 章介绍了基本回归算法和基本分类算法，包括了线性回归、线性基函数回归、稀疏线性回归、Fisher 线性判别分析、感知机、逻辑回归和朴素贝叶斯方法；第 5 章介绍了机器学习中一些基本的理论和实践问题。该单元通过相对简单的模型，介绍了构成机器学习算法的核心要素，对于理解机器学习的基本原理很有帮助，所介绍的算法对中小规模问题仍有实用价值。

第 3 单元包括第 6～8 章，分别介绍了机器学习的 3 种重要算法——支持向量机与核函数方法、决策树和集成学习。由于这 3 类算法的重要性，每类都用一章的篇幅进行专题介绍。

第 4 单元包括第 9～11 章，是关于神经网络与深度学习的专题，用 3 章的篇幅深入讨论这一专题，分别介绍了本专题的 3 方面——基础、结构和扩展。第 9 章讨论了网络的结构、表示定理、目标函数、基本优化方法、梯度计算、初始化和正则化等，最重要的是给出了反向传播算法的深入介绍。第 10 章详细介绍了深度学习中的两大类网络结构，即卷积神经网络和循环神经网络，并分别介绍了其基本结构、扩展结构和专门的反向传播算法，以及几个有影响的网络结构的例子，最后还介绍了残差网络、长短期记忆(LSTM)、门控循环单元(GRU)等新结构。第 11 章汇集了深度学习中若干关键技术和新进展，包括深度网络的优化技术、正则化和归一化、对抗训练、自编码器、注意力机制和 Transformer 等，对预训练模型 GPT 和 BERT 也给出了概要介绍，这是构成大语言模型(LLM)的基础。

第 5 单元包括第 12 章和第 13 章，是关于无监督学习的专题，讨论了聚类算法、EM 算法、主分量分析(PCA)和独立分量分析(ICA)。

第 6 单元包括第 14 章和第 15 章，介绍了强化学习。第 14 章介绍了基本的强化学习原理和算法，主要讨论了强化学习的表格方法；第 15 章介绍了强化学习的更先进的内容，主要包括值函数逼近和策略梯度两类算法，这两类算法都可以结合深度神经网络构成深度强化学习。

第 7 单元即第 16 章，介绍了深度生成模型。这一单元可以作为第 4 单元深度学习的一部分，但由于其尚在快速发展中，故单独作为最后一个单元。这一章介绍了生成对抗网络、变分自编码器、扩散模型和流模型。

作为一本教材，本书每章都设置了适量的习题。附录 A 中给出了课程的实践型作业的实例。自本课程开设以来，每学期均要求学生完成 3 个实践型作业，作业数据一般来自网络资源中的实际数据，需要学生自己选择预处理方法，实践作业的效果非常好。每年的作业都有变化，为了提供完整的参考性，附录 A 给出某年的全部实践作业的原题，仅供使用本书作为教材的教师参考。对于不同的院校、不同的专业，可以有不同的要求，但应该至少完成一个实践作业。对于自学本书的工程技术人员，可以自行选择一些题目测试自己的学习效果。真正掌握机器学习，读者既需要较强的数学知识，能理解各种算法，又要有较强的实践能力，能够编程、调试完成一些实践型作业。本书以原理和算法为主，若读者需要学习编程基础，例如 Python 语言，可自行选择相关的编程教材或指南，附录 A 的最后给出了几个编程指南的网络链接。

本书的材料已足够一个学期课程所需要，作为一本教材，希望控制其在合适的篇幅内，因此有许多重要的专题没有介绍，如变分贝叶斯和非参贝叶斯学习、半监督学习、迁移学习、自动学习等，对这些内容感兴趣的读者，可进一步参考相关专著和近期的论文。对于课程安排来讲，目录中标记星号的章节可略过不讲，留作自学材料。

作为一本综合性、导论性的机器学习教材，本书对深度学习和强化学习的介绍在深度和广度上都做了尽可能的努力，希望读者在学习到较全面的机器学习知识的同时，对深度学习和强化学习有深入的了解，并尽快进入这些领域的前沿。机器学习是实现人工智能的重要技术支撑，在涉及人工智能发展路径、人工智能伦理等问题上的不同观点，对于机器学习的从业者也同样需要关注，在这些方面存在很多不同观念和争论，目前仍未有定论，对这些问题的深入讨论，超出本书作为基础性教材的范围，有兴趣的读者可参考这方面的专门论著或报告。

本书列出的参考文献，都是作者在撰写本书时直接参考或希望读者延伸阅读的。本书一些材料是若干年教学积累的结果，作者努力包含对本书写作有影响的所有参考资料，但若有个别参考过的文献有所疏漏，作者表示歉意。

许多同行、同事和研究生对本书的出版做出了贡献。微软亚洲研究院(MSRA)的刘铁岩博士对课程内容的设置提出了宝贵意见，秦涛博士对本书的内容给出了若干有价值的建议，合作团队的汪玉、王剑、袁坚和沈渊等教授提供了各种帮助，谨表示感谢！秦涛博士和王超博士帮助撰写了

15.4 节有关深度强化学习应用实例的内容，王超博士在清华攻读博士学位期间，曾多次作为课程助教，协助作者进行课程内容的完善和实践作业的设计，并仔细阅读了本书的初稿，提出若干修改意见；助教博士生金月、邱云波帮助绘制了多幅插图，金月帮助实现了第 4.3 节的实例，在此一并表示感谢。许多选课学生的反馈对于改善本书初稿很有帮助，在此对所有对本书有所建议的同学表示感谢。

尽管做了很大努力，但由于作者水平、时间和精力所限，本书还会有不足之处，希望读者批评指正。

作者

2024 年 9 月于清华园

目录

CONTENTS

视频目录

VIDEO CONTENTS

视频名称	时长/min	位置
第 1 集　导论-1	65	1.1 节
第 2 集　导论-2	31	1.3 节
第 3 集　导论-3	50	1.4 节
第 4 集　统计基础-1	71	2.1 节
第 5 集　统计基础-2	58	2.5 节
第 6 集　决策论	39	3.1 节
第 7 集　回归学习	71	4.1 节
第 8 集　分类学习-1	51	4.4 节
第 9 集　分类学习-2	36	4.7 节
第 10 集　流程和评估	90	5.1 节
第 11 集　核与 SVM	91	6.1 节
第 12 集　决策树	75	7.1 节
第 13 集　集成学习	63	8.1 节
第 14 集　神经网络	94	9.1 节
第 15 集　深度学习 1	78	10.1 节
第 16 集　深度学习 2	45	10.2 节
第 17 集　深度学习 3	37	11.1 节
第 18 集　深度学习 4	68	11.4 节
第 19 集　深度学习 5	69	11.5.2 节
第 20 集　无监督学习 1	65	12.1 节
第 21 集　无监督学习 2	20	13.1 节
第 22 集　强化学习 1	95	14.1 节
第 23 集　强化学习 2	83	14.3 节
第 24 集　深度生成模型-1	53	16.1 节
第 25 集　深度生成模型-2	48	16.3 节
第 26 集　深度生成模型-3	102	16.4 节

第1章 机器学习概述

CHAPTER 1

本章介绍机器学习的基本概念，并通过一些简单实例说明这些概念。机器学习内容庞杂，所涉及的概念繁多，为了对其有一个概要性的认识，本章对机器学习的各种类型、基本问题和关键性术语给出入门性的介绍，各种模型和算法在后续各章展开讨论。

1.1 什么是机器学习

机器学习(Machine Learning，ML)的本质是能够从经验中学习。若给机器学习下一个定义，可引用 Mitchell 在机器学习的早期教材 *Machine Learning* 中给出的定义：对于某类任务 T 和性能度量 P，一个计算机程序被认为可以从经验 E 中学习是指通过经验 E 的改进后，它在任务 T 上由性能度量 P 所衡量的性能有所提高。大多数机器学习算法所指的经验是由数据集提供的。

第1集
微课视频

为了了解一个机器学习系统的构成，以图 1.1.1 的基本流程为例，简要说明机器学习的过程和主要组成部分。

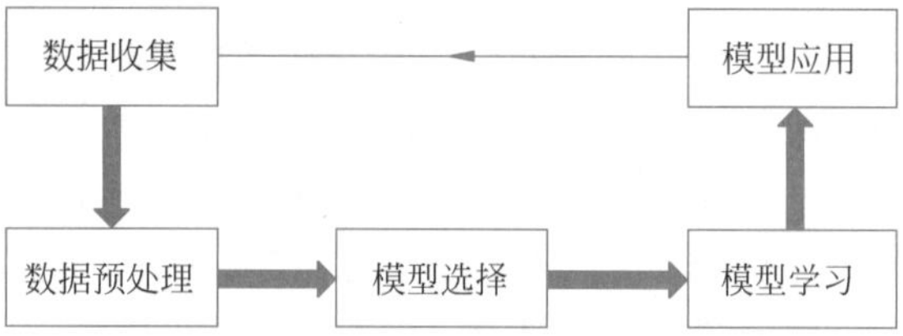

图 1.1.1 一个机器学习系统的基本流程

对于一个需要用机器学习解决的实际问题，第 1 步就是收集数据。根据任务不同，收集数据的方式各有不同。收集到数据以后，不是所有数据都是可用的，要对数据进行选择(或称为数据预处理)、规范数据结构、删除一些不合格的数据等。例如，设计一个花卉识别软件，靠自己收集的花卉图片一般是不够的，可以通过一个网站收集旅游爱好者提供的图片，但这些图片不一定都是合格的，要删除一些不合格图片。将保留下的数据集进行规格化，得到格式比较规范的数据集。在这个花卉识别的例子中，可能收集的图片中有单反相机拍摄的高清晰图片，也有入门的智能手机拍摄的低清晰度图片。目前机器学习算法大多对这种分散度很高的输入数据缺乏适应性，需要通过预处理将所有图片剪裁成统一大小，像素的取值范围也规格化到统一的范围。

完成上述预处理后，根据应用需要，可能要对数据样本做标注。例如，花卉识别的例子中，机器学习需要从样本集中学习给一幅图片命名的规则，相当于一个教师教会软件识别各种花卉的名称，这需要对样本集中各样本代表的花卉品种做人工标注，标明其名称。机器学习通过这些带标注的样本集学习出一个模型，当用户给出一幅新的花卉图片时，模型可推断出其名称。

数据收集和预处理因与应用密切关联，不在本书的进一步详细讨论范围之内。数据预处理后，可能直接使用这个数据，也可能从这个数据中抽取特征向量，将特征向量作为机器学习的输入。本书为了统一，习惯将对输入的表示统称为特征向量。

模型选择和模型学习是机器学习的核心，也是本书的核心。这里所谓的模型，是指机器学习最终需要确定的一种数学表示形式。目前，人们已经提出了多种不同的机器学习模型或假设，如线性回归、神经网络、支持向量机等，后续章节会详细介绍这些模型。对于一个机器学习任务，一般会选定一种模型，如目前图像识别首选的一般是神经网络模型，尤其是卷积神经网络。选定模型后，使用已收集并预处理的数据集，通过机器学习的算法确定模型，其中可能是非常复杂的过程，包括训练、验证和测试等过程，甚至还需要在模型选择和模型学习之间反复循环。学习并确定模型的过程称为学习过程或训练过程。

当机器学习模型确定后，该模型可用于对新的输入做出结果推断，这一阶段称为预测。例如，上述花卉识别软件可以做成手机 App，手机拍摄了新的花卉照片后，输入给这个模型，该模型可输出花卉的名称。机器学习的这个应用阶段称为推断过程或预测过程。

一般的机器学习算法中，学习过程和推断过程的复杂度是不平衡的。大多数机器学习算法，在使用大量数据进行学习的过程中，需要耗费大量计算资源，但推断过程往往更简单快捷。例如，花卉识别软件，为了得到好的应用体验，可能需要收集超过百万幅花卉图片。通过人工标注，在高速计算机上反复调试训练，才能确定模型。但当模型确定后，在手机上对一幅新图片做推断只需要秒级运算。

一个机器学习系统进入应用后，其结果可以反馈给设计者，同时设计者可能收集了更多数据，这些可用于进一步改进并更新系统，从而得到更好的实际体验。一个机器学习系统的完成大致是这样的过程。在机器学习的发展过程时，有多个组织公布了各类数据集，用于实验和评估算法。本书作为机器学习的基础教材，主要关心机器学习模型的学习与推断的原理和算法。

机器学习的应用领域很广。应用较深入且人们较为熟悉的领域有图像分类和识别、计算机视觉、语音识别、自然语言处理（如机器翻译）、推荐系统、网络搜索引擎等。在无人系统领域的应用有智能机器人、无人驾驶汽车、无人机自主系统等。在一些更加专用的领域，如通信与信息系统领域，应用包括通信、雷达等的信号分类和识别、通信信道建模等。还有许多领域，如生命科学和医学、机械工程、金融和保险、物流航运等，其应用面之广，这里无法一一列举。

由于应用广泛，众多领域的科技工作者对机器学习的贡献使该领域所涉及知识已非常广泛和深入，本书仅介绍其基本原理和常用算法，给出机器学习的导论性介绍。

1.2 机器学习的分类

对所关注的问题进行分类，是理清逻辑关系、有条理地理解问题的基本方法，机器学习同样可依据不同原则进行分类。由于机器学习的复杂性，可从不同方面对其进行分类。

1.2.1 基本分类

可以从不同方面对机器学习进行分类，下面介绍几种分类。

1. 根据数据可用信息进行分类

由于机器学习的本质是从数据中学习，所以数据的可用信息尤为重要，根据数据可提供的信息进行分类，是机器学习最主要的一种分类方式。目前，根据数据集的可用信息将机器学习分为监督学习(Supervised Learning)、无监督学习(Unsupervised Learning)、半监督学习(Semi-supervised Learning)、自监督学习(Self-Supervised Learning)和强化学习(Reinforcement Learning),也有人将后三者统称为弱监督学习(Weakly Supervised Learning),如图1.2.1所示。

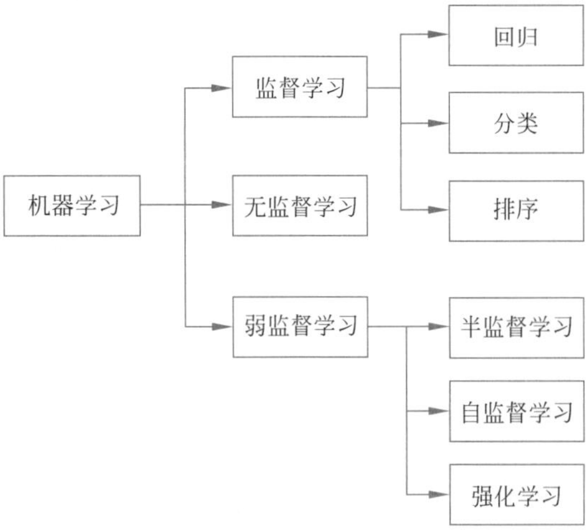

图1.2.1　机器学习的分类

1) 监督学习

在用机器学习解决一个实际问题中,首先要从已发生的或可采样的环境中收集针对该问题的数据,然后对这些数据进行预处理,包括人工标注。对于监督学习,可得到如下数据集形式。

$$\boldsymbol{D}=\{(\boldsymbol{x}_i,\boldsymbol{y}_i)\}_{i=1}^N \tag{1.2.1}$$

数据集中的每个成员$(\boldsymbol{x}_i,\boldsymbol{y}_i)$代表一个样例,称为一个样本,下标$i$表示样本的序号,故这个数据集也称为样本集。

去掉下标,用符号$(\boldsymbol{x},\boldsymbol{y})$作为样本的一般表示,称为一个样本元。这里$\boldsymbol{x}$称为特征向量,是对样本的输入表示。例如,在垃圾邮件检测的机器学习系统中,样本来自收集的大量电子邮件,为了数字化处理这些邮件,可定义一个词汇表,这些词汇对判断一封邮件是否为垃圾邮件起作用。在垃圾邮件检测问题中,特征向量$\boldsymbol{x}$的每个分量对应词汇表中的一个词汇,$\boldsymbol{x}$的k分量x_k对应词汇表的第k个词汇。若该词汇出现在邮件中,则$x_k=1$,否则$x_k=0$。这样的$\boldsymbol{x}$表示了一封邮件的特征,即词汇表中哪些词汇出现在该邮件中,若要求更细致的表示特征,则x_k可以表示对应词汇在邮件中出现的次数。

在不同的机器学习系统中,$\boldsymbol{x}$取自原始样本的方式不同。例如语音识别,原始样本是记录的一段语音信号,由于用向量表示原始样本的维度很高,一些系统通过降维处理或人工预处理得到表示该段语音的重要特征表示的向量,也有些系统(尤其是近期的深度学习系统)可将原始录音适当预处理(如归一化等),构成高维向量表示语音信号。正是由于构成$\boldsymbol{x}$有多种不同方式,为了统一起见,对其使用统一的名词"特征向量",也可称为输入向量。尽管一些应用中,特征向量可能是矩阵或张量,如图像或视频序列,但在原理和算法叙述中,用向量作为一般表示并不失一般性。

样本元$(\boldsymbol{x},\boldsymbol{y})$中的第2个元素$\boldsymbol{y}$则更体现监督学习的特点。$\boldsymbol{y}$称为标注(Label),它告诉机器学习系统特征向量$\boldsymbol{x}$代表的是什么。例如垃圾邮件检测,一个样本$(\boldsymbol{x}_i,\boldsymbol{y}_i)$中,$\boldsymbol{x}_i$表示该邮件的特征向量,$\boldsymbol{y}_i$标明它是垃圾邮件或正常邮件。在这种情况下$\boldsymbol{y}_i$是一个标量,$y_i=1$表示该邮件是垃圾邮件,$y_i=0$表示是正常邮件。通过标注,式(1.2.1)赋予了更多信息,这就相当于在教室里学习,$\boldsymbol{x}_i$代表老师写在黑板上的一个字,$\boldsymbol{y}_i$相当于老师告诉我们这个字读什么。监督学习也称为有教师的学习。

监督学习的任务就是设计学习算法，利用带有标注的数据集，通过学习过程得到一个数学模型

$$\hat{\boldsymbol{y}}=h(\boldsymbol{x}) \tag{1.2.2}$$

注意，式(1.2.2)的数学模型是广义的函数形式，它可能是一个显式的数学函数，也可能是概率公式，也可能是一种树状的决策结构，在一类具体模型中 $h(\boldsymbol{x})$ 有其确定的形式。

监督机器学习可以分为两个阶段，一是学习过程或训练过程，二是预测过程或推断过程。在学习过程中，使用如式(1.2.1)所示的带标注的数据集，得到如式(1.2.2)所示的函数；在推断过程中，给出新的特征向量 $\boldsymbol{x}$，代入式(1.2.2)计算出对应的结果。例如，在垃圾邮件检测系统中，通过数据集得到一个形如式(1.2.2)的模型，当邮件服务器收到一封新邮件，它抽取新邮件的特征 $\boldsymbol{x}$，代入式(1.2.2)判断是否为垃圾邮件。在多数的机器学习系统中，学习过程往往非常耗时，但推断过程的计算更简单，从计算资源开销角度讲，训练过程和预测过程是不平衡的。

2）无监督学习

对于无监督学习，数据集不带标注，即数据集的形式为

$$\boldsymbol{D}=\{(\boldsymbol{x}_i)\}_{i=1}^{N} \tag{1.2.3}$$

由于没有标注，因此不知道 $\boldsymbol{x}_i$ 对应的是什么，与监督学习对比，相当于没有“教师”这一项参与学习过程。无监督学习需要从数据自身发现一些现象或模式，一般来讲，无监督学习没有统一的很强的目标，但有一些典型的类型，如聚类(Clustering)、降维与可视化、密度估计、隐变量因子分析等。

聚类是无监督学习中最常见的一类，从数据中发现聚集现象，分别聚集成多个类型，每个类型有一些同质化的性质。例如，人口调查的数据可进行聚类分析，对于各类找出一些共同的特征(属性)。降维是另一种常见的无监督学习方法，如主分量分析，可将输入的高维向量用一个低维向量逼近，用低维向量代替高维向量作为机器学习后续处理的输入，好的降维方法引起的对后续学习过程性能的降低不明显。降维的另一种应用是可视化，高维数据无法用图形查看，将高维数据降维为二维或三维数据，可通过图形显示数据集，从而得到直观的感受。一般假设式(1.2.3)的数据集来自一个联合概率密度函数 $p(\boldsymbol{x})$，但是并不知道这个概率密度函数是什么，可以通过样本集估计概率密度函数，概率密度函数的估计有很多用处。近期活跃的深度生成模型在生成高维复杂数据的概率密度函数方面取得显著成果。

3）半监督学习

半监督学习可认为是处于监督学习和无监督学习之间的一种类型。对样例进行标注大多需要人工进行，有些领域的样本需要专家进行标注，标注成本高，耗费时间长，所以一些样本集中只有少量样本有标注，而其他样本没有标注，这样的样本集需要半监督学习方法。

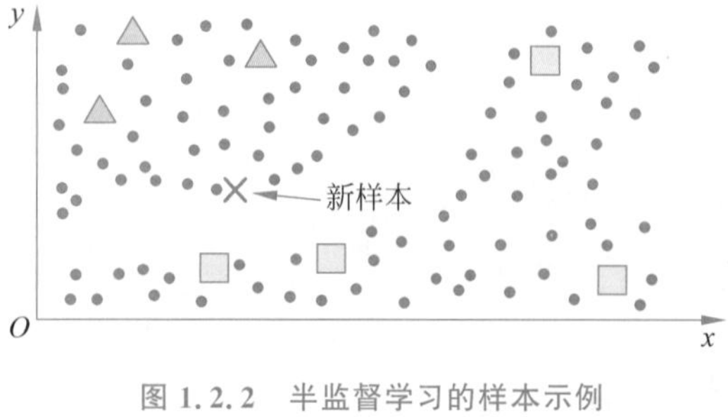

图 1.2.2 半监督学习的样本示例

半监督学习大多结合监督学习和无监督学习方法。以分类举例，图 1.2.2 给出了一个仅有少量标注的样本集示例，这里特征向量是二维的，三角和方形代表有标注的样本，并分别表示不同类型，圆点代表无标注样本。设这是一个二分类的例子，首先用无监督聚类算法将样本分为两簇，然后每簇中的标注样本的类型表示这一簇的类型，该例中用叉号表示的新样本与三角样本在同一簇，故分为三角代表

的类。实际情况可能比这个例子更复杂,这里只是说明半监督学习的一种直观思想。由于本书的导论性和篇幅限制,后续章节不再进一步讨论半监督学习问题,有兴趣的读者可参考有关文献。

4) 自监督学习

自监督学习利用数据自身的结构和关系自主地学习。常用于大模型问题的预训练。例如,为了训练通用的语言模型,可利用前面的词汇对后面的词汇做预测,或将句子中的一些词汇随机屏蔽,而以完整句子作为标注等方法训练通用语言模型。再用少量带标注数据训练专门功能。

5) 强化学习

强化学习(Reinforcement Learning,RL)研究智能体如何基于对环境的认知做出行动以最大化长期收益,是解决智能控制问题的重要机器学习方法。

下面通过例子给出对强化学习的直观理解。例如,训练一个智能体与人类玩对抗游戏,游戏的每步可能会得分或失分,把得分值作为一种奖励。由于奖励只能评价动作的效能,并不能直接指导智能体怎样做下一步动作,并且奖励的长期积累(长期收益)决定游戏的最终输赢。起始时智能体的策略可能为随机动作,不太可能赢得游戏,需要不断试错以改进策略,找到在各种游戏状态下动作的最优选择,即最优策略。在强化学习的过程中,尽管奖励和长期收益可能指导最终学习到好的策略,但是奖励本身只是一种评测,并不能直接指导下一步该怎么做,与监督学习相比,强化学习的监督力是弱的(对比监督学习,监督学习的标注会指出在每个状态该如何动作)。

以上游戏的例子中,每步都有奖励,有一些应用中,奖励是非常稀疏的。例如,棋类游戏只有当胜负发生时才有奖励。中间步骤若给出奖励可能会误导。例如象棋,若吃掉对方的棋子就给予奖励,则智能体为了短期的收益倾向于快速吃掉对方的棋子但最终却输棋,因此棋类游戏往往到最后才有奖励,当前行动的影响要延迟很多步才能评价,这样的情况监督性就更弱了。从这种意义上看,强化学习是一种弱监督学习。尽管属于弱监督,但强化学习更像人类在实践中的学习过程,是机器学习中非常有前景的一类学习方法。尽管有其他技术的辅助,战胜人类顶尖棋手的 AlphaGo 以及后续的 AlphaZero 的核心仍是强化学习。

图 1.2.3 所示为强化学习的原理。假设在时刻 $t=1,2,\cdots$,环境所处的状态为 s_t,智能体在当前状态执行一个动作 a_t,环境跳转到了新状态 s_{t+1},并反馈给智能体一个奖励 r_{t+1}。这个闭环过程在长期收益最大化原则的指导下,寻找到好的甚至最优或接近最优的策略。强化学习更详细的讨论请见本书第 14 章和第 15 章。

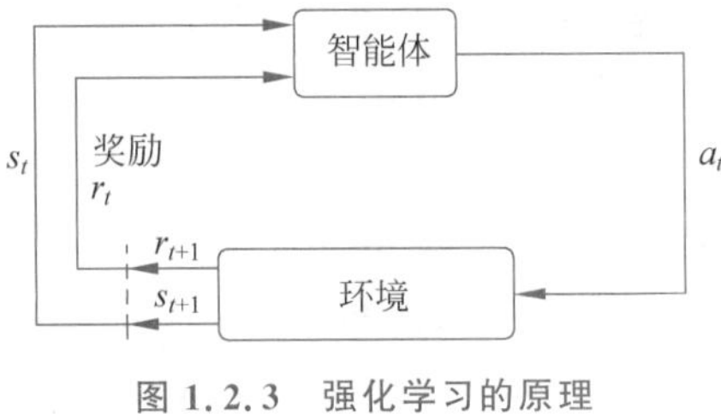

图 1.2.3 强化学习的原理

这些分类并不是相互无关的,一些复杂的系统可能包括多类的成分,类型之间也相互结合。例如,强化学习相当长时期内是机器学习一个相对独立的分支,但近期的深度强化学习就以监督学习中的深度神经网络作为其重要组成部分。介绍分类主要是为了在学习过程中用比较清晰的主线进行叙述,同时在介绍中逐步引出一系列主要术语和模型。

2. 根据模型类型进行分类

如前所述,机器学习的目标是学习得到一个如式(1.2.2)所示的模型。尽管式(1.2.2)是在监督学习的情况下写出的,但由于该式是一个广义的函数形式,故对其他类型(如无监督学习或强化学习等)也适用。这样的机器学习模型有两种典型类型:参数模型和非参数模型。

1) 参数模型

参数模型是指在数学模型的表示中,显式地由一组参数表示该模型,当模型参数的数量和取值都确定了,该模型也就确定了。故可将式(1.2.2)的一般模型专门化到如下参数模型表示。

$$\hat{y}=h(\boldsymbol{x};\boldsymbol{w}) \tag{1.2.4}$$

其中，$\boldsymbol{w}$ 表示模型的参数。为了叙述的一致性，总是用向量代表所有参数，在一类具体算法时参数可以是标量、矩阵或张量。分号隔开 $\boldsymbol{x}$ 和 $\boldsymbol{w}$，表示 $\boldsymbol{x}$ 是函数的自变量，$\boldsymbol{w}$ 只是参数。在学习阶段确定 $\boldsymbol{w}$，在推断阶段参数是确定的。

为了易于理解，下面看一个简单线性模型的例子。设 $\boldsymbol{x}$ 是 K 维向量，$\boldsymbol{x}=[x_1,x_2,\cdots,x_K]^{\mathrm{T}}$，需要训练的模型表示为

$$\hat{y}(\boldsymbol{x};\boldsymbol{w})=w_0+\sum_{k=1}^{K}w_k x_k=\boldsymbol{w}^{\mathrm{T}}\overline{\boldsymbol{x}} \tag{1.2.5}$$

其中，$\overline{\boldsymbol{x}}=[1,x_1,x_2,\cdots,x_K]^{\mathrm{T}}$ 为 $\boldsymbol{x}$ 的增广向量。这里输出 $\hat{y}$ 表示这是学习得到的模型而不是问题的精确表示。

式(1.2.5)是一个极简单的参数模型，称为线性回归模型。使用样本集通过学习过程确定参数 $\boldsymbol{w}$，则式(1.2.5)的模型就确定了，之后给出新的 $\boldsymbol{x}$，就可以计算相应结果。该例中，$\boldsymbol{x}$ 的维度 K 确定后，模型参数 $\boldsymbol{w}$ 有 $K+1$ 个分量是确定的，学习过程就是获得这些参数的最优或接近最优的取值，一旦参数确定了，这个模型就确定了。

目前机器学习中有许多非常复杂的参数模型，如深度神经网络(Deep Neural Networks，DNN)通过多层复合函数表示模型，可能具有超过百万数量的参数，即使如此复杂，一旦网络结构确定了，其参数数量和作用就确定了，尽管通过学习确定这些深度模型参数的算法比式(1.2.5)模型参数计算复杂得多，但参数的作用与式(1.2.5)并无区别。

2) 非参数模型

与参数模型对比，非参数模型不是显式地依赖固定的参数集。不是说非参数模型就完全没有参数，而是不显式地依赖一组固定的参数。

目前机器学习常用的模型中，既有参数模型，也有非参数模型。像线性回归、逻辑回归和神经网络等是参数模型，而 K 近邻算法则是非参数模型，决策树可以看作非参数模型。

3. 根据模型的确定性进行分类

如前所述，式(1.2.2)的模型表示一个广义的函数形式。一种情况是对于新的特征向量 $\boldsymbol{x}$ 计算得到确定的 $\boldsymbol{y}$ 值，这是一种确定性模型；另一种情况，式(1.2.2)模型计算的是在 $\boldsymbol{x}$ 确定的条件下 $\boldsymbol{y}$ 的一种概率表示。有两类常用的概率表示，一类是 $\boldsymbol{x}$ 作为条件时 $\boldsymbol{y}$ 的条件概率；另一类是 $\boldsymbol{x}$ 和 $\boldsymbol{y}$ 的联合概率，这是一种概率模型，由概率模型得到最终结果往往需要一个决策过程，将在第3章详细介绍机器学习中的决策过程。

一旦通过学习得到了确定性模型，其推断过程就简单了。但在一些应用时，确定模型可能过于武断。例如病情诊断，确定性模型会输出有病或没病，但是在诊断过程尤其初始诊断过程中很难有这种确定性结论。而概率模型会给出生病的概率，给出的信息量要更丰富。

在机器学习中，确定性模型和概率模型都在使用，各有其适用性，需要根据实际问题选择。

4. 根据样本处理方式进行分类

按数据集样本处理方式进行分类，有批处理方式、增量式方式和在线学习(Online Learning)。这是实现层面的问题，这里只做简略说明。所谓批处理，是将完整样本集一次性使用进行训练的实现方式，而增量式方式每次只取出一个样本或一小批量样本进行训练，对完整样本集的使用是按序列方式或递推方式进行的。

一般来讲，小规模问题可选择批处理或增量式方式。例如，在小规模样本的线性回归模型的学习中，可用批处理方式利用闭式公式直接得到最优解；再如，在小规模样本和只有一个隐藏层的

小规模神经网络的训练中，可批处理使用全部样本计算梯度，然后用梯度下降法迭代最优解，也可增量式采用单样本或小批量样本计算随机梯度，利用随机梯度法迭代求解。对于大规模问题，为了计算的方便和算法的有效性，一般采用增量式方式。

在线学习是在边采样数据边学习的环境下的一种学习方式，是一种增量式学习方式。严格来讲，在线学习有其专指的含义，但本书不对增量式方式和在线学习进行区分。

对一个具体的机器学习算法，本节介绍的各种类型可组合。例如，大多数神经网络分类系统是参数模型的监督学习，输出的是类型的后验概率；线性回归是参数模型的监督学习，输出的是确定值；K-Means 聚类是无监督学习，输出是确定性的；但基于高斯混合模型的软聚类属于无监督学习，可输出聚类的后验概率。

1.2.2 监督学习及其功能分类

监督学习是占本书最大篇幅的一类学习方法，也是目前应用最广泛的学习方法，本节从监督学习的角度对机器学习的各种功能类型再做一些说明。

从功能上讲，监督学习主要有 3 种类型：分类、回归和排序。

1. 分类

分类是使用最广泛的一类功能。当需处理的对象可分为数目有限的类型时，就是分类问题。例如，垃圾邮件检测中只有垃圾邮件和非垃圾邮件两类；手写数字识别有 0～9 共 10 类，如图 1.2.4 所示；动物类型就更多了，作为一个应用系统，往往可支持有限的类型，如可识别 200 种动物类型。

图 1.2.4 手写数字识别示例

在分类应用中，式(1.2.1)所表示的样本集中，标注值 $\boldsymbol{y}_i$ 只表示有限的类型，故其只取有限的离散值。例如，可以用不大于 K 的整数表示最多 K 类型，也可以用二元向量(也称为独热编码，一种表示类型的编码方式)表示类标号，这些表示的细节在第 4 章详述。

分类问题中，由于只有两种类型的二分类问题有特殊意义，因此经常专门讨论二分类情况。二分类问题表示简单，原理更易于理解，且大多数二分类问题很容易推广到多分类问题，故经常以二分类问题作为起点讨论分类算法，然后推广到多分类算法。

很多被称为"识别"或"检测"的问题可归结为分类。例如，个人计算机开机的人脸识别，其实就是二分类——主人和非主人；家庭智能锁的指纹识别，可识别多个家庭成员和非家庭成员，是一个多分类问题。

2. 回归

回归是另一种常用的机器学习功能类型，如进行股票价值预测、对通信信道建模等，其特点是无论是式(1.2.1)中的标注 $\boldsymbol{y}_i$，还是式(1.2.2)中的模型输出 $\hat{\boldsymbol{y}}$，都是连续值。

一般情况下，人们会选择专门为分类或回归设计的模型，通过样本集学习得到模型表示。有些情况下，为回归设计的算法也可用于分类，反之亦然。有些模型本身既可用作回归，也可用作分类，但在不同类型应用中目标函数选择不同。例如，支持向量机(Support Vector Machine，SVM)和神经网络对分类和回归均适用，但对不同类型应用时，目标函数有所不同，学习算法也有相应的变化。

3. 排序

排序是随着信息检索的应用发展起来的一种学习方法,模型的输出是一个按照与检索词相关程度排序的列表。限于篇幅,本书不再进一步讨论排序,有兴趣的读者可参考相关文献。

最后强调一下,这里介绍机器学习的各种类型,是为了了解各类方法的特点和逻辑关系,也为后续阅读机器学习文献梳理基本脉络,同时介绍一些常用术语。这个分类是不完全的,甚至有些类型的学习方法不包括在这些分类中。从更高层意义上对机器学习进行分类或对机器学习进行更全面的解释,甚至包括哲学层面或伦理层面,都超出本书的视角和目标。

1.3 构建机器学习系统

本节讨论构建机器学习系统的基本元素和需要关注的几个基本问题。

1.3.1 机器学习的基本元素

构建一个完整的机器学习系统,需要几个基本元素。以下4个元素是一个机器学习系统不可或缺的:数据集、目标函数、模型和优化算法。

1. 数据集

既然机器学习是从数据中学习,数据集是必需的元素。目前的机器学习方法大多是针对特定问题有效的,尽管一些将在特定问题有效的算法迁移到更广泛问题的研究已经取得一些进展,但可靠的机器学习算法仍是以专用于特定问题的方法为主。例如,针对围棋设计的系统不会用于打麻将;针对垃圾邮件检测设计的系统不会用于对木马病毒的检测。

第2集
微课视频

既然机器学习要针对具体问题从数据中学习,在确定了要解决的问题后,第1步是收集数据。要从已经发生的该类问题中收集大量原始数据,并对数据进行适当的预处理,以适合机器学习的后续处理。例如,原始数据中的一些特征是文字描述的,要变成数字;如果是监督学习,要对数据进行标注。

对于监督学习,预处理和标注后,得到式(1.2.1)所示的数据集。每个样本$(\boldsymbol{x}_i,\boldsymbol{y}_i)$中,$\boldsymbol{x}_i$是特征向量,代表对对象的描述;$\boldsymbol{y}_i$是标注值,指出对象是什么。为了利用数据集进行学习和测试,可将数据集划分为训练集$\boldsymbol{D}_{\text{train}}$和测试集$\boldsymbol{D}_{\text{test}}$。训练集用于学习模型,用测试集测试所学模型的性能。

在机器学习的实践中,数据集有两种典型来源。在机器学习算法研究中,可使用标准数据集,这些数据集是有关组织或研究者收集并发布的,其中很多可免费使用,在网络上搜索并下载即可。这些数据集种类很多,语音、文字、图像等通用的数据集更是比较多样。数据集从小规模到大规模都有,为机器学习的研究提供了很大方便。这里介绍两个标准数据集。

(1) MNIST。MNIST是由美国国家标准与技术研究所发布的手写数字识别数据集,包含60000幅训练集图像及其标注和10000幅测试集图像及其标注,每幅手写体图像剪裁成28×28像素的数字图像,图1.3.1所示为该数据集一部分样本的图像显示。

(2) CIFAR-10。CIFAR-10是一个中规模彩色图像数据集,包含60000幅图片,均为32×32的彩色图片,每个像素点包括RGB 3个通道数值,数值范围为0~255。所有图片分属10个不同的类别,均做了标注。类型分别是airplane(飞机)、automobile(汽车)、bird(鸟)、cat(猫)、deer(鹿)、dog(狗)、frog(青蛙)、horse(马)、ship(船)、truck(卡车)。其中50000幅图片被划分为训练集,剩下的10000幅图片为测试集。图1.3.2所示为CIFAR-10部分样本的图像显示。

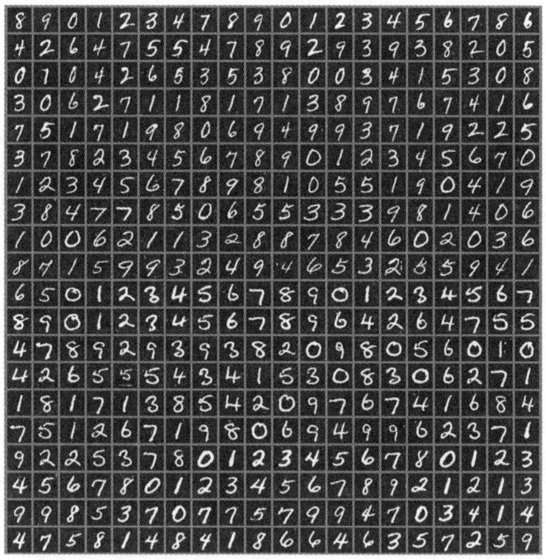

图 1.3.1 MNIST 数据集部分样本

图 1.3.2 CIFAR-10 部分样本

有一些小的数据集，如鸢尾花 Iris 数据集仅包含 150 个样本，只有 3 个类型，这种数据集可用于一些较简单的经典学习算法的实验。也有一些超大规模的数据集，如 ImageNet，包含 1500 万幅图片，约 2.2 万类，实际研究中一般只使用一个子集，如 ISLVRC（ImageNet Large Scale Visual Recognition Competition）竞赛使用约 128 万幅图片作为训练集，共计 1000 类，这种大规模数据集主要用于训练深度网络。

数据集的第 2 个来源就是面对实际问题，从实际问题中采集数据，对数据进行预处理生成合格的数据集。例如，去云南旅游，本地植物资源极其丰富，可以采集大量植物图片，并可以发动旅游爱好者众筹当地的植物照片，剪裁成标准图片并请当地植物行家进行标注，用这样的数据集训练一个当地植物识别系统。

2. 目标函数

一个机器学习系统要完成一类任务，就要有一个评价函数用于刻画系统对于目标的达到程度，即要有一个目标函数（或评价函数）。一般来讲，衡量系统是否达到所要求的目标，一种方法是评价其与目标系统的差距，称为损失函数或风险函数；另一种方法是评价系统的收益。前者是目标函数最小化，后者是目标函数最大化。在不同的场景下，可以用目标函数、代价函数、评价函数、风险函数、损失函数、收益函数等作为性能评价的函数，一些专用系统还有特定的评价函数，本书对此不做进一步讨论。

以监督学习的损失函数为例，对目标函数做进一步说明。假设要学习一个模型

$$\hat{\boldsymbol{y}} = h(\boldsymbol{x};\ \boldsymbol{w}) \tag{1.3.1}$$

这里假设该模型是参数模型，$\boldsymbol{w}$ 为模型参数。若模型是理想的，则在输入为 $\boldsymbol{x}$ 时输出为 $\boldsymbol{y}$，但学习得到的模型并不理想，模型的输出 $\hat{\boldsymbol{y}}$ 和期望的输出 $\boldsymbol{y}$ 之间有误差，定义每个样本的损失函数为

$$L(\hat{\boldsymbol{y}}, \boldsymbol{y}) = L(h(\boldsymbol{x};\ \boldsymbol{w}), \boldsymbol{y}) \tag{1.3.2}$$

设$(\boldsymbol{x}, \boldsymbol{y})$的联合概率密度为 $p(\boldsymbol{x}, \boldsymbol{y})$，则总体损失函数为样本损失函数的期望值，即

$$J^{*}(\boldsymbol{w}) = E_{p(x,y)}\{L(h(\boldsymbol{x};\ \boldsymbol{w}), \boldsymbol{y})\} \tag{1.3.3}$$

但是，在机器学习实践中，只有样本集，概率密度函数 $p(\boldsymbol{x}, \boldsymbol{y})$ 是未知的，故式(1.3.3)无法计算。实际存在的只是一组样本。例如，在学习过程中，只有训练集，为了叙述方便，训练集表示为

$$\boldsymbol{D}_{\text{train}} = \{(\boldsymbol{x}_i, \boldsymbol{y}_i)\}_{i=1}^{N} \tag{1.3.4}$$

可以计算训练样本集的平均损失为

$$J(\boldsymbol{w})=\frac{1}{N}\sum_{i=1}^{N}L(h(\boldsymbol{x}_i;\boldsymbol{w}),\boldsymbol{y}_i) \tag{1.3.5}$$

式(1.3.5)称为经验损失函数，名称源于其通过样本计算获得，样本可以看作一种经验。为了学习得到最优模型(对于参数模型等价为得到相应的最优模型参数)，从原理上需通过最小化式(1.3.3)的损失函数 $J^*(\boldsymbol{w})$ 得到最优参数 $\boldsymbol{w}_o$，但由于式(1.3.3)不可用，实际通过最小化式(1.3.5)的经验损失函数 $J(\boldsymbol{w})$ 得到逼近的最优参数 $\hat{\boldsymbol{w}}_o$。

通过损失函数 $J^*(\boldsymbol{w})$ 优化得到的解 $\boldsymbol{w}_o$ 使用了问题的全部统计知识，因此是该问题的真实最优解，但通过式(1.3.5)的经验损失函数 $J(\boldsymbol{w})$ 最小化得到的解 $\hat{\boldsymbol{w}}_o$ 只使用了训练集的数据，即只使用了由部分经验数据所能够表示的统计特征。一个自然的问题是：对于训练集中没有的新样本，这个模型的推广能力如何？这个问题称为机器学习的泛化(Generalization)问题，对未知样本的期望损失称为泛化损失，理论上在一定条件下可估计泛化损失界。我们目前不讨论这些理论问题，看一看实际中是怎样做的。

如前所述，如果得到一个数据集，可分为训练集和测试集，测试集样本与训练集样本来自同一个概率分布，对监督学习来讲也是带标注的，但与训练集是互相独立的。测试集表示为

$$\boldsymbol{D}_{\text{test}}=\{(\boldsymbol{x}_i,\boldsymbol{y}_i)\}_{i=1}^{M} \tag{1.3.6}$$

学习过程中用训练集确定了模型，将模型用于测试集，计算测试集平均损失为

$$E_{\text{test}}=\frac{1}{M}\sum_{k=1}^{M}L(h(\boldsymbol{x}_k;\hat{\boldsymbol{w}}_o),\boldsymbol{y}_k) \tag{1.3.7}$$

以测试集损失近似表示泛化损失。当泛化损失满足要求时，才认为机器学习算法得到了所需的模型。很多情况下，损失函数代表的是一类误差，这时可分别用以下几种误差表达损失：在训练集上的平均损失称为训练误差，在测试集上的平均损失称为测试误差，可用测试误差近似表示泛化误差。

3. 模型

这里的模型指的是一个机器学习算法采用的具体数学表示形式，即式(1.2.2)广义的数学函数的具体化。从大类型来讲，模型可分为参数模型和非参数模型。非参数模型的表示随具体应用而定，不易给出一个一般性的表示。参数模型可表示为式(1.2.4)的一般形式，重写在这里：$\hat{\boldsymbol{y}}=h(\boldsymbol{x};\boldsymbol{w})$。

对于参数模型最基本的分类，可分为线性模型和非线性模型。这里的线性和非线性既可能指 $\hat{\boldsymbol{y}}$ 与参数 $\boldsymbol{w}$ 的关系，也可能指 $\hat{\boldsymbol{y}}$ 与特征向量 $\boldsymbol{x}$ 的关系。$\hat{\boldsymbol{y}}$ 对 $\boldsymbol{w}$ 是否呈线性决定了系统优化的复杂度，而 $\hat{\boldsymbol{y}}$ 对 $\boldsymbol{x}$ 是否呈线性决定了系统的表达能力。若 $\hat{\boldsymbol{y}}$ 对两者均呈线性，则是一种最简单的模型；若 $\hat{\boldsymbol{y}}$ 对两者均呈非线性，则所描述的问题更复杂。

机器学习中，人们已经构造出多种模型，如神经网络、支持向量机、决策树、K-Means 聚类等，后续章节会分别学习这些模型。一些模型的表达能力可能更适合某类问题，难有一种模型对所有问题都是最优的。在机器学习系统中，需要预先选择一种模型，确定模型的规模，然后进行训练，若无法达到所需要的目标，可以改变模型的规模，或改变模型的类型进行重新学习，找到对所要解决的问题可能最适合的模型。

模型并不是越复杂越好。例如，对于一个回归问题，损失函数假设为模型输出与期望输出之间的均方误差。在训练集是有限的情况下，若选择一个非常复杂的模型，模型的表达能力很强，则训练过程中可能使训练误差趋近甚至等于0。这样的模型选择是否是最优的(也就是说测试误差也很小)？答案可能是否定的。训练集的获得过程难免存在噪声，模型为了尽可能使训练误差小，

可能过度拟合了噪声的趋向，由于噪声是非常杂乱的，拟合的模型可能局部变化过于剧烈，这种模型对于新的输入可能预测性能不好，或者说对于测试集误差很大。这种情况称为过拟合(Overfitting)。过拟合的基本表现是训练误差达到很理想的结果，但泛化性能差。

欠拟合(Underfitting)是另一种趋向，即模型过于简单，无法表达数据中较复杂的变化规律，因此训练误差无法下降到较小的程度。既然对训练样本都无法得到好的拟合，也就谈不上有好的泛化性能。在确定机器学习系统的过程中，不希望出现过拟合和欠拟合。实际上，系统开发者为避免欠拟合，往往选择相对复杂一些的模型，对这种选择的关键技术是克服过拟合，克服过拟合问题的一种方法是正则化(Regularization)。

针对系统复杂性，正则化的基本做法是对目标函数增加一个约束项。若原来的目标函数是一个损失函数，则新目标函数由原损失函数加上一个约束项组成，约束项用于控制系统复杂度。在约束项上一般施加一个权因子 λ，用于平衡损失函数和约束项的影响强度，λ 是一种超参数，超参数一般不能通过训练过程确定，大多通过交叉验证的方式确定，关于交叉验证，将在 5.1 节讨论。

4. 优化算法

当数据准备好了，目标函数确定了，模型也选定了，就要通过优化算法确定模型。例如，对于参数模型，需要用训练数据对描述模型的目标函数进行优化得到模型参数。一般来讲，对于比较复杂的机器学习模型，难以得到对参数解的闭式公式，需要用优化算法进行迭代寻解。若一类机器学习问题直接使用已有的优化算法即可有效地求解，则直接使用这些算法；若没有直接求解算法，或直接使用现有算法效率太低，则可针对具体问题设计改进现有算法或探索新的专门算法。

优化算法是机器学习完整过程中相对独立的一个环节，后续章节将结合一些算法介绍一些常用的优化算法。2.7 节将对优化算法基础给出一个简略介绍。

1.3.2 机器学习的基本概念

对于以上讨论的元素，给出几个更专业化的名词，包括输入空间、输出空间、假设空间。

1. 输入空间

把可包含所研究对象的特征向量的空间称为输入空间。例如，特征向量 $\boldsymbol{x}$ 是 10 维实向量，则该输入空间是全部的 10 维实向量空间，该输入空间可包含的对象是无穷的，是无限集合。例如，离散朴素贝叶斯分类中，若 $\boldsymbol{x}$ 是 1000 维向量，每个分量只取 0 或 1，则这里特征向量能够表示的模式数量与 1000 位二进制数相同，即 2^{1000}，尽管数量非常巨大，但这是一个有限集合。

2. 输出空间

输出空间指可以表示模型的预测目标的空间。例如，垃圾邮件检测系统的输出空间只有两个元素，即{垃圾邮件，正常邮件}；一个股票预测系统的输出空间则是一维实数域。

3. 假设空间

假设空间指能够表示从输入空间到输出空间的映射关系的函数空间。例如，线性回归模型 $\hat{y}(\boldsymbol{x},\boldsymbol{w})=w_0+\sum_{k=1}^{K}w_k x_k$，其假设空间为将 K 维向量空间映射为一维实数空间的所有线性函数集合，这个集合有无穷多成员。另一个例子是二叉树结构的决策树(见第 7 章)，若树的深度是有限的，且每个节点是由逻辑变量划分的，则全体二叉树的集合是有限成员的。

在具体机器学习算法的介绍中，这些空间往往是自明的，故一般不会特别关注。但在机器学习理论中，对各空间往往是有预先假设的，如假设空间是有限的还是无限的。

在机器学习中，要研究各种模型，有没有一个通用模型对所有问题是最佳的呢？经典的答案是否定的。Wolpert 提出的"没有免费午餐定理"(No Free Lunch Theorem)回答了这个问题。定理的结论是：对于一个特殊问题，我们可以通过交叉验证这类方法实验地选择最好的模型，然而，没有一个最好的通用模型。正因为如此，需要发展各种不同类型的模型以适用于现实世界的各类数据。

另外一个思考是，对于解决一个实际问题，并不是选择越先进、越复杂的模型就越好。模型选择和系统实现的一条基本原理是 Occam 剃刀原理，该原理叙述为：除非必要，"实体"不应该随便增加，或设计者不应该选用比"必要"更加复杂的系统。这个问题也可表示为方法的"适宜性"，即在解决一个实际问题时选择最适宜的模型。在机器学习过程中，若选择的模型过于复杂，则要面对过拟合问题。

维度灾难是机器学习面对的另一个问题，即为了保证采样数据的稠密性，样本数需随空间维度指数增加，一些模型的参数随维度的增长也存在类似问题。

1.4 通过简单示例理解机器学习

本节通过两个简单的示例进一步说明机器学习的一些概念。

1.4.1 一个简单的回归示例

第 3 集
微课视频

下面通过一个简单的回归示例说明机器学习的一些基本概念。回归学习的基本算法将在第 4 章进行详细介绍，这里不涉及算法细节，只给出结果用于说明概念。

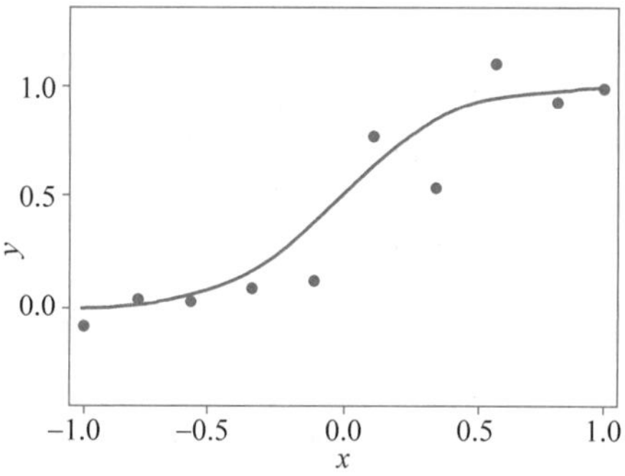

图 1.4.1 函数和样本值

假设存在一个函数 $f(x)=1/[1+\exp(-x)]$，这个函数称为 Sigmoid 函数，在本书后文多次出现。通过采样得到一组样本，设采样过程混入了噪声，采样值为 $y_n=f(x_n)+v_n$，其中 v_n 为高斯白噪声，均值为 0，方差为 0.0225，在 $x\in[-1,1]$区间等间隔采样。用同样的采样方式得到训练样本集 $\boldsymbol{D}_{\text{train}}=\{x_n,y_n\}_{n=1}^{N}$ 和测试样本集 $\boldsymbol{D}_{\text{test}}=\{x_n,y_n\}_{n=1}^{L}$，学习一个回归模型拟合该函数关系。图 1.4.1 所示为函数 $f(x)$和一组样本，注意样本标注是带噪声的。

本例是说明性的示例，在实际问题中函数 $f(x)$是未知的，需要用一个机器学习模型拟合这个函数。采用简单的多项式回归作为模型，模型表达式为

$$\hat{y}(x)=w_0+w_1x+\cdots+w_Mx^M=\sum_{k=0}^{M}w_kx^k \tag{1.4.1}$$

其中，M 为多项式模型的阶，这是一种参数模型。为训练模型，以均方误差作为损失函数，即

$$J(\boldsymbol{w})=\frac{1}{N}\sum_{n=1}^{N}(\hat{y}_n-y_n)^2=\frac{1}{N}\sum_{n=1}^{N}\left(\sum_{k=0}^{M}w_kx_n^k-y_n\right)^2 \tag{1.4.2}$$

首先以训练样本集的样本数 $N=10$ 进行说明，为了对比模型复杂度对结果的影响，分别取 $M=0,1,3,9$ 计算模型参数(具体算法将在第 4 章详述)，并将训练获得的模型所表示的函数与图 1.4.1 的内容放在一起对比，结果如图 1.4.2 所示。

对比发现，当模型过于简单，即 $M=0,1$ 时，训练得到的模型无法表示原函数的复杂度，这是欠拟合情况；$M=3$ 时，训练的模型对原函数拟合得较好，当给出新的输入 x 时可在一定精度内预

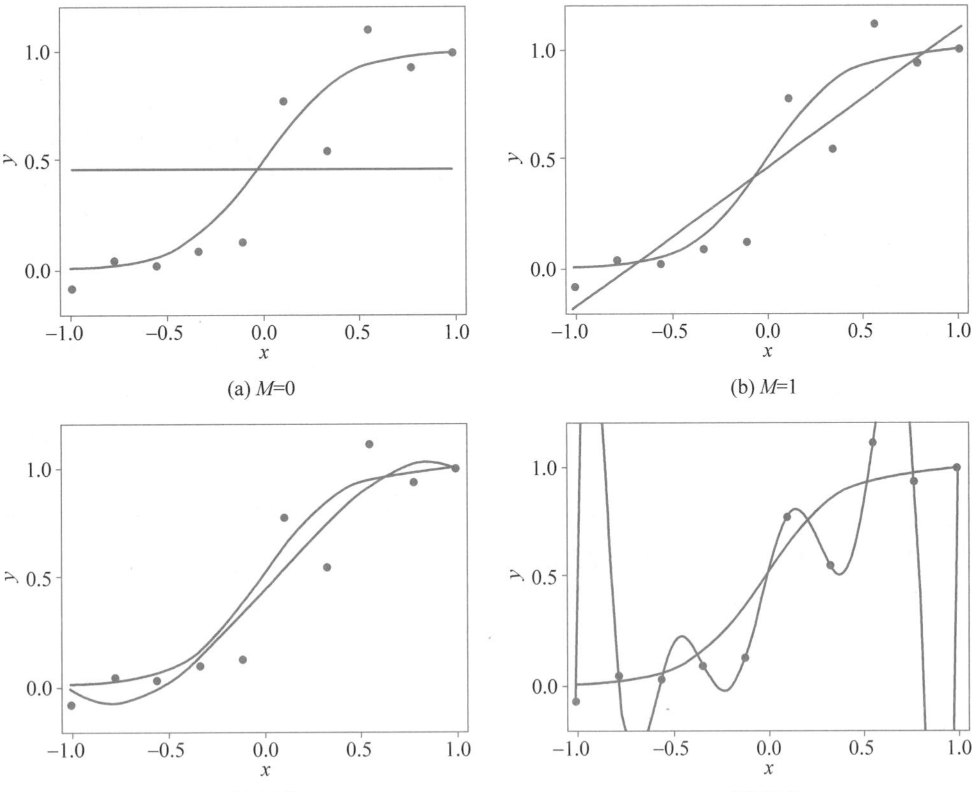

(a) M=0　(b) M=1　(c) M=3　(d) M=9

图 1.4.2　M 不同时的拟合曲线

测原函数的值；$M=9$ 时，在训练集得到最好的结果，训练的函数与各训练样本均重合，训练集误差为 0，但显然，该函数起伏太大，若给出新的输入值 x，模型得到的预测值与原函数的输出可能相差巨大，泛化性能很差，这是一种过拟合现象。造成过拟合的原因，一是 $M=9$ 时模型对该训练样本集过于复杂；二是样本存在噪声，为了尽可能降低训练误差，过于倾向于趋从数据中的噪声分布，从而使模型过于起伏。表 1.4.1 所示为各阶多项式模型训练得到的参数。可见，为了降低训练误差，$M=9$ 时产生了取值很大的系数。

表 1.4.1　各阶多项式模型系数列表

系　　数	取　　值				
	$M=0$	$M=1$	$M=2$	$M=3$	$M=9$
w_0	0.46	0.63	0.06	−0.47	156.00
w_1		0.46	0.63	0.06	23.81
w_2			0.43	0.98	−307.54
w_3				0.43	−44.44
w_4					190.66
w_5					24.33
w_6					−41.98
w_7					−3.73
w_8					3.39
w_9					0.49

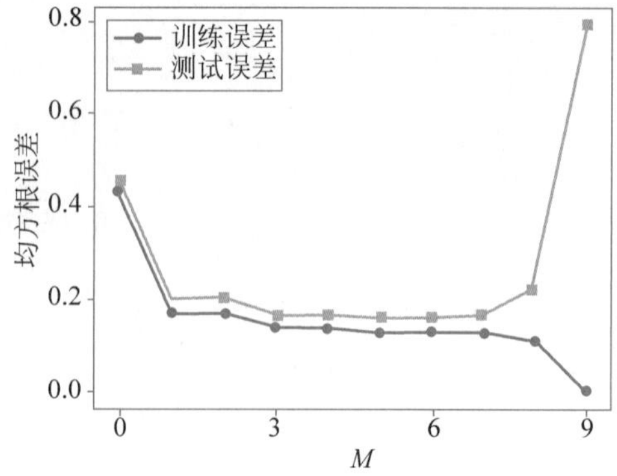

图 1.4.3　训练误差和测试误差曲线

可以进一步从训练误差和测试误差的角度理解模型复杂度与适应性之间的关系。本例中，测试集取 100 个样本，为了比较方便，训练误差和测试误差都使用均方根误差（均方误差的平方根）。M 取值从 0 到 9 变化，通过训练集得到训练误差最小意义下的最优解后，分别计算训练误差和测试误差，并显示于图 1.4.3 中。由图 1.4.3 可见，训练误差随着 M 增加单调下降，本例中可下降到 0。测试误差先随 M 增加而下降，然后从 M 取 8 起又上升，测试误差呈 U 形，尽管这是由一个简单例子得到的观察，该曲线却是一般性的。在本例中 M 取 3～7 是合适的选择。

解决过拟合问题有什么方法？两个基本方法是增加训练集规模和正则化，先看增加样本集规模的效果。取模型阶为 $M=9$，图 1.4.4 所示为训练集大小 N 分别为 30 和 150 时的情况，在 $N=30$ 时过拟合得到很大抑制，在 $N=150$ 时过拟合已消失，得到了相当好的拟合。在大样本情况下，样本的噪声影响得以平滑，抑制了过拟合问题。

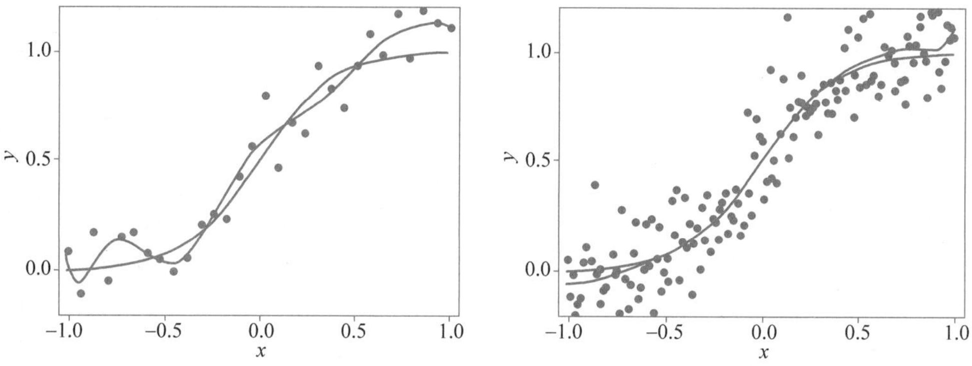

(a) N=30　　(b) N=150

图 1.4.4　样本数分别为 30 和 150 时模型的拟合情况

在数据集非常受限时，第 2 种抑制过拟合的方法是正则化，正则化是一种非常通用的技术，这里只讨论对权系数施加限制的一种正则化技术。正则化是指在式(1.4.2)损失函数基础上，施加对权系数的约束，最常用的是对权系数的范数平方进行约束，即

$$J(\boldsymbol{w})=\frac{1}{N}\sum_{n=1}^{N}\left(\sum_{k=0}^{M}w_k x_n^k-y_n\right)^2+\lambda\sum_{k=0}^{M}w_k^2 \tag{1.4.3}$$

其中，λ 为一个超参数，一般需要通过实验确定。一般 λ 越小，越关注误差损失；λ 越大，越约束权系数的范数取值，使权系数范数取更小的值，相当于降低了系统复杂度。以 $M=9$，$N=10$ 为例观察正则化带来的影响，图 1.4.5 显示了 λ 取不同值时正则化的效果。可见，λ 太小时没有明显效果，λ 太大则限制了模型复杂性，模型趋于欠拟合，而适中的 λ 值取得较好的正则化效果。观察表 1.4.2，可见 λ 取值不同对系数的限制效果。图 1.4.6 给出了训练误差和测试误差随 λ 的变化曲线，测试误差再次是 U 形曲线。本例中 $\lg\lambda$ 取 -4～-2 是合适的正则化参数。

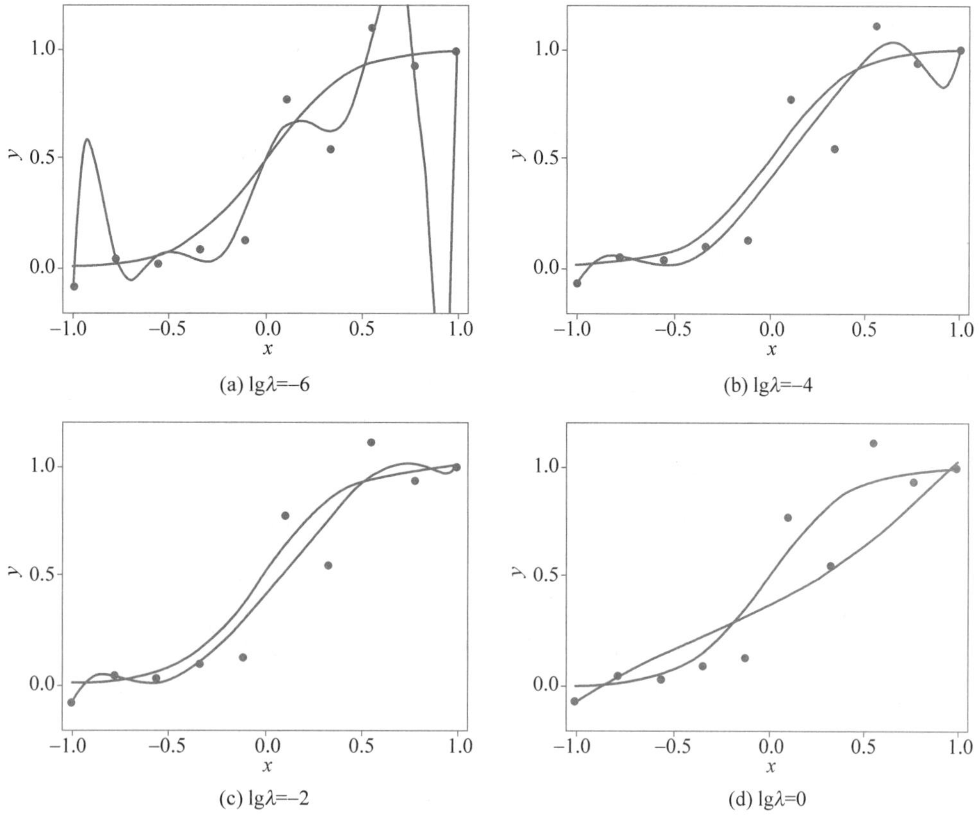

(a) lgλ=−6　(b) lgλ=−4　(c) lgλ=−2　(d) lgλ=0

图 1.4.5　正则化系数 λ 的影响

表 1.4.2　不同 λ 取值时的模型系数

系　数	取　值		
	lgλ＝－6	**lgλ＝－2**	**lgλ＝0**
w_0	66.18	0.38	−0.02
w_1	22.27	0.00	−0.02
w_2	−129.46	0.04	−0.01
w_3	−41.54	−0.17	−0.01
w_4	79.68	−0.33	0.02
w_5	22.70	−0.07	0.03
w_6	−17.94	−0.62	0.11
w_7	−3.45	0.30	0.10
w_8	2.07	1.06	0.45
w_9	0.48	0.40	0.38

1.4.2　一个简单的分类示例

与回归对应，下面给出一个简单的分类示例并通过一个示例样本集和一个简单算法进行说明。图 1.4.7 所示为一组训练样本 $\boldsymbol{D}_{\text{train}}=\{\boldsymbol{x}_n,y_n\}_{n=1}^N$，其中特征向量 $\boldsymbol{x}$ 是二维的，故可显示于平面图中。该样本集包含 3 种类型，y_n 只取 3 个不同值，可用 C_1,C_2,C_3 表示，对应图中 3 种不同的符号表示，分别为＋、×和 ∗ 。图 1.4.7 中有一实心圆表示一个待分类的新样本。

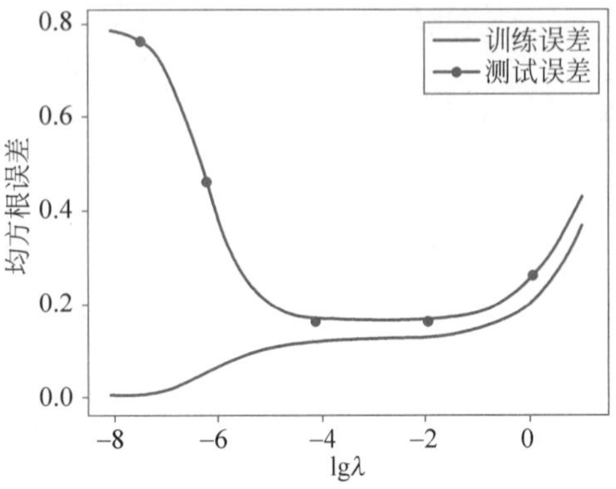

图 1.4.6 训练误差和测试误差随 λ 的变化

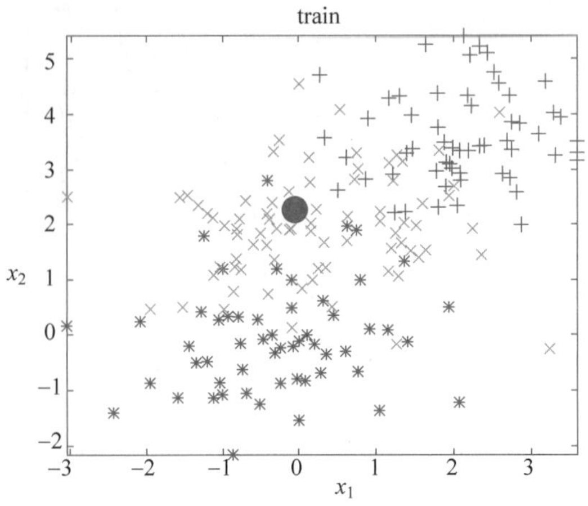

图 1.4.7 分类标注样本的例子

讨论一种最基本的分类算法——K 近邻算法(K-Nearest Neighbors,KNN)。对于 $\boldsymbol{x}$ 是二维的情况可直观地描述 KNN 算法。对于给定的近邻数 K,给出一个新的待分类样本,以该样本为中心形成一个圆(三维以上情况时对应为超球体),半径逐渐扩大直到圆内包含了 K 个训练集样本,将圆内包含的 K 个训练样本表示为 $\boldsymbol{D}_K$,统计 $\boldsymbol{D}_K$ 内各类型样本数,对本例只需计数 K_1,K_2,K_3,若其中最大的是 K_i,则将新样本分类为 C_i。例如,图 1.4.7 的待分类样本,取 $K=10$,计数得到 $K_1=1,K_2=8,K_3=1$,显然,可将该样本分类为 C_2,即图中×所示的样本类。

KNN 算法是一种非参数方法。KNN 算法也存在欠拟合、过拟合、超参数确定等问题。近邻数 K 是一个超参数,它不能由学习过程确定,需要预先确定。当 K 取最小值 1 时(可称为最近邻方法),对样本集自身可完全正确分类(即自身的标注),但对于新输入,由于只由最近的一个训练集样本的类型确定其类型输出,对分类结果的可信度不高,分类误差(即泛化误差)较大,这是一种过拟合。但当 K 很大时,极限情况为当 $K=N$,即 K 为训练集样本数时,对于所有的新输入,输出类型都由训练集中数目最多的类型作为输出,无法反映样本集的局部性质,这显然是一种欠拟合情况。

本节通过两个易于理解的示例,直观地介绍了机器学习中的一些基本术语,包括模型、训练集、测试集、训练误差、测试误差、欠拟合、过拟合、泛化性能、正则化、超参数等。可以看到,在一种简单模型下,在给定的数据集下,因模型复杂度不同可能存在欠拟合或过拟合、训练误差和测试误差随模型复杂度有不同表现、泛化性能不同等现象。在完整的机器学习框架内,问题更复杂,尤其不同类型模型之间的各类性能更是相差甚远,对于解决一个实际问题,会遇到诸如模型表达能力、训练集规模、泛化误差界等问题,需要更好的理论指导。机器学习中的重要分支——机器学习理论,关注从理论上回答这些问题,但遗憾的是目前学习理论的结果与应用需求之间还有很大的缝隙,实际中更多的还是通过交叉验证等更实用的技术手段解决这些问题。本书将在第 5 章结合回归和分类问题,对机器学习理论进行简要介绍。

1.5 深度学习

深度学习(Deep Learning)被深入研究大约起始于 2006 年,目前深度学习的主要模型是深层神经网络,故人们认为这是神经网络(Neural Network,NN)方法的第 3 次复兴。在深度学习的名称出现之前,多层感知机(Multi-Layer Perceptron,MLP)、卷积神经网络(Convolutional Neural

Networks,CNN)和循环神经网络(Recurrent Neural Networks,RNN)等深度学习使用的主要网络结构已存在。深度学习通过改进训练算法适用于层数很多的网络,更重要的是数字化技术和互联网发展带来的大规模数据集、集成电路和计算技术的发展带来的大规模并行处理器和大型计算集群,为深度学习的实现提供了基础保证。

尽管深度学习目前非常活跃,但深度学习是机器学习中的一部分,其目的之一是改善传统机器学习的表示能力和泛化能力。

机器学习能够获得的样本数量,20 世纪 50 年代到 80 年代,规模大多在数百至数千量级,如 Iris 样本集只有 150 个样本。20 世纪 80 年代以后,统计学习占据了更主导的地位,一些具有数万样本的样本集逐渐出现,如前述的 MNIST 和 CIFAR-10 等。目前大规模数据集超过千万级样本已很常见,如 ImageNet 和用于机器翻译的 WMT 数据集等。在一些实际应用中,如电商平台的推荐系统,通过互联网容易收集百万量级以上的样本集。大规模数据集为深度学习提供了数据基础。

2006 年,G. Hinton 使用贪婪逐层预训练技术训练一种称为"深度信念网络"的模型,拉开了深度学习的帷幕。2012 年,Krizhevsky 等使用深度卷积网络在 ImageNet 的大型视觉识别比赛(ILSVRC)中,将前 5 错误率从 26.1%降低到 15.3%。此后用 DCNN 不断刷新记录,至 2015 年前 5 错误率降低到 3.6%,超过了人类水平。大约同期,在语音识别、机器翻译等领域,深度学习也取得了显著的进步,一些指标超过人类水平。在信息检索、商品推荐等应用上,深度学习同样取得了令人瞩目的成绩。结合深度学习的深度强化学习(Deep Reinforcement Learning,DRL)领域也产生了围棋软件 AlphaGo 和 AlphaZero 这样有突破的系统。

深度学习的一个重要特点是它是一种表示学习(Representation Learning)。对比表示学习,传统机器学习的一般方法是:从对象的原始输入抽取重要特征,形成特征向量,将特征向量输入机器学习模型中。深度学习一般可将对象的原始形式(不排除一些必要的剪裁和归一化等基本预处理)直接输入机器学习模型,由多层网络分层抽取各级特征,即模型自身可抽取特征。深度学习从处理对象抽取出嵌套的层次概念表示,由简单表示逐层演进到复杂表示,直到概括出高级的抽象表示,这是"表示学习"名词的由来。

深度学习是机器学习的一部分。可以看到在许多通用领域,如机器视觉、语音识别、机器翻译、推荐系统等,因其可获得大规模数据,利用深度学习可取得出色的效果。一般来讲,目前的深度学习至少需要数千样本才可能训练出可用的模型,但在图像识别、语音识别等领域,若要达到人类识别水平,则需要千万量级样本。一方面,对于深度学习,研究小样本学习技术已得到关注;另一方面,对于大量的复杂度适中、样本有限的专业应用,传统机器学习仍可以发挥重要作用。从全面了解机器学习和面向更全面应用的视角看,传统机器学习和深度学习都十分重要,本书尽可能做到这两方面的平衡。

目前,深度学习仍在快速发展中,2017 年提出的 Transformer 结构获得越来越多的应用,ChatGPT 等大模型均采用了 Transformer 结构,新的结构可能会被提出,相关深度学习理论研究也在进展中,本书尽可能为读者打好深度学习基础,读者可关注新的发展。

本章小结

本章作为机器学习的概论性内容,给出了机器学习入门所需的一些基本概念;对机器学习的各种类型做了简要的介绍,并讨论了构成机器学习的基本要素,介绍了机器学习中许多基本概念,通过简单示例进一步说明了这些概念；给出了关于机器学习训练、验证和测试的基本方法；最后讨论了作为机器学习一部分的深度学习的主要特点。

目前国际上已有多本相当深入和详尽的机器学习教材，如 Hastie 等的 *The Elements of Statistical Learning* 对统计学习有全面和系统的叙述；Bishop 的 *Pattern Recognition and Machine Learning* 的逻辑性和启发性很强，尤其强调了贝叶斯方法；Murphy 的 *Machine Learning* 在算法介绍上非常细致和全面；Goodfellow 等的 *Deep Learning* 是深度学习方面最具代表性的著作；Mohri 等的 *Foundations of Machine Learning* 则强调了机器学习理论。Bishop 等的新著 *Deep Learning：Foundations and Concepts* 对深度学习领域的新进展给出了较详细的介绍。如果读者对某方面更感兴趣，这些著作可作为学习本教材后的进阶读物。

本章习题

1. 什么是机器学习？或者怎样理解机器学习？
2. 机器学习算法有哪些基本类型？
3. 构造一个机器学习系统的基本元素是什么？
4. 机器学习模型有哪些类型？举例说明。
5. 解释名词：输入空间、输出空间、假设空间。
6. 怎样理解深度学习？
7. 讨论几个名词的含义：过拟合、泛化、正则性。
8. 什么是模型的参数和超参数？超参数有什么作用？怎样确定超参数？
9. 什么是表示学习？
10. 根据自己的专业方向或生活经历，设想一项机器学习任务，叙述用机器学习解决该任务的流程。

第 2 章 统计与优化基础

CHAPTER 2

在机器学习需要的基础知识中，统计和优化是最基本的。众多机器学习算法的性能评价或算法的目标函数需要用统计方法进行描述，多数算法的目标函数是所求参数的非线性函数，需要通过优化算法进行迭代计算。本章讨论这两方面的基础知识，使本书对这两方面内容具有自包含性，供读者复习或入门。需要指出的是，本章给出的这些材料仅仅为了本书的后续章节需要，是非常简略的，需要对统计和优化知识做更多了解的读者，可参考该领域的专门著作，幸运的是，这两个领域都有很优秀的经典教材。

2.1 概率基础

第 4 集
微课视频

本节给出概率论的一个基本介绍，对于缺乏概率论基础知识的读者提供一个最基础的入门，以便可以阅读后续章节，有概率论基础的读者可跳过本节。

由于离散随机变量和连续随机变量有许多数学表示上的不同，首先分别予以介绍。

2.1.1 离散随机变量

用大写符号 X 表示随机变量，若其取值为有限的离散值，则是离散随机变量。例如，游戏用的骰子有 6 个面，用随机变量 X 表示各面的点数，故 X 仅取 1～6 的 6 个值，X 取值为 2 的概率用符号 $p(X=2)$表示。以下概念说明中，都用骰子为例。概率的一种解释是先验的，如一个做工良好的新骰子，可先验地假设有 $p(X=x)=1/6$，其中 x 取 1～6 的整数。概率的一种直观解释是"频率"解释，即一个事件在很多次实验中出现的频度，如"两点"($X=2$)在很多次投掷中出现的频度。

假设有一个很旧的已磨损的骰子，需要估计其各面出现的概率，做很多次掷骰子实验，记录各点出现的次数。实验数据列于表 2.1.1 中，注意表中总计实验次数 $N=9800$。

表 2.1.1 掷骰子计数

X	计　数
1	1666
2	1470
3	1617
4	1715
5	1568
6	1764

由于实验次数充分多，可用一个事件的出现频度近似计算其概率，如点数 2 出现的概率，可近似计算为 $p(X=2)\approx 1470/9800=0.15$；类似地，可计算其他概率，由这个实验估计的离散随机变

量 X 的所有概率值如表 2.1.2 所示。

表 2.1.2 骰子各点数的概率

X	概 率
1	0.17
2	0.15
3	0.165
4	0.175
5	0.16
6	0.18

为了表示方便，用 $p(x)$ 表示概率 $p(X=x)$，在离散情况下变量 x 是只取自集合 $\{x_i\}_{i=1}^{K}$ 的离散值，实验次数为 N，$X=x_i$ 出现的次数为 n_i，以频率思想给出的概率为

$$p(x_i)=\lim_{N\to\infty}\frac{n_i}{N} \tag{2.1.1}$$

显然，概率满足基本性质

$$p(x)\geqslant 0 \tag{2.1.2}$$

$$\sum_x p(x)=1 \tag{2.1.3}$$

在机器学习中，常用到多个随机变量的联合概率，这里以两个随机变量的联合概率为例。设有两个旧骰子 A 和 B，随机选取一个投掷，用随机变量 Y 表示选择哪一个骰子，仍用 X 表示骰子的点数。例如，选择了 A 骰子并掷出点数 2 的概率可表示为 $p(Y=A, X=2)$。用 y 表示 Y 的取值，x 表示 X 的取值，用符号 $p(y,x)$ 表示联合概率 $p(Y=y, X=x)$。同样用频率方式可解释联合概率，随机选 A 或 B 两个骰子进行投掷，并记录各点出现的次数，共做了 $N=20000$ 次实验，结果如表 2.1.3 所示。

表 2.1.3 两个骰子投掷实验

X	计 数	
	A	B
1	1666	1700
2	1470	1720
3	1617	1580
4	1715	1810
5	1568	1510
6	1764	1880

由于实验次数较大，可用出现频度近似其概率，由表 2.1.3 可知投掷 A 骰子并得到点数 2 的概率为

$$p(Y=A, X=2)\approx 1470/20000=0.0735$$

估计的联合概率如表 2.1.4 所示。

表 2.1.4 两个骰子的联合概率估计

X	概 率	
	A	B
1	0.0833	0.085
2	0.0735	0.086

续表

X	概　率	
	A	B
3	0.08085	0.079
4	0.08575	0.0905
5	0.0784	0.0755
6	0.0882	0.094

推广式(2.1.1)，若总实验次数为 N，其中($Y=y_j, X=x_i$)出现的次数为 n_{ji}，则

$$p(y_j, x_i)=\lim_{N\to\infty}\frac{n_{ji}}{N}$$

以上是联合概率，也可以直接计算单个随机变量的概率，如 $Y=A$ 的概率，既然总数 $N=20000$ 次实验中，$Y=A$ 出现 $N_A=9800$ 次，则 $Y=A$ 的概率为

$$p(Y=A)=9800/20000=0.49$$

另外，在表 2.1.4 的联合概率中，对第 2 列中 X 的所有取值求和，也得到 $p(Y=A)$，即

$$\begin{aligned}p(Y=A)&=\sum_x P(Y=A,x)\\&=0.0833+0.0735+0.08085+0.08575+0.0784+0.0882\\&=0.49\end{aligned}\tag{2.1.4}$$

类似地，有

$$p(X=6)=\sum_y P(y, X=6)=0.0882+0.094=0.1822$$

在联合概率的语境中，若只考虑一个随机变量的概率，如 $p(Y=A)$，则称为边际概率。如果已经选定了骰子 A，求 X 的概率，称为条件概率，表示为 $p(X=x|Y=A)$，可简写为$p(x|A)$，注意在两个骰子的例子中，求 $p(x|A)$只需要表 2.1.3 中数据列的第 1 列数据，它与表 2.1.1 相同，故在两个随机变量情况下，表 2.1.2 的概率表示的是 $p(x|A)$，例如$p(X=2|A)=0.15$。

联合概率可分解为条件概率和边际概率的积，如表 2.1.4 中概率 $p(Y=A, X=2)=0.0735$ 可用如下乘积得到。

$$p(Y=A, X=2)=p(X=2 \mid Y=A)p(Y=A)=0.15\times 0.49=0.0735\tag{2.1.5}$$

在一些实际问题中，已经观察到了结果，希望推断原因。例如，已经知道一次掷骰子出现 6 点，希望推测是用的哪一个骰子，即需要计算 $p(Y=A|X=6)$和 $p(Y=B|X=6)$，只需要计算前者，由

$$p(Y=A, X=6)=p(X=6 \mid Y=A)p(Y=A)=p(Y=A \mid X=6)p(X=6)$$

故

$$p(Y=A \mid X=6)=\frac{p(Y=A, X=6)}{p(X=6)}=\frac{p(X=6 \mid Y=A)p(Y=A)}{p(X=6)}\tag{2.1.6}$$

显然，本例中用式(2.1.6)的后面两个式子都可以计算出 $p(Y=A|X=6)$，即

$$p(Y=A \mid X=6)=\frac{p(Y=A, X=6)}{p(X=6)}=\frac{0.0882}{0.1822}=0.484$$

由于概率和为 1，得 $p(Y=B|X=6)=1-p(Y=A|X=6)=0.516$，由此推测，若掷出 6 点，则选用 B 骰子的概率略大。这种由观测到的值推测是哪一个骰子，称为骰子的后验概率。

式(2.1.4)～式(2.1.6)是在具体例子下得到的几个概率关系，实际上这是概率论中最重要的

几个公式，下面给出其一般形式。

边际概率公式（和公式）为

$$p(x)=\sum_{y} p(y,x) \tag{2.1.7}$$

全概率公式（积公式）为

$$p(x,y)=p(x \mid y)p(y)=p(y \mid x)p(x) \tag{2.1.8}$$

贝叶斯公式为

$$p(y \mid x)=\frac{p(x,y)}{p(x)}=\frac{p(x \mid y)p(y)}{p(x)} \tag{2.1.9}$$

2.1.2 连续随机变量

对于连续随机变量 X，可定义概率分布函数为

$$F(x)=P\{X \leqslant x\} \tag{2.1.10}$$

注意，这里用大写 P 表示一个事件的概率，将小写 p 留给概率密度函数。如果有多个随机变量 $X_1,X_2,\cdots,X_M$，其联合概率分布函数定义为

$$F(x_1,x_2,\cdots,x_M)=P\{X_1 \leqslant x_1,X_2 \leqslant x_2,\cdots,X_M \leqslant x_M\} \tag{2.1.11}$$

1. 概率密度函数

对于连续随机变量，更常用的是概率密度函数（Probability Density Function，PDF），记为 $p(x)$。可以这样理解概率密度函数：设 Δ 很小，由 $F(x)$的定义，$x-\Delta<X\leqslant x$ 的概率为 $F(x)-F(x-\Delta)$，用 PDF 表示，该概率近似为 $p(x)\Delta$，则

$$p(x)\approx\frac{F(x)-F(x-\Delta)}{\Delta}$$

取 $\Delta\to 0$ 的极限，如果 $F(x)$对 x 可导，则

$$p(x)=\frac{\mathrm{d}F(x)}{\mathrm{d}x} \tag{2.1.12}$$

对于联合概率分布，如果 $F(x_1,x_2,\cdots,x_M)$分别对 $x_1,x_2,\cdots,x_M$ 是可导的，则联合概率密度函数为

$$p(x_1,x_2,\cdots,x_M)=\frac{\partial F(x_1,x_2,\cdots,x_M)}{\partial x_1\partial x_2\cdots\partial x_M} \tag{2.1.13}$$

PDF 满足非负性和在取值区间积分为 1，即

$$\int\cdots\int p(x_1,x_2,\cdots,x_{M-1},x_M)\mathrm{d}x_1\mathrm{d}x_2\cdots\mathrm{d}x_M=1 \tag{2.1.14}$$

可用向量 $\boldsymbol{X}=[X_1,X_2,\cdots,X_M]^{\mathrm{T}}$ 表示多个随机变量，其取值向量为 $\boldsymbol{x}=[x_1,x_2,\cdots,x_M]^{\mathrm{T}}$，用紧凑符号 $p(\boldsymbol{x})$表示随机向量的概率密度函数，在概率论中，一般强调用 $\boldsymbol{X}$ 表示随机变量自身，用 $\boldsymbol{x}$ 表示其取值变量，但在许多工程文献中，为了符号简单，常用 $\boldsymbol{x}$ 表示这两个含义，一般不会引起歧义。

在实际中，人们已经给出了许多概率密度函数，用于表示一些实际问题，这里举两个常用的例子。

例 2.1.1 若一个随机变量满足$[a,b]$区间的均匀分布，其概率密度函数写为

$$p(x)=\begin{cases}\dfrac{1}{b-a}, & a\leqslant x\leqslant b\\ 0, & \text{其他}\end{cases} \tag{2.1.15}$$

例 2.1.2 若一个随机变量满足如下概率密度函数，则称其满足高斯分布或正态分布，其中 μ 为其均值，σ^2 为其方差，概率密度函数的图形表示如图 2.1.1 所示。

$$p(x)=\frac{1}{\sqrt{2\pi}\sigma}\mathrm{e}^{-\frac{(x-\mu)^2}{2\sigma^2}} \tag{2.1.16}$$

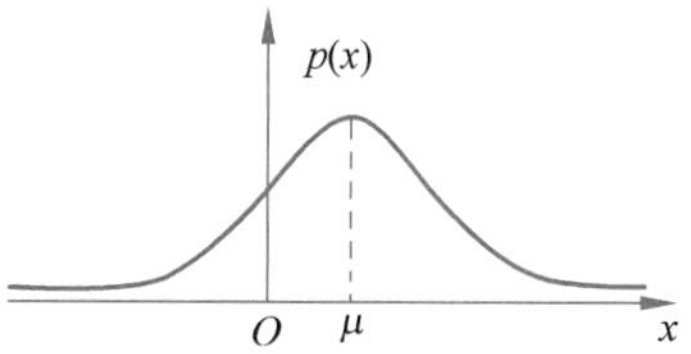

图 2.1.1 高斯分布概率密度函数

对于联合概率密度函数，若满足

$$p(x_1,x_2,\cdots,x_M)=p_1(x_1)p_2(x_2)\cdots p_M(x_M) \tag{2.1.17}$$

则称各随机变量是互相统计独立的。如果各变量的概率密度函数 $p_i(x_i)=p(x_i)$是相同函数，则称它们是独立同分布(Independent Identically Distributed，IID)的，机器学习中的样本集经常假设满足 IID 性，IID 性可推广到每个 x_i 是同维度向量的情况。

如果

$$p(x_1,x_2,\cdots,x_M)=p(x_1,x_2,\cdots,x_l)p(x_{l+1},\cdots,x_M) \tag{2.1.18}$$

则称$\{x_1,x_2,\cdots,x_l\}$和$\{x_{l+1},\cdots,x_M\}$两个子集是统计独立的，但在每个子集内各变量不一定独立。

如果已知一个联合概率密度函数 $p(x_1,x_2,\cdots,x_M)$，通过在其取值区间积分消去一些变量，得到剩下的子集变量的联合概率密度函数，这个子集变量的联合概率密度函数相对原联合概率密度函数称为边际分布，如

$$p(x_1,x_2,\cdots,x_{M-1})=\int p(x_1,x_2,\cdots,x_{M-1},x_M)\mathrm{d}x_M$$

$$p(x_1)=\int\cdots\int p(x_1,x_2,\cdots,x_{M-1},x_M)\mathrm{d}x_2\cdots\mathrm{d}x_M$$

2. 随机变量函数的概率密度

如果由随机变量 X 通过一个函数 $g(\cdot)$产生另外一个随机变量 Y，其取值满足

$$y=g(x) \tag{2.1.19}$$

若对于给定的值 y，$y=g(x)$有唯一解 $x=g^{-1}(y)$，这里 $g^{-1}(\cdot)$表示 g 的反函数，则由 X 的概率密度函数 $p(x)$，得到 Y 的概率密度函数 $p_y(y)$为

$$p_y(y)=\frac{p(x)}{|g'(x)|}=\frac{p(g^{-1}(y))}{|g'(g^{-1}(y))|} \tag{2.1.20}$$

其中，$g'(x)$表示对 $g(x)$求导。

例 2.1.3 若一个随机变量 X 的概率密度函数 $p(x)$，且 Y 与 X 的取值关系为

$$y=ax+b$$

由于 $g(x)=ax+b$，故 $g'(x)=a$，并且 $y=g(x)$的唯一解为 $x=\frac{y-b}{a}$，故概率密度函数$p_y(y)$为

$$p_y(y)=\frac{p(x)}{|g'(x)|}=\frac{1}{|a|}p\left(\frac{y-b}{a}\right)$$

$a=1$ 时，$p_y(y)=p(y-b)$，两个随机变量相差一个常数时，其概率密度函数平移相同的常数。

设有一组随机变量$\{X_1,X_2,\cdots,X_M\}$的联合概率密度函数为 $p(x_1,x_2,\cdots,x_M)$，通过一组变换函数$\{g_1(\cdot),g_2(\cdot),\cdots,g_M(\cdot)\}$得到另一组随机变量$\{Y_1,Y_2,\cdots,Y_M\}$，取值关系为

$$\begin{cases} y_1=g_1(x_1,x_2,\cdots,x_M) \\ y_2=g_2(x_1,x_2,\cdots,x_M) \\ \quad\vdots \\ y_M=g_M(x_1,x_2,\cdots,x_M) \end{cases} \tag{2.1.21}$$

以上方程组对给定的 $y_1,y_2,\cdots,y_M$ 有唯一解 $x_1,x_2,\cdots,x_M$，则 $\{Y_1,Y_2,\cdots,Y_M\}$ 的联合概率密度函数 $p_Y(y_1,y_2,\cdots,y_M)$ 为

$$p_Y(y_1,y_2,\cdots,y_M)=\frac{p(x_1,x_2,\cdots,x_M)}{|J(x_1,x_2,\cdots,x_M)|} \tag{2.1.22}$$

其中，

$$J(x_1,x_2,\cdots,x_M)=\begin{vmatrix} \dfrac{\partial g_1}{\partial x_1} & \cdots & \dfrac{\partial g_1}{\partial x_M} \\ \vdots & & \vdots \\ \dfrac{\partial g_M}{\partial x_1} & \cdots & \dfrac{\partial g_M}{\partial x_M} \end{vmatrix} \tag{2.1.23}$$

称为变换函数组 $\{g_1(\cdot),g_2(\cdot),\cdots,g_M(\cdot)\}$ 的雅可比行列式。

3. 条件概率密度

与离散情况类似，条件概率是很常用的概念。对于两个随机变量 X_1 和 X_2，假设其联合概率密度函数为 $p(x_1,x_2)$，在 $X_1=x_1$ 确定的条件下，$X_2=x_2$ 的条件概率密度函数记为 $p(x_2|x_1)$，则有

$$p(x_2\mid x_1)=\frac{p(x_1,x_2)}{p(x_1)} \tag{2.1.24}$$

反之，由条件概率密度函数，也可以得到联合概率密度函数为

$$p(x_1,x_2)=p(x_2\mid x_1)p(x_1) \tag{2.1.25}$$

显然，改变 x_1 和 x_2 的作用，式(2.1.25)可进一步写为

$$p(x_1,x_2)=p(x_2\mid x_1)p(x_1)=p(x_1\mid x_2)p(x_2) \tag{2.1.26}$$

可将条件概率密度概念推广到更一般情况，对 $\{X_1,X_2,\cdots,X_M\}$ 的联合概率密度函数 $p(x_1,x_2,\cdots,x_M)$，更一般的条件概率密度函数可写为

$$p(x_M,x_{M-1},\cdots,x_{k+1}\mid x_k,\cdots,x_1)=\frac{p(x_1,x_2,\cdots,x_k,\cdots,x_{M-1},x_M)}{p(x_1,\cdots,x_k)} \tag{2.1.27}$$

对于条件概率密度函数，不难导出其链式法则(证明留作习题)为

$$p(x_1,\cdots,x_{M-1},x_M)=p(x_M|x_{M-1},\cdots,x_1)\cdots p(x_2\mid x_1)p(x_1) \tag{2.1.28}$$

4. 连续与离散随机变量的统一表示

前面分别介绍了离散和连续随机变量，尽管有不同，但一些公式是相同的，如全概率公式或条件概率公式等形式上是一致的，但求边际分布时，离散用求和，连续用积分，这种区别在后续很多应用中都是类似的。为了减少符号类型，尽管都用函数形式 $p(x)$，对于离散随机变量 X，其表示 $X=x$ 的概率值；但对于连续随机变量，其表示 $X=x$ 的概率密度值，连续随机变量 $X=x$ 的概率是无穷小量，故需要用概率密度表示。在机器学习中，遇到的对象既可能是离散的，也可能是连续的，均用 $p(x)$ 表示其概率函数。具体是表示概率值还是概率密度函数，通过上下文判断不会引起歧义。

可以通过引入冲激函数 $\delta(x)$，将取值连续和取值离散的随机变量统一用概率密度函数表示。对于离散随机变量 X，其只可能取 $\{x_1,x_2,\cdots,x_K\}$ 集合中的值，若 $p(X=x_i)=p_i$，其概率密度函数可表示为

$$p(x)=\sum_{k=1}^{K}p_i\delta(x-x_i) \tag{2.1.29}$$

这里的 $\delta(x)$ 称为冲激函数，是一个广义函数，由狄拉克给出的定义为

$$\begin{cases}\int_{-\infty}^{+\infty}\delta(t)\mathrm{d}t=1\\ \delta(t)=0,t\neq 0\Rightarrow\delta(t)\mid_{t=0}=\infty\end{cases}$$

其最基本的性质为抽取性质，即 $f(t)\delta(t)=f(0)\delta(t)$，这里 $f(t)$ 在 $t=0$ 连续。还有积分抽取性质：$\int_{-\infty}^{+\infty}\delta(t-t_i)f(t)\mathrm{d}t=f(t_i)$，后文会用到冲激函数的这个性质。

例 2.1.4 用 X 表示投一枚硬币，仅取 0 和 1 值分别表示正面(头像)和反面，若两面出现的概率相等，则是最简单的离散随机变量，利用冲激函数将概率密度函数写为

$$p(x)=0.5\delta(x)+0.5\delta(x-1)$$

对于离散随机变量，可以使用 2.1.1 节的概率函数表示，也可以使用这里给出的冲激函数表示的概率密度函数表示，在一个实际问题中使用表示方便的方法。

2.1.3 随机变量的基本特征

除概率表示外，还常用一些随机变量的特征，用于描述随机变量的一些性质。最常用的统计特征量是它的一阶和二阶特征，包括均值和方差，这里首先用连续变量的表示方式进行定义。

均值(一阶特征)

$$\mu=E[X]=\int xp(x)\mathrm{d}x \tag{2.1.30}$$

方差(二阶特征)

$$\sigma^2=E\left[(X-E[X])^2\right]=\int(x-\mu)^2p(x)\mathrm{d}x \tag{2.1.31}$$

其中，$E[\cdot]$ 表示数学期望。对于连续随机变量，$\mu=E[X]$ 表示其均值；方差 σ^2 表示随机变量取值远离均值的发散程度。σ^2 越小，概率密度函数越集中在均值附近；σ^2 越大，概率密度函数越散布在更宽的范围内，对于随机变量，取值的发散程度实际表现其取值的不确定性。方差的平方根 σ 称为标准差，可更直接地表示不确定性。

如例 2.1.2 的高斯分布，其概率密度的最大值为 $x=\mu$，计算可得 X 取值落在 $[\mu-2\sigma,\mu+2\sigma]$ 区间的概率约为 0.95，计算过程为

$$P\{\mu-2\sigma\leqslant x\leqslant\mu+2\sigma\}=\int_{\mu-2\sigma}^{\mu+2\sigma}p(x)\mathrm{d}x\approx 0.95$$

即高斯分布的取值有 95% 的可能在以 μ 为中心 $\pm 2\sigma$ 的范围内。因此，σ 越小，高斯概率密度就越窄地集中在均值附近，当 $\sigma\to 0$ 时高斯分布趋于一个冲激函数 $\delta(x-\mu)$，此时其退化为确定量，以概率 1 取值 μ。在机器学习中，方差是刻画一个模型和算法是否有效的评价指标之一。

更一般地，考虑任何一个函数 $g(\cdot)$，随机变量的函数的期望定义为

$$E[g(X)]=\int g(x)p(x)\mathrm{d}x \tag{2.1.32}$$

显然，均值和方差是函数期望的两个特例。

以上是用连续变量给出的特征定义，以式(2.1.32)的函数期望为例，考虑离散情况，设离散随机变量 X，取值集合为 $\{x_1,x_2,\cdots,x_K\}$，且 $p(X=x_i)=p_i$，将式(2.1.29)表示的离散概率密度函数代入式(2.1.32)得

$$E[g(X)]=\int g(x)p(x)\mathrm{d}x=\int g(x)\sum_{k=1}^{K}p_i\delta(x-x_i)\mathrm{d}x$$

$$=\sum_{k=1}^{K} p_i \int g(x)\delta(x-x_i)\mathrm{d}x=\sum_{k=1}^{K} p_i g(x_i)$$

以上使用了冲激函数的积分抽取性质，结果重写如下。

$$E[g(X)]=\sum_{k=1}^{K} p_i g(x_i) \tag{2.1.33}$$

实际上，对离散信号可以直接定义式(2.1.33)作为函数期望。通过离散随机变量的冲激函数表示的概率密度方式，从连续的积分定义也导出同样结果。因为这种统一性，后续讨论一些统计方法的计算时，若只对离散情况，可直接用式(2.1.33)的和式，但若对连续和离散做统一的处理时，采用积分公式，积分公式包含了离散作为特殊情况。

实际中常使用随机向量，如机器学习中样本的特征大多是向量形式。考虑 M 个随机变量排成一个列向量。对于随机向量，其均值向量由各元素的均值组成同维度向量，对于二阶特征，随机向量常用的是自相关矩阵和自协方差矩阵，其定义如下。

定义 2.1.1 设 M 维随机向量的取值用向量 $\boldsymbol{x}=[x_1,x_2,\cdots,x_M]^{\mathrm{T}}$ 表示，向量各分量取自一个随机变量 X_k，其自相关矩阵定义为向量外积的期望，即

$$\boldsymbol{R}_{xx}=E[\boldsymbol{x}\boldsymbol{x}^{\mathrm{T}}] \tag{2.1.34}$$

这是一个 $M\times M$ 维方阵。随机向量的均值向量记为 $\boldsymbol{\mu}_x=E[\boldsymbol{x}]$，随机向量的自协方差矩阵定义为

$$\boldsymbol{C}_{xx}=E[(\boldsymbol{x}-\boldsymbol{\mu}_x)(\boldsymbol{x}-\boldsymbol{\mu}_x)^{\mathrm{T}}]=\boldsymbol{R}_{xx}-\boldsymbol{\mu}_x\boldsymbol{\mu}_x^{\mathrm{T}} \tag{2.1.35}$$

对于零均值情况，自协方差矩阵就等于自相关矩阵。在不引起误解的情况下，可省略矩阵的下标，简写成 $\boldsymbol{R}$ 和 $\boldsymbol{C}$。

自协方差矩阵的各元素可表示为 $c_{ij}=E[(x_i-\mu_{x_i})(x_j-\mu_{x_j})]$，可见自协方差矩阵的对角线元素对应向量中每个分量的方差，而非对角线元素对应向量中两个不同分量的互协方差。自协方差矩阵是对一般随机向量的一个重要特征，有以下几个基本性质。

(1) 自协方差矩阵是对称的，即 $\boldsymbol{C}^{\mathrm{T}}=\boldsymbol{C}$。

(2) 自协方差矩阵是半正定的，即对任意 M 维数据向量 $\boldsymbol{a}\neq\boldsymbol{0}$($\boldsymbol{0}$ 表示全 0 值向量)，有 $\boldsymbol{a}^{\mathrm{T}}\boldsymbol{C}\boldsymbol{a}\geqslant 0$，一般情况下，$\boldsymbol{C}$ 是正定的，即 $\boldsymbol{a}^{\mathrm{T}}\boldsymbol{C}\boldsymbol{a}>0$ 成立。

(3) 特征分解。由矩阵理论(对称，半正定)知，自协方差矩阵的特征值总是大于或等于零，如果自协方差矩阵是正定的，它的特征值总是大于零，不同的两个特征值对应的特征向量是正交的。

设自协方差矩阵 $\boldsymbol{C}$ 的 M 个特征值分别为 $\lambda_1,\lambda_2,\cdots,\lambda_M$，各特征值对应的特征向量为 $\boldsymbol{q}_1,\boldsymbol{q}_2,\cdots,\boldsymbol{q}_M$。设其是长度为 1 的归一化向量，即

$$\boldsymbol{q}_i^{\mathrm{T}}\boldsymbol{q}_j=\begin{cases}1, & i=j\\ 0, & i\neq j\end{cases}$$

以特征向量作为列构成的矩阵 $\boldsymbol{Q}$ 称为特征矩阵，即

$$\boldsymbol{Q}=[\boldsymbol{q}_1,\boldsymbol{q}_2,\cdots,\boldsymbol{q}_M] \tag{2.1.36}$$

容易验证，自协方差矩阵可以分解为

$$\boldsymbol{C}=\boldsymbol{Q}\boldsymbol{\Lambda}\boldsymbol{Q}^{\mathrm{T}}=\sum_{i=1}^{M}\lambda_i\boldsymbol{q}_i\boldsymbol{q}_i^{\mathrm{T}} \tag{2.1.37}$$

其中，$\boldsymbol{\Lambda}=\mathrm{diag}(\lambda_1,\lambda_2,\cdots,\lambda_M)$为由特征值组成的对角矩阵。$\boldsymbol{Q}$ 为正交矩阵，即 $\boldsymbol{Q}^{-1}=\boldsymbol{Q}^{\mathrm{T}}$。

2.1.4 随机特征的蒙特卡洛逼近

式(2.1.32)表示的随机变量函数的期望是一般的形式，大多数所使用的特征是该式的特例，

将其重新写为以下向量形式。

$$E[\boldsymbol{g}(\boldsymbol{X})]=\int \boldsymbol{g}(\boldsymbol{x})p(\boldsymbol{x})\mathrm{d}\boldsymbol{x} \tag{2.1.38}$$

式(2.1.38)中的积分符号可表示多重积分,$\boldsymbol{g}$ 可以是标量函数,也可以是向量函数。

利用式(2.1.38)计算期望在许多情况下是困难甚至不可能的,当 $p(\boldsymbol{x})$是很复杂的概率密度函数时,积分没有解析结果,需要进行逼近运算。一种办法是通过概率密度函数 $p(\boldsymbol{x})$,产生一组样本,即

$$\{\boldsymbol{x}_n, n=1,2,\cdots,N\} \tag{2.1.39}$$

通过样本逼近式(2.1.38)的积分。在机器学习这样的领域应用时,甚至不知道准确的 $p(\boldsymbol{x})$,只能从实际中采集一组如式(2.1.39)所示的样本集,在这些情况下,需要用样本逼近期望,这种用样本集逼近函数期望的方法称为蒙特卡洛逼近。

蒙特卡洛逼近的基本做法是,通过式(2.1.39)的样本集,首先逼近概率密度函数,最直接的逼近是将每个样本用一个冲激函数表示(这是2.6节Parzen窗方法的一种极端情况),即

$$\hat{p}(\boldsymbol{x})=\frac{1}{N}\sum_{i=1}^{N}\delta(\boldsymbol{x}-\boldsymbol{x}_n) \tag{2.1.40}$$

代入式(2.1.38),有

$$\begin{aligned}E[\boldsymbol{g}(\boldsymbol{x})]&=\int \boldsymbol{g}(\boldsymbol{x})p(\boldsymbol{x})\mathrm{d}\boldsymbol{x}\approx\frac{1}{N}\int \boldsymbol{g}(\boldsymbol{x})\sum_{i=1}^{N}\delta(\boldsymbol{x}-\boldsymbol{x}_n)\mathrm{d}\boldsymbol{x}\\&=\frac{1}{N}\sum_{n=1}^{N}\boldsymbol{g}(\boldsymbol{x}_n)\end{aligned} \tag{2.1.41}$$

在 $p(\boldsymbol{x})$取值大的位置,样本 $\boldsymbol{x}_n$ 会很密集,蒙特卡洛逼近用这种方式反映了概率分布。

例 2.1.5 一组标量样本$\{x_n, n=1,2,\cdots,N\}$,样本是IID的,其均值为 μ,方差为 σ^2,均值未知,用蒙特卡洛方法逼近其均值。

本例中求均值,故 $g(x)=x$,代入式(2.1.41)的均值逼近为

$$\hat{\mu}=\frac{1}{N}\sum_{n=1}^{N}x_n \tag{2.1.42}$$

由于用有限随机样本估计 μ,估计值 $\hat{\mu}$ 也是随机变量,该估计值的均值为

$$E[\hat{\mu}]=E\left[\frac{1}{N}\sum_{n=1}^{N}x_n\right]=\frac{1}{N}\sum_{n=1}^{N}E[x_n]=\mu$$

估计的均值等于真实均值,这种估计称为无偏估计。接下来计算 $\hat{\mu}$ 的方差,即

$$\begin{aligned}\sigma_{\hat{u}}^2&=E[(\hat{\mu}-E[\hat{\mu}])^2]=\underbrace{E\left[\left(\frac{1}{N}\sum_{n=1}^{N}x_n-\mu\right)^2\right]}_{①}\\&=\underbrace{\frac{1}{N^2}\sum_{n=1}^{N}E[(x_n-\mu)^2]=\frac{\sigma^2}{N}}_{②}\end{aligned} \tag{2.1.43}$$

这里关键的一步,从式①到式②用了IID性。

注意到,估计的参数 $\hat{\mu}$ 的方差随样本数 N 线性下降,对于IID集,方差的这个下降规律具有一般性,即样本数量增加,参数估计的方差减小,可确定性提高。实际的许多方法,估计值既存在偏差,也存在方差,两者之间需做平衡。第4章研究了回归算法以后,再对机器学习中偏差与方差的平衡做进一步讨论。

在第 1 章讨论机器学习的风险函数时，对于监督学习，可定义样本的损失函数为$L(f(\boldsymbol{x};\boldsymbol{\theta}),y)$，其中 $f(\boldsymbol{x};\boldsymbol{\theta})$为机器学习要训练的模型，$\boldsymbol{\theta}$ 为模型参数，$L(\cdot,\cdot)$为选择的一种损失函数，样本的联合分布为$p(\boldsymbol{x},y)$，若定义 $L(\cdot,\cdot)$的期望为风险函数，即

$$J^*(\boldsymbol{\theta})=E_{p(\boldsymbol{x},y)}[L(f(\boldsymbol{x};\boldsymbol{\theta}),y)] \tag{2.1.44}$$

但实际上只有一个样本集 $D=\{(\boldsymbol{x}_n,y_n),n=1,2,\cdots,N\}$，需要用蒙特卡洛近似逼近风险函数，即用 $\hat{p}$ 替代 p，则有

$$J(\boldsymbol{\theta})=E_D[L(f(\boldsymbol{x};\boldsymbol{\theta}),y)]=\frac{1}{N}\sum_{n=1}^{N}L(f(\boldsymbol{x}_n;\boldsymbol{\theta}),y_n) \tag{2.1.45}$$

由于只用样本集逼近，将式(2.1.45)表示的 $J(\boldsymbol{\theta})$称为经验风险函数，$J^*(\boldsymbol{\theta})$最小化一般不可求，转而求对 $J(\boldsymbol{\theta})$的最小化，这是机器学习的基本做法，同时也是许多困扰性问题的起源(如泛化误差、过拟合等)。

> 本节注释　如式(2.1.39)所示，从概率密度函数 $p(x)$产生一组样本，也称为从 $p(x)$采样一组样本，由 $p(x)$产生样本是一种专门技术，对于均匀分布，高斯分布等已有成熟方法，高级编程语言也提供专门函数，本书不专门介绍具体算法。

2.2 概率实例

在机器学习领域常用到一些具体的概率函数，包括离散随机变量和连续随机变量。对于离散随机变量，一般直接给出其概率取值函数；对于连续随机变量，一般给出概率密度函数，不失一般性，都称为概率函数。为了后续章节应用方便，本节将罗列一些本书最常用的概率函数及其基本特征。

2.2.1 离散随机变量示例

下面介绍几个常用的离散随机变量，其中二元分布和多元分布在表示分类问题的类别输出中经常使用。

1. 二元分布和二项分布

一个随机变量 X 只取两个值，用 0 和 1 表示其取值，称为二元分布或伯努利分布(Bernoulli Distribution)。在只有两类的二分类问题中，经常用二元随机变量取某值的概率表示每类的概率。用参数 μ 表示 X 取值为 1 的概率，即

$$p(X=1|\mu)=\mu$$

注意，用符号“$|\mu$”表示 μ 为该概率函数的参数。由于 X 只取两个值，用变量 x 表示 X 可能的取值，故将伯努利分布的概率函数写为紧凑的数学形式，即

$$p(x|\mu)=p(X=x|\mu)=\mu^x(1-\mu)^{1-x},x\in\{0,1\} \tag{2.2.1}$$

容易计算，X 的均值和方差分别为

$$E[X]=\mu$$
$$\mathrm{Var}[X]=\mu(1-\mu)$$

在后文中，若不存在理解模糊的情况下，不再区分符号 X 和 x。

若有 N 个独立的伯努利变量 X_i，$1\leqslant i\leqslant N$，定义一个新的随机变量 $Y=\sum_{i=1}^{N}X_i$，则称 Y 服从

二项分布(Binomial Distribution),其概率函数为

$$p(y \mid N, \mu) = p(Y = y \mid N, \mu) = \binom{N}{y} \mu^{y} (1-\mu)^{N-y} \tag{2.2.2}$$

y 取整数,满足 $0 \leqslant y \leqslant N$,这里

$$\binom{N}{y} = \frac{N!}{y!(N-y)!}$$

容易计算(留作习题)

$$E[Y] = N\mu$$
$$\operatorname{Var}[Y] = N\mu(1-\mu)$$

2. 多元分布和多项分布

比二元分布更一般的是,一个离散随机变量 X 可取 K 个不同的值。直接的表示就是定义 X 取不同值的概率,即 $p(X=k \mid \boldsymbol{\mu}) = \mu_k$,$1 \leqslant k \leqslant K$,这里有 K 个参数 μ_k,因为有限制条件 $\sum_{k=1}^{K} \mu_k = 1$,故只有 $K-1$ 个自由度。令 $1 \leqslant x \leqslant K$ 为一个整型变量,则 X 的概率函数可写为

$$p(x \mid \boldsymbol{\mu}) = p(X = x \mid \boldsymbol{\mu}) = \prod_{k=1}^{K} \mu_k^{I(x=k)} \tag{2.2.3}$$

其中,$I(\cdot)$为示性函数,其变量为逻辑量,定义为:I(真)$=1$,I(假)$=0$。

在分类问题中,若用 X 表示 K 个不同类型,可用以上讨论的 X 直接取 K 个不同标量值的表示方法,另一种常用方法是用所谓 1-of-K 编码或称独热编码方式,即用一个 K 维向量 $\boldsymbol{x} = [x_1, x_2, \cdots, x_K]^{\mathrm{T}}$ 表示 X 的不同取值,当 X 取 k 时,$x_k = 1$,$x_j = 0$,$j \neq k$,即 $\boldsymbol{x}$ 向量中只有一个元素为 1,其他为 0,用这种编码表示方式,数学上更简洁。例如,X 代表骰子的面,有 6 个取值,则可用向量 $\boldsymbol{x} = [x_1, x_2, \cdots, x_6]^{\mathrm{T}}$ 表示,若 X 取 4,则对应向量 $\boldsymbol{x} = [0,0,0,1,0,0]^{\mathrm{T}}$。用编码向量 $\boldsymbol{x}$ 表示的概率函数为

$$p(\boldsymbol{x} \mid \boldsymbol{\mu}) = \prod_{k=1}^{K} \mu_k^{x_k} \tag{2.2.4}$$

若独立产生 N 个编码的 $\boldsymbol{x}_n$,则 $\boldsymbol{y} = \sum_{n=1}^{N} \boldsymbol{x}_n$ 得到多项分布,其概率函数为

$$p(\boldsymbol{y} \mid \boldsymbol{\mu}) = \binom{N}{y_1, y_2, \cdots, y_K} \prod_{k=1}^{K} \mu_k^{y_k} \tag{2.2.5}$$

其中,排列组合式为

$$\binom{N}{y_1, y_2, \cdots, y_K} = \frac{N!}{y_1! y_2! \cdots y_K!}$$

3. 二元和多元分布的共轭分布

在二元或多元概率函数中,存在参数$\boldsymbol{\mu}$,一些机器学习算法需要估计这些参数。如果用 2.3 节介绍的最大似然方法估计参数,则只需要采集的样本集;但若使用 2.4 节介绍的贝叶斯方法,则还需要有待估计参数的先验概率,即对待估计参数$\boldsymbol{\mu}$ 的概率假设。注意到,$\boldsymbol{\mu}$ 自身是连续的,但作为离散变量概率函数的参数,其概率函数也在本节介绍。

在进行贝叶斯估计时,需要选择$\boldsymbol{\mu}$ 的概率函数,一种方法是首先考虑选择所谓的"共轭"概率函数。在伯努利的概率函数式(2.2.1)中,μ 是以 μ 或$(1-\mu)$的指数形式出现的,若 μ 自身的先验概率也以这种形式表示,则称为共轭概率函数。对于 μ 的概率密度函数,一种共轭形式是贝塔分

布，即

$$\text{beta}(\mu \mid \alpha, \beta) = \frac{\Gamma(\alpha+\beta)}{\Gamma(\alpha)\Gamma(\beta)} \mu^{\alpha-1}(1-\mu)^{\beta-1}, \quad 0 < \mu < 1 \tag{2.2.6}$$

其中，α 和 β 为贝塔分布的参数；$\Gamma(\alpha)$ 为伽马函数，定义为

$$\Gamma(\alpha) = \int_0^{+\infty} x^{\alpha-1} \mathrm{e}^{-x} \mathrm{d}x$$

可以算出贝塔分布均值为

$$E[\mu] = \int_0^1 \mu \cdot \text{beta}(\mu \mid \alpha, \beta) \mathrm{d}\mu = \frac{\alpha}{\alpha+\beta}$$

类似地，对于多元分布，其参数为向量 $\boldsymbol{\mu} = [\mu_1, \mu_2, \cdots, \mu_K]^{\mathrm{T}}$，其共轭分布称为 Dirichlet 分布，其概率密度函数为

$$\text{Dir}(\boldsymbol{\mu} \mid \boldsymbol{\alpha}) = \frac{\Gamma(\alpha_0)}{\Gamma(\alpha_1)\Gamma(\alpha_2)\cdots\Gamma(\alpha_K)} \prod_{k=1}^{K} \mu_k^{\alpha_k - 1} \tag{2.2.7}$$

其中，$\alpha_0 = \sum_{k=1}^{K} \alpha_k$。

2.2.2 高斯分布

最常用的连续随机向量是高斯分布。这里用符号 $\boldsymbol{x} = [x_1, x_2, \cdots, x_M]^{\mathrm{T}}$ 表示一个随机向量，为了化简符号，向量符号 $\boldsymbol{x}$ 既表示随机向量自身，又表示它的取值变量，M 维实高斯分布的联合概率密度函数为

$$p_x(\boldsymbol{x}) = \frac{1}{(2\pi)^{M/2} \det^{1/2}(\boldsymbol{C}_{xx})} \exp\left[-\frac{1}{2}(\boldsymbol{x} - \boldsymbol{\mu}_x)^{\mathrm{T}} \boldsymbol{C}_{xx}^{-1} (\boldsymbol{x} - \boldsymbol{\mu}_x)\right] \tag{2.2.8}$$

其中，$\boldsymbol{C}_{xx}$ 表示随机向量 $\boldsymbol{x}$ 的自协方差矩阵；$\boldsymbol{\mu}_x$ 为均值向量。

当均值为零时，以自相关矩阵 $\boldsymbol{R}_{xx}$ 代替自协方差矩阵 $\boldsymbol{C}_{xx}$。服从 M 维高斯分布的随机向量 $\boldsymbol{x}$ 可以用符号 $\boldsymbol{x} \sim N(\boldsymbol{x} \mid \boldsymbol{\mu}_x, \boldsymbol{C}_{xx})$ 表示，这里 $N(\boldsymbol{x} \mid \boldsymbol{\mu}_x, \boldsymbol{C}_{xx})$ 代表的是式(2.2.8)的概率密度函数。

对于 $\boldsymbol{\mu}_x$ 和 $\boldsymbol{C}_{xx}$ 的含义，确实可通过如下积分计算得到证实。

$$E[\boldsymbol{x}] = \int \boldsymbol{x} \frac{1}{(2\pi)^{M/2} \det^{1/2}(\boldsymbol{C}_{xx})} \exp\left[-\frac{1}{2}(\boldsymbol{x} - \boldsymbol{\mu}_x)^{\mathrm{T}} \boldsymbol{C}_{xx}^{-1} (\boldsymbol{x} - \boldsymbol{\mu}_x)\right] \mathrm{d}\boldsymbol{x} = \boldsymbol{\mu}_x$$

$$\begin{aligned} & E[(\boldsymbol{x} - \boldsymbol{\mu}_x)(\boldsymbol{x} - \boldsymbol{\mu}_x)^{\mathrm{T}}] \\ = & \int (\boldsymbol{x} - \boldsymbol{\mu}_x)(\boldsymbol{x} - \boldsymbol{\mu}_x)^{\mathrm{T}} \frac{1}{(2\pi)^{M/2} \det^{1/2}(\boldsymbol{C}_{xx})} \exp\left[-\frac{1}{2}(\boldsymbol{x} - \boldsymbol{\mu}_x)^{\mathrm{T}} \boldsymbol{C}_{xx}^{-1} (\boldsymbol{x} - \boldsymbol{\mu}_x)\right] \mathrm{d}\boldsymbol{x} = \boldsymbol{C}_{xx} \end{aligned}$$

上述第 1 个积分的验证很简单，第 2 个积分的验证需要作一些变换，留作习题。

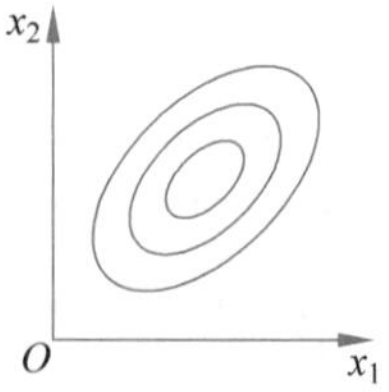

图 2.2.1 高斯分布的等高线

图 2.2.1 所示为二维 $\boldsymbol{x}$ 情况下高斯分布的等概率曲线（等高线）。所谓等高线，是指当 $p_x(\boldsymbol{x})$ 给定一个常数 c 时，满足 $p_x(\boldsymbol{x}) = c$ 的所有 $\boldsymbol{x}$ 构成的曲线（高维情况下为曲面），由式(2.2.8)可知，当 $\boldsymbol{x} = \boldsymbol{\mu}_x$ 时，$p_x(\boldsymbol{x})$ 取最大值 $p_{\max} = [(2\pi)^{M/2} \det^{1/2}(\boldsymbol{C}_{xx})]^{-1}$，若 $\boldsymbol{C}_{xx}$ 是正定的，则 $p_x(\boldsymbol{x})$ 取得最大值的点是唯一的。当 $p_x(\boldsymbol{x}) = c < p_{\max}$ 时，满足 $p_x(\boldsymbol{x}) = c$ 的 $\boldsymbol{x}$ 构成方程

$$(\boldsymbol{x} - \boldsymbol{\mu}_x)^{\mathrm{T}} \boldsymbol{C}_{xx}^{-1} (\boldsymbol{x} - \boldsymbol{\mu}_x) = \lambda$$

其中，λ 为与 c 相关的常数，取不同的 c 得到不同的曲线，图 2.2.1 就是一组这样的曲线。当 $\boldsymbol{C}_{xx} =$

$\sigma^2\boldsymbol{I}$ 时，等高线是一组同心圆，这里 $\boldsymbol{I}$ 为单位矩阵。当 $\boldsymbol{C}_{xx}=\begin{bmatrix}\sigma_1^2 & 0\\ 0 & \sigma_2^2\end{bmatrix}$，$\sigma_1\neq\sigma_2$ 时，等高线是椭圆，其主轴平行于坐标轴。当 $\boldsymbol{C}_{xx}$ 是任意的对称正定矩阵时，等高线是如图 2.2.1 所示的一组斜的椭圆。等高线族的中心总是 $\boldsymbol{x}=\boldsymbol{\mu}_x$，常用等高线图描述高斯分布的特点。

对于高斯分布，有一些独有的基本性质。一个随机向量满足高斯分布，通过任意线性变换仍然满足高斯分布。

对于一个随机向量，若其联合概率密度函数满足高斯分布，仅考虑向量的一部分时，其边际密度是否是高斯的？若向量中的一部分已确定，另一部分的条件概率密度是否是高斯的？如何得到边际密度或条件密度？这些问题在实际中是有用的。

设随机向量 $\boldsymbol{x}=[x_1,x_2,\cdots,x_M]^{\mathrm{T}}$，为了表示清楚，引入两个新的向量 $\boldsymbol{y}$ 和 $\boldsymbol{z}$，其中

$$\boldsymbol{y}=[y_1,y_2,\cdots,y_K]^{\mathrm{T}} \tag{2.2.9}$$

$$\boldsymbol{z}=\begin{bmatrix}\boldsymbol{x}\\ \boldsymbol{y}\end{bmatrix}^{\mathrm{T}} \tag{2.2.10}$$

其中，$\boldsymbol{z}$ 表示 $(M+K)$ 维向量，设其联合概率密度函数是高斯的，我们研究 $\boldsymbol{x}$ 的边际分布或 $\boldsymbol{y}$ 作为条件时 $\boldsymbol{x}$ 的条件概率密度函数。注意，$\boldsymbol{z}$ 的均值可写成两个向量的合成，即

$$\boldsymbol{\mu}_z=\begin{bmatrix}\boldsymbol{\mu}_x\\ \boldsymbol{\mu}_y\end{bmatrix} \tag{2.2.11}$$

$\boldsymbol{z}$ 的协方差矩阵可写为以下分块矩阵。

$$\boldsymbol{C}_{zz}=\begin{bmatrix}\boldsymbol{C}_{xx} & \boldsymbol{C}_{xy}\\ \boldsymbol{C}_{yx} & \boldsymbol{C}_{yy}\end{bmatrix} \tag{2.2.12}$$

在已知 $N(\boldsymbol{z}|\boldsymbol{\mu}_z,\boldsymbol{C}_{zz})$ 的条件下，求边际密度 $p(\boldsymbol{x})$ 和条件密度 $p(\boldsymbol{x}|\boldsymbol{y})$，其结果总结为如下两个定理。

定理 2.2.1 若 $\boldsymbol{z}\sim N(\boldsymbol{z}|\boldsymbol{\mu}_z,\boldsymbol{C}_{zz})$，且 $\boldsymbol{z}$ 由式(2.2.10)所示，则 $\boldsymbol{z}$ 中部分向量 $\boldsymbol{x}$ 仍服从高斯分布，且其概率密度函数为 $\boldsymbol{x}\sim N(\boldsymbol{x}|\boldsymbol{\mu}_x,\boldsymbol{C}_{xx})$。

定理 2.2.2 若 $\boldsymbol{z}\sim N(\boldsymbol{z}|\boldsymbol{\mu}_z,\boldsymbol{C}_{zz})$，且 $\boldsymbol{z}$ 由式(2.2.10)所示，则条件概率密度函数 $p(\boldsymbol{x}|\boldsymbol{y})$ 仍是高斯的，且可写为

$$p(\boldsymbol{x}\mid\boldsymbol{y})=N(\boldsymbol{x}\mid\boldsymbol{\mu}_{x|y},\boldsymbol{C}_{x|y}) \tag{2.2.13}$$

其中，

$$\boldsymbol{\mu}_{x|y}=\boldsymbol{\mu}_x+\boldsymbol{C}_{xy}\boldsymbol{C}_{yy}^{-1}(\boldsymbol{y}-\boldsymbol{\mu}_y) \tag{2.2.14}$$

$$\boldsymbol{C}_{x|y}=\boldsymbol{C}_{xx}-\boldsymbol{C}_{xy}\boldsymbol{C}_{yy}^{-1}\boldsymbol{C}_{yx} \tag{2.2.15}$$

在式(2.2.13)中，若简单地置换 $\boldsymbol{x}$ 和 $\boldsymbol{y}$ 的位置，可得到

$$p(\boldsymbol{y}\mid\boldsymbol{x})=N(\boldsymbol{y}|\boldsymbol{\mu}_{y|x},\boldsymbol{C}_{y|x}) \tag{2.2.16}$$

只需要将式(2.2.14)和式(2.2.15)中简单地置换 $\boldsymbol{x}$ 和 $\boldsymbol{y}$ 的位置即可得到 $\boldsymbol{\mu}_{y|x}$，$\boldsymbol{C}_{y|x}$ 的表示式。

定理 2.2.1 的结论看上去比较直接，由 $N(\boldsymbol{z}|\boldsymbol{\mu}_z,\boldsymbol{C}_{zz})$ 对 $\boldsymbol{y}$ 向量进行积分可得。定理 2.2.2 的条件概率密度函数仍是高斯的，其均值和协方差矩阵分别用式(2.2.14)和式(2.2.15)计算。由于概率定理不是本书的主线，为节省篇幅，将定理 2.2.1 和定理 2.2.2 的证明留作习题。

本节注释 把式(2.2.8)的标准高斯密度函数简写成 $N(\cdot)$ 的缩写形式。本书和文献中有两种形式，第1种形式如前述，写成 $N(\boldsymbol{x}|\boldsymbol{\mu}_x,\boldsymbol{C}_{xx})$，$\boldsymbol{x}$ 为变量，$\boldsymbol{\mu}_x$ 和 $\boldsymbol{C}_{xx}$ 为参数，这是一个完整缩写形式；第2种形式写为 $N(\boldsymbol{\mu}_x,\boldsymbol{C}_{xx})$，这是一种化简的缩写，用这种形式时主要说明一个向量服从高斯分布，或用于说明其均值和协方差，如 $\boldsymbol{x}\sim N(\boldsymbol{\mu}_x,\boldsymbol{C}_{xx})$ 说明 $\boldsymbol{x}$ 服从高斯分布且指出了均值和协方差阵。在实际中，若需要代入 $\boldsymbol{x}$ 的取值计算密度函数的值，则用第1种形式，如 $p_i=N(\boldsymbol{x}_i|\boldsymbol{\mu}_x,\boldsymbol{C}_{xx})$，若只是说明一个向量是高斯的且需指明其均值和协方差，则可用第2种形式。本书这两种缩写都用，根据上下文不会引起歧义。

2.2.3 指数族

一类概率函数(包括连续与离散、概率函数与概率密度函数)可表示为

$$p(\boldsymbol{x}|\boldsymbol{\eta})=h(\boldsymbol{x})g(\boldsymbol{\eta})\exp[\boldsymbol{\eta}^{\mathrm{T}}\boldsymbol{u}(\boldsymbol{x})] \tag{2.2.17}$$

这类概率函数称为指数族。其中，$h(\boldsymbol{x})$ 和 $\boldsymbol{u}(\boldsymbol{x})$ 是 $\boldsymbol{x}$ 的函数；$\boldsymbol{\eta}$ 是参数；$g(\boldsymbol{\eta})$ 是使概率函数归一化的系数。若 $\boldsymbol{x}$ 是连续的，有

$$\int p(\boldsymbol{x}|\boldsymbol{\eta})\,\mathrm{d}\boldsymbol{x}=g(\boldsymbol{\eta})\int h(\boldsymbol{x})\exp[\boldsymbol{\eta}^{\mathrm{T}}\boldsymbol{u}(\boldsymbol{x})]\,\mathrm{d}\boldsymbol{x}=1$$

2.1.1节的二元与多元分布和2.2.2节的高斯分布都属于指数族。对于伯努利分布，以下例子给出其组合成指数族的过程，高斯分布表示为指数族的过程留作习题。

例 2.2.1 将伯努利分布写成指数族表达式。

$$\begin{aligned}p(x\mid\mu)&=\mu^x(1-\mu)^{1-x}=\exp[x\ln\mu+(1-x)\ln(1-\mu)]\\&=(1-\mu)\exp\left(x\ln\frac{\mu}{1-\mu}\right)\end{aligned}$$

设 $\eta=\ln\dfrac{\mu}{1-\mu}$，令 $\sigma(\eta)=\dfrac{1}{1+\exp(-\eta)}$，则

$$p(x\mid\mu)=\sigma(-\eta)\exp(\eta x) \tag{2.2.18}$$

这是一种指数族形式。

指数族可以表示一类更广义的概率形式，有一些机器学习算法可以建立在指数族假设上，比建立在诸如高斯假设这种单一概率假设上更有广泛性。

2.2.4 高斯混合过程

式(2.2.8)表示的高斯分布，在协方差矩阵 $\boldsymbol{C}_{xx}$ 是正定矩阵的情况下，表示仅有单峰值的概率密度函数。尽管在很多的情况下，用高斯分布可以相当好地描述样本的统计性质，且高斯分布具有良好的数学形式，便于处理，但实际上还是有许多环境不能用高斯分布刻画。一个基本的情况是，当实际概率密度函数存在多峰时，高斯过程是不适用的，但若对高斯分布进行一定的扩展，可以得到满足更一般情况的一种概率密度描述。高斯混合过程(Mixture of Gaussian)是一种对高斯分布的扩展形式。高斯混合分布是多个高斯密度函数的组合，即

$$p(\boldsymbol{x})=\sum_{k=1}^{K}c_kN(\boldsymbol{x}\mid\boldsymbol{\mu}_k,\boldsymbol{C}_k) \tag{2.2.19}$$

其中，$p(\boldsymbol{x})$ 是高斯混合过程的概率密度函数，其积分为1，故可得到

$$\sum_{k=1}^{K} c_k = 1 \tag{2.2.20}$$

由于对所有的 $\boldsymbol{x}$，有 $p(\boldsymbol{x}) \geqslant 0$，要求

$$0 \leqslant c_k \leqslant 1 \tag{2.2.21}$$

或者说，在满足式(2.2.20)和式(2.2.21)的条件下，式(2.2.19)所得到的 $p(\boldsymbol{x})$ 是一个合格的概率密度函数。

一维情况下，由 4 个高斯函数混合得到的一个高斯混合过程的密度函数如图 2.2.2 所示(注意，图中同时用虚线画出了各加权的高斯分量 $c_k N(\boldsymbol{x} | \boldsymbol{\mu}_k, \boldsymbol{C}_k)$)，它可以表示概率密度中存在多峰的情况。

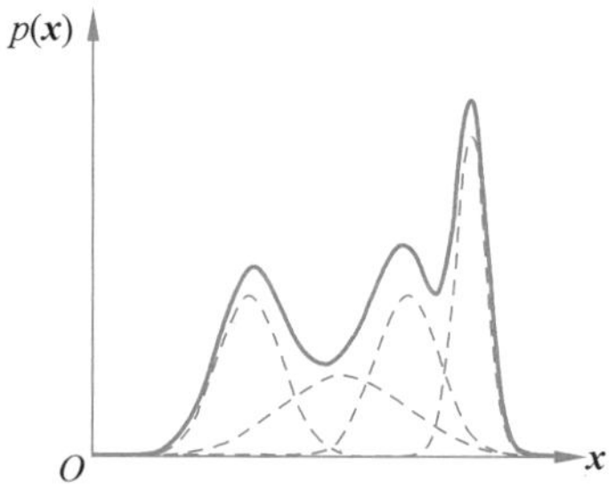

图 2.2.2 一个高斯混合过程例子

实际上，通过选择充分大的 K 和参数集$\{c_k, \boldsymbol{\mu}_k, \boldsymbol{C}_k, k=1, 2, \cdots, K\}$，一个高斯混合过程可以以任意精度逼近一个任意的概率密度函数。对于一个实际特征向量，当建模为式(2.2.19)的高斯混合过程时，若能够收集充分多的样本数据，则可以相当精确地估计出参数集，从而得到估计的概率密度函数。高斯混合过程参数估计问题将在第 12 章做进一步讨论。

2.2.5 马尔可夫过程

如果一个随机样本具有序列性，即 $X_1, X_2, \cdots, X_n$ 是按照其序列顺序产生的，前后之间有因果关系，若

$$P\{X_n \leqslant x_n \mid X_{n-1} = x_{n-1}, X_{n-2} = x_{n-2}, \cdots, X_1 = x_1\} = P\{X_n \leqslant x_n \mid X_{n-1} = x_{n-1}\} \tag{2.2.22}$$

则称该序列为马尔可夫过程。马尔可夫过程的含义是：当 X_n 的“现在”已知时，“将来”和“过去”的统计特性是无关的。在与序列有关的机器学习算法设计中，马尔可夫性可有效降低算法的复杂性。在强化学习中(见第 14 章)，马尔可夫性得到深入应用。

2.3 最大似然估计

许多机器学习模型属于参数化模型，模型的表达式受一组参数控制，即

$$y = f(\boldsymbol{x}; \boldsymbol{\theta}) \tag{2.3.1}$$

对这类参数模型确定目标函数后，通过在训练集上做优化求出参数向量$\boldsymbol{\theta}$，最大似然方法是通过概率方法确定目标函数，通过优化求得模型参数的常用技术。若通过概率方法表达这类模型时，得到的概率表达式中包含了待求的参数，则其概率表达式可表示成 $p(\boldsymbol{x}|\boldsymbol{\theta})$ 的形式，首先通过这种概率形式给出似然函数的一个定义。

定义 2.3.1 似然函数(Likelihood Function)。若将表示样本数据的随机向量的概率密度函数 $p(\boldsymbol{x}|\boldsymbol{\theta})$ 中的 $\boldsymbol{x}$ 固定(即 $\boldsymbol{x}$ 取样本值)，将$\boldsymbol{\theta}$ 作为自变量，考虑$\boldsymbol{\theta}$ 变化对 $p(\boldsymbol{x}|\boldsymbol{\theta})$ 的影响，这时将 $p(\boldsymbol{x}|\boldsymbol{\theta})$ 称为似然函数，可用符号 $L(\boldsymbol{\theta}|\boldsymbol{x}) = p(\boldsymbol{x}|\boldsymbol{\theta})$ 表示似然函数。

定义 2.3.2 最大似然估计(Maximum Likelihood Estimator, MLE)。对于一个样本向量 $\boldsymbol{x}$，令$\boldsymbol{\theta} = \hat{\boldsymbol{\theta}}$ 时使似然函数 $L(\boldsymbol{\theta}|\boldsymbol{x})$ 达到最大，则 $\hat{\boldsymbol{\theta}}$ 为参数$\boldsymbol{\theta}$ 的最大似然估计(MLE)。MLE 可更形式

化地写为

$$\hat{\boldsymbol{\theta}}=\underset{\boldsymbol{\theta}\in\Omega}{\arg\max}\{L(\boldsymbol{\theta}\mid\boldsymbol{x})\} \tag{2.3.2}$$

其中，Ω 表示 $\boldsymbol{\theta}$ 的取值空间。这里 $\underset{\boldsymbol{\theta}\in\Omega}{\arg\max}\{f(\boldsymbol{\theta})\}$ 表示求使函数 $f(\boldsymbol{\theta})$ 最大的 $\boldsymbol{\theta}$ 值。

注意，在讨论最大似然原理时，为了概念清楚，可另设符号 $L(\boldsymbol{\theta}\mid\boldsymbol{x})=p(\boldsymbol{x}\mid\boldsymbol{\theta})$ 表示似然函数，在后续应用中，也可直接用 $p(\boldsymbol{x}\mid\boldsymbol{\theta})$ 作为似然函数，不必再引入一个附加的表示。实际上更方便的是取似然函数的对数 $\log L(\boldsymbol{\theta}\mid\boldsymbol{x})$，称其为对数似然函数，由于对数函数是 $(0,\infty)$ 区间的严格增函数，故 $\log L(\boldsymbol{\theta}\mid\boldsymbol{x})$ 与 $L(\boldsymbol{\theta}\mid\boldsymbol{x})$ 的最大值点一致，因此，可以用对数似然函数进行求解，所得解是一致的。许多概率密度函数属于指数类函数，对数似然函数的求解更容易。

最大似然估计是一个很直观的概念，当 $\boldsymbol{\theta}$ 取值为 $\hat{\boldsymbol{\theta}}$ 时已采样得到的样本 $\boldsymbol{x}$ 出现的概率最大。若 $L(\boldsymbol{\theta}\mid\boldsymbol{x})$ 和 $\log L(\boldsymbol{\theta}\mid\boldsymbol{x})$ 是可导的，MLE 可用以下方程求解。

$$\left.\frac{\partial L(\boldsymbol{\theta}\mid\boldsymbol{x})}{\partial\boldsymbol{\theta}}\right|_{\boldsymbol{\theta}=\hat{\boldsymbol{\theta}}}=\boldsymbol{0} \tag{2.3.3}$$

或

$$\left.\frac{\partial\log L(\boldsymbol{\theta}\mid\boldsymbol{x})}{\partial\boldsymbol{\theta}}\right|_{\boldsymbol{\theta}=\hat{\boldsymbol{\theta}}}=\boldsymbol{0} \tag{2.3.4}$$

注意式(2.3.3)和式(2.3.4)的解只是 MLE 的可能解，式(2.3.3)和式(2.3.4)可能有多个解。当存在多个解时，其中任意解可能对应极大值、极小值或拐点。若 MLE 解落在边界上，则可能不满足式(2.3.3)或式(2.3.4)。因此，对式(2.3.3)和式(2.3.4)的解要做进一步验证，比较这些解和边界点中哪个使似然函数取得最大值。

以上仅给出了一个样本点的情况，在机器学习中，更多的是给出一个样本集，若存在 IID 样本集 $\boldsymbol{X}=\{\boldsymbol{x}_n,n=1,2,\cdots,N\}$，则样本集的似然函数可写为

$$L(\boldsymbol{\theta}\mid\boldsymbol{X})=\prod_{n=1}^{N}p(\boldsymbol{x}_n\mid\boldsymbol{\theta}) \tag{2.3.5}$$

或对数似然函数为

$$l(\boldsymbol{\theta}\mid\boldsymbol{X})=\sum_{n=1}^{N}\log[p(\boldsymbol{x}_n\mid\boldsymbol{\theta})] \tag{2.3.6}$$

若使用对数似然函数，参数的解为

$$\hat{\boldsymbol{\theta}}=\underset{\boldsymbol{\theta}\in\Omega}{\arg\max}\left\{\sum_{n=1}^{N}\log[p(\boldsymbol{x}_n\mid\boldsymbol{\theta})]\right\} \tag{2.3.7}$$

下面通过几个例子进一步加深对最大似然方法的理解。首先考查对一个简单模型的参数估计，然后通过 MLE 对用参数化表示的概率函数的参数进行估计。

例 2.3.1 考虑只有两个样本点的简单例子。样本集为 $\{(x_i,y_i)\}_{i=1}^{2}=\{(2,1),(3,0)\}$ 是 IID 的，训练一个回归模型 $\hat{y}(x,\boldsymbol{w})=w_1x+w_0$，其中 $\boldsymbol{w}=[w_1,w_0]^{\mathrm{T}}$ 为模型参数。

设模型逼近标注值 y_i，但存在逼近误差 ε_i，即

$$y_i=\hat{y}(x_i,\boldsymbol{w})+\varepsilon_i=w_1x_i+w_0+\varepsilon_i$$

设 ε_i 满足高斯分布，即 $\varepsilon_i\sim N(0,\sigma^2)$，由例 2.1.3 的结果，则 y_i 满足均值为 $\hat{y}(x_i,\boldsymbol{w})$ 的高斯分布，即

$$p(y_i\mid\boldsymbol{w})=N(y_i\mid\hat{y}(x_i,\boldsymbol{w}),\sigma^2)$$

由于样本集是 IID 的，故

$$p(\boldsymbol{y} \mid \boldsymbol{w})=\prod_{i=1}^{2} N(y_i \mid \hat{y}(x_i,\boldsymbol{w}),\sigma^2)$$
$$=\prod_{i=1}^{2} \frac{1}{(2\pi\sigma^2)^{1/2}}\exp\left[-\frac{1}{2\sigma^2}(y_i-\hat{y}(x_i,\boldsymbol{w}))^2\right]$$

且样本值已知，故以上是似然函数，且可化简为

$$\ln p(\boldsymbol{y} \mid \boldsymbol{w})=-\sum_{i=1}^{2}(y_i-\hat{y}(x_i,\boldsymbol{w}))^2+C=-\sum_{i=1}^{2}(y_i-w_1x_i-w_0)^2+C$$

其中，C 是与求最大无关的常数。令上述似然函数最大，相当于求 $\boldsymbol{w}$ 使

$$J(\boldsymbol{w})=\sum_{i=1}^{2}(y_i-w_1x_i-w_0)^2$$

最小，即求

$$\begin{cases}\dfrac{\partial J(\boldsymbol{w})}{\partial w_1}=0\\[2mm] \dfrac{\partial J(\boldsymbol{w})}{\partial w_0}=0\end{cases} \Rightarrow \begin{cases}13w_1+5w_0=2\\ 5w_1+2w_0=1\end{cases}$$

求得 $w_1=-1, w_0=3$，所求的回归模型为 $\hat{y}(x,\boldsymbol{w})=-x+3$。这是一个很简单的例子，但是很多更复杂的机器学习模型的学习算法就是这个例子的扩展。

例 2.3.2 设样本集 $\{x_n\}_{n=1}^{N}$ 是 IID 的，每个样本均服从 $N(\mu,\sigma^2)$，且 σ^2 已知，但 μ 未知，由样本集估计概率密度函数的参数 μ。

因为是标量样本，将所有样本排列在向量 $\boldsymbol{x}$ 内，则由 IID 性，$\boldsymbol{x}$ 的联合概率密度函数为

$$p(\boldsymbol{x} \mid \mu)=\prod_{n=1}^{N} N(x_n \mid \mu,\sigma^2)=\frac{1}{(2\pi\sigma^2)^{\frac{N}{2}}}\exp\left[-\frac{1}{2\sigma^2}\sum_{n=0}^{N-1}(x_n-\mu)^2\right]$$

固定 $\boldsymbol{x}$ 并令似然函数 $L(\mu \mid \boldsymbol{x})=p(\boldsymbol{x} \mid \mu)$，根据式(2.3.4)，有

$$\frac{\partial \ln L(\mu \mid \boldsymbol{x})}{\partial \mu}=\frac{1}{\sigma^2}\sum_{n=0}^{N-1}(x_n-\mu)\bigg|_{\mu=\hat{\mu}}=0 \tag{2.3.8}$$

解得

$$\hat{\mu}=\frac{1}{N}\sum_{n=1}^{N}x_n \tag{2.3.9}$$

可进一步验证

$$\frac{\partial^2 \ln L(\mu \mid \boldsymbol{x})}{\partial \mu^2}=-\frac{N}{\sigma^2}<0$$

由于式(2.3.8)有唯一解，且其二阶导数为负，因此该解对应最大值点，故式(2.3.9)是 MLE。本例中，式(2.3.9)的结果与例 2.1.5 用蒙特卡洛方法的结果一致。

对于例 2.3.1 和例 2.3.2 这样的情况，似然函数是 $\boldsymbol{\theta}$ 的连续函数且只有唯一的峰值，参数取值范围为$(-\infty,+\infty)$，这种简单情况，可省去后续的判断过程，由式(2.3.3)或式(2.3.4)求得的解就是 MLE。

在下面的例子中，随机变量取值为离散情况下，可估计事件的概率。

例 2.3.3 设 x_n 仅取 1 和 0 两个值，$x_n=1$ 的概率 π 未知，记录了 IID 样本集 $\{x_n\}_{n=1}^{N}$，求 π 的 MLE。

注意到，x_n 服从伯努利分布，其概率表示为

$$p(x_n|\pi)=\pi^{x_n}(1-\pi)^{1-x_n}$$

似然函数为

$$L(\pi|\boldsymbol{x})=\prod_{n=1}^{N}\pi^{x_n}(1-\pi)^{1-x_n}=\pi^y(1-\pi)^{N-y}$$

注意，这里用了缩写 $y=\sum_{n=1}^{N}x_n$，则

$$\frac{\partial \log L(\pi|\boldsymbol{x})}{\partial\pi}=\frac{\partial[y\log\pi+(N-y)\log(1-\pi)]}{\partial\pi}=\frac{y}{\pi}-\frac{N-y}{1-\pi}=0$$

得

$$\pi=\frac{y}{N}=\frac{1}{N}\sum_{n=1}^{N}x_n$$

由于 y 等于所记录样本中 x_n 取值为 1 的个数，MLE 的解符合直观理解。这里 y 称为该问题的充分统计量。

例 2.3.4 将例 2.3.2 推广到一般情况，有样本集 $\boldsymbol{X}=\{\boldsymbol{x}_n\}_{n=1}^{N}$ 是 IID 的，每个样本是向量 $\boldsymbol{x}_n=[x_{n1},x_{n2},\cdots,x_{nM}]^{\mathrm{T}}$，其服从高斯分布，设向量 $\boldsymbol{x}=[x_1,x_2,\cdots,x_M]^{\mathrm{T}}$ 的概率密度函数表示为

$$p_x(\boldsymbol{x}|\boldsymbol{\mu}_x,\boldsymbol{C}_{xx})=\frac{1}{(2\pi)^{M/2}\det^{1/2}(\boldsymbol{C}_{xx})}\exp\left[-\frac{1}{2}(\boldsymbol{x}-\boldsymbol{\mu}_x)^{\mathrm{T}}\boldsymbol{C}_{xx}^{-1}(\boldsymbol{x}-\boldsymbol{\mu}_x)\right]$$

其中，$\boldsymbol{\mu}_x$ 为均值向量；$\boldsymbol{C}_{xx}$ 为协方差矩阵，均未知。由样本集估计 $\boldsymbol{\mu}_x$ 和 $\boldsymbol{C}_{xx}$。

对该问题定义似然函数为

$$L(\boldsymbol{\mu}_x,\boldsymbol{C}_{xx}|\boldsymbol{X})=\prod_{n=1}^{N}p_x(\boldsymbol{x}_n|\boldsymbol{\mu}_x,\boldsymbol{C}_{xx})$$

稍加整理，对数似然函数为

$$\ln L(\boldsymbol{\mu}_x,\boldsymbol{C}_{xx}|\boldsymbol{X})=-\frac{NM}{2}\ln 2\pi-\frac{N}{2}\ln|\boldsymbol{C}_{xx}|-\frac{1}{2}\sum_{n=1}^{N}(\boldsymbol{x}_n-\boldsymbol{\mu}_x)^{\mathrm{T}}\boldsymbol{C}_{xx}^{-1}(\boldsymbol{x}_n-\boldsymbol{\mu}_x)\tag{2.3.10}$$

式(2.3.10)对 $\boldsymbol{\mu}_x$ 和 $\boldsymbol{C}_{xx}$ 求极大值，附录 B 给出了标量函数对向量或矩阵求导的介绍，利用附录 B 的公式，经过一些代数运算得到

$$\hat{\boldsymbol{\mu}}_x=\frac{1}{N}\sum_{n=1}^{N}\boldsymbol{x}_n\tag{2.3.11}$$

$$\hat{\boldsymbol{C}}_{xx}=\frac{1}{N}\sum_{n=1}^{N}(\boldsymbol{x}_n-\hat{\boldsymbol{\mu}}_x)(\boldsymbol{x}_n-\hat{\boldsymbol{\mu}}_x)^{\mathrm{T}}\tag{2.3.12}$$

式(2.3.11)和式(2.3.12)是在得到 N 个独立同分布向量样本时，均值向量和自协方差矩阵的 MLE。

这几个例子很简单，但说明了 MLE 应用的广泛性，例 2.3.1 可扩展到监督学习的参数化模型的一般情况，例 2.3.2～例 2.3.4 估计样本的概率函数参数，相当于无监督学习的例子。实际上将看到，最大似然原理是机器学习中应用最多的一种目标函数。

关于 MLE 的性能评价和变换不变性问题，不加证明地给出以下两个定理。

定理 2.3.1(MLE 渐近特性) 如果概率密度函数 $p(\boldsymbol{x}|\boldsymbol{\theta})$ 满足规则性条件，未知参数 $\boldsymbol{\theta}$ 的

MLE 渐近于以下分布。

$$\hat{\boldsymbol{\theta}} \rightarrow N(\boldsymbol{\theta}, \boldsymbol{I}^{-1}(\boldsymbol{\theta})), \quad N \rightarrow \infty \tag{2.3.13}$$

其中,$\boldsymbol{I}(\boldsymbol{\theta})$为 Fisher 信息矩阵,且在$\boldsymbol{\theta}$的真值处取值。

规则性条件为 $E\left[\frac{\partial \log p(\boldsymbol{x} \mid \boldsymbol{\theta})}{\partial \boldsymbol{\theta}}\right]=0$,这是一个很宽松的条件,当 $p(\boldsymbol{x}|\boldsymbol{\theta})$满足积分与求导可交换时,该条件成立。$\boldsymbol{I}(\boldsymbol{\theta})$为 Fisher 信息矩阵,其各元素定义为

$$[\boldsymbol{I}(\boldsymbol{\theta})]_{ij}=-E\left[\frac{\partial^2 \log p(\boldsymbol{x} \mid \boldsymbol{\theta})}{\partial \theta_i \partial \theta_j}\right]$$

统计学中的克拉美-罗下界(Cramer-Rao)指出,最优无偏估计参数的协方差矩阵可达 Fisher 信息矩阵的逆。故定理 2.3.1 说明,在 N 充分大时,MLE 逼近于一个无偏的、可达最小方差(协方差矩阵的对角线值)的估计器。换句话说,MLE 是渐近最优的。尽管 MLE 有这样的良好性质,上述几个例子也得到漂亮的解析表达式,但对于一般的问题,似然函数和对数似然函数对参数的导数等于 0 所构成的方程可能是高度非线性方程,MLE 一般得不到解析表达式,这时可以通过数值迭代方法进行计算。一种有效的求解 MLE 的 EM 算法(Expectation-Maximization Algorithm)得到广泛应用,EM 算法也可有效求解最大后验估计。EM 算法在一些模型情况下得到非常有效的解,本书将在第 12 章对 EM 算法做介绍并将其应用于高斯混合模型的参数求解。

定理 2.3.2(MLE 不变性)　若 $\hat{\boldsymbol{\theta}}$ 是$\boldsymbol{\theta}$ 的 MLE,则对于$\boldsymbol{\theta}$ 的任何函数 $g(\boldsymbol{\theta})$,$g(\hat{\boldsymbol{\theta}})$是 $g(\boldsymbol{\theta})$的 MLE。

MLE 不变性有其意义,在一些应用中需要估计参数$\boldsymbol{\theta}$ 的函数 $g(\boldsymbol{\theta})$,但若参数的 MLE 更易于获得,则通过参数的 MLE 代入函数所获得的函数估计仍是 MLE。

尽管 MLE 有其优良的表现,实际上也是目前机器学习中使用最多的目标函数之一,但 MLE 也有比较明显的弱点。MLE 是建立在概率的频率思想上的,若对离散事件的概率做估计(如例 2.3.3),当样本集较小,一些事件在样本集中没有发生时,其概率被估计为 0。例如掷骰子,若只收集了少量样本,如 20 个样本,点数为 3 在样本集中恰好没有出现,则点数为 3 的概率估计为 0,这显然不符合常识,解决这个问题的一个方法是拉普拉斯平滑,第 4 章将做介绍。再则,最大似然敏感于样本集中的"野值",这里所谓的"野值"是指与样本集的统计性质相差很大的样本,可能是采样中突发噪声或其他意外因素所致,少量的野值很可能对 MLE 的性能产生较大影响,可通过对样本集的预处理删除野值。更重要的一点,MLE 偏重更复杂的模型,易造成模型的过拟合,关于这一点,可通过正则化或贝叶斯方法解决。

尽管最大似然估计中参数$\boldsymbol{\theta}$ 假设为确定量,实际上若参数$\boldsymbol{\theta}$ 是随机变量时 MLE 方法仍然有效,如果参数$\boldsymbol{\theta}$ 是随机变量,$p(\boldsymbol{x}|\boldsymbol{\theta})$表示条件概率密度函数,对于 MLE,样本 $\boldsymbol{x}$ 确定,参数$\boldsymbol{\theta}$ 作为随机变量的一次实现需要求解,求似然函数 $L(\boldsymbol{\theta}|\boldsymbol{x})=p(\boldsymbol{x}|\boldsymbol{\theta})$的最大值点确定参数的估计值$\hat{\boldsymbol{\theta}}$。从 MLE 的角度看,把参数$\boldsymbol{\theta}$ 看作确定性量还是随机变量的一次实现是无关紧要的。在 2.4 节讨论的贝叶斯估计中,把参数$\boldsymbol{\theta}$ 作为随机变量,并且在获得样本值之前即知道$\boldsymbol{\theta}$ 的概率密度函数,因此,在获取样本之前,对$\boldsymbol{\theta}$ 的可能取值就有一定的知识,故将$\boldsymbol{\theta}$ 的概率分布称为先验分布,在得到一组样本值之后,由样本值和先验分布一起对$\boldsymbol{\theta}$ 的值(随机变量的一次实现)进行推断。若先验分布是正确的,贝叶斯估计将利用$\boldsymbol{\theta}$ 的概率密度函数带来的附加信息改善估计质量,尤其在样本数量较少时更为明显。

本节注释 本书对于一般的对数运算，如对数似然函数，采用符号 log 表示，自然对数用 ln 表示。在遇到概率函数是 e 的指数函数时，自动取自然对数。本书大多数情况下，对使用 log 和 ln 不加区别。

2.4 贝叶斯估计——最大后验估计

与 MLE 方法不同，贝叶斯估计假设所估计的参数 $\boldsymbol{\theta}$ 是随机变量，在获得样本集之前，即已知其概率函数，故称为先验概率，用符号 $p_{\theta}(\boldsymbol{\theta})$ 表示。注意，若 $\boldsymbol{\theta}$ 是连续的，则 $p_{\theta}(\boldsymbol{\theta})$ 是概率密度函数；若 $\boldsymbol{\theta}$ 是离散的，则 $p_{\theta}(\boldsymbol{\theta})$ 是概率函数。在获取当前样本集时，随机变量 $\boldsymbol{\theta}$ 有一个确定取值，即随机变量 $\boldsymbol{\theta}$ 的一次实现值，需要估计它的取值。

贝叶斯估计的核心思想是，在已知先验概率 $p_{\theta}(\boldsymbol{\theta})$ 的条件下，通过样本集，对参数 $\boldsymbol{\theta}$ 的分布进行校正，这个由数据样本进行校正后的概率可表示为 $p(\boldsymbol{\theta}|\boldsymbol{x})$，称为后验概率，贝叶斯估计是利用后验概率 $p(\boldsymbol{\theta}|\boldsymbol{x})$ 对参数 $\boldsymbol{\theta}$ 进行推断。

在实际问题中，后验概率一般不易直接获取，以 $\boldsymbol{\theta}$ 为条件的随机向量的条件概率 $p(\boldsymbol{x}|\boldsymbol{\theta})$ 更易于获得。贝叶斯公式为

$$p(\boldsymbol{x},\boldsymbol{\theta})=p_{\theta}(\boldsymbol{\theta})p(\boldsymbol{x} \mid \boldsymbol{\theta})=p(\boldsymbol{\theta} \mid \boldsymbol{x})p_{x}(\boldsymbol{x}) \tag{2.4.1}$$

可得到后验概率为

$$p(\boldsymbol{\theta} \mid \boldsymbol{x})=\frac{p(\boldsymbol{x} \mid \boldsymbol{\theta})p_{\theta}(\boldsymbol{\theta})}{p_{x}(\boldsymbol{x})}=\frac{p(\boldsymbol{x} \mid \boldsymbol{\theta})p_{\theta}(\boldsymbol{\theta})}{\int p(\boldsymbol{x} \mid \boldsymbol{\theta})p_{\theta}(\boldsymbol{\theta})\mathrm{d}\boldsymbol{\theta}} \tag{2.4.2}$$

对于通过式(2.4.2)获得后验概率(密度)，然后利用后验概率进行参数估计或推断的方法，统称为贝叶斯方法。贝叶斯方法有很多不同形式，本节主要讨论最大后验概率(Maximum a Posteriori，MAP)方法。

考虑贝叶斯估计的一般形式。设 $\boldsymbol{e}=\boldsymbol{\theta}-\hat{\boldsymbol{\theta}}$ 表示估计误差，令 $C(\boldsymbol{e})$ 为代价函数，来自不同应用可能会定义不同的代价函数。定义贝叶斯风险函数为

$$J=E[C(\boldsymbol{e})] \tag{2.4.3}$$

令贝叶斯风险函数最小，由不同的代价函数，可得到各种不同形式的贝叶斯估计。

定义一种门限准则，为了简单考虑标量情况，令代价函数为

$$C(e)=\begin{cases}0, & |e|<\delta \\ 1, & |e|>\delta\end{cases} \tag{2.4.4}$$

其中，δ 为一个预设门限。这个准则的含义是，当误差小于阈值时，代价为 0；当误差大于阈值时，代价为 1。这种代价函数有其实际意义。例如，在分类问题中，$\boldsymbol{\theta}$ 表示的不是模型参数，而是类型输出，当误差小于阈值时，不会产生错误判断，这种误差是允许的；但当误差大于阈值时，就会产生错误判断，只要误差大于这个阈值，总是产生一个错误分类，代价是相同的。门限准则的贝叶斯估计器是以下最大后验概率(MAP)估计器，即

$$\hat{\theta}=\arg\max_{\theta \in \Omega} p(\theta \mid \boldsymbol{x}) \tag{2.4.5}$$

其中，$p(\theta|\boldsymbol{x})$ 为后验概率，故估计值使后验概率最大，是这个估计器名称的由来。更一般地，给出向量形式为

$$\hat{\boldsymbol{\theta}}=\arg\max_{\boldsymbol{\theta}\in\Omega} p(\boldsymbol{\theta}\mid\boldsymbol{x}) \tag{2.4.6}$$

将式(2.4.2)代入式(2.4.6),并注意到 $p_x(\boldsymbol{x})$与问题的解无关,故可省略,MAP 得到一个更容易处理的形式为

$$\hat{\boldsymbol{\theta}}=\arg\max_{\boldsymbol{\theta}\in\Omega}\{p(\boldsymbol{x}\mid\boldsymbol{\theta})p_{\theta}(\boldsymbol{\theta})\} \tag{2.4.7}$$

或等价地使用对数形式为

$$\hat{\boldsymbol{\theta}}=\arg\max_{\boldsymbol{\theta}\in\Omega}\{\log p(\boldsymbol{x}\mid\boldsymbol{\theta})+\log p_{\theta}(\boldsymbol{\theta})\} \tag{2.4.8}$$

与 MLE 类似,对式(2.4.8)求最大值,MAP 估计可转化为求解

$$\left[\frac{\partial\log p(\boldsymbol{x}\mid\boldsymbol{\theta})}{\partial\boldsymbol{\theta}}+\frac{\partial\log p_{\theta}(\boldsymbol{\theta})}{\partial\boldsymbol{\theta}}\right]_{\boldsymbol{\theta}=\hat{\boldsymbol{\theta}}}=0 \tag{2.4.9}$$

若存在 IID 样本 $\boldsymbol{X}=\{\boldsymbol{x}_n,n=1,2,\cdots,N\}$,对应对数形式的 MAP 表达式为

$$\hat{\boldsymbol{\theta}}=\arg\max_{\boldsymbol{\theta}\in\Omega}\left\{\sum_{n=1}^{N}\log(p(\boldsymbol{x}_n\mid\boldsymbol{\theta}))+\log p_{\theta}(\boldsymbol{\theta})\right\} \tag{2.4.10}$$

比较 MAP 和 MLE 可以看到,当参数$\boldsymbol{\theta}$的先验概率密度 $p_{\theta}(\boldsymbol{\theta})$在很大的取值范围内为常数时,也就是对$\boldsymbol{\theta}$可能的取值取向没有预先知识的时候,MAP 就退化为 MLE。当参数有很强的先验知识(如$\boldsymbol{\theta}$的先验知识服从高斯分布且方差很小)且先验知识是正确的,由于可用信息的加强,MAP 可以取得更好的效果,尤其是在样本少的情况下。

例 2.4.1 用 MAP 方法重做例 2.3.2。设样本集$\{x_n\}_{n=1}^{N}$是 IID 的,每个样本均服从$N(\mu,\sigma_x^2)$,且σ_x^2已知,μ未知,但其先验概率为

$$p_{\mu}(\mu)=\frac{1}{\sqrt{2\pi\sigma_0^2}}\mathrm{e}^{\frac{-(\mu-\mu_0)^2}{2\sigma_0^2}}$$

求参数μ的 MAP 估计。

解 先写出 $p(\boldsymbol{x}\mid\mu)$,显然

$$p(\boldsymbol{x}\mid\mu)=\frac{1}{(2\pi\sigma_x^2)^{\frac{N}{2}}}\exp\left[-\frac{1}{2\sigma_x^2}\sum_{n=0}^{N-1}(x_n-\mu)^2\right]$$

因此

$$p(\boldsymbol{x}\mid\mu)P_{\mu}(\mu)=\frac{1}{(2\pi\sigma_x^2)^{\frac{N}{2}}}\frac{1}{(2\pi\sigma_0^2)^{\frac{1}{2}}}\exp\left[-\frac{1}{2\sigma_x^2}\sum_{n=0}^{N-1}(x_n-\mu)^2\right]\exp\left[-\frac{1}{2\sigma_0^2}(\mu-\mu_0)^2\right]$$

对上述等式两边取对数,并求最大值点,相当于代入式(2.4.9),解得μ的 MAP 估计为

$$\hat{\mu}_{\mathrm{MAP}}=\frac{\sigma_0^2}{\sigma_0^2+\sigma_x^2/N}\frac{1}{N}\sum_{n=1}^{N}x_n+\frac{\sigma_x^2/N}{\sigma_0^2+\sigma_x^2/N}\mu_0 \tag{2.4.11}$$

对比例 2.3.2 的结果。显然 MAP 估计的解包含先验信息和样本集两部分的贡献。当 N 比较小时,先验信息的贡献不可忽略;但当 $N\to\infty$时,有

$$\hat{\mu}_{\mathrm{MAP}}\to\frac{1}{N}\sum_{n=0}^{N-1}x_n$$

即观测样本趋于无穷时,先验信息的作用被忽略。

本例可推广到向量情况,若样本集为 $\boldsymbol{X}=\{\boldsymbol{x}_n\}_{n=1}^{N}$,每个样本满足高斯分布 $p(\boldsymbol{x}\mid\boldsymbol{\mu})=N(\boldsymbol{x}\mid\boldsymbol{\mu},\Sigma)$,$\boldsymbol{\mu}$ 未知,但已知先验分布为 $p(\boldsymbol{\mu})=N(\boldsymbol{\mu}\mid\boldsymbol{\mu}_0,\Sigma_0)$,可以验证,$\boldsymbol{\mu}$ 的后验概率为

$p(\boldsymbol{\mu}\mid\boldsymbol{X})=N(\boldsymbol{\mu}\mid\boldsymbol{\mu}_N,\Sigma_N)$，其中(推导细节留作习题)

$$\boldsymbol{\mu}_N=\Sigma_0\left(\Sigma_0+\frac{1}{N}\Sigma\right)^{-1}\frac{1}{N}\sum_{n=1}^{N}\boldsymbol{x}_n+\frac{1}{N}\Sigma\left(\Sigma_0+\frac{1}{N}\Sigma\right)^{-1}\boldsymbol{\mu}_0$$

$$\Sigma_N=\Sigma_0\left(\Sigma_0+\frac{1}{N}\Sigma\right)^{-1}\frac{1}{N}\Sigma$$

由于$\boldsymbol{\mu}$的后验概率仍为高斯分布，故其 MAP 估计为$\hat{\boldsymbol{\mu}}_{\mathrm{MAP}}=\boldsymbol{\mu}_N$。

例 2.4.2 利用 MAP 方法重做例 2.3.3。设 x_n 仅取 1 和 0 两个值，$x_n=1$ 的概率 π 未知，记录了样本集 IID 的 $\{x_n\}_{n=1}^{N}$。给出更多条件：已知 π 的先验分布为贝塔分布 beta(α,β)，求 π 的 MLE。

解 注意到，x_n 服从伯努利分布，其概率为

$$p(x_n\mid\pi)=\pi^{x_n}(1-\pi)^{1-x_n}$$

由 IID 性，样本集的联合概率函数为

$$p(\boldsymbol{x}\mid\pi)=\prod_{n=1}^{N}\pi^{x_n}(1-\pi)^{1-x_n}=\pi^{y}(1-\pi)^{N-y}$$

注意，这里用了缩写 $y=\sum\limits_{n=1}^{N}x_n$。$\pi$ 的先验分布，即 beta(α,β)写为

$$p_\pi(\pi)=\mathrm{beta}(\alpha,\beta)=\frac{\Gamma(\alpha+\beta)}{\Gamma(\alpha)\Gamma(\beta)}\pi^{\alpha-1}(1-\pi)^{\beta-1},\quad 0\leqslant\pi\leqslant1$$

第 5 集
微课视频

其中，$\Gamma(\alpha)$为伽马函数，后验概率正比于

$$\begin{aligned}p(\boldsymbol{x}\mid\pi)p_\pi(\pi)-\pi^{y}(1-\pi)^{N-y}\frac{\Gamma(\alpha+\beta)}{\Gamma(\alpha)\Gamma(\beta)}\pi^{\alpha-1}(1-\pi)^{\beta-1}\\=\frac{\Gamma(\alpha+\beta)}{\Gamma(\alpha)\Gamma(\beta)}\pi^{y+\alpha-1}(1-\pi)^{N-y+\beta-1}\end{aligned}$$

对上述等式取对数求导为 0，得

$$\begin{aligned}\hat{\pi}&=\frac{y+\alpha-1}{N+\alpha+\beta-2}\\&=\frac{y}{N}\frac{N}{N+\alpha+\beta-2}+\frac{\alpha+\beta-2}{N+\alpha+\beta-2}\frac{\alpha-1}{\alpha+\beta-2}\end{aligned}$$

与例 2.3.3 的 MLE 的结果 y/N 相比，贝叶斯估计结果中增加了先验知识的影响，结果相当于 MLE 和先验均值的加权和。当 N 很小时，先验信息的贡献不可忽略；当 $N\to\infty$时，MAP 估计趋于 MLE。

2.5 随机变量的熵特征

对于一个随机向量，其统计特性的最完整描述是联合概率密度函数(PDF)。在实际应用中，由联合 PDF 可导出各种统计特征用于刻画随机量的各种性质，其中熵特征用于表示随机量的不确定性，是一个很重要的特征。熵在电子信息领域已获得广泛应用，机器学习中的一些方法也采用了熵特征。

2.5.1 熵的定义和基本性质

介绍一个随机变量 X 的熵特征，首先讨论 X 取值为离散的情况，即 X 取值为离散集合

$\{x_i \mid i=1,2,\cdots,N\}$，$X$ 取值为 x_i 的概率为 $p(x_i)=P\{X=x_i\}$，则 x 的平均信息量(或称为熵)定义为

$$H(X)=-\sum_{i=1}^{N} p(x_i)\log p(x_i) \tag{2.5.1}$$

注意，log 可取任意底数，若取以 2 为底的对数，熵的单位为比特(b)，表示传输满足这一概率分布的一个变量平均所需要的最小比特数；若取自然对数，单位为奈特(nat)，与比特量相差固定因子 ln2。在机器学习中，若以熵特征作为评价准则表示模型时，熵取何种单位无关紧要，实际中可按照方便取对数的底。在以上定义中，若有 $p(x_i)=0$，规定 $p(x_i)\log p(x_i)=0$。

一个离散随机变量熵的最小值为 0，最小值发生在 $p(x_k)=1, p(x_i)=0, i\neq k$ 的情况下，即 X 取值为 x_k 的概率为 1，取其他值的概率为 0，相当于是一个确定性的量。由于 $p(x_i)$ 满足约束条件 $\sum_{i=1}^{N} p(x_i)=1$，故通过优化以下公式得到熵的最大值。

$$J[p(x_i)]=-\sum_{i=1}^{N} p(x_i)\log p(x_i)+\lambda\left[\sum_{i=1}^{N} p(x_i)-1\right]$$

可求得当 $p(x_i)=1/N$ 时，熵的最大值为 $\log N$，即等概率情况下，熵最大，也就是随机变量取值的不确定性最大。熵的大小决定了一个随机变量取值的不确定性，熵越大，不确定性越高。

也可定义连续随机变量 X 的熵，设其 PDF 为 $p(x)$。为了利用式(2.5.1)导出连续情况的熵，将 X 的值域划分成 Δ 的小区间，变量取值位于区间 $[i\Delta,(i+1)\Delta]$ 的概率可写为

$$\int_{i\Delta}^{(i+1)\Delta} p(x)\mathrm{d}x \approx p(x_i)\Delta, \quad x_i \in [i\Delta,(i+1)\Delta] \tag{2.5.2}$$

Δ 充分小时，连续随机变量的熵逼近为

$$\begin{aligned} H_\Delta(X) &= -\sum_i \Delta p(x_i)\log \Delta p(x_i) \\ &= -\sum_i \Delta p(x_i)\log p(x_i)-\sum_i \Delta p(x_i)\log \Delta \\ &= -\sum_i \Delta p(x_i)\log p(x_i)-\log \Delta \end{aligned} \tag{2.5.3}$$

式(2.5.3)第 2 行利用了 $\sum_i \Delta p(x_i)=1$，注意到，当 $\Delta\to 0$ 时，$-\log\Delta\to\infty$，这容易理解：对于任意连续值的精确表示或传输需要无穷多比特位，但是，为了描述不同的连续变量之间熵的相对大小，只保留式(2.5.3)第 2 行的第 1 项并取极限，则进一步可写为

$$H(X)=-\lim_{\Delta\to 0}\sum_i \Delta p(x_i)\log p(x_i)=-\int p(x)\log p(x)\mathrm{d}x \tag{2.5.4}$$

称式(2.5.4)定义的 $H(X)$ 为微分熵。注意，对于给定的 PDF，X 的熵是一个确定值，之所以用类似于函数的符号 $H(X)$ 表示熵，是为了区分多个不同随机量的熵，如用 $H(X)$ 和 $H(Y)$ 区分 X 和 Y 的熵。

为了比较不同 PDF 的微分熵，需要附加两个限定条件，即在等均值 μ 和方差 σ^2 的条件下，比较哪种 PDF 具有最大熵。可求解以下约束最优问题。

$$\begin{aligned} J[p(x)]=&-\int p(x)\log p(x)\mathrm{d}x+\lambda_1\left[\int p(x)\mathrm{d}x-1\right]+ \\ &\lambda_2\left[\int x p(x)\mathrm{d}x-\mu\right]+\lambda_3\left[\int (x-\mu)^2 p(x)\mathrm{d}x-\sigma^2\right] \end{aligned} \tag{2.5.5}$$

可证明，式(2.5.5)的解为

$$p(x)=\frac{1}{(2\pi\sigma^2)^{1/2}}\exp\left[-\frac{(x-\mu)^2}{2\sigma^2}\right] \tag{2.5.6}$$

即在相同的均值 μ 和方差 σ^2 的条件下，高斯分布具有最大熵，且高斯过程的微分熵可表示为

$$H_G(x)=\frac{1}{2}\log(2\pi e\sigma^2) \tag{2.5.7}$$

对于一个随机向量 $\boldsymbol{x}=[x_0,x_1,x_2,\cdots,x_{M-1}]^{\mathrm{T}}$，其联合 PDF 可表示为 $p(\boldsymbol{x})$，则式(2.5.4)的微分熵定义推广到多重积分(类似地，离散情况随机向量的熵推广到多重求和)，形式化地表示为

$$H(\boldsymbol{x})=-\int p(\boldsymbol{x})\log p(\boldsymbol{x})\mathrm{d}\boldsymbol{x} \tag{2.5.8}$$

在同均值和协方差矩阵的所有 PDF 中，高斯分布具有最大熵，概率密度函数为

$$p(\boldsymbol{x})=\frac{1}{(2\pi)^{M/2}\det^{1/2}(\boldsymbol{C}_{xx})}\exp\left[-\frac{1}{2}(\boldsymbol{x}-\boldsymbol{\mu}_x)^{\mathrm{T}}\boldsymbol{C}_{xx}^{-1}(\boldsymbol{x}-\boldsymbol{\mu}_x)\right]$$

最大熵为

$$H_G(\boldsymbol{x})=\frac{M}{2}\log(2\pi e)+\frac{1}{2}\log|\det(\boldsymbol{C}_{xx})| \tag{2.5.9}$$

若存在两个随机向量 $\boldsymbol{x}$ 和 $\boldsymbol{y}$，其联合 PDF 为 $p(\boldsymbol{x},\boldsymbol{y})$，则联合熵和条件熵分别为

$$H(\boldsymbol{x},\boldsymbol{y})=-\int p(\boldsymbol{x},\boldsymbol{y})\log p(\boldsymbol{x},\boldsymbol{y})\mathrm{d}\boldsymbol{x}\mathrm{d}\boldsymbol{y} \tag{2.5.10}$$

$$H(\boldsymbol{y}\mid\boldsymbol{x})=-\int p(\boldsymbol{x},\boldsymbol{y})\log p(\boldsymbol{y}\mid\boldsymbol{x})\mathrm{d}\boldsymbol{x}\mathrm{d}\boldsymbol{y} \tag{2.5.11}$$

这里 $H(\boldsymbol{y}|\boldsymbol{x})$是假设 $\boldsymbol{x}$ 已知的条件下 $\boldsymbol{y}$ 的条件熵，由积分公式易证明

$$H(\boldsymbol{x},\boldsymbol{y})=H(\boldsymbol{y}\mid\boldsymbol{x})+H(\boldsymbol{x})=H(\boldsymbol{x}\mid\boldsymbol{y})+H(\boldsymbol{y}) \tag{2.5.12}$$

若 $\boldsymbol{x}$ 和 $\boldsymbol{y}$ 相互独立，则

$$H(\boldsymbol{x},\boldsymbol{y})=H(\boldsymbol{x})+H(\boldsymbol{y})$$

以上给出的是连续情况下的条件熵和联合熵，对于离散情况用多重求和替代积分，结果是一致的。下面给出离散情况下条件熵的更有直观意义的表示和在离散情况下式(2.5.12)的证明。

$$\begin{aligned}H(Y\mid X)&=-\sum_{x_i}\sum_{y_j}p(x_i,y_j)\log p(y_j|x_i)\\&=-\sum_{x_i}\sum_{y_j}p(y_j|x_i)p(x_i)\log p(y_j|x_i)\\&=-\sum_{x_i}p(x_i)\sum_{y_j}p(y_j|x_i)\log p(y_j|x_i)\\&=\sum_{x_i}p(x_i)H(Y|X=x_i)\end{aligned} \tag{2.5.13}$$

其中，$H(Y|X=x_i)$表示 $X=x_i$ 的特定值时 Y 的条件熵。离散情况下式(2.5.12)的证明如下。

$$\begin{aligned}H(X,Y)&=-\sum_{x_i}\sum_{y_j}p(x_i,y_j)\log p(x_i,y_j)\\&=-\sum_{x_i}\sum_{y_j}p(x_i,y_j)\log p(x_i)-\sum_{x_i}\sum_{y_j}p(x_i,y_j)\log p(y_j|x_i)\\&=-\sum_{x_i}\log p(x_i)\sum_{y_j}p(x_i,y_j)+H(Y|X)\\&=H(X)+H(Y|X)\end{aligned}$$

还可以讨论信号变换的熵。若随机向量 $\boldsymbol{x}$ 和 $\boldsymbol{y}$ 均为 M 维向量，满足

$$\boldsymbol{y}=g(\boldsymbol{x})$$

其中，$g(\cdot)$为可逆变换，其雅可比行列式为 $\boldsymbol{J}(\boldsymbol{x})$，则随机向量 $\boldsymbol{y}$ 的熵为

$$H(\boldsymbol{y})=H(\boldsymbol{x})+E\left[\log\left|\boldsymbol{J}(\boldsymbol{x})\right|\right] \tag{2.5.14}$$

通过变换，熵的变化量为 $E\left[\log\left|\boldsymbol{J}(\boldsymbol{x})\right|\right]$，若变换是线性的，即

$$\boldsymbol{y}=\boldsymbol{A}\boldsymbol{x}$$

则变换后的熵为

$$H(\boldsymbol{y})=H(\boldsymbol{x})+\log\left|\det\boldsymbol{A}\right| \tag{2.5.15}$$

2.5.2 KL 散度、互信息和负熵

有两个 PDF：$p(\boldsymbol{x})$和 $q(\boldsymbol{x})$，一种度量两个 PDF 之间不同的量——KL 散度(Kullback-Leibler Divergence)定义为

$$D_{\mathrm{KL}}(p(\boldsymbol{x})\parallel q(\boldsymbol{x}))=-\int p(\boldsymbol{x})\log\frac{q(\boldsymbol{x})}{p(\boldsymbol{x})}\mathrm{d}\boldsymbol{x} \tag{2.5.16}$$

KL 散度也称为相对熵。可以证明，对于任意两个 PDF，其 KL 散度大于或等于 0，即

$$D_{\mathrm{KL}}(p(\boldsymbol{x})\parallel q(\boldsymbol{x}))\geqslant 0 \tag{2.5.17}$$

利用 Jensen 不等式可以证明式(2.5.17)，对于一个凸函数 $f(\boldsymbol{y})$和随机向量 $\boldsymbol{y}$，Jensen 不等式写为

$$E\left[f(\boldsymbol{y})\right]\geqslant f(E[\boldsymbol{y}]) \tag{2.5.18}$$

其中，$E[\cdot]$表示取期望。由于$-\log y$ 是凸函数，令 $\boldsymbol{y}=\dfrac{q(\boldsymbol{x})}{p(\boldsymbol{x})}$，则对 $p(\boldsymbol{x})$取期望得

$$\begin{aligned}D_{\mathrm{KL}}\left[p(\boldsymbol{x})\parallel q(\boldsymbol{x})\right]&=E\left[-\log\boldsymbol{y}\right]=-\int p(\boldsymbol{x})\log\frac{q(\boldsymbol{x})}{p(\boldsymbol{x})}\mathrm{d}\boldsymbol{x}\\&\geqslant-\log\left[\int p(\boldsymbol{x})\frac{q(\boldsymbol{x})}{p(\boldsymbol{x})}\mathrm{d}\boldsymbol{x}\right]=-\log\int q(\boldsymbol{x})\mathrm{d}\boldsymbol{x}=0\end{aligned}$$

故得证 $D_{\mathrm{KL}}[p(\boldsymbol{x})\parallel q(\boldsymbol{x})]\geqslant 0$，且只有在 $p(\boldsymbol{x})=q(\boldsymbol{x})$时，$D_{\mathrm{KL}}[p(\boldsymbol{x})\parallel q(\boldsymbol{x})]=0$。

从式(2.5.16)中 KL 散度的定义，可将其视为函数 $g(\boldsymbol{x})=-\log\dfrac{q(\boldsymbol{x})}{p(\boldsymbol{x})}$在概率 $p(\boldsymbol{x})$意义下的期望值，即 $D_{\mathrm{KL}}[p(\boldsymbol{x})\parallel q(\boldsymbol{x})]=-E_{p(\boldsymbol{x})}\left[\log\dfrac{q(\boldsymbol{x})}{p(\boldsymbol{x})}\right]$。在给出 IID 样本集 $\{\boldsymbol{x}_n\}_{n=1}^{N}$ 的情况下，由 2.1.4 节给出的随机特征的蒙特卡洛逼近式(2.1.41)，则 KL 散度的样本逼近计算为

$$D_{\mathrm{KL}}[p(\boldsymbol{x})\parallel q(\boldsymbol{x})]\approx-\frac{1}{N}\sum_{n=1}^{N}\left[\log q(\boldsymbol{x}_n)-\log p(\boldsymbol{x}_n)\right]$$

如果面对的问题是用样本集学习一个参数模型用于逼近 $p(\boldsymbol{x})$，则将描述参数模型的概率函数 $q(\boldsymbol{x})=\hat{p}(\boldsymbol{x}\mid\boldsymbol{w})$代入，有

$$D_{\mathrm{KL}}[p(\boldsymbol{x})\parallel q(\boldsymbol{x})]\approx-\frac{1}{N}\sum_{n=1}^{N}\left[\log\hat{p}(\boldsymbol{x}_n\mid\boldsymbol{w})-\log p(\boldsymbol{x}_n)\right] \tag{2.5.19}$$

若求参数向量 $\boldsymbol{w}$ 使 $\hat{p}(\boldsymbol{x}\mid\boldsymbol{w})$尽可能逼近 $p(\boldsymbol{x})$，则相当于求 $\boldsymbol{w}$ 使 $D_{\mathrm{KL}}[p(\boldsymbol{x})\parallel q(\boldsymbol{x})]$最小(理想逼近时为 0)。由于 $\log p(\boldsymbol{x}_n)$是与 $\boldsymbol{w}$ 无关的常量，故求 KL 散度最小值相当于只需要

$$-\frac{1}{N}\sum_{n=1}^{N}\log\hat{p}(\boldsymbol{x}_n\mid\boldsymbol{w})$$

最小,这与最大对数似然函数(式(2.3.7))是一致的。即在利用 IID 样本集求解机器学习的参数模型问题上,KL 散度最小准则和最大似然原理近似等价。

若有两个随机向量 $\boldsymbol{x}$ 和 $\boldsymbol{y}$,其联合 PDF 为 $p(\boldsymbol{x},\boldsymbol{y})$,若取 $q(\boldsymbol{x},\boldsymbol{y})=p(\boldsymbol{x})p(\boldsymbol{y})$,则定义 $\boldsymbol{x}$ 和 $\boldsymbol{y}$ 的互信息为

$$I(\boldsymbol{x},\boldsymbol{y})=D_{\mathrm{KL}}[p(\boldsymbol{x},\boldsymbol{y})\parallel q(\boldsymbol{x},\boldsymbol{y})]=-\int p(\boldsymbol{x},\boldsymbol{y})\log\frac{p(\boldsymbol{x})p(\boldsymbol{y})}{p(\boldsymbol{x},\boldsymbol{y})}\mathrm{d}\boldsymbol{x}\mathrm{d}\boldsymbol{y} \tag{2.5.20}$$

显然,互信息 $I(\boldsymbol{x},\boldsymbol{y})\geqslant 0$,只有当 $p(\boldsymbol{x},\boldsymbol{y})=q(\boldsymbol{x},\boldsymbol{y})=p(\boldsymbol{x})p(\boldsymbol{y})$,即 $\boldsymbol{x}$ 和 $\boldsymbol{y}$ 相互独立时,互信息 $I(\boldsymbol{x},\boldsymbol{y})=0$。可以用互信息度量两个随机向量 $\boldsymbol{x}$ 和 $\boldsymbol{y}$ 的独立性,只有相互独立时,互信息最小。容易证明

$$I(\boldsymbol{x},\boldsymbol{y})=H(\boldsymbol{x})-H(\boldsymbol{x}\mid\boldsymbol{y})=H(\boldsymbol{y})-H(\boldsymbol{y}\mid\boldsymbol{x}) \tag{2.5.21}$$

可以看到,互信息的物理意义是:已知 $\boldsymbol{y}$ 引起的 $\boldsymbol{x}$ 的不确定性的降低量,当 $\boldsymbol{x}$ 和 $\boldsymbol{y}$ 相互独立时,$H(\boldsymbol{x})=H(\boldsymbol{x}|\boldsymbol{y})$,已知 $\boldsymbol{y}$ 并不能改变 $\boldsymbol{x}$ 的不确定性,因此互信息为 0。同样地,可解释 $H(\boldsymbol{y})=H(\boldsymbol{y}|\boldsymbol{x})$ 的意义。利用式(2.5.12)可以得到互信息的另一种表示为

$$I(\boldsymbol{x},\boldsymbol{y})=H(\boldsymbol{x})+H(\boldsymbol{y})-H(\boldsymbol{x},\boldsymbol{y})$$

对于一个随机向量 $\boldsymbol{x}=[x_0,x_1,x_2,\cdots,x_{M-1}]^{\mathrm{T}}$,互信息可以写成

$$I(\boldsymbol{x})=I(x_0,x_1,x_2,\cdots,x_{M-1})=\sum_{i=0}^{M-1}H(x_i)-H(\boldsymbol{x})$$

上述等式说明,若 $\boldsymbol{x}$ 的各分量 x_i 相互独立,则 $I(\boldsymbol{x})=0$;若 $\boldsymbol{x}$ 的各分量 x_i 不相互独立,通过变换得到新向量 $\boldsymbol{y}=\boldsymbol{A}\boldsymbol{x}$,则

$$I(\boldsymbol{y})=I(y_0,y_1,y_2,\cdots,y_{M-1})=\sum_{i=0}^{M-1}H(y_i)-H(\boldsymbol{x})-\log|\det\boldsymbol{A}|$$

$H(\boldsymbol{x})$ 与变换矩阵无关,通过求一个 $\boldsymbol{A}$ 使 $I(\boldsymbol{y})$ 最小,则可使变换向量 $\boldsymbol{y}$ 的各分量最接近相互独立,若能使 $I(\boldsymbol{y})=0$,则其各分量相互独立。互信息或 KL 散度是描述信号分量的独立性的有效工具。以上 KL 散度和互信息的概念对连续和离散随机向量是一致的,对于离散情况,只需将以上的积分用求和替代。

如前所述,对于等协方差条件下的所有 PDF,高斯 PDF 具有最大微分熵,为了评价一个随机向量的非高斯性,可以定义负熵的概念,为了简单,假设所讨论的向量是零均值的,则负熵定义为

$$J(\boldsymbol{x})=H(\boldsymbol{x}_{\mathrm{G}})-H(\boldsymbol{x}) \tag{2.5.22}$$

其中,$\boldsymbol{x}_{\mathrm{G}}$ 和 $\boldsymbol{x}$ 为具有相同协方差矩阵的随机向量;$\boldsymbol{x}_{\mathrm{G}}$ 服从高斯分布,$\boldsymbol{x}$ 服从任意 PDF。显然,若 $\boldsymbol{x}$ 服从高斯分布,则负熵为 0,否则负熵大于 0。注意,尽管用了负熵的名称,但负熵是非负的,其取值的大小代表了一种非高斯性强弱的度量。

负熵还有一个很有趣的性质,负熵对线性变换具有不变性,即若 $\boldsymbol{y}=\boldsymbol{A}\boldsymbol{x}$,则 $J(\boldsymbol{x})=J(\boldsymbol{y})$,证明如下。

在零均值假设下,显然 $\boldsymbol{y}$ 的协方差矩阵为

$$\boldsymbol{C}_{yy}=E(\boldsymbol{y}\boldsymbol{y}^{\mathrm{H}})=\boldsymbol{A}E(\boldsymbol{x}\boldsymbol{x}^{\mathrm{H}})\boldsymbol{A}^{\mathrm{H}}=\boldsymbol{A}\boldsymbol{C}_{xx}\boldsymbol{A}^{\mathrm{H}}$$

则

$$\begin{aligned}J(\boldsymbol{y})&=\frac{M}{2}\log(2\pi\mathrm{e})+\frac{1}{2}\log|\det(\boldsymbol{A}\boldsymbol{C}_{xx}\boldsymbol{A}^{\mathrm{H}})|-H(\boldsymbol{x})-\log|\det\boldsymbol{A}|\\&=\frac{M}{2}\log(2\pi\mathrm{e})+\frac{1}{2}\log|\det(\boldsymbol{C}_{xx})|-H(\boldsymbol{x})\end{aligned}$$

$$=H(\boldsymbol{x}_G)-H(\boldsymbol{x})=J(\boldsymbol{x})$$

本节讨论的几个概念在机器学习中得到很多应用。例如，在决策树中，用熵刻画不纯性（见第7章）；在无监督学习的独立分量分析中，利用KL散度和互信息刻画信号向量中各分量之间的独立性，用负熵刻画信号的非高斯性；对于隐变量情况下的EM算法，可用KL散度给出一个具有洞察力的解释，在变分贝叶斯方法中，KL散度有重要作用。熵特征在机器学习中还有一些其他应用，如建立在最大熵原理下的学习算法等。

2.6 非参数方法

在目前机器学习中，对概率模型表示和相应的学习模型表示上，参数方法占主流地位。在概率模型估计中，首先假设一种数学形式表示的概率（密度）函数，如高斯分布、高斯混合分布等，通过样本估计表征该概率函数的参数。但这种预先假设的模型是否成立，在实际中可能无法保证。非参数方法（Non-parametric Method）没有预先假设，可处理任意概率分布。

对于离散随机变量，其概率估计相对简单，在样本充分多时，只需采用2.1节概率的频率解释进行估计往往可得到满意的结果。故本节只讨论连续随机变量的概率密度函数估计问题。

设有样本集 $\boldsymbol{D}=\{(\boldsymbol{x}_n)\}_{n=1}^N$，用于估计概率密度函数 $p(\boldsymbol{x})$。对于一个给定的 $\boldsymbol{x}$，在其取值区间内构造一个以 $\boldsymbol{x}$ 为质心的充分小的区间 R，设其体积为 V，则向量 $\boldsymbol{x}$ 落在区间 R 的概率为

$$P=\int_R p(\boldsymbol{x})\mathrm{d}\boldsymbol{x}\approx p(\boldsymbol{x})V \tag{2.6.1}$$

设样本数 N 充分大，样本落在区间 R 内的数目为 K，则概率 P 的另一种表示为 $P\approx K/N$，由式(2.6.1)得到

$$\hat{p}(\boldsymbol{x})=\frac{K}{NV} \tag{2.6.2}$$

式(2.6.2)是非参数估计概率密度函数的基本公式，根据处理 V 和 K 的不同，分为两类方法：固定 V 的大小构成Parzen窗方法；固定 K 的大小构成KNN方法。下面分别介绍。

1. Parzen窗方法

为了使式(2.6.2)中 $\boldsymbol{x}$ 变化时，都可以数出区间内的样本数 K，最基本的方法是定义表示超立方体的窗函数 $\varphi(\boldsymbol{x})$，其定义如下。

$$\varphi(\boldsymbol{x})=\begin{cases}1, & |x_i|\leqslant 1/2, i=1,2,\cdots,M\\ 0, & \text{其他}\end{cases} \tag{2.6.3}$$

其中，M 为 $\boldsymbol{x}$ 的维度。对于大小固定的区间 R，它的超立方体的边长为 h，体积 $V=h^M$，由这些定义可见，在以 $\boldsymbol{x}$ 为中心的超立方体内的样本数可表示为

$$K=\sum_{n=1}^N\varphi\left(\frac{\boldsymbol{x}-\boldsymbol{x}_n}{h}\right) \tag{2.6.4}$$

代入式(2.6.2)可得Parzen窗概率密度函数估计为

$$\hat{p}(\boldsymbol{x})=\frac{1}{N}\sum_{n=1}^N\frac{1}{h^M}\varphi\left(\frac{\boldsymbol{x}-\boldsymbol{x}_n}{h}\right) \tag{2.6.5}$$

式(2.6.3)定义的超立方体窗估计的概率密度函数为分段台阶函数，不连续，可使用光滑窗函数替代超立方体窗。光滑窗函数需要满足

$$\begin{cases}\varphi(\boldsymbol{x}) \geqslant 0 \\ \int \varphi(\boldsymbol{x}) \mathrm{d}\boldsymbol{x} = 1\end{cases} \tag{2.6.6}$$

高斯函数(此时表示窗函数而不是概率密度函数)是一个广泛使用的光滑窗,利用高斯窗函数,式(2.6.5)可重写为

$$\hat{p}(\boldsymbol{x}) = \frac{1}{N}\sum_{n=1}^{N} \frac{1}{(2\pi h^2)^{M/2}} \exp\left(-\frac{\|\boldsymbol{x}-\boldsymbol{x}_n\|^2}{2h^2}\right) \tag{2.6.7}$$

对于给定的样本集和不同的概率密度函数类型,表示体积大小的参数 h 的选择很重要。h 太大,则 $\hat{p}(\boldsymbol{x})$的分辨力低,可能对真实概率密度函数的一些峰值产生模糊; h 太小,则 $\hat{p}(\boldsymbol{x})$起伏太大,需要选择适中的 h。已有结论指出,在一定条件下,当 $N\to\infty$时,适当选择 h,可使式(2.6.7)估计的概率密度函数收敛于真实函数,但在有限样本情况下,Parzen 窗的逼近性质很难准确评价。

2. KNN 方法

KNN 方法可用于概率密度估计,其方法是选择并固定 K,从零开始放大以 $\boldsymbol{x}$ 为中心的超球体,直到该球体中包含 K 个样本,计算超球体体积 V,代入式(2.6.2)计算 $\hat{p}(\boldsymbol{x})$,然后移动 $\boldsymbol{x}$,重复计算新的概率密度函数值。由于 K 固定,在概率密度取值大的区域,样本密集,故球体积小,估计的概率密度取值大,反之亦然。在实际中可适当选择 K,如 $K=\sqrt{N}$。KNN 方法往往不是对概率密度函数的一个理想估计,更多的是用于构造一类简单的学习算法。

2.7 优化技术

尽管优化技术内容非常丰富,本节只给出一个极为简略的概述,主要为后续介绍相关算法做一铺垫。与概率基础不同,理解机器学习的很多算法,从开始的目标函数起就离不开概率知识,所以要对概率知识进行稍详细和有一定深度的介绍。优化算法在机器学习中往往是一个独立的环节,若一个机器学习算法需要使用通用的优化算法,则它是一个独立模块,往往不影响对机器学习核心内容的理解。也有一些与某类机器学习密切相关的专用优化算法,会在后续章节结合对应机器学习模型再专门介绍这些算法。

2.7.1 基本优化算法

最基本的优化问题可描述为:对于函数 $g(\boldsymbol{w})$,求 $\boldsymbol{w}$ 的一个值并记为 $\boldsymbol{w}^*$,使函数取得最小值 $g(\boldsymbol{w}^*)$,这里设函数的输出为标量值,自变量为向量 $\boldsymbol{w}$。最小化的数学形式描述为

$$g(\boldsymbol{w}^*) = \min_{\boldsymbol{w}}\{g(\boldsymbol{w})\} \tag{2.7.1}$$

对于复杂函数 $g(\boldsymbol{w})$,难以得到解析解,可采用迭代优化算法求解。定义 $g(\boldsymbol{w})$的梯度为

$$\nabla g(\boldsymbol{w}) = \frac{\partial g(\boldsymbol{w})}{\partial \boldsymbol{w}} = \left[\frac{\partial g(\boldsymbol{w})}{\partial w_1}, \frac{\partial g(\boldsymbol{w})}{\partial w_2}, \cdots, \frac{\partial g(\boldsymbol{w})}{\partial w_M}\right]^{\mathrm{T}} \tag{2.7.2}$$

其中,w_k 表示参数向量 $\boldsymbol{w}$ 的各分量。在最优解的点上梯度为 0,即

$$\nabla g(\boldsymbol{w}^*) = 0 \tag{2.7.3}$$

最优解满足式(2.7.3),但不是满足梯度为 0 的都是最优解,如图 2.7.1 所示的一维变量情况,还有一个拐点也满足梯度为 0。

为了迭代求最小值,假设给出一个初始猜测值 $\boldsymbol{w}^{(0)}$,这里用上标的数字表示迭代次数,上标 0 表示初始值。在初始值附近展开成一阶泰勒级数为

$$f(\boldsymbol{w})=g(\boldsymbol{w}^{(0)})+\nabla g(\boldsymbol{w}^{(0)})(\boldsymbol{w}-\boldsymbol{w}^{(0)}) \tag{2.7.4}$$

由图 2.7.1 的一维情况可见，$f(\boldsymbol{w})$为所示的线段，在 $\boldsymbol{w}^{(0)}$ 位置与 $g(\boldsymbol{w})$重合且梯度相等。若寻找最优点，需要沿负梯度的方向在 $f(\boldsymbol{w})$移动，相应 $\boldsymbol{w}$ 的值更新为

$$\boldsymbol{w}^{(1)}=\boldsymbol{w}^{(0)}-\alpha_1\nabla g(\boldsymbol{w}^{(0)}) \tag{2.7.5}$$

其中，α_1 为迭代步长参数，在机器学习的训练中，称为学习率。接下来以 $\boldsymbol{w}^{(1)}$ 为起始点重复以上过程，不断重复这个过程，形成迭代解序列 $\boldsymbol{w}^{(0)},\boldsymbol{w}^{(1)},\cdots,\boldsymbol{w}^{(k)}$，迭代的通式写为

$$\boldsymbol{w}^{(k)}=\boldsymbol{w}^{(k-1)}-\alpha_k\nabla g(\boldsymbol{w}^{(k-1)}) \tag{2.7.6}$$

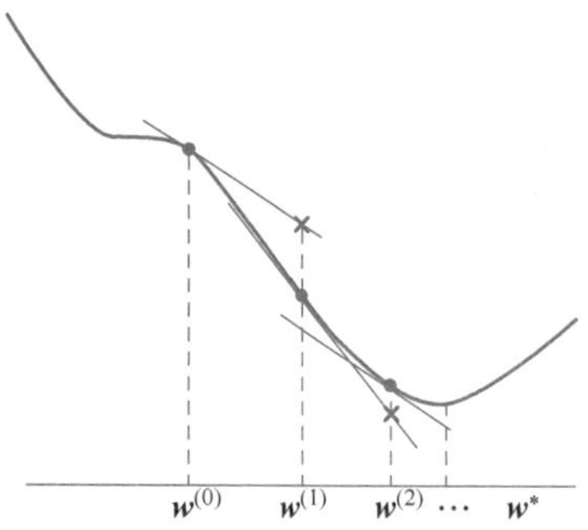

图 2.7.1 梯度下降示意图

式(2.7.6)的迭代算法称为梯度下降算法，这是求解式(2.7.1)问题的最基本优化算法。尽管简单，梯度下降算法及其改进形式仍是目前机器学习中使用最广泛的优化算法。

梯度下降是求最小值问题的解，若求 $\boldsymbol{w}^*$ 使函数达到最大值，只需修改为按梯度上升即可，故最大化问题的梯度解为梯度上升算法，仅在式(2.7.6)梯度前改变符号即可，即

$$\boldsymbol{w}^{(k)}=\boldsymbol{w}^{(k-1)}+\alpha_k\nabla g(\boldsymbol{w}^{(k-1)}) \tag{2.7.7}$$

梯度下降法和梯度上升法统称为梯度法。

梯度法原理简单，应用方便，由于只用了函数 $g(\boldsymbol{w})$的一阶导数信息，加之步长参数取较小值以保证算法收敛，故一般收敛较慢。牛顿法利用了函数的二阶导数，一般收敛更快。在初始值 $\boldsymbol{w}^{(0)}$邻域展开二阶泰勒级数为

$$\begin{aligned}f(\boldsymbol{w})=&g(\boldsymbol{w}^{(0)})+\nabla g(\boldsymbol{w}^{(0)})(\boldsymbol{w}-\boldsymbol{w}^{(0)})+\\&\frac{1}{2}(\boldsymbol{w}-\boldsymbol{w}^{(0)})^{\mathrm{T}}\nabla^2 g(\boldsymbol{w}^{(0)})(\boldsymbol{w}-\boldsymbol{w}^{(0)})\end{aligned} \tag{2.7.8}$$

其中，$\nabla^2 g(\boldsymbol{w}^{(0)})$为函数 $g(\boldsymbol{w})$对向量 $\boldsymbol{w}$ 的二阶导数，是一个矩阵，称为汉森矩阵，其定义为

$$\nabla^2 g(\boldsymbol{w})=\frac{\partial^2 g(\boldsymbol{w})}{\partial \boldsymbol{w}^2}=\begin{bmatrix}\frac{\partial^2 g(\boldsymbol{w})}{\partial w_1^2} & \frac{\partial^2 g(\boldsymbol{w})}{\partial w_1\partial w_2} & \cdots & \frac{\partial^2 g(\boldsymbol{w})}{\partial w_1\partial w_M}\\ \frac{\partial^2 g(\boldsymbol{w})}{\partial w_2\partial w_1} & \frac{\partial^2 g(\boldsymbol{w})}{\partial w_2^2} & \cdots & \frac{\partial^2 g(\boldsymbol{w})}{\partial w_2\partial w_M}\\ \vdots & \vdots & & \vdots\\ \frac{\partial^2 g(\boldsymbol{w})}{\partial w_M\partial w_1} & \frac{\partial^2 g(\boldsymbol{w})}{\partial w_M\partial w_2} & \cdots & \frac{\partial^2 g(\boldsymbol{w})}{\partial w_M^2}\end{bmatrix} \tag{2.7.9}$$

由于 $f(\boldsymbol{w})$在 $\boldsymbol{w}^{(0)}$ 处为二次函数，与 $g(\boldsymbol{w})$相重合并有相同的梯度和曲率(二阶导数)，标量情况如图 2.7.2 所示。由图 2.7.2 可见，为了逼近最优解 $\boldsymbol{w}^*$，可以取使 $f(\boldsymbol{w})$的一阶导数为 0 的点为 $\boldsymbol{w}^{(1)}$，即

$$\left.\frac{\partial f(\boldsymbol{w})}{\partial \boldsymbol{w}}\right|_{\boldsymbol{w}=\boldsymbol{w}^{(1)}}=\left[\nabla g(\boldsymbol{w}^{(0)})+\nabla^2 g(\boldsymbol{w}^{(0)})(\boldsymbol{w}-\boldsymbol{w}^{(0)})\right]\Big|_{\boldsymbol{w}=\boldsymbol{w}^{(1)}}=0 \tag{2.7.10}$$

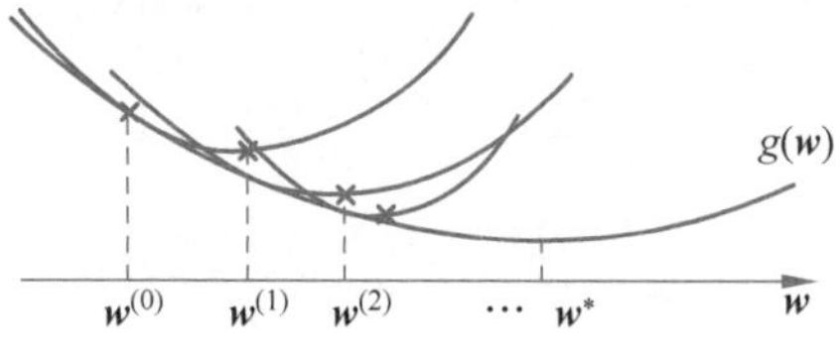

图 2.7.2 牛顿迭代算法示意图

重新整理一下，得到求解 $\boldsymbol{w}^{(1)}$ 的方程组，即

$$\nabla^2 g(\boldsymbol{w}^{(0)})\boldsymbol{w}^{(1)} = \nabla^2 g(\boldsymbol{w}^{(0)})\boldsymbol{w}^{(0)} - \nabla g(\boldsymbol{w}^{(0)}) \tag{2.7.11}$$

若汉森矩阵 $\nabla^2 g(\boldsymbol{w}^{(0)})$ 可逆，则有

$$\boldsymbol{w}^{(1)} = \boldsymbol{w}^{(0)} - [\nabla^2 g(\boldsymbol{w}^{(0)})]^{-1} \nabla g(\boldsymbol{w}^{(0)}) \tag{2.7.12}$$

给出一般迭代公式为

$$\boldsymbol{w}^{(k)} = \boldsymbol{w}^{(k-1)} - [\nabla^2 g(\boldsymbol{w}^{(k-1)})]^{-1} \nabla g(\boldsymbol{w}^{(k-1)}) \tag{2.7.13}$$

当函数 $g(\boldsymbol{w})$ 存在多个极小值、极大值和鞍点时，以上优化算法(包括梯度法和牛顿法)无法保证得到全局最优解，收敛结果与初始值相关，可随机多次选择初始值进行迭代。但若函数 $g(\boldsymbol{w})$ 为凸函数，则以上算法收敛到全局最小点。凸函数的定义如下。

定义 2.7.1(凸函数)　一个函数 $g(\boldsymbol{s}): \Omega \to R$，$\Omega$ 表示定义域，任取 $\boldsymbol{s}_1, \boldsymbol{s}_2 \in \Omega$，对于任意 $\alpha \in [0,1]$，若满足

$$g[\alpha \boldsymbol{s}_1 + (1-\alpha)\boldsymbol{s}_2] \leqslant \alpha g(\boldsymbol{s}_1) + (1-\alpha) g(\boldsymbol{s}_2) \tag{2.7.14}$$

则称该函数为凸函数。

对于一个凸函数 $g(\boldsymbol{s})$，若 $\boldsymbol{s}$ 为 M 维向量，则集合 $\{(\boldsymbol{s}, y) \mid y \geqslant g(\boldsymbol{s})\}$ 为 $M+1$ 维空间的凸集。下面给出一个函数是凸函数的基本判断条件。

定理 2.7.1　一个函数 $g(\boldsymbol{s}): \Omega \to R$，对于任取 $\boldsymbol{s}_1, \boldsymbol{s}_2 \in \Omega$，当且仅当

$$g(\boldsymbol{s}_2) \geqslant g(\boldsymbol{s}_1) + [\nabla g(\boldsymbol{s}_1)]^{\mathrm{T}} (\boldsymbol{s}_2 - \boldsymbol{s}_1)$$

或当且仅当汉森矩阵 $\nabla^2 g(\boldsymbol{s})$ 是半正定的，则 $g(\boldsymbol{s})$ 为凸函数。

在优化问题中，若目标函数 $g(\boldsymbol{s})$ 为严格凸函数，优化问题可以保证得到全局最小值。对于非凸的目标函数，优化问题的解要困难得多。

2.7.2 拉格朗日方法

对于带约束项的优化问题，可归结为拉格朗日方法。约束条件分为等式约束和不等式约束，下面分别给出概要介绍。

1. 等式约束拉格朗日乘数法

有一个标量函数 $f(\boldsymbol{x})$，假设 $\boldsymbol{x}$ 和 $f(\boldsymbol{x})$ 都是实的，$\boldsymbol{x} = [x_1, x_2, \cdots, x_M]^{\mathrm{T}}$，$\boldsymbol{x}$ 满足 K 个约束方程

$$g_i(\boldsymbol{x}) = 0, \quad i = 1, 2, \cdots, K \tag{2.7.15}$$

求 $\boldsymbol{x}$ 的解，使 $f(\boldsymbol{x})$ 最小。

构造一个新的目标函数

$$J(\boldsymbol{x}) = f(\boldsymbol{x}) + \sum_{i=1}^{K} \lambda_i g_i(\boldsymbol{x})$$

这里的 λ_i 称为拉格朗日乘子，为求使 $f(\boldsymbol{x})$ 最小的 $\boldsymbol{x}$，需求解方程组

$$\nabla J(\boldsymbol{x}) = \frac{\partial J(\boldsymbol{x})}{\partial \boldsymbol{x}} = \frac{\partial f(\boldsymbol{x})}{\partial \boldsymbol{x}} + \sum_{i=1}^{K} \lambda_i \frac{\partial g_i(\boldsymbol{x})}{\partial \boldsymbol{x}} = 0 \tag{2.7.16}$$

求解式(2.7.15)和式(2.7.16)联立的 $(K+M)$ 个方程，可得 λ_i 和 $\boldsymbol{x}$ 的最优解。

2. 不等式约束的最优化

以上讨论的是等式约束情况下的最优化问题，很多情况下，约束方程为不等式，即问题描述为

$$\min_{\boldsymbol{x}} \{f(\boldsymbol{x})\}$$

同时满足不等式约束

$$g_i(\boldsymbol{x}) \geqslant 0, \quad i=1,2,\cdots,K$$

可以定义拉格朗日目标函数

$$J(\boldsymbol{x},\lambda)=f(\boldsymbol{x})-\sum_{i=1}^{K}\lambda_i g_i(\boldsymbol{x})$$

对于不等式约束的求解可得到 KKT(Karush-Kuhn-Tucker)条件和对偶算法，由于这一问题是导出支持向量机的关键，将其留待第 6 章再做进一步介绍。

本章小结

概率统计和优化是理解机器学习不可或缺的基本知识，本章是对概率统计和优化基础的复习性的介绍，为的是使本书尽可能自成体系，故本章的介绍也是拼盘性质的。对于读者，只需要选读不熟悉的内容，熟悉的章节可以跳过。本章分别介绍了概率基础(包括常见概率实例)、统计基础(包括最大似然原理和贝叶斯估计)、建立在统计基础上的信息论概要、一个非常简短的非参概率模型介绍以及最基本的优化算法。

对于缺乏概率基础和优化基础的读者，通过阅读本章能够继续学习本书的后续章节，但对于想更深入研究机器学习的读者，这些介绍是薄弱的。需要进一步补充概率基础的读者，可参考 Ross 的 *Introduction to Probability Model* 和陈希孺的《概率论与数理统计》；需要加深信息论知识的读者可参考 Cover 等的 *Elements of Information Theory* 和朱雪龙的《信息论》；MacKay 的 *Information Theory, Inference, and Learning Algorithms* 则将信息论、统计推断和机器学习算法融合在一起进行介绍，很有特点；对优化技术尤其是凸优化技术感兴趣的读者可参阅 Boyd 等的《凸优化》和袁亚湘等的《最优化理论与方法》。

本章习题

1. 证明条件概率密度函数的链式法则

$$p(x_1,\cdots,x_{M-1},x_M)=p(x_M \mid x_{M-1},\cdots,x_1)\cdots p(x_2 \mid x_1)p(x_1)$$

2. 若随机信号向量满足高斯分布

$$p_x(\boldsymbol{x})=\frac{1}{(2\pi)^{M/2}\det^{1/2}(\boldsymbol{C}_{xx})}\exp\left[-\frac{1}{2}(\boldsymbol{x}-\boldsymbol{\mu}_x)^{\mathrm{T}}\boldsymbol{C}_{xx}^{-1}(\boldsymbol{x}-\boldsymbol{\mu}_x)\right]$$

证明：

$$E[\boldsymbol{x}]=\int \boldsymbol{x}p_x(\boldsymbol{x})\mathrm{d}\boldsymbol{x}=\boldsymbol{\mu}_x$$

$$E\left[(\boldsymbol{x}-\boldsymbol{\mu}_x)(\boldsymbol{x}-\boldsymbol{\mu}_x)^{\mathrm{T}}\right]=\int(\boldsymbol{x}-\boldsymbol{\mu}_x)(\boldsymbol{x}-\boldsymbol{\mu}_x)^{\mathrm{T}}p_x(\boldsymbol{x})\mathrm{d}\boldsymbol{x}=\boldsymbol{C}_{xx}$$

3. 一个随机变量 X 的样本集为 $\{x_1,x_2,\cdots,x_N\}$，期望值 $\mu=E\{x_n\}$，其期望值的一个估计为 $\hat{\mu}_x=\frac{1}{N}\sum_{n=1}^{N}x_n$，证明：如果 x_n 不是 IID 的，该估计的方差为

$$\operatorname{var}(\hat{\mu}_x)=\frac{1}{N}\sum_{l=-N}^{N}\left(1-\frac{|l|}{N}\right)c_l$$

样本集按照特殊采样，使 x_k 和 x_j 的协方差只与其下标的差值有关，即 c_l 作为 x_n 的协方差函数

满足 $c_l=E[(x_k-\mu)(x_{k-l}-\mu)]$。

4. 证明二项分布 Y 的均值和方差分别为 $E[Y]=N\mu$ 和 $\mathrm{var}[Y]=N\mu(1-\mu)$。

5. 证明定理 2.2.1。

6. 证明定理 2.2.2。

7. 设有一个骰子，随机投掷了 N 次，记录的数据为 $\{x_n\}_{n=1}^{N}$，且 x_n 仅取 1～6 的整数，对应骰子的 6 个面，利用最大似然方法，估计骰子各面出现的概率。

8. 设观测样本为 $\{x_1,x_2,\cdots,x_N\}$，每个样本是独立同分布的，样本满足如下概率密度函数，求 α 的 MLE。

$$p(x)=\begin{cases}\dfrac{1}{\alpha^2}x\mathrm{e}^{-x^2/2\alpha^2}, & x\geqslant 0\\ 0, & x<0\end{cases}$$

9. 两个随机变量 x_1 和 x_2 是相关的，相关系数为 ρ，其联合概率密度函数为

$$p(x_1,x_2;\rho)=\frac{1}{2\pi(1-\rho^2)^{1/2}}\mathrm{e}^{-\frac{x_1^2-2\rho x_1x_2+x_2^2}{2(1-\rho^2)}}$$

如果记录了两个变量的 n 个独立的测量值 $\{x_{1i},x_{2i},i=1,2,\cdots,n\}$，求 ρ 的最大似然估计 $\hat{\rho}$。

10. 设观测样本为 $x_n=\theta+w_n,n=1,2,\cdots,N$。$w_n$ 为独立同分布的高斯噪声，均值为 0，方差为 σ_w^2，设 θ 为一个随机参数，服从均匀分布，其概率密度函数为

$$p(\theta)=\begin{cases}\dfrac{1}{\theta_2-\theta_1}, & \theta_1\leqslant\theta\leqslant\theta_2\\ 0, & \text{其他}\end{cases}$$

求 θ 的 MAP 估计器。

11. 设样本集为 $\boldsymbol{X}=\{\boldsymbol{x}_n\}_{n=1}^{N}$，每个样本满足高斯分布 $p(\boldsymbol{x}\mid\boldsymbol{\mu})=N(\boldsymbol{x}\mid\boldsymbol{\mu},\Sigma)$，$\boldsymbol{\mu}$ 未知，但已知其先验分布为 $p(\boldsymbol{\mu})=N(\boldsymbol{\mu}_0,\Sigma_0)$。验证：$\boldsymbol{\mu}$ 的后验概率为 $p(\boldsymbol{\mu}\mid\boldsymbol{X})=N(\boldsymbol{\mu}\mid\boldsymbol{\mu}_N,\Sigma_N)$，其中

$$\boldsymbol{\mu}_N=\Sigma_0\left(\Sigma_0+\frac{1}{N}\Sigma\right)^{-1}\frac{1}{N}\sum_{n=1}^{N}\boldsymbol{x}_n+\frac{1}{N}\Sigma\left(\Sigma_0+\frac{1}{N}\Sigma\right)^{-1}\boldsymbol{\mu}_0$$

$$\Sigma_N=\Sigma_0\left(\Sigma_0+\frac{1}{N}\Sigma\right)^{-1}\frac{1}{N}\Sigma$$

12. 对于单变量高斯分布，$p(x)=\dfrac{1}{\sqrt{2\pi}\sigma}\mathrm{e}^{-\frac{(x-\mu)^2}{2\sigma^2}}$，请将其表示成指数族形式。

第3章 贝叶斯决策

CHAPTER 3

决策是机器学习中一个相对独立的部分。当机器学习的模型已经确定，对于新的输入可计算模型输出，模型的输出代表什么，即对模型输出做出最后判断，这是决策过程要做的事情。针对不同的模型，决策过程的作用是不一样的。对于有的模型，模型输出直接表示了明确的结果，不需要一个附加的决策过程；而对于其他模型，尤其是概率类模型，往往需要对模型输出做出一个最终的决策，这是决策过程的作用。在机器学习中，决策往往是一个独立且相对简单的单元，本章讨论决策问题，集中在贝叶斯决策。

3.1 机器学习中的决策

第6集
微课视频

一般来讲，机器学习是通过训练过程得到描述问题的模型，可将模型表示为一种数学关系。当给出新的输入数据时，可按照模型需要的格式将输入数据转换为模型可接受的输入特征向量，计算模型的输出。所谓决策，就是对于模型的输出给出一个判决结果。

决策就是要做出最后的结论，对于分类，要给出类型的结果；对于回归，要给出输出值。对于一个模型，从其输出是否确定的角度，可将模型分为概率和非概率模型。对于非概率模型，模型是一个确定性的判别函数，该模型通过训练过程直接得到确定的函数关系 $\hat{y}=f(\boldsymbol{x})$，其中 $\boldsymbol{x}$ 为输入特征向量。当通过训练得到模型后，给出一个新的 $\boldsymbol{x}$，函数产生结果 $\hat{y}$。对于分类问题，$\hat{y}$ 取离散值并表示类型；对于回归问题，$\hat{y}$ 得到连续的输出值。对于这类确定性模型，决策是直接的，一般不需要进一步决策。

对于概率模型，训练过程中给出的模型是输出 y 的一种概率表示。有两类基本的概率模型：一类是生成模型，给出的是联合概率 $p(\boldsymbol{x},y)$；另一类是判别模型(注意与确定性判别函数是有区别的)，给出的是后验概率 $p(y|\boldsymbol{x})$。目前的概率模型中，判别模型应用更广泛。以判别模型为例，假设通过训练过程得到了后验概率表示式 $p(y|\boldsymbol{x})$，我们将首先针对二分类问题说明决策过程。设分别用 C_1 和 C_2 表示类型，则对于新的 $\boldsymbol{x}$，可计算 $p(y=C_1|\boldsymbol{x})$(简记为 $p(C_1|\boldsymbol{x})$)和 $p(y=C_2|\boldsymbol{x})$(简记为 $p(C_2|\boldsymbol{x})$)，由这些概率怎样确定输入 $\boldsymbol{x}$ 对应哪一类呢？这需要通过决策理论做出最后的判决。例如，$p(C_1|\boldsymbol{x})=0.6$，$p(C_2|\boldsymbol{x})=0.4$，是否一定会判决为类型 C_1 呢？

对于概率模型，怎样做出最后的决策呢？为了得出最后的结论，需要给出问题的评价函数，一般可以用风险函数作为评价函数，通过最小化风险函数的后验概率期望(即贝叶斯风险函数)获得判决准则，然后利用判决准则对模型输出的结果做出结论。由于主要使用后验概率做出决策，并采用贝叶斯风险函数作为评价函数，故将所讨论的决策问题称为贝叶斯决策。分类和回归的决策方法和评价函数不同，将单独予以处理。

前文提到的生成模型主要是针对监督学习情况。实际上，生成模型是机器学习中一类重要的模型。更一般地，给出训练样本集$\{\boldsymbol{x}_n\}_{n=1}^{N}$，这里$\boldsymbol{x}_n$表示一般化的样本向量，它是通过对一个概率分布$p(\boldsymbol{x})$采样所获得的，但对我们来讲$p(\boldsymbol{x})$是未知的，通过样本集学习得出$p(\boldsymbol{x})$，这是生成模型的一般含义。若$p(\boldsymbol{x})$可由高斯分布表示，则生成模型是简单的，但在机器学习中常遇到各种非常复杂的数据，其背后的$p(\boldsymbol{x})$同样极其复杂，这种情况下生成模型的学习具有很高的挑战性。稍后，3.4 节针对高斯情况，第 4 章针对简单的离散分布(朴素贝叶斯)，以分类为例给出简单的生成模型算法，第 16 章将专门介绍生成模型学习。

3.2 分类的决策

假设学习阶段通过训练已得到模型的联合概率$p(\boldsymbol{x},y)$(对于生成模型)或后验概率$p(y|\boldsymbol{x})$(对于判别模型)，需要对类型输出做出最终判决，即决策。

首先讨论二分类问题。以下使用联合概率导出结论，但实际上对于分类决策只需要后验概率。

在讨论的开始，首先假设特征输入$\boldsymbol{x}$和类型C的联合概率$p(\boldsymbol{x},C)$已知，由于是二分类问题，C只有C_1和C_2两个取值，故可以分别写出两种类型的联合概率值$p(\boldsymbol{x},C_1)$和$p(\boldsymbol{x},C_2)$。对于分类问题，一个最直接的评价函数是错误分类率，错误分类率等于两部分之和：$\boldsymbol{x}$属于C_1类却被分类为C_2和$\boldsymbol{x}$属于C_2却被分类为C_1。决策理论的目标是找到一个判决准则，使错误分类率最小，即最小错误分类率(Minimum Misclassification Rate，MMR)准则。

设输入特征向量$\boldsymbol{x}$是D维向量，其输入空间是D维向量空间的一个区域R，通过决策理论，可将区域R划分为两个不重叠区域R_1和R_2。当$\boldsymbol{x}\in R_1$时，判断类型输出为C_1；当$\boldsymbol{x}\in R_2$时，判断类型输出为C_2。划分区域的准则就是 MMR。

为了便于理解，图 3.2.1 所示为x为标量情况下的概率密度函数$p(x,C_1)$和$p(x,C_2)$。假如已经做出了区域划分R_1和R_2，那么当$\boldsymbol{x}\in R_1$但其真实是属于C_2，则对应一个错误的分类，其错误概率可表示为

$$p(\boldsymbol{x}\in R_1,C_2)=\int_{R_1}p(\boldsymbol{x},C_2)\,\mathrm{d}\boldsymbol{x}$$

反之，当$\boldsymbol{x}\in R_2$但真实是属于C_1类时，则对应一个错误分类，其错误概率为

$$p(\boldsymbol{x}\in R_2,C_1)=\int_{R_2}p(\boldsymbol{x},C_1)\,\mathrm{d}\boldsymbol{x}$$

将两者合并一起，总的错误分类率p_{e}为

$$\begin{aligned}p_{\mathrm{e}}&=p(\boldsymbol{x}\in R_1,C_2)+p(\boldsymbol{x}\in R_2,C_1)\\&=\int_{R_1}p(\boldsymbol{x},C_2)\,\mathrm{d}\boldsymbol{x}+\int_{R_2}p(\boldsymbol{x},C_1)\,\mathrm{d}\boldsymbol{x}\end{aligned}\tag{3.2.1}$$

以上假设已划分出R_1和R_2，从而写出了错误分类率公式。现在我们反过来，通过错误分类率公式，选择R_1和R_2使p_{e}最小。通过观察图 3.2.1 和式(3.2.1)发现，若想p_{e}最小，只需这样选择R_1和R_2：将满足$p(\boldsymbol{x},C_1)>p(\boldsymbol{x},C_2)$的取值集合取为$R_1$，反之取为$R_2$，一般将$p(\boldsymbol{x},C_1)=p(\boldsymbol{x},C_2)$的点任意分配给$R_1$或$R_2$。

由此可得到判决准则，当给出一个新的$\boldsymbol{x}$，若

$$p(\boldsymbol{x},C_1)>p(\boldsymbol{x},C_2)\tag{3.2.2}$$

则分类为C_1，反之分类为C_2。由概率公式$p(\boldsymbol{x},C_i)=p(C_i|\boldsymbol{x})p(\boldsymbol{x})$，将式(3.2.2)表示为后验概

率形式为，即若

$$p(C_1 \mid \boldsymbol{x}) > p(C_2 \mid \boldsymbol{x}) \tag{3.2.3}$$

则分类为 C_1，否则分类为 C_2。应用 MMR 准则的决策公式为式(3.2.2)或式(3.2.3)。目前分类算法中，判别模型应用更多，故式(3.2.3)更常用。由于式(3.2.3)也表示了式(3.2.2)的含义，因此若非特殊需要，总是以式(3.2.3)表示决策公式。

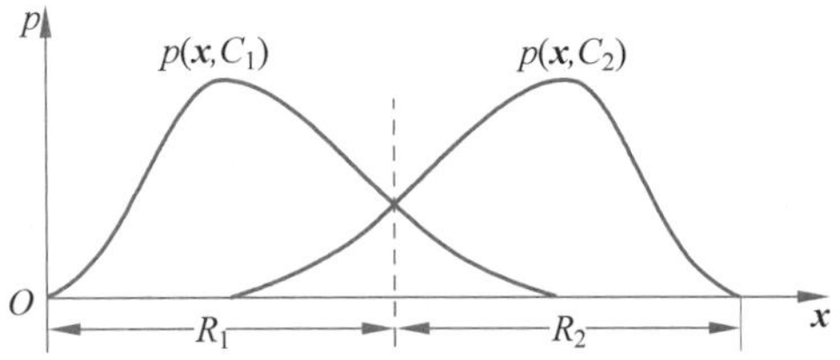

图 3.2.1 联合概率和判决

以上结果可直接推广到多类情况，设有 $\{C_1, C_2, \cdots, C_K\}$ 种类型，最后分类结果为 C_{i^*}，则

$$C_{i^*} = \arg\max_{C_i} \{p(C_i \mid \boldsymbol{x})\} \tag{3.2.4}$$

以上给出了在最小错误分类率准则下的判决准则，结果非常直观，即将后验概率最大的类作为分类输出。回到本章的开始，若一个机器学习模型是概率模型，对于新的 $\boldsymbol{x}$ 可分别计算分类为 C_i 的后验概率，则决策准则将后验概率最大的类作为最终类输出。

以上的基本决策原理的前提条件是假设所有错误的代价是平等的，这在很多实际应用中不符合现实，下面讨论两种更实际的判决方式。

3.2.1 加权错误率准则

在实际应用中，一些错误比另一些错误代价更大。例如，一辆无人驾驶汽车的刹车系统，为了方便说明，一个化简的模型输出只有两类：刹车或不刹车，这可看作分类问题。应刹车时判决为不刹车，比不应刹车时判决为刹车往往代价更大，所以要对刹车判决的不同错误定义不同的代价，如图 3.2.2 所示。

	刹车	不刹车
刹车	0	10
不刹车	1	0

图 3.2.2 刹车决策的错误代价加权矩阵

在图 3.2.2 中，刹车被错判为不刹车的代价是不刹车被错判为刹车的代价的 10 倍，这是一个主观的加权。对于实际问题，如刹车问题，可通过预先得到的大量交通事故数据按所关心的指标给出加权矩阵的统计值。对于更一般的多类型情况，将加权矩阵表示为 $\boldsymbol{L}$，矩阵的各元素表示为 $L_{kj} = L(C_j \mid C_k)$，即将 C_k 分类为 C_j 的代价加权值。考虑所有的 C_k 和 C_j 的组合，得到总期望损失为

$$E[\boldsymbol{L}] = \sum_k \sum_j L_{kj} \int_{R_j} p(\boldsymbol{x}, C_k) \mathrm{d}\boldsymbol{x} \tag{3.2.5}$$

将式(3.2.5)重组为

$$E[\boldsymbol{L}] = \sum_j \int_{R_j} \sum_k L_{kj} p(\boldsymbol{x}, C_k) \mathrm{d}\boldsymbol{x} = \sum_j \int_{R_j} \left[\sum_k L_{kj} p(C_k \mid \boldsymbol{x})\right] p(\boldsymbol{x}) \mathrm{d}\boldsymbol{x} \tag{3.2.6}$$

分类为 C_j 的风险定义为

$$R(C_j \mid \boldsymbol{x}) = \sum_k L_{kj} p(C_k \mid \boldsymbol{x}) \tag{3.2.7}$$

可见为了使式(3.2.6)的结果最小，划分 R_j 的准则是将 $R(C_j \mid \boldsymbol{x})$ 最小的区间划分为 R_j。由于 C_j

表示所有可能的类，故分类为 C_{i^*} 的决策公式为

$$C_{i^*}=\arg\min_{C_j}\left\{R(C_j\mid \boldsymbol{x})=\sum_k L_{kj}p(C_k\mid \boldsymbol{x})\right\} \tag{3.2.8}$$

由于每个 $p(C_k|\boldsymbol{x})$ 在学习过程都已经训练得到，L_{kj} 是预先确定的，式(3.2.8)的决策是简单的加权求和与比较运算。

例 3.2.1 讨论式(3.2.8)在二分类情况下的特殊形式。只有两类时，式(3.2.7)的风险值只有两个，即

$$\begin{cases}R(C_1\mid \boldsymbol{x})=L_{11}p(C_1\mid \boldsymbol{x})+L_{21}p(C_2\mid \boldsymbol{x})\\R(C_2\mid \boldsymbol{x})=L_{12}p(C_1\mid \boldsymbol{x})+L_{22}p(C_2\mid \boldsymbol{x})\end{cases} \tag{3.2.9}$$

由式(3.2.8)，若要分类结果为 C_1，则只需 $R(C_1|\boldsymbol{x})<R(C_2|\boldsymbol{x})$，将(3.2.9)各式代入并整理得

$$(L_{12}-L_{11})p(C_1\mid \boldsymbol{x})>(L_{21}-L_{22})p(C_2\mid \boldsymbol{x}) \tag{3.2.10}$$

(1) 情况 1。取 $L_{12}=L_{21}=1, L_{22}=L_{11}=0$，则式(3.2.10)化简为 $p(C_1|\boldsymbol{x})>p(C_2|\boldsymbol{x})$，即在各种错误等代价的二分类问题时，式(3.2.8)与式(3.2.3)等价。

(2) 情况 2。若取 $L_{12}=10, L_{21}=1, L_{22}=L_{11}=0$，则式(3.2.10)化简为 $p(C_1|\boldsymbol{x})>0.1p(C_2|\boldsymbol{x})$，即可判断为 C_1，这里的加权用的是图 3.2.2 的有关刹车的加权矩阵，可见在该损失加权的条件下，$p(C_1|\boldsymbol{x})=0.1$ 就可以决策为刹车。

由贝叶斯公式，可将式(3.2.10)写为

$$(L_{12}-L_{11})p(\boldsymbol{x}|C_1)p(C_1)>(L_{21}-L_{22})p(\boldsymbol{x}|C_2)p(C_2) \tag{3.2.11}$$

整理得到分类为 C_1 的条件为

$$\frac{p(\boldsymbol{x}|C_1)}{p(\boldsymbol{x}|C_2)}>\frac{(L_{21}-L_{22})}{(L_{12}-L_{11})}\frac{p(C_2)}{p(C_1)} \tag{3.2.12}$$

式(3.2.12)中利用了类条件概率(密度)$p(\boldsymbol{x}|C_i)$ 和类先验概率 $p(C_i)$，称为似然比准则。

3.2.2 拒绝判决

在各种误分类代价相等的情况下，在二分类时只要满足式(3.2.3)即可分为类型 C_1，如 $p(C_1|\boldsymbol{x})=0.51$ 即可分类为 C_1。当两类的后验概率很接近时，分类结果可信度不高，错误分类率也较大，在一些需要高可靠分类的应用中，这种分类结果显然无法接受，故在很多情况下，可能对一定的后验概率范围拒绝做出判决。如图 3.2.3 所示，在 $p(\boldsymbol{x}|C_i)$ 均小于一个预定的阈值 θ(如 $\theta=0.9$)时拒绝做出判决。对于多分类问题，只有至少有一个 $p(\boldsymbol{x}|C_i)\geqslant\theta$ 时，才利用式(3.2.4)做判决，否则拒绝判决。

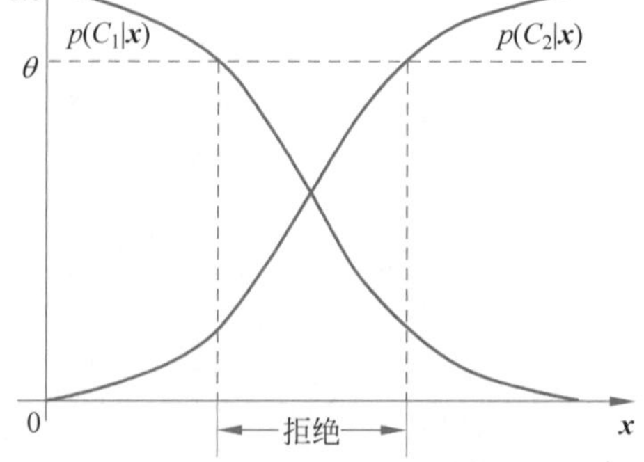

图 3.2.3 拒绝判决

拒绝判决是一个有意义但需要谨慎使用的原则,其使用与所面对的问题的代价分析有关。例如,在一个邮件自动分拣的邮政编码识别系统中,假设一封信的第1位邮政编码数字被自动分类为1和7的概率最大但很接近,该信可以由自动分拣系统拒绝判决,转为人工服务,显然,人工服务的成本比自动分拣高,但远低于一封信被错误投递的代价。

拒绝判决可降低错误分类率,极端的例子是,拒绝做任何判决则错误分类率为0,但这样的系统毫无意义。故选择拒绝判决以及拒绝判决的阈值与应用是密切相关的,需要在实际系统设计中谨慎选择。

3.3 回归的决策

对于回归问题,本书介绍的回归模型较多的是直接得到回归函数 $\hat{y}=g(\boldsymbol{x})$,也有一些方法是首先通过学习过程得到联合概率 $p(\boldsymbol{x},y)$或后验概率 $p(y|\boldsymbol{x})$,对这种模型首先需要选择一种评价性能的函数,通过决策给出回归的连续输出值 $\hat{y}$。在回归情况下最常用的评价函数之一是均方误差(Mean Square Error,MSE)。回归输出 $\hat{y}$ 与真实 y 的均方误差定义为

$$\mathrm{mse}(\hat{y})=\iint(y-\hat{y})^2 p(\boldsymbol{x},y)\mathrm{d}\boldsymbol{x}\mathrm{d}y \tag{3.3.1}$$

若要求一个 $\hat{y}$ 使均方误差最小,可将式(3.3.1)两侧对 $\hat{y}$ 求导且令导数为0,将得到一个解为 $\hat{y}=g(\boldsymbol{x})$。

利用贝叶斯公式,有

$$\mathrm{mse}(\hat{y})=\iint(y-\hat{y})^2 p(\boldsymbol{x},y)\mathrm{d}\boldsymbol{x}\mathrm{d}y=\int\left[\int(y-\hat{y})^2 p(y\mid\boldsymbol{x})\mathrm{d}y\right]p_{\boldsymbol{x}}(\boldsymbol{x})\mathrm{d}\boldsymbol{x} \tag{3.3.2}$$

将上述等式对 $\hat{y}$ 求导,并交换积分和求导顺序,得

$$\frac{\partial\,\mathrm{mse}(\hat{y})}{\partial\hat{y}}=\int\left[\frac{\partial}{\partial\hat{y}}\int(\hat{y}-y)^2 p(y\mid\boldsymbol{x})\mathrm{d}y\right]p_x(\boldsymbol{x})\mathrm{d}\boldsymbol{x} \tag{3.3.3}$$

为求最小均方估计 $\hat{y}$,只需令式(3.3.3)为0,因为对所有 $\boldsymbol{x}$,$p_x(\boldsymbol{x})\geqslant 0$,故欲使$\frac{\partial\,\mathrm{mse}(\hat{y})}{\partial\hat{y}}=0$,只需令

$$\frac{\partial}{\partial\hat{y}}\int(y-\hat{y})^2 p(y\mid\boldsymbol{x})\mathrm{d}y=0 \tag{3.3.4}$$

将式(3.3.4)中求导和积分次序交换,得

$$\frac{\partial}{\partial\hat{y}}\int(y-\hat{y})^2 p(y\mid\boldsymbol{x})\mathrm{d}y=-2\int(y-\hat{y})p(y\mid\boldsymbol{x})\mathrm{d}y=0$$

得到

$$\hat{y}=\int yp(y\mid\boldsymbol{x})\mathrm{d}y=E_{y|x}(y\mid\boldsymbol{x}) \tag{3.3.5}$$

这是最小均方误差(Minimum Mean Square Error,MMSE)意义下回归的最优输出值,称为后验期望输出。在参数估计问题中,若用参数 θ 代替回归输出 y,则同样的结论称为MMSE贝叶斯参数估计器。

对于一个回归学习系统,通过学习过程得到了后验概率 $p(y|\boldsymbol{x})$,则给出一个新的特征向量输入 $\boldsymbol{x}$ 后,回归的输出是 y 的后验条件期望值 $\hat{y}=E_{y|\boldsymbol{x}}(y|\boldsymbol{x})$。将回归输出 $\hat{y}$ 代入式(3.3.1),得到最小均方误差为

$$\mathrm{mmse}(\hat{\theta})=\iint(y-E(y|\boldsymbol{x}))^2 p(\boldsymbol{x},y)\mathrm{d}\boldsymbol{x}\mathrm{d}y$$

例 3.3.1 对于回归问题,仍以高斯分布为例。若有一个回归问题,通过学习过程得到的后验概率为

$$p(y \mid \boldsymbol{x})=N(y \mid \boldsymbol{w}^{\mathrm{T}} \boldsymbol{x}, \sigma_{y \mid \boldsymbol{x}}^{2})$$

其中,$\boldsymbol{w}$ 为通过训练得到的权系数向量。由高斯分布的特点和式(3.3.5)可得,MMSE 的回归输出为

$$\hat{y}=E_{y \mid \boldsymbol{x}}(y \mid \boldsymbol{x})=\boldsymbol{w}^{\mathrm{T}} \boldsymbol{x}$$

方差 $\sigma_{y \mid \boldsymbol{x}}^{2}$ 刻画了回归输出的不确定性大小。

本节注释 1 介绍决策理论后,可对机器学习的框架再做一个概要讨论。通过机器学习解决一个实际问题,大致分为 3 个步骤:①针对要解决的问题收集数据,预处理数据(数据清洗、标注等),确定解决问题的算法模型,如选择采用监督学习、选择神经网络模型、支持向量机模型或其他模型;②训练过程,用样本集对模型进行训练,选择模型规模和参数,对确定性模型得到 $\hat{y}=f(\boldsymbol{x})$ 的判别函数,对概率模型得到联合概率 $p(\boldsymbol{x}, y)$ 或后验概率 $p(y \mid \boldsymbol{x})$;③推断或预测过程,给出新的特征输入 $\boldsymbol{x}$,对确定性模型直接得到结果,对概率模型计算得到后验概率 $p(y \mid \boldsymbol{x})$,通过后验概率和风险函数获得判决准则做出决策。对于复杂问题,以上 3 个步骤也可能要反复,直至得到需要的结果。决策理论是机器学习过程中最后一步的组成部分,总的来讲是比较容易的一部分,本章给出了决策理论的一个概要介绍,后续章节直接应用这些结果,一般来讲,若不与具体应用环境结合,就采用最简单的决策公式(见式(3.2.4))。

本节注释 2 在许多实际应用中,对于决策的目标函数设计,有一些特定的针对性指标,这些内容与应用密切关联。比较广泛的应用包括自然语言处理、计算机视觉、推荐系统、信息检索等,也有很多更专门的应用,如医学诊断、DNA 分析、雷达目标分类、通信信道建模、震动检测等。本书作为机器学习的基本教程,不讨论与这些专门应用对应的一些特殊指标,有兴趣的读者可参考这些领域的专门文献。

3.4 高斯情况下的分类决策

由于对机器学习需求的广泛性,所面对的数据类型也是非常广泛的,既有物理传感器采集的物理信号,也有社会调查所获得的不同人群的各类数据,或是电商平台记录的用户购物数据。面对如此广泛的数据类型,没有一个学习模型是通用的,这也是“没有免费的午餐”定理所阐述的原则。因此,本书会介绍多种不同的学习模型,以适应不同的应用需求。大多数的学习模型表现出不同的复杂性。但在数据的概率分布服从高斯分布时,问题往往变得简单且具有有效的闭式解。

本节以高斯情况为例,进一步理解决策理论在分类的应用,并导出最基本的学习模型。假设所要分类的数据集中包含 K 种类型 $\{C_i\}_{i=1}^{K}$,类 C_i 的出现概率为 $p(C_i)$。高斯情况是指在类型确定为 C_i 时,类条件概率 $p_{\boldsymbol{x}}(\boldsymbol{x} \mid y=C_i)$(简写为 $p_{\boldsymbol{x}}(\boldsymbol{x} \mid C_i)$)服从高斯分布,即

$$p(\boldsymbol{x} \mid C_i)=\frac{1}{(2\pi)^{M/2}\left|\boldsymbol{\Sigma}_i\right|^{1/2}} \exp\left(-\frac{1}{2}(\boldsymbol{x}-\boldsymbol{\mu}_i)^{\mathrm{T}} \boldsymbol{\Sigma}_i^{-1}(\boldsymbol{x}-\boldsymbol{\mu}_i)\right) \tag{3.4.1}$$

其中,$\{\boldsymbol{\mu}_i, \boldsymbol{\Sigma}_i\}_{i=1}^{K}$ 表示各类条件概率的参数。若假设式(3.4.1)中的各参数均已知,给出一个新的特征向量 $\boldsymbol{x}$,利用 3.2 节的决策准则,给出 $\boldsymbol{x}$ 所对应的类型。

决策准则式(见式(3.2.4))需要用后验概率进行判决,由于 $p(\boldsymbol{x})$ 不影响结果,则

$$p(C_i \mid \boldsymbol{x}) \propto p(\boldsymbol{x} \mid C_i) p(C_i) \tag{3.4.2}$$

对于该问题，为了导出更加直接的决策准则，首先定义对应后验概率式(3.4.2)的判别函数 $g_i(\boldsymbol{x})$为

$$\begin{aligned} g_i(\boldsymbol{x}) &= \ln[p(\boldsymbol{x} \mid C_i) p(C_i)] \\ &= -\frac{1}{2}(\boldsymbol{x}-\boldsymbol{\mu}_i)^{\mathrm{T}} \boldsymbol{\Sigma}_i^{-1}(\boldsymbol{x}-\boldsymbol{\mu}_i) - \frac{1}{2}\ln|\boldsymbol{\Sigma}_i| - \frac{M}{2}\ln 2\pi + \ln(p(C_i)) \end{aligned} \tag{3.4.3}$$

由式(3.4.3)可导出更直接的分类判决准则。下面首先讨论二分类问题，分别讨论$\boldsymbol{\Sigma}_1=\boldsymbol{\Sigma}_2=\boldsymbol{\Sigma}$和$\boldsymbol{\Sigma}_1 \neq \boldsymbol{\Sigma}_2$ 两种情况，然后推广到多分类情况。

3.4.1 相同协方差矩阵情况的二分类

在二分类问题中，只有 C_1 和 C_2 两种类型，假设$\boldsymbol{\Sigma}_1=\boldsymbol{\Sigma}_2=\boldsymbol{\Sigma}$，由$\boldsymbol{\mu}_1$ 和$\boldsymbol{\mu}_2$ 区分两类。注意到当利用式(3.2.3)进行判决时，若 $p(C_1 \mid \boldsymbol{x}) > p(C_2 \mid \boldsymbol{x})$，则判决为类型 C_1，这等价于 $g_1(\boldsymbol{x}) > g_2(\boldsymbol{x})$。由于只需比较 $g_i(\boldsymbol{x})$的大小，故将式(3.4.3)中各 $g_i(\boldsymbol{x})$的相同项丢弃，重写化简的 $g_i(\boldsymbol{x})$为

$$g_i(\boldsymbol{x}) = -\frac{1}{2}(\boldsymbol{x}-\boldsymbol{\mu}_i)^{\mathrm{T}} \boldsymbol{\Sigma}^{-1}(\boldsymbol{x}-\boldsymbol{\mu}_i) + \ln(p(C_i)), \quad i=1,2 \tag{3.4.4}$$

注意到，式(3.4.4)等号右侧第一项展开后，二次项 $\boldsymbol{x}^{\mathrm{T}}\boldsymbol{\Sigma}^{-1}\boldsymbol{x}$ 与类型无关，也可删去，这样 $g_i(\boldsymbol{x})$进一步化简为

$$g_i(\boldsymbol{x}) = \boldsymbol{w}_i^{\mathrm{T}} \boldsymbol{x} + w_{i0} \tag{3.4.5}$$

其中，系数和偏置分别为

$$\begin{cases} \boldsymbol{w}_i = \boldsymbol{\Sigma}^{-1} \boldsymbol{\mu}_i \\ w_{i0} = -\frac{1}{2} \boldsymbol{\mu}_i^{\mathrm{T}} \boldsymbol{\Sigma}^{-1} \boldsymbol{\mu}_i + \ln[p(C_i)], \quad i=1,2 \end{cases} \tag{3.4.6}$$

若分类输出判决为 C_1，则需要

$$g_1(\boldsymbol{x}) > g_2(\boldsymbol{x}) \tag{3.4.7}$$

将式(3.4.6)代入式(3.4.7)加以整理，得判决为 C_1 的条件为

$$g(\boldsymbol{x}) = \boldsymbol{w}^{\mathrm{T}} \boldsymbol{x} + w_0 > 0 \tag{3.4.8}$$

式(3.4.8)的系数为

$$\begin{cases} \boldsymbol{w} = \boldsymbol{w}_1 - \boldsymbol{w}_2 = \boldsymbol{\Sigma}^{-1}(\boldsymbol{\mu}_1 - \boldsymbol{\mu}_2) \\ w_0 = w_{10} - w_{20} = -\frac{1}{2} \boldsymbol{\mu}_1^{\mathrm{T}} \boldsymbol{\Sigma}^{-1} \boldsymbol{\mu}_1 + \frac{1}{2} \boldsymbol{\mu}_2^{\mathrm{T}} \boldsymbol{\Sigma}^{-1} \boldsymbol{\mu}_2 + \ln\left[\frac{p(C_1)}{p(C_2)}\right] \end{cases} \tag{3.4.9}$$

对于高斯分布，若已知$\boldsymbol{\mu}_1$，$\boldsymbol{\mu}_2$ 和$\boldsymbol{\Sigma}$，对于一个新的特征输入 $\boldsymbol{x}$，进行式(3.4.8)的判决，若成立，则输出类型 C_1，否则输出类型 C_2。

在机器学习的应用中，一般并不知道$\boldsymbol{\mu}_1$，$\boldsymbol{\mu}_2$，$p(C_1)$，$p(C_2)$和$\boldsymbol{\Sigma}$ 这些参数，而是存在一组训练样本

$$\boldsymbol{D} = \{(\boldsymbol{x}_n, y_n)\}_{n=1}^{N} \tag{3.4.10}$$

设训练样本是 IID 的，下面通过训练样本估计这些参数，这是例 2.3.4 的一个推广。在例 2.3.4 中没有类型标注 y_n。为了估计上述参数，需要表示联合分布 $p(\boldsymbol{x}_n, y_n)$，然后通过 MLE 估计参数。这里，y_n 作为标注，$y_n=1$ 表示类型 C_1，$y_n=0$ 表示类型 C_2，为表示简洁，类型概率表示为

$$p(C_1) = p(y_n=1) = \pi, \quad p(C_2) = p(y_n=0) = 1-\pi \tag{3.4.11}$$

则

$$p(\boldsymbol{x}_n, y_n=1)=p(\boldsymbol{x}_n, C_1)=p(\boldsymbol{x}_n \mid C_1)\,p(C_1)$$
$$=\pi N(\boldsymbol{x}_n \mid \boldsymbol{\mu}_1, \boldsymbol{\Sigma}) \tag{3.4.12}$$

$$p(\boldsymbol{x}_n, y_n=0)=p(\boldsymbol{x}_n, C_2)=p(\boldsymbol{x}_n \mid C_2)\,p(C_2)$$
$$=(1-\pi) N(\boldsymbol{x}_n \mid \boldsymbol{\mu}_2, \boldsymbol{\Sigma}) \tag{3.4.13}$$

y_n 只有两个取值，相当于伯努利分布，故联合分布 $p(\boldsymbol{x}_n, y_n)$ 为

$$p(\boldsymbol{x}_n, y_n \mid \pi, \boldsymbol{\mu}_1, \boldsymbol{\mu}_2, \boldsymbol{\Sigma})=[\pi N(\boldsymbol{x}_n \mid \boldsymbol{\mu}_1, \boldsymbol{\Sigma})]^{y_n}[(1-\pi) N(\boldsymbol{x}_n \mid \boldsymbol{\mu}_2, \boldsymbol{\Sigma})]^{1-y_n} \tag{3.4.14}$$

考虑样本是 IID 的，则对数似然函数为

$$\begin{aligned}\ln[p(\boldsymbol{X}, y \mid \pi, \boldsymbol{\mu}_1, \boldsymbol{\mu}_2, \boldsymbol{\Sigma})] &= \ln \prod_{n=1}^{N}[\pi N(\boldsymbol{x}_n \mid \boldsymbol{\mu}_1, \boldsymbol{\Sigma})]^{y_n}[(1-\pi) N(\boldsymbol{x}_n \mid \boldsymbol{\mu}_2, \boldsymbol{\Sigma})]^{1-y_n} \\ &= \sum_{n=1}^{N}\{y_n \ln[\pi N(\boldsymbol{x}_n \mid \boldsymbol{\mu}_1, \boldsymbol{\Sigma})]+(1-y_n) \ln[(1-\pi) N(\boldsymbol{x}_n \mid \boldsymbol{\mu}_2, \boldsymbol{\Sigma})]\}\end{aligned} \tag{3.4.15}$$

式(3.4.15)对各参数求偏导数并令其为 0，分别得到各参数的估计值为

$$\hat{\pi}=\frac{1}{N} \sum_{n=1}^{N} y_n=\frac{N_1}{N} \tag{3.4.16}$$

$$\hat{\boldsymbol{\mu}}_1=\frac{1}{N_1} \sum_{n=1}^{N} y_n \boldsymbol{x}_n, \quad \hat{\boldsymbol{\mu}}_2=\frac{1}{N_2} \sum_{n=1}^{N}(1-y_n) \boldsymbol{x}_n \tag{3.4.17}$$

$$\begin{aligned}\hat{\boldsymbol{\Sigma}}=\frac{1}{N}\Big[&\sum_{n=1}^{N} y_n(\boldsymbol{x}_n-\hat{\boldsymbol{\mu}}_1)(\boldsymbol{x}_n-\hat{\boldsymbol{\mu}}_1)^{\mathrm{T}}+ \\ &\sum_{n=1}^{N}(1-y_n)(\boldsymbol{x}_n-\hat{\boldsymbol{\mu}}_2)(\boldsymbol{x}_n-\hat{\boldsymbol{\mu}}_2)^{\mathrm{T}}\Big]\end{aligned} \tag{3.4.18}$$

其中，N_1 为样本集中属于 C_1 的样本数目；N_2 为样本集中属于 C_2 的样本数目。

将估计的参数代入式(3.4.9)计算 $\boldsymbol{w}$ 和 w_0，则式(3.4.8)的判决方程就确定了，给出新的特征输入，就可以做出分类决策。注意到在等协方差矩阵的高斯情况下，判决方程是一个线性函数，令

$$g(\boldsymbol{x})=\boldsymbol{w}^{\mathrm{T}} \boldsymbol{x}+w_0=0 \tag{3.4.19}$$

得到一个 $\boldsymbol{x}$ 空间的超平面，该平面将空间分划成两个区域，$g(\boldsymbol{x})>0$ 的区域属于类型 C_1，$g(\boldsymbol{x})<0$ 的区域属于 C_2，位于超平面上的点可任意判决为 C_1 或 C_2。在这种情况下，依据式(3.2.3)得到的判决方程式(3.4.8)已经退化成一个确定性的线性判决函数，由其可进行分类判决，判决函数使用起来更简单直接，但已失去后验概率所具有的丰富内涵。而后验概率自身有着丰富的内涵，可以进行拒绝判决，可以结合加权损失，也可以通过概率原理集成多个分类器。

在高斯情况下，由以上已得结果可以导出后验概率 $p(C_i \mid \boldsymbol{x})$。先看 $p(C_1 \mid \boldsymbol{x})$，由贝叶斯公式

$$p(C_1 \mid \boldsymbol{x})=\frac{p(\boldsymbol{x}, C_1)}{p(\boldsymbol{x})}=\frac{p(\boldsymbol{x} \mid C_1)\,p(C_1)}{p(\boldsymbol{x} \mid C_1)\,p(C_1)+p(\boldsymbol{x} \mid C_2)\,p(C_2)} \tag{3.4.20}$$

用一点数学技巧，得

$$p(C_1 \mid \boldsymbol{x})=\frac{1}{1+\dfrac{p(\boldsymbol{x} \mid C_2)\,p(C_2)}{p(\boldsymbol{x} \mid C_1)\,p(C_1)}}=\frac{1}{1+\mathrm{e}^{-a(\boldsymbol{x})}}=\sigma[a(\boldsymbol{x})] \tag{3.4.21}$$

这里使用了

$$a(\boldsymbol{x})=\ln\frac{p(\boldsymbol{x}\mid C_1)p(C_1)}{p(\boldsymbol{x}\mid C_2)p(C_2)} \tag{3.4.22}$$

并且使用了一个函数定义,即

$$\sigma(a)=\frac{1}{1+\mathrm{e}^{-a}} \tag{3.4.23}$$

该函数称为 Sigmoid 函数,其详细的讨论和性质将在第 4 章给出,它是机器学习中广泛使用的函数,这里暂不做深入讨论,只需要注意到 $\sigma(0)=0.5$,$a>0$ 时,$\sigma(a)>0.5$。$p(C_2\mid\boldsymbol{x})$可以表示为

$$p(C_2\mid\boldsymbol{x})=1-p(C_1\mid\boldsymbol{x}) \tag{3.4.24}$$

式(3.4.21)给出了后验概率的表达式,其中参数 $a(\boldsymbol{x})$由式(3.4.22)计算,不难验证,将 $p(\boldsymbol{x}\mid C_i)$,$p(C_i)$代入式(3.4.22)整理得(推导细节留作习题)

$$a(\boldsymbol{x})=g(\boldsymbol{x})=\boldsymbol{w}^{\mathrm{T}}\boldsymbol{x}+w_0 \tag{3.4.25}$$

式(3.4.25)的系数 $\boldsymbol{w}^{\mathrm{T}}$ 和 w_0 在式(3.4.9)已求得。注意到,由式(3.4.21)可见,当 $a(\boldsymbol{x})>0$ 时,$p(C_1\mid\boldsymbol{x})>0.5$,分类判决为 C_1,这与式(3.4.8)结果一致。在更多应用中,后验概率比式(3.4.8)的判别方程内涵更丰富。

3.4.2 不同协方差矩阵情况的二分类

在$\boldsymbol{\Sigma}_1\neq\boldsymbol{\Sigma}_2$的条件下,除数学表达上略复杂一些,过程与相同协方差矩阵情况相似。略去与比较大小无关的项,$g_i(\boldsymbol{x})$表示为

$$g_i(\boldsymbol{x})=\boldsymbol{x}^{\mathrm{T}}\boldsymbol{W}_i\boldsymbol{x}+\boldsymbol{w}_i^{\mathrm{T}}\boldsymbol{x}+w_{i0},\quad i=1,2 \tag{3.4.26}$$

其中,系数和偏置分别为

$$\begin{cases}\boldsymbol{W}_i=-\dfrac{1}{2}\boldsymbol{\Sigma}_i^{-1}\\ \boldsymbol{w}_i=\boldsymbol{\Sigma}_i^{-1}\boldsymbol{\mu}_i\\ w_{i0}=-\dfrac{1}{2}\boldsymbol{\mu}_i^{\mathrm{T}}\boldsymbol{\Sigma}_i^{-1}\boldsymbol{\mu}_i-\dfrac{1}{2}\ln|\boldsymbol{\Sigma}_i|+\ln[p(C_i)]\end{cases} \tag{3.4.27}$$

对于输入 $\boldsymbol{x}$,若分类输出判决为 C_1,则需要

$$g(\boldsymbol{x})=\boldsymbol{x}^{\mathrm{T}}\boldsymbol{W}\boldsymbol{x}+\boldsymbol{w}^{\mathrm{T}}\boldsymbol{x}+w_0>0 \tag{3.4.28}$$

其中,权系数为

$$\begin{cases}\boldsymbol{W}=-\dfrac{1}{2}(\boldsymbol{\Sigma}_1^{-1}-\boldsymbol{\Sigma}_2^{-1})\\ \boldsymbol{w}=\boldsymbol{\Sigma}_1^{-1}\boldsymbol{\mu}_1-\boldsymbol{\Sigma}_2^{-1}\boldsymbol{\mu}_2\\ w_0=-\dfrac{1}{2}\boldsymbol{\mu}_1^{\mathrm{T}}\boldsymbol{\Sigma}_1^{-1}\boldsymbol{\mu}_1+\dfrac{1}{2}\boldsymbol{\mu}_2^{\mathrm{T}}\boldsymbol{\Sigma}_2^{-1}\boldsymbol{\mu}_2-\dfrac{1}{2}\ln\dfrac{|\boldsymbol{\Sigma}_1|}{|\boldsymbol{\Sigma}_2|}+\ln\dfrac{p(C_1)}{p(C_2)}\end{cases} \tag{3.4.29}$$

在$\boldsymbol{\Sigma}_1\neq\boldsymbol{\Sigma}_2$ 的条件下,对参数$\boldsymbol{\mu}_i$ 和$\boldsymbol{\Sigma}_i$ 的估计更简单,按照 y_n 取 1 或 0 将样本集分为$\boldsymbol{D}_1$ 和 $\boldsymbol{D}_2$,直接利用例 2.3.4 的结果,用各子样本集 $\boldsymbol{D}_i$ 直接估计$\boldsymbol{\mu}_i$ 和$\boldsymbol{\Sigma}_i$,π 的估计仍用式(3.4.16)。容易验证,只需要用式(3.4.28)的 $g(\boldsymbol{x})$替代式(3.4.8)的 $g(\boldsymbol{x})$,则后验概率 $p(C_1\mid\boldsymbol{x})$的表达式不变,仍如式(3.4.21)和式(3.4.25)所示。

3.4.3 多分类情况

可将二分类的结果直接推广到有 K 个类型的多分类问题，对于判别函数 $g_i(\boldsymbol{x})$，只需将式(3.4.26)中的 $i=1,2$ 扩展为 $i=1,2,\cdots,K$，并取 $g_i(\boldsymbol{x})$最大的类为输出类型。对于后验概率 $p(C_i|\boldsymbol{x})$，可得到结果(推导细节留作习题)

$$p(C_i \mid \boldsymbol{x})=\frac{\exp[g_i(\boldsymbol{x})]}{\sum_{k=1}^{K}\exp[g_k(\boldsymbol{x})]} \tag{3.4.30}$$

以上已对高斯情况的分类问题做了较详细的讨论，利用了决策理论的结果。可以看到在满足式(3.4.1)假设的情况下，对于给出如式(3.4.10)所示的样本集，可估计式(3.4.1)的所有参数，也可估计 $p(C_i)$的概率。如果以基本的最小错误分类率准则进行分类，在高斯情况下，可得到简单的判决函数 $g_i(\boldsymbol{x})$；若需要更丰富信息的后验概率 $p(C_i|\boldsymbol{x})$，也得到了后验概率的解析公式。

对于高斯情况，在给出式(3.4.10)的训练样本集后，可以估计出式(3.4.14)的联合概率密度函数 $p(\boldsymbol{x},y)$和各种情况下的类后验概率 $p(C_i|\boldsymbol{x})$，获得所谓的生成模型和判决模型都不困难。但对于其他复杂概率分布，一般生成模型的学习是很困难的。

若高斯假设与实际数据相符合，则对于分类问题，本节给出的结果是性能良好的，对于复杂的实际情况，高斯假设只有一定的符合度或符合度较差，这种情况下，通过本节的方法很难得到满意的较低的错误分类率，需要探索更多类型的分类算法。本书第 4 章介绍了一些基本的分类算法，后续章节给出了各种更专门的分类算法，如支持向量机、神经网络、决策树和集成学习算法。

3.5 KNN 方法

第 1 章中以 KNN 分类器为例对分类器功能进行了说明，利用 3.2 节的决策理论可进一步解释 KNN 分类器的原理。

设训练样本集 $\boldsymbol{D}=\{(\boldsymbol{x}_n,y_n)\}_{n=1}^{N}$ 对应 $C_1,C_2,\cdots,C_J$ 共 J 种类型，总样本数为 N，各类型对应的样本数分别为 $N_1,N_2,\cdots,N_J$。对于一个给定的 $\boldsymbol{x}$，以其为中心的超球体内包括 K 个样本，体积为 V。设近邻的 K 个样本中，标注为各类型的样本数分别为 $K_1,K_2,\cdots,K_J$，利用这些数据进行概率估计，显然有

$$\hat{p}(\boldsymbol{x})=\frac{K}{NV},\quad \hat{p}(\boldsymbol{x}|C_j)=\frac{K_j}{N_jV},\quad \hat{p}(C_j)=\frac{N_j}{N} \tag{3.5.1}$$

故后验概率为

$$\hat{p}(C_j \mid \boldsymbol{x})=\frac{\hat{p}(\boldsymbol{x}|C_j)\hat{p}(C_j)}{\hat{p}(\boldsymbol{x})}=\frac{K_j}{K} \tag{3.5.2}$$

按照 3.2 节分类错误率最小的决策准则(见式(3.2.4))，如果一个类型 C_{j^*} 的后验概率最大，则输出为 C_{j^*} 类。在 KNN 算法中，由式(3.5.2)可见，$\hat{p}(C_{j^*}|\boldsymbol{x})$最大对应近邻样本数 K_{j^*} 最多，则分类为 C_{j^*}。可见 KNN 分类器是一种建立在后验概率最大化基础上的分类器，只是后验概率的估计采用了 KNN 概率估计。

当 $K=1$ 时，称为最近邻分类器，即将待分类的输入特征向量分类为距离最近的训练样本的类型。可以证明，用简单的最近邻分类器，当 $N\to\infty$时，分类误差不大于最优分类误差的 2 倍；若取

较大的 K，分类误差进一步降低。尽管简单，但在一些应用中 KNN 分类器可以获得可接受的分类效果。

KNN 方法同样可以用于回归估计，若样本集 $\boldsymbol{D}=\{(\boldsymbol{x}_n, y_n)\}_{n=1}^{N}$ 的标注是实数，对于一个给定的 $\boldsymbol{x}$，得到以其为中心的超球体，其内包括 K 个样本，记 $\boldsymbol{x}$ 的 K 个近邻样本集合为 $\boldsymbol{D}_K(\boldsymbol{x})$，则 KNN 回归输出为

$$\hat{y}(\boldsymbol{x})=\frac{1}{K}\sum_{(\boldsymbol{x}_i, y_i)\in \boldsymbol{D}_K(\boldsymbol{x})} y_i \tag{3.5.3}$$

显然，这个输出近似等于 $E(y|\boldsymbol{x})$，是利用 K 个近邻样本的标注值对 $E(y|\boldsymbol{x})$ 的估计，$E(y|\boldsymbol{x})$ 为式(3.3.2)给出的回归问题的最优决策值。

在低维特征向量情况下，KNN 是一种简单且有效的方法，但 KNN 方法直接受限于维度灾难，显然随维度增加，需要的训练集样本数呈指数级增加。

*3.6 概率图模型

机器学习中常使用概率模型描述数据，前面也看到可通过后验概率进行决策，总之，概率模型是机器学习中常用的工具。在机器学习中，常遇到高维随机向量 $\boldsymbol{x}$，当维度很高时，$\boldsymbol{x}$ 的概率函数非常复杂，学习和推断过程也变得非常复杂，在这种情况下，若能将概率函数分解为多因子乘积的形式，将可能降低问题的复杂度。本节讨论用图的方式表示概率函数，称为概率图模型。概率图模型已经发展为一个相对独立且深入广博的子领域，限于本书的篇幅限制，本节仅给出其非常简略的介绍，对于希望更加深入了解概率图模型的读者，可参考在本章小结中列出的参考书。

本节简要介绍贝叶斯网络(或称为有向图模型)、无向图模型，以及其学习和推断的原理。

3.6.1 贝叶斯网络

图是由节点和边组成的，在有向图中边是带有方向的。贝叶斯网络是一个有向无环图(Directed Acyclic Graphs，DAG)，其中每个节点代表一个随机变量(更一般地，一个节点可代表一组随机变量，目前为了叙述简单，首先考虑一个节点仅代表一个随机变量的情况)，节点之间的连线表示两个随机变量之间有直接关系。

观察一个最简单的图，如图 3.6.1 所示，只有两个节点 a 和 b，分别表示两个同名的随机变量 a 和 b，箭头从节点 a 指向节点 b，表示节点 a 是节点 b 的父节点。节点 a 没有父节点，可以用 $p(a)$ 的因子表示，而节点 b 有父节点 a，可由条件概率 $p(b|a)$ 表示该关系，则该图所表示的联合概率可表示为这两个因子的积，即

图 3.6.1 两个节点的贝叶斯网络

$$p(a,b)=p(a)p(b\mid a) \tag{3.6.1}$$

式(3.6.1)正是联合概率的积公式。图 3.6.1 和式(3.6.1)都过于简单，难以说明更多问题。

2.1 节给出了随机变量集 $\{x_1,\cdots,x_{D-1},x_D\}$ 的链式分解公式，重写如下。

$$p(x_1,\cdots,x_{D-1},x_D)=p(x_D|x_{D-1},\cdots,x_1)\cdots p(x_2\mid x_1)p(x_1) \tag{3.6.2}$$

为了表述简单和清楚，给出 4 个随机变量的例子，即

$$p(x_1,x_2,x_3,x_4)=p(x_4\mid x_3,x_2,x_1)p(x_3|x_2,x_1)p(x_2\mid x_1)p(x_1) \tag{3.6.3}$$

可用图 3.6.2(a)的贝叶斯网络表示式(3.6.3)的因子分解形式。其中，节点 x_4 有 3 个父节点 x_3,x_2,x_1，故表示为条件概率 $p(x_4|x_3,x_2,x_1)$；节点 x_3 有两个父节点 x_2,x_1，表示为条件概率

$p(x_3|x_2,x_1)$；节点 x_2 只有一个父节点 x_1，表示为条件概率 $p(x_2|x_1)$；x_1 节点没有父节点，故只表示为 $p(x_1)$，将所有这些因子相乘得到式(3.6.3)的链式分解。图 3.6.2(a)是一个有全连接的图，即每两个节点之间都有连线(仅从小序号节点指向大序号节点)。对于更多的节点，这种全连接图对应式(3.6.2)的链式分解，即全连接图没有给出关于概率结构的特殊知识。

如果一种节点间连接的贝叶斯网络如图 3.6.2(b)所示，即图中一些节点之间没有连线，说明这两个节点之间没有直接关系。x_1 和 x_2 节点均没有父节点，故各自的因子为 $p(x_1)$和 $p(x_2)$，x_3 节点有两个父节点 x_2,x_1，对应因子 $p(x_3|x_2,x_1)$，x_4 节点只有一个父节点 x_3，对应因子 $p(x_4|x_3)$，故图 3.6.2(b)所表示的贝叶斯网络的联合概率函数为

$$p(x_1,x_2,x_3,x_4)=p(x_4 \mid x_3)p(x_3|x_2,x_1)p(x_2)p(x_1) \tag{3.6.4}$$

比较式(3.6.4)和式(3.6.3)，相当于图 3.6.2(b)表示的概率结构将 $p(x_4|x_3,x_2,x_1)$化简为 $p(x_4|x_3)$，将 $p(x_2|x_1)$化简为 $p(x_2)$。

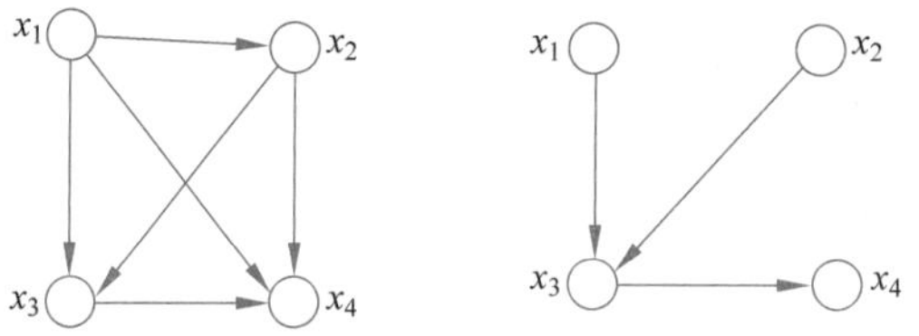

(a) 全连接　　(b) 非全连接

图 3.6.2　4 个节点的贝叶斯网络实例

为了更清楚地理解图 3.6.2(a)和图 3.6.2(b)所表示的概率结构所带来的不同复杂度，以 $p(x_1,x_2,x_3,x_4)$为例进行说明。设 x_i 是离散的且只取两个值 1 或 0，为了表示$\{x_1,x_2,x_3,x_4\}$的联合概率，需要 2^4-1 即 15 个参数(由于概率和为 1，故减少 1 个参数)。若用图 3.6.2(a)的有向图表示，对应式(3.6.3)的因子分解，在因子 $p(x_4|x_3,x_2,x_1)$中，由于 x_3,x_2,x_1 有 8 种组合，故描述 $p(x_4=1|x_3,x_2,x_1)$需要 8 个参数(不需要用新参数描述 $p(x_4=0|x_3,x_2,x_1)$)，其他因子分别需要 4、2、1 个参数，共需要 15 个参数，全连接图模型与直接的联合概率表示对比没有减少参数。但对于图 3.6.2(b)的模型，其对应的分解式(3.6.4)右侧中各因子分别需要 2、4、1、1 个参数，故描述其联合概率只需 8 个参数，需要的参数量明显下降。这里只是以 $D=4$ 作为维度做了简单说明，在机器学习中，D 表示的维度可能很大，如大于 1000 甚至更高，则利用概率图描述的结构，可能大大减少需要估计的模型参数。

对于一般的 D 个随机变量，记为 $\boldsymbol{x}=[x_1,\cdots,x_{D-1},x_D]^{\mathrm{T}}$，其可以用具有 D 个节点的有向图表示，相应地，通过图可以将联合概率分解为

$$p(\boldsymbol{x})=\prod_{k=1}^{D} p(x_k \mid \boldsymbol{x}_{fk}) \tag{3.6.5}$$

其中，对于节点 x_k，设其父节点集合为 $\boldsymbol{x}_{fk}$，则每个因子写为条件概率 $p(x_k|\boldsymbol{x}_{fk})$。

例如，图 3.6.3 是一个具有 D 个节点的有向图模型，图中只有序号相邻的随机变量之间有连线，显然，该图表示的联合概率为

$$p(\boldsymbol{x})=p(x_1)\prod_{k=2}^{D} p(x_k \mid x_{k-1}) \tag{3.6.6}$$

仍假设 x_k 是仅取两个值的离散随机变量，描述一般的 $p(\boldsymbol{x})$需要 2^D-1 个参数，若$D=1000$ 则参数多到无法存储，但式(3.6.6)或图 3.6.3 所表示的概率结构仅需要 $2D-1$ 个参数，而这种只有近邻之间有直接相关性的情况，可代表许多数据类型。

图 3.6.3　一个只有相邻节点有连线的图结构

除了贝叶斯网络刻画的概率结构可能大大降低表示联合概率的复杂性外，一个有趣的应用是，可从图中直接判断两组随机变量子集之间是否在一个条件子集下是独立的。为此，我们首先考查 3 种基本结构。如图 3.6.4 所示，有 3 个随机变量，以及 3 种不同的连接方式。我们判断在给出 x_3 时，x_1 和 x_2 是否条件独立，即是否

$$p(x_1,x_2 \mid x_3)=p(x_1 \mid x_3)p(x_2 \mid x_3) \tag{3.6.7}$$

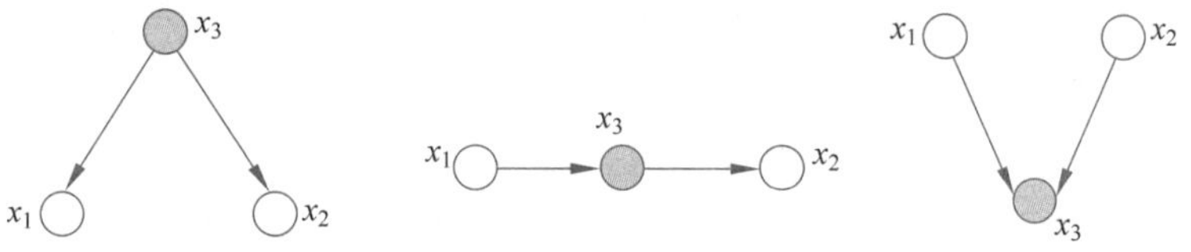

(a) “尾-尾” 连接　(b) “尾-头” 连接　(c) “头-头” 连接

图 3.6.4　3 种基本结构

分别讨论 3 种连接方式。

(1)“尾-尾”连接。将图 3.6.4(a)的连接方式称为“尾-尾”连接，即从 x_1 到 x_2 的通道中，作为条件的节点 x_3 连接的都是箭头的尾部。对于图 3.6.4(a)，联合概率可写为

$$p(x_1,x_2,x_3)=p(x_3)p(x_1 \mid x_3)p(x_2 \mid x_3) \tag{3.6.8}$$

由贝叶斯公式

$$\begin{aligned} p(x_1,x_2 \mid x_3)&=\frac{p(x_1,x_2,x_3)}{p(x_3)}=\frac{p(x_3)p(x_1 \mid x_3)p(x_2 \mid x_3)}{p(x_3)} \\ &=p(x_1 \mid x_3)p(x_2 \mid x_3) \end{aligned} \tag{3.6.9}$$

可知在 x_3 已知的条件下 x_1 和 x_2 是独立的

$$p(x_1,x_2 \mid x_3)=p(x_1 \mid x_3)p(x_2 \mid x_3) \tag{3.6.10}$$

注意，这种独立性是以 x_3 作为条件。若没有 x_3 作为条件，一般 $p(x_1,x_2)\neq p(x_1)p(x_2)$，可以说是 x_3 的被观察到并作为条件“阻断”了 x_1 和 x_2 的联系，使 x_3 作为条件时 x_1 和 x_2 条件独立。

(2)“尾-头”连接。图 3.6.4(b)的连接方式称为“尾-头”连接(反方向的“头-尾”连接，结果相同)。类似地，可以验证：在“尾-头”连接的情况下，若在 x_3 已知的条件下 x_1 和 x_2 是独立的，即式(3.6.10)成立。同样地，x_3 的被观察到并作为条件“阻断”了 x_1 和 x_2 的通道。

(3)“头-头”连接。图 3.6.4(c)的“头-头”连接方式与以上两种情况正好相反。可验证：在不考虑条件的情况下，可得到

$$p(x_1,x_2)=p(x_1)p(x_2) \tag{3.6.11}$$

但在 x_3 已知的条件下 x_1 和 x_2 是不独立的，即

$$p(x_1,x_2 \mid x_3)\neq p(x_1 \mid x_3)p(x_2 \mid x_3) \tag{3.6.12}$$

与前两种情况相反，x_3 不作为条件时，它阻断从了 x_1 和 x_2 的通道，使之相互独立；但当 x_3 作为条件时，它不再阻断 x_1 和 x_2 的通道，使 x_1 和 x_2 不条件独立。

以上对 3 种基本连接方式给出了其独立性判断，对于“尾-头”和“头-头”连接的验证留作习题。

从以上 3 种基本连接方式出发，可给出更一般的条件独立的判断方法，称为“D-分离”(D-separation)条件。对于一个给定的贝叶斯网络，设有 3 个节点集合 A,B,C，各集合不相交(两两之间交集为空)，将集合 C 作为条件，讨论集合 A 和 B 的条件独立性。

若通过一些中间节点(不考虑连线方向)连接了集合 A 中的一个节点和集合 B 中的一个节点，则称 A 和 B 之间有一条通道。如果满足以下条件之一，则称集合 C 阻断了一条通道。

(1) 遇到“头-尾”或“尾-尾”节点，该节点属于集合 C。

(2) 遇到“头-头”节点，该节点或其子孙节点均不属于集合 C。

若 A 和 B 之间的全部通道都被集合 C 阻断了，则称 C 条件下集合 A 和 B 独立，即

$$p(A,B|C)=p(A|C)p(B|C)$$

D-分离条件给出了多个节点组成的随机变量子集之间的条件独立关系，可在更复杂的有向图中进行条件独立性判断。下面给出两个实例，说明通过有向图模型建模独立性关系，这两个实例对应的学习算法均为机器学习中有影响的经典算法。

1. 朴素贝叶斯模型

讨论的第 1 个实例是朴素贝叶斯模型。例如，设计一个垃圾邮件检测器，相当于一个分类问题，输入特征向量为 $\boldsymbol{x}=[x_1,\cdots,x_{D-1},x_D]^{\mathrm{T}}$，输出为 y，$y=1$ 表示垃圾邮件，$y=0$ 表示正常邮件。预设一个关键词汇表，共有 D 个词，当词汇表中第 i 个词出现在邮件中，则对应 $x_i=1$，否则 $x_i=0$，即 x_i 是离散随机变量，仅有两个取值。描述联合概率 $p(\boldsymbol{x},y)$ 需要 $2^{D+1}-1$ 个参数，由于词汇表单词数目 D 比较大(如数千量级)，描述联合概率非常复杂。因此，我们采用化简的结构，给出如图 3.6.5 所示的关系，即当检测器输出 y 作为条件时，由 y 表示的是否为垃圾邮件分别对各输入分量 x_i 的概率有影响。例如，x_{102} 代表词汇“化妆品”，当 $y=1$ 时，$x_{102}=1$ 的概率更高，而各词汇的概率互相没有影响。图 3.6.5 给出了这种假设的贝叶斯网络表示，由 D-分离原则，y 作为条件时各 x_i 的条件概率是互相独立的(“尾-尾”连接)，即联合概率为

$$p(\boldsymbol{x},y)=p(y)p(\boldsymbol{x}\mid y)=p(y)\prod_{k=1}^{D}p(x_k\mid y) \tag{3.6.13}$$

为了完整描述式(3.6.13)的联合概率，只需要以下参数集

$$\begin{cases}\mu_{i|1}\triangleq p(x_i=1|y=1)\\ \mu_{i|0}\triangleq p(x_i=1|y=0) \quad i=1,2,\cdots,D\\ p(y=1)=\pi\end{cases} \tag{3.6.14}$$

即只需要 $2D+1$ 个参数。若通过样本集学习得到式(3.6.14)的参数，则对于给出的一个新的邮件，抽取其特征向量 $\boldsymbol{x}$，由后验概率 $p(y|\boldsymbol{x})$ 可判断该邮件是否为垃圾邮件。我们将在 4.7 节给出朴素贝叶斯学习的详细讨论，其基础就是图 3.6.5 的概率结构假设。

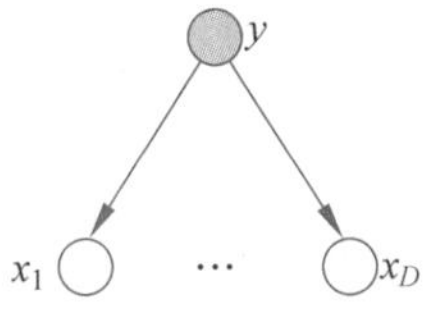

图 3.6.5 朴素贝叶斯模型

本例为了直观说明问题，只假设了 x_i 是仅取两个值的离散随机变量，实际上更一般的朴素贝叶斯假设只限制于图 3.6.5 的结构，至于 x_i 是离散变量还是连续变量，都有同样的独立条件。

2. 隐马尔可夫模型

用贝叶斯网络建模的第 2 个实例是隐马尔可夫模型(Hidden Markov Models，HMM)。HMM 用于建模序列数据，即按照时间顺序排列的数据向量 $\boldsymbol{x}_1,\boldsymbol{x}_2,\cdots,\boldsymbol{x}_N$，具有时序关系，这里每个 $\boldsymbol{x}_i$ 自身是一个向量，即 $\boldsymbol{x}_{i+1}$ 是在 $\boldsymbol{x}_i$ 之后出现的，相互具有时间相关性。为了描述 $\boldsymbol{x}_{i+1}$，需要条件概率

$$p(\boldsymbol{x}_{i+1}|\boldsymbol{x}_i,\boldsymbol{x}_{i-1},\cdots,\boldsymbol{x}_1) \tag{3.6.15}$$

即 $\boldsymbol{x}_{i+1}$ 的取值概率与从 $\boldsymbol{x}_i$ 起直到 $\boldsymbol{x}_1$ 的所有以前向量均有关系。建模这样的序列关系，目前最常用的技术是循环神经网络(RNN)，在 RNN 广泛应用之前，HMM 是序列建模的最常用方法。

为了描述序列的时间依赖性，又使问题处理简单，一个有效的方法是引入一系列隐变量。对于序列建模，可引入离散隐变量 $\boldsymbol{z}_i$。所谓隐变量，是指无法观测的随机变量，但其与序列变量 $\boldsymbol{x}_i$ 直接相关。可通过一系列隐变量 $\boldsymbol{z}_i$ 产生一系列观测向量 $\boldsymbol{x}_i$，将序列向量的产生用图 3.6.6 的贝叶斯网络表示。注意，与前面的例子相比，每个节点表示一个随机向量，而不是单一的随机变量。对具有任意时间依赖关系的序列进行建模，建立序列一般的时间依赖关系，可以利用隐变量带来的条件独立性以便于表示。例如，由图 3.6.6 中连接可见，从 $\boldsymbol{z}_{n-1}$ 到 $\boldsymbol{z}_{n+1}$ 经过 $\boldsymbol{z}_n$，这是"尾-头"连接，故满足条件独立性

$$p(\boldsymbol{z}_{n+1},\boldsymbol{z}_{n-1}\mid\boldsymbol{z}_n)=p(\boldsymbol{z}_{n+1}\mid\boldsymbol{z}_n)p(\boldsymbol{z}_{n-1}\mid\boldsymbol{z}_n) \tag{3.6.16}$$

类似地，如下条件独立性成立。

$$p(\boldsymbol{x}_n,\boldsymbol{x}_{n-1}\mid\boldsymbol{z}_n)=p(\boldsymbol{x}_n\mid\boldsymbol{z}_n)p(\boldsymbol{x}_{n-1}\mid\boldsymbol{z}_n) \tag{3.6.17}$$

图 3.6.6 的图模型表示了 HMM，由 HMM 图模型的节点因子关系，可得到联合概率为

$$p(\boldsymbol{x}_1,\cdots,\boldsymbol{x}_N,\boldsymbol{z}_1,\cdots,\boldsymbol{z}_N)=p(\boldsymbol{z}_1)\prod_{n=2}^{N}p(\boldsymbol{z}_n\mid\boldsymbol{z}_{n-1})\prod_{n=1}^{N}p(\boldsymbol{x}_n\mid\boldsymbol{z}_n) \tag{3.6.18}$$

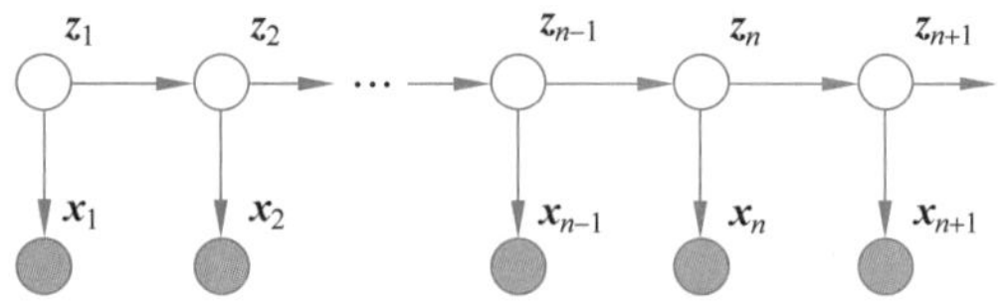

图 3.6.6　HMM 结构

在实际中，由于只能观测到多组序列样本 $\boldsymbol{x}_1,\boldsymbol{x}_2,\cdots,\boldsymbol{x}_N$ 集合，可由样本集估计 HMM 的参数，由于引入隐变量带来的式(3.6.18)的因子分解，可导出有效的参数学习算法。对隐变量的参数学习的一种有效方法是采用期望最大算法(EM)，本书在第 12 章详细讨论 EM 算法，用 EM 算法估计 HMM 参数的学习算法可参考本章小结中推荐的参考书。

3.6.2　无向图模型

另外一种概率图模型是无向图，也称为马尔可夫随机场或马尔可夫网络，其节点表示一个或一组随机变量，两个节点之间通过无箭头的连线连接，表示两个节点之间有直接联系。图 3.6.7 所示为一个具有 5 个节点的无向图的示例。

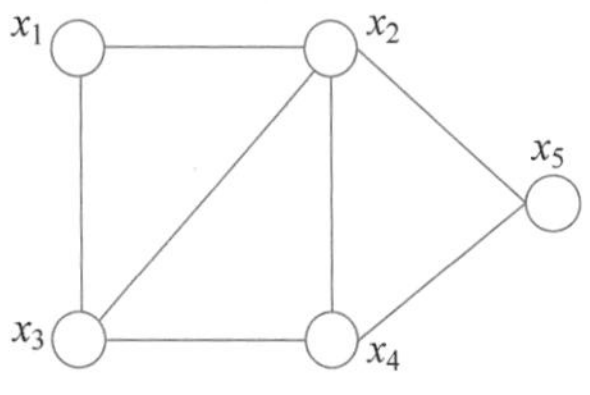

图 3.6.7　无向图示例

无向图同样可以描述节点之间的条件独立性和概率函数的因子分解特性。无向图对于节点子集之间的条件独立性的判断更加简单。例如，图 3.6.7 中，设 3 个随机变量子集分别为 $A=\{x_1\}$，$B=\{x_2,x_3\}$ 和 $C=\{x_4,x_5\}$，以 B 作为条件，考查 A 和 C 的条件独立性。若从子集 A 的节点到子集 C 的节点的通道，都需要通过子集 B 的节点，则说明 B 阻断了 A 和 C，则 B 作为条件时 A 和 C 独立；否则，只要有一条通道不经过子集 B 的节点，B 就没有阻断 A 和 C 的通路，则 B 作为条件时 A 和 C 不独立。图 3.6.7 的例子中，B 阻断了 A 和 C 的通路，故有 $p(A,C\mid B)=p(A\mid B)p(C\mid B)$。在无向图的条件独立性判断中，不需要区分"头-头"或"尾-尾"之类的区别，将更加简单。

为了通过无向图表示概率的因子分解，引入"团"(Clique)的概念，一个团是指一个节点子集，该子集中的任何一对节点间有连线。进一步，可引入"最大团"(Maximal Clique)的概念，对于一个给定的无向图，一个最大团是指一个节点子集构成的团，图中不再有一个其他节点能够与该子集

构成更大的团。有这些定义,可见图 3.6.7 的无向图有如下子集构成了团:$\{x_1,x_2\}$,$\{x_2,x_3\}$,$\{x_1,x_3\}$,$\{x_2,x_4\}$,$\{x_3,x_4\}$,$\{x_2,x_5\}$,$\{x_4,x_5\}$,$\{x_1,x_2,x_3\}$,$\{x_2,x_3,x_4\}$,$\{x_2,x_4,x_5\}$;而最大团有 3 个:$\{x_1,x_2,x_3\}$,$\{x_2,x_3,x_4\}$,$\{x_2,x_4,x_5\}$。用 $\boldsymbol{x}_c$ 表示一个最大团,例如,本例中 $\boldsymbol{x}_1=\{x_1,x_2,x_3\}$,$\boldsymbol{x}_2=\{x_2,x_3,x_4\}$,$\boldsymbol{x}_3=\{x_2,x_4,x_5\}$,则可由最大团的势函数 $\psi_c(\boldsymbol{x}_c)$ 作为因子,将无向图所表示的概率函数表示为各最大团势函数的积,即

$$p(\boldsymbol{x})=\frac{1}{Z}\prod_c \psi_c(\boldsymbol{x}_c) \tag{3.6.19}$$

其中,Z 为归一化常数。若 $\boldsymbol{x}$ 是离散的,则

$$Z=\sum_{\boldsymbol{x}}\prod_c \psi_c(\boldsymbol{x}_c) \tag{3.6.20}$$

若 $\boldsymbol{x}$ 是连续的,只需要将求和改为积分即可。为了使 $p(\boldsymbol{x})$ 为合格的概率函数,要求势函数 $\psi_c(\boldsymbol{x}_c)\geqslant 0$。故一种常用的势函数由指数函数来定义,即

$$\psi_c(\boldsymbol{x}_c)=\exp[-E(\boldsymbol{x}_c)] \tag{3.6.21}$$

其中,$E(\boldsymbol{x}_c)$ 称为团的能量函数。用指数函数表示势函数的概率函数称为玻尔兹曼分布(Boltzmann Distribution)。将式(3.6.21)代入式(3.6.19)得到指数势函数的概率表示为

$$p(\boldsymbol{x})=\frac{1}{Z}\exp\left[-\sum_c E(\boldsymbol{x}_c)\right]=\frac{1}{Z}\exp[-E(\boldsymbol{x})] \tag{3.6.22}$$

其中,$E(\boldsymbol{x})$ 为总能量函数。

$$E(\boldsymbol{x})=\sum_c E(\boldsymbol{x}_c) \tag{3.6.23}$$

对于图 3.6.7 的无向图,用指数函数可以将概率函数写为

$$\begin{aligned}p(\boldsymbol{x})&=\frac{1}{Z}\exp[-E(x_1,x_2,x_3)]\exp[-E(x_2,x_3,x_4)]\exp[-E(x_2,x_4,x_5)]\\&=\frac{1}{Z}\exp[-E(x_1,x_2,x_3)-E(x_2,x_3,x_4)-E(x_2,x_4,x_5)]\end{aligned}$$

在实际中,根据不同的应用需求,可选择不同的能量函数(及其参数),无向图模型有非常灵活的构成方式,并已获得许多应用成果。

下面通过一个例子说明无向图的建模过程,主要说明怎样根据应用选择能量函数和节点连接关系,从而由团因子构成概率函数。注意到,选择能量函数后,式(3.6.19)的因子相乘变化为式(3.6.23)的能量和的形式,以下例子中,直接使用能量和形式。

例 3.6.1 条件随机场模型。

以信息检索的一个应用场景为例进行说明,不关注信息检索的细节,只简单说明一下变量的背景,主要看怎样构成一个概率函数。这里讨论的条件随机场是一种对序列数据进行学习的概率模型,其定义了给定观测序列后输出序列的条件分布。在信息检索的模型学习中,对于给出的一个查询 q,样本集给出一组文档,用向量 $\boldsymbol{x}_i$ 表示一个文档的特征向量(输入向量),y_i 表示文档对于该查询的得分(高得分说明该文档与查询匹配度高),将 y_i 看作输出(学习过程中相当于标注值),对于一个查询给出的一组文档,用 $\boldsymbol{X}=\{\boldsymbol{x}_1,\boldsymbol{x}_2,\cdots,\boldsymbol{x}_n\}$ 表示一个查询对应的文档集合的输入向量,用 $\boldsymbol{y}=\{y_1,y_2,\cdots,y_n\}$ 表示各文档对应的得分输出,在训练集中每个文档得分输出由专家打分作为标注值。用无向图的一个节点分别表示 $\boldsymbol{x}_i$ 和 y_i,假设 $\boldsymbol{x}_i$ 和 y_i 是有连接的,一些 y_i 之间可能有连接(但只假设两两之间有部分连接)。这种连接关系使 $\{\boldsymbol{x}_i,y_i\}$ 为团,另外一些有连接的 $\{y_i,y_j\}(i\neq j)$ 构成团。无向图结构如图 3.6.8 所示。

所谓条件随机场，是直接由图 3.6.8 的无向图表示 $\boldsymbol{X}$ 作为条件的 $\boldsymbol{y}$ 的概率函数，由团的组成可得

$$p(\boldsymbol{y}\mid\boldsymbol{X})=\frac{1}{Z(\boldsymbol{X})}\exp\left[-\sum_{i}\sum_{k=1}^{K}\alpha_k f_k(y_i,\boldsymbol{x}_i)-\sum_{i,j}\beta g(y_i,y_j)\right] \tag{3.6.24}$$

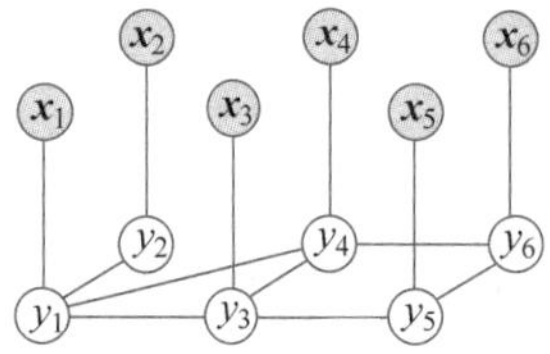

图 3.6.8 作为无向图模型的条件随机场实例

实际上，对于团 $\{\boldsymbol{x}_i,y_i\}$ 定义了一组能量函数的和 $\sum_{k=1}^{K}\alpha_k f_k(y_i,\boldsymbol{x}_i)$，对于团 $\{y_i,y_j\}(i\neq j)$，定义了能量函数 $\beta g(y_i,y_j)$，α_k 和 β 是需要学习的参数。由于是建模条件概率，故归一化因子 $Z(\boldsymbol{X})$ 写为 $\boldsymbol{X}$ 的函数。由于得分 y 是连续值，故 $Z(\boldsymbol{X})$ 的计算式为

$$Z(\boldsymbol{X})=\int_{y}\exp\left[-\sum_{i}\sum_{k=1}^{K}\alpha_k f_k(y_i,\boldsymbol{x}_i)-\sum_{i,j}\beta g(y_i,y_j)\right]\mathrm{d}y \tag{3.6.25}$$

在实际应用中，$f_k(y_i,\boldsymbol{x}_i)$ 和 $g(y_i,y_j)$ 函数可适当选择，以获得良好的效果，一类信息检索的应用情况下，效果良好的一种函数选择为

$$f_k(y_i,\boldsymbol{x}_i)=(y_i-x_{i,k})^2 \tag{3.6.26}$$

$$g(y_i,y_j)=\frac{1}{2}S_{i,j}(y_i-y_j)^2 \tag{3.6.27}$$

其中，$x_{i,k}$ 为 $\boldsymbol{x}_i$ 第 k 分量的值；K 为 $\boldsymbol{x}_i$ 的维度；$S_{i,j}$ 为预定的权系数，评价两个文档的相似性。在学习阶段，由样本集 $\{\boldsymbol{X}_q,\boldsymbol{y}_q\}_{q=1}^{N}$ 可学习模型的参数，当实际对新的输入 $\boldsymbol{X}$ 做检索时，可推断输出 $\boldsymbol{y}$ 为

$$\begin{aligned}\boldsymbol{y}&=\arg\max_{\boldsymbol{y}}[p(\boldsymbol{y}\mid\boldsymbol{X})]\\&=\arg\max_{\boldsymbol{y}}\left[-\sum_{i}\sum_{k=1}^{K}\alpha_k f_k(y_i,\boldsymbol{x}_i)-\sum_{i,j}\beta g(y_i,y_j)\right]\end{aligned} \tag{3.6.28}$$

本例给出的是无向图应用的一个完整工作的一部分，对于其学习或推断的细节，感兴趣的读者可参考相关文献①。

3.6.3 图模型的学习与推断

对概率图模型的参数可进行学习，利用已确定了参数的概率图模型可进行推断，本节对此问题仅进行简要介绍。

1. 学习

构成图模型的概率表达式中包含待确定参数。例如，在朴素贝叶斯实例中，式(3.6.14)所示的一组参数；以及在图 3.6.8 所示的无向图实例中，式(3.6.24)中的参数 α_k 和 β。

首先讨论有向图的参数学习。为了表示图模型中包含的参数，可将有向图的概率表示(式(3.6.5))重新表示为以下参数化形式。

$$p(\boldsymbol{x};\boldsymbol{\theta})=\prod_{k=1}^{D}p(x_k\mid\boldsymbol{x}_{fk};\boldsymbol{\theta}_k) \tag{3.6.29}$$

在机器学习应用中，需通过 IID 的样本集 $\boldsymbol{X}=\{\boldsymbol{x}^{(n)}\}_{n=1}^{N}$ 学习图模型中的参数，这里为了避免与图中变量的下标混淆，用上标(n)表示样本序号。当样本集确定后，关于参数的对数似然函数表

① 见本书参考文献[119]。

示为

$$\log p(\boldsymbol{X};\boldsymbol{\theta})=\sum_{n=1}^{N}\log p(\boldsymbol{x}^{(n)};\boldsymbol{\theta})=\sum_{n=1}^{N}\sum_{k=1}^{D}\log p(x_k^{(n)}\mid\boldsymbol{x}_{fk}^{(n)};\boldsymbol{\theta}_k)\tag{3.6.30}$$

由于因子的参数$\boldsymbol{\theta}_k$是各自独立的，故最大似然的参数求解为

$$\hat{\boldsymbol{\theta}}_k=\arg\max_{\boldsymbol{\theta}_k}\sum_{n=1}^{N}\log p(x_k^{(n)}\mid\boldsymbol{x}_{fk}^{(n)};\boldsymbol{\theta}_k),\quad k=1,2,\cdots,D\tag{3.6.31}$$

对于无向图，若采用指数函数表示的势函数，则式(3.6.22)重写为

$$p(\boldsymbol{x};\boldsymbol{\theta})=\frac{1}{Z(\boldsymbol{\theta})}\exp\left[-\sum_{c}E(\boldsymbol{x}_c;\boldsymbol{\theta}_c)\right]\tag{3.6.32}$$

注意到，由归一化因子的定义可知，$Z(\boldsymbol{\theta})$是随$\boldsymbol{\theta}$变化的，其对数似然函数为

$$\log p(\boldsymbol{X};\boldsymbol{\theta})=\sum_{n=1}^{N}\log p(\boldsymbol{x}^{(n)};\boldsymbol{\theta})=-\sum_{n=1}^{N}\sum_{c}E(\boldsymbol{x}_c^{(n)};\boldsymbol{\theta}_c)-NZ(\boldsymbol{\theta})\tag{3.6.33}$$

4.7 节将对朴素贝叶斯假设给出其参数学习的详细过程，对于图 3.6.8 的无向图实例，其学习过程可参考相关文献①。

当在图模型中引入隐变量时，如 HMM，则用 EM 算法学习模型参数是有效的，EM 算法的详细介绍可参考 12.2 节。

2. 推断

当通过学习过程确定了图模型的参数后，可通过图模型进行推断。所谓推断，是指给出图模型表示的随机变量集合 $\boldsymbol{x}$ 的部分观测值后，去推断另一些感兴趣的变量的条件概率。这里可将 $\boldsymbol{x}$ 分为互不重叠的 3 个子集 $\boldsymbol{x}=\{\boldsymbol{x}_{\mathrm{o}},\boldsymbol{x}_{\mathrm{q}},\boldsymbol{x}_{\mathrm{u}}\}$，其中 $\boldsymbol{x}_{\mathrm{o}}$ 表示本次推断观测到取值的变量集合；$\boldsymbol{x}_{\mathrm{q}}$ 表示本次推断感兴趣的变量集合；$\boldsymbol{x}_{\mathrm{u}}$ 表示本次推断时既没有观测到取值也不感兴趣的变量集合。所谓一次推断的任务是从 $p(\boldsymbol{x}_{\mathrm{q}},\boldsymbol{x}_{\mathrm{o}},\boldsymbol{x}_{\mathrm{u}})$ 的表示出发，计算条件概率 $p(\boldsymbol{x}_{\mathrm{q}}\mid\boldsymbol{x}_{\mathrm{o}})$，由贝叶斯公式可得

$$p(\boldsymbol{x}_{\mathrm{q}}\mid\boldsymbol{x}_{\mathrm{o}})=\frac{p(\boldsymbol{x}_{\mathrm{q}},\boldsymbol{x}_{\mathrm{o}})}{p(\boldsymbol{x}_{\mathrm{o}})}=\frac{\sum_{\boldsymbol{x}_{\mathrm{u}}}p(\boldsymbol{x}_{\mathrm{q}},\boldsymbol{x}_{\mathrm{o}},\boldsymbol{x}_{\mathrm{u}})}{\sum_{\boldsymbol{x}_{\mathrm{q}},\boldsymbol{x}_{\mathrm{u}}}p(\boldsymbol{x}_{\mathrm{q}},\boldsymbol{x}_{\mathrm{o}},\boldsymbol{x}_{\mathrm{u}})}\tag{3.6.34}$$

式(3.6.34)预设了随机变量是离散的，若需要边际化的随机变量是连续的，用积分替代以上求和。

以上推断过程中，若每个随机变量可取 K 个值，有 V 个变量，直接运算需要的计算复杂度为 $O(K^V)$，当 V 很大时，运算开销非常大。若利用图模型的消息传递，可有效控制计算复杂度。若概率图是如图 3.6.3 所示的链图，计算复杂度可限制在 $O(KV)$。若概率图是一种宽度较小的树形结构，则仍可大量节省运算量。在图模型上有效计算边际概率的算法之一是和积算法(Sum-Product)，其详细介绍可参考相关文献②。

若在一个简单的二分类问题中使用图模型，可将 $\boldsymbol{x}$ 分为两个子集 $\boldsymbol{x}=\{\boldsymbol{x}_i,y\}$，这里用 $\boldsymbol{x}_i$ 表示分类问题的输入特征向量，y 表示分类输出，仅取 0 和 1 两个值，则给出输入 $\boldsymbol{x}_i$，y 的条件概率为

$$p(y\mid\boldsymbol{x}_i)=\frac{p(y,\boldsymbol{x}_i)}{p(y=0,\boldsymbol{x}_i)+p(y=1,\boldsymbol{x}_i)}\tag{3.6.35}$$

若已由图模型的参数学习确定了 $p(y,\boldsymbol{x}_i)$，则分类输出 y 的后验概率 $p(y\mid\boldsymbol{x}_i)$ 的计算变得较为简单。有了 $p(y\mid\boldsymbol{x}_i)$，由 3.2 节的决策原理确定输出的类型。4.7 节的朴素贝叶斯方法将描述

---

① 见本书参考文献[119]。

② 见本书参考文献[14,108]。

一个简单图模型的建模、学习和推断的完整实例。

概率图模型涉及的内容广泛而深刻，除了对于一个给定模型的学习和推断外，还可能从数据中学习出有效的图结构，本书仅给出了图模型的一个极其简略的介绍，有兴趣的读者可进一步阅读本章小结中推荐的参考书。

本章小结

决策是机器学习中一个相对独立的部分，通过训练过程确定了一个机器学习模型，若该模型是概率模型，当有一个新的输入特征向量时，可在推断过程计算出分类或回归的后验概率，则决策过程确定最终的输出。对于分类问题，若各类错误是同等重要的，则简单的最大后验即可确定分类输出；对于回归问题，则计算后验期望并作为回归输出。通过基本的决策理论讨论了高斯分布和 KNN 方法的决策实例。

概率结构对许多学习算法和推断算法有重要影响，概率图模型以相对直观的方法描述了概率结构，概率图模型已发展出非常完整的理论和算法，并不断与其他机器学习方法相结合扩展出新的技术，本节只给出了非常简略的介绍。

多个领域的著作均对决策理论给出了深入讨论，统计学的著作中有对决策理论的细致讨论，如 Casella 等的 *Statistical Inference*；侧重统计模式识别的著作常有对决策理论的详细讨论，如 Duda 等的 *Pattern Classification*；信号处理类的著作中，也有很深入的决策理论的讨论，如 Poor 的 *An Introduction to Signal Detection and Estimation*。对于概率图模型，Bishop 的 *Pattern Recognition and Machine Learning* 和 Murphy 的 *Machine Learning* 这两本经典机器学习著作都给出了中等深度的介绍，也都给出了通过 EM 算法和概率图模型估计 HMM 参数的算法；而 Koller 等的 *Probabilistic Graphical Models: Principles and Techniques* 则给出了概率图模型更加全面、系统和深入的介绍。

本章习题

1. 对于特征向量 $\boldsymbol{x}$ 是一个一维标量的情况，设样本集中只有两种类型，类条件概率分别为

$$p(x|C_1)=\frac{1}{2\times(2\pi)^{1/2}}\exp\left[-\frac{1}{8}(x+1)^2\right]$$

$$p(x|C_2)=\frac{1}{2\times(2\pi)^{1/2}}\exp\left[-\frac{1}{8}(x-2)^2\right]$$

且 $p(C_1)=p(C_2)=0.5$。

(1) 在错误分类率最小意义下，给出将新的输入 x 判决为 C_1 或 C_2 的判决边界。

(2) 在问题(1)求出的判决边界的条件下，求总的错误分类率。

2. 试推导：由式(3.4.22)的定义可得到式(3.4.25)。

3. 对于高斯分布的多分类问题，证明其后验概率 $p(C_i|\boldsymbol{x})$ 可表示为

$$p(C_i\mid\boldsymbol{x})=\frac{p(\boldsymbol{x}|C_i)p(C_i)}{\sum_{k=1}^{K}p(\boldsymbol{x}|C_k)p(C_k)}=\frac{\exp(a_i)}{\sum_{k=1}^{K}\exp(a_k)}$$

其中，$a_k=\ln p(\boldsymbol{x}|C_k)p(C_k)$，并证明

$$a_i = g_i(\boldsymbol{x}) = \boldsymbol{x}^{\mathrm{T}}\boldsymbol{W}_i\boldsymbol{x} + \boldsymbol{w}_i^{\mathrm{T}}\boldsymbol{x} + w_{i0} \quad i=1,2,\cdots,K$$

其中，系数如式(3.4.27)所示。

4. 一个二分类问题，特征向量 $\boldsymbol{x}$ 是二维的，有样本集

$$\begin{aligned}\boldsymbol{D} &= \{(\boldsymbol{x}_n, y_n)\}_{n=1}^{N} \\ &= \{([0.5,1.5]^{\mathrm{T}},1),([1.5,1.5]^{\mathrm{T}},1),([0.5,0.5]^{\mathrm{T}},1),([1.5,0.5]^{\mathrm{T}},1), \\ &\quad ([1.5,0.5]^{\mathrm{T}},0),([2.5,0.5]^{\mathrm{T}},0),([1.5,-0.5]^{\mathrm{T}},0),([2.5,-0.5]^{\mathrm{T}},0)\}\end{aligned}$$

类条件概率服从高斯分布，且 $\boldsymbol{\Sigma}_1 = \boldsymbol{\Sigma}_2 = \boldsymbol{\Sigma}$。

(1) 求通过样本得到的判别函数 $g(\boldsymbol{x})$，在 $\boldsymbol{x}$ 平面上画出分类为 C_1 和 C_2 的区间。

(2) 求后验概率 $p(C_1|\boldsymbol{x})$表达式。

(3) 对于新的特征输入 $\boldsymbol{x} = [2.0,-0.3]^{\mathrm{T}}$，可分为哪一类？计算后验概率 $p(C_1|\boldsymbol{x})$。

5. 图 3.6.4 的 3 种基本连接中，对于图 3.6.4(b)的“尾-头”连接方式，证明：在 x_3 已知的条件下 x_1 和 x_2 是独立的；对于图 3.6.4(c)的“头-头”连接方式，证明：在不考虑条件的情况下，可得到

$$p(x_1, x_2) = p(x_1)p(x_2)$$

但在 x_3 已知的条件下 x_1 和 x_2 是不独立的，即

$$p(x_1, x_2 \mid x_3) \neq p(x_1 \mid x_3)p(x_2 \mid x_3)$$

6. 如第 6 题图所示，利用 D-分离原则，证明：对于图(a)，$p(a,b|c) \neq p(a|c)p(b|c)$；对于图(b)，$p(a,b|f) = p(a|f)p(b|f)$。

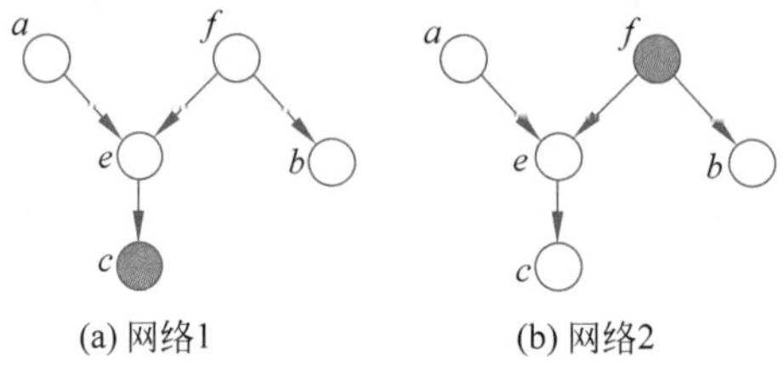

第 6 题图

第4章 基本回归和分类算法

CHAPTER 4

本章讨论监督学习中回归和分类的一组基本算法，这组算法是机器学习中经典和基础的算法，也是学习更复杂算法的基础。首先介绍线性回归，然后推广到基函数回归。通过正则化可以有效地控制模型复杂度与泛化性的关系，将详细地讨论回归中的正则化技术。通过一种特定的正则化技术，可得到参数向量稀疏化的一类线性回归模型——Lasso。同时，本章将介绍求解线性回归的批处理算法和递推算法——随机梯度下降(Stochastic Gradient Descent，SGD)算法。

本章后半部分介绍几种分类算法，首先介绍分类问题的表示，然后介绍几种基本的分类算法，包括：线性判别函数模型、逻辑回归算法和朴素贝叶斯方法。尽管本章是入门性的，但一些内容如线性回归和逻辑回归的目标函数以及随机梯度优化算法等可直接推广到深度学习中。

4.1 线性回归

第7集
微课视频

作为监督学习的一种，回归的数据集是带标注的，即形式为$\{(\boldsymbol{x}_n, y_n)\}_{n=1}^N$，这里$\boldsymbol{x}_n$为样本的特征向量，$y_n$为标注。为了处理上简单，先假设$y_n$是标量，但可以很直接地推广到向量情况(见4.1.4节)。在回归问题中标注y_n为连续值，通过学习过程得到一个模型$\hat{y}=f(\boldsymbol{x};\boldsymbol{w})$，该模型的输出是连续量。这里$f(\cdot)$表示一个数学函数，是预先选定的一类函数；$\boldsymbol{w}$表示函数的参数向量，需通过学习来确定；$\boldsymbol{x}$是输入的特征向量，分号“;”表示只有$\boldsymbol{x}$是函数的变量，$\boldsymbol{w}$只是一个参数向量，这样的模型是一个参数化模型。用带标注的训练数据集通过学习过程确定出参数向量$\boldsymbol{w}$，则得到了回归模型，模型一旦确定，对于一个新输入$\boldsymbol{x}$，代入函数中可计算出回归输出$\hat{y}$。确定模型参数的过程称为学习过程或训练过程，代入新输入计算回归输出的过程称为预测或推断。

本章讨论最基本的一类回归模型，模型表达式$f(\boldsymbol{x};\boldsymbol{w})$是参数$\boldsymbol{w}$的线性函数，称为线性回归模型。注意到线性回归模型中，$f(\boldsymbol{x};\boldsymbol{w})$与$\boldsymbol{x}$的关系可以是线性的，也可以是非线性的。当$f(\boldsymbol{x};\boldsymbol{w})$与$\boldsymbol{x}$的关系是线性的时，这是一种最简单的情况，即基本线性回归模型。当通过一种变换函数$\boldsymbol{x}\mapsto\boldsymbol{\phi}(\boldsymbol{x})$将特征向量$\boldsymbol{x}$变换为基函数向量$\boldsymbol{\phi}(\boldsymbol{x})$，并用$\boldsymbol{\phi}(\boldsymbol{x})$替代基本线性回归模型中的$\boldsymbol{x}$，则回归输出为$\boldsymbol{w}$的线性函数、$\boldsymbol{x}$的非线性函数，称为线性基函数回归模型。本节讨论基本线性回归模型。

4.1.1 基本线性回归

设有满足独立同分布条件(IID)的训练数据集

$$\boldsymbol{D}=\{(\boldsymbol{x}_1,y_1),(\boldsymbol{x}_2,y_2),\cdots,(\boldsymbol{x}_N,y_N)\}=\{(\boldsymbol{x}_n,y_n)\}_{n=1}^N \tag{4.1.1}$$

用通用符号$\boldsymbol{x}=[x_1,x_2,\cdots,x_K]^{\mathrm{T}}$表示$K$维特征向量(输入向量)，若取数据集中一个指定的特征向量，则表示为$\boldsymbol{x}_n=[x_{n1},x_{n2},\cdots,x_{nK}]^{\mathrm{T}}$。为简单起见，假设标注值$y$是标量，稍后可推广到标

注为向量的情况。

回归学习的目标是利用这个数据集，训练一个线性回归函数。定义线性回归函数为

$$\hat{y}(\boldsymbol{x},\boldsymbol{w})=w_0+\sum_{k=1}^{K}w_k x_k=\sum_{k=0}^{K}w_k x_k=\boldsymbol{w}^{\mathrm{T}}\bar{\boldsymbol{x}} \tag{4.1.2}$$

其中，$\boldsymbol{w}$ 为模型的权系数向量，即

$$\boldsymbol{w}=[w_0,w_1,\cdots,w_K]^{\mathrm{T}} \tag{4.1.3}$$

$\bar{\boldsymbol{x}}$ 为扩充特征向量，即在 $\boldsymbol{x}$ 向量的第 1 个元素之前，增加了哑元 $x_0=1$，对应系数 w_0 表示线性回归函数的偏置值。

$$\bar{\boldsymbol{x}}=[1,x_1,x_2,\cdots,x_K]^{\mathrm{T}} \tag{4.1.4}$$

图 4.1.1 所示为线性回归学习的原理性示意图，这是一个最简单的情况，即 $\boldsymbol{x}$ 只是一维标量，图中每个点表示数据集中的一个样本，斜线是通过学习得到的回归模型，即相当于已确定了参数的式(4.1.2)。图 4.1.2 所示为线性回归的计算结构，图中的⊕仅表示多元素的加法运算。

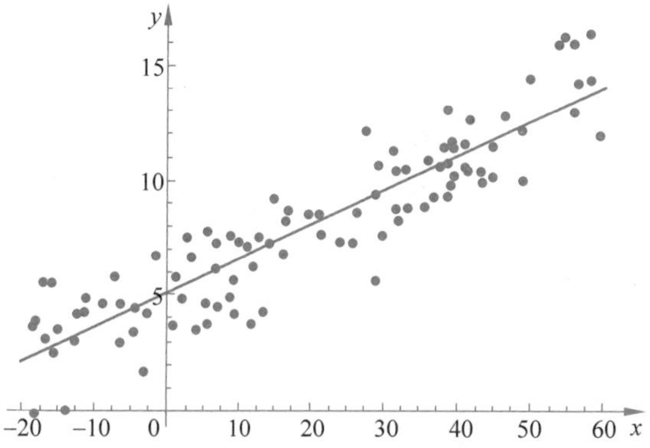

图 4.1.1　线性回归学习的原理性示意图

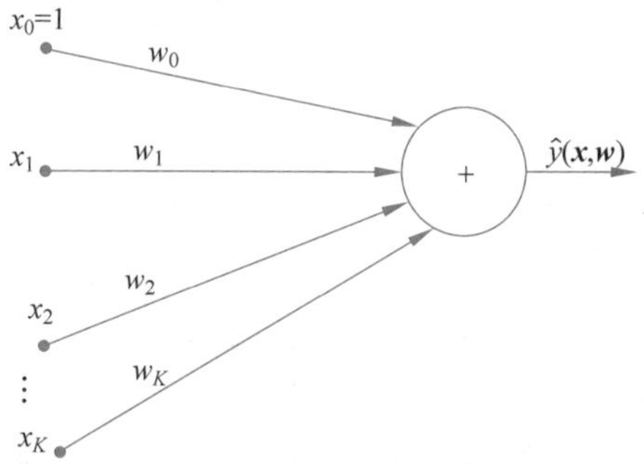

图 4.1.2　线性回归的计算结构

为了从数据集学习模型参数 $\boldsymbol{w}$，用式(4.1.2)逼近训练数据集。对于每个样本$(\boldsymbol{x}_i,y_i)$，将特征向量代入回归函数计算得到的输出 $\hat{y}(\boldsymbol{x}_i,\boldsymbol{w})$是对标注 y_i 的逼近，假设存在逼近误差为 ε_i，则有

$$y_i=\hat{y}(\boldsymbol{x}_i,\boldsymbol{w})+\varepsilon_i=\boldsymbol{w}^{\mathrm{T}}\bar{\boldsymbol{x}}_i+\varepsilon_i \tag{4.1.5}$$

为了得到问题的有效解，通常对误差 ε_i 给出一种概率假设。这里假设 ε_i 服从高斯分布，且均值为 0，方差为 σ_ε^2，则 y_i 的概率密度函数表示为

$$p_y(y_i\mid\boldsymbol{w})=\frac{1}{(2\pi\sigma_\varepsilon^2)^{\frac{1}{2}}}\exp\left\{-\frac{1}{2\sigma_\varepsilon^2}[y_i-\hat{y}(\boldsymbol{x}_i,\boldsymbol{w})]^2\right\} \tag{4.1.6}$$

注意，这里把 y_i 看作随机变量，$\boldsymbol{x}_i$ 看作已知量。如果将所有标注写成

$$\boldsymbol{y}=[y_1,y_2,\cdots,y_N]^{\mathrm{T}} \tag{4.1.7}$$

则由样本集的 IID 性，得到 $\boldsymbol{y}$ 的联合概率密度函数为

$$\begin{aligned}p_y(\boldsymbol{y}\mid\boldsymbol{w})&=\prod_{i=1}^{N}\frac{1}{(2\pi\sigma_\varepsilon^2)^{\frac{1}{2}}}\exp\left\{-\frac{1}{2\sigma_\varepsilon^2}[y_i-\hat{y}(\boldsymbol{x}_i,\boldsymbol{w})]^2\right\}\\&=\frac{1}{(2\pi\sigma_\varepsilon^2)^{\frac{N}{2}}}\exp\left\{-\frac{1}{2\sigma_\varepsilon^2}\sum_{i=1}^{N}[y_i-\hat{y}(\boldsymbol{x}_i,\boldsymbol{w})]^2\right\}\end{aligned} \tag{4.1.8}$$

由于标注集 $\boldsymbol{y}$ 是已知的，式(4.1.8)随 $\boldsymbol{w}$ 的变化是似然函数，令似然函数最大，可求得 $\boldsymbol{w}$ 的解，这就是 $\boldsymbol{w}$ 的最大似然解，为了求解方便，取对数似然为

$$\log p_y(\boldsymbol{y} \mid \boldsymbol{w}) = -\frac{N}{2}\log(2\pi\sigma_\varepsilon^2) - \frac{1}{2\sigma_\varepsilon^2}\sum_{i=1}^{N}[y_i - \hat{y}(\boldsymbol{x}_i, \boldsymbol{w})]^2 \tag{4.1.9}$$

若求 $\boldsymbol{w}$ 使式(4.1.9)的对数似然函数最大，则等价于求式(4.1.10)最小。

$$J(\boldsymbol{w}) = \frac{1}{2}\sum_{i=1}^{N}[y_i - \hat{y}(\boldsymbol{x}_i, \boldsymbol{w})]^2 \tag{4.1.10}$$

最大似然等价于 $J(\boldsymbol{w})$ 最小，这里 $J(\boldsymbol{w})$ 是训练集上回归函数 $\hat{y}(\boldsymbol{x}_i, \boldsymbol{w})$ 与标注 y_i 的误差平方之和，式(4.1.10)求和号前的系数 1/2 只是为了后续计算的方便。

对于求解回归模型的参数 $\boldsymbol{w}$，误差平方和准则(等价于样本的均方误差准则)和高斯假设下的最大似然原理是一致的，故在后续讨论回归问题时，可使用其中之一。由式(4.1.5)，重写式(4.1.10)如下。

$$\begin{aligned} J(\boldsymbol{w}) &= \frac{1}{2}\sum_{n=1}^{N}\varepsilon_i^2 = \frac{1}{2}\sum_{i=1}^{N}[y_i - \hat{y}(\boldsymbol{x}_i, \boldsymbol{w})]^2 \\ &= \frac{1}{2}\sum_{i=1}^{N}(y_i - \boldsymbol{w}^{\mathrm{T}}\bar{\boldsymbol{x}}_i)^2 \\ &= \frac{1}{2}(\boldsymbol{y} - \boldsymbol{X}\boldsymbol{w})^{\mathrm{T}}(\boldsymbol{y} - \boldsymbol{X}\boldsymbol{w}) \\ &= \frac{1}{2}\|\boldsymbol{y} - \boldsymbol{X}\boldsymbol{w}\|_2^2 \end{aligned} \tag{4.1.11}$$

这里 $\boldsymbol{y}$ 形如式(4.1.7)，为所有样本的标注向量，数据矩阵 $\boldsymbol{X}$ 为

$$\boldsymbol{X} = \begin{bmatrix} \bar{\boldsymbol{x}}_1^{\mathrm{T}} \\ \bar{\boldsymbol{x}}_2^{\mathrm{T}} \\ \vdots \\ \bar{\boldsymbol{x}}_N^{\mathrm{T}} \end{bmatrix} = \begin{bmatrix} 1 & x_{11} & \cdots & x_{1K} \\ 1 & x_{21} & \cdots & x_{2K} \\ \vdots & \vdots & & \vdots \\ 1 & x_{N1} & \cdots & x_{NK} \end{bmatrix} \tag{4.1.12}$$

为求使式(4.1.11)最小的 $\boldsymbol{w}$，求 $J(\boldsymbol{w})$ 对 $\boldsymbol{w}$ 的导数，即梯度(标量函数对向量的梯度公式见附录 B)，该导数是 $(K+1)$ 维向量，即

$$\frac{\partial J(\boldsymbol{w})}{\partial \boldsymbol{w}} = \frac{\partial \frac{1}{2}(\boldsymbol{y} - \boldsymbol{X}\boldsymbol{w})^{\mathrm{T}}(\boldsymbol{y} - \boldsymbol{X}\boldsymbol{w})}{\partial \boldsymbol{w}} = -\boldsymbol{X}^{\mathrm{T}}\boldsymbol{y} + \boldsymbol{X}^{\mathrm{T}}\boldsymbol{X}\boldsymbol{w} \tag{4.1.13}$$

令参数向量的最优解表示为 $\boldsymbol{w} = \boldsymbol{w}_{\mathrm{ML}}$ 时式(4.1.13)为 0，回归系数 $\boldsymbol{w}$ 满足方程

$$\boldsymbol{X}^{\mathrm{T}}\boldsymbol{X}\boldsymbol{w}_{\mathrm{ML}} = \boldsymbol{X}^{\mathrm{T}}\boldsymbol{y} \tag{4.1.14}$$

如果 $\boldsymbol{X}^{\mathrm{T}}\boldsymbol{X}$ 可逆，得到

$$\boldsymbol{w}_{\mathrm{ML}} = (\boldsymbol{X}^{\mathrm{T}}\boldsymbol{X})^{-1}\boldsymbol{X}^{\mathrm{T}}\boldsymbol{y} \tag{4.1.15}$$

如果 $\boldsymbol{X}$ 满秩，即 $\boldsymbol{X}$ 的各列线性无关，$(\boldsymbol{X}^{\mathrm{T}}\boldsymbol{X})^{-1}$ 存在，则

$$\boldsymbol{X}^{+} = (\boldsymbol{X}^{\mathrm{T}}\boldsymbol{X})^{-1}\boldsymbol{X}^{\mathrm{T}} \tag{4.1.16}$$

$\boldsymbol{X}^{+}$ 为 $\boldsymbol{X}$ 的伪逆矩阵。权系数向量得到后，线性回归函数确定为

$$\hat{y}(\boldsymbol{x}, \boldsymbol{w}) = \boldsymbol{w}_{\mathrm{ML}}^{\mathrm{T}}\bar{\boldsymbol{x}} \tag{4.1.17}$$

将 $\boldsymbol{w}_{\mathrm{ML}}$ 的解(式(4.1.15))代入式(4.1.10)并除以样本数 N(同时省略系数 1/2)，得到数据集上的均方误差为

$$J_{\min} = \frac{1}{N}J(\boldsymbol{w}_{\mathrm{ML}}) = \frac{1}{N}\boldsymbol{\varepsilon}^{\mathrm{T}}\boldsymbol{\varepsilon}$$

$$=\frac{1}{N}[\boldsymbol{y}-\boldsymbol{X}(\boldsymbol{X}^{\mathrm{T}}\boldsymbol{X})^{-1}\boldsymbol{X}^{\mathrm{T}}\boldsymbol{y}]^{\mathrm{T}}[\boldsymbol{y}-\boldsymbol{X}(\boldsymbol{X}^{\mathrm{T}}\boldsymbol{X})^{-1}\boldsymbol{X}^{\mathrm{T}}\boldsymbol{y}]$$
$$=\frac{1}{N}\boldsymbol{y}^{\mathrm{T}}[\boldsymbol{I}-\boldsymbol{X}(\boldsymbol{X}^{\mathrm{T}}\boldsymbol{X})^{-1}\boldsymbol{X}^{\mathrm{T}}]^{\mathrm{T}}\boldsymbol{y}$$
$$=\frac{1}{N}\boldsymbol{y}^{\mathrm{T}}(\boldsymbol{y}-\boldsymbol{X}\boldsymbol{w}_{\mathrm{ML}})=\frac{1}{N}\boldsymbol{y}^{\mathrm{T}}(\boldsymbol{y}-\hat{\boldsymbol{y}}) \tag{4.1.18}$$

式(4.1.18)中，$\hat{\boldsymbol{y}}$ 表示由训练集各样本特征向量代入式(4.1.17)得到的对标注集向量 $\boldsymbol{y}$ 的逼近，即

$$\hat{\boldsymbol{y}}=[\hat{y}_1,\hat{y}_2,\cdots,\hat{y}_N]^{\mathrm{T}}$$
$$=[\boldsymbol{w}_{\mathrm{ML}}^{\mathrm{T}}\bar{\boldsymbol{x}}_1,\boldsymbol{w}_{\mathrm{ML}}^{\mathrm{T}}\bar{\boldsymbol{x}}_2,\cdots,\boldsymbol{w}_{\mathrm{ML}}^{\mathrm{T}}\bar{\boldsymbol{x}}_N]^{\mathrm{T}}=\boldsymbol{X}\boldsymbol{w}_{\mathrm{ML}} \tag{4.1.19}$$

用式(4.1.15)表示的线性回归权系数向量的解，称为最小二乘(LS)解。若存在一个独立的测试集，也可计算测试集上的均方误差，若测试集误差也满足预定要求，则可确定式(4.1.17)为通过训练过程求得的线性回归函数，当给出一个新的特征向量 $\boldsymbol{x}$，将其代入式(4.1.17)可计算出相应的预测值 $\hat{y}(\boldsymbol{x},\boldsymbol{w})$。

在训练集上可对线性回归的解给出一个几何解释，重写式(4.1.19)如下。

$$\hat{\boldsymbol{y}}=\boldsymbol{X}\boldsymbol{w}_{\mathrm{ML}}=[\tilde{\boldsymbol{x}}_0\quad\tilde{\boldsymbol{x}}_1\quad\cdots\quad\tilde{\boldsymbol{x}}_K]\boldsymbol{w}_{\mathrm{ML}}=\sum_{i=0}^{K}w_{\mathrm{ML},i}\tilde{\boldsymbol{x}}_i \tag{4.1.20}$$

其中，$\tilde{\boldsymbol{x}}_i$ 为 $\boldsymbol{X}$ 的第 i 列(序号从 0 开始)。若以 $\boldsymbol{X}$ 的各列向量为基张成一个向量子空间(称为数据子空间)，则可将 $\hat{\boldsymbol{y}}$ 看作在数据子空间上的投影，投影系数由 $\boldsymbol{w}_{\mathrm{ML}}$ 的各系数确定。进一步将 $\boldsymbol{w}_{\mathrm{ML}}$ 的表达式代入式(4.1.20)得

$$\hat{\boldsymbol{y}}=\boldsymbol{X}\boldsymbol{w}_{\mathrm{ML}}=\boldsymbol{X}(\boldsymbol{X}^{\mathrm{T}}\boldsymbol{X})^{-1}\boldsymbol{X}^{\mathrm{T}}\boldsymbol{y}=\boldsymbol{P}\boldsymbol{y} \tag{4.1.21}$$

这里，将 $\boldsymbol{P}=\boldsymbol{X}(\boldsymbol{X}^{\mathrm{T}}\boldsymbol{X})^{-1}\boldsymbol{X}^{\mathrm{T}}$ 定义为投影算子，该算子将 $\boldsymbol{y}$ 投影到 $\boldsymbol{X}$ 的列向量张成的子空间得到 $\hat{\boldsymbol{y}}$，即 $\hat{\boldsymbol{y}}$ 是 $\boldsymbol{y}$ 在子空间上的投影。

很自然地，定义正交投影算子为

$$\boldsymbol{P}^{\perp}=\boldsymbol{I}-\boldsymbol{P}=\boldsymbol{I}-\boldsymbol{X}(\boldsymbol{X}^{\mathrm{T}}\boldsymbol{X})^{-1}\boldsymbol{X}^{\mathrm{T}} \tag{4.1.22}$$

在训练集上，线性回归函数将每个标注的逼近误差写成误差向量，即

$$\boldsymbol{\varepsilon}=\boldsymbol{y}-\hat{\boldsymbol{y}}=\boldsymbol{y}-\boldsymbol{P}\boldsymbol{y}=\boldsymbol{P}^{\perp}\boldsymbol{y} \tag{4.1.23}$$

可以证明，算子 $\boldsymbol{P}$ 和投影算子 $\boldsymbol{P}^{\perp}$ 是正交的，即 $\boldsymbol{\varepsilon}$ 和 $\hat{\boldsymbol{y}}$ 是正交的。

$$\boldsymbol{\varepsilon}^{\mathrm{T}}\hat{\boldsymbol{y}}=\boldsymbol{y}^{\mathrm{T}}[\boldsymbol{I}-\boldsymbol{X}(\boldsymbol{X}^{\mathrm{T}}\boldsymbol{X})^{-1}\boldsymbol{X}^{\mathrm{T}}]^{\mathrm{T}}\boldsymbol{X}(\boldsymbol{X}^{\mathrm{T}}\boldsymbol{X}]^{-1}\boldsymbol{X}^{\mathrm{T}}\boldsymbol{y}$$
$$=\boldsymbol{y}^{\mathrm{T}}[\boldsymbol{X}(\boldsymbol{X}^{\mathrm{T}}\boldsymbol{X})^{-1}\boldsymbol{X}^{\mathrm{T}}-\boldsymbol{X}(\boldsymbol{X}^{\mathrm{T}}\boldsymbol{X})^{-\mathrm{T}}\boldsymbol{X}^{\mathrm{T}}\boldsymbol{X}(\boldsymbol{X}^{\mathrm{T}}\boldsymbol{X})^{-1}\boldsymbol{X}^{\mathrm{T}}]\boldsymbol{y}$$
$$=\boldsymbol{y}^{\mathrm{T}}[\boldsymbol{X}(\boldsymbol{X}^{\mathrm{T}}\boldsymbol{X})^{-1}\boldsymbol{X}^{\mathrm{T}}-\boldsymbol{X}(\boldsymbol{X}^{\mathrm{T}}\boldsymbol{X})^{-\mathrm{T}}\boldsymbol{X}^{\mathrm{T}}]\boldsymbol{y}=0$$

注意，这里的 $(\boldsymbol{X}^{\mathrm{T}}\boldsymbol{X})^{-\mathrm{T}}$ 表示逆矩阵的转置，由于 $\boldsymbol{X}^{\mathrm{T}}\boldsymbol{X}$ 是对称矩阵，其逆也是对称的，故 $(\boldsymbol{X}^{\mathrm{T}}\boldsymbol{X})^{-\mathrm{T}}=(\boldsymbol{X}^{\mathrm{T}}\boldsymbol{X})^{-1}$，利用这个等式，得到 $\boldsymbol{\varepsilon}^{\mathrm{T}}\hat{\boldsymbol{y}}=0$，即两者正交。

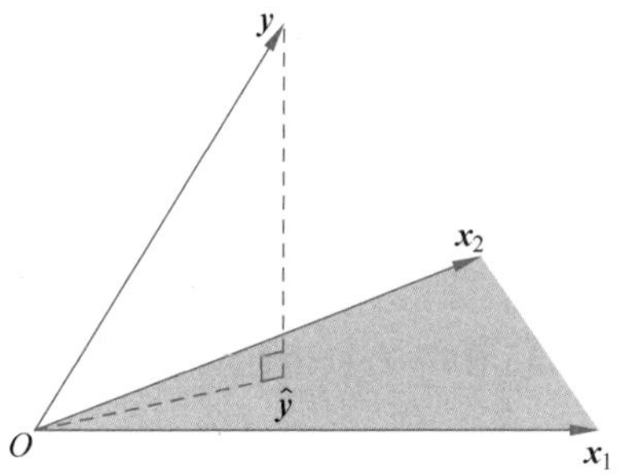

图 4.1.3 正交投影示意

$\hat{\boldsymbol{y}}$ 是 $\boldsymbol{y}$ 在数据子空间的正交投影，误差向量 $\boldsymbol{\varepsilon}$ 与投影 $\hat{\boldsymbol{y}}$ 正交，因此 $\boldsymbol{\varepsilon}$ 的平方范数最小。图 4.1.3 所示为正交投影的示意图。

4.1.2 线性回归的递推学习

线性回归函数的学习可能是现代机器学习中最简单的算法之一，若给出了式(4.1.1)表示的数据集，按式(4.1.12)构成数据矩阵 $\boldsymbol{X}$，按式(4.1.7)构成标注向量 $\boldsymbol{y}$，则可通过解析表达式(4.1.15)计算得到线性回归模型的权系数向量

$\boldsymbol{w}_{\mathrm{ML}}$，本质上该权向量是最大似然解。这种将数据集中所有数据写到数据矩阵，然后通过一次计算得到权系数向量的方法称为批处理。批处理需要集中进行运算，当问题的规模较大时，批处理需要集中地处理大量运算，实际中可以考虑更经济的串行计算方法。

为方便，将数据集重写如下。

$$\boldsymbol{D}=\{(\boldsymbol{x}_1,y_1),(\boldsymbol{x}_2,y_2),\cdots,(\boldsymbol{x}_N,y_N)\}=\{(\boldsymbol{x}_n,y_n)\}_{n=1}^{N} \tag{4.1.24}$$

当特征向量 $\boldsymbol{x}_n$ 的维度 K 较大(如 $K>100$)，数据集的规模较大(如 $N>10^4$)时，数据矩阵 $\boldsymbol{X}$ 相当大，直接计算式(4.1.15)需要集中处理大批量运算。一种替换方式是一次取出一个样本，构成递推计算，这种递推算法可在线实现。

将式(4.1.11)的误差和重新写为

$$\begin{aligned} J(\boldsymbol{w}) &= \frac{1}{2}\sum_{n=0}^{N-1}\varepsilon_i^2=\frac{1}{2}\sum_{i=1}^{N}\left[y_i-\hat{y}(\boldsymbol{x}_i,\boldsymbol{w})\right]^2 \\ &= \frac{1}{2}\sum_{i=1}^{N}(y_i-\boldsymbol{w}^{\mathrm{T}}\overline{\boldsymbol{x}}_i)^2=\sum_{i=1}^{N}J_i(\boldsymbol{w}) \end{aligned} \tag{4.1.25}$$

即可以将总体误差函数分解为各样本点的误差函数之和。

为了导出一种递推算法，使用梯度下降算法，即假设从 $\boldsymbol{w}$ 的一个初始猜测值 $\boldsymbol{w}^{(0)}$ 开始，按照目标函数式(4.1.25)的负梯度方向不断递推，最终收敛到 $\boldsymbol{w}$ 的最优解。设已经得到第 k 次递推的权系数向量 $\boldsymbol{w}^{(k)}$，用该向量计算式(4.1.25)对 $\boldsymbol{w}$ 的梯度，即

$$\begin{aligned} \frac{1}{N}\frac{\partial J(\boldsymbol{w})}{\partial \boldsymbol{w}}\bigg|_{\boldsymbol{w}=\boldsymbol{w}^{(k)}} &= \frac{1}{N}\sum_{i=1}^{N}\frac{J_i(\boldsymbol{w})}{\partial \boldsymbol{w}}\bigg|_{\boldsymbol{w}=\boldsymbol{w}^{(k)}} \\ &= -\frac{1}{N}\sum_{i=1}^{N}(y_i-\boldsymbol{w}^{(k)\mathrm{T}}\overline{\boldsymbol{x}}_i)\overline{\boldsymbol{x}}_i \end{aligned} \tag{4.1.26}$$

注意，为了避免当样本数 N 太大时，式(4.1.26)的梯度太大，将其除以 N 以得到各样本对梯度贡献的均值。根据梯度下降算法，则系数向量更新为

$$\begin{aligned} \boldsymbol{w}^{(k+1)} &= \boldsymbol{w}^{(k)}-\eta\frac{1}{N}\frac{\partial J(\boldsymbol{w})}{\partial \boldsymbol{w}}\bigg|_{\boldsymbol{w}=\boldsymbol{w}^{(k)}} \\ &= \boldsymbol{w}^{(k)}+\frac{\eta}{N}\sum_{i=1}^{N}(y_i-\boldsymbol{w}^{(k)\mathrm{T}}\overline{\boldsymbol{x}}_i)\overline{\boldsymbol{x}}_i \end{aligned} \tag{4.1.27}$$

式(4.1.27)是权系数向量的递推算法，称为梯度算法。由于式(4.1.27)使用了所有样本的平均进行梯度运算，并不是按逐个样本点进行更新的在线算法。实际上，由式(4.1.26)可知，总的梯度是所有样本点的梯度平均，在每次更新时，若只选择一个样本对梯度的贡献，即只取

$$\frac{J_i(\boldsymbol{w})}{\partial \boldsymbol{w}}\bigg|_{\boldsymbol{w}=\boldsymbol{w}^{(k)}}=-\left[y_i-\boldsymbol{w}^{(k)\mathrm{T}}\overline{\boldsymbol{x}}_i\right]\overline{\boldsymbol{x}}_i \tag{4.1.28}$$

作为梯度进行权系数向量的更新，即

$$\begin{aligned} \boldsymbol{w}^{(k+1)} &= \boldsymbol{w}^{(k)}-\eta\frac{\partial J_i(\boldsymbol{w})}{\partial \boldsymbol{w}}\bigg|_{\boldsymbol{w}=\boldsymbol{w}^{(k)}} \\ &= \boldsymbol{w}^{(k)}+\eta(y_i-\boldsymbol{w}^{(k)\mathrm{T}}\overline{\boldsymbol{x}}_i)\overline{\boldsymbol{x}}_i \end{aligned} \tag{4.1.29}$$

由于样本值 y_i 和 $\boldsymbol{x}_i$ 取自随机分布，具有随机性，因此，式(4.1.28)表示的梯度也具有随机性，称为随机梯度。当样本量充分大时，式(4.1.26)中 N 项求平均的梯度逼近于随机梯度的期望值，趋向一个确定性的梯度。因此，式(4.1.27)为梯度下降算法，式(4.1.29)的递推公式称为随机梯度下降(SGD)算法。针对线性回归问题的这种 SGD 算法也称为 LMS(Least-Mean-Squares)方

法，这是最早使用随机梯度算法解决机器学习中的优化问题的算法。在相当长的时间内，LMS 在信号处理领域作为自适应滤波的经典算法，应用非常广泛，本质上回归学习和自适应滤波是等价的。

式(4.1.27)和式(4.1.29)中的参数 $\eta>0$ 是控制迭代步长的，称为学习率，控制学习过程中的收敛速度。η 过大，递推算法不收敛；η 过小，收敛速度太慢，选择合适的 η 是一个重要的选项。对于式(4.1.27)的梯度算法和式(4.1.29)的 SGD 算法，可以证明 $\eta<1/\lambda_{\max}$ 可以保证收敛。这里 $\lambda_{\max}$ 为矩阵 $\boldsymbol{X}^{\mathrm{T}}\boldsymbol{X}/N$ 的最大特征值，但由于计算 $\boldsymbol{X}^{\mathrm{T}}\boldsymbol{X}/N$ 的特征值并不容易(若需要计算 $\boldsymbol{X}^{\mathrm{T}}\boldsymbol{X}/N$ 的特征值，就可以直接用式(4.1.15)的批处理，不必用在线算法了)，实际上学习率 η 大多通过经验或实验来确定，或通过一些对特征值的近似估算确定一个参考值，再通过实验调整。实际中可取学习率随迭代次数变化，即为 η_k，关于随机梯度中学习率 η_k 满足的收敛条件等更一般性的讨论，将在第 11 章做更详细讨论。

现代机器学习领域经常使用小批量 SGD 算法，这种算法是式(4.1.27)和式(4.1.29)的一个折中，即从式(4.1.24)的数据集中随机抽取一小批量样本，重新记为

$$\boldsymbol{D}_{k+1}=\{(\boldsymbol{x}_m,y_m)\}_{m=1}^{N_1} \tag{4.1.30}$$

其中，小批量样本 $\boldsymbol{D}_{k+1}$ 的下标表示将用于计算 $\boldsymbol{w}^{(k+1)}$；小批量样本的元素 y_m 的下标是在该集合中重新编号的，它随机抽取于大数据集；$N_1\ll N$ 为小样本集的样本数。小批量 SGD 算法如下。

$$\boldsymbol{w}^{(k+1)}=\boldsymbol{w}^{(k)}+\eta\frac{1}{N_1}\sum_{m=1}^{N_1}(y_m-\boldsymbol{w}^{(k)\mathrm{T}}\bar{\boldsymbol{x}}_m)\bar{\boldsymbol{x}}_m \tag{4.1.31}$$

为了使小批量 SGD 算法与式(4.1.29)的单样本 SGD 算法的学习率 η 保持在同量级，对小批量各样本的梯度做了平均，即除以 N_1。

注意，在式(4.1.29)的算法中，迭代序号 k 和所用的样本序号 i 并不一致。实际上，在第 k 次迭代时，可随机地从样本集抽取一个样本，即样本一般不是顺序使用的，一些样本可能被重用，小批量梯度算法也是如此。

4.1.3 正则化线性回归

在线性回归系数向量的解中，要求 $\boldsymbol{X}^{\mathrm{T}}\boldsymbol{X}$ 可逆，实际上，当 $\boldsymbol{X}^{\mathrm{T}}\boldsymbol{X}$ 的条件数很大时，解的数值稳定性不好。一个矩阵的条件数为其最大特征值与最小特征值之比，设 $\boldsymbol{X}^{\mathrm{T}}\boldsymbol{X}$ 的所有特征值记为 $\{\lambda_0,\lambda_1,\cdots,\lambda_K\}$，若特征值是按从大到小排列的，则其条件数为 λ_0/λ_K。矩阵 $\boldsymbol{X}^{\mathrm{T}}\boldsymbol{X}$ 的行列式为 $|\boldsymbol{X}^{\mathrm{T}}\boldsymbol{X}|=\prod_{i=0}^{K}\lambda_i$，由于 $\boldsymbol{X}^{\mathrm{T}}\boldsymbol{X}$ 是对称矩阵，其特征值 $\lambda_i\geqslant 0$。若最小特征值 $\lambda_K=0$，则矩阵不可逆，若有一个到几个特征值很小，相应条件数很大，矩阵行列式值可能很小，根据矩阵求逆的格莱姆法则，则 $\boldsymbol{X}^{\mathrm{T}}\boldsymbol{X}$ 的逆矩阵中有很多大的值，相应解向量可能范数很大且数值不稳定。

当 $\boldsymbol{X}$ 中的一些不同列互成比例时，$\boldsymbol{X}^{\mathrm{T}}\boldsymbol{X}$ 不满秩，这时 $\boldsymbol{X}^{\mathrm{T}}\boldsymbol{X}$ 不可逆；当 $\boldsymbol{X}$ 的一些列相互近似成比例时，对应大的条件数，尽管此时严格讲 $\boldsymbol{X}^{\mathrm{T}}\boldsymbol{X}$ 可逆，但当计算精度受限时数值稳定性不好。从以上的分析可知，$\boldsymbol{X}$ 的不同列各自对应权系数向量的一个分量，当 $\boldsymbol{X}$ 的一些列成比例时，相当于对应的权系数是冗余的，可以减少权系数数目，即降低模型的复杂性。当 $\boldsymbol{X}$ 的条件数很大时，相当于模型参数数目超过了必需的数目，而过多的参数其实更多地被用于拟合训练数据集中的噪声，使泛化性能变差。因此，$\boldsymbol{X}^{\mathrm{T}}\boldsymbol{X}$ 条件数很大，对应的是模型的过拟合，解决过拟合的一个方法是正则化(Regularization)。

如第 1 章引出的结论，所谓正则化 LS，是在用误差平方和表示的目标函数中增加一项约束参数向量自身的量。一种常用的约束量选择为参数向量的范数平方，即 $\|\boldsymbol{w}\|_2^2=\boldsymbol{w}^{\mathrm{T}}\boldsymbol{w}$。因此，加了正则化约束的目标函数为

$$\begin{aligned}J(\boldsymbol{w})&=\frac{1}{2}\sum_{n=1}^{N}\varepsilon_i^2+\frac{\lambda}{2}\sum_{i=0}^{K}w_i^2=\frac{1}{2}\sum_{i=1}^{N}\left[y_i-\hat{y}(\boldsymbol{x}_i,\boldsymbol{w})\right]^2+\frac{\lambda}{2}\sum_{i=0}^{K}w_i^2\\&=\frac{1}{2}\sum_{i=1}^{N}(y_i-\boldsymbol{w}^{\mathrm{T}}\bar{\boldsymbol{x}}_i)^2+\frac{\lambda}{2}\|\boldsymbol{w}\|_2^2\\&=\frac{1}{2}(\boldsymbol{y}-\boldsymbol{X}\boldsymbol{w})^{\mathrm{T}}(\boldsymbol{y}-\boldsymbol{X}\boldsymbol{w})+\frac{\lambda}{2}\boldsymbol{w}^{\mathrm{T}}\boldsymbol{w}\end{aligned}\tag{4.1.32}$$

其中，λ 为一个可选择的参数，用于控制误差项与参数向量范数约束项的作用。为求使式(4.1.32)最小的 $\boldsymbol{w}$ 值，计算

$$\begin{aligned}\frac{\partial J(\boldsymbol{w})}{\partial\boldsymbol{w}}&=\frac{1}{2}\frac{\partial(\boldsymbol{y}-\boldsymbol{X}\boldsymbol{w})^{\mathrm{T}}(\boldsymbol{y}-\boldsymbol{X}\boldsymbol{w})}{\partial\boldsymbol{w}}+\frac{\lambda}{2}\frac{\partial\boldsymbol{w}^{\mathrm{T}}\boldsymbol{w}}{\partial\boldsymbol{w}}\\&=-\boldsymbol{X}^{\mathrm{T}}\boldsymbol{y}+\boldsymbol{X}^{\mathrm{T}}\boldsymbol{X}\boldsymbol{w}+\lambda\boldsymbol{w}\end{aligned}\tag{4.1.33}$$

令 $\boldsymbol{w}=\boldsymbol{w}_{\mathrm{R}}$ 时式(4.1.33)为 0，得

$$(\boldsymbol{X}^{\mathrm{T}}\boldsymbol{X}+\lambda\boldsymbol{I})\boldsymbol{w}_{\mathrm{R}}=\boldsymbol{X}^{\mathrm{T}}\boldsymbol{y}\tag{4.1.34}$$

求得参数向量的正则化 LS 解为

$$\boldsymbol{w}_{\mathrm{R}}=(\boldsymbol{X}^{\mathrm{T}}\boldsymbol{X}+\lambda\boldsymbol{I})^{-1}\boldsymbol{X}^{\mathrm{T}}\boldsymbol{y}\tag{4.1.35}$$

这里，解 $\boldsymbol{w}_{\mathrm{R}}$ 中用下标 R 表示正则化解。线性回归的正则化是一般性正则理论的一个特例。Tikhonov 正则化理论的泛函由两部分组成：一项是经验代价函数，如式(4.1.11)中的误差平方和是一种经验代价函数；另一项是正则化项，它是约束系统结构的，在参数优化中用于约束参数向量的范数。每种不同的正则化项代表设计的一种偏爱，如权系数范数平方作为正则化项是一种对小范数的权系数的偏爱，这种正则化称为“权衰减”(Weight Decay)。

例 4.1.1 给定一个数据集，其 $\boldsymbol{X}^{\mathrm{T}}\boldsymbol{X}$ 的最大特征值为 $\lambda_{\max}=1.0$，最小特征值为 $\lambda_{\min}=0.01$，条件数 $T=\lambda_{\max}/\lambda_{\min}=100$。若正则化参数取 $\lambda=0.1$，则 $\boldsymbol{X}^{\mathrm{T}}\boldsymbol{X}+\lambda\boldsymbol{I}$ 的最大特征值和最小特征值分别为 $\lambda_{\max}+\lambda=1.1$ 和 $\lambda_{\min}+\lambda=0.11$，因此，条件数变为 $T_{\mathrm{R}}=1.1/0.11=10$。对于线性回归，正则化相当于改善了数据矩阵的条件数。

正如式(4.1.10)的误差平方和目标函数与最大似然等价，式(4.1.32)的正则化目标函数与贝叶斯框架下的 MAP 参数估计是等价的。若采用贝叶斯 MAP 估计，需要给出参数向量 $\boldsymbol{w}$ 的先验分布，假设 $\boldsymbol{w}$ 的各分量为 0 均值、方差为 σ_w^2 且互相独立的高斯分布，则先验分布表示为

$$p_w(\boldsymbol{w})=\frac{1}{(2\pi\sigma_w^2)^{\frac{K+1}{2}}}\exp\left(-\frac{1}{2\sigma_w^2}\boldsymbol{w}^{\mathrm{T}}\boldsymbol{w}\right)\tag{4.1.36}$$

根据 MAP 估计，求 $\boldsymbol{w}$ 使式(4.1.37)最大。

$$\begin{aligned}p(\boldsymbol{w}\mid\boldsymbol{y})\propto p(\boldsymbol{y}\mid\boldsymbol{w})p_w(\boldsymbol{w})=&\frac{1}{(2\pi\sigma_\varepsilon^2)^{\frac{N}{2}}}\exp\left[-\frac{1}{2\sigma_\varepsilon^2}(\boldsymbol{y}-\boldsymbol{X}\boldsymbol{w})^{\mathrm{T}}(\boldsymbol{y}-\boldsymbol{X}\boldsymbol{w})\right]\times\\&\frac{1}{(2\pi\sigma_w^2)^{\frac{K+1}{2}}}\exp\left(-\frac{1}{2\sigma_w^2}\boldsymbol{w}^{\mathrm{T}}\boldsymbol{w}\right)\end{aligned}\tag{4.1.37}$$

对式(4.1.37)取对数可见，求式(4.1.37)最大等价于求 $\boldsymbol{w}$ 使式(4.1.38)最小。

$$J(\boldsymbol{w})=\frac{1}{2\sigma_{\varepsilon}^{2}}(\boldsymbol{y}-\boldsymbol{X}\boldsymbol{w})^{\mathrm{T}}(\boldsymbol{y}-\boldsymbol{X}\boldsymbol{w})+\frac{1}{2\sigma_{w}^{2}}\boldsymbol{w}^{\mathrm{T}}\boldsymbol{w}$$

$$=\frac{1}{2\sigma_{\varepsilon}^{2}}\left[(\boldsymbol{y}-\boldsymbol{X}\boldsymbol{w})^{\mathrm{T}}(\boldsymbol{y}-\boldsymbol{X}\boldsymbol{w})+\frac{\sigma_{\varepsilon}^{2}}{\sigma_{w}^{2}}\boldsymbol{w}^{\mathrm{T}}\boldsymbol{w}\right] \tag{4.1.38}$$

令 $\lambda=\frac{\sigma_{\varepsilon}^{2}}{\sigma_{w}^{2}}$,则式(4.1.38)方括号内的内容与式(4.1.32)相同,其参数向量 $\boldsymbol{w}$ 的解如式(4.1.35)所示。因此,可将正则化线性回归看作权系数向量的先验分布为高斯分布下的贝叶斯 MAP 估计。

用式(4.1.32)第 2 行对 $\boldsymbol{w}$ 求导,不难得到对应于式(4.1.35)解的梯度递推算法,这里只给出小批量 SGD 算法如下。

$$\boldsymbol{w}^{(k+1)}=(1-\lambda\eta)\boldsymbol{w}^{(k)}+\eta\frac{1}{N_1}\sum_{m=1}^{N_1}(y_m-\boldsymbol{w}^{(k)\mathrm{T}}\bar{\boldsymbol{x}}_m)\bar{\boldsymbol{x}}_m \tag{4.1.39}$$

当取 $N_1=1$ 时,小批量退化成单样本 SGD。与式(4.1.31)比,在 $\boldsymbol{w}^{(k)}$ 前多了一个泄露(Leaky)因子$(1-\lambda\eta)$,实际增加了一个超参数 λ。

这里可以得到一个基本的结论:若一类机器学习算法的目标函数是通过最大似然得到的,则任何一种对权系数向量施加先验分布 $p_w(\boldsymbol{w})$,从而建立在 MAP 意义下的贝叶斯扩展,均可以等价为一类正则化方法。

> **本节注释** 在正则化时,一般不把偏置放入正则化约束中。在线性回归中,若对输入各分量进行零均值预处理,偏置则为训练集标注的均值,并可预先确定。

4.1.4 多输出线性回归

前面介绍回归算法时,为了表达的简单和理解上的直观性,只给出了输出是标量的情况,即所关注的问题只有一个输出值。实际上,很多回归问题可能有多个输出。例如,利用同一组经济数据预测几个同行业的股票指数,前面讨论的标量回归问题可很方便地推广到具有多个输出的情况。

由于多个输出,样本集 $\boldsymbol{D}=\{(\boldsymbol{x}_n,\boldsymbol{y}_n)\}_{n=1}^{N}$ 中的标注 $\boldsymbol{y}_n$ 是一个 L 维向量,L 为回归的输出数目,即 $\boldsymbol{y}_n=[y_{n1},y_{n2},\cdots,y_{nL}]^{\mathrm{T}}$。简单地,可将每个输出写为

$$\hat{y}_i(\boldsymbol{x},\boldsymbol{w}_i)=\sum_{k=0}^{K}w_{ik}x_k=\boldsymbol{w}_i^{\mathrm{T}}\bar{\boldsymbol{x}} \tag{4.1.40}$$

将各输出的权向量作为权矩阵的一列,即

$$\boldsymbol{W}=[\boldsymbol{w}_1,\boldsymbol{w}_2,\cdots,\boldsymbol{w}_L] \tag{4.1.41}$$

则输出向量记为

$$\hat{\boldsymbol{y}}(\boldsymbol{x},\boldsymbol{W})=[\hat{y}_1(\boldsymbol{x},\boldsymbol{w}_1),\hat{y}_2(\boldsymbol{x},\boldsymbol{w}_2),\cdots,\hat{y}_L(\boldsymbol{x},\boldsymbol{w}_L)]^{\mathrm{T}}=\boldsymbol{W}^{\mathrm{T}}\bar{\boldsymbol{x}} \tag{4.1.42}$$

为了通过样本集训练得到权系数矩阵 $\boldsymbol{W}$,需要给出目标函数。可以通过最大似然原理推导多输出回归情况下的目标函数,这里省略这一步骤,假设各分量的误差是独立且高斯的,则将标量情况下得到的误差平方和函数直接用于多输出情况,即求训练集的误差平方和为

$$J(\boldsymbol{W})=\frac{1}{2}\sum_{n=1}^{N}\sum_{k=1}^{L}\varepsilon_{nk}^{2}=\frac{1}{2}\sum_{n=1}^{N}\sum_{k=1}^{L}[y_{nk}-\hat{y}_k(\boldsymbol{x}_n,\boldsymbol{w}_k)]^{2}$$

$$=\frac{1}{2}\sum_{n=1}^{N}\|\boldsymbol{y}_n-\hat{\boldsymbol{y}}_n\|^2=\frac{1}{2}\sum_{n=1}^{N}\|\boldsymbol{y}_n-\hat{\boldsymbol{y}}(\boldsymbol{x}_n,\boldsymbol{W})\|^2$$

$$=\frac{1}{2}\sum_{n=1}^{N}\|\boldsymbol{\varepsilon}_n\|^2=\frac{1}{2}\sum_{n=1}^{N}\boldsymbol{\varepsilon}_n^{\mathrm{T}}\boldsymbol{\varepsilon}_n=\frac{1}{2}\mathrm{tr}(\boldsymbol{E}\boldsymbol{E}^{\mathrm{T}}) \tag{4.1.43}$$

其中，tr(·)表示求矩阵的迹(对角线元素之和)。对于每个训练样本，多输出回归模型的输出向量与标注向量之间的误差向量为

$$\boldsymbol{\varepsilon}_n=\boldsymbol{y}_n-\hat{\boldsymbol{y}}(\boldsymbol{x}_n,\boldsymbol{W}) \tag{4.1.44}$$

$\boldsymbol{E}$ 是由各 $\boldsymbol{\varepsilon}_n$ 向量组成的误差矩阵，即

$$\boldsymbol{E}=[\boldsymbol{\varepsilon}_1,\boldsymbol{\varepsilon}_2,\cdots,\boldsymbol{\varepsilon}_N]^{\mathrm{T}} \tag{4.1.45}$$

显然，$\sum_{i=1}^{N}\|\boldsymbol{\varepsilon}_n\|^2$ 是 $\boldsymbol{E}\boldsymbol{E}^{\mathrm{T}}$ 的迹，进一步，有

$$\boldsymbol{E}=\begin{bmatrix}\boldsymbol{\varepsilon}_1^{\mathrm{T}}\\\boldsymbol{\varepsilon}_2^{\mathrm{T}}\\\vdots\\\boldsymbol{\varepsilon}_N^{\mathrm{T}}\end{bmatrix}=\begin{bmatrix}\boldsymbol{y}_1^{\mathrm{T}}-\hat{\boldsymbol{y}}^{\mathrm{T}}(\boldsymbol{x}_1,\boldsymbol{W})\\\boldsymbol{y}_2^{\mathrm{T}}-\hat{\boldsymbol{y}}^{\mathrm{T}}(\boldsymbol{x}_2,\boldsymbol{W})\\\vdots\\\boldsymbol{y}_N^{\mathrm{T}}-\hat{\boldsymbol{y}}^{\mathrm{T}}(\boldsymbol{x}_N,\boldsymbol{W})\end{bmatrix}=\begin{bmatrix}\boldsymbol{y}_1^{\mathrm{T}}-\bar{\boldsymbol{x}}_1^{\mathrm{T}}\boldsymbol{W}\\\boldsymbol{y}_2^{\mathrm{T}}-\bar{\boldsymbol{x}}_2^{\mathrm{T}}\boldsymbol{W}\\\vdots\\\boldsymbol{y}_N^{\mathrm{T}}-\bar{\boldsymbol{x}}_N^{\mathrm{T}}\boldsymbol{W}\end{bmatrix}=\boldsymbol{Y}-\boldsymbol{X}\boldsymbol{W} \tag{4.1.46}$$

其中，$\boldsymbol{Y}=[\boldsymbol{y}_1,\boldsymbol{y}_2,\cdots,\boldsymbol{y}_N]^{\mathrm{T}}$ 是训练集中标注向量构成的数据矩阵，$\boldsymbol{X}$ 的定义如前式(4.1.12)所述。

$$\begin{aligned}J(\boldsymbol{W})&=\frac{1}{2}\mathrm{tr}(\boldsymbol{E}\boldsymbol{E}^{\mathrm{T}})\\&=\frac{1}{2}\mathrm{tr}[(\boldsymbol{Y}-\boldsymbol{X}\boldsymbol{W})(\boldsymbol{Y}^{\mathrm{T}}-\boldsymbol{W}^{\mathrm{T}}\boldsymbol{X}^{\mathrm{T}})]\\&=\frac{1}{2}\mathrm{tr}(\boldsymbol{Y}\boldsymbol{Y}^{\mathrm{T}})-\mathrm{tr}(\boldsymbol{Y}\boldsymbol{W}^{\mathrm{T}}\boldsymbol{X}^{\mathrm{T}})+\frac{1}{2}\mathrm{tr}(\boldsymbol{X}\boldsymbol{W}\boldsymbol{W}^{\mathrm{T}}\boldsymbol{X}^{\mathrm{T}})\end{aligned} \tag{4.1.47}$$

这里使用了 $\boldsymbol{Y}\boldsymbol{W}^{\mathrm{T}}\boldsymbol{X}^{\mathrm{T}}$ 和 $\boldsymbol{X}\boldsymbol{W}\boldsymbol{Y}^{\mathrm{T}}$ 的迹相等的性质。求 $J(\boldsymbol{W})$对 $\boldsymbol{W}$ 的导数并令其为 0，得

$$\begin{aligned}\frac{\partial J(\boldsymbol{W})}{\partial\boldsymbol{W}}&=-\frac{\partial\mathrm{tr}(\boldsymbol{Y}\boldsymbol{W}^{\mathrm{T}}\boldsymbol{X}^{\mathrm{T}})}{\partial\boldsymbol{W}}+\frac{1}{2}\frac{\partial\mathrm{tr}(\boldsymbol{X}\boldsymbol{W}\boldsymbol{W}^{\mathrm{T}}\boldsymbol{X}^{\mathrm{T}})}{\partial\boldsymbol{W}}\\&=-\boldsymbol{X}^{\mathrm{T}}\boldsymbol{Y}+(\boldsymbol{X}^{\mathrm{T}}\boldsymbol{X})\boldsymbol{W}=0\end{aligned} \tag{4.1.48}$$

在得到式(4.1.48)第 2 行时，使用了迹的性质：$\mathrm{tr}(\boldsymbol{ABC})=\mathrm{tr}(\boldsymbol{BCA})=\mathrm{tr}(\boldsymbol{CAB})$，以及迹求导公式

$$\frac{\partial\mathrm{tr}(\boldsymbol{A}^{\mathrm{T}}\boldsymbol{B})}{\partial\boldsymbol{A}}=\boldsymbol{B},\qquad\frac{\partial\mathrm{tr}(\boldsymbol{A}^{\mathrm{T}}\boldsymbol{B}\boldsymbol{A})}{\partial\boldsymbol{A}}=(\boldsymbol{B}+\boldsymbol{B}^{\mathrm{T}})\boldsymbol{A}$$

假设 $\boldsymbol{X}^{\mathrm{T}}\boldsymbol{X}$ 可逆，得到权系数矩阵的解为

$$\boldsymbol{W}_{\mathrm{ML}}=(\boldsymbol{X}^{\mathrm{T}}\boldsymbol{X})^{-1}\boldsymbol{X}^{\mathrm{T}}\boldsymbol{Y} \tag{4.1.49}$$

这个解的形式与式(4.1.15)基本一致，若用 $\tilde{\boldsymbol{y}}_k$ 表示 $\boldsymbol{Y}$ 的第 k 列，则输出第 k 分量的权系数向量为

$$\boldsymbol{w}_{k,\mathrm{ML}}=(\boldsymbol{X}^{\mathrm{T}}\boldsymbol{X})^{-1}\boldsymbol{X}^{\mathrm{T}}\tilde{\boldsymbol{y}}_k \tag{4.1.50}$$

多分量回归中，每个分量的权系数矩阵与标准单分量回归一致，仅由 $\boldsymbol{Y}$ 的一列可求得，这种互相无耦合的解是因为假设了各分量的误差满足独立高斯的相应结果。

由于已经得到了最优的权系数矩阵，若给出一个新的特征向量 $\boldsymbol{x}$，则多分量回归的输出为

$$\hat{\boldsymbol{y}}(\boldsymbol{x},\boldsymbol{W}_{\mathrm{ML}})=\boldsymbol{W}_{\mathrm{ML}}^{\mathrm{T}}\bar{\boldsymbol{x}} \tag{4.1.51}$$

注意，对于多输出回归，有类似式(4.1.35)的正则化解，此处不再赘述。

*4.2 稀疏线性回归 Lasso

4.1 节考虑施加 $\|\boldsymbol{w}\|_2^2=\boldsymbol{w}^{\mathrm{T}}\boldsymbol{w}$ 作为正则化项，称为"权衰减"正则化。尽管其偏爱范数更小的权向量，却并不能对权系数施加稀疏性约束。所谓权系数向量的稀疏性，是指许多权系数分量为0。在一些应用中，稀疏性约束是有意义的。为了简单，本节只讨论单输出的情况。

许多实际问题中 $\boldsymbol{w}$ 具有稀疏性，下面给出两个例子作为说明。第1个例子是在无线通信系统信道建模中，用式(4.1.2)表示无线信道模型，$\boldsymbol{x}$ 为不同延迟组成的输入信号向量，权系数向量为 $\boldsymbol{w}$，在通信系统中它表示信道的单位抽样响应，y 为信道输出。在开阔区域，可能只有少量远近不等的建筑物产生反射波，需要 K 取较大值以便包含较大的延迟通道，但 $\boldsymbol{w}$ 中仅有几簇系数取较大值(对应远近不同的建筑物)，其他系数为0或近似为0，即 $\boldsymbol{w}$ 是稀疏的。可假设 $\boldsymbol{w}$ 是 k 稀疏的，即在 K 个所有权系数中，仅有 k 个非零系数，且 $k\ll K$。第2个例子是 Hastie 等对癌症的分类，影响癌症的基因类有4718个，即 $K=4718$，但实际上，对于一种癌症，只有少量基因类是关键的，因此，对于一种癌症的预测，$\boldsymbol{w}$ 是非常稀疏的，非零系数数目 $k\ll K$。

另一个问题是数据量对估计质量的影响，若定义 N/K 为每个参数的等价平均样本数，在有些情况下，样本数 N 不够大，具有的信息量不足，如疑难杂症的辅助诊断。但若系数是 k 稀疏的，则每个参数的平均样本量可增加为 N/k，则显著增加了估计每个参数的平均信息量。

针对稀疏回归问题，统计学家 Tibshirani 等提出 Lasso(Least Absolute Selection and Shrinkage Operator)算法，中文常译为套索回归。Lasso 的关键是对系数向量 $\boldsymbol{w}$ 施加了 ℓ_1 范数约束，即约束条件为 $\|\boldsymbol{w}\|_1<t$，t 为一个施加的约束量。Lasso 问题的正式描述为

$$\min_{w}\left\{\frac{1}{2}\|\boldsymbol{y}-\boldsymbol{X}\boldsymbol{w}\|_2^2\right\} \quad \text{s.t.} \quad \|\boldsymbol{w}\|_1<t \tag{4.2.1}$$

或等价地表示为以下目标函数的最小化。

$$J_{\mathrm{S}}(\boldsymbol{w})=\frac{1}{2}\|\boldsymbol{y}-\boldsymbol{X}\boldsymbol{w}\|_2^2+\lambda\|\boldsymbol{w}\|_1 \tag{4.2.2}$$

其中，$\boldsymbol{y}$ 为如式(4.1.7)所示的由所有标注构成的向量；$\boldsymbol{X}$ 为数据矩阵；$\lambda\geqslant 0$，对于一个给定的 t，有一个相应的 λ 值，使式(4.2.1)和式(4.2.2)同解。注意，这里 $\|\boldsymbol{w}\|_1=\sum_{i=0}^{K}|w_i|$ 表示 $\boldsymbol{w}$ 的 ℓ_1 范数。

在进一步讨论 Lasso 的求解之前，用直观的例子简单说明一下 ℓ_1 范数约束有助于解 $\boldsymbol{w}$ 的稀疏性。

可以定义一般的 ℓ_p 范数为

$$\|\boldsymbol{w}\|_p=\left(\sum_{i=0}^{K}|w_i|^p\right)^{1/p} \tag{4.2.3}$$

4.1 节使用的平方范数，即 ℓ_2 范数构成了权衰减的正则化项，ℓ_1 范数构成了 Lasso。其实任何一个 $\|\boldsymbol{w}\|_p^p$ 可构成一个正则化项，用于控制参数解的某种偏爱，实际上 $p\leqslant 1$ 的范数都具有引导权系数向量稀疏化的偏爱，但 ℓ_1 是计算上最简单的。注意，从纯数学的意义上，式(4.2.3)对 $p\leqslant 1$ 不再是真正的范数，但在应用领域，仍使用范数这一名称。

为了说明 $p\leqslant 1$ 的范数引导稀疏化，令

$$\|\boldsymbol{w}\|_p=t \tag{4.2.4}$$

对于一个给定常数 t，画出所有满足式(4.2.4)的 $\boldsymbol{w}$ 取值集合为 K 维空间的曲面，称这个曲面为半径为 t 的 ℓ_p 球面，这里的球面也是一个广义的名称。对于二维情况，如给出 $t=1$，图 4.2.1 所示为几个典型 p 值下的单位球面(ℓ_∞ 范数见本章习题第 1 题)。

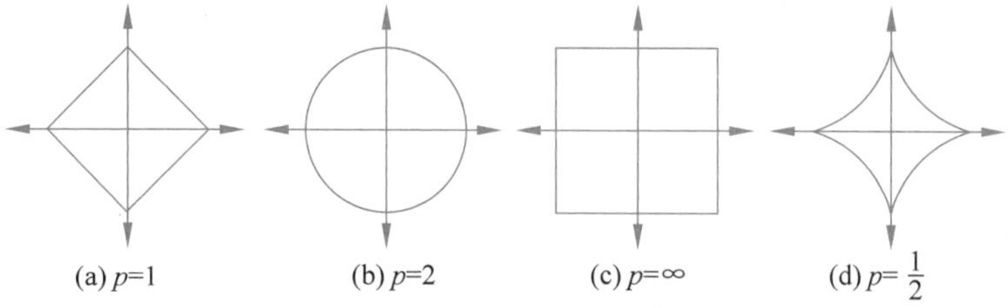

图 4.2.1　不同 p 值时二维空间各范数的单位球面

利用式(4.2.1)的条件理解 Lasso 解的稀疏性，为了比较各种范数正则化的不同影响，式(4.2.1)的第 2 个约束方程用一般 ℓ_p 范数表示，且 $\|\boldsymbol{w}\|_p=t$。图 4.2.2 所示为 4 种范数的约束球面(虚线)，在简单的二维情况下，由式(4.2.1)中 $\min\limits_{\boldsymbol{w}}\left\{\frac{1}{2}\|\boldsymbol{y}-\boldsymbol{X}\boldsymbol{w}\|_2^2\right\}$ 得到的解是二维平面的一条直线，最终权系数解的位置是直线与约束球面的相交点(因为式(4.2.1)要求同时满足两个方程)。如图 4.2.2 所示，对于 $p>1$ 的范数，对应解的两个坐标均不为零，解是非稀疏的；对于 $p\leqslant 1$ 的范数，则解的一个坐标为 0，即解有一半的稀疏性。这个简单图示帮助理解用 $p\leqslant 1$ 的范数作为正则化项可以得到具有稀疏性的解。严格的理论证明可得到同样的结论，本书不再进一步讨论这些理论证明。在所有 $p\leqslant 1$ 的范数正则化约束中，ℓ_1 范数是最容易处理的，Lasso 算法就采用了 ℓ_1 范数。

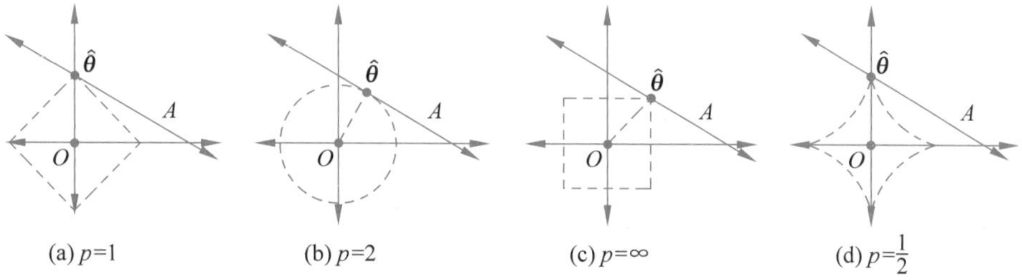

图 4.2.2　不同 p 值时二维空间各种范数下解的稀疏性说明

(图中 $\hat{\boldsymbol{\theta}}$ 表示 $\boldsymbol{w}$ 的解，A 表示直线斜率，这里仅用于说明)

4.2.1　Lasso 的循环坐标下降算法

对于式(4.2.2)给出的 Lasso 问题，本节给出一种简单的求解方法。为了使对 Lasso 的求解表示更简单规范，对数据矩阵 $\boldsymbol{X}$ 做一些限制，设 $\boldsymbol{X}=[x_{ij}]_{N\times K}$，可将 $\boldsymbol{X}$ 写成列向量表示形式为

$$\boldsymbol{X}=[\boldsymbol{z}_1,\boldsymbol{z}_2,\cdots,\boldsymbol{z}_K] \tag{4.2.5}$$

注意，为了与特征向量 $\boldsymbol{x}_i$ 区分，$\boldsymbol{X}$ 的列用 $\boldsymbol{z}_k$ 表示，并假设 $\sum\limits_{i=1}^{N}z_{ki}=0$，$\|\boldsymbol{z}_k\|_2^2=1$。这里的 z_{ki} 为 $\boldsymbol{z}_k$ 的第 i 分量，实际上 $z_{ki}=x_{ik}$。假设 $\boldsymbol{X}$ 的列 $\boldsymbol{z}_k$ 零均值且范数归一化，这可通过预处理达到，由于列是零均值的，偏置系数 $w_0=0$ 是不需要的，因此，权系数向量只有 K 个参数。在许多机器学习算法中，为了算法高效，常假设数据被归一化，对归一化得到的参数，可通过简单补偿得到实际参数，或在预测时对新输入的特征向量的每个分量做同样的归一化。

为了易于理解，先推导单变量情况下的解，然后推广到一般情况。

1. 单变量情况下 Lasso 的解

为了推导简单，首先假设样本集$\{(\boldsymbol{x}_i, y_i)\}_{i=1}^{N}$中，$\boldsymbol{x}$ 仅为标量，即样本集为$\{(z_i, y_i)\}_{i=1}^{N}$，这里，用 z_i 表示输入，只有一个参数 w 待求，式(4.2.2)化简为

$$J_S(w)=\frac{1}{2}\sum_{i=1}^{N}(y_i - z_i w)^2+\lambda|w| \tag{4.2.6}$$

为求 w 的最优值，对式(4.2.6)两侧求导并令其为 0，得

$$w-\boldsymbol{z}^{\mathrm{T}}\boldsymbol{y}+\lambda\frac{\partial|w|}{\partial w}=0 \tag{4.2.7}$$

其中，$\boldsymbol{z}=[z_1, z_2, \cdots, z_N]^{\mathrm{T}}$ 为所有样本的标量输入构成的向量，实际上这种情况下 $\boldsymbol{X}$ 就只有 $\boldsymbol{z}$ 一列（这也是单变量情况下，用 z_i 表示输入的原因）。式(4.2.7)推导中用到了 $\sum_{i=1}^{N}z_i^2=1$。对式(4.2.7)分 3 种情况讨论。

(1) $w>0$，式(4.2.7)化简为 $w-\boldsymbol{z}^{\mathrm{T}}\boldsymbol{y}+\lambda=0$，得到解为

$$\hat{w}=\boldsymbol{z}^{\mathrm{T}}\boldsymbol{y}-\lambda, \quad \boldsymbol{z}^{\mathrm{T}}\boldsymbol{y}>\lambda \tag{4.2.8}$$

(2) $w<0$，式(4.2.7)化简为 $w-\boldsymbol{z}^{\mathrm{T}}\boldsymbol{y}-\lambda=0$，得到解为

$$\hat{w}=\boldsymbol{z}^{\mathrm{T}}\boldsymbol{y}+\lambda, \quad \boldsymbol{z}^{\mathrm{T}}\boldsymbol{y}<-\lambda \tag{4.2.9}$$

(3) $w=0$，则$\frac{\partial|w|}{\partial w}\in[-1,1]$，不确定，但结合式(4.2.7)～式(4.2.9)可得当$|\boldsymbol{z}^{\mathrm{T}}\boldsymbol{y}|<\lambda$ 时，$\hat{w}=0$。

综合以上 3 点，得到 w 的解为

$$\hat{w}=\begin{cases}\boldsymbol{z}^{\mathrm{T}}\boldsymbol{y}-\lambda, & \boldsymbol{z}^{\mathrm{T}}\boldsymbol{y}>\lambda \\ 0, & |\boldsymbol{z}^{\mathrm{T}}\boldsymbol{y}|<\lambda \\ \boldsymbol{z}^{\mathrm{T}}\boldsymbol{y}+\lambda, & \boldsymbol{z}^{\mathrm{T}}\boldsymbol{y}<-\lambda\end{cases} \tag{4.2.10}$$

这里，定义一个软门限算子 $S_\lambda(x)$ 为

$$S_\lambda(x)=\operatorname{sgn}(x)(|x|-\lambda)_+ \tag{4.2.11}$$

其中，sgn(·)为符号函数，算符$(x)_+$表示取 x 正数部分，即当 $x>0$ 时，$(x)_+=x$，否则$(x)_+=0$。图 4.2.3 中的虚线表示了软门限计算。由软门限算子的定义可见，式(4.2.10)可用软门限算子表示为

$$\hat{w}=\boldsymbol{S}_\lambda(\boldsymbol{z}^{\mathrm{T}}\boldsymbol{y}) \tag{4.2.12}$$

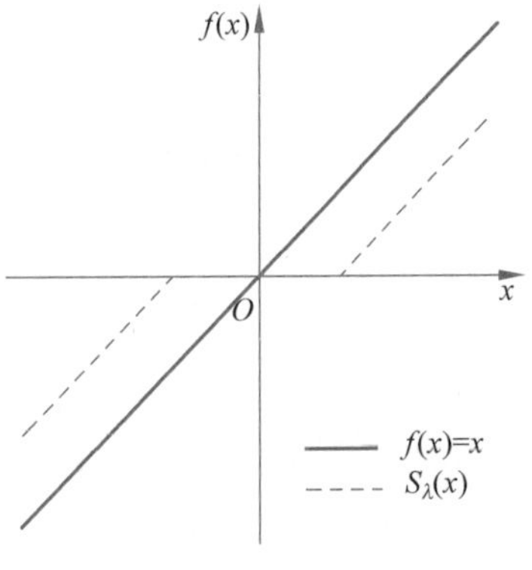

图 4.2.3 软门限运算

实际上，若不考虑 ℓ_1 约束，对这种归一化单变量情况直接求 LS 解，其 LS 解为

$$w_{\mathrm{LS}}=\boldsymbol{z}^{\mathrm{T}}\boldsymbol{y} \tag{4.2.13}$$

显然，Lasso 解的软门限算子使解更趋于 0，若 $|w_{\mathrm{LS}}|\leqslant\lambda$，则 Lasso 解$\hat{w}=0$。图 4.2.3 中，若令 $x=w_{\mathrm{LS}}$，则实线表示 LS 解，虚线表示 Lasso 解，Lasso 解更趋于 0。

2. 多变量情况下 Lasso 解的推广

利用以上单变量的解，通过对单变量方法的一个直观扩展，推广到多变量方法，即得到式(4.2.2)的一般解。设 $\boldsymbol{w}=[w_1, w_2, \cdots, w_K]^{\mathrm{T}}$ 有 K 个参数，每次只改变一个参

数 w_j，其他参数保持不变，可以证明，用部分残差值 $r_i^{(j)}=y_i-\sum_{k\neq j} z_{ki}\hat{w}_k$ 替代 y_i，则参数 w_j 的估计值为

$$\hat{w}_j=S_\lambda(\boldsymbol{z}_j^{\mathrm{T}}\boldsymbol{r}^{(j)}) \tag{4.2.14}$$

初始时给出 $\hat{w}_j(j=1,2,\cdots,K)$ 的初始值，然后循环改变 j 执行式(4.2.14)，直到收敛为止。这个算法称为循环坐标下降(Cyclical Coordinate Descent，CCD)算法，在一定条件下该算法收敛。

如果定义一个全残差量 $r_i=y_i-\sum_{k=1}^{K} z_{ki}\hat{w}_k$，则可导出式(4.2.14)的等价形式为

$$\hat{w}_j \leftarrow S_\lambda(\hat{w}_j+\boldsymbol{z}_j^{\mathrm{T}}\boldsymbol{r}) \tag{4.2.15}$$

可以看到，CCD 算法对每个参数施加软门限，使解向量 $\hat{\boldsymbol{w}}$ 具有稀疏性，这个稀疏性是 ℓ_1 范数约束的直接结果。

4.2.2 Lasso 的 LAR 算法

最小角回归(Least Angle Regression，LAR)出自统计学，用于求解 Lasso 问题。因此，LAR 算法作为一种稀疏学习算法，主要用于求解 l_1 范数约束下的稀疏回归问题。LAR 算法对应的标准问题是如下的正则化回归问题，即

$$\min_{\boldsymbol{w}}\left\{\frac{1}{2}\|\boldsymbol{y}-\boldsymbol{X}\boldsymbol{w}\|_2^2+\lambda\|\boldsymbol{w}\|_1\right\} \tag{4.2.16}$$

其中，参数 λ 是一种超参数。当 $\lambda=0$ 时，问题退化为标准 LS 解，不考虑回归的权系数向量的稀疏性；而大的 λ 对应的解则更稀疏，在实际中，可根据具体问题先验地或通过交叉验证选择 λ 参数。标准 LAR 算法的一个优势是：它给出了从只有一个非零系数的最稀疏解及其对应的 λ 值(λ_0)直到具有 K 个可能的非零系数的解以及其对应的 λ 值(λ_K)，即给出一个充分的解序列供选择。LAR 算法如下，本节仅对该算法做一些简单解释，其更细致的讨论可参考 Hastie 等的 *Statistical Learning with Sparsity*。

LAR 算法

输入：数据矩阵 $\boldsymbol{X}$，标注向量 $\boldsymbol{y}$。

初始化：$i=0$；初始解 $\boldsymbol{w}^{(0)}=\boldsymbol{0}$；初始误差 $\boldsymbol{e}^{(0)}=\boldsymbol{y}$；初始支撑集 $S^{(0)}=\mathrm{supp}(\boldsymbol{w}^{(0)})=\varnothing$ 为空集；按列将数据矩阵表示为 $\boldsymbol{X}=[\boldsymbol{z}_1,\boldsymbol{z}_2,\cdots,\boldsymbol{z}_K]$，初始化为列范数归一化矩阵，即 $\|\boldsymbol{z}_k\|_2^2=1$。

算法描述：

(1) 确定一个新的有效列 j_0 为

$$j_0=\underset{j\in\{1,2,\cdots,K\}}{\arg\max}\left|\boldsymbol{z}_j^{\mathrm{T}}\boldsymbol{e}^{(0)}\right|$$

令支撑集 $S=\{j_0\}$，有效列矩阵 $\boldsymbol{X}_S$ 为集合 S 内指示的列，即当前 $\boldsymbol{X}_S=[\boldsymbol{z}_{j_0}]$；并令

$$\lambda_0=\boldsymbol{z}_{j_0}^{\mathrm{T}}\boldsymbol{e}^{(0)}$$

(2) 对于 $k=1,2,\cdots,K$，执行以下 4 步：

① 定义 LS 趋势向量为

$$\boldsymbol{v}=\frac{1}{\lambda_{k-1}}(\boldsymbol{X}_S^{\mathrm{T}}\boldsymbol{X}_S)^{-1}\boldsymbol{X}_S^{\mathrm{T}}\boldsymbol{e}^{(k-1)}$$

定义 K 维向量 $\boldsymbol{d}$，按支撑集 S 的标号，将 $\boldsymbol{v}$ 中各元素依次放置于 $\boldsymbol{d}$ 中由 S 指定的位置，$\boldsymbol{d}$ 的其他分量为 0；

② 沿向量 $\boldsymbol{d}$ 方向变化 $\boldsymbol{w}^{(k-1)}$，为此定义新向量

$$\tilde{\boldsymbol{w}}(\lambda)=\boldsymbol{w}^{(k-1)}+(\lambda_{k-1}-\lambda)\boldsymbol{d}$$

其中，$0<\lambda\leqslant\lambda_{k-1}$ 可变化，并跟踪变化的残差量

$$\boldsymbol{e}(\lambda)=\boldsymbol{y}-\boldsymbol{X}\tilde{\boldsymbol{w}}(\lambda)=\boldsymbol{e}^{(k-1)}-(\lambda_{k-1}-\lambda)\boldsymbol{X}_S\boldsymbol{d}$$

③ 定义 $\eta(l,\lambda)=\boldsymbol{z}_l^{\mathrm{T}}\boldsymbol{e}(\lambda)$，其中 $l\notin S,0<\lambda\leqslant\lambda_{k-1}$，搜索找到 $l=j_0$ 和 $\lambda=\lambda_k$，使 $\eta(l,\lambda)$ 最大，即

$$\{j_0,\lambda_k\}=\underset{l\notin S,0<\lambda\leqslant\lambda_{k-1}}{\arg\max}\{\eta(l,\lambda)\}$$

④ 得到：$S\leftarrow S\cup\{j_0\}$，$\boldsymbol{w}^{(k)}=\tilde{\boldsymbol{w}}(\lambda_k)=\boldsymbol{w}^{(k-1)}+(\lambda_{k-1}-\lambda_k)\boldsymbol{d}$，$\boldsymbol{e}^{(k)}=\boldsymbol{y}-\boldsymbol{X}\boldsymbol{w}^{(k)}$。

(3) 返回解序列 $\{\lambda_k,\boldsymbol{w}^{(k)}\}_0^K$。

LAR 算法的第 1 步是一个贪婪选择，在迭代中若已形成支撑集 S，对于每个 $j\in S$，可验证式(4.2.17)成立。

$$|\boldsymbol{z}_j^{\mathrm{T}}(\boldsymbol{y}-\boldsymbol{X}\tilde{\boldsymbol{w}}(\lambda))|=\lambda,\quad j\in S \tag{4.2.17}$$

即已在支撑集 S 中的列 $\boldsymbol{z}_j$ 与 $\boldsymbol{e}(\lambda)$ 具有等相关性。

本节注释：在许多机器学习算法中，需要对样本集数据进行预处理。例如，在 Lasso 算法中，要求对矩阵 $\boldsymbol{X}$ 的每列进行归一化。对数据矩阵按列做预处理是合理的，相当于对每个样本的特征向量 $\boldsymbol{x}$ 的同一个分量做同样的预处理。例如，第 n 个样本的特征向量 $\boldsymbol{x}_n$ 的第 i 分量需要除以 α_i，即 $x_{ni}\leftarrow x_{ni}/\alpha_i$。当模型训练结束后，用于预测时，对新输入 $\boldsymbol{x}$ 的第 i 分量，在送入模型预测前，也做同样预处理，$x_i\leftarrow x_i/\alpha_i$。

不同模型要求的预处理方法可能不同，一般来讲，在训练模型时使用了一种预处理，将模型用于预测新的输入时，需要做同样的预处理。

4.3 线性基函数回归

到目前为止，所讨论的均是线性回归，输出是特征向量或其各分量的线性函数，即

$$\hat{y}(\boldsymbol{x},\boldsymbol{w})=\sum_{k=0}^{K}w_kx_k=\boldsymbol{w}^{\mathrm{T}}\bar{\boldsymbol{x}} \tag{4.3.1}$$

其中，扩充特征向量 $\bar{\boldsymbol{x}}$ 和权向量 $\boldsymbol{w}$ 的定义分别如式(4.1.4)和式(4.1.3)所示。为了将回归的输出与特征向量之间的关系扩展到更一般的非线性关系，可以通过定义一组非线性映射函数来实现。非线性映射函数一般表示为

$$\phi_i(\boldsymbol{x}),\quad i=0,1,\cdots,M \tag{4.3.2}$$

每个非线性映射函数 ϕ_i 将 K 维向量 $\boldsymbol{x}$ 映射为一个标量值，按次序排列为一个 $M+1$ 维向量，即

$$\boldsymbol{\phi}(\boldsymbol{x})=[\phi_0(\boldsymbol{x}),\phi_1(\boldsymbol{x}),\cdots,\phi_M(\boldsymbol{x})]^{\mathrm{T}} \tag{4.3.3}$$

一般地，令 $\phi_0(\boldsymbol{x})=1$ 为哑元。这里 $\boldsymbol{x}\mapsto\boldsymbol{\phi}(\boldsymbol{x})$将 K 维向量映射为 M 维向量，称$\boldsymbol{\phi}(\boldsymbol{x})$为特征向量 $\boldsymbol{x}$ 的基函数向量。

定义权系数向量为

$$\boldsymbol{w}=[w_0,w_1,\cdots,w_M]^{\mathrm{T}}$$

可以通过基函数向量定义新的回归模型为

$$\hat{y}(\boldsymbol{\phi},\boldsymbol{w})=\sum_{k=0}^{M}w_k\phi_k(\boldsymbol{x})=\boldsymbol{w}^{\mathrm{T}}\boldsymbol{\phi}(\boldsymbol{x}) \tag{4.3.4}$$

式(4.3.4)的模型中，输出与特征向量 $\boldsymbol{x}$ 的关系一般是非线性的，具体非线性形式由$\boldsymbol{\phi}(\boldsymbol{x})$的定义决定，但输出与权系数 $\boldsymbol{w}$ 的关系仍然是线性的，因此，称这种模型为线性基函数回归模型。这里的线性指的是回归输出与权系数是线性关系，与特征向量的非线性关系由基函数确定。

对于一个训练样本集 $\boldsymbol{D}=\{(\boldsymbol{x}_n,y_n)\}_{n=1}^{N}$，取任意样本，由特征向量 $\boldsymbol{x}_n$ 产生一个对应基函数向量$\boldsymbol{\phi}(\boldsymbol{x}_n)$，得到模型输出 $\hat{y}(\boldsymbol{\phi}_n,\boldsymbol{w})=\boldsymbol{w}^{\mathrm{T}}\boldsymbol{\phi}(\boldsymbol{x}_n)$。注意，这里用到了简写符号$\boldsymbol{\phi}_n=\boldsymbol{\phi}(\boldsymbol{x}_n)$。模型输出与标注的误差为

$$\varepsilon_n=y_n-\hat{y}(\boldsymbol{\phi}_n,\boldsymbol{w})=y_n-\boldsymbol{w}^{\mathrm{T}}\boldsymbol{\phi}(\boldsymbol{x}_n) \tag{4.3.5}$$

与基本线性回归相比，只要用$\boldsymbol{\phi}(\boldsymbol{x}_n)$代替 $\boldsymbol{x}_n$，其他是一致的。因此，定义新的数据矩阵为

$$\boldsymbol{\Phi}=\begin{bmatrix}\boldsymbol{\phi}^{\mathrm{T}}(\boldsymbol{x}_1)\\ \boldsymbol{\phi}^{\mathrm{T}}(\boldsymbol{x}_2)\\ \vdots\\ \boldsymbol{\phi}^{\mathrm{T}}(\boldsymbol{x}_N)\end{bmatrix}=\begin{bmatrix}\phi_0(\boldsymbol{x}_1) & \phi_1(\boldsymbol{x}_1) & \cdots & \phi_M(\boldsymbol{x}_1)\\ \phi_0(\boldsymbol{x}_2) & \phi_1(\boldsymbol{x}_2) & \cdots & \phi_M(\boldsymbol{x}_2)\\ \vdots & \vdots & & \vdots\\ \phi_0(\boldsymbol{x}_N) & \phi_1(\boldsymbol{x}_N) & \cdots & \phi_M(\boldsymbol{x}_N)\end{bmatrix} \tag{4.3.6}$$

注意到，与基本线性回归问题相比，这里除了数据矩阵$\boldsymbol{\Phi}$ 由式(4.3.6)通过基函数映射进行计算外，一旦数据矩阵$\boldsymbol{\Phi}$ 确定了，由于待求参数向量 $\boldsymbol{w}$ 仍保持线性关系，需求解的问题与基本线性回归是一致的，故线性基函数回归系数向量的解为

$$\boldsymbol{w}_{\mathrm{ML}}=(\boldsymbol{\Phi}^{\mathrm{T}}\boldsymbol{\Phi})^{-1}\boldsymbol{\Phi}^{\mathrm{T}}\boldsymbol{y} \tag{4.3.7}$$

其中，$\boldsymbol{y}$ 为标注值向量。注意到，与线性回归的不同主要表现在数据矩阵$\boldsymbol{\Phi}$ 中。对于线性回归，若特征向量 $\boldsymbol{x}_n$ 是 K 维的，则数据矩阵 $\boldsymbol{X}$ 是 $N\times(K+1)$维矩阵，且矩阵的每个元素直接来自训练集中一个特征向量的分量(加入哑元)；对于线性基函数回归，数据矩阵$\boldsymbol{\Phi}$ 是 $N\times(M+1)$维矩阵，即数据矩阵的列数为 $M+1$，M 由基函数数目确定。一般来讲，$M\geqslant K$，基函数将特征向量 $\boldsymbol{x}$ 映射到更高维空间，并且数据矩阵$\boldsymbol{\Phi}$ 的每个元素需要通过相应映射函数计算得到，增加了相应计算量。一旦计算得到数据矩阵$\boldsymbol{\Phi}$，线性基函数回归的求解问题和线性回归是一致的。

基函数的类型有很多，常用的有多项式基函数、高斯函数、正余弦函数集等。下面看几个例子。

例 4.3.1 讨论一个线性基函数回归的例子。设样本集的特征向量是一个三维向量，即

$$\boldsymbol{x}_n=[x_{n,1},x_{n,2},x_{n,3}]^{\mathrm{T}}$$

设基函数向量为多项式形式，具体地，本例最高取二阶项，则

$$\boldsymbol{\phi}(\boldsymbol{x}_n)=[\phi_0(\boldsymbol{x}_n),\phi_1(\boldsymbol{x}_n),\cdots,\phi_9(\boldsymbol{x}_n)]^{\mathrm{T}}$$
$$=[1,x_{n,1},x_{n,2},x_{n,3},x_{n,1}^2,x_{n,2}^2,x_{n,3}^2,x_{n,1}x_{n,2},x_{n,2}x_{n,3},x_{n,1}x_{n,3}]^{\mathrm{T}}$$

这里 $M=9$,为了与线性回归区别,将线性基函数回归的权系数向量记为

$$\boldsymbol{w}_\phi=[w_{\phi,0},w_{\phi,1},w_{\phi,2},\cdots,w_{\phi,9}]^{\mathrm{T}}$$

基函数回归的输出为

$$\hat{y}(\boldsymbol{\phi}_n,\boldsymbol{w}_\phi)=\sum_{k=0}^{9}w_{\phi,k}\phi_k(\boldsymbol{x}_n)$$
$$=w_{\phi,0}+w_{\phi,1}x_{n,1}+w_{\phi,2}x_{n,2}+w_{\phi,3}x_{n,3}+w_{\phi,4}x_{n,1}^2+w_{\phi,5}x_{n,2}^2+$$
$$w_{\phi,6}x_{n,3}^2+w_{\phi,7}x_{n,1}x_{n,2}+w_{\phi,8}x_{n,2}x_{n,3}+w_{\phi,9}x_{n,1}x_{n,3}$$

假设数据集规模为 $N=50$,则标注向量为

$$\boldsymbol{y}=[y_1,y_2,\cdots,y_{50}]^{\mathrm{T}}$$

数据矩阵为

$$\boldsymbol{\Phi}=\begin{bmatrix}1,x_{1,1},x_{1,2},x_{1,3},x_{1,1}^2,x_{1,2}^2,x_{1,3}^2,x_{1,1}x_{1,2},x_{1,2}x_{1,3},x_{1,1}x_{1,3}\\1,x_{2,1},x_{2,2},x_{2,3},x_{2,1}^2,x_{2,2}^2,x_{2,3}^2,x_{2,1}x_{2,2},x_{2,2}x_{2,3},x_{2,1}x_{2,3}\\\vdots\\1,x_{50,1},x_{50,2},x_{50,3},x_{50,1}^2,x_{50,2}^2,x_{50,3}^2,x_{50,1}x_{50,2},x_{50,2}x_{50,3},x_{50,1}x_{50,3}\end{bmatrix}$$

$\boldsymbol{\Phi}$ 是一个 50×10 的数据矩阵,计算 $(\boldsymbol{\Phi}^{\mathrm{T}}\boldsymbol{\Phi})^{-1}$ 需要求 10×10 方阵的逆矩阵。

注意到,对此问题若采用基本线性回归,则输出写为

$$\hat{y}(\boldsymbol{x}_n,\boldsymbol{w})=w_0+w_1x_{n,1}+w_2x_{n,2}+w_3x_{n,3}$$

数据矩阵 $\boldsymbol{X}$ 是 50×4 的矩阵,则 $(\boldsymbol{X}^{\mathrm{T}}\boldsymbol{X})^{-1}$ 的计算只需求 4×4 方阵的逆矩阵。另外,也注意到,计算出 $\boldsymbol{\Phi}$ 需要一定的计算量,尤其当 $\boldsymbol{\Phi}$ 中存在复杂非线性函数时,附加运算量可能是相当可观的,而写出 $\boldsymbol{X}$ 不需要附加计算量。

例 4.3.2 正余弦类的基函数和高斯基函数的例子。与例 4.3.1 一样,设特征向量是一个三维向量,即

$$\boldsymbol{x}_n=[x_{n,1},x_{n,2},x_{n,3}]^{\mathrm{T}}$$

定义正弦基函数向量的一个分量为

$$\phi_k(\boldsymbol{x}_n)=\sin(i_1\pi x_{n,1})\sin(i_2\pi x_{n,2})\sin(i_3\pi x_{n,3})$$

其中,$0\leqslant i_1,i_2,i_3\leqslant L$ 取正整数;L 为预先确定的一个整数或作为超参数通过交叉验证确定,本例中 $\boldsymbol{\phi}(\boldsymbol{x}_n)$ 是 $(L+1)^3$ 维向量。

也可以定义高斯基函数的一个分量为

$$\phi_k(\boldsymbol{x}_n)=\exp\left(-\frac{\|\boldsymbol{x}_n-\boldsymbol{\mu}_k\|^2}{2\sigma_k^2}\right)$$

作为基函数使用时,高斯函数不需要归一化,每个基函数分量由中心矩 $\boldsymbol{\mu}_k$ 确定,$\boldsymbol{\mu}_k$ 是预先确定的一组向量,且与特征向量 $\boldsymbol{x}$ 同维度。例如,本例是三维情况,$\boldsymbol{x}$ 的取值范围限定在三维正方体中,每维平均划分成 L 份,则三维正方体被划分成 L^3 个等体积的小正方体,$\boldsymbol{\mu}_k$ 表示每个小立方体的中心点位置。σ_k^2 控制了每个基函数的有效作用范围,一个简单的选择是各个基函数分量的 σ_k^2 参数共用一个值。

与基本的线性回归算法一样,线性基函数回归也可以通过随机梯度算法实现,同样,只要用

$\boldsymbol{\phi}(\boldsymbol{x}_n)$代替 $\boldsymbol{x}_n$，可将 SGD 算法直接用于基函数情况，基本的 SGD 算法可写为

$$\boldsymbol{w}^{(n+1)}=\boldsymbol{w}^{(n)}+\eta\left[y_i-\boldsymbol{w}^{(n)\mathrm{T}}\boldsymbol{\phi}(\boldsymbol{x}_i)\right]\boldsymbol{\phi}(\boldsymbol{x}_i) \tag{4.3.8}$$

其中，i 为在权系数的第 $n+1$ 次更新时用到的样本序号。同样，可以将小批量 SGD 算法直接应用于基函数情况。

可直接将 4.1.3 节讨论的正则化技术推广到基函数情况，也可直接将 4.1.4 节讨论的多输出回归推广到基函数情况，由于这两个推广都是非常直接的，请读者自己完成（正则化推广公式见习题），此处不再赘述。

例 4.3.3 一个数值例子。本例在第 1 章用于说明概念，本章已经介绍了这个例子所使用的算法，故重新看一下这个例子。假设存在一个输入输出模型，其关系为

$$f(x)=\frac{1}{1+\exp(-5x)}$$

这里 x 为标量，在区间$[-1,1]$均匀采样产生输入样本集$\{x_n\}_{n=1}^{N}$，并通过关系式 $y_n=f(x_n)+\varepsilon_n$ 产生标注值 y_n，其中 $\varepsilon_n\sim N(0,0.15^2)$表示采样噪声。用带噪声的标注数据$\{x_n,y_n\}_{n=1}^{N}$ 为$f(x)$建模。作为说明，首先设训练集样本数为 $N=10$，$f(x)$和训练样本值如图 4.3.1(a)所示。用同样的方法产生 100 个样本作为测试集。

使用基函数回归，选择多项式基函数向量为

$$\begin{aligned}\boldsymbol{\phi}(x_n)&=[\phi_0(x_n),\phi_1(x_n),\cdots,\phi_M(x_n)]^{\mathrm{T}}\\&=[1,x_n,x_n^2,\cdots,x_n^M]^{\mathrm{T}}\end{aligned}$$

回归模型为

$$\hat{y}(\boldsymbol{\phi}_n,\boldsymbol{w})=\sum_{k=0}^{M}w_k\phi_k(x_n)=\sum_{k=0}^{M}w_kx_n^k$$

多项式阶数 M 是一个可选择的值。

首先选择 $M=3$，利用式(4.3.7)可计算权系数向量，得到的回归模型如图 4.3.1(b)所示，注意，为了比较方便，将训练样本和 $f(x)$也画于同一图中。然后，选择 $M=9$，结果如图 4.3.1(c)所示。比较图 4.3.1(b)和图 4.3.1(c)，$M=3$ 学习到的模型是合适的，尽管存在训练误差，但误差都在较小范围内；$M=9$ 的模型是过拟合的，尽管其训练误差为 0，即学习的模型 $\hat{y}(\boldsymbol{\phi},\boldsymbol{w})$通过所有训练样本点，因此在所有样本点处 $y_n=\hat{y}(\boldsymbol{\phi}_n,\boldsymbol{w})$，但其泛化性能很差，测试误差很大。原理上讲，$M=9$ 的模型更复杂，表达能力更强，但在有限训练集下，为使训练误差更小，将特别关注于匹配标注值，而标注值中的噪声将起到很大的引导作用，尽管训练误差为零，但泛化性很差。

图 4.3.1(d)所示为随着 M 为 1～9 时训练误差和测试误差的变化关系。误差度量采用的是均方根误差，可以看到，随着模型复杂度升高，训练误差持续下降，但测试误差先下降再升高，表现为 U 形特性，尽管该图是针对这一具体例子得到的，但这个规律是一般性的。对于一个具体问题，在有限的训练集下，当模型复杂度高到一定程度，将出现过拟合，这时模型对训练集表现优异，但泛化性能变差。对于本例，M 取值为 3～7 时比较合适，两个误差均较小。

如果选择了一个较复杂的模型，可以通过正则化降低过拟合。在本例中，取 $M=9$ 时，通过正则化降低过拟合。取正则化参数为 $\ln\lambda=-2$（实际通过交叉验证确定）得到图 4.3.1(e)的结果，与图 4.3.1(c)比较，消除了过拟合问题。

在一般的机器学习中，增加数据可改善性能是一个基本原则，即具有大的有效数据集，等价地，可用于训练的数据集增大。本例中若取训练集规模为 $N=150$，$M=9$，不使用正则化，则训练得到的模型如图 4.3.1(f)所示，由于训练数据规模明显增加，尽管选择 $M=9$ 的复杂模型，并且没有使用正则化，学习得到的模型优于 $N=10$ 情况下最好的结果。

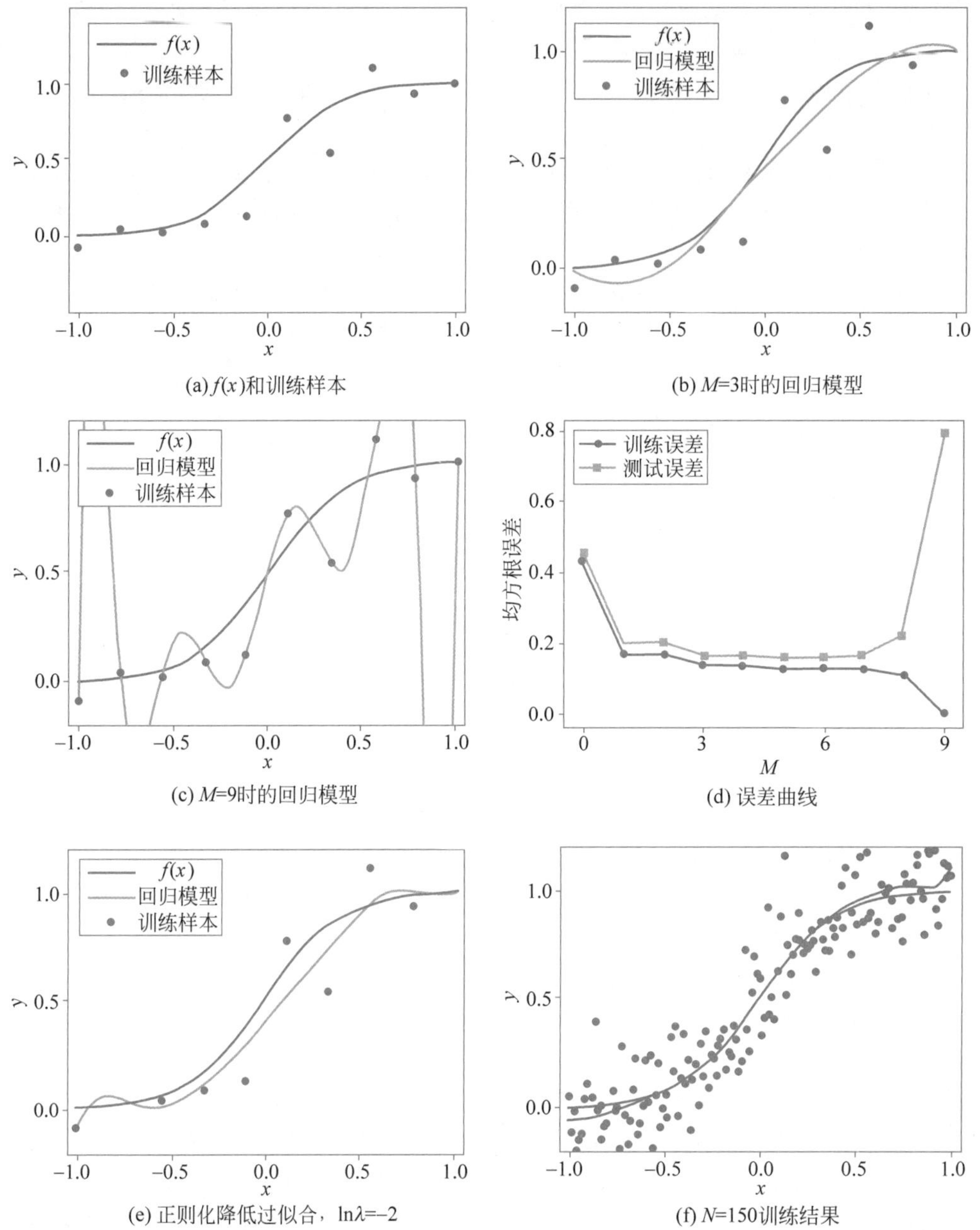

(a) $f(x)$和训练样本　(b) M=3时的回归模型
(c) M=9时的回归模型　(d) 误差曲线
(e) 正则化降低过似合，$\ln\lambda=-2$　(f) N=150训练结果

图 4.3.1　例 4.3.3 的数值实验结果

对于以上例子，选择不同的基函数集误差性能会不同。例如，可选择傅里叶基函数做以上的实验，这个留作习题，有兴趣的读者可自行编程实验。对于许多实际应用，怎样选择合适的基函数集是一个重要、实际的问题。很多情况下，基函数的选择与所处理的问题密切相关，大多是启发式的选择。基函数方法与所谓核函数方法密切相关，其实任何一个基函数向量$\boldsymbol{\phi}(\boldsymbol{x})$都可以对应一个核函数。一个与基函数向量相对应的核函数定义为

$$\boldsymbol{\kappa}(\boldsymbol{x},\boldsymbol{x}_n)=\boldsymbol{\phi}^{\mathrm{T}}(\boldsymbol{x})\,\boldsymbol{\phi}(\boldsymbol{x}_n) \tag{4.3.9}$$

因此，核函数是一个具有两个变元的标量函数，具有许多良好的特性。直接利用核函数构造

回归模型并利用误差的高斯假设求解该模型的一类方法称为“高斯过程”[①]。利用核函数构造支持向量机(SVM)算法则是核函数最重要的应用之一，在 SVM 框架下，既可以得到回归算法，也可以得到分类算法。有关核函数与 SVM 的详细讨论见第 6 章。

4.4 基本分类问题

本章后半部分讨论分类问题，介绍几种基本分类算法。为了概念的清楚，本章将只有两种类型的二分类问题和有多于两种类型的多类问题分开讨论。分类问题的表示方法比回归问题更丰富，本章将通过几个比较简单的方法理解分类中遇到的多种表示方式和目标函数，这些内容在后续章节中得以继续应用和扩展。例如，本章介绍的逻辑回归所使用的目标函数和优化算法，加以推广则可用于神经网络的学习。

设有满足独立同分布条件(IID)的训练数据集为

$$\boldsymbol{D}=\{(\boldsymbol{x}_1,y_1),(\boldsymbol{x}_2,y_2),\cdots,(\boldsymbol{x}_N,y_N)\}=\{(\boldsymbol{x}_n,y_n)\}_{n=1}^{N} \tag{4.4.1}$$

对于分类问题，训练集的标注 y 仅取有限的离散值，即 y 表示其所代表的类型编号。可将标注值表示为 $y\in\{1,2,\cdots,C\}$，其中 C 表示一个学习任务中待分类类型的数目。当 $C=2$ 时表示二分类任务，这是一种基本的分类任务。由于二分类可以清楚地说明分类的学习方法且表示简单、概念清晰，故本章重点讨论二分类问题。当 $C>2$ 时称为多分类任务，可在二分类的概念和方法基础上进一步扩展至多分类。

第 8 集
微课视频

首先讨论在分类中如何表示类型，包括标注和分类器的输出，以标注为例进行讨论。在二分类中，由于标注 y 仅取两个值，常用二值单变量表示类型，即 $y\in\{0,1\}$ 或 $y\in\{1,-1\}$，本章多采用前者。用 $y=1$ 表示类型 1，也可用符号 C_1 表示类型 1；$y=0$ 表示类型 2，也可用符号 C_2 表示类型 2。即 $y=1$ 与 C_1 代表相同含义，类似地，$y=0$ 与 C_2 相同含义。

在表示多分类任务中，标注 y 可以选择两种不同的表示方式，一种是 y 直接取一个标量值，即 y 取集合$\{1,2,\cdots,C\}$中的值。机器学习中较多采用另一种 C 维向量编码方式表示 y，即用以下形式的向量表示多类标注。

$$\boldsymbol{y}=[0,\cdots,0,1,0,\cdots,0]^{\mathrm{T}} \tag{4.4.2}$$

$\boldsymbol{y}$ 中各分量 y_i 只取 0 或 1，且 $\sum\limits_i y_i=1$，即只有一个分量 $y_k=1$ 表示 $\boldsymbol{y}$ 标注的是第 k 类，其他 $y_i=0,i\neq k$，这种表示方式称为独热编码。后面将会看到，这种编码向量表示多类型有其方便性。

与回归问题一样，利用训练数据集训练一个分类模型，模型的一般表示为

$$\hat{\boldsymbol{y}}=f(\boldsymbol{x}) \tag{4.4.3}$$

其中，$\boldsymbol{x}$ 表示一个新的特征输入；$\hat{\boldsymbol{y}}$ 表示分类输出。式(4.4.3)是分类模型的一般性表示，在实际中，分类输出分为确定性输出和概率输出两大类，然后再区分两种不同的概率表示方式，可以把式(4.4.3)表示的分类模型分成 3 种情况，下面分别介绍。

1. 判别函数模型

与前几节介绍的基本回归模型类似，分类输出可表示为确定性的函数，如线性模型

$$\hat{y}(\boldsymbol{x})=\boldsymbol{w}^{\mathrm{T}}\boldsymbol{x}+w_0 \tag{4.4.4}$$

通过训练确定参数 $\boldsymbol{w}$ 和 w_0，对于新的 $\boldsymbol{x}$ 计算 $\hat{y}(\boldsymbol{x})$并与门限比较确定分为哪一类。也可以通

---

① 在机器学习中，“高斯过程”有这样的专指，不同于随机过程中一般的高斯过程的概念，高斯过程也用于分类。

过一个非线性函数(称为激活函数)得到以下广义线性模型。

$$\hat{y}(\boldsymbol{x})=f(\boldsymbol{w}^{\mathrm{T}}\boldsymbol{x}+w_0) \tag{4.4.5}$$

其中,$f(\cdot)$为激活函数,在二分类问题中,最简单的是 $f(\cdot)$的输出只取$\{0,1\}$或$\{1,-1\}$,如取 $f(\cdot)$为符号函数 $\mathrm{sgn}(\cdot)$。模型的输出可以直接分类。

有几种分类器属于判别函数的分类模型,如经典的感知机、Fisher 判别函数和支持向量机(SVM)。

2. 判别概率模型

判别概率模型是常用的一种分类模型,也简称判别模型。式(4.4.3)不再是一个确定函数,而是一个后验概率。在二分类问题中,式(4.4.3)的函数 $f(\boldsymbol{x})$实际是通过特征输入 $\boldsymbol{x}$ 计算分类为第1类的后验概率,即

$$\hat{y}=f(\boldsymbol{x})=p(C_1 \mid \boldsymbol{x}) \tag{4.4.6}$$

则输入 $\boldsymbol{x}$ 分类为第 2 类的后验概率为 $1-\hat{y}=1-p(C_1|\boldsymbol{x})$,然后由第 3 章介绍的决策原理得到最终分类输出。

若推广到多类情况,则式(4.4.3)的 $\hat{\boldsymbol{y}}$ 是一个向量,其分量表示分类为 C_k 的后验概率,即

$$\hat{y}_k=p(C_k \mid \boldsymbol{x}) \tag{4.4.7}$$

同样可根据决策原理得到分类输出。

应用后验概率进行分类具有灵活性,如第 3 章讨论的,若对每类分类错误的代价是相同的,则直接将输入特征向量分类为后验概率最大的一个,即分类为

$$C_k=\arg\max_{C_i}\{p(C_i \mid \boldsymbol{x})\} \tag{4.4.8}$$

但当不同分类的分类错误代价不同时,如第 3 章所讨论的,可以通过对后验概率的加权得到分类决策,只要得到了后验概率,调整加权不需要重新计算后验概率。因此,求得后验概率后,可根据不同任务设置加权矩阵,获得不同要求下的分类输出。后验概率还有许多其他可用来扩展问题的特性,此处不再赘述。

3. 生成概率模型

一个构成更完整的概率描述的方法是生成概率模型,简称生成模型。通过训练样本集学习得到特征向量 $\boldsymbol{x}$ 和类型输出 $\boldsymbol{y}$ 的联合概率 $p(\boldsymbol{x},\boldsymbol{y})$。一般情况下得到联合概率比得到后验概率更困难,因此,生成模型一直是机器学习中更有挑战性的工作。

从分类任务来讲,表示类型的 $\boldsymbol{y}$ 的取值是有限的,若按式(4.4.2)的编码模式表示 $\boldsymbol{y}$,则 $\boldsymbol{y}$ 只有 C 种取值,即 $y_k=1,y_{i\neq k}=0,k=1,2,\cdots,C$,故联合概率可以表示成由 C 个固定 $\boldsymbol{y}$ 取值的概率集合,即$\{p(\boldsymbol{x},y_k=1),k=1,2,\cdots,C\}$。为了突出类型,可用 $p(\boldsymbol{x},C_k)$代表 $p(\boldsymbol{x},y_k=1)$,即用 C_k 代表 $y_k=1,y_{i\neq k}=0$ 的情况。在许多实际问题中,可能更容易得到类型作为条件下的特征向量 $\boldsymbol{x}$ 的概率函数 $p(\boldsymbol{x}|y_k=1)=p(\boldsymbol{x}|C_k)$和类型的先验概率 $p(y_k=1)=p(C_k)$,这里的 $p(\boldsymbol{x}|C_k)$称为类条件概率。由如式(4.4.9)所示的作为分类问题的生成模型

$$p(\boldsymbol{x},C_k)=p(\boldsymbol{x}|C_k)p(C_k) \tag{4.4.9}$$

对于所有 k,可得到 $p(\boldsymbol{x},C_k)$或 $p(\boldsymbol{x}|C_k)$与 $p(C_k)$,它们是等同的。由贝叶斯公式,有了生成模型,则后验概率为

$$p(C_k \mid \boldsymbol{x})=\frac{p(\boldsymbol{x},C_k)}{p(\boldsymbol{x})}=\frac{p(\boldsymbol{x}|C_k)p(C_k)}{p(\boldsymbol{x})}=\frac{p(\boldsymbol{x}|C_k)p(C_k)}{\sum\limits_k p(\boldsymbol{x}|C_k)p(C_k)} \tag{4.4.10}$$

得到生成模型后,可直接得到类后验概率,利用决策原理进行分类。生成模型有更多的信息

可用，按照样本是由对联合概率 $p(\boldsymbol{x},\boldsymbol{y})$ 采样获得的假设，既然已得到了较准确的联合概率，则可以通过一些采样技术获得新的增广样本，改善学习质量。

注意到，对于判别概率模型和生成概率模型，由于最终做分类决策的都是用类后验概率，容易混淆其区别。对于判别概率模型，通过样本直接训练得到类后验概率表达式，并通过后验概率进行分类决策；对于生成概率模型，直接学习得到的是联合概率，然后利用联合概率获得类后验概率进行分类决策，但是联合概率可以获得其他应用。判别概率模型学习过程中没有联合概率的出现，生成概率模型重要的是获得联合概率(或其等价物)，用联合概率计算类后验概率用于分类只是其部分功能。

4.6 节将介绍的逻辑回归是一种基本的判别概率模型分类算法，尽管原理简单，但其概念很容易扩展到神经网络的分类。目前神经网络包括深度神经网络的分类任务多数属于判别概率模型。4.7 节介绍了一种简单的生成模型分类器——朴素贝叶斯算法。第 16 章将介绍深度学习中更一般的生成模型。

4.5 线性判别函数模型

对于二分类问题，线性判别函数是指学习一个形式(4.4.4)的模型，为方便，将线性判别函数重写为

$$\hat{y}(\boldsymbol{x})=\boldsymbol{w}^{\mathrm{T}}\boldsymbol{x}+w_0 \tag{4.5.1}$$

对于一个给定的新输入 $\boldsymbol{x}$，若 $\hat{y}(\boldsymbol{x})>0$，判别为第 1 类 C_1；若 $\hat{y}(\boldsymbol{x})<0$，判别为第 2 类 C_2。式(4.5.1)中的 w_0 为偏置参数。$-w_0$ 可看作阈值，$\boldsymbol{w}^{\mathrm{T}}\boldsymbol{x}>-w_0$ 时可判别为 C_1。$\hat{y}(\boldsymbol{x})=0$ 时可随机选择判别为 C_1 或 C_2，或不做判决。

设 $\boldsymbol{x}$ 为 K 维向量，则 $\hat{y}(\boldsymbol{x})=\boldsymbol{w}^{\mathrm{T}}\boldsymbol{x}+w_0=0$ 是 K 维空间的一个平面，将 K 维空间划分为两个子空间 R_1 和 R_2，$\boldsymbol{x}$ 落入 R_1 时可判别为 C_1，$\boldsymbol{x}$ 落入 R_2 时判别为 C_2。超平面 $\boldsymbol{w}^{\mathrm{T}}\boldsymbol{x}+w_0=0$ 称为判决面。若有 $\boldsymbol{x}_1$ 和 $\boldsymbol{x}_2$ 均处于判决面上，则有

$$\boldsymbol{w}^{\mathrm{T}}\boldsymbol{x}_1+w_0=\boldsymbol{w}^{\mathrm{T}}\boldsymbol{x}_2+w_0$$

故

$$\boldsymbol{w}^{\mathrm{T}}(\boldsymbol{x}_1-\boldsymbol{x}_2)=0$$

即 $\boldsymbol{w}$ 与判决面上的任意向量正交，$\boldsymbol{w}$ 表示判决面的法线方向，由于 $\boldsymbol{x}\in R_1$ 时 $\hat{y}(\boldsymbol{x})>0$，故 $\boldsymbol{w}$ 指向的方向为 R_1。图 4.5.1 给出了三维空间判决面的示意图。

对于位于判决面之外的任意点 $\boldsymbol{x}$，它在判决面上的投影为 $\boldsymbol{x}_{\mathrm{p}}$，则 $\boldsymbol{x}$ 可表示为

$$\boldsymbol{x}=\boldsymbol{x}_{\mathrm{p}}\pm r\frac{\boldsymbol{w}}{\|\boldsymbol{w}\|} \tag{4.5.2}$$

其中，$\pm$ 分别表示 $\boldsymbol{x}$ 在 R_1 和 R_2 内；$r>0$ 表示 $\boldsymbol{x}$ 到判决面的距离。将式(4.5.2)表示的 $\boldsymbol{x}$ 代入式(4.5.1)得

$$\begin{aligned}\hat{y}(\boldsymbol{x})&=\boldsymbol{w}^{\mathrm{T}}\boldsymbol{x}+w_0=\boldsymbol{w}^{\mathrm{T}}\left(\boldsymbol{x}_{\mathrm{p}}\pm r\frac{\boldsymbol{w}}{\|\boldsymbol{w}\|}\right)+w_0\\&=\boldsymbol{w}^{\mathrm{T}}\boldsymbol{x}_{\mathrm{p}}+w_0\pm r\|\boldsymbol{w}\|=\pm r\|\boldsymbol{w}\|\end{aligned}$$

即

$$r=\pm\frac{\hat{y}(\boldsymbol{x})}{\|\boldsymbol{w}\|}=\frac{|\hat{y}(\boldsymbol{x})|}{\|\boldsymbol{w}\|} \tag{4.5.3}$$

式(4.5.3)表示空间任意点到判决面的距离。

对于给定的一组数据集,如果可以找到一个判决面将数据集的样本完全正确分类,则称数据集是线性可分的。设一个数据集的 $\boldsymbol{x}_n$ 是二维的,如图 4.5.2 所示,则该数据集是线性可分的。对于二维问题,判决面退化成简单的直线,图 4.5.2 中画出了 3 条判决线,均可以将所有样本正确分类。

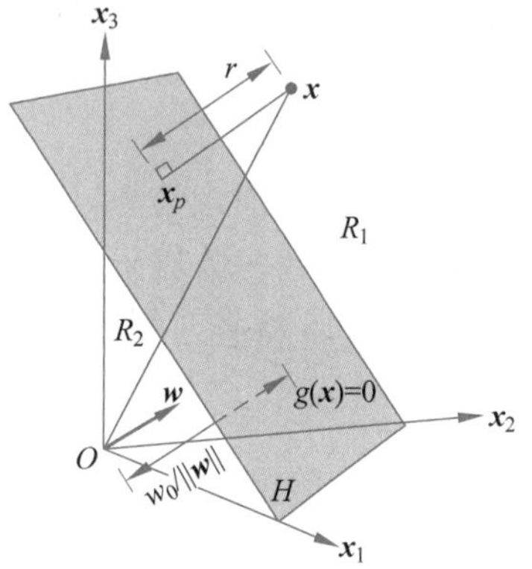

图 4.5.1 三维空间判决面的示意图

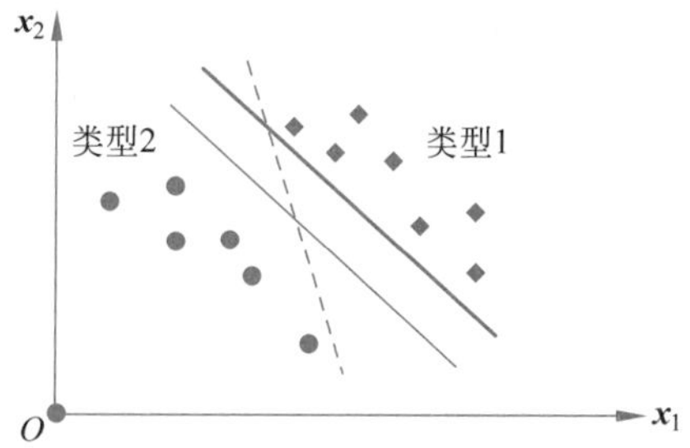

图 4.5.2 线性可分数据集的例子

对于二分类问题,可以通过最小二乘得到权系数 $\boldsymbol{w}$ 的解。分类问题 LS 解的过程与线性回归类似,不同之处在于样本集合 $\boldsymbol{D}=\{(\boldsymbol{x}_n,y_n)\}_{n=1}^{N}$ 中的标注值 y_n 只取两个不同值。通过 $\hat{y}(\boldsymbol{x}_n)$ 与 y_n 之间误差平方和最小得到 $\boldsymbol{w}$ 的解,解的方程见第 4.1 节。由于二分类问题的 LS 解存在性能上的诸多缺陷,实际中很少使用,因此本节也不再赘述。

实际中应用最多的一种判别函数方法是支持向量机(SVM),其详细分析需要较大篇幅,将在第 6 章专门讨论。本节后续将对历史上曾有重要影响的两类方法做概要叙述,分别是 Fisher 线性判别分析和感知机。

4.5.1 Fisher 线性判别分析

Fisher 线性判别分析(Linear Discriminant Analysis,LDA)不是一种标准的线性判别函数模型,它实际上是一种通过降维对数据类型进行最大分离的方法,但当降维的结果结合阈值进行分类时,与分类的线性判别函数模型是一致的。

首先讨论二分类问题,然后推广到多类问题。

1. 二分类 Fisher LDA

设有一组数据样本 $\boldsymbol{D}=\{(\boldsymbol{x}_n,y_n)\}_{n=1}^{N}$,这里讨论二分类的情况,故 $y_n=1$ 表示类型 C_1,$y_n=0$ 表示类型 C_2。将属于 C_1 的子样本集记为 $\boldsymbol{D}_1$,共有 N_1 个样本;属于 C_2 的子样本集记为 $\boldsymbol{D}_2$,共有 N_2 个样本。目标是给出一个向量 $\boldsymbol{w}$,将每个样本投影到 $\boldsymbol{w}$ 上得到一维投影值 $\hat{y}$,即

$$\hat{y}=\boldsymbol{w}^{\mathrm{T}}\boldsymbol{x} \tag{4.5.4}$$

设 $\boldsymbol{x}$ 为 K 维向量,$\boldsymbol{w}$ 代表 K 维空间的一条直线,若 $\|\boldsymbol{w}\|=1$,则 $\hat{y}$ 为 $\boldsymbol{x}$ 在 $\boldsymbol{w}$ 上的投影值,实际上 $\boldsymbol{w}$ 的方向是重要的,其范数大小无关紧要。

对于数据集 $\boldsymbol{D}$,根据标注分成两个子集 $\boldsymbol{D}_1$ 和 $\boldsymbol{D}_2$,两个子集的每个样本对应 K 维空间的一个点,将其投影到 $\boldsymbol{w}$ 表示的直线,即投影到直线上的一点。对于每个 $\boldsymbol{x}_n$,得到相应的投影 $\hat{y}_n$,可得到数据集中所有样本在 $\boldsymbol{w}$ 直线表示的一维空间中的投影集合 $\{\hat{y}_n\}_{n=1}^{N}$,其中子集 $\boldsymbol{D}_1$ 和 $\boldsymbol{D}_2$ 的投影

子集分别记为 $Y_1=\{\hat{y}_n\}_{\boldsymbol{x}_n\in\boldsymbol{D}_1}$ 和 $Y_2=\{\hat{y}_n\}_{\boldsymbol{x}_n\in\boldsymbol{D}_2}$。若希望从投影中将类型区分开，则希望 Y_1 和 Y_2 是可分的，Y_1 和 Y_2 的可分性与 $\boldsymbol{w}$ 的方向是相关的。如图 4.5.3 所示，在二维空间中，有两种类型的样本，若投影到图 4.5.3(a)所示的 $\boldsymbol{w}$ 直线，则 Y_1 和 Y_2 是不可分的；若投影到图 4.5.3(b)所示的 $\boldsymbol{w}$ 直线，则 Y_1 和 Y_2 是可分的。

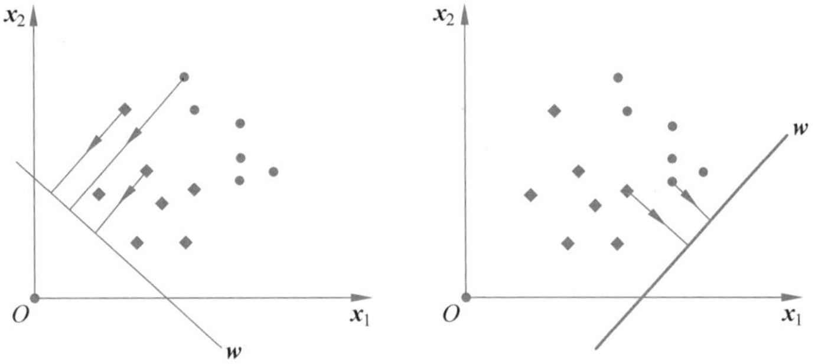

(a) 不可分　　(b) 可分

图 4.5.3　样本投影到不同直线的可分离情况

通过这个直观的分析，可将问题叙述为：求最优 $\boldsymbol{w}$ 使集合 Y_1 和 Y_2 具有最大的分离性。为此，用数学形式表示两个集合的分离度，原理上可用两个集合的均值差表示它们的分离程度。对于每个样本 $\boldsymbol{x}_n$，其投影值为 $\hat{y}_n=\boldsymbol{w}^{\mathrm{T}}\boldsymbol{x}_n$，故每类的投影均值为

$$\begin{aligned}\hat{m}_i&=\frac{1}{N_i}\sum_{\hat{y}_n\in Y_i}\hat{y}_n=\frac{1}{N_i}\sum_{\boldsymbol{x}_n\in\boldsymbol{D}_i}\boldsymbol{w}^{\mathrm{T}}\boldsymbol{x}_n\\&=\boldsymbol{w}^{\mathrm{T}}\frac{1}{N_i}\sum_{\boldsymbol{x}_n\in\boldsymbol{D}_i}\boldsymbol{x}_n=\boldsymbol{w}^{\mathrm{T}}\boldsymbol{m}_i,\quad i=1,2\end{aligned}\tag{4.5.5}$$

注意，这里 $i=1,2$ 分别表示 C_1,C_2 两类样本。式(4.5.5)用到了投影前样本的均值，即

$$\boldsymbol{m}_i=\frac{1}{N_i}\sum_{\boldsymbol{x}_n\in\boldsymbol{D}_i}\boldsymbol{x}_n,\quad i=1,2\tag{4.5.6}$$

由此得到类投影均值之差为

$$|\hat{m}_1-\hat{m}_2|=|\boldsymbol{w}^{\mathrm{T}}(\boldsymbol{m}_1-\boldsymbol{m}_2)|\tag{4.5.7}$$

式(4.5.7)的均值差会随着 $\boldsymbol{w}$ 范数的增加而增加。定义类内散布(Scatter)量为

$$\hat{s}_i^2=\sum_{\hat{y}_n\in Y_i}(\hat{y}_n-\hat{m}_i)^2,\quad i=1,2\tag{4.5.8}$$

用 $\hat{s}_1^2+\hat{s}_2^2$ 表示投影样本的总类内散布，有了这个准备，可将式(4.5.7)的类投影均值之差的平方除以总类内散布定义为 Fisher 准则函数，即

$$J(\boldsymbol{w})=\frac{|\hat{m}_1-\hat{m}_2|^2}{\hat{s}_1^2+\hat{s}_2^2}\tag{4.5.9}$$

一个最优的 $\boldsymbol{w}$，既可使式(4.5.9)的分子尽可能大，即两类投影集尽可能分离，又可使分母尽可能小，即每类在类内聚集得好。因此，使式(4.5.9)最大的 $\boldsymbol{w}$ 是本问题的最优解。为了得到式(4.5.9)与 $\boldsymbol{w}$ 的显式关系，进一步有

$$\begin{aligned}\hat{s}_1^2+\hat{s}_2^2&=\sum_{\hat{y}_n\in Y_1}(\hat{y}_n-\hat{m}_1)^2+\sum_{\hat{y}_n\in Y_2}(\hat{y}_n-\hat{m}_2)^2\\&=\sum_{\boldsymbol{x}_n\in\boldsymbol{D}_1}(\boldsymbol{w}^{\mathrm{T}}\boldsymbol{x}_n-\boldsymbol{w}^{\mathrm{T}}\boldsymbol{m}_1)^2+\sum_{\boldsymbol{x}_n\in\boldsymbol{D}_2}(\boldsymbol{w}^{\mathrm{T}}\boldsymbol{x}_n-\boldsymbol{w}^{\mathrm{T}}\boldsymbol{m}_2)^2\end{aligned}$$

$$= \boldsymbol{w}^{\mathrm{T}} \sum_{\boldsymbol{x}_n \in \boldsymbol{D}_1} (\boldsymbol{x}_n - \boldsymbol{m}_1)(\boldsymbol{x}_n - \boldsymbol{m}_1)^{\mathrm{T}} \boldsymbol{w} + \boldsymbol{w}^{\mathrm{T}} \sum_{\boldsymbol{x}_n \in \boldsymbol{D}_2} (\boldsymbol{x}_n - \boldsymbol{m}_2)(\boldsymbol{x}_n - \boldsymbol{m}_2)^{\mathrm{T}} \boldsymbol{w}$$

$$= \boldsymbol{w}^{\mathrm{T}} \boldsymbol{S}_1 \boldsymbol{w} + \boldsymbol{w}^{\mathrm{T}} \boldsymbol{S}_2 \boldsymbol{w} = \boldsymbol{w}^{\mathrm{T}} \boldsymbol{S}_{\mathrm{W}} \boldsymbol{w} \tag{4.5.10}$$

其中,$\boldsymbol{S}_1$ 和 $\boldsymbol{S}_2$ 为类内散布矩阵,即

$$\boldsymbol{S}_i = \sum_{\boldsymbol{x}_n \in D_i} (\boldsymbol{x}_n - \boldsymbol{m}_i)(\boldsymbol{x}_n - \boldsymbol{m}_i)^{\mathrm{T}}, \quad i = 1,2 \tag{4.5.11}$$

$\boldsymbol{S}_{\mathrm{W}}$ 为总散布矩阵。

$$\boldsymbol{S}_{\mathrm{W}} = \boldsymbol{S}_1 + \boldsymbol{S}_2 \tag{4.5.12}$$

注意散布矩阵与自协方差矩阵的估计值之间相差 N 倍的系数。散布矩阵反映了样本的分散度。

类似地,有

$$\begin{aligned} |\hat{m}_1 - \hat{m}_2|^2 &= (\boldsymbol{w}^{\mathrm{T}} \boldsymbol{m}_1 - \boldsymbol{w}^{\mathrm{T}} \boldsymbol{m}_2)^2 \\ &= \boldsymbol{w}^{\mathrm{T}} (\boldsymbol{m}_1 - \boldsymbol{m}_2)(\boldsymbol{m}_1 - \boldsymbol{m}_2)^{\mathrm{T}} \boldsymbol{w} \\ &= \boldsymbol{w}^{\mathrm{T}} \boldsymbol{S}_{\mathrm{B}} \boldsymbol{w} \end{aligned} \tag{4.5.13}$$

其中,$\boldsymbol{S}_{\mathrm{B}}$ 为类间散布矩阵,即

$$\boldsymbol{S}_{\mathrm{B}} = (\boldsymbol{m}_1 - \boldsymbol{m}_2)(\boldsymbol{m}_1 - \boldsymbol{m}_2)^{\mathrm{T}} \tag{4.5.14}$$

其秩为 1。将式(4.5.13)和式(4.5.10)代入式(4.5.9)得

$$J(\boldsymbol{w}) = \frac{\boldsymbol{w}^{\mathrm{T}} \boldsymbol{S}_{\mathrm{B}} \boldsymbol{w}}{\boldsymbol{w}^{\mathrm{T}} \boldsymbol{S}_{\mathrm{W}} \boldsymbol{w}} \tag{4.5.15}$$

令式(4.5.15)对 $\boldsymbol{w}$ 的导数等于 0,整理得

$$\frac{2\boldsymbol{w}^{\mathrm{T}}(\boldsymbol{m}_1 - \boldsymbol{m}_2)}{\boldsymbol{w}^{\mathrm{T}} \boldsymbol{S}_{\mathrm{W}} \boldsymbol{w}} \left\{ (\boldsymbol{m}_1 - \boldsymbol{m}_2) - \left[\frac{\boldsymbol{w}^{\mathrm{T}}(\boldsymbol{m}_1 - \boldsymbol{m}_2)}{\boldsymbol{w}^{\mathrm{T}} \boldsymbol{S}_{\mathrm{W}} \boldsymbol{w}} \right] \boldsymbol{S}_{\mathrm{W}} \boldsymbol{w} \right\} = 0 \tag{4.5.16}$$

由于$\dfrac{\boldsymbol{w}^{\mathrm{T}}(\boldsymbol{m}_1 - \boldsymbol{m}_2)}{\boldsymbol{w}^{\mathrm{T}} \boldsymbol{S}_{\mathrm{W}} \boldsymbol{w}} = c$ 是一个标量,则式(4.5.16)的解为

$$\boldsymbol{w} \propto \boldsymbol{S}_{\mathrm{W}}^{-1} (\boldsymbol{m}_1 - \boldsymbol{m}_2)$$

由于 $\boldsymbol{w}$ 的范数大小无关紧要,故取解为

$$\boldsymbol{w}_{\mathrm{o}} = \boldsymbol{S}_{\mathrm{W}}^{-1} (\boldsymbol{m}_1 - \boldsymbol{m}_2) \tag{4.5.17}$$

由于 $\boldsymbol{S}_{\mathrm{W}}$ 和 $\boldsymbol{m}_1, \boldsymbol{m}_2$ 都是直接由样本集计算得到,因此,从样本集学习得到最优方向向量 $\boldsymbol{w}_{\mathrm{o}}$,对于新的输入向量 $\boldsymbol{x}$,可将其投影到 $\boldsymbol{w}_{\mathrm{o}}$ 表示的直线,即投影为 $\hat{y} = \boldsymbol{w}_{\mathrm{o}}^{\mathrm{T}} \boldsymbol{x}$,可以通过给出一个门限 b,利用门限,若 $\boldsymbol{x}$ 满足

$$\boldsymbol{w}_{\mathrm{o}}^{\mathrm{T}} \boldsymbol{x} + b \geqslant 0 \tag{4.5.18}$$

则分类为 C_1,否则分类为 C_2。

若假设数据的类条件概率 $p(\boldsymbol{x} | C_i), i = 1,2$ 为高斯分布,且已知类先验概率 $p(C_i)$,则可以证明(参考 3.4 节的讨论)式(4.5.18)的判别式可进一步表示为

$$\boldsymbol{w}_{\mathrm{o}}^{\mathrm{T}} [\boldsymbol{x} - (\boldsymbol{m}_1 + \boldsymbol{m}_2)/2] > \ln \frac{p(C_2)}{p(C_1)} \tag{4.5.19}$$

这里,若通过样本集用最大似然估计 $p(C_i)$,则有 $p(C_1)/p(C_2) = N_1/N_2$。

2. 多类 Fisher LDA

多分类情况下,设共有 C 类。给出数据样本 $\boldsymbol{D} = \{(\boldsymbol{x}_n, \boldsymbol{y}_n)\}_{n=1}^{N}$,这里样本标注 $\boldsymbol{y}_n$ 的编码方式不重要,只要由标注将样本分为 C 个子集 $\boldsymbol{D}_i, i = 1,2,\cdots,C$,每个子集对应第 C_i 类。设 $\boldsymbol{x}_n$ 是 K

维向量，通过$(C-1)$个投影运算，将每个样本投影到$(C-1)$维空间，设$K>C$，投影的第i个分量为

$$\hat{y}_i=\boldsymbol{w}_i^{\mathrm{T}}\boldsymbol{x} \tag{4.5.20}$$

用$\boldsymbol{W}$表示由$\boldsymbol{w}_i$作为第i列的$K\times(C-1)$维矩阵，则$(C-1)$维投影向量$\hat{\boldsymbol{y}}$表示为

$$\hat{\boldsymbol{y}}=[\hat{y}_1,\hat{y}_2,\cdots,\hat{y}_{C-1}]^{\mathrm{T}}=\boldsymbol{W}^{\mathrm{T}}\boldsymbol{x} \tag{4.5.21}$$

对于每个样本$\boldsymbol{x}_n$，由式(4.5.21)产生投影向量$\hat{\boldsymbol{y}}_n$，样本子集$\boldsymbol{D}_i$产生的投影子集$\hat{\boldsymbol{Y}}_i$，$i=1,2,\cdots,C$。与二类问题类似，若定义投影子集的距离和散布矩阵，则其最终都表示为样本散布矩阵和待求$\boldsymbol{W}$之间的表达式，故首先推广二分类的样本散布矩阵到多分类情况。

首先定义样本的类内总散布矩阵为各类内散布矩阵之和，即

$$\boldsymbol{S}_{\mathrm{W}}=\sum_{i=1}^{C}\boldsymbol{S}_i \tag{4.5.22}$$

其中，各类的散布矩阵和类均值为

$$\boldsymbol{S}_i=\sum_{\boldsymbol{x}_n\in\boldsymbol{D}_i}(\boldsymbol{x}_n-\boldsymbol{m}_i)(\boldsymbol{x}_n-\boldsymbol{m}_i)^{\mathrm{T}},\quad i=1,2,\cdots,C \tag{4.5.23}$$

和

$$\boldsymbol{m}_i=\frac{1}{N_i}\sum_{\boldsymbol{x}_n\in\boldsymbol{D}_i}\boldsymbol{x}_n,\quad i=1,2,\cdots,C \tag{4.5.24}$$

为了导出类间散布矩阵，首先表示全样本的均值$\boldsymbol{m}$和散布矩阵$\boldsymbol{S}_{\mathrm{T}}$为

$$\boldsymbol{m}=\frac{1}{N}\sum_{n=1}^{N}\boldsymbol{x}_n=\frac{1}{N}\sum_{i=1}^{C}N_i\boldsymbol{m}_i \tag{4.5.25}$$

和

$$\boldsymbol{S}_{\mathrm{T}}=\sum_{n=1}^{N}(\boldsymbol{x}_n-\boldsymbol{m})(\boldsymbol{x}_n-\boldsymbol{m})^{\mathrm{T}} \tag{4.5.26}$$

可对$\boldsymbol{S}_{\mathrm{T}}$做分解，一方面，可以将$\boldsymbol{S}_{\mathrm{T}}$分解为类内总散布矩阵与类间散布矩阵之和，即

$$\boldsymbol{S}_{\mathrm{T}}=\boldsymbol{S}_{\mathrm{W}}+\boldsymbol{S}_{\mathrm{B}} \tag{4.5.27}$$

另一方面，得到式(4.5.26)的一种分解形式

$$\begin{aligned}\boldsymbol{S}_{\mathrm{T}}&=\sum_{i=1}^{C}\sum_{\boldsymbol{x}_n\in\boldsymbol{D}_i}(\boldsymbol{x}_n-\boldsymbol{m}_i+\boldsymbol{m}_i-\boldsymbol{m})(\boldsymbol{x}_n-\boldsymbol{m}_i+\boldsymbol{m}_i-\boldsymbol{m})^{\mathrm{T}}\\&=\sum_{i=1}^{C}\sum_{\boldsymbol{x}_n\in\boldsymbol{D}_i}(\boldsymbol{x}_n-\boldsymbol{m}_i)(\boldsymbol{x}_n-\boldsymbol{m}_i)^{\mathrm{T}}+\sum_{i=1}^{C}\sum_{\boldsymbol{x}_n\in\boldsymbol{D}_i}(\boldsymbol{m}_i-\boldsymbol{m})(\boldsymbol{m}_i-\boldsymbol{m})^{\mathrm{T}}\\&=\boldsymbol{S}_{\mathrm{W}}+\sum_{i=1}^{C}N_i(\boldsymbol{m}_i-\boldsymbol{m})(\boldsymbol{m}_i-\boldsymbol{m})^{\mathrm{T}}\end{aligned} \tag{4.5.28}$$

因此，得到类间散布矩阵为

$$\boldsymbol{S}_{\mathrm{B}}=\sum_{i=1}^{C}N_i(\boldsymbol{m}_i-\boldsymbol{m})(\boldsymbol{m}_i-\boldsymbol{m})^{\mathrm{T}} \tag{4.5.29}$$

对于数据集$\boldsymbol{D}=\{(\boldsymbol{x}_n,\boldsymbol{y}_n)\}_{n=1}^{N}$的每个样本的$\boldsymbol{x}_n$，由式(4.5.21)得到一个投影向量

$$\hat{\boldsymbol{y}}_n=\boldsymbol{W}^{\mathrm{T}}\boldsymbol{x}_n \tag{4.5.30}$$

将每个子集$\boldsymbol{D}_i$，$i=1,2,\cdots,C$投影到相应子集$\hat{\boldsymbol{Y}}_i$，$i=1,2,\cdots,C$，对比原数据集的各种散布矩阵，可以得到投影子集$\hat{\boldsymbol{Y}}_i$的均值和散布矩阵如下。

$$\hat{\boldsymbol{m}}_i=\frac{1}{N_i}\sum_{\hat{\boldsymbol{y}}_n\in\hat{\boldsymbol{Y}}_i}\hat{\boldsymbol{y}}_n,\quad i=1,2,\cdots,C \tag{4.5.31}$$

$$\hat{\boldsymbol{m}}=\frac{1}{N}\sum_{i=1}^{C}N_i\hat{\boldsymbol{m}}_i \tag{4.5.32}$$

$$\hat{\boldsymbol{S}}_{\mathrm{W}}=\sum_{i=1}^{C}\sum_{\hat{\boldsymbol{y}}_n\in\hat{\boldsymbol{Y}}_i}(\hat{\boldsymbol{y}}_n-\hat{\boldsymbol{m}}_i)(\hat{\boldsymbol{y}}_n-\hat{\boldsymbol{m}}_i)^{\mathrm{T}} \tag{4.5.33}$$

$$\hat{\boldsymbol{S}}_{\mathrm{B}}=\sum_{i=1}^{C}N_i(\hat{\boldsymbol{m}}_i-\hat{\boldsymbol{m}})(\hat{\boldsymbol{m}}_i-\hat{\boldsymbol{m}})^{\mathrm{T}} \tag{4.5.34}$$

将式(4.5.30)代入式(4.5.33)和式(4.5.34),可以证明

$$\hat{\boldsymbol{S}}_{\mathrm{W}}=\boldsymbol{W}^{\mathrm{T}}\boldsymbol{S}_{\mathrm{W}}\boldsymbol{W} \tag{4.5.35}$$

$$\hat{\boldsymbol{S}}_{\mathrm{B}}=\boldsymbol{W}^{\mathrm{T}}\boldsymbol{S}_{\mathrm{B}}\boldsymbol{W} \tag{4.5.36}$$

对于多分类情况,由于投影是向量 $\hat{\boldsymbol{y}}$,其类间散布矩阵和类内散布矩阵无法直接评价其分离性,但是这些矩阵的迹是标量并可描述其分离性,故多分类情况下的 Fisher 准则函数为

$$J(\boldsymbol{W})=\frac{\mathrm{tr}(\hat{\boldsymbol{S}}_{\mathrm{B}})}{\mathrm{tr}(\hat{\boldsymbol{S}}_{\mathrm{W}})}=\frac{\mathrm{tr}(\boldsymbol{W}^{\mathrm{T}}\boldsymbol{S}_{\mathrm{B}}\boldsymbol{W})}{\mathrm{tr}(\boldsymbol{W}^{\mathrm{T}}\boldsymbol{S}_{\mathrm{W}}\boldsymbol{W})} \tag{4.5.37}$$

在 4.1.4 节已看到对迹目标函数求最优的问题,类似地,可以证明(留作习题)式(4.5.37)最大化所得到的 $\boldsymbol{W}$ 最优解满足

$$\boldsymbol{S}_{\mathrm{B}}\boldsymbol{w}_i=\lambda_i\boldsymbol{S}_{\mathrm{W}}\boldsymbol{w}_i,\quad i=1,2,\cdots,C-1 \tag{4.5.38}$$

其中,$\boldsymbol{w}_i$ 为 $\boldsymbol{W}$ 的列向量,是对应于 $\boldsymbol{S}_{\mathrm{W}}^{-1}\boldsymbol{S}_{\mathrm{B}}$ 的前$(C-1)$个最大特征值的特征向量。注意到式(4.5.29)中 $\boldsymbol{S}_{\mathrm{B}}$ 的定义,$\boldsymbol{S}_{\mathrm{B}}$ 是由 C 项组成,每项的秩最大为1,但这 C 项只有$(C-1)$项是独立的,故 $\boldsymbol{S}_{\mathrm{B}}$ 的秩至多为 $C-1$,因此,不为0的特征值至多为 $C-1$,所求的解向量 $\boldsymbol{w}_i$ 即为这些非0特征值所对应的特征向量。

类似于二分类问题,对于多分类问题,若类条件概率是高斯的,则可以证明:对于新的 $\boldsymbol{x}$,可计算

$$g_i=\ln p(C_i)-\frac{1}{2}\boldsymbol{m}_i^{\mathrm{T}}\boldsymbol{S}_{\mathrm{W}}^{-1}\boldsymbol{m}_i+\frac{1}{2}\boldsymbol{x}^{\mathrm{T}}\boldsymbol{S}_{\mathrm{W}}^{-1}\boldsymbol{m}_i,\quad i=1,2,\cdots,C \tag{4.5.39}$$

若分类为 C_k,k 满足

$$k=\arg\max_i\{g_i\} \tag{4.5.40}$$

注意到,尽管可以利用 Fisher 判别分析直接进行分类,但本质上 Fisher 判别分析是一种预处理,将数据投影到具有最大分离性的低维空间。在二分类问题中,低维空间是一维的;在多分类问题中,低维空间是$(C-1)$维的。对于多分类问题,通过 Fisher 判别分析后,可以将数据集从 $\boldsymbol{D}=\{(\boldsymbol{x}_n,\boldsymbol{y}_n)\}_{n=1}^{N}$ 投影到 $\hat{\boldsymbol{D}}=\{(\hat{\boldsymbol{y}}_n,\boldsymbol{y}_n)\}_{n=1}^{N}$,若数据集是非高斯分布的,则可以用 $\hat{\boldsymbol{D}}$ 作为预处理后的数据集通过后续章节介绍的更直接的多分类器进行分类。

*4.5.2 感知机

感知机(Perceptron)是一种广义线性判别函数,用于二分类问题。感知机的判别函数输出为

$$\hat{y}(\boldsymbol{x};\boldsymbol{w})=\mathrm{sgn}(\boldsymbol{w}^{\mathrm{T}}\boldsymbol{x}+w_0) \tag{4.5.41}$$

其中，sgn(·)是符号函数，即

$$\mathrm{sgn}(x)=\begin{cases}1, & x\geqslant 0\\ -1, & x<0\end{cases} \tag{4.5.42}$$

感知机的输出只有±1，+1 表示类 C_1，−1 表示类 C_2。在感知机学习中，相应的样本集 $\boldsymbol{D}=\{(\boldsymbol{x}_n, y_n)\}_{n=1}^{N}$ 的标注 y_n 也取±1，而非 0 和 1。图 4.5.4 所示为感知机的结构框图，图中空心圆表示两方面的计算：元素求和与符号函数 sgn(·)。

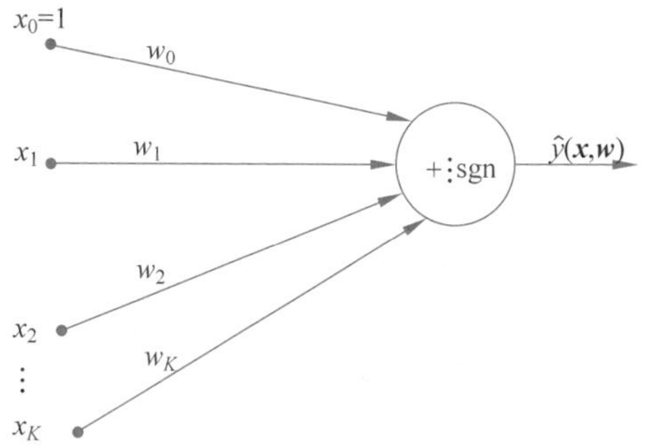

图 4.5.4　感知机的结构框图

感知机与线性判别函数一样，其判决面是 $\boldsymbol{w}^{\mathrm{T}}\boldsymbol{x}+w_0=0$ 的超平面。为了训练感知机，需要由样本集 $\boldsymbol{D}$ 学习参数 $\boldsymbol{w}$，为此，需要确定感知机的目标函数。

为了描述算法方便，类似于线性回归的表示，可将 $\boldsymbol{w}^{\mathrm{T}}\boldsymbol{x}+w_0$ 表示为 $\bar{\boldsymbol{w}}^{\mathrm{T}}\bar{\boldsymbol{x}}$，这里 $\bar{\boldsymbol{w}}=[w_0, \boldsymbol{w}^{\mathrm{T}}]^{\mathrm{T}}$，$\bar{\boldsymbol{x}}$ 包含哑元 $x_0=1$ 作为第 1 个元素。如果样本集 $\boldsymbol{D}$ 是可分的，总可以找到一个 $\bar{\boldsymbol{w}}$，使所有样本都能被正确分类。即若 $\boldsymbol{x}_n$ 属于 C_1，则 $\bar{\boldsymbol{w}}^{\mathrm{T}}\bar{\boldsymbol{x}}_n>0$，且 $y_n=1$；若 $\boldsymbol{x}_n$ 属于 C_2，则 $\bar{\boldsymbol{w}}^{\mathrm{T}}\bar{\boldsymbol{x}}_n<0$，且 $y_n=-1$。可见，不管 $\boldsymbol{x}_n$ 属于哪一类，正确分类情况下都有 $\bar{\boldsymbol{w}}^{\mathrm{T}}\bar{\boldsymbol{x}}_n y_n>0$。在感知机的训练初始阶段，给出的 $\bar{\boldsymbol{w}}$ 将一部分样本正确分类，而将另一部分样本错误分类，将错误分类的样本记为集合 $\boldsymbol{D}_{\mathrm{E}}$，则对于一个样本 $\boldsymbol{x}_n\in\boldsymbol{D}_{\mathrm{E}}$，有 $\bar{\boldsymbol{w}}^{\mathrm{T}}\bar{\boldsymbol{x}}_n y_n<0$，因此，将感知机目标函数定义为

$$J(\bar{\boldsymbol{w}})=-\sum_{\boldsymbol{x}_n\in\boldsymbol{D}_{\mathrm{E}}}\bar{\boldsymbol{w}}^{\mathrm{T}}\bar{\boldsymbol{x}}_n y_n \tag{4.5.43}$$

原理上，确定 $\bar{\boldsymbol{w}}$ 使感知机目标函数最小。仍然使用梯度算法，可得梯度为

$$\nabla_{\bar{\boldsymbol{w}}}J(\bar{\boldsymbol{w}})=-\sum_{\boldsymbol{x}_n\in\boldsymbol{D}_{\mathrm{E}}}\bar{\boldsymbol{x}}_n y_n \tag{4.5.44}$$

为了迭代实现方便，实际中采用 SGD 算法，即对于一个被错误分类的样本$(\boldsymbol{x}_n, y_n)$，更新权系数为

$$\bar{\boldsymbol{w}}^{(k+1)}=\bar{\boldsymbol{w}}^{(k)}-\eta\nabla_{\bar{\boldsymbol{w}}}J_n(\bar{\boldsymbol{w}})=\bar{\boldsymbol{w}}^{(k)}+\eta\bar{\boldsymbol{x}}_n y_n \tag{4.5.45}$$

其中，上标(k)表示权系数更新的迭代序号；学习率 $0<\eta\leqslant 1$。

为了进行感知机的训练，首先给出权向量的初始值 $\bar{\boldsymbol{w}}^{(0)}$，从样本集中按照一定顺序取出一个样本$(\boldsymbol{x}_n, y_n)$，判断其是否是被错误分类的样本，即是否满足 $\bar{\boldsymbol{w}}^{(k)\mathrm{T}}\bar{\boldsymbol{x}}_n y_n<0$，若不满足则跳过该样本，否则进行式(4.5.45)的权更新，直到所有样本都被正确分类，感知机收敛。

可以证明，在样本集满足线性可分的条件下，感知机是收敛的；在样本集不满足线性可分的条件下，感知机不收敛。本节介绍感知机的主要目的是对历史的回忆，感知机算法由 Frank Rosenblatt 于 1962 年提出，是最早的有影响力的机器学习算法之一，代表了神经网络的早期工作。目前人们很少再用感知机设计一个实际的分类器，本节也不再对其进行更详细的讨论，最后只是简要介绍一下感知机的“异或”问题。

异或是一种逻辑运算，输入特征向量 $\boldsymbol{x}$ 是二维的，仅有两个分量 x_1 和 x_2，每个分量只取 0 或 1，当 $x_1=x_2$ 时输出 $y=-1$(标准逻辑运算时 $y=0$，这里为了与感知机的输出一致，采用了−1)，当 $x_1\neq x_2$ 时输出 $y=1$。因此，异或问题只有 4 个样本，即样本集为

$$\boldsymbol{D}=\{((0,0)^{\mathrm{T}},-1),((0,1)^{\mathrm{T}},1),((1,0)^{\mathrm{T}},1),((1,1)^{\mathrm{T}},-1)\} \tag{4.5.46}$$

样本如图 4.5.5(a)所示，可以看到，找不到一条直线可将两类样本分开，故这是线性不可分的，感知机无法将两类样本正确分类。

式(4.5.41)和图 4.5.4 所示的感知机是早期神经网络的一个代表,实际上这只是一个神经元的结构,尚未构成“网络”。这种简单线性单元无法解决类似“异或”这样简单的线性不可分问题,限制了其应用。解决这类问题有两种直接办法,一是多个神经元并联和级联组成多层感知网络,二是引入非线性变换。第一种办法中的多层感知机或神经网络将在第 9 章详细讨论。引入非线性变换的方法在 4.3 节的回归模型中已经采用过,一种简单的方法是由 $\boldsymbol{x}$ 映射到一组基函数向量 $\boldsymbol{\varphi}(\boldsymbol{x})=[\varphi_1(\boldsymbol{x}),\varphi_2(\boldsymbol{x}),\cdots,\varphi_{M-1}(\boldsymbol{x})]^{\mathrm{T}}$,将式(4.5.41)扩充为

$$\hat{y}(\boldsymbol{x};\boldsymbol{w})=\operatorname{sgn}[\boldsymbol{w}^{\mathrm{T}}\boldsymbol{\varphi}(\boldsymbol{x})+w_0] \tag{4.5.47}$$

将 $\boldsymbol{x}$ 映射到 $\boldsymbol{\varphi}(\boldsymbol{x})$ 空间,可将线性不可分样本集变换成 $\boldsymbol{\varphi}(\boldsymbol{x})$ 所表示空间中的线性可分集,从而用基函数感知机正确分类。

对于异或问题,可定义一个多项式函数 $\boldsymbol{\varphi}(\boldsymbol{x})$,其中

$$\begin{cases}\varphi_1(\boldsymbol{x})=2(x_1-0.5)\\ \varphi_2(\boldsymbol{x})=4(x_1-0.5)(x_2-0.5)\end{cases} \tag{4.5.48}$$

把样本 $\boldsymbol{D}=\{(\boldsymbol{x}_n,y_n)\}$ 映射成 $\boldsymbol{D}_{\varphi}=\{(\boldsymbol{\varphi}(\boldsymbol{x}_n),y_n)\}$,则式(4.5.46)的样本集映射为

$$\boldsymbol{D}_{\varphi}=\{((-1,1)^{\mathrm{T}},-1),((-1,-1)^{\mathrm{T}},1),((1,-1)^{\mathrm{T}},1),((1,1)^{\mathrm{T}},-1)\}$$

注意,映射后的样本示如图 4.5.5(b)所示,坐标轴分别记为 φ_1 和 φ_2,在 $\boldsymbol{\varphi}(\boldsymbol{x})$ 各分量为坐标轴的空间内数据集是线性可分的,一条判决线是 $\varphi_2=0$,或 $-\varphi_2>0$ 可判决为正样。对应到 $\boldsymbol{x}$ 空间,对应的判决线是 $\varphi_2(\boldsymbol{x})=4(x_1-0.5)(x_2-0.5)=0$,即对应了图 4.5.5(a)中的十字交叉虚线,$(x_1-0.5)(x_2-0.5)<0$ 为正样的判决区间,是由十字交叉虚线分割的 4 个区域的左上和右下区域,可见,这是正确的分类。

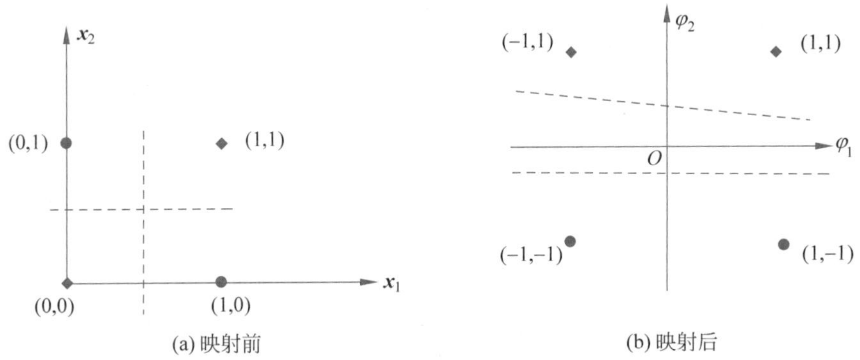

图 4.5.5 异或的示意图

通过映射 $\boldsymbol{\varphi}(\boldsymbol{x})$,将样本映射到新空间,这些样本在新空间可能是线性可分的,由 $\varphi_i(\boldsymbol{x})$ 的线性组合构成分类器的判别函数,判决面在新空间是超平面,判决面映射到 $\boldsymbol{x}$ 空间则是非线性曲面。选择合理的映射 $\boldsymbol{\varphi}(\boldsymbol{x})$,可容易地解决异或问题。

对于该问题,$\varphi_2=0$ 是最优的判决线,其他判决线(如图 4.5.5(b)的几条虚线)也可以做出正确分类,但分类性能都不如 $\varphi_2=0$ 判决线性能稳健(即泛化性能好),即输入存在误差时可靠分类的能力。在将样本映射为 $\boldsymbol{D}_{\varphi}$ 后,训练式(4.5.41)的感知机,不能保证得到的判决线是 $\varphi_2=0$,由初始值和样本使用顺序,可能得到如图 4.5.5(b)虚线所示的判决线,这样的判决线映射到 $\boldsymbol{x}$ 空间,也不再是图 4.5.5(a)的十字虚线,而是有相应的变化,对标准输入样本仍可正确分类,但输入存在误差时则更容易出错。

对于异或的例子,感知机不能保证训练过程得到 $\varphi_2=0$ 的判决线,对于该问题,第 6 章讨论的

SVM 则可保证得到 $\varphi_2=0$ 作为判决线。一般在线性可分情况下，SVM 可得到泛化性能更好的分类器；在不可分情况下，SVM 也可以良好地工作，由于 SVM 在机器学习中的重要性，专门在第 6 章做详细讨论。

4.6 逻辑回归

逻辑回归(Logistic Regression)是一种典型的判别概率模型，本节讨论逻辑回归的目标函数和学习算法。对于中文名词“逻辑回归”稍做解释，尽管名称中有“回归”一词，逻辑回归却是一种基本的分类模型；另外，单词 Logistic 并不是“逻辑”的意思，为此，也有作者使用音译名词“逻辑斯蒂回归”，考虑到“逻辑回归”一词在国内文献中使用已经很广泛，且用词简练，本书沿用“逻辑回归”的说法。作为判别概率模型，逻辑回归直接从样本中训练类后验概率表示。首先讨论二分类这一基本问题，然后推广到多分类问题。本节讨论的后验概率表示、模型的目标函数等内容，在第 9 章将直接推广到神经网络。

4.6.1 二分类问题的逻辑回归

首先考虑只有两类的情况，分别表示为 C_1 和 C_2，在数据集的样本 $(\boldsymbol{x}_n, y_n)$ 中，标注 $y_n=1$ 代表第 1 类，即 C_1，$y_n=0$ 代表第 2 类，即 C_2。通过一个数据集学习一个模型，当给出一个新的特征向量输入 $\boldsymbol{x}$ 时，由模型计算分类为 C_1 的后验概率 $p(C_1|\boldsymbol{x})$，则分类为 C_2 的后验概率为 $p(C_2|\boldsymbol{x})=1-p(C_1|\boldsymbol{x})$。由于 $0\leqslant p(C_1|\boldsymbol{x})\leqslant 1$，需要给出一种函数表示这种后验概率，这里定义一种 Logistic Sigmoid 函数(简称为 Sigmoid 函数)表示后验概率。Sigmoid 函数定义为

$$\sigma(a)=\frac{1}{1+\mathrm{e}^{-a}} \tag{4.6.1}$$

这里，用符号 $\sigma(\cdot)$ 表示 Sigmoid 函数，自变量 a 称为该函数的激活值，后面讨论实际分类模型时，将 a 表示为特征向量 $\boldsymbol{x}$ 的函数。

之所以用 $\sigma(\cdot)$ 函数表示后验概率，一个重要原因是其满足概率的性质，即 $0\leqslant\sigma(a)\leqslant 1$，$\sigma(a)$ 是 a 的单调函数，且 $\sigma(-\infty)=0$，$\sigma(\infty)=1$，$\sigma(0)=0.5$，$\sigma(x)$ 的图形如图 4.6.1 所示。

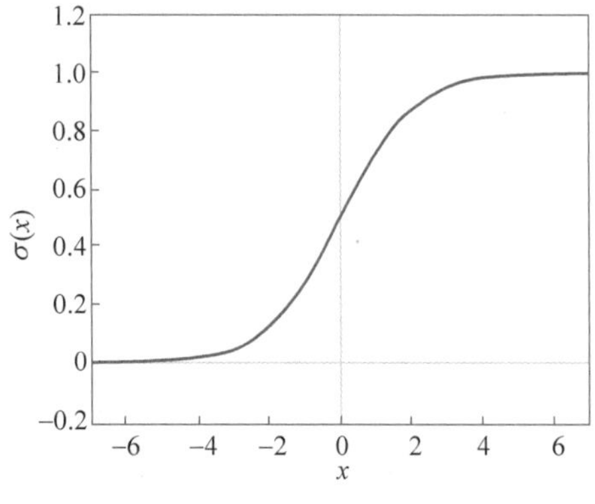

图 4.6.1 Sigmoid 函数的图形

Sigmoid 函数 $\sigma(a)$ 的另一个性质是处处光滑、处处可导，这便于数学处理。本节后续用到 $\sigma(a)$ 的两个基本性质，仅在下面列出，证明留作习题。

$$\sigma(-a)=1-\sigma(a) \tag{4.6.2}$$

$$\frac{\mathrm{d}\sigma(a)}{\mathrm{d}a}=\sigma(a)[1-\sigma(a)] \tag{4.6.3}$$

如前所述，可通过 $\sigma(a)$ 表示类后验概率，由于类后验概率是 $\boldsymbol{x}$ 的函数，可以定义激活值 a 是 $\boldsymbol{x}$ 的函数。在逻辑回归中，一般可选择 a 是 $\boldsymbol{x}$ 的线性函数，如线性回归关系，即

$$a(\boldsymbol{x})=\sum_{k=0}^{K}w_k x_k=\boldsymbol{w}^{\mathrm{T}}\bar{\boldsymbol{x}} \tag{4.6.4}$$

其中，$x_0=1$ 为哑元，$\bar{\boldsymbol{x}}$ 为包含了哑元的特征向量；$\boldsymbol{w}$ 为待学习的参数向量。更一般地，可以与

4.3 节一样，定义基函数向量

$$\boldsymbol{\varphi}(\boldsymbol{x})=[1,\varphi_1(\boldsymbol{x}),\varphi_2(\boldsymbol{x}),\cdots,\varphi_{M-1}(\boldsymbol{x})]^{\mathrm{T}} \tag{4.6.5}$$

则 a 表示为如下基函数线性回归。

$$a(\boldsymbol{x})=\boldsymbol{w}^{\mathrm{T}}\boldsymbol{\varphi}(\boldsymbol{x}) \tag{4.6.6}$$

由于线性回归相当于是$\boldsymbol{\varphi}(\boldsymbol{x})=\bar{\boldsymbol{x}}$ 的一个特例，本节后续讨论中，a 采用更一般的式(4.6.6)表示的基函数形式。

将式(4.6.6)代入 $\sigma(a)$的定义，用于表示 C_1 的后验概率 $p(C_1|\boldsymbol{x})$，即逻辑回归的输出为

$$\begin{aligned}\hat{y}(\boldsymbol{x},\boldsymbol{w})&=p(C_1\mid\boldsymbol{x})=\sigma(a)=\sigma[\boldsymbol{w}^{\mathrm{T}}\boldsymbol{\varphi}(\boldsymbol{x})]\\&=\frac{1}{1+\exp[-\boldsymbol{w}^{\mathrm{T}}\boldsymbol{\varphi}(\boldsymbol{x})]}\end{aligned} \tag{4.6.7}$$

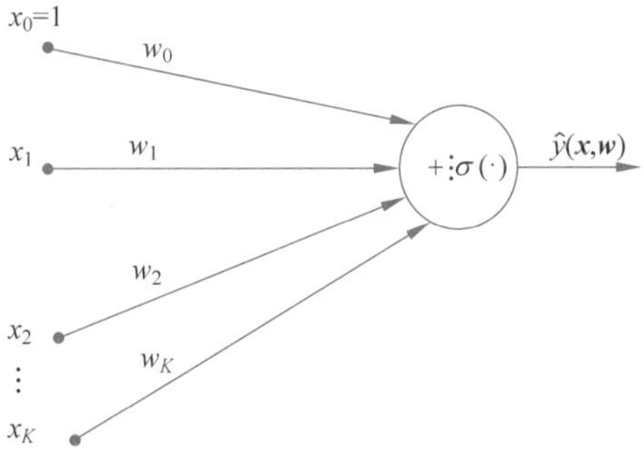

图 4.6.2 逻辑回归的结构图

由于式(4.6.7)也可以表示成 $f[\boldsymbol{w}^{\mathrm{T}}\boldsymbol{\varphi}(\boldsymbol{x})]$的形式，这里 f 是非线性函数，故式(4.6.7)表示的逻辑回归输出也是一个广义线性模型。图 4.6.2 给出了逻辑回归的结构图，这里画出的是$\boldsymbol{\varphi}(\boldsymbol{x})=\bar{\boldsymbol{x}}$ 的情况，带有符号$+$和 σ 的圆圈表示其先通过求和得到激活值 a，再经过激活函数 $\sigma(\cdot)$。这个圆表示了一种复合运算，后续可以看到，在一般神经网络的构成中，图 4.6.2 的结构表示神经网络中的一个神经元。

显然，C_2 的后验概率 $p(C_2|\boldsymbol{x})$可表示为

$$p(C_2\mid\boldsymbol{x})=\frac{\exp[-\boldsymbol{w}^{\mathrm{T}}\boldsymbol{\varphi}(\boldsymbol{x})]}{1+\exp[-\boldsymbol{w}^{\mathrm{T}}\boldsymbol{\varphi}(\boldsymbol{x})]} \tag{4.6.8}$$

设已选定了$\boldsymbol{\varphi}(\boldsymbol{x})$，接下来通过给出的训练样本集 $\boldsymbol{D}=\{(\boldsymbol{x}_n,y_n)\}_{n=1}^N$ 学习参数向量 $\boldsymbol{w}$。由于已选定了基函数向量，故首先将样本集转换成以基函数向量表示的数据集，即通过转换得到数据集$\{[\boldsymbol{\varphi}(\boldsymbol{x}_n),y_n]\}_{n=1}^N=\{(\boldsymbol{\varphi}_n,y_n)\}_{n=1}^N$，这里用了化简符号$\boldsymbol{\varphi}_n=\boldsymbol{\varphi}(\boldsymbol{x}_n)$。为了叙述方便，避免多重括号和下标，也化简其他几个符号如下。

$$a_n=a(\boldsymbol{x}_n)=\boldsymbol{w}^{\mathrm{T}}\boldsymbol{\varphi}_n \tag{4.6.9}$$

$$\hat{y}_n=\hat{y}(\boldsymbol{x}_n,\boldsymbol{w})=p(C_1|\boldsymbol{x}_n)=\sigma(a_n) \tag{4.6.10}$$

对于一个给定的样本$(\boldsymbol{\varphi}_n,y_n)$，把 y_n 作为一个二元随机变量，即伯努利分布，$y_n=1$ 的概率即属于 C_1 类别的概率为 $\hat{y}_n=\sigma(a_n)$，因此写出 y_n 的似然函数为

$$\begin{aligned}p(y_n\mid\boldsymbol{w})&=(\hat{y}_n)^{y_n}(1-\hat{y}_n)^{1-y_n}\\&=[\sigma(\boldsymbol{w}^{\mathrm{T}}\boldsymbol{\varphi}_n)]^{y_n}[1-\sigma(\boldsymbol{w}^{\mathrm{T}}\boldsymbol{\varphi}_n)]^{1-y_n}\end{aligned} \tag{4.6.11}$$

由于样本集的独立同分布假设，则全体标注 $\boldsymbol{y}=[y_1,y_2,y_3,\cdots,y_N]^{\mathrm{T}}$ 的似然函数为

$$p(\boldsymbol{y}\mid\boldsymbol{w})=\prod_{n=1}^N p(y_n\mid\boldsymbol{w})=\prod_{n=1}^N(\hat{y}_n)^{y_n}(1-\hat{y}_n)^{1-y_n} \tag{4.6.12}$$

以负对数似然函数作为损失函数，即

$$J(\boldsymbol{w})=-\ln p(\boldsymbol{y}\mid\boldsymbol{w})=-\sum_{n=1}^N y_n\ln\hat{y}_n+(1-y_n)\ln(1-\hat{y}_n) \tag{4.6.13}$$

式(4.6.13)称为交叉熵准则，尽管该准则是针对逻辑回归问题由最大似然原理导出的，后续可以看到对其他二分类的判别概率模型，交叉熵准则是一个通用准则，是建立在最大似然基础上的二分

类问题的一般性准则。交叉熵的取名来自式(4.6.13)的形式，熵是用同一组概率进行计算的，而式(4.6.13)可理解为用了两组概率$\{y_n, 1-y_n\}$和其近似值$\{\hat{y}_n, 1-\hat{y}_n\}$，故称为交叉熵。最大似然原理对应着交叉熵的最小化，以此为目标得到权系数向量$\boldsymbol{w}$的解。

式(4.6.13)是通过$\hat{y}_n=\sigma(\boldsymbol{w}^{\mathrm{T}}\boldsymbol{\varphi}_n)$与$\boldsymbol{w}$联系的，$J(\boldsymbol{w})$是$\boldsymbol{w}$的非线性函数，没有闭式解。这里给出两种迭代求解方法：梯度法和牛顿法。对于规模不太大的逻辑回归问题，两种解法都是有效的，牛顿法一般收敛更快。

1. 随机梯度算法(SGD)

首先讨论梯度算法。直接在式(4.6.13)两侧对$\boldsymbol{w}$求导，得到目标函数的梯度，计算如下

$$\begin{aligned}
\nabla_w J(\boldsymbol{w}) &= \frac{\partial J(\boldsymbol{w})}{\partial \boldsymbol{w}} \\
&= -\sum_{n=1}^{N} y_n \frac{\partial \ln \hat{y}_n}{\partial \boldsymbol{w}} + (1-y_n)\frac{\partial \ln(1-\hat{y}_n)}{\partial \boldsymbol{w}} \\
&= -\sum_{n=1}^{N} \frac{y_n}{\hat{y}_n}\frac{\partial \sigma(\boldsymbol{w}^{\mathrm{T}}\boldsymbol{\varphi}_n)}{\partial \boldsymbol{w}} - \frac{1-y_n}{1-\hat{y}_n}\frac{\partial \sigma(\boldsymbol{w}^{\mathrm{T}}\boldsymbol{\varphi}_n)}{\partial \boldsymbol{w}} \\
&= -\sum_{n=1}^{N} \frac{y_n}{\hat{y}_n}\hat{y}_n(1-\hat{y}_n)\boldsymbol{\varphi}_n - \frac{1-y_n}{1-\hat{y}_n}\hat{y}_n(1-\hat{y}_n)\boldsymbol{\varphi}_n \\
&= \sum_{n=1}^{N}(\hat{y}_n - y_n)\boldsymbol{\varphi}_n
\end{aligned} \tag{4.6.14}$$

注意，式(4.6.14)中从第3行到第4行用到了$\sigma(\cdot)$函数的导数性质，即式(4.6.3)。式(4.6.14)是所有样本对梯度的贡献，若采样SGD算法，则单一样本对梯度的贡献为

$$\nabla_w J_n(\boldsymbol{w}) = (\hat{y}_n - y_n)\boldsymbol{\varphi}_n = \{\sigma[\boldsymbol{w}^{\mathrm{T}}\boldsymbol{\varphi}(\boldsymbol{x}_n)] - y_n\}\boldsymbol{\varphi}(\boldsymbol{x}_n) \tag{4.6.15}$$

注意到随机梯度由一个误差项乘以基函数向量构成(不采用基函数时为特征向量)，而误差项为逻辑回归的输出与标注之间的误差，对于线性和广义线性模型，这是梯度表达式的一般形式。

有了梯度公式，给出权系数的初始值$\boldsymbol{w}^{(0)}$，每次从样本集抽取一个样本$(\boldsymbol{\varphi}_n, y_n)$，每次样本抽取可以是随机的，故样本的标号$n$和权系数的迭代序号$k$使用不同的符号。SGD算法的权系数向量更新为

$$\begin{aligned}
\boldsymbol{w}^{(k+1)} &= \boldsymbol{w}^{(k)} - \eta\nabla_w J_n(\boldsymbol{w}^{(k)}) = \boldsymbol{w}^{(k)} - \eta(\hat{y}_n - y_n)\boldsymbol{\varphi}_n \\
&= \boldsymbol{w}^{(k)} - \eta(\sigma(\boldsymbol{w}^{(k)\mathrm{T}}\boldsymbol{\varphi}(\boldsymbol{x}_n)) - y_n)\boldsymbol{\varphi}(\boldsymbol{x}_n)
\end{aligned} \tag{4.6.16}$$

其中，η为学习率。可以一次抽取m个小批量样本，将SGD推广到小批量算法，这种推广是直接的，具体公式可参考4.1节，此处不再重复。

2. 重加权最小二乘算法

SGD是一阶迭代算法，为了更快地收敛速率，也可采用二阶迭代算法，二阶迭代算法的代表是牛顿法，牛顿法用了式(4.6.13)目标函数对$\boldsymbol{w}$的二阶导数，即汉森(Hessian)矩阵，汉森矩阵的定义为

$$\boldsymbol{H} = \nabla_w^2 J(\boldsymbol{w}) = \left[\frac{\partial^2 J(\boldsymbol{w})}{\partial w_i \partial w_j}\right]_{M\times M} \tag{4.6.17}$$

为了导出$\boldsymbol{H}$的表达式，将式(4.6.14)的结果写为如下矩阵与向量积的紧凑形式。

$$\nabla_w J(\boldsymbol{w}) = \sum_{n=1}^{N}(\hat{y}_n - y_n)\boldsymbol{\varphi}_n = \boldsymbol{\Phi}^{\mathrm{T}}(\hat{\boldsymbol{y}} - \boldsymbol{y}) \tag{4.6.18}$$

其中，$\hat{\boldsymbol{y}}$ 为由 $\hat{y}_n$ 构成的向量；$\boldsymbol{\Phi}$ 为基函数数据矩阵，其定义见式(4.3.6)，其第 n 行为$\boldsymbol{\varphi}_n^{\mathrm{T}}$。式(4.6.18)再次对 $\boldsymbol{w}$ 求导，得到如下矩阵(证明留作习题)。

$$\begin{aligned}\boldsymbol{H}&=\nabla_w^2 J(\boldsymbol{w})=\nabla_w\sum_{n=1}^{N}(\hat{y}_n-y_n)\boldsymbol{\varphi}_n\\&=\sum_{n=1}^{N}\hat{y}_n(1-\hat{y}_n)\boldsymbol{\varphi}_n\boldsymbol{\varphi}_n^{\mathrm{T}}=\boldsymbol{\Phi}^{\mathrm{T}}\boldsymbol{R\Phi}\end{aligned}\tag{4.6.19}$$

其中，$\boldsymbol{R}$ 为对角矩阵，$\boldsymbol{R}=\operatorname{diag}\{\hat{y}_1(1-\hat{y}_1),\cdots,\hat{y}_N(1-\hat{y}_N)\}$。有了汉森矩阵，则牛顿迭代算法为

$$\begin{aligned}\boldsymbol{w}^{(k+1)}&=\boldsymbol{w}^{(k)}-\boldsymbol{H}^{-1}\nabla_w J_n(\boldsymbol{w}^{(k)})\\&=\boldsymbol{w}^{(k)}-(\boldsymbol{\Phi}^{\mathrm{T}}\boldsymbol{R}\boldsymbol{\Phi})^{-1}\boldsymbol{\Phi}^{\mathrm{T}}(\hat{\boldsymbol{y}}-\boldsymbol{y})\\&=(\boldsymbol{\Phi}^{\mathrm{T}}\boldsymbol{R}\boldsymbol{\Phi})^{-1}[\boldsymbol{\Phi}^{\mathrm{T}}\boldsymbol{R}\boldsymbol{\Phi}\boldsymbol{w}^{(k)}-\boldsymbol{\Phi}^{\mathrm{T}}(\hat{\boldsymbol{y}}-\boldsymbol{y})]\\&=(\boldsymbol{\Phi}^{\mathrm{T}}\boldsymbol{R}\boldsymbol{\Phi})^{-1}\boldsymbol{\Phi}^{\mathrm{T}}\boldsymbol{R}\boldsymbol{z}\end{aligned}\tag{4.6.20}$$

其中，向量 $\boldsymbol{z}$ 为

$$\boldsymbol{z}=\boldsymbol{\Phi}\boldsymbol{w}^{(k)}-\boldsymbol{R}^{-1}(\hat{\boldsymbol{y}}-\boldsymbol{y})\tag{4.6.21}$$

牛顿法的权更新公式如式(4.6.20)所示，这实际是一个加权最小二乘的计算公式，在每次迭代时，通过旧权系数 $\boldsymbol{w}^{(k)}$ 计算 $\boldsymbol{R}$ 和 $\boldsymbol{z}$，数据矩阵$\boldsymbol{\Phi}$ 不变。对角矩阵 $\boldsymbol{R}$ 相当于最小二乘的加权矩阵，每次迭代需要重新计算，故式(4.6.20)的迭代算法称为重加权最小二乘算法(Iterative Reweighted Least Squares，IRLS)。由于$\boldsymbol{\Phi}$ 不变，$\boldsymbol{\Phi}^{\mathrm{T}}\boldsymbol{R\Phi}$ 中只有对角权矩阵 $\boldsymbol{R}$ 每次迭代时变化，可以导出高效的求逆算法。

3. 正则化逻辑回归

正则化逻辑回归(Regularized Logistic Regression)可用于解决过拟合等问题，通过正则化控制模型复杂性。一种基本的权衰减正则化目标函数为

$$\begin{aligned}J(\boldsymbol{w})&=-\ln p(\boldsymbol{y}\mid\boldsymbol{w})+\frac{1}{2}\lambda\|\boldsymbol{w}\|_2^2\\&=-\sum_{n=1}^{N}y_n\ln\hat{y}_n+(1-y_n)\ln(1-\hat{y}_n)+\frac{1}{2}\lambda\boldsymbol{w}^{\mathrm{T}}\boldsymbol{w}\end{aligned}\tag{4.6.22}$$

在正则化目标函数下，可得到梯度向量为

$$\nabla_w J(\boldsymbol{w})=\sum_{n=1}^{N}(\hat{y}_n-y_n)\boldsymbol{\varphi}_n+\lambda\boldsymbol{w}\tag{4.6.23}$$

如果使用随机梯度算法，则梯度向量为

$$\nabla_w J_n(\boldsymbol{w})=(\hat{y}_n-y_n)\boldsymbol{\varphi}_n+\lambda\boldsymbol{w}\tag{4.6.24}$$

注意，式(4.6.24)和式(4.6.23)中的 λ 取值不同，因为都是超参数，一般需要通过交叉验证获得，故用了同一个符号。使用随机梯度式(4.6.24)得到正则化情况下的 SGD 权更新公式为

$$\boldsymbol{w}^{(k+1)}=(1-\eta\lambda)\boldsymbol{w}^{(k)}-\eta(\hat{y}_n-y_n)\boldsymbol{\varphi}_n$$

4.6.2 多分类问题的逻辑回归

在表示多分类任务中，设共有 C 类，如式(4.4.2)所示用 C 维向量编码表示类型标注 $\boldsymbol{y}$，为方便重写如下。

$$\boldsymbol{y}=[0,\cdots,0,1,0,\cdots,0]^{\mathrm{T}}\tag{4.6.25}$$

$\boldsymbol{y}$ 中各分量 y_i 只取 0 或 1，且 $\sum_i y_i=1$，即只有一个分量 $y_k=1$ 表示第 k 类，其他 $y_i=0,i\neq k$，

用符号 C_k 表示第 k 类。

在多分类问题的逻辑回归方法中，对于给出的特征向量 $\boldsymbol{x}$，输出它被分类为每类的后验概率，用 C 维向量 $\hat{\boldsymbol{y}}$ 表示输出，其分量表示分类为 C_k 的后验概率，即

$$\hat{y}_k(\boldsymbol{x})=p(C_k \mid \boldsymbol{x}) \tag{4.6.26}$$

为了用一种数学形式表示这种后验概率，即

$$0\leqslant\hat{y}_k(\boldsymbol{x})\leqslant 1,\quad \sum_{k=1}^{C}\hat{y}_k(\boldsymbol{x})=1 \tag{4.6.27}$$

推广式(4.6.1)的 Sigmoid 函数到 Softmax 函数。首先，针对每个 $\hat{y}_k$，定义一个相应的激活值，即

$$a_k(\boldsymbol{x})=\boldsymbol{w}_k^{\mathrm{T}}\boldsymbol{\varphi}(\boldsymbol{x}),\quad k=1,2,\cdots,C \tag{4.6.28}$$

其中，$\boldsymbol{w}_k$ 为一组待学习的参数向量，则 Softmax 函数定义为

$$\hat{y}_k(\boldsymbol{x})=p(C_k \mid \boldsymbol{x})=\frac{\exp[a_k(\boldsymbol{x})]}{\sum\limits_{j=1}^{C}\exp[a_j(\boldsymbol{x})]},\quad k=1,2,\cdots,C \tag{4.6.29}$$

可见，式(4.6.29)定义的 Softmax 函数满足式(4.6.27)的要求。先不考虑 $\boldsymbol{x}$，只考虑 $\hat{y}_k$ 作为 a_j 的函数，可以证明一个基本性质如下(留作习题)。

$$\frac{\partial\hat{y}_k}{\partial a_j}=\hat{y}_k(I_{kj}-\hat{y}_j) \tag{4.6.30}$$

其中，

$$I_{kj}=\begin{cases}1, & k=j\\ 0, & k\neq j\end{cases} \tag{4.6.31}$$

给出训练集 $\{\boldsymbol{x}_n,\boldsymbol{y}_n\}_{n=1}^{N}$，通过最大似然原理导出多分类逻辑回归的学习算法。首先，通过确定的基函数向量，将数据集变换为 $\{\boldsymbol{\varphi}(\boldsymbol{x}_n),\boldsymbol{y}_n\}_{n=1}^{N}=\{\boldsymbol{\varphi}_n,\boldsymbol{y}_n\}_{n=1}^{N}$。为了表示清楚，给出一些符号的表示或缩写。标注 $\boldsymbol{y}_n$ 可以进一步写为 $\boldsymbol{y}_n=[y_{n1},y_{n2},\cdots,y_{nC}]^{\mathrm{T}}$，将 $\boldsymbol{y}_n$ 转置作为第 n 行构成标注值矩阵 $\boldsymbol{Y}=[y_{nk}]_{N\times C}$，对于一个样本 $\boldsymbol{x}_n$，对应的基函数向量简写为 $\boldsymbol{\varphi}_n$，逻辑回归的 Softmax 输出 $\hat{\boldsymbol{y}}_n$ 的一个分量记为 $\hat{y}_{nk}=\hat{y}_k(\boldsymbol{x}_n)=p(C_k|\boldsymbol{x}_n)$。对于一个样本 $(\boldsymbol{\varphi}_n,\boldsymbol{y}_n)$，将 $\boldsymbol{y}_n$ 作为 C 维二元向量，其概率表示为

$$p(\boldsymbol{y}_n|\boldsymbol{w}_1,\boldsymbol{w}_2,\cdots,\boldsymbol{w}_C)=\prod_{k=1}^{C}(\hat{y}_{nk})^{y_{nk}} \tag{4.6.32}$$

由所有样本的 IID 性质，所有样本的联合概率为

$$p(\boldsymbol{Y}|\boldsymbol{w}_1,\boldsymbol{w}_2,\cdots,\boldsymbol{w}_C)=\prod_{n=1}^{N}\prod_{k=1}^{C}(\hat{y}_{nk})^{y_{nk}} \tag{4.6.33}$$

式(4.6.33)中对 $\boldsymbol{w}_1,\boldsymbol{w}_2,\cdots,\boldsymbol{w}_C$ 的依赖是通过 $\hat{y}_{nk}$ 表现的。由于 $\boldsymbol{Y}$ 是已知的，式(4.6.33)是关于 $\boldsymbol{w}_1,\boldsymbol{w}_2,\cdots,\boldsymbol{w}_C$ 的似然函数。类似地，定义负对数似然函数作为损失函数，即

$$J(\boldsymbol{w}_1,\boldsymbol{w}_2,\cdots,\boldsymbol{w}_C)=-\ln p(\boldsymbol{Y}|\boldsymbol{w}_1,\boldsymbol{w}_2,\cdots,\boldsymbol{w}_C)=-\sum_{n=1}^{N}\sum_{k=1}^{C}y_{nk}\ln\hat{y}_{nk} \tag{4.6.34}$$

以上函数存在约束条件

$$\sum_{k=1}^{C}y_{nk}=1 \tag{4.6.35}$$

式(4.6.34)是多分类情况下的交叉熵准则。为了采用梯度法求解各权系数向量 $\boldsymbol{w}_j$,需要求得式(4.6.34)对 $\boldsymbol{w}_j$ 的梯度,可以证明梯度为

$$\frac{\partial J}{\partial \boldsymbol{w}_j}=\sum_{n=1}^{N}(\hat{y}_{nj}-y_{nj})\boldsymbol{\varphi}_n,\quad j=1,2,\cdots,C \tag{4.6.36}$$

式(4.6.36)的证明如下。

$$\begin{aligned}\frac{\partial J}{\partial \boldsymbol{w}_j}&=-\frac{\partial}{\partial \boldsymbol{w}_j}\sum_{n=1}^{N}\sum_{k=1}^{C}y_{nk}\ln\hat{y}_{nk}=-\sum_{n=1}^{N}\sum_{k=1}^{C}y_{nk}\frac{1}{\hat{y}_{nk}}\frac{\partial\hat{y}_{nk}}{\partial a_{nj}}\frac{\partial a_{nj}}{\partial \boldsymbol{w}_j}\\&=-\sum_{n=1}^{N}\sum_{k=1}^{C}y_{nk}\frac{1}{\hat{y}_{nk}}\hat{y}_{nk}(I_{kj}-\hat{y}_{nj})\boldsymbol{\varphi}_n\\&=-\sum_{n=1}^{N}\left(y_{nj}\boldsymbol{\varphi}_n-\sum_{k=1}^{C}y_{nk}\hat{y}_{nj}\boldsymbol{\varphi}_n\right)=\sum_{n=1}^{N}(\hat{y}_{nj}-y_{nj})\boldsymbol{\varphi}_n\end{aligned}$$

以上证明从第 1 行到第 2 行用了式(4.6.30),最后一个等号用了约束条件式(4.6.35)。

注意到,对于每个权向量 $\boldsymbol{w}_j$,梯度公式与二分类逻辑回归的梯度公式相同,如果采用 SGD 算法,每次随机抽取一个训练集样本,每个权向量用式(4.6.37)进行更新迭代。

$$\boldsymbol{w}_j^{(k+1)}=\boldsymbol{w}_j^{(k)}-\eta_j(\hat{y}_{nj}-y_{nj})\boldsymbol{\varphi}_n,\quad j=1,2,\cdots,C \tag{4.6.37}$$

对于多类逻辑回归算法,每个权向量的更新公式与只有一个向量的二分类逻辑回归是相同的。因此,对每个权向量 $\boldsymbol{w}_j$ 可导出相同的 IRLS 算法和正则化算法,扩展是直接的,不再详述。

第 9 集
微课视频

4.7 朴素贝叶斯方法

朴素贝叶斯方法是生成模型的一种,由于做了条件独立性假设,使其解得以化简。作为生成模型需要通过学习得到联合概率 $p(\boldsymbol{x},\boldsymbol{y})$,再通过贝叶斯公式得到分类的后验概率 $p(\boldsymbol{y}|\boldsymbol{x})$,因此,朴素贝叶斯方法属于贝叶斯学习方法中的一类,由于其简单性,放在本章中作为分类的生成模型的例子。

为了叙述简单,本节只讨论二分类的例子,故 y 只取 0 和 1。朴素贝叶斯的出发点是假设 y 作为条件下,$\boldsymbol{x}$ 的各分量统计独立。这里设 $\boldsymbol{x}$ 为 D 维向量,即

$$\boldsymbol{x}=[x_1,x_2,\cdots,x_D]^{\mathrm{T}} \tag{4.7.1}$$

则朴素贝叶斯的假设为

$$p(\boldsymbol{x}\mid y)=p(x_1,x_2,\cdots,x_D\mid y)=\prod_{i=1}^{D}p(x_i\mid y) \tag{4.7.2}$$

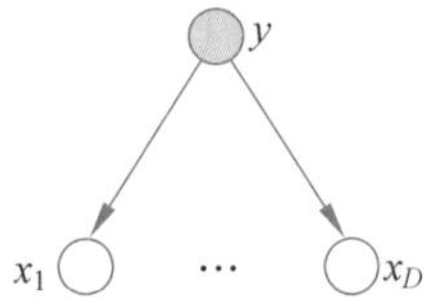

图 4.7.1 朴素贝叶斯假设的贝叶斯网络模型

即在类型确定的条件下,特征向量的各分量是统计独立的。

在 3.6.1 节有向图模型的介绍时,曾以朴素贝叶斯假设作为有向图的一个实例说明了式(4.7.2)的假设尽管简单,但仍是一种合理的假设,作为复习,图 4.7.1 重画出朴素贝叶斯假设的有向图模型。因此,本节的内容也可以看作图模型从建模到参数学习再到推断和决策的一个简单但完整的实例。

在朴素贝叶斯方法中,常见的一种情况是假设 $\boldsymbol{x}$ 的每个分量取值是离散的,即 x_i 只可能取 M 个有限值。在以下介绍中,首先假设一种简单情况,x_i 只取两个值,即 $x_i\in\{0,1\}$,这种情况下,给出朴素贝叶斯算法的详细推导,这个推导过程对于理解概率原理在机器学习中的应用是一个很好

的例子，最后再把结果推广到 x_i 可取 $M>2$ 个不同值的一般情况。

在 $x_i\in\{0,1\}$ 的简单情况下，设 $D=10$，$\boldsymbol{x}$ 的一个例子为 $\boldsymbol{x}=[0,1,1,0,1,0,0,1,0,0]^{\mathrm{T}}$。由于各分量的独立性，对于 $\boldsymbol{x}$ 的每个分量，分别定义两个参数为

$$\mu_{i|1}=\mu_{i|y=1}=p(x_i=1|y=1)=p(x_i=1|C_1) \tag{4.7.3}$$

$$\mu_{i|0}=\mu_{i|y=0}=p(x_i=1|y=0)=p(x_i=1|C_2) \tag{4.7.4}$$

由于 x_i 是一个伯努利随机变量，在条件 $y=k,k\in\{0,1\}$ 下 $\boldsymbol{x}$ 的各分量独立，故可得到类条件概率为

$$p(\boldsymbol{x}|y=k)=\prod_{i=1}^{D}\mu_{i|k}^{x_i}(1-\mu_{i|k})^{1-x_i},\quad k\in\{0,1\} \tag{4.7.5}$$

为了得到联合概率，需要 $y=k,k\in\{0,1\}$ 的先验概率，定义如下符号表示该先验概率。

$$\begin{cases}p(y=1)=\pi\\ p(y=0)=1-\pi\end{cases} \tag{4.7.6}$$

有了这些准备，可以得到 y 取不同值时，联合概率的表示分别为

$$\begin{aligned}p(\boldsymbol{x},y=1)&=p(y=1)p(\boldsymbol{x}|y=1)\\&=\pi\prod_{i=1}^{D}\mu_{i|1}^{x_i}(1-\mu_{i|1})^{1-x_i}\end{aligned} \tag{4.7.7}$$

和

$$\begin{aligned}p(\boldsymbol{x},y=0)&=p(y=0)p(\boldsymbol{x}|y=0)\\&=(1-\pi)\prod_{i=1}^{D}\mu_{i|0}^{x_i}(1-\mu_{i|0})^{1-x_i}\end{aligned} \tag{4.7.8}$$

由于 y 只有两个取值，把两个取值考虑进来（相当于 y 是一个伯努利变量），得到联合概率为

$$\begin{aligned}&p(\boldsymbol{x},y|\pi,\mu_{i|1},\mu_{i|0})\\&=\left[\pi\prod_{i=1}^{D}\mu_{i|1}^{x_i}(1-\mu_{i|1})^{1-x_i}\right]^{y}\times\left[(1-\pi)\prod_{i=1}^{D}\mu_{i|0}^{x_i}(1-\mu_{i|0})^{1-x_i}\right]^{1-y}\end{aligned} \tag{4.7.9}$$

在以上联合概率中，$\pi,\mu_{i|1},\mu_{i|0},i=1,2,\cdots,D$ 是联合概率的参数，共有 $2D+1$ 个参数待定。若给出训练样本 $\{\boldsymbol{x}_n,y_n\}_{n=1}^{N}$，通过训练样本学习得到所有参数 $\pi,\mu_{i|1},\mu_{i|0},i=1,2,\cdots,D$，则学习过程得到了联合概率。设训练样本是 IID 的，且样本已知，故似然函数为

$$\begin{aligned}&p(\boldsymbol{y},\boldsymbol{X}|\pi,\mu_{i|1},\mu_{i|0})\\&=\prod_{n=1}^{N}\left[\pi\prod_{i=1}^{D}\mu_{i|1}^{x_{ni}}(1-\mu_{i|1})^{1-x_{ni}}\right]^{y_n}\left[(1-\pi)\prod_{i=1}^{D}\mu_{i|0}^{x_{ni}}(1-\mu_{i|0})^{1-x_{ni}}\right]^{1-y_n}\end{aligned} \tag{4.7.10}$$

将目标函数定义为负的对数似然，则

$$\begin{aligned}J(\pi,\mu_{i|1},\mu_{i|0})&=-\ln p(\boldsymbol{y},\boldsymbol{X}|\pi,\mu_{i|1},\mu_{i|0})\\&=-\sum_{n=1}^{N}y_n\ln\pi+(1-y_n)\ln(1-\pi)-\\&\quad\sum_{n=1}^{N}y_n\sum_{i=1}^{D}x_{ni}\ln\mu_{i|1}+(1-x_{ni})\ln(1-\mu_{i|1})-\\&\quad\sum_{n=1}^{N}(1-y_n)\sum_{i=1}^{D}x_{ni}\ln\mu_{i|0}+(1-x_{ni})\ln(1-\mu_{i|0})\end{aligned} \tag{4.7.11}$$

将式(4.7.11)分别对各参数求导并令导数为0,得到各参数的解。令

$$\frac{\partial \ln p(\boldsymbol{y},\boldsymbol{X}\mid \pi,\mu_{i\mid 1},\mu_{i\mid 0})}{\partial \pi}=0$$

解得

$$\pi=\frac{1}{N}\sum_{n=1}^{N}y_n \tag{4.7.12}$$

令

$$\frac{\partial \ln p(y,\boldsymbol{X}\mid \pi,\mu_{i\mid 1},\mu_{i\mid 0})}{\partial \mu_{i\mid 1}}=0$$

解得

$$\mu_{i\mid 1}=\frac{\sum_{n=1}^{N}y_n x_{ni}}{\sum_{n=1}^{N}y_n},\quad i=1,2,\cdots,D \tag{4.7.13}$$

令

$$\frac{\partial \ln p(\boldsymbol{y},\boldsymbol{X}\mid \pi,\mu_{i\mid 1},\mu_{i\mid 0})}{\partial \mu_{i\mid 0}}=0$$

解得

$$\mu_{i\mid 0}=\frac{\sum_{n=1}^{N}(1-y_n)x_{ni}}{\sum_{n=1}^{N}(1-y_n)},\quad i=1,2,\cdots,D \tag{4.7.14}$$

当得到了参数 $\pi,\mu_{i\mid 1},\mu_{i\mid 0},i=1,2,\cdots,D$ 后,则式(4.7.5)～式(4.7.9)的各种概率都已得到,包括类的先验概率、类条件概率和联合概率。除此之外,由这组参数还可以得到在给定一个新的特征输入 $\boldsymbol{x}$ 时分类的后验概率。利用贝叶斯公式,得到 $\boldsymbol{x}$ 被分为 C_1 类的后验概率为

$$\begin{aligned}
p(C_1\mid \boldsymbol{x})=p(y=1\mid \boldsymbol{x})&=\frac{p(\boldsymbol{x}\mid y=1)p(y=1)}{p(\boldsymbol{x})}\\
&=\frac{\left[\prod_{i=1}^{D}p(x_i\mid y=1)\right]p(y=1)}{\left[\prod_{i=1}^{D}p(x_i\mid y=1)\right]p(y=1)+\left[\prod_{i=1}^{D}p(x_i\mid y=0)\right]p(y=0)}\\
&=\frac{\pi\prod_{i=1}^{D}\mu_{i\mid 1}^{x_i}(1-\mu_{i\mid 1})^{1-x_i}}{\pi\prod_{i=1}^{D}\mu_{i\mid 1}^{x_i}(1-\mu_{i\mid 1})^{1-x_i}+(1-\pi)\prod_{i=1}^{D}\mu_{i\mid 0}^{x_i}(1-\mu_{i\mid 0})^{1-x_i}}
\end{aligned} \tag{4.7.15}$$

显然,$\boldsymbol{x}$ 被分为 C_2 类的后验概率为

$$p(C_2\mid \boldsymbol{x})=p(y=0\mid \boldsymbol{x})=1-p(y=1\mid \boldsymbol{x}) \tag{4.7.16}$$

本节针对相对简单的情况:二分类且 $\boldsymbol{x}$ 的每个分量只有两个取值,详细推导了朴素贝叶斯算法。下面针对两方面问题,再做一些讨论。

1. 拉普拉斯平滑

在以上讨论中,已经得到当有一个新的输入时,分类为 C_1 的后验概率,看上去问题得以圆

满解决。但在实际应用中,式(4.7.15)可能会遇到 0/0 困境。注意到,若在估计的参数中,有一个 $\mu_{i|1}=0$ 和一个 $\mu_{j|0}=0$ 存在,这里 i 和 j 可以表示任意两个分量,则代入式(4.7.15)有

$$p(y=1 \mid \boldsymbol{x})=\frac{0}{0} \tag{4.7.17}$$

这是一个无解的情况,无法做出判决。在 $\boldsymbol{x}$ 的维度 D 很大,训练样本集规模有限时,这是很可能发生的情况,这是由最大似然估计的局限性所致。

第 2 章曾提到,在离散事件的情况下,最大似然估计的概率就是样本集中一类事件出现的比例,最大似然的概率估计是符合对概率的"频率"解释的。在本节中也是如此,可以看到式(4.7.12)~式(4.7.14)都给出了所估计概率的按"比例"分配的解释。例如,式(4.7.12)中,分子统计了训练样本集中标注为 1 的样本数目 N_1,$\pi=p(C_1)=N_1/N$ 就是样本集中标注为 C_1 的样本所占比例;式(4.7.13)中 $\mu_{i|1}$ 的公式复杂一些,但也代表了同样的含义,它的分母为 N_1,即样本集中所有标注为 C_1 的样本总数,而分子的求和项 $y_n x_{ni}$ 的含义是标注为 C_1 的同时 $x_{ni}=1$ 的样本贡献一个计数 1,因此分子的含义是在所有标注为 C_1 的样本中,$\boldsymbol{x}$ 的第 i 分量为 1 的样本数之和,$\mu_{i|1}$ 表示了在所有标注为 C_1 的样本中 $\boldsymbol{x}$ 的第 i 分量为 1 的样本所占的比例。无须重复,$\mu_{i|0}$ 的意义是相同的。在本问题中 π 的估计没有问题,样本数足够估计 π 的,但是一些 $\mu_{i|1}$ 或 $\mu_{i|0}$ 可能估计为 0。例如,若 $D=1000$,样本总数为 10 000,则很有可能在样本集中 $\boldsymbol{x}$ 的某个分量从来没有出现过 $x_{ni}=1$ 的情况,此时 $\mu_{i|1}$ 估计为 0。

解决这一问题的系统化的方法是采用贝叶斯估计替代最大似然估计,这样做需要给出每个参数一个合理的先验概率,这并不总是容易做到的。一种改善最大似然零概率估计的简单方法是拉普拉斯平滑。拉普拉斯平滑用于改善离散随机变量的概率估计。设一个离散随机变量 $\boldsymbol{x}$,其仅取 k 个可能的值,即 $x\in\{1,2,\cdots,k\}$,给出一组样本 $\{x_1,x_2,\cdots,x_m\}$,需要估计概率

$$\mu_i=p(x=i),\quad i=1,2,\cdots,k$$

则标准最大似然估计为

$$\mu_i=\frac{\sum\limits_{n=1}^{m} I(x_n=i)}{m} \tag{4.7.18}$$

其中,$I(z)$ 为示性函数,z 为真时 $I(z)=1$,z 非真时 $I(z)=0$。最大似然估计 μ_i 统计的就是 $x_n=i$ 在样本集中的比例,而拉普拉斯平滑做了如下修改。

$$\mu_i=\frac{1+\sum\limits_{n=1}^{m} I(x_n=i)}{m+k} \tag{4.7.19}$$

拉普拉斯平滑作为一种简单的修改,保证 $\mu_i>0$ 的同时满足概率的基本约束 $\sum\limits_{i=1}^{k}\mu_i=1$。

我们可以这样理解拉普拉斯平滑:对待估计的随机变量取值施加等概率的先验分布,但是不显式地使用贝叶斯框架,而是虚拟地产生 k 个附加样本。由于假设等概率先验,假想可将集合 $\{1,2,\cdots,k\}$ 中每个值各取一次作为一个虚拟样本,将这 k 个虚拟样本加到样本集中,构成一个增广样本集,则拉普拉斯变换相当于用这一增广样本集做的最大似然估计。可见,拉普拉斯平滑相当于一种"弱"贝叶斯方法,或相当于一种正则化的最大似然方法。在机器学习中,直接对样本集进行增广是一种常用的正则化技术。

将拉普拉斯平滑应用于 $\mu_{i|1}$ 和 $\mu_{i|0}$ 估计式(4.7.13)和式(4.7.14),注意在这两个公式中,相当于 $k=2$。$\mu_{i|1}$ 和 $\mu_{i|0}$ 的估计公式修改为

$$\mu_{i|1}=\frac{1+\sum_{n=1}^{N}y_n x_{ni}}{2+\sum_{n=1}^{N}y_n},\quad i=1,2,\cdots,D \tag{4.7.20}$$

$$\mu_{i|0}=\frac{1+\sum_{n=1}^{N}(1-y_n)x_{ni}}{2+\sum_{n=1}^{N}(1-y_n)},\quad i=1,2,\cdots,D \tag{4.7.21}$$

这样就解决了式(4.7.17)所表示的问题。

2. 朴素贝叶斯模型的更一般情况

为了把前述的简单情况下的朴素贝叶斯算法推广到更一般情况，通过示性函数，给出式(4.7.12)～式(4.7.14)的一种等价表示，用示性函数表示的参数估计公式为

$$\pi=\frac{1}{N}\sum_{n=1}^{N}I(y_n=1) \tag{4.7.22}$$

$$\mu_{i|1}=\frac{\sum_{n=1}^{N}I(y_n=1\cap x_{ni}=1)}{\sum_{n=1}^{N}I(y_n=1)} \tag{4.7.23}$$

$$\mu_{i|0}=\frac{\sum_{n=1}^{N}I(y_n=0\cap x_{ni}=1)}{\sum_{n=1}^{N}I(y_n=0)} \tag{4.7.24}$$

其中，符号$\cap$表示两个条件的交，即两个条件均满足才为真。

讨论更一般的情况，首先是多分类问题，分类任务有 C 个类型，可用 $C_k,k=1,2,\cdots,C$ 表示每类，与前面讨论一致，用 C 维向量编码表示类型 $\boldsymbol{y}$，由于 $\boldsymbol{y}$ 中只有一个分量为 1，其余为 0，故 $y_k=1$ 等价于 C_k。类似于二分类情况，可以定义每类的先验概率为

$$\pi_k=p(C_k)=p(y_k=1) \tag{4.7.25}$$

对特征向量 $\boldsymbol{x}$ 也推广到更一般化，$\boldsymbol{x}$ 的每个分量仍是离散的，但不再局限于只取两个可能值，设 $\boldsymbol{x}$ 的第 i 个分量可取 M_i 个值，不失一般性，设 $x_i\in\{0,1,\cdots,M_i-1\}$。给出一个概率参数的更一般的符号为

$$\mu_{i|k}^{(l)}=p(x_i=l\,|\,y_k=1)=p(x_i=l\,|\,C_k),$$
$$l=0,1,\cdots,M_i-1,\quad k=1,2,\cdots,C,\quad i=1,2,\cdots,D \tag{4.7.26}$$

给出训练样本$\{\boldsymbol{x}_n,\boldsymbol{y}_n\}_{n=1}^{N}$，把式(4.7.22)～式(4.7.24)推广到这种更一般的情况，相应参数估计公式为

$$\pi_k=\frac{1}{N}\sum_{n=1}^{N}I(y_{nk}=1),\quad k=1,2,\cdots,C \tag{4.7.27}$$

$$\mu_{i|k}^{(l)}=\frac{\sum_{n=1}^{N}I(y_{nk}=1\cap x_{ni}=l)}{\sum_{n=1}^{N}I(y_{nk}=1)},\quad l=0,1,\cdots,M_i-1,\quad k=1,2,\cdots,C,\quad i=1,2,\cdots,D \tag{4.7.28}$$

学习了这些参数后,可以得到联合概率。如果主要用于分类,则可以得到类后验概率,由贝叶斯公式和朴素贝叶斯的假设,给出一个新的特征向量 $\boldsymbol{x}$,得到类后验概率为

$$p(C_k \mid \boldsymbol{x})=\frac{p(\boldsymbol{x}\mid C_k)p(C_k)}{\sum_{j=1}^{C}p(\boldsymbol{x}\mid C_j)p(C_j)}=\frac{\pi_k\prod_{i=1}^{D}p(x_i\mid C_k)}{\sum_{j=1}^{C}\pi_j\prod_{i=1}^{D}p(x_i\mid C_j)},\quad k=1,2,\cdots,C \tag{4.7.29}$$

在式(4.7.29)中,若 $\boldsymbol{x}$ 给定了,则 x_i 的取值就给定了,若 $x_i=l$,则 $p(x_i\mid C_k)=\mu_{i\mid k}^{(l)}$ 就确定了,用式(4.7.29)可以得到所有类的后验概率,并通过决策过程完成分类。由于式(4.7.29)的分母对所有 C_k 是相等的,若所有类的分类错误代价是相等的,则只需要分子部分的比较即可决定分类结果,即可分类为

$$C_{k_o}=\arg\max_{C_k}\left[\pi_k\prod_{i=1}^{D}p(x_i\mid C_k)\right] \tag{4.7.30}$$

其中,C_{k_o} 为分类结果。

最后通过实例说明朴素贝叶斯方法的应用。朴素贝叶斯方法用于很多实际分类问题中,一个典型的应用是用于垃圾邮件检测。收到一封电子邮件后,通过一个检测器判断其是否是垃圾邮件。要完成垃圾邮件检测,需要收集大量实际邮件,并由人工标注其是否为垃圾邮件,设垃圾邮件为 C_1 类,正常邮件为 C_2 类。为了用一个向量 $\boldsymbol{x}$ 表示一封邮件,预先构造一个词汇表,按照顺序,$\boldsymbol{x}$ 的一个分量表示一个词汇。若 x_i 为0/1变量,则 $x_i=1$ 表示对应的词汇存在于该邮件中,在这种应用中,$\boldsymbol{x}$ 的维度 D 与词汇表中的词汇数相等,可能是一个很大的数,如 $D=5000$。若只选择使用关键词汇表,则 D 可取更小的值,如 $D=200$。

朴素贝叶斯假设下,描述 $\boldsymbol{x}$ 的概率参数为 $2D$,若不使用朴素贝叶斯的假设,则参数为 2^{2D},这是难以存储的参数量。对收集的邮件完成标注和特征向量抽取后,得到样本集 $\boldsymbol{D}=\{(\boldsymbol{x}_n,y_n)\}_{n=1}^{N}$,通过样本集得到朴素贝叶斯分类器的所有参数,当一个新邮件收到后,通过同样的方式检查邮件中的词汇,得到特征向量,则由式(4.7.15)计算该邮件是垃圾邮件的后验概率并做出判决。

当 x_i 可取多值时,可用 x_i 表示一封邮件中某词汇出现的次数(若超过 M_i 则限定为可表示的最大值),这样可得到更丰富的信息。利用朴素贝叶斯方法可有效判别垃圾邮件,对于大多数邮箱服务器可满足要求。但这类算法仅通过词汇级知识,若通过深度学习进行文法分析和关联知识分析,则可以更准确地检测出垃圾邮件。

本章小结

本章介绍了机器学习中基本的回归和分类算法,这是机器学习中最基础的学习算法,也是学习更复杂算法的出发点。本章首先讨论了线性回归。尽管线性回归比较简单,但仍可有效解决一些复杂度有限的问题。详细分析了基本线性回归算法,包括其最小二乘解、正则化方法、随机梯度求解和多输出问题。通过基函数映射,讨论了线性基函数回归,由不同的基函数,使得回归输出与输入特征向量之间得到各种非线性关系。通过一种特殊的正则化技术,我们讨论了一类稀疏线性

回归模型 Lasso 及其求解方法。

本章后半部分介绍了几种分类算法。对于确定性的判别函数方法，介绍了 Fisher 判别函数和感知机算法；对于概率判别方法，介绍了逻辑回归算法；对于化简的生成模型方法，介绍了朴素贝叶斯方法。这几类算法尽管简单，仍有其应用价值，尤其逻辑回归算法和朴素贝叶斯方法，在小样本集和低复杂度的问题上，是一种有效且简单的学习算法。由逻辑回归算法所引出的交叉熵目标函数和随机梯度算法，可直接推广到神经网络包括深度神经网络的学习中。

本章对求解基本回归和分类问题的叙述相对比较完整，实际上许多机器学习的著作都有对基本回归和分类的较完整介绍，例如 Bishop 或 Murphy 的著作。本章对稀疏学习的介绍是非常概略的，有关稀疏学习可进一步参考 Hastie 等的 *Statistical Learning with Sparsity*。

本章习题

1. 设 x 是一个标量，共有 3 个样本 (x_i, y_i)，即 $\{(1,0.8),(1.5,0.9),(2,1.2)\}$，用这些数据训练一个简单的回归模型 $\hat{y}=w_0+w_1x$，请计算模型参数。

2. 利用 4.2 节范数 ℓ_p 定义，证明当 $p\to\infty$ 时 ℓ_∞ 范数为

$$\|\boldsymbol{w}\|_\infty=|w_{\max}|$$

其中，$w_{\max}$ 是 $\boldsymbol{w}$ 中绝对值最大的元素。

3. 设线性回归模型的权系数具有以下广义高斯先验分布，即

$$p(\boldsymbol{w};\alpha,\sigma^2)=\prod_{k=0}^{K}\frac{1}{2\beta\Gamma(1/\alpha)}\exp\left(-\frac{|w_k|^\alpha}{\beta^\alpha}\right)$$

这里 $\beta=\sigma\sqrt{\dfrac{\Gamma(1/\alpha)}{\Gamma(3/\alpha)}}$，$\Gamma(\cdot)$ 是伽马函数，有 $\Gamma(\alpha)=\int_0^\infty t^{\alpha-1}\mathrm{e}^{-t}\mathrm{d}t,\alpha>0$。证明：利用贝叶斯 MAP 方法对参数向量 $\boldsymbol{w}$ 的估计等价于如下的正则化目标函数

$$J(\boldsymbol{w})=\frac{1}{2}(\boldsymbol{y}-\boldsymbol{X}\boldsymbol{w})^{\mathrm{T}}(\boldsymbol{y}-\boldsymbol{X}\boldsymbol{w})+\lambda\sum_{i=0}^{K}|w_i|^\alpha$$

4. 基函数回归的情况下，正则化约束的目标函数为

$$J(\boldsymbol{w})=\frac{1}{2}\sum_{i=1}^{N}(y_i-\boldsymbol{w}^{\mathrm{T}}\boldsymbol{\phi}(\boldsymbol{x}_i))^2+\frac{\lambda}{2}\|\boldsymbol{w}\|_2^2$$

证明：线性基函数回归的正则化解为

$$\boldsymbol{w}_{\mathrm{ML}}=(\boldsymbol{\Phi}^{\mathrm{T}}\boldsymbol{\Phi}+\lambda\boldsymbol{I})^{-1}\boldsymbol{\Phi}^{\mathrm{T}}\boldsymbol{y}$$

5. 证明式(4.5.35)和式(4.5.36)的投影的总类内散布矩阵和类间散布矩阵分别可表示为

$$\hat{\boldsymbol{S}}_{\mathrm{W}}=\boldsymbol{W}^{\mathrm{T}}\boldsymbol{S}_{\mathrm{W}}\boldsymbol{W},\quad \hat{\boldsymbol{S}}_{\mathrm{B}}=\boldsymbol{W}^{\mathrm{T}}\boldsymbol{S}_{\mathrm{B}}\boldsymbol{W}$$

6. 证明准则

$$J(\boldsymbol{W})=\frac{\operatorname{tr}(\hat{\boldsymbol{S}}_{\mathrm{B}})}{\operatorname{tr}(\hat{\boldsymbol{S}}_{\mathrm{W}})}=\frac{\operatorname{tr}(\boldsymbol{W}^{\mathrm{T}}\boldsymbol{S}_{\mathrm{B}}\boldsymbol{W})}{\operatorname{tr}(\boldsymbol{W}^{\mathrm{T}}\boldsymbol{S}_{\mathrm{W}}\boldsymbol{W})}$$

最大化所得到 $\boldsymbol{W}$ 的最优解满足 $\boldsymbol{S}_{\mathrm{B}}\boldsymbol{w}_i=\lambda_i\boldsymbol{S}_{\mathrm{W}}\boldsymbol{w}_i, i=1,2,\cdots,C-1$，其中，$\boldsymbol{w}_i$ 为 $\boldsymbol{W}$ 的列向量，是对应于 $\boldsymbol{S}_{\mathrm{W}}^{-1}\boldsymbol{S}_{\mathrm{B}}$ 的前 $C-1$ 个最大特征值的特征向量。

7. 异或的样本集 $\boldsymbol{D}=\{((0,0)^{\mathrm{T}},-1),((0,1)^{\mathrm{T}},1),((1,0)^{\mathrm{T}},1),((1,1)^{\mathrm{T}},-1)\}$ 是线性不可分的，可定义 $\boldsymbol{x}$ 映射到基函数向量 $\boldsymbol{\varphi}(\boldsymbol{x})=[\varphi_1(\boldsymbol{x}),\varphi_2(\boldsymbol{x}),\cdots,\varphi_{M-1}(\boldsymbol{x})]^{\mathrm{T}}$，在 $\boldsymbol{\varphi}(\boldsymbol{x})$ 表示下设计感

知机为 $\hat{y}(\boldsymbol{x};\boldsymbol{w})=\mathrm{sgn}(\boldsymbol{w}^{\mathrm{T}}\boldsymbol{\varphi}(\boldsymbol{x})+w_0)$，对于异或问题，可定义一个多项式函数$\boldsymbol{\varphi}(\boldsymbol{x})$，其中

$$\varphi_1(\boldsymbol{x})=2(x_1-0.5)$$

$$\varphi_2(\boldsymbol{x})=4(x_1-0.5)(x_2-0.5)$$

把样本 $\boldsymbol{D}=\{(\boldsymbol{x}_n,y_n)\}$ 映射成 $\boldsymbol{D}_{\varphi}=\{(\boldsymbol{\varphi}(\boldsymbol{x}_n),y_n)\}$，样本集映射为

$$\boldsymbol{D}_{\varphi}=\{((-1,1)^{\mathrm{T}},-1),((-1,-1)^{\mathrm{T}},1),((1,-1)^{\mathrm{T}},1),((1,1)^{\mathrm{T}},-1)\}$$

在样本集 $\boldsymbol{D}_{\varphi}$ 上手动训练一个感知机(自行给出初始值和样本使用顺序)。

8. 在第 7 题中，通过映射函数

$$\varphi_1(\boldsymbol{x})=2(x_1-0.5)$$

$$\varphi_2(\boldsymbol{x})=4(x_1-0.5)(x_2-0.5)$$

将异或样本映射成线性可分的，请自行另设计一组映射函数，将异或样本映射为可分情况。

9. 对于 Sigmoid 函数

$$\sigma(a)=\frac{1}{1+\mathrm{e}^{-a}}$$

证明：$\sigma(-a)=1-\sigma(a)$，$\frac{\mathrm{d}\sigma(a)}{\mathrm{d}a}=\sigma(a)(1-\sigma(a))$

10. 逻辑回归的目标函数为 $J(\boldsymbol{w})=-\sum_{n=1}^{N}y_n\ln\hat{y}_n+(1-y_n)\ln(1-\hat{y}_n)$，对 $\boldsymbol{w}$ 求两阶导数得到汉森矩阵，证明：汉森矩阵表示为

$$\boldsymbol{H}=\sum_{n=1}^{N}\hat{y}_n(1-\hat{y}_n)\boldsymbol{\varphi}_n\boldsymbol{\varphi}_n^{\mathrm{T}}=\boldsymbol{\Phi}^{\mathrm{T}}\boldsymbol{R}\boldsymbol{\Phi}$$

11. 由 Softmax 的定义

$$\hat{y}_k=\frac{\exp(a_k)}{\sum_{j=1}^{C}\exp(a_j)},\quad k=1,2,\cdots,C$$

证明：$\frac{\partial\hat{y}_k}{\partial a_j}=\hat{y}_k(I_{kj}-\hat{y}_j)$。

12*. 设 $\boldsymbol{x}=[x_1,x_2]^{\mathrm{T}}$ 是二维向量，定义函数 $g(\boldsymbol{x})=\sin(2\pi x_1)\sin(2\pi x_2)$，产生一组训练样本，在 $\boldsymbol{x}\in[0,1]\times[0,1]$ 范围均匀采样 225 个点，组成输入集 $\{\boldsymbol{x}_n\}_{n=1}^{225}$，对每个 $\boldsymbol{x}_n$，通过 $y_n=g(\boldsymbol{x}_n)+\nu_n$ 产生标注值，这里 $\nu_n\sim N(0,0.05)$ 是独立高斯噪声，产生的训练样本为 $\{\boldsymbol{x}_n,y_n\}_{n=1}^{225}$，再独立但用同样模型产生 100 个样本 $\{\boldsymbol{x}_n^*,y_n^*\}_{n=1}^{100}$ 作为测试集。要求训练一个多项式模型 $\hat{y}(\boldsymbol{\phi},\boldsymbol{w})=\sum_{k=0}^{M}w_k\phi_k(\boldsymbol{x})=\boldsymbol{w}^{\mathrm{T}}\boldsymbol{\phi}(\boldsymbol{x})$，用于逼近数据存在的规律 $g(\boldsymbol{x})$，基函数的每一项取 $\phi_k(\boldsymbol{x})=x_1^{d_1}x_2^{d_2}$，$0\leqslant d_1+d_2\leqslant M$ 的形式，M 是指定的多项式阶数。

(1) 设 $M=3$，用训练样本学习模型参数，用测试样本计算所训练模型与标注值之间的均方误差。

(2) 取 $M=1$ 和 $M=5$，重复(1)的内容，并比较结果。

(3) (选做)自行实验，取更大的 M，使以上方法出现过拟合，计算过拟合时测试集均方误差。选择适当的 λ，通过正则化克服过拟合问题，并给出正则化情况下的均方测试误差。

13*. 重做例 4.3.3 的数值例子，但是基函数向量替换为傅里叶基，即

$$\boldsymbol{\phi}(x)=[\phi_0(x),\phi_1(x),\cdots,\phi_M(x)]^{\mathrm{T}}$$
$$=[1,\sin(\pi x),\cos(\pi x),\sin(2\pi x),\cos(2\pi x),\cdots,\sin(K\pi x),\cos(K\pi x)]^{\mathrm{T}}$$

其中，$M=2K+1$，取不同的 M 值，重复例 4.3.3 的各项实验内容。

14*. 在网络上搜索并下载 Iris 数据集，该数据集样本属于鸢尾属下的 3 个亚属，分别是山鸢尾(setosa)、变色鸢尾(versicolor)和维吉尼亚鸢尾(virginica)。4 个特征被用作样本的定量描述，它们分别是花萼和花瓣的长度和宽度。该数据集包含 150 个数据，每个亚属(此处称为类)有 50 个数据。

(1) 从数据集中取出变色鸢尾(versicolor)和维吉尼亚鸢尾(virginica)的 100 个样本，训练一个二分类的逻辑回归分类器，对其进行分类(建议：每类用 40 个样本做训练，用 10 个样本做测试)。

(2) 设计一个用于三类问题进行分类的逻辑回归分类器，对三种类型进行分类(建议：每类用 40 个样本做训练，用 10 个样本做测试)。

第 5 章 机器学习流程、评价和性能界

CHAPTER 5

正如第 1 章中“没有免费的午餐”定理所述，没有一种机器学习模型是对所有问题普遍适用的，正因为如此，机器学习领域中提出了众多的不同模型。在第 4 章介绍了基本的回归和分类模型，在第 6 章之后仍将继续介绍多种常用的机器学习模型。在这样一个节点，偏离一下机器学习模型和学习算法的介绍，以一章的篇幅集中介绍机器学习中训练和性能评价的一些基本问题，这是一个很大的问题，本章的介绍仅仅是入门和概要性质的。

当用选定模型解决一类问题时，对模型性能的理想描述是期望风险，即从完整的统计意义上刻画模型相对于目标的偏差。但在机器学习领域，缺乏对目标完整的概率描述，因此无法获得期望风险，需要用从有限数据中学习模型的方法，评价准则也以经验风险代替期望风险。由于数据集的代表能力有限，以经验风险最优确定的模型对真实目标的总体表达能力如何？即泛化性能如何？这是一个非常关键的问题。

第 10 集
微课视频

泛化性能好是一个机器学习模型可用的基本要求，因此必须要对泛化性能进行评价。一种比较实际的评价泛化性能的方法是通过数据集进行测试，将数据集划分为训练集和测试集，用训练集学习模型，在测试集上近似估计其泛化性能；第二种评价方法是给出理论上的泛化界并研究泛化误差与数据集规模的关系，这是机器学习理论讨论的基本问题。遗憾的是，目前这两种方法之间仍存在鸿沟。利用机器学习理论，对于在要求的泛化误差下给出的样本规模并不能很精确地指导许多实际机器学习模型的训练，逾越这道鸿沟仍需艰难的研究工作。

本章由两部分组成：第 1 部分包括前两节，首先给出机器学习流程的一个概要讨论，然后讨论如何利用实际数据集有效地评价一个机器学习模型；第 2 部分由后两节组成，讨论了机器学习理论中的一些基本概念和结论，以期帮助读者对机器学习理论有一个基本的了解。

5.1 机器学习流程

在 1.1 节的概述中，给出了机器学习的一个化简流程，用于说明机器学习过程的基本元素，在学习了前 4 章的概述及基本模型与算法，对机器学习有了一些基础后，这里再对机器学习的流程给出一个更细致的框图，需要注意的是，机器学习流程中的一些因素是与应用环境密切相关的，超出本书的范围，本节给出机器学习系统的总体结构。

5.1.1 机器学习基本流程

在图 1.1.1 基础上进一步细化，给出更详细的机器学习流程图，如图 5.1.1 所示。

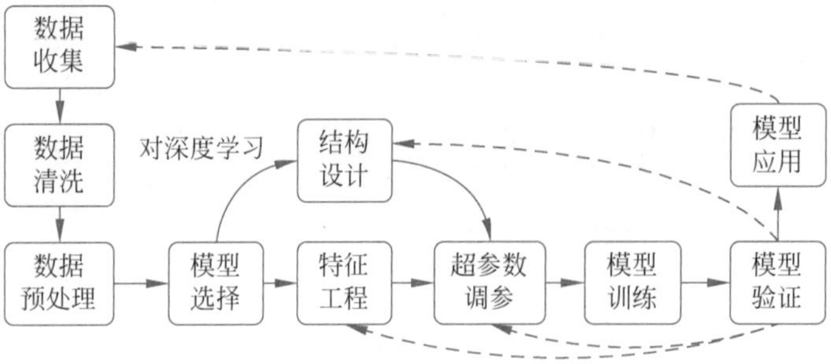

图 5.1.1 机器学习流程

由于机器学习的模型的训练方法主要是数据驱动的,因此数据收集是构成一个机器学习系统的第一步。对于许多较为通用的领域,已存在大量数据集可供选用,例如：语音、图像、视频和文字等通用领域,有各种公开的大规模或中规模数据集。以图像为例,既有综合类图像数据集,也有一些专用数据集,如人脸、手写字体、建筑物等。这些数据集可用于各种不同目的的模型训练和验证。也有一些专业类型的数据集,可在行业内部或公开使用,例如：用于医学辅助诊疗的医学图像数据集、用于合成孔径雷达图像目标分类的数据集等,这种专业数据集也越来越丰富。在一些特定应用中,也可以收集特定的数据集。在一些专业应用中,可将大规模公开数据集和小规模专业数据集结合,利用公开数据集预训练一个表征模型,通过小规模专业数据集细化模型参数,获得最终可用的系统。关于数据收集需了解其来源的多样性,但不作为机器学习教材的核心内容。

数据清洗和数据预处理可以合并统称为数据预处理,这一部分是在将数据用于选定模型训练前,对数据集做适应性处理,例如剔除不合格数据,将数据集格式规范化等,对这一部分,5.1.2 节再做专门介绍。

模型选择是在众多的机器学习模型中选择一种来实现任务。机器学习有众多模型,第 1 章介绍了各种模型的分类。模型选择首先要选定一个大的类型：例如要完成对图像中目标的分类,就选择分类模型；若是进行股票指数的预测,则选择回归模型。在选择大类型后,还要选择一种具体的模型实现其功能。例如,要进行分类,可以选择具体模型,如：逻辑回归、朴素贝叶斯、支持向量机、决策树、梯度提升树、CNN 等。对于模型的选择要根据任务需求、数据规模、模型的特点等综合考虑。要选择好模型,最重要的是了解各种模型的性质和能力,本书在第 4 章介绍了基本的回归和分类模型,后续第 6～16 章继续介绍大量不同模型,掌握这些知识是选择模型的基础。

在选择了模型后,根据模型是否为深度学习模型,分为两条支路。若选择传统的模型,例如支持向量机等,如果输入向量$\tilde{\boldsymbol{x}}$ 的维度特别高(例如一幅图像或一段语音),则一般不直接将原始输入作为模型的输入,而是从$\tilde{\boldsymbol{x}}$ 中抽取一组特征向量 $\boldsymbol{x}$ 作为模型的输入,一般 $\boldsymbol{x}$ 的维度比$\tilde{\boldsymbol{x}}$ 低得多,这一步称为特征工程,$\boldsymbol{x}$ 应能表示$\tilde{\boldsymbol{x}}$ 的主要信息且具有更清晰的含义。5.1.4 节对特征工程再做更详细一些的介绍。

若选择深度学习模型,则一般不需要再抽取特征向量,可将高维输入直接送入模型,由模型自动抽取多层次的特征表示。但由于深度学习模型以深层神经网络为主,其中结构的灵活性非常高,需要对模型结构进行进一步设计。例如,选择什么结构的神经网络？全连接结构、CNN 结构、RNN 结构还是 Transformer 结构？如果选择了 CNN 结构,需确定要多少层？每层多少个卷积核？卷积核长度是多少？多少卷积层后加一池化层？选择什么非线性激活函数？最后需要不需要全连接层？也就是说,根据需要设计合适的深度网络结构,经常需要在训练结束后,根据性能反馈再调整结构。人们也提出了自动搜索最佳结构的方法。因此,对于深度学习模型来说,结构设计是重要的一步。本书第 9～11 章介绍多种深层网络模型，第 15 章介绍深度强化学习，第 16 章介绍深度生成模型，这些内容可以为读者进行结构选择和设计打下基础。

之后的“超参数调整”和“模型训练”是紧密结合、反复迭代的两个模块。由于各种情况引出对数据集划分的不同，以及迭代方式有多种，这一部分放在 5.1.3 节中做更详细的介绍。其中，模型训练算法也是课程的核心：机器学习算法。本书第 4 章和第 6～16 章主要介绍各种模型的结构，以及在此基础上怎样通过学习算法确定模型结构和参数。

不管学习过程或训练过程中怎样划分数据集，是将数据集划分为训练集和测试集，还是划分为训练集、验证集(Validation Set)和测试集，总归是要留出一部分数据作为测试集，来评价最后训练完成的模型性能，这一步称为模型验证。测试集不参与模型训练，为的是留出相对独立的数据集进行模型的验证，这个验证过程可以部分地测试模型的泛化性能。

若训练用的目标函数是一种误差函数，可以将其用在计算训练集和测试集误差，评价训练后模型泛化性能。若训练集的误差大，测试集的误差也大，说明模型是欠拟合的，应该选用更复杂的模型重新训练和验证。若训练集的误差很小，测试集的误差大，说明模型是过拟合的，需要重新训练模型，重新训练时，可选择更简单的模型，或采用更强的正则化条件，或增加数据集规模(若没有条件直接扩大数据集，可选择适当的增广方法)，重新训练后，再次进行模型验证。若模型在训练集和数据集上误差均小，且达到设计要求，则可以将模型部署应用。

由于大多数模型的复杂性使得解析解不存在，训练算法大多是迭代式算法，需要求目标函数对模型参数的导数，因此目标函数的选择一方面要反映模型性能，另一方面还要对模型参数连续可导，因此许多目标函数是性能评价的一种代理函数，而不是直接反映与应用需求对应的性能。例如，分类模型训练中常用的目标函数是交叉熵，而最直接反映分类性能的评价是误分类率，但误分类率是模型参数的不连续函数，无法直接用于优化。尽管交叉熵是对误分类率的一种好的替代目标函数，但毕竟有区别，故模型评价这一步除了如上所述通过目标函数判断泛化性能外，还常常根据应用需求，用更实际的评价函数来评估模型的性能，若模型达不到实际性能的要求，则可以通过改变模型选择和结构后重新训练，故模型评价的结果(尤其不满足要求时)需要反馈回前面的模块。5.2 节进一步介绍一些常用的实际评价函数。

流程中的最后一个模块是模型应用。当训练完成的模型经过了性能的验证后，可部署应用。对于大多数机器学习系统，其训练过程和应用时的推断或预测过程是不平衡的，尤其深度学习模型，其训练过程极为耗时耗力，但其部署应用时，运算复杂度不高，甚至可嵌入移动设备中。从一个完整循环的角度来讲，部署应用是最后一步，但从持续发展的角度来讲，一个有意义的应用是不断改进和完善的，应用的效果可反馈给设计者，设计者也可能不断积累更多数据，计算资源不断提高，可支持系统的不断更新和性能的提高。对于一些特殊的在线应用，例如推荐系统，可将用户反馈用于在线改进系统的性能。

本小节给出了机器学习流程的一个概述，其中模型结构和学习算法是本书的主要内容，流程中的其他元素在本章其他小节给出进一步的概要介绍。本章后半部分还对机器学习的理论给出一些概要介绍，使得读者对机器学习有一个更全面的认识。第 4 章已经介绍了基本的回归和分类的模型和算法，本书后续各章用于介绍各种更复杂的模型和算法。

5.1.2　数据清洗和数据预处理

数据清洗和数据预处理也可归并为数据预处理，但若细化地考虑，两者还是有所不同。数据清洗主要是剔除数据集中不合格的样本，而数据预处理则是对样本做简单加工，使之更适合于直接输入模型中。

在数据预处理环节，尽量不做复杂运算，若特征向量是高维的，一般每一维单独处理，故在本小节中，样本集使用标量形式$\{x_n,y_n\}_{n=1}^{N}$，其表示特征向量的其中1维，每一维采用相同的处理方法。

数据清洗主要有两方面工作：缺失特征的填补和异常数据的剔除。

样本集中的部分样本可能有缺失的特征分量，以有监督学习的分类为例，既然这里用标量特征做说明，所谓特征缺失，即对于样本n，其x_n取值缺失，若需要对其进行填补，有一些常用的填补方法。设分类类型共有C类，按标注y_n的取值将样本集分为C个子集$D_k=\{x_n \mid y_n=k\}$，$k=1,2,\cdots,C$，假设每一类服从高斯分布，计算各子样本集的均值和方差：μ_k,σ_k^2。如果一个样本n对应第k类，其x_n缺失了，有一些常用的填补方法，这里给出3种实例。(1)取$x_n=\mu_k$；(2)取$x_n \sim N(\mu_k,\sigma_k^2)$，即通过其PDF采样获得一个随机值赋予$x_n$；(3)若不希望做概率估计且样本集规模较小，可取$x_n$为$D_k$的中值。对于回归情况，可将所有样本只构成一个数据集进行处理，也可将标注取值划分成几个区间，相应构成几个子集进行处理。

若特征向量是高维的，每一维均可这样处理，但若一个样本缺失的分量较多，则删除此样本是更好的选择。如果一个样本的标注缺失，对于有监督学习来讲，该样本作用不大，可删去。对于一个数据集，很难预先确定哪种填补方式更好，可以通过实验进行测试比较。还有一些填补方式与算法流程结合，例如，在决策树中，可不去预测填补的值，而是以概率加权的方式将有缺失样本分到不同的子集中，关于这种方法请参考7.3节。

异常值检测和异常样本剔除是数据清洗的另一个常见任务。异常值是指偏离了正常取值区间的值，异常值对一些机器学习算法影响较大，例如，建立在平方误差目标函数上的回归模型，对异常值很敏感。对于取值连续的变量(输入分量或回归的标注)，若设其服从高斯分布，均值和方差为μ,σ^2(标准差为σ)，则其取值与均值之差$|x-\mu|$大于2σ的概率小于0.05，$|x-\mu|$大于3σ的概率仅为0.003，可见，正常取值偏离均值μ的范围受限，故可定义一个样本x_n的Z-得分为

$$Z_n=\frac{|x_n-\mu|}{\sigma} \tag{5.1.1}$$

一种判断异常值的办法是给出一个合理的门限T，若样本x_n满足$Z_n>T$，则判断其为异常值。若一个样本被判断为异常值，常用的处理方法是将其删除。

当样本分量取值逼近高斯分布时，Z-得分方法判断异常值是有效的，但是，当输入是多峰值的PDF时，该方法不再有效。在这种情况下，输入特征向量常趋于一种聚类分布，可以利用第12章的聚类算法剔除异常值。即将数据集除去标注后，通过无监督学习的方法形成K个聚类，当一个样本偏离各聚类中心均超过一个门限时，将其判断为异常值。有关聚类的算法在第12章介绍。

当对数据集进行了数据清洗后，为了使每个样本适应模型的要求，往往还需要进行一些预处理。许多机器学习模型在归一化的输入情况下，收敛和性能更好。这里的归一化有两种常见形式，一是取值范围归一化，二是概率分布归一化。取值范围归一化指每个输入x_n取值在固定范围，例如[0,1]或[−1,1]，这里以前者为例进行说明。对于数据集，记录其最小值和最大值分别为：$x_{\min},x_{\max}$，则每个样本预处理为

$$x_n \leftarrow \frac{x_n-x_{\min}}{x_{\max}-x_{\min}} \tag{5.1.2}$$

对于一些规范的对象，$x_{\min},x_{\max}$是可预定的，不必从样本集中搜索，例如8比特的图像数据，$x_{\min}=0,x_{\max}=255$，14比特的高保真音乐，$x_{\min}=-2^{13},x_{\max}=2^{13}-1$。

概率分布归一化是将样本集归一化为均值为0，方差为1的分布，可由样本集估计均值和方

差：μ,σ^2，则每个样本做如下归一化。

$$x_n \leftarrow \frac{x_n-\mu}{\sigma} \tag{5.1.3}$$

有一些算法要求特殊的归一化，如在 4.2 节介绍的 Lasso 算法中，要求做归一化为 $\Sigma=\sum_{n=1}^{N}x_n^2, x_n \leftarrow x_n/\Sigma$。

在模型训练过程中，确定的归一化参数，如 $x_{\min}, x_{\max}, \mu, \sigma$ 等，在模型应用时，将输入特征向量用同样的参数做归一化处理。

由于输入特征向量可能维度很高，目前介绍的归一化只在各分量独立完成，使得各分量分布一致，但并不去除分量之间的相关性。若要通过归一化将高维特征向量归一化为均值为 0，协方差矩阵为单位矩阵的去相关向量，则需要高维特征分析，具体算法在 13.2 节介绍，这种预处理在大规模数据集上实现的运算复杂度太高，故在深度学习的训练中，主要采用的是各分量单独预处理的方法。

对于监督学习，数据集的标注也需要预处理，尤其针对分类的标注。很多分类问题的标注使用了文字表示标注，在将数据集用于训练时，首先将文字标注转换成数字标注，若已经是数字标注的，要转换成模型需要的格式。例如，2 分类情况，若标注用文字为“是”或“非”，需要根据模型的要求，转换为“1、0”或“1、−1”。对于多分类，大多数算法要求的标注是 K 维独热编码，需要将文字标注或单一数字标注转换为 K 维向量编码，例如一个 4 种类型的分类问题，原数据集用{1,2,3,4}标注 4 种类型，需转换为独热编码{1000,0100,0010,0001}。

一般来讲，对于目前的机器学习模型，合理的预处理可提升训练效率和性能。

5.1.3 模型的训练、验证与测试

在机器学习的训练和验证时，最简单方法的是将数据集分为训练集和测试集，更多情况下，对数据集的划分更复杂。本小节结合实际 ML 系统的学习过程，对数据的划分和作用做一些更深入的讨论。

在 ML 的许多模型中，存在一些称为超参数的量，超参数是不能直接通过训练过程确定得到的。例如多项式拟合的阶 M，KNN 的参数 K，或正则项的控制参数 λ。可以通过学习理论或贝叶斯框架下的学习确定这些超参数，但目前在实际中更常用的是通过验证过程确定。

在最简单的情况下，不需要确定超参数，数据集仍划分为训练集和测试集，或两个集合独立地产生自同一个数据生成分布，训练集训练模型，通过测试误差近似评价泛化性能。

更复杂的情况下可将数据集划分为三个集合，训练集、验证集和测试集。若数据集数据量充分，可以直接按一定比例划分三个集合，例如训练集占 80%、验证集占 10%和测试集占 10%，各集合的比例可根据数据集的总量做适当调整，数据集划分的示意图如图 5.1.2(a)所示。在一般的学习过程中，在超参数的取值空间内，按一定方式（等间隔均匀取值或随机取值）取一个（或一组，复杂模型可能有多个超参数）超参数值，用这个确定的超参数，通过训练集训练模型，将训练得到的模型用于验证集，计算验证集误差。取不同的超参数，重复这个过程，最后确定效果最好的超参数以及对应的模型。然后用测试集测试性能，计算测试误差，估计泛化性能。若测试性能达不到要求，还可能回到原点，选择不同的模型，重复以上过程，直到达到要求或在可能选择的模型中取得最好结果。在整个过程中测试集是不参与学习过程的，这样才能够得到可信的评估模型的泛化能力。

在一些情况下数据集规模较小，若固定的分成三个集合，因每个集合数据量小使得训练过程和验证过程都缺乏可靠性。这种情况可采用交叉验证(Cross Validation)方法。数据集仍划分为测试集和训练集，测试集留作最后的测试用。将训练集分为 K 折(K Folds)，用于训练和验证，对于一组给出的超参数，做多轮训练，每次训练留出一折作为验证集，其余作为训练集，进行一次训练和验证，然后循环操作，过程如图 5.1.2(b)所示。做完一个循环，将每次验证集的误差做平均，作为验证误差。选择一组新的超参数重复该过程。直到全部需要实验的超参数取值完成后，比较所有超参数取值下的验证误差，确定超参数的值，其后再用全部训练集样本训练出模型。将以上学习过程确定的模型用于测试集去计算测试误差，评价是否达到目标。

(a) 数据集划分

(b) 5折的交叉验证示意图

图 5.1.2 用于训练和测试的数据集划分

在数据集样本相当匮乏的情况下，以上交叉验证可取其极限情况，每一轮只留一个样本作为验证集，称为留一交叉验证(Leave-one out Cross Validation, LOOCV)。

以上介绍了用数据集获得一个 ML 模型的基本方法。实践中可能还有各种灵活的组合方式。第 4 章以及后续章节介绍的各种算法在实际应用时，一般用以上的某一种方式完成训练和测试过程。

5.1.4 特征工程

在图 5.1.1 中，特征工程是可跳过的模块。在多数深度学习模型的训练时，可直接输入高维数据，一般不需要特征工程模块。在传统机器学习领域，当输入向量维度较低时，一般也不需要做进一步的特征选择，即使各分量存在冗余，通过正则化方法也可有效改善。但当传统模型面对很高维输入向量，其或存在明显的冗余，或当高维输入中包含的关键信息非常隐蔽，传统模型难以从高维输入中有效抽取关键特征时，需要人的经验或技术手段辅助抽取重要特征，特征工程模块可起到关键作用。由于特征工程属于机器学习的外围模块，与各种领域知识有密切关系，不作为本书的重点，本小节仅给出一个极为简略的介绍。

特征工程可分为特征选择和特征提取。特征选择指从已有输入向量中，选择一部分特征保留，删除其他特征分量。特征提取指对原输入向量进行变换，变换后得到降维的特征向量表示。一般特征选择是通过丢弃一些输入分量得以降低维度，而特征提取是将源分量进行了组合，并没有直接删除输入分量。

1. 特征选择

进行特征选择的可能原因有几条①：

(1) 提高模型预测的准确性；

(2) 去除不相关的分量；

(3) 提高学习效率，减少计算和存储需求；

(4) 降低以后数据收集的成本，只测量与输出有关的变量；

(5) 降低模型复杂性，提供改进的可理解的数据和模型。

可定义输入向量中一个分量(一个特征)的关联和冗余，这里，关联表示一个特征与模型输出的关系，冗余表示特征分量之间的关系。一个特征可分为"强关联""弱关联""无关联"和"冗余"。一个特征 X 称为"强关联"指模型输出紧密依赖该特征，不能删除该特征；"弱关联"指该特征并不总是必要的，但它对某些子集来说是必要的；"无关联"指其与输出和预测是无关的，删去不影响模型性能；"冗余"是指输入向量的分量之间存在高度相关。一般可保留"强关联"和"弱关联"特征，删除"无关联"特征，在互为相关的冗余特征中至少保留 1 个。

实现特征选择的方法主要有三类：过滤法、包装法和嵌入法。

过滤法：这种方法用变量的统计特性过滤信息量小的变量，该方法与模型的学习过程无关，仅依赖于对训练数据一般特性的测度，如距离和相关性等。

过滤法的基本思想是利用距离、相关或概率等度量，筛选最有信息量的分量，有多种实现的具体算法，这里给出两个简单例子说明。第一个例子为设输入向量中的两个分量为 X 和 Y，将这两个分量在训练集中的所有取值构成集合 $\{x_n\}_{n=1}^{N}$ 和 $\{y_n\}_{n=1}^{N}$(注意，这两个集合相当于式(4.1.12)中数据矩阵的两列)，其均值分别为 $\bar{x}$ 和 $\bar{y}$，则可定义相关系数为

$$\rho(X,Y)=\frac{\sum_{n=1}^{N}(x_n-\bar{x})(y_n-\bar{y})}{\left[\sum_{n=1}^{N}(x_n-\bar{x})^2\sum_{n=1}^{N}(y_n-\bar{y})^2\right]^{1/2}} \tag{5.1.4}$$

其中，$-1\leqslant\rho(X,Y)\leqslant 1$，若 $\rho(X,Y)=\pm 1$，则 X,Y 完全相关，则可删除其中一个分量。

另一个简单例子是，将每个输入分量与输出标注计算相关，并按相关系数绝对值排序，选择排在前面的分量。

实际中，人们提出众多的距离函数，以分散性好为目标选择特征子集。

包装法：用模型的效果评价特征子集，用模型的预测准确性来衡量特征子集的优劣。该方法选择部分特征分量作为一个子集，用于训练模型，并用独立的测试集来评价模型性能，因此复杂性高很多，但比过滤法选择的特征子集更有效。

有几种选择特征子集的方法。性能最好的方法是穷举法，即将所有子集的组合依次用于训练模型，然后用测试集测试性能，找到性能最好的特征子集。在实际中，可以用分支界定法实现全搜索。次优的方法是顺序法，即按顺序依次增加或删除特征(对应连续前向选择或连续后向选择)，比穷举法效率高。还有各种设计的随机搜索方法。

---

① 见本书参考文献[168]。

嵌入法：这种特征选择的方法是嵌入模型训练过程中的，是一种模型相关方法。可以视为在特征子集和模型结构形成的组合空间中搜索，一种典型的方法为决策树（第 7 章）。

2. 特征提取

特征提取的最重要方法之一是主分量分析（PCA），第 13 章将详细介绍其算法。PCA 是典型的无监督学习算法，将高维向量映射为一个低维向量的同时，最大可能保持向量的能量。对于很多高维向量，通过 PCA 降维后作为模型输入的特征向量，可在有效降低模型复杂度和训练复杂度的情况下，不会明显降低模型性能。PCA 是高维分量的一种有效降维表示，在深度学习广泛应用之前，PCA 结合传统模型构成了表示学习的一种模式。

第 4 章介绍的 Fisher 线性判别分析本质上是另一种降维方法，当分类问题共有 C 种类型时，其将输入向量降维为 $C-1$ 维向量。以各类样本子集的最大可分离度为原则，将原样本集映射到 $C-1$ 维空间，由于输入特征向量降维为 $C-1$ 维，而标注不变，为在低维情况下设计分类器提供了一种模式。

在信号处理中大量使用的各种变换技术，也为特征提取提供了技术基础。一些高维向量在原表示域中存在高冗余，当选择合适的变换技术，将其变换到变换域中，其在变换域是稀疏的或近似稀疏的，只需保留部分变换系数组成低维向量即可逼近原向量。常用的变换有离散傅里叶变换（DFT）、KL 变换和 DCT 变换等。如果希望利用特定的结构信息，如多分辨结构，则可采用离散小波变换（DWT）等。关于各类变换的详细讨论，可参考相关的信号处理著作。

在不同的应用领域，存在许多基于领域知识构造的各类特征，这些特征基于对高维原输入向量的各种全局或局部计算，包括线性或非线性运算。

在模式识别和统计学中，特征工程问题被广泛研究。限于篇幅和本书的主题，这里只对特征工程做了非常简略的介绍。

5.1.5 样本不平衡

在进行模型训练之前对样本不平衡问题进行处理，可看作预处理的组成部分，因其重要性单独讨论。

在一些专业问题的有监督学习数据集中，常存在样本的不平衡问题。例如，在检查某一疑难病症的数据集中，标有“患病”的样本（称为正样）数目远少于“非患病”的样本（称为负样）数目，这是样本不平衡的情况。在样本不平衡情况下，很多模型训练的结果是对负样的性能更好，对正样的性能更差，这与需求是非常不一致的。

毫无疑问，解决样本不平衡的根本办法是争取采集更多样本，使样本集平衡，但当这种努力暂时无法达到时，一些辅助技术可适度缓解该问题。

一种最直接的方法是对原样本集进行扩大，将每个数量少的类型的样本重复多次复制到样本集随机的位置。例如，一个样本集正样和负样的比例是 1∶5，将每个正样复制 3 次到样本集的随机位置，则比例变成 4∶5。尽管这种复制没有增加实质正样数量，但结合一些训练算法可有效提升正样的作用。例如，在第 4 章介绍的小批量 SGD 算法中（深度学习目前大多采用该算法做优化），每次随机的从样本集采集一个小批量样本，用这种复制后的数据集，随机采样的小批量样本集中正样的比例明显扩大，正样的作用得到提升。第 8 章介绍的随机森林算法中，每次从样本集中采样一个自助样本集训练一颗决策树，这种加了复制样本集的方法可提升正样的作用。

一个相反的思路是对多的样本进行抽取。如前例所述，负样多出数倍，则可随机抽取出部分负样并将其删除掉。但这种随机抽取不一定有明显效果，可采用可视化处理，检查正样和负样的几何分布，若几何分布中有较多不同标准的样本重合，可优先将几何位置重叠区域上的负样删除，效果可能更明显。

当样本集的特征向量做少量调整不影响标注的正确性时，可通过微调特征向量部分，获得增广样本。例如，对于图像样本，做少量平移和旋转运算，不影响标注的正确性。在特征向量是来自传感器采集的数据时，加入少量噪声一般不影响标注。在可能的环境下，通过增广样本进行样本平衡，往往有实质性收益。但有些领域，这种调整是不被允许的，例如医学诊断数据。

对于一些模型的训练算法，可将样本加权，这种情况下，可通过对样本加权改善样本不平衡的负面效果。

解决样本不平衡是一个困难的问题，除了在预处理阶段的工作，可进一步结合模型的目标函数、模型结构和训练算法加以改善。

5.2 机器学习模型的性能评估

一个机器学习模型确定后，性能是否符合任务的需求，需要对其进行评估。一般来讲，对于较复杂的实际任务，性能评估方法可能与任务是相关的，因此有关性能评估方式有很多，本书作为以机器学习算法为主的基本教材，不对各种与任务相关的评价方法做过多讨论，本小节只对几个最基本的性能评价方法做一概要介绍，并只讨论监督学习中的回归和分类的性能评估。

对一个机器学习模型 $h(\boldsymbol{x})$ 做准确的性能评估是困难的，实际中一般是在样本集（例如测试集）

$$\boldsymbol{D}=\{(\boldsymbol{x}_i,y_i)\}_{i=1}^{N} \tag{5.2.1}$$

上对其进行性能评估，当样本集中样本数充分多且可充分表示实际样本分布时，用在样本集上的评估作为近似的泛化性能评估。本节为了叙述简单，假设样本集中的标注 y 均是标量。

1. 回归的性能评估

对于回归问题，模型 $h(\boldsymbol{x})$ 的输出和样本标注均为实数，在样本集上评价其性能的常用方法是均方误差，即

$$E_{\text{mse}}(h)=\frac{1}{N}\sum_{i=1}^{N}(h(\boldsymbol{x}_i)-y_i)^2 \tag{5.2.2}$$

均方误差重点关注了大误差的影响，在一些应用中，也可能采用平均绝对误差或最大误差，分别表示为

$$E_{\text{abs}}(h)=\frac{1}{N}\sum_{i=1}^{N}|h(\boldsymbol{x}_i)-y_i| \tag{5.2.3}$$

$$E_{\infty}(h)=\max_{1\leqslant i\leqslant N}\{|h(\boldsymbol{x}_i)-y_i|\} \tag{5.2.4}$$

尽管存在一些其他评价函数，在回归问题中，以均方误差评价使用最多。

2. 分类的性能评估

分类的性能评估比回归要复杂，这里讨论只有两类的情况，在二分类问题中，可用 1、0 分别标注两种不同类型，也常用正类（正样）或负类（负样）表示两种类型。一般正类指在“是”与“否”的二分类中确认为“是”的类型，可用标注 1 表示。例如在判断是否为某种疾病的分类系统中，一般将患有该疾病的样本称为正类，没患该疾病的样本称为负类。

评价分类的最基本准则是分类错误率和分类准确率，当对一个样本 $(\boldsymbol{x}_i,y_i)$ 做分类测试时，若分类器输出 $h(\boldsymbol{x}_i)$ 与样本标注相等，则分类正确，否则产生一个分类错误。对于式(5.2.1)的样本集，统计对所有样本 $h(\boldsymbol{x})$ 能够进行正确分类和错误分类的比例，可得到在样本集上的分类错误率

和分类准确率,分别表示为

$$E=\frac{1}{N}\sum_{i=1}^{N}I(h(\boldsymbol{x}_i)\neq y_i) \tag{5.2.5}$$

$$\mathrm{Acc}=\frac{1}{N}\sum_{i=1}^{N}I(h(\boldsymbol{x}_i)=y_i)=1-E \tag{5.2.6}$$

其中,$I(x)$是示性函数,x 是逻辑变量,当 x 为真 $I(x)=1$,否则 $I(x)=0$。若一个样本集中正样和负样分布均衡(大致数目相当),各种分类错误(将正样错分为负类或反之)代价相当,分类准确率(或分类错误率)可较好地评价分类器的性能。但当式(5.2.1)所示的样本集中正样和负样分布很不均衡时,分类正确率不能客观地反映分类器性能,甚至会引起误导。例如,在一个检测某癌症的数据集中有一万个样本,正样(癌症患者)的数目只有 300,其余的均为负样(非癌症患者),对于这样的样本集,若一个分类器简单地将所有样本分类为负样,则分类准确率仍为 0.97,这个指标相当好,但对本任务该分类器毫无用处。

为了进一步讨论怎样构造更合理的评价方法,对于一个分类器 $h(\boldsymbol{x})$,将式(5.2.1)的样本集分为 4 类:(1)"真正类",样本为正样,分类器将其分为正类;(2)"真负类",样本是负样,分类器将其分类为负类;(3)"假负类",样本为正样,分类器将其分为负类;(4)"假正类",样本是负样,分类器将其分类为正类。样本集中各类的数目见表 5.2.1。

表 5.2.1 样本的类型

标注的真实类型	分类器返回的类型	
	正类	负类
正类	N_{TP}	N_{FN}
负类	N_{FP}	N_{TN}

用表 5.2.1 的符号,样本总数 $N=N_{\mathrm{FP}}+N_{\mathrm{FN}}+N_{\mathrm{TP}}+N_{\mathrm{TN}}$,可重写分类错误率和分类准确率为

$$E=\frac{N_{\mathrm{FP}}+N_{\mathrm{FN}}}{N_{\mathrm{FP}}+N_{\mathrm{FN}}+N_{\mathrm{TP}}+N_{\mathrm{TN}}}$$

$$\mathrm{Acc}=\frac{N_{\mathrm{TP}}+N_{\mathrm{TN}}}{N_{\mathrm{FP}}+N_{\mathrm{FN}}+N_{\mathrm{TP}}+N_{\mathrm{TN}}}$$

对于前述癌症的例子,若将所有样本均分类为负样,则 $N_{\mathrm{FP}}=N_{\mathrm{TP}}=0$,$N_{\mathrm{FN}}=300$,$N_{\mathrm{TN}}=9700$,$E=0.03$,$\mathrm{Acc}=0.97$。在这种情况下,分类错误率和分类准确率几乎无法告诉我们分类器的实际效用,如下定义两个更有针对性的性能评价:精度(Precision)和查全率(Recall)。

精度定义为真正类 N_{TP} 与被分类器识别为正类的所有样本 $N_{\mathrm{TP}}+N_{\mathrm{FP}}$ 的比例,即

$$\mathrm{Pr}=\frac{N_{\mathrm{TP}}}{N_{\mathrm{TP}}+N_{\mathrm{FP}}} \tag{5.2.7}$$

查全率定义为正样被分类器正确识别为正类的概率,即真正类数目 N_{TP} 与正样总数 $N_{\mathrm{TP}}+N_{\mathrm{FN}}$ 之比

$$\mathrm{Re}=\frac{N_{\mathrm{TP}}}{N_{\mathrm{TP}}+N_{\mathrm{FN}}} \tag{5.2.8}$$

首先通过一个例子说明两个参数的意义如下。

例 5.2.1 针对癌症的例子,设一个分类器对样本集的分类情况如表 5.2.2"/"左侧所示。

表 5.2.2 样本的类型

标注的真实类型	分类器返回的类型	
	正类	负类
正类	210/260	90/40
负类	200/400	9500/9300

可计算出精度和查全率分别为 $\mathrm{Pr}\approx 0.51$ 和 $\mathrm{Re}=0.7$，分类准确率 $\mathrm{Acc}=0.971$。

若分类器改变参数，使得输出为正类的概率提高，则可能同时负样被判定为正类的数目也增加了，如表中"/"右侧的数据，则精度和查全率分别为 $\mathrm{Pr}\approx 0.39$ 和 $\mathrm{Re}\approx 0.87$，分类准确率 $\mathrm{Acc}=0.956$。

例 5.2.1 给出了两组数据，所代表的分类器均比将所有样本都分类为负类的"负分类器"有价值，但就分类准确率来讲，第一组数据没有改善，第二组数据反而下降了。对两组数据自身做比较可见，第二组(表 5.2.2 中"/"右侧)数据将更多的正样(癌症患者)做了正确分类，但同时也将更多的负样判别为正类，因此查全率增加但精度降低了。对于该任务来讲，可以认为第二组数据表示的分类器更有用，它将更多的患者检查出来，以免耽误治疗，对于将负样判别为正类的错误分类，一般可通过后续检查予以改正。在这个应用任务中查全率的提高是更有意义的，但也有的任务希望有更高的精度。在实际中精度和查全率往往是矛盾的，哪一个指标更重要往往取决于具体任务的需求。

可以将精度和查全率综合在一个公式中，即如下的 F_β

$$F_\beta=\frac{(\beta^2+1)\times \mathrm{Pr}\times \mathrm{Re}}{\beta^2\times \mathrm{Pr}+\mathrm{Re}} \tag{5.2.9}$$

对于 F_β，当 $\beta>1$ 时，查全率将得到更大权重，当 $0\leqslant\beta<1$ 时，精度得到更大权重。当 $\beta=1$ 时查全率和精度有相同的权重，得到一个简单的综合性能指标

$$F_1=\frac{2\times \mathrm{Pr}\times \mathrm{Re}}{\mathrm{Pr}+\mathrm{Re}} \tag{5.2.10}$$

当调整一个分类器的参数使得其性能变化时，常利用 P-R 曲线或接收机工作特性(Receiver Operating Characteristic，ROC)曲线评价分类器在不同参数下的表现。

P-R 曲线是以精度为纵轴、查全率为横轴的曲线，一般随着查全率增加，精度下降，图 5.2.1 所示为一个典型 P-R 曲线的示意图。

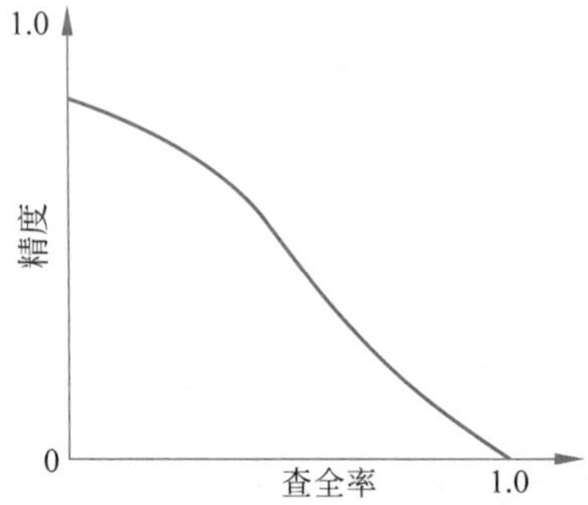

图 5.2.1 P-R 曲线示意

ROC 最初来自雷达检测技术，对于分类器，可首先定义正样分类准确率

$$\mathrm{P}_{\mathrm{Ac}}=\frac{N_{\mathrm{TP}}}{N_{\mathrm{TP}}+N_{\mathrm{FN}}} \tag{5.2.11}$$

和负样错误率

$$N_{\mathrm{e}}=\frac{N_{\mathrm{FP}}}{N_{\mathrm{TN}}+N_{\mathrm{FP}}} \tag{5.2.12}$$

当改变分类器参数时，P_{Ac} 和 N_{e} 都变化，以 P_{Ac} 为纵轴，以 N_{e} 为横轴，可画出一条曲线，称为 ROC 曲线。一个理想的分类器，可取到 $\mathrm{P}_{\mathrm{Ac}}=1$ 和 $N_{\mathrm{e}}=0$ 的点，但在现实中难以实现这样的分类器。实际分类器曲线示例如图 5.2.2 所示①。

① 见本书参考文献[86]。

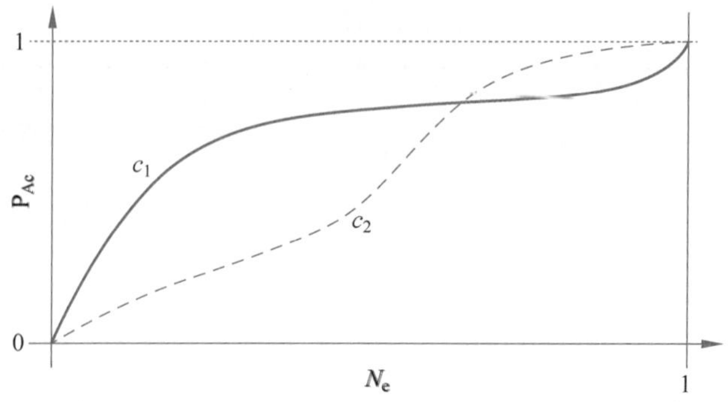

图 5.2.2 分类器 ROC 曲线示例

对于一个实际分类器，若控制参数将所有样本分类为负类，则对应$(N_e, P_{Ac})=(0,0)$，若将所有样本分类为正样，则$(N_e, P_{Ac})=(1,1)$，则曲线可通过坐标原点和(1,1)点。设有两个分类器(分类器 1 和分类器 2)对应的 ROC 曲线 c_1 和 c_2 画在同一图中，若 c_1 总是位于 c_2 之上，则分类器 1 性能总是优于分类器 2，若两条曲线有交叉，则在不同参数下两个分类器表现各有优劣。对于 ROC 曲线有交叉的不同分类器，一种比较其总体优劣的方法是采用 ROC 曲线下面积(Area Under ROC Curve, AUC)参数，一个分类器的 AUC 参数表示为其 ROC 曲线之下和坐标横轴之间的面积。

针对各类应用任务还有许多特别的参数，例如对于医学应用和对于金融应用，人们关注的性能可能非常不同，本书不再进一步讨论针对实际任务的性能评价。

5.3 机器学习模型的误差分解

本节以回归学习作为对象，讨论模型复杂度与误差的关系，即模型的偏和方差的折中问题。在第 4.3 节的多项式基函数例子中(例 4.3.3)，我们已经看到对于固定规模的训练数据集，随着模型复杂度变化，训练误差和测试误差的变化关系，为了清楚起见，将图 4.3.1(d)重示于图 5.3.1(a)中。在例子中，以多项式阶 M 表示模型的复杂度，可以看到，随着 M 增加，训练误差单调减少，但测试误差先减小，然后上升，也就是模型出现了过拟合。用测试误差逼近所学模型的泛化误差，故模型的泛化误差不是随着模型的表达能力越强而越小，一般泛化误差与模型复杂度的关系是一个“U”形曲线。图 5.3.1(b)所示为训练误差与测试误差的一种更一般的示意图，横坐标表示模型的复杂性度，类似地，训练误差单调减，测试误差是“U”形曲线。对于一个给定的学习任务，可选择对应测试误差“U”形曲线底端的模型复杂度。对于具体例子而言，图 5.3.1(a)中 M 取 3～7 这样一个较宽的范围，测试误差都处于“U”形曲线的底端，都是可选的模型复杂度。

接下来讨论更一般的泛化误差问题，以一般的回归模型作为讨论对象，不限于本书前面讨论的线性回归或基函数回归。假设一个数据集 $\boldsymbol{D}=\{(\boldsymbol{x}_n, y_n)\}_{n=1}^N$ 是来自对一个联合概率密度函数 $p(\boldsymbol{x}, y)$ 的采样，通过一个数据集学习得到的模型是 $\hat{y}(\boldsymbol{x})$，注意这里模型没有显式地依赖参数 $\boldsymbol{w}$，可表示更一般的模型。定义误差函数为

$$L(\hat{y}(\boldsymbol{x}), y)=(\hat{y}(\boldsymbol{x})-y)^2 \tag{5.3.1}$$

其中，y 表示回归模型要逼近的真实值，针对 $p(\boldsymbol{x}, y)$ 可得到模型的误差期望为

$$E(L)=\iint L(\hat{y}(\boldsymbol{x}), y)p(\boldsymbol{x}, y)\mathrm{d}\boldsymbol{x}\mathrm{d}y=\iint(\hat{y}(\boldsymbol{x})-y)^2 p(\boldsymbol{x}, y)\mathrm{d}\boldsymbol{x}\mathrm{d}y \tag{5.3.2}$$

其中，$E(L)$是针对模型 $\hat{y}(\boldsymbol{x})$的泛化误差。

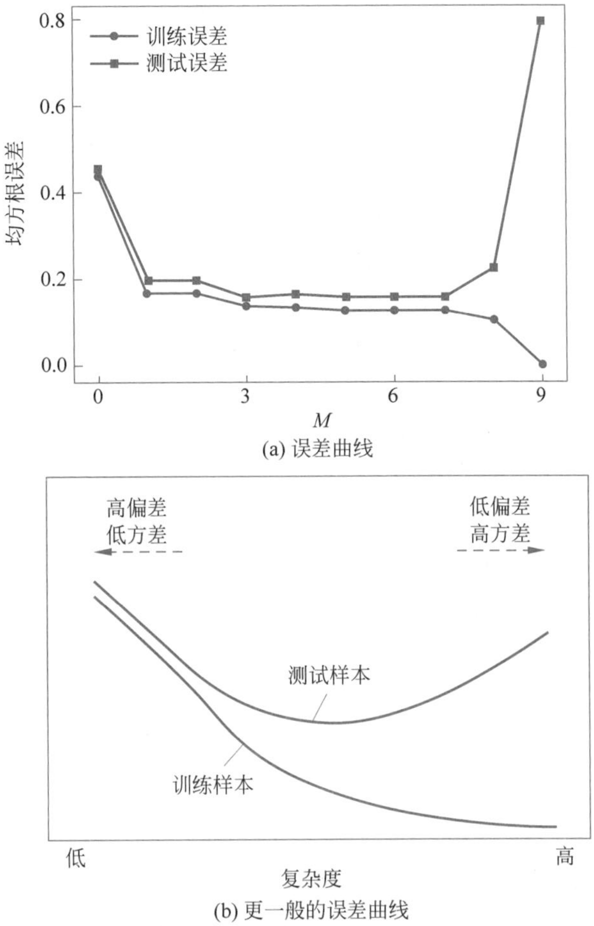

图 5.3.1 模型复杂度与误差的关系

对于回归问题，由第 3 章讨论的决策理论可知，若已知 $p(\boldsymbol{x},y)$，则最优的回归模型为

$$h(\boldsymbol{x})=\int yp(y\,|\,\boldsymbol{x})\,\mathrm{d}y=E(y\mid\boldsymbol{x}) \tag{5.3.3}$$

在机器学习中，由于一般准确的 $p(y\,|\,\boldsymbol{x})$ 是未知的，无法直接获得最优回归模型 $h(\boldsymbol{x})$，但是从原理上可以将 $h(\boldsymbol{x})$ 作为一个比较基准，得到如下误差分解：

$$\begin{aligned}
E(L)&=\iint(\hat{y}(\boldsymbol{x})-y)^2p(\boldsymbol{x},y)\mathrm{d}\boldsymbol{x}\mathrm{d}y\\
&=\iint(\hat{y}(\boldsymbol{x})-h(\boldsymbol{x})+h(\boldsymbol{x})-y)^2p(\boldsymbol{x},y)\mathrm{d}\boldsymbol{x}\mathrm{d}y\\
&=\iint(\hat{y}(\boldsymbol{x})-h(\boldsymbol{x}))^2p(\boldsymbol{x},y)\mathrm{d}\boldsymbol{x}\mathrm{d}y+\iint(h(\boldsymbol{x})-y)^2p(\boldsymbol{x},y)\mathrm{d}\boldsymbol{x}\mathrm{d}y+\\
&\quad 2\iint(\hat{y}(\boldsymbol{x})-h(\boldsymbol{x}))(h(\boldsymbol{x})-y)p(\boldsymbol{x},y)\mathrm{d}\boldsymbol{x}\mathrm{d}y\\
&=\int(\hat{y}(\boldsymbol{x})-h(\boldsymbol{x}))^2p(\boldsymbol{x})\mathrm{d}\boldsymbol{x}+\iint(E(y\,|\,\boldsymbol{x})-y)^2p(\boldsymbol{x},y)\mathrm{d}\boldsymbol{x}\mathrm{d}y
\end{aligned} \tag{5.3.4}$$

其中，$\hat{y}(\boldsymbol{x})-h(\boldsymbol{x})$与 y 无关，交叉项积分为 0，误差项由两项组成。其中，第二项是随机变量的不可完全预测性的结果，这是一个固有量，与模型选择、学习过程均无关，式(5.3.4)中最后一行的第一项是与模型和学习过程有关的，接下来仔细分析这一项。

假设只给出一个数据集 $\boldsymbol{D}=\{(\boldsymbol{x}_n,y_n)\}_{n=1}^N$，在这个数据集上学习回归模型，学习到的模型是与数据集相关的，为了清楚表示其与数据集的相关性，将学习到的模型表示为 $\hat{y}(\boldsymbol{x};\boldsymbol{D})$，若可以获得若干数据集，将每个数据集学习的模型做平均，当数据集数目很大时，这个平均值逼近于一个期望，用符号 $E_D(\hat{y}(\boldsymbol{x};\boldsymbol{D}))$ 表示。使用这个符号，将针对一个指定数据集的误差项 $(\hat{y}(\boldsymbol{x})-h(\boldsymbol{x}))^2$ 分解为

$$\begin{aligned}(\hat{y}(\boldsymbol{x};\boldsymbol{D})-h(\boldsymbol{x}))^2&=(\hat{y}(\boldsymbol{x};\boldsymbol{D})-E_D(\hat{y}(\boldsymbol{x};\boldsymbol{D}))+E_D(\hat{y}(\boldsymbol{x};\boldsymbol{D}))-h(\boldsymbol{x}))^2\\&=[\hat{y}(\boldsymbol{x};\boldsymbol{D})-E_D(\hat{y}(\boldsymbol{x};\boldsymbol{D}))]^2+[E_D(\hat{y}(\boldsymbol{x};\boldsymbol{D}))-h(\boldsymbol{x})]^2+\\&\quad 2[\hat{y}(\boldsymbol{x};\boldsymbol{D})-E_D(\hat{y}(\boldsymbol{x};\boldsymbol{D}))][E_D(\hat{y}(\boldsymbol{x};\boldsymbol{D}))-h(\boldsymbol{x})]\end{aligned}\tag{5.3.5}$$

将以上误差项对所有不同数据集进行平均，即取 $E_D(\cdot)$，注意到交叉项为 0，故

$$\begin{aligned}E_D[(\hat{y}(\boldsymbol{x};\boldsymbol{D})-h(\boldsymbol{x}))^2]&=E_D\{[\hat{y}(\boldsymbol{x};\boldsymbol{D})-E_D(\hat{y}(\boldsymbol{x};\boldsymbol{D}))]^2\}+E_D\{[E_D(\hat{y}(\boldsymbol{x};\boldsymbol{D}))-h(\boldsymbol{x})]^2\}\\&=[E_D(\hat{y}(\boldsymbol{x};\boldsymbol{D}))-h(\boldsymbol{x})]^2+E_D\{[\hat{y}(\boldsymbol{x};\boldsymbol{D})-E_D(\hat{y}(\boldsymbol{x};\boldsymbol{D}))]^2\}\end{aligned}\tag{5.3.6}$$

式(5.3.6)第二行的第一项是偏差，从多个数据集分别学习得到模型的 $\hat{y}(\boldsymbol{x};\boldsymbol{D})$ 做平均的结果 $E_D(\hat{y}(\boldsymbol{x};\boldsymbol{D}))$ 仍与最优模型 $h(\boldsymbol{x})$ 之间存在偏差；第二项是学习得到的模型的方差，即每一个数据集训练得到的模型与模型期望之间的偏离程度，这个方差越大，不同数据集训练出的模型的起伏程度越大。由于式(5.3.6)对所有数据集 $\boldsymbol{D}$ 取了期望，其与具体数据集无关，可以看作 $(\hat{y}(\boldsymbol{x})-h(\boldsymbol{x}))^2$ 并代入式(5.3.4)得到

$$\begin{aligned}E(L)&=\int[E_D(\hat{y}(\boldsymbol{x};\boldsymbol{D}))-h(\boldsymbol{x})]^2p(\boldsymbol{x})\mathrm{d}\boldsymbol{x}+\int E_D\{[\hat{y}(\boldsymbol{x};\boldsymbol{D})-E_D(\hat{y}(\boldsymbol{x};\boldsymbol{D}))]^2\}p(\boldsymbol{x})\mathrm{d}\boldsymbol{x}+\\&\quad\iint(E(y\mid\boldsymbol{x})-y)^2p(\boldsymbol{x},y)\mathrm{d}\boldsymbol{x}\mathrm{d}y\\&=(\text{偏差})^2+\text{方差}+\text{固有误差}\end{aligned}\tag{5.3.7}$$

式(5.3.7)说明，对于一个给出的模型，其泛化误差由三部分组成，偏差(实际是偏差的平方，为了叙述简单这里称为偏差)、方差和固有误差。固有误差与模型、数据集和学习过程均无关，不需要进一步讨论。偏差和方差确实与模型选择有关，一般的，若选择比较简单的模型，则偏差比较大，这是由于模型的表示能力有限，即使从多次训练获得的模型平均也仍偏离最优模型 $h(\boldsymbol{x})$。若选择比较复杂的模型，可以使得偏差比较小，但方差变大。设模型是参数模型，则复杂模型具有更多的参数，在给定数据集规模的条件下，每个参数的平均有效样本数较小。第 2 章讨论过，方差与有效样本数成反比，因此方差变大。即模型简单，方差小，偏差大；模型复杂，方差大，偏差小。当模型取得比较合适，既不算复杂也不算简单，即相对折中的模型，可能偏差和方差都比较小，总误差最小。图 5.3.2 所示为偏差、方差和泛化误差随模型复杂度的变化曲线的示意图。

例 5.3.1 为了给出误差分解的直观理解，考虑一个简单的学习模型的例子。

设函数 $f(\boldsymbol{x})$ 是无法直接观测到的，为了对该函数进行预测，通过采样获得数据集，采样过程为

$$y=f(\boldsymbol{x})+v\tag{5.3.8}$$

由于无法直接观测 $f(\boldsymbol{x})$，故采样样本存在误差 v，设 v 为零均值、方差为 σ_v^2 的高斯噪声。为了讨论问题简单，采样时各输入 $\boldsymbol{x}_i$ 是预先确定的。由采样数据构成 IID 数据集 $\{\boldsymbol{x}_i,y_i\}_{i=1}^N$，由数据集训练一个模型，作为说明，这里采用 K 近邻回归算法，模型为

$$\hat{y}=\hat{f}(\boldsymbol{x})=\frac{1}{K}\sum_{l=1}^{K}y_{(l)}\tag{5.3.9}$$

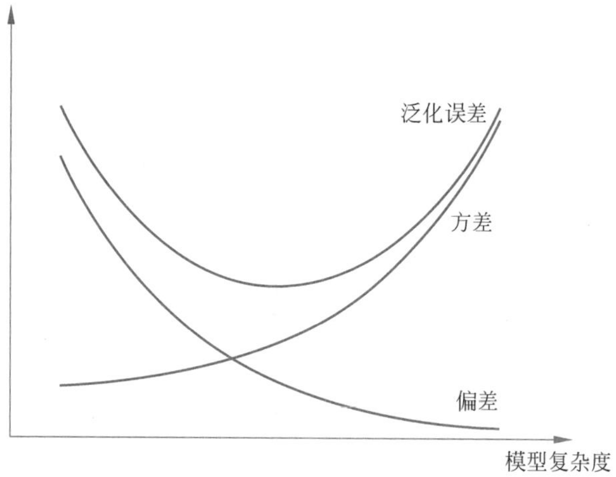

图 5.3.2 模型的误差分解

其中，$y_{(l)}$ 表示对于给定的 $\boldsymbol{x}$，最近邻的 K 个训练集样本的标注值，(l) 表示最近邻样本的下标。

为了讨论误差分解，通过对式(5.3.8)的观测，可得到最优模型为

$$h(\boldsymbol{x})=E(y \mid \boldsymbol{x})=f(\boldsymbol{x})$$

因此，固有误差为 σ_v^2。由于本例较为简单，直接使用式(5.3.4)的最后一行，则有

$$\begin{aligned} E(L) &= E\{(\hat{y}-h(\boldsymbol{x}))^2\}+\sigma_v^2 \\ &= E\left\{\left(\frac{1}{K}\left(\sum_{l=1}^{K} f(\boldsymbol{x}_{(l)})+v_l\right)-f(\boldsymbol{x})\right)^2\right\}+\sigma_v^2 \\ &= E\left\{\left[\frac{1}{K}\sum_{l=1}^{K} f(\boldsymbol{x}_{(l)})-f(\boldsymbol{x})\right]^2\right\}+E\left\{\left(\frac{1}{K}\sum_{l=1}^{K} v_l\right)^2\right\}+\sigma_v^2 \\ &= \left[\frac{1}{K}\sum_{l=1}^{K} f(\boldsymbol{x}_{(l)})-f(\boldsymbol{x})\right]^2+\frac{\sigma_v^2}{K}+\sigma_v^2 \end{aligned} \tag{5.3.10}$$

式(5.3.10)从倒数第二行到最后一行，是考虑做预测时，$\boldsymbol{x}$ 是一个给出的固定值。式(5.3.10)的最后一行分别是如式(5.3.7)所示的：偏差、方差和固有误差。对于 K 近邻方法，K 越大代表模型表达力越弱，$K=1$ 表示表达能力最强。显然，对于变化的内在函数 $f(\boldsymbol{x})$，K 越大 $\frac{1}{K}\sum_{l=1}^{K} f(\boldsymbol{x}_{(l)})$ 与 $f(\boldsymbol{x})$ 偏差越大(越多偏离 $\boldsymbol{x}$ 更远的函数值参与平均)，但方差 $\frac{\sigma_v^2}{K}$ 越小；反之，K 越小，二者的偏差越小，但方差越大，最小时 $K=1$，则由最近邻的函数 $f(\boldsymbol{x}_{(l)})$ 逼近 $f(\boldsymbol{x})$，此时偏差最小，方差 $\frac{\sigma_v^2}{K}$ 最大。不管 K 取何值，最后一项的固有误差 σ_v^2 不变。

对于线性回归模型，也可导出闭式结果说明误差的分解，只是推导过程更加复杂一些。

对于机器学习的模型选择来讲，在处理给定的问题和数据集时，并不是选择越复杂的模型越好，要选择适中的模型。这是一个基本的原则，在实际中怎样使用这个原则，却不是一个简单的问题。从原理上讲，从最大似然原理过渡到完全的贝叶斯框架下，可以解决模型选择的问题，但对于一般非线性模型，贝叶斯框架下的求解要复杂得多。一个更实际的方法是通过正则化和交叉验证来合理地选择模型。

本节注释 图5.3.1中的测试误差和图5.3.2中的泛化误差曲线都是"U"形曲线。对于传统的单一机器学习模型,"U"形曲线具有一般性。但在深度学习中,当深度网络复杂度达到一定规模后,测试误差的表现更加复杂,对于集成学习中一些方法,如随机森林和提升算法,测试误差一般也并没有呈现出"U"形,换言之,集成学习更不易出现过拟合问题。机器学习是仍在快速发展中的领域,在发展中,一些传统结论可能被不断补充和修改。

5.4 机器学习模型的泛化性能

5.3节以回归问题为例,讨论了偏差和方差的折中问题,本节将以分类问题为例,讨论机器学习的另一个理论问题:泛化界。偏差和方差的折中与泛化界是机器学习理论中关注的两个基本问题,都是关于泛化误差的,两者之间也有密切的联系。

在机器学习模型的训练过程中,一般只有一组训练集,算法通过训练误差的最小化学习到一个模型,但我们真正关心的是泛化误差,即对不存在于训练集中的新样本来讲,模型的预测性能如何?因此我们要关心一个基本问题:训练误差和泛化误差之间有多大的差距?机器学习的概率近似正确(Probably Approximately Correct, PAC)理论对这个问题进行了研究。这里对该理论给出一个极为简要的介绍。

本节以二分类问题为例,讨论PAC理论的一些基本概念和结论。假设样本可表示为$(\boldsymbol{x},y)$,$\boldsymbol{x}\in\boldsymbol{\mathcal{X}}$是输入特征向量,$\boldsymbol{\mathcal{X}}$表示输入空间,$y\in\{0,1\}$表示类型,$(\boldsymbol{x},y)$满足概率分布$p_{\mathcal{D}}(\boldsymbol{x},y)$,简写为$p_{\mathcal{D}}$,故可用$(\boldsymbol{x},y)\sim p_{\mathcal{D}}$表示样本服从的分布。从$p_{\mathcal{D}}$中采样得到满足独立同分布(IID)的训练样本集

$$\boldsymbol{D}=\{(\boldsymbol{x}_i,y_i)\}_{i=1}^{N} \tag{5.4.1}$$

其中,每个样本$(\boldsymbol{x}_i,y_i)\sim p_{\mathcal{D}}$。

用机器学习理论常用的术语,将一个机器学习模型称为一个假设h,$h(\boldsymbol{x})$输出$\{0,1\}$表示类型,即h完成映射:$h:\boldsymbol{\mathcal{X}}\rightarrow\{0,1\}$。在一个机器学习过程中,所有可能选择的假设构成一个假设空间$\boldsymbol{\mathcal{H}}$。对于任意假设$h\in\boldsymbol{\mathcal{H}}$,其在训练样本集上的分类错误率定义为训练误差或经验风险,经验风险表示为

$$\hat{R}(h)=\frac{1}{N}\sum_{i=1}^{N}I(h(\boldsymbol{x}_i)\neq y_i) \tag{5.4.2}$$

其表示了假设h在训练集上的误分类率,$I(\cdot)$是示性函数。可定义一般的泛化误差为

$$R(h)=P_{(\boldsymbol{x},y)\sim p_{\mathcal{D}}}(h(\boldsymbol{x})\neq y) \tag{5.4.3}$$

即泛化误差表示任意$(\boldsymbol{x},y)\sim p_{\mathcal{D}}$的误分类率,不管其是否存在于训练集。注意,用$R$表示泛化误差,用$\hat{R}$表示经验风险。

若不考虑可实现性,从理论上讲,我们希望学习到的假设是从$\boldsymbol{\mathcal{H}}$空间找到使得泛化误差最小的假设,即

$$h^{*}=\underset{h\in\boldsymbol{\mathcal{H}}}{\operatorname{argmin}}R(h) \tag{5.4.4}$$

在实际中,由于无法准确获得$p_{\mathcal{D}}(\boldsymbol{x},y)$,故无法通过泛化误差优化获得最优假设,总是通过经验风险最小化(Empirical Risk Minimization, ERM)得到一个假设,即

$$\hat{h}=\underset{h\in\boldsymbol{\mathcal{H}}}{\operatorname{argmin}}\hat{R}(h) \tag{5.4.5}$$

我们关心的一个理论问题是：对于通过 ERM 得到的假设 $\hat{h}$ 与真正的泛化误差最小的 h^* 之间的泛化误差差距有多大？即 $R(h^*)$ 与 $R(\hat{h})$ 差距有多大？

在继续讨论之前，首先通过例子进一步理解以上概念。

例 5.4.1 一个假设空间的例子。在 4.5 节介绍的感知机中，为了与本节分类输出用 $\{0,1\}$ 表示相符，将分类假设修改为

$$h(\boldsymbol{x}) = I(\bar{\boldsymbol{w}}^{\mathrm{T}}\bar{\boldsymbol{x}} \geqslant 0) \tag{5.4.6}$$

其中，$\bar{\boldsymbol{x}}$ 包含了哑元，$\bar{\boldsymbol{w}}$ 包含了偏置系数，是 $K+1$ 维参数向量。式(5.4.6)是一个假设，则假设空间为

$$\mathcal{H} = \{h_{\bar{\boldsymbol{w}}} \mid h_{\bar{\boldsymbol{w}}}(\boldsymbol{x}) = I(\bar{\boldsymbol{w}}^{\mathrm{T}}\bar{\boldsymbol{x}} \geqslant 0), \bar{\boldsymbol{w}} \in \mathbf{R}^{K+1}\} \tag{5.4.7}$$

其表示 K 维向量空间中的所有线性分类器集合，其中，$\mathbf{R}^{K+1}$ 是 $K+1$ 维实数集合。由于不同 $\bar{\boldsymbol{w}}$ 构成 $\mathcal{H}$ 的不同成员，故式(5.4.5)可具体化为

$$\hat{h} = \underset{\bar{\boldsymbol{w}} \in \mathbf{R}^{K+1}}{\operatorname{argmin}} \hat{R}(h_{\bar{\boldsymbol{w}}}) \tag{5.4.8}$$

$\hat{h}$ 是 ERM 意义下的最优假设，一般不能通过学习得到 $h^*_{\bar{\boldsymbol{w}}}$。

实际上，感知机的目标函数式(4.5.43)是式(5.4.2)的经验风险的一种逼近，故训练得到的感知机是对 $\hat{h}$ 的一种逼近。

逻辑回归也可做类似理解，同样其目标函数交叉熵也是式(5.4.2)经验风险函数的一种近似。

为了研究 $R(h^*)$ 与 $R(\hat{h})$ 的关系，给出如下引理。

引理 5.4.1 设 $Z_1, Z_2, \cdots, Z_N$ 是 N 个独立同分布的随机变量，均服从伯努利分布，且 $P(Z_i=1)=\mu$，定义样本均值为 $\hat{\mu} = \frac{1}{N}\sum_{i=1}^{N} Z_i$，令 $\varepsilon > 0$ 为一个固定值，则

$$P(|\mu - \hat{\mu}| > \varepsilon) \leqslant 2\exp(-2\varepsilon^2 N) \tag{5.4.9}$$

引理说明对于独立同分布样本，当 N 充分大，对于给定的 $\varepsilon > 0$，概率的均值估计和实际概率值之差大于 ε 的概率是随样本数 N 指数减小的。

接下来，对于 $\mathcal{H}$ 有限的情况，利用引理 5.4.1 导出训练误差和泛化误差的误差界，然后将结论推广到 $\mathcal{H}$ 无限的情况。

5.4.1 假设空间有限时的泛化误差界

首先考虑假设空间 $\mathcal{H}$ 是有限的，即 $\mathcal{H} = \{h_1, h_2, \cdots, h_M\}$，假设空间成员数目 $M = |\mathcal{H}|$ 可能很大，但是有限的。例如 4.7 节介绍的朴素贝叶斯方法，其假设空间是有限的。若每个特征变量取有限值，则第 7 章介绍的决策树假设空间也是有限的。对于例 5.4.1，若 $\bar{\boldsymbol{w}}$ 取值为实数，则假设空间是无限的，但若 $\bar{\boldsymbol{w}}$ 的每个分量是由有限位二进制表示的数值，则其假设空间是有限的(详细讨论见稍后的例 5.4.2)。首先讨论 $\mathcal{H}$ 有限的情况。

可从 $\mathcal{H}$ 选择一个固定的假设 h_k，利用引理 5.4.1 容易得到对于 h_k，其训练误差和泛化误差的关系。为此定义一个随机变量，对于 $(\boldsymbol{x}, y) \sim p_D$，定义

$$Z = I(h_k(\boldsymbol{x}) \neq y) \tag{5.4.10}$$

即当 h_k 对样本 $(\boldsymbol{x}, y)$ 不能正确分类时 $Z=1$，对式(5.4.1)所示的每个样本有 $Z_i = I(h_k(\boldsymbol{x}_i) \neq y_i)$，显然，$h_k$ 的训练误差为

$$\hat{R}(h_k)=\frac{1}{N}\sum_{i=1}^{N}Z_j \tag{5.4.11}$$

对比引理 5.4.1，Z_i 是 IID 的伯努利随机变量，$\hat{R}(h_k)$是对 $R(h_k)$的样本均值估计，则由式(5.4.9)直接得到

$$P(|R(h_k)-\hat{R}(h_k)|>\varepsilon)\leqslant 2\exp(-2\varepsilon^2 N) \tag{5.4.12}$$

以上是对于一个固定的 h_k，泛化误差和训练误差之差(绝对值)大于 ε 的概率。对于给定 ε，若样本数 N 充分大，则泛化误差与训练误差相差大于 ε 的概率很小。

利用式(5.4.12)可导出一个更一般的结果。为此，定义 $|R(h_k)-\hat{R}(h_k)|>\varepsilon$ 为一个事件 A_k，则有 $P(A_k)\leqslant 2\exp(-2\varepsilon^2 N)$。利用概率性质，至少存在一个 h（表示为 $\exists h$）其 $|R(h)-\hat{R}(h)|>\varepsilon$ 的概率为

$$\begin{aligned}P(\exists h\in\boldsymbol{\mathcal{H}},|R(h)-\hat{R}(h)|>\varepsilon)&=P(A_1\cup A_2\cup\cdots\cup A_K)\\&\leqslant\sum_{k=1}^{|\boldsymbol{\mathcal{H}}|}P(A_k)\\&\leqslant\sum_{k=1}^{|\boldsymbol{\mathcal{H}}|}2\exp(-2\varepsilon^2 N)\\&=2|\boldsymbol{\mathcal{H}}|\exp(-2\varepsilon^2 N)\end{aligned} \tag{5.4.13}$$

由于是概率值，由互补性，式(5.4.13)的等价表示是：

$$P(|R(h)-\hat{R}(h)|\leqslant\varepsilon,\forall h\in\boldsymbol{\mathcal{H}})\geqslant 1-2|\boldsymbol{\mathcal{H}}|\exp(-2\varepsilon^2 N) \tag{5.4.14}$$

在式(5.4.14)中，令

$$\delta=2|\boldsymbol{\mathcal{H}}|\exp(-2\varepsilon^2 N) \tag{5.4.15}$$

式(5.4.14)有丰富的内涵，其中有三个变量：δ,ε,N，以下从几方面讨论式(5.4.14)的含义，并讨论这三个变量的关系。

(1) 将式(5.4.14)重写为

$$P(|R(h)-\hat{R}(h)|\leqslant\varepsilon)\geqslant 1-\delta,\quad \forall h\in\boldsymbol{\mathcal{H}} \tag{5.4.16}$$

对于给定的 ε，所有假设 $\forall h\in\boldsymbol{\mathcal{H}}$都以不小于 $1-\delta$ 的概率满足 $|R(h)-\hat{R}(h)|\leqslant\varepsilon$，即泛化误差和训练误差之差不大于界 ε。这里 $1-\delta$ 是一个置信概率，当 N 很大时，δ 很小，以很高的概率满足 $|R(h)-\hat{R}(h)|\leqslant\varepsilon$。

(2) 假设空间成员数目 $|\boldsymbol{\mathcal{H}}|$ 是确定的，若给出 ε 和 δ，则可得到满足以 $1-\delta$ 为概率达到 $|R(h)-\hat{R}(h)|\leqslant\varepsilon$ 所需的样本数目。固定 δ,ε，从式(5.4.15)反解 N 为

$$N=\frac{1}{2\varepsilon^2}\ln\frac{2|\boldsymbol{\mathcal{H}}|}{\delta} \tag{5.4.17}$$

由式(5.4.15)可见，若 N 增大，则 δ 减小，故可将式(5.4.17)看作满足 δ,ε 约束的最小样本数，故对于给定 δ,ε，样本数可取为

$$N\geqslant\frac{1}{2\varepsilon^2}\ln\frac{2|\boldsymbol{\mathcal{H}}|}{\delta} \tag{5.4.18}$$

(3) 在式(5.1.15)中，固定 δ,N，解得 ε 为

$$\varepsilon=\sqrt{\frac{1}{2N}\ln\frac{2|\boldsymbol{\mathcal{H}}|}{\delta}} \tag{5.4.19}$$

这里给出式(5.4.16)的另一种解释，对于给定的 δ, N，误差界满足

$$|R(h)-\hat{R}(h)| \leqslant \sqrt{\frac{1}{2N}\ln\frac{2|\mathcal{H}|}{\delta}} \tag{5.4.20}$$

将以上解释总结为如下定理 5.4.1。

定理 5.4.1　对于假设空间 $\mathcal{H}$，固定 δ, N，则以概率不小于 $1-\delta$，泛化误差与训练误差满足

$$|R(h)-\hat{R}(h)| \leqslant \sqrt{\frac{1}{2N}\ln\frac{2|\mathcal{H}|}{\delta}}$$

或固定 δ, ε，若样本数目取

$$N \geqslant \frac{1}{2\varepsilon^2}\ln\frac{2|\mathcal{H}|}{\delta}$$

则，以概率不小于 $1-\delta$ 满足 $|R(h)-\hat{R}(h)| \leqslant \varepsilon$。

以上结论对于假设空间中的任意假设 $\forall h \in \mathcal{H}$ 均成立。我们更感兴趣的一个问题是，对于以经验风险最小化学习得到的假设 $\hat{h}$ 和理论上泛化误差最小对应的 h^* 之间的泛化误差的比较。由以上结果，若对 $\forall h \in \mathcal{H}$ 有 $|R(h)-\hat{R}(h)| \leqslant \varepsilon$，则

$$R(h) \leqslant \hat{R}(h)+\varepsilon \tag{5.4.21}$$

对 $\hat{h}$，可得到如下不等式：

$$\begin{aligned} R(\hat{h}) &\leqslant \hat{R}(\hat{h})+\varepsilon \\ &\leqslant \hat{R}(h^*)+\varepsilon \\ &\leqslant R(h^*)+2\varepsilon \end{aligned} \tag{5.4.22}$$

式(5.4.22)第一行只是将 $\hat{h}$ 代入式(5.4.21)，第 2 行将 $\hat{R}(\hat{h}) \leqslant \hat{R}(h^*)$ 代入其中，这是因为 $\hat{h}$ 是经验误差最小的假设，第 3 行对 h^* 再次使用式(5.4.21)。式(5.4.22)的结论是：ERM 学习得到的假设 $\hat{h}$ 和泛化误差最优的 h^*，二者的泛化误差之差不大于 2ε。将该结论总结为重要的定理 5.4.2。

定理 5.4.2　对于假设空间 $\mathcal{H}$，固定 δ, N，则以概率不小于 $1-\delta$，泛化误差满足如下不等式：

$$R(\hat{h}) \leqslant \min_{h \in \mathcal{H}} R(h) + 2\sqrt{\frac{1}{2N}\ln\frac{2|\mathcal{H}|}{\delta}} \tag{5.4.23}$$

或固定 δ, ε，若样本数目取

$$N \geqslant \frac{1}{2\varepsilon^2}\ln\frac{2|\mathcal{H}|}{\delta}$$

则，以概率不小于 $1-\delta$ 满足 $R(\hat{h}) \leqslant \min\limits_{h \in \mathcal{H}} R(h)+2\varepsilon$。

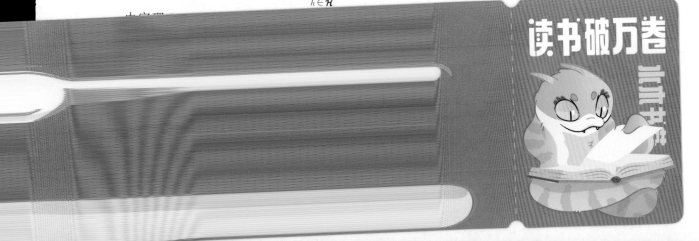

本数需满足

$$N \geqslant \frac{1}{2\varepsilon^2}\ln\frac{2|\mathcal{H}|}{\delta}=\frac{1}{2\varepsilon^2}\ln\frac{2\times 2^{L(K+1)}}{\delta}=O\left(\frac{KL}{\varepsilon^2}+\ln\frac{1}{\delta}\right)=O_{\varepsilon,\delta}(K) \tag{5.4.24}$$

或记为

$$N \sim O_{\varepsilon,\delta}(K) \tag{5.4.25}$$

这里用 $O(\cdot)$ 表示量级，$O_{\varepsilon,\delta}(\cdot)$ 表示量级函数，其中，δ,ε 是其参数。式(5.4.25)尽管有比例系数存在，但需要的样本数 N 与假设空间成员数目 K 是呈线性关系的。

*5.4.2 假设空间无限时的泛化误差界

将定理 5.4.2 的结论推广到假设空间 $\mathcal{H}$ 无限的情况。如前所述，例 5.4.1 所示的线性模型或后续章节介绍的支持向量机和神经网络等模型，当参数取实数时，假设空间是无限的，即 $|\mathcal{H}|=\infty$，这种情况下式(5.4.23)变得无意义，需要对其进行推广。这里对假设空间无限的情况，只做一个简明扼要的介绍。

当 $|\mathcal{H}|=\infty$ 时，为了表示假设空间的表示能力(或容量)，给出两个概念——打散(Shatters)和 VC 维(Vapnik-Chervonenkis Dimension)，这里只给出其简单直观性的介绍。

首先给出打散的概念，对于一个包含 d 个点的集合 $S=\{\boldsymbol{x}_1,\boldsymbol{x}_2,\cdots,\boldsymbol{x}_d\}$，其中 $\boldsymbol{x}_i\in\mathcal{X}$，称 $\mathcal{H}$ 可打散 S 是指：对点集 S 对应加上一个任意标注集 $\{y_1,y_2,\cdots,y_d\}$，则必存在 $h\in\mathcal{H}$，使得 $h(\boldsymbol{x}_i)=y_i,\quad i=1,2,\cdots,d$。

对于一个假设空间 $\mathcal{H}$，其 VC 维的定义为至少存在一个最大元素数为 d 的点集合 S，$\mathcal{H}$ 可打散 S，则 $\mathcal{H}$ 的 VC 维为 d，记为 $\mathrm{VC}(\mathcal{H})=d$，其中，$d$ 是最大能被 $\mathcal{H}$ 打散的点集的元素数，对于有 $d+1$ 个元素的点集合，$\mathcal{H}$ 均不可能打散它。

例 5.4.3 图 5.4.1 所示为二维平面上的 3 个点组成的点集和其对应的各种标注，图中的直线表示判决线，假设空间为二维线性分类器，即

$$\mathcal{H}=\{h(\boldsymbol{x})=\theta_1x_1+\theta_2x_2+\theta_0\,|\,\theta_0,\theta_1,\theta_2\in\mathbf{R}\}$$

图中每条判决线属于 $\mathcal{H}$，对这个 3 个元素的点集，$\mathcal{H}$ 可将其打散。如果是 4 个点，对于标注是异或运算，$\mathcal{H}$ 不能正确分类，故 $\mathcal{H}$ 不能打散 4 个点的点集，因此，平面线性分类器的 VC 维为 3，即 $\mathrm{VC}(\mathcal{H})=3$。

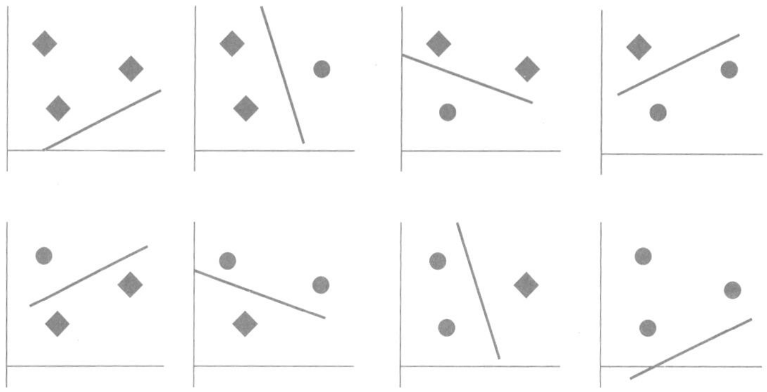

图 5.4.1 可由线性分类器打散的点集

若用 VC 维 d 表示一个假设空间的容量，则可得到与定理 5.4.2 类似的结论，这里只给出对应的定理。

定理 5.4.3 对于假设空间$\mathcal{H}$，若其 VC 维为 $d=\mathrm{VC}(\mathcal{H})$，则对于所有 $h\in\mathcal{H}$，以概率不小于 $1-\delta$，有如下不等式：

$$|R(h)-\hat{R}(h)|\leqslant O\left(\sqrt{\frac{d}{N}\ln\frac{N}{d}+\frac{1}{N}\ln\frac{1}{\delta}}\right) \tag{5.4.26}$$

对于 $\hat{h}$ 有不等式

$$R(\hat{h})\leqslant\min_{h\in\mathcal{H}}R(h)+O\left(\sqrt{\frac{d}{N}\ln\frac{N}{d}+\frac{1}{N}\ln\frac{1}{\delta}}\right) \tag{5.4.27}$$

对于以概率不小于 $1-\delta$ 满足 $R(\hat{h})\leqslant\min\limits_{h\in\mathcal{H}}R(h)+2\varepsilon$，样本数目需满足

$$N\sim O_{\varepsilon,\delta}(d) \tag{5.4.28}$$

注意，这里只用了量级函数 $O(\cdot)$ 而忽视了表达式中的一些具体常数系数，对于了解性能界来讲，这就够了。从式(5.4.28)看，对于无限假设空间，所需样本数与假设空间的 VC 维呈线性关系。

机器学习理论给出对学习性能的整体性洞察是有意义的，但目前对于一类实际模型的学习算法(如逻辑回归、神经网络、决策树等)，其给出的一些要求如样本数等与具体算法的实际需求还有较大距离，在指导一类具体算法的参数选择上的实际意义还有待改善，故实际中仍更常用交叉验证等技术确定机器学习模型的各类参数。

本章小结

本章给出了机器学习的性能与评估的基本介绍，从两方面进行讨论。首先从实用方面，介绍了利用数据集通过交叉验证和测试的实际技术训练一个机器学习模型的基本过程，然后介绍了几个实际中常用的机器学习性能评估指标。然后从理论上讨论了机器学习的性质。为了讨论上的直观，结合回归介绍了偏差和方差的折中问题，结合分类介绍了泛化界定理。

本书更侧重于机器学习算法的介绍，有关机器学习理论的讨论非常简略，对机器学习理论更感兴趣的读者，可参考 Mohri 等的教材和 S. S. Shai 等的著作，这些作品对机器学习理论进行了较为深入的讨论，均由张文生等译成了中文。Vapnik 对于统计学习理论给出了一个简明版的读本，已由张学工译成中文。

本章习题

1. 一个数据集为{−3,2.4,1,−2.2,0.8,−1,−1.8,2,4}。

(1) 通过取值归一化，将每个输入归一化在[0,1]之间；

(2) 通过概率分布归一化，将其归一化。

2. 什么是交叉验证？假设有 10 000 个带标注的样本，设计一个参数模型 $\hat{y}=h(\boldsymbol{x};\boldsymbol{w})$，讨论可能选择的样本集划分方式和交叉验证过程。

3. 对于如下表示的线性分类器的假设空间

$$\mathcal{H}=\{h_{\bar{w}}\mid h_{\bar{w}}(\boldsymbol{x})=I(\bar{\boldsymbol{w}}^{\mathrm{T}}\bar{\boldsymbol{x}}\geqslant 0),\bar{\boldsymbol{w}}\in\mathbf{R}^{K+1}\}$$

设 $\bar{w}$ 有 11 个系数，若 $\bar{w}$ 的每个分量用字长 8 比特的二进制码表示，若得到的模型的经验误差和泛化误差的差距以 0.95 的概率不大于 0.05，问样本数至少应取多少？

第 6 章 支持向量机与核函数方法

CHAPTER 6

支持向量机(Support Vector Machine,SVM)既可以用于分类,也可以用于回归,本章首先以分类作为目标讨论 SVM 的原理和算法,然后再讨论用于回归问题的 SVM。首先针对线性情况的 SVM 进行介绍,然后介绍核函数方法,通过核函数将 SVM 推广到非线性情况。

SVM 是机器学习中应用最广泛的方法之一,也有着坚实的理论支撑,本章主要通过启发式的方法导出 SVM 的学习算法。

6.1 线性支持向量机

第 11 集
微课视频

首先以分类为目标,讨论 SVM 的原理。作为分类器,SVM 的基本算法用于二分类问题,对于多分类问题可通过多个 SVM 进行推广,本节最后再对此问题进行讨论。

线性 SVM 的数学模型与感知机类似,对于二分类问题,其线性判别函数为

$$\hat{y}(\boldsymbol{x})=\boldsymbol{w}^{\mathrm{T}}\boldsymbol{x}+b \tag{6.1.1}$$

其中,$\boldsymbol{x}=[x_1,x_2,\cdots,x_D]^{\mathrm{T}}$ 为输入特征向量。注意到,在 SVM 的表示中,偏置习惯用专门符号 b 表示。SVM 分类器输出为

$$y_c(\boldsymbol{x})=\operatorname{sgn}[\hat{y}(\boldsymbol{x})]=\operatorname{sgn}(\boldsymbol{w}^{\mathrm{T}}\boldsymbol{x}+b) \tag{6.1.2}$$

输出为+1,表示 C_1 类;输出为−1,表示 C_2 类。为了与输出对应,在 SVM 训练时,样本集中样本的标注也采用±1 表示两类,故训练集可表示为 $\boldsymbol{D}=\{\boldsymbol{x}_n,y_n\}_{n=1}^{N}$,$y_n\in\{-1,1\}$,$y_n=1$ 表示正样,$y_n=-1$ 表示负样。

与感知机类似,令判决超平面为

$$\boldsymbol{w}^{\mathrm{T}}\boldsymbol{x}+b=0 \tag{6.1.3}$$

将特征空间分割为两个子空间,分别属于 C_1 类和 C_2 类。线性分类器的任务就是找到 $\boldsymbol{w}$ 和 b 使对……并能够对新的输入特征向量 $\boldsymbol{x}$ 给出较准确的预测,即有良好的泛化

的著作，尤其推荐 Boyd 等的著作《凸优化》。

一种带约束条件的优化问题可描述为

$$\min_{\boldsymbol{x}} f(\boldsymbol{x})$$
$$\text{s.t. } h_k(\boldsymbol{x}) \geqslant 0, \quad k=1,2,\cdots,K \tag{6.1.4}$$

其中，s.t. 是 subject to 的缩写，即“服从于”的意思。与带等式约束的优化问题类似，该问题也可通过以下拉格朗日函数进行求解，即定义

$$L(\boldsymbol{x},\boldsymbol{\mu}) = f(\boldsymbol{x}) - \sum_{k=1}^{K} \mu_k h_k(\boldsymbol{x}) \tag{6.1.5}$$

解式(6.1.4)的问题，可通过式(6.1.5)求对 μ_k 的最大化和对 $\boldsymbol{x}$ 的最小化，问题的最优解满足

$$\frac{\partial L(\boldsymbol{x},\boldsymbol{\lambda},\boldsymbol{\mu})}{\partial \boldsymbol{x}} = 0 \tag{6.1.6}$$

并同时满足以下 KKT(Karush-Kuhn-Tucker)条件，即

$$\begin{cases} h_k(\boldsymbol{x}) \geqslant 0 \\ \mu_k \geqslant 0 \\ \mu_k h_k(\boldsymbol{x}) = 0 \end{cases} \tag{6.1.7}$$

至于求解过程，可以有以下原解和对偶解。问题的原解分解为两步，即

$$\min_{\boldsymbol{x}} \{ \max_{\boldsymbol{\mu},\mu_k \geqslant 0} [L(\boldsymbol{x},\boldsymbol{\mu})] \} \tag{6.1.8}$$

对偶解分解为两步，即

$$\max_{\boldsymbol{\mu},\mu_k \geqslant 0} \{ \min_{\boldsymbol{x}} [L(\boldsymbol{x},\boldsymbol{\mu})] \} \tag{6.1.9}$$

即问题的原解是先求 $\boldsymbol{\mu}$ 使 $L(\boldsymbol{x},\boldsymbol{\mu})$ 最大化，然后固定 $\boldsymbol{\mu}$，求 $\boldsymbol{x}$ 使 $L(\boldsymbol{x},\boldsymbol{\mu})$ 最小化，对偶解是其反过程。可以证明：若 $f(\boldsymbol{x})$，$h_k(\boldsymbol{x})$ 是凸函数，同时 $h_k(\boldsymbol{x})$ 是仿射函数，且对于一些 $\boldsymbol{x}$，有 $h_k(\boldsymbol{x})>0$，则对偶解与原解同解，都是该优化问题的最优解。后面的推导将依赖 KKT 条件和对偶解。

6.1.2 线性可分情况的 SVM

若待分类的二分类问题是线性可分的，则可以找到一组 $\boldsymbol{w}$，b，可对训练样本集 $\boldsymbol{D}$ 中的所有样本给出正确分类。一般情况下，给出一个线性可分的样本集，可以对其进行正确分类的 $\boldsymbol{w}$，b 有多种，尽管都可以正确分类该样本集，但其泛化性能却可能差距很大。图 6.1.1 给出一个例子，$\boldsymbol{x}$ 为二维向量，对于图中显示的样本集，所示的 3 条判决线(判决面在二维情况化简为直线)均可正确分类图中的样本，但当用于对

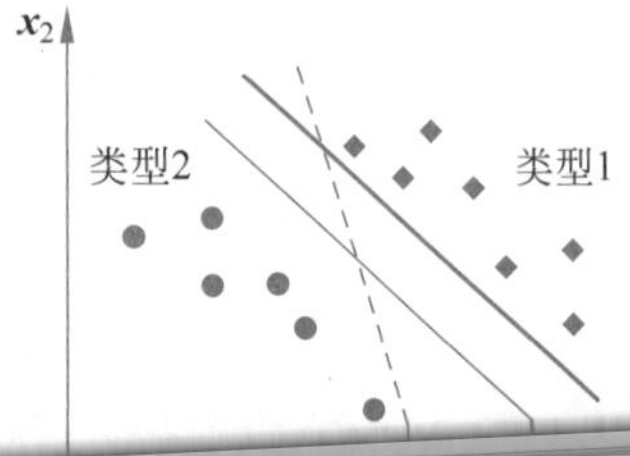

的样本集 $\boldsymbol{D}=\{\boldsymbol{x}_n,y_n\}_{n=1}^N$，4.5 节已讨论过样本到判决面的距离公式，利用式(4.5.3)可计算每个样本到判决面的距离为

$$\frac{|\boldsymbol{w}^{\mathrm{T}}\boldsymbol{x}_n+b|}{\|\boldsymbol{w}\|} \tag{6.1.10}$$

则对于给定的判决面，间隔定义为最小距离，即

$$\rho(\boldsymbol{w},b)=\min_{\boldsymbol{x}_n\in \boldsymbol{D}}\left(\frac{|\boldsymbol{w}^{\mathrm{T}}\boldsymbol{x}_n+b|}{\|\boldsymbol{w}\|}\right) \tag{6.1.11}$$

支持向量机的基本思想是在所有能够正确分类样本集的判决面中，找到使间隔最大的判决面，并得到对应的 $\boldsymbol{w},b$。用数学形式表示 SVM 的目标为

$$\max_{\boldsymbol{w},b}\left(\min_{\boldsymbol{x}_n\in \boldsymbol{D}}\frac{|\boldsymbol{w}^{\mathrm{T}}\boldsymbol{x}_n+b|}{\|\boldsymbol{w}\|}\right)=\max_{\boldsymbol{w},b}\left(\frac{1}{\|\boldsymbol{w}\|}\min_{\boldsymbol{x}_n\in \boldsymbol{D}}|\boldsymbol{w}^{\mathrm{T}}\boldsymbol{x}_n+b|\right) \tag{6.1.12}$$

式(6.1.12)就是 SVM 原理上的目标函数，但是直接解这个优化问题是非常困难的，接下来通过一些技巧将其变成一个容易求解的凸优化问题。

由线性可分性，设 $\boldsymbol{w},b$ 可以对所有样本进行正确分类，所以对于一个正样，有 $\hat{y}(\boldsymbol{x}_n)>0$ 且 $y_n=1$；对于一个负样，有 $\hat{y}(\boldsymbol{x}_n)<0$ 且 $y_n=-1$。因此，对所有样本均满足

$$y_n\hat{y}(\boldsymbol{x}_n)=y_n(\boldsymbol{w}^{\mathrm{T}}\boldsymbol{x}_n+b)\geqslant 0 \tag{6.1.13}$$

因此，可将绝对值运算替换为

$$|\hat{y}(\boldsymbol{x}_n)|=|\boldsymbol{w}^{\mathrm{T}}\boldsymbol{x}_n+b|=y_n(\boldsymbol{w}^{\mathrm{T}}\boldsymbol{x}_n+b) \tag{6.1.14}$$

由式(6.1.10)的距离公式可见，对于 $\boldsymbol{w},b$ 同时乘一个比例因子 $\alpha>0$，则距离不变。同时，对于固定的 $\boldsymbol{w},b$，$|\hat{y}(\boldsymbol{x}_n)|$ 表示各样本点与判决面的相对距离，称 $|\hat{y}(\boldsymbol{x}_n)|$ 为函数距离。通过控制比例因子 α，可限制 $|\hat{y}(\boldsymbol{x}_n)|$ 满足 $|\hat{y}(\boldsymbol{x}_n)|\geqslant 1, n=1,2,\cdots,N$，即离判决面最近的样本点的函数距离为 1，这相当于使

$$\min_{\boldsymbol{x}_n\in \boldsymbol{D}}|\boldsymbol{w}^{\mathrm{T}}\boldsymbol{x}_n+b|=1 \tag{6.1.15}$$

利用式(6.1.14)，则式(6.1.15)等价于

$$y_n(\boldsymbol{w}^{\mathrm{T}}\boldsymbol{x}_n+b)\geqslant 1,\quad n=1,2,\cdots,N \tag{6.1.16}$$

结合式(6.1.15)和式(6.1.16)，SVM 的目标函数式(6.1.12)可重写为

$$\begin{aligned}&\max_{\boldsymbol{w}}\left\{\frac{1}{\|\boldsymbol{w}\|}\right\}\\ &\text{s.t.}\quad y_n(\boldsymbol{w}^{\mathrm{T}}\boldsymbol{x}_n+b)\geqslant 1,\quad n=1,2,\cdots,N\end{aligned} \tag{6.1.17}$$

显然，式(6.1.17)可重写为以下更易于优化的新形式。

$$\begin{aligned}&\min_{\boldsymbol{w}}\frac{1}{2}\|\boldsymbol{w}\|^2\\ &\text{s.t.}\quad y_n(\boldsymbol{w}^{\mathrm{T}}\boldsymbol{x}_n+b)\geqslant 1,\quad n=1,2,\cdots,N\end{aligned} \tag{6.1.18}$$

经过这些变化，问题变成了求 $\boldsymbol{w},b$ 使满足式(6.1.18)的约束优化问题，由于目标函数 $\|\boldsymbol{w}\|^2$ 是严格凸函数，约束方程是仿射函数，式(6.1.18)是一类典型的凸优化问题，这是二次规划(Quadratic Programming，QP)的一类特定形式，可用标准 QP 程序求解。

图 6.1.2 给出了 SVM 解的一种示意图，为了直观和简单，仍用二维情况进行说明。图 6.1.2 中，实线是 SVM 的判决面，具有最大间隔性，两条平行的虚线(高维情况为超平面)称为间隔超平面，与判决面之间具有最小距离的样本点落在该平面上，即在该平面上的点满足

$$y_n\hat{y}(\boldsymbol{x}_n)=y_n(\boldsymbol{w}^{\mathrm{T}}\boldsymbol{x}_n+b)=1 \tag{6.1.19}$$

本节稍后会说明落在间隔超平面上的样本点称为“支持向量”。

尽管可以直接通过 QP 求解式(6.1.18)的优化问题，下面通过拉格朗日算子进一步研究 SVM 解的性质并给出其对偶解法，这将导出 SVM 非常有效的表示方法。对比式(6.1.18)和式(6.1.4)，这是标准的约束优化问题，可构造拉格朗日算子为

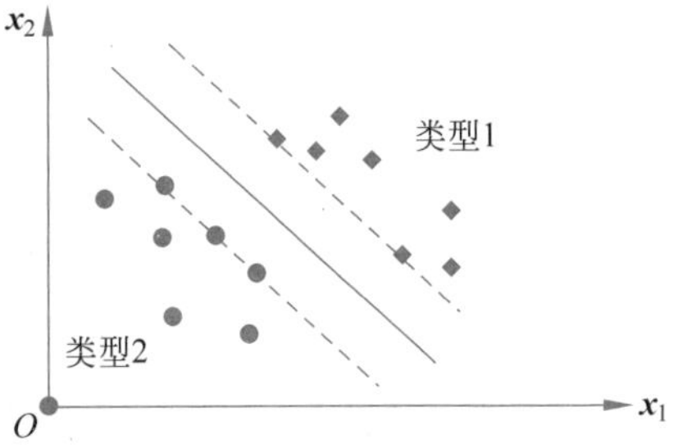

图 6.1.2 SVM 判决面和间隔面示意图

$$L(\boldsymbol{w},b,\boldsymbol{a})=\frac{1}{2}\|\boldsymbol{w}\|^2-\sum_{n=1}^{N}a_n\left[y_n(\boldsymbol{w}^{\mathrm{T}}\boldsymbol{x}_n+b)-1\right] \tag{6.1.20}$$

其中，$a_n\geqslant 0$ 为拉格朗日乘子，每个样本点对应一个 a_n，可紧凑地写为 $\boldsymbol{a}=[a_1,a_2,\cdots,a_N]^{\mathrm{T}}$。式(6.1.20)的最终解满足对 $\boldsymbol{w},b$ 的梯度为 0，同时满足 KKT 条件。即

$$\begin{cases}\dfrac{\partial L(\boldsymbol{w},b,\boldsymbol{a})}{\partial \boldsymbol{w}}=0 \quad\Rightarrow\quad \boldsymbol{w}=\displaystyle\sum_{n=1}^{N}a_ny_n\boldsymbol{x}_n\\ \dfrac{\partial L(\boldsymbol{w},b,\boldsymbol{a})}{\partial b}=0 \quad\Rightarrow\quad \displaystyle\sum_{n=1}^{N}a_ny_n=0\end{cases} \tag{6.1.21}$$

KKT 条件为

$$\begin{cases}a_n\geqslant 0\\ y_n(\boldsymbol{w}^{\mathrm{T}}\boldsymbol{x}_n+b)-1\geqslant 0\\ a_n\left[y_n(\boldsymbol{w}^{\mathrm{T}}\boldsymbol{x}_n+b)-1\right]=0\end{cases} \tag{6.1.22}$$

KKT 条件的最后一项是实质性的，也称为互补条件，最后的解要满足该条件，则要求 $a_n=0$ 或 $y_n(\boldsymbol{w}^{\mathrm{T}}\boldsymbol{x}_n+b)-1=0$ 必然满足一项。这样，若一个 $a_n>0$，则必然有对应的 $y_n(\boldsymbol{w}^{\mathrm{T}}\boldsymbol{x}_n+b)=1$，即对应样本点 $\boldsymbol{x}_n$ 落在间隔超平面上，这样的样本点称为支持向量。对于一个样本集，支持向量是比较少的，如图 6.1.2 中，只有落在虚线表示的间隔线上的样本才是支持向量，对应的 a_n 系数中，$a_n>0$ 的项数是比较少的，向量 $\boldsymbol{a}$ 是一个稀疏向量。

可以利用式(6.1.9)得到问题的对偶解。首先，利用式(6.1.21)得到 $\boldsymbol{w}$ 的解的形式 $\boldsymbol{w}=\sum_{n=1}^{N}a_ny_n\boldsymbol{x}_n$，以及为求解 b 得到的约束条件 $\sum_{n=1}^{N}a_ny_n=0$，将这些结果代入式(6.1.20)，整理得

$$\begin{aligned}L(\boldsymbol{w},b,\boldsymbol{a})&=\frac{1}{2}\|\boldsymbol{w}\|^2-\sum_{n=1}^{N}a_n\left[y_n(\boldsymbol{w}^{\mathrm{T}}\boldsymbol{x}_n+b)-1\right]\\&=\frac{1}{2}\left\|\sum_{n=1}^{N}a_ny_n\boldsymbol{x}_n\right\|^2-\sum_{n=1}^{N}a_n\left\{y_n\left[\left(\sum_{m=1}^{N}a_my_m\boldsymbol{x}_m\right)^{\mathrm{T}}\boldsymbol{x}_n+b\right]-1\right\}\\&=\sum_{n=1}^{N}a_n-\frac{1}{2}\sum_{n=1}^{N}\sum_{m=1}^{N}a_na_my_ny_m\boldsymbol{x}_n^{\mathrm{T}}\boldsymbol{x}_m-\sum_{n=1}^{N}a_ny_nb\\&=\sum_{n=1}^{N}a_n-\frac{1}{2}\sum_{n=1}^{N}\sum_{m=1}^{N}a_na_my_ny_m\langle\boldsymbol{x}_n,\boldsymbol{x}_m\rangle\end{aligned}$$

其中，从第 3 行到第 4 行用了约束条件 $\sum_{n=1}^{N}a_ny_n=0$，$\langle\boldsymbol{x}_n,\boldsymbol{x}_m\rangle=\boldsymbol{x}_n^{\mathrm{T}}\boldsymbol{x}_m$ 表示 $\boldsymbol{x}_n$ 和 $\boldsymbol{x}_m$ 的内积。后文将会看到，用向量的内积符号容易推广到非线性 SVM 的核函数形式。

加上约束条件，对偶解表示为以下优化问题。

$$L(\boldsymbol{a})=\sum_{n=1}^{N}a_n-\frac{1}{2}\sum_{n=1}^{N}\sum_{m=1}^{N}a_na_my_ny_m\langle\boldsymbol{x}_n,\boldsymbol{x}_m\rangle$$

$$\text{s.t.}\quad a_n\geqslant 0,\quad n=1,2,\cdots,N$$

$$\sum_{n=1}^{N}a_ny_n=0 \tag{6.1.23}$$

式(6.1.23)同样对应凸优化求解，同样也是一个二次规划问题。一方面，可以直接使用二次规划的求解程序；另一方面，针对其特点也可导出快速算法，如本章后续将介绍的序列最小优化算法。

解式(6.1.23)求出了 $\boldsymbol{a}$，代入式(6.1.21)即可计算出 $\boldsymbol{w}$，实际上并不需要计算出 $\boldsymbol{w}$，而是将 $\boldsymbol{w}$ 的表达式直接代入 SVM 的线性判别函数式(6.1.1)得

$$\hat{y}(\boldsymbol{x})=\boldsymbol{w}^{\mathrm{T}}\boldsymbol{x}+b=\sum_{n=1}^{N}a_ny_n\langle\boldsymbol{x},\boldsymbol{x}_n\rangle+b \tag{6.1.24}$$

而分类器输出为

$$y_c(\boldsymbol{x})=\operatorname{sgn}[\hat{y}(\boldsymbol{x})] \tag{6.1.25}$$

如前所述，a_n 的解中分为 $a_n>0$ 和 $a_n=0$ 两种，对应 $a_n>0$ 的样本称为支持向量，一般只占总样本的少部分，将支持向量样本的序号集合表示为 $\boldsymbol{S}$，其成员数目表示为 N_{S}，可见，式(6.1.24)可化简为

$$\hat{y}(\boldsymbol{x})=\sum_{n\in\boldsymbol{S}}a_ny_n\langle\boldsymbol{x},\boldsymbol{x}_n\rangle+b \tag{6.1.26}$$

在训练集的样本数较大时，与样本数量相比，参与 SVM 运算的项数是相当少的。

在 SVM 算法推导的最后，要确定参数 b。对于每个支持向量，满足式(6.1.19)，将式(6.1.26)代入式(6.1.19)有

$$y_n\left(\sum_{m\in\boldsymbol{S}}a_my_m\langle\boldsymbol{x}_n,\boldsymbol{x}_m\rangle+b\right)=1$$

两边同乘 y_n，并利用 $y_n^2=1$ 得到利用一个支持向量计算 b 的公式，即

$$b=y_n-\sum_{m\in\boldsymbol{S}}a_my_m\langle\boldsymbol{x}_n,\boldsymbol{x}_m\rangle \tag{6.1.27}$$

将每个支持向量所得 b 平均，得到 b 的更可靠估计为

$$b=\frac{1}{N_{\mathrm{S}}}\sum_{n\in\boldsymbol{S}}\left[y_n-\sum_{m\in\boldsymbol{S}}a_my_m\langle\boldsymbol{x}_n,\boldsymbol{x}_m\rangle\right] \tag{6.1.28}$$

至此，得到了在可分情况下线性 SVM 的计算过程。对于一个给定的样本集，首先求解式(6.1.23)的优化问题，得到系数解 $\boldsymbol{a}$，然后通过式(6.1.28)计算出 b。对于给出新的输入特征向量 $\boldsymbol{x}$，先通过式(6.1.26)得到 SVM 的输出值 $\hat{y}(\boldsymbol{x})$，再通过式(6.1.25)得到其分类结果。图 6.1.2 所示为二维情况下的一个实例，图中 SVM 的判决面 $\hat{y}(\boldsymbol{x})=0$ 为所示的实线，图中也显示了几个支持向量。最后用于表示判别式(6.1.26)的只有支持向量，其他样本在优化过程中起作用，优化结束后对应 $a_n=0$ 的非支持向量样本将不再起作用。

由式(6.1.11)可见，当 SVM 分类器确定以后，间隔 $\rho=1/\|\boldsymbol{w}\|$ 可由权向量范数确定，若希望确定间隔 ρ，故需要计算 $\|\boldsymbol{w}\|$。因此，将式(6.1.27)两侧同乘 a_ny_n 且对所有 n 求和得

$$\sum_{n=1}^{N}y_na_nb=\sum_{n=1}^{N}y_n^2a_n-\sum_{n=1}^{N}\sum_{m=1}^{N}y_na_na_my_m\langle\boldsymbol{x}_n,\boldsymbol{x}_m\rangle$$

注意，等号右侧最后一项就是 $\|\boldsymbol{w}\|^2$，等号左侧为 0，故得到

$$\|\boldsymbol{w}\|^2=\sum_{n=1}^{N}a_n=\|\boldsymbol{a}\|_1$$

其中，$\|\boldsymbol{a}\|_1$ 表示 $\boldsymbol{a}$ 的 l_1 范数。因此，SVM 的间隔值 $\rho=1/\|\boldsymbol{a}\|_1^{1/2}$。

由于最大间隔原则，使 SVM 有良好的泛化性能，由于 $\boldsymbol{a}$ 的稀疏性，SVM 最终进行分类时只有相应支持向量参与运算，运算复杂性较低。这些特性使 SVM 具有良好的应用价值。下面给出一个实际样本集的例子。

例 6.1.1 Iris 数据集包含了 150 个样本，属于鸢尾属下的 3 个亚属分别为山鸢尾(Setosa)、变色鸢尾(Versicolor)和维吉尼亚鸢尾(Virginica)。4 个特征被用作样本的定量描述，它们分别是花萼和花瓣的长度和宽度。该数据集包含 150 个数据，每类 50 个数据。表 6.1.1 是其中几个样本的数值例子。

表 6.1.1 Iris 数据集例子

花萼长度	花萼宽度	花瓣长度	花瓣宽度	类别
5.1	3.3	1.7	0.5	0(Setosa)
5.0	2.3	3.3	1.0	1(Versicolor)
6.4	2.8	5.6	2.2	2(Virginica)

本例将鸢尾花分为山鸢尾花(Setosa)和非山鸢尾花(Non-Setosa)两类。实验发现，为了把 Setosa 和其他两类分开，只要两个属性即可。故为了便于结果可视化，选取花朵的两个属性作为特征来训练，可分别取花萼长度、花萼宽度作为特征，或花瓣长度、花瓣宽度作为特征，随机取 120 个样本作为训练集，余下 30 个样本作为测试。用两种特征训练的 SVM 分类器以及对测试样本的效果分别如图 6.1.3 和图 6.1.4 所示。对于本题的分类任务，用全部 4 个特征自然也是可分的，可做到 100%正确分类，只是用 4 个特征无法画出这种可视图形。实际中能可视化的例子是很少的。

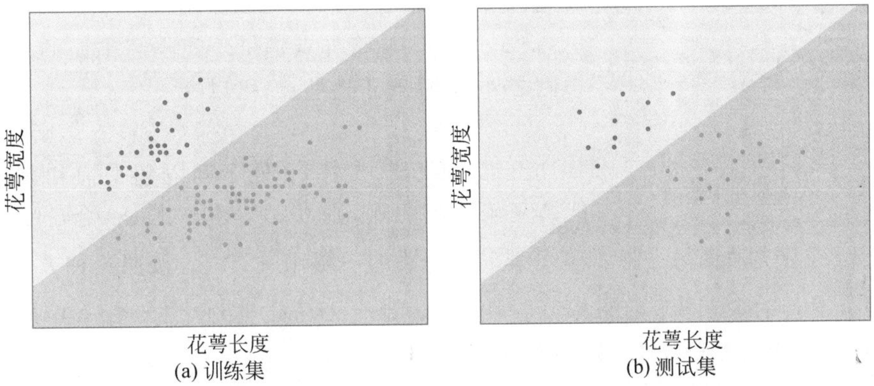

图 6.1.3 花萼长度、花萼宽度作为特征训练集、测试集结果

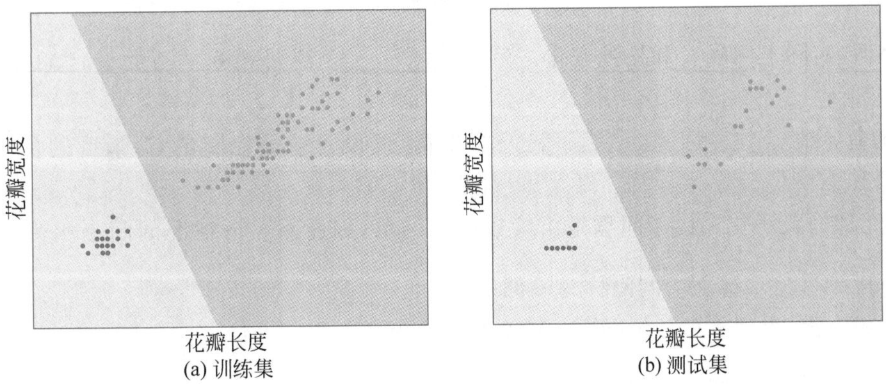

图 6.1.4 花瓣长度、花瓣宽度作为特征训练集、测试集结果

6.1.3 不可分情况的SVM

在实际中遇到的大多数情况是不可分的，对于给定的样本集，不存在一个判决面能将所有样本正确分类，在不可分情况下通过引入松弛变量(Slack Variables)扩展SVM方法。SVM方法的发展途径也是如此，首先导出了可分情况的SVM算法，多年后才将其推广到不可分情况。

通过一个直观的理解引入松弛变量。对于可分情况，可找到一个判决面和一个间隔 ρ(对应两侧的间隔超平面)，所有样本都处于间隔面上或间隔面以外正确的一侧(如图6.1.2所示的例子)，可以把不可分情况看作是以上情况的推广。对于给定的间隔和判决面，一个不可分样本集可分为两组样本，第1组样本仍满足可分性，称为正常样本，另一组称为奇异样本点，处于间隔面的另一侧。也就是说，对于第1组样本，仍满足 $y_n(\boldsymbol{w}^{\mathrm{T}}\boldsymbol{x}_n+b)\geqslant 1$ 的条件，但对于奇异样本点，则不再满足这个条件，但对于每个奇异样本，可给出一个松弛变量 $\xi_n>0$，使该样本满足

$$y_n(\boldsymbol{w}^{\mathrm{T}}\boldsymbol{x}_n+b)\geqslant 1-\xi_n \tag{6.1.29}$$

为了将式(6.1.29)作为一个对所有样本成立的约束条件，对于正常样本点也给出一个松弛变量 $\xi_n=0$，则其同样满足式(6.1.29)的约束。这样就可将松弛变量和约束条件写为

$$\begin{cases}\xi_n\geqslant 0\\ y_n(\boldsymbol{w}^{\mathrm{T}}\boldsymbol{x}_n+b)\geqslant 1-\xi_n\end{cases},\quad n=1,2,\cdots,N \tag{6.1.30}$$

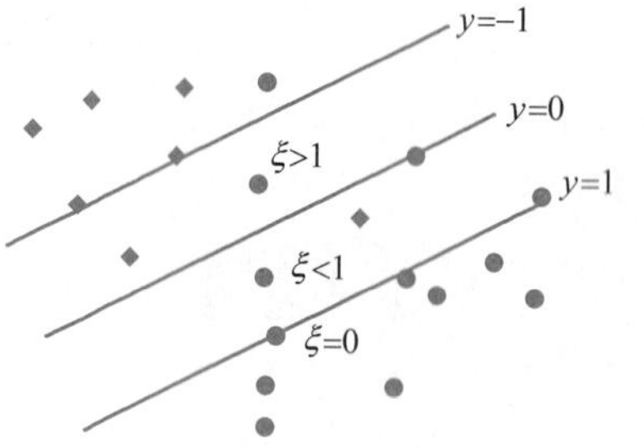

图6.1.5 松弛变量示意图

通过图6.1.5可以进一步理解松弛变量。对于给定的间隔 ρ 和判决超平面，处于间隔超平面上和处于正确一侧的样本，对应 $\xi_n=0$。处于判决面两侧的间隔超平面上的点仍满足 $y_n(\boldsymbol{w}^{\mathrm{T}}\boldsymbol{x}_n+b)=1$，奇异点是位于间隔超平面的朝向判决错误一侧之外的点，对于这些点，可以令

$$\xi_n=|y_n-\hat{y}(\boldsymbol{x}_n)|$$

不难看到，若样本 $\boldsymbol{x}_n$ 处于间隔超平面和判决面之间仍能被正确分类的点，则 $0<\xi_n<1$；若 $\boldsymbol{x}_n$ 恰好位于判决面上，则 $\xi_n=1$；若 $\boldsymbol{x}_n$ 位于判决面另一侧，即位于被错误分类的一侧，则 $\xi_n>1$。按照这种方式确定的松弛变量，对于奇异点，式(6.1.30)的约束是一个等式，即 $y_n(\boldsymbol{w}^{\mathrm{T}}\boldsymbol{x}_n+b)=1-\xi_n$，但对于所有样本，式(6.1.30)的不等式是更一般性的约束条件。

以上为了理解松弛变量的含义，设间隔 ρ 和判决面都是预先确定的，对于不可分情况，实际上预先并不能确定最优间隔，间隔是在完成SVM优化后才能确定的。对于不可分情况，也没有一个确定的间隔值，实际上间隔 ρ 和松弛变量之和 $\sum_{n=1}^{N}\xi_n$ 是一个需要相互平衡的量，大的间隔 ρ(小的 $\|\boldsymbol{w}\|$)可能会导致 $\sum_{n=1}^{N}\xi_n$ 也变大。为了良好的平衡，可设置一个控制量 C，最后的优化是 $\|\boldsymbol{w}\|^2$ 和 $C\sum_{n=1}^{N}\xi_n$ 之和的最小化。由于间隔是由参数可控的量，因此不可分情况的间隔称为软间隔(Soft Margin)，对应于可分情况下的间隔称为硬间隔。

综合这些因素，得到不可分情况下SVM的目标函数为

$$\min_{\boldsymbol{w},\xi_n}\left\{\frac{1}{2}\|\boldsymbol{w}\|^2+C\sum_{n=1}^{N}\xi_n\right\}$$

$$\text{s.t.}\begin{cases}\xi_n \geqslant 0 \\ y_n(\boldsymbol{w}^{\mathrm{T}}\boldsymbol{x}_n + b) \geqslant 1 - \xi_n\end{cases}, \quad n = 1,2,\cdots,N \tag{6.1.31}$$

其中，$\sum_{n=1}^{N}\xi_n$ 可看作正则化项；C 为超参数，用于控制间隔和奇异点数目的平衡，从而控制 SVM 的训练集误差和泛化能力的折中，一般通过交叉验证的方式确定 C。为了优化该问题，构造拉格朗日算子为

$$L(\boldsymbol{w},b,\xi_n,\boldsymbol{a},\boldsymbol{\mu}) = \frac{1}{2}\|\boldsymbol{w}\|^2 + C\sum_{n=1}^{N}\xi_n - \sum_{n=1}^{N}a_n[y_n(\boldsymbol{w}^{\mathrm{T}}\boldsymbol{x}_n + b) - 1 + \xi_n] - \sum_{n=1}^{N}\mu_n\xi_n \tag{6.1.32}$$

其中，拉格朗日乘子 $a_n \geqslant 0, \mu_n \geqslant 0, n = 1,2,\cdots,N$。

式(6.1.32)的 KKT 互补条件有两条，分别为

$$a_n[y_n(\boldsymbol{w}^{\mathrm{T}}\boldsymbol{x}_n + b) - 1 + \xi_n] = 0 \tag{6.1.33}$$

$$\mu_n\xi_n = 0, \quad n = 1,2,\cdots,N \tag{6.1.34}$$

对于式(6.1.33)的条件，当 $a_n > 0$ 时，$y_n(\boldsymbol{w}^{\mathrm{T}}\boldsymbol{x}_n + b) - 1 + \xi_n = 0$ 这样的样本点称为支持向量，同样，支持向量的数目较少，$\boldsymbol{a}$ 是稀疏的。对于不可分情况的支持向量的作用与可分情况类似，稍后再做更详细的讨论。

与可分情况一样，导出求解拉格朗日算子的对偶算法。首先求 $L(\boldsymbol{w},b,\xi_n,\boldsymbol{a},\boldsymbol{\mu})$ 对 $\boldsymbol{w},b,\xi_n$ 的偏导数，得到以下各式。

$$\frac{\partial L(\boldsymbol{w},b,\xi_n,\boldsymbol{a},\boldsymbol{\mu})}{\partial \boldsymbol{w}} = 0 \Rightarrow \boldsymbol{w} = \sum_{n=1}^{N}a_n y_n \boldsymbol{x}_n \tag{6.1.35}$$

$$\frac{\partial L(\boldsymbol{w},b,\xi_n,\boldsymbol{a},\boldsymbol{\mu})}{\partial b} = 0 \Rightarrow \sum_{n=1}^{N}a_n y_n = 0 \tag{6.1.36}$$

$$\frac{\partial L(\boldsymbol{w},b,\xi_n,\boldsymbol{a},\boldsymbol{\mu})}{\partial \xi_n} = 0 \Rightarrow a_n = C - \mu_n \tag{6.1.37}$$

式(6.1.37)等价于

$$0 \leqslant a_n \leqslant C \tag{6.1.38}$$

由 $\mu_n \geqslant 0$ 得到式(6.1.38)，这个不等式称为 a_n 的盒约束，即 a_n 取值限制在一个范围内。

将式(6.1.35)代入式(6.1.32)，并利用式(6.1.36)和式(6.1.38)约束，得到对偶拉格朗日的形式为

$$\begin{aligned} &L(\boldsymbol{a}) = \sum_{n=1}^{N}a_n - \frac{1}{2}\sum_{n=1}^{N}\sum_{m=1}^{N}a_n a_m y_n y_m \langle \boldsymbol{x}_n, \boldsymbol{x}_m \rangle \\ &\text{s.t.}\ \ 0 \leqslant a_n \leqslant C, \quad n = 1,2,\cdots,N \\ &\qquad \sum_{n=1}^{N}a_n y_n = 0 \end{aligned} \tag{6.1.39}$$

对比式(6.1.39)和式(6.1.23)发现，对于不可分情况，最终的对偶解形式与可分情况近乎一致，只是将 $a_n \geqslant 0$ 的约束变成 $0 \leqslant a_n \leqslant C$ 的盒约束，显然，式(6.1.39)对应了凸二次规划问题，可通过相应优化算法得到最优解。

与可分情况一样，得到 a_n 的解之后，利用式(6.1.35)直接得到 SVM 的线性判别输出

$$\hat{y}(\boldsymbol{x}) = \boldsymbol{w}^{\mathrm{T}}\boldsymbol{x} + b = \sum_{n=1}^{N}a_n y_n \langle \boldsymbol{x}, \boldsymbol{x}_n \rangle + b \tag{6.1.40}$$

而分类器输出为

$$y_c(\boldsymbol{x})=\mathrm{sgn}[\hat{y}(\boldsymbol{x})] \tag{6.1.41}$$

不出意料，不可分情况下 SVM 的输出与可分情况形式相同。

由于松弛变量 ξ_n 的引入，不可分情况的支持向量比可分情况要复杂一些。如前所说，a_n 的解分为 $a_n>0$ 和 $a_n=0$ 两种。对应 $a_n>0$ 的样本称为支持向量，一般只占总样本的少部分，将支持向量样本的序号集合表示为 $\boldsymbol{S}$，其成员数目表示为 N_S。对于支持向量 $n\in\boldsymbol{S}$，由 KKT 互补条件式(6.1.33)，有

$$y_n(\boldsymbol{w}^{\mathrm{T}}\boldsymbol{x}_n+b)-1+\xi_n=0 \tag{6.1.42}$$

由于 a_n 满足盒条件，对于支持向量，a_n 可以分为两种类型：$0<a_n<C$ 和 $a_n=C$。

对于 $0<a_n<C$ 的支持向量，由式(6.1.37)得 $\mu_n>0$，由互补条件式(6.1.34)得 $\xi_n=0$，由式(6.1.42)得该支持向量满足 $y_n(\boldsymbol{w}^{\mathrm{T}}\boldsymbol{x}_n+b)=1$，即该样本位于间隔超平面上，这些支持向量与可分情况的支持向量一致，把这些支持向量的序号集合记为 $\boldsymbol{M}$。

对于 $a_n=C$ 的支持向量，对应 $\mu_n=0$，则 $\xi_n>0$ 对应奇异样本点。对于这些样本，若 $\xi_n<1$，则位于间隔超平面和判决面之间但仍可正确分类；若 $\xi_n>1$，则位于判决面错误的一侧，被错误分类；若 $\xi_n=1$，则位于判决面上，可分为任意类。图 6.1.5 中给出了支持向量的各种情况。在支持向量中，只有 $a_n=C$ 对应的样本，可能越过了间隔超平面并被错误分类。

对于不可分情况，只有满足 $0<a_n<C$ 的部分支持向量位于间隔超平面，可用式(6.1.27)计算 b，对每个 $n\in\boldsymbol{M}$ 计算的 b 进行平均得到可靠的估计为

$$b=\frac{1}{N_M}\sum_{n\in\boldsymbol{M}}\left(y_n-\sum_{m\in\boldsymbol{S}}a_m y_m\langle\boldsymbol{x}_n,\boldsymbol{x}_m\rangle\right) \tag{6.1.43}$$

其中，N_M 为集合 $\boldsymbol{M}$ 中元素数目。

6.1.4 合页损失函数

为了更全面地理解 SVM，可以从另一个角度观察一下 SVM 的目标函数。

在不可分情况下，SVM 的目标函数式(6.1.31)可以给出另外一种形式，称为合页损失函数(Hinge Loss Function)，其形式更符合标准的正则化目标函数。定义一个合页函数为

$$L_{\mathrm{h}}(z)=\max(0,1-z) \tag{6.1.44}$$

对于一个样本，若满足 $y_n(\boldsymbol{w}^{\mathrm{T}}\boldsymbol{x}_n+b)\geqslant 1$，则 $\xi_n=L_{\mathrm{h}}[y_n(\boldsymbol{w}^{\mathrm{T}}\boldsymbol{x}_n+b)]=0$，若是一个奇异样本 $y_n(\boldsymbol{w}^{\mathrm{T}}\boldsymbol{x}_n+b)<1$，则 $\xi_n=1-y_n(\boldsymbol{w}^{\mathrm{T}}\boldsymbol{x}_n+b)=L_{\mathrm{h}}[y_n(\boldsymbol{w}^{\mathrm{T}}\boldsymbol{x}_n+b)]>0$，故

$$\sum_{n=1}^{N}\xi_n=\sum_{n=1}^{N}L_{\mathrm{h}}[y_n(\boldsymbol{w}^{\mathrm{T}}\boldsymbol{x}_n+b)] \tag{6.1.45}$$

因此，可定义一个新的目标函数

$$\min_{\boldsymbol{w},b}\left\{\sum_{n=1}^{N}L_{\mathrm{h}}[y_n(\boldsymbol{w}^{\mathrm{T}}\boldsymbol{x}_n+b)]+\lambda\|\boldsymbol{w}\|^2\right\}=\min_{\boldsymbol{w},b}\left\{\sum_{n=1}^{N}\max[0,1-y_n(\boldsymbol{w}^{\mathrm{T}}\boldsymbol{x}_n+b)]+\lambda\|\boldsymbol{w}\|^2\right\} \tag{6.1.46}$$

显然，当 $\lambda=(2C)^{-1}$ 时，目标函数式(6.1.46)和式(6.1.31)同解。这里通过式(6.1.44)定义的合页函数，将式(6.1.31)的约束条件都集成在目标函数式(6.1.46)中。令 $z=y(\boldsymbol{w}^{\mathrm{T}}\boldsymbol{x}+b)$，图 6.1.6 给出了合页损失函数的图形表示。为了比较，图 6.1.6 中同时给出了 0-1 损失函数，这里 0-1 损失函数为

$$L_{0/1}(z)=\begin{cases}1, & z<0\\ 0, & z>0\end{cases} \tag{6.1.47}$$

显然，0-1 目标函数是对分类错误率的一种准确的表示(5.4 节讨论学习理论时用的是这种目标函数)，但不可导，用其作为目标函数难以进行数学处理，合页目标函数是其一种合理的"替代损失"函数，合页损失函数是 0-1 损失函数的一种上界。图 6.1.6 也用虚线给出了感知机的损失函数作为对比。

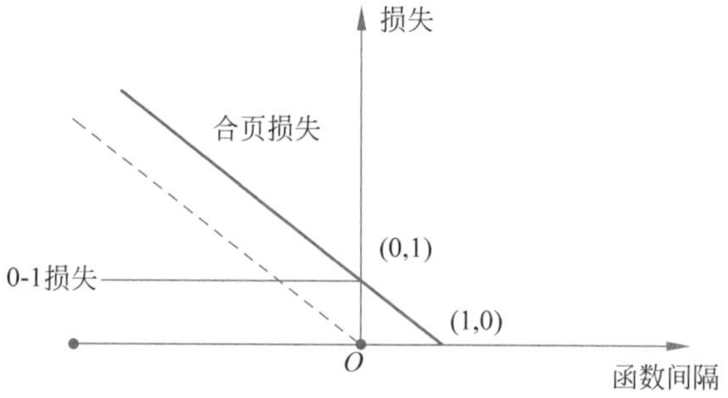

图 6.1.6 合页损失函数

6.1.5 SVM 用于多分类问题

SVM 分类器自身是一个二分类器，若要对多分类问题进行分类，需要以二分类器为基础组成多分类器。组合方式有多种，这里简单介绍两种方法：一对其他(One-Versus-the-Rest，OVR)和一对一(One-Versus-One，OVO)方法。

设需要分类的类型共有 K 类，OVR 方法是设计 K 个二分类 SVM 分类器，针对其中一个 $1\leqslant k\leqslant K$，将第 k 类样本作为正样，其他类型样本作为负样，训练一个分类器判别函数

$$\hat{y}_k(\boldsymbol{x})=\boldsymbol{w}_k^{\mathrm{T}}\boldsymbol{x}+b_k \tag{6.1.48}$$

当 $\hat{y}_k(\boldsymbol{x})>0$ 时将 $\boldsymbol{x}$ 分类为第 k 类，否则分类为其他类，共训练 K 个这样的分类器。当进行实际分类时，给出输入 $\boldsymbol{x}$，分别计算各分类器输出，最终分类器的类型输出 h 为

$$h=\underset{1\leqslant k\leqslant K}{\arg\max}\{\hat{y}_k(\boldsymbol{x})\} \tag{6.1.49}$$

OVO 方法则是针对任意两个不同类型 $1\leqslant k,j\leqslant K$ 设计一个分类器，将样本集中标注为 k,j 类型的样本构成一个单独样本集，类型 k 标注为 $+1$，类型 j 标注为 -1，训练一个 SVM 分类器，判别函数记为 $\hat{y}_{kj}(\boldsymbol{x})$，每两类组合得到这样的二分类器共有 $K(K-1)/2$ 个，当训练结束，给出一个新的输入向量 $\boldsymbol{x}$，可以通过投票方式确定类型输出，用 $v(k)$表示第 k 类的得分，则

$$v(k)=\sum_{\substack{1\leqslant j\leqslant K\\ j\neq k}} I\{\operatorname{sgn}[\hat{y}_{kj}(\boldsymbol{x})]=1\},\quad k=1,2,\cdots,K \tag{6.1.50}$$

其中，$I\{z\}$为示性函数，z 为真时，其输出为 1；否则为 0。$v(k)$为第 k 类的得票，最终分类器的类型输出 h 为

$$h=\underset{1\leqslant k\leqslant K}{\arg\max}\{v(k)\} \tag{6.1.51}$$

OVR 和 OVO 两类方法各有一些缺点。OVR 方法存在的主要问题是样本不平衡，尤其当 K 比较大，确定每个分类器 $\hat{y}_k(\boldsymbol{x})$时，只有第 k 类样本是正样，其他$(K-1)$类样本均是负样，正负样本数量可能相差很大，有一些研究人员专门对样本平衡问题给出一些解决方法。OVO 方法也存在一些问题。首先，K 比较大时，需要训练的二分类器数量大，增加了训练时间，也同样

地增加了测试时间和推断复杂度；其次，OVO方法还可能存在分类模糊区域，即得票同样多的类型，无法确定该分给哪一类。例如，$K=3$ 的情况，需设计3个分类器，分类比较类型为1v2、1v3和2v3，若3个分类器分别输出2、3和1，则每个类型得1票，无法确定分类结果，在特征向量为二维的情况下，3个判决面(线)如图6.1.7所示，可见中间的阴影区无法确定类型，是一个模糊区域，这种情况下需要一些改进技术消除模糊区域。

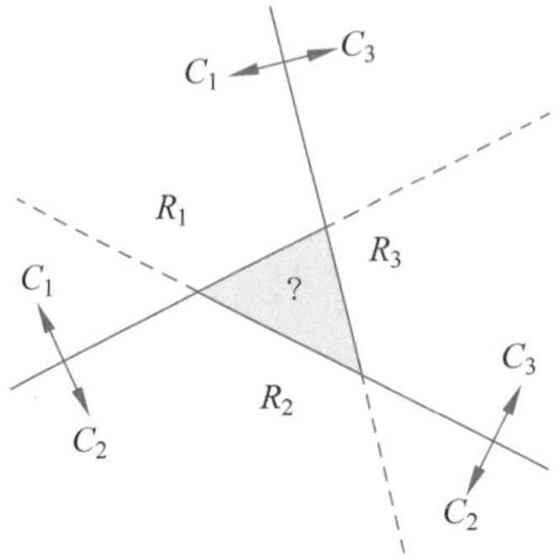

图 6.1.7　3类情况下的OVO判决模糊

6.2　非线性支持向量机

6.1节讨论的是线性SVM，其判决面 $\boldsymbol{w}^{\mathrm{T}}\boldsymbol{x}+b=0$ 是特征空间 $\boldsymbol{x}$ 上的超平面。线性判决函数有其天然的限制，以二维情况进行说明，对于如图6.2.1所示的样本集，无论怎样设计线性函数都难以得到高正确率的分类。

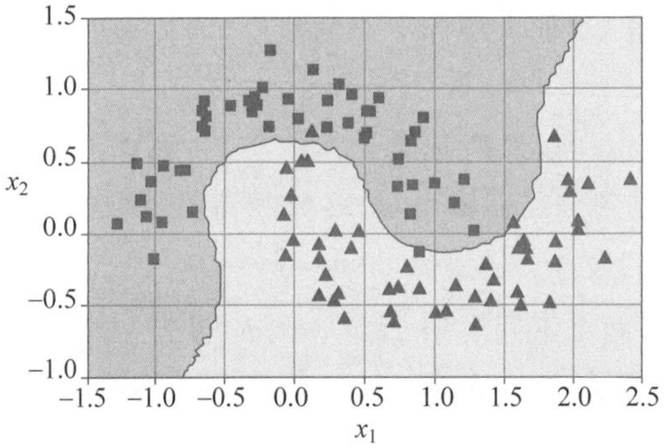

图 6.2.1　需要非线性SVM分类的例子

一个解决方法是采用第4章已讨论过的基函数方法，对于一个向量 $\boldsymbol{x}$，构造基函数向量为

$$\boldsymbol{\phi}(\boldsymbol{x})=[\phi_1(\boldsymbol{x}),\cdots,\phi_M(\boldsymbol{x})]^{\mathrm{T}} \tag{6.2.1}$$

注意，在SVM情况下，$\boldsymbol{\phi}(\boldsymbol{x})$中不包括哑元 $\phi_0(\boldsymbol{x})=1$，而是用 b 表示偏置。一般来讲，$\boldsymbol{\phi}(\boldsymbol{x})$的维度大于或等于 $\boldsymbol{x}$ 的维度，通过$\boldsymbol{\phi}(\boldsymbol{x})$把 $\boldsymbol{x}$ 映射到以 $\phi_i(\boldsymbol{x})$为坐标系的 M 维空间，这样，当样本集 $\boldsymbol{D}=\{\boldsymbol{x}_n,y_n\}_{n=1}^N$ 在 $\boldsymbol{x}$ 空间高度线性不可分时，合理地选择 $\boldsymbol{\phi}(\boldsymbol{x})$，其映射的样本集 $\boldsymbol{D}_\phi=\{\boldsymbol{\phi}(x_n),y_n\}_{n=1}^N$ 在 M 维的$\boldsymbol{\phi}(\boldsymbol{x})$空间可能是可分的或接近可分的。在$\boldsymbol{\phi}(\boldsymbol{x})$空间通过线性SVM进行分类，即基于基函数的SVM判别函数为

$$\hat{y}(\boldsymbol{x})=\boldsymbol{w}^{\mathrm{T}}\boldsymbol{\phi}(\boldsymbol{x})+b \tag{6.2.2}$$

基于基函数的SVM的分类输出为

$$\hat{y}_c(\boldsymbol{x})=\operatorname{sgn}[\hat{y}(\boldsymbol{x})] \tag{6.2.3}$$

从$\boldsymbol{\phi}(\boldsymbol{x})$空间的角度来看，基函数 SVM 仍是线性 SVM，但从 $\boldsymbol{x}$ 空间的角度看，如式(6.2.4)所示的判决面映射到 $\boldsymbol{x}$ 空间是一超曲面。

$$\boldsymbol{w}^{\mathrm{T}}\boldsymbol{\phi}(\boldsymbol{x})+b=0 \tag{6.2.4}$$

图 6.2.1 给出了二维情况下，$\boldsymbol{\phi}(\boldsymbol{x})$只有两个分量，在各分量是多项式函数(见 4.3 节)的情况下，式(6.2.4)映射在 $\boldsymbol{x}$ 平面的判决线是一条曲线。从 $\boldsymbol{x}$ 空间的角度看，基于基函数的 SVM 是非线性的，故将基于基函数的 SVM 称为非线性 SVM。

对于非线性 SVM，尽管判决面的式(6.2.4)映射在 $\boldsymbol{x}$ 空间可表现出高度的非线性，但以 $\phi_i(\boldsymbol{x})$ 为坐标的$\boldsymbol{\phi}(\boldsymbol{x})$空间是线性的，因此，若以$\boldsymbol{\phi}(\boldsymbol{x})$替代 $\boldsymbol{x}$，则 6.1 节的各种表示都是成立的。接下来直接讨论在$\boldsymbol{\phi}(\boldsymbol{x})$空间线性不可分的一般情况下，可把 6.1.2 节的结论平移到本节中。

在非线性 SVM 中，同样引入松弛变量 $\xi_n\geqslant 0$，其目标函数为

$$\begin{aligned}&\min_{\boldsymbol{w},\xi_n}\left\{\frac{1}{2}\|\boldsymbol{w}\|^2+C\sum_{n=1}^{N}\xi_n\right\}\\&\text{s.t.}\begin{cases}\xi_n\geqslant 0\\ y_n(\boldsymbol{w}^{\mathrm{T}}\boldsymbol{\phi}(\boldsymbol{x}_n)+b)\geqslant 1-\xi_n\end{cases},\quad n=1,2,\cdots,N\end{aligned} \tag{6.2.5}$$

可构造非线性 SVM 的拉格朗日算子，其表达式与式(6.1.32)一致，只是需要以$\boldsymbol{\phi}(\boldsymbol{x})$替代 $\boldsymbol{x}$，相应的 KKT 互补条件为

$$a_n\{y_n[\boldsymbol{w}^{\mathrm{T}}\boldsymbol{\phi}(\boldsymbol{x}_n)+b]-1+\xi_n\}=0 \tag{6.2.6}$$

$$\mu_n\xi_n=0,\quad n=1,2,\cdots,N \tag{6.2.7}$$

对于 $a_n>0$ 的样本，$y_n[\boldsymbol{w}^{\mathrm{T}}\boldsymbol{\phi}(\boldsymbol{x}_n)+b]=1-\xi_n$ 是支持向量。类似地，得到

$$\boldsymbol{w}=\sum_{n=1}^{N}a_ny_n\boldsymbol{\phi}(\boldsymbol{x}_n) \tag{6.2.8}$$

至于式(6.1.36)和式(6.1.37)，对于非线性 SVM 完全一致，不再重复。同样地，式(6.1.39)的拉格朗日对偶解可推广为

$$\begin{aligned}&L(\boldsymbol{a})=\sum_{n=1}^{N}a_n-\frac{1}{2}\sum_{n=1}^{N}\sum_{m=1}^{N}a_na_my_ny_m\boldsymbol{\phi}^{\mathrm{T}}(\boldsymbol{x}_n)\boldsymbol{\phi}(\boldsymbol{x}_m)\\&\text{s.t.}\quad 0\leqslant a_n\leqslant C,\quad n=1,2,\cdots,N,\quad \sum_{n=1}^{N}a_ny_n=0\end{aligned} \tag{6.2.9}$$

定义基函数向量$\boldsymbol{\phi}(\boldsymbol{x}_n)$的内积为一个核函数，即

$$\kappa(\boldsymbol{x}_n,\boldsymbol{x}_m)=\boldsymbol{\phi}^{\mathrm{T}}(\boldsymbol{x}_n)\boldsymbol{\phi}(\boldsymbol{x}_m) \tag{6.2.10}$$

这里用核函数 $\kappa(\boldsymbol{x}_n,\boldsymbol{x}_m)$替代线性 SVM 的内积$\langle\boldsymbol{x}_n,\boldsymbol{x}_m\rangle$是一种更广义的形式，内积$\langle\boldsymbol{x}_n,\boldsymbol{x}_m\rangle$可看作一种特殊的核函数。将式(6.2.9)表示成核函数新形式为

$$\begin{aligned}&L(\boldsymbol{a})=\sum_{n=1}^{N}a_n-\frac{1}{2}\sum_{n=1}^{N}\sum_{m=1}^{N}a_na_my_ny_m\kappa(\boldsymbol{x}_n,\boldsymbol{x}_m)\\&\text{s.t.}\quad 0\leqslant a_n\leqslant C,\quad n=1,2,\cdots,N,\quad \sum_{n=1}^{N}a_ny_n=0\end{aligned} \tag{6.2.11}$$

解式(6.2.11)可得到 a_n，并将式(6.2.8)代入式(6.2.2)，得到 SVM 的判别输出为

$$\hat{y}(\boldsymbol{x})=\sum_{n=1}^{N}a_ny_n\kappa(\boldsymbol{x},\boldsymbol{x}_n)+b \tag{6.2.12}$$

式(6.2.4)表示的判决面可写为

$$\sum_{n=1}^{N} a_n y_n \kappa(\boldsymbol{x}, \boldsymbol{x}_n) + b = 0 \tag{6.2.13}$$

与线性 SVM 类似，对应 $a_n > 0$ 的支持向量样本，将其序号集合表示为 $\boldsymbol{S}$，其成员数目表示为 N_S。对于支持向量，a_n 又分为两种类型：$0 < a_n < C$ 和 $a_n = C$。对于 $0 < a_n < C$ 的支持向量，$\xi_n = 0$，满足条件 $y_n[\boldsymbol{w}^{\mathrm{T}} \boldsymbol{\phi}(\boldsymbol{x}_n) + b] = 1$，即这些样本位于间隔超平面上，把这些支持向量的序号集合记为 $\boldsymbol{M}$。类似于线性 SVM，可利用这些支持向量计算 b，对每个 $n \in \boldsymbol{M}$ 计算的 b 进行平均得到可靠的估计为

$$b = \frac{1}{N_M} \sum_{n \in M} \left[y_n - \sum_{m \in \boldsymbol{S}} a_m y_m \kappa(\boldsymbol{x}_n, \boldsymbol{x}_m) \right] \tag{6.2.14}$$

其中，N_M 为集合 $\boldsymbol{M}$ 中元素数目。

总结一下本节导出非线性 SVM 的过程，并观察式(6.2.11)～式(6.2.14)，通过定义基函数向量 $\boldsymbol{\phi}(\boldsymbol{x})$，引出了式(6.2.10)定义的核函数 $\kappa(\boldsymbol{x}_n, \boldsymbol{x}_m)$，得到的非线性 SVM 方法与线性 SVM 相比，只是用核函数 $\kappa(\boldsymbol{x}_n, \boldsymbol{x}_m)$ 代替向量内积 $\langle \boldsymbol{x}_n, \boldsymbol{x}_m \rangle$，其他没有变化，并且在实际学习 SVM 参数和使用 SVM 对新的输入 $\boldsymbol{x}$ 做分类时，也只用核函数，$\boldsymbol{\phi}(\boldsymbol{x})$ 在导出式(6.2.11)的对偶优化目标函数之后，即不再起作用。

为了更好地理解非线性 SVM，这里对核函数再做一些概要说明，关于核函数的更详细的讨论将在 6.4 节进行。对于向量 $\boldsymbol{x}$，可构造一个基函数向量 $\boldsymbol{\phi}(\boldsymbol{x})$，式(6.2.10)给出的是核函数在给定两个变量时计算的具体值，核函数的更一般定义为

$$\kappa(\boldsymbol{x}, \boldsymbol{z}) = \boldsymbol{\phi}^{\mathrm{T}}(\boldsymbol{x}) \boldsymbol{\phi}(\boldsymbol{z}) \tag{6.2.15}$$

核函数有两个变量(此处的变量是向量型，也可以是标量或符号型变量)进行运算，得到标量结果。下面给出一个例子说明核函数的构造。

例 6.2.1 设 $\boldsymbol{x} = [x_1, x_2]^{\mathrm{T}}$ 是二维向量，定义基函数向量为 $\boldsymbol{x}$ 分量的二阶多项式向量，即

$$\boldsymbol{\phi}(\boldsymbol{x}) = [x_1^2, \sqrt{2} x_1 x_2, x_2^2]^{\mathrm{T}} \tag{6.2.16}$$

则核函数为

$$\begin{aligned} \kappa(\boldsymbol{x}, \boldsymbol{z}) &= [x_1^2, \sqrt{2} x_1 x_2, x_2^2] [z_1^2, \sqrt{2} z_1 z_2, z_2^2]^{\mathrm{T}} \\ &= x_1^2 z_1^2 + 2 x_1 x_2 z_1 z_2 + x_2^2 z_2^2 = (x_1 z_1 + x_2 z_2)^2 \\ &= (\boldsymbol{x}^{\mathrm{T}} \boldsymbol{z})^2 \end{aligned} \tag{6.2.17}$$

注意，在式(6.2.16)中的系数 $\sqrt{2}$ 主要是为了凑成式(6.2.17)核函数的一个简洁形式而加的，式(6.2.17)称为二阶多项式核函数，类似地，可给出 K 阶多项式核函数。

可以先构造 $\boldsymbol{\phi}(\boldsymbol{x})$，然后通过式(6.2.15)得到核函数，非线性 SVM 的推导也是通过引入 $\boldsymbol{\phi}(\boldsymbol{x})$ 从而导出了核函数形式的对偶优化目标函数。但由于最终非线性 SVM 的优化和推断都可不再使用 $\boldsymbol{\phi}(\boldsymbol{x})$，因此，可以越过 $\boldsymbol{\phi}(\boldsymbol{x})$ 直接通过核函数解决问题。类似地，也可以不用 $\boldsymbol{\phi}(\boldsymbol{x})$ 而直接构造核函数，核函数需要满足一定的约束条件，将在 6.4 节详细讨论。表 6.2.1 给出几种常用核函数，可以采用其中一些核函数说明非线性 SVM 的效果。

表 6.2.1 常用核函数

名　称	表 达 式	说　明
线性核	$\kappa(\boldsymbol{x}, \boldsymbol{z}) = \boldsymbol{x}^{\mathrm{T}} \boldsymbol{z}$	对应线性 SVM
多项式核	$\kappa(\boldsymbol{x}, \boldsymbol{z}) = (\boldsymbol{x}^{\mathrm{T}} \boldsymbol{z})^k$	k 多项式阶

续表

名　称	表 达 式	说　明
高斯核	$\kappa(\boldsymbol{x},\boldsymbol{z})=\exp\left(-\frac{1}{2\sigma^2}\|\boldsymbol{x}-\boldsymbol{z}\|^2\right)$	σ 标准差
Sigmoid 核	$\kappa(\boldsymbol{x},\boldsymbol{z})=\tanh(\alpha\boldsymbol{x}^{\mathrm{T}}\boldsymbol{z}+\beta)$	$\alpha,\beta\geqslant 0$

对于选择的核函数，式(6.2.13)给出了投影到 $\boldsymbol{x}$ 空间的判决面，对于二维情况的 $\boldsymbol{x}$，可给出图示说明，图 6.2.1 显示的分界线是非线性 SVM 得到的一个判决面，采用的是三阶多项式核函数。图 6.2.2 给出了另外一种核函数的结果，这里采用了高斯核函数，图 6.2.2(a)用了较小的正则化参数 C，图 6.2.2(b)用了较大的参数 C，可以看到，小的 C 可得到更光滑的判决面，而大的 C 降低了对训练样本集的错误分类率。

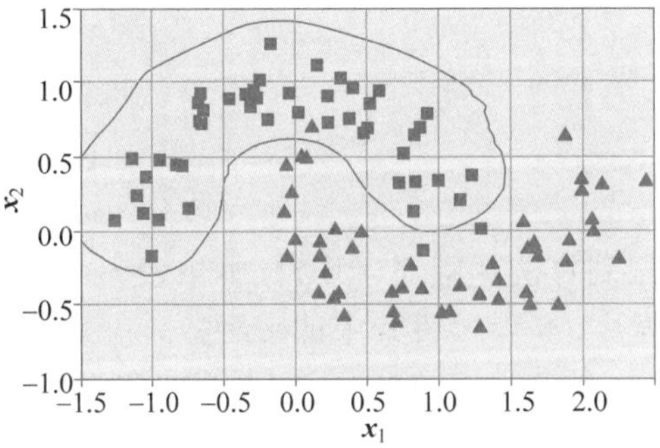

(a) 较小的C

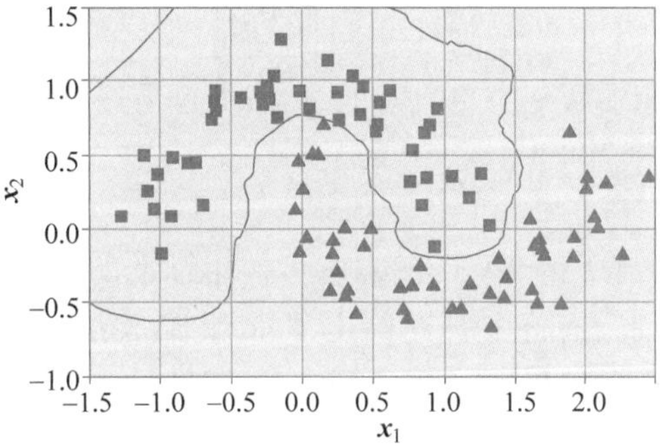

(b) 较大的C

图 6.2.2　采用高斯核的 SVM 分类器

6.2.1　SVM 分类算法小结

为使用方便，把线性和非线性 SVM 算法总结在一起，如下所示。

SVM 算法

说明：当核函数取 $\kappa(\boldsymbol{x},\boldsymbol{z})=\boldsymbol{x}^{\mathrm{T}}\boldsymbol{z}$ 时为线性 SVM，取其他核函数对应非线性 SVM，正则化参数 C 可通过交叉验证确定。

(1) 拉格朗日对偶目标函数为

$$L(\boldsymbol{a})=\sum_{n=1}^{N}a_n-\frac{1}{2}\sum_{n=1}^{N}\sum_{m=1}^{N}a_n a_m y_n y_m \kappa(\boldsymbol{x}_n,\boldsymbol{x}_m)$$

$$\text{s.t.}\ \ 0\leqslant a_n\leqslant C,\quad n=1,2,\cdots,N,\quad \sum_{n=1}^{N}a_n y_n=0 \tag{6.2.18}$$

求解对偶目标函数，得系数 a_n。其中，$a_n>0$ 对应的标号集合表示为 $\boldsymbol{S}$，其成员数目表示为 N_S；$0<a_n<C$ 对应的标号集合记为 $\boldsymbol{M}$，其元素数目为 N_M。

(2) 偏置 b 为

$$b=\frac{1}{N_M}\sum_{n\in\boldsymbol{M}}\left[y_n-\sum_{m\in\boldsymbol{S}}a_m y_m \kappa(\boldsymbol{x}_n,\boldsymbol{x}_m)\right] \tag{6.2.19}$$

(3) SVM 判别函数为

$$\hat{y}(\boldsymbol{x}) = \sum_{n\in \boldsymbol{S}} a_n y_n \kappa(\boldsymbol{x}, \boldsymbol{x}_n) + b \tag{6.2.20}$$

SVM 分类输出

$$y_c(\boldsymbol{x}) = \mathrm{sgn}[\hat{y}(\boldsymbol{x})] = \mathrm{sgn}\left[\sum_{n\in \boldsymbol{S}} a_n y_n \kappa(\boldsymbol{x}, \boldsymbol{x}_n) + b\right] \tag{6.2.21}$$

SVM 有许多改进和变化的形式，其中 v-SVM 是常见的一种替代形式，很多 SVM 的专业软件也支持 v-SVM，简单地用超参数 v 替代了 C，其对偶优化问题描述如下。

$$L(\boldsymbol{a}) = -\frac{1}{2}\sum_{n=1}^{N}\sum_{m=1}^{N} a_n a_m y_n y_m \kappa(\boldsymbol{x}_n, \boldsymbol{x}_m)$$

$$\text{s.t. } 0 \leqslant a_n \leqslant 1/N, \quad n = 1, 2, \cdots, N, \quad \sum_{n=1}^{N} a_n y_n = 0, \quad \sum_{n=1}^{N} a_n \geqslant v \tag{6.2.22}$$

其中，超参数 v 有更直观的意义，更容易选取。

*6.2.2 SMO 算法

如前所述，SVM 的求解可使用标准的二次凸规划算法和程序，但当样本集较大时这些算法效率不高，有许多研究给出了求解 SVM 的专用算法，本节介绍其中的一种——序列最小优化(Sequential Minimal Optimization，SMO)。SMO 算法由 Platt 于 1998 年以技术报告形式提出，该算法思想建立在坐标上升(Coordinate Ascent，CA)算法基础上，对于最大化问题，CA 算法每次只改变一个变量，在保留其他变量不变的条件下，求选定的变量值使目标函数达到最大，依次改变各选定变量，对于凸问题，最终收敛到全局最优解。

设最大化目标函数 $L(a_1, \cdots, a_i, \cdots, a_N)$，每次只改变一个变量，设这个变量为 a_i，则 CA 算法一次迭代表示为

$$a_i^{\text{new}} = \max_{a_i}[L(a_1, \cdots, a_i, \cdots, a_N)] \tag{6.2.23}$$

在只有两个变量的情况下，CA 算法的收敛路径示意如图 6.2.3 所示。

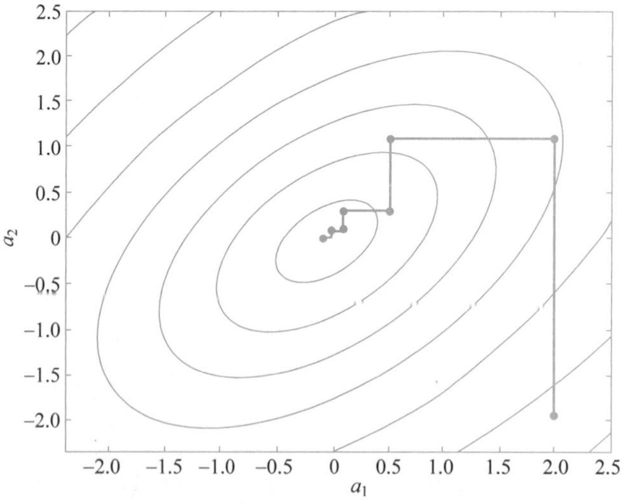

图 6.2.3 二维情况下 CA 收敛的示例

但是，对于式(6.2.18)表示的 SVM 优化问题，由于约束条件的存在，若只改变一个变量 a_i，则

$$a_i y_i = -\sum_{\substack{j=1 \\ j \neq i}}^{N} a_j y_j$$

若只选一个变量待定，则由约束关系，这个变量也被确定了，故 CA 算法需要做一些改变。在 SVM 中，一次改变两个变量，为了叙述方便又不失一般性，假设每次迭代需改变的变量为 a_1 和 a_2。

将 a_1 和 a_2 的约束记为

$$a_1 y_1 + a_2 y_2 = -\sum_{j=3}^{N} a_j y_j = \zeta \tag{6.2.24}$$

注意，在一次迭代前后 ζ 已确定且不变，若以 a_1, a_2 和 $a_1^{\text{new}}, a_2^{\text{new}}$ 分别表示一次迭代前后的变量值，则

$$a_1 y_1 + a_2 y_2 = a_1^{\text{new}} y_1 + a_2^{\text{new}} y_2 = \zeta \tag{6.2.25}$$

若只考虑 a_1, a_2 作为待优化参数，其他参数固定不变，则式(6.2.18)化简为

$$\begin{aligned} &L(a_1, a_2) = a_1 + a_2 - \frac{1}{2} K_{11} a_1^2 - \frac{1}{2} K_{22} a_2^2 - y_1 y_2 K_{12} a_1 a_2 - y_1 a_1 v_1 - y_2 a_2 v_2 \\ &\text{s.t.}\ \ 0 \leqslant a_1, a_2 \leqslant C, \quad a_1 y_1 + a_2 y_2 = \zeta \end{aligned} \tag{6.2.26}$$

注意，式(6.2.26)中，$K_{ij} = \kappa(\boldsymbol{x}_i, \boldsymbol{x}_j) = K_{ji}$ 是核函数的缩写；$v_i = \sum_{j=3}^{N} a_j y_j K_{ij}, i = 1, 2$。以下分 4 步详细讨论 SMO 算法的一次迭代过程。

1. a_2 的无约束解

首先求解 a_2，将式(6.2.24)写为 $a_1 = (\zeta - a_2 y_2) y_1$ 并代入式(6.2.26)得到

$$\begin{aligned} L(a_2) = &(\zeta - a_2 y_2) y_1 + a_2 - \frac{1}{2} K_{11} (\zeta - a_2 y_2)^2 - \frac{1}{2} K_{22} a_2^2 - \\ &y_2 K_{12} (\zeta - a_2 y_2) a_2 - (\zeta - a_2 y_2) v_1 - y_2 a_2 v_2 \end{aligned} \tag{6.2.27}$$

对式(6.2.27)求导，并令

$$\left. \frac{\partial L(a_2)}{\partial a_2} \right|_{a_2 = a_2^{\text{new-uc}}} = 0$$

得

$$a_2^{\text{new-uc}} = \frac{y_2 (y_2 - y_1 + \zeta K_{11} - \zeta K_{12} + v_1 - v_2)}{K_{11} + K_{22} - 2K_{12}} \tag{6.2.28}$$

其中，$a_2^{\text{new-uc}}$ 为 a_2 的无约束解，稍后讨论 a_2 的约束解。式(6.2.28)已可以求出 $a_2^{\text{new-uc}}$，再做一些整理，得到一个更紧凑的解。

将 $\zeta = a_1 y_1 + a_2 y_2$ 代入式(6.2.28)，并利用 $v_i = \hat{y}(\boldsymbol{x}_i) - b - \sum_{j=1}^{2} a_j y_j K_{ij}, i = 1, 2$，注意 $\hat{y}(\boldsymbol{x}_i)$ 用的系数都是本次迭代之前的旧系数，对式(6.2.28)整理得到

$$a_2^{\text{new-uc}} = a_2 + \frac{y_2 (E_1 - E_2)}{\eta} \tag{6.2.29}$$

其中，$\eta = K_{11} + K_{22} - 2K_{12}$；$E_i = \hat{y}(\boldsymbol{x}_i) - y_i, i = 1, 2, E_i$ 代表对第 i 样本 SVM 判别输出与标注之间的误差。注意，这里只给出了 $i = 1, 2$ 的 E_i，以上计算 E_i 的公式适用于所有样本。

2. 更新变量的约束解

式(6.2.29)给出了 a_2 的无约束解，但实际上，a_1, a_2 需满足式(6.2.26)的盒约束，盒约束如

图 6.2.4 所示，同时，要满足约束方程

$$a_1 y_1 + a_2 y_2 = \zeta \tag{6.2.30}$$

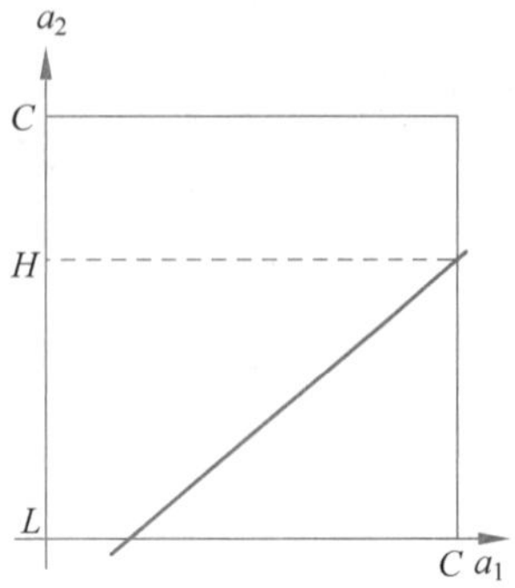

图 6.2.4　a_2 的盒约束与限制（$y_1=-y_2$ 情况）

该方程在 $y_1=-y_2$ 时是 a_1a_2 坐标系中斜率为 1 的直线，由图 6.2.4 可见，在 $y_1=-y_2$ 时，$a_2\in[L,H]$，根据斜线在正方形的对角线之上还是之下，容易算出：$L=\max\{0,-\zeta y_1\}$，$H=\min\{C,C-\zeta y_1\}$。

当 $y_1=y_2$ 时，式(6.2.30)表示斜率为 −1 的直线，类似可得：$L=\max\{0,\zeta y_1-C\}$，$H=\min\{C,\zeta y_1\}$。

联合考虑 a_2 的无约束解和约束条件，得到 a_2 的更新值为

$$a_2^{\text{new}}=\begin{cases}H, & a_2^{\text{new-uc}}>H\\ a_2^{\text{new-uc}}, & L\leqslant a_2^{\text{new-uc}}\leqslant H\\ L, & a_2^{\text{new-uc}}<L\end{cases} \tag{6.2.31}$$

由式(6.2.25)得 a_1^{new} 为

$$a_1^{\text{new}}=a_1+y_1y_2(a_2-a_2^{\text{new}}) \tag{6.2.32}$$

3. 更新变量的选择

对于 SVM 算法，若所有系数 a_i，$1\leqslant i\leqslant N$ 均满足 KKT 条件，则已得到最终解，迭代结束。在执行 SMO 算法时，每次选择两个变量更新，故需对各系数检查 KKT 条件，首先选择一个不满足 KKT 条件的系数作为 a_1，由前文分析，系数的 KKT 条件可分为以下条件。

$$\begin{cases}0<a_i<C\Leftrightarrow y_i\hat{y}(\boldsymbol{x}_i)=1\\ a_i=C\Leftrightarrow y_i\hat{y}(\boldsymbol{x}_i)\leqslant 1\\ a_i=0\Leftrightarrow y_i\hat{y}(\boldsymbol{x}_i)\geqslant 1\end{cases} \tag{6.2.33}$$

其中，$\hat{y}(\boldsymbol{x}_i)$采用式(6.2.20)的核函数形式。按照式(6.2.33)对应的 a_i 类型排列次序，即首先检查 $0<a_i<C$ 的样本点，然后检查其他类型，遇到不满足 KKT 条件的样本点，可选为 a_1。

对于 a_2 的选择，参考其无约束更新式(6.2.29)，即若 E_1-E_2 较大，则 a_2 发生较大变化，选择变化大的 a_2 有助于算法的快速收敛，由于 a_1 已经选定，则 E_1 已确定，比较各样本的 E_i，选取 $|E_1-E_i|$ 最大的样本，该样本对应的系数选为 a_2。选定了 a_1 和 a_2 后，执行式(6.2.31)和式(6.2.32)的更新运算，得到 a_1 和 a_2 的更新值。

4. 偏置和差值更新

每次迭代，两个系数 a_1 和 a_2 更新后，SVM 的偏置参数 b 也需要更新，针对 a_1 和 a_2 的偏置参数更新公式分别为

$$b_1^{\text{new}}=-E_1-y_1K_{11}(a_1^{\text{new}}-a_1)-y_2K_{12}(a_2^{\text{new}}-a_2)+b \tag{6.2.34}$$

$$b_2^{\text{new}}=-E_2-y_1K_{12}(a_1^{\text{new}}-a_1)-y_2K_{22}(a_2^{\text{new}}-a_2)+b \tag{6.2.35}$$

其中，b 为更新前的偏置值，最后的 b^{new} 取 b_1^{new} 和 b_2^{new} 的均值。

由于选择新的更新变量需要比较 $|E_1-E_i|$，对 E_i 也给出更新值，即

$$\begin{aligned}E_i^{\text{new}}&=\sum_{n=3}^{N}a_ny_nK_{in}+a_1^{\text{new}}y_1K_{i1}+a_2^{\text{new}}y_2K_{i2}+b^{\text{new}}-y_i\\&=E_i+y_1K_{i1}(a_1^{\text{new}}-a_1)+y_2K_{i2}(a_2^{\text{new}}-a_2)+b^{\text{new}}-b\end{aligned} \tag{6.2.36}$$

SMO 算法有较快的执行速度，有关算法的更多实现细节可参考 Platt 的技术报告。

本节注释　在实际运行时，发现 SMO 算法执行时，可能遇到 a_1 和 a_2 不能更新的问题。为解决这个问题，Platt 的技术报告给出了一种解决办法。如果选择的两个系数 a_1 和 a_2 不能使目标函数增加，则重新随机选取 a_2 直到目标函数增加。如果按照此方法所有系数都不符合 a_2 的要求，则重新随机选取 a_1。重复上述过程，直到使目标函数增加。此方法看似简单，但目标函数的计算较为复杂，运算量较大。可以采用一个更经济的替换方法，即出现此问题时重新随机选取 a_2 直到系数 a_1, a_2 发生变化，如果按照此方法所有系数都不符合 a_2 的要求，则重新随机选取 a_1。重复上述过程，直到系数 a_1, a_2 发生变化，进行下一轮的系数选取与迭代。此方法计算量较小，在实验中也能取得较好的效果。

6.3 支持向量回归

本节讨论将支持向量机的思想用于回归问题，导出支持向量回归(Support Vector Regression，SVR)算法。

在回归问题中，样本集 $\boldsymbol{D}=\{\boldsymbol{x}_n, y_n\}_{n=1}^{N}$ 中的标注 y_n 是实数。第 4 章已经详细讨论了线性回归和线性基函数回归，6.1 节和 6.2 节也分别讨论了用于分类的线性 SVM 和非线性 SVM，本节直接通过基函数 $\boldsymbol{\phi}(\boldsymbol{x})$ 导出一般的非线性 SVR，线性 SVR 相当于 $\boldsymbol{\phi}(\boldsymbol{x})=\boldsymbol{x}$ 的特例。在 SVR 中，回归的输出为

$$\hat{y}(\boldsymbol{x})=\boldsymbol{w}^{\mathrm{T}}\boldsymbol{\phi}(\boldsymbol{x})+b \tag{6.3.1}$$

对于每个 $\boldsymbol{x}_n$，通过回归函数 $\hat{y}(\boldsymbol{x}_n)$ 对 y_n 进行逼近。在第 4 章的回归问题中，使用了误差的平方作为评价函数，在 SVR 中给出一种新的误差函数，称为 ε-不敏误差函数。当回归模型输出 $\hat{y}(\boldsymbol{x})$ 与标注 y 的误差绝对值在 ε 范围之内时，忽略这个误差；当误差绝对值超过 ε 时，将误差绝对值与 ε 之差作为误差度量，即 ε-不敏误差函数定义为

$$E_{\varepsilon}(\hat{y}(\boldsymbol{x})-y)=\max\{0, |\hat{y}(\boldsymbol{x})-y|-\varepsilon\} \tag{6.3.2}$$

图 6.3.1 给出了 ε-不敏误差函数的图形，作为对比，同时画出了误差平方函数，可以看出 ε-不敏误差函数可带来回归解的稀疏性。

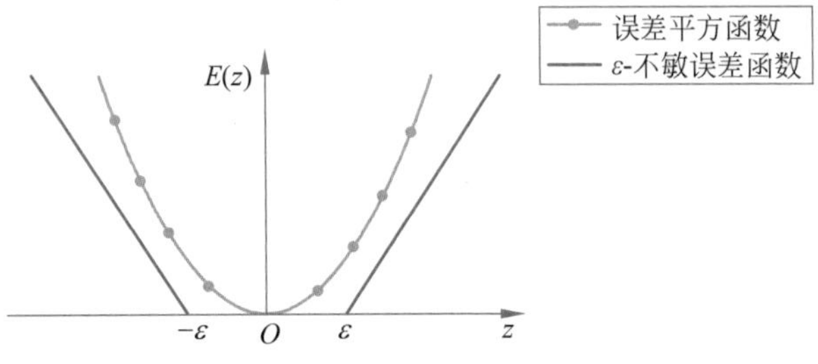

图 6.3.1　ε-不敏误差函数与误差平方函数的比较

考虑间隔约束和误差约束，给出正则化参数 C，则 SVR 的目标函数为

$$\begin{aligned}&\min_{\boldsymbol{w},b}\frac{1}{2}\|\boldsymbol{w}\|^2+C\sum_{n=1}^{N}E_{\varepsilon}(\hat{y}(\boldsymbol{x}_n)-y_n)\\&=\min_{\boldsymbol{w},b}\frac{1}{2}\|\boldsymbol{w}\|^2+C\sum_{n=1}^{N}\max\{0, |\boldsymbol{w}^{\mathrm{T}}\boldsymbol{\phi}(\boldsymbol{x}_n)+b-y_n|-\varepsilon\}\end{aligned} \tag{6.3.3}$$

式(6.3.3)的目标函数难以直接处理，类似 SVM 的分类情况，通过松弛变量将式(6.3.3)变成带约束的凸优化问题。

针对每个样本，给出两个松弛变量 $\xi_n \geqslant 0$ 和 $\hat{\xi}_n \geqslant 0$，注意到，ε-不敏误差函数的定义相当于以模型 $\hat{y}(\boldsymbol{x})$ 为中心，定义了一个 ε-带(ε-Tube)。ε-带的范围可写为

$$\hat{y}(\boldsymbol{x}_n)-\varepsilon \leqslant y_n \leqslant \hat{y}(\boldsymbol{x}_n)+\varepsilon \tag{6.3.4}$$

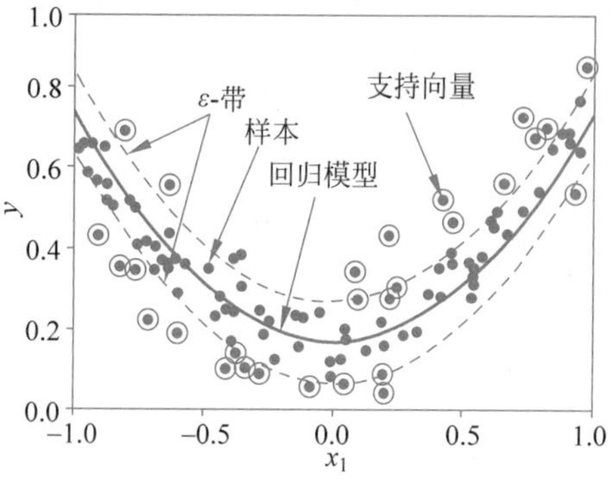

图 6.3.2 SVR 的 ε-带示意图

满足式(6.3.4)的样本处于 ε-带之内，如图 6.3.2 所示。在这个带内的样本对误差没有贡献，即 $E_\varepsilon[\hat{y}(\boldsymbol{x}_n)-y_n]=0$。对于 ε-带内的样本，令松弛变量 $\xi_n=0$ 和 $\hat{\xi}_n=0$，若一个样本不在 ε-带内，则要么位于 ε-带之上，要么位于ε-带之下，这时 y_n 与 $\hat{y}(\boldsymbol{x}_n)$ 的误差大于 ε，ε-不敏误差大于 0。若 $y_n>\hat{y}(\boldsymbol{x}_n)+\varepsilon$，样本点位于 ε-带之上，有

$$\xi_n=y_n-\hat{y}(\boldsymbol{x}_n)-\varepsilon>0,\quad \hat{\xi}_n=0 \tag{6.3.5}$$

若 $y_n<\hat{y}(\boldsymbol{x}_n)-\varepsilon$，样本点位于 ε-带之下，有

$$\hat{\xi}_n=\hat{y}(\boldsymbol{x}_n)-\varepsilon-y_n>0,\quad \xi_n=0 \tag{6.3.6}$$

考虑到所有样本，得到两个约束条件为

$$y_n \leqslant \hat{y}(\boldsymbol{x}_n)+\varepsilon+\xi_n,\quad n=1,2,\cdots,N \tag{6.3.7}$$

$$y_n \geqslant \hat{y}(\boldsymbol{x}_n)-\varepsilon-\hat{\xi}_n,\quad n=1,2,\cdots,N \tag{6.3.8}$$

且误差之和 $\sum_{n=1}^{N}E_\varepsilon(\hat{y}(\boldsymbol{x}_n)-y_n)=\sum_{n=1}^{N}(\xi_n+\hat{\xi}_n)$，由这些准备，可将 SVR 的目标函数重写为以下带不等式约束的优化问题。

$$\begin{aligned}
&\min_{\boldsymbol{w},b}\left\{\frac{1}{2}\|\boldsymbol{w}\|^2\right\}+C\sum_{n=1}^{N}(\xi_n+\hat{\xi}_n)\\
&\text{s.t.}\ \ \boldsymbol{w}^{\mathrm{T}}\boldsymbol{\phi}(\boldsymbol{x}_n)+b+\varepsilon+\xi_n-y_n\geqslant 0,\quad y_n-(\boldsymbol{w}^{\mathrm{T}}\boldsymbol{\phi}(\boldsymbol{x}_n)+b)+\varepsilon+\hat{\xi}_n\geqslant 0,\\
&\qquad \xi_n\geqslant 0,\hat{\xi}_n\geqslant 0,\quad n=1,2,\cdots,N
\end{aligned}\tag{6.3.9}$$

将式(6.3.9)的优化问题写成拉格朗日算子，即

$$\begin{aligned}
L(\boldsymbol{w},b,\xi_n,\hat{\xi}_n,\mu_n,\hat{\mu}_n,\boldsymbol{a},\hat{\boldsymbol{a}})=&\frac{1}{2}\|\boldsymbol{w}\|^2+C\sum_{n=1}^{N}(\xi_n+\hat{\xi}_n)-\sum_{n=1}^{N}(\mu_n\xi_n+\hat{\mu}_n\hat{\xi}_n)-\\
&\sum_{n=1}^{N}a_n[\boldsymbol{w}^{\mathrm{T}}\boldsymbol{\phi}(\boldsymbol{x}_n)+b+\varepsilon+\xi_n-y_n]-\\
&\sum_{n=1}^{N}\hat{a}_n[\varepsilon+\hat{\xi}_n-\boldsymbol{w}^{\mathrm{T}}\boldsymbol{\phi}(\boldsymbol{x}_n)-b+y_n]
\end{aligned}\tag{6.3.10}$$

其中，拉格朗日参数满足：$a_n\geqslant 0,\hat{a}_n\geqslant 0,\mu_n\geqslant 0,\hat{\mu}_n\geqslant 0$。以上拉格朗日算子分别对 $\boldsymbol{w},b,\xi_n,\hat{\xi}_n$ 求导并令导数为 0，得

$$\frac{\partial L}{\partial \boldsymbol{w}}=0\Rightarrow \boldsymbol{w}=\sum_{n=1}^{N}(a_n-\hat{a}_n)\boldsymbol{\phi}(\boldsymbol{x}_n) \tag{6.3.11}$$

$$\frac{\partial L}{\partial b}=0\Rightarrow \sum_{n=1}^{N}(a_n-\hat{a}_n)=0 \tag{6.3.12}$$

$$\frac{\partial L}{\partial \xi_n}=0 \Rightarrow a_n+\mu_n=C \tag{6.3.13}$$

$$\frac{\partial L}{\partial \hat{\xi}_n}=0 \Rightarrow \hat{a}_n+\hat{\mu}_n=C \tag{6.3.14}$$

将式(6.3.11)代入式(6.3.10),并利用式(6.3.12)~式(6.3.14)得到拉格朗日对偶优化问题为

$$L(\boldsymbol{a},\hat{\boldsymbol{a}})=\frac{1}{2}\sum_{n=1}^{N}\sum_{m=1}^{N}(a_n-\hat{a}_n)(a_m-\hat{a}_m)\kappa(\boldsymbol{x}_n,\boldsymbol{x}_m)-\varepsilon\sum_{n=1}^{N}(a_n+\hat{a}_n)+\sum_{n=1}^{N}(a_n-\hat{a}_n)y_n$$

$$\text{s.t.}\quad 0\leqslant a_n\leqslant C, 0\leqslant\hat{a}_n\leqslant C,\quad n=1,2,\cdots,N,\quad \sum_{n=1}^{N}(a_n-\hat{a}_n)=0 \tag{6.3.15}$$

式(6.3.15)的优化问题再次成为一个二次凸规划问题,并且样本和回归函数再次仅以核函数计算形式出现在优化目标函数中。可用二次凸规划程序计算出系数 a_n 和 $\hat{a}_n$,将式(6.3.11)表示的 $\boldsymbol{w}$ 代入式(6.3.1)得到 SVR 的核函数形式为

$$\hat{y}(\boldsymbol{x})=\sum_{n=1}^{N}(a_n-\hat{a}_n)\kappa(\boldsymbol{x},\boldsymbol{x}_n)+b \tag{6.3.16}$$

在 SVR 中,对应 $a_n>0$ 或 $\hat{a}_n>0$ 的样本称为支持向量。注意,可证明 $a_n>0$ 和 $\hat{a}_n>0$ 不可能同时满足(留作习题)。

对 SVR 中支持向量的情况做一些讨论,注意,KKT 的互补条件可写为

$$\begin{cases}a_n[\boldsymbol{w}^{\mathrm{T}}\boldsymbol{\phi}(\boldsymbol{x}_n)+b+\varepsilon+\xi_n-y_n]=0\\ \hat{a}_n[\varepsilon+\hat{\xi}_n-\boldsymbol{w}^{\mathrm{T}}\boldsymbol{\phi}(\boldsymbol{x}_n)-b+y_n]=0\end{cases} \tag{6.3.17}$$

$$\begin{cases}(C-a_n)\xi_n=0\\ (C-\hat{a}_n)\hat{\xi}_n=0\end{cases} \tag{6.3.18}$$

得到式(6.3.18)时用了式(6.3.13)和式(6.2.14)。

对于 $a_n>0$ 的样本点,若 $0<a_n<C$,则 $\xi_n=0$(见式(6.3.18)),则

$$\boldsymbol{w}^{\mathrm{T}}\boldsymbol{\phi}(\boldsymbol{x}_n)+b+\varepsilon=y_n \tag{6.3.19}$$

该支持向量位于 ε-带的上边界上。若 $\xi_n>0$,则 $a_n=C$,该支持向量位于 ε-带的上边界之外。

对于 $\hat{a}_n>0$ 的支持向量可做类似讨论,它或位于 ε-带的下边界上,或位于下边界之外。对于 $0<a_n<C$ 的支持向量,由式(6.3.19)可得

$$b=y_n-\varepsilon-\boldsymbol{w}^{\mathrm{T}}\boldsymbol{\phi}(\boldsymbol{x}_n)=y_n-\varepsilon-\sum_{m=1}^{N}(a_m-\hat{a}_m)\kappa(\boldsymbol{x}_n,\boldsymbol{x}_m) \tag{6.3.20}$$

同样地,对于 $0<\hat{a}_n<C$ 的支持向量,也可求得 b,将多个支持向量求得的 b 进行平均可得更可靠的估计。

图 6.3.2 显示的是采用二阶多项式核得到的 SVR 结果,图中用周围有阴影的圆圈显示出了支持向量,有些支持向量位于 ε-带的边界线上,有些位于 ε-带之外。增大或减小 ε 会相应减少或增加支持向量数量,但 ε 是一个折中的量,ε 太小则支持向量太多,式(6.3.16)的回归表达式缺乏稀疏性;ε 太大,则稀疏性增加,但可能降低 SVR 的表示精度。另外,参数 C 一般可通过交叉验证获得。ε 和 C 的取值会影响 SVR 的最终性能。

*6.4 核函数方法

在 6.2 节讨论的非线性 SVM 中，引出了核函数的概念并进行了简要介绍，6.3 节的 SVR 也同样用核函数表示了回归，核函数在机器学习领域还有许多其他应用，本节对核函数再进行一些详细的讨论。

如 6.2 节所述，引出核函数的一种方式就是通过基函数映射。对于向量 $\boldsymbol{x}$，可构造一个基函数向量 $\boldsymbol{\phi}(\boldsymbol{x})$，即 $\boldsymbol{x}\Rightarrow\boldsymbol{\phi}(\boldsymbol{x})=[\varphi_1(\boldsymbol{x}),\varphi_2(\boldsymbol{x}),\cdots,\varphi_M(\boldsymbol{x})]^{\mathrm{T}}$，核函数(或简称核)定义为

$$\kappa(\boldsymbol{x},\boldsymbol{z})=\boldsymbol{\phi}^{\mathrm{T}}(\boldsymbol{x})\boldsymbol{\phi}(\boldsymbol{z}) \tag{6.4.1}$$

核函数对两个变量进行运算得到标量结果。由式(6.4.1)定义的核函数显然满足对称性，即

$$\kappa(\boldsymbol{x},\boldsymbol{z})=\kappa(\boldsymbol{z},\boldsymbol{x}) \tag{6.4.2}$$

给出任意样本 $\{\boldsymbol{x}_n\}_{n=1}^{N}$，可计算核函数的取值 $K_{nm}=\kappa(\boldsymbol{x}_n,\boldsymbol{x}_m)=\boldsymbol{\phi}^{\mathrm{T}}(\boldsymbol{x}_n)\boldsymbol{\phi}(\boldsymbol{x}_m)$，则可定义 Gram 矩阵或核矩阵为

$$\boldsymbol{K}=[K_{nm}]_{N\times N}=[\kappa(\boldsymbol{x}_n,\boldsymbol{x}_m)]_{N\times N}=\boldsymbol{\Phi}\boldsymbol{\Phi}^{\mathrm{T}} \tag{6.4.3}$$

因 $\boldsymbol{K}$ 可写成式(6.4.3)的最后一项形式，它是对称的半正定矩阵。其中，基函数映射的数据矩阵为

$$\boldsymbol{\Phi}=[\boldsymbol{\phi}(\boldsymbol{x}_1),\boldsymbol{\phi}(\boldsymbol{x}_2),\cdots,\boldsymbol{\phi}(\boldsymbol{x}_N)]^{\mathrm{T}} \tag{6.4.4}$$

若一个核函数对任意数据集构成的 Gram 矩阵是半正定的，称其为正定核函数，若再满足对称性，则称为正定对称核，即 PDS(Positive Definite Symmetric)核。由式(6.4.1)构成的核函数都是 PDS 核。

许多建立在核函数基础上的算法，并不直接使用映射函数 $\boldsymbol{\phi}(\boldsymbol{x})$，而是直接用 $\kappa(\boldsymbol{x},\boldsymbol{z})$ 进行运算，如 SVM。一般情况下，$\boldsymbol{\phi}(\boldsymbol{x})$ 是比 $\boldsymbol{x}$ 更高维向量，通过将 $\boldsymbol{x}$ 映射到 $\boldsymbol{\phi}(\boldsymbol{x})$ 表示的高维空间可提高样本的可分性，但实际计算中却并不使用 $\boldsymbol{\phi}(\boldsymbol{x})$，而是直接在 $\kappa(\boldsymbol{x},\boldsymbol{z})$ 上运算。一般情况下，若能很好地表示核 $\kappa(\boldsymbol{x},\boldsymbol{z})$，则直接计算 $\kappa(\boldsymbol{x},\boldsymbol{z})$ 比用式(6.4.1)通过 $\boldsymbol{\phi}(\boldsymbol{x})$ 计算核函数更有效率。

这给出一个启发，可直接构造核，这样构造的核函数是否是 PDS 核？对一个直接构造的核 $\kappa(\boldsymbol{x},\boldsymbol{z})$，是否一定存在一个 $\boldsymbol{\phi}(\boldsymbol{x})$，并将核分解为式(6.4.1)的形式？这里首先给出一个例子，然后讨论一般性的构造核函数的一些方法。

例 6.4.1 在例 6.2.1 中，可以看到 $\boldsymbol{x}=[x_1,x_2]^{\mathrm{T}}$ 是二维向量，$\boldsymbol{\phi}(\boldsymbol{x})=\left[x_1^2,\sqrt{2}x_1x_2,x_2^2\right]^{\mathrm{T}}$ 对应的核函数为 $\kappa(\boldsymbol{x},\boldsymbol{z})=(\boldsymbol{x}^{\mathrm{T}}\boldsymbol{z})^2$。

这里，给出一个扩充的核函数 $\kappa(\boldsymbol{x},\boldsymbol{z})=(\boldsymbol{x}^{\mathrm{T}}\boldsymbol{z}+c)^2, c>0$，可以看它是否是一个核，是否可找到对应的 $\boldsymbol{\phi}(\boldsymbol{x})$。进行如下分解。

$$\begin{aligned}
\kappa(\boldsymbol{x},\boldsymbol{z}) &=(\boldsymbol{x}^{\mathrm{T}}\boldsymbol{z}+c)^2=(x_1z_1+x_2z_2+c)^2\\
&=c^2+2cx_1z_1+2cx_2z_2+x_1^2z_1^2+2x_1z_1x_2z_2+x_2^2z_2^2\\
&=(c,\sqrt{2c}x_1,\sqrt{2c}x_2,x_1^2,\sqrt{2}x_1x_2,x_2^2)(c,\sqrt{2c}z_1,\sqrt{2c}z_2,z_1^2,\sqrt{2}z_1z_2,z_2^2)^{\mathrm{T}}\\
&=\boldsymbol{\phi}^{\mathrm{T}}(\boldsymbol{x})\boldsymbol{\phi}(\boldsymbol{z})
\end{aligned}$$

相当于

$$\boldsymbol{\phi}(\boldsymbol{x})=(c,\sqrt{2c}x_1,\sqrt{2c}x_2,x_1^2,\sqrt{2}x_1x_2,x_2^2)^{\mathrm{T}}$$

可见，这个扩展的核仍然是一个 PDS 核，对应的是一个包含了最高阶为二阶的所有项的多项式基函数映射，比原来核的表示能力更强。

在实际中，可构造某些具有应用偏爱的核，傅里叶核是一种针对回归问题比较有效的核。

例 6.4.2 首先设 $x\in[0,1]$ 是一个标量，对于整数 K 则可定义 $M=2K+1$ 维基函数向量

$$\begin{aligned}\boldsymbol{\phi}(x)&=[\phi_0(x),\phi_1(x),\cdots,\phi_M(x)]^{\mathrm{T}}\\&=[1,\sqrt{2}\sin(2\pi x),\sqrt{2}\cos(\pi x),\cdots,\sqrt{2}\sin(2K\pi x),\sqrt{2}\cos(2K\pi x)]^{\mathrm{T}}\end{aligned}$$

则可以验证

$$\kappa(x,z)=\boldsymbol{\phi}^{\mathrm{T}}(x)\boldsymbol{\phi}(x)=\frac{\sin[(2K+1)\pi(x-z)]}{\sin[\pi(x-z)]}$$

注意，由极限定理知，该核函数在 $x-z$ 为整数时的取值为 $2K+1$。

若 $\boldsymbol{x}$ 为 D 维向量，则核函数可一般化为

$$\kappa(\boldsymbol{x},\boldsymbol{z})=\prod_{i=1}^{D}\frac{\sin[(2K+1)\pi(x_i-z_i)]}{\sin[\pi(x_i-z_i)]}$$

这个核函数对应的 $\boldsymbol{\phi}(\boldsymbol{x})$ 是多维可分的傅里叶基向量。

可以直接构造核函数 $\kappa(\boldsymbol{x},\boldsymbol{z})$，对于任意一组样本 $\{\boldsymbol{x}_n\}_{n=1}^{N}$，这里 N 是一任意整数，$\boldsymbol{x}_n\in\mathscr{X}$，$\mathscr{X}$ 是样本空间，只要 $\boldsymbol{K}=[K_{nm}]_{N\times N}=[\kappa(\boldsymbol{x}_n,\boldsymbol{x}_m)]_{N\times N}$ 是对称和半正定的，则核 $\kappa(\boldsymbol{x},\boldsymbol{z})$ 是 PDS 核，将这个结论总结在如下的定理中。

定理 6.4.1 设 $\kappa(\boldsymbol{x},\boldsymbol{z})$：$\mathscr{X}\times\mathscr{X}\mapsto\mathscr{R}$ 为 PDS 核，则其 Gram 矩阵是对称半正定的，存在映射 $\boldsymbol{\phi}(\boldsymbol{x})$，使

$$\forall\,\boldsymbol{x},\boldsymbol{z}\in\mathscr{X},\quad \kappa(\boldsymbol{x},\boldsymbol{z})=\langle\boldsymbol{\phi}(\boldsymbol{x}),\boldsymbol{\phi}(\boldsymbol{x})\rangle \tag{6.4.5}$$

式(6.4.5)用了一般的内积形式 $\kappa(\boldsymbol{x},\boldsymbol{z})=\langle\boldsymbol{\phi}(\boldsymbol{x}),\boldsymbol{\phi}(\boldsymbol{x})\rangle$ 表示核，当 $\boldsymbol{\phi}(\boldsymbol{x})$ 是有限维时，内积可表示为 $\boldsymbol{\phi}^{\mathrm{T}}(\boldsymbol{x})\boldsymbol{\phi}(\boldsymbol{x})$。有关定理 6.4.1 的证明需要一些泛函分析的内容，有兴趣的读者可参考 Mohri 等的《机器学习基础》。关于构造核 $\kappa(\boldsymbol{x},\boldsymbol{z})$ 最重要的结论是，对于任意一组样本 $\{\boldsymbol{x}_n\}_{n=1}^{N}$，$\boldsymbol{K}=[K_{nm}]_{N\times N}$ 的半正定性是 $\kappa(\boldsymbol{x},\boldsymbol{z})$ 为 PDS 核的充分必要条件，可以利用这个结论判断构造的新核函数是否是 PDS 核。

但是，对于构造的核 $\kappa(\boldsymbol{x},\boldsymbol{z})$，检验其对任意样本集 $\boldsymbol{K}$ 是半正定的，仍然相当复杂，基于定理 6.4.1，可给出有关 PDS 核封闭性的定理 6.4.2，该定理给出由简单的已知 PDS 核构造复杂 PDS 核的有效方法。

定理 6.4.2(PDS 核封闭性定理) 一个或多个 PDS 核在和、积、张量积、序列极限和幂级数组合运算下仍是 PDS 核。

定理中的多个 PDS 核的和、积运算是清楚的，对其他几种运算做一点解释。两个核的张量积定义为

$$(\kappa_1\otimes\kappa_2)(\boldsymbol{x}_1,\boldsymbol{z}_1,\boldsymbol{x}_2,\boldsymbol{z}_2)=\kappa_1(\boldsymbol{x}_1,\boldsymbol{z}_1)\kappa_2(\boldsymbol{x}_2,\boldsymbol{z}_2) \tag{6.4.6}$$

如果有 PDS 核序列 $\kappa_n(\boldsymbol{x},\boldsymbol{z})$，$n=1,2,\cdots$，存在极限

$$\kappa(\boldsymbol{x},\boldsymbol{z})=\lim_{n\to+\infty}\kappa_n(\boldsymbol{x},\boldsymbol{z}) \tag{6.4.7}$$

则 $\kappa(\boldsymbol{x},\boldsymbol{z})$ 也是 PDS 核。如果幂级数 $\sum_{n=0}^{+\infty}a_n x^n$ 收敛，且 $a_n\geqslant0$，$\kappa(\boldsymbol{x},\boldsymbol{z})$ 的取值范围限制在幂级数的收敛域范围，则 $\sum_{n=0}^{+\infty}a_n\kappa^n(\boldsymbol{x},\boldsymbol{z})$ 定义的核是 PDS 核。

证明 设有 $\kappa_1(\boldsymbol{x},\boldsymbol{z})$，$\kappa_2(\boldsymbol{x},\boldsymbol{z})$ 是 PDS 核，任意一组样本 $\{\boldsymbol{x}_n\}_{n=1}^{N}$，其 Gram 矩阵分别为 $\boldsymbol{K}_1=[K_{1,nm}]_{N\times N}$，$\boldsymbol{K}_2=[K_{2,nm}]_{N\times N}$，由于 Gram 矩阵半正定是 PDS 核的充分必要条件，只要证明两个核之和与之积构成的核函数的 Gram 矩阵半正定即可。

设 $\kappa(\boldsymbol{x},\boldsymbol{z})=\kappa_1(\boldsymbol{x},\boldsymbol{z})+\kappa_2(\boldsymbol{x},\boldsymbol{z})$，则 $\boldsymbol{K}=\boldsymbol{K}_1+\boldsymbol{K}_2$，对于任意 N 维度值向量 $\boldsymbol{c}$，有

$$\boldsymbol{c}^{\mathrm{T}}\boldsymbol{K}\boldsymbol{c}=\boldsymbol{c}^{\mathrm{T}}(\boldsymbol{K}_1+\boldsymbol{K}_2)\boldsymbol{c}=\boldsymbol{c}^{\mathrm{T}}\boldsymbol{K}_1\boldsymbol{c}+\boldsymbol{c}^{\mathrm{T}}\boldsymbol{K}_2\boldsymbol{c}\geqslant 0$$

故 $\boldsymbol{K}$ 是半正定的，$\kappa(\boldsymbol{x},\boldsymbol{z})$ 是 PDS 核。

设 $\kappa(\boldsymbol{x},\boldsymbol{z})=\kappa_1(\boldsymbol{x},\boldsymbol{z})\kappa_2(\boldsymbol{x},\boldsymbol{z})$，则有 $\boldsymbol{K}=[K_{1,ij}K_{2,ij}]_{N\times N}$，由于 $\boldsymbol{K}_1$ 是对称半正定矩阵，一定可写为 $\boldsymbol{K}_1=\boldsymbol{A}\boldsymbol{A}^{\mathrm{T}}$，故 $K_{1,ij}=\sum_{k=1}^{N}A_{ik}A_{jk}$，有

$$\begin{aligned}\boldsymbol{c}^{\mathrm{T}}\boldsymbol{K}\boldsymbol{c}&=\sum_{i=1}^{N}\sum_{j=1}^{N}c_ic_jK_{1,ij}K_{2,ij}=\sum_{i=1}^{N}\sum_{j=1}^{N}c_ic_j\left(\sum_{k=1}^{N}A_{ik}A_{jk}\right)K_{2,ij}\\&=\sum_{k=1}^{N}\left(\sum_{i=1}^{N}\sum_{j=1}^{N}c_ic_jA_{ik}A_{jk}K_{2,ij}\right)=\sum_{k=1}^{N}\boldsymbol{z}_k^{\mathrm{T}}\boldsymbol{K}_2\boldsymbol{z}_k\geqslant 0\end{aligned}$$

其中，$\boldsymbol{z}_k=[c_1A_{1k},c_2A_{2k},\cdots,c_NA_{Nk}]^{\mathrm{T}}$。

已证明了和与积的性质，极限性质是明显的，张量积证明与积类似，幂级数运算是和与积性质的组合，留作习题。

下面给出几个例子，利用定理 6.4.2 的封闭性，由简单 PDS 核构造出更复杂的 PDS 核。

例 6.4.3 对例 6.4.1 的情况给出更一般的推广，$\boldsymbol{x}^{\mathrm{T}}\boldsymbol{z}$ 是一个简单的 PDS 核，容易验证常数 $c>0$ 也是一个平凡的 PDS 核，由和封闭性 $\kappa_1(\boldsymbol{x},\boldsymbol{z})=\boldsymbol{x}^{\mathrm{T}}\boldsymbol{z}+c,c>0$ 是一个 PDS 核，由积封闭性 $\kappa_d(\boldsymbol{x},\boldsymbol{z})=(\boldsymbol{x}^{\mathrm{T}}\boldsymbol{z}+c)^d,c>0$ 是一个 PDS 核，其中 d 为任意正整数，这是一般的 d 阶多项式核。

例 6.4.4 可利用封闭性验证高斯核是 PDS 核，则

$$\begin{aligned}\kappa(\boldsymbol{x},\boldsymbol{z})&=\exp\left[-\frac{1}{2\sigma^2}\|\boldsymbol{x}-\boldsymbol{z}\|^2\right]\\&=\exp\left[-\frac{1}{2\sigma^2}(\boldsymbol{x}^{\mathrm{T}}\boldsymbol{x}-2\boldsymbol{x}^{\mathrm{T}}\boldsymbol{z}+\boldsymbol{z}^{\mathrm{T}}\boldsymbol{z})\right]\\&=\exp\left[-\frac{1}{2\sigma^2}\boldsymbol{x}^{\mathrm{T}}\boldsymbol{x}\right]\exp\left(\frac{1}{\sigma^2}\boldsymbol{x}^{\mathrm{T}}\boldsymbol{z}\right)\exp\left(-\frac{1}{2\sigma^2}\boldsymbol{z}^{\mathrm{T}}\boldsymbol{z}\right)\\&=f(\boldsymbol{x})\exp\left(\frac{1}{\sigma^2}\boldsymbol{x}^{\mathrm{T}}\boldsymbol{z}\right)f(\boldsymbol{z})\end{aligned}$$

其中，$f(\boldsymbol{x})=\exp\left(-\frac{1}{2\sigma^2}\boldsymbol{x}^{\mathrm{T}}\boldsymbol{x}\right)$，注意到 $f(\boldsymbol{x})$ 可看作一个特殊的基函数映射，将 $\boldsymbol{x}$ 映射到一维空间，故 $f(\boldsymbol{x})f(\boldsymbol{z})$ 是一个 PDS 核，由于指数函数 $\exp(\boldsymbol{x})$ 展开的级数满足定理 6.4.2 的条件，$\exp\left(\frac{1}{\sigma^2}\boldsymbol{x}^{\mathrm{T}}\boldsymbol{z}\right)$ 是一个 PDS 核，因此高斯核是 PDS 核。实际上本例给出一个更一般的结论：若 $\kappa_0(\boldsymbol{x},\boldsymbol{z})$ 是一个 PDS 核，则 $f(\boldsymbol{x})\exp[\kappa_0(\boldsymbol{x},\boldsymbol{z})]f(\boldsymbol{z})$ 构成一个 PDS 核。

直接构造核函数的一个优点是，可以构造 $\boldsymbol{\phi}(\boldsymbol{x})$ 是无限维的核。实际上，高斯核就对应了 $\boldsymbol{\phi}(\boldsymbol{x})$ 无限维，由 $\exp(x)$ 展开的级数，可以得到高斯核对应的 $\boldsymbol{\phi}(\boldsymbol{x})$，为了表达式简单，这里只给出 x 为标量的情况，$\boldsymbol{\phi}(\boldsymbol{x})$ 有无穷多分量，各分量可表示为

$$\boldsymbol{\phi}_m(\boldsymbol{x})=\exp\left(-\frac{x^2}{2\sigma^2}\right)\sqrt{\frac{1}{\sigma^{2m}m!}}x^m,\quad m\geqslant 0$$

因此，高斯核把 $\boldsymbol{x}$ 向量映射到无穷高维空间。

例 6.4.5 若向量分解为两个子向量(可以不同维度)$\boldsymbol{x}=[\boldsymbol{x}_1,\boldsymbol{x}_2]^{\mathrm{T}}$ 和 $\boldsymbol{z}=[\boldsymbol{z}_1,\boldsymbol{z}_2]^{\mathrm{T}}$，若 $\kappa_1(\boldsymbol{x}_1,\boldsymbol{z}_1)$ 和 $\kappa_2(\boldsymbol{x}_2,\boldsymbol{z}_2)$ 是 PDS 核，则 $\kappa_1(\boldsymbol{x}_1,\boldsymbol{z}_1)+\kappa_2(\boldsymbol{x}_2,\boldsymbol{z}_2)$ 和 $\kappa_1(\boldsymbol{x}_1,\boldsymbol{z}_1)\kappa_2(\boldsymbol{x}_2,\boldsymbol{z}_2)$ 均为 PDS

核，这里两个核的积是张量积，满足封闭性。

可以看到，灵活运用定理 6.4.2 的封闭性，可由已经验证的简单 PDS 核导出各种更复杂的 PDS 核。这种构造新核函数的技术是非常灵活的，即使对于一些非数值对象，如字符串、DNA 序列等，也可以构造将其映射为数值结果的核函数，如刻画两个字符串的相似性等，这类核函数将不易用数学模型描述的对象转换成易于处理的方式。

可以构造多种多样的核，对于一个实际问题，如何选一个最合适的核，没有一个系统的方法，一般通过启发式、经验或实验确定。

本章小结

本章讨论了小样本下机器学习的一类重要算法——支持向量机。首先给出了在线性可分情况下的支持向量机算法，在这种简单情况下，用间隔的概念说明了支持向量机具有良好的泛化性能。紧接着，通过引入松弛变量，研究了线性不可分情况下的支持向量机算法，然后通过引入核函数，研究了更具一般性意义的非线性支持向量机。支持向量机既可以用于分类问题，也可以用于回归问题，本章也给出了支持向量回归算法。最后，对核函数方法做了一些更详细的说明，讨论了直接构造核函数的方法。

本章对支持向量机的介绍主要是启发式的方法。实际中，机器学习理论对支持向量机的研究是非常充分的，有兴趣的读者可进一步阅读 Vapnik 的 *Statistical Learning Theory*，或 Mohri 等的 *Foundations of Machine Learning* 中给出的更简捷的介绍。中文著作中，邓乃杨等的《支持向量机：理论、算法与拓展》给出了对支持向量机更多细节和应用的介绍。

本章习题

1. 在不可分线性 SVM 中，若一个样本是奇异点，即不满足 $y_n(\boldsymbol{w}^{\mathrm{T}}\boldsymbol{x}_n+b)\geqslant 1$，则定义其松弛变量为 $\xi_n=|y_n-\hat{y}(\boldsymbol{x}_n)|$，证明：该松弛变量可表示为 $\xi_n=1-y_n(\boldsymbol{w}^{\mathrm{T}}\boldsymbol{x}_n+b)$。

2. 一个样本集为

$$\boldsymbol{D}=\{((0,0)^{\mathrm{T}},-1),((1,0)^{\mathrm{T}},-1),((0,1)^{\mathrm{T}},-1),\\((1,1)^{\mathrm{T}},1),((1,2)^{\mathrm{T}},1),((2,1)^{\mathrm{T}},1),((2,2)^{\mathrm{T}},1)\}$$

训练一个 SVM 对其进行分类，写出判决方程，指出哪些样本是支持向量。

3. 异或的样本集 $\boldsymbol{D}=\{((0,0)^{\mathrm{T}},-1),((0,1)^{\mathrm{T}},1),((1,0)^{\mathrm{T}},1),((1,1)^{\mathrm{T}},-1)\}$ 是线性不可分的，可定义一个多项式函数 $\boldsymbol{\varphi}(\boldsymbol{x})$，其中

$$\varphi_1(\boldsymbol{x})=2(x_1-0.5)$$

$$\varphi_2(\boldsymbol{x})=4(x_1-0.5)(x_2-0.5)$$

把样本集 $\boldsymbol{D}=\{(\boldsymbol{x}_n,y_n)\}$ 映射成 $\boldsymbol{D}_\varphi=\{(\boldsymbol{\varphi}(\boldsymbol{x}_n),y_n)\}$，样本集映射为

$$\boldsymbol{D}_\varphi=\{((-1,1)^{\mathrm{T}},-1),((-1,-1)^{\mathrm{T}},1),((1,-1)^{\mathrm{T}},1),((1,1)^{\mathrm{T}},-1)\}$$

分别用样本集 $\boldsymbol{D}$ 和样本集 $\boldsymbol{D}_\varphi$ 训练一个线性 SVM 分类器，并分析其分类性能（注：由于样本数少且取值简单，可手动练习，也可自行编写一段小程序实现，但不要使用机器学习的专用软件包）。

4. 在引入松弛变量的 SVM 目标函数中，一种更一般的形式为

$$\min_{\boldsymbol{w},\xi_n}\left\{\frac{1}{2}\|\boldsymbol{w}\|^2\right\}+C\sum_{n=1}^{N}\xi_n^p$$

$$\text{s.t.}\ \begin{cases}\xi_n \geqslant 0 \\ y_n(\boldsymbol{w}^{\mathrm{T}}\boldsymbol{x}_n + b) \geqslant 1 - \xi_n\end{cases},\quad n = 1,2,\cdots,N$$

只要 $p \geqslant 1$，则问题都是凸优化问题。本题取 $p=2$，这对应"平方合页损失"，在该情况下，推导其对偶优化表达式。

5. 在 6.3 节的 SVR 中，对应 $a_n > 0$ 或 $\hat{a}_n > 0$ 的样本称为支持向量，证明：$a_n > 0$ 和 $\hat{a}_n > 0$ 不可能同时满足。

6. 6.2.2 节的 SMO 算法描述中，a_2 取值限制可分为两种情况。证明：$y_1 = -y_2$ 时，$a_2 \in [L, H]$，则 $L = \max\{0, -\zeta y_1\}$，$H = \min\{C, C - \zeta y_1\}$；$y_1 = y_2$ 时，$L = \max\{0, \zeta y_1 - C\}$，$H = \min\{C, \zeta y_1\}$。

7. 证明：$\kappa(\boldsymbol{x}, \boldsymbol{z}) = \cos(\boldsymbol{x} - \boldsymbol{z})$ 是 PDS 核函数。

8. 证明：$\kappa(\boldsymbol{x}, \boldsymbol{z}) = \exp\left(-\frac{1}{\sigma}\|\boldsymbol{x} - \boldsymbol{z}\|\right)$ 在 $\sigma > 0$ 时是 PDS 核，这个核函数称为拉普拉斯核。

9. 证明：一个 PDS 核在幂级数组合运算下仍是 PDS 核。

10. 对异或样本集 $\boldsymbol{D} = \{((0,0)^{\mathrm{T}}, -1), ((0,1)^{\mathrm{T}}, 1), ((1,0)^{\mathrm{T}}, 1), ((1,1)^{\mathrm{T}}, -1)\}$，试用一个高斯核函数设计一个 SVM 分类器。讨论核函数参数选择和分类器性质。

*11. 在网络上下载 Iris 数据集，样本分类都属于鸢尾属下的 3 个亚属，分别为山鸢尾(Setosa)、变色鸢尾(Versicolor)和维吉尼亚鸢尾(Virginica)。4 个特征被用作样本的定量描述，它们分别是花萼和花瓣的长度和宽度。该数据集包含 150 个数据，每类 50 个数据。

(1) 从数据集中取出变色鸢尾(Versicolor)和维吉尼亚鸢尾(Virginica)的 100 个样本，训练一个二分类的 SVM 分类器，对其进行分类(建议：每类 40 个样本做训练，10 个样本做测试)。

(2) 用 OVR 方式设计 SVM 分类器，对 3 种类型进行分类(建议：每类 40 个样本做训练，10 个样本做测试)。

以上两个问题中，首先使用线性 SVM 进行实验，若不能正确分类，则尝试用非线性 SVM 做进一步实验。

第7章 决　策　树

CHAPTER 7

决策树(Decision Tree)是一种分层的决策结构,可用于分类和回归。决策树是一种非参数学习方法,属于归纳推理类算法。决策树模型具有树形结构,学习过程中由样本集形成一棵可分层判决的树。推断(预测)时,对于一个新的特征向量,从树的根节点起分层判决,达到可给出最后结果的叶节点,完成一次推断。

决策树推断速度快,可解释性强,是一种应用非常广泛的算法。在决策树方法的发展中,Quinlan分别于1979年和1993年发表的ID3和C4.5算法,Breiman等于1984年发表的CART算法是影响最大的算法,本章主要以这几种算法为例,介绍决策树的主要思想和技术。

7.1 基本决策树算法

第12集
微课视频

本节以实现分类为目标,且假设每个特征的取值都是离散值的情况,介绍决策树的基本思想和算法,这些算法是基本的,一些变化情况和扩展将在后续小节说明。为了方便读者掌握不同的方法,本节结合ID3和C4.5算法进行介绍。

设一个数据集包含 N 个样本,$\boldsymbol{x}_n$ 是特征向量,在分类问题中 y_n 是类型标注,即

$$\boldsymbol{D}=\{(\boldsymbol{x}_n, y_n)\}_{n=1}^{N} \tag{7.1.1}$$

$\boldsymbol{x}_n$ 的每维分量 x_{ni} 是一个特征(或称为属性),在基本决策树算法介绍中,限制 x_{ni} 只取有限的离散值。例如,要对人们的某种选择做决策,若 $\boldsymbol{x}_n$ 是表示个人信息的特征向量,其中一个分量 x_{ni} 为性别,则只有两个取值,可分别用0和1表示男和女,在决策树的原理介绍中,更倾向于用带语义的词"男"和"女"作为 x_{ni} 的取值,这样形成的决策树实例可更直观地对推断过程给出解释。

7.1.1 决策树的基本结构

为了说明决策树的概念,给出一个例子。这是一个通过天气情况决定是否去打网球的例子。特征向量是三维的,代表天气、湿度、风力3个特征,每个特征都仅有离散取值。其中,天气有晴朗、阴天、有雨3个值;湿度有高、正常两个值;风力有强、弱两个值。这里使用语义词表示每个特征的取值。

假设有一组样本,给出在各种天气特征下是否打网球的记录,通过这组样本训练一棵决策树,当给出一个新的特征向量时,通过这棵决策树做出决策。

7.1.2节将给出利用样本集训练一棵决策树的算法,这里先假设决策树已经确定,来分析一下决策树由哪些元素构成。图7.1.1所示打网球的决策树。

由图7.1.1可见,一棵决策树由若干节点和边组成,最顶端的节点称为根节点,所有节点从根

节点开始。由根节点通过几条边分别连接到下一层的各节点。如果从一个节点出发,至少有一条边连接到下一层的节点,则出发节点称为父节点,其下通过边到达的节点称为子节点。树是一种广泛应用的结构,决策树是树结构的一种,其中每个节点对应一个特征。图 7.1.1 中,根节点对应了特征“天气”,由该特征的取值对应了边,该特征有几个取值,就从这个节点向下引出几条边(有的决策树只采用二叉树结构,即每个节点只引出两条边,本节不局限于二叉树结构)。图 7.1.1 中根节点向下引出 3 条边,分别对应特征的取值“晴朗”“阴天”和“有雨”,每条边的尾部端点是下一层的节点。

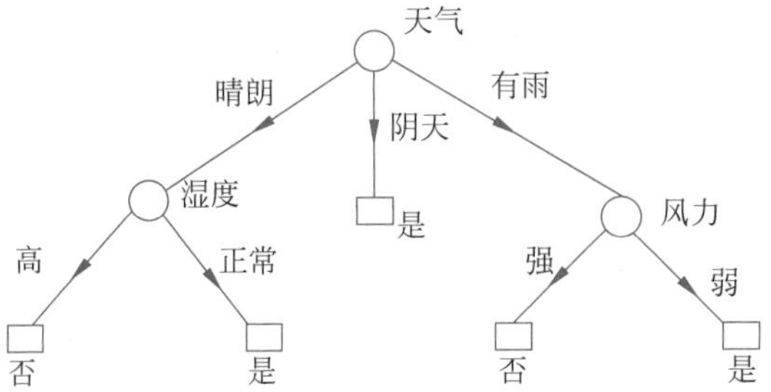

图 7.1.1 决策树示例

由于特征向量可能包含若干特征,选择哪一个特征作为根节点需要一种判别准则,7.1.2 节将介绍准则和算法。现在假设已经确定了根节点和各边,当有一个新的特征向量需要做推断时,取出特征向量中对应根节点的特征,根据该特征的取值,通过相应的边进入下一层节点。在图 7.1.1 的决策树中,第 2 层的节点有两种不同类型。若天气取值为“阴天”,通过中间的支路,进到下一层的节点。这个节点不再有子节点,这样的节点称为叶节点。叶节点是已经可以做出分类结果的节点,对应一个类型输出,本例中,该节点输出为“是”,即可以打网球。

第 2 层左侧和右侧的节点仍有子节点,这样的节点是内部节点,需要找到一个特征与其对应。在图 7.1.1 中,左侧对应的特征是“湿度”,右侧对应的特征是“风力”。这些内部节点根据其特征的取值,引出向下一层的边,连接下一层的节点。决策树的结构就是这样分层的结构,由节点和边组成,可以得出结果的节点作为叶节点,不再引出边,其他节点对应一个特征,通过边向下引出新的节点,直到叶节点终止。至于如何决定一个节点已是叶节点还是继续向下引出新的节点,这是决策树构造算法的核心,后续几节介绍多种算法。

当一棵决策树训练确定了,给出新的特征向量输入,就可以在决策树上做出分类。例如,给出一个新的特征向量,其特征天气、湿度、风力分别取晴朗、高、弱。通过决策树,首先根节点天气特征为“晴朗”,故通过最左侧边,进入“湿度”节点,由于湿度取值为“高”,通过其左侧支路到达叶节点“否”,即不能打网球。在这个输入实例中风力特征没有起作用。

7.1.2 信息增益和 ID3 算法

通过以上的例子说明,可以想到的一种构造决策树的方法是:通过一个准则找到一个最合适的特征,以这个特征作为根节点,根节点对应了样本集的所有样本,待确定了一个特征作为根节点后,由该特征的各取值形成相应的几条边,引出下一层的节点,每条边对应了根节点特征的一个取值,根据该特征的不同取值把样本集分成几组,每组形成一子样本集,子样本集的特征向量中,将根节点已用到的特征删去,每个子样本集对应一条边下端的节点。检查形成的各节点对应的子样本集的标注,若一个节点对应子样本集的所有标注都相同,该节点确定为叶节点,其标注即为该叶节点的分类输出;若一个节点对应的子样本集标注不同且特征向量非空,则把该节点看作新的根节点，以子样本集为样本集递归执行以上所述过程，直到所有端节点都为叶节点为止。这是一种贪婪的分层搜索算法。

为了选择一个特征，给出样本集的一种不纯性度量(Impurity Measure)。样本的不纯性也是一种不确定性，若一个样本集的所有标注都是一致的，如上面打网球的例子，若样本集的所有样本标注都是"是"，则其不纯性为0，对于这样的样本集，直接分类为"是"即可，不需要再做更多的判断。当然，实际情况不是这样，若标注只有两类，样本集中两类标注的数目近似一致，则不纯性最高，需要更多的判断才能做出正确的分类。越高的不纯性，越难以直接进行分类，这启发我们可以选择一个这样的特征，利用了这个特征以后，不纯性可以得到最大降低，或分类的不确定性最大降低。既然不纯性可以作为选择特征的一个度量，需要给出不纯性的定量计算公式。

在决策树文献中，先后有多种不纯性度量方法被提出并用于特征的选择，Quinlan在提出ID3算法时用熵表示不纯性，并用信息增量表示选用特征后不纯性的变化，即用最大信息增益表示最大不纯性下降。

设样本集为$\boldsymbol{D}$，需分类的类型共有K类，每个类型的标注用类型标号k表示，在样本集中，设标注是第k类的概率为p_k，如第2章所介绍的，表示样本集类型的熵为

$$H(\boldsymbol{D})=-\sum_{k=1}^{K}p_k \operatorname{lb} p_k \tag{7.1.2}$$

这里对数的底取2是为了方便，此时熵的单位是比特；若对数底取e，则熵的单位是奈特，两者的换算关系为$\operatorname{lb}p_k=\ln p_k/\ln 2$，对数采用哪一种底在这里无关紧要，这里按习惯用以2为底的对数。在熵的定义中，令$0\operatorname{lb}0=0$。若一个样本集中，所有样本的标注都是第k类，即$p_k=1, p_j=0, j\neq k$，则$H(\boldsymbol{D})=0$，若所有类型的标注数目相同，即$p_k=1/K$，则第2章已说明此时熵最大，最大值为$H(\boldsymbol{D})=\operatorname{lb}K$。可见，用熵表示不纯性是合理的选择。在给出一个样本集时，精确的p_k是未知的，但若样本数目N充分大，标注为第k类的样本数目为c_k，则p_k估计为$p_k\approx\frac{c_k}{N}$，计算熵的公式近似为

$$H(\boldsymbol{D})=-\sum_{k=1}^{K}\frac{c_k}{N}\operatorname{lb}\frac{c_k}{N} \tag{7.1.3}$$

用式(7.1.3)计算的熵称为经验熵。

为了考虑一个特征对不纯性的降低，比较特征向量中的每个特征，假设一个特征表示为A，为了表示简单，设其离散取值分别为$i=1,2,\cdots,I$，按照该特征的不同取值将样本集$\boldsymbol{D}$划分为子集$\boldsymbol{D}_i, i=1,2,\cdots,I$，各子集的样本数分别为$N_i, i=1,2,\cdots,I$。若每个子集的标注只有一类，则每个子集的不纯性为0，平均不纯性为0，按该特征划分后，不纯性下降了可能的最大值，即通过该特征引出的几条边对应的节点均是叶节点，可以完成分类。实际中，通过选择一个特征往往做不到将不纯性降为0，需要选择对不纯性降低最大的特征构成根节点。

考虑了特征A后的不纯性可用条件熵表示，即$H(\boldsymbol{D}|A)$，由A的各值将样本集划分为$\boldsymbol{D}_i$，则$\boldsymbol{D}_i$的熵相当于$A=i$时$\boldsymbol{D}$的条件熵，即$H(\boldsymbol{D}_i)=H(\boldsymbol{D}|A=i)$，由第2章介绍的条件熵的公式，则

$$H(\boldsymbol{D}\mid A)=\sum_{i\in[1,I]}p_i^{(A)}H(\boldsymbol{D}\mid A=i) \tag{7.1.4}$$

其中，$p_i^{(A)}$为特征取值为$A=i$的概率，这些概率的值是未知的，可由样本计数估计。代入概率的估计值，则经验条件熵为

$$H(\boldsymbol{D}\mid A)=-\sum_{i\in[1,I]}\frac{N_i}{N}\sum_{k=1}^{K}\frac{c_{ik}}{N_i}\operatorname{lb}\frac{c_{ik}}{N_i} \tag{7.1.5}$$

其中，c_{ik} 为子样本集 $\boldsymbol{D}_i$ 中标注为第 k 类的样本数。

定义选择了特征 A 的熵增益为

$$G(\boldsymbol{D},A)=H(\boldsymbol{D})-H(\boldsymbol{D}\mid A) \tag{7.1.6}$$

可见，熵增益描述了选择特征 A 后，不纯性的下降值。对每个特征 A 计算熵增益，选择熵增益最大的特征作为根节点对应的特征，由该特征的各个取值形成边，边的下端为下一层的节点，各自对应了子样本集 $\boldsymbol{D}_i$，若 $H(\boldsymbol{D}_i)=0$，则该节点为叶节点，输出为其对应的标注类型，否则以该节点为等价的根节点，以 $\boldsymbol{D}_i$ 为样本集，递归执行树的生成过程。这里叙述的是 ID3 算法的基本思想，ID3 算法描述如下。

ID3 算法

ID3($\boldsymbol{D}$，分类类型，特征)

(1) 创建树的根节点：

若 $\boldsymbol{D}$ 中的所有标注都相同，返回一个单一根节点树，输出为该标注类型；

若特征向量为空，返回一个单一根节点树，输出为标注最多的类。

(2) 计算各特征的信息增益，将信息增益最大的特征记为 A。

A 作为根节点特征，对于 A 的每个取值 i

在根节点下加一条新的边，其对应测试条件为 $A=i$；

令 $\boldsymbol{D}_i$ 为 $\boldsymbol{D}$ 中满足 $A=i$ 的样本子集；

如果 $\boldsymbol{D}_i$ 为空

该边下端设为叶节点，叶节点的输出为 $\boldsymbol{D}$ 中标注最多的类；

否则

在这个边下端加一个新的子树：调用 ID3($\boldsymbol{D}_i$，分类类型，特征$-\{\boldsymbol{A}\}$)。

(3) 返回根。

下面通过一个实例说明 ID3 的决策树生成算法。

例 7.1.1　通过学生是否看电影的分类(决策)问题说明用 ID3 算法构造决策树的过程。学校礼堂今晚放映电影，一个学生使用决策树训练的决策过程进行决策，有 4 个特征，分别为女朋友、作业、预习、电影类型，用 $A_1 \sim A_4$ 表示。每个特征只有有限取值，女朋友有 3 种取值：去、不去、无女友；其他属性只有两种取值，作业：完成和未完成；预习：需要和不需要；电影类型：喜欢和不喜欢。表 7.1.1 是以前决策的样本记录，由这组样本用 ID3 算法训练一棵决策树。

表 7.1.1　看电影样本集

序　号	女朋友 A_1	作业 A_2	预习 A_3	电影类型 A_4	决　　定
1	去	完成	需要	喜欢	看
2	去	未完成	需要	不喜欢	不看
3	去	未完成	不需要	不喜欢	看
4	去	完成	需要	不喜欢	看
5	不去	完成	不需要	喜欢	看
6	不去	未完成	不需要	喜欢	不看
7	不去	完成	需要	喜欢	看
8	不去	完成	不需要	不喜欢	不看
9	不去	未完成	需要	不喜欢	不看

续表

序　号	女朋友 A_1	作业 A_2	预习 A_3	电影类型 A_4	决　　定
10	无女友	完成	不需要	喜欢	看
11	无女友	未完成	不需要	喜欢	不看
12	无女友	未完成	需要	喜欢	不看
13	无女友	完成	不需要	不喜欢	不看
14	无女友	未完成	不需要	喜欢	不看
15	无女友	完成	需要	喜欢	看

总样本集用 $\boldsymbol{D}$ 表示，标注有两类，决定为“看”7 项，“不看”有 8 项，数据集的经验熵为

$$H(\boldsymbol{D})=-\frac{7}{15}\text{lb}\frac{7}{15}-\frac{8}{15}\text{lb}\frac{8}{15}=0.9966$$

每个特征的增益分别计算为

$$\begin{aligned}G(\boldsymbol{D},A_1)&=H(\boldsymbol{D})-H(\boldsymbol{D}\mid A_1)\\&=0.9966-\frac{4}{15}\left(-\frac{3}{4}\text{lb}\frac{3}{4}-\frac{1}{4}\text{lb}\frac{1}{4}\right)-\frac{5}{15}\left(-\frac{2}{5}\text{lb}\frac{2}{5}-\frac{3}{5}\text{lb}\frac{3}{5}\right)-\\&\quad\frac{6}{15}\left(-\frac{2}{6}\text{lb}\frac{2}{6}-\frac{4}{6}\text{lb}\frac{4}{6}\right)=0.0866\end{aligned}$$

$$\begin{aligned}G(\boldsymbol{D},A_2)&=H(\boldsymbol{D})-H(\boldsymbol{D}\mid A_2)\\&=0.9966-\frac{8}{15}\left(-\frac{6}{8}\text{lb}\frac{6}{8}-\frac{2}{8}\text{lb}\frac{2}{8}\right)-\frac{7}{15}\left(-\frac{1}{7}\text{lb}\frac{1}{7}-\frac{6}{7}\text{lb}\frac{6}{7}\right)=0.2876\end{aligned}$$

$$\begin{aligned}G(\boldsymbol{D},A_3)&=H(\boldsymbol{D})-H(\boldsymbol{D}\mid A_3)\\&=0.9966-\frac{7}{15}\left(-\frac{4}{7}\text{lb}\frac{4}{7}-\frac{3}{7}\text{lb}\frac{3}{7}\right)-\frac{8}{15}\left(-\frac{5}{8}\text{lb}\frac{5}{8}-\frac{3}{8}\text{lb}\frac{3}{8}\right)=0.027\end{aligned}$$

$$\begin{aligned}G(\boldsymbol{D},A_4)&=H(\boldsymbol{D})-H(\boldsymbol{D}\mid A_4)\\&=0.9966-\frac{9}{15}\left(-\frac{5}{9}\text{lb}\frac{5}{9}-\frac{4}{9}\text{lb}\frac{4}{9}\right)-\frac{6}{15}\left(-\frac{2}{6}\text{lb}\frac{2}{6}-\frac{4}{6}\text{lb}\frac{4}{6}\right)=0.0366\end{aligned}$$

可见 $G(\boldsymbol{D},A_2)$ 最大，即选择“作业”作为根节点的特征，根据作业完成或未完成形成两个分支，将样本集分为两组，分别记为 $\boldsymbol{D}_1$ 和 $\boldsymbol{D}_2$，再分别以这样两组样本集为根节点，递归地重复以上的过程。注意，在 $\boldsymbol{D}_1$ 和 $\boldsymbol{D}_2$ 样本集中，作业这一特征已经被删去了。为了看得更清晰，这里再给出 $\boldsymbol{D}_2$ 子样本集和在其上的进一步过程，$\boldsymbol{D}_2$ 子样本集如表 7.1.2 所示。

表 7.1.2　看电影的子样本集 $\boldsymbol{D}_2$

序　号	女朋友 A_1	预习 A_3	电影类型 A_4	决　　定
2	去	需要	不喜欢	不看
3	去	不需要	不喜欢	看
6	不去	不需要	喜欢	不看
9	不去	需要	不喜欢	不看
11	无女友	不需要	喜欢	不看
12	无女友	需要	喜欢	不看
14	无女友	不需要	喜欢	不看

$\boldsymbol{D}_2$ 样本集中只有一项决定为“看”，其他 6 项决定为“不看”，因此 $\boldsymbol{D}_2$ 的经验熵为

$$H(\boldsymbol{D}_2)=-\frac{1}{7}\text{lb}\frac{1}{7}-\frac{6}{7}\text{lb}\frac{6}{7}=0.592$$

每个特征的增益分别计算为

$$G(\boldsymbol{D}_2,A_1)=H(\boldsymbol{D}_2)-H(\boldsymbol{D}_2\mid A_1)$$
$$=0.592-\frac{2}{7}\left(-\frac{1}{2}\text{lb}\,\frac{1}{2}-\frac{1}{2}\text{lb}\,\frac{1}{2}\right)-\frac{2}{7}(0)-\frac{3}{7}(0)=0.31$$
$$G(\boldsymbol{D}_2,A_3)=H(\boldsymbol{D}_2)-H(\boldsymbol{D}_2\mid A_3)$$
$$=0.592-\frac{3}{7}(0)-\frac{4}{7}\left(-\frac{1}{4}\text{lb}\,\frac{1}{4}-\frac{3}{4}\text{lb}\,\frac{3}{4}\right)=0.128$$
$$G(\boldsymbol{D}_2,A_4)=H(\boldsymbol{D}_2)-H(\boldsymbol{D}_2\mid A_4)$$
$$=0.592-\frac{4}{7}(0)-\frac{3}{7}\left(-\frac{1}{3}\text{lb}\,\frac{1}{3}-\frac{2}{3}\text{lb}\,\frac{2}{3}\right)=0.2$$

故在第 2 层树的右侧节点选择“女朋友”作为特征。类似过程递归进行，最终的决策树如图 7.1.2 所示。

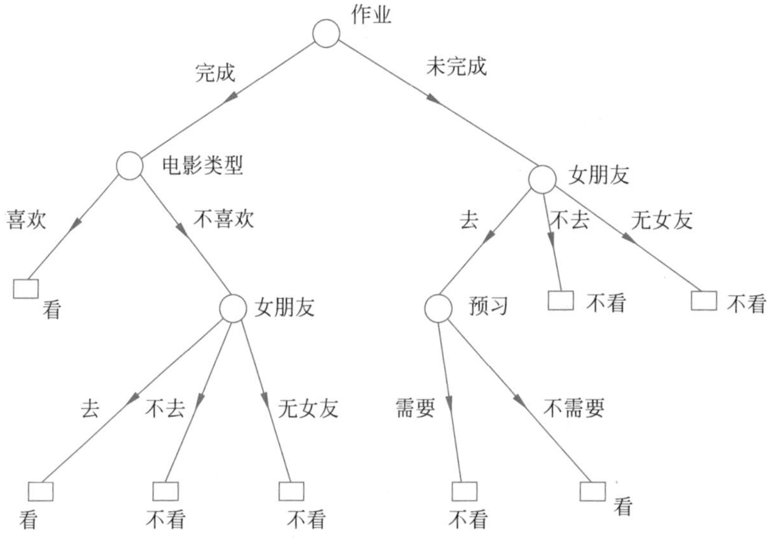

图 7.1.2 看电影的决策树

最后给出一个新的输入，其特征的取值分别是女朋友去、作业未完成、不需要预习、喜欢，从根节点选择进入第 1 层的右侧分支，在第 2 层“女朋友”节点进入“去”分支，在第 3 层“预习”节点进入“不需要”分支，最后的决策是“看”。在这一实例的决策中，“电影类型”特征未起作用。

7.1.3 信息增益率和 C4.5 算法

C4.5 算法是 Quinlan 于 1993 年发表的，是 ID3 的改进算法，继承了 ID3 算法的优点，并在以下几方面对 ID3 算法进行了改进。

(1) 由于 ID3 中用信息增益选择特征时偏向选择取值数多的特征，C4.5 用信息增益率选择特征，适用于特征之间取值数目比较分散的情况。

(2) 针对 ID3 易于过拟合的问题，在树构造过程中引入剪枝技术。

(3) ID3 的特征只能取离散值，若一个特征是连续数值量，则需要预先离散化，C4.5 既可以处理离散特征，也可处理连续特征。

(4) 能够处理样本特征缺失的情况。

首先给出信息增益率的计算方法。对于一个特征 A，其离散取值为 $i=1,2,\cdots,I$，按照该特征的不同取值将样本集 $\boldsymbol{D}$ 划分为子集 $\boldsymbol{D}_i, i=1,2,\cdots,I$，各子集的样本数分别为 $N_i, i=1,2,\cdots,I$。首先定义分裂信息用于刻画特征 A 对样本集的分裂情况，分裂信息为

$$H_A(\boldsymbol{D})=-\sum_{i\in[1,I]}\frac{N_i}{N}\operatorname{lb}\frac{N_i}{N} \tag{7.1.7}$$

信息增益率定义为

$$G_{\mathrm{R}}(\boldsymbol{D},A)=\frac{G(\boldsymbol{D},A)}{H_A(\boldsymbol{D})}=\frac{H(\boldsymbol{D})-H(\boldsymbol{D}\mid A)}{H_A(\boldsymbol{D})} \tag{7.1.8}$$

一般来讲，若一个特征的取值数目很大，如人的年龄特征，其分裂信息也相应较大，若一个特征有 $I\gg 2$ 个取值，则其最大分裂信息为 $\operatorname{lb}I$，对比而言，若一个特征只有两个取值，其分裂信息的最大值为 1，除以分裂信息可以抑制取值多的特征的信息增益值。

直接使用式(7.1.8)也存在一个问题，若在一个样本集中，一个特征几乎只取某个值，这样的情况是存在的。例如，在一个社区信息的数据集中，设每个人的信息中有一个特征表示是否有残疾，这个特征只有两个取值：是和否。对于某个社区，可能所有人的这一特征都是“否”，在这种情况下，$H_A(\boldsymbol{D})=0$，或只有极个别人这个特征为“是”，则 $H_A(\boldsymbol{D})\approx 0$。这种情况下，由式(7.1.8)计算的该特征的 $G_{\mathrm{R}}(\boldsymbol{D},A)$ 可能不存在或非常大，为了避免这种情况，一个办法是：先计算信息增益 $G(\boldsymbol{D},A)$，并计算增益平均值，对于信息增益大于平均值的特征再计算信息增益率，并利用计算出的信息增益率选择特征。

基本的 C4.5 算法，除了以信息增益率替代信息增益作为选择特征的准则外，算法流程与 ID3 算法的叙述是一致的。但完整的 C4.5 算法给出了几个扩展，分别用于剪裁树、处理连续数值型变量和处理缺失属性值的训练样本。这几个扩展技术，尤其树剪裁技术，尽管是对 C4.5 提出的，也可用于 ID3 算法，6.2 节的 CART 算法也包括类似的扩展，故本章前两节专注于基本的决策树生成算法，这些扩展技术留待 6.3 节一并介绍。

7.2 CART 算法

分类与回归树(Classification And Regression Tree，CART)既可以用于解决分类问题，也可以用于解决回归问题。CART 一般是二叉树结构，每个内部节点有两条分支。本节先讨论用于分类，称为分类树，然后再讨论用于回归，称为回归树。

7.2.1 分类树

CART 算法的特征可取连续数值，但为了与前面分类算法的叙述一致，这里仍假设每个特征只取离散值，特征取连续值的处理方法在后面专门讨论。但 CART 与 ID3 等算法不同，在 ID3 中，如果一个特征被选为当前节点的特征，若该特征可取 $I>2$ 个值，则该节点对应引出 I 个分支。CART 算法对于 $I=2$，即只取两个值的特征的处理与 ID3 等算法类似；对于 $I>2$，则对特征的每个取值做测试。为了叙述简单，假设特征 A 的取值可为 $1,2,\cdots,I$，需分别判断 $A=i$ 时，对分类不纯性的改善。若在所有特征和特征的所有取值中，当 $A=j$ 时对不纯性的改善最佳，则取 $A=j$ 作为该节点的判据，将分为 $A=j$ 和 $A\neq j$ 的两个分支，相应地把样本集按这两个条件分为两个子集，分配给两个分支引出的下层节点。

CART 算法也给出了自己使用的不纯性度量，称为基尼指数。设样本集表示为 $\boldsymbol{D}$，需分类的

类型共有 K 类，每类的标注用 k 表示，在样本集中标注为第 k 类的概率为 p_k，则样本类型的基尼指数定义为

$$\text{Gini}(\boldsymbol{D})=\sum_{k=1}^{K}\sum_{j\neq k}p_k p_j=\sum_{k=1}^{K}p_k(1-p_k)=1-\sum_{k=1}^{K}p_k^2 \tag{7.2.1}$$

如果只有两类，第 1 类的概率为 p，则基尼指数化简为

$$\text{Gini}(\boldsymbol{D})=2p(1-p) \tag{7.2.2}$$

如果样本数目 N 充分大，标注为第 k 类的样本数目为 c_k，则 p_k 估计为 $p_k\approx\frac{c_k}{N}$，则基尼指数为

$$\text{Gini}(\boldsymbol{D})=1-\sum_{k=1}^{K}\left(\frac{c_k}{N}\right)^2 \tag{7.2.3}$$

基尼指数是一种与熵不同的刻画样本集的不纯性的方式，但两者很相似。在二分类情况下，可画出熵取值的一半与基尼指数的关系图，如图 7.2.1 所示，可见两者的变化规律和取值都很接近，图中也同时画出了分类误差率曲线。

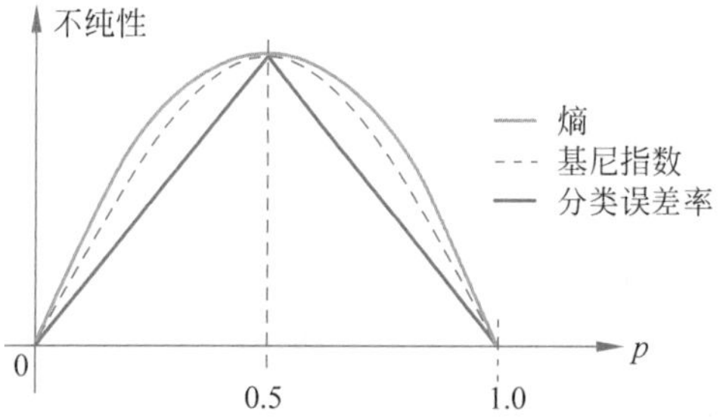

图 7.2.1 基尼指数与熵比较

当测试特征 $A=i$ 时，按照样本的特征 A 是否满足 $A=i$ 将样本集分成两类，即

$$\boldsymbol{D}_1=\{(\boldsymbol{x}_n,y_n)\mid A(\boldsymbol{x}_n)=i\},\quad \boldsymbol{D}_2=\{(\boldsymbol{x}_n,y_n)\mid A(\boldsymbol{x}_n)\neq i\}$$

其中，$A(\boldsymbol{x}_n)$表示 $\boldsymbol{x}_n$ 的特征 A，即 $\boldsymbol{x}_n$ 的一个用 A 表示的分量。设 N_1 为 $\boldsymbol{D}_1$ 中的样本数，N_2 为 $\boldsymbol{D}_2$ 中的样本数，则在特征 $A=i$ 的条件下，基尼指数为

$$\text{Gini}(\boldsymbol{D},A=i)=\frac{N_1}{N}\text{Gini}(\boldsymbol{D}_1)+\frac{N_2}{N}\text{Gini}(\boldsymbol{D}_2) \tag{7.2.4}$$

在根节点，测试所有特征和特征所有取值(若一个特征只取两个值，则只测试其中之一)的基尼指数，设 $\text{Gini}(\boldsymbol{D},A=j)$最小，则选择特征 A，以 $A=j$ 是或否为分支，形成两个分支和下层节点及其对应的子样本集 $\boldsymbol{D}_1$，$\boldsymbol{D}_2$，再以下层节点和对应子样本集作为子树的根，递归执行如根节点相同的过程，直到整棵树被构造。

注意，在从一个节点到下一层节点的分支构造中，若特征 A 只有两个取值，则两个分支分别表示这两个取值，故下一层节点中将特征 A 删除；若特征 A 有多个取值，则通过测试 $A=j$ 形成的两个分支中，"是"分支对应的下一层节点中，把 A 特征删除，在"否"分支中，只将 A 特征的取值 j 删除，其他取值仍需继续测试。

一个节点终结为叶节点的条件是该节点对应的子样本集为空(在较大规模的问题中，更一般规则是该节点样本数小于预定的阈值)；或该节点所有样本都是同一标注(或更一般的基尼指数小于预定的阈值)；或已没有更多特征可用。为了参考方便，将 CART 分类树的基本算法描述如下。

CART 分类算法

CART-C($\boldsymbol{D}$,分类类型,特征)

(1) 创建树的根节点:

若 $\boldsymbol{D}$ 中的所有标注都相同,返回一个单一根节点树,输出为该标注类;

若特征向量为空,返回一个单一根节点树,输出为标注最多的类;

若一个特征 A 只有一个取值,删除该特征。

(2) 计算各特征和特征的各取值的 Gini 指数(若特征 A 只有两个取值,只计算第 1 个值的基尼指数),具有最小基尼指数的特征和取值为 $A=j$,以 $A=j$ 为是或否将样本集分为 $\boldsymbol{D}_1$ 和 $\boldsymbol{D}_2$,分为两条支路:

$A=j$"是"支路,调用 CART-C($\boldsymbol{D}_1$,分类类型,特征$-\{A\}$);

$A=j$"否"支路,调用 CART-C($\boldsymbol{D}_2$,分类类型,特征 A 取值集合$-\{j\}$)。

(3) 若 $\boldsymbol{D}_i$ 为空,节点设为叶节点,叶节点的输出为 $\boldsymbol{D}$ 中标注最多的类;

若 $\boldsymbol{D}_i$ 只有一种标注,节点设为叶节点,输出为该标注;

若特征为空,节点设为叶节点,$\boldsymbol{D}_i$ 中最多类型的标注为输出。

例 7.2.1 用例 7.1.1 的看电影问题和表 7.1.1 的样本集,构造一棵 CART 决策树。这里有 4 个特征,分别是女朋友、作业、预习、电影类型,其中女朋友特征可取 3 个值:1=去、2=不去、3=无女友,其他特征均取两个值,分别用 1 和 2 表示。各个特征及其取值的基尼指数计算如下。

$$\text{Gini}(\boldsymbol{D},A_1=1)=\frac{4}{15}\times2\times\frac{3}{4}\times\left(1-\frac{3}{4}\right)+\frac{11}{15}\times2\times\frac{4}{11}\times\left(1-\frac{4}{11}\right)=0.44$$

类似地,有

$$\text{Gini}(\boldsymbol{D},A_1=2)=0.49$$

$$\text{Gini}(\boldsymbol{D},A_1=3)=0.47$$

其他 3 个特征仅有两个取值,只计算一个取值的基尼指数即可。

$$\text{Gini}(\boldsymbol{D},A_2=1)=\frac{8}{15}\times2\times\frac{6}{8}\times\left(1-\frac{6}{8}\right)+\frac{7}{15}\times2\times\frac{1}{7}\times\left(1-\frac{1}{7}\right)=0.31$$

类似地,有

$$\text{Gini}(\boldsymbol{D},A_3=1)=0.48$$

$$\text{Gini}(\boldsymbol{D},A_4=1)=0.48$$

$A_2=1$ 的基尼指数最小,故以"作业"作为判断,将根节点分为两支,这与 ID3 得到的结果相同。

同样,右侧分支的子样本集 $\boldsymbol{D}_2$ 如表 7.1.2 所示,可计算该样本相应特征的基尼指数,"作业"特征被删去,结果如下。

$$\text{Gini}(\boldsymbol{D}_2,A_1=1)=0.14,\quad \text{Gini}(\boldsymbol{D}_2,A_1=2)=0.23,\quad \text{Gini}(\boldsymbol{D}_2,A_1=3)=0.21$$

$$\text{Gini}(\boldsymbol{D}_2,A_3=1)=0.21,\quad \text{Gini}(\boldsymbol{D}_2,A_4=1)=0.19$$

选择 $A_1=1$ 即"去"作为第 2 层右侧节点的判断。这个过程递归进行,得到的 CART 分类树,如图 7.2.2 所示。

对于本例,对比图 7.1.2 和图 7.2.2,CART 分类树要更简洁。每次划分只有两个分支,对于"女朋友"这个有 3 个取值的特征,按"去"作为是或否的判断形成两个分支,而不是 ID3 算法的 3 个分支，而“去”为否的分支(即女朋友特征取“不去”或“无女友”两个值放在一条分支)形成了叶节点，比 ID3 的树更简洁。

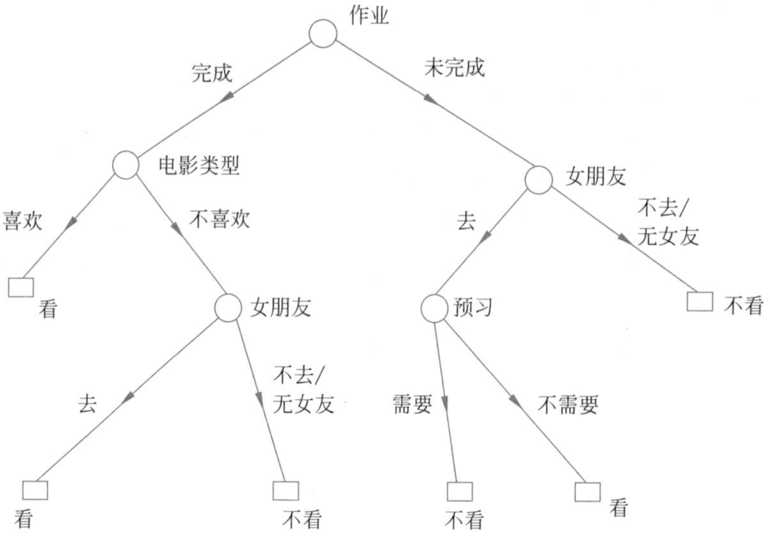

图 7.2.2 看电影的 CART 分类树

对于 CART 分类树的剪枝和特征连续取值问题，推迟到 7.3 节再做讨论。

7.2.2 回归树

CART 可以构成回归树，用于解决回归问题。在回归问题中，样本集 $\boldsymbol{D}=\{(\boldsymbol{x}_n,y_n)\}_{n=1}^N$ 中的标注 y 是连续变量，构造一棵树，当给出新的特征向量 $\boldsymbol{x}$ 时，用于预测 y 的取值。

构造回归树的方式与分类树相似，主要的不同是度量不纯性的函数，由于回归中标注的是连续值，衡量回归树的不纯性函数使用平方误差。

特征向量 $\boldsymbol{x}$ 的每维分量 x_i 表示一个特征，若一个特征取“语义性”的离散值，则处理方式与分类树一样。在回归问题中，大多数情况下 x_i 也是连续取值的，在一个样本集 $\boldsymbol{D}$ 中 x_i 出现的所有取值的集合记为 A_i。与分类树相同，为了构造二叉树，在根节点对所有样本做二分支划分，为此，对每个特征 A_i 的每个取值 $a\in A_i$，将特征空间划分为两个区域，即

$$R_1(A_i,a)=\{\boldsymbol{x}\mid x_i\leqslant a\},\quad R_2(A_i,a)=\{\boldsymbol{x}\mid x_i>a\} \tag{7.2.5}$$

其中，$a\in A_i$ 称为切分点。对应的样本集分为两个子样本集，即

$$\boldsymbol{D}_1=\{(\boldsymbol{x}_n,y_n)\mid x_{ni}\leqslant a,n\in[1,N]\},\quad \boldsymbol{D}_2=\{(\boldsymbol{x}_n,y_n)\mid x_{ni}>a,n\in[1,N]\} \tag{7.2.6}$$

对每个子样本集的样本，其标注 y_n 用一个常数 $\hat{g}_m,m=1,2$ 逼近，则逼近误差为

$$\sum_{m=1}^{2}\sum_{(\boldsymbol{x}_n,y_n)\in\boldsymbol{D}_m}(y_n-\hat{g}_m)^2 \tag{7.2.7}$$

对于已经划分好的 $\boldsymbol{D}_1,\boldsymbol{D}_2$，求 $\hat{g}_m,m=1,2$ 使式(7.2.7)的误差平方和最小，可以证明(留作习题)，最优值为

$$\hat{g}_m=\frac{1}{N_m}\sum_{(\boldsymbol{x}_n,y_n)\in\boldsymbol{D}_m}y_n,\quad m=1,2 \tag{7.2.8}$$

其中，N_m 为集合 $\boldsymbol{D}_m, m=1,2$ 中的元素数目。

以上对每个特征 A_i 和它的每个切分点 $a\in A_i$，可以做二切分并计算最优逼近值 $\hat{g}_m, m=1,2$，在根节点 T，需要选出一个特征和一个切分点，对特征空间和样本集进行切分，选择的准则是在所有特征和切分点中，使式(7.2.7)最小，即

$$(\boldsymbol{A}_j, a_o)=\underset{A_i, a\in A_i}{\arg\min}\left\{\sum_{m=1}^{2}\sum_{(\boldsymbol{x}_n, y_n)\in\boldsymbol{D}_m}(y_n-\hat{g}_m)^2\right\} \tag{7.2.9}$$

按式(7.2.9)选择了第 j 个特征和其取值 a_o 作为切分点。

在根节点，按照 $x_j\leqslant a_o$ 和 $x_j>a_o$ 分成左右两个分支，将样本集分成 $\boldsymbol{D}_1$ 和 $\boldsymbol{D}_2$，并按式(7.2.8)计算 $\hat{g}_1$ 和 $\hat{g}_2$。从根节点 T 向下形成两个子节点 T_1 和 T_2，分别拥有子样本集 $\boldsymbol{D}_1$，$\boldsymbol{D}_2$ 和逼近值 $\hat{g}_1$，$\hat{g}_2$。计算均方根误差为

$$\varepsilon_m=\sqrt{\frac{1}{N_m}\sum_{(\boldsymbol{x}_n, y_n)\in\boldsymbol{D}_m}(y_n-\hat{g}_m)^2},\quad m=1,2 \tag{7.2.10}$$

对于预定阈值 ε_0，若在子节点 T_1 满足 $\varepsilon_1<\varepsilon_0$，则 T_1 设为叶节点，该节点的输出为 $\hat{g}_1$，否则以 T_1 为子树的根节点，$\boldsymbol{D}_1$ 为样本集，递归进行操作；对于 T_2 也是同样过程。

以上过程递归进行，直到所有节点都终结在叶节点，一个节点终止在叶节点的准则除了以上所述的阈值外，当一个节点已无可划分的切分点时，自动设为叶节点。因为每次切分都是将特征空间或其中的一个区域划分为两个区域，当回归树完成后，共形成 M 个叶节点，则对应将特征空间划分为 M 个区域，每个区域重新编号为 $R_i, i\in[1,M]$，每个叶节点的逼近值重新编号为 $\hat{g}_i$，$i\in[1,M]$，则回归树学习的回归模型为

$$\hat{y}(\boldsymbol{x})=\sum_{i=1}^{M}\hat{g}_i I(\boldsymbol{x}\in R_i) \tag{7.2.11}$$

其中，$I(\cdot)$为示性函数。

为了使用方便，将 CART 回归树算法描述如下。

CART 回归算法

CART-R($\boldsymbol{D}$)

(1) $\boldsymbol{D}$ 中 x_i 出现的所有取值的集合记为 A_i，若所有 A_i 均无切分点，则所有标注值取平均输出，并退出；否则，对 A_i 的每个取值 $a\in A_i$ 做切分，按式(7.2.5)切分区域，按式(7.2.6)切分样本集，按式(7.2.8)计算逼近值。

(2) 以式(7.2.9)遍历所有特征 A_i 和 $a\in A_i$ 所对应误差平方和，找到误差和最小的特征 A_j 和切分点 a_o，将样本集分为 $\boldsymbol{D}_1$ 和 $\boldsymbol{D}_2$，分为两条支路：

对于 $m=1,2$，若 $\varepsilon_m<\varepsilon_0$，则 T_m 为叶节点，输出 $\hat{g}_m$；

否则调用 CART-R($\boldsymbol{D}_m$)。

(3) 空间划分为 M 个区域 $R_i, i\in[1,M]$，回归模型为 $\hat{y}(\boldsymbol{x})=\sum_{i=1}^{M}\hat{g}_i I(\boldsymbol{x}\in R_i)$。

图 7.2.3 所示为当特征向量 x 为标量时，回归树形成的回归模型示意图，可见回归树模型是

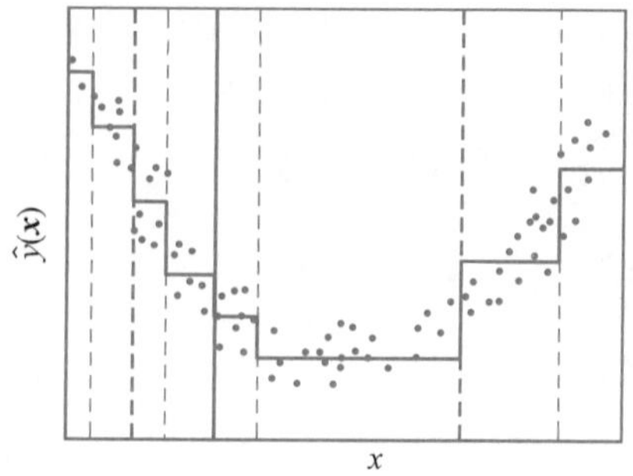

图 7.2.3 回归树构成的回归函数[①]

分段的台阶函数。图 7.2.3 中只给出树的层数为 3 的情况。不难理解，当 ε_0 非常小时，回归树可能收敛到每个样本点控制一个台阶的函数，这样的函数是非常起伏的。因此，适当选择 ε_0 的大小可控制树的复杂度，从而控制过拟合。也有其他的可行方法，例如，对于较大的样本集，控制每个叶节点的最少样本数，如给出样本数阈值 N_0，当一个节点的样本数不大于 N_0 时，则将强制为叶节点。也可先生成一棵复杂的过拟合的树，再进行后剪枝。

7.3 决策树的一些实际问题

前面介绍了决策树的几个代表性算法，如 ID3、C4.5 和 CART。为了易于理解决策树的基本原理，以上介绍中突出了树的基本生成算法。从这几种算法的介绍可见，决策树算法从假设空间搜索一个拟合训练样本的假设。由决策树算法搜索的假设空间就是可能的决策树的集合，ID3 算法的假设空间是所有可能的树集合，CART 算法的假设空间是所有可能二叉树的集合，它们是关于现有特征的有限离散值函数的一个完整空间。搜索算法从简单到复杂进行贪婪搜索，由于每次选择一个特征进行测试，总是首先选择对不纯性改善最大的特征，因此，对不纯性改善大的特征更靠近根节点，算法对较短的树更优先，符合奥卡姆剃刀原则。

在实际中，决策树有一些扩展技术以得到更好的性能和适应更多的情况，这些技术最初与一个具体算法结合提出，但大多均可以应用于各种决策树算法，在本节一并做概要介绍。

7.3.1 连续数值变量

在前面的分类树介绍中，假设各特征均取离散值，在 CART 回归树中，尽管特征可取连续值，但也只介绍了一种简单处理方法，下面对连续取值的特征进行专门讨论。

在分类应用中，经常遇到既有连续特征也有离散特征的情况。ID3 没有给出处理连续变量的方法，若有连续变量，则首先简单离散化。后续的 C4.5 和 CART 算法都可以自适应地处理连续变量。

处理连续变量的方法是直接的启发式，若一个特征 A 是连续取值的，将其在样本集中出现过的取值按从小到大排列为 $\{a_1, a_2, \cdots, a_L\}$，对分类和回归可以用稍微不同的方式处理。

对于分类问题，检查这些取值对应的分类标注，若两个取值 a_i, a_{i+1} 对应的标注不同，则取 $\tilde{a}_j = (a_i + a_{i+1})/2$，以 $\tilde{a}_j$ 作为切分点，根据条件 $A \leqslant \tilde{a}_j$ 和 $A > \tilde{a}_j$ 分成两个分支，并将样本集 D 分割为 D_1 和 D_2，判断由 $\tilde{a}_j$ 切分后对不纯性的降低，选择不纯性降低最大的特征和切分点作为当前节点的决策特征。

例 7.3.1 有一个分类问题，其中一个特征为体重，分类结果为是否有某类疾病，将样本集中出现的体重特征按从小到大排列，并同时列出对应类别标注，如表 7.3.1 所示。

---

① 框内垂直实线是第 1 次划分，粗虚线表示第 2 次划分，细虚线表示第 3 次划分，实台阶表示输出。

表 7.3.1　体重与标注

序　号	体重/kg	标　注	序　号	体重/kg	标　注
1	44.5	否	6	57.2	是
2	47.6	否	7	64	是
3	50.2	是	8	66.5	是
4	55	是	9	70	否
5	56	否	10	75.6	否

检查表格发现，从第 2 个样本到第 3 个样本，标注发生了变化，第 4 到第 5、第 5 到第 6 和第 8 到第 9 样本标注也发生了变化，标注发生变化的两个样本特征值取均值，产生一个切分点，故切分点如表 7.3.2 所示。

表 7.3.2　切分点与切分值

切　分　点	切　分　值	切　分　点	切　分　值
$\tilde{a}_1$	48.9	$\tilde{a}_3$	56.6
$\tilde{a}_2$	55.5	$\tilde{a}_4$	68.25

这样，对于体重这个特征，需要比较 4 个切分点。

对于一个分类问题，有若干特征，对每个连续取值的特征按以上方式计算不纯性，对于离散特征按 7.1 节和 7.2 节所述处理，选择使不纯性降低最大的特征和对应的切分点作为当前节点的决策特征。至于选择哪一种不纯性准则，是熵增益还是基尼指数，由所选择算法确定。

对于回归问题则更加简单，对于取值排列 $\{a_1,a_2,\cdots,a_L\}$，按照公式 $\tilde{a}_j=(a_i+a_{i+1})/2$ 得到切分点为 $\{\tilde{a}_1,\tilde{a}_2,\cdots,\tilde{a}_{L-1}\}$，对每个切分点做比较。注意，与 6.2.2 节回归树中叙述的切分点的不同只有用均值代替样本中的取值作为切分点，这对回归函数精度略有改进。

7.3.2　正则化和剪枝技术

为了给出关于区域划分的直观解释，设一个问题对应的特征为连续量，如 7.3.1 节所述。这种情况下，每次的分支实际是针对一个特征的切分点将当前区域划分成两个区域，一棵树的生成过程就是不断对区域的划分过程。假设一个问题的特征向量是二维的，则图 7.3.1 是二维特征平面的一种划分示例。图 7.3.1 中最外侧矩形表示该问题特征向量的取值范围，在根节点对应的区域是这个矩形，第 1 次决策由是否 $x_i \leqslant a$ 将区域分为两个更小的矩形区域，在各子区域内进一步划分，最终形成如图 7.3.1 所示的一种区域分割。在分类问题中，对于每个子区域有一个确定的类型输出；在回归问题中，对于每个子区域有一个连续量的输出值。

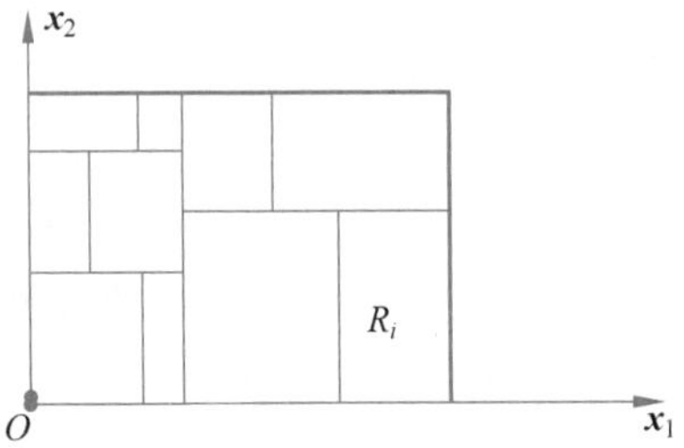

图 7.3.1　决策树对特征空间的划分

如果在决策树生成过程中，不加限定条件，只要目标函数(不纯性)还可改进就继续分划下去，这样可能会生成一棵很深的树。对于分类问题，最终的叶节点要么是都为相同标注的样本，要么是空集，要么已无特征可用；对于回归问题，极端情况生成的每个叶节点只对应一个样本。这样的树对训练样本中的噪声敏感，泛化性能差，存在过拟合问题。

为了解决过拟合，一种方法是正则化，对于决策树的正则化，可以通过对一些节点提前终止分解从而提前确定为叶节点。可以对不纯性给出一个阈值，若一个节点的不纯性小于该阈值，则终止分解将其置为叶节点；或对节点的样本数设置阈值，当一个节点的样本数小于该阈值时，置为叶节点。这种通过阈值提前终止部分节点的进一步分解的方法，相当于部分节点对应的子树被提前剪枝掉了，所以也称为一种预剪枝技术。

预剪枝容易停留在浅层的树，可能造成表达能力的不足。在决策树中，更有效和常用的是后剪枝，首先生成一棵充分生长的树，在这棵树基础上进行剪枝，这样可以通过对树的全局损失函数的优化和验证相结合得到性能优良的决策树。

设一棵树的所有叶节点个数为 $|T|$，用 $t\in[1,|T|]$ 表示一个叶节点，属于叶节点 t 的样本数为 N_t，表示一个叶节点 t 的不纯性的指标是 $G_t(T)$，根据算法不同，可采用熵、基尼指数或均方误差(回归)作为 $G_t(T)$。树 T 的损失函数定义为

$$C_\alpha(T)=\sum_{t=1}^{|T|}N_tG_t(T)+\alpha|T|=C(T)+\alpha|T| \tag{7.3.1}$$

其中，$C(T)$为树的不纯性度量，即

$$C(T)=\sum_{t=1}^{|T|}N_tG_t(T) \tag{7.3.2}$$

树的损失函数由不纯性度量和对树的复杂度的惩罚项 $\alpha|T|$ 组成，式(7.3.1)的损失函数是一种正则化目标函数，超参数 α 控制不纯性最小化和模型最小化之间的平衡，α 很小甚至为 0 时，由不纯性度量确定树的复杂度，随着 α 增加，对树的复杂度的控制加大，对于适当的 α 值，最优树在最小化不纯性和树的复杂度之间达到一个良好平衡，既可对训练样本集得到较小的不纯性，又可具有良好的泛化性。

一种启发式的剪枝方法是：从树的最底层叶节点开始搜索，对于一个叶节点，上升到其父节点 j，将节点 j 设为新的叶节点，删除节点 j 原有的子节点，得到新树并表示为 T_1，计算 T_1 的损失函数 $C_\alpha(T_1)$，若 $C_\alpha(T_1)<C_\alpha(T)$，则确定新树 $T_1\rightarrow T$，继续这个过程，否则恢复原来叶节点，继续检查其他叶节点，直到没有新的叶节点需要被剪枝为止。

这种剪枝方法，对于给定的 α 值，可以找到一个使 $C_\alpha(T)$最优的树。实际中需要确定超参数 α，一般通过交叉验证进行，将样本集分出独立的一组样本作为验证集，用于确定超参数 α。可以用各种启发式的方式设计确定 α 的程序，其中 CART 算法给出一种启发式算法，可程序化地确定超参数和最优剪枝的决策树。

这里简要介绍 CART 的剪枝算法。设充分生长的一棵决策树为 T_0，通过不断剪枝生成一系列参数 α，$0=\alpha_0<\alpha_1<\cdots<\alpha_n$ 和相应的系列树$\{T_0,T_1,\cdots,T_n\}$，每棵子树 T_i 对应参数 α_i，且 $T_i\supset T_{i+1}$(这里符号$\supset$表示前者包含后者)。首先介绍由 T_0 剪枝得到 T_1 和 α_1 的过程。

初始时，$\alpha=\alpha_0=0$，$T=T_0$，对于 T 内的任意内部节点t，有以 t 为单节点的树(单节点树也用 t 表示)和以 t 为根节点的子树 T_t。由式(7.3.1)得单节点树 t 的损失函数为

$$C_\alpha(t)=C(t)+\alpha \tag{7.3.3}$$

而以 t 为根节点的子树 T_t 的损失函数为

$$C_\alpha(T_t)=C(T_t)+\alpha|T_t| \tag{7.3.4}$$

显然，在 $\alpha=\alpha_0=0$ 时，$C_\alpha(T_t)<C_\alpha(t)$，随着 α 增加，$C_\alpha(T_t)$增加，当 α 增加到 $\tilde{\alpha}$ 时，$C_{\tilde{\alpha}}(T_t)=C_{\tilde{\alpha}}(t)$，得

$$\tilde{\alpha}(t)=\frac{C(t)-C(T_t)}{|T_t|-1} \tag{7.3.5}$$

由于 $\tilde{\alpha}$ 的取值与节点t 有关，故式(7.3.5)中将其写为随 t 变化。

$\widetilde{\alpha}(t)$表示了在节点 t 进行剪枝，即将 t 的子树删除，将节点 t 设为叶节点后整体损失函数的减少程度。由于需要从小到大搜索 α，对所有内部节点 t 计算 $\widetilde{\alpha}(t)$，找到

$$t_0 = \arg\min_t \{\widetilde{\alpha}(t)\}$$

令 $\alpha_1 = \widetilde{\alpha}(t_0)$，并将删去子树 T_{t_0}，将 t_0 设为叶节点，从而得到剪枝树 T_1。

以上过程递归执行，从 T_1 出发得到 α_2 和 T_2，依此类推，直到得到 α_n 和 T_n，这里 T_n 已是只有根节点和只有下一层的叶节点组成的树。

将系列树$\{T_0, T_1, \cdots, T_n\}$在一个独立的验证集中进行验证，以基尼指数或均方误差为目标函数，使目标函数最小的树 T_i 和对应参数 α_i 作为最优的剪枝决策树和相应超参数。

CART 剪枝算法描述如下。

CART 剪枝算法

输入：CART 算法生成的决策树 T_0；

输出：剪枝的最优树；

(1) 设 $k=0, T_0 \to T$；

(2) $\alpha \leftarrow$很大的正数；

(3) 自下而上对各内部节点 t 计算 $\widetilde{\alpha}(t)$和 $\alpha = \min[\alpha, \widetilde{\alpha}(t)]$；

(4) 对 $\widetilde{\alpha}(t) = \alpha$ 的内部节点进行剪枝，删除 t 的所有子孙节点并设 t 为叶节点。对于分类问题 t 的输出用多数表决法决定其类；对于回归问题，用各样本标注值的平均作为节点输出，剪枝后的树记为 T；

(5) 设 $k \leftarrow k+1, \alpha_k \leftarrow \alpha, T_k \leftarrow T$；

(6) 如果 T_k 不是由根节点及两个叶节点构成的树，则返回步骤(2)；否则令 $n \leftarrow k$；

(7) 采用交叉验证方式在子树集$\{T_0, T_1, \cdots, T_n\}$中选取最优子树 T_α 和参数 α。

7.3.3 缺失属性的训练样本问题

实际中，样本集中有些样本缺失一些特征。例如，通过问卷调查获取的数据集，答卷人认为个人隐私的内容就空缺了；再如，一个医疗决策系统所支持的特征可能是很多的，但样本都来自一线医生，医生在实际诊断时并没有完成系统所要求的全部检查项目。这类样本集中，可能大多数样本都缺失一些特征，如何利用这种样本集构造决策树，下面简要做一些介绍。

对于一些样本集，若将有缺失特征的样本丢弃，只用有完整特征的样本构造决策树，可能会丢失大量有用信息，且因样本数量小造成方差大，模型泛化能力差。一种最直接的方法是对丢失特征进行填补。例如，一个样本的特征 A 缺失，可对所有与该样本标注相同的样本子集的该特征取均值，用均值对该缺失特征赋值，对样本集中所有缺失样本赋值后，用标准方法生成决策树。

另一种处理特征缺失的方法是按概率把有缺失特征的样本分到各分支。为了叙述方便，以 ID3 算法和信息增益度量为例进行讨论，该方法可直接推广到其他算法和度量中。

设样本集为 $\boldsymbol{D}=\{(\boldsymbol{x}_n, y_n)\}_{n=1}^N$，其中特征向量 $\boldsymbol{x}_n$ 的一些分量可能有缺失。为了叙述方便，以根节点为例进行讨论，其他节点是类似的过程。在起始时，对每个样本设一个权值并赋初值 $w_n=1$。特征向量 $\boldsymbol{x}$ 的某分量特征记为 A，为选择一个特征 A 作为判决节点，对每个特征测试其信息增益。在

计算信息增益时，用每个特征 A 对应的无缺失样本。注意到，可能一个样本集有大量缺失样本，但对于一个特征，缺失样本一般只占很小比例。在总样本集中，将特征 A 取值缺失的样本删除，得到子样本集 $\widetilde{\boldsymbol{D}}_A$。注意，每个不同特征 A 的 $\widetilde{\boldsymbol{D}}_A$ 不同。

假设类型标注有 K 类，按标注值不同将 $\widetilde{\boldsymbol{D}}_A$ 分为子集 $\{\widetilde{\boldsymbol{C}}_{A,k}, k=1,2,\cdots,K\}$，设 $A\in[1,I]$，根据 A 的不同取值，将 $\widetilde{\boldsymbol{D}}_A$ 分为 $\{\widetilde{\boldsymbol{D}}_{A,i}, i\in[1,I]\}$，可求出以下比值和概率估计。

$$\rho=\frac{\sum_{x_n\in\widetilde{\boldsymbol{D}}_A} w_n}{\sum_{x_n\in\boldsymbol{D}} w_n} \tag{7.3.6}$$

$$p_k=\frac{\sum_{x_n\in\widetilde{\boldsymbol{C}}_{A,k}} w_n}{\sum_{x_n\in\widetilde{\boldsymbol{D}}_A} w_n},\quad k=1,2,\cdots,K \tag{7.3.7}$$

$$p_i^{(A)}=\frac{\sum_{x_n\in\widetilde{\boldsymbol{D}}_{A,i}} w_n}{\sum_{x_n\in\widetilde{\boldsymbol{D}}_A} w_n},\quad i=1,2,\cdots,I \tag{7.3.8}$$

利用特征 A 的无缺失样本集 $\widetilde{\boldsymbol{D}}_A$ 得到的信息增益为

$$\begin{aligned} G(\widetilde{\boldsymbol{D}}_A,A)&=\rho\left[H(\widetilde{\boldsymbol{D}}_A)-H(\widetilde{\boldsymbol{D}}_A\mid A)\right]\\ &=\rho\left[-\sum_{k=1}^{K}p_k\log p_k-\sum_{i=1}^{I}p_i^{(A)}H(\widetilde{\boldsymbol{D}}_{A,i})\right] \end{aligned}$$

对于所有特征 A 比较信息增益，找到信息增益最大的特征 A_o，按照 A_o 的取值$\{1,2,\cdots,I\}$，将样本 $\boldsymbol{D}$ 分为 $\boldsymbol{D}_i, i\in[1,I]$，注意，这时是将全样本集 $\boldsymbol{D}$ 进行划分。对于一个样本$(\boldsymbol{x}_n, y_n)$，若其特征 A_o 有值，则按其取值分到 $\boldsymbol{D}_i$ 中，加权系数 w_n 不变，若该样本的特征 A_o 缺失，则将其分配到所有子样本集 $\boldsymbol{D}_i, i\in[1,I]$中，并令其在 $\boldsymbol{D}_i$ 中的加权系数为 $w_n\leftarrow w_n p_i^{(A_o)}$。

注意到，若一个样本只有 A_o 特征有缺失，则分配到各子样本集 $\boldsymbol{D}_i$ 后，由于 A_o 特征已被删除，后续进一步处理中则是特征齐全的样本，但有特征缺失的样本在各子样本集中起作用的比例与概率 $p_i^{(A_o)}$ 相等，但若一个样本有多个特征缺失，则在后续处理中会不断加权，进一步削弱其在一个子样本集中的作用。注意到，由式(7.3.6)～式(7.3.8)，这些加权系数在后续计算比例和概率时起作用。

这种加权处理方式，不仅可以用于特征有缺失的样本集，还可形成一种支持样本可加权的学习算法，即对不同样本按不同权重进行处理。

本章小结

本章介绍了几种常用的决策树算法。尽管不同算法的学习过程比较接近，故有的教材和著作将决策树算法合并在一起讨论，只是针对不同类算法罗列出不同的不纯性度量，使对决策树算法的介绍更紧凑。本书为了让读者更好地理解各类实际中使用的不同决策树算法，按照更传统的方式将 ID3/C4.5 和 CART 两类算法分别进行了介绍。对于决策树的一些要进一步研究的问题，如连续特征量、树的剪裁和特征缺失等问题，则在 7.3 节一并做了介绍。

决策树有很多优点：可解释性好、可采用混合型输入向量、可处理缺失值等，但一般来讲决策树的性能不够突出，尤其相较 SVM 和深度神经网络。在第 8 章将看到将决策树结合集成学习方法，则可得到最有竞争力的机器学习算法。

决策树的主要发明人针对不同类型的决策树出版了相应的著作，给出了更多的实例和实现方法。可进一步参考 Quinlan 的著作 *C4.5 Programs for Machine Learning* 和 Breiman 等的著作 *Classification and Regression Trees*。

本章习题

1. 样本集 $\boldsymbol{D}$ 共有 20 个样本，类型只有正样和负样两类，其中正样 9 个，负样 11 个。有一个特征 A，其取值分别为 $i=1,2,3$，按照该特征的不同取值将样本集 $\boldsymbol{D}$ 划分为子集 $\boldsymbol{D}_i$，$i=1,2,3$，各子集的样本数分别为 $N_1=8, N_2=7, N_3=5$，并且 $\boldsymbol{D}_1$ 中有正样两个，$\boldsymbol{D}_2$ 中有正样 3 个。

(1) 求通过特征 A 得到的信息增益和信息增益率。

(2) 求 $A=2$ 的基尼指数。

2. 打网球的样本集如下。

标号	天气	气温	湿度	风力	是否打球
1	晴朗	热	高	弱	否
2	晴朗	热	高	强	否
3	阴天	热	高	弱	是
4	有雨	适中	高	弱	是
5	有雨	冷	正常	弱	是
6	有雨	冷	正常	强	否
7	阴天	冷	正常	强	是
8	晴朗	适中	高	弱	否
9	晴朗	冷	正常	弱	是
10	有雨	适中	正常	弱	是
11	晴朗	适中	正常	强	是
12	阴天	适中	高	强	是
13	阴天	热	正常	弱	是
14	有雨	适中	高	强	否

(1) 用 ID3 算法构造一棵决策树，对是否打网球进行决策。给出一个输入特征：天气晴朗，气温适中，湿度正常，风力弱，通过决策树做出决定是否打球。

(2) 用 CART 算法构造一棵分类树，比较该问题中 CART 构造的分类树和 ID3 构造的分类树，同样给出一个输入：天气晴朗，气温适中，湿度正常，风力弱。用 CART 分类树做决策。

3. 对第 2 题 CART 算法构成的决策树，采用 CART 剪枝算法进行剪枝，尝试只用一步剪枝后，得到的决策树。

4. 以下是贷款样本集，分别使用 ID3 算法和 CART 分类树算法给出判断是否贷款的决策树。

序　　号	年　　龄	工作状态	持有房子情况	信　　用	结　　果
1	青年	无	无	一般	不贷
2	青年	无	无	好	不贷
3	青年	有	无	好	贷
4	青年	有	有	一般	贷
5	青年	无	无	一般	不贷
6	中年	无	无	一般	不贷
7	中年	无	无	好	不贷
8	中年	有	有	好	贷
9	中年	无	有	极好	贷
10	中年	无	有	极好	贷
11	老年	无	有	极好	贷
12	老年	无	有	好	贷
13	老年	有	无	好	贷
14	老年	有	无	极好	贷
15	老年	无	无	一般	不贷

5. 第 2 题中，若样本集中 6 号样本的天气特征缺失，9 号样本的湿度特征缺失，用 6.3.3 节介绍的概率处理方法形成一棵 ID3 决策树。

6. 给出以下数据集。

x_n	0	0.1	0.2	0.3	0.4	0.45	0.5	0.6	0.7	0.8	0.9	0.95	1.0
y_n	4	2.4	1.5	1.0	1.2	1.5	1.8	2.6	3.0	4.0	4.5	5.0	6.0

用误差平方准则下的 CART 回归树算法生成一棵回归树，并计算当 $x=0.76$ 时，回归函数的输出(取阈值为 $\varepsilon_0=0.1$)。

第8章 集成学习

CHAPTER 8

从直观的角度理解，将多个个体学习器结合起来构成一个更强大的学习器的过程称为集成学习。在大多数集成学习算法中，个体学习器是同类学习器，如决策树或逻辑回归等，将这类个体学习器称为基学习器，通过样本集训练基学习器的算法称为基学习算法。集成学习是通过多个简单学习器构成一个强大的学习器。

本章将讨论两类集成学习方法。一类是基于样本集重采样技术的，代表方法是随机森林，这是一种由多个决策树组合而成的模型；另一类是提升方法，其代表是AdaBoost和梯度提升树。在提升方法中，基学习器也称为弱学习器，这里弱学习器的概念是比随机猜测好一些的学习器。例如，对于二分类问题，一个随机猜测的分类错误率为0.5，一个分类错误率小于0.5的分类器就可以构成一个弱分类器，提升学习的目标是通过组合多个弱分类器，得到性能良好的强分类器。从结构上看，第1类方法是一种并行结构的集成，各基学习器并行的构成一个集成学习器；第2类方法是一种串行的集成结构，通过串行连接多个基学习器而不断提升集成学习器的性能。

第13集
微课视频

8.1 Bagging和随机森林

对训练样本集进行重采样，得到不同的重采样样本集，重采样技术使这些样本集互相具有随机性和一定的独立性，在重采样的样本集上训练基学习器，典型的是采用决策树(包括分类树和回归树，根据问题是分类问题还是回归问题)作为基学习器，可构成Bagging和随机森林算法。随机森林是Bagging的一种改进方法，性能更好。本节首先讨论重采样和Bagging，然后重点讨论随机森林算法。

Bagging和随机森林算法的结构是相似的，都是并行结构的集成学习器。从训练样本集出发，用重采样方法得到各自的重采样样本集，用每个新样本集训练一个基学习器，最后将这些基学习器组合为一个集成学习器，基本结构如图8.1.1所示。

8.1.1 自助采样和Bagging算法

自助采样(Bootstrap)是统计学中的一种重采样技术，用于改善统计参数的估计，在集成学习中，可借助自助采样形成多个随机样本集，在每个重采样的样本集上训练一个基学习器，然后组合成为一个集成学习器。

设原始训练样本集为

$$\boldsymbol{D}=\{(\boldsymbol{x}_n,y_n)\}_{n=1}^{N} \tag{8.1.1}$$

从 $\boldsymbol{D}$ 中重新采样得到一个重采样样本集 $\boldsymbol{D}^*$，$\boldsymbol{D}^*$ 也由 N 个样本组成，若采用自助采样从 $\boldsymbol{D}$ 中

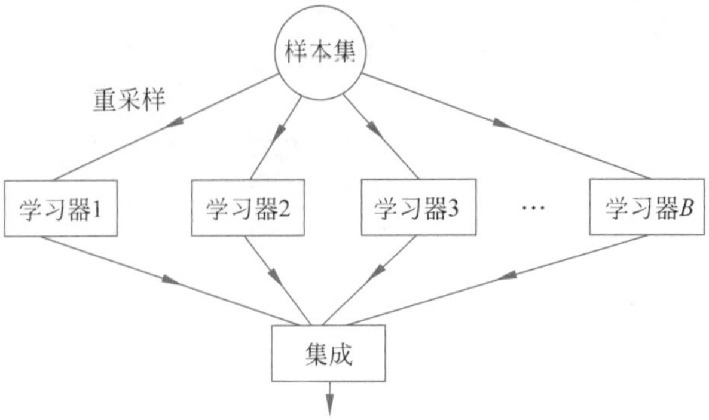

图 8.1.1 Bagging 和随机森林算法的结构示意图

重采样获得 $\boldsymbol{D}^*$，则称 $\boldsymbol{D}^*$ 为一个自助样本集(Bootstrap Samples)。自助采样是指，随机从 $\boldsymbol{D}$ 中抽取一个样本放入 $\boldsymbol{D}^*$ 中，同时将该样本放回 $\boldsymbol{D}$ 中，按照这个方式采样 N 次，组成自助样本集 $\boldsymbol{D}^*$。

由于是对 $\boldsymbol{D}$ 做放回采样，采样过程是随机的，故可对 $\boldsymbol{D}$ 重采样 B 轮，每轮得到 N 个样本的自助样本集，故可获得 B 个自助样本集，记为 $\boldsymbol{D}^{*(b)}$，$b=1,2,\cdots,B$。由于随机放回采样，各自助样本集 $\boldsymbol{D}^{*(b)}$ 不同。

为了理解各自助样本集的不同，我们可以分析 $\boldsymbol{D}$ 中的任意样本 $(\boldsymbol{x}_k, y_k)$ 被包含在一个自助样本集 $\boldsymbol{D}^{*(j)}$ 中的概率。从 $\boldsymbol{D}$ 中随机放回采样得到 $\boldsymbol{D}^{*(j)}$ 的过程中，每次采样没有采到 $(\boldsymbol{x}_k, y_k)$ 的概率为 $1-\frac{1}{N}$，独立采样 N 次均没有采到 $(\boldsymbol{x}_k, y_k)$ 的概率为 $\left(1-\frac{1}{N}\right)^N$，故样本 $(\boldsymbol{x}_k, y_k)$ 被包含在样本集 $\boldsymbol{D}^{*(j)}$ 中的概率为

$$1-\left(1-\frac{1}{N}\right)^N \approx 1-\mathrm{e}^{-1} \approx 0.632 \tag{8.1.2}$$

以上假设 N 充分大，使用了 $\lim\limits_{N\to\infty}\left(1-\frac{1}{N}\right)^N=\mathrm{e}^{-1}$。式(8.1.2)说明，在构成自助样本集 $\boldsymbol{D}^{*(j)}$ 时，大约可从 $\boldsymbol{D}$ 中采集到约 63.2%的样本，即 $\boldsymbol{D}$ 中约 36.8%的样本没有被采集到 $\boldsymbol{D}^{*(j)}$ 中，从概率上讲，若抛弃重复样本，$\boldsymbol{D}^{*(j)}$ 中只有大约 $0.632N$ 个有效样本。两个自助样本集 $\boldsymbol{D}^{*(i)}$ 和 $\boldsymbol{D}^{*(j)}$ 内部所包含的有效样本是随机的，故 $\boldsymbol{D}^{*(i)}$ 和 $\boldsymbol{D}^{*(j)}$ 相互具有随机性，且具有一定的不相关性。

Bagging 是 Bootstrap Aggregation 的简写。Bagging 的思想是，首先由训练样本集 $\boldsymbol{D}$，重采样得到 B 个自助样本集 $\boldsymbol{D}^{*(b)}$，$b=1,2,\cdots,B$，对于每个 $\boldsymbol{D}^{*(b)}$，通过基学习算法训练一个基学习器 $\hat{f}^{*(b)}(\boldsymbol{x})$，则 Bagging 集成学习器为

$$\hat{f}_{\mathrm{bag}}(\boldsymbol{x})=\frac{1}{B}\sum_{b=1}^{B}\hat{f}^{*(b)}(\boldsymbol{x}) \tag{8.1.3}$$

用式(8.1.3)的简单求和平均表示 Bagging 的组合方式。实际中 Bagging 算法既可用于回归问题，也可用于分类问题。当用于回归问题时，每个基学习器 $\hat{f}^{*(b)}(\boldsymbol{x})$ 是一个回归输出，故最终的输出是各基回归模型输出的平均；当用于分类问题时，式(8.1.3)可做适当修改，以表示一种投票原则。例如，对于二分类问题，每个基分类器以 ±1 表示两类，则输出可对所有基分类器的输出求和后施加符号运算 $\mathrm{sgn}(\cdot)$。

理论和实验都验证了在每个基学习器 $\hat{f}^{*(b)}(\boldsymbol{x})$ 是一种“不稳定”学习器时，Bagging 可显著降低集成学习器的方差。这里的不稳定学习器是指，如果训练数据的较小变化，能够导致学习器的结果发生较大变化。例如，对于分类器，可导致分类结果或分类准确率发生较大变化，则称这种学习器或学习算法是不稳定的。若基学习器是不稳定学习器，则 Bagging 算法显著提高集成学习器的性能。第 7 章介绍的决策树，在贪婪训练算法时(没有做剪枝)是一种不稳定学习器，一个样本的变化可能改变树的结构，正是因为这个原因，Bagging 算法的基学习器最常采用决策树。

在 Bagging 基础上可发展出随机森林(Random Forests，RF)，由于随机森林具有更好的集成性能，这里不再进一步讨论 Bagging 的性质，以下重点讨论随机森林算法。

8.1.2 随机森林算法

有树才能构成森林，随机森林的基学习器选择决策树。与 Bagging 类似，随机森林可用于回归学习和分类学习，若是回归问题，则基学习器采用回归树，分类问题则采用分类树。每棵决策树可以尽可能生长成一棵深而茂密的树，使每个叶节点对应特征空间小的区域(较少的几个训练样本)，叶节点的输出有较低的偏和较高的方差，通过多棵树的平均，可有效降低方差。一个随机森林的例子如图 8.1.2 所示，分别训练 B 棵决策树，若是分类问题，多棵树通过投票方式决定输出类型；若是回归问题，各决策树输出的平均形成回归输出。

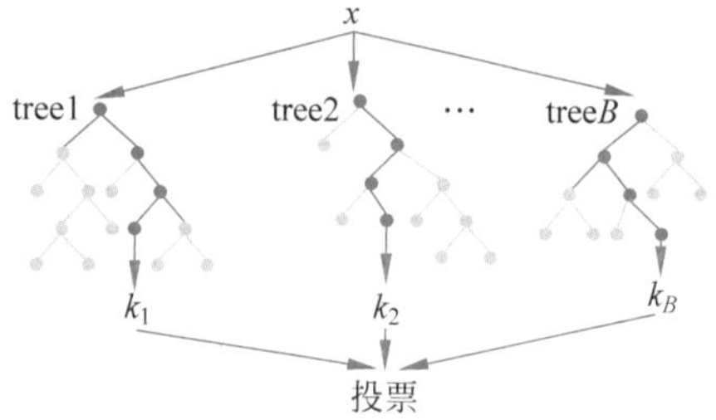

图 8.1.2 随机森林的结构示意图

为了使多棵决策树的组合有效降低输出方差，各决策树需具有随机性和较强的不相关性。这也是随机森林的名称中“随机”一词的来源。在随机森林构成中，各决策树的随机性源于两方面因素：一是由训练样本集 $\boldsymbol{D}$，通过自助随机重采样得到 B 个自助样本集 $\boldsymbol{D}^{*(b)}$，$b=1,2,\cdots,B$，这一点与 Bagging 相同；二是在生成每个基学习器(一棵决策树)时随机选择特征变量做节点切分，这一点是对 Bagging 的改进。

自助样本集的随机性结合决策树不稳定性使各基学习器是不同的，具有较大的不相关性，而随机选择特征变量进一步增加了各基学习器的不相关性，使多棵树构成的森林能够以更大的可能性降低集成学习器的方差。

构成自助样本集的过程与 Bagging 算法采用的方法一致。随机森林的第 2 种随机性来自在训练一棵决策树时，在每次确定分支时需要比较各特征变量的不纯性度量，选择一个特征变量的切分点形成分支。标准的决策树算法从当前所有的特征变量中选择一个最好的，但在随机森林中形成一棵决策树时，在每次做分支判断时，不使用所有特征变量，而是随机选择特征变量的一个子集，从这个子集中找到一个特征变量和切分点进行分支。设特征向量包含 $\boldsymbol{D}$ 个特征变量，每次随机从中取 $m\leqslant\boldsymbol{D}$ 个特征向量构成子集，确定本次分支的特征向量只从这个子集选择。m 是一个可选择参数，在一些软件中，给出了 m 的选择建议，如在回归问题中，选择 $m=\boldsymbol{D}/3$，在分类问题中选择 $m=\sqrt{\boldsymbol{D}}$。

加入特征变量的随机选择后，随机森林中各决策树的随机性和不相关性高于 Bagging 算法，随机森林往往也有更好的性能。随机森林算法描述如下。

随机森林算法

(1) 对于 $b=1,2,\cdots,B$

通过自助法,从训练集 $\boldsymbol{D}$ 采样获得自助样本集 $\boldsymbol{D}^{*(b)}$;

利用自助样本集 $\boldsymbol{D}^{*(b)}$ 生成一棵随机森林树 $T^{*(b)}$,在树的每个节点通过递归重复如下步骤,直到达到最小节点规模 $n_{\min}$:

① 从 M 个特征变量中随机选取 m 个变量;

② 在 m 个变量中选择最好的变量和切分点;

③ 分裂节点到两个子节点。

(2) 输出树的集合 $\{T^{*(b)}\}_{b=1}^{B}$。

(3) 对于输入特征向量 $\boldsymbol{x}$ 做预测,分别有:

① 回归输出:$\hat{y}_{\mathrm{RF}}(\boldsymbol{x})=\dfrac{1}{B}\sum_{b=1}^{B}\hat{y}^{*(b)}(\boldsymbol{x})$,其中$\hat{y}^{*(b)}(\boldsymbol{x})$表示回归树 $T^{*(b)}$ 的输出;

② 分类输出:$\hat{y}_{\mathrm{RF}}(\boldsymbol{x})=\mathrm{vote}\{\hat{y}^{*(b)}(\boldsymbol{x})\}_{b=1}^{B}$,其中 $\hat{y}^{*(b)}(\boldsymbol{x})$表示分类树 $T^{*(b)}$ 的类型输出。

对于随机森林(对 Bagging 同样有效),可以在训练的同时有效地近似计算测试误差。如前所述,在自助采样时,原训练集中的一个样本$(\boldsymbol{x}_i,y_i)$可能会包含在 $\boldsymbol{D}^{*(b)}$ 中,也可能不被采样到 $\boldsymbol{D}^{*(b)}$ 中,如果$(\boldsymbol{x}_i,y_i)\notin\boldsymbol{D}^{*(b)}$,则它不参与树 $T^{*(b)}$ 的训练,因此可以作为评价 $T^{*(b)}$ 的测试样本。对于所有自助样本集 $\boldsymbol{D}^{*(b)}$,$b=1,2,\cdots,B$,从平均角度讲,一个指定样本$(\boldsymbol{x}_i,y_i)$不包含在约 $0.368B$ 的自助样本集中,设不包含$(\boldsymbol{x}_i,y_i)$的自助样本集 $\boldsymbol{D}^{*(b)}$ 的数目为 B_i,则可计算样本$(\boldsymbol{x}_i,y_i)$的测试输出为

$$\hat{y}_{\mathrm{RF}}^{(i)}(\boldsymbol{x}_i)=\begin{cases}\dfrac{1}{B_i}\sum\limits_{\boldsymbol{x}_i\notin D^{*(b)}}\hat{y}^{*(b)}(\boldsymbol{x}_i), & \text{回归}\\ \mathrm{vote}\{\hat{y}^{*(b)}(\boldsymbol{x}_i)\}_{\boldsymbol{x}_i\notin D^{*(b)}}, & \text{分类}\end{cases} \tag{8.1.4}$$

当样本$(\boldsymbol{x}_i,y_i)\notin\boldsymbol{D}^{*(b)}$时,用 $T^{*(b)}$ 对其做测试,测试误差称为袋外(Out-of-Bag,OOB)误差,简称 OOB 误差,对于 $\boldsymbol{D}$ 中所有样本平均得到总的 OOB 误差为

$$e_{\mathrm{OOB}}=\frac{1}{N}\sum_{i=1}^{N}L\left[y_i,\hat{y}_{\mathrm{RF}}^{(i)}(\boldsymbol{x}_i)\right] \tag{8.1.5}$$

其中,$L[\cdot]$表示误差函数,对于回归问题,可取平方函数;对于分类问题,可取错误分类率。当 B 足够大时,OOB 误差很接近于测试误差,故可用 OOB 误差替代测试误差。

从图 8.1.2 和随机森林算法描述都可以看到,随机森林算法是一种并行算法,可以通过并行处理提高训练的效率和预测的效率,而且随机森林算法中需要选择的参数少,是一种易于实现的算法。从性能上讲,随机森林算法一般优于 Bagging 算法,是一种有竞争力的集成算法。图 8.1.3 给出 Bagging 算法、随机森林算法和提升树算法(见 8.3 节)针对 spam 数据集的分类效果,这里的 spam 是垃圾邮件检测的数据集,共有 4601 个样本,57 个特征变量。由图 8.1.3 可见随机森林分类错误率低于 Bagging 算法,略高于提升树算法,但随机森林控制的参数少,更易于训练。

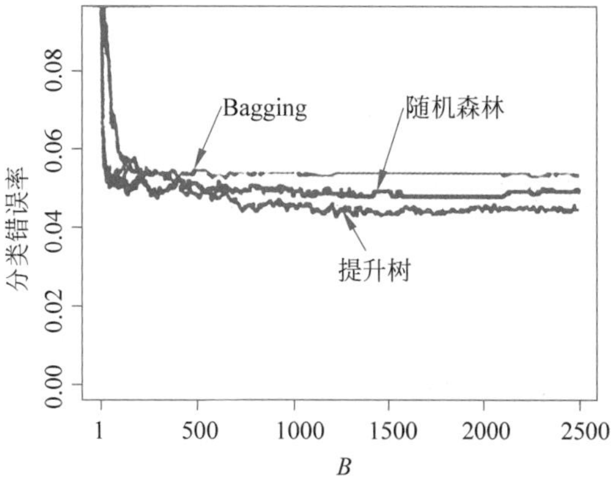

图 8.1.3 对于 spam 数据集，Bagging、随机森林和提升树算法性能比较

8.2 提升和 AdaBoost 算法

另一类集成学习算法是提升(Boosting)算法，其基本思想是组合若干个弱学习器构成一个强学习器。提升算法的主流是串行的训练弱学习器(基学习器)，后一个弱学习器更正前一个学习器的错误，最终所有基学习器集成达到强学习器。图 8.2.1 所示为提升算法的串行结构。

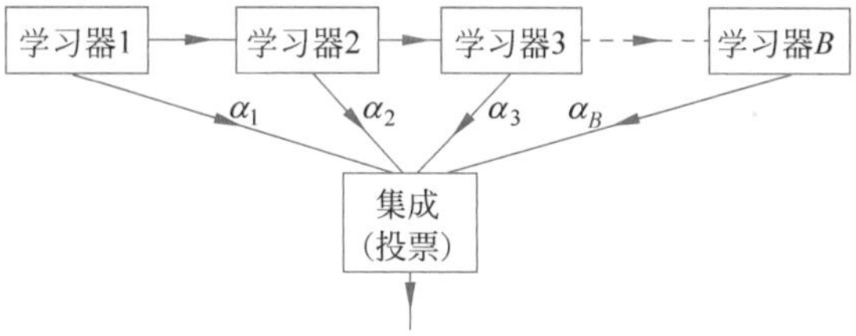

图 8.2.1 提升算法的串行结构

在提升学习的语境下，基学习器和弱学习器两词可互用。弱学习器是指一个比随机猜测好一些的学习器。例如，对于二分类问题，一个弱学习器是指分类错误率低于 0.5，这仅比随机猜测好。强调基学习器是一个弱学习器是因为弱学习器更容易设计，并且从弱学习器出发，经过多轮提升可得到强学习器，这并不意味着基学习器只能使用弱学习器，一般来讲，基学习器使用性能更好的学习器，在较少的提升轮数后，就可获得更好的结果。

例如，基学习器可采用决策树。在决策树结构中，一种简单的树结构称为决策树桩(Decision Stump)，它是只有一个分支节点的简单决策树，可以作为一个基学习器，显然这是一个弱学习器。同样，一棵充分生长的 C4.5 决策树也可作为一个基学习器，这样的基学习器并不弱，对于这种不弱的基学习器，提升过程一般仍能够提高性能。强调基学习器是弱学习器是为了突出提升学习的一个重要特点，通过提升弱学习器可获得性能相当好的强学习器，并不意味着基学习器自身不能选择性能良好的学习器。

尽管更早就有提升的思想被提出，但最早实用和被广泛关注的提升集成学习算法是 AdaBoost，是由 Freund 和 Schapiro 于 1995 年首先提出的。

8.2.1 AdaBoost 算法介绍

基本的 AdaBoost 算法用于二分类问题，以$\{-1,+1\}$分别表示两类。AdaBoost 算法的基本思想是：对基学习器进行多轮调用，在每轮调用时，都对样本集中每个样本在损失函数中的权重进行调整，初始时所有样本具有相等的权重，但经过每轮，被正确分类的样本给予较小权重，没有被正确分类的样本权重增加，这样，比较难以正确分类的样本会持续获得高权重，使后续基学习器重点关注和解决较难分类的样本。这样经过多轮得到多个基学习器 $\{h_t\}_{t=1}^{B}$，在对新输入的特征向量预测时，由各基学习器的输出加权投票产生分类输出。

接下来对 AdaBoost 的学习过程进行介绍，完整的学习过程见 AdaBoost 算法描述。

对于训练样本集 $\boldsymbol{D}=\{(\boldsymbol{x}_n, y_n)\}_{n=1}^{N}$，开始时令提升轮数 $t=1$，每个样本给出等权重分布 $D_t(n)=1/N$。在第 t 轮提升时，调用一个基学习算法（基学习算法不作为 AdaBoost 的一部分，可选择任何一种可结合样本加权的学习算法，如决策树），训练一个基学习器 h_t，要求基学习器对样本的加权误分类率 $\varepsilon_t<0.5$。可将 ε_t 表示为 $\varepsilon_t \leqslant 0.5-\gamma$，其中 γ 是一个比较小的正常数（不必给出 γ 的具体值），表示 h_t 是一个比随机猜测好的弱分类器。ε_t 作为加权误差定义为

$$\varepsilon_t \doteq P_{n \sim D_t}[h_t(\boldsymbol{x}_n) \neq y_n]=\sum_{n=1}^{N} D_t(n) I[h_t(\boldsymbol{x}_n) \neq y_n] \tag{8.2.1}$$

其中，$I(\cdot)$ 为示性函数。

ε_t 的取值大小评价了 h_t 分类性能的好坏，由此决定了 h_t 在最终的集成学习投票中的权重。直观上，ε_t 越小，权重应越大，对应基分类器更重要，该权重 α_t 计算为

$$\alpha_t=\frac{1}{2} \ln\left(\frac{1-\varepsilon_t}{\varepsilon_t}\right) \tag{8.2.2}$$

下面首先集中叙述算法过程，式(8.2.2)的导出原理将延后到 8.2.2 节再给出。

为了继续下一轮提升过程，在本轮已被正确分类的样本，减小权系数，没有正确分类的样本，增大权系数，故对权系数做如下调整。

$$\begin{aligned} D_{t+1}(n) &=\frac{D_t(n)}{Z_t} \times \begin{cases} \mathrm{e}^{-\alpha_t}, & h_t(\boldsymbol{x}_n)=y_n \\ \mathrm{e}^{\alpha_t}, & h_t(\boldsymbol{x}_n) \neq y_n \end{cases} \\ &=\frac{D_t(n)}{Z_t} \exp[-\alpha_t y_n h_t(\boldsymbol{x}_n)] \end{aligned} \tag{8.2.3}$$

下一轮权系数分布的比例由 e^{α_t} 确定，式(8.2.3)的导出过程延后到 8.2.2 节。作为分类器，h_t 的输出只有 $\{-1,+1\}$，故对正确分类的样本 $y_n h_t(\boldsymbol{x}_n)=1$，否则为 -1，式(8.2.3)可写成第 2 行的形式。Z_t 为归一化因子，保证 $D_{t+1}(n)$ 仍满足一个概率分布。Z_t 计算式为

$$Z_t=\sum_{n=1}^{N} D_t(n) \exp[-\alpha_t y_n h_t(\boldsymbol{x}_n)] \tag{8.2.4}$$

在下一轮训练新的基学习器 h_{t+1} 时，权系数 $D_{t+1}(n)$ 表示一个样本的重要性（注意，基学习算法要能够结合这个加权分布）。

当 B 轮提升学习完成，得到的集成分类器为各基分类器的加权投票输出。

$$H(\boldsymbol{x})=\operatorname{sgn}\left[\sum_{t=1}^{B} \alpha_t h_t(\boldsymbol{x})\right] \tag{8.2.5}$$

AdaBoost 算法

输入：训练样本集 $\boldsymbol{D}=\{(\boldsymbol{x}_n, y_n)\}_{n=1}^{N}, \boldsymbol{x}_n \in \boldsymbol{X}, y_n \in\{-1,+1\}$；

初始化分布：$D_1(n)=\dfrac{1}{N}, n=1,2, \cdots, N$；

对于 $t=1,2,\cdots,B$

根据分布 D_t 训练弱分类器，得到弱分类器 $h_t: \boldsymbol{X} \to \{-1,+1\}$；

目标：选择 h_t 使加权后的误差 ε_t 最小，ε_t 为

$$\varepsilon_t \doteq P_{n\sim D_t}[h_t(\boldsymbol{x}_n) \neq y_n]$$

取 $\alpha_t = \frac{1}{2}\ln\left(\frac{1-\varepsilon_t}{\varepsilon_t}\right)$；

对于 $n=1,2,\cdots,N$，进行如下更新（其中，Z_t 为归一化因子，保证 D_{t+1} 是一个分布）：

$$D_{t+1}(n) = \frac{D_t(n)}{Z_t} \times \begin{cases} e^{-\alpha_t}, & h_t(\boldsymbol{x}_n) = y_n \\ e^{\alpha_t}, & h_t(\boldsymbol{x}_n) \neq y_n \end{cases}$$

$$= \frac{D_t(n)}{Z_t}\exp[-\alpha_t y_n h_t(\boldsymbol{x}_n)]$$

输出最终的学习器

$$H(\boldsymbol{x}) = \mathrm{sgn}\left[\sum_{t=1}^{B}\alpha_t h_t(\boldsymbol{x})\right]$$

为了更清楚地理解 AdaBoost 算法的执行过程，讨论以下例子。这个例子来自 AdaBoost 的发明者 Schapiro 和 Freund 的著作，是一个经常被引用的说明性例子。

例 8.2.1 图 8.2.2(a)给出 10 个样本组成的训练集，通过 AdaBoost 算法给出一个集成分类器。分别用＋和－表示样本的类型，每个样本的特征向量 $\boldsymbol{x}=[x_1,x_2]^{\mathrm{T}}$ 是二维的，选择基分类器（弱分类器）为以特征向量的一个分量的切分点进行分类，如以 $x_i>a$ 作为分类判决，这里 i 取 1 或 2，a 是一个切分点，这样的弱分类器是一个树桩。

图 8.2.2(b)表示第 1 个基分类器 h_1，分界线左侧为正样，显然 h_1 的误差率 $\varepsilon_1=0.3$，各参数的计算如图 8.2.3 所示。第 1 行的计算过程给出了 h_1 对应的 $D_1(n)$ 和 $\alpha_1=0.42$，同时给出了计算第 2 个分类器需要的分布的准备。

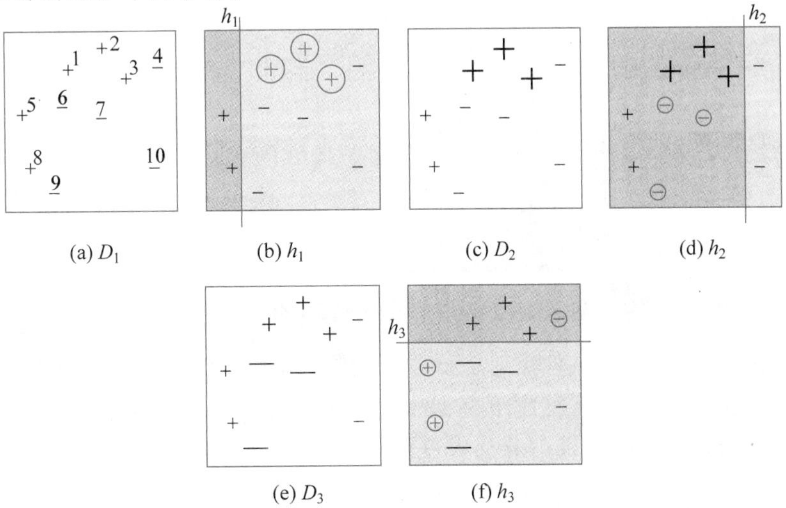

(a) D_1　(b) h_1　(c) D_2　(d) h_2

(e) D_3　(f) h_3

图 8.2.2 一个说明 AdaBoost 算法的实例

样　本	1	2	3	4	5	6	7	8	9	10	
$D_1(n)$	0.1	0.1	0.1	0.1	0.1	0.1	0.1	0.1	0.1	0.1	$\varepsilon_1=0.3$ $\alpha_1=0.42$
$D_1(n)\mathrm{e}^{-\alpha_1 y_n h_1(\boldsymbol{x}_n)}$	0.15	0.15	0.15	0.07	0.07	0.07	0.07	0.07	0.07	0.07	$Z_1=0.92$
$D_2(n)$	0.17	0.17	0.17	0.07	0.07	0.07	0.07	0.07	0.07	0.07	$\varepsilon_2=0.21$ $\alpha_2=0.65$
$D_2(n)\mathrm{e}^{-\alpha_2 y_n h_2(\boldsymbol{x}_n)}$	0.09	0.09	0.09	0.04	0.04	0.14	0.14	0.04	0.14	0.04	$Z_2=0.82$
$D_3(n)$	0.11	0.11	0.11	0.05	0.05	0.17	0.17	0.05	0.17	0.05	$\varepsilon_3=0.14$ $\alpha_3=0.92$
$D_3(n)\mathrm{e}^{-\alpha_3 y_n h_3(\boldsymbol{x}_n)}$	0.04	0.04	0.04	0.11	0.11	0.07	0.07	0.11	0.07	0.02	$Z_3=0.69$

图 8.2.3　例 8.2.1 的计算过程

图 8.2.3 第 2 行计算了 $D_2(n)$，图 8.2.2(c)显示出每个样本对应的分布权值大小 $D_2(n)$，图 8.2.2(d)给出了第 2 个弱分类器 h_2，分界线左侧是正样，将上次错分类的 3 个样本做了正确分类，但同时又分错了 3 个样本(表中对应加了下画线)，但加权误差为 $\varepsilon_2=0.21$，$\alpha_2=0.65$。

图 8.2.3 的第 3 行计算了新的权值分布 $D_3(n)$，图 8.2.2(e)给出了显示权值大小的样本，图 8.2.2(f)给出弱分类器 h_3，分界线之上为正样，h_3 将上一轮错分的样本正确分类了，但仍分错了 3 个样本，但加权误分类率为 $\varepsilon_3=0.14$，$\alpha_3=0.92$。

本例只进行 3 轮，得到的集成分类器为

$$H(\boldsymbol{x})=\operatorname{sgn}[0.42h_1(\boldsymbol{x})+0.65h_2(\boldsymbol{x})+0.92h_3(\boldsymbol{x})]$$

可以验证，该集成分类器可将所有训练样本正确分类。我们以样本 2(最靠近顶端样本)为例，其输出为

$$H(\boldsymbol{x}_2)=\operatorname{sgn}[0.42\times(-1)+0.65\times(+1)+0.92\times(+1)]=+1$$

读者可自行验证其他样本。

图 8.2.4 给出了集成分类器的分类区间，深色为正样区，浅色为负样区，可见分类区间对所有训练样本集可完全正确分类。

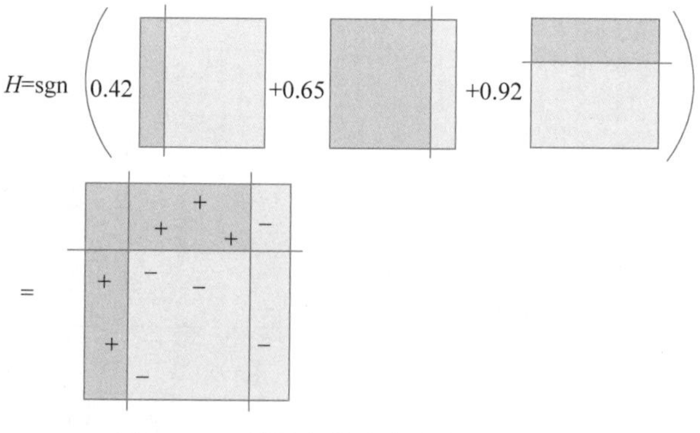

图 8.2.4　例子中的分类集成分类区间

以上例子说明，用简单的弱分类器只需要 3 轮的提升，就可得到对所有训练样本都可正确分类的集成分类器。这种训练误差快速下降是针对一个特定例子，还是 AdaBoost 的一般性质？8.2.2 节将会证明，若每个弱分类器的分类误差满足 $\varepsilon_t \leqslant 0.5-\gamma$，$\gamma$ 为一个小的正常数，则集成分类器的训练集误差以指数下降。这说明在训练集上的误差随提升过程快速下降是 AdaBoost 的一个特性。

对于 AdaBoost 的泛化性能评价，可通过测试误差进行说明。图 8.2.5 给出了对于手写英文字母(OCR)数据集(16000 个训练样本，4000 个测试样本)，使用 C4.5 决策树作为基分类器，利用 AdaBoost 集成方法，随提升轮数增加时训练误差和测试误差的变化曲线。

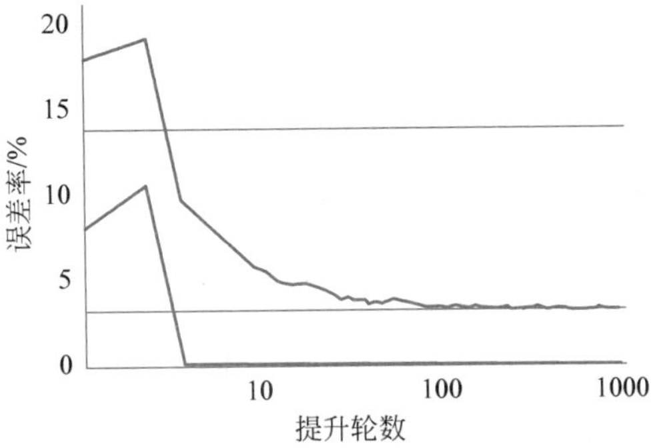

图 8.2.5 对于 OCR 数据集，AdaBoost 算法的训练误差和测试误差随提升轮数的变化

对于该样本集，C4.5 可得到 13.8%的误分类率，以 C4.5 为基分类器做 AdaBoost 提升，经过 5 轮提升过程，则训练误差降为 0，测试误差为 8.4%，做更多轮数的提升，提升轮数达到 1000 轮，集成分类器的测试误差为 3.1%。由图 8.2.5 可知，随着模型复杂度提高，测试误差并未出现单分类器常见的 U 形图，而是单调下降或保持低误分类率，这说明 AdaBoost 没有出现过拟合，或具有“抵抗”过拟合的能力。

不仅 AdaBoost，其他集成算法也都具有一定的抵抗过拟合能力，图 8.1.3 显示的几种算法也同样未出现过拟合，集成算法不是没有过拟合，但过拟合的情况不像单一算法那样严重。为什么集成学习有较好的抗过拟合能力？一种解释是集成算法具有更高的置信度，可用“间隔”理论解释该问题，对于这个问题更深入的讨论可参考 Schapiro 等的《机器学习提升法：理论与算法》。

*8.2.2 AdaBoost 算法分析

8.2.1 节给出了 AdaBoost 算法的介绍，以启发性的方式介绍了算法的原理，并给出实例说明。本节从指数误差函数出发，导出 AdaBoost 算法中各参数的表达式并讨论训练误差的界。对于主要关心 AdaBoost 的应用的读者，可跳过本节。

设取符号函数之前的集成分类函数为

$$F(\boldsymbol{x})=\sum_{t=1}^{B}\alpha_t h_t(\boldsymbol{x}) \tag{8.2.6}$$

假设训练样本集为 $\boldsymbol{D}$，对于任意 $\boldsymbol{x}\in\boldsymbol{D}$，$y\in\{-1,1\}$，定义期望指数损失函数为

$$L\left[F(\boldsymbol{x}),y\right]=E_{\boldsymbol{x}\sim\boldsymbol{D},y\sim\{-1,1\}}\left[\mathrm{e}^{-yF(\boldsymbol{x})}\right] \tag{8.2.7}$$

求 $F(\boldsymbol{x})$使损失函数最小，可证明由这个目标函数得到的 $F(\boldsymbol{x})$是符合贝叶斯决策原则的，即保证误分类率最小。

对于给定的 $\boldsymbol{x}\in\boldsymbol{D}$，求损失函数最小，等价于解

$$\begin{aligned}\frac{\partial}{\partial F(\boldsymbol{x})}E_{y\sim\{-1,1\}\mid\boldsymbol{x}}\left[\mathrm{e}^{-yF(\boldsymbol{x})}\right]&=-E_{y\sim\{-1,1\}\mid\boldsymbol{x}}\left[y\mathrm{e}^{-yF(\boldsymbol{x})}\right]\\&=-\mathrm{e}^{-F(\boldsymbol{x})}P_r(y=1\mid\boldsymbol{x})+\mathrm{e}^{F(\boldsymbol{x})}P_r(y=-1\mid\boldsymbol{x})=0\end{aligned}$$

解得

$$F(\boldsymbol{x})=\frac{1}{2}\ln\frac{P_r(y=1\mid\boldsymbol{x})}{P_r(y=-1\mid\boldsymbol{x})} \tag{8.2.8}$$

由于分类输出取 $H(\boldsymbol{x})=\operatorname{sgn}[F(\boldsymbol{x})]$，故由式(8.2.8)可得

$$H(\boldsymbol{x})=\operatorname{sgn}[F(\boldsymbol{x})]=\begin{cases}+1, & P_r(y=1\mid\boldsymbol{x})>P_r(y=-1\mid\boldsymbol{x})\\-1, & P_r(y=1\mid\boldsymbol{x})<P_r(y=-1\mid\boldsymbol{x})\end{cases}\tag{8.2.9}$$

即指数误差函数得到的分类器是按标注的后验概率比较进行分类，这是第3章介绍的基本贝叶斯决策分类器，对应错误分类率最小化。稍后可看到，AdaBoost 实际是以式(8.2.7)的误差函数最小(实际设计时用经验误差替代期望)为目标所设计的集成分类器。

首先通过式(8.2.7)导出新的基分类器 $h_t(\boldsymbol{x})$ 的系数 α_t，为此，将第 t 轮的分类函数$F_t(\boldsymbol{x})$写为

$$F_t(\boldsymbol{x})=F_{t-1}(\boldsymbol{x})+\alpha_t h_t(\boldsymbol{x})\tag{8.2.10}$$

由于 $F_{t-1}(\boldsymbol{x})$上一轮已确定，故最优化 $F_t(\boldsymbol{x})$等价于最优化 $\alpha_t h_t(\boldsymbol{x})$，即

$$\begin{aligned}L(\alpha_t h_t,y)&=E_{\boldsymbol{x}\sim\boldsymbol{D},y\sim\{-1,1\}}\left[\mathrm{e}^{-y\alpha_t h_t(\boldsymbol{x})}\right]\\&=E_{\boldsymbol{x}\sim\boldsymbol{D}}\{\mathrm{e}^{-\alpha_t}I[y=h_t(\boldsymbol{x})]+\mathrm{e}^{\alpha_t}I[y\neq h_t(\boldsymbol{x})]\}\\&=\mathrm{e}^{-\alpha_t}E_{\boldsymbol{x}\sim\boldsymbol{D}}\{I[y=h_t(\boldsymbol{x})]\}+\mathrm{e}^{\alpha_t}E_{\boldsymbol{x}\sim\boldsymbol{D}}\{I[y\neq h_t(\boldsymbol{x})]\}\\&=\mathrm{e}^{-\alpha_t}(1-\varepsilon_t)+\mathrm{e}^{\alpha_t}\varepsilon_t\end{aligned}\tag{8.2.11}$$

由定义，$\varepsilon_t=E_{\boldsymbol{x}\sim\boldsymbol{D}}\{I[y\neq h_t(\boldsymbol{x})]\}$是 $h_t(\boldsymbol{x})$的错误分类率，令式(8.2.11)最小得

$$\frac{\partial L(\alpha_t h_t,y)}{\partial\alpha_t}=-\mathrm{e}^{-\alpha_t}(1-\varepsilon_t)+\mathrm{e}^{\alpha_t}\varepsilon_t=0\tag{8.2.12}$$

解式(8.2.12)得

$$\alpha_t=\frac{1}{2}\ln\left(\frac{1-\varepsilon_t}{\varepsilon_t}\right)$$

这证明了式(8.2.2)。

为了得到加权分布 $D_t(n)$，用训练样本集 $\boldsymbol{D}=\{(\boldsymbol{x}_n,y_n)\}_{n=1}^N$ 中每个样本的指数损失之和替代式(8.2.7)的期望，得到经验指数损失为

$$\begin{aligned}\hat{L}_t&=\sum_{n=1}^N\mathrm{e}^{-y_nF_t(\boldsymbol{x}_n)}=\sum_{n=1}^N\mathrm{e}^{-y_n[F_{t-1}(\boldsymbol{x})+\alpha_t h_t(\boldsymbol{x})]}\\&=\sum_{n=1}^N\mathrm{e}^{-y_nF_{t-1}(\boldsymbol{x}_n)}\mathrm{e}^{-y_n\alpha_t h_t(\boldsymbol{x}_n)}=\sum_{n=1}^N\overline{D}_t(n)\mathrm{e}^{-y_n\alpha_t h_t(\boldsymbol{x}_n)}\\&=\sum_{n=1}^N\overline{D}_t(n)\mathrm{e}^{-\alpha_t}I(y_n=h_t(\boldsymbol{x}_n))+\sum_{n=1}^N\overline{D}_t(n)\mathrm{e}^{\alpha_t}I[y_n\neq h_t(\boldsymbol{x}_n)]\end{aligned}\tag{8.2.13}$$

式(8.2.13)定义了

$$\overline{D}_t(n)=\mathrm{e}^{-y_nF_{t-1}(\boldsymbol{x}_n)}\tag{8.2.14}$$

是非归一化的分布权系数，可定义

$$Z_{t-1}=\sum_{n=1}^N\overline{D}_t(n)=\sum_{n=1}^N\mathrm{e}^{-y_nF_{t-1}(\boldsymbol{x}_n)}\tag{8.2.15}$$

则

$$D_t(n)=\frac{\overline{D}_t(n)}{Z_{t-1}}=\frac{\mathrm{e}^{-y_nF_{t-1}(\boldsymbol{x}_n)}}{Z_{t-1}}\tag{8.2.16}$$

为归一化权分布，利用这些符号，重写式(8.2.13)为

$$\begin{aligned}\hat{L}_t &= \sum_{n=1}^{N}\overline{D}_t(n)\mathrm{e}^{-\alpha_t}I[y_n=h_t(\boldsymbol{x}_n)]+\sum_{n=1}^{N}\overline{D}_t(n)\mathrm{e}^{\alpha_t}I[y_n\neq h_t(\boldsymbol{x}_n)]\\ &=[\mathrm{e}^{\alpha_t}-\mathrm{e}^{-\alpha_t}]\sum_{n=1}^{N}\overline{D}_t(n)I[y_n\neq h_t(\boldsymbol{x}_n)]+\mathrm{e}^{-\alpha_t}\sum_{n=1}^{N}\overline{D}_t(n)\\ &=\mathrm{e}^{-\alpha_t}Z_{t-1}\left\{(\mathrm{e}^{2\alpha_t}-1)\sum_{n=1}^{N}D_t(n)I[y_n\neq h_t(\boldsymbol{x}_n)]+1\right\}\\ &=\mathrm{e}^{-\alpha_t}Z_{t-1}[(\mathrm{e}^{2\alpha_t}-1)\varepsilon_t+1]\end{aligned}\tag{8.2.17}$$

在式(8.2.17)中，注意到 $\varepsilon_t=\sum_{n=1}^{N}D_t(n)I[y_n\neq h_t(\boldsymbol{x}_n)]$ 是用 D_t 加权的 h_t 错误分类率，除了一些常数系数外，$\hat{L}_t$ 与 ε_t 等价，可见，取 h_t 最小化 $\hat{L}_t$ 与最小化 ε_t 是等价的，故 AdaBoost 算法描述中，每个弱分类使 ε_t 最小化。

由式(8.2.14)得到下一轮非归一化权分布为

$$\begin{aligned}\overline{D}_{t+1}(n) &= \mathrm{e}^{-y_nF_t(\boldsymbol{x}_n)}=\mathrm{e}^{-y_n[F_{t+1}(\boldsymbol{x})+\alpha_th_t(\boldsymbol{x})]}\\ &=\mathrm{e}^{-y_nF_{t+1}(\boldsymbol{x}_n)}\mathrm{e}^{-y_n\alpha_th_t(\boldsymbol{x}_n)}=\overline{D}_t(n)\mathrm{e}^{-y_n\alpha_th_t(\boldsymbol{x}_n)}\\ &=Z_{t-1}D_t(n)\mathrm{e}^{-y_n\alpha_th_t(\boldsymbol{x}_n)}\end{aligned}\tag{8.2.18}$$

归一化后，可表示为

$$D_{t+1}(n)=\frac{D_t(n)\mathrm{e}^{-y_n\alpha_th_t(\boldsymbol{x}_n)}}{Z_t}\tag{8.2.19}$$

这正是式(8.2.3)。

至此，利用指数损失函数导出了 AdaBoost 算法的各参数取值。接下来给出一个定理及其证明，该定理说明随着提升轮数增加，训练误差指数下降。首先叙述定理如下。

定理 8.2.1 令每轮基分类器的误分类率表示为 $\varepsilon_t=0.5-\gamma_t$，$\gamma_t>0$，$D_1$ 是训练集初始化的分布，对于分布 D_1，集成分类器 $H(\boldsymbol{x})$ 的加权分类误差满足

$$\begin{aligned}P_{n\sim D_1}[H(\boldsymbol{x}_n)\neq y_n] &= \sum_{n=1}^{N}D_1(n)I(H(\boldsymbol{x}_n)\neq y_n)\\ &\leqslant\prod_{t=1}^{B}\sqrt{1-4\gamma_t^2}\leqslant\exp\left(-2\sum_{n=1}^{B}\gamma_t^2\right)\end{aligned}\tag{8.2.20}$$

证明 由分布 D_t 的定义，有

$$\begin{aligned}D_{B+1}(n) &= \frac{D_1(n)\mathrm{e}^{-y_n\alpha_1h_1(\boldsymbol{x}_n)}}{Z_1}\times\cdots\times\frac{\mathrm{e}^{-y_n\alpha_Bh_B(\boldsymbol{x}_n)}}{Z_B}\\ &=\frac{D_1(n)}{\prod_{t=1}^{B}Z_t}\exp\left[-y_n\sum_{t=1}^{B}\alpha_th_t(\boldsymbol{x}_n)\right]\\ &=\frac{D_1(n)}{\prod_{t=1}^{B}Z_t}\exp[-y_nF(\boldsymbol{x}_n)]\end{aligned}\tag{8.2.21}$$

由于 $H(\boldsymbol{x})=\mathrm{sgn}(F(\boldsymbol{x}))$，如果 $H(\boldsymbol{x})\neq y$，则 $yH(\boldsymbol{x})\leqslant 0$，故 $\mathrm{e}^{-yH(\boldsymbol{x})}\geqslant 1$，因此有

$I[H(\boldsymbol{x}_n)\neq y_n]\leqslant e^{-y_nH(\boldsymbol{x}_n)}$。分布 D_1 下的集成分类器 $H(\boldsymbol{x})$ 的加权分类误差为

$$\begin{aligned}P_{n\sim D_1}[H(\boldsymbol{x}_n)\neq y_n]&=\sum_{n=1}^{N}D_1(n)I[H(\boldsymbol{x}_n)\neq y_n]\\&\leqslant\sum_{n=1}^{N}D_1(n)\exp[-y_nF(\boldsymbol{x}_n)]\\&=\sum_{n=1}^{N}D_{B+1}(n)\prod_{t=1}^{B}Z_t=\prod_{t=1}^{B}Z_t\end{aligned}\tag{8.2.22}$$

式(8.2.22)中 $D_{B+1}(n)$ 是各样本的权值，等价于一个概率分布，故其和为 1。由式(8.2.4)，可得

$$\begin{aligned}Z_t&=\sum_{n=1}^{N}D_t(n)\exp[-\alpha_ty_nh_t(\boldsymbol{x}_n)]\\&=\sum_{n=1}^{N}D_t(n)e^{-\alpha_t}I[y_n=h_t(\boldsymbol{x}_n)]+\sum_{n=1}^{N}D_t(n)e^{\alpha_t}I[y_n\neq h_t(\boldsymbol{x}_n)]\\&=e^{-\alpha_t}(1-\varepsilon_t)+e^{\alpha_t}\varepsilon_t=\sqrt{1-4\gamma_t^2}\end{aligned}\tag{8.2.23}$$

将第 3 行代入 α_t 的定义式(8.2.2)，整理得到式(8.2.23)的最后结果，将式(8.2.23)代入式(8.2.22)得定理的第 1 个不等式

$$P_{rn\sim D_1}[H(\boldsymbol{x}_n)\neq y_n]\leqslant\prod_{t=1}^{B}\sqrt{1-4\gamma_t^2}$$

利用泰勒级数展开可得 $\sqrt{1-4\gamma_t^2}\leqslant\exp(-2\gamma_t^2)$，则定理得证。

若基分类器的误差 $\varepsilon_t=0.5-\gamma_t$，$\gamma_t>0$ 可找到一个公共量 γ，使 $\varepsilon_t\leqslant0.5-\gamma$，则集成分类器的训练集误差可写为

$$P_{rn\sim D_1}[H(\boldsymbol{x}_n)\neq y_n]\leqslant\exp(-2B\gamma^2)$$

这是一个随提升轮数 B 指数下降的错误分类率。

AdaBoost 的训练集误差性能是相当理想的，由第 5 章介绍的泛化误差界的结论可知，其泛化误差与训练误差之差不超过一个界。对 AdaBoost 的更深入的理论研究，包括泛化误差界和抵抗过拟合的能力可用间隔理论来解释，这些理论工作使得 AdaBoost 成为机器学习中理论比较完善的算法，本书不再继续展开这方面的讨论，有兴趣的读者可参考 Schapiro 等的著作《机器学习提升法：理论与算法》。

8.3 提升树算法

8.2 节讨论了一种重要的提升算法 AdaBoost，针对二分类问题，以指数损失函数为目标，导出了 AdaBoost 算法。本节进一步讨论提升算法，以加法模型为基础，讨论在各种目标函数情况下的一般提升算法，并将基学习器限制为决策树，这样得到提升树算法。在选择决策树作为基分类器情况下，AdaBoost 是一种分类的提升树算法。

对于一般的目标函数，提升树的优化存在一定困难，通过梯度提升树可解决这些困难，并得到一类性能优良的集成学习算法。

8.3.1 加法模型和提升树

所谓加法模型，是指学习模型可表示为

$$F(\boldsymbol{x})=\sum_{t=1}^{B}\beta_t b(\boldsymbol{x};\theta_t) \tag{8.3.1}$$

其中,$b(\boldsymbol{x};\theta_t)$为基函数;$\theta_t$ 为其参数;β_t 为展开系数。式(8.3.1)是一种基函数展开表达式。机器学习和许多其他领域的很多方法都可以归结为针对不同基函数选择的加法模型,提升学习可由加法模型很好地解释。

为了学习加法模型,可以定义目标函数 $L[y,F(\boldsymbol{x})]$,通过经验目标函数最小化可得到加法模型的参数,优化问题描述为

$$\min_{\{\beta_t,\theta_t\}_{t=1}^{B}}\left\{\sum_{n=1}^{N}L\left[y_n,\sum_{t=1}^{B}\beta_t b(\boldsymbol{x}_n;\theta_t)\right]\right\} \tag{8.3.2}$$

对于一些目标函数 $L[y,F(\boldsymbol{x})]$ 和基函数 $b_t(\boldsymbol{x};\theta_t)$,式(8.3.2)的全局优化问题往往比较复杂。可采用前向分步加法模型进行分步优化。设第 t 步时,已得到模型为 $F_{t-1}(\boldsymbol{x})$,在第 t 步增加一个基函数,即模型更新为

$$F_t(\boldsymbol{x})=F_{t-1}(\boldsymbol{x})+\beta_t b(\boldsymbol{x};\theta_t) \tag{8.3.3}$$

设模型中 $F_{t-1}(\boldsymbol{x})$已确定,这一步只需要优化参数(β_t,θ_t),因此前向一步优化问题化简为

$$(\beta_t,\theta_t)=\arg\min_{\beta,\theta}\left\{\sum_{n=1}^{N}L\left[y_n,F_{t-1}(\boldsymbol{x}_n)+\beta b(\boldsymbol{x}_n;\theta)\right]\right\} \tag{8.3.4}$$

起始时,设 $F_0(\boldsymbol{x})=0$,依次设 $t=1,2,\cdots,B$,按式(8.3.3)和式(8.3.4)进行加法模型的训练。

比较式(8.2.10)和式(8.3.3)以及式(8.2.13)和式(8.3.4),可见 AdaBoost 是基函数取基分类器 $h_t(\boldsymbol{x})$,且目标函数取指数损失函数时的前向分步加法模型的一种具体实现,因此加法模型具有更一般的意义。另外,AdaBoost 算法中没有指定基分类器 $h_t(\boldsymbol{x})$,只是要求它可以是一个比随机猜测好一些的弱分类器。本节基于决策树的优点,选择决策树作为基学习器,由于决策树既可以做分类,也可以做回归,故可以分类树或回归树作为基学习器。使用决策树构造的提升算法称为提升树算法,提升树可解决分类和回归问题。

第 7 章详细介绍了决策树算法,在决策树中,对于特征向量 $\boldsymbol{x}$ 所表示的空间,通过选择特征变量和切分点,形成一棵决策树,决策树的每个叶节点表示一个输出,每个叶节点对应特征空间的一个区域 R_j,$j=1,2,\cdots,J$,这里 J 表示叶节点数目,代表了一个决策树的深度。对于一棵决策树,在每个叶节点,只有一个输出,即

$$\boldsymbol{x}\in R_j\Rightarrow T(\boldsymbol{x})=c_j \tag{8.3.5}$$

其中,$T(\boldsymbol{x})$表示决策树的输出;c_j 为对应叶节点区域的常数输出。对于回归树,c_j 为叶节点对应样本标注的均值;对于分类树,c_j 对应叶节点样本中占最多类型的类型输出。图 8.3.1 所示为特征向量是二维情况下区间划分的一个例子。这样,对于一棵决策树,其模型表示为

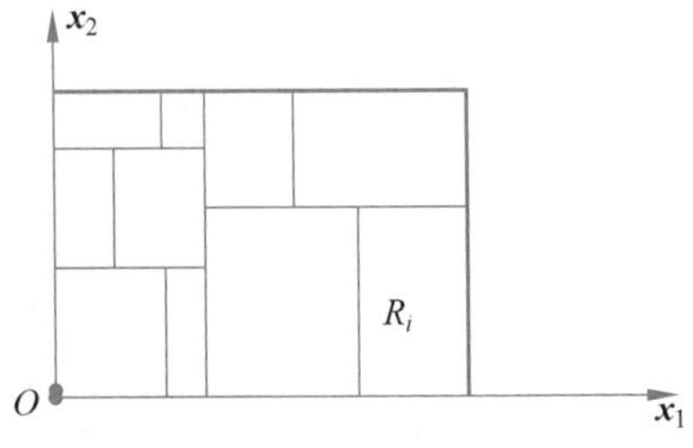

图 8.3.1 树的空间划分示例

$$T(\boldsymbol{x};\Theta)=\sum_{j=1}^{J}c_j I(\boldsymbol{x}\in R_j) \tag{8.3.6}$$

其中,$\Theta=\{R_j,c_j\}_{j=1}^{J}$ 为一棵决策树的参数;J 为给定的决策树深度参数。决策树的确定过程不是一个全局优化方法,而是自顶向下分步的贪婪搜索方法,从根节点开始按一种准则(熵增益、基尼系数等)找到最优特征变量和切分点,将样本分为两个分支(以 CART 为例),相当于对特征空间切分为两个区间,直到达到叶节点数目 J,并确定了参数 R_j,而参数 c_j 的确定则比较简单。

现在，利用决策树作为基学习算法进行提升，则构成提升树，树的提升模型表示为

$$F_B(\boldsymbol{x})=\sum_{t=1}^{B}T(\boldsymbol{x};\Theta_t) \tag{8.3.7}$$

其中，Θ_t 表示第 t 轮提升过程的决策树的参数，可表示为 $\Theta_t=\{R_{tj},c_{tj}\}_{j=1}^{J_t}$。

如果给出目标函数 $L[y,F_B(\boldsymbol{x})]$，按照前向分步加法模型的方法，求第 t 个决策树参数可表示为如下优化问题。

$$\hat{\Theta}_t=\arg\min_{\Theta_t}\left\{\sum_{n=1}^{N}L[y_n,F_{t-1}(\boldsymbol{x}_n)+T(\boldsymbol{x}_n;\Theta_t)]\right\} \tag{8.3.8}$$

在参数 Θ_t 中，R_{tj} 的确定是更为困难的，一旦 R_{tj} 确定了，区域 R_{tj} 内的值 c_{tj} 可估计为

$$\hat{c}_{tj}=\arg\min_{c_{tj}}\left\{\sum_{\boldsymbol{x}_n\in R_{tj}}L[y_n,F_{t-1}(\boldsymbol{x}_n)+c_{tj}]\right\} \tag{8.3.9}$$

式(8.3.7)～式(8.3.9)给出了提升树的一般描述，从原理上，给出一种目标函数$L[y,F(\boldsymbol{x})]$，就可以构成一棵基于该目标函数的提升树。

对于不同的目标函数 L，在选择决策树作为基学习器时，式(8.3.8)的优化过程并不总是易于实现，实际上，有些目标函数是不易实现的。但有两类目标函数是容易实现的。

1. 指数函数：AdaBoost

针对分类问题，取指数损失函数，代入式(8.3.7)和式(8.3.8)则可验证得到的集成算法就是已熟悉的 AdaBoost。与 8.2 节的介绍不同的只有一点，8.2 节没有指定基分类器的具体模型，而这里指定采用决策树作为基分类器。

若选择每棵决策树的叶节点数 $J=4$，将提升树用于 spam 数据集，得到的测试误差如图 8.1.3 所示(图中同时显示了随机森林和 Bagging 算法的曲线)。在该数据集中提升树分类正确率略高于随机森林。实际中这个结果是比较普遍的，即就性能来讲，提升树略优于随机森林，但随机森林并行性好，训练也更简单，两者是可竞争的算法。

2. 平方误差函数：回归提升树

对于回归问题，最常用的目标函数是平方误差函数，即

$$L[y,F(\boldsymbol{x})]=\frac{1}{2}[y-F(\boldsymbol{x})]^2 \tag{8.3.10}$$

将该目标函数代入式(8.3.8)，则有

$$\begin{aligned}\hat{\Theta}_t&=\arg\min_{\Theta_t}\left\{\sum_{n=1}^{N}L[y_n,F_{t-1}(\boldsymbol{x}_n)+T(\boldsymbol{x}_n;\Theta_t)]\right\}\\&=\arg\min_{\Theta_t}\left\{\sum_{n=1}^{N}\frac{1}{2}[y_n-F_{t-1}(\boldsymbol{x}_n)-T(\boldsymbol{x}_n;\Theta_t)]^2\right\}\\&=\arg\min_{\Theta_t}\left\{\sum_{n=1}^{N}\frac{1}{2}[r_{tn}-T(\boldsymbol{x}_n;\Theta_t)]^2\right\}\end{aligned} \tag{8.3.11}$$

以上定义了残差

$$r_{tn}=y_n-F_{t-1}(\boldsymbol{x}_n) \tag{8.3.12}$$

从式(8.3.11)可见，为了学习第 t 轮的决策树，目标函数变成以残差 r_{tn} 替代标注 y_n 后，单独训练一棵回归树 $T(\boldsymbol{x}_n;\Theta_t)$的问题，这在第 7 章已有详细介绍。因此，为了训练一棵提升树，在每轮变成了以残差 r_{tn} 为标注的单一回归树学习问题，这是非常易于实现的，其算法描述如下。

回归提升树算法

输入：训练数据集 $\boldsymbol{D}=\{(\boldsymbol{x}_n,y_n)\}_{n=1}^{N}$；收缩因子 $0<\varepsilon\leqslant 1$；

初始化：$F_0(\boldsymbol{x})=0, r_n=y_n, n=1,2,\cdots,N$；

对于 $t=1,2,\cdots,B$

　　以 r_n 为标注，学习一棵回归树 $T(\boldsymbol{x};\Theta_t)$（树节点数为 J_t）；

　　得到收缩决策树 $\hat{T}(\boldsymbol{x};\Theta_t)=\varepsilon T(\boldsymbol{x};\Theta_t)$；

　　集成决策树 $F_t(\boldsymbol{x})=F_{t-1}(\boldsymbol{x})+\hat{T}(\boldsymbol{x};\Theta_t)$；

　　更新残差 $r_n\leftarrow r_n-\hat{T}(\boldsymbol{x};\Theta_t), n=1,2,\cdots,N$。

输出提升树 $F_B(\boldsymbol{x})$。

回归提升树算法描述中，增加了收缩参数 ε，在前面的原理介绍中，采用了无收缩的情况，即 $\varepsilon=1$，实际中选取 $\varepsilon<1$ 的收缩参数，提升过程更加稳定，误差性能往往也更好。

8.3.2　梯度提升树

在前面的提升树方法中，当面向分类且目标函数为指数函数时，提升树即为基分类器采用决策树的 AdaBoost 算法，在面向回归且目标函数为平方误差函数时，得到了简单的以残差为等价标注的回归提升树算法。这是两种基本的提升树，但当目标函数取其他类型函数时，解提升树的式(8.3.8)比较困难，一种替代算法称为梯度提升(Gradient Boosting)。我们在这里以启发式的方法导出梯度提升算法。

首先以回归情况为例讨论梯度提升问题。在前面导出回归提升树时，在第 t 轮，以式(8.3.12)的残差作为替代标注训练回归树 $T(\boldsymbol{x};\Theta_t)$。残差 r_{tn} 是第 n 个样本的标注 y_n 与目前得到的模型 $F_{t-1}(\boldsymbol{x}_n)$ 之间的误差。如果回顾前面章节所学的许多模型，如线性回归、逻辑回归等，发现其目标函数对当前模型的负梯度为 $-\nabla_{\hat{F}(\boldsymbol{x})}L=y-\hat{F}(\boldsymbol{x})$，其中 $\hat{F}(\boldsymbol{x})$ 是训练到前一步已得到的模型。这与式(8.3.12)是一致的，由这个现象，可以启发得到对一大类不同的目标函数，以负梯度替代式(8.3.12)中的残差，然后训练每轮的回归树。对于给定的一种可微的目标函数 L，求梯度是简单且可预先确定的。因此，定义新的等价残差 r_{tn} 为

$$r_{tn}=-g_{tn}=-\left\{\frac{\partial L\left[y_n,F(\boldsymbol{x}_n)\right]}{\partial F(\boldsymbol{x}_n)}\right\}_{F(\boldsymbol{x}_n)=F_{t-1}(\boldsymbol{x}_n)} \tag{8.3.13}$$

有了式(8.3.13)的梯度替代残差，第 t 轮的回归树变成了去拟合负梯度值。以回归为例，将梯度提升决策树算法(Gradient Boosting Decision Tree，GBDT)描述如下。

GBDT 算法

输入：训练数据集 $\boldsymbol{D}=\{(\boldsymbol{x}_n,y_n)\}_{n=1}^{N}$；目标函数 $L(\cdot,\cdot)$；

　　收缩因子 $0<\varepsilon\leqslant 1$。

初始化：$F_0(\boldsymbol{x})=\arg\min\limits_{c}\sum\limits_{n=1}^{N}L(y_n,c)$；

对于 $t=1,2,\cdots,B$

(1) 对于 $n=1,2,\cdots,N$,计算

$$r_{tn}=-\left[\frac{\partial L(y_n,F(\boldsymbol{x}_n))}{\partial F(\boldsymbol{x}_n)}\right]_{F(\boldsymbol{x}_n)=F_{t-1}(\boldsymbol{x}_n)}$$

(2) 训练一个回归树去拟合标注 r_{tn},得到叶节点和对应的区域 R_{tj},$j=1,2,\cdots,J_t$。

(3) 对于 $j=1,2,\cdots,J_t$,计算

$$c_{tj}=\arg\min_{c}\left\{\sum_{\boldsymbol{x}_n\in R_{tj}}L\left[y_n,F_{t-1}(\boldsymbol{x}_n)+c\right]\right\}$$

(4) 更新集成决策树 $F_t(\boldsymbol{x})=F_{t-1}(\boldsymbol{x})+\varepsilon\sum_{j=1}^{J_t}c_{tj}I(\boldsymbol{x}\in R_{tj})$。

输出提升树 $F_B(\boldsymbol{x})$。

类似于回归提升树算法的描述,这里加了收缩因子 $0<\varepsilon\leqslant 1$。回归提升树和梯度提升决策树算法均有 3 个参数需要确定:提升轮数 B、每轮树的节点数 J_t(可以只确定一个共同的树深度 J)和收缩因子 ε。一般较小的 ε 需要较大的 B,一些实验发现,取较小的 ε(如 $\varepsilon<0.1$)能够取得好的性能,尤其在回归问题,B 可以取较大的值,如 $B=1000$,然后通过早停止技术确定实际选择的 B,同样可以取几个不同的 J 进行实验。

下面针对回归和分类,讨论几种不同目标函数的情况下式(8.3.13)的梯度计算问题。一般来讲,这一步是比较简单的,且可提前准备好。

1. 回归的目标函数

最简单的例子是取

$$L\left[y,F(\boldsymbol{x})\right]=\frac{1}{2}\left[y-F(\boldsymbol{x})\right]^2 \tag{8.3.14}$$

则代入式(8.3.13)得

$$r_{tn}=-g_{tn}=-\left[\frac{\partial L(y_n,F(\boldsymbol{x}_n))}{\partial F(\boldsymbol{x}_n)}\right]_{F(\boldsymbol{x}_n)=F_{t-1}(\boldsymbol{x}_n)}=y_n-F_{t-1}(\boldsymbol{x}_n) \tag{8.3.15}$$

这就是式(8.3.12),即回归提升树的残差值。

如果取目标函数为绝对误差,这种目标函数可降低训练样本集中异常值的影响,可得到稳健性较好的模型。对于绝对误差函数

$$L[y,F(\boldsymbol{x})]=|y-F(\boldsymbol{x})| \tag{8.3.16}$$

可计算得

$$r_{tn}=-g_{tn}=-\left\{\frac{\partial L[y_n,F(\boldsymbol{x}_n)]}{\partial F(\boldsymbol{x}_n)}\right\}_{F(\boldsymbol{x}_n)=F_{t-1}(\boldsymbol{x}_n)}=\operatorname{sgn}\left[y_n-F_{t-1}(\boldsymbol{x}_n)\right] \tag{8.3.17}$$

还可以举例其他目标函数,过程是类似的,不再赘述。

2. 分类的目标函数

尽管前面主要以回归为例讨论的梯度提升决策树,它同样可以应用于分类问题。若目标函数选择为指数函数,则提升树对应 AdaBoost,不必使用梯度方法。这里给出另一个例子进行说明,仍以二分类问题为例,采用交叉熵目标函数。设在提升的第 t 轮,提升树已确定了 $F_{t-1}(\boldsymbol{x}_n)$,分类输出采用

$$\hat{y}_n = \sigma[F_{t-1}(\boldsymbol{x}_n)] = \frac{1}{1+\mathrm{e}^{-F_{t-1}(\boldsymbol{x}_n)}} \tag{8.3.18}$$

目标函数采用交叉熵，这是由最大似然原则导出的最常用目标函数，可表示为

$$L(y_n, \hat{y}_n) = -y_n \log\hat{y}_n - (1-y_n)\log(1-\hat{y}_n) \tag{8.3.19}$$

注意，这时标注采用 $y_n \in \{1,0\}$。利用第5章已得到的一些结果，可以容易得到

$$r_{tn} = -g_{tn} = -\left\{\frac{\partial L[y_n, F(\boldsymbol{x}_n)]}{\partial F(\boldsymbol{x}_n)}\right\}_{F(\boldsymbol{x}_n)=F_{t-1}(\boldsymbol{x}_n)} = y_n - \hat{y}_n \tag{8.3.20}$$

在交叉熵目标函数下，r_{tn} 仍然是一个差值，但不是回归中由 y_n 直接减去 $F_{t-1}(\boldsymbol{x}_n)$，而是由 y_n 减去一个 $\hat{y}_n = \sigma[F_{t-1}(\boldsymbol{x}_n)]$ 值。

这种方法是一种提升逻辑回归算法，在提升中计算出 $F_B(\boldsymbol{x}_n)$，但 $F_B(\boldsymbol{x}_n)$ 不直接做分类输出，要通过一个 $\sigma(\cdot)$ 函数产生分类输出。训练过程中每轮拟合 $r_{tn} = y_n - \hat{y}_n$ 的回归树，最后的集成回归树通过 $\sigma(\cdot)$ 函数产生分类输出。算法流程只需要在8.3.2节梯度提升决策树的基础上，增加用 $\sigma(\cdot)$ 计算分类输出即可。

同样可将问题推广到 K 分类问题，输出用 Softmax 函数，目标函数仍使用交叉熵，这个推广留作习题。

目前，已有多个实用化的梯度提升树的开发资源，方便了用梯度提升树开发应用系统，典型的代表如 XGBoost 和 LightGBM 等。XGBoost 首先将经验损失函数结合了正则化项，通过2阶泰勒级数展开进一步改善收敛性能，并通过预存储等一系列高效实现技术，实现了一个高性能和高效率的梯度提升树开发系统，同时提供开源应用(https://github.com/dmlc/xgboost)。LightGBM 通过直方图技术优化计算效率，是一个实现效率高、存储有效利用并支持分布学习的快速系统，在资源有限的环境下可实现高性能的系统，LightGBM 支持开源应用(https://github.com/Microsoft/LightGBM)。

本节注释 对于一般的梯度提升树，本节稍前用启发式的方式给出了式(8.3.13)，这里给出一个更数学化的说明。由 $F_t(\boldsymbol{x}) = F_{t-1}(\boldsymbol{x}) + T(\boldsymbol{x};\Theta_t)$ 和定义的目标函数 L，经验损失和写为

$$L_N(F_t) = \sum_{n=1}^{N} L(y_n, F_t(\boldsymbol{x})) = \sum_{n=1}^{N} L(y_n, F_{t-1}(\boldsymbol{x}_n) + T(\boldsymbol{x}_n;\Theta_t)) \tag{8.3.21}$$

为了获得 $T(\boldsymbol{x};\Theta_t)$ 使经验损失函数从 $L_N(F_{t-1})$ 到 $L_N(F_t)$ 有明显下降，将式(8.3.21)展开成泰勒级数，且只保留前两项(常数和线性项)，得

$$\begin{aligned} L_N(F_t) &= \sum_{n=1}^{N} L(y_n, F_{t-1}(\boldsymbol{x}_n) + T(\boldsymbol{x}_n;\Theta_t)) \\ &\approx \sum_{n=1}^{N} L(y_n, F_{t-1}(\boldsymbol{x}_n)) + \left[\frac{\partial L(y_n, F(\boldsymbol{x}_n))}{\partial F(\boldsymbol{x}_n)}\right]_{F(\boldsymbol{x}_n)=F_{t-1}(\boldsymbol{x}_n)} \times T(\boldsymbol{x}_n;\Theta_t) \end{aligned} \tag{8.3.22}$$

在上式中，只要取

$$T(\boldsymbol{x}_n;\Theta_t) = -g_{tn} = -\left[\frac{\partial L(y_n, F(\boldsymbol{x}_n))}{\partial F(\boldsymbol{x}_n)}\right]_{F(\boldsymbol{x}_n)=F_{t-1}(\boldsymbol{x}_n)} \tag{8.3.23}$$

则有

$$L_N(F_t) \approx \sum_{n=1}^{N} L(y_n, F_{t-1}(\boldsymbol{x}_n)) - g_{tn}^2 = L_N(F_{t-1}) - \sum_{n=1}^{N} g_{tn}^2 \tag{8.3.24}$$

可见，若取新的决策树 $T(\boldsymbol{x};\Theta_t)$ 满足式(8.3.23)，则由式(8.3.24)可见，经验损失函数明确下降。实际上决策树不一定能准确实现式(8.3.23)，故以式(8.3.13)的 $r_{tn}=-g_{tn}$ 作为训练决策树 $T(\boldsymbol{x};\Theta_t)$ 的标注值，使得式(8.3.23)被逼近。

本章小结

本章讨论了集成学习算法，旨在通过多个简单学习器构成一个强大的学习器。本章主要讨论了两类集成学习方法：基于自助重采样的 Bagging 和随机森林算法、基于提升思想的 AdaBoost 和提升树算法，前者是并行集成，后者是串行集成。

第 7 章曾提到，决策树方法有很多优点：可解释性好、可采用混合型输入向量、可处理缺失值等，但一般来讲，决策树的性能不够突出，尤其相较于 SVM 和深度神经网络。梯度提升树用提升思想加强了决策树的预测性能，使提升树算法成为机器学习中最有竞争力的算法之一。

Hastie 等的 *The Elements of Statistical Learning*（*2nd Edition*）对集成学习给出了较为深入的讨论。对于 AdaBoost 算法，其提出者 Schapiro 等的著作 *Boosting Foundations and Algorithms* 给出了从算法到理论分析的非常深入的探讨。

本章习题

1. 对异或样本集 $\boldsymbol{D}=\{((0,0)^{\mathrm{T}},-1),((0,1)^{\mathrm{T}},1),((1,0)^{\mathrm{T}},1),((1,1)^{\mathrm{T}},-1)\}$ 使用 AdaBoost 算法并选择弱分类器，给出一种集成学习器，可正确分类异或样本。

2. 有如下数据集

x_n	0	0.1	0.2	0.3	0.4	0.45	0.5	0.6	0.7	0.8	0.9	0.95	1.0
y_n	4	2.4	1.5	1.0	1.2	1.5	1.8	2.6	3.0	4.0	4.5	5.0	6.0

用回归提升树构成一个集成模型。每个基回归函数采用只有两层节点的简单回归树模型，通过 $B=5$ 轮提升构成一个集成模型；并计算当 $x=0.76$ 时回归函数的输出(注：既可以手动实现，也可以编程实现)。

3. 在梯度提升决策树中，针对回归问题的一种 Huber 目标函数

$$L[y,F(\boldsymbol{x})]=\begin{cases}[y-F(\boldsymbol{x})]^2, & |y-F(\boldsymbol{x})|\leqslant\delta\\ 2\delta\,|y-F(\boldsymbol{x})|-\delta^2, & \text{其他}\end{cases}$$

其中，δ 为给定常数。利用式(8.3.13)计算 $r_{tn}=-g_{tn}$。

4. 讨论多分类情况的梯度。设有 K 种类型，任意样本 n 的类型标注是 K-to-1 编码 y_{ni}。同时实现 K 个提升回归函数 $F_i(\boldsymbol{x}),i=1,2,\cdots,K$，在第 t 轮各类型的输出概率为 Softmax 函数，即

$$\hat{y}_{ni}=\frac{\mathrm{e}^{F_{t-1,i}(\boldsymbol{x}_n)}}{\sum_{k=1}^{K}\mathrm{e}^{F_{t-1,k}(\boldsymbol{x}_n)}}$$

证明：对于每个提升函数 $F_i(\boldsymbol{x}),i=1,2,\cdots,K$，在第 t 轮的梯度残差值为

$$r_{tni}=-g_{tni}=-\left[\frac{\partial L(y_n,F_i(\boldsymbol{x}_n))}{\partial F_i(\boldsymbol{x}_n)}\right]_{F_i(\boldsymbol{x}_n)=F_{t-1,i}(\boldsymbol{x}_n)}=y_{ni}-\hat{y}_{ni}$$

第9章 神经网络与深度学习之一：基础

CHAPTER 9

神经网络是机器学习中传统的组成部分。20世纪50年代，由于感知机算法和系统的进展，人们对神经网络抱有很高的期望。人工智能的重要学者马文·明斯基(Marvin Minsky)的著作《感知机》指出：感知机不能对异或问题进行正确表示，使得以感知机为代表的第1代神经网络的研究进入低潮。到了20世纪70年代，学者们进一步研究了多层感知机并发展了反向传播(Back Propagation，BP)算法，使神经网络研究再次活跃。到了20世纪的最后10年，以支持向量机(SVM)为代表的统计学习方法的兴起以及这类方法取得的良好效果，使神经网络研究再次进入低潮。近期，作为深度学习主要模型的神经网络再次被广泛关注，成为研究和应用的热点。至本书写作时期，深度学习仍是极为活跃的研究和应用领域。

在机器学习领域，没有什么方法像神经网络这样经历了多次起落并持续了如此长久的研究周期。这也说明了神经网络既有高价值，又存在极为困难的问题，至今仍是这样。神经网络取得了非常广博的成果，但也仍然存在许多难题。本书将分3章讨论与神经网络和深度学习相关的核心内容。本章讨论神经网络的基础，主要讨论多层感知机和前馈神经网络的基本结构和表示，研究神经网络的目标函数和基本优化算法，重点研究反向传播算法；第10章讨论在深度学习领域常用的神经网络结构，重点是卷积神经网络(CNN)和循环神经网络(RNN)及其各种扩展形式；第11章则专注于深度学习中的一些技术方面，包括用于深度学习的改进优化算法、深度学习中的正则化和批归一化等技术，以及关于神经网络的几个扩展结构和应用。通过这3章内容，对神经网络和深度学习提供一定深度的入门性知识，读者以这些知识为基础可以训练自己的神经网络或阅读最新的各种研究论文。至于深度强化学习和深度生成模型，将放在本书最后两章作为专题介绍。

第14集
微课视频

9.1 神经网络的基本结构

本节介绍神经网络的基本结构和常用术语，给出神经网络的基本表示方法，并讨论神经网络的可表达能力。

9.1.1 神经元结构

神经网络的组成单元是神经元。神经元的模型借鉴了人们对动物神经元的认识，由D个激励信号通过加权得到的线性组合称为神经元的激活值，用符号a表示。在网络中，为了表示一个具体的神经元，假设一个神经元的标号为k，则该神经元激活表示为a_k，与该神经元相关的一组权系数记为w_{ki}，$i=1,2,\cdots,D$，这里D表示特征向量维度。w_{ki}表示由激励信号x_i对激活a_k贡献的加权(在动物神经元中称为突触)，w_{k0}表示偏置，或理解为一个哑元$x_0=1$对激活的贡献。一个

激活 a_k 表示为

$$a_k = \sum_{i=1}^{D} w_{ki} x_i + w_{k0} = \boldsymbol{w}_k^{\mathrm{T}} \bar{\boldsymbol{x}} \tag{9.1.1}$$

其中，$\boldsymbol{w}_k = [w_{k0}, w_{k1}, \cdots, w_{kD}]^{\mathrm{T}}$ 为权向量；$\bar{\boldsymbol{x}} = [x_0 = 1, x_1, \cdots, x_D]^{\mathrm{T}} = [1, \boldsymbol{x}^{\mathrm{T}}]^{\mathrm{T}}$ 为增广了哑元的输入特征向量；$\boldsymbol{x}$ 为输入特征向量。

一个神经元是一个非线性运算关系，式(9.1.1)表示的是一个神经元的激活值 a_k，由 a_k 经过一个非线性函数 $\varphi(\cdot)$产生神经元的输出 z_k，这里函数 $\varphi(\cdot)$称为神经元的激活函数。故一个神经元的输出为

$$z_k = \varphi(a_k) \tag{9.1.2}$$

图 9.1.1 所示为一个神经元的计算结构，第 1 部分是线性加权求和(包括一个偏置)产生激活值，第 2 部分是通过非线性激活函数产生神经元输出。由于神经元是构成神经网络的基本组成单元，为了符号表示简单，把求和运算和激活函数运算合并用一个“圆圈”表示，构成神经元的化简符号，如图 9.1.2 所示。

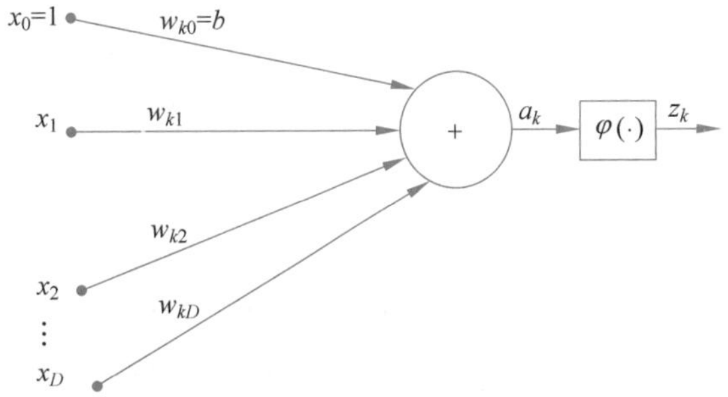

图 9.1.1 神经元的计算结构

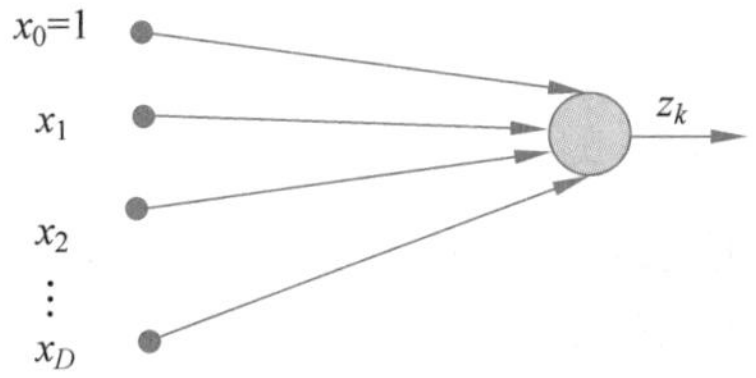

图 9.1.2 神经元的化简表示

早期神经元模型的激活函数选用了不连续函数，如符号函数或门限函数。符号函数作为激活函数，其定义为

$$\varphi(a) = \operatorname{sgn}(a) = \begin{cases} 1, & a \geqslant 0 \\ -1, & a < 0 \end{cases} \tag{9.1.3}$$

门限激活函数为

$$\varphi(a) = \begin{cases} 1, & a > 0 \\ 0, & a \leqslant 0 \end{cases} \tag{9.1.4}$$

其中，一个神经元若取符号函数作为激活函数，则构成第 5 章介绍的感知机。感知机只是一个特殊的神经元，尚未构成神经网络。若激活函数取式(9.1.4)的门限函数，则为 McCulloch-Pitts 神经元。

一个神经网络是由若干神经元按照一定方式连接组成的网络，其表示和训练更加复杂，为了能够使用类似于梯度算法这类的优化算法对神经网络进行优化，在近代神经网络中，一般不再使用不连续的激活函数，选择激活函数的基本原则是连续性和可导性。

人们在研究神经网络的不同阶段，提出了多种满足不同需求的激活函数。较早使用的一种连续可导激活函数是 Logistic Sigmoid 函数，可看作对门限函数的一种连续近似。这个函数前几章已多次出现，其定义为

$$\varphi(a) = \sigma(a) = \frac{1}{1 + \mathrm{e}^{-a}} \tag{9.1.5}$$

该函数取值范围为[0,1]，且处处可导，其导数在第4章已求得，重写如下。

$$\frac{\mathrm{d}\sigma(a)}{\mathrm{d}a}=\sigma(a)[1-\sigma(a)] \tag{9.1.6}$$

另一种更常见的激活函数是双曲正切函数 tanh(·)，可看作对符号函数的一种连续近似，其定义为

$$\varphi(a)=\tanh(a)=\frac{\mathrm{e}^{a}-\mathrm{e}^{-a}}{\mathrm{e}^{a}+\mathrm{e}^{-a}} \tag{9.1.7}$$

tanh 函数处处连续、处处可导，且是反对称的，取值范围为(−1,1)。直接求导可得导函数为

$$\frac{\mathrm{d}}{\mathrm{d}a}\tanh(a)=1-\tanh^{2}(a)$$

图 9.1.3(a)所示为 Sigmoid 函数，图 9.1.3(b)所示为 tanh 函数，其中 tanh 函数是奇对称的。

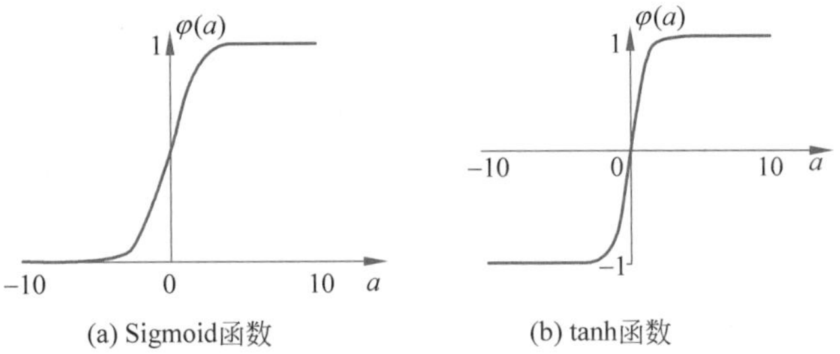

图 9.1.3　Sigmoid 和 tanh 激活函数

直到20世纪后期，神经网络使用最多的激活函数是 Sigmoid 和 tanh，至今许多网络仍使用这些激活函数。这两种激活函数的一个明显缺点是，当激活值 a 较大时，函数进入饱和区域，相应导数接近0，在通过梯度的学习算法中，收敛变得很慢甚至停滞。在近年深度神经网络兴起后，一种整流线性单元(Rectified Linear Unit，ReLU)激活函数得到广泛采用，尤其是在卷积神经网络(CNN)中。ReLU 的定义为

$$\varphi(a)=\max\{0,a\} \tag{9.1.8}$$

ReLU 是 a 的连续函数，但其导数不连续，在 $a=0$ 处左导数为0，右导数为1。在实际应用中，在 $a=0$ 可预先约定取其左导数或右导数，以避免导数不存在的问题。在深度 CNN 的实践证明，ReLU 比 tanh 激活函数收敛效率更高。Krizhevsky 在其构造的 CNN 中通过实验表明，在针对同一个问题的神经网络训练中，采用 ReLU 比 tanh 收敛速度快6倍。ReLU 的图形如图 9.1.4(a)所示。

一些对 ReLU 单元的扩展函数也被采用。渗漏 ReLU 在 $a<0$ 区间也给出了非零但较小的导数，渗漏 ReLU 的定义为

$$\varphi(a)=\max\{0.1a,a\} \tag{9.1.9}$$

渗漏 ReLU 的图形如图 9.1.4(b)所示。

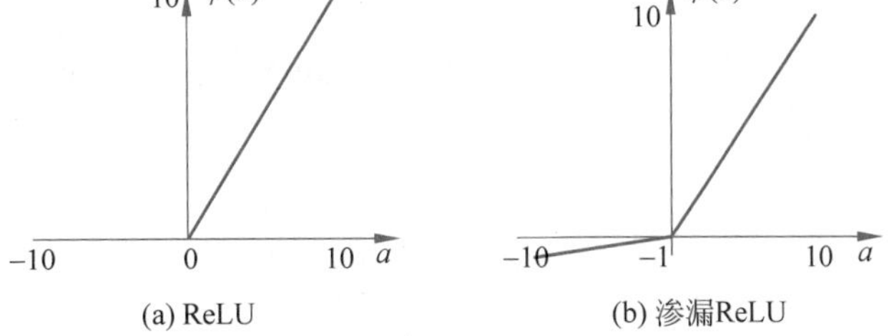

图 9.1.4　ReLU 和渗漏 ReLU 单元

还有一些激活函数被构造和使用，如 ELU、maxout 等，本节不再一一介绍。在本章后续介绍的原理和算法中，若没有特别指出，可采用任意一种连续可导的激活函数。

9.1.2 多层神经网络解决异或问题

9.1.1 节讨论了构成神经网络的基本元素——神经元。当取式(9.1.1)的线性组合加式(9.1.3)的符号激活函数时，这个神经元就是第 4 章介绍的感知机。如第 4 章所述，感知机在线性不可分样本情况下不收敛。一个简单的线性不可分样本集是“异或”运算，感知机无法对其进行正确分类，即使将感知机的激活函数替换为其他的激活函数，结果是一样的。解决异或的正确分类问题有两种简单办法，一种是采用非线性函数映射，即用非线性基函数向量 $\boldsymbol{\varphi}(\boldsymbol{x})=[\varphi_1(\boldsymbol{x}),\varphi_2(\boldsymbol{x}),\cdots,\varphi_{M-1}(\boldsymbol{x})]^{\mathrm{T}}$ 取代 $\boldsymbol{x}$，得到非线性函数组合，第 4 章已经列举了这样的例子；另一种就是采用多个神经元构成多层神经网络。

将神经元作为一个基本构造块，通过并联和级联结构联结成一个多层网络，称为多层感知机(MLP)。在同一层多个神经元接收同一个输入特征向量 $\boldsymbol{x}$，分别产生多个输出，这是神经元的并联方式。并联的多个神经元各自产生输出，这些输出传给下一层的神经元作为输入，这是级联方式。

我们将在下一节讨论一般的神经网络构成，本节通过一个特殊的神经网络结构完成对“异或”问题的正确分类。以下是异或问题的样本集，用 0 和 1 分别表示异或的输出，故样本集表示为

$$\boldsymbol{D}=\{((0,0)^{\mathrm{T}},0),((0,1)^{\mathrm{T}},1),((1,0)^{\mathrm{T}},1),((1,1)^{\mathrm{T}},0)\} \tag{9.1.10}$$

如图 9.1.5(a)所示，构成一个具有 3 个神经元的神经网络。神经元 1 和神经元 2 并行，输入均为输入特征向量 $\boldsymbol{x}=[x_1,x_2]^{\mathrm{T}}$，神经元 1 和神经元 2 的输出作为神经元 3 的输入，以神经元 3 的输出作为异或的输出。各神经元的激活函数采用式(9.1.4)的门限函数。图 9.1.5(b)用更简单的信号流图的方式表示了神经网络中各权系数和偏置值。

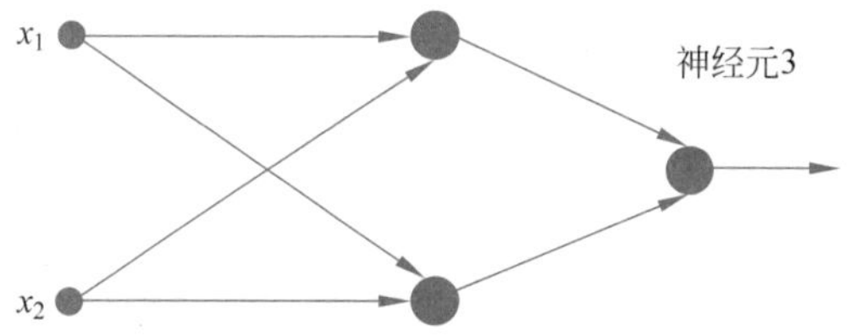

(a) 网络结构

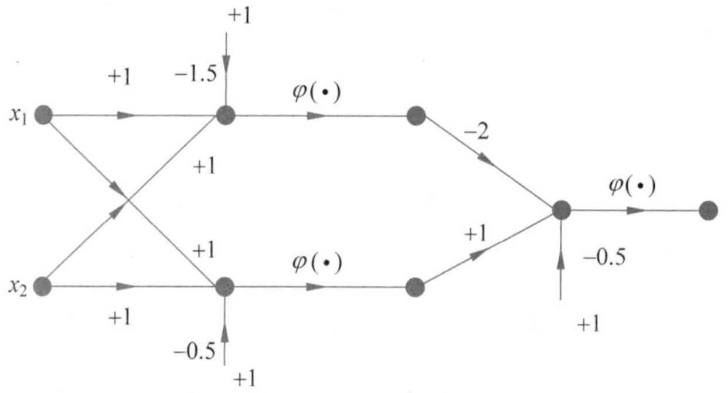

(b) 信号流图

图 9.1.5 正确进行异或运算的神经网络

由于只有 4 个样本，用矩阵形式表示针对各样本的输入。首先，4 个样本的输入向量用矩阵表示为

$$\boldsymbol{X}=\begin{bmatrix}\boldsymbol{x}_1^{\mathrm{T}}\\ \boldsymbol{x}_2^{\mathrm{T}}\\ \boldsymbol{x}_3^{\mathrm{T}}\\ \boldsymbol{x}_4^{\mathrm{T}}\end{bmatrix}=\begin{bmatrix}0 & 0\\ 0 & 1\\ 1 & 0\\ 1 & 1\end{bmatrix}$$

第 1 层两个神经元的权系数写入一个权矩阵中，即

$$\boldsymbol{W}^{(1)}=[\boldsymbol{w}_1 \quad \boldsymbol{w}_2]=\begin{bmatrix}1 & 1\\ 1 & 1\end{bmatrix}$$

两个神经元的偏置记为

$$\boldsymbol{w}_0=[-1.5 \quad -0.5]^{\mathrm{T}}$$

可以看到，第 1 层各神经元对应各输入向量的激活可表示为

$$\boldsymbol{A}^{(1)}=\begin{bmatrix}\boldsymbol{a}_1^{\mathrm{T}}\\ \boldsymbol{a}_2^{\mathrm{T}}\\ \boldsymbol{a}_3^{\mathrm{T}}\\ \boldsymbol{a}_4^{\mathrm{T}}\end{bmatrix}=\boldsymbol{X}\boldsymbol{W}^{(1)}+\begin{bmatrix}\boldsymbol{w}_0^{\mathrm{T}}\\ \boldsymbol{w}_0^{\mathrm{T}}\\ \boldsymbol{w}_0^{\mathrm{T}}\\ \boldsymbol{w}_0^{\mathrm{T}}\end{bmatrix}=\begin{bmatrix}0 & 0\\ 0 & 1\\ 1 & 0\\ 1 & 1\end{bmatrix}\begin{bmatrix}1 & 1\\ 1 & 1\end{bmatrix}+\begin{bmatrix}-1.5 & -0.5\\ -1.5 & -0.5\\ -1.5 & -0.5\\ -1.5 & -0.5\end{bmatrix}=\begin{bmatrix}-1.5 & -0.5\\ -0.5 & 0.5\\ -0.5 & 0.5\\ 0.5 & 1.5\end{bmatrix}$$

经过激活函数，第 1 层神经元输出为

$$\boldsymbol{Z}^{(1)}=\varphi(\boldsymbol{A}^{(1)})=\varphi\left(\begin{bmatrix}-1.5 & -0.5\\ -0.5 & 0.5\\ -0.5 & 0.5\\ 0.5 & 1.5\end{bmatrix}\right)=\begin{bmatrix}0 & 0\\ 0 & 1\\ 0 & 1\\ 1 & 1\end{bmatrix}$$

注意，这里符号 $\varphi(\boldsymbol{A}^{(1)})$ 表示将激活函数用于矩阵 $\boldsymbol{A}^{(1)}$ 的每个元素。第 2 层神经元只有一个权系数 $\boldsymbol{w}^{(2)}$ 和偏置 $\boldsymbol{w}_0^{(2)}$，即

$$\boldsymbol{w}^{(2)}=\begin{bmatrix}-2\\ 1\end{bmatrix} \quad w_0^{(2)}=-0.5$$

第 2 层神经元的激活输出为

$$\boldsymbol{A}^{(2)}=\boldsymbol{Z}^{(1)}\boldsymbol{w}^{(2)}+\begin{bmatrix}\boldsymbol{w}_0^{(2)}\\ \boldsymbol{w}_0^{(2)}\\ \boldsymbol{w}_0^{(2)}\\ \boldsymbol{w}_0^{(2)}\end{bmatrix}=\begin{bmatrix}0 & 0\\ 0 & 1\\ 0 & 1\\ 1 & 1\end{bmatrix}\begin{bmatrix}-2\\ 1\end{bmatrix}+\begin{bmatrix}-0.5\\ -0.5\\ -0.5\\ -0.5\end{bmatrix}=\begin{bmatrix}-0.5\\ 0.5\\ 0.5\\ -1.5\end{bmatrix}$$

经过激活函数，得到神经网络输出为

$$\boldsymbol{Z}^{(2)}=\varphi(\boldsymbol{A}^{(2)})=\begin{bmatrix}0\\ 1\\ 1\\ 0\end{bmatrix}$$

可见，这个神经网络可对异或运算进行正确输出（分类）。

这是一个手动构造的特殊神经网络，可完成异或的正确分类。这个网络采用的是早期的不连

续激活函数,类似的网络通过采用连续的整流激活函数可同样完成异或运算。另一个这样的例子为本章习题1,读者可作为练习自行验证。

历史上,Minsky 在 1969 年出版的《感知机》一书中指出,感知机不能正确地分类异或问题,这是将神经网络拉入第 1 次低潮的因素之一。所以,人们在讨论一种分类方法时,习惯地把能够解决异或问题作为一个特例进行考查。我们在进入多层神经网络的一般性研究之前,也通过例子说明了一个只有 3 个神经元的简单多层神经网络即可完成异或的表示。

9.1.3 多层感知机

我们已经介绍了一个神经元的组成,本节讨论神经元如何组成一般神经网络。如 9.1.2 节所述,对于神经元无法完成的异或运算,用一个只有 3 个神经元组成的神经网络即可完成。接下来讨论由神经元组成的更一般的神经网络,这些网络具有更强的表达能力,9.1.4 节将说明这样组成的神经网络可在有限区间内逼近任意函数。

一个被称为多层感知机(MLP)的前馈神经网络(Feedforward Neural Network)是由神经元通过并行和级联构成的。这里多层结构的含义是神经网络是由神经元按照层次连接构成的系统。一个典型神经网络如图 9.1.6 所示。除了最左侧的输入、最右侧的输出外,中间两层的计算不为外部所见,称为隐藏层。注意对神经网络分层数的定义,不同作者有所不同,若以信号的层数定义网络层,则图 9.1.6 的网络可称为 4 层网络,包括输入层、两个隐藏层和输出层;若以神经元级联层数(或系统进行计算的层数)定义层数,则图 9.1.6 的网络是 3 层的,两个隐藏层和输出层均需要神经元的计算。本书以计算层数作为神经网络的层数,故称图 9.1.6 的网络为 3 层网络。也有作者用隐藏层数指定神经网络层数,此时要注明是隐藏层数,如图 9.1.6 的网络有两个隐藏层。

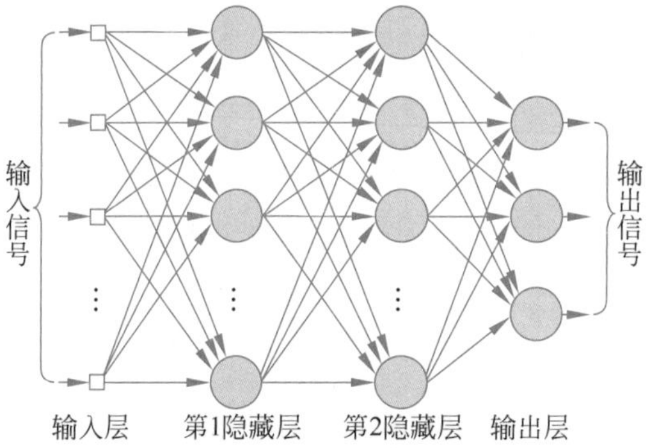

图 9.1.6 一个 3 层神经网络结构

为了表示神经网络各层信号,下面给出其表示符号。为了表述方便,统一用 D 维向量表示输入特征向量,即

$$\boldsymbol{x}=[x_1 \quad x_2 \quad \cdots \quad x_D]^{\mathrm{T}}$$

因为神经元表示中需要一个偏置量,为了表示方便,可定义一个哑元 $x_0=1$,常用一个增广输入向量为

$$\bar{\boldsymbol{x}}=[x_0=1,x_1,\cdots,x_D]^{\mathrm{T}}=[1,\boldsymbol{x}^{\mathrm{T}}]^{\mathrm{T}}$$

设第 1 层由 K_1 个神经元并行组成,各神经元输入为相同的 $\bar{\boldsymbol{x}}$(把哑元等价为一个特定输入),每个神经元的权系数不同,其中第 k 个神经元的激活为 $a_k^{(1)}$,$k=1,2,\cdots,K_1$,由输入 x_i 通过加权 $w_{ki}^{(1)}$,$i=0,1,\cdots,D$ 线性组合得到 $a_k^{(1)}$,这里用上标(1)表示第 1 层。各神经元的激活表示为

$$a_k^{(1)}=w_{k0}^{(1)}+\sum_{i=1}^{D}w_{ki}^{(1)}x_i=\sum_{i=0}^{D}\boldsymbol{w}_{ki}^{(1)}x_i=\boldsymbol{w}_k^{(1)\mathrm{T}}\bar{\boldsymbol{x}},\quad k=1,2,\cdots,K_1 \tag{9.1.11}$$

其中，$\boldsymbol{w}_k^{(1)}=\begin{bmatrix}w_{k0}^{(1)} & w_{k1}^{(1)} & \cdots & w_{kD}^{(1)}\end{bmatrix}^{\mathrm{T}}$ 是第 1 层第 k 个神经元的权系数向量，包括偏置。激活 $a_k^{(1)}$ 经过非线性激活函数得到第 k 个神经元的输出 $z_k^{(1)}$，即

$$z_k^{(1)}=\varphi_1(a_k^{(1)}) \tag{9.1.12}$$

这里 φ_1 的下标表示第 1 层的激活函数，尽管原理上每个神经元可选择自己的激活函数，实际中一般同层神经元选择同一个激活函数。若不加特别说明，一般默认各隐藏层选择同一个激活函数。根据应用不同，激活函数 $\varphi(\cdot)$ 可选择 7.1.1 节介绍的任意连续可导的激活函数或选择其他的激活函数。

第 1 层的神经元通过并行计算，得到输出 $z_1^{(1)},z_2^{(1)},\cdots,z_{K_1}^{(1)}$，将第 1 层神经元的输出直接作为第 2 层神经元的输入，同时加入一个哑元 $z_0^{(1)}$。设第 2 层有 K_2 个神经元，其各神经元的激活 $a_j^{(2)}$ 和输出 $z_j^{(2)}$ 分别为

$$a_j^{(2)}=w_{j0}^{(2)}+\sum_{k=1}^{K_1}w_{jk}^{(2)}z_k^{(1)}=\sum_{k=0}^{K_1}w_{jk}^{(2)}z_k^{(1)}=\boldsymbol{w}_j^{(2)\mathrm{T}}\bar{\boldsymbol{z}}^{(1)} \tag{9.1.13}$$

$$z_j^{(2)}=\varphi_2(a_j^{(2)}),\quad j=1,2,\cdots,K_2 \tag{9.1.14}$$

其中，$\bar{\boldsymbol{z}}^{(1)}=[z_0^{(1)}=1,z_1^{(1)},\cdots,z_{K_1}^{(1)}]^{\mathrm{T}}$ 为第 1 层（第 1 隐藏层）的增广输出向量。

在图 9.1.6 的示例网络中，第 3 层是输出层，输出层的激活 $a_l^{(3)}$ 与前面两层没有区别，可计算为

$$a_l^{(3)}=w_{l0}^{(3)}+\sum_{j=1}^{K_2}w_{lj}^{(3)}z_j^{(2)}=\sum_{j=0}^{K_2}w_{lj}^{(3)}z_j^{(2)}=\boldsymbol{w}_l^{(3)\mathrm{T}}\bar{\boldsymbol{z}}^{(2)} \tag{9.1.15}$$

在神经网络的输出层，根据任务的要求，可能每个输出端有自己不同的非线性激活函数，故输出端的一个输出可记为

$$\hat{y}_l=z_l^{(3)}=\varphi_{3l}(a_l^{(3)}),\quad l=1,2,\cdots,K_3 \tag{9.1.16}$$

这里用 φ_{3l} 表示第 3 层（本例的输出层）每个输出端可能有不同的非线性函数。稍后专门解释神经网络的输出函数。

下面对神经网络的表示给出更一般性的说明。

1. 多层感知机的运算关系

下面总结任意 L 层感知机的计算关系。

对于图 9.1.6 所示的这类规范的分层结构网络，即多层感知机，其运算结构是非常规范的。假设网络有 L 层，对于第 m 层，其运算结构为式(9.1.13)和式(9.1.14)的一般化，即

$$a_j^{(m)}=w_{j0}^{(m)}+\sum_{k=1}^{K_{m-1}}w_{jk}^{(m)}z_k^{(m-1)}=\sum_{k=0}^{K_{m-1}}w_{jk}^{(m)}z_k^{(m-1)}=\boldsymbol{w}_j^{(m)\mathrm{T}}\bar{\boldsymbol{z}}^{(m-1)},$$
$$m=1,2,\cdots,L;\ j=1,2,\cdots,K_m;\ K_0=D \tag{9.1.17}$$

$$z_j^{(m)}=\varphi_m(a_j^{(m)}),\quad m=1,2,\cdots,L-1;\quad j=1,2,\cdots,K_m \tag{9.1.18}$$

$$\hat{y}_j=z_j^{(L)}=\varphi_{Lj}(a_j^{(L)}),\quad j=1,2,\cdots,K_L \tag{9.1.19}$$

只要把输入定义为 $z_i^{(0)}$，即

$$z_0^{(0)}=1,\quad z_i^{(0)}=x_i,\quad i=1,2,\cdots,D \tag{9.1.20}$$

则式(9.1.17)～式(9.1.20)表示多层感知机的一般运算关系。

2. 神经网络的输出表示

神经网络的表达能力很强,既可以用于分类问题,也可用于回归问题,还可以用于一些特定的任务。对于不同的任务,其输出激活函数的形式不同,这里对其典型功能的输出激活函数进行说明。设神经网络的输出层是第 L 层。

如果神经网络的输出是回归函数,最常见的情况下,输出激活函数是直通函数,即

$$\hat{y}_k = z_k^{(L)} = a_k^{(L)} \tag{9.1.21}$$

也就是说,要用神经网络实现回归功能,非线性运算由隐藏层完成,输出层是一个线性组合输出,即回归函数的输出等于输出层的激活。神经网络可以同时输出多个回归函数,每个回归函数对应输出层的一个神经元的激活。式(9.1.21)的下标表示可同时产生多个回归函数。

如果是用神经网络进行二分类,则输出是类型 C_1 的后验概率,类似于第 4 章的逻辑回归,输出用 Sigmoid 函数表示类型的后验概率,即二分类任务的神经网络输出为

$$\hat{y}_k = p(C_1 \mid \boldsymbol{x}) = z_k^{(L)} = \sigma(a_k^{(L)}) = \frac{1}{1+\exp(-a_k^{(L)})} \tag{9.1.22}$$

一个神经网络同时可完成多个独立的二分类任务(输入特征向量相同),故式(9.1.22)每个不同下标的输出代表一个二分类器。

如果用神经网络完成多分类,若有 K 个类型,则一般用 K-to-1 独热编码方式,即有 K 个输出,分别表示类型 C_k 的后验概率,K 个激活 $a_k^{(L)}$, $k=1,2,\cdots,K$,分别对应 K 个输出,则神经网络的 K 个输出用 Softmax 函数表示,即

$$\hat{y}_k = p(C_k \mid \boldsymbol{x}) = z_k^{(L)} = \frac{\exp(a_k^{(L)})}{\sum_{j=1}^{K}\exp(a_j^{(L)})}, \quad k=1,2,\cdots,K \tag{9.1.23}$$

以上是监督学习中 3 种最基本的输出方式。由于神经网络的表达能力很强,可以设计各种特定形式的输出以更有效地解决一些特定问题。例如,若通过神经网络进行回归建模,但所面对的问题中,输出取值一定是正值,可以将输出表示为激活的指数函数(请思考为什么用指数函数表示正性而不用绝对值),即

$$\hat{y}_k = \exp(a_k^{(L)}) \tag{9.1.24}$$

3. 神经网络的非线性映射

由于激活函数是非线性的,神经网络的输入到输出的映射是一个非线性函数。为了更清晰地表示这种关系,可写出输入到输出的关系式,为了简单,假设神经网络是两层的,只有一个输出单元。首先看回归情况,回归的输出记为 $\hat{y}$,通过两层网络可表示为

$$\hat{y}(\boldsymbol{x},\boldsymbol{W}) = w_0^{(2)} + \sum_{k=1}^{K_1} w_k^{(2)} z_k^{(1)} = w_0^{(2)} + \sum_{k=1}^{K_1} w_k^{(2)} \varphi\left(w_{k0}^{(1)} + \sum_{i=1}^{D} w_{ki}^{(1)} x_i\right) \tag{9.1.25}$$

其中,$\boldsymbol{W}$ 为所有权系数;由于 φ 是非线性函数,$\hat{y}$ 是 $\boldsymbol{x}$ 的非线性函数。若定义

$$\varphi_0(\boldsymbol{x}) = 1, \quad \varphi_k(\boldsymbol{x}) = \varphi\left(w_{k0}^{(1)} + \sum_{i=1}^{D} w_{ki}^{(1)} x_i\right) \tag{9.1.26}$$

则式(9.1.25)可写为

$$\hat{y}(\boldsymbol{x},\boldsymbol{W}) = w_0^{(2)} + \sum_{k=1}^{K_1} w_k^{(2)} \varphi_k(\boldsymbol{x}) \tag{9.1.27}$$

从形式上看,式(9.1.27)与第 4 章的基函数回归似乎是一致的,但实际上存在很大的不同,基

函数回归中，基函数集是预先确定的，而神经网络中基函数分量 $\varphi_k(\boldsymbol{x})$ 是由一组参数 $w_{ki}^{(1)}$ 所确定的，是自适应于数据集的，不是预先确定的。第 2 个很大的不同是式(9.1.26)中 $\varphi_k(\boldsymbol{x})$ 的参数 $w_{ki}^{(1)}$ 是系统整体参数中的一部分，需要通过学习过程确定，且参数 $w_{ki}^{(1)}$ 与神经网络的输出 $\hat{y}$ 也是非线性关系，即神经网络的输入向量与权系数整体上均与输出呈非线性关系，这与基函数回归中权系数与输出是线性关系不同。

若两层神经网络表示的是二分类问题，则输出可表示为

$$\hat{y}(\boldsymbol{x},\boldsymbol{W})=\sigma\left[w_0^{(2)}+\sum_{k=1}^{K_1}w_k^{(2)}\varphi\left(w_{k0}^{(1)}+\sum_{i=1}^{D}w_{ki}^{(1)}x_i\right)\right] \tag{9.1.28}$$

对于分类的输出，所有权系数与输出都是非线性关系。

若神经网络有更多层，则有更多层的非线性嵌套运算，越靠近输入端的权系数与输出的关系将由更多层非线性函数嵌套，是一种更复杂的非线性关系。例如，只有一个二分类输出的 3 层网络的函数关系为

$$\hat{y}(\boldsymbol{x},\boldsymbol{W})=\sigma\left\{w_0^{(3)}+\sum_{j=1}^{K_2}w_j^{(3)}\varphi_2\left[w_{j0}^{(2)}+\sum_{k=1}^{K_1}w_{jk}^{(2)}\varphi_1\left(w_{k0}^{(1)}+\sum_{i=1}^{D}w_{ki}^{(1)}x_i\right)\right]\right\} \tag{9.1.29}$$

本节只介绍了前馈神经网络，信号流只有从输入流向输出的通道，没有从输出反馈回输入端的通道。带反馈通道的网络，可以形成输入与输出关系在时间上的循环，可构成循环神经网络(RNN)。本章集中讨论前馈网络，直到 10.2 节再专门讨论 RNN。

本章讨论的前馈神经网络是一种基本的结构，即神经元一层紧接下一层地连接，没有跨过中间隐藏层的连接。可以构造跨层连接的结构，如在图 9.1.6 的网络中，一些输入可以从输入层跨过第 1 隐藏层，直接连接到第 2 隐藏层，这种跨层连接可引入一些附加的性质，本章不讨论这种“非标准”的连接，第 10 章的 CNN 结构设计中，会介绍这样的跨层连接带来的效果(如残差网络)。

9.1.4 神经网络的逼近定理

神经网络的输入输出关系，可看作输入空间到输出空间的一个映射。设输入特征向量 $\boldsymbol{x}$ 是 D 维向量，输出 $\hat{\boldsymbol{y}}$ 是 K 维的，从一般意义上看，一个神经网络可看作从 D 维欧几里得空间到 K 维欧几里得空间的映射。可能要问：神经网络的表达能力如何？换言之，给出任何一个从 D 维映射到 K 维的函数，一个神经网络能否有效逼近它？神经网络的通用逼近定理回答了这个问题。

定理 9.1.1(通用逼近定理) 令 $\varphi(\cdot)$ 是一个有界和单调增的连续函数，且不恒为常数。$\boldsymbol{I}_D$ 为 D 维单位超立方体 $[0,1]^D$，$C(\boldsymbol{I}_D)$ 表示定义在 $\boldsymbol{I}_D$ 上的连续函数空间。对于任意函数 $f(x_1,x_2,\cdots,x_D)\in C(\boldsymbol{I}_D)$，和任意 $\varepsilon>0$，均存在一个整数 K 以及实系数 a_i 和 w_{ij}，$i=1,2,\cdots,K$；$j=0,1,\cdots,D$，使所定义的函数

$$\hat{f}(x_1,x_2,\cdots,x_D)=\sum_{i=1}^{K}a_i\varphi\left(w_{i0}+\sum_{j=1}^{D}w_{ij}x_j\right) \tag{9.1.30}$$

作为 $f(x_1,x_2,\cdots,x_D)$ 的逼近。对于所有 $\{x_1,x_2,\cdots,x_D\}\in\boldsymbol{I}_D$，均满足

$$|f(x_1,x_2,\cdots,x_D)-\hat{f}(x_1,x_2,\cdots,x_D)|<\varepsilon \tag{9.1.31}$$

比较式(9.1.25)和通用逼近定理的式(9.1.30)，可见通用逼近定理给出的 $\hat{f}(x_1,x_2,\cdots,x_D)$ 可由一个两层 MLP 表示，即只有一个隐藏层的 MLP。若隐藏单元数目 K 充分大，则可表示任何一个定义在单位超立方体上的连续函数，通过简单的尺度运算，单位超立方体可扩展到任意有限超立方体。

通用逼近定理的结论是只需要有一层隐藏单元的 MLP,可以以任意准确度逼近定义在有限区间的连续函数。逼近定理给出了一个理论基础,保证了神经网络的表达能力。但逼近定理没有关于隐藏单元数目的描述,没有如何获取网络参数的算法指导,也不能回答使用多隐藏层能否获得益处。

通用逼近定理初始的证明受到数学家 Weierstrass 关于闭区间上连续函数逼近定理的启发,定理的证明和完善主要集中在 20 世纪 80 年代末到 90 年代初,初始证明仅对一些特定的激活函数,后来逐渐扩大到一般的连续激活函数,如目前常用的 ReLU 等激活函数也符合定理的条件。在 20 世纪 70 年代到 90 年代神经网络的第 2 次活跃期间,人们所使用的还主要是只有一层或二层隐藏单元的神经网络。一方面是受当时计算能力的限制;另一方面,传统的网络结构、激活函数和优化算法也难以有效训练隐藏层数很大的网络,直到 21 世纪初,随着计算技术、海量数据和训练算法的改进,多层神经网络(深度学习/深层网络)才得以广泛应用,由深层神经网络对所处理对象给出的分层表示在许多应用中取得显著效果。

9.2 神经网络的目标函数和优化

本章所讨论的神经网络,如前所述的 MLP,目前最主要的应用目标是监督学习,针对神经网络应用于非监督学习的实例,将在第 11 章有所讨论,如自编码器。在监督学习中,通过数据集训练确定神经网络结构中的所有参数。设有满足独立同分布条件的训练数据集为

$$\boldsymbol{D}=\{(\boldsymbol{x}_1,\boldsymbol{y}_1),(\boldsymbol{x}_2,\boldsymbol{y}_2),\cdots,(\boldsymbol{x}_N,\boldsymbol{y}_N)\}=\{(\boldsymbol{x}_n,\boldsymbol{y}_n)\}_{n=1}^{N} \tag{9.2.1}$$

为了通过训练集训练网络,需要对神经网络的目标函数进行讨论。

9.2.1 神经网络的目标函数

为了利用式(9.2.1)所示的训练集通过学习过程得到神经网络的权系数集,需要定义目标函数。如第 1 章式(1.3.5)所示,通过定义经验损失,并优化经验损失函数,通过经验风险最小化得到神经网络权系数。针对神经网络和式(9.2.1)的训练集,重写式(1.3.5)的经验风险为

$$J(\boldsymbol{w})=\frac{1}{N}\sum_{n=1}^{N}L\left[\hat{\boldsymbol{y}}(\boldsymbol{x}_n;\boldsymbol{w}),\boldsymbol{y}_n\right] \tag{9.2.2}$$

其中,$\boldsymbol{w}$ 表示一个 MLP 的所有权系数,可想象按层将每个神经元对应的权系数依次放入 $\boldsymbol{w}$ 中,在本节的目标函数讨论中,$\boldsymbol{w}$ 的结构不是关键,只是用它作为符号表示所有权系数,后续需要时再给出权系数更细化的表示;$\hat{\boldsymbol{y}}(\boldsymbol{x}_n;\boldsymbol{w})$表示神经网络对应特征向量 $\boldsymbol{x}_n$ 的输出;$\boldsymbol{y}_n$ 为样本集中对应 $\boldsymbol{x}_n$ 的标注。用神经网络的输出近似 $\boldsymbol{y}_n$,用 $L(\hat{\boldsymbol{y}}(\boldsymbol{x}_n;\boldsymbol{w}),\boldsymbol{y}_n)$表示针对一个给定样本 $\boldsymbol{x}_n$ 时神经网络输出对标注 $\boldsymbol{y}_n$ 的损失函数。式(9.2.2)表示的样本集的平均损失函数即为经验损失函数。接下来讨论针对输出的不同类型,样本损失函数 $L(\hat{\boldsymbol{y}}(\boldsymbol{x}_n;\boldsymbol{w}),\boldsymbol{y}_n)$的具体表达形式。为了后续表示方便,这里给出一些化简的符号。简写 $\hat{\boldsymbol{y}}_n=\hat{\boldsymbol{y}}(\boldsymbol{x}_n;\boldsymbol{w})$,以 $\hat{y}_{nk}$ 表示输出 $\hat{\boldsymbol{y}}_n$ 的第 k 分量,y_{nk} 表示标注 $\boldsymbol{y}_n$ 的第 k 分量。样本损失函数简写为 $L_n=L(\hat{\boldsymbol{y}}_n,\boldsymbol{y}_n)$。

早期的神经网络文献,直接将样本损失函数写为 $\hat{\boldsymbol{y}}_n$ 和 $\boldsymbol{y}_n$ 的误差平方函数。目前更倾向于根据输出类型通过最大似然原理导出相应的损失函数。通过将第 4 章的回归问题和逻辑回归的目标函数直接推广到神经网络情况,可容易导出神经网络的目标函数。为了本章的相对独立性,这里采用类似于第 4 章的推导过程,导出神经网络的损失函数。

1. 多个回归输出的情况

首先讨论神经网络的输出是 K 个独立的回归输出的情况，单个输出可作为其特例。设神经网络共有 L 层。网络的输出为

$$\hat{\boldsymbol{y}}_n=\hat{\boldsymbol{y}}(\boldsymbol{x}_n;\boldsymbol{w})=\boldsymbol{a}_n^{(L)} \tag{9.2.3}$$

其中，$\boldsymbol{a}_n^{(L)}$ 为输出层各神经元的激活向量。

设 $\hat{\boldsymbol{y}}_n$ 对标注 $\boldsymbol{y}_n$ 的逼近误差为

$$\boldsymbol{e}_n=\boldsymbol{y}_n-\hat{\boldsymbol{y}}_n \tag{9.2.4}$$

由于假设各回归输出是独立的，可合理地假设误差各分量是独立的，故假设误差分量满足 $\boldsymbol{e}_n\sim N(\boldsymbol{e}\mid\boldsymbol{0},\sigma_e^2\boldsymbol{I})$，则 $\boldsymbol{y}_n$ 的概率密度函数可写为 $\boldsymbol{y}_n\sim N(\boldsymbol{y}_n\mid\hat{\boldsymbol{y}}_n,\sigma_e^2\boldsymbol{I})$，即

$$\begin{aligned}p(\boldsymbol{y}_n\mid\boldsymbol{w})&=\frac{1}{(2\pi\sigma_e^2)^{K/2}}\exp\left[-\frac{1}{2\sigma_e^2}(\boldsymbol{y}_n-\hat{\boldsymbol{y}}_n)^{\mathrm{T}}(\boldsymbol{y}_n-\hat{\boldsymbol{y}}_n)\right]\\&=\frac{1}{(2\pi\sigma_e^2)^{K/2}}\exp\left(-\frac{1}{2\sigma_e^2}\|\boldsymbol{y}_n-\hat{\boldsymbol{y}}_n\|_2^2\right)\end{aligned} \tag{9.2.5}$$

由于样本集是IID的，故所有样本集标注的联合分布为

$$p(\boldsymbol{Y}\mid\boldsymbol{w})=\prod_{n=1}^{N}p(\boldsymbol{y}_n\mid\boldsymbol{w})=\prod_{n=1}^{N}\frac{1}{(2\pi\sigma_e^2)^{K/2}}\exp\left(-\frac{1}{2\sigma_e^2}\|\boldsymbol{y}_n-\hat{\boldsymbol{y}}_n\|_2^2\right) \tag{9.2.6}$$

式(9.2.6)是训练样本集已确定情况下，神经网络权系数集 $\boldsymbol{w}$ 的似然函数，实际中，令负对数似然函数为损失函数，并删掉无关的常数项得

$$J(\boldsymbol{w})=\frac{1}{2}\sum_{n=1}^{N}\|\boldsymbol{y}_n-\hat{\boldsymbol{y}}_n\|_2^2 \tag{9.2.7}$$

注意式(9.2.7)的系数$\frac{1}{2}$，主要是为了处理方便。最大似然的对应结果是式(9.2.7)的损失函数最小化。对比式(9.2.2)显然一个样本的损失函数为

$$L_n=L(\hat{\boldsymbol{y}}_n,\boldsymbol{y}_n)=\frac{1}{2}\|\boldsymbol{y}_n-\hat{\boldsymbol{y}}_n\|_2^2=\frac{1}{2}\sum_{k=1}^{K}(y_{nk}-\hat{y}_{nk})^2 \tag{9.2.8}$$

损失函数可以显式地分解为各样本损失函数之和，即

$$J(\boldsymbol{w})=\sum_{n=1}^{N}L_n=\sum_{n=1}^{N}L(\hat{\boldsymbol{y}}_n,\boldsymbol{y}_n) \tag{9.2.9}$$

对于回归输出，损失函数是熟悉的误差平方和。注意式(9.2.9)的求和公式前可加系数 $1/N$ 表示均值，并与式(9.2.2)一致，也可以不加平均项，并不影响 $\boldsymbol{w}$ 的最优解。

2. 多个二分类输出的情况

若神经网络是 K 个独立的二分类器，则每个分类器的输出为

$$\hat{y}_{nk}=\hat{y}_k(\boldsymbol{x}_n;\boldsymbol{w})=\sigma(a_{nk}^{(L)})=p(C_{k1}\mid\boldsymbol{x}_n) \tag{9.2.10}$$

其中，C_{k1} 表示第 k 个二分类器输出为类型1。由于 $\hat{y}_{nk}$ 表示其概率，而 $\boldsymbol{y}_n$ 的每个分量是一个伯努利随机变量，则标注 $\boldsymbol{y}_n$ 的第 k 个分量的概率函数为

$$p(y_{nk}\mid\boldsymbol{w})=(\hat{y}_{nk})^{y_{nk}}(1-\hat{y}_{nk})^{1-y_{nk}} \tag{9.2.11}$$

由于 K 个二分类器是独立的，故 $\boldsymbol{y}_n$ 的联合概率为

$$p(\boldsymbol{y}_n\mid\boldsymbol{w})=\prod_{k=1}^{K}(\hat{y}_{nk})^{y_{nk}}(1-\hat{y}_{nk})^{1-y_{nk}} \tag{9.2.12}$$

再由样本集的IID性，得样本集标注的联合概率函数为

$$p(\boldsymbol{Y} \mid \boldsymbol{w})=\prod_{n=1}^{N} p(\boldsymbol{y}_n \mid \boldsymbol{w})=\prod_{n=1}^{N}\prod_{k=1}^{K}(\hat{y}_{nk})^{y_{nk}}(1-\hat{y}_{nk})^{1-y_{nk}} \tag{9.2.13}$$

将以上似然函数取负对数，得损失函数为

$$J(\boldsymbol{w})=-\sum_{n=1}^{N}\sum_{k=1}^{K}[y_{nk}\ln\hat{y}_{nk}+(1-y_{nk})\ln(1-\hat{y}_{nk})] \tag{9.2.14}$$

式(9.2.14)的损失函数称为交叉熵。其中，样本损失函数为如下所示的样本交叉熵。

$$L_n=L(\hat{\boldsymbol{y}}_n,\boldsymbol{y}_n)=-\sum_{k=1}^{K}[y_{nk}\ln\hat{y}_{nk}+(1-y_{nk})\ln(1-\hat{y}_{nk})] \tag{9.2.15}$$

同样，损失函数分解为样本损失函数之和，如同式(9.2.9)。

3. 单个 K 分类输出的情况

若神经网络的 K 个输出表示一个 K 分类器，采用的是 K-to-1 编码输出，网络输出层的激活分别为 $a_{nk}^{(L)}, k=1,2,\cdots,K$，则用 Softmax 表示的输出为

$$\hat{y}_{nk}=p(C_k \mid \boldsymbol{x}_n)=\frac{\exp(a_{nk}^{(L)})}{\sum_{j=1}^{K}\exp(a_{nj}^{(L)})},\quad k=1,2,\cdots,K \tag{9.2.16}$$

则标注 $\boldsymbol{y}_n$ 的概率函数为

$$p(\boldsymbol{y}_n \mid \boldsymbol{w})=\prod_{k=1}^{K}(\hat{y}_{nk})^{y_{nk}} \tag{9.2.17}$$

样本集的联合概率函数为

$$p(\boldsymbol{Y} \mid \boldsymbol{w})=\prod_{n=1}^{N} p(\boldsymbol{y}_n \mid \boldsymbol{w})=\prod_{n=1}^{N}\prod_{k=1}^{K}(\hat{y}_{nk})^{y_{nk}} \tag{9.2.18}$$

取负自然对数，得损失函数为

$$J(\boldsymbol{w})=-\sum_{n=1}^{N}\sum_{k=1}^{K}[y_{nk}\ln\hat{y}_{nk}] \tag{9.2.19}$$

样本损失函数为

$$L_n=L(\hat{\boldsymbol{y}}_n,\boldsymbol{y}_n)=-\sum_{k=1}^{K}[y_{nk}\ln\hat{y}_{nk}] \tag{9.2.20}$$

样本集损失误差等于各样本的损失误差之和，如式(9.2.9)所示。K 分类输出的样本损失函数式(9.2.20)也是一种交叉熵。

4. 样本损失函数对输出激活的导数

对于以上介绍的 3 种基本输出类型，即回归输出、二分类输出和多分类输出，可证明一个很有用的结果，即样本损失函数式(9.2.8)、式(9.2.15)和式(9.2.20)对输出层激活向量 $\boldsymbol{a}^{(L)}$ 的导数具有相同形式，即

$$\frac{\partial L_n}{\partial \boldsymbol{a}_n^{(L)}}=\frac{\partial L(\hat{\boldsymbol{y}}_n,\boldsymbol{y}_n)}{\partial \boldsymbol{a}_n^{(L)}}=\hat{\boldsymbol{y}}_n-\boldsymbol{y}_n \tag{9.2.21}$$

或对一个输出单元的激活 $a_{nk}^{(L)}$ 的导数为

$$\frac{\partial L_n}{\partial a_{nk}^{(L)}}=\frac{\partial L(\hat{\boldsymbol{y}}_n,\boldsymbol{y}_n)}{\partial a_{nk}^{(L)}}=\hat{y}_{nk}-y_{nk} \tag{9.2.22}$$

下面证明式(9.2.22)(式(9.2.21)是相应的向量形式)。对于式(9.2.8)表示的回归情况，结果是明显的，针对二分类情况，式(9.2.15)的导数可计算如下。

$$\begin{aligned}\frac{\partial L_n}{\partial a_{nk}^{(L)}}&=\frac{\partial L(\hat{\boldsymbol{y}}_n,\boldsymbol{y}_n)}{\partial a_{nk}^{(L)}}=-\frac{\partial}{\partial a_{nk}^{(L)}}\sum_{j=1}^{K}[y_{nj}\ln\hat{y}_{nj}+(1-y_{nj})\ln(1-\hat{y}_{nj})]\\&=-\left[y_{nk}\frac{1}{\hat{y}_{nk}}\frac{\partial\hat{y}_{nk}}{\partial a_{nk}^{(L)}}+(1-y_{nk})\frac{1}{(1-\hat{y}_{nk})}\frac{\partial(1-\hat{y}_{nk})}{\partial a_{nk}^{(L)}}\right]\\&=\left[y_{nk}\frac{1}{\hat{y}_{nk}}\hat{y}_{nk}(1-\hat{y}_{nk})-(1-y_{nk})\frac{1}{(1-\hat{y}_{nk})}\hat{y}_{nk}(1-\hat{y}_{nk})\right]\\&=\hat{y}_{nk}-y_{nk}\end{aligned}\tag{9.2.23}$$

式(9.2.23)的推导过程中，使用了 $\hat{y}_{nk}=\sigma(a_{nk}^{(L)})$ 和 $\sigma(\cdot)$ 的微分性质：$\frac{\partial\hat{y}_{nk}}{\partial a_{nk}^{(L)}}=\hat{y}_{nk}(1-\hat{y}_{nk})$。对于 K 分类情况(见式(9.2.20))，对 $a_{nk}^{(L)}$ 的导数的推导过程留作习题。

注意，样本损失函数式(9.2.8)、式(9.2.15)和式(9.2.20)，以及其对输出层激活的导数式(9.2.21)和式(9.2.22)，都是针对一个指定样本$(\boldsymbol{x}_n,\boldsymbol{y}_n)$的结果。在这些公式中，用符号$(\boldsymbol{x},\boldsymbol{y})$替代$(\boldsymbol{x}_n,\boldsymbol{y}_n)$则得到相应结果的通式。例如，对于一般通式，式(9.2.21)和式(9.2.22)可分别表示为

$$\frac{\partial L}{\partial\boldsymbol{a}^{(L)}}=\frac{\partial L(\hat{\boldsymbol{y}},\boldsymbol{y})}{\partial\boldsymbol{a}^{(L)}}=\hat{\boldsymbol{y}}-\boldsymbol{y}\tag{9.2.24}$$

$$\frac{\partial L}{\partial a_k^{(L)}}=\frac{\partial L(\hat{\boldsymbol{y}},\boldsymbol{y})}{\partial a_k^{(L)}}=\hat{y}_k-y_k\tag{9.2.25}$$

本节针对神经网络的 3 种典型输出导出了损失函数。若实际中遇到一些更特殊的非典型应用，可类似地通过最大似然原理导出其目标函数。

9.2.2 神经网络的优化

若已经确定了神经网络的结构(层数、每层单元数等)，并给出了目标函数 $J(\boldsymbol{w})$的表示，这里用 $\boldsymbol{w}$ 表示神经网络中的所有权系数组成的向量或矩阵(甚至张量)。尽管对于典型的回归和分类任务，9.2.1 节给出的损失函数在形式上与第 4 章分别在线性回归或逻辑回归任务中看到的目标函数很相似，但是，神经网络要复杂得多，一般情况下，其损失函数是高度非线性的非凸函数。

式(9.1.29)是一个 3 层神经网络的例子，可以看到，靠近输入层的权系数经过多重非线性函数运算，与网络输出的关系(通过网络输出进而与目标函数的关系)是多层非线性复合函数，具有高度非线性。如果通过对损失函数最小化得到神经网络权系数的解，则解满足

$$\nabla_w J(\boldsymbol{w})=\frac{\partial}{\partial\boldsymbol{w}}J(\boldsymbol{w})=0\tag{9.2.26}$$

一般来讲，式(9.2.26)对应的解不是唯一的，有许多点满足该条件。满足式(9.2.26)的点称为驻点，在一个复杂非线性函数中，驻点往往包括若干极小点、极大点和鞍点。

理论上，如果对 $J(\boldsymbol{w})$的汉森矩阵 $\boldsymbol{H}=\nabla_{\boldsymbol{w}}\nabla_{\boldsymbol{w}}J(\boldsymbol{w})$满足正定性，则式(9.2.26)的解对应一个极小点，即使是极小点，它也可能是局部最小点而非全局最小点。

一般情况下 $J(\boldsymbol{w})$是由 $\boldsymbol{w}$ 表示的高维空间的函数，无法用直观图形表示(尽管可以画出只有两个权系数情况下的可视化图形，但无法表示高维情况的复杂性)。对于一个具有 L 层的 MLP，若第 l 层有 K_l 个神经元，输入特征向量 $\boldsymbol{x}$ 是 $K_0=D$ 维，且有 K_L 个输出，并包括偏置系数，则神经网络权系数 $\boldsymbol{w}$ 的维度为 $\sum_{l=1}^{L}(K_{l-1}+1)K_l$。即使对于一个小规模网络，$\boldsymbol{w}$ 的维度也很高，如维度

很容易超过 100，对于大规模网络则维度可能是巨大的。

若在高维 $\boldsymbol{w}$ 空间找到了一个点使 $J(\boldsymbol{w})$ 达到全局最小，这个解是否唯一？答案是否定的。神经网络的权系数存在很多的对称性，使在 $\boldsymbol{w}$ 空间 $J(\boldsymbol{w})$ 取值相等的点数众多，即使最小点也不例外。我们可以通过只有一层隐藏层的网络分析权系数空间的对称性。设隐藏层的两个神经元 i，j，若这两个神经元交换位置，同时与其相连接的输入权系数和输出权系数也做相应交换，则网络的输入输出关系不变，交换前的权系数 $\boldsymbol{w}_1$ 和交换后的权系数 $\boldsymbol{w}_2$ 是 $\boldsymbol{w}$ 空间的两个不同点，但对应等价的网络。若 $\boldsymbol{w}_1$ 对应的网络是 $J(\boldsymbol{w})$ 最小的，则 $\boldsymbol{w}_2$ 也是。不难分析，若隐藏层共有 M 个单元，这种等价网络（或称为对称）共有 $M!$ 个，若有多个隐藏层，则等价网络数目更多。

以上分析了神经网络目标函数的复杂性，因此神经网络的优化有更大的难度，主要优化技术仍建立在梯度法的基础上。本节对神经网络的梯度优化做一基本介绍，一些改进的优化算法细节放在第 11 章。

通过梯度算法优化权系数，需要设置一个初始值 $\boldsymbol{w}^{(0)}$，神经网络的初始权值不能取为恒 0 向量，一般通过一个随机分布产生，稍后专门对权系数初始选择做更详细说明。从初始值开始，利用当前权值计算损失函数对 $\boldsymbol{w}$ 梯度。设当前的迭代序号为 τ，则权系数更新的梯度算法表示为

$$\boldsymbol{w}^{(\tau+1)}=\boldsymbol{w}^{(\tau)}-\eta_{\tau}\nabla J(\boldsymbol{w}^{(\tau)}) \tag{9.2.27}$$

其中，η_{τ} 为学习率，这里梯度是针对 $\boldsymbol{w}$ 求的。由式(9.2.9)损失函数 $J(\boldsymbol{w})$ 等于各样本损失函数之和，故梯度也满足同样的求和性，即

$$\nabla J(\boldsymbol{w})=\sum_{n=1}^{N}\frac{\partial L_n}{\partial \boldsymbol{w}}=\sum_{n=1}^{N}\nabla L_n \tag{9.2.28}$$

用样本梯度∇L_n 代替梯度$\nabla J(\boldsymbol{w}^{(\tau)})$，可用随机梯度算法(SGD)替代梯度算法，SGD 算法表示为

$$\boldsymbol{w}^{(\tau+1)}=\boldsymbol{w}^{(\tau)}-\eta_{\tau}\nabla L_n\Big|_{\boldsymbol{w}=\boldsymbol{w}^{(\tau)}} \tag{9.2.29}$$

式(9.2.29)中∇L_n 的下标 n 表示所用样本的序号，由于一次迭代可随机抽取样本，样本标号 n 和迭代序号 τ 可能并不一致。式(9.2.27)和式(9.2.29)中，每次迭代都更新所有权系数，实际上，梯度算法可每次只更新一个权系数或一组权系数。设 l 层的一个权系数 $w_{ij}^{(l)}$，样本损失函数 L_n 对 $w_{ij}^{(l)}$ 的梯度分量为$\dfrac{\partial L_n}{w_{ij}^{(l)}}$，则权系数 $w_{ij}^{(l)}$ 的更新为

$$w_{ij}^{(l)(\tau+1)}=w_{ij}^{(l)(\tau)}-\eta_{\tau}\frac{\partial L_n}{w_{ij}^{(l)}}\Bigg|_{\boldsymbol{w}=\boldsymbol{w}^{(\tau)}} \tag{9.2.30}$$

其中，$w_{ij}^{(l)(\tau)}$ 的第 1 个上标表示层标号，第 2 个上标表示迭代次数序号。

在神经网络的优化过程中，实际上更多用的是小批量随机梯度算法(MB-SGD)，从样本中随机取出小批量的 N_0 个样本，重标记为$\{(\boldsymbol{x}_m,\boldsymbol{y}_m)\}_{m=1}^{N_0}$，则式(9.2.29)的 SGD 算法修改为

$$\boldsymbol{w}^{(\tau+1)}=\boldsymbol{w}^{(\tau)}-\eta_{\tau}\frac{1}{N_0}\sum_{m=1}^{N_0}\nabla L_m\Bigg|_{\boldsymbol{w}=\boldsymbol{w}^{(\tau)}} \tag{9.2.31}$$

在神经网络的优化中，每次权系数更新迭代需要计算$\dfrac{\partial L_n}{\partial \boldsymbol{w}}$或针对每个权系数的$\dfrac{\partial L_n}{w_{ij}^{(l)}}$，由于权系数与目标函数的关系是复合的多层非线性运算，直接计算较为困难，计算梯度或导数的最常用方法是利用导数的链式法则导出的反向传播(BP)算法。

9.3 误差反向传播算法

9.2.2 节已经说明了，为了优化神经网络，需要计算样本损失函数对权系数的梯度$\nabla L_n \big|_{w=w^{(\tau)}}$，本节讨论梯度的一类具体计算算法，称为误差反向传播算法。为了推导中表述简单，省略样本序号 n 和权系数迭代序号(τ)，即导出的是对任意样本在当前权系数下的梯度。

为了启发在神经网络的多层非线性情况下的梯度求解，观察第 4 章的线性回归和逻辑回归算法的梯度是有益的。回忆并重写线性回归的梯度如下。

$$\frac{\partial J(\boldsymbol{w})}{\partial \boldsymbol{w}} = -(y - \boldsymbol{w}^{\mathrm{T}}\bar{\boldsymbol{x}})\bar{\boldsymbol{x}} \tag{9.3.1}$$

这里，把线性回归看作回归输出的单层神经网络(且只有一个输出)，故网络输出等于激活，即 $\hat{y} = a = \boldsymbol{w}^{\mathrm{T}}\bar{\boldsymbol{x}}$，则式(9.3.1)可写为

$$\frac{\partial J(\boldsymbol{w})}{\partial \boldsymbol{w}} = \frac{\partial J(\boldsymbol{w})}{\partial a}\frac{\partial a}{\partial \boldsymbol{w}} = -(y - \boldsymbol{w}^{\mathrm{T}}\bar{\boldsymbol{x}})\bar{\boldsymbol{x}} \tag{9.3.2}$$

由$\dfrac{\partial a}{\partial \boldsymbol{w}} = \bar{\boldsymbol{x}}$，可见

$$\frac{\partial J(\boldsymbol{w})}{\partial a} = -(y - \boldsymbol{w}^{\mathrm{T}}\bar{\boldsymbol{x}}) = \hat{y} - y \tag{9.3.3}$$

即损失函数对激活的导数为回归输出对标注的误差。

对于逻辑回归，回顾并重写损失函数的梯度如下。

$$\nabla_w J(\boldsymbol{w}) = (\sigma(\boldsymbol{w}^{\mathrm{T}}\bar{\boldsymbol{x}}) - y)\bar{\boldsymbol{x}} \tag{9.3.4}$$

逻辑回归相当于单层神经网络输出是二分类的情况，激活和输出分别为 $a = \boldsymbol{w}^{\mathrm{T}}\bar{\boldsymbol{x}}$，$\hat{y} = \sigma(a)$，不难看出，对应于式(9.3.4)，也类似可得

$$\frac{\partial J(\boldsymbol{w})}{\partial a} = \sigma(\boldsymbol{w}^{\mathrm{T}}\bar{\boldsymbol{x}}) - y = \hat{y} - y \tag{9.3.5}$$

即对于线性回归和逻辑回归，可看作单层单输出神经网络，其损失函数对输出激活的导数都为输出对标注的误差。对于多层神经网络，损失函数对输出层的激活也有同样的结果，如式(9.2.24)和式(9.2.25)所示。

损失函数对输出层激活的导数是输出与标注之间的误差，利用导数的链式法则，可得到损失函数对输出层权系数的导数，但对神经网络的隐藏层，缺乏这个"误差"项，需要一种技术将误差的影响从输出层向输入方向传播，这个传播过程称为反向传播。

9.3.1 反向传播算法的推导

"反向传播算法"的名称有一定的误导，实际完整的反向传播算法包含了前向传播和反向传播两个过程。

1. 前向传播

利用前一次迭代得到的全部权系数(第 1 次迭代时则用初始值)，对于一个样本输入 $\boldsymbol{x}$，利用前向传播计算神经网络中所有层的激活和输出值，为了便于叙述前向传播，带哑元的输入表示为

$$z_0^{(0)} = 1,\quad z_i^{(0)} = x_i,\quad i = 1, 2, \cdots, D$$

则按层计算神经元的激活和输出。

对于层 $l=1,2,\cdots,L-1$，有

$$a_j^{(l)}=\sum_{i=0}^{K_{l-1}}w_{ji}^{(l)}z_i^{(l-1)} \tag{9.3.6}$$

$$z_j^{(l)}=\varphi_l(a_j^{(l)}),\quad j=1,2,\cdots,K_l \tag{9.3.7}$$

其中，L 表示神经元的层数；K_l 表示第 l 层神经元数目。以上是隐藏层的计算，输出层每个输出可能用不同的激活函数，故单独写为

$$a_k^{(L)}=\sum_{j=0}^{K_{L-1}}w_{kj}^{(L)}z_j^{(L-1)} \tag{9.3.8}$$

$$\hat{y}_k=z_k^{(L)}=\varphi_{Lk}(a_k^{(L)}),\quad k=1,2,\cdots,K_L \tag{9.3.9}$$

2. 输出层梯度

在输出层，对于回归和分类这种标准任务，已经得到损失函数对输出激活的导数，既然该导数是误差量，将其定义为输出层误差 $\delta_k^{(L)}$，由式(9.2.25)可得

$$\delta_k^{(L)}=\frac{\partial L}{\partial a_k^{(L)}}=\hat{y}_k-y_k,\quad k=1,2,\cdots,K_L \tag{9.3.10}$$

对于输出层的任意权系数 $w_{kj}^{(L)}$，可得其梯度分量为

$$\frac{\partial L}{\partial w_{kj}^{(L)}}=\frac{\partial L}{\partial a_k^{(L)}}\frac{\partial a_k^{(L)}}{\partial w_{kj}^{(L)}}=\delta_k^{(L)}z_j^{(L-1)} \tag{9.3.11}$$

其中，由式(9.3.8)可得

$$\frac{\partial a_k^{(L)}}{\partial w_{kj}^{(L)}}=z_j^{(L-1)} \tag{9.3.12}$$

可见，对于神经网络的输出层，由输出层误差 $\delta_k^{(L)}$ 直接得到对输出层权系数的导数为式(9.3.11)。

3. 隐藏层反向传播

对于隐藏层，没有式(9.3.10)这样的误差可直接使用，需要将误差的影响反向传播回当前隐藏层，这个过程称为信用分配问题。对于隐藏层 l，对应的权系数 $w_{ji}^{(l)}$，利用导数的链式法则可得样本损失函数对该权系数的梯度分量为

$$\frac{\partial L}{\partial w_{ji}^{(l)}}=\frac{\partial L}{\partial a_j^{(l)}}\frac{\partial a_j^{(l)}}{\partial w_{ji}^{(l)}}=\frac{\partial L}{\partial z_j^{(l)}}\frac{\partial z_j^{(l)}}{\partial a_j^{(l)}}\frac{\partial a_j^{(l)}}{\partial w_{ji}^{(l)}} \tag{9.3.13}$$

由式(9.3.6)可得

$$\frac{\partial a_j^{(l)}}{\partial w_{ji}^{(l)}}=z_i^{(l-1)} \tag{9.3.14}$$

定义 l 层的反向传播误差 $\delta_j^{(l)}$ 为

$$\delta_j^{(l)}=\frac{\partial L}{\partial a_j^{(l)}}=\frac{\partial L}{\partial z_j^{(l)}}\frac{\partial z_j^{(l)}}{\partial a_j^{(l)}} \tag{9.3.15}$$

为了计算 $\delta_j^{(l)}$，首先推导 $\dfrac{\partial L}{\partial z_j^{(l)}}$，为此，使用反向传播机制，如图 9.3.1 所示。在前向传播中，l 层的一个神经元输出为 $z_j^{(l)}$，通过权系数传播给 $l+1$ 层各神经元的激活 $a_k^{(l+1)}$，即

$$a_k^{(l+1)}=\sum_{m=1}^{K_l}w_{km}^{(l+1)}z_m^{(l)},\quad k=1,2,\cdots,K_{l+1} \tag{9.3.16}$$

现在要做反向传播，假设 $\delta_k^{(l+1)}=\dfrac{\partial L}{\partial a_k^{(l+1)}}$ 已经求得，由于各 $a_k^{(l+1)}$ 均为 $z_j^{(l)}$ 的函数，则由导数的链式法则得到

$$\frac{\partial L}{\partial z_j^{(l)}}=\sum_{k=1}^{K_{l+1}}\frac{\partial L}{\partial a_k^{(l+1)}}\frac{\partial a_k^{(l+1)}}{\partial z_j^{(l)}}=\sum_{k=1}^{K_{l+1}}\delta_k^{(l+1)}w_{kj}^{(l+1)} \tag{9.3.17}$$

其中，$\dfrac{\partial a_k^{(l+1)}}{\partial z_j^{(l)}}=w_{kj}^{(l+1)}$ 是式(9.3.16)的直接结果。又由式(9.3.7)得

$$\frac{\partial z_j^{(l)}}{\partial a_j^{(l)}}=\varphi_l'(a_j^{(l)}) \tag{9.3.18}$$

将式(9.3.17)和式(9.3.18)代入式(9.3.15)，得

$$\delta_j^{(l)}=\frac{\partial L}{\partial a_j^{(l)}}=\varphi_l'(a_j^{(l)})\sum_{k=1}^{K_{l+1}}w_{kj}^{(l+1)}\delta_k^{(l+1)} \tag{9.3.19}$$

式(9.3.19)是误差反向传播的关键公式，由图 9.3.1 可见，由 $\delta_k^{(l+1)}$ 反向传播给 l 层的 $\delta_j^{(l)}$。有了反向传播误差 $\delta_j^{(l)}$，则式(9.3.13)的梯度分量表示为

$$\frac{\partial L}{\partial w_{kj}^{(l)}}=\delta_k^{(l)}z_j^{(l-1)} \tag{9.3.20}$$

图 9.3.1 中每条实际连接边用两条紧邻的直线表示。实线和箭头表示的前向传播，由前一层的神经元输出 $z_j^{(l)}$ 加权求和得到下一层的神经元激活 $a_k^{(l+1)}$。虚线和箭头表示的误差反向传播，由后一层的传播误差(靠近输出的层)$\delta_k^{(l+1)}$ 反向传播给前一层，得到前一层的传播误差 $\delta_j^{(l)}$。这个传播过程从输出层开始，反向传播到第 1 个隐藏层(最靠近输入的隐藏层)。

当前向传播结束后，由式(9.3.10)可得到输出层的传播误差 $\delta_k^{(L)}$，下一步可令 $l=L-1$，利用式(9.3.19)反向传播计算 $\delta_k^{(L-1)}$，这个过程按 l 的取值次序 $L-1,L-2,\cdots,2,1$ 依次完成。当计算得到所有传播误差 $\delta_k^{(l)}$，$l=L,L-1,\cdots,2,1$；$k=1,2,\cdots,K_l$，利用式(9.3.20)得到样本损失函数对权系数梯度的所有分量。

例 9.3.1 可帮助进一步理解反向传播算法。

例 9.3.1　为了直观地理解 BP 算法，分析一个具体的神经网络，设其为一个两层网络，只有一层隐藏层。输入是二维的，即 $\boldsymbol{x}=[x_1,x_2]^{\mathrm{T}}$；隐藏层有 3 个单元，其激活分别为 $a_1^{(1)},a_2^{(1)},a_3^{(1)}$，隐藏层神经元输出分别为 $z_1^{(1)},z_2^{(1)},z_3^{(1)}$，隐藏层激活函数为 tanh；输出层有两个输出，一个是回归输出 $\hat{y}_1$，另一个是二分类输出 $\hat{y}_2$。两层网络结构如图 9.3.2 所示。

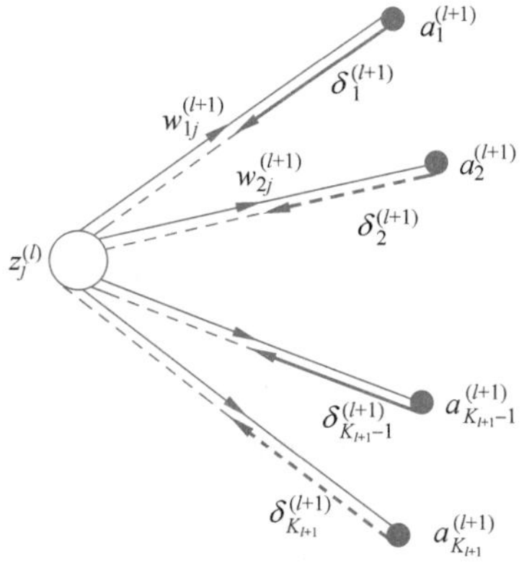

图 9.3.1　误差反向传播示意

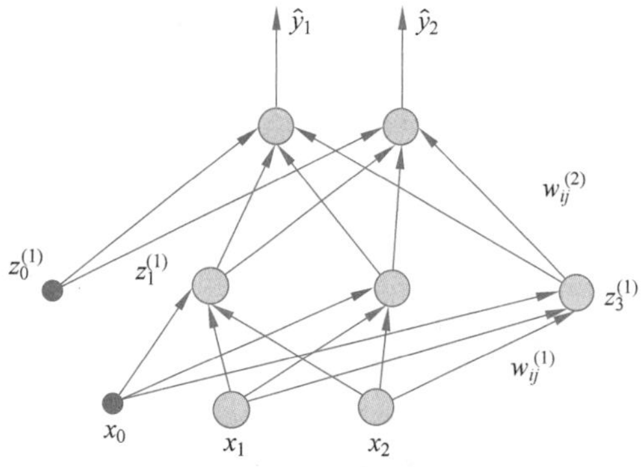

图 9.3.2　两层神经网络实例

首先执行前向传播，从输入到隐藏层权系数记为 $w_{ji}^{(1)}, j=1,2,3;\ i-0,1,2$，故隐藏层激活和输出计算为

$$
\begin{aligned}
a_1^{(1)} &= w_{10}^{(1)} + w_{11}^{(1)} x_1 + w_{12}^{(1)} x_2 \\
a_2^{(1)} &= w_{20}^{(1)} + w_{21}^{(1)} x_1 + w_{22}^{(1)} x_2 \\
a_3^{(1)} &= w_{30}^{(1)} + w_{31}^{(1)} x_1 + w_{32}^{(1)} x_2 \\
z_1^{(1)} &= \tanh(a_1^{(1)}) \\
z_2^{(1)} &= \tanh(a_2^{(1)}) \\
z_3^{(1)} &= \tanh(a_3^{(1)})
\end{aligned}
$$

输出层的权系数记为 $w_{kj}^{(2)}, k=1,2;\ j=0,1,2,3$，输出层激活和输出值计算为

$$
\begin{aligned}
a_1^{(2)} &= w_{10}^{(2)} + w_{11}^{(2)} z_1^{(1)} + w_{12}^{(2)} z_2^{(1)} + w_{13}^{(2)} z_3^{(1)} \\
a_2^{(2)} &= w_{20}^{(2)} + w_{21}^{(2)} z_1^{(1)} + w_{22}^{(2)} z_2^{(1)} + w_{23}^{(2)} z_3^{(1)} \\
\hat{y}_1 &= z_1^{(2)} = a_1^{(2)} \\
\hat{y}_2 &= z_2^{(2)} = \sigma(a_1^{(2)})
\end{aligned}
$$

以上是前向传播，完成前向传播后，进行反向传播，输出层的传播误差为

$$
\begin{aligned}
\delta_1^{(2)} &= \hat{y}_1 - y_1 \\
\delta_2^{(2)} &= \hat{y}_2 - y_2
\end{aligned}
$$

在隐藏层，反向传播误差分别计算为

$$
\begin{aligned}
\delta_1^{(1)} &= [1-\tanh^2(a_1^{(1)})](w_{11}^{(2)}\delta_1^{(2)} + w_{21}^{(2)}\delta_2^{(2)}) = [1-(z_1^{(1)})^2](w_{11}^{(2)}\delta_1^{(2)} + w_{21}^{(2)}\delta_2^{(2)}) \\
\delta_2^{(1)} &= [1-\tanh^2(a_2^{(1)})](w_{12}^{(2)}\delta_1^{(2)} + w_{22}^{(2)}\delta_2^{(2)}) = [1-(z_2^{(1)})^2](w_{12}^{(2)}\delta_1^{(2)} + w_{22}^{(2)}\delta_2^{(2)}) \\
\delta_3^{(1)} &= [1-\tanh^2(a_2^{(1)})](w_{13}^{(2)}\delta_1^{(2)} + w_{23}^{(2)}\delta_2^{(2)}) = [1-(z_3^{(1)})^2](w_{13}^{(2)}\delta_1^{(2)} + w_{23}^{(2)}\delta_2^{(2)})
\end{aligned}
$$

这里用了 $\tanh'(x)=1-\tanh^2(x)$。

最后一步，计算样本损失函数对各权系数的梯度分量，分别写为

$$
\begin{aligned}
\frac{\partial L}{\partial w_{1j}^{(2)}} &= \delta_1^{(2)} z_j^{(1)} \\
\frac{\partial L}{\partial w_{2j}^{(2)}} &= \delta_2^{(2)} z_j^{(1)}, \quad j=0,1,2,3 \\
\frac{\partial L}{\partial w_{1i}^{(1)}} &= \delta_1^{(1)} x_i \\
\frac{\partial L}{\partial w_{2i}^{(1)}} &= \delta_2^{(1)} x_i \\
\frac{\partial L}{\partial w_{3i}^{(1)}} &= \delta_3^{(1)} x_i, \quad i=0,1,2
\end{aligned}
$$

注意，以上运算中需用到的哑元 $z_0^{(1)}=1, x_0=1$。通过正向和反向传播得到计算梯度分量所需的各层信号值和反向传播误差，然后利用式(9.3.20)计算所有梯度分量。

为了参考方便，将 BP 算法总结如下。

BP 算法

算法：Bprop($\boldsymbol{x}$, $\boldsymbol{w}$)

令：$z_0^{(0)}=1, z_i^{(0)}=x_i, i=1,2,\cdots,D$

前向传播

对于 $l=1,2,\cdots,L-1$

对于 $j=1,2,\cdots,K_l$

$$a_j^{(l)}=\sum_{i=0}^{K_{l-1}} w_{ji}^{(l)} z_i^{(l-1)}$$

$$z_j^{(l)}=\varphi_l(a_j^{(l)})$$

$$z_0^{(l)}=1$$

对于输出层，$k=1,2,\cdots,K_L$

$$a_k^{(L)}=\sum_{j=0}^{K_{L-1}} w_{kj}^{(L)} z_j^{(L-1)}$$

$$\hat{y}_k=z_k^{(L)}=\varphi_{Lk}(a_k^{(L)})$$

反向传播

对于输出层，$k=1,2,\cdots,K_L$

$$\delta_k^{(L)}=\hat{y}_k-y_k$$

对于 $l=L-1,L-2,\cdots,2,1$

$$\delta_j^{(l)}=\varphi_l'(a_j^{(l)})\sum_{k=1}^{K_{l+1}} w_{kj}^{(l+1)}\delta_k^{(l+1)}$$

梯度分量

对于 $l=1,2,\cdots,L-1,L$；$k=1,2,\cdots,K_l$；$j=0,1,2,\cdots,K_{l-1}$

$$\frac{\partial L}{\partial w_{kj}^{(l)}}=\delta_k^{(l)} z_j^{(l-1)}$$

返回所有 $\frac{\partial L}{\partial w_{kj}^{(l)}}$；

在以上反向传播算法 Bprop($\boldsymbol{x}$, $\boldsymbol{w}$)的基础上，给出以反向传播为核心，优化神经网络权系数的一步迭代的基本算法流程。

利用 BP 梯度的小批量一步梯度算法

从训练样本集随机抽取小批量样本 $\{(\boldsymbol{x}_m, \boldsymbol{y}_m)\}_{m=1}^{N_0}$，当前权系数为 $w_{kj}^{(l)(\tau)}$，权系数集合记为 $\boldsymbol{w}^{(\tau)}$；

对于 $m=1,2,\cdots,N_0$

调用 Bprop($\boldsymbol{x}_m,\boldsymbol{w}^{(\tau)}$)，返回记为$\dfrac{\partial L_m}{\partial \boldsymbol{w}}$；

对于 $l=1,2,\cdots,L$；$k=1,2,\cdots,K_l$；$j=0,1,2,\cdots,K_{l-1}$，各权系数更新为

$$w_{kj}^{(l)(\tau+1)}=w_{kj}^{(l)(\tau)}-\eta_\tau\frac{1}{N_0}\sum_{m=1}^{N_0}\frac{\partial L_m}{\partial w_{kj}^{(l)}}$$

9.3.2 反向传播算法的向量形式

9.3.1 节用分量方式导出了 BP 算法，这样做易于理解其原理。实际中，目前可能用到规模较大的神经网络，用向量形式无论从表示还是从计算角度更方便，本节将 9.3.1 节算法表示成向量形式。

为了写成向量形式，给出一些表示符号，设输入特征向量为 $\boldsymbol{x}$，其增广向量为 $\bar{\boldsymbol{x}}=[1,\boldsymbol{x}^{\mathrm{T}}]^{\mathrm{T}}$，第 l 层有 K_l 个神经元输出，表示为 $\boldsymbol{z}^{(l)}$，增加一个哑元得到增广向量 $\bar{\boldsymbol{z}}^{(l)}=[1,\boldsymbol{z}^{(l)\mathrm{T}}]^{\mathrm{T}}$，第 l 层的激活向量表示为$\boldsymbol{a}^{(l)}$。为了表示统一，设 $\boldsymbol{z}^{(0)}=\boldsymbol{x}$。从第 $l-1$ 层的神经元输出到第 l 层的第 j 个激活的权系数记为向量 $\boldsymbol{w}_j^{(l)}=[w_{j1}^{(l)},\cdots,w_{jK_{l-1}}^{(l)}]^{\mathrm{T}}$，注意这里没有包括偏置系数 $\boldsymbol{w}_{j0}^{(l)}$，包括偏置系数的增广系数向量写为 $\bar{\boldsymbol{w}}_j^{(l)}=[w_{j0}^{(l)},w_{j1}^{(l)},\cdots,w_{jK_{l-1}}^{(l)}]^{\mathrm{T}}$。将各权向量 $\boldsymbol{w}_j^{(l)}$ 转置作为一行构成第 l 层的权系数矩阵，即

$$\boldsymbol{W}^{(l)}=\begin{bmatrix}\boldsymbol{w}_1^{(l)\mathrm{T}}\\\boldsymbol{w}_2^{(l)\mathrm{T}}\\\vdots\\\boldsymbol{w}_{K_l}^{(l)\mathrm{T}}\end{bmatrix}=\begin{bmatrix}w_{11}^{(l)} & w_{12}^{(l)} & \cdots & w_{1K_{l-1}}^{(l)}\\w_{21}^{(l)} & w_{22}^{(l)} & \cdots & w_{2K_{l-1}}^{(l)}\\\vdots & \vdots & & \vdots\\w_{K_l1}^{(l)} & w_{K_l2}^{(l)} & \cdots & w_{K_lK_{l-1}}^{(l)}\end{bmatrix}\tag{9.3.21}$$

每层的偏置系数构成向量并写为

$$\boldsymbol{w}_0^{(l)}=[w_{10}^{(l)},w_{20}^{(l)},\cdots,w_{K_l0}^{(l)}]^{\mathrm{T}}$$

有了这些符号准备，则前向传播表示为对于 $l=1,2,\cdots,L-1,L$

$$\boldsymbol{a}^{(l)}=\boldsymbol{W}^{(l)}\boldsymbol{z}^{(l-1)}+\boldsymbol{w}_0^{(l)}\tag{9.3.22}$$

$$\boldsymbol{z}^{(l)}=\boldsymbol{\varphi}_l(\boldsymbol{a}^{(l)})\tag{9.3.23}$$

其中，输出层为

$$\boldsymbol{y}=\boldsymbol{z}^{(L)}=\boldsymbol{\varphi}_L(\boldsymbol{a}^{(L)})\tag{9.3.24}$$

激活函数$\boldsymbol{\varphi}_L$ 的每个分量函数可以不同。

输出层传播误差向量$\boldsymbol{\delta}^{(L)}$表示为

$$\boldsymbol{\delta}^{(L)}=\hat{\boldsymbol{y}}-\boldsymbol{y}\tag{9.3.25}$$

反向传播过程按次序 $l=L-1,L-2,\cdots,2,1$ 计算为

$$\boldsymbol{\delta}^{(l)}=\boldsymbol{H}'^{(l)}\boldsymbol{W}^{(l+1)\mathrm{T}}\boldsymbol{\delta}^{(l+1)}\tag{9.3.26}$$

其中，对角矩阵

$$\boldsymbol{H}'^{(l)}=\mathrm{diag}\{\varphi'_l(a_1^{(l)}),\varphi'_l(a_2^{(l)}),\cdots,\varphi'_l(a_{K_l}^{(l)})\}\tag{9.3.27}$$

对第 l 层权向量矩阵的梯度为

$$\frac{\partial L}{\partial \boldsymbol{W}^{(l)}}=\boldsymbol{\delta}^{(l)}\boldsymbol{z}^{(l-1)\mathrm{T}} \tag{9.3.28}$$

相应地，该层偏置向量的梯度为

$$\frac{\partial L}{\partial \boldsymbol{w}_0^{(l)}}=\boldsymbol{\delta}^{(l)}$$

若只计算对一个神经元的权系数向量的梯度(包括偏置系数)，则为

$$\frac{\partial L}{\partial \overline{\boldsymbol{w}}_j^{(l)}}=\delta_j^{(l)}\overline{\boldsymbol{z}}^{(l-1)} \tag{9.3.29}$$

例 9.3.2 用向量表示方式重新写出例 9.3.1 的结果。

设输入向量 $\boldsymbol{x}=[x_1,x_2]^{\mathrm{T}}$，隐藏层激活向量 $\boldsymbol{a}^{(1)}=[a_1^{(1)},a_2^{(1)},a_3^{(1)}]^{\mathrm{T}}$，隐藏层神经元输出向量 $\boldsymbol{z}^{(1)}=[z_1^{(1)},z_2^{(1)},z_3^{(1)}]^{\mathrm{T}}$，输入层到隐藏层的权系数矩阵和偏置向量分别为

$$\boldsymbol{W}^{(1)}=\begin{bmatrix} w_{11}^{(1)} & w_{12}^{(1)} \\ w_{21}^{(1)} & w_{22}^{(1)} \\ w_{31}^{(1)} & w_{32}^{(1)} \end{bmatrix} \quad \boldsymbol{w}_0^{(1)}=\begin{bmatrix} w_{10}^{(1)} \\ w_{20}^{(1)} \\ w_{30}^{(1)} \end{bmatrix}$$

隐藏层到输出层的权向量和偏置向量分别为

$$\boldsymbol{W}^{(2)}=\begin{bmatrix} w_{11}^{(2)} & w_{12}^{(2)} & w_{13}^{(2)} \\ w_{21}^{(2)} & w_{22}^{(12)} & w_{23}^{(2)} \end{bmatrix} \quad \boldsymbol{w}_0^{(2)}=\begin{bmatrix} w_{10}^{(2)} \\ w_{20}^{(2)} \end{bmatrix}$$

前向传播第 1 层的向量形式为

$$\boldsymbol{a}^{(1)}=\boldsymbol{W}^{(1)}\boldsymbol{x}+\boldsymbol{w}_0^{(1)}$$

$$\boldsymbol{z}^{(1)}=\tanh(\boldsymbol{a}^{(1)})$$

以上对向量 $\boldsymbol{a}^{(1)}$ 的每个分量取相同的 tanh 函数运算。输出层的运算为

$$\boldsymbol{a}^{(2)}=\boldsymbol{W}^{(2)}\boldsymbol{z}^{(1)}+\boldsymbol{w}_0^{(2)}$$

$$\hat{\boldsymbol{y}}=\begin{bmatrix} a_1^{(2)} \\ \sigma(a_2^{(2)}) \end{bmatrix}$$

输出层的传播误差为

$$\boldsymbol{\delta}^{(2)}=\hat{\boldsymbol{y}}-\boldsymbol{y}$$

隐藏层的反向传播误差为

$$\boldsymbol{\delta}^{(1)}=\begin{bmatrix} \tanh'(a_1^{(1)}) & 0 & 0 \\ 0 & \tanh'(a_2^{(1)}) & 0 \\ 0 & 0 & \tanh'(a_{13}^{(1)}) \end{bmatrix}\begin{bmatrix} w_{11}^{(2)} & w_{21}^{(2)} \\ w_{12}^{(2)} & w_{22}^{(2)} \\ w_{13}^{(2)} & w_{23}^{(2)} \end{bmatrix}\begin{bmatrix} \delta_1^{(2)} \\ \delta_2^{(2)} \end{bmatrix}$$

$$=\begin{bmatrix} 1-(z_1^{(1)})^2 & 0 & 0 \\ 0 & 1-(z_2^{(1)})^2 & 0 \\ 0 & 0 & 1-(z_3^{(1)})^2 \end{bmatrix}\begin{bmatrix} w_{11}^{(2)} & w_{21}^{(2)} \\ w_{12}^{(2)} & w_{22}^{(2)} \\ w_{13}^{(2)} & w_{23}^{(2)} \end{bmatrix}\begin{bmatrix} \delta_1^{(2)} \\ \delta_2^{(2)} \end{bmatrix}$$

样本损失函数的梯度分别为

$$\frac{\partial L}{\partial \boldsymbol{W}^{(2)}}=\boldsymbol{\delta}^{(2)}\boldsymbol{z}^{(1)\mathrm{T}}, \quad \frac{\partial L}{\partial \boldsymbol{w}_0^{(2)}}=\boldsymbol{\delta}^{(2)}$$

$$\frac{\partial L}{\partial \boldsymbol{W}^{(1)}}=\boldsymbol{\delta}^{(1)}\boldsymbol{x}^{\mathrm{T}}, \quad \frac{\partial L}{\partial \boldsymbol{w}_0^{(1)}}=\boldsymbol{\delta}^{(1)}$$

9.3.3 反向传播算法的扩展

BP算法的导出中，有两个关键思想，一是依次进行前向、后向传播；二是导数的链式法则的灵活应用。反向传播算法的思想可扩展到其他参数的计算，下面列举两类扩展。

1. 网络的雅可比矩阵计算

对于一个神经网络，其输出向量 $\hat{\boldsymbol{y}}$ 对输入向量 $\boldsymbol{x}$ 的导数矩阵称为网络的雅可比(Jacobian)矩阵，即

$$\boldsymbol{J}=\frac{\partial \hat{\boldsymbol{y}}}{\partial \boldsymbol{x}} \tag{9.3.30}$$

其中，矩阵中的任意元素可记为

$$J_{ki}=\frac{\partial \hat{y}_k}{\partial x_i} \tag{9.3.31}$$

雅可比矩阵有多种用途。例如，分析输入的扰动对输出的影响，可使用雅可比矩阵的元素，若考虑输入扰动对 $\hat{y}_k$ 的影响，可用雅可比矩阵的元素计算如下。

$$\Delta \hat{y}_k \approx \sum_{i=1}^{D}\frac{\partial \hat{y}_k}{\partial x_i}\Delta x_i \tag{9.3.32}$$

若雅可比元素 J_{ki} 的值较大，则 x_i 的小的扰动 Δx_i 可能引起输出 $\hat{y}_k$ 的较大变化。一些正则化方法可用到雅可比矩阵。

利用推导梯度BP算法的思想，可得到计算雅可比矩阵元素 J_{ki} 的BP算法，由于前向传播与梯度算法相同，不再赘述，这里只导出后向传播算法。

$$J_{ki}=\frac{\partial \hat{y}_k}{\partial x_i}=\sum_{j=1}^{K_1}\frac{\partial \hat{y}_k}{\partial a_j^{(1)}}\frac{\partial a_j^{(1)}}{\partial x_i}=\sum_{j=1}^{K_1}w_{ji}^{(1)}\frac{\partial \hat{y}_k}{\partial a_j^{(1)}} \tag{9.3.33}$$

为了使用式(9.3.33)计算雅可比矩阵的元素，需要计算 $\frac{\partial \hat{y}_k}{\partial a_j^{(1)}}$，先导出一般的 $\frac{\partial \hat{y}_k}{\partial a_j^{(l)}}$ 反向传播方程。类似于梯度BP算法中传播误差的反向方程，有

$$\begin{aligned}\frac{\partial \hat{y}_k}{\partial a_j^{(l)}}&=\sum_{m=1}^{K_{l+1}}\frac{\partial \hat{y}_k}{\partial a_m^{(l+1)}}\frac{\partial a_m^{(l+1)}}{\partial a_j^{(l)}}=\sum_{m=1}^{K_{l+1}}\frac{\partial \hat{y}_k}{\partial a_m^{(l+1)}}\frac{\partial a_m^{(l+1)}}{\partial z_j^{(l)}}\frac{\partial z_j^{(l)}}{\partial a_j^{(l)}}\\&=\sum_{m=1}^{K_{l+1}}\frac{\partial \hat{y}_k}{\partial a_m^{(l+1)}}w_{mj}^{(l+1)}\varphi_l'(a_j^{(l)})=\varphi_l'(a_j^{(l)})\sum_{m=1}^{K_{l+1}}w_{mj}^{(l+1)}\frac{\partial \hat{y}_k}{\partial a_m^{(l+1)}}\end{aligned} \tag{9.3.34}$$

已经得到从 $l+1$ 层向 l 层反向传播的方程，为了启动反向传播过程，需要从输出层开始，故可计算 $\hat{y}_k$ 对输出层激活 $a_j^{(L)}$ 的导数，对于不同输出类型可直接计算得到结果。

对于回归输出 $\hat{y}_k=a_k^{(L)}$，故

$$\frac{\partial \hat{y}_k}{\partial a_j^{(L)}}=I_{kj} \tag{9.3.35}$$

这里定义

$$I_{kj}=\begin{cases}1, & k=j\\0, & k\neq j\end{cases}$$

对于二分类输出，$\hat{y}_k=\sigma(a_k^{(L)})$，则

$$\frac{\partial \hat{y}_k}{\partial a_j^{(L)}}=I_{kj}\sigma'(a_k^{(L)})=I_{kj}\hat{y}_k(1-\hat{y}_k) \tag{9.3.36}$$

对于多分类输出，输出是 Softmax 函数，则有

$$\frac{\partial \hat{y}_k}{\partial a_j^{(L)}}=\hat{y}_k(I_{kj}-\hat{y}_j) \tag{9.3.37}$$

通过式(9.3.35)～式(9.3.37)可计算输出层的$\frac{\partial \hat{y}_k}{\partial a_j^{(L)}}$，再通过式(9.3.34)计算各层直到第1隐藏层的$\frac{\partial \hat{y}_k}{\partial a_j^{(1)}}$，最后，利用式(9.3.33)得到雅可比矩阵的元素。

2. 网络的汉森矩阵计算

有时会用到神经网络的损失函数对权系数的二阶导数，将二阶导数按次序排成一个矩阵，则称为汉森(Hessian)矩阵。为了比较清晰地表示汉森矩阵，假设将所有权系数按一种次序排成一个向量 $\boldsymbol{w}$，由损失函数的表达式(式(9.2.9))得汉森矩阵为

$$\boldsymbol{H}=\frac{\partial^2 J(\boldsymbol{w})}{\partial \boldsymbol{w}^2}=\sum_{n=1}^{N}\frac{\partial^2 L_n}{\partial \boldsymbol{w}^2} \tag{9.3.38}$$

汉森矩阵中的一个元素为

$$H_{ij}=\frac{\partial^2 J(\boldsymbol{w})}{\partial w_i\partial w_j}=\sum_{n=1}^{N}\frac{\partial^2 L_n}{\partial w_i\partial w_j} \tag{9.3.39}$$

以上是一种为清晰表示汉森矩阵而采用的一种化简表示，实际上，若考虑一个权系数所在的层标号，式(9.3.39)的一项可表示为

$$H_{ij}=\frac{\partial^2 J(\boldsymbol{w})}{\partial w_{ij}^{(l_1)}\partial w_{km}^{(l_2)}} \tag{9.3.40}$$

可将 BP 算法的思想扩展到二阶导数，由于如式(9.3.40)所示，一些导数项可针对不同层的权系数，比一阶导数要繁杂得多，这里不再进一步讨论二阶导数反向传播的算法细节，接下来只给出汉森矩阵的一种近似计算方法，用于在优化达到一定精度后，通过汉森矩阵对优化结果进行分析。

设神经网络是单一回归输出网络，则损失函数为

$$J(\boldsymbol{w})=\frac{1}{2}\sum_{n=1}^{N}(\hat{y}_n-y_n)^2 \tag{9.3.41}$$

直接对式(9.3.41)求两阶导数得

$$\boldsymbol{H}=\frac{\partial^2 J(\boldsymbol{w})}{\partial \boldsymbol{w}^2}=\sum_{n=1}^{N}\nabla\hat{y}_n(\nabla\hat{y}_n)^{\mathrm{T}}+\sum_{n=1}^{N}(\hat{y}_n-y_n)\nabla^2\hat{y}_n \tag{9.3.42}$$

若优化到接近最优点，则 $\hat{y}_n-y_n$ 很小，可忽略第2项，得

$$\boldsymbol{H}\approx\sum_{n=1}^{N}\nabla\hat{y}_n(\nabla\hat{y}_n)^{\mathrm{T}} \tag{9.3.43}$$

注意，$\nabla\hat{y}_n$ 的任意项是$\frac{\partial \hat{y}_n}{\partial w_i}$，若具体到某层的一个权系数，则可表示为

$$\frac{\partial \hat{y}_n}{\partial w_{ji}^{(l)}}=\frac{\partial \hat{y}_n}{\partial a_j^{(l)}}\frac{\partial a_j^{(l)}}{\partial w_{ji}^{(l)}}=\frac{\partial \hat{y}_n}{\partial a_j^{(l)}}z_i^{(l-1)} \tag{9.3.44}$$

式(9.3.34)已经给出了$\frac{\partial \hat{y}_n}{\partial a_j^{(l)}}$的反向传播公式,由式(9.3.44)可计算任意$\frac{\partial \hat{y}_n}{\partial w_{ji}^{(l)}}$,然后按照预先的重排列权向量的次序,将其排列为$\frac{\partial \hat{y}_n}{\partial w_i}$,因此,可以有效地计算$\nabla \hat{y}_n$的每项,得到式(9.3.43)张量积形式的汉森矩阵逼近公式。若神经网络有多个输出,则对每个输出的贡献求和。

也可证明,对于分类输出的神经网络,其汉森矩阵逼近公式修改为

$$\boldsymbol{H} = \sum_{n=1}^{N} \hat{y}_n (1-\hat{y}_n) \nabla \hat{y}_n (\nabla \hat{y}_n)^{\mathrm{T}} \tag{9.3.45}$$

BP 算法的思想可进一步扩展到更广义的神经网络结构。例如,第 10 章将讨论应用于循环神经网络的扩展 BP 算法。

9.4 神经网络学习中的一些问题

9.2 节和 9.3 节系统讨论了神经网络训练的基本问题:目标函数和梯度计算。在实际中为了成功训练一个性能良好的神经网络,还需要一些辅助技术,甚至一些辅助技术是不可或缺的,而且这些技术中的一部分是经验性的,本节将讨论几个相关技术。

9.4.1 初始化

神经网络优化主要是采用迭代算法,需要给出初始化参数。由于神经网络损失函数的复杂性,存在许多的极小点,因此初始化对最终训练结果有很大影响,除了影响训练结果的训练误差性能,也影响其泛化性能。

由于神经网络的高度非线性,缺乏从理论上指导选择最优初始化的方法,人们提出了许多启发性的方法。

首先,与一些线性系统迭代时,简单选取零初始权向量的做法不同,神经网络的权系数不能全部选择零值,这从计算梯度的 BP 算法公式中可以观察到。不管是前向传播还是反向传播,都需要乘以各层权系数进行传播计算,若采用全零初始值,不管是前向计算的神经元激活还是后向计算的传播误差均为零,系统的迭代过程无法启动。

经常需要对初始化参数施加一些限制。例如,如果具有相同激活函数的两个隐藏单元具有相同输入,则必须具有不同的初始化参数。有一些启发性的初始化选择方法,最常用的方法是随机产生初始权系数。一种方法是,对于网络中的一层神经元,若其输入和输出数目分别为 m 和 n,则每个权系数独立地从以下概率分布中产生。

$$w_{ij} \sim U\left(-\sqrt{\frac{1}{m}}, \sqrt{\frac{1}{m}}\right) \tag{9.4.1}$$

其中,U 表示均匀分布,括号内的值表示均匀分布的取值范围。这个初始权系数的取值范围是易于理解的,若输入是归一化的,则由此权系数计算获得的激活仍是归一化的。另一种常用的概率分布为

$$w_{ij} \sim U\left(-\sqrt{\frac{6}{m+n}}, \sqrt{\frac{6}{m+n}}\right) \tag{9.4.2}$$

这称为 Xavier 初始化。在激活函数选择 ReLU 函数时,一种推荐的权系数初始化分布为

$$w_{ij} \sim N\left(0, \frac{2}{m}\right)$$

其中，N 表示高斯分布。

以上的随机权参数初始化针对的是有效输入的权系数，不包括偏置参数 w_{i0}。对于偏置参数，在 MLP 中常用的初始值为 0，但在有些特殊网络，如第 10 章介绍的门控循环神经网络中，若一个神经元用作门控单元，则其偏置初始值优先设为 1，保证门控单元所控制的门在初始时是打开的。

还有许多不同选择的权系数初始化方案，如随机正交化矩阵作为系数矩阵、稀疏初始化等，但一些先验性很强的初始化，可能在合适的应用情景能带来好的收益，但在另一些情景则可能有不好的作用。例如，稀疏初始化（在连接到一个神经元的 K 个系数中，只令 $k<K$ 初始化为非零，其他的初始化为 0）具有很强的先验引导性，其使用需要谨慎。

一般来讲，选择了一组随机初始值，后续的迭代过程将收敛于一个靠近初始值的极小点（或附近），其性能是否达到需要可通过训练集和验证集检验，泛化性能是否良好可通过测试集检验。若计算资源充足时，可选择多组随机初始值进行比较，选择综合性能更好的一个。

输入向量标准化也是神经网络开始训练前要确定的事情，输入向量标准化是大多数机器学习算法都要做的事情，对神经网络训练则更为关键，这是因为神经网络尤其深度网络面对的数据维度和复杂性、多样性更高，在将训练样本用于训练神经网络前，需要对输入向量进行标准化。对输入向量标准化可看作数据预处理，常用取值范围归一化或取值分布归一化方法，其实现方法已在 5.1 节介绍。

输入向量标准化对神经网络的有效训练是重要的步骤。在更复杂的深度网络中，不仅对输入层输入特征向量做标准化，还需要对神经网络中间的一些隐藏层做附加的标准化，一种典型技术称为批标准化（Batch Normalization，BN），将在第 11 章作为深度学习的技术专题再做进一步介绍。

9.4.2　正则化

神经网络同样存在过拟合问题。当数据集规模确定，神经网络的复杂性过高，其表示能力超出其数据集所隐含的模型规律性时，可能发生过拟合现象，即对训练集可得到极小的损失函数，但泛化性能差。与以前几章的方法类似，解决过拟合的基本工具之一是正则化，首先给出最基本的正则化方法——权衰减正则化（Weight Decay Regularization）。

在式（9.2.9）的损失函数基础上，增加对权系数向量范数平方的约束，即得到权衰减的正则化损失函数为

$$J_{\mathrm{R}}(\boldsymbol{w}) = J(\boldsymbol{w}) + \frac{\lambda}{2}\boldsymbol{w}^{\mathrm{T}}\boldsymbol{w} = J(\boldsymbol{w}) + \frac{\lambda}{2}\sum_{l=1}^{L}\sum_{j=1}^{K_l}\sum_{i=1}^{K_{l-1}}\left(w_{ji}^{(l)}\right)^2 \tag{9.4.3}$$

其中，$\boldsymbol{w}$ 表示将全部权系数（包括偏置）按一定次序放入一个向量的一般表示，而 $w_{ji}^{(l)}$ 表示第 l 层的一个权系数。利用 9.3 节的 BP 算法，对于一个给定样本，针对任意权系数的梯度分量为

$$\frac{\partial J_{\mathrm{R}}(\boldsymbol{w})}{\partial w_{ji}^{(l)}} = \frac{\partial L}{\partial w_{ji}^{(l)}} + \lambda w_{ji}^{(l)} \tag{9.4.4}$$

针对一个给定样本，对每个权系数 $w_{ji}^{(l)}$ 的迭代更新修改为

$$w_{ji}^{(l)(\tau+1)} = (1-\eta_\tau\lambda)w_{ji}^{(l)(\tau)} - \eta_\tau\frac{\partial L}{\partial w_{ji}^{(l)}} \tag{9.4.5}$$

加了权衰减正则项的迭代公式等价于一个加了收缩项 $1-\eta_\tau\lambda$ 的梯度算法。式（9.4.5）可直接

推广到对所有权系数的向量形式和抽取一个小批量样本的批量 SGD 形式。

针对不同应用目的可对正则化做各种扩充。例如,可在不同层使用不同的正则参数 λ_l,相当于将式(9.4.3)修改为

$$J_R(\boldsymbol{w}) = J(\boldsymbol{w}) + \frac{1}{2}\sum_{l=1}^{L}\lambda_l \sum_{j=1}^{K_l}\sum_{i=1}^{K_{l-1}}(w_{ji}^{(l)})^2 \tag{9.4.6}$$

或更一般地,将权系数分为几组分别给予不同的正则化系数,但这样做的代价是增加了超参数的数目。还可以施加其他类型的权范数正则化项,如 l_1 范数引导权系数的稀疏趋向。从原理上讲,这种直接对权系数向量 $\boldsymbol{w}$ 施加限制的正则化,一般可对应一类对 $\boldsymbol{w}$ 先验知识的概率密度假设,等价于一种贝叶斯 MAP 准则下的目标函数。

9.4.3 几类等价正则化技术

一些表示了复杂的、偏爱的正则化技术,其严格的数学处理较为困难,但有一些易于实现的方法可近似表示为一种正则化方法。尽管从理论上缺乏严格的论述,但这些方法中的一些相当有效,本节简要介绍一些这样的方法。

图 9.4.1 MNIST 数据集示例

1. 增广样本集

在第 4 章介绍拉普拉斯平滑时,可认为是一种样本集增广的方法。在许多实际问题中,所遇到的样本集具有天然的"不变性",即对样本的输入特征向量做一些变换,结果(即标注)是不变的,利用这种不变性可增广样本集,尤其是训练集。

图 9.4.1 所示为手写数字样本集 MNIST 的几个例子,对于这类样本,显然进行简单平移、纵向或横向的少量伸缩、小角度的旋转等变换都不会改变输出的标注,因此,可对样本集中的一个样本进行几个不同小角度的旋转和平移,构成新的样本,且标注不变,这样就可以获得多倍的增广了的样本集,这种技术可看作一种正则化技术,经常是有效的。

2. 输入向量注入噪声

神经网络对于输入噪声并不总是稳健的,即使精心训练的深度神经网络,在输入施加特殊设计的噪声时,也可能产生无法预料的结果,实际上,在神经网络训练过程中,在输入样本上加入小功率的噪声是有益的,即

$$\hat{\boldsymbol{x}} = \boldsymbol{x} + \boldsymbol{v}$$

其中,$\boldsymbol{v}$ 为与输入独立的随机噪声。以 $\hat{\boldsymbol{x}}$ 作为新的输入向量,标注值不变。实践证明,在训练过程中,在使用一个样本的不同轮回中,加入不同的小功率噪声可提高系统的稳健性。

这里讨论的注入噪声问题,仍是一种样本集的增广方式,实现时注入的是预先设定的白噪声,目的是提高系统的稳健性和泛化能力。实际上噪声注入问题在近年得到更多的关注,人们发现,对于训练好的神经网络,通过注入特别设计的噪声,可能破坏其功能;若在训练中加入特别设计的噪声,可训练具有更强稳健性和更强抗攻击能力的网络,这就构成了对抗训练的内容,我们将在第 11 章对该问题进一步介绍。

这里重点讨论了输入注入噪声的情况,作为增广样本的一种方式,输入噪声注入是很直接的一种方式。进一步,也可以在中间层注入噪声,甚至在输出层注入噪声,在一定条件下,这些技巧都可以看作一种特殊的正则化技术。

3. 早停止技术

在神经网络训练中，尤其是较复杂、较深度网络的训练中，对于给定的训练样本集，网络可能存在潜在的过拟合，如果在训练过程中，仅检查训练集误差，以训练集误差最小化为唯一目标进行迭代，则可能进入过拟合状态。一种方法是同时检查训练集误差和验证集误差（一般可在训练一定阶段以后再开始检查验证集误差，减少迭代初期不必要的运算量）。一般地，随着迭代进行，训练误差持续减少，直到收敛（可通过随机初始化寻找全局最小）。但随着迭代，对于验证集，验证误差首先持续减少，然后开始增加，在转折点附近开始进入过拟合。图 9.4.2 所示为一个示例网络的训练误差和验证误差随迭代次数的变化情况。

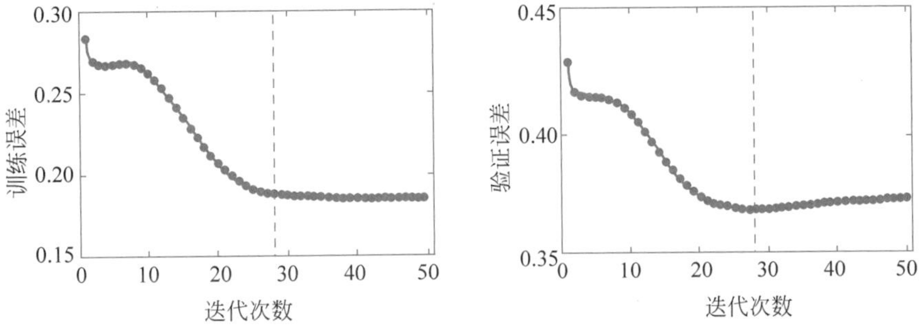

(a) 训练误差 (b) 验证误差

图 9.4.2 训练误差和验证误差随迭代次数的变化曲线

早停止技术的思想是在检测到验证误差的转折点，即验证误差开始增加（至少是不再减少）时，可停止迭代，尽管这时尚未达到训练误差最小化，早停止相当于限制网络复杂性。早停止是一种启发式的技术手段，可以证明，在一些化简的网络条件下，早停止与权衰减正则化等价，由此也可将早停止技术看作一种等价的正则化手段。

本章小结

本章着重介绍了最基本的神经网络结构——多层感知机和前馈网络，以这种网络结构为基础讨论了各类不同应用中神经网络的目标函数和基本优化技术，重点讨论了用反向传播算法计算目标函数针对网络参数的梯度，然后给出了神经网络优化的几个辅助技术：参数初始化、正则化和一些等价的简单正则化技术。在此基础上，第 10 章将专门讨论 CNN 和 RNN。

尽管目前利用 TensorFlow 或 PyTorch 等工具编写神经网络的训练算法时并不需要自行编写求梯度的 BP 算法例程，这些工具集均提供了可直接调用的函数来计算梯度，但了解 BP 算法的计算过程仍是有意义的。一方面，可加深理解神经网络训练的原理；另一方面，当构造了一种工具集中不支持的新结构时，了解这些算法可以编写自己的附加模块。

希望更多了解神经网络的应用和各种不同的结构的读者，可参考 Bishop 关于神经网络的著作 *Neural Networks for Pattern Recognition* 或 Haykin 的著作 *Neural Networks and Learning Machines*。

本章习题

1. 在 9.1.2 节的异或神经网络中，神经网络如图 9.1.5 所示，对应的第 1 层神经网络权系数矩阵和偏置分别为

$$\boldsymbol{W}^{(1)}=[\boldsymbol{w}_1 \quad \boldsymbol{w}_2]=\begin{bmatrix}1 & 1\\1 & 1\end{bmatrix},\quad \boldsymbol{w}_0=[0 \quad -1]^{\mathrm{T}}$$

第 2 层的权向量和偏置为

$$\boldsymbol{w}^{(2)}=\begin{bmatrix}1\\-2\end{bmatrix},\quad w_0^{(2)}=0$$

每个神经元的激活函数是 ReLU 函数，$\varphi(a)=\max\{0,a\}$。通过计算验证该网络可正确计算异或输出。

2. 参看图 9.1.6 的 MLP，假设只有一个回归输出，写出该 MLP 从输入到输出的复合函数表达式。

3. 对于神经网络做 K 分类的输出，其样本损失函数为

$$L_n=L(\hat{\boldsymbol{y}}_n,\boldsymbol{y}_n)=-\sum_{k=1}^{K}[y_{nk}\ln\hat{y}_{nk}]$$

证明：其对输出激活 $a_{nk}^{(L)}$ 的导数为

$$\frac{\partial L_n}{\partial a_{nk}^{(L)}}=\frac{\partial L(\hat{\boldsymbol{y}}_n,\boldsymbol{y}_n)}{\partial a_{nk}^{(L)}}=\hat{y}_{nk}-y_{nk}$$

4. 对于第 1 题给出的网络结构和异或数据集，设网络的权系数未确定，通过随机初始化给出网络的权系数，手动使用 BP 算法计算各梯度值，并试执行几步 SGD 算法，观察权系数的收敛情况。

*5. 在网络上搜索并下载 Iris 数据集，该数据集样本属于鸢尾属下的 3 个亚属，分别是山鸢尾(Setosa)、变色鸢尾(Versicolor)和维吉尼亚鸢尾(Virginica)。4 个特征被用作样本的定量描述，它们分别是花萼和花瓣的长度和宽度。该数据集包含 150 个数据，每类 50 个数据。设计一个用于对三分类问题进行分类的 MLP 分类器，选择只有一层隐藏层，隐藏层神经元数目 K 可自行选择(可通过实验选择一个较好的值)，对 3 种类型进行分类(合理地将样本集划分为训练集、验证集和测试集)。试对该神经网络进行训练，并进行性能评测，写出训练和测试报告。

第 10 章 神经网络与深度学习之二：结构

CHAPTER 10

第 9 章以多层感知机和前馈神经网络为例，讨论了神经网络的基本原理，包括非线性表示、目标函数、优化原则，更重要的是详细介绍了反向传播（BP）算法，以及一些基本的正则化或预处理技术。第 9 章的介绍中，隐含地假设了网络是前向按层全连接的，即可称为全连接网络（Fully Connected，FC）。

本章讨论在深度学习领域中常用的神经网络结构，重点是卷积神经网络（CNN）和循环神经网络（RNN）以及其各种扩展形式。

10.1 卷积神经网络

第 15 集
微课视频

卷积神经网络（CNN）是目前深度学习中最常用的网络结构之一，尤其在图像处理和计算机视觉领域。我们将会看到，与基本的全连接网络相比，CNN 有 3 个基本性质：稀疏连接、参数共享和近似平移不变性。

所谓稀疏连接，是相对于全连接网络（FC）的。在全连接网络中，前一层一个神经元的输出通过权系数加权后送入下一层所有神经元的输入，同理，下一层神经元接收来自上一层神经元的所有输出作为输入。如果当前层有 K_l 个神经元，前一层有 K_{l-1} 个神经元，则从 $l-1$ 层到 l 层的权系数数目为 $K_l(K_{l-1}+1)$（包括了偏置系数）。但在 CNN 中，前一层神经元的输出只连接到下一层相邻若干神经元的输入，同样，下一层的一个神经元的输入也只接收前一层相邻的若干神经元的输出，即从前一层到下一层不再是全连接，而是局部连接，与 FC 网络相比，CNN 的连接是稀疏的。

再解释一下 CNN 参数共享的含义。当前层的一个神经元的输入是前一层附近若干神经元的输出，感受到的是前层近邻神经元的输出，这个输入区域称为当前神经元的感受野。感受野内的信号加权形成当前神经元的激活，相邻神经元有不同但区域相等（不考虑边界）的感受野，各神经元的激活是各自感受野的信号用相同的一组权系数加权求和产生的，即各神经元使用了相同的权系数向量，这组共享的权系数称为卷积核。

输入信号的平移对应输出信号相同的平移，这是卷积运算自身的性质，即线性时不变系统的基本性质，但完整的卷积网络中还有其他操作，包括池化和非线性激活函数，这些因素使 CNN 不能保持严格的平移不变，但通过合理地设计池化单元和选择激活函数，CNN 可近似保持平移不变性。平移不变是很多图像处理任务所要求的，如要识别图像中的一只狗，做了平移后仍然是一只狗。

以上这些性质使 CNN 更容易优化和训练，同时在很多应用情景中又可以得到很好的效果。

本节首先从线性系统理论的角度对卷积运算及其物理性质做概要介绍，这些基础可帮助理解 CNN 的许多特点，然后介绍机器学习中 CNN 的结构特点，最后给出几个已成功应用的网络实例。

10.1.1 卷积运算及其物理意义

卷积作为一种运算形式，被神经网络利用其作为基本构造块之前，在线性系统理论和信号处理等领域早已研究和应用多年，有极为丰富的成果。尽管 CNN 中用到的卷积与系统理论中标准卷积的形式略有不同，但本质上仍是卷积，并无疑义。本节从线性系统理论角度对卷积做一个概要介绍，以帮助理解卷积的本质。

在线性系统理论中，卷积表示一个线性时不变系统的输入输出关系，若一个系统的单位冲激响应为 $h(t)$(对应 CNN 中的卷积核)，系统的输入信号为 $x(t)$，则系统输出为

$$y(t)=\int_{-\infty}^{+\infty} x(\tau)h(t-\tau)\mathrm{d}\tau=x(t)*h(t) \tag{10.1.1}$$

其中，用符号 $*$ 表示卷积。式(10.1.1)是针对连续信号和连续系统的情况，在离散系统实现时，卷积采用离散形式，即

$$y[n]=\sum_{k=-\infty}^{+\infty} x[k]h[n-k]=x[n]*h[n] \tag{10.1.2}$$

其中，$h[n]$表示离散系统的单位抽样响应，在 CNN 的术语中称为卷积核。做简单的变量替换，可证明：卷积是满足可交换性的，即

$$\begin{aligned} y[n]&=\sum_{k=-\infty}^{+\infty} x[k]h[n-k]=x[n]*h[n]\\ &=\sum_{k=-\infty}^{+\infty} h[k]x[n-k]=h[n]*x[n] \end{aligned} \tag{10.1.3}$$

卷积有一个重要性质，即平移不变性。若 $x[n]$作为输入时，输出为 $y[n]$，则当 $x[n-n_0]$作为输入时，输出为 $y[n-n_0]$，即输入对象平移对应在输出中表现为相同的平移。这个性质还可以推广为 $x_1[n]$对应输出 $y_1[n]$，$x_2[n]$对应输出 $y_2[n]$，则组合的位移输入为 $ax_1[n-n_1]+bx_2[n-n_2]$时，对应输出为 $ay_1[n-n_1]+by_2[n-n_2]$。这是很有意义的平移不变原理，即输入中多个对象做不同移动时，对应各对象在输出中有相同的移动。

在许多应用中，选择卷积核 $h[n]$为有限长序列具有计算上的方便性。例如，一个有限长卷积核在 $0\leqslant n<K$ 的范围内有 K 个非零值，其他值为 0，则式(10.1.3)的计算变成有限求和，即

$$y[n]=\sum_{k=n-K+1}^{n} x[k]h[n-k]=\sum_{k=0}^{K-1} h[k]x[n-k] \tag{10.1.4}$$

当输入 $x[n]$也是有限长，只在 $0\leqslant n<N$ 的范围内取值非零时，则可验证输出 $y[n]$也仅有有限非零值，其非零长度最大为 $N+K-1$。

卷积的计算很有特点，以式(10.1.4)第 1 个等式的情况进行说明，在求和计算中，k 为求和变量，n 为参数，在计算一个给定 n 的输出时，在卷积的求和表达式中，n 作为参数不变，对 k 求和，在这个求和过程中的 $h[n-k]$实际是将 $h[k]$首先针对纵坐标反转得到 $h[-k]$，再根据 n 的取值平移 $h[-k]$得到 $h[n-k]=h[-(k-n)]$，然后将 $x[k]$和 $h[n-k]$对应相乘求和。假设先计算 $y[0]$，则需要 $h[-k]$和 $x[k]$相乘，对乘积求和；计算 $y[1]$时，$h[-k]$向右移动一个单位得 $h[1-k]$，然后 $h[1-k]$与 $x[k]$相乘，乘积求和，依此类推。下面给出一个例子，以帮助理解卷积。

例 10.1.1 有限长序列和卷积核的卷积。信号 $x[n]$只有 6 个非零值，记为 $x[0]\sim x[5]$，卷

积核有 $K=3$ 个非零值，记为 $h[0]\sim h[2]$。

图 10.1.1 所示为卷积计算过程。图中第 1 行表示求和序号，第 2 行是 $x[k]$，第 3～10 行分别表示 $n=0\sim 9$ 时的 $h[n-k]$，其中第 3 行为 $h[-k]$，向下 n 每增加 1，则 $h[n-k]$ 向右移动一格，最右侧一列表示 $y[n]$，为对应行的 $h[n-k]$ 与 $x[k]$ 乘积后的和。$y[n]$ 的计算如下。

$$\begin{cases} y[0]=h[0]x[0] \\ y[1]=h[1]x[0]+h[0]x[1] \\ y[2]=h[2]x[0]+h[1]x[1]+h[0]x[2] \\ y[3]=h[2]x[1]+h[1]x[2]+h[0]x[3] \\ y[4]=h[2]x[2]+h[1]x[3]+h[0]x[4] \\ y[5]=h[2]x[3]+h[1]x[4]+h[0]x[5] \\ y[6]=h[2]x[4]+h[1]x[5] \\ y[7]=h[2]x[5] \end{cases} \tag{10.1.5}$$

−2	−1	0	1	2	3	4	5	6	7	
0	0	$x[0]$	$x[1]$	$x[2]$	$x[3]$	$x[4]$	$x[5]$	0	0	
$h[2]$	$h[1]$	$h[0]$								$y[0]$
	$h[2]$	$h[1]$	$h[0]$							$y[1]$
		$h[2]$	$h[1]$	$h[0]$						$y[2]$
			$h[2]$	$h[1]$	$h[0]$					$y[3]$
				$h[2]$	$h[1]$	$h[0]$				$y[4]$
					$h[2]$	$h[1]$	$h[0]$			$y[5]$
						$h[2]$	$h[1]$	$h[0]$		$y[6]$
							$h[2]$	$h[1]$	$h[0]$	$y[7]$

图 10.1.1 卷积计算过程

在本例中可见，当输入长度为 $N=6$，卷积核长度为 $K=3$ 时，卷积输出最大长度为 $L=N+K-1=8$，这是完全卷积的输出。需要注意到，卷积的开始和结束的各两个输出中，只有部分卷积核系数参与运算（相当于一部分系数与 0 相乘），这些点称为过渡阶段，中间的 $y[2]\sim y[5]$ 是由相同的全部卷积核系数与输入的不同感受野计算得到的，这一段称为有效卷积区间。有效卷积长度为 $L_1=N-K+1=4$。

我们离开例子讨论一般情况。在 CNN 中，用得最多的卷积方式是使用有效卷积输出，把例 10.1.1 的结果一般化，可见有效卷积的输出长度为 $L_1=N-K+1$，有效卷积的输出比输入样本少，经过一级卷积数据数目减少 $K-1$，若需要卷积输出与输入长度一致，则需要保留一部分过渡点，或相当于对输入添加$(K-1)$个 0，然后进行有效卷积。在 CNN 中，若要求卷积输出与输入长度不变，则一般用后一种观点（填充 0 后做有效卷积），即输入添补 0 元素。若 K 为奇数，则输入两端各添加$(K-1)/2$ 个 0；若 K 为偶数，则一侧添加 $K/2$ 个 0，另一侧添加$(K/2)-1$ 个 0。

在线性系统理论中，卷积表示一个线性时不变系统的输入和输出关系，在信息系统领域，一个线性系统经常用作滤波器，其物理意义明确。经典滤波器有低通、高通、带通、带阻等各种实用滤波器，各自抽取信号中的不同特征。

举例说明滤波器的物理意义。例如，低通滤波器抽取信号的缓变的低频成分，高通滤波器则抽取信号快速变化的高频成分，而带通滤波器抽取变化适中的成分。卷积实现滤波功能有明确的物理意义，其实质是抽取信号中的不同尺度变化的特征表示。例如，可考虑两个典型信号：$x_1[n]=\{\cdots,1,1,1,1,\cdots\}$和$x_2[n]=\{\cdots,1,-1,1,-1,\cdots\}$。第1个信号是低频信号，故没有变化；第2个信号是高频信号，故快速变化。设两个各自只有两个非零系数的卷积核为$h_1[n]=\{1/2,1/2\}$和$h_2[n]=\{1/2,-1/2\}$，第1个卷积核对应低通滤波器，第2个卷积核对应高通滤波器。通过简单的卷积运算可验证，第1个信号经过第1个卷积核输出为$y_{11}[n]=\{\cdots,1,1,1,1,\cdots\}$，第1个信号经过第2个卷积核输出为$y_{12}[n]=\{\cdots,0,0,0,0,\cdots\}$，即第1个信号是低频信号，经过低通滤波无损伤，经过高通滤波后原信号仅有的低频信号被高通滤波滤除了，输出只有0。同样，第2个信号经过第1个滤波器输出为$y_{21}[n]=\{\cdots,0,0,0,0,\cdots\}$，经过第2个滤波器输出为$y_{22}[n]=\{\cdots,1,-1,1,-1,\cdots\}$，即高频信号$x_2[n]$经过高通滤波器被保持，由于信号没有低频分量，信号经过低通滤波器输出为0。

以上这个简单例子直观说明了卷积实现滤波器的物理意义。当然，对于一个复杂信号，其中包含各种频率成分，不同卷积核实现的不同滤波器可获取信号中的不同变化尺度的成分，实际中，可同时设计多个不同卷积核$h_i[n]$，$i=1,2,\cdots,M$，每个卷积核获取信号的不同尺度变化分量。同时实现多滤波器的结构如图10.1.2所示。

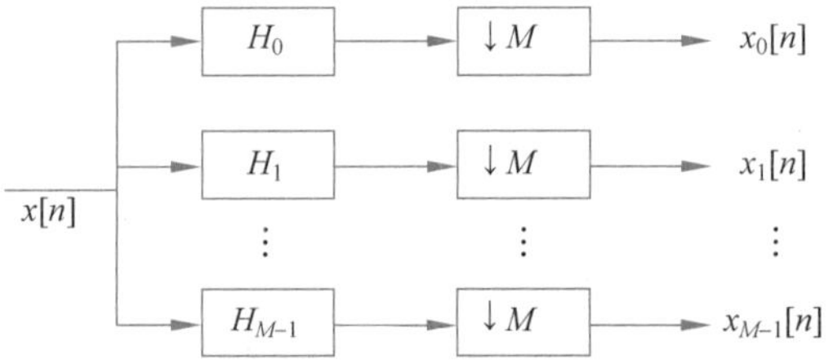

图10.1.2　多卷积核同时产生卷积输出

在图10.1.2中，用H_i表示一个卷积核，当同时有多个卷积核时，所有卷积通道产生的输出信号数目远大于原输入信号，多通道卷积输出中存在大量冗余，往往需要通过降低数据率只保留部分卷积输出数据，图中的$\downarrow M$符号表示卷积输出中每间隔M个值只保留一个值，抛弃其他值，这称为M抽取运算，用M降低数据率。信号处理中可通过一些滤波器设计技术使多滤波核具有某种互补性。若用M个卷积核时，最大可使用M抽取，实际中，可采用比M更小的抽取间隔。在CNN中，由于使用了多个卷积核，卷积输出后也可采用降数据率的操作，称为池化运算，简单的降数据率可用抽取单元实现，CNN用可选择的池化操作单元替代单纯的抽取，可获得更大灵活性。

卷积也适用于自适应滤波，自适应滤波是一种更广义的滤波器，从输入中提取期望的特征，这种期望特征以期望响应的方式引导，滤波器输出与期望响应的误差用于训练卷积核，实际上，第4章基于随机梯度的线性回归学习与自适应滤波是等价的，自适应滤波中的期望响应对应回归学习中的标注。当用自适应滤波解释CNN中的卷积单元时，网络输出层的输出与期望响应的误差用于训练输出层网络，而BP算法将输出层误差反向传播到前级的各层，由反向传播误差依次训练各层的卷积核。在这种情况下，每个卷积核都是一个自适应滤波器，抽取系统所需要的各层特征。

由于自适应滤波的解释更复杂，物理意义不像传统滤波器那样清晰，因此一般意义下用传统滤波器解释卷积概念更加清楚。

由于CNN更常用于图像中，可以将卷积运算直接推广到二维情况。对于二维卷积核$h(m,n)$和二维输入信号$I(m,n)$，卷积输出表示为

$$y(m,n)=\sum_i\sum_j I(i,j)h(m-i,n-j)$$
$$=\sum_i\sum_j I(m-i,n-j)h(i,j) \tag{10.1.6}$$

这里，仅将求和变量 i,j 写在求和符号下端，表示求和范围根据卷积核 $h(m,n)$ 的长度自动选取，一般卷积核在 m,n 维都是有限长的，对应有限求和。

10.1.2 基本CNN的结构

10.1.1 节通过物理信号的滤波，讨论了卷积运算的定义和物理意义，这些内容有助于对 CNN 的解释。所谓 CNN，是指一个神经网络中，主要的神经元运算采用卷积运算。与 CNN 相比，第 9 章介绍的 MLP 网络，由于隐含的从前一层的每个输出连接到下一层所有神经元的输入，故称为全连接网络(FC)。FC 网络可以作为一个完整 CNN 的组成部分，但一个 CNN 至少要有一层的神经元是通过卷积构成的。

本节给出 CNN 的基本结构，为了与前面各章的符号一致，仍用下标表示序号，如一维卷积核 h_n、二维卷积核 $h_{n,m}$。

1. 一维卷积

首先通过一维卷积讨论卷积网络，然后推广到二维或张量卷积。一般情况下，为了计算方便，在构造 CNN 时，若有一个卷积核 h_n，并不直接使用 h_n 进行卷积，而是用 h_{-n} 进行卷积，若 x_n 与 h_{-n} 进行卷积，则卷积输出为

$$a_n=\sum_k x_k h_{-(n-k)} \overset{m=k-n}{=} \sum_m h_m x_{n+m}$$

重写为

$$a_n=h_n\otimes x_n=\sum_k h_k x_{n+k} \tag{10.1.7}$$

式(10.1.7)是 CNN 中使用的卷积的一般形式，k 放在求和符号下面没有指定具体范围，意指卷积计算的范围由卷积核 h_k 的非 0 系数数目确定。由 10.1.1 节可知，标准卷积需要首先对 h_n 进行反转，用 h_{-n} 做卷积省去了反转操作，实现更方便。若 h_n 表示一个系统，则 h_{-n} 也表示一个系统，用 h_{-n} 做卷积仍保持了 10.1.1 节讨论的物理意义。另一种解释是把式(10.1.7)解释为 h_n 和 x_n 的互相关，这种解释符合互相关的定义，互相关等价于一种卷积。由于 CNN 中，通过学习获得卷积核，这更符合系统设计的思想，因此对式(10.1.7)的计算单元还是作为一种卷积进行理解。这里，用符号⊗表示 CNN 中取消了反转的卷积运算，以便与 $*$ 表示的标准卷积区别。

之所以用 a_n 表示式(10.1.7)的计算结果，是因为把一次卷积输出作为一个神经元的激活值。如果输入 $\boldsymbol{x}$ 有 D 个元素，卷积核 h_n 有 K 个非 0 系数，则通过有效卷积，产生的卷积输出数目为 $M=D-K+1$，每个卷积输出作为一个神经元的激活值，可构造 M 个神经元。注意，卷积输出还不能构成一个独立神经元，每个神经元的激活 a_n 通过激活函数 $\varphi(\cdot)$ 才构成一个神经元的输出，即

$$z_n=\varphi(a_n),\quad n=1,2,\cdots,M \tag{10.1.8}$$

在 CNN 中，用得最多的激活函数是整流线性激活函数(ReLU)，即 $z=\max\{0,a\}$，根据需要也可以使用其他激活函数。

图 10.1.3 所示为通过一个卷积核进行有效卷积得到的一层 CNN 的结构。这个例子中，h_n 只有 3 个系数：$\{h_0,h_1,h_2\}$，输入长度为 5，有效卷积的输出只有 3 个，可表示为

$$a_n = \sum_k h_k x_{n+k} = h_0 x_n + h_1 x_{n+1} + h_2 x_{n+2}, \quad n = 1,2,3 \tag{10.1.9}$$

若使用 ReLU 激活函数，则输出为

$$z_n = \max\{0, a_n\}, \quad n = 1,2,3 \tag{10.1.10}$$

若将图 10.1.3 的网络与一个具有同样数目神经元的单层 FC 神经网络比较，FC 网络有 3×6 个系数（包括偏置系数），但图 10.1.3 的 CNN 只有 3 个系数（可加入一个公共的偏置系数，共有 4 个系数），计算各神经元激活时是共享卷积核的，即具有系数共享的特性。另外，FC 网络中，每个神经元的激活是由全部 5 个输入元素计算得到的（还附加一个偏置），而 CNN 中只需要相应的 K 个输入元素，本例中 $K=3$，实际上，面对高维 $\boldsymbol{x}$ 时，往往 $K \ll D$，针对一个卷积核的共享参数数目 K 比 FC 网络的参数数目小得多。

由以上分析，对于一个卷积核，其构成的 CNN 的表达能力一般远不及全连接网络，但是，CNN 中，在神经网络的一层中可以构造多个卷积核，每个卷积核抽取输入的不同特征，多个卷积核构成了多个卷积通道，每个卷积通道可表示输入的不同特征，CNN 有对输入的不同性质特征分而治之的能力，这是 CNN 的一个特点。

图 10.1.4 所示为由 4 个卷积核产生的 4 个卷积通道输出，每个卷积通道的计算过程与图 10.1.3 类似，由于连接的复杂，对于多通道卷积结构省略连接线，只显示了每个卷积通道的输出示意。这里每个卷积通道包括了式(10.1.7)的卷积运算和式(10.1.8)的激活函数运算。

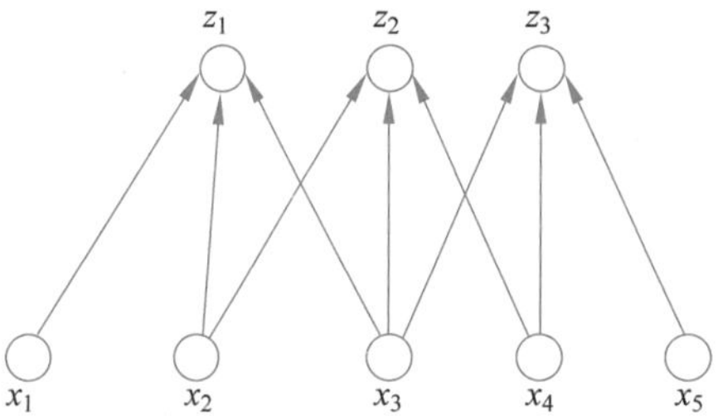

图 10.1.3 卷积层结构

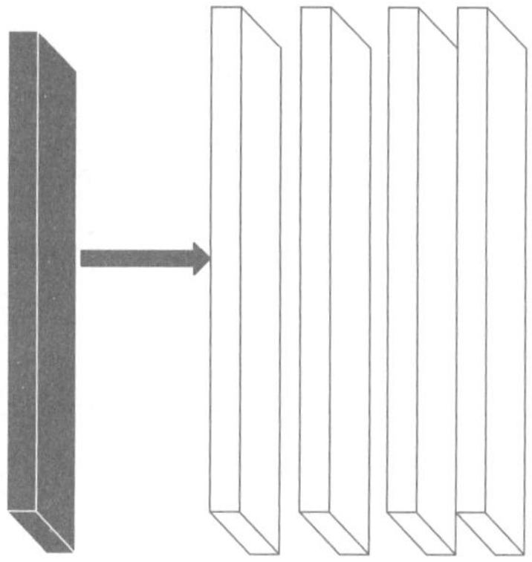

图 10.1.4 多通道卷积

由于多卷积通道产生的输出数目巨大，存在表示冗余，可以通过一些技术降低冗余，这一步在 CNN 中称为池化(Pooling)，早期的池化是简单的抽取或平均，目前有多种不同的池化方式，本节稍后专门介绍，现在将卷积结构推广到二维图像平面。

2. 二维卷积

若输入 $\boldsymbol{X}$ 为矩阵形式，其元素表示为 $X_{m,n}$，$m=1,2,\cdots,D_1$，$n=1,2,\cdots,D_2$，卷积核 $\boldsymbol{h}$ 也为矩阵，元素为 $h_{m,n}$，设卷积核的非零值范围为 $m=0,1,\cdots,K_1-1$，$n=0,1,\cdots,K_2-1$。实际使用 $h_{-m,-n}$ 进行卷积计算，则式(10.1.6)的二维卷积修改为

$$a_{m,n} = \boldsymbol{X} \otimes \boldsymbol{h} = \sum_i \sum_j X_{m+i,n+j} h_{i,j} \tag{10.1.11}$$

二维卷积运算相当于 $h_{i,j}$ 在 $X_{i,j}$ 数据阵列中滑动，当需要计算 $a_{m,n}$ 时，$h_{0,0}$ 滑动到对齐 $X_{m,n}$，然后计算乘积项 $X_{m+i,n+j}h_{i,j}$ 并相加。

例 10.1.2 为了进一步理解二维卷积，观察如下的例子：$\boldsymbol{X}$ 是 4×5 的矩阵，卷积核 $h_{m,n}$ 为 2×2，采用有效卷积，卷积输出为 3×4。图 10.1.5 为卷积结果的示意图。

为了产生 $a_{1,1}$，$h_{0,0}$ 与 $X_{1,1}$ 对齐，卷积核与 $\boldsymbol{X}$ 矩阵相乘求和，故

$$a_{1,1}=h_{0,0}X_{1,1}+h_{0,1}X_{1,2}+h_{1,0}X_{2,1}+h_{1,1}X_{2,2}$$

卷积核向右侧移动一步，相乘求和产生 $a_{1,2}$ 为

$$a_{1,2}=h_{0,0}X_{1,2}+h_{0,1}X_{1,3}+h_{1,0}X_{2,2}+h_{1,1}X_{2,3}$$

卷积核在一行中移动，直到卷积核的右侧与输入矩阵右侧对齐，然后移到下一行，继续每次向右移动一格，依次计算各输出，直到最后一个卷积输出为

$$a_{3,4}=h_{0,0}X_{3,4}+h_{0,1}X_{3,5}+h_{1,0}X_{4,4}+h_{1,1}X_{4,5}$$

对于一般情况下，有效卷积输出大小为 $(D_1-K_1+1)\times(D_2-K_2+1)$。

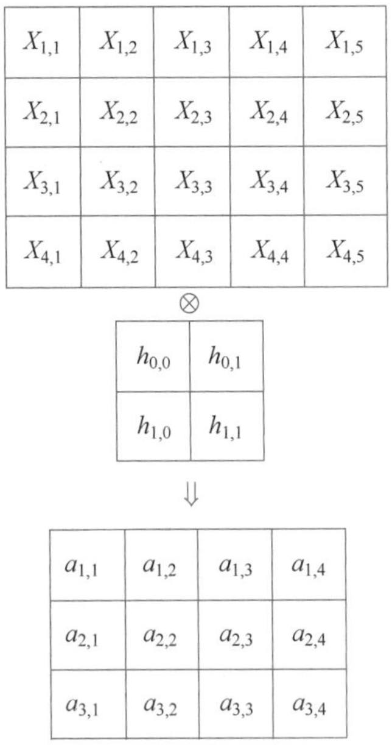

图 10.1.5　一个二维卷积示意图

3. 探测级

每个卷积输出作为一个神经元的激活，通过非线性激活函数，得到各神经元的输出为

$$z_{m,m}=\varphi(a_{m,n}) \tag{10.1.12}$$

对于二维卷积，用得最多的依然是 ReLU 激活函数。在 CNN 中，计算激活函数这一级运算称为探测级(Detector Stage)。

4. 多通道卷积

为了抽取输入矩阵(图像)中的不同特征，可同时设计多个卷积核并行处理，每个卷积核通过卷积运算产生的矩阵称为一个卷积通道(或一个卷积平面)。图 10.1.6 所示为一个多卷积通道的例子，输入是 32×32 的图像，但有 3 个通道，分别表示 RGB 三原色，有 6 个 5×5 卷积核，每两个用于一个输入通道，共产生 6 个卷积通道，通过有效卷积，每个输出卷积通道是 28×28 的图像。对于图像的多通道卷积，由于过于复杂，不再画出网络的连接线，只用一种比较清楚的方式画出各卷积通道(或卷积平面)。

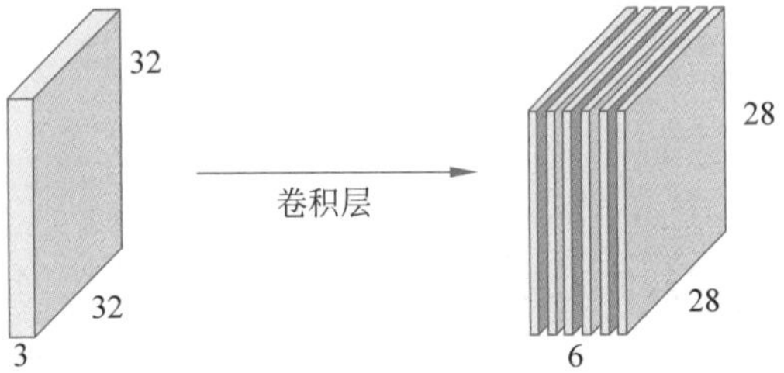

图 10.1.6　多通道卷积示意

5. 池化

通过多通道卷积，可产生大量数据输出，存在很高的冗余，故可通过一级操作降低数据量，一种最简单的方法是采用图 10.1.2 所示的按 M 抽取降低数据率。M 抽取可能会破坏卷积的平移不变性，目前用更一般的池化技术代替一般的 M 抽取，其中 M 抽取也是池化的一种。

通过一个简单例子，分析简单抽取的平移不变性敏感于输入的平移操作(即敏感于对象的位置变化)。以一维卷积为例说明，设一个输入为 $\boldsymbol{x}=\{10,10,2,2,2\}$，卷积核为 $\boldsymbol{h}=\{1,-1\}$，这是一个高频卷积核，抽取输入的变化特征，有效卷积输出为 $\{0,8,0,0\}$，若采用 ReLU 激活函数，则激活函数计算后输出不变，结果中的 8 表示一个突变，是重要的量，若按 $M=2$ 抽取，则抽取后的结果为

$\{0,0\}$，则丢失了这个重要量。若输入为 $\boldsymbol{x}=\{10,10,10,2,2\}$，则卷积核激活函数运算后的结果为 $\{0,0,8,0\}$，按 $M=2$ 抽取后的结果为 $\{0,8\}$，检测到的变化在抽取后被保留下来了。这个例子说明，M 抽取对输入的平移是敏感的。

目前更常用的方法是取窗口最大值的池化，即在一个小窗口内选取最大值作为池化结果。例如，以 $M=2$ 的窗口，移动步长为 2(即步幅为 2)进行最大池化，则上述例子的第 1 个输入的池化结果为 $\{8,0\}$，第 2 个输入的池化结果为 $\{0,8\}$，两种输入下，需要检测的变化 8 都被保留下来且指示了变化所处的位置。

对于二维卷积，在完成卷积和激活函数运算后形成的输出矩阵上进行池化。池化运算是一个窗口运算，设置一个 $M_1 \times M_2$ 的小窗口，起始时窗口与矩阵的左上角对齐，在窗口内进行池化运算。以最大化池化为例，池化的结果是检测对应窗口内数据的最大值并作为输出，然后以 S 为步长向右移动窗口，若窗口与右侧边界对齐，则下移 S 格并从最左侧开始操作，该过程直到结束。这里 S 称为池化的步幅。

以下是一个最大池化的例子，对以下数据矩阵做池化，设池化窗口为 2×2，步幅 $S=1$，则对如下矩阵进行最大池化的结果为其下方的矩阵。

4	2	18	5
8	15	2	9
2	7	13	15
9	1	9	2

15	18	18
15	15	15
9	13	15

在该例中，步幅为 1，池化后的很多数据是重复的，可增大步幅，以下是步幅 $S=2$ 的最大池化结果。

15	18
9	15

除了最大池化外，也可以选择其他池化方法。例如，窗口内平均值作为池化结果或进行 $M_1 \times M_2$ 抽取，即在 $M_1 \times M_2$ 窗口内抽取一个固定点的值，在上述例子中，若抽取 2×2 窗口左上角的值，步幅为 2，则抽取池化的结果如下。

4	18
2	13

可见，抽取池化丢失了一些取值大的特征。

图 10.1.7 所示为一个池化的例子，大小为 224×224 的 64 个卷积通道(平面)，每个通道采用步幅为 2 的 2×2 最大池化，池化结果是大小为 112×112 的 64 个通道，图中下部画出了其中一个平面池化的结果显示。

6. 等长零填充卷积

在例 10.1.1 中说明了，对于一维卷积，若输入长度为 N，卷积核长度为 K，则卷积长度最长为

$N+K-1$，这个长度长于输入序列，称为完全卷积，CNN 中很少使用完全卷积。若不希望在卷积计算时出现过渡，让卷积运算具有一致性，则每次卷积运算要使用所有卷积核系数，这样得到的卷积称为有效卷积，前面讨论的主要是有效卷积，有效卷积输出长度为 $N-K+1$。若使用有效卷积的计算结构得到与输入同长度的卷积输出，若 K 为奇数，则相当于对输入两端各填充 $(K-1)/2$ 个 0 再做有效卷积。

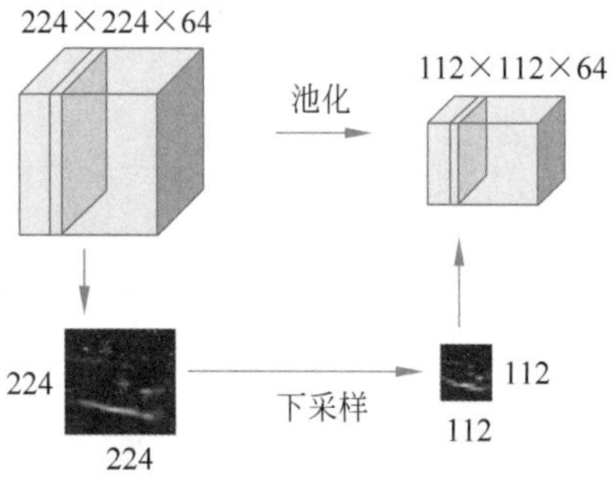

图 10.1.7 池化的一个图像实例

对于两维卷积，输入为 $D_1 \times D_2$ 维矩阵，卷积核为 $K_1 \times K_2$，若用有效卷积计算结构产生与输入等维度的输出矩阵，设 K_1，K_2 均为奇数，则在输入矩阵上下分别填充 $(K_1-1)/2$ 行 0，在输入矩阵左右分别填充 $(K_2-1)/2$ 列 0。

对于例 10.1.2，X 为 4×5 的矩阵，若卷积核为 3×3，则可在上下各填充一行 0，左右各填充一列 0，然后再通过有效卷积的计算结构，产生 4×5 卷积输出矩阵，如下所示。

0	0	0	0	0	0	0
0	$X_{1,1}$	$X_{1,2}$	$X_{1,3}$	$X_{1,4}$	$X_{1,5}$	0
0	$X_{2,1}$	$X_{2,2}$	$X_{2,3}$	$X_{2,4}$	$X_{2,5}$	0
0	$X_{3,1}$	$X_{3,2}$	$X_{3,3}$	$X_{3,4}$	$X_{3,5}$	0
0	$X_{4,1}$	$X_{4,2}$	$X_{4,3}$	$X_{4,4}$	$X_{4,5}$	0
0	0	0	0	0	0	0

以上说明了为产生与卷积输入同维度的输出矩阵，采用有效卷积结构，需要做零填充的原理，在输入矩阵做填充后用统一的卷积流程进行卷积，产生输出与原输入等长宽的矩阵。在 CNN 结构中，既有用有效卷积的结构，也有用等长宽卷积的结构。

7. 构成 CNN

前面讨论了卷积网络的各种实现单元，这些单元组合并且结合全连接网络（FC）可构成一个完整的 CNN。一般的 CNN 至少具有几个卷积层，这里一个卷积层指由卷积运算为核心组成的神经网络的一层。一个完整的卷积层可由两级或 3 级运算组成：卷积运算级和探测级（激活函数运算，以 ReLU 为最常用），池化是可选择的。一个卷积层可以包含池化运算，也可以不包含池化运算，一般情况下，可以在几个卷积层后做一次池化，即有些卷积层包含池化，有些卷积层不包含池化。

实际 CNN 中，一个卷积层的卷积运算级一般包含多个卷积通道，即每个卷积级有多个卷积核产生并行的卷积输出通道（对于图像每个卷积通道是一个平面）。

完成多个卷积层运算后，得到了输入的多层多特征表示，网络的最后几层可能利用 FC 网络产生输出，若是多分类问题，最后的输出层可能用 Softmax 函数产生分类的输出后验概率。近期也有一些网络完全由卷积层构成，不使用 FC 网络。图 10.1.8 所示为一个典型 CNN 的结构图，图中以“卷积+ReLU”作为一层，这样的层级联 N 级后可能做一次池化（图中用？表示可选择），这样构成的大模块再重复 M 级，最后连接一个 FC 网络产生输出，这里 N 和 M 取值有很大的自由度。这只是 CNN 的一个典型结构，可按照这种结构构造实际的 CNN，需要根据实际问题做反复调试和修改才能得到一个达到要求的网络，实际中也有许多典型网络突破了这个结构。

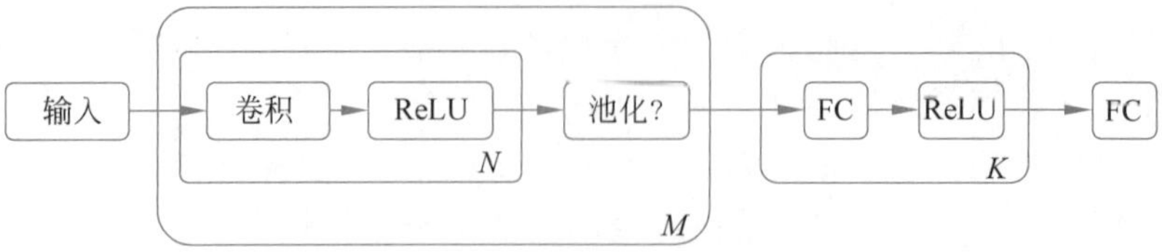

图 10.1.8 典型 CNN 的结构示意图

CNN 的构成灵活多变，很多典型网络是研究者或机构通过启发式或反复实验确定的。本节给出了 CNN 构成的核心单元的原理，稍后介绍 CNN 的参数学习，后续给出卷积结构的一些扩展和几个有代表性的典型 CNN，以便了解现代 CNN 的组成结构。

10.1.3 CNN 的参数学习

对于 CNN 的参数学习，可直接使用 9.2 节介绍的随机梯度下降(SGD)算法或小批量 SGD 算法，同样可直接使用 9.3 节的反向传播(BP)算法计算损失函数对权系数的梯度。在使用 BP 算法计算损失函数对各权系数的梯度分量时，可首先使用 9.3 节的标准算法计算各梯度分量，然后考虑到卷积网络一个卷积通道的权系数是共享的，故标准 BP 算法可计算出损失函数对同一个权系数导数的多个值，将这些值求和用于 SGD。可见，CNN 中，由于权系数的共享，可通过求和降低梯度分量的随机性，提高 SGD 的有效性。

对 BP 算法稍加分析，可导出对 CNN 的专门 BP 算法的形式，并且发现对 CNN 的 BP 算法也仍保持有效的卷积计算形式。对于图 10.1.8 所示的结构，一个完整的 BP 算法过程仍包括前向传播和后向(误差)传播。前向传播按照各不同层的计算方式前向计算，若是卷积层按卷积计算，若是 FC 层，则按全连接计算各神经元的激活和输出；若是池化层，按照选择的池化方式进行池化。完成前向传播以后，从输出层开始进行反向传播，对于 FC 层，反向传播计算按 9.3 节介绍的标准 BP 的反向误差传播过程进行计算。这里要专门讨论对卷积层和池化层的反向传播和针对权系数的梯度分量计算。

1. 对卷积层的反向传播公式和梯度分量

考虑一个卷积层，首先讨论一维卷积，然后推广到二维卷积情况。为了导出结果过程简单清楚又不失一般性，下面采用一个具体卷积层的例子进行说明，然后推广到一般结果。图 10.1.9 所示为一个卷积层，输入 $z_i^{(l)}$ 长度 $N=6$，卷积核 $\{h_0^{(l+1)}, h_1^{(l+1)}, h_2^{(l+1)}\}$ 长度为 $K=3$，采用有效卷积，则卷积输出 $a_i^{(l+1)}$，长度为 $M=N-K+1=4$，上标 l 表示该卷积在网络中的层编号。

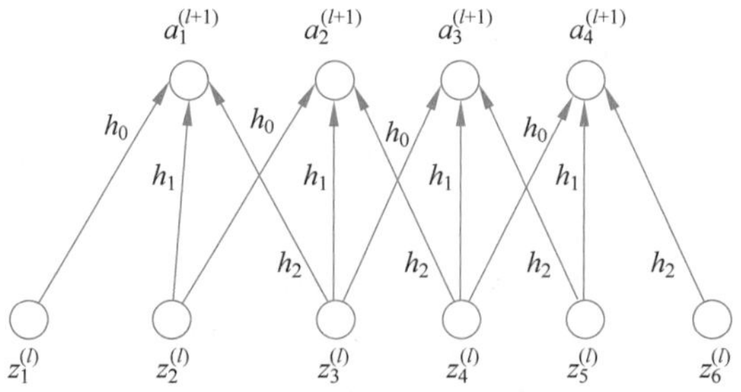

图 10.1.9 卷积层表示

写出卷积运算表达式，注意，这里做一点实际扩展。10.1.2 节为了集中讨论卷积的结构，没有讨论偏置，实际卷积网络中，对于一个卷积核在卷积输出可加入一个偏置量，这样具有更一般的表示能力，由于共享卷积核，同样共用一个偏置，故加入一个偏置 $b^{(l+1)}$，则图 10.1.9 所示结构的卷积输出为

$$\begin{cases} a_1^{(l+1)} = h_0^{(l+1)} z_1^{(l)} + h_1^{(l+1)} z_2^{(l)} + h_2^{(l+1)} z_3^{(l)} + b^{(l+1)} \\ a_2^{(l+1)} = h_0^{(l+1)} z_2^{(l)} + h_1^{(l+1)} z_3^{(l)} + h_2^{(l+1)} z_4^{(l)} + b^{(l+1)} \\ a_3^{(l+1)} = h_0^{(l+1)} z_3^{(l)} + h_1^{(l+1)} z_4^{(l)} + h_2^{(l+1)} z_5^{(l)} + b^{(l+1)} \\ a_4^{(l+1)} = h_0^{(l+1)} z_4^{(l)} + h_1^{(l+1)} z_5^{(l)} + h_2^{(l+1)} z_6^{(l)} + b^{(l+1)} \end{cases} \tag{10.1.13}$$

通过激活函数计算神经元输出为

$$z_i^{(l+1)} = \varphi_{l+1}(a_i^{(l+1)}), \quad i = 1,2,3,4 \tag{10.1.14}$$

式(10.1.13)和式(10.1.14)是卷积层的前向计算。下面通过式(10.1.13)导出卷积层的反向误差传播公式，即由 $\delta_i^{(l+1)} = \dfrac{\partial L}{a_i^{(l+1)}}$ 反向计算出 $\delta_i^{(l)}$，如 9.3 节所述，L 为神经网络的样本损失函数。

为了求出 $\delta_1^{(l)} = \dfrac{\partial L}{a_1^{(l)}}$，注意到式(10.1.13)中，只有第 1 个等式通过 $z_1^{(l)}$ 与 $a_1^{(l)}$ 有联系，故通过链式法则得

$$\delta_1^{(l)} = \frac{\partial L}{\partial a_1^{(l)}} = \frac{\partial L}{\partial z_1^{(l)}} \frac{\partial z_1^{(l)}}{\partial a_1^{(l)}} = \frac{\partial z_1^{(l)}}{\partial a_1^{(l)}} \frac{\partial L}{\partial a_1^{(l+1)}} \frac{\partial a_1^{(l+1)}}{\partial z_1^{(l)}} = \varphi_l'(a_1^{(l)}) h_0^{(l+1)} \delta_1^{(l+1)} \tag{10.1.15}$$

为了求出 $\delta_2^{(l)} = \dfrac{\partial L}{a_2^{(l)}}$，注意式(10.1.13)中，第 1 个等式和第 2 个等式均通过 $z_2^{(l)}$ 与 $a_2^{(l)}$ 有联系，故通过链式法则得

$$\begin{aligned} \delta_2^{(l)} &= \frac{\partial L}{\partial a_2^{(l)}} = \frac{\partial L}{\partial z_2^{(l)}} \frac{\partial z_2^{(l)}}{\partial a_2^{(l)}} = \frac{\partial z_2^{(l)}}{\partial a_2^{(l)}} \left[\frac{\partial L}{\partial a_1^{(l+1)}} \frac{\partial a_1^{(l+1)}}{\partial z_2^{(l)}} + \frac{\partial L}{\partial a_2^{(l+1)}} \frac{\partial a_2^{(l+1)}}{\partial z_2^{(l)}} \right] \\ &= \varphi_l'(a_2^{(l)}) (h_1^{(l+1)} \delta_1^{(l+1)} + h_0^{(l+1)} \delta_2^{(l+1)}) \end{aligned} \tag{10.1.16}$$

继续这个过程，发现为了求出 $\delta_3^{(l)} = \dfrac{\partial L}{a_3^{(l)}}$，式(10.1.13)中，第 1～3 个等式均通过 $z_3^{(l)}$ 与 $a_3^{(l)}$ 有联系，故通过链式法则得

$$\begin{aligned} \delta_3^{(l)} &= \frac{\partial L}{\partial a_3^{(l)}} = \frac{\partial L}{\partial z_3^{(l)}} \frac{\partial z_3^{(l)}}{\partial a_3^{(l)}} \\ &= \frac{\partial z_3^{(l)}}{\partial a_3^{(l)}} \left[\frac{\partial L}{\partial a_1^{(l+1)}} \frac{\partial a_1^{(l+1)}}{\partial z_3^{(l)}} + \frac{\partial L}{\partial a_2^{(l+1)}} \frac{\partial a_2^{(l+1)}}{\partial z_3^{(l)}} + \frac{\partial L}{\partial a_3^{(l+1)}} \frac{\partial a_3^{(l+1)}}{\partial z_3^{(l)}} \right] \\ &= \varphi_l'(a_3^{(l)}) (h_2^{(l+1)} \delta_1^{(l+1)} + h_1^{(l+1)} \delta_2^{(l+1)} + h_0^{(l+1)} \delta_3^{(l+1)}) \end{aligned} \tag{10.1.17}$$

依此类推，完成后续的几个误差反向传播公式为

$$\begin{cases} \delta_4^{(l)} = \varphi_l'(a_4^{(l)}) (h_2^{(l+1)} \delta_2^{(l+1)} + h_1^{(l+1)} \delta_3^{(l+1)} + h_0^{(l+1)} \delta_4^{(l+1)}) \\ \delta_5^{(l)} = \varphi_l'(a_5^{(l)}) (h_2^{(l+1)} \delta_3^{(l+1)} + h_1^{(l+1)} \delta_4^{(l+1)}) \\ \delta_6^{(l)} = \varphi_l'(a_6^{(l)}) (h_2^{(l+1)} \delta_4^{(l+1)}) \end{cases} \tag{10.1.18}$$

由式(10.1.15)～式(10.1.18)反向计算卷积层的误差传播公式，即由 $\delta_i^{(l+1)}$ 反向计算出 $\delta_i^{(l)}$。在以上反向误差传播计算中，$\delta_i^{(l+1)}$ 长度为 $M=4$，计算结果 $\delta_i^{(l)}$ 长度为 $N=M+K-1=6$，对比式(10.1.15)～式(10.1.18)和例 10.1.1，发现两者的计算过程完全一致(除了 $\delta_i^{(l+1)}$ 的序号 i 从 1 开始，而例 10.1.1 的 $x[i]$序号从 0 开始)，即由 $\delta_i^{(l+1)}$ 反向传播计算 $\delta_i^{(l)}$ 进行的是一个完整的传统卷积运算，卷积核 $h_i^{(l+1)}$ 首先反转，然后每次向右移动一步，得到完全卷积输出。

对于一般情况，设 $\delta_i^{(l+1)}$ 的长度为 M，卷积核 $h_i^{(l+1)}$ 长度为 K，反向传播算法表示为

$$\begin{aligned}\delta_i^{(l)} &= \frac{\partial L}{\partial a_i^{(l)}} = \varphi'_l(a_i^{(l)})\sum_{k=0}^{K-1} h_k^{(l+1)}\delta_{i-k}^{(l+1)} \\ &= \varphi'_l(a_i^{(l)})(h_i^{(l+1)} * \delta_i^{(l+1)}), \quad i=1,2,\cdots,M+K-1\end{aligned} \tag{10.1.19}$$

这里，用 * 表示传统的完全卷积。在使用式(10.1.19)之前，可对 $\delta_i^{(l+1)}$ 两侧填充$(K-1)$个 0。

类似地，对式(10.1.13)求梯度分量，由于式(10.1.13)中每个等式都包含所有卷积核系数，则显然有(直接写出一般形式，本例中 $M=4$)

$$\begin{aligned}\frac{\partial L}{\partial h_i^{(l+1)}} &= \sum_{k=1}^{M}\frac{\partial L}{\partial a_k^{(l+1)}}\frac{\partial a_k^{(l+1)}}{\partial h_i^{(l+1)}} \\ &= \sum_{k=1}^{M}\delta_k^{(l+1)} z_{i+k}^{(l)} = \delta_i^{(l+1)} \otimes z_i^{(l)}, \quad i=0,1,\cdots,K-1\end{aligned} \tag{10.1.20}$$

注意，式(10.1.20)是没有反转的有效卷积，即与 CNN 中的卷积形式一致。对偏置系数的梯度分量为

$$\frac{\partial L}{\partial b^{(l+1)}} = \sum_{k=1}^{M}\frac{\partial L}{\partial a_k^{(l+1)}}\frac{\partial a_k^{(l+1)}}{\partial b^{(l+1)}} = \sum_{k=1}^{M}\delta_k^{(l+1)} \tag{10.1.21}$$

2. 对池化层的反向传播公式

可以将池化和与其相连的卷积运算作为一层处理，但更清晰的处理方式还是将池化作为单独一层处理。假设池化层的层序号为 $l+1$，其输入是第 l 层的神经元输出 $z_i^{(l)}$，l 层一般是卷积层，池化层输出 $z_k^{(l+1)}$ 作为 $l+2$ 层的输入，在图 10.1.8 的典型 CNN 结构中，$l+2$ 层可能是卷积层，也可能是 FC 层。在反向传播中，可把池化层看作反向传播误差的一种特殊反向传播通道。

一般池化层若主要进行降数据率操作，则不进行非线性激活函数的运算，故可令 $a_k^{(l+1)}=z_k^{(l+1)}$。对于池化层，由 $\delta_k^{(l+2)}$ 反向传播产生池化层的 $\delta_k^{(l+1)}$，通过 $\delta_k^{(l+2)}$ 计算 $\delta_k^{(l+1)}$ 的公式由 $l+2$ 层的结构决定，若 $l+2$ 层是卷积层，则用式(10.1.20)的卷积方式计算 $\delta_k^{(l+1)}$；若 $l+2$ 层是全连接层，则由 9.3 节的标准反向传播公式计算 $\delta_k^{(l+1)}$，但不管哪种方式，由于 $a_k^{(l+1)}=z_k^{(l+1)}$，故 $\varphi'_{l+1}(\cdot)=1$。

接下来考虑由 $\delta_k^{(l+1)}$ 通过池化层传递给前一层的 $\delta_i^{(l)}$。池化运算通过窗口滑动，由一个窗口内的多个值 $z_i^{(l)}$ 输出一个池化输出 $z_k^{(l+1)}$，为了方便，将窗口内的 $z_i^{(l)}$ 记为 $I=\{z_i^{(l)}, z_{i+1}^{(l)}, \cdots, z_{i+W-1}^{(l)}\}$，其中 W 为池化窗口宽度。不同的池化方式对应窗口数据的不同使用方式，相应地，对应着不同反向传播方式。例如，在最大池化中，若 $z_{i+m}^{(l)}$ 为窗口内最大值并作为池化输出 $z_k^{(l+1)}$，则对应的池化层反向传播误差 $\delta_k^{(l+1)}$ 只反向传播给 $z_{i+m}^{(l)}$ 单元，其他单元的反向传播为 0。由于前向传播时已知哪一个 $z_{i+m}^{(l)}$ 最大并作为池化输出的，故反向传播时，反向通道是确定的。类似地，若池化是平均池化，则相应的 $\delta_k^{(l+1)}/W$ 反向传播给池化窗口内的所有单元。

由于一个窗口对应一个池化输出值，故反向传播时，一个 $\delta_k^{(l+1)}$ 要反向传播回一个窗口，故这是一种增数据方式，用函数 $\mathrm{UP}(\delta_k^{(l+1)})$ 表示这种增数据运算。为了更易理解，我们举例说明。设池化窗口有 4 个元素，即 $I=\{z_i^{(l)}, z_{i+1}^{(l)}, z_{i+2}^{(l)}, z_{i+3}^{(l)}\}$，若选择最大值池化，并在前向传播中，选择了 $z_{i+2}^{(l)}$ 作为输出，则 $\delta_k^{(l+1)}$ 反向传播的增数据运算为 $\mathrm{UP}(\delta_k^{(l+1)})=\{0,0,\delta_k^{(l+1)},0\}$。若是平均池化，则增数据运算为 $\mathrm{UP}(\delta_k^{(l+1)})=\{\delta_k^{(l+1)}/4, \delta_k^{(l+1)}/4, \delta_k^{(l+1)}/4, \delta_k^{(l+1)}/4\}$。

通过以上增数据运算，将 $\delta_k^{(l+1)}$ 反向传播给各 $z_{i+m}^{(l)}$ 单元，即得到了 $\partial L/\partial z_{i+m}^{(l)}$，若需要计算

$\delta_i^{(l)}$，则由 $\delta_i^{(l)}=\varphi_l'(a_i^{(l)})(\partial L/\partial z_i^{(l)})$，可得

$$\delta_{i+m}^{(l)}=\varphi_l'(a_{i+m}^{(l)})\,\mathrm{UP}_m(\delta_k^{(l+1)}) \tag{10.1.22}$$

其中，UP_m 表示 UP 运算的第 m 分量。

例如，在如前所述的池化窗口为 4 的最大池化例子中，对应池化层该窗口的反向传播为 $\{\delta_i^{(l)},\delta_{i+1}^{(l)},\delta_{i+2}^{(l)},\delta_{i+3}^{(l)}\}=\{0,0,\varphi_l'(a_{i+2}^{(l)})\delta_k^{(l+1)},0\}$。

3. 二维扩充

反向传播算法可直接扩展到二维卷积情况，即

$$\begin{aligned}\delta_{i,j}^{(l)}=\frac{\partial L}{\partial a_{i,j}^{(l)}}&=\varphi_l'(a_{i,j}^{(l)})\sum_{k=0}^{K_1-1}\sum_{m=0}^{K_2-1}h_{k,m}^{(l+1)}\delta_{i-k,j-m}^{(l+1)}\\&=\varphi_l'(a_{i,j}^{(l)})(h_{i,j}^{(l+1)}*\delta_{i,j}^{(l+1)})\end{aligned} \tag{10.1.23}$$

其中，K_1,K_2 表示卷积核在二维上分别的长度。对卷积核系数的梯度为

$$\frac{\partial L}{\partial h_{i,j}^{(l+1)}}=\sum_{k=1}^{M_1}\sum_{m=1}^{M_2}\delta_{k,m}^{(l+1)}z_{i+k,j+m}^{(l)}=\delta_{i,j}^{(l+1)}\otimes z_{i,j}^{(l)} \tag{10.1.24}$$

$$\frac{\partial L}{\partial b^{(l+1)}}=\sum_{k=1}^{M_1}\sum_{m=1}^{M_2}\delta_{k,m}^{(l+1)} \tag{10.1.25}$$

其中，M_1,M_2 表示 $\delta_{k,m}^{(l+1)}$ 分别在二维上的长度。

类似地，在池化层增数据运算 UP 是针对二维的池化窗口的增运算，将一个元素增维到二维窗口对应的子矩阵，这种扩充是直接的，这里不再赘述。

当一个 CNN 的一层存在多个卷积通道时，每个通道可采用以上讨论的方法先进行前向传播再进行后向传播。得到各梯度分量后，用 SGD 或小批量 SGD 算法进行迭代，基本迭代算法如第 9 章所述，不再重复，一些针对深度神经网络的改进优化算法在第 11 章有专门介绍。

*10.1.4　卷积的一些扩展结构

构成 CNN 的基本运算模块是一维或二维卷积，在这个基础上还可以做进一步扩展，如在三维数据体上做张量卷积。如前所述，对于输入二维图像，若进行多通道二维卷积，则每个通道形成一个卷积平面输出，这些卷积平面可构成三维数据体，后续卷积可以在第 3 维即通道维进行加权计算。

设输入三维数据体表示为 $X_{i,j,k}$，其中 k 表示通道维序号，i,j 分别为行、列序号，张量卷积核为 $h_{i,j,k}$，则 $h_{i,j,k}$ 对 $X_{i,j,k}$ 的张量卷积产生一个卷积平面，输出为

$$a_{i,j}=\sum_{n,m,k}h_{n,m,k}X_{i+n,j+m,k} \tag{10.1.26}$$

注意，为了符号简单这里只用一个求和号表示三重求和，三重求和的各序号放在求和符号下方。式(10.1.26)定义的这种张量卷积，对三维数据卷积产生二维输出，即在通道维选择卷积核长度与通道数目相等，则通道维方向不需要移动卷积核且只输出一个点，用这种方式处理通道维，保证一个卷积核只输出一个卷积平面。若选择 $h_{i,j,k}$ 在通道维长度短于通道数，卷积核也在通道维滑动，则可将一个卷积核的输出扩展为多个平面。

实际中，常用多个卷积核 $h_{n,m,k}^{(p)}$ 产生多个卷积平面输出，这里上标(p)表示不同卷积核的序号。若设每个卷积核在通道维等于输入的通道数，则每个卷积核只产生一个卷积平面，把各卷积平面表示为一个三维数据体，则有

$$a_{i,j,p}=\sum_{n,m,k}h_{n,m,k}^{(p)}X_{i+n,j+m,k} \tag{10.1.27}$$

图 10.1.10 所示为一个张量卷积的例子，输入是彩色图像，故输入有 RGB 3 个通道，使用 6 个 5×5×3 的卷积核（通道方向卷积核长度等于通道数），每个卷积核产生一个卷积平面，共得到 6 个卷积通道，这里使用有效卷积，在行列方向均减少 4 个点。接下来继续选择 10 个 5×5×6 卷积核，产生 10 个卷积平面输出。为了说明多卷积核的张量卷积结果，没有插入池化运算，但每个卷积层都做了 ReLU 激活函数运算。由于一个张量卷积只产生一个卷积平面输出，因此描述张量卷积核时，可忽略其通道维数目，如 5×5×6 卷积核也可简单叙述为 5×5 卷积核，其通道维数目可由上下文确定。

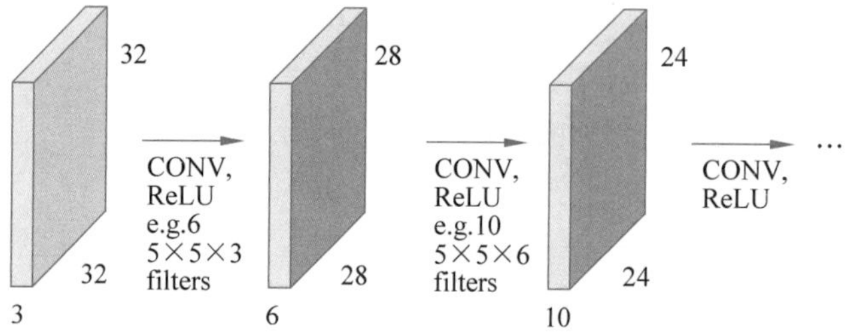

图 10.1.10 张量卷积示例

由于卷积核在通道维的计算可以抽取通道维的不同特征，故可采用所谓 1×1 卷积，即卷积核在行、列方向长度为 1，实际运算主要在通道维进行，可设计多个 1×1 卷积核 $h_k^{(p)}$，多个卷积平面表示为

$$a_{i,j,p}=\sum_{k}h_{k}^{(p)}X_{i,j,k} \tag{10.1.28}$$

若对卷积结果做池化，如果选择最大池化或平均池化，则需要将所有卷积结果计算出来后，再通过池化降低数据，若采用简单抽取作为池化，即在每个 $S\times S$ 小窗口内只保留固定位置的一个值，其他值丢弃，则在卷积时可通过步幅为 S 的卷积直接省略这些要丢弃的数据，对于一般的张量卷积式(10.1.27)的 S 步幅卷积可修改为

$$a_{i,j,p}=\sum_{n,m,k}h_{n,m,k}^{(p)}X_{i\times S+n,j\times S+m,k} \tag{10.1.29}$$

分数步进卷积是为了产生多倍于输入的长度，为了叙述简单清楚，以 1 维向量输入为例进行说明，可推广到 2 维和 3 维情况。以 1/2 分数步进卷积为例，若输入向量 $\boldsymbol{x}$ 有 N 个样本，则为了进行 1/2 分数步进卷积，首先在 $\boldsymbol{x}$ 的两个分量之间，插入 1 个 0 值，构成一个新的向量 $\tilde{\boldsymbol{x}}$，则有 $\tilde{x}_{2i}=x_i$，$\tilde{x}_{2i+1}=0$，$i=0,1,\cdots,N-2$，最后一项 $\tilde{x}_{2(N-1)}=x_{N-1}$，卷积核与 $\tilde{\boldsymbol{x}}$ 卷积产生的输出向量即为 1/2 分数步进卷积。由于插值 0 后，输入 $\tilde{\boldsymbol{x}}$ 长度改变为 $2N-1$（这是一种简单升采样(up-sample)方式），若卷积核长度为 K，则有效卷积的输出长度为 $2N-K$。通过在输入两端共补 K 个零值（两端各补一半，若 K 为奇数，则其中一端可比另一端多补 1 个），也可产生长度为 $2N$ 的输出。若推广到 $1/C$ 分数步进卷积，则在 $\boldsymbol{x}$ 的两个分量之间，先插入 $C-1$ 个 0 值再卷积。

关于卷积改变输入和输出长度的问题，这里再做一个说明，以 1 维向量为例说明，可直接推广到 2 维的图像。在常用的卷积方法中，采用最多的是“有效卷积”，当输入向量长度为 N，卷积核长度为 K 时，卷积输出为 $N-K+1$。一般认为卷积会缩短输出长度，这是因为“有效卷积”最常用，从而把有效卷积作为了卷积的“标准”造成的印象。

读者可参考例 10.1.1，实际真正的“完整卷积”产生的输出长度为 $N+K-1$，“有效卷积”是把卷积两端过渡输出全部删除，只保留“稳态”的输出（即卷积核的每个权均与对应输入值相乘后累加)。若保留部分过渡值，也可产生长度为 N 的卷积输出。即对于卷积运算，可根据需要保留长度为 $N+K-1$ 至长度为 $N-K+1$ 的任意输出长度。在实际系统实现时，一般满足 $N \gg K$ 的条件，并且希望用统一的运算结构或程序实现卷积，不希望单独考虑过渡阶段的特殊性，这时，可用对输入补零和有效卷积结构来实现卷积运算。例如 10.1.2 节讨论的补零是为了卷积的输入和输出均是等长的情况，输入两端共补 $K-1$ 个零，并保持有效卷积的计算结构，则卷积的输入和输出长度均保持 N。类似的，若要求输出的长度为最长的 $N+K-1$，则在输入两端各补 $K-1$ 个零，则通过有效卷积产生输出的长度为 $N+K-1$。

有文献提出若产生 $N+K-1$ 长输出需要"转置卷积"甚至"反卷积"，这是没有必要的，尤其这种情况使用反卷积一词，是不恰当的。卷积源自线性系统理论，反卷积有其确切定义，并不是这些文献中给出的含义。

卷积有各种灵活的扩展或变化，这里仅介绍一些常用扩展，只要符合卷积的基本性质，对卷积各种变化的尝试可能会得到某一方面的改善。

*10.1.5 CNN 示例介绍

前面介绍了组成 CNN 的各构造块的原理。由于 CNN 构造的灵活性，人们已经构造了大量用于不同问题的 CNN，其中的一些产生了很大的影响，成为其他人构造网络的起点或参考网络。尽管有一些原则，但实际 CNN 的构造大多是启发式的，了解一些实际网络对于构造自己的网络会有启发，因此本节介绍几个典型网络的结构。对于这些网络的详细介绍超出一本教科书的范围，这里只给出一些最基本的叙述，细节参考相应论文。

1. LeNet-5 网络

如图 10.1.11 所示，LeNet-5 网络是 LeCun 等提出的一种早期的 CNN，应用于手写数字的识别，故有 10 种类型。其输入是裁剪到 32×32 的灰度像素表示的手写数字图像(如 MNIST 数据集，实际输入是 28×28 像素，用零填充到 32×32 像素)，由 3 个卷积层、两个池化层、一个全连接层和一个输出层组成。

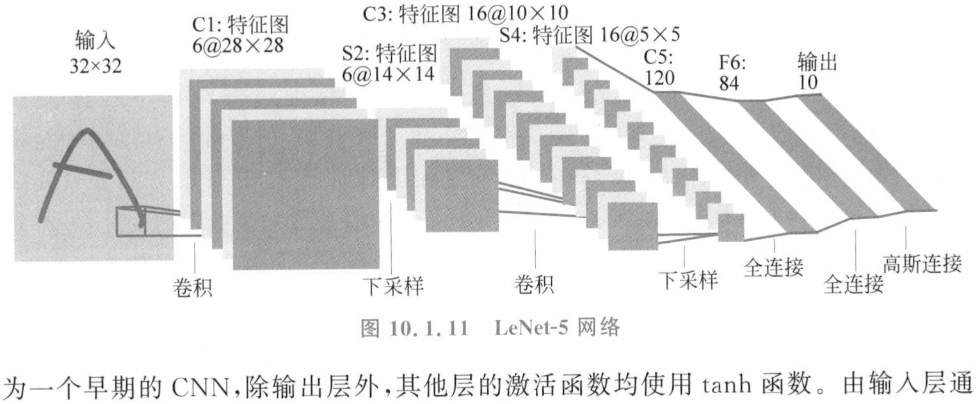

图 10.1.11 LeNet-5 网络

作为一个早期的 CNN，除输出层外，其他层的激活函数均使用 tanh 函数。由输入层通过 6 个 5×5 卷积核得到 6 通道的 C1 卷积层；S2 层是池化层，采用 2×2 平均池化，步幅为 2，故将行、列数据规模减半。其后有两个卷积层和一个池化层，最后两级由一个 FC 层和输出层组成，其中通过高斯核函数构成了输出层，目标函数采用了交叉熵。LeNet-5 网络实现中，采用了一些具体的细化技术，对这些细节感兴趣的读者可参考相关文献①。

① 见本书参考文献[89]。

2. AlexNet 网络和 VGGNet 网络

AlexNet 网络由 Krizhevsky 等于 2012 年发表，其结构如图 10.1.12 所示。由于其取得了在大规模图像数据库 ImageNet 的视觉挑战赛 ILSVRC(ImageNet Large Scale Visual Recognition Challenge)的优胜，并将前 5 识别错误率从之前的 25.8%降低到 16.4%，引起广泛关注，也引起了人们对 CNN 的兴趣。其后数年各种 CNN 不断刷新识别的低错误率，各种网络的前 5 低识别错误率如图 10.1.13 所示。

AlexNet 可被认为是现代 CNN 的起点。其卷积网络和 FC 网络都采用了 ReLU 激活函数，Krizhevsky 等在论文中指出，对于同类问题，采用 ReLU 激活函数比 tanh 激活函数训练速度快了 6 倍，图 10.1.14 所示为对比两种激活函数训练误差下降的速度，池化采用的是最大池化。

AlexNet 网络分为相同的上下两路，最后输出层合在一起。其中有 5 个卷积层、两个 FC 层，最后是 FC 结构的输出层，输出采用 Softmax 函数。输入是 224×224 的 3 通道 RGB 彩色图像，第 1 级卷积层上下各有 48 个 11×11 卷积核，使用了行、列步幅均为 4 的卷积运算，得到了 55×55 的卷积输出，卷积后做 ReLU 激活运算，紧接着做一级池化，池化窗口为 3×3，步幅为 2。第 2 级卷积上下各用了 128 个 5×5 卷积核，紧跟相同的池化。接下来的 3 级卷积运算，尽管卷积核数目不同，但都采用 3×3 卷积核，在连续 3 级卷积层(包括 ReLU)后，再做一级池化，然后连续两级 FC 网络，上下各有 2048 个神经元，仍采用 ReLU 激活函数，最后是用 Softmax 表示的 1000 个输出，代表 1000 类图像。

AlexNet 网络是对 10.1.1 节～10.1.4 节原理和算法的一个非常全面的代表性示例。

发表于 2014 年的 VGGNet 在同样的任务上取得了比 AlexNet 更好的效果，相比于 AlexNet 网络，VGGNet 层数更深，有 16 层和 19 层两种配置，各层均使用了 3×3 卷积核和 2×2 步幅为 2 的最大池化，最后是 FC 层和 Softmax 表示的 1000 个输出。图 10.1.15 给出了 VGGNet 的结构示意图，由于用不同灰度的框表示了卷积层、池化层和 FC 层，结构图易于理解。用更深的层、更小的卷积核、多个卷积层对应一个池化层，这是 CNN 当时发展的一个趋势。

如果说 AlexNet 和 VGGNet 代表了图 10.1.8 所示标准深度 CNN 结构取得的成就，那么后续发展的网络则增加了更多的变化以取得更好的效果，下面介绍两类有代表性的结果。

3. GoogLeNet 网络

Szegedy 等于 2014 年提出的 GoogLeNet 是一种新的深度学习结构。之前的 AlexNet、VGGNet 等结构都是通过增大 CNN 的深度获得更好的训练效果，但层数的直接增加会带来不好的作用，如过拟合、梯度消失、梯度爆炸(梯度消失和爆炸原因的更详细分析见 10.2 节)等。GoogLeNet 使用了一种“宏构造模块”Inception。Inception 经过了一些版本的变化，一种典型的结构如图 10.1.16 所示。一个 Inception 模块由 4 个并行分支组成，通过分支合并模块产生输出，其中每个分支均包含了 1×1 卷积。

单独的 1×1 卷积在输入的通道维进行运算，而与 3×3 和 5×5 级联的 1×1 卷积主要为了通过分而治之减少参数和运算量。为了易于理解，举一个数值例子。假设对 5×5 卷积，输入层是 $N\times M$ 的 128 个通道，做 5×5 张量卷积，输出 256 个通道，由于做张量卷积，每个卷积核为 5×5×128 个参数，共有 256 个卷积核，则总参数为 5×5×128×256＝819 200。若先通过 32 个通道的 1×1 卷积将输入变成 $N\times M\times 32$，再通过 256 个 5×5 张量卷积核得到 $N\times M$ 的 256 通道输出(注意，这里卷积输入和输出尺度相同，需要各方向填充 2 个 0 值)，分两层实现的参数总量为 32×1×1×128＋5×5×32×256＝208 896，参数量约为单级直接计算的 1/4，相应地也可减少计算量。

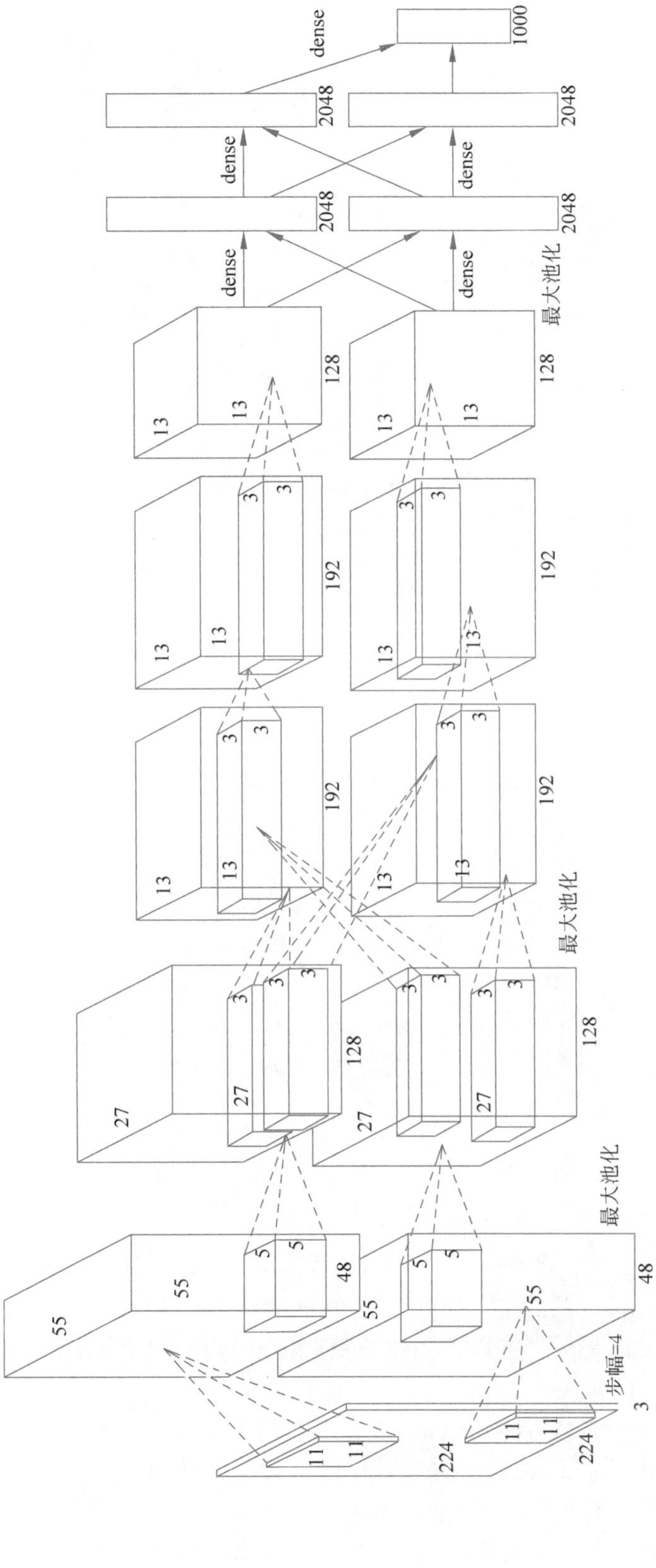

图 10.1.12 AlexNet 网络结构

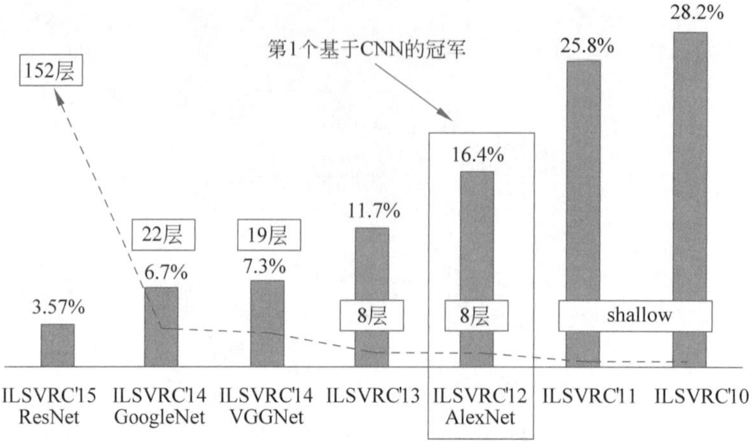

图 10.1.13 ILSVRC 的优胜算法和相应前 5 低错误识别率

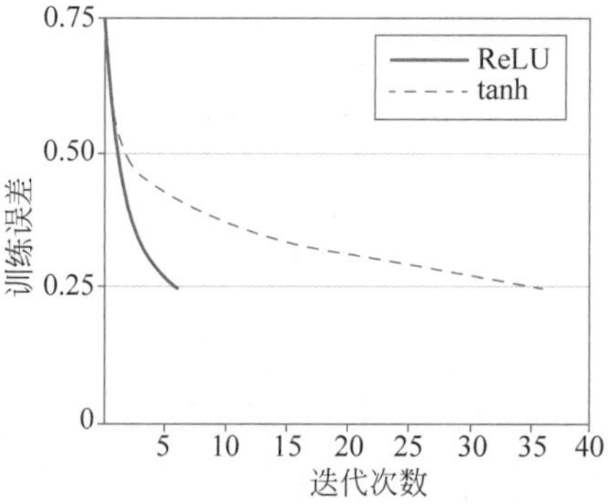

图 10.1.14 ReLU 和 tanh 激活函数的收敛速度对比

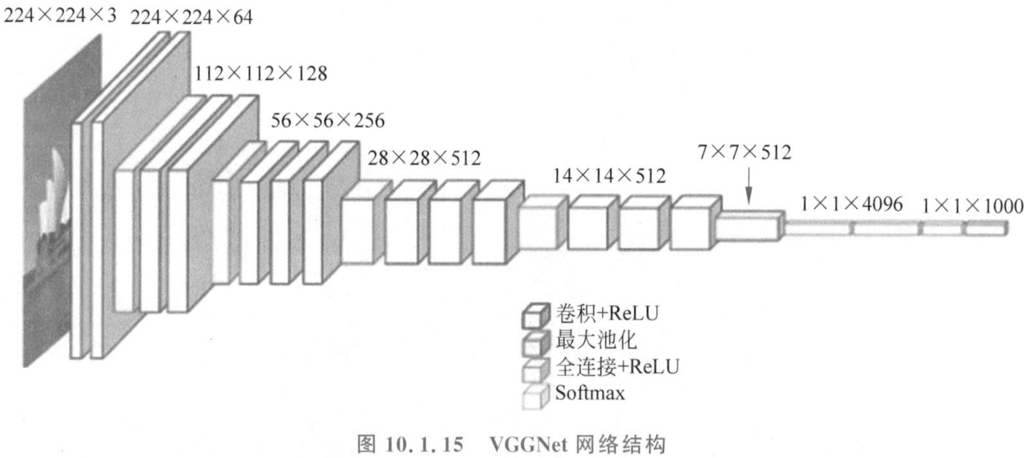

图 10.1.15 VGGNet 网络结构

Inception 模块中最右侧分支的 3×3 最大池化，由于池化步幅为 1，故池化后没有降低数据维度(需要填充 0)。Inception 是一个组合了多种卷积核的宏模块，具有灵活和更强的特征表示能力。

GoogLeNet 网络先由两级普通卷积层组成，然后用 5 级 Inception 组合模块，最后由一级 FC 层和 Softmax 输出。输入图像仍为 224×224×3，且都进行了零均值化的预处理操作。第 1 层是普通卷积层，用 7×7 的卷积核，步幅为 2，各向填充 3 个 0，64 个通道，故输出为 112×112×64，卷积后进行 ReLU 操作，再做 3×3 的最大池化，步幅为 2，输出为 56×56×64，再进行 ReLU 操作；第

2 层仍是普通卷积层，使用 3×3 的卷积核，192 个通道，输出为 56×56×192，卷积后进行 ReLU 操作，经过 3×3 的最大池化，步幅为 2，输出为 28×28×192，再进行 ReLU 操作。

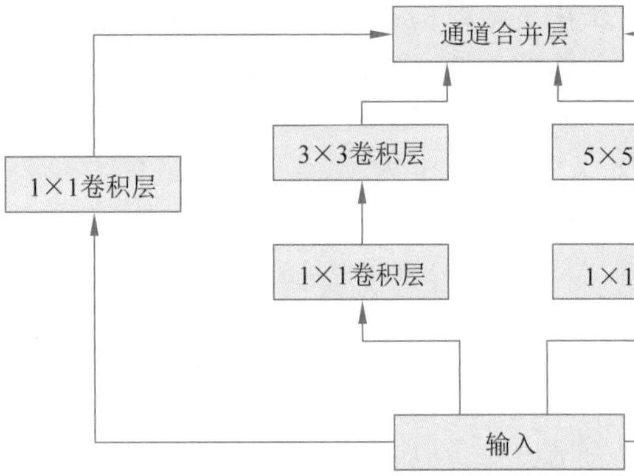

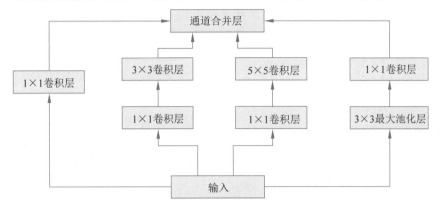

图 10.1.16 Inception 结构

GoogLeNet 网络的第 3 层自身就是一个多层网络，由两级 Inception 宏结构组成，分为 Inception 3a 层和 Inception 3b 层。

Inception 3a 层的 4 个支路分别如下。

(1) 64 个 1×1 的卷积核，紧跟 ReLU 运算，输出 28×28×64。

(2) 96 个 1×1 的卷积核，数据变成 28×28×96，紧跟 ReLU 计算，再进行 128 个 3×3 的卷积(填充一个 0)，输出 28×28×128。

(3) 16 个 1×1 的卷积核，数据变成 28×28×16，紧跟 ReLU 计算，再进行 32 个 5×5 的卷积(填充两个 0)，输出 28×28×32。

(4) 池化层，使用 3×3 的核(填充一个 0)，输出 28×28×192，然后进行 32 个 1×1 的卷积，输出 28×28×32。

将以上 4 个支路结果进行通道维堆叠，最终输出 28×28×256 数据。

Inception 3b 层的 4 个支路分别如下。

(1) 128 个 1×1 的卷积核，紧跟 ReLU 运算，输出 28×28×128。

(2) 128 个 1×1 的卷积核，得到 28×28×128，紧跟 ReLU，再进行 192 个 3×3 的卷积(填充一个 0)，输出 28×28×192。

(3) 32 个 1×1 的卷积核，得到 28×28×32，紧跟 ReLU 计算，再进行 96 个 5×5 的卷积(填充两个 0)，输出 28×28×96。

(4) 池化层，使用 3×3 的核(填充一个 0)，得到 28×28×256，再进行 64 个 1×1 的卷积，输出 28×28×64。

将以上 4 个支路结果进行通道维堆叠，最终输出为 28×28×480，后跟一个池化层。

类似地，第 4 层由 5 级 Inception 宏结构后跟一个池化层，第 5 层由两级 Inception 宏结构后跟一个池化层。最后通过 Softmax 产生输出。

GoogLeNet 的效果更好，通过 Inception 宏结构，其系数比 AlexNet 网络和 VGGNet 网络更少。

4. 残差网络和密集网络

一般通过增加网络的宽度和深度可提高网络的性能，通常深的网络比浅的网络效果更好，但简单地增加深度会导致梯度消失和网络退化问题，网络退化表现在训练集上的准确率饱和甚至下降。2015 年，He 等提出的残差网络(ResNet)较好地解决了这个问题。残差网络的特点是容易优化，并可通过增加相当的深度提高准确率。残差网络内部的残差块使用了跳跃连接，缓解了在深度神经网络中增加深度带来的梯度消失问题。

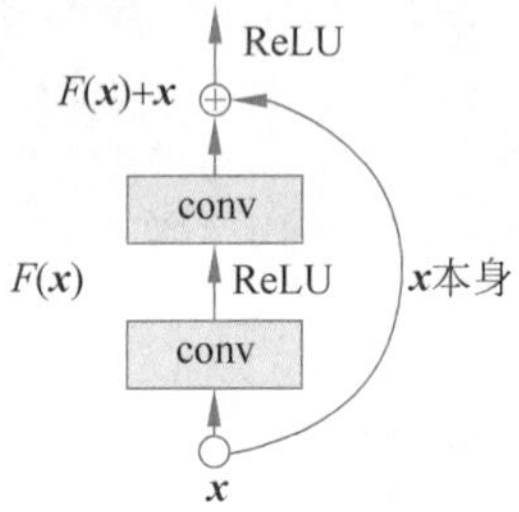

图 10.1.17　残差构造块

图 10.1.17 给出了残差构造块的基本结构，即每 2～3 个卷积层设置一个跳跃连接。若该构造块的目的是完成从 $\boldsymbol{x}$ 到 $\boldsymbol{y}$ 的映射 $\boldsymbol{y}=h(\boldsymbol{x})$，则图 10.1.17 的映射关系可写为

$$\boldsymbol{y}=F(\boldsymbol{x})+\boldsymbol{x} \tag{10.1.30}$$

故残差块内部的函数映射等价为

$$F(\boldsymbol{x})=h(\boldsymbol{x})-\boldsymbol{x} \tag{10.1.31}$$

$F(\boldsymbol{x})$需要完成一个残差功能并更容易训练。在式(10.1.30)中，$F(\boldsymbol{x})$和 $\boldsymbol{x}$ 是逐元素相加，若它们维度不同，则通过同等映射(Shortcut)将 $\boldsymbol{x}$ 映射为与 $F(\boldsymbol{x})$同维度，即

$$\boldsymbol{y}=F(\boldsymbol{x})+\boldsymbol{W}_{\mathrm{s}}\boldsymbol{x}$$

其中，$\boldsymbol{W}_{\mathrm{s}}$ 为同等变换矩阵。

由残差构造块组成的实际 ResNet 网络如图 10.1.18 所示，作者报告了可训练 152 层的网络并在 ILSVRC 竞赛中取得当时最好的结果，其错误率如图 10.1.13 所示。

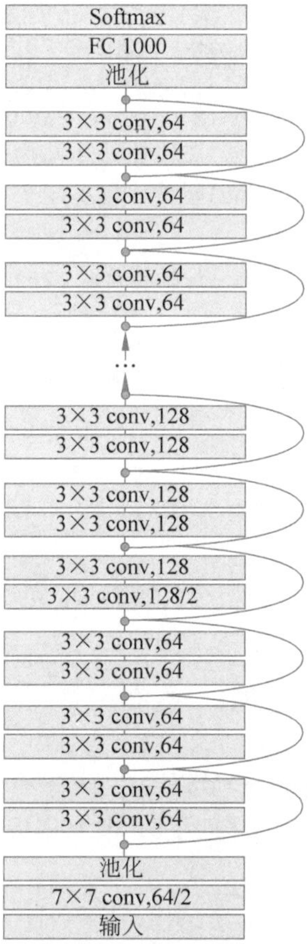

图 10.1.18　残差网络的例子

通过残差网络的跨层连接，缩短了从输入到输出的路径长度，前向和后向传播方式都缓解了对输入影响的消耗和反向传播误差的消耗，可得到更深的网络。对于理解了 BP 算法原理的读者，

不难理解跨层连接可缓解反向传播误差消耗的道理，跨层连接在前向传播时，可将输入直接连接到跨层输出，避免了传输过程中输入的消耗，同样是这个跨层连接，也使反向误差有一条通道从输出层直接反向传播到前面的跨层中，缓解了反向传播误差在极深的传播过程中的损耗。

一种更加密集的级联方式是黄高等提出的密集网络(DenseNet)，其一方面保持前馈网络的结构，从输入层或从当前层输出连接到后续每层的输入，对于 L 层网络，可有 $L(L-1)/2$ 种连接，故称为密集网络。密集网络的连接结构如图 10.1.19 所示。

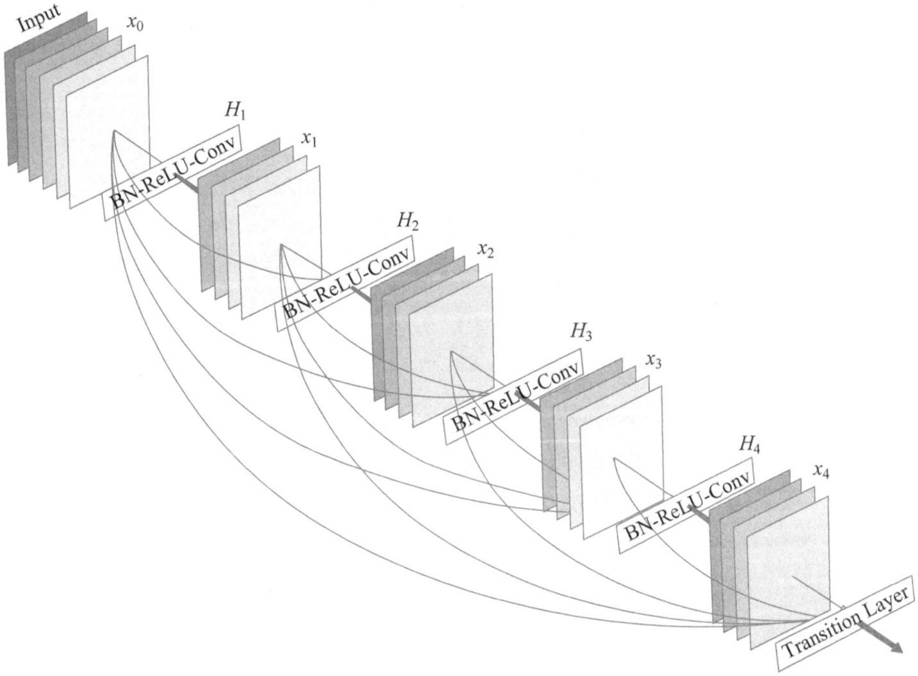

第 16 集
微课视频

图 10.1.19 DenseNet 网络结构

近年来，人们针对不同应用构造了很多 CNN 结构，发表的文献众多。大多数的结构都是作者结合自己面对的问题和对 CNN 组成模块的灵活运用的启发式探索和实验。本节介绍了几个曾产生广泛影响的结构，供读者参考，对这些网络的技术细节的描述超出本书的范围，有兴趣的读者可参考原论文。

10.2 循环神经网络

在许多应用中，输入特征向量 $\boldsymbol{x}$ 具有明确的序列特性，即 $\boldsymbol{x}$ 是严格按照次序 $\boldsymbol{x}^{(1)},\boldsymbol{x}^{(2)},\cdots,\boldsymbol{x}^{(t-1)},\boldsymbol{x}^{(t)}$ 出现的，这里上标表示次序序号，小的序号先出现。在电子信息系统中的电信号，如通信、雷达、语音等信号都有这种次序性，是按照时间顺序排列的，消费电子中的电视信号或计算机视觉的视频信号也是按时间顺序的，每个 $\boldsymbol{x}^{(i)}$ 是一幅画面。这种按照顺序排列的数据称为时间序列，序列中相邻成员往往具有相关性，这种相关性也可理解为记忆性。CNN 可以处理这种序列数据的学习，但不够灵活，带反馈回路的循环神经网络(RNN)更适合处理这类序列数据。尽管时间序列中的序号可以是时间，也可以是任何表示顺序的指标，为了叙述简单，用时间序列说明。

10.2.1 基本 RNN

首先以图 10.2.1 的系统框图介绍 RNN 的基本结构。图中标为隐藏层的单元是前馈神经网络，可以是一个单层全连接网络(可扩充为多层感知机或一个 CNN，这里首先以单层全连接网络为例说明 RNN 的基本结构和算法)，包括非线性激活函数运算。隐藏层的输出通过一个单位延迟单元延迟后，接入输入端，这条通道是反馈回路，反馈回路引入系统的记忆性。注意，所谓的单位延迟是指：若当前隐藏层输出为 $\boldsymbol{h}^{(t)}$，则通过延迟单元接入输入端的是 $\boldsymbol{h}^{(t-1)}$。反馈运算是在隐藏层完成的，最后由隐藏层再次通过一个前馈神经网络层产生输出，输出层也可看作一个单层的全连接层。

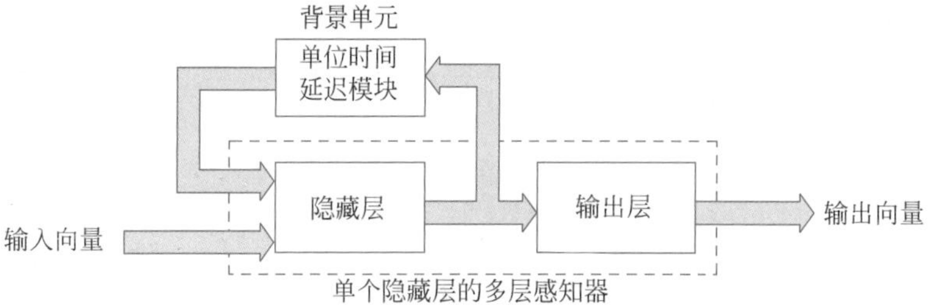

图 10.2.1 RNN 原理示意图

图 10.2.1 的结构与系统理论中的动力系统类似。描述一个动力系统的核心变量是状态变量，即状态变量表示系统的变化和记忆能力，若用 $\boldsymbol{h}^{(t)}$ 表示 t 时刻的状态变量，则 $\boldsymbol{h}^{(t)}$ 能够表达输入从起始时刻到 t 时刻对系统的贡献，则系统后续的变化则由 $\boldsymbol{h}^{(t)}$ 和后续输入确定。对于一个线性动力系统，在时刻 t，若输入为 $\boldsymbol{x}^{(t)}$，则描述状态变化的关系式称为状态方程，即

$$\boldsymbol{h}^{(t)}=\boldsymbol{A}\boldsymbol{h}^{(t-1)}+\boldsymbol{B}\boldsymbol{x}^{(t)} \tag{10.2.1}$$

系统的输出为

$$\hat{\boldsymbol{y}}^{(t)}=\boldsymbol{C}\boldsymbol{h}^{(t)}+\boldsymbol{v}^{(t)} \tag{10.2.2}$$

其中，$\boldsymbol{A}$，$\boldsymbol{B}$，$\boldsymbol{C}$ 为描述系统的参数矩阵；$\boldsymbol{v}^{(t)}$ 为输出的偏置或噪声。

图 10.2.1 扩展了线性动力系统的能力，加入了非线性激活函数，用 $\varphi(\cdot)$ 表示激活函数，仍用符号 $\boldsymbol{h}^{(t)}$ 表示状态同时也是隐藏层输出，则相应的非线性状态方程为

$$\boldsymbol{h}^{(t)}=\varphi(\boldsymbol{A}\boldsymbol{h}^{(t-1)}+\boldsymbol{B}\boldsymbol{x}^{(t)}) \tag{10.2.3}$$

尽管通过单位延迟反馈构成的动力系统表示式(10.2.3)中，时刻 t 的输出只显式地与上个时刻的状态 $\boldsymbol{h}^{(t-1)}$ 和当前输入 $\boldsymbol{x}^{(t)}$ 有关，但经由状态 $\boldsymbol{h}^{(t-1)}$ 的记忆，实际上 $\boldsymbol{h}^{(t)}$ 记忆了从起始时刻输入序列 $\boldsymbol{x}^{(t)},\boldsymbol{x}^{(t-1)},\cdots,\boldsymbol{x}^{(2)},\boldsymbol{x}^{(1)}$ 的贡献。为了理解这一点，先将式(10.2.3)表示为更简单的形式为

$$\boldsymbol{h}^{(t)}=f(\boldsymbol{h}^{(t-1)},\boldsymbol{x}^{(t)};\boldsymbol{\theta}) \tag{10.2.4}$$

其中，$\boldsymbol{\theta}$ 为式(10.2.3)的参数矩阵；f 表示 φ 和矩阵运算的复合函数形式。设开始输入之前状态有初始值 $\boldsymbol{h}^{(0)}$，输入从 $t=1$ 开始，则可逐次使用式(10.2.4)，计算得到以下序列。

$$\begin{cases}\boldsymbol{h}^{(1)}=f(\boldsymbol{h}^{(0)},\boldsymbol{x}^{(1)};\boldsymbol{\theta})\\ \boldsymbol{h}^{(2)}=f(\boldsymbol{h}^{(1)},\boldsymbol{x}^{(2)};\boldsymbol{\theta})=f[f(\boldsymbol{h}^{(0)},\boldsymbol{x}^{(1)};\boldsymbol{\theta}),\boldsymbol{x}^{(2)};\boldsymbol{\theta}]=g^{(2)}(\boldsymbol{x}^{(2)},\boldsymbol{x}^{(1)})\\ \quad\vdots\\ \boldsymbol{h}^{(t)}=f(\boldsymbol{h}^{(t-1)},\boldsymbol{x}^{(t)};\boldsymbol{\theta})=f(g^{(t-1)}(\boldsymbol{x}^{(t-1)},\cdots,\boldsymbol{x}^{(2)},\boldsymbol{x}^{(1)}),\boldsymbol{x}^{(t)};\boldsymbol{\theta})\\ \quad=g^{(t)}(\boldsymbol{x}^{(t)},\boldsymbol{x}^{(t-1)},\cdots,\boldsymbol{x}^{(2)},\boldsymbol{x}^{(1)})\end{cases} \tag{10.2.5}$$

其中，$g^{(t)}$为缩写的复合函数。可见，状态方程的这种表示，状态$\boldsymbol{h}^{(t-1)}$概括了$t-1$时刻之前输入的贡献，这是状态一词的含义。以上分析说明 RNN 中，通过反馈回路，用一种紧凑的结构表示了系统对序列数据的记忆性。

RNN 有多种结构，图 10.2.1 所示的结构称为 Elman 结构的循环网络，是最常用的一种基本 RNN 结构，本节主要讨论 Elman 结构的 RNN。

10.2.2 RNN 的计算和训练

为了更加清楚地讨论 RNN 的计算和训练问题，给出 RNN 更加简洁的表示，图 10.2.2 左侧给出了用信号流图形式表示的一个基本 RNN 结构。信号流自下而上，输入$\boldsymbol{x}^{(t)}$和反馈$\boldsymbol{h}^{(t-1)}$作为隐藏层的输入，通过权系数进行计算后，产生线性输出$\boldsymbol{a}^{(t)}$，$\boldsymbol{a}^{(t)}$经过激活函数产生状态输出$\boldsymbol{h}^{(t)}$，$\boldsymbol{h}^{(t)}$经过输出层产生线性输出表示$\boldsymbol{o}^{(t)}$。为了表达式更具体又不失一般性，这里隐藏层激活函数选择为 tanh，而输出选择为多分类，故通过 Softmax 产生输出$\hat{\boldsymbol{y}}^{(t)}$。图 10.2.2 中的$L$单元表示计算损失函数，即计算$\hat{\boldsymbol{y}}^{(t)}$与标注$\boldsymbol{y}^{(t)}$之间的损失。

RNN 的各单元计算为

$$\begin{cases}\boldsymbol{a}^{(t)}=\boldsymbol{b}+\boldsymbol{W}\boldsymbol{h}^{(t-1)}+\boldsymbol{U}\boldsymbol{x}^{(t)}\\ \boldsymbol{h}^{(t)}=\tanh(\boldsymbol{a}^{(t)})\\ \boldsymbol{o}^{(t)}=\boldsymbol{c}+\boldsymbol{V}\boldsymbol{h}^{(t)}\\ \hat{\boldsymbol{y}}^{(t)}=\mathrm{Softmax}(\boldsymbol{o}^{(t)})\end{cases}\tag{10.2.6}$$

其中，$\boldsymbol{W},\boldsymbol{U},\boldsymbol{V}$为权系数矩阵；$\boldsymbol{b},\boldsymbol{c}$为偏置向量。状态向量$\boldsymbol{h}^{(t)}$的维度由问题的复杂性确定，同时也限定了隐藏单元的数目。若问题是回归输出，则省略$\hat{\boldsymbol{y}}^{(t)}$表达式中的 Softmax；若是二类分类问题，用$\sigma$函数替代 Softmax。

在 RNN 的执行和训练时，一个独立的样本往往是由一个片段的输入和标注序列组成，即一个样本的输入序列和标注序列分别为

$$\begin{aligned}\boldsymbol{X}_n&=\{\boldsymbol{x}^{(1)},\boldsymbol{x}^{(2)},\cdots,\boldsymbol{x}^{(\tau-1)},\boldsymbol{x}^{(\tau)}\}\\ \boldsymbol{Y}_n&=\{\boldsymbol{y}^{(1)},\boldsymbol{y}^{(2)},\cdots,\boldsymbol{y}^{(\tau-1)},\boldsymbol{y}^{(\tau)}\}\end{aligned}\tag{10.2.7}$$

其中，n表示一个独立样本的序号，一个独立样本是一个序列，共有τ个序列元素。注意，我们用τ或t表示序列的序号，这些序号可表示时间(如电信号)，也可以仅表示一种次序，如空间次序等。当给出一个样本序列$\boldsymbol{X}_n,\boldsymbol{Y}_n$，按照序号从小到大取出$\boldsymbol{x}^{(t)}$代入式(10.2.6)计算各序号下的输出，为了更清楚地表述这种序列计算，可将图 10.2.2 的左侧结构展开为“展开计算图”，如图 10.2.2 右侧结构所示。每列对应计算中的一个时刻，在t时刻，$\boldsymbol{h}^{(t-1)}$和$\boldsymbol{x}^{(t)}$通过系数矩阵计算$\boldsymbol{h}^{(t)}$，故有从$\boldsymbol{h}^{(t-1)}$到$\boldsymbol{h}^{(t)}$的箭头连线和从$\boldsymbol{x}^{(t)}$到$\boldsymbol{h}^{(t)}$的箭头连线。

为了训练 RNN，需要给出损失函数和针对 RNN 的 BP 算法扩展，以便计算损失函数针对各参数的梯度。针对一个如式(10.2.7)所示的序列样本，可定义每个时刻的损失函数为$L^{(t)}$，则序列样本的损失函数定义为各时刻损失函数之和，仍取负对数似然函数作为损失函数，则对一个序列样本的损失函数可表示为

$$\begin{aligned}L(\boldsymbol{Y}_n,\boldsymbol{X}_n)&=\sum_{t=1}^{\tau}L^{(t)}\\ &=-\sum_{t=1}^{\tau}\log\left[p(\boldsymbol{y}^{(t)}\mid\{\boldsymbol{x}^{(1)},\boldsymbol{x}^{(2)},\cdots,\boldsymbol{x}^{(t-1)},\boldsymbol{x}^{(t)}\};\boldsymbol{\theta})\right]\end{aligned}\tag{10.2.8}$$

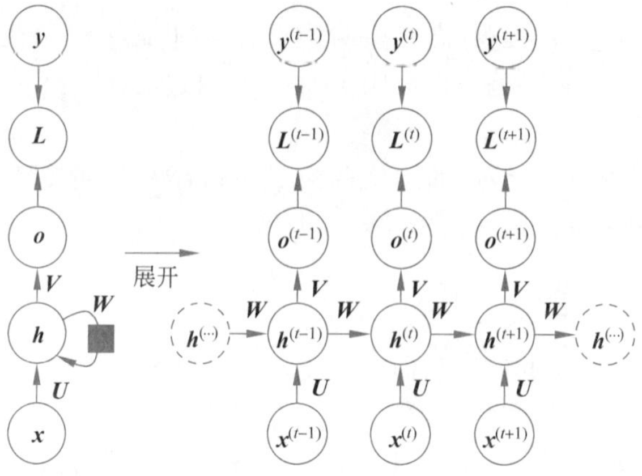

图 10.2.2 RNN 和展开计算图

似然函数中，指出了 $\boldsymbol{y}^{(t)}$ 由 $\{\boldsymbol{x}^{(1)},\boldsymbol{x}^{(2)},\cdots,\boldsymbol{x}^{(t-1)},\boldsymbol{x}^{(t)}\}$ 确定；$\boldsymbol{\theta}$ 为所有待求系数矩阵的代表符号。

对于式(10.2.8)所示的损失函数，其对参数的梯度可写为

$$\nabla_{\boldsymbol{\theta}} L(\boldsymbol{Y}_n,\boldsymbol{X}_n)=\frac{\partial L(\boldsymbol{Y}_n,\boldsymbol{X}_n)}{\partial \boldsymbol{\theta}}=\sum_{t=1}^{\tau}\frac{\partial L^{(t)}}{\partial \boldsymbol{\theta}}=\sum_{t=1}^{\tau}\nabla_{\boldsymbol{\theta}} L^{(t)} \tag{10.2.9}$$

这里，$\boldsymbol{\theta}$ 表示所有权系数，可分别求出对各权系数矩阵或向量的梯度分量。

将通用 BP 算法推广到 RNN，这里只介绍一种推广方式并将其称为通过时间的反向传播算法(Backpropagation Through Time，BPTT)。与标准 BP 算法一样，首先完成前向传播，用现有权系数矩阵，取初始状态 $\boldsymbol{h}^{(0)}$，从 $t=1$ 开始至 $t=\tau$，依次取 $\boldsymbol{x}^{(t)}$ 作为输入，代入式(10.2.6)通过前向传播计算出各时间点和各层激活值和输出 $\{\boldsymbol{a}^{(t)},\boldsymbol{h}^{(t)},\boldsymbol{o}^{(t)},\hat{\boldsymbol{y}}^{(t)},t=1,2,\cdots,\tau\}$，计算次序如图 10.2.2 右侧所示。

前向传播结束后，进入反向传播阶段。反向传播是通过图 10.2.2 的反过程(以反向箭头顺序)，从时间上，首先从 $t=\tau$ 开始，依次反向计算，分别取 $t=\tau-1,\tau-2,\cdots,2,1$，在同一个时间 t 传播过程从上而下(从输出到输入)。

与标准 BP 算法类似，首先求出各 $L^{(t)}$ 对输出激活 $\boldsymbol{o}^{(t)}$ 的梯度和对 $\boldsymbol{h}^{(t)}$ 的梯度，注意，标准 BP 算法是导出 $L^{(t)}$ 对 $\boldsymbol{a}^{(t)}$ 的梯度，但在 RNN 中，从时间上和网络层上传播的都是状态 $\boldsymbol{h}^{(t)}$，求 $L^{(t)}$ 对 $\boldsymbol{h}^{(t)}$ 的梯度更有意义。

由于我们已设该 RNN 是进行 K 分类的，则由 9.3 节的结果可知，$L^{(t)}$ 对输出激活的梯度为(对回归或二分类结果相同)

$$\frac{\partial L^{(t)}}{\partial \boldsymbol{o}^{(t)}}=\nabla_{\boldsymbol{o}^{(t)}} L^{(t)}=\hat{\boldsymbol{y}}_t-\boldsymbol{y}_t,\quad t=\tau,\tau-1,\cdots,2,1 \tag{10.2.10}$$

为求 $L^{(t)}$ 对 $\boldsymbol{h}^{(t)}$ 的梯度，需区分 $t=\tau$ 和 $t<\tau$ 两种情况。当 $t=\tau$ 时，由于处于时间片的最后时刻，反向传播只需要将 $\boldsymbol{o}^{(\tau)}$ 向下层传播给 $\boldsymbol{h}^{(\tau)}$，故由链式法则，求出梯度向量形式为

$$\nabla_{h^{(\tau)}} L^{(\tau)}=\left(\frac{\partial \boldsymbol{o}^{(\tau)}}{\partial \boldsymbol{h}^{(\tau)}}\right)^{\mathrm{T}}\frac{\partial L^{(\tau)}}{\partial \boldsymbol{o}^{(\tau)}}=\boldsymbol{V}^{\mathrm{T}}\nabla_{\boldsymbol{o}^{(\tau)}} L^{(\tau)} \tag{10.2.11}$$

对于 $t=\tau-1,\tau-2,\cdots,2,1$，按照反向传播，有两条反向传播支路，见图 10.2.2 右侧(按箭头的反向观察)，从时间方向，由 $\boldsymbol{h}^{(t+1)}$ 反向传播给 $\boldsymbol{h}^{(t)}$，在网络层方向(图 10.2.2 纵向)由 $\boldsymbol{o}^{(t)}$ 反向传播给 $\boldsymbol{h}^{(t)}$，考虑这两方向的反向传播，有

$$\begin{aligned}\nabla_{h^{(t)}} L^{(t)}&=\left(\frac{\partial \boldsymbol{h}^{(t+1)}}{\partial \boldsymbol{h}^{(t)}}\right)^{\mathrm{T}}\nabla_{\boldsymbol{h}^{(t+1)}} L^{(t+1)}+\left(\frac{\partial \boldsymbol{o}^{(t)}}{\partial \boldsymbol{h}^{(t)}}\right)^{\mathrm{T}}\nabla_{\boldsymbol{o}^{(t)}} L^{(t)}\\&=\boldsymbol{W}^{\mathrm{T}}\operatorname{diag}\{1-(\boldsymbol{h}^{(t+1)})^2\}(\nabla_{\boldsymbol{h}^{(t+1)}} L^{(t+1)})+\boldsymbol{V}^{\mathrm{T}}(\nabla_{\boldsymbol{o}^{(t)}} L^{(t)})\end{aligned} \tag{10.2.12}$$

由于隐藏层使用了 tanh 激活函数，故出现对角线矩阵 $\text{diag}\{1-(\boldsymbol{h}^{(t+1)})^2\}$，式(10.2.12)第 2 行第 1 项与标准 BP 算法的反向误差传播原理上是一致的。

可见，若完成了正向传播后，由式(10.2.10)首先计算出各时间输出传播误差，对于 $t=\tau$，由式(10.1.11)计算出样本序列尾部的状态反向传播误差项，然后依次反向应用式(10.2.12)则分别计算出 $t=\tau-1,\tau-2,\cdots,2,1$ 的状态反向传播误差。至此，完成了反向传播，由反向传播误差，结合式(10.2.6)可计算对于所有权系数的梯度分量。

首先考虑对输出层偏置向量 $\boldsymbol{c}$ 和权系数矩阵 $\boldsymbol{V}$ 的梯度分量，可分别计算为

$$\nabla_c L=\sum_t\left(\frac{\partial \boldsymbol{o}^{(t)}}{\partial \boldsymbol{c}}\right)^{\mathrm{T}}\nabla_{\boldsymbol{o}^{(t)}}L^{(t)}=\sum_t \nabla_{\boldsymbol{o}^{(t)}}L^{(t)} \tag{10.2.13}$$

$$\nabla_{\boldsymbol{V}} L=\sum_t\sum_i\frac{\partial L^{(t)}}{\partial o_i^{(t)}}\nabla_{\boldsymbol{V}}o_i^{(t)}=\sum_t(\nabla_{\boldsymbol{o}^{(t)}}L^{(t)})\boldsymbol{h}^{(t)\mathrm{T}} \tag{10.2.14}$$

注意到，如式(10.2.9)所示，对各权系数的梯度要在序列样本的序号范围内对 t 求和。

对于网络隐藏层偏置 $\boldsymbol{b}$ 和权系数矩阵 $\boldsymbol{W},\boldsymbol{U}$ 的梯度分量为

$$\nabla_b L=\sum_t\left(\frac{\partial \boldsymbol{h}^{(t)}}{\partial \boldsymbol{b}^{(t)}}\right)^{\mathrm{T}}\nabla_{\boldsymbol{h}^{(t)}}L^{(t)}=\sum_t \text{diag}\{1-(\boldsymbol{h}^{(t)})^2\}\nabla_{\boldsymbol{h}^{(t)}}L^{(t)} \tag{10.2.15}$$

$$\nabla_{\boldsymbol{W}} L=\sum_t\sum_i\frac{\partial L^{(t)}}{\partial h_i^{(t)}}\nabla_{\boldsymbol{W}}h_i^{(t)}=\sum_t \text{diag}\{1-(\boldsymbol{h}^{(t)})^2\}(\nabla_{\boldsymbol{h}^{(t)}}L^{(t)})\boldsymbol{h}^{(t-1)\mathrm{T}} \tag{10.2.16}$$

$$\nabla_{\boldsymbol{U}} L=\sum_t\sum_i\frac{\partial L^{(t)}}{\partial h_i^{(t)}}\nabla_{\boldsymbol{U}}h_i^{(t)}=\sum_t \text{diag}\{1-(\boldsymbol{h}^{(t)})^2\}(\nabla_{\boldsymbol{h}^{(t)}}L^{(t)})\boldsymbol{x}^{(t)\mathrm{T}} \tag{10.2.17}$$

以上为 BPTT 算法的主要计算过程。对于一个序列样本，可通过 BPTT 算法计算出对所有参数的梯度，可利用 SGD 算法依次进行权系数更新。通过训练集训练 RNN。

由基本 RNN 可组合成深度 RNN。一种方式是由图 10.2.2 的单隐藏层反馈结构的级联，即由多个带反馈结构的隐藏层级联构成一个更深度的 RNN，一般更深层的网络具有更强的分层表达能力，这种结构的示例如图 10.2.3 所示，其中左侧结构示出 3 个带反馈的隐藏层级联，右侧表示其在时间上的展开计算图。也可以通过其他方式构成深度 RNN，如在反馈环路之间的隐藏层可由多层网络构成，或反馈支路自身通过一个多层网络，这些方式都可构成表示能力更强的 RNN。另外，也可构造在时间方向上的双向循环网络，或构造所谓的递归结构网络，本节不再赘述。有一些非 Elman 结构的 RNN，本节不再介绍，可参考其他文献。

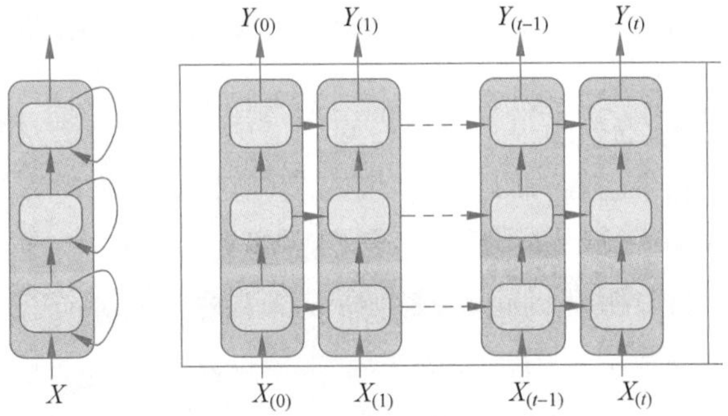

图 10.2.3 深度 RNN 的结构示意

RNN 训练中存在对长时间序列的挑战，称为长期依赖现象，即经过多时刻传播后，梯度倾向于消失或爆炸的情况，使 RNN 难以用较长序列样本进行训练，从而难以表示长期依赖性。可通过

反向传播公式(式(10.2.12))理解这一点,在反向传播中,关键的反向传播误差是通过乘积 $\boldsymbol{W}^{\mathrm{T}}(\nabla_{\boldsymbol{h}^{(t+1)}} L^{(t+1)})$ 在时间上反向传播的,当通过序列时刻步数 N 后,出现矩阵的指数项 $(\boldsymbol{W}^{\mathrm{T}})^{N}$,由于 $\boldsymbol{W}$ 是方阵,可分解为 $\boldsymbol{W}=\boldsymbol{U}^{\mathrm{T}}\boldsymbol{\Lambda}\boldsymbol{U}$,其中,$\boldsymbol{U}$ 为正交矩阵,$\boldsymbol{\Lambda}$ 为对角矩阵,其元素为 $\boldsymbol{W}$ 的各特征值,则 $(\boldsymbol{W}^{\mathrm{T}})^{N}=\boldsymbol{U}\boldsymbol{\Lambda}^{N}\boldsymbol{U}^{\mathrm{T}}$,故当 $\boldsymbol{W}$ 有大于 1 的特征值时,因为指数增长,使一些梯度增加过大,称为梯度爆炸,对于 $\boldsymbol{W}$ 小于 1 的特征值,指数级快速衰减,则出现梯度消失。梯度爆炸和梯度消失现象在 RNN 训练中被很多学者观察到,对于梯度爆炸现象,可用所谓梯度截断方法减轻其影响,即设一个阈值,当梯度大于该阈值时被限制为该阈值。梯度消失现象则更困难也更常见。前馈深度神经网络出现梯度消失和梯度爆炸的原因类似于 RNN。

为了降低长期依赖现象的影响,提出了降低学习的长期依赖问题的多种方法。例如,回声状态网络,采用固定循环权重,只学习输出权重的模式,另外还有泄露单元方法等。更常用和更成功的改进是所谓的门控 RNN,包括长短期记忆(Long Short-Term Memory,LSTM)模型和门控循环单元(Gated Recurrent Unit,GRU),下面对这些改进结构做概要介绍。

*10.2.3 长短期记忆模型

LSTM 是一种有效的门控 RNN 结构,门控 RNN 在每个时间步通过门控路径使梯度既不消失也不爆炸。门控的关键扩展在于使用了两个状态向量,一个是记忆细胞向量 $\boldsymbol{c}^{(t)}$,一个是隐藏向量 $\boldsymbol{h}^{(t)}$。门控的自循环控制记忆细胞形成门控内循环,控制记忆的长度。可将记忆细胞向量 $\boldsymbol{c}^{(t)}$ 理解为长期记忆向量,将隐藏向量 $\boldsymbol{h}^{(t)}$ 理解为短期记忆向量。

为了实现门控记忆过程,设置 3 个门控网络(由单层全连接网络组成),分别称为遗忘门 $\boldsymbol{f}^{(t)}$,用于控制自循环,即用于控制向量 $\boldsymbol{c}^{(t)}$;外部输入门 $\boldsymbol{i}^{(t)}$,用于控制输入通路;输出门 $\boldsymbol{o}^{(t)}$,用于控制输出通道。门控网络均使用 Sigmoid 函数,即将门控输出的控制信号限制在 0~1。门控网络输出的控制信号分别为

$$\begin{cases}\boldsymbol{f}^{(t)}=\sigma(\boldsymbol{W}_{xf}\boldsymbol{x}^{(t)}+\boldsymbol{W}_{hf}\boldsymbol{h}^{(t-1)}+\boldsymbol{b}_{f})\\ \boldsymbol{i}^{(t)}=\sigma(\boldsymbol{W}_{xi}\boldsymbol{x}^{(t)}+\boldsymbol{W}_{hi}\boldsymbol{h}^{(t-1)}+\boldsymbol{b}_{i})\\ \boldsymbol{o}^{(t)}=\sigma(\boldsymbol{W}_{xo}\boldsymbol{x}^{(t)}+\boldsymbol{W}_{ho}\boldsymbol{h}^{(t-1)}+\boldsymbol{b}_{o})\end{cases} \tag{10.2.18}$$

注意,$\boldsymbol{W}_{xf}$ 是由 $\boldsymbol{x}^{(t)}$ 产生遗忘门网络激活的权系数矩阵,其他矩阵的定义类似;$\boldsymbol{b}_f$ 是遗忘门的偏置向量,遗忘门输出 $\boldsymbol{f}^{(t)}$ 的维度与 $\boldsymbol{c}^{(t)}$ 相同,其他门控网络也类似。门控网络的输入由序列当前输入 $\boldsymbol{x}^{(t)}$ 和前一刻的隐藏状态 $\boldsymbol{h}^{(t-1)}$ 组成,即隐藏状态 $\boldsymbol{h}^{(t)}$ 经过循环延迟(外循环)输入至门控网络的输入。

LSTM 网络的信息前馈主通道也是一个 FC 网络,以 tanh 作为激活函数,产生对输入和反馈信息的表示,用于对记忆细胞做输入,通过输入门控制其对记忆细胞的影响,该通道的输出为

$$\tilde{\boldsymbol{c}}^{(t)}=\tanh(\boldsymbol{W}_{x\tilde{c}}\boldsymbol{x}^{(t)}+\boldsymbol{W}_{h\tilde{c}}\boldsymbol{h}^{(t-1)}+\boldsymbol{b}_{\tilde{c}}) \tag{10.2.19}$$

LSTM 中最重要的是对内循环的记忆细胞向量 $\boldsymbol{c}^{(t)}$ 的控制。首先记忆细胞前一时刻的值 $\boldsymbol{c}^{(t-1)}$ 被遗忘门控制是否继续被记忆,若遗忘门的一个输出分量 $f_i^{(t)}\approx 1$,则对应的 $c_i^{(t-1)}$ 被记忆;若对应 $f_i^{(t)}\approx 0$,则对应的 $c_i^{(t-1)}$ 被忘记,也就是对 $c_i^{(t-1)}$ 所表示状态的依赖性终止;若 $0<f_i^{(t)}<1$,则 $c_i^{(t-1)}$ 部分被记忆。对于记忆的依赖性由门控自动控制(门控权系数矩阵也是通过学习过程确定),这部分构成内循环。除了内循环,由输入门控确定是否记忆当前输入产生的贡献,即是否记忆 $\tilde{\boldsymbol{c}}^{(t)}$。故 $\boldsymbol{c}^{(t)}$ 是网络的长记忆向量,表示为

$$\boldsymbol{c}^{(t)}=\boldsymbol{f}^{(t)}\odot\boldsymbol{c}^{(t-1)}+\boldsymbol{i}^{(t)}\odot\tilde{\boldsymbol{c}}^{(t)} \tag{10.2.20}$$

其中，$\odot$表示向量按元素相乘。

最后，由输出门 $\boldsymbol{o}^{(t)}$ 控制将记忆细胞向量通过 tanh 后，作为本时间步的隐藏状态 $\boldsymbol{h}^{(t)}$ 和输出 $\hat{\boldsymbol{y}}^{(t)}$，隐藏状态将通过外循环延迟输入到各分支的输入端，由于输出门控制是否需要记忆，故 $\boldsymbol{h}^{(t)}$ 比 $\boldsymbol{c}^{(t)}$ 有更短的记忆。输出和隐藏状态为

$$\hat{\boldsymbol{y}}^{(t)}=\boldsymbol{h}^{(t)}=\boldsymbol{o}^{(t)}\odot\tanh(\boldsymbol{c}^{(t)}) \tag{10.2.21}$$

图 10.2.4 给出了一个在 t 时刻的运算结构，这实际是 LSTM 网络的按时间计算展开图在一个时刻的表示，而不是实际的网络连接。

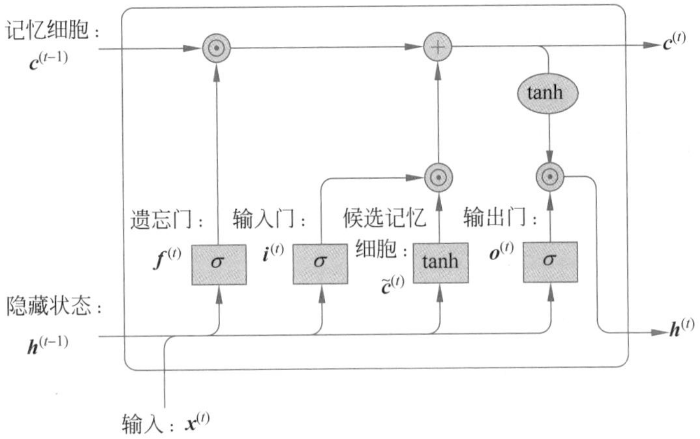

图 10.2.4 LSTM 网络的计算结构

*10.2.4 门控循环单元

门控循环单元（GRU）可看作 LSTM 的一种化简版，也是近期提出的一种结构，性能上与 LSTM 等价。

GRU 相当于把 LSTM 的两个状态合二为一，用 $\boldsymbol{h}^{(t)}$ 表示。用一个单一的控制门 $\boldsymbol{z}^{(t)}$ 取代遗忘门和输入门，另一个门 $\boldsymbol{r}^{(t)}$ 用于控制前一时刻状态对主前馈通道的贡献，两个门分别为

$$\begin{cases}\boldsymbol{z}^{(t)}=\sigma(\boldsymbol{W}_{xz}\boldsymbol{x}^{(t)}+\boldsymbol{W}_{hz}\boldsymbol{h}^{(t-1)}+\boldsymbol{b}_z)\\ \boldsymbol{r}^{(t)}=\sigma(\boldsymbol{W}_{xr}\boldsymbol{x}^{(t)}+\boldsymbol{W}_{hr}\boldsymbol{h}^{(t-1)}+\boldsymbol{b}_r)\end{cases} \tag{10.2.22}$$

主前馈通道表示为

$$\tilde{\boldsymbol{h}}^{(t)}=\tanh(\boldsymbol{W}_{x\tilde{h}}\boldsymbol{x}^{(t)}+\boldsymbol{W}_{h\tilde{h}}(\boldsymbol{r}^{(t)}\odot\boldsymbol{h}^{(t-1)})+\boldsymbol{b}_{\tilde{h}}) \tag{10.2.23}$$

注意到，由 $\boldsymbol{r}^{(t)}\odot\boldsymbol{h}^{(t-1)}$ 表示门控控制 $\boldsymbol{h}^{(t-1)}$ 各分量对新的需记忆元素的贡献。GRU 的状态和输出表示为

$$\boldsymbol{h}^{(t)}=\boldsymbol{z}^{(t)}\odot\boldsymbol{h}^{(t-1)}+(\boldsymbol{1}-\boldsymbol{z}^{(t)})\odot\tilde{\boldsymbol{h}}^{(t)} \tag{10.2.24}$$

其中，$\boldsymbol{1}$ 为每分量均取 1 的向量。当 $z_i^{(t)}\approx 1$ 时，对应 $\boldsymbol{h}^{(t-1)}$ 分量被继续记忆，$\tilde{\boldsymbol{h}}^{(t)}$ 的分量被丢弃；反之，$z_i^{(t)}\approx 0$，则记忆 $\tilde{\boldsymbol{h}}^{(t)}$ 的分量，忘记 $\boldsymbol{h}^{(t-1)}$ 的对应分量，由门控 $\boldsymbol{z}^{(t)}$ 自动控制了对历史和新输入的记忆和忘记。GRU 的计算结构如图 10.2.5 所示。

我们针对序列样本的一般情况，即输入序列和标注序列为等长序列的标准形式 $\boldsymbol{X}_n=\{\boldsymbol{x}^{(1)},\boldsymbol{x}^{(2)},\cdots,\boldsymbol{x}^{(\tau-1)},\boldsymbol{x}^{(\tau)}\}$ 和 $\boldsymbol{Y}_n=\{\boldsymbol{y}^{(1)},\boldsymbol{y}^{(2)},\cdots,\boldsymbol{y}^{(\tau-1)},\boldsymbol{y}^{(\tau)}\}$，讨论了 RNN 和其扩展结构的学习过程，实际中，针对不同应用环境，RNN 存在各种灵活的工作模式。例如，标注只有在序列的最

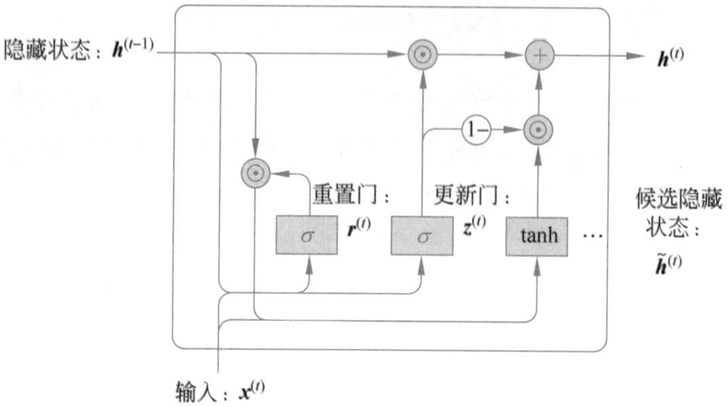

图 10.2.5 GRU 的计算结构

后时刻才存在，即 $\boldsymbol{Y}_n=\{\boldsymbol{y}^{(\tau)}\}$；或反之，$\boldsymbol{X}_n=\{\boldsymbol{x}\}$ 只是一个常向量，$\boldsymbol{Y}_n$ 是一个序列。对于这些特殊模式，本节讨论的算法只需稍作调整，关于 RNN 的其他工作模式，大多结合了具体的应用领域，本节不再做进一步讨论。

本章小结

本章介绍了在深度学习中广泛使用的两种神经网络结构：CNN 和 RNN。在 20 世纪 80 至 90 年代，人们就对 CNN 和 RNN 做了研究，但其广泛的应用却是在深度学习活跃之后，尤其是在 2012 年左右用 CNN 取得对图像识别水平的突破，用 RNN 取得对语音识别水平的突破，使 CNN 和 RNN 分别成为图像、计算机视觉领域和处理序列（如语音识别、机器翻译或信号处理）领域有效的工具。

由于 CNN 和 RNN 应用的广泛性，我们以一章的篇幅对其进行了较为详细的讨论。神经网络中还有一些其他结构，在不同时期都发挥过作用，如 Boltzmann 机和受限 Boltzmann 机、径向基函数网络（Radial Basis Function，RBF）、自组织网络（SOM 网络）等，本书限于篇幅没有对这些网络做介绍，有兴趣的读者可参考神经网络的两本经典教科书：Haykin 的 *Neural Networks and Learning Machines* 和 Bishop 的 *Neural Networks for Pattern Recognition*。深度学习的代表性著作，Goodfellow 等的 *Deep Learning* 对 CNN 和 RNN 都给出了较详尽的介绍；Graves 的 *Supervised Sequence Labelling with Recurrent Neural Network* 对 RNN 做了专门论述。针对 Python 编程实践，Geron 的书详细讨论了 CNN 和 RNN 在 Scikit 和 TensorFlow 框架下的程序实现；阿斯顿·张等的《动手学深度网络》给出了 CNN 和 RNN 的原理介绍，以及二者在 MXNet 开源框架下的编程实践。

尽管 CNN 和 RNN 是一种流行的结构，但基础的“信号与系统”中关于卷积和状态方程的详尽论述，包括物理意义的说明，对于更深入理解 CNN 和 RNN 是有帮助的，有兴趣的读者可参考郑君里等的《信号与系统导论》。

对于深度学习中更新的一些网络结构，如 Transformer 等，将在第 11 章作为深度学习“扩展”专题的一部分予以介绍。

本章习题

1. 对于下面的二维数据和卷积核：

24	76	78	45	32
44	45	89	56	30
15	32	98	98	35
17	44	110	89	40
22	54	128	98	34

1	1
−1	−1

(1) 求有效卷积的卷积输出；

(2) 对卷积输出通过 ReLU 激活函数后，按照步幅为 2 进行 2×2 窗口的最大池化，写出池化输出。

2. 对于图 10.1.9 所示的一层卷积网络，若要求输入和输出是同维度的，有 6 个输入和 6 个输出(对输入补 0 后做有效卷积)。按照这个要求，对式(10.1.13)～式(10.1.21)做相应修改，以满足输入和输出同维度的要求。

3. 设一个简单的 RNN 的计算表示为

$$\boldsymbol{a}^{(t)}=\boldsymbol{b}+\boldsymbol{W}\boldsymbol{h}^{(t-1)}+\boldsymbol{U}\boldsymbol{x}^{(t)}$$
$$\boldsymbol{h}^{(t)}=\tanh(\boldsymbol{a}^{(t)})$$
$$o^{(t)}=c+\boldsymbol{V}\boldsymbol{h}^{(t)}$$
$$\hat{y}^{(t)}=o^{(t)}$$

(1) 若 $\boldsymbol{h}$ 和 $\boldsymbol{x}$ 均为二维向量，网络参数分别为

$$\boldsymbol{b}=[0.2,-0.1]^{\mathrm{T}},\quad c=0.25,\quad \boldsymbol{V}=[0.5,1]$$
$$\boldsymbol{W}=\begin{bmatrix}0.8 & -0.1\\ -0.12 & 0.8\end{bmatrix},\quad \boldsymbol{U}=\begin{bmatrix}2 & -1\\ 1 & 1\end{bmatrix}$$

若输入 $\boldsymbol{x}^{(t)}=[\sin 0.2\pi t\quad \cos 0.5\pi t]^{\mathrm{T}}$，请借助计算机，计算在 $1\leqslant t\leqslant 10$ 的范围内输出 $\hat{y}^{(t)}$ 序列。

(2) 对于该网络，若采用误差平方作为目标函数，以问题(1)中给出的系数为初始值，设状态初始值为 $\boldsymbol{h}^{(0)}=\boldsymbol{0}$，若给出一个 3 个时刻的序列样本集为

$$\{(\boldsymbol{x}^{(t)},\hat{y}^{(t)})\}_{t=1}^{3}=\{((1,2)^{\mathrm{T}},-1),((-1,0)^{\mathrm{T}},1),((1,-1)^{\mathrm{T}},2)\}$$

请利用通过时间的反向传播算法，对网络参数进行更新。

4. 对于图 10.2.2 所示的 RNN 的展开计算图，若只有最后一个时刻 τ 给出了输出标注 $y^{(\tau)}$，其他时刻没有相应标注 $y^{(t)}$，$t=1,2,\cdots,\tau-1$。在这种只有序列最后时刻的标注起作用的情况下，修改通过时间的反向传播算法的对应公式，即式(10.2.10)～式(10.2.17)。

第 11 章 神经网络与深度学习之三：扩展

CHAPTER 11

本章介绍有关深度学习技术层面和扩展层面的一些内容，相对第 9 章和第 10 章的基础性，本章属于技术性和相对较新的系统的介绍。首先介绍深度学习系统训练需要的一些技术，包括优化技术、归一化和正则化；然后介绍一些更专门的结构，如自编码器、注意力机制、Transformer 以及预训练方法，对对抗训练也给出了一个极为简略的介绍。近年来，Transformer 的应用越来越广泛。

本章各节相对独立，可供任课教师选讲或供读者选读。

11.1 深度学习中的优化算法

第 17 集
微课视频

如第 9 章和第 10 章已介绍的，深度神经网络优化存在着许多困难。首先，深度神经网络的损失函数存在大量高原、鞍点和平坦区域都满足梯度为 0 的备选解条件，实际中鞍点数量超出局部极小点数目，图 11.1.1 所示为鞍点的一个例子。即使到极小点，大多数也是局部极小点，当然，神经网络的全局最小点也不是唯一的，权系数空间的对称性使全局最小点数目众多（这可能是优点，结合随机初始化使优化逼近其中一个全局最小值的可能增大）。

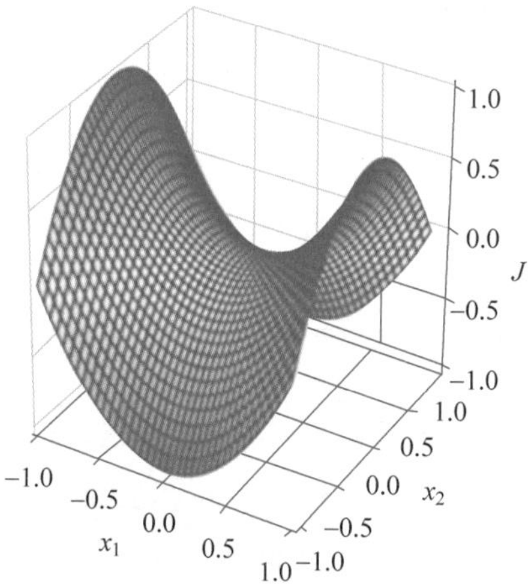

图 11.1.1 神经网络损失函数中的鞍点示意

对于深度网络，由于权系数数目众多，高阶优化技术难以应用，主流的优化是传统梯度算法的改进，以小批量随机梯度算法（mini-batch SGD）应用最为广泛。对于神经网络，有效计算梯度的主流算法是反向传播算法；对于深层网络，存在梯度消失或梯度爆炸现象以及求解的梯度精确度不理想等问题。一方面，通过网络结构改善梯度，如 CNN 通过参数共享可降低梯度估计的方差，残差网络、密集连接网络等网络结构可以有效改善梯度消失问题，RNN 也通过门控技术（LSTM、GRU 等结构）改善梯度消失和梯度爆炸等问题；另一方面，改善优化算法，得到收敛性能更好的优化算法。

针对深度网络的训练，有多种改善的优化算法被提出，如基于动量的方法和针对自适应学习率的算法等，具体的算法有 Nesterov 动量算法、AdaGrad 算法、RMSProp 算法、Adam 算法等，尽管这些算法也可应用于其他需要梯度算法的优化问题中，但因其对深度学习优化的有效性，且其中多个算法也是针对深度网络优化而设计的，故集中在本节进行概要介绍。

11.1.1 小批量 SGD 算法

在第 4 章和第 9 章都简要地介绍过小批量 SGD 算法，本节作为讨论深度学习优化算法的起点，再次对小批量 SGD 做一个更正式的叙述。一般训练一个深度网络，基础算法是采用小批量 SGD 算法，一个小批量 SGD 的计算单元有以下 4 个步骤。

(1) 采样一个小批量样本。

(2) 通过前向传播计算网络各节点的值(激活和神经元输出)。

(3) 反向传播(BP)计算梯度。

(4) 利用小批量梯度均值更新权系数。

首先，假设训练样本集为

$$\boldsymbol{D}=\{(\boldsymbol{x}_1,\boldsymbol{y}_1),(\boldsymbol{x}_2,\boldsymbol{y}_2),\cdots,(\boldsymbol{x}_N,\boldsymbol{y}_N)\}=\{(\boldsymbol{x}_n,\boldsymbol{y}_n)\}_{n=1}^{N} \tag{11.1.1}$$

从训练样本集采样小批量样本的方法有两种：①首先将训练集样本 $\boldsymbol{D}$ 打乱，即随机重排列训练集，这样的目的是消除相近样本可能残存的相关性，然后每次顺序取出 m 个样本作为小批量样本；②训练样本集不变，每次随机地从训练样本集抽取出 m 个样本组成小批量样本。为了表示简单，把每次取得的小批量样本重新记为

$$\boldsymbol{D}_k=\{(\boldsymbol{x}_i,\boldsymbol{y}_i)\}_{i=1}^{m} \tag{11.1.2}$$

一个小批量样本由 m 个样本组成，m 的取值与训练集样本总量和网络的规模有关，在实际中可能取数十、数百或上千，在较大规模网络训练时，m 取数百比较合适。

获得小批量样本后，对于这组样本，网络权系数不变，用 BP 算法计算对各样本的梯度，并得到梯度的均值为

$$\boldsymbol{g}=\nabla_w\left\{\frac{1}{m}\sum_{i=1}^{m}L\left[f(\boldsymbol{x}_i;\boldsymbol{w}),\boldsymbol{y}_i\right]\right\} \tag{11.1.3}$$

其中，$L[f(\boldsymbol{x}_i;\boldsymbol{w}),\boldsymbol{y}_i]$表示神经网络的损失函数；$\boldsymbol{w}$ 表示所有权系数排成的向量，则小批量 SGD 算法更新权系数为(注：本节针对最小化的随机梯度下降进行叙述，对梯度上升只需改变第 2 项的符号。)

$$\boldsymbol{w}\leftarrow\boldsymbol{w}-\eta_k\boldsymbol{g} \tag{11.1.4}$$

其中，η_k 为学习率，原理上学习率是可变的参数。以上过程循环进行，每次取一个小批量，计算梯度，更新一次权系数，直到满足收敛条件。小批量 SGD 算法描述如下。

小批量 SGD 算法

输入：学习率 η_k，初始权系数 $\boldsymbol{w}$；

算法描述：

while 停止条件不满足 do

从训练集采样一组小批量样本 $\boldsymbol{D}_k=\{(\boldsymbol{x}_i,\boldsymbol{y}_i)\}_{i=1}^{m}$；

BP 算法计算梯度：$\boldsymbol{g}\leftarrow\nabla_w\left\{\frac{1}{m}\sum_{i=1}^{m}L\left[f(\boldsymbol{x}_i;\boldsymbol{w}),\boldsymbol{y}_i\right]\right\}$；

更新权系数：$\boldsymbol{w}\leftarrow\boldsymbol{w}-\eta_k\boldsymbol{g}$；

end while

在 SGD 算法中，学习率的选取是一个重要因素，可随迭代过程变化。理论上，若满足以下两

个条件,则算法收敛。

$$\begin{cases}\sum_{k=1}^{+\infty}\eta_k=\infty\\ \sum_{k=1}^{+\infty}\eta_k^2<\infty\end{cases}\tag{11.1.5}$$

在小批量 SGD 算法实现时,可给出一个初始学习率 η_0,然后每隔若干批次将学习率按一定比例缩小,按照这种方式选择的 η_k 可满足式(11.1.5)的收敛条件。另一种选择学习率的方法是按照如下变化。

$$\eta_k=\frac{\eta_0}{1+\alpha k}$$

其中,α 为一个可选择的参数。还有多种启发式变化学习率 η_k 的方法,不再赘述。

11.1.2 动量 SGD 算法

随机梯度在相邻两步之间可能差距很大(包括方向和幅度),故 SGD 存在学习过程慢的问题,一种动量方法可加速学习。所谓动量,是对历史的学习率加权负梯度(相当于速度)的一种累积量,用$\boldsymbol{v}$ 表示动量,并引入超参数 $\alpha\in[0,1)$,超参数控制在动量中历史累计和当前加权梯度的比例。在起始时给动量赋予初值(如 0),每次计算新的小批量梯度后,得到动量的更新为

$$\boldsymbol{v}\leftarrow\alpha\boldsymbol{v}-\eta\nabla_{\boldsymbol{w}}\left\{\frac{1}{m}\sum_{i=1}^{m}L\left[f(\boldsymbol{x}_i;\boldsymbol{w}),\boldsymbol{y}_i\right]\right\}\tag{11.1.6}$$

则权系数由动量进行更新为

$$\boldsymbol{w}\leftarrow\boldsymbol{w}+\boldsymbol{v}\tag{11.1.7}$$

可以看到,若连续多步的梯度相等,则相当于等价步长为

$$\eta\frac{\|\boldsymbol{g}\|}{1-\alpha}\tag{11.1.8}$$

这相当于一种加速,当步长方向和幅度变化较大时,动量的积累效应使动量一定程度抑制了梯度的高随机性,使迭代过程中权参数的收敛更加平缓。

一种改进的动量方法是 Nesterov 动量,在计算梯度之前,首先利用动量的历史值形成一个校正的权系数,记为

$$\tilde{\boldsymbol{w}}\leftarrow\boldsymbol{w}+\alpha\boldsymbol{v}\tag{11.1.9}$$

以 $\tilde{\boldsymbol{w}}$ 作为权系数计算梯度,即

$$\begin{aligned}\boldsymbol{g}&=\nabla_{\tilde{\boldsymbol{w}}}\left\{\frac{1}{m}\sum_{i=1}^{m}L\left[f(\boldsymbol{x}_i;\tilde{\boldsymbol{w}}),\boldsymbol{y}_i\right]\right\}\\&=\nabla_{\boldsymbol{w}}\left\{\frac{1}{m}\sum_{i=1}^{m}L\left[f(\boldsymbol{x}_i;\boldsymbol{w}+\alpha\boldsymbol{v}),\boldsymbol{y}_i\right]\right\}\end{aligned}\tag{11.1.10}$$

计算完梯度后,对动量更新为

$$\boldsymbol{v}\leftarrow\alpha\boldsymbol{v}-\eta\boldsymbol{g}\tag{11.1.11}$$

权系数更新仍为

$$\boldsymbol{w}\leftarrow\boldsymbol{w}+\boldsymbol{v}$$

带 Nesterov 动量的小批量 SGD 算法总结如下,一般动量算法只需要省略计算 $\tilde{\boldsymbol{w}}$ 这一步即可(这一步置为 $\tilde{\boldsymbol{w}}\leftarrow\boldsymbol{w}$)。

带 Nesterov 动量的小批量 SGD 算法

输入：学习率 η，动量参数 α，初始权系数 $\boldsymbol{w}$，初始动量 $\boldsymbol{v}$；

算法描述：

while 停止条件不满足 do

　从训练集采样一组小批量样本 $\boldsymbol{D}_k=\{(\boldsymbol{x}_i,\boldsymbol{y}_i)\}_{i=1}^{m}$；

　调整权系数：$\tilde{\boldsymbol{w}}\leftarrow\boldsymbol{w}+\alpha\boldsymbol{v}$；

　BP 算法计算梯度：$\boldsymbol{g}\leftarrow\nabla_{\tilde{\boldsymbol{w}}}\left\{\frac{1}{m}\sum_{i=1}^{m}L\left[f(\boldsymbol{x}_i;\tilde{\boldsymbol{w}}),\boldsymbol{y}_i\right]\right\}$；

　更新动量：$\boldsymbol{v}\leftarrow\alpha\boldsymbol{v}-\eta\boldsymbol{g}$；

　更新权系数：$\boldsymbol{w}\leftarrow\boldsymbol{w}+\boldsymbol{v}$；

end while

图 11.1.2 给出了动量和负梯度(由学习率加权)的关系图，若不考虑动量，则每次权系数更新单独由梯度控制，考虑动量后，实际更新由以前的积累动量和当前梯度合成的向量控制。当每次的梯度随机性变化较大时，加入动量的方式可使权系数的每次更新更平缓。

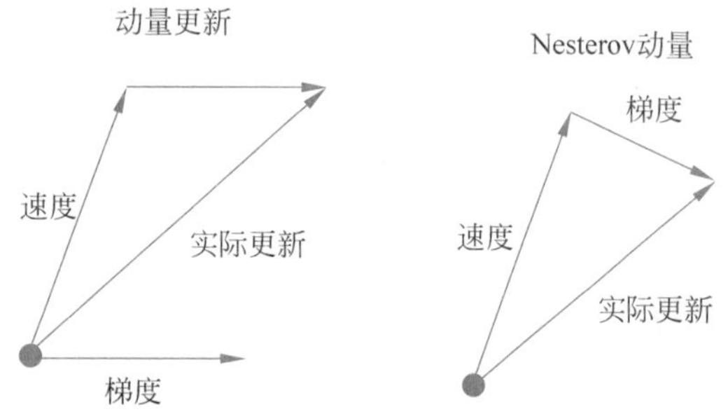

图 11.1.2　两种动量的示意图

11.1.3　自适应学习率算法

可以考虑自适应地改变学习率，开始时较快地更新，然后将控制自适应地改变学习率，缓慢地收敛到极小点。可对所有模型参数的学习率自适应改变，使之反比于所有梯度历史的平方根。AdaGrad 算法是一个较早的自适应学习率算法，设置一个累积向量并设初值为 $\boldsymbol{r}=\boldsymbol{0}$，在每次迭代计算出小批量平均梯度 $\boldsymbol{g}$ 后，$\boldsymbol{r}$ 进行累积，即

$$\boldsymbol{g}\leftarrow\nabla_{\boldsymbol{w}}\left\{\frac{1}{m}\sum_{i=1}^{m}L\left[f(\boldsymbol{x}_i;\boldsymbol{w}),\boldsymbol{y}_i\right]\right\}\tag{11.1.12}$$

$$\boldsymbol{r}\leftarrow\boldsymbol{r}+\boldsymbol{g}\odot\boldsymbol{g}\tag{11.1.13}$$

其中，$\odot$ 为两向量按元素相乘。然后权系数向量更新时，通过 $\boldsymbol{r}$ 按元素运算控制各系数的更新学习率，即

$$\boldsymbol{w}\leftarrow\boldsymbol{w}-\frac{\eta}{\sqrt{\delta+\boldsymbol{r}}}\odot\boldsymbol{g}\tag{11.1.14}$$

注意，式(11.1.14)是按元素相除，即权系数的每个分量按式(11.1.15)更新。

$$w_i \leftarrow w_i - \frac{\eta}{\sqrt{\delta + r_i}} g_i \tag{11.1.15}$$

其中，δ 为一个平滑控制参数，取很小的实数，如 $\delta=10^{-10}$。

AdaGrad 算法用于神经网络训练时，经常过早地停止或进入更新很慢的情况，一种改进的方法称为 RMSProp 算法，RMSProp 设置了一个衰减率因子 ρ，则 $\boldsymbol{r}$ 的累积方式为

$$\boldsymbol{r} \leftarrow \rho \boldsymbol{r} + (1-\rho) \boldsymbol{g} \odot \boldsymbol{g} \tag{11.1.16}$$

其中，ρ 为一个增加的超参数，RMSProp 算法中推荐使用 $\rho=0.9$，这个推荐值一般可以得到良好的效果。基本 RMSProp 算法的其他步骤与 AdaGrad 算法一致，但 RMSProp 算法可以与 Nesterov 动量结合，得到更加有效一些的实现。结合 Nesterov 动量的 RMSProp 算法描述如下。

结合 Nesterov 动量的 RMSProp 算法

输入：学习率 η，动量参数 α，衰减率 ρ，平滑因子 δ，初始权系数 $\boldsymbol{w}$，初始动量 $\boldsymbol{v}$，初始量累积量 $\boldsymbol{r}=\boldsymbol{0}$

算法描述：

while 停止条件不满足 do

从训练集采样一组小批量样本 $\boldsymbol{D}_k=\{(\boldsymbol{x}_i,\boldsymbol{y}_i)\}_{i=1}^m$；

调整权系数：$\tilde{\boldsymbol{w}} \leftarrow \boldsymbol{w} + \alpha \boldsymbol{v}$；

BP 算法计算梯度：$\boldsymbol{g} \leftarrow \nabla_{\tilde{\boldsymbol{w}}} \left\{ \frac{1}{m} \sum_{i=1}^{m} L\left[f(\boldsymbol{x}_i;\tilde{\boldsymbol{w}}),\boldsymbol{y}_i\right] \right\}$；

更新梯度累积量：$\boldsymbol{r} \leftarrow \rho \boldsymbol{r} + (1-\rho)\boldsymbol{g} \odot \boldsymbol{g}$；

更新动量：$\boldsymbol{v} \leftarrow \alpha \boldsymbol{v} - \frac{\eta}{\sqrt{\delta + \boldsymbol{r}}} \odot \boldsymbol{g}$；

更新权系数：$\boldsymbol{w} \leftarrow \boldsymbol{w} + \boldsymbol{v}$；

end while

一个较新的、一般情况下性能良好的优化算法是 Adam(Adaptive Moment Estimation)算法，该算法集成了以上所述的诸多因素，是目前被广泛采用的一种优化算法。

Adam 算法分别计算梯度 $\boldsymbol{g}$ 的一阶矩 $\boldsymbol{s}$ 和二阶矩 $\boldsymbol{r}$，其中一阶矩是动量的一种等价形式，二阶矩用于自适应控制学习率，Adam 算法对有偏估计的一阶矩和二阶矩进行校正。在通过式(11.1.12)计算得到小批量梯度 $\boldsymbol{g}$ 后，Adam 算法进行以下各步运算。

$$\boldsymbol{s} \leftarrow \rho_1 \boldsymbol{s} + (1-\rho_1)\boldsymbol{g} \tag{11.1.17}$$

$$\boldsymbol{r} \leftarrow \rho_2 \boldsymbol{r} + (1-\rho_2)\boldsymbol{g} \odot \boldsymbol{g} \tag{11.1.18}$$

$$\hat{\boldsymbol{s}} \leftarrow \frac{\boldsymbol{s}}{1-\rho_1^t} \tag{11.1.19}$$

$$\tilde{\boldsymbol{r}} \leftarrow \frac{\boldsymbol{r}}{1-\rho_2^t} \tag{11.1.20}$$

$$\boldsymbol{w} \leftarrow \boldsymbol{w} - \frac{\eta}{\sqrt{\hat{\boldsymbol{r}}} + \delta} \odot \hat{\boldsymbol{s}} \tag{11.1.21}$$

其中，ρ_1 和 ρ_2 为两个衰减率，算法推荐 $\rho_1=0.9$ 和 $\rho_2=0.999$，$\delta=10^{-8}$。式(11.1.19)和

式(11.1.20)中的指数 t 表示当前迭代的次数,初始时 $t=0$,每步小批量迭代 t 加 1。式(11.1.17)和式(11.1.18)的一阶矩和二阶矩增量计算带来矩估计的偏,式(11.1.19)和式(11.1.20)是对偏的校正。Adam 算法描述如下。

Adam 算法

输入：学习率 η(推荐 0.001),衰减率 ρ_1 和 ρ_2(推荐 $\rho_1=0.9$ 和 $\rho_2=0.999$),平滑因子 δ(推荐 $\delta=10^{-8}$),初始权系数 $\boldsymbol{w}$,初始一阶矩 $\boldsymbol{s}=\boldsymbol{0}$,二阶矩 $\boldsymbol{r}=\boldsymbol{0}$,迭代步计数 $t=0$;

算法描述：

while 停止条件不满足 do

从训练集采样一组小批量样本 $\boldsymbol{D}_k=\{(\boldsymbol{x}_i,\boldsymbol{y}_i)\}_{i=1}^{m}$;

BP 算法计算梯度：$\boldsymbol{g}\leftarrow\nabla_{\boldsymbol{w}}\left\{\frac{1}{m}\sum_{i=1}^{m}L\left[f(\boldsymbol{x}_i;\boldsymbol{w}),\boldsymbol{y}_i\right]\right\}$;

$t\leftarrow t+1$;

更新一阶累积量：$\boldsymbol{s}\leftarrow\rho_1\boldsymbol{s}+(1-\rho_1)\boldsymbol{g}$;

更新二阶累积量：$\boldsymbol{r}\leftarrow\rho_2\boldsymbol{r}+(1-\rho_2)\boldsymbol{g}\odot\boldsymbol{g}$;

校正一阶累积量的偏：$\hat{\boldsymbol{s}}\leftarrow\frac{\boldsymbol{s}}{1-\rho_1^t}$;

校正二阶累积量的偏：$\hat{\boldsymbol{r}}\leftarrow\frac{\boldsymbol{r}}{1-\rho_2^t}$;

权系数更新量：$\Delta\boldsymbol{w}\leftarrow-\frac{\eta}{\sqrt{\hat{\boldsymbol{r}}}+\delta}\odot\hat{\boldsymbol{s}}$;

更新权系数：$\boldsymbol{w}\leftarrow\boldsymbol{w}+\Delta\boldsymbol{w}$;

end while

也有人研究了将结合 Nesterov 动量和 Adam 算法得到 Nadam 算法,这种扩展是自然的,不再赘述。

一般来讲,从大量数据集的验证结果来看,Adam、RMSProp 和 Nadam 算法的收敛速度和收敛性能良好;对于一些数据集,反而更简单的 Nesterov 动量算法表现更好。

11.2　深度学习训练的正则化技术

如前面已经遇到的,对于机器学习模型训练过程中的过拟合问题,有效的抑制方法是正则化技术。针对深度神经网络的训练,更容易遇到过拟合问题,正则化是训练深度神经网络的重要技术。第 9 章已经讨论过一些对神经网络训练的基本正则化方法,如权衰减正则化、早停止等,这些方法对深度神经网络的训练仍然有效,仍可采用,但针对深度神经网络有一些专门的正则化技术被提出,本节讨论两类针对深度学习的正则化方法。

一种专门针对深度学习的正则化技术是 Dropout,另一种方法是批归一化(Batch Normalization,BN)和层归一化等归一化技术,前者是一种标准的正则化技术,后者的作用可等价为一种正则化技术,故均放在本节集中讨论。

11.2.1 Dropout 技术

Dropout 是一种正则化方法。在深度神经网络的训练中，为了抑制过拟合问题，可采用所谓的 Dropout 训练方法。在 Dropout 训练中，在每个训练步，从基础网络中随机去除一些单元(输出单元总是保留)后形成子网络，对子网络进行前后向传播和权系数更新。

在每个小批量权更新时，对每个样本，用一个二进制掩码向量决定各单元是否去除，掩码向量按预先设定的方式随机取样，可预先针对不同单元确定去除概率 p(这个概率可作为超参数，如设输入单元被去除的概率为 0.2，隐藏单元的概率为 0.5，卷积层去除概率为 0.4～0.5，输出单元总被保持)。每个迭代步训练一部分子网络参数，但其他参数继承基本网络的原参数。

Dropout 作为正则化技术，其可减少模型的有效容量，为了抵消这种影响，需增大模型规模。实践表明，Dropout 只在大样本训练时有效。

图 11.2.1 给出一个 3 层神经网络按神经元节点进行去除的例子。在每个前向层，随机设置一些神经元为 0，设为 0 的比例是一个超参数，本例在输入层和隐藏层的去除比例均取 50%。左侧是基础网络，在一个迭代步，对每个节点按 0.5 的概率随机取一个掩码，若掩码为 1，则该节点保留，否则该节点去除，如此随机地取各单元为保留单元或去除单元。节点一旦去除，则与其相连接的边均被去除，右侧表示了一种随机保留的节点与相应边，在本次迭代时只对相应保留的权系数和神经元进行计算，通过 BP 算法计算损失函数针对保留系数的梯度，用选择的优化算法进行权系数更新，其他系数保留其原始值。

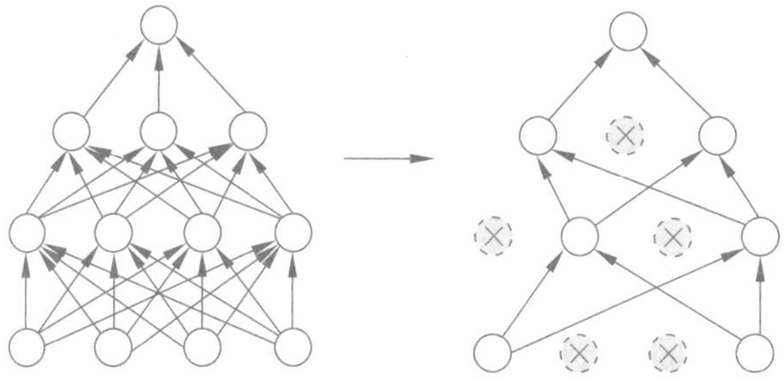

图 11.2.1 一个 Dropout 示意

一种理解 Dropout 的想法是：每次随机删除一些神经元和对应权系数，相当于随机构造了一个新网络，但只用一步训练，起始权系数用上次基础网络的保留值。这样训练 K(很大的值)次，可以把最终训练的网络看作每次随机删除的多种网络的集成网络。Dropout 使训练收敛更慢，训练时间更长，但 Dropout 训练的最后网络一般性能更好，使加长的训练时间是值得的。

利用 Dropout 技术训练一个网络，当网络训练结束后，用于测试或预测时，所有神经元和权系数不再去除，因此，训练时和测试时接入各神经元的加权数目不一样的。例如，若去除率 50%，则测试时平均接入各神经元的权数目是每次训练时的 2 倍，故为了产生等分布的神经元输出，在测试时将接入各神经元的权系数先乘以 0.5。对于一般的去除概率 p，则测试时相应各权值首先乘以保留概率 $1-p$。

Dropout 是以神经元为单位随机删除或保留，也可以以边为单元进行，这称为 Drop Connect，不同之处在于针对每条边产生掩码，不再详述。

11.2.2 批归一化

批归一化可用于加速深度神经网络的训练。对于一个机器学习模型，若对输入层数据进行预处理，将输入特征向量预处理为归一化向量，即各分量均值为0，方差为1，则可加速学习的收敛过程。但对于深度神经网络，在训练过程中，经过前级权系数加权运算和非线性激活函数运算，各层的输入信号分布变化很大，具有非常不一致的分布，称这种现象为内部协变量偏移(Internal Covariate Shift)，其可显著降低深度网络的训练效率。

对于饱和型的激活函数，如tanh或Sigmoid等函数，若神经元的激活值幅度较大时，进入其激活函数的饱和区，因此反向传播的梯度分量趋于0，对应权系数将驻留不变，拉低学习过程的收敛速度。

对于神经网络的一层，若输入向量为$\boldsymbol{u}$，激活向量为$\boldsymbol{x}=\boldsymbol{W}\boldsymbol{u}+\boldsymbol{b}$，该隐藏层输出为$\boldsymbol{z}=\varphi(\boldsymbol{x})=\varphi(\boldsymbol{W}\boldsymbol{u}+\boldsymbol{b})$，为了避免$\boldsymbol{x}$的分布与输入层过于不一致，可在每层的激活$\boldsymbol{x}$后插入一级归一化(Normalization)运算层，将$\boldsymbol{x}$白化。对$\boldsymbol{x}$的白化需耗费很大的运算量(将白化的系统方法介绍推迟到13.2节)，需要大量样本参与计算$\boldsymbol{x}$的协方差矩阵。因此，这一级的归一化做两个化简：①对$\boldsymbol{x}$的每个分量元素分别归一化，使其均值为0，方差为1，这只需要标量运算，简单得多；②由于深度神经网络的训练总是使用小批量随机梯度(及其改进算法)，因此归一化只对一个小批量样本集进行。因为有了这两个化简，所以称为批归一化。

设对于网络的任意层，其小批量样本集计算所得的激活值集为$\{(\boldsymbol{x}_i)\}_{i=1}^m$，这里下标$i$表示小批量中样本的序号，$\boldsymbol{x}_i$是本层的一个激活向量，由于需要对$\boldsymbol{x}_i$的每个分量单独归一化，故任取其中一个分量组成标量样本集$\{(x_i)\}_{i=1}^m$，为了简单，这里省略了分量的标号，使算法对每个分量是一致的。对一个分量的批归一化算法描述如下。

批归一化(BN)算法

输入：小批量样本(其中一个分量组成的标量样本集)$\{(x_i)\}_{i=1}^m$；需学习的参数γ,β；

输出：$\{y_i=\mathrm{BN}_{\gamma,\beta}(x_i)\}_{i=1}^m$

$$\mu_{\mathrm{B}}=\frac{1}{m}\sum_{i=1}^{m}x_i \tag{11.2.1}$$

$$\sigma_{\mathrm{B}}^2=\frac{1}{m}\sum_{i=1}^{m}(x_i-\mu_{\mathrm{B}})^2 \tag{11.2.2}$$

$$\hat{x}_i=\frac{x_i-\mu_{\mathrm{B}}}{\sqrt{\sigma_{\mathrm{B}}^2+\varepsilon}} \tag{11.2.3}$$

$$y_i=\gamma\hat{x}_i+\beta\triangleq\mathrm{BN}_{\gamma,\beta}(x_i) \tag{11.2.4}$$

式(11.2.1)和式(11.2.2)分别计算小批量样本的均值和方差；式(11.2.3)用于对每个样本去均值和归一化，该式中的ε是一个预设的常数，作为平滑因子以防止分母为0；式(11.2.4)通过两个参数γ,β将BN的输出重新做合适的尺度和平移，以满足插入BN后网络的表达能力。参数γ,β通过学习过程与网络的权系数一样被训练。特别地，若某层不需要BN，可能学得$\gamma=\sqrt{\sigma_{\mathrm{B}}^2+\varepsilon}$，$\beta=\mu_{\mathrm{B}}$，则$y_i$又恢复为$x_i$。用$y_i=\mathrm{BN}_{\gamma,\beta}(x_i)$表示BN变换，注意，这里$y_i$只是表示BN变换输出，不是以前常表示的标注值。

对于每层x_i的每个分量，均可按上述算法进行BN变换，每个分量的参数γ,β单独训练。将BN变换看作网络中的一层，因此在BP算法中，需要给出BN变换层参数的梯度分量，由链式法则，不难导出 BN 层的梯度计算并插入 BP 算法的相应层，BN 层的梯度计算公式如下。

$$\frac{\partial L}{\partial \hat{x}_i}=\frac{\partial L}{\partial y_i}\gamma$$

$$\frac{\partial L}{\partial \sigma_{\mathrm{B}}^2}=-\frac{1}{2}\sum_{i=1}^{m}\frac{\partial L}{\partial \hat{x}_i}(x_i-\mu_{\mathrm{B}})(\sigma_{\mathrm{B}}^2+\varepsilon)^{-3/2}$$

$$\frac{\partial L}{\partial \mu_{\mathrm{B}}}=-\frac{1}{\sqrt{\sigma_{\mathrm{B}}^2+\varepsilon}}\sum_{i=1}^{m}\frac{\partial L}{\partial \hat{x}_i}-\frac{\partial L}{\partial \sigma_{\mathrm{B}}^2}\frac{1}{m}\sum_{i=1}^{m}2(x_i-\mu_{\mathrm{B}})$$

$$\frac{\partial L}{\partial x_i}=\frac{\partial L}{\partial \hat{x}_i}\frac{1}{\sqrt{\sigma_{\mathrm{B}}^2+\varepsilon}}+\frac{\partial L}{\partial \sigma_{\mathrm{B}}^2}\frac{2(x_i-\mu_{\mathrm{B}})}{m}+\frac{1}{m}\frac{\partial L}{\partial \mu_{\mathrm{B}}}$$

$$\frac{\partial L}{\partial \gamma}=\sum_{i=1}^{m}\frac{\partial L}{\partial y_i}\hat{x}_i$$

$$\frac{\partial L}{\partial \beta}=\sum_{i=1}^{m}\frac{\partial L}{\partial y_i}$$

前面讨论 BN 变换的过程是以全连接网络为例进行的，对于全连接网络，在同一层的各神经元有不同的权系数，各神经元有不同的分布，故对各神经元的激活（即 $\boldsymbol{x}_i$ 的一个分量）分别独立地进行 BN 变换。对于 CNN，情况有所不同，在 CNN 中，对于一个卷积核以及其产生的一个卷积通道（卷积平面），由于其卷积核的共享性，各卷积输出值具有相同的分布，故对于一个卷积通道，共用一个 BN 变换。设一个卷积通道的输出是一个二维卷积平面，有 $p\times q$ 个卷积值，若小批量样本数目是 m，则该 $p\times q\times m$ 个值通过一个 $\mathrm{BN}_{\gamma,\beta}(x_{i,j,k})$ 进行批归一化，这里 i 为小批量样本的序号，j,k 为卷积值在平面内的序号。若一个卷积层有多个卷积核，则各卷积核使用独立的 BN 变换。

当一个网络训练结束，用于预测或推断时，对于一个新的输入向量，若神经网络训练时某层和某单元插入了 BN 变换，则在推断时该单元也需要做归一化，但是是按单输入推断的，并没有小批量输入。因此，为了推断，需要一个统计的均值和方差，可用全部训练集计算相应层和单元的统计均值和方差。为了做到这一点，在训练时，当计算了一个小批量的 μ_{B} 和 σ_{B}^2 时，可以将该结果进行累积平均。为了做到累积平均，假设一个迭代步对应一个小批量样本集，一个 BN 单元相应的均值和方差记为 $\mu_{\mathrm{B},t}$ 和 $\sigma_{\mathrm{B},t}^2$，其中 t 为迭代步计数，初始时 $t=1$。t 步结束后 $\mu_{\mathrm{B},t}$ 和 $\sigma_{\mathrm{B},t}^2$ 的累积平均为

$$E_t(\mu_{\mathrm{B}})=\frac{1}{t}\sum_{i=1}^{t}\mu_{\mathrm{B},i}=E_{t-1}(\mu_{\mathrm{B}})+\frac{1}{t}[\mu_{\mathrm{B},t}-E_{t-1}(\mu_{\mathrm{B}})] \tag{11.2.5}$$

$$E_t(\sigma_{\mathrm{B},t}^2)=\frac{1}{t}\sum_{i=1}^{t}\sigma_{\mathrm{B},t}^2=E_{t-1}(\sigma_{\mathrm{B},t}^2)+\frac{1}{t}[\sigma_{\mathrm{B},t}^2-E_{t-1}(\sigma_{\mathrm{B},t}^2)] \tag{11.2.6}$$

从 $t=2$ 起可以用式(11.2.5)和式(11.2.6)累积，当所有训练步结束，最后某单元的总样本平均表示为

$$E(\boldsymbol{x})=E_t(\mu_{\mathrm{B}}) \tag{11.2.7}$$

$$\mathrm{Var}(x)=\frac{m}{m-1}E_t(\sigma_{\mathrm{B},t}^2) \tag{11.2.8}$$

由于方差估计是有偏估计，式(11.2.8)的比例系数是对方差估计的校正。对于该单元在推断时相应的 BN 变换为

$$y=\gamma\frac{x-E(x)}{\sqrt{\mathrm{Var}(x)+\varepsilon}}+\beta \tag{11.2.9}$$

BN 算法的提出者声明，对于典型的网络和数据集，BN 可提升训练速度高达 14 倍，结合 BN 的训练可使用更大的学习率。图 11.2.2 给出了一个 3 层 FC 网络，针对 MNIST 数据集，对比是否采用 BN 变换时随训练次数的测试精度变化。在 ImageNet 数据集上，使用 BN 训练 Inception 网络，达到当时最好的效果。稍后 He 等在其残差网络的训练中也使用了 BN 变换。一般情况下，使用 BN 变换可不必再使用 Dropout 正则化，并克服过拟合现象，从这个意义上，BN 变换是一种正则化技术。

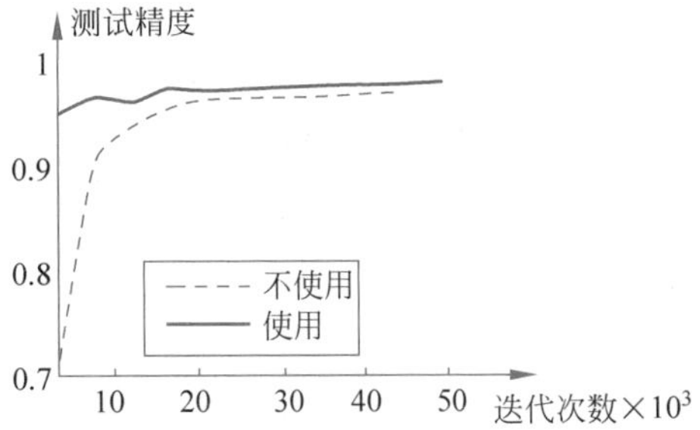

图 11.2.2 一个 3 层 FC 网络是否使用 BN 的对比

本节注释 BN 的提出者以内部协变量偏移来解释其有效性，但后来有论文质疑这一观点。实际上与深度神经网络的许多问题一样，BN 的有效性得到实践的验证，但其有效的原因尚存争议。

*11.2.3 层归一化

前述的批归一化，需要一个小批量样本，为了得到可靠的小批量样本均值和方差，小批量中样本数目 m 不能太小，在一些序列应用中，如 RNN，在循环中一些层的动态变化很大，不适合批归一化。在一些应用中，可采用层归一化（Layer Normalization，LN）。

设一个神经网络第 l 层的激活向量为

$$\boldsymbol{x}^{(l)}=\boldsymbol{W}\boldsymbol{u}^{(l-1)}+\boldsymbol{b}=[x_1^{(l)},x_2^{(l)},\cdots,x_{M_l}^{(l)}]^{\mathrm{T}}$$

其中，M_l 表示第 l 层神经元数目。对 $\boldsymbol{x}^{(l)}$ 求均值和方差，然后对其每个分量归一化，这就是所谓层归一化。层归一化算法描述如下。

层归一化（LN）算法

输入：层激活向量 $\boldsymbol{x}^{(l)}=[x_1^{(l)},x_2^{(l)},\cdots,x_{M_l}^{(l)}]^{\mathrm{T}}$；需学习的参数 γ_i,β_i， $i\in\{1,2,\cdots,M_l\}$；

输出：$\{y_i=\mathrm{BN}_{\gamma_i,\beta_i}(x_i^{(l)})\}_{i=1}^{M_l}$

$$\mu_l=\frac{1}{M_l}\sum_{i=1}^{M_l}x_i^{(l)} \tag{11.2.10}$$

$$\sigma_l^2=\frac{1}{M_l}\sum_{i=1}^{M_l}(x_i^{(l)}-\mu_l)^2 \tag{11.2.11}$$

$$\hat{x}_i^{(l)}=\frac{x_i^{(l)}-\mu_l}{\sqrt{\sigma_l^2+\varepsilon}} \tag{11.2.12}$$

$$y_i=\gamma_i\hat{x}_i^{(l)}+\beta_i\triangleq\mathrm{BN}_{\gamma_i,\beta_i}(x_i^{(l)}) \tag{11.2.13}$$

可见，层归一化和批归一化算法很接近，不同的是，层归一化的所有数据来自神经网络的同一层。

在深度网络训练中，还有一些归一化技术，如权重归一化、局部响应归一化等，本节不再讨论，有兴趣的读者可参考相关论文。

*11.3 对抗训练

第 9 章介绍了神经网络的基础,包括 FC 网络、网络参数优化和 BP 算法;第 10 章介绍了两类重要网络,即 CNN 和 RNN;11.1 节和 11.2 节集中讨论了深度神经网络中的优化算法和正则化技术。结合这些技术,可以用于训练实际的各种神经网络。实际上,大量神经网络取得突出的成绩,如在图像识别领域,目前深度神经网络的识别正确率超过人类水平,尽管如此,一些深度神经网络在取得良好结果的同时,也发现其具有一定的脆弱性。例如,一个通过训练已得到很好识别效果的深度神经网络,对一幅可正确识别的图像,若输入网络前做一些特定的变化,这种变化人眼甚至难以区别,但深度网络却识别出错误的结果。

如图 11.3.1 所示,是在一个训练好的很著名的深度网络上做的实验。输入是一幅彩色的熊猫(Panda)图像 $\boldsymbol{x}$,图像各色彩分量均归一化到[0,1],中间图是损失函数对输入的梯度(雅可比矩阵)取符号的图像,即 $\mathrm{sgn}[\nabla_{\boldsymbol{x}} L(f(\boldsymbol{x}), y; \boldsymbol{w})]$,输出是对输入图像用中间图的加权做了噪声扰动的图像,即 $\boldsymbol{x}+\varepsilon \cdot \mathrm{sgn}(\nabla_{\boldsymbol{x}} L(f(\boldsymbol{x}), \boldsymbol{y}; \boldsymbol{w}))$,这里 $\varepsilon=0.07$,由于噪声扰动较小,人眼看不出输出与输入的区别,但将扰动后的图像输入深度神经网络后,识别的结果是长臂猿(Gibbon),而且识别的确信度很高,显然这是一种错误识别。

图 11.3.1 对抗样本的例子

一个已经训练完成的深度神经网络,对于一对样本偶 $\boldsymbol{x}$ 和 $\boldsymbol{x}'$,若 $\boldsymbol{x}$ 和 $\boldsymbol{x}'$ 非常近似,但神经网络输出非常不同,则称 $\boldsymbol{x}'$ 为 $\boldsymbol{x}$ 的对抗样本。对于人类察觉不出区别的原始样本和对抗样本,神经网络可能分为不同的类。

所谓对抗训练,是指有一些样本 $\boldsymbol{x}$,存在对抗样本 $\boldsymbol{x}'$,则将对抗样本的标注设为 $\boldsymbol{x}$ 的标注,构造对抗扰动的训练集,在对抗扰动的训练集上训练网络。

对抗训练通过鼓励网络在训练数据附近的局部区域恒定限制高度敏感的局部线性行为,可以看作引进了局部恒定的一种正则化。通过对抗训练可改善网络的稳健性,同时也可改善其泛化性。

为了讨论对抗训练的原理,首先可看到神经网络的标准训练可描述为

$$\boldsymbol{\theta}^* = \arg\min_{\boldsymbol{\theta}} \{E_{(\boldsymbol{x},\boldsymbol{y})\sim \boldsymbol{D}}[L(f_\theta(x), y)]\} \tag{11.3.1}$$

其中,$E_{(\boldsymbol{x},\boldsymbol{y})\sim \boldsymbol{D}}$ 表示针对数据集的经验均值;$\boldsymbol{\theta}^*$ 是训练得到的网络的最优参数。所谓寻找对抗样本,实际对应寻找一个最强破坏性的扰动 $\boldsymbol{\delta}_x$,寻找最强破坏扰动等价于

$$\boldsymbol{\delta}_x^* = \arg\max_{\boldsymbol{\delta}_x} \{L(f_{\theta^*}(x+\boldsymbol{\delta}_x), y)\}$$

$$\text{s.t.} \quad \|\boldsymbol{\delta}_x\|_\infty \leqslant \varepsilon \tag{11.3.2}$$

对抗训练则为找到对于最强破坏性扰动最具稳定性的参数,即最优化如下问题。

$$\boldsymbol{\theta}^* = \arg\min_{\theta} \{E_{(\boldsymbol{x},\boldsymbol{y})\sim \boldsymbol{D}}[\max_{\boldsymbol{\delta}_x} \{L(f_\theta(x+\boldsymbol{\delta}_x), y)\}]\} \tag{11.3.3}$$

可见，对抗训练的优化问题表述为式(11.3.3)，对比标准训练的式(11.3.1)可看作一个分层的两步优化问题。

网络对恶意攻击不鲁棒的直观原因是神经网络不满足 Lipschitz 连续性，即输入微小的变化并不意味着输出也只有微小的变化。实现更鲁棒的神经网络可能有多种方式，对抗训练只是其中一种方式。本节只给出网络鲁棒性问题的一个非常初步的说明，对该问题有兴趣的读者可进一步参考有关文献。

*11.4 自编码器

自编码器(Autoencoder)是一类神经网络结构，可用于学习输入数据的有效表示，这种表示称为隐表示或编码。与以前讨论的主要用于监督学习的神经网络不同，自编码器是一种无监督学习，不需要标注值，通过学习得到特征向量 $\boldsymbol{x}$ 的一种有效表示。

首先讨论基本的自编码器结构，然后简要介绍几种扩展形式。

11.4.1 自编码器的基本结构

自编码器由两部分组成，一部分称为编码器，将输入特征向量 $\boldsymbol{x}$ 表示为一个隐藏表示，可表示为向量 $\boldsymbol{c}$；另一部分称为解码器，将编码向量 $\boldsymbol{c}$ 转换为输出 $\hat{\boldsymbol{x}}$，$\hat{\boldsymbol{x}}$ 是对输入 $\boldsymbol{x}$ 的一种重构。

图 11.4.1 所示为一种自编码器的基本结构的一个示例。输入特征向量 $\boldsymbol{x}=[x_1,x_2,x_3,x_4,x_5]^{\mathrm{T}}$，通过一层 FC 网络，在隐藏层产生只有 3 个分量的向量 $\boldsymbol{c}=[c_1,c_2,c_3]^{\mathrm{T}}$，这里将 $\boldsymbol{c}$ 作为对 $\boldsymbol{x}$ 的一种表示，常规的自编码器 $\boldsymbol{c}$ 是比 $\boldsymbol{x}$ 更低维的向量，是对 $\boldsymbol{x}$ 的一种降维表示，这样的自编码器是欠完备的(Undercomplete)。将 $\boldsymbol{c}$ 送入下一层 FC 网络，得到输出向量 $\hat{\boldsymbol{x}}$，这里 $\hat{\boldsymbol{x}}$ 是对 $\boldsymbol{x}$ 的一种重构，理想情况下 $\hat{\boldsymbol{x}}=\boldsymbol{x}$。

第 18 集
微课视频

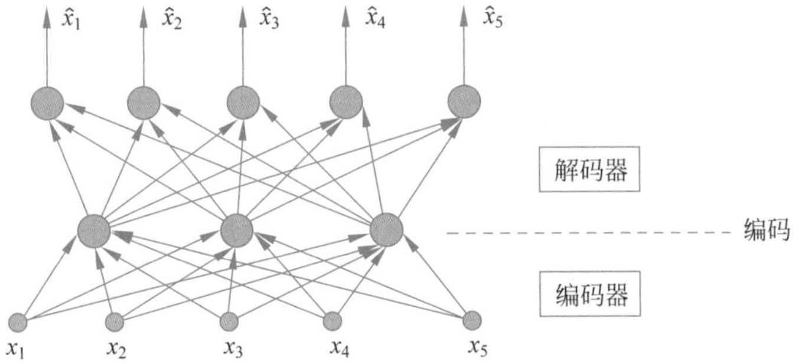

图 11.4.1 基本的自编码器结构

从编码表示的角度，自编码器的底层部分为编码过程，输出编码表示 $\boldsymbol{c}$，单纯从对输入特征向量进行有效特征表示的目的看，只需要编码器，但从自编码器训练的角度讲，解码器是必需的部分，在训练结束后，可根据需要保留或抛弃解码部分。

给出自编码器的更一般的叙述。设通过一个样本集 $\{\boldsymbol{x}_n\}_{n=1}^{N}$ 训练一个自编码器，设 $\boldsymbol{x}_n$ 为 D 维向量，对应编码向量 $\boldsymbol{c}_n$ 为 K 维向量，故自编码器的两部分相当于是两个映射函数 f,g 分别完成映射关系，即

$$\text{编码器}\quad f:\quad \mathbf{R}^D\rightarrow\mathbf{R}^K$$

$$\text{解码器}\quad g:\quad \mathbf{R}^K\rightarrow\mathbf{R}^D$$

对于一个给定样本 $\boldsymbol{x}_n$，编码器输出 $\boldsymbol{c}_n=f(\boldsymbol{x}_n)$，解码器输出 $\hat{\boldsymbol{y}}_n=\hat{\boldsymbol{x}}_n=g(\boldsymbol{c}_n)$，由于重构 $\hat{\boldsymbol{x}}_n$ 要

求尽可能逼近 $\boldsymbol{x}_n$，因此，可以将图 11.4.1 的自编码器看作两层 FC 网络，输入为 $\boldsymbol{x}_n$ 时，其标注也为 $\boldsymbol{x}_n$，这样就将自编码器训练问题从无监督学习转化为一种监督学习问题。

设神经网络的激活函数均为 $\varphi(\cdot)$，则神经网络的第 1 隐藏层表示为

$$\boldsymbol{z}_n^{(1)}=\boldsymbol{c}_n=\varphi(\boldsymbol{W}^{(1)}\boldsymbol{x}_n+\boldsymbol{b}^{(1)}) \tag{14.4.1}$$

输出层为

$$\hat{\boldsymbol{y}}_n=\hat{\boldsymbol{x}}_n=\varphi(\boldsymbol{W}^{(2)}\boldsymbol{z}_n^{(1)}+\boldsymbol{b}^{(2)}) \tag{14.4.2}$$

经验损失函数表示为

$$L(\boldsymbol{W})=\frac{1}{N}\sum_{n=1}^{N}\|\boldsymbol{x}_n-\hat{\boldsymbol{x}}_n\|^2=\frac{1}{N}\sum_{n=1}^{N}\|\boldsymbol{x}_n-g[f(\boldsymbol{x}_n)]\|^2 \tag{14.4.3}$$

这样处理，自编码器的训练过程就转化为一个监督学习的 FC 网络的训练过程，可以利用第 9 章的方法进行训练。为了得到更加可靠的模型，可采用加正则化的目标函数，即

$$L(\boldsymbol{W})=\frac{1}{N}\sum_{n=1}^{N}\|\boldsymbol{x}_n-\hat{\boldsymbol{x}}_n\|^2+\lambda\|\boldsymbol{W}\|^2 \tag{14.4.4}$$

式(14.4.3)和式(14.4.4)中用符号 $\boldsymbol{W}$ 表示全部权系数和偏置。

当编码器训练完成后，对于输入 $\boldsymbol{x}$，可以直接从隐藏层输出编码向量 $\boldsymbol{c}=\boldsymbol{z}^{(1)}$，编码向量是对输入向量的一种有效表示，若设计自编码器的目的是获得对输入向量的一种有效表示，则训练完成后解码部分不再使用。

图 11.4.1 的结构给出了最基本的自编码器的结构，完整的自编码器网络由两层组成，其中编码器和解码器都是由单层网络实现的。为了对复杂的输入特征向量给出更有效的表示能力，可实现深层自编码器，即用多层网络实现编码器和解码器。图 11.4.2 给出了一个实例，假设输入为 MNIST 数据集(手写数字)，其为 28×28 的图像，将其向量化为 784 维向量，通过两层的编码器，得到其 40 维向量的编码输出。

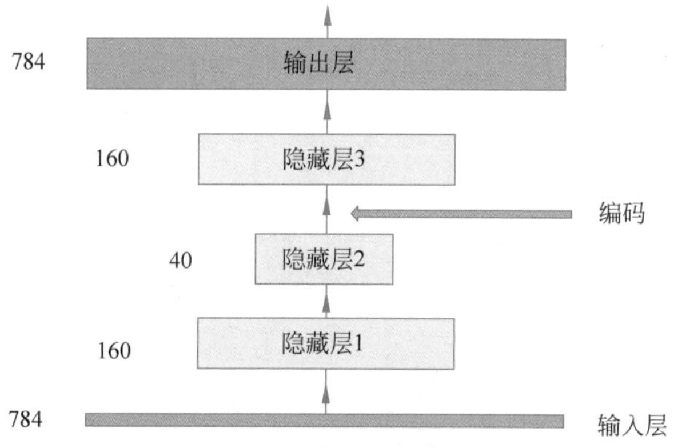

图 11.4.2 堆叠自编码器示意图

由于编码器的特点是用于对输入特征给出一种有意义的降维表示，因此希望每层都可以给出一种编码，隐藏层 1 产生了 160 维编码，隐藏层 2 产生 40 维编码，解码过程是一种逆的对称过程，隐藏层 3 重构一个 160 维向量，最后输出层重构 784 维向量，称这种分层的自编码器结构为堆叠自编码器。

为了保持每层能够有效地表示输入特征向量，堆叠自编码器一般采用按层训练方式。按层训练方式相当于训练多个由单层编码器和解码器组成的自编码器，注意这里单层指编码器和解码器为单层，然后将单层训练的各自编码器按层组合在一起。以图 11.4.2 的结构为例，首先以原始输

入作为输入层，保留隐藏层1和输出层，相当于训练一个如图11.4.1所示的单层编码器，编码维度为160。当第1个单层编码器训练结束，将 N 个784维的样本编码为 N 个160维样本，再以这个160维样本为训练样本，在图11.4.2中只保留隐藏层2和隐藏层3，以160维样本作为输入，以40维样本为编码向量，隐藏层3相当于该单层自编码器的输出层，相当于训练一个独立的自编码器，输入160维，编码为40维。以上述方式独立地训练完成两个独立自编码器后，将训练得到的权系数保持并代回图11.4.2中，即按分层方式完成了堆叠自编码器的训练。

在构成自编码器时，也可采用CNN或RNN构成编码器和解码器，训练CNN或RNN结构的自编码器。

自编码器还可以应用于神经网络的预训练。例如，有一个大规模的图像数据集，需要训练一个分类器，但是数据集中只有少部分样本有标注，大多数样本没有标注，若人工标注成本太高，不希望再做更多标注，可以通过自编码器做网络预训练改善分类性能。仍以图11.4.2的自编码器为例，设一个28×28的图像数据集有10万个样本，但只有1万个样本有标注，需要做分类，可以用无标注样本训练一个如图11.4.2的自编码器，当自编码器训练完成，将只保留其编码器部分（从输入层到隐藏层2的输出），然后加上一个为了更好分类的附加层和Softmax输出层，用带标注的样本只训练附加层和输出层，这是用自编码器作为网络预训练的一个说明性例子，其结构如图11.4.3所示，注意网络的下半部分是自编码器预训练所得。

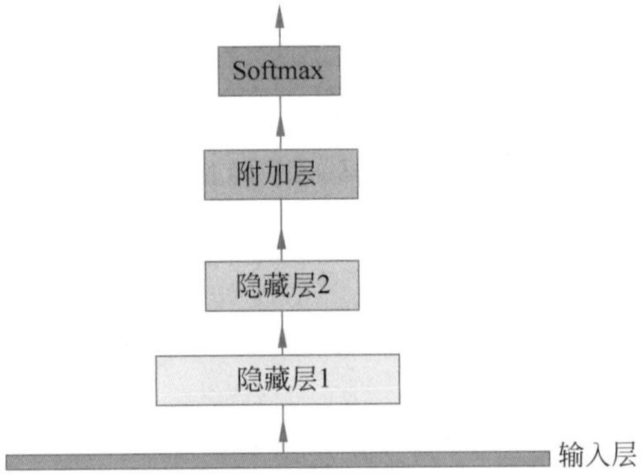

图11.4.3 以自编码器做网络预训练构成的分类网络

11.4.2 自编码器的一些扩展

前面讨论的这类自编码器可用于特征向量的降维表示，降维是无监督学习中的一个重要功能，除了自编码器外，第13章还将介绍一种常用的降维算法——主分量分析（PCA）。实际中，自编码器的编码输出 $\boldsymbol{c}$ 可以与 $\boldsymbol{x}$ 同维度甚至更高维度，但这种情况若不加约束，一般没有实际意义。接下来设 $\boldsymbol{c}$ 与 $\boldsymbol{x}$ 同维度，通过施加一些约束使这种自编码器有特定意义，以下介绍几类特殊的自编码器。

1. 稀疏自编码器

设编码输出 $\boldsymbol{c}$ 的维度不低于 $\boldsymbol{x}$ 的维度，但对 $\boldsymbol{c}$ 施加稀疏约束，使 $\boldsymbol{c}$ 是一个稀疏向量，其非零元素是特征向量 $\boldsymbol{x}$ 的显著特征的表示。在第4章通过Lasso在回归的框架下讨论过稀疏性问题，在Lasso中关心的是模型系数向量的稀疏性，在这里关心的是编码输出 $\boldsymbol{c}$ 的稀疏性。为此，在式(11.4.4)关于自编码器一般目标函数的基础上增加对 $\boldsymbol{c}$ 稀疏性的约束。对于训练集 $\{\boldsymbol{x}_n\}_{n=1}^N$，稀疏自编码器的目标函数修改为

$$L(\boldsymbol{W})=\frac{1}{N}\sum_{n=1}^{N}\|\boldsymbol{x}_n-\hat{\boldsymbol{x}}_n\|^2+\lambda\|\boldsymbol{W}\|^2+\alpha\rho(\boldsymbol{C}) \tag{11.4.5}$$

其中，$\rho(\boldsymbol{C})$是对编码输出的稀疏约束，$\boldsymbol{C}=[\boldsymbol{c}_1,\boldsymbol{c}_2,\cdots,\boldsymbol{c}_N]^{\mathrm{T}}$是针对训练样本的所有编码向量组成的矩阵。可以采用第4章讨论过的稀疏约束作为$\rho(\boldsymbol{C})$，如l_1范数。

如果给编码向量预定一个稀疏度p，如$p=0.1$，可以对$\boldsymbol{c}$的每个分量计算其活性度为

$$\hat{p}_j=\frac{1}{N}\sum_{n=1}^{N}c_{nj} \tag{11.4.6}$$

其中，c_{nj}为$\boldsymbol{c}_n$的第j分量。用$\hat{p}_j$表示$\boldsymbol{c}$的第j分量的平均稀疏度。希望$\hat{p}_j$接近p。为了描述这种接近性，可用KL散度，求概率$\{p,1-p\}$和$\{\hat{p}_j,1-\hat{p}_j\}$的KL散度$\mathrm{KL}(p\|\hat{p}_j)$，当$\hat{p}_j=p$，即$\boldsymbol{c}$的第$j$分量的活性度等于预设的稀疏度时，其KL散度为0。由各分量KL散度之和定义$\rho(\boldsymbol{C})$为

$$\rho(\boldsymbol{C})=\sum_{j=1}^{K}\mathrm{KL}(p\|\hat{p}_j)=\sum_{j=1}^{K}\left[p\log\frac{p}{\hat{p}_j}+(1-p)\log\frac{1-p}{1-\hat{p}_j}\right] \tag{11.4.7}$$

在训练中，当所有样本对应的编码向量输出的稀疏度近似于预定的稀疏度时，$\rho(\boldsymbol{C})$近似为0，稀疏约束项逼近最小。

2. 降噪自编码器

针对输入特征向量的某种损坏或混入噪声的情况，可得到一种对输入的稳健编码方式，降低损坏或噪声的影响，这是一种有意义的自编码模式，可用于降噪或恢复信号中损坏的部分。这类自编码器称为降噪自编码器(Denoising Autoencoder)。

对于训练集$\{\boldsymbol{x}_n\}_{n=1}^{N}$的每个样本$\boldsymbol{x}_n$，降噪自编码器首先产生一种被损坏的变换信号$\tilde{\boldsymbol{x}}_n$，将$\tilde{\boldsymbol{x}}_n$作为自编码器的输入，通过解码器重构$\boldsymbol{x}_n$，相当于目标函数为

$$L(\boldsymbol{W})=\frac{1}{N}\sum_{n=1}^{N}\|\boldsymbol{x}_n-g[f(\tilde{\boldsymbol{x}}_n)]\|^2+\lambda\|\boldsymbol{W}\|^2 \tag{11.4.8}$$

其中，变换$t:\boldsymbol{x}_n\rightarrow\tilde{\boldsymbol{x}}_n$根据需要预先选定，不作为训练的一部分。常用的变换$t$有两类，分别表示为

$$\begin{aligned}t_1:&\ \tilde{\boldsymbol{x}}_n=\boldsymbol{x}_n+\boldsymbol{v}_n\\ t_2:&\ \tilde{\boldsymbol{x}}_n=\boldsymbol{x}_n\odot\boldsymbol{m}_n\end{aligned} \tag{11.4.9}$$

变换t_1是对$\boldsymbol{x}_n$加入高斯噪声向量$\boldsymbol{v}_n$，用于训练一个降低噪声的自编码器模型；变换t_2是按一定比例随机去除$\boldsymbol{x}_n$的一些分量，预先设定一个比例p，按照以p为概率取0，以$1-p$为概率取1，形成与$\boldsymbol{x}_n$同维度的屏蔽向量$\boldsymbol{m}_n$，以概率p将$\boldsymbol{x}_n$的一些分量置为0。变换t_2可训练一个抗损坏的自编码器，即当输入中一些分量被损坏时，自编码器可给出其尽可能好的表示，解码器给出其尽可能好的重构，为了使这种自编码器有效，一般限制$p<0.5$。

*11.5 注意力机制和Transformer

近年来，一种用于对序列建模的网络结构Transformer受到关注。本质上，Transformer是一种建立在注意力机制的“序列到序列”模型。本节首先介绍注意力机制，在此基础上讨论Transformer的组成。

11.5.1 注意力机制

人类有一种很强的能力，如在拥挤的人流中一眼可以认出我们的亲人或朋友；在嘈杂的酒会

上，朋友们仍可顺畅地交谈，这种能力可称为"注意力机制"(Attention Mechanism)。注意力机制让人们把主要关注力集中在感兴趣的问题上。

注意力机制被引入机器学习中，在一些领域得到应用，如自然语言处理。下面首先给出注意力机制的基本模型，然后推广到自注意力模型。

1. 基本的注意力机制

人类的注意力大致分为两种，一种是自顶向下的聚集式注意力，如我们去火车站接朋友，有一个目标对象，我们会忽略不同性别和相貌相差很大的人群，注意一些相貌相近的人；另一种是自底向上的"显著性"注意力，如在观察电信号时会注意到峰值，一般来讲，这类显著性注意力可用其他方法实现，如 CNN 中的最大池化、信号检测时的门限检测器等，本节讨论的注意力机制主要是聚集式注意力，或称为选择性注意力。

假设有 N 个输入向量构成输入信息 $\boldsymbol{X}=[\boldsymbol{x}_1,\boldsymbol{x}_2,\cdots,\boldsymbol{x}_N]$，需要判别 $\boldsymbol{X}$ 中各向量与某任务的相关性，为此给出一个咨询向量 $\boldsymbol{q}$。以去火车站接人为例，则 $\boldsymbol{X}$ 包含的各向量是火车站出站的人群，$\boldsymbol{q}$ 是要接的人的形象。这里，注意力机制要做两件事，一是判断各向量 $\boldsymbol{x}_i$ 与 $\boldsymbol{q}$ 的相关度；二是通过注意力机制产生一个输出向量。

判断一个向量 $\boldsymbol{x}$ 和咨询向量 $\boldsymbol{q}$ 的相关度可有很多办法，这里采用一个打分函数 $s(\boldsymbol{x},\boldsymbol{q})$ 表示这种相关度，打分函数可由多种定义，以下是几种常见的选择。

点积模型：

$$s(\boldsymbol{x},\boldsymbol{q})=\boldsymbol{x}^{\mathrm{T}}\boldsymbol{q} \tag{11.5.1}$$

缩放点积模型：

$$s(\boldsymbol{x},\boldsymbol{q})=\frac{\boldsymbol{x}^{\mathrm{T}}\boldsymbol{q}}{\sqrt{D}} \tag{11.5.2}$$

双线性模型：

$$s(\boldsymbol{x},\boldsymbol{q})=\boldsymbol{x}^{\mathrm{T}}\boldsymbol{W}\boldsymbol{q} \tag{11.5.3}$$

加性模型：

$$s(\boldsymbol{x},\boldsymbol{q})=\boldsymbol{w}^{\mathrm{T}}\tanh(\boldsymbol{W}\boldsymbol{x}+\boldsymbol{U}\boldsymbol{q}) \tag{11.5.4}$$

其中，D 为 $\boldsymbol{x}$ 的维度；$\boldsymbol{w}$、$\boldsymbol{W}$、$\boldsymbol{U}$ 均为系数向量或矩阵。本节主要采用缩放点积模型，该模型用维度 D 对点积相关系数进行了标准化，使该系数的方差不至于因 $\boldsymbol{x}$ 维度变化太大。

打分函数可以描述各向量 $\boldsymbol{x}_i$ 与 $\boldsymbol{q}$ 的相关度，但其取值不具有正性和归一性的概率分布性质。实际上，通过打分函数定义结合 Softmax 函数定义一种注意力分布 α_i，即

$$\alpha_i=\mathrm{Softmax}[s(\boldsymbol{x}_i,\boldsymbol{q})]=\frac{\exp[s(\boldsymbol{x}_i,\boldsymbol{q})]}{\sum_{k=1}^{N}\exp[s(\boldsymbol{x}_k,\boldsymbol{q})]} \tag{11.5.5}$$

对于 N 个输入向量，用式(11.5.5)计算其注意力分布 α_i，在注意力分布控制下，有两种常用的注意力输出，分别是硬注意力输出和软注意力输出。

硬注意力输出表示为

$$\mathrm{att}(\boldsymbol{X},\boldsymbol{q})=\boldsymbol{x}_j,\quad j=\arg\max_{i\in[1,N]}\alpha_i \tag{11.5.6}$$

软注意力输出表示为

$$\mathrm{att}(\boldsymbol{X},\boldsymbol{q})=\sum_{i=1}^{N}\alpha_i\boldsymbol{x}_i \tag{11.5.7}$$

硬注意力输出是将对应注意力分布最大的向量作为输出，软注意力输出是以注意力分布作为

加权系数对所有分量加权求和输出，输出的是一种信息的聚合。目前在与神经网络结合使用注意力机制时，一般都采用软注意力输出，其中一个原因是硬注意力输出是一种不可导函数，无法将注意力机制嵌入神经网络中采用 BP 算法进行训练。故后文中注意力机制输出总是采用软注意力输出方式。图 11.5.1 所示为注意力机制的原理。

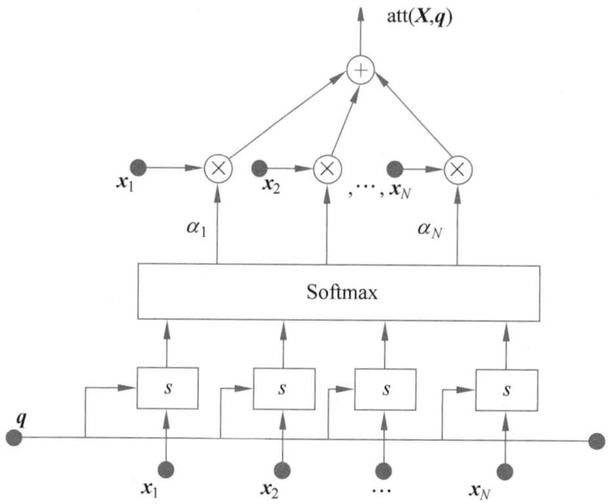

图 11.5.1 注意力机制的原理

实际上更一般的注意力机制采用键值对(Key-Value Pair)格式表示输入，用键向量计算注意力分布，用值向量计算输出。设键值对表示为$(\boldsymbol{K},\boldsymbol{V})=[(\boldsymbol{k}_1,\boldsymbol{v}_1),(\boldsymbol{k}_2,\boldsymbol{v}_2),\cdots,(\boldsymbol{k}_N,\boldsymbol{v}_N)]$，给定查询向量为 $\boldsymbol{q}$，则注意力机制输出为

$$\text{att}[(\boldsymbol{K},\boldsymbol{V}),\boldsymbol{q}]=\sum_{i=1}^{N}\alpha_i\boldsymbol{v}_i=\sum_{i=1}^{N}\frac{\exp[s(\boldsymbol{k}_i,\boldsymbol{q})]}{\sum_{k=1}^{N}\exp[s(\boldsymbol{k}_k,\boldsymbol{q})]}\boldsymbol{v}_i \tag{11.5.8}$$

我们可以通过一种示例理解键值对。例如，用机器学习帮助识别去火车站要接的人，$\boldsymbol{q}$ 是一张旧的低分辨率黑白照片，现场摄像机拍摄的是更高分辨率的彩色照片，将每张照片处理为键值对格式，即原高分辨率彩色照片作为值$\boldsymbol{v}_i$，以便后续处理，同时将照片剪裁并去彩色为 $\boldsymbol{k}_i$ 以便与 $\boldsymbol{q}$ 同分辨率，方便用式(11.5.2)计算 $s(\boldsymbol{k}_i,\boldsymbol{q})$。实际中键值对提供了相当大的灵活性。

基本注意力机制的一个直接推广是多头注意力机制(Multi-head Attention)，多头注意力中可使用多个查询 $\boldsymbol{Q}=[\boldsymbol{q}_1,\boldsymbol{q}_2,\cdots,\boldsymbol{q}_M]$，以便从输入中选择更多信息，多头注意力机制是将每个查询产生的输出直接进行拼接，即

$$\text{att}[(\boldsymbol{K},\boldsymbol{V}),\boldsymbol{Q}]=\text{att}[(\boldsymbol{K},\boldsymbol{V}),\boldsymbol{q}_1]\oplus\text{att}[(\boldsymbol{K},\boldsymbol{V}),\boldsymbol{q}_2]\oplus\cdots\oplus\text{att}[(\boldsymbol{K},\boldsymbol{V}),\boldsymbol{q}_M] \tag{11.5.9}$$

其中，$\oplus$表示向量的直接拼接。

注意力机制可单独应用，也可作为神经网络的一个组成部分，如在 CNN 或 RNN 中作为独立的一层。

2. 自注意力机制

基本的注意力机制是由外部给出查询向量 $\boldsymbol{q}$，通过打分函数计算注意力分布，通过加权各输入向量获得聚集输出。自注意力机制不需要给出单独的查询向量 $\boldsymbol{q}$，而是由输入序列矩阵 $\boldsymbol{X}=[\boldsymbol{x}_1,\boldsymbol{x}_2,\cdots,\boldsymbol{x}_N]$通过不同通道产生查询向量。

这里给出 $\boldsymbol{X}$ 是 $D_x\times N$ 维向量，通过 3 个通道产生查询-键-值矩阵，为了紧凑使用矩阵表达形式，3 个通道的系数矩阵分别表示为 $\boldsymbol{W}_q$、$\boldsymbol{W}_k$ 和 $\boldsymbol{W}_v$，它们分别为 $D_q\times D_x$、$D_k\times D_x$ 和 $D_v\times D_x$ 维

矩阵，其中 $D_q = D_k$，由以下运算分别产生查询矩阵、键矩阵和值矩阵。

$$\boldsymbol{Q} = [\boldsymbol{q}_1, \boldsymbol{q}_2, \cdots, \boldsymbol{q}_N] = \boldsymbol{W}_q \boldsymbol{X}, \quad \boldsymbol{Q} \in \mathbf{R}^{D_q \times N} \tag{11.5.10}$$

$$\boldsymbol{K} = [\boldsymbol{k}_1, \boldsymbol{k}_2, \cdots, \boldsymbol{k}_N] = \boldsymbol{W}_k \boldsymbol{X}, \quad \boldsymbol{K} \in \mathbf{R}^{D_k \times N} \tag{11.5.11}$$

$$\boldsymbol{V} = [\boldsymbol{v}_1, \boldsymbol{v}_2, \cdots, \boldsymbol{v}_N] = \boldsymbol{W}_v \boldsymbol{X}, \quad \boldsymbol{V} \in \mathbf{R}^{D_v \times N} \tag{11.5.12}$$

对于每个查询向量 $\boldsymbol{q}_i \in \boldsymbol{Q}$，可产生一个聚集输出 $\boldsymbol{h}_i$，则自注意力机制的总的输出记为 $\boldsymbol{H}$，则有

$$\begin{aligned}\boldsymbol{H} &= \mathrm{att}[(\boldsymbol{K}, \boldsymbol{V}), \boldsymbol{Q}] \\ &= [\boldsymbol{h}_1, \boldsymbol{h}_2, \cdots, \boldsymbol{h}_N] = \left[\sum_{i=1}^{N} \alpha_{1i} \boldsymbol{v}_i, \sum_{i=1}^{N} \alpha_{2i} \boldsymbol{v}_i, \cdots, \sum_{i=1}^{N} \alpha_{Ni} \boldsymbol{v}_i\right] \\ &= \left[\sum_{i=1}^{N} \mathrm{Softmax}(s(\boldsymbol{k}_i, \boldsymbol{q}_1)) \boldsymbol{v}_i, \sum_{i=1}^{N} \mathrm{Softmax}(s(\boldsymbol{k}_i, \boldsymbol{q}_2)) \boldsymbol{v}_i, \cdots, \sum_{i=1}^{N} \mathrm{Softmax}(s(\boldsymbol{k}_i, \boldsymbol{q}_N)) \boldsymbol{v}_i\right]\end{aligned} \tag{11.5.13}$$

若打分函数取式(11.5.2)的缩放点积函数，则自注意力机制的输出可化简为

$$\boldsymbol{H} = \mathrm{att}[(\boldsymbol{K}, \boldsymbol{V}), \boldsymbol{Q}] = \boldsymbol{V}\ \mathrm{Softmax}\left(\frac{\boldsymbol{K}^{\mathrm{T}} \boldsymbol{Q}}{\sqrt{D_k}}\right) \tag{11.5.14}$$

与基本的注意力机制一样，自注意力机制可单独应用，也可作为神经网络的一个组成部分，如在 CNN 或 RNN 中作为独立的一层。稍后将会看到，Transformer 结构中的核心组成单元是自注意力机制。

11.5.2　序列到序列模型

第 19 集
微课视频

机器学习的应用中，存在一类模型——序列到序列模型，其功能是将一个输入序列 $\boldsymbol{x}_{1:S}$（对序列 $\boldsymbol{x}_1, \boldsymbol{x}_2, \cdots, \boldsymbol{x}_S$ 的紧凑标记）转换成另一个序列 $\boldsymbol{y}_{1:T}$，这里 $\boldsymbol{x}$ 和 $\boldsymbol{y}$ 可以是不同维度，S 和 T 可以不相同。目前机器翻译和语音识别常用序列到序列模型，还有许多更专业的应用也基于这种模型。

应用概率方法描述序列到序列模型，目标是得到以下条件概率。

$$p_\theta(\boldsymbol{y}_{1:T} \mid \boldsymbol{x}_{1:S}) = \prod_{t=1}^{T} p_\theta(\boldsymbol{y}_t \mid \boldsymbol{y}_{1:(t-1)}, \boldsymbol{x}_{1:S}) \tag{11.5.15}$$

如果给出一组训练样本 $\{\boldsymbol{x}_{1:S_n}, \boldsymbol{y}_{1:T_n}\}_{n=1}^{N}$，可通过最大似然原理训练模型参数，即

$$\hat{\theta} = \arg\max_{\theta} \sum_{n=1}^{N} \sum_{t=1}^{T_n} \log[p_\theta(\boldsymbol{y}_t \mid \boldsymbol{y}_{1:(t-1)}, \boldsymbol{x}_{1:S_n})] \tag{11.5.16}$$

当模型训练结束，给出一个输入序列 $\boldsymbol{x}_{1:S}$，可通过以下推断得到输出序列 $\boldsymbol{y}_{1:T}$，即

$$\hat{\boldsymbol{y}}_{1:T} = \arg\max_{\boldsymbol{y}_{1:T}} p_{\hat{\theta}}(\boldsymbol{y}_{1:T} \mid \boldsymbol{x}_{1:S}) \tag{11.5.17}$$

式(11.5.16)和式(11.5.17)给出了序列到序列模型的训练原理和推断原理，是一般性的原理介绍。实际中，可根据具体模型给出更具体的训练和推断算法。

下面以机器翻译为例，介绍一个建立在 RNN 基础上的序列到序列模型。图 11.5.2 给出了这个模型的示例性结构。图 11.5.2 为翻译“I drink milk”的示例，单词 milk 用数字 288 表示，本例中为 $\tilde{\boldsymbol{x}}_0$，其余类似，其中< sos >和< eos >分别表示一个句子的起始和结束符。

图 11.5.2 的序列到序列模型是由一对编码器-解码器作为核心部分，编码器和解码器均由 RNN 组成。图中画出的是 RNN 的计算展开图(见 10.2 节)。由于该网络用于机器翻译，设其输入是英语，输出是中文。首先将输入句子反转后按词形成一个序列 $\tilde{\boldsymbol{x}}_{1:S}$，每个 $\tilde{\boldsymbol{x}}_i$ 表示一个

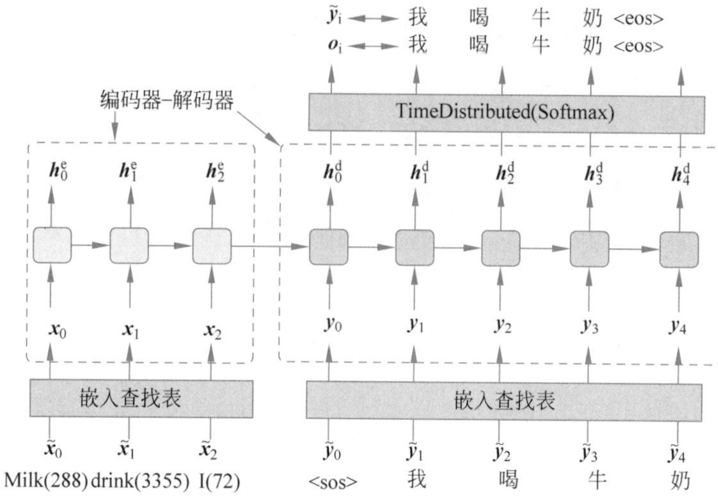

图 11.5.2 一个用于机器翻译的序列到序列模型示例

词，然后通过一个嵌入查找表(Embedding Lookup)将每个词 $\tilde{\boldsymbol{x}}_i$ 变换为输入向量 $\boldsymbol{x}_i$，注意，机器翻译中一般将表示一个词(大词汇表情况)的值映射为一个适当维度的输入向量，称为词嵌入，本书不准备对机器翻译的细节做更多讨论，这里只需理解词嵌入的含义是将一个词映射为一个输入向量即可。通过词嵌入将一个句子映射为一个输入向量序列 $\boldsymbol{x}_{1:S}$。通过编码器的 RNN，产生编码器状态序列 $\boldsymbol{h}_{1:S}^{(e)}$，可将任意 $\boldsymbol{h}_t^{(e)}$，$t\in[1,S]$表示为

$$\boldsymbol{h}_t^{(e)}=\varphi(\boldsymbol{h}_{t-1}^{(e)},\boldsymbol{x}_t;\theta_e),\quad t\in[1,S] \tag{11.5.18}$$

其中，$\varphi(\cdot)$表示编码器 RNN 的函数；θ_e 表示编码器网络参数。在序列尾部将最后的状态 $\boldsymbol{h}_S^{(e)}$ 作为编码器输出 $\boldsymbol{c}$ 送到解码器，相当于将输入句子的信息聚集在最终状态中作为编码结果送给解码器。

解码器接收到 $\boldsymbol{c}$，以 $\boldsymbol{c}$ 作为初始状态 $\boldsymbol{h}_0^{(d)}$ 利用 RNN 产生系列状态 $\boldsymbol{h}_{1:T}^{(d)}$，在每一时刻用 Softmax 产生对词汇表中每个词的输出概率，选择词汇表中概率最大的词作为当前输出词汇，在训练过程中，每个输入句子对应标注好的目标语句，故对比网络输出和目标语句的相应词产生误差，利用反向传播进行训练。故解码器端的运算表示为

$$\begin{cases}\boldsymbol{h}_0^{(d)}=\boldsymbol{c}\\ \boldsymbol{h}_t^{(d)}=\varphi(\boldsymbol{h}_{t-1}^{(d)},\boldsymbol{y}_{t-1};\theta_d),\quad t\in[1,T]\\ \boldsymbol{o}_t=\mathrm{Softmax}(\boldsymbol{h}_t^{(d)};\theta_o)\\ \boldsymbol{\delta}_t=\boldsymbol{o}_t-\tilde{\boldsymbol{y}}_t\end{cases} \tag{11.5.19}$$

注意，为了与输入对等，用 $\tilde{\boldsymbol{y}}_{1:T}$ 表示目标语句，其中 $\tilde{\boldsymbol{y}}_i$ 表示目标语句的一个词，在 t 时刻，将 $\tilde{\boldsymbol{y}}_{t-1}$ 通过(目标语言的)嵌入查找表得到向量 $\boldsymbol{y}_{t-1}$，并作为解码器端 RNN 的输入。

当网络训练结束，用于推断(翻译)时，不再存在 $\tilde{\boldsymbol{y}}_{1:T}$，此时将 $\boldsymbol{o}_{t-1}$ 通过词嵌入作为解码器输入。图 11.5.2 的结构中，除了词嵌入模块，其他模块是一个通用的序列到序列模型。在实际实现时，RNN 可选择用 LSTM 或 GRU 结构实现。

可以结合以上的序列到序列模型和注意力机制得到能够适应更长序列的模型，也可以利用 CNN 构造编码器和解码器实现序列到序列模型，有关这些方面的进展可参考相关文献①，本节不再介绍。

① 见本书参考文献[5,48]。

11.5.3 Transformer

基于循环网络的序列模型的一个主要问题是不支持并行处理，尽管通过引入一些技术在一定程度上改善并行性，但RNN的结构在本质上与并行处理是冲突的，目前并行计算资源广泛存在，并行计算可有效缩短训练和推断的时间，一种模型支持并行计算成为一个很重要的要素。Vaswani等提出的Transformer模型完全依靠注意力机制刻画输入输出中的全局依赖性，在机器翻译等应用中取得当时最好的效果，从而使Transformer得到广泛关注并被应用到其他领域，如机器视觉。

Transformer模型的结构如图11.5.3所示。Transformer仍是编码器-解码器结构，图中左侧部分是编码器，右侧部分是解码器，在每部分用 $N\times$ 表示框内的宏结构级联了 N 级，在Vaswani等的原论文中 $N=6$。在Transformer中，框内的宏结构成为一层，编码器和解码器均由 N 个相同层堆叠而成。

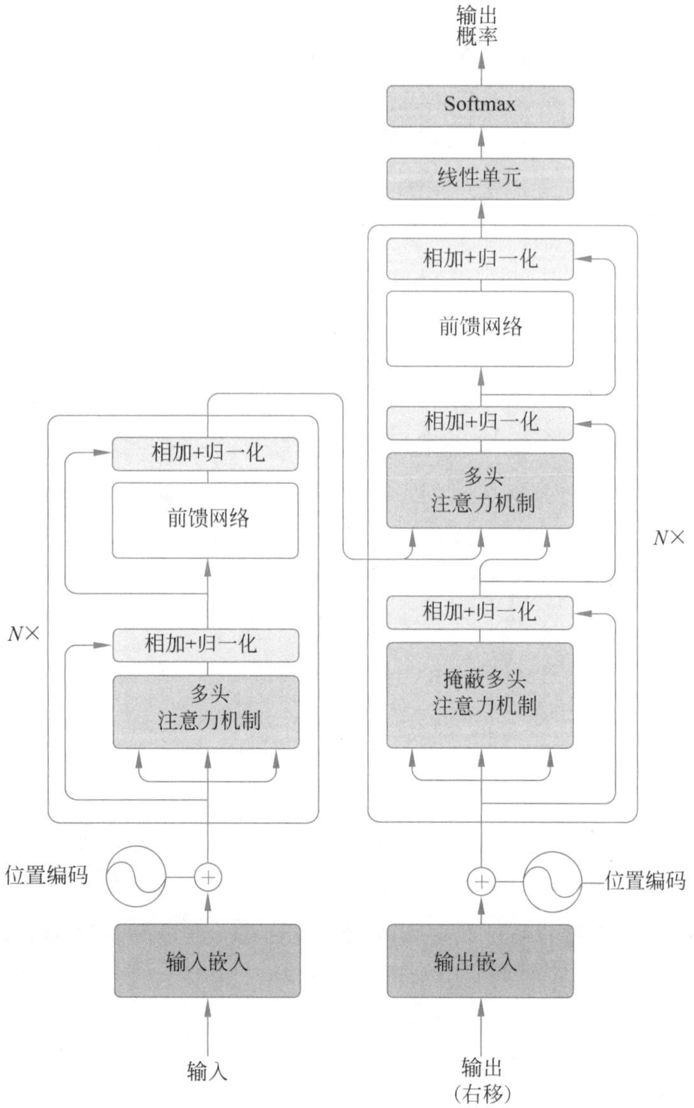

图 11.5.3 Transformer模型的结构

1. 模型结构

在编码器端，一层由两级子层级联，第 1 子层由多头注意力机制和“残差连接＋层归一化”构成，第 2 子层由（逐位置）前馈全连接网络和“残差连接＋层归一化”构成，每个子层均由功能单元加上“残差连接＋层归一化”，故每个子层的运算关系可表示为

$$\text{LayerNorm}[\boldsymbol{x}+\text{SubLayer}(\boldsymbol{x})] \tag{11.5.20}$$

其中，$\boldsymbol{x}$ 表示各子层的输入向量，在模型中为 D 维向量；SubLayer($\boldsymbol{x}$)表示该子层的功能单元（多头注意力机制或前馈全连接网络）；LayerNorm 表示层归一化（见 11.2.3 节），$\boldsymbol{x}$ 通过旁路与 SubLayer($\boldsymbol{x}$)求和正是残差网络的功能（见 10.1 节）。

在解码器端，一层由 3 级子层级联，各子层的功能单元分别为掩蔽多头注意力机制、编码器到解码器多头注意力机制、逐位置前馈全连接网络。同样，每个子层都带有“残差连接＋层归一化”单元。

下面首先以编码器为例，给出注意力机制和前馈全连接网络的表示，然后再介绍解码器不同之处。

2. 多头自注意力机制

以编码器端的多头注意力机制进行说明，Transformer 用到的是式(11.5.14)所示的自注意力机制的扩展。故首先讨论自注意力机制。

对于编码器的第 l 层($l=1,2,\cdots,N$)，层输入记为 $\boldsymbol{H}^{(l-1)}=[\boldsymbol{h}_1^{(l-1)},\boldsymbol{h}_2^{(l-1)},\cdots,\boldsymbol{h}_S^{(l-1)}]$，层输出记为 $\boldsymbol{H}^{(l)}$，注意 $\boldsymbol{H}^{(0)}=\boldsymbol{X}$。由于采用自注意力机制，故由 $\boldsymbol{H}^{(l-1)}$ 产生键、值和咨询矩阵，即

$$\boldsymbol{Q}=\boldsymbol{W}_{\mathrm{q}}\boldsymbol{H}^{(l-1)} \tag{11.5.21}$$

$$\boldsymbol{K}=\boldsymbol{W}_{\mathrm{k}}\boldsymbol{H}^{(l-1)} \tag{11.5.22}$$

$$\boldsymbol{V}=\boldsymbol{W}_{\mathrm{v}}\boldsymbol{H}^{(l-1)} \tag{11.5.23}$$

自注意力机制的输出为

$$\text{self-att}(\boldsymbol{Q},\boldsymbol{K},\boldsymbol{V})=\boldsymbol{V}\text{Softmax}\left(\frac{\boldsymbol{K}^{\mathrm{T}}\boldsymbol{Q}}{\sqrt{D_{\mathrm{k}}}}\right) \tag{11.5.24}$$

其中，$\boldsymbol{W}_{\mathrm{q}}$、$\boldsymbol{W}_{\mathrm{k}}$ 和 $\boldsymbol{W}_{\mathrm{v}}$ 分别是 $D_{\mathrm{q}}\times D$、$D_{\mathrm{k}}\times D$ 和 $D_{\mathrm{v}}\times D$ 维矩阵，且 $D_{\mathrm{q}}=D_{\mathrm{k}}$。

Transformer 中为了提取更多交互信息和增加灵活性，使用多头自注意力机制，即产生多个投影矩阵 $\boldsymbol{W}_{\mathrm{q}}^{(i)}$、$\boldsymbol{W}_{\mathrm{k}}^{(i)}$ 和 $\boldsymbol{W}_{\mathrm{v}}^{(i)}$，$i\in\{1,2,\cdots,h\}$，则分别计算

$$\boldsymbol{Q}_i=\boldsymbol{W}_{\mathrm{q}}^{(i)}\boldsymbol{H}^{(l-1)} \tag{11.5.25}$$

$$\boldsymbol{K}_i=\boldsymbol{W}_{\mathrm{k}}^{(i)}\boldsymbol{H}^{(l-1)} \tag{11.5.26}$$

$$\boldsymbol{V}_i=\boldsymbol{W}_{\mathrm{v}}^{(i)}\boldsymbol{H}^{(l-1)} \tag{11.5.27}$$

每头的自注意力机制输出为

$$\text{head}_i=\text{self-att}(\boldsymbol{Q}_i,\boldsymbol{K}_i,\boldsymbol{V}_i) \tag{11.5.28}$$

每头输出堆叠，则多头自注意力机制的输出为

$$\text{MultiHead}(\boldsymbol{H}^{(l-1)})=\boldsymbol{W}_{\mathrm{o}}[\text{head}_1,\text{head}_2,\cdots,\text{head}_h] \tag{11.5.29}$$

其中，$\boldsymbol{W}_{\mathrm{o}}$ 为多头自注意力机制的输出映射矩阵，是 $D\times hD_{\mathrm{v}}$ 维矩阵。原则上，多头的头数 h 是一个可选择的变量，在 Vaswani 等的论文中给出的取值为

$$h=8,\quad D=512,\quad D_{\mathrm{k}}=D_{\mathrm{v}}=D/8=64$$

D_{v} 等取较小的值可节省运算量。

多头自注意力机制的计算框图如图 11.5.4 所示，其中图 11.5.4(a)是式(11.5.24)的自注意力机制计算，图 11.5.4(b)表示从式(11.5.25)～式(11.5.29)的多头自注意力机制的计算过程。

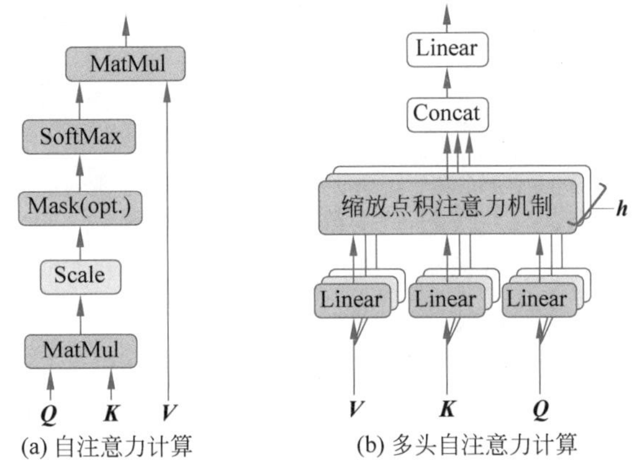

图 11.5.4 多头自注意力机制的计算框图

在多头自注意力机制计算完成后，“残差连接＋层归一化”计算可表示为

$$\boldsymbol{Z}^{(l)}=\text{LayerNorm}[\boldsymbol{H}^{(l-1)}+\text{MultiHead}(\boldsymbol{H}^{(l-1)})] \tag{11.5.30}$$

3. 逐位置前馈神经网络

在编码器端，每层的第 2 个子层是一个前馈网络和“残差连接＋层归一化”，该前馈网络是两层的，第 1 层计算后通过 ReLU 激活函数，第 2 层只做线性映射，然后通过“残差连接＋层归一化”得到本层的输出，即

$$\boldsymbol{H}^{(l)}=\text{LayerNorm}[\boldsymbol{Z}^{(l)}+\text{FFN}(\boldsymbol{Z}^{(l)})] \tag{11.5.31}$$

其中，$\text{FFN}(\boldsymbol{Z}^{(l)})$表示前馈神经网络的输出，对于 $\boldsymbol{Z}^{(l)}$ 中的一个向量 $\boldsymbol{z}\in\boldsymbol{Z}^{(l)}$，前馈网络的运算表示为

$$\text{FFN}(\boldsymbol{z})=\boldsymbol{W}_2\text{ReLU}(\boldsymbol{W}_1\boldsymbol{z}+\boldsymbol{b}_1)+\boldsymbol{b}_2 \tag{11.5.32}$$

其中，$\boldsymbol{W}_2,\boldsymbol{W}_1,\boldsymbol{b}_2,\boldsymbol{b}_1$ 为前馈网络的参数。

4. 解码器的处理方式

解码器中的多头自注意力机制、前馈神经网络和“残差连接＋层归一化”等单元与编码器中的结构基本一致，在使用方式上有所不同，对其不同点做一介绍。

在训练过程中，解码器的输入来自对应的目标语句的嵌入向量序列，在推断时，来自解码器以前的输出，为了使训练时和推断时解码器的输入具有一致性，在训练时首先将目标语句序列右移一次（产生一次延迟），第 1 个向量表示特别的起始向量（在语言翻译中，用起始字符 sos），即若目标语句序列表示为 $\boldsymbol{y}_{1:T}$，则进入解码器的序列对应是 $\boldsymbol{y}_{0:T-1}$。但在处理第 t 个位置的词时，只能使用 $\boldsymbol{y}_{0:t-1}$，即用一种掩码将 t 和 t 之后的词掩蔽掉，故解码层中的第 1 个子层称为“掩蔽自注意力机制”。掩蔽自注意力机制与编码器的自注意力机制的区别如图 11.5.5 所示，在计算掩蔽注意力机制时，不使用当前输入右侧的输入。

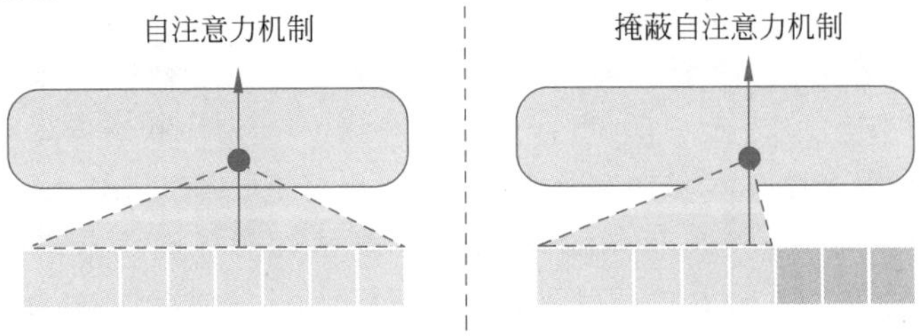

图 11.5.5 掩蔽自注意力机制与自注意力机制的区别

解码器每层中的第 2 子层可称为“编码器-解码器”多头注意力机制，其输入的键 $\boldsymbol{K}$ 和值 $\boldsymbol{V}$ 均来自编码器的输出。编码器(最后一层)的输出记为 $\boldsymbol{H}^{(e)}=[\boldsymbol{h}_1^{(e)},\boldsymbol{h}_2^{(e)},\cdots,\boldsymbol{h}_S^{(e)}]$，该输出通过线性映射产生

$$\boldsymbol{K}^{(e)}=\boldsymbol{W}_k^{(e)}\boldsymbol{H}^{(e)} \tag{11.5.33}$$

$$\boldsymbol{V}^{(e)}=\boldsymbol{W}_v^{(e)}\boldsymbol{H}^{(e)} \tag{11.5.34}$$

将编码器产生的键 $\boldsymbol{K}^{(e)}$ 和值 $\boldsymbol{V}^{(e)}$ 送入解码器各层的第 2 子层的对应键和值输入，这一子层的查询 $\boldsymbol{Q}$ 则由其第 1 子层的输出通过线性映射产生。

解码器中的前馈神经网络与编码器的一致。解码器堆叠 N 级后经过一级前馈层通过 Softmax 产生输出，在一个时刻 t，Softmax 输出目标语言词汇表中每个词的选择概率。

5. 输入嵌入和位置编码

Transformer 原论文是针对机器翻译的，当一个输入语句表示为 $\tilde{\boldsymbol{x}}_{1:S}$，通过词嵌入变换得到输入向量序列 $\boldsymbol{x}_{1:S}$。在自注意力机制中，一个向量 $\boldsymbol{x}_t$ 的位置信息 t 丢失了，为此，用一个与 $\boldsymbol{x}_t$ 同维度的向量 $\boldsymbol{p}_t$ 表示 $\boldsymbol{x}_t$ 在序列中的位置信息，Transformer 中给出了一种位置信息的定义为

$$\begin{cases}\boldsymbol{p}_{t,2i}=\sin(t/10000^{2i/D})\\ \boldsymbol{p}_{t,2i+1}=\cos(t/10000^{2i/D})\end{cases} \tag{11.5.35}$$

其中，D 为 $\boldsymbol{x}_t$ 的维度。也可通过训练得到一种位置信息编码，实验效果类似，式(11.5.35)有更高的灵活性。

加上位置编码信息后，在编码器端输入向量序列可表示为

$$\boldsymbol{X}=\boldsymbol{H}^{(0)}=[\boldsymbol{x}_1+\boldsymbol{p}_1,\boldsymbol{x}_2+\boldsymbol{p}_2,\cdots,\boldsymbol{x}_S+\boldsymbol{p}_S] \tag{11.5.36}$$

解码器端的词嵌入和位置编码方式一致。

由于可并行性，Transformer 在机器翻译的训练上取得很高的效率，大大缩减了训练时间，翻译质量的评价也达到当时最高水平，有许多改进性的工作，也有许多工作将 Transformer 应用到其他场景，如 2020 年 Google 公司提出的视频 Transformer(ViT)在图像识别上取得显著进展，有兴趣的读者可参考更多相关文献。

本节注释 1 词嵌入(Word Embedding)。本书作为通用的机器学习教材，不侧重某类应用，例如自然语言处理等。但是一些目前非常通用的算法，却是针对某些应用提出并发展的，后来扩展到广泛的应用领域，例如 Transformer 最初的应用是针对自然语言处理。序列到序列模型在相当长的一段时期也是主要针对自然语言处理的应用。自然语言是一个字词与符号的序列，怎样用数据化表示一段文字，这在自然语言处理中非常重要，其中很重要的一步是通过词嵌入方式，将一段语句或段落变换成向量序列。本节正文中简要提到怎样用词嵌入将一个句子变换成一个向量序列。由于词嵌入概念的重要性，这个注释对其再稍作说明。

为了叙述原理简单，假设文字是由单词组成(先忽略标点和其他符号)，设一个词典包含 K 个词，一种最简单的数字编码方法是按顺序序号给每个词赋一个数值，将一段文字的各单词转换为其数值。例如一个词典有 10 万个词汇，则每个词分别赋予 0～99999。但这种表示使得各单词的差异性太不明显，若神经网络输入用归一化做预处理，则将 0～99999 归一化到[0,1]范围。一种保持各单词较大差异性的方法是用独热编码(像多分类情况的标注所采用的)，即每个单词对应一个 K 维向量，如一个单词在词典中的位置是 j，则向量的第 j 维为 1，其他分量为 0。例如若单词“a”在词典中列第 1 位，则其独热向量为 $\tilde{\boldsymbol{x}}=[1,0,\cdots,0]$，这个独热向量中有 $K-1$ 个零。独热

编码可保持各单词的差异性，但有显著弱点。一是维度太高，例如若 K 取 10 万，则每个单词用一个 10 万维向量；二是不具备基本的语义含义，例如 apple 与 orange 的关系比与 physics 的关系更紧密，但独热编码难以反映这种关系。

一个有效的技术是词嵌入，即将独热编码映射到低维向量空间，低维向量空间的维度为 $D \ll K$，例如在后来的 GPT 模型中，选择 $D=768$。词嵌入的关键是获得一个 $D \times K$ 维矩阵 $\boldsymbol{E}$，$\boldsymbol{E}$ 的每一列是一个密集取值向量。对于一个词，设其独热向量为 $\tilde{\boldsymbol{x}}_n$，其嵌入向量为 $\boldsymbol{x}_n$，则有

$$\boldsymbol{x}_n = \boldsymbol{E}\tilde{\boldsymbol{x}}_n$$

由于 $\tilde{\boldsymbol{x}}_n$ 是独热编码，每个词的嵌入向量 $\boldsymbol{x}_n$ 为 $\boldsymbol{E}$ 中对应的一列，$\boldsymbol{E}$ 的全部列组成了词典中所有词的嵌入向量。

可由大规模语言数据集（语料库）来训练矩阵 $\boldsymbol{E}$，目的是希望 $\boldsymbol{E}$ 除了是独热编码的有效降维表示，还具有初步的语义性质，例如意义相关的词其嵌入向量相近。

一个学习矩阵 $\boldsymbol{E}$ 的重要算法是 Mikolov 等提出的 word2vec 方法。用一个 2 层神经网络进行训练，训练集是来自语料库的片段文字组成的样本，每个样本是从文字中用 M 长的窗剪切的连续的词片段。实际中典型的选择是 $M=5$，即每个样本是文章中取连续 5 个词给出的片段。有两种典型训练方法，这里只简单介绍其中一种：连续词袋（Continuous Bag of Words）法。取出一个样本，将中间词作为待预测的输出，其他上下文词作为输入，各词用独热编码表示。这样做实际上构成了一种“自监督学习”方法，即由上下文输入对中间词做预测，中间词自身就起到标注作用。通过大的语料库构成大的训练集进行训练，通过中间词预测，获得词之间的关系。当训练结束，神经网络第 2 层的权系数矩阵的转置可作为训练获得的矩阵 $\boldsymbol{E}$。

word2vec 方法训练的词嵌入表示，具备初步的语义性，例如 apple 与 orange 的词嵌入更接近，而与 physics 词嵌入则相差更大。通过词嵌入还可以获得更深层次的关系，例如

$$\boldsymbol{x}(\text{Paris}) - \boldsymbol{x}(\text{France}) \approx \boldsymbol{x}(\text{Rome}) - \boldsymbol{x}(\text{Italy})$$

其中，$\boldsymbol{x}(\text{Paris})$ 表示 Paris 的词嵌入向量。

在自然语言处理中，词嵌入作为一个模块，可以是一个系统的预处理模块，即预先训练好 $\boldsymbol{E}$，将一段文字中词序列的直接数字表示映射为词向量序列，或将 $\boldsymbol{E}$ 的训练作为系统的一部分，一同训练。在 Transformer 的基本结构中，用的是前者。不管用哪种方式，词嵌入模块，总是将一段文字映射为如下的向量序列

$$\boldsymbol{X} = [\boldsymbol{x}_1, \boldsymbol{x}_2, \cdots, \boldsymbol{x}_S]$$

以上简要讨论了由单词序列构成嵌入向量序列的方法，若文章中包含了其他符号，如标点符号、功能符等，可通过扩展词元（Tokens）表示来扩展词向量的范围，即构成词元嵌入向量（Token Embedding Vector），具体细节不再赘述。尽管 11.6 节的语言模型均采用了词元嵌入，为了易于理解和简单，本书仍使用词嵌入作为说明。

本节注释 2 文章 *The Annotated Transformer* 给出了 Transformer 的完整代码解释，该文的网址为 http://nlp.seas.harvard.edu/2018/04/03/attention.html。

*11.6 预训练技术和模型实例

Transformer 结构是针对自然语言处理提出的，首先在机器翻译中得到了当时最好的效果，其后 Transformer 结构在自然语言处理的多种应用中取得显著的改善效果。之后人们将 Transformer

应用到其他领域，例如在图像、视频、强化学习等领域也均取得好的效果，近期人们关注的大语言模型(Large Language Models，LLM)大多是以 Transformer 结构为基础，Transformer 成为继 CNN 之后又一个应用广泛的深度学习模型。

预训练技术由来已久，本节仅介绍近期的一些工作。结合预训练技术和 Transformer 结构构成的语言模型近来取得相当好的成果，这种思想也推广到了其他领域。本节结合语言模型介绍两个预训练技术和模型实例，读者可在此基础上进一步学习和探索预训练技术在不同领域的应用。

对于语言模型，可以获得非常巨大的数据集，但是针对特定任务的标注却是耗时耗力的，因此，相对巨大的数据集，其标注数据占比很小。但是对于语言来讲，其自身有很强的结构，首先利用大规模语料库，通过无监督学习来学习模型的参数，无监督学习中可利用语言自身的强结构，使得训练的模型可有效表示语言的字词关系和语义特征，这一步称为预训练(Pre-Training)。在预训练模型基础上，针对特定任务，再利用少量带标注样本，通过有监督学习进一步调整模型参数，获得针对任务的优化效果，这一步称为微调(Fine Turning)。这里的特定任务称为下游任务(Downstream Tasks)。

预训练本质上是无监督学习，结合预训练和微调的学习过程是一种半监督学习。在结合语言特点的预训练中，可利用的语言结构性特性很多。例如对一个完整句子，可由前面内容预测后面的词；或在一个完整句子或段落中，通过随机扣除(掩蔽)一些词，用其他保留词来预测被掩蔽的词。在这些过程中，由于待预测的后面的词或需预测的掩蔽词是已知的，故可将模型预测值和已知值的差别作为目标函数，将实际训练过程转化为有监督学习，这是一种自监督学习。

预训练技术结合 Transformer 结构，已构成多种预训练模型，本节介绍两个典型模型，分别是生成式预训练(Generative Pre-Training，GPT)模型和来自 Transformer 的双向编码器表示(Bidirectional Encoder Representations from Transformer，BERT)模型，他们分别是单向和双向模型，各自使用了 Transformer 的解码器结构和编码器结构。

11.6.1 GPT 模型

GPT 模型是一种单向模型，当把一个句子或一个段落输入模型时，通过词嵌入技术，将其转化为向量序列

$$\boldsymbol{X}=[\boldsymbol{x}_1,\boldsymbol{x}_2,\cdots,\boldsymbol{x}_n] \tag{11.6.1}$$

所谓单向模型是指当预测 $\boldsymbol{x}_i$，$2\leqslant i\leqslant n$ 时，仅使用前面已出现的词 $\boldsymbol{x}_1,\boldsymbol{x}_2,\cdots,\boldsymbol{x}_{i-1}$，即预测 $\boldsymbol{x}_i$ 的概率函数可写为

$$p_\theta(\boldsymbol{x}_i \mid \boldsymbol{x}_1,\boldsymbol{x}_2,\cdots,\boldsymbol{x}_{i-1}) \tag{11.6.2}$$

其中，θ 代表神经网络的参数集合。

GPT 仅使用了 Transformer 的解码器结构，但有所修改。在如图 11.5.3 所示的 Transformer 完整结构中，一层的解码器宏结构有 3 级子层运算，其中，中间子层处理来自编码器状态的运算，由于 GPT 中不使用编码器部分，这个子层在 GPT 宏结构中被删除，即一层宏结构只包含两个子层：掩蔽自注意力机制子层和逐位置前馈神经网络子层，各子层均包含了残差连接和层归一化，这两个子层保持了 Transformer 解码器的标准形式。GPT-1 由 12 层宏结构级联组成，在预训练时，最上层通过 Softmax 层计算式(11.6.2)的各个预测概率；在微调时，“任务分类器”模块完成下游任务输出。GPT-1 的结构[①]如图 11.6.1 所示。在 GPT-1 结构中，除 $L=12$ 外，多头注意力机制的

① 见本书参考文献[125]。

头数取 $h=12$，词嵌入向量维度 $D=768$。

1. GPT 模型的预训练

GPT 模型是通过文字中词的单向预测作为目标进行预训练的，即对于式(11.6.1)的输入序列，每个 $\boldsymbol{x}_i$，$2\leqslant i\leqslant n$，由 $\boldsymbol{x}_1,\boldsymbol{x}_2,\cdots,\boldsymbol{x}_{i-1}$ 进行单向预测，预测概率表示为式(11.6.2)，对于一个输入序列样本，其目标函数为

$$L_1=\sum_i \log p_\theta(\boldsymbol{x}_i \mid \boldsymbol{x}_1,\boldsymbol{x}_2,\cdots,\boldsymbol{x}_{i-1}) \tag{11.6.3}$$

这是一个最大似然目标函数，通过目标函数最大化优化模型参数。将式(11.6.3)中各概率表示为模型参数的函数，这由 Transformer 解码器的运算完成。首先将一个输入文字序列通过词嵌入和位置嵌入构成第一层解码器输入

$$\boldsymbol{H}^{(0)}=\boldsymbol{X}+\boldsymbol{E}=[\boldsymbol{x}_1+\boldsymbol{e}_1,\boldsymbol{x}_2+\boldsymbol{e}_2,\cdots,\boldsymbol{x}_n+\boldsymbol{e}_n] \tag{11.6.4}$$

其中，$\boldsymbol{e}_i$ 是位置编码向量，L 层解码器运算依次按下式执行

$$\boldsymbol{H}^{(l)}=\text{Transformer\_decoder}(\boldsymbol{H}^{(l-1)}),\quad l=1,2,\cdots,L \tag{11.6.5}$$

最后一层的输出表示为

$$\boldsymbol{H}^{(L)}=[\boldsymbol{h}_1^{(L)},\boldsymbol{h}_2^{(L)},\cdots,\boldsymbol{h}_n^{(L)}] \tag{11.6.6}$$

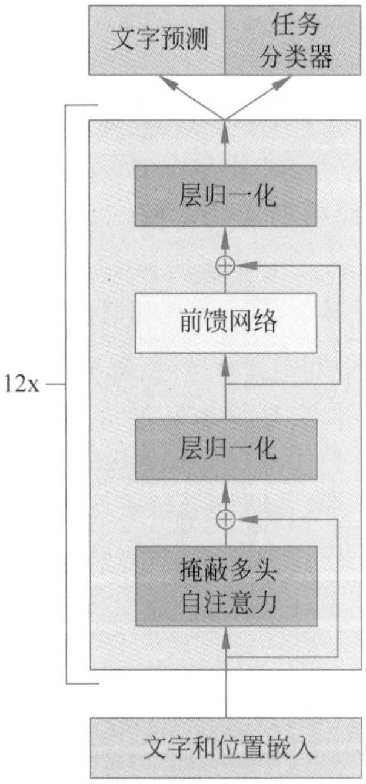

图 11.6.1 GPT-1 结构示意[①]

在预训练时，由最顶层 softmax 层计算的各字词的预测概率为

$$p_\theta(\boldsymbol{x}_i \mid \boldsymbol{x}_1,\boldsymbol{x}_2,\cdots,\boldsymbol{x}_{i-1})=\text{Softmax}(\boldsymbol{W}_1^{\mathrm{T}}\boldsymbol{h}_i^{(L)}) \tag{11.6.7}$$

其中，$\boldsymbol{W}_1$ 表示 Softmax 层对应的权系数矩阵，各 $\boldsymbol{h}_i^{(L)}$ 使用同一个矩阵。由于 Transformer 解码器使用了掩蔽自注意力机制，在运算过程中，计算 $\boldsymbol{h}_i^{(l)}$ 时自动屏蔽了 $\boldsymbol{h}_i^{(l-1)}$ 及后面字词的贡献，因此，该结构自动保证了由式(11.6.7)计算的条件概率是单向的，这是采用 Transformer 解码器结构进行单向预测的预训练的主要原因。

2. GPT 模型的微调

在预训练完成后，利用下游任务的带标注数据，通过有监督学习进行微调，这一阶段只需要少量标注数据。以下游任务是分类为例，图 11.6.1 右上角的模块有下游任务的输出层，附加的模型参数为 ϕ，设输入为 $\boldsymbol{X}=[\boldsymbol{x}_1,\boldsymbol{x}_2,\cdots,\boldsymbol{x}_m]$，分类输出 $\boldsymbol{y}$，则输出概率为

$$p_{\theta,\phi}(\boldsymbol{y} \mid \boldsymbol{x}_1,\boldsymbol{x}_2,\cdots,\boldsymbol{x}_m)=\text{Softmax}(\boldsymbol{W}_2^{\mathrm{T}}\boldsymbol{h}_m^{(L)}) \tag{11.6.8}$$

其中，$\boldsymbol{W}_2$ 是分类输出 Softmax 模块的权系数矩阵。

对于一个样本序列，针对下游任务的最大似然目标函数为

$$L_2=\log p_{\theta,\phi}(\boldsymbol{y} \mid \boldsymbol{x}_1,\boldsymbol{x}_2,\cdots,\boldsymbol{x}_m) \tag{11.6.9}$$

微调阶段为了学习 ϕ 和改善 θ，目标函数由式(11.6.9)和式(11.6.3)两部分之和

$$L_3=L_2+\lambda L_1 \tag{11.6.10}$$

其中，λ 为超参数，在标注数据集上以式(11.6.10)为目标函数对模型做微调训练。

当下游任务是语言生成，例如问答任务，则微调过程目标函数仍使用 L_1，下游任务数据集可用于进一步调整模型参数。

3. 语言生成

GPT 模型的一个重要应用是语言生成，例如在一个任务中，目标是生成一段文字，其用词嵌入

① 见本书参考文献[125]。

序列表示为：$\{x_1,x_2,\cdots,x_n\}$。设前 t 个词 $\{x_1,x_2,\cdots,x_t\}$ 是给出的输入，从 $i=t+1$ 开始，通过概率函数

$$p_\theta(x_i \mid x_1,x_2,\cdots,x_{i-1}) \tag{11.6.11}$$

由 $x_1,x_2,\cdots,x_{i-1}$ 生成 x_i，然后把 x_i 移到概率函数的条件中，令 $i\leftarrow i+1$，继续用式(11.6.11)的概率形式，不断生成序列的新成员，直到达到结束条件，结果生成序列 $\{x_{t+1},x_{t+2},\cdots,x_n\}$。这种生成模型称为自回归生成模型。GPT 模型用于语言生成时是一种典型的自回归生成模型。

GPT 不断发展，从 GPT-1 到 GPT-2 解码器宏模块层级从 12 层增加到 48 层，再到 GPT-3 的 96 层，模型参数急剧增长，训练集不断增加，预训练的质量持续提高，表达能力不断提升，到下游任务微调需要的数据集则不断减少，但原理性结构上没有大的变化。图 11.6.2 所示为从 GPT-1 到 GPT-3，模型参数的变化情况。到了 GPT-4 更是可以接受图像、图和信息图(Infographics)作为输入，引入了更多技术进行组合。作为一本基本教材，这些进展的细节超出本书范围，有兴趣的读者可参考快速更新中的相关文献。

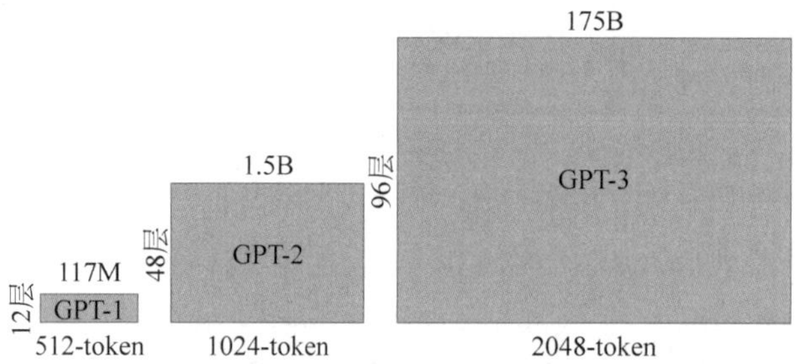

图 11.6.2 GPT 模型参数增长示意

11.6.2 BERT 模型

BERT 模型是 Transformer 的编码器模型。由于对语言进行双向预测的建模，BERT 采用了 Transformer 的编码器结构。BERT 采用完整的 Transformer 编码宏模块为一层，BERT 的基础模型共级联 $L=12$，多头注意力机制的头数取 $h=12$，词嵌入向量维度 $D=768$，总参数为 110M。而 BERT 的扩大模型的参数分别为：$L=24,h=16,D=1024$，总参数为 340M。BERT 的基础模型规模和 GPT-1 一致，便于比较。

BERT 是双向语言模型，核心模块是 Transformer 编码器的级联，运算方式与 11.5.3 节所述相同，不必再做重复，这里只简要介绍其特殊的一些处理方式。BERT 同样由预训练和针对下游任务的微调两步组成，如图 11.6.3 所示。图 11.6.3(a)所示为通过预训练确定的模型。当预训练阶段完成并确定了模型参数后，对不同的下游任务，以相同的预训练参数作为初始参数，但不同的下游任务可附加不同微调模块，通过少量标注数据，对预训练模型参数和微调模块参数进行学习。图 11.6.3(b)所示为不同下游任务有不同的微调模型。

BERT 输入的特点是可输入语句对，即用隔离符分开的两个语句，一个例子如下所示：

[CLS] my dog is cute [sep] he like playing [sep]

其中，[CLS]是特殊符，称为分类符，其对应输出端的位置用于类别输出，[sep]是分隔符，分隔两段文字和表示结束，在特殊符之间是组成句子的词(注意，本书为了简单，使用词嵌入进行叙述，实际上目前语言模型使用词元(token)嵌入，在词元嵌入时，playing 将分为 play 和 ing 两个词元，见图 11.6.4，本书原理叙述时不再区分这些技术细节)。设第一段有 n 个词，第 2 段有 m 个词，加上

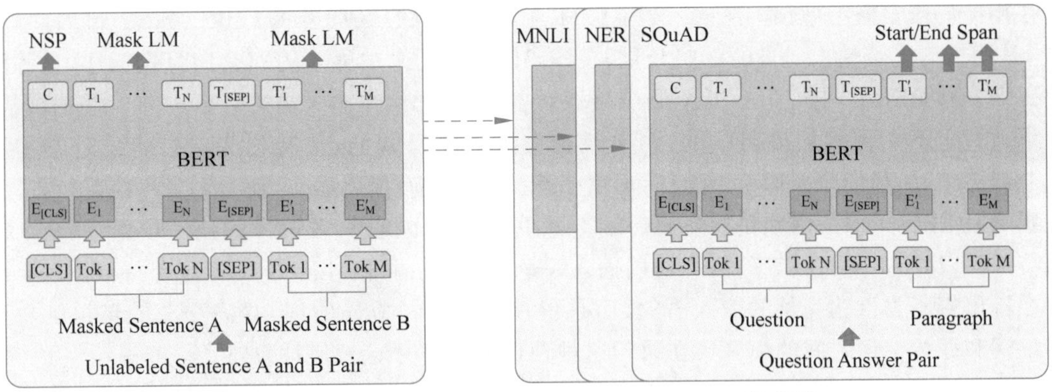

(a) 预训练　　(b) 微调

图 11.6.3　BERT 的预训练与微调①

特殊符共有 $n+m+3$ 个词，通过词嵌入得到输入词向量序列为

$$\boldsymbol{X}=[\boldsymbol{x}_0,\boldsymbol{x}_1,\boldsymbol{x}_2,\cdots,\boldsymbol{x}_n,\boldsymbol{x}_{n+1},\boldsymbol{x}_{n+2},\cdots,\boldsymbol{x}_{m+n+1},\boldsymbol{x}_{m+n+2}] \tag{11.6.12}$$

其中，$\boldsymbol{x}_0$ 对应[CLS]，对于 BERT，在输入端除了要加入位置编码向量序列 $\boldsymbol{E}$ 外，还要加入一个区分前后段的标记序列 $\boldsymbol{S}=[\boldsymbol{e}_a,\boldsymbol{e}_a,\cdots,\boldsymbol{e}_a,\boldsymbol{e}_b,\cdots,\boldsymbol{e}_b]$，其中，前 $n+2$ 个 $\boldsymbol{e}_a$ 向量表示前半部分所对应的第一段，$\boldsymbol{e}_b$ 表示后半段。概括起来，BERT 的输入端计算

$$\boldsymbol{H}^{(0)}=\boldsymbol{X}+\boldsymbol{S}+\boldsymbol{E} \tag{11.6.13}$$

用 $\boldsymbol{H}^{(0)}$ 表示第 1 级 Transformer 编码器的输入，BERT 输入端如图 11.6.4 所示。将 $\boldsymbol{H}^{(0)}$ 经过 L 级 Transformer 编码运算，得到输出序列

$$\boldsymbol{H}^{(L)}=[\boldsymbol{h}_0^{(L)},\boldsymbol{h}_1^{(L)},\boldsymbol{h}_2^{(L)},\cdots,\boldsymbol{h}_n^{(L)},\boldsymbol{h}_{n+1}^{(L)},\boldsymbol{h}_{n+2}^{(L)},\cdots,\boldsymbol{h}_{m+n+1}^{(L)},\boldsymbol{h}_{m+n+2}^{(L)}] \tag{11.6.14}$$

其中，$\boldsymbol{h}_0^{(L)}$ 对应图 11.6.3(a)顶层的“C”模块，表示类型输出，其他 $\boldsymbol{h}_i^{(L)}$ 按次序分别对应 T_j 或 T'_k 模块。

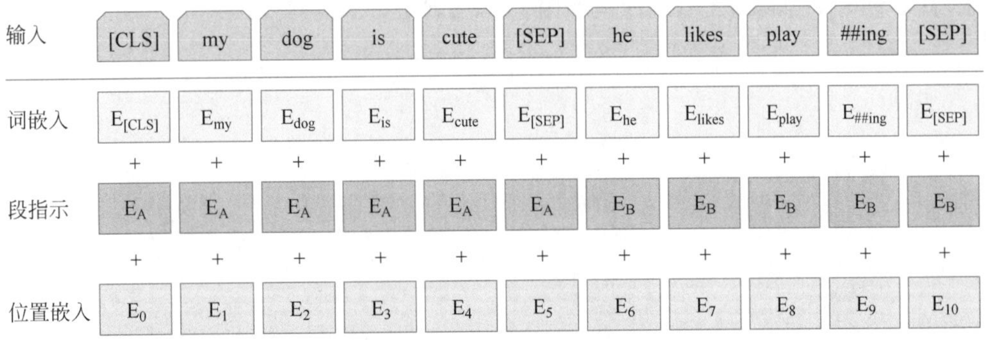

图 11.6.4　BERT 的输入模块②

BERT 的概率输出是双向的，即

$$p_\theta(\boldsymbol{x}_i \mid \boldsymbol{x}_0,\boldsymbol{x}_1,\boldsymbol{x}_2,\cdots,\boldsymbol{x}_{i-1},\boldsymbol{x}_{i+1},\cdots,\boldsymbol{x}_{m+n+2})=\mathrm{softmax}(\boldsymbol{W}^{\mathrm{T}}\boldsymbol{h}_i^{(L)})$$

其中，$\boldsymbol{W}$ 表示输出 softmax 模块的权系数矩阵。

BERT 针对两种任务进行预训练。一是掩码语言模型（Masked Language Model，MLM），二是下句预测（Next Sentence Prediction，NSP）。

---

① 见本书参考文献[35]。

② 见本书参考文献[35]。

在用掩码语言模型做预训练时，采用了 11.4.2 节降噪自编码器的思想。如式(11.4.9)中的 t_2 式，是用掩码屏蔽输入向量的一些分量，在解码输出端用未被屏蔽的完整向量做标注，训练降噪自编码器。在 BERT 的预训练中，掩码屏蔽针对各字词进行，在输入端按概率 p 将一些词屏蔽，在输出端通过上下文预测被掩码的词，由于被掩码的词是已知的，故转化为一种自监督学习。在 BERT 训练中，屏蔽的概率取 $p=0.15$，但由于下游任务没有掩码操作，使得两者不匹配，为了缓解这一影响，BERT 采取的措施是：按 $p=0.15$ 随机对字词做掩码，在选择的掩码位置，按 0.8 的概率取特殊符[MASK]，按 0.1 的概率随机插入一个词(来自词典)，按 0.1 的概率保持该被选字词不变。在输出端不去重构完整的输入语句，而是仅预测被选择掩码的词，并用交叉熵目标函数评价预测字词和原始字词之间的损失。在执行这种预训练任务时 C 模块被忽略。

为了使预训练模型更好适用于问答这样的应用，可通过 NSP 任务做预训练。NSP 的训练样本按以下方式构成。从语料库中取两个句子组成一个输入样本，具体做法为：首先从语料库中取出第 1 个句子，然后以随机方式取第 2 个句子，以 50%的概率取第 1 个句子后的相邻句子作为第 2 个句子，构成一个样本，并标注为[IsNext]；以 50%的概率随机从语料库中选第 2 个句子，构成一个样本，标注为[NotNext]，输出端的 C 单元用于表示输入样本中第 2 个句子的类型预测。

由于 BERT 的双向模型可支持多种自然语言应用，对于每一种下游任务，可通过微调阶段调整其预训练模型参数和微调模块参数。由于 BERT 预训练的表达能力较强，微调阶段开销较小。在处理不同下游任务时，BERT 预训练的输出层可有不同用处，例如，下游任务仅仅是对输入进行分类时，设输出类型数目 K，则只使用 C 模块的输出，通过一个 $D\times K$ 维权系数矩阵，将 C 模块输出映射为 K 个类型输出，并通过 Softmax 产生分类输出概率。对于其他下游任务，不同的任务可能应用不同的输出单元。

BERT 和 GPT 分别使用了 Transformer 的编码器结构和解码器结构，分别构成了语言的双向预测模型和单向预测模型，其各有优势应用。两种模型分别依赖掩蔽的多头注意力机制和多头注意力机制，其对上下文的利用关系之比较如图 11.6.5 所示。

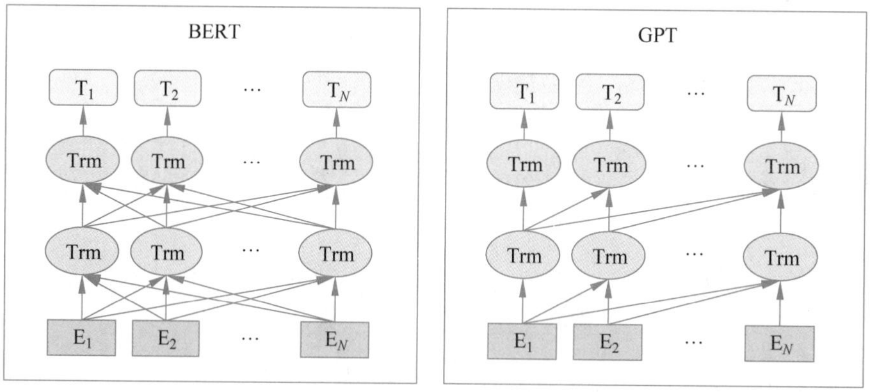

图 11.6.5 BERT 和 GPT 对上下文关系示意[①]

GPT 和 BERT 从预训练到下游任务的策略都是采用了微调方法，另一类从预训练到下游任务的策略是基于特征的方法(Feature-based)，其典型代表是 ELMo 模型，ELMo 模型是采用针对任务的专门模型，将预训练表示作为附加特征，限于篇幅不再讨论其细节，有兴趣的读者可参考相关文献[②]。

① 见本书参考文献[35]。

② 见本书参考文献[116]。

本章小结

本章是“神经网络与深度学习”专题的扩展篇。与第 9 章和第 10 章不同，第 9 章是神经网络的一般性的基础，第 10 章聚焦 CNN 和 RNN，这是深度学习中基本的两类结构，本章则更像是杂货铺，补拾了深度学习中比较重要但不适合归于第 9 章和第 10 章的内容。这样的安排也使 3 章内容从体量上大致相当，易于教学和自学阅读。

本章大致分为两部分，一部分是训练深度网络需要的优化技术和正则化技术，实际上第 10 章的两类网络的训练离不开这些技术；另一部分介绍了在 CNN 和 RNN 之外一些更专门的网络结构，包括自编码器、Transformer 和预训练模型。从结构上讲，自编码器可以选用 CNN 或 RNN 作为其具体结构，所以是一类更专门化的应用结构，但是 Transformer 是一种新的结构，已成为与 CNN 和 RNN 相竞争的一种基本网络结构。

目前深度学习领域中一个非常活跃的分支：深度生成模型，将作为一个专题构成本书的最后一章。

本章习题

1. 结合 Nesterov 动量和 Adam 算法构成 Nadam 算法，给出 Nadam 算法的完整算法描述。

2. 模仿 11.2.2 节中 BN 层的梯度计算公式，导出针对层归一化 LN 层的 BP 算法。

3. 在输入序列 $\boldsymbol{X}=[\boldsymbol{x}_1,\boldsymbol{x}_2,\boldsymbol{x}_3,\boldsymbol{x}_4]$ 中 $\boldsymbol{x}_1=[1,0,1,0]^{\mathrm{T}}$，$\boldsymbol{x}_2=[0,1,0,1]^{\mathrm{T}}$，$\boldsymbol{x}_3=[1,2,3,4]^{\mathrm{T}}$，$\boldsymbol{x}_4=[3,-1,2,0]^{\mathrm{T}}$，给出查询向量 $\boldsymbol{q}=[2,0,1.8,0]^{\mathrm{T}}$，采用缩放点积模型，求：软注意力机制和硬注意力机制的输出。

4. 一个给出基本的 Transformer 网络，设其编解码器层数 $N=6$，多头数 $h=8$，输入维数 $D=512$，$D_k=D_v=64$，当其完成一次输入序列长度为 128 的训练，估计其运算量。

5. 分析和比较 GPT 和 BERT 基本模型的异同之处。

第12章 聚类和EM算法

CHAPTER 12

本书至此主要讨论的是监督学习，训练样本集中的每个样本都带有标注，对于每个输入特征向量，对应标注值指出其代表的是什么，这些标注就像是教师一样引导机器学习模型去学习表达知识，当有充分的样本集时，模型学习到一定的规律，并对新的输入特征向量所产生的结果进行预测。但也有很多样本，实际上是更多、更广泛的样本集，其只有一组收集到的数据，即每个样本仅对应于一个输入特征向量，并没有对应的标注可用。从这种无标注数据集进行学习是无监督学习的内容。

从机器学习发展状态看，监督学习更成熟，无监督学习也在快速发展中。在实际中，人们采样得到的数据集绝大多数是无标注的，人工标注非常费力耗时，故从无标注数据中学习在机器学习中有更多待挖掘的空间，位于在无监督学习和监督学习之间的半监督学习也是重要的研究领域。

目前已有一些无监督学习的方法，主要有聚类、概率密度估计、异常值检测、数据降维、独立分量分析等，本章主要讨论聚类算法和混合概率模型的PDF估计，降维和独立分量分析将在下一章介绍。

第20集
微课视频

12.1 聚类算法

将未标注的数据集 $\boldsymbol{X}=\{\boldsymbol{x}_i \mid 1\leqslant i\leqslant N\}$ 聚类（或称为分簇），每个聚类具有相似的特性，或聚类具有一定的聚集特性，认为是数据中自动聚集的子类，可为这样一个子集中每个样本赋予一个相同的类别标号。注意，聚集的类和监督学习标注的类是不同的，标注的类一般具有明确的含义，聚集的类或簇表示了一个数据子集具有相似的特征，给予一个标注号是为了区分各子集或聚类，至于一个聚类是否有明确的意义，根据数据的来源和特征向量各分量的含义，可做进一步分析。

把未标注的数据集划分为子集类的过程，称为聚类算法。聚类是无监督学习的一种基本算法，可以成为很多应用的基础。本节首先讨论一种基本的聚类算法：K 均值聚类算法，然后再讨论一些扩展的方法。

12.1.1 K 均值聚类算法

设无标注的数据样本集为 $\boldsymbol{X}=\{\boldsymbol{x}_i \mid 1\leqslant i\leqslant N\}$，$\boldsymbol{x}_i$ 为 D 维向量，目标是将 N 个样本聚类成 K 簇。为了便于集中讨论聚类算法，首先假设 K 是已指定的参数，目标是由样本集形成 K 聚类，并将每个样本分配给其中一个聚类。既然假设每个聚类是由相似的样本子集组成，就要有关于相似性的度量。相似性度量有很多，这里首先以距离表示相似性（距离越小越相似），即将距离相近的一组样本子集形成一个聚类。距离的定义也同样有多种，首先选择最基本的一种距离——欧几里得距离，即对于两个样本 $\boldsymbol{x}_i$ 和 $\boldsymbol{x}_j$，其距离为向量差的 l_2 范数，即

$$d(\boldsymbol{x}_i,\boldsymbol{x}_j)=\|\boldsymbol{x}_i-\boldsymbol{x}_j\| \tag{12.1.1}$$

既然以 D 维空间内的空间聚集性作为聚类的标准，则每个聚类存在一个质心位置（属于每个聚类的样本向量的均值），记为 $\boldsymbol{\mu}_k, k=1,2,\cdots,K$，这里 $\boldsymbol{\mu}_k$ 为第 k 聚类的标志向量。对于每个样本向量 $\boldsymbol{x}_i$，定义一个 K 维标识向量 $\boldsymbol{r}_i$ 用于标识 $\boldsymbol{x}_i$ 属于哪个聚类，类似于多分类标注中的 K-to-1 编码，其只有一个分量为 1，其他分量为 0，当 $\boldsymbol{x}_i$ 属于第 k 聚类，则 $r_{ik}=1, r_{ij}=0, j\neq k$。

对于给定样本集 $\boldsymbol{X}=\{\boldsymbol{x}_i \mid 1\leqslant i\leqslant N\}$，$K$ 均值聚类算法确定参数 $\boldsymbol{\mu}_k, k=1,2,\cdots,K$ 和 $\boldsymbol{r}_i, i=1,2,\cdots,N$，即确定所有 K 的质心向量并将每个样本分配给一个聚类。既然已经将距离作为度量标准，可定义聚类的目标函数为

$$J=\sum_{i=1}^{N}\sum_{k=1}^{K}r_{ik}\|\boldsymbol{x}_i-\boldsymbol{\mu}_k\|^2 \tag{12.1.2}$$

K 均值聚类算法是求得 $\boldsymbol{\mu}_k, k=1,2,\cdots,K$ 和 $\boldsymbol{r}_i, i=1,2,\cdots,N$ 使式(12.1.2)最小。这里有两组参数，难以直接求解，可以分为两步：①设各聚类的质心向量 $\boldsymbol{\mu}_k, k=1,2,\cdots,K$ 是已知的，可求各 r_{ik} 使式(12.1.2)最小；②设各样本向量 $\boldsymbol{x}_i$ 的属类 $\boldsymbol{r}_i$ 是确定的，求各质心向量 $\boldsymbol{\mu}_k$ 使式(12.1.2)最小。这两步中，每步的运算都可能改变已假设的另一组参数，故两步循环迭代直到收敛。

可分别导出每步的算法。首先假设 $\boldsymbol{\mu}_k, k=1,2,\cdots,K$ 是确定的，如果是第 1 次迭代，可随机设置 $\boldsymbol{\mu}_k$ 的初始值以确定 r_{ik} 的值。显然，根据式(12.1.2)，若各聚类的质心确定，则样本向量 $\boldsymbol{x}_i$ 被分到距离最近的质心所表示的聚类，即

$$r_{ik}=\begin{cases}1, & k=\arg\min\limits_{j}\{\|\boldsymbol{x}_i-\boldsymbol{\mu}_j\|^2\}\\ 0, & 其他\end{cases} \tag{12.1.3}$$

当由式(12.1.3)确定了各 $\boldsymbol{r}_i$ 后，以新的 $\boldsymbol{r}_i$ 求各 $\boldsymbol{\mu}_k$ 使式(12.1.2)最小，则可求得

$$\frac{\partial J}{\partial \boldsymbol{\mu}_k}=\frac{\partial}{\partial \boldsymbol{\mu}_k}\sum_{i=1}^{N}\sum_{k=1}^{K}r_{ik}\|\boldsymbol{x}_i-\boldsymbol{\mu}_k\|^2=-2\sum_{i=1}^{N}r_{ik}(\boldsymbol{x}_i-\boldsymbol{\mu}_k)=0$$

故得

$$\boldsymbol{\mu}_k=\frac{\sum\limits_{i=1}^{N}r_{ik}\boldsymbol{x}_i}{\sum\limits_{i=1}^{N}r_{ik}} \tag{12.1.4}$$

可见，若固定 $\boldsymbol{\mu}_k, k=1,2,\cdots,K$，由式(12.1.3)求得 r_{ik} 后，再利用式(12.1.4)重新计算的 $\boldsymbol{\mu}_k$ 会发生变化，$\boldsymbol{\mu}_k$ 的变化又会引起 r_{ik} 的变化，反复迭代直到两组参数都不再发生变化，则算法收敛。K 均值聚类算法描述如下。

K 均值聚类算法

输入：样本集 $\boldsymbol{X}=\{\boldsymbol{x}_i \mid 1\leqslant i\leqslant N\}$，初始 $\boldsymbol{\mu}_k, k=1,2,\cdots,K$（从样本集中随机选取）；

(1) 对于样本 $i=1,2,\cdots,N$，确定 r_{ik}

$$r_{ik}=\begin{cases}1, & 当\ k=\arg\min\limits_{j}\{\|\boldsymbol{x}_i-\boldsymbol{\mu}_j\|^2\}\\ 0, & 其他\end{cases}$$

(2) 对于 $k=1,2,\cdots,K$，计算

$$\boldsymbol{\mu}_k=\frac{\sum_{i=1}^{N} r_{ik}\boldsymbol{x}_i}{\sum_{i=1}^{N} r_{ik}}$$

(3) 若对 $k=1,2,\cdots,K$，各$\boldsymbol{\mu}_k$ 没有变化，则算法收敛，否则回到步骤(1)。

K 均值聚类算法是保证收敛的，可以看到这种迭代算法的结果是每次循环总能使 J 减小(除非已收敛)，故算法总是收敛，但不能保证收敛到全局最优，可能会收敛到局部最优。K 均值聚类算法的初始 $\boldsymbol{\mu}_k$，$k=1,2,\cdots,K$ 会影响算法最终收敛的结果，由于初始值一般是随机给出的，故可随机给出一组不同的初始值，分别迭代至收敛，对比收敛的结果，选择一个最好的。

针对 K 均值聚类算法对初始的敏感性，Arthur 等在 2007 年提出一种“K 均值＋＋”算法，最主要的改进就是给出一种有效的选择质心向量初始值的方法，首先将 K 均值＋＋算法描述如下，然后对算法细节给出一些解释。

K 均值＋＋算法

输入：样本集 $\boldsymbol{X}=\{\boldsymbol{x}_i \mid 1\leqslant i\leqslant N\}$；

(1) 在样本集 $\boldsymbol{X}$ 中均匀地随机选取一个样本作为$\boldsymbol{\mu}_1$。

(2) 为计算第 k 个初始质心 $\boldsymbol{\mu}_k$，对已有的质心集合，计算每个样本 $\boldsymbol{x}_i\in\boldsymbol{X}$ 的概率

$$p(\boldsymbol{x}_i)=\frac{D^2(\boldsymbol{x}_i)}{\sum_{j=1}^{N} D^2(\boldsymbol{x}_j)} \tag{12.1.5}$$

其中，$D(\boldsymbol{x}_i)$为 $\boldsymbol{x}_i$ 到已得到的初始质心中最近的距离。以轮盘法按 $p(\boldsymbol{x}_i)$大小随机选取一个 $\boldsymbol{x}_i$ 赋予$\boldsymbol{\mu}_k$。

对 $k=1,2,\cdots,K$，按以上方法得到各初始$\boldsymbol{\mu}_k$。

(3) 以上述所得初始质心为起点，使用标准 K 均值算法完成聚类。

K 均值＋＋算法很清楚，主要变化是首先给出一种确定初始质心的方法，然后再运行标准 K 均值算法。初始质心的选择算法中，除了随机地从样本集抽出第 1 个初始质心外，后续的质心需要计算一个概率，设目前需要计算第 k 个初始质心，对每个样本 $\boldsymbol{x}_i\in\boldsymbol{X}$，用式(12.1.5)计算一个概率，可见这个概率表示了一个样本 $\boldsymbol{x}_i$ 离已确定的初始质心的距离，若 $\boldsymbol{x}_i$ 离每个已确定的初始质心都很远，则 $p(\boldsymbol{x}_i)$较大，且 $\boldsymbol{x}_i$ 将被以 $p(\boldsymbol{x}_i)$的概率选择为新的初始质心$\boldsymbol{\mu}_k$(这是轮盘法选择的含义)，因此，这里的选择原则就是以高概率选择互相分散的更远的样本作为初始质心。

下面简述一下轮盘法选择一个 $\boldsymbol{x}_i$ 作为新初始质心$\boldsymbol{\mu}_k$ 的算法。由于按式(12.1.5)计算的概率满足概率和条件：$\sum_{i=1}^{N} p(\boldsymbol{x}_i)=1$，可以将区间 $[0,1]$ 按概率 $p(\boldsymbol{x}_i)$划分成 N 个小区间，将每个样本与一个小区间对应，按次序，$\boldsymbol{x}_1$ 对应 $[0,p(\boldsymbol{x}_1)]$ 区间，$\boldsymbol{x}_i$ 对应 $\left[\sum_{j=1}^{i-1} p(\boldsymbol{x}_j),\sum_{j=1}^{i} p(\boldsymbol{x}_j)\right]$ 区间，随机产生一个在 $[0,1]$ 均匀分布的随机数 s，若 s 落在 $\boldsymbol{x}_i$ 对应的区间，则选择 $\boldsymbol{x}_i$ 作为新初始质心 $\boldsymbol{\mu}_k$。轮盘法的名称来源于把 $[0,1]$ 区间弯成一个轮盘，随机数 s 的产生相当于轮盘转动的停止位置，

停在区间大的格子轮盘上的概率也更大。

K 均值++算法的初始质心选择是一种随机化的选择，在随机选择的同时，保持了各质心尽可能地分散在样本集所存在的空间中。

图 12.1.1 所示为 K 均值聚类的一个例子，实际是通过 K 均值++算法实现的。这个例子的每个样本是二维向量，故可以很好地可视化说明。图 12.1.1 显示了 K 均值聚类的结果，菱形代表各聚类的质心点，同时显示了各类的边界线。

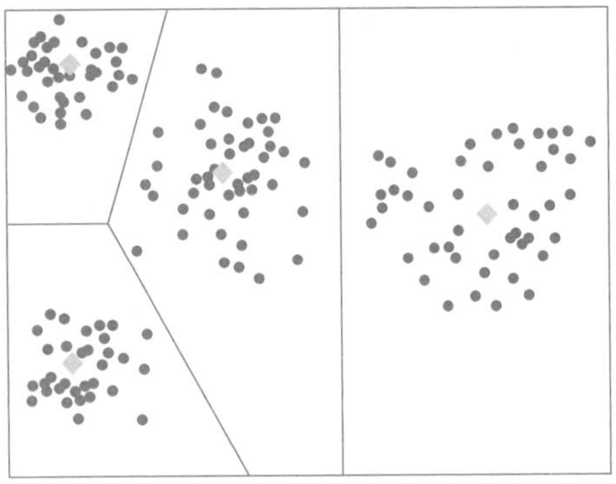

图 12.1.1 K 均值聚类的例子

K 均值聚类收敛快，在一些规范的环境下性能优良。这里所谓的规范环境是指，每个聚类在 D 维空间大致是凸结构的，各聚类的规模（尤其临近的聚类）不要相差过大，且不要在一个方向上过于狭长等。一些大小过于悬殊、凹形结构的集合难以用 K 均值聚类有效处理，当样本向量是二维数据时，如图 12.1.2 所示的一些簇难以用 K 均值算法有效聚类。

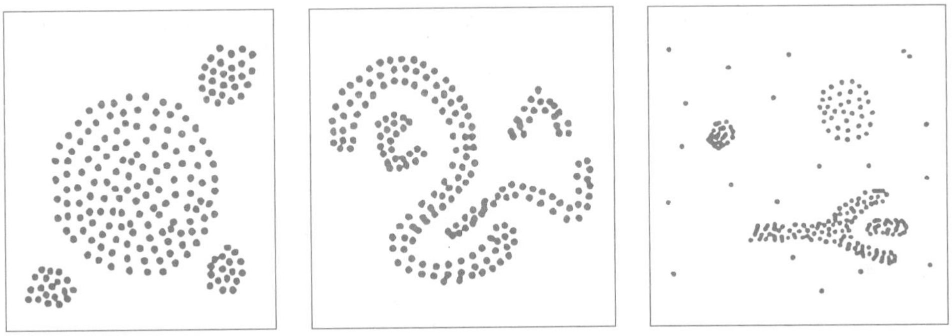

图 12.1.2 一些簇难以用 K 均值算法聚类的可视化示例

12.1.2 DBSCAN 聚类算法

聚类算法中有一类基于密度的算法，这里的密度不是指概率密度，而是指样本在空间分布的密度。基于密度的算法大多对聚类形状没有限制，因此这类算法能够描述任意形状的聚类，如图 12.1.2 所示的聚类问题均可以用基于密度的算法解决。基于密度的算法还可以有效处理异常数据。基于密度的算法的一个经典算法是 DBSCAN（Density-Based Spatial Clustering of Applications with Noise）算法。

为了构造 DBSCAN 算法，需要定义以下几个基本元素。设样本集 $\boldsymbol{X}=\{\boldsymbol{x}_i \mid 1 \leqslant i \leqslant N\}$。

(1) 对于每个样本，可以定义其 ε 邻域，用 ε 邻域内样本数描述样本点密度。设一个样本为 $\boldsymbol{x}$，在 D 维空间以半径为 ε，以 $\boldsymbol{x}$ 为中心得到一个超球体的区域，该区域内包含的样本集合记为 $N_\varepsilon(\boldsymbol{x})$，该集合称为 $\boldsymbol{x}$ 的 ε 邻域（包含 $\boldsymbol{x}$ 自身），该集合样本数目表示为 $|N_\varepsilon(\boldsymbol{x})|$。

(2) 对于一个样本 $\boldsymbol{x}$，定义一个最小点数（阈值）MinPts，若 $|N_\varepsilon(\boldsymbol{x})| \geqslant \text{MinPts}$，说明 $\boldsymbol{x}$ 邻域内样本密度高，称满足该条件的样本 $\boldsymbol{x}$ 为核心对象或核心点。

(3) 可认为一个核心对象邻域内的所有样本属于同一个聚类，由于邻域内可能包含其他核心对象，这些核心对象的 ε 邻域也属于这个聚类，这样形成的一个由核心对象和其邻域的集合最终构成一个聚类。

(4) 一个样本既不是核心对象,也不属于一个核心对象的邻域,则为异常值(或称为噪声)。

为了进一步理解以上第(3)点,进一步给出几个定义。

(1) 样本 $\boldsymbol{y}$ 到样本 $\boldsymbol{x}$ 是密度直达的,意味着 $\boldsymbol{x}$ 是核心点且 $\boldsymbol{y} \in N_{\varepsilon}(\boldsymbol{x})$,其关系如图 12.1.3(a)所示。

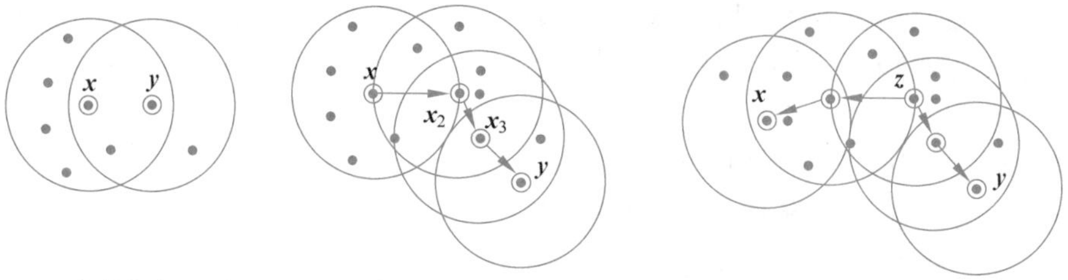

(a) 密度直达　　(b) 密度可达　　(c) 密度联通

图 12.1.3　连通性说明

(2) 样本 $\boldsymbol{y}$ 由样本 $\boldsymbol{x}$ 是密度可达的,意味着存在顺序点 $\boldsymbol{x}_1, \boldsymbol{x}_2, \cdots, \boldsymbol{x}_p \in \boldsymbol{X}$,满足 $\boldsymbol{x}_1 = \boldsymbol{x}$ 和 $\boldsymbol{x}_p = \boldsymbol{y}$,由 $\boldsymbol{x}_{i+1}$ 到 $\boldsymbol{x}_i$ 是直达的,其关系如图 12.1.3(b)所示。

(3) 如果存在 $\boldsymbol{x}, \boldsymbol{y}, \boldsymbol{z} \in \boldsymbol{X}$,$\boldsymbol{x}$ 和 $\boldsymbol{y}$ 都与 $\boldsymbol{z}$ 是密度可达的,则 $\boldsymbol{x}$ 和 $\boldsymbol{y}$ 是密度联通的,其关系如图 12.1.3(c)所示。

由以上定义,不难理解,若 C 是 $\boldsymbol{X}$ 的非空子集且是一个聚类,则满足以下条件:①如果 $\boldsymbol{x} \in C$,$\boldsymbol{y} \in \boldsymbol{X}$ 与 $\boldsymbol{x}$ 是密度可达的,则 $\boldsymbol{y} \in C$;②如果一对样本 $\boldsymbol{x}, \boldsymbol{y} \in C$,则 $\boldsymbol{x}$ 和 $\boldsymbol{y}$ 至少是密度联通的。

若得到了最终的聚类 $\boldsymbol{C} = \{C_1, C_2, \cdots, C_k\}$,则不包含在聚类中的样本称为异常点或噪声点。

有了这些准备工作,可将 DBSCAN 算法总结如下。注意,算法描述中用符号 $\varnothing$ 表示空集,$\cap$ 表示集合的交集,$\cup$ 表示集合的并集。如果 A 和 B 表示两个集合,则集合的减 $A-B$ 表示将集合 A 的元素中也存在于集合 B 的元素去除,但若 B 中存在 A 中没有的元素,则这些元素不出现在集合的减中。例如,$A=\{a,b,c,d\}$,$B=\{a,d,e\}$,则 $A-B=\{b,c\}$。

DBSCAN 算法

输入:样本集 $\boldsymbol{X} = \{\boldsymbol{x}_i \mid 1 \leqslant i \leqslant N\}$,邻域参数 ε,MinPts;

算法描述:

　初始化核心对象集 $\Omega = \varnothing$;聚类初始数 $k=0$;初始化未访问样本集 $\boldsymbol{\Gamma} = \boldsymbol{X}$;

　for $i=1,2,\cdots,N$ do

　　通过距离度量方式,找到样本 $\boldsymbol{x}_i$ 的 ε 邻域 $N_{\varepsilon}(\boldsymbol{x}_i)$;

　　if $|N_{\varepsilon}(\boldsymbol{x}_i)| \geqslant$ MinPts then

　　　将样本 $\boldsymbol{x}_i$ 加入核心对象集合:$\Omega = \Omega \cap \{\boldsymbol{x}_i\}$;

　　end if

　end for

　while $\Omega \neq \varnothing$ do

　　从 Ω 中随机选取一个对象 $\boldsymbol{o} \in \Omega$,初始化当前核心对象集 $\Omega_{\text{curr}} = \{\boldsymbol{o}\}$;

　　$k \leftarrow k+1$;

　　$C_k = \{\boldsymbol{o}\}$;

$\boldsymbol{\Gamma} \leftarrow \boldsymbol{\Gamma} - \{\boldsymbol{o}\}$;
while $\Omega_{\text{curr}} \neq \varnothing$ do
  $\Omega \leftarrow \Omega - C_k$
  取出 Ω_{curr} 队列中第 1 个样本 $\boldsymbol{q}$，取其 ε 邻域子样本集 $N_\varepsilon(\boldsymbol{q})$；
  令 $\Delta = N_\varepsilon(\boldsymbol{q}) \cap \boldsymbol{\Gamma}$；
  $C_k \leftarrow C_k \cup \Delta$;
  $\boldsymbol{\Gamma} \leftarrow \boldsymbol{\Gamma} - \Delta$;
  $\Omega_{\text{curr}} \leftarrow \Omega_{\text{curr}} \cup (\Delta \cap \Omega) - \boldsymbol{q}$ (12.1.6)
end while
更新聚类集合：$\boldsymbol{C} \leftarrow \{C_1, C_2, \cdots, C_k\}$；
$\Omega \leftarrow \Omega - C_k$；
end while
输出 $k, \boldsymbol{C} = \{C_1, C_2, \cdots, C_k\}$

式(12.1.6)是关键，它表示将 $\boldsymbol{q}$ 从当前核心集合集删除，同时将 $N_\varepsilon(\boldsymbol{q})$中的核心点加入 Ω_{curr}，以便形成链路，将具有连续密集的样本点聚集在本聚类中。图 12.1.2 中左图和中间图通过选择合适的参数 ε，MinPts 均可以正确聚类，右图存在一些异常点。注意到，DBSCAN 算法的两个参数 ε，MinPts 影响聚类的结果，一般情况下可尝试选取多种参数取值进行聚类实验，通过比较获得最好的结果。有一些对 DBSCAN 算法的改进，感兴趣的读者可阅读相关文献①。

12.1.3 其他度量和聚类算法

在本章一开始，我们说聚类算法是将相似的样本聚为一类，但相似是很宽泛的概念。实际上，聚类是一种非常宽泛的算法，甚至很难给聚类一个严格且广泛接受的定义，因此聚类算法的研究也非常多样性。本节前面以欧几里得距离为相似性的度量，实际上构成的是一种空间聚集效应的聚类。

聚类可以有很多推广，距离实际是一种不相似性度量，距离越小越相似。可以使用更多不同的关于距离的定义，一种更广义的距离定义是闵可夫斯基(Minkowski)距离，其定义为

$$d(\boldsymbol{x}, \boldsymbol{y}) = \left[\sum_{i=1}^{D} (x_i - y_i)^p\right]^{1/p}, \quad p \geqslant 1 \tag{12.1.7}$$

$p=2$ 时为欧几里得距离，也常用 $p=1$ 计算距离，除此之外，还可以通过正定的加权矩阵定义更广义的距离。

实际中，可以直接定义相似性度量$\boldsymbol{v}(\boldsymbol{x}, \boldsymbol{y})$进行聚类，相似性度量越大越相似。例如，内积是一种最基本的相似性度量，其定义为

$$v_{\text{inner}}(\boldsymbol{x}, \boldsymbol{y}) = \langle \boldsymbol{x}, \boldsymbol{y} \rangle = \boldsymbol{x}^{\mathrm{T}} \boldsymbol{y} \tag{12.1.8}$$

一种归一化的内积，也称为余弦相似度，计算式为

$$v_{\cos}(\boldsymbol{x}, \boldsymbol{y}) = \frac{\langle \boldsymbol{x}, \boldsymbol{y} \rangle}{\|\boldsymbol{x}\| \cdot \|\boldsymbol{y}\|} = \frac{\boldsymbol{x}^{\mathrm{T}} \boldsymbol{y}}{\|\boldsymbol{x}\| \cdot \|\boldsymbol{y}\|} \tag{12.1.9}$$

可以在聚类算法中使用这些度量，当然，存在的距离和相似性度量远不止这些，这里不一一列举。

① 见本书参考文献[3]。

聚类中还有大量不同的算法，列举一些如下：

(1) 分层聚类算法；

(2) 谱聚类；

(3) 模糊 K 均值聚类；

(4) 混合模型聚类。

以上除混合模型聚类在 10.3 节再做介绍外，其他算法不再详述，有兴趣的读者可参考有关文献。

12.2 EM 算法

本书至此讨论的机器学习算法中，以似然函数作为目标函数，通过最大似然原理(MLE)优化机器学习模型的方法占了很大比例，可以说最大似然原理是当代机器学习中最常依赖的基础之一。对于用似然函数建立的目标函数，通过最大似然求解其模型参数，是一种基本的方法。在通过最大似然原理求解模型参数的各种情形下，若模型参数存在闭式解(如线性回归或线性基函数回归)，则问题的求解是非常简单的。当基于最大似然原理导出的求解模型参数的方程是非线性的，没有闭式解时，可以采用迭代优化算法，常用的有梯度法和牛顿法等，如针对逻辑回归和神经网络的参数求解已用了这些方法。

梯度法和牛顿法是通用的迭代算法，没有考虑 MLE 的特殊性，本节介绍一种专门针对 MLE 的迭代算法，称为期望最大(Expectation Maximization，EM)算法，EM 算法稍加推广也可用于 MAP 估计。EM 算法是由统计学家 Dempster 于 1977 年正式发表并命名。尽管 EM 算法仍需要迭代，但对于一些看上去属于复杂非线性函数的参数求解问题，利用 EM 算法可将其分解为在每个迭代步具有简单的闭式求解公式。本节给出 EM 算法的一般性介绍，12.3 节将 EM 算法用于高斯混合模型的参数求解，由高斯混合模型则可引出一种软聚类算法。

设一个样本向量表示为 $\boldsymbol{x}$，在 EM 算法中引入一个新的向量，称为“完整样本向量”并表示为 $\tilde{\boldsymbol{x}}$。EM 算法中并没有规定完整样本向量的定义和产生方法，实际上针对一个问题可以构造不同的完整样本向量。直观地讲，使用完整样本向量 $\tilde{\boldsymbol{x}}$ 比使用样本向量 $\boldsymbol{x}$ 更易于对参数$\boldsymbol{\theta}$ 求最大似然解，即完整样本向量更清楚或更直接地与$\boldsymbol{\theta}$ 建立起联系。由于假设 $\boldsymbol{x}$ 的 PDF 受控于参数$\boldsymbol{\theta}$，即写为 $p_x(\boldsymbol{x}|\boldsymbol{\theta})$，完整样本向量 $\tilde{\boldsymbol{x}}$ 的 PDF 自然也受控于参数$\boldsymbol{\theta}$，可写为 $p_{\tilde{x}}(\tilde{\boldsymbol{x}}|\boldsymbol{\theta})$，但 $\tilde{\boldsymbol{x}}$ 更直接和更简单地与$\boldsymbol{\theta}$ 建立联系，从依赖关系角度可表示为$\boldsymbol{\theta}\to\tilde{\boldsymbol{x}}\to\boldsymbol{x}$，用 PDF 的关系可表示为

$$p(\boldsymbol{x}|\tilde{\boldsymbol{x}},\boldsymbol{\theta})=p(\boldsymbol{x}|\tilde{\boldsymbol{x}}) \tag{12.2.1}$$

也就是说，若已知 $\tilde{\boldsymbol{x}}$ 确定 $\boldsymbol{x}$ 的 PDF，则不需要$\boldsymbol{\theta}$。式(12.2.1)可导出一种更易于理解的关系，即存在完整样本向量到样本向量(相当于不完整向量)的映射函数为

$$\boldsymbol{x}=g(\tilde{\boldsymbol{x}}) \tag{12.2.2}$$

在讨论 EM 算法之前，看几个关于样本向量和完整样本向量的例子。

例 12.2.1 考虑一个随机事件的例子，设 x_i 表示独立随机事件，仅取 1 和 0 两个值，x_i 取 1 的概率 π 未知。假设无法直接记录 $x_i, i=1,2,\cdots,N$，而是由计数器得到观测量 $x=\sum_{i=1}^{N}x_i$，利用 x 通过最大似然估计参数 π。

显然，这里 x_i 比 x 更直接与概率 π 建立联系，若假设 $\tilde{\boldsymbol{x}}=[x_1,x_2,\cdots,x_N]^{\mathrm{T}}$ 为完整样本向

量，显然观测量 x 是 $\tilde{\boldsymbol{x}}$ 的函数，即 $x=g(\tilde{\boldsymbol{x}})=\sum_{i=1}^{N}x_i$，满足式(12.2.2)。如果能够得到完整样本向量 $\tilde{\boldsymbol{x}}$，则可能得到对 π 的更简单的估计。

例 12.2.1 过于简单，实际上不必使用 EM 算法，这个简单例子仅用于对样本向量和完整样本向量 $\tilde{\boldsymbol{x}}$ 关系的一个说明，例 12.2.2 是机器学习中常见的一种情况。

例 12.2.2　讨论数据缺失情况。设样本向量是 K 维向量，$\boldsymbol{x}=[x_1,x_2,\cdots,x_K]^{\mathrm{T}}$，有另一向量 $\tilde{\boldsymbol{x}}=[x_1,x_2,\cdots,x_M]^{\mathrm{T}}$，$M>K$，即 $\boldsymbol{x}$ 缺失了 $\tilde{\boldsymbol{x}}$ 中的后几个值，对于待估计参数 $\boldsymbol{\theta}$，若 $\tilde{\boldsymbol{x}}$ 是更完整的向量，更易于用其估计参数，但只能采样到 $\boldsymbol{x}$，称这种情况为数据缺失。显然，式(12.2.2)对该问题成立(去掉 $\tilde{\boldsymbol{x}}$ 的一些分量得到 $\boldsymbol{x}$，是一种简单的函数运算)，因此可以通过定义 $\tilde{\boldsymbol{x}}$ 为完整样本集使用 EM 算法。

在机器学习中，数据缺失情况的一种重要情形是隐变量问题。例如，在高斯混合模型中，样本向量 $\boldsymbol{x}$ 满足

$$p(\boldsymbol{x})=\sum_{k=1}^{K}w_k N(\boldsymbol{x}\mid\boldsymbol{\mu}_k,\boldsymbol{C}_k)$$

如果我们定义另一个随机变量 z，该变量指出当前样本向量 $\boldsymbol{x}$ 取自混合概率密度函数中的哪个高斯分量。例如，若 $z=k$，则实际样本向量 $\boldsymbol{x}$ 取自第 k 个高斯分量 $N(\boldsymbol{x}|\boldsymbol{\mu}_k,\boldsymbol{C}_k)$。如果我们在得到 $\boldsymbol{x}$ 的同时也得到 z，则利用样本集估计高斯混合模型参数的问题将变得简单，但问题是不知道 z，故称 z 为隐变量，即隐藏的变量，外部不可观测。同样，可以定义 $\tilde{\boldsymbol{x}}=\{\boldsymbol{x},z\}$ 为完整样本向量，$\boldsymbol{x}$ 为样本向量，$\boldsymbol{x}$ 针对 $\tilde{\boldsymbol{x}}$ 缺失了 z。在 MLE 中，可定义带隐变量 z 的完整样本向量 $\tilde{\boldsymbol{x}}$，使用 EM 算法估计高斯混合模型的参数，我们将在 12.3 节专门讨论该问题。

通过以上两个例子，帮助理解完整样本向量的含义，由完整样本向量 $\tilde{\boldsymbol{x}}$ 替代样本向量 $\boldsymbol{x}$ 计算最大似然，则引出 EM 算法。在机器学习中，EM 算法大多用于存在隐变量的情况，我们首先讨论 EM 算法的一般性原理，然后重点讨论隐变量和独立同分布样本集的情况。由样本向量 $\boldsymbol{x}$ 定义的对数似然函数表示为

$$l(\boldsymbol{\theta}\mid\boldsymbol{x})=\log p_x(\boldsymbol{x}\mid\boldsymbol{\theta})\tag{12.2.3}$$

由完整样本向量定义的对数似然函数表示为

$$\tilde{l}(\boldsymbol{\theta}\mid\tilde{\boldsymbol{x}})=\log p_{\tilde{x}}(\tilde{\boldsymbol{x}}\mid\boldsymbol{\theta})\tag{12.2.4}$$

用完整样本向量替代样本向量求 MLE，即将求解

$$\hat{\boldsymbol{\theta}}=\underset{\boldsymbol{\theta}\in\Omega}{\arg\max}\{l(\boldsymbol{\theta}\mid\boldsymbol{x})\}\tag{12.2.5}$$

替换为求解

$$\hat{\boldsymbol{\theta}}=\underset{\boldsymbol{\theta}\in\Omega}{\arg\max}\{\tilde{l}(\boldsymbol{\theta}\mid\tilde{\boldsymbol{x}})\}\tag{12.2.6}$$

但由于完整样本向量 $\tilde{\boldsymbol{x}}$ 并没有实际得到，故用以下完整样本向量的条件数学期望替代对数似然函数，即计算

$$E_{\tilde{x}\mid x,\theta}[\log p_{\tilde{x}}(\tilde{\boldsymbol{x}}\mid\boldsymbol{\theta})]=\int\log p_{\tilde{x}}(\tilde{\boldsymbol{x}}\mid\boldsymbol{\theta})p(\tilde{\boldsymbol{x}}\mid\boldsymbol{x},\boldsymbol{\theta})\mathrm{d}\tilde{\boldsymbol{x}}\tag{12.2.7}$$

由于 $\boldsymbol{x}$ 和 $\tilde{\boldsymbol{x}}$ 的函数关系，当 $\boldsymbol{x}$ 已知时，可得到条件概率 $p(\tilde{\boldsymbol{x}}|\boldsymbol{x},\boldsymbol{\theta})$。在式(12.2.7)积分中，条件概率 $p(\tilde{\boldsymbol{x}}|\boldsymbol{x},\boldsymbol{\theta})$ 中的 $\boldsymbol{x}$ 是已知的观测数据，希望 $\boldsymbol{\theta}$ 也是已知的，但实际 $\boldsymbol{\theta}$ 是待求参数，并不存在。EM 算法利用递推解决该问题，先使用待估计参数 $\boldsymbol{\theta}$ 的猜测值替代 $p(\tilde{\boldsymbol{x}}|\boldsymbol{x},\boldsymbol{\theta})$ 中的 $\boldsymbol{\theta}$，在第 m 轮递推时，使用 $\boldsymbol{\theta}$ 的猜测值 $\boldsymbol{\theta}^{(m)}$，这里上标 (m) 表示第 m 次猜测值(初始时，使用 $\boldsymbol{\theta}^{(0)}$ 表示初始猜测值)，

计算式(12.2.7)的积分，积分结果是$\boldsymbol{\theta}$和$\boldsymbol{\theta}^{(m)}$的函数，记为$Q(\boldsymbol{\theta}\mid\boldsymbol{\theta}^{(m)})$，求$\boldsymbol{\theta}$的值使$Q(\boldsymbol{\theta}\mid\boldsymbol{\theta}^{(m)})$最大，并将该值记为$\boldsymbol{\theta}^{(m+1)}$，如此反复迭代，得到$\boldsymbol{\theta}$的一系列解为

$$\boldsymbol{\theta}^{(0)}\to\boldsymbol{\theta}^{(1)}\to\cdots\to\boldsymbol{\theta}^{(m)}\to\boldsymbol{\theta}^{(m+1)}$$

直到$\boldsymbol{\theta}^{(m)}$不再变化(实际是变化小于预定的门限)，算法结束。故EM算法由以下两步组成。

E步(期望计算)

$$\begin{aligned}Q(\boldsymbol{\theta}\mid\boldsymbol{\theta}^{(m)})&=E_{\tilde{\boldsymbol{x}}\mid\boldsymbol{x},\boldsymbol{\theta}^{(m)}}[\log p_{\tilde{\boldsymbol{x}}}(\tilde{\boldsymbol{x}}\mid\boldsymbol{\theta})]\\&=\int\log p_{\tilde{\boldsymbol{x}}}(\tilde{\boldsymbol{x}}\mid\boldsymbol{\theta})p(\tilde{\boldsymbol{x}}\mid\boldsymbol{x},\boldsymbol{\theta}^{(m)})\mathrm{d}\tilde{\boldsymbol{x}}\end{aligned}\tag{12.2.8}$$

M步(最大值求解)

$$\boldsymbol{\theta}^{(m+1)}=\underset{\boldsymbol{\theta}\in\Omega}{\arg\max}\{Q(\boldsymbol{\theta}\mid\boldsymbol{\theta}^{(m)})\}\tag{12.2.9}$$

EM算法总结为E步和M步的迭代过程，直到收敛。为了算法描述更加清晰，将EM算法描述如下。

EM 算法

---

(1) 初始化，选择$\boldsymbol{\theta}$的初始猜测值，令$m=0$，给出$\boldsymbol{\theta}^{(m)}$。

(2) 由观测数据$\boldsymbol{x}$和$\boldsymbol{\theta}$的猜测值$\boldsymbol{\theta}^{(m)}$，得到完整数据集$\tilde{\boldsymbol{x}}$的条件概率$p(\tilde{\boldsymbol{x}}\mid\boldsymbol{x},\boldsymbol{\theta}^{(m)})$。

(3) 计算完整数据集下对数似然函数$\tilde{l}(\boldsymbol{\theta}\mid\tilde{\boldsymbol{x}})=\log p_{\tilde{\boldsymbol{x}}}(\tilde{\boldsymbol{x}}\mid\boldsymbol{\theta})$的条件期望，即

$$Q(\boldsymbol{\theta}\mid\boldsymbol{\theta}^{(m)})=E_{\tilde{\boldsymbol{x}}\mid\boldsymbol{x},\boldsymbol{\theta}^{(m)}}[\log p_{\tilde{\boldsymbol{x}}}(\tilde{\boldsymbol{x}}\mid\boldsymbol{\theta})]=\int\log p_{\tilde{\boldsymbol{x}}}(\tilde{\boldsymbol{x}}\mid\boldsymbol{\theta})p(\tilde{\boldsymbol{x}}\mid\boldsymbol{x},\boldsymbol{\theta}^{(m)})\mathrm{d}\tilde{\boldsymbol{x}}$$

(4) 求$\boldsymbol{\theta}=\boldsymbol{\theta}^{(m+1)}$使$Q(\boldsymbol{\theta}\mid\boldsymbol{\theta}^{(m)})$最大，即

$$\boldsymbol{\theta}^{(m+1)}=\underset{\boldsymbol{\theta}\in\Omega}{\arg\max}\{Q(\boldsymbol{\theta}\mid\boldsymbol{\theta}^{(m)})\}$$

(5) 若满足停止条件，则$\hat{\boldsymbol{\theta}}=\boldsymbol{\theta}^{(m+1)}$为所得MLE，若不满足停止条件，则令$m\leftarrow m+1$，返回步骤(2)。

注意到，EM算法没有规定停止条件，可由算法应用者自行规定停止条件，最常用的简单停止条件是规定一个门限δ，若满足$|\boldsymbol{\theta}^{(m+1)}-\boldsymbol{\theta}^{(m)}|<\delta$，则算法停止。另一种停止条件是检查对数似然函数的增量并规定一个门限ε，若满足$|l(\boldsymbol{\theta}^{(m+1)}\mid\boldsymbol{x})-l(\boldsymbol{\theta}^{(m)}\mid\boldsymbol{x})|<\varepsilon$，则停止。

对于EM算法的收敛性，给出如下定理。

定理 12.2.1 设随机向量$\boldsymbol{x}$和$\tilde{\boldsymbol{x}}$的PDF均受参数$\boldsymbol{\theta}$控制，但$\tilde{\boldsymbol{x}}$的取值范围与$\boldsymbol{\theta}$无关，且满足$p(\boldsymbol{x}\mid\tilde{\boldsymbol{x}},\boldsymbol{\theta})=p(\boldsymbol{x}\mid\tilde{\boldsymbol{x}})$，对于任意$\boldsymbol{\theta}\in\Omega$和集合$\chi=\{\tilde{\boldsymbol{x}}\mid p(\tilde{\boldsymbol{x}}\mid\boldsymbol{x},\boldsymbol{\theta})>0\}$非空，若

$$Q(\boldsymbol{\theta}\mid\boldsymbol{\theta}^{(m)})\geqslant Q(\boldsymbol{\theta}^{(m)}\mid\boldsymbol{\theta}^{(m)})\tag{12.2.10}$$

则

$$l(\boldsymbol{\theta}\mid\boldsymbol{x})\geqslant l(\boldsymbol{\theta}^{(m)}\mid\boldsymbol{x})\tag{12.2.11}$$

定理12.2.1是一个比较一般性的叙述，结合EM的具体算法中，由于M步是取使$Q(\boldsymbol{\theta}\mid\boldsymbol{\theta}^{(m)})$最大的解，故必然有$Q(\boldsymbol{\theta}^{(m+1)}\mid\boldsymbol{\theta}^{(m)})\geqslant Q(\boldsymbol{\theta}^{(m)}\mid\boldsymbol{\theta}^{(m)})$，则由式(12.2.11)得$l(\boldsymbol{\theta}^{(m+1)}\mid\boldsymbol{x})\geqslant l(\boldsymbol{\theta}^{(m)}\mid\boldsymbol{x})$。因此，EM估计不会使似然函数随每次迭代变得更差，或者说，一般情况下会使似然函数变得更好，即目标函数$l(\boldsymbol{\theta}^{(m)}\mid\boldsymbol{x})$单调增。定理保证EM算法对大多数满足一定正则性的似然函数来讲，会收敛到一个局部极大值点，却不能保证收敛到全局极大值点，故可以通过随机地设多个初始猜测$\boldsymbol{\theta}^{(0)}$多次运行EM算法，通过比较各个解的似然函数值确定选择哪个解。

以上是EM算法的一般性介绍，在机器学习领域常用到EM算法的特殊形式，一是隐变量情况，二是独立同分布样本集情况，在这些特殊条件下的EM算法可得以化简，下面讨论这两类情况。

12.2.1 EM算法的隐变量形式

例12.2.2中讨论了数据缺失的情况，数据缺失的一类重要形式是隐变量的情况，在这种情况下，EM算法得以化简。更一般地描述隐变量情况，设样本向量 $\boldsymbol{x}$，则完整样本向量可表示为 $\tilde{\boldsymbol{x}}=\{\boldsymbol{x},\boldsymbol{z}\}$，即完整样本向量中包含样本向量 $\boldsymbol{x}$ 和隐变量 $\boldsymbol{z}$ 两部分。在这种情况下，条件PDF $p(\tilde{\boldsymbol{x}}|\boldsymbol{x},\boldsymbol{\theta}^{(m)})$ 可进一步写成 $p(\boldsymbol{x},\boldsymbol{z}|\boldsymbol{x},\boldsymbol{\theta}^{(m)})$，在此条件PDF中 $\boldsymbol{x}$ 已是确定量，为了概念清楚，具体令 $\boldsymbol{x}=\boldsymbol{x}_i$，$\boldsymbol{x}_i$ 是一个确定值，故可将条件概率写为

$$p(\boldsymbol{x},\boldsymbol{z}|\boldsymbol{x}=\boldsymbol{x}_i,\boldsymbol{\theta}^{(m)})=\delta(\boldsymbol{x}-\boldsymbol{x}_i)p(\boldsymbol{z}|\boldsymbol{x}=\boldsymbol{x}_i,\boldsymbol{\theta}^{(m)}) \tag{12.2.12}$$

其中，δ 为冲激函数。因此，$Q(\boldsymbol{\theta}|\boldsymbol{\theta}^{(m)})$ 的积分可退化成只对随机变量 $\boldsymbol{z}$ 进行积分，为了公式看起来清楚，设 $\mathfrak{X}$ 为 $\tilde{\boldsymbol{x}}$ 的定义域，$\mathfrak{Z}$ 为 $\boldsymbol{z}$ 的定义域，则有

$$\begin{aligned}
Q(\boldsymbol{\theta}|\boldsymbol{\theta}^{(m)}) &= E_{\tilde{\boldsymbol{x}}|\boldsymbol{x},\boldsymbol{\theta}^{(m)}}[\log p_{\tilde{\boldsymbol{x}}}(\tilde{\boldsymbol{x}}|\boldsymbol{\theta})] \\
&= \int_{\mathfrak{X}} \log p_{\tilde{\boldsymbol{x}}}(\tilde{\boldsymbol{x}}|\boldsymbol{\theta})p(\tilde{\boldsymbol{x}}|\boldsymbol{x},\boldsymbol{\theta}^{(m)})\mathrm{d}\tilde{\boldsymbol{x}} \\
&= \int_{\mathfrak{X}} \log p_{\tilde{\boldsymbol{x}}}(\boldsymbol{x},\boldsymbol{z}|\boldsymbol{\theta})p(\boldsymbol{x},\boldsymbol{z}|\boldsymbol{x},\boldsymbol{\theta}^{(m)})\mathrm{d}\boldsymbol{x}\mathrm{d}\boldsymbol{z} \\
&= \int_{\mathfrak{X}} \log p_{\tilde{\boldsymbol{x}}}(\boldsymbol{x},\boldsymbol{z}|\boldsymbol{\theta})\delta(\boldsymbol{x}-\boldsymbol{x}_i)p(\boldsymbol{z}|\boldsymbol{x}=\boldsymbol{x}_i,\boldsymbol{\theta}^{(m)})\mathrm{d}\boldsymbol{x}\mathrm{d}\boldsymbol{z} \\
&= \int_{\mathfrak{Z}} \log p_{\tilde{\boldsymbol{x}}}(\boldsymbol{x}_i,\boldsymbol{z}|\boldsymbol{\theta})p(\boldsymbol{z}|\boldsymbol{x}=\boldsymbol{x}_i,\boldsymbol{\theta}^{(m)})\mathrm{d}\boldsymbol{z} \\
&= E_{\boldsymbol{z}|\boldsymbol{x}=\boldsymbol{x}_i,\boldsymbol{\theta}^{(m)}}[\log p_{\tilde{\boldsymbol{x}}}(\boldsymbol{x}_i,\boldsymbol{z}|\boldsymbol{\theta})]
\end{aligned}$$

重新组织一下，即在隐变量情况下，E步的表达式化简为只对隐变量 $\boldsymbol{z}$ 进行积分，由于 $\boldsymbol{x}=\boldsymbol{x}_i$ 是可任取的一个确定值，故用更一般的符号 $\boldsymbol{x}$ 表示，$Q(\boldsymbol{\theta}|\boldsymbol{\theta}^{(m)})$ 可更一般地表示为

$$\begin{aligned}
Q(\boldsymbol{\theta}|\boldsymbol{\theta}^{(m)}) &= E_{\boldsymbol{z}|\boldsymbol{x},\boldsymbol{\theta}^{(m)}}[\log p_{\tilde{\boldsymbol{x}}}(\boldsymbol{x},\boldsymbol{z}|\boldsymbol{\theta})] \\
&= \int_{\mathfrak{Z}} \log p_{\tilde{\boldsymbol{x}}}(\boldsymbol{x},\boldsymbol{z}|\boldsymbol{\theta})p(\boldsymbol{z}|\boldsymbol{x},\boldsymbol{\theta}^{(m)})\mathrm{d}\boldsymbol{z}
\end{aligned} \tag{12.2.13}$$

以上推导均假设隐变量 $\boldsymbol{z}$ 是连续取值的，很多情况下隐变量是离散的，以上积分由求和取代，即

$$Q(\boldsymbol{\theta}|\boldsymbol{\theta}^{(m)}) = \sum_{\boldsymbol{z}} \log p_{\tilde{\boldsymbol{x}}}(\boldsymbol{x},\boldsymbol{z}|\boldsymbol{\theta})p(\boldsymbol{z}|\boldsymbol{x},\boldsymbol{\theta}^{(m)}) \tag{12.2.14}$$

12.2.2 独立同分布情况

前述的EM算法主要针对一个样本向量和其完整样本向量展开讨论，机器学习中主要的是通过一个样本集估计模型的参数，故需讨论在独立同分布(IID)样本集的情况下，EM算法如何扩展。

如果有完整样本集 $\tilde{\boldsymbol{X}}=\{\tilde{\boldsymbol{x}}_i|1\leqslant i\leqslant N\}$，这里 $\tilde{\boldsymbol{x}}_i$ 表示第 i 个完整样本向量，假设各 $\tilde{\boldsymbol{x}}_i$ 是IID的，并且样本集 $\boldsymbol{X}=\{\boldsymbol{x}_i|1\leqslant i\leqslant N\}$ 中 $\boldsymbol{x}_i$ 仅是 $\tilde{\boldsymbol{x}}_i$ 的函数，则 $Q(\boldsymbol{\theta}|\boldsymbol{\theta}^{(m)})$ 的计算可以化简为各样本单独计算的 Q 函数之和。以下定理给出IID情况下的结果。

定理12.2.2 设 $p(\tilde{\boldsymbol{X}}|\boldsymbol{\theta})=\prod_{i=1}^{N}p(\tilde{\boldsymbol{x}}_i|\boldsymbol{\theta})$，并且 $\boldsymbol{x}_i$ 仅与 $\tilde{\boldsymbol{x}}_i$ 有关，即

$$p(\boldsymbol{x}_i \mid \widetilde{\boldsymbol{X}}, \boldsymbol{x}_1, \cdots, \boldsymbol{x}_{i-1}, \boldsymbol{x}_{i+1}, \cdots, \boldsymbol{x}_N, \boldsymbol{\theta}) = p(\boldsymbol{x}_i \mid \tilde{\boldsymbol{x}}_i) \tag{12.2.15}$$

则有

$$Q(\boldsymbol{\theta} \mid \boldsymbol{\theta}^{(m)}) = E_{\widetilde{\boldsymbol{X}} \mid \boldsymbol{X}, \boldsymbol{\theta}^{(m)}}[\log p_{\widetilde{\boldsymbol{X}}}(\widetilde{\boldsymbol{X}}) \mid \boldsymbol{\theta}] = \sum_{i=1}^{N} Q_i(\boldsymbol{\theta} \mid \boldsymbol{\theta}^{(m)}) \tag{12.2.16}$$

其中

$$\begin{aligned} Q_i(\boldsymbol{\theta} \mid \boldsymbol{\theta}^{(m)}) &= E_{\tilde{\boldsymbol{x}}_i \mid \boldsymbol{x}_i, \boldsymbol{\theta}^{(m)}}[\log p_{\tilde{\boldsymbol{x}}}(\tilde{\boldsymbol{x}}_i \mid \boldsymbol{\theta})] \\ &= \int \log p_{\tilde{\boldsymbol{x}}}(\tilde{\boldsymbol{x}}_i \mid \boldsymbol{\theta}) p(\tilde{\boldsymbol{x}}_i \mid \boldsymbol{x}_i, \boldsymbol{\theta}^{(m)}) \mathrm{d}\tilde{\boldsymbol{x}}_i \end{aligned} \tag{12.2.17}$$

下面给出定理 12.2.2 的证明，对于定理证明过程不感兴趣的读者可跳过这段证明，不会影响阅读的连续性。

证明 先推导出两个独立性关系，则定理的结论由这些关系直接得到。由 PDF 的链式法则，得到

$$\begin{aligned} p(\widetilde{\boldsymbol{X}}, \boldsymbol{X} \mid \boldsymbol{\theta}) &= p(\boldsymbol{x}_1 \mid \boldsymbol{x}_2, \cdots, \boldsymbol{x}_N, \widetilde{\boldsymbol{X}}, \boldsymbol{\theta}) \cdots p(\boldsymbol{x}_N \mid \widetilde{\boldsymbol{X}}, \boldsymbol{\theta}) p(\widetilde{\boldsymbol{X}} \mid \boldsymbol{\theta}) \\ &= p(\boldsymbol{x}_1 \mid \tilde{\boldsymbol{x}}_1, \boldsymbol{\theta}) \cdots p(\boldsymbol{x}_N \mid \tilde{\boldsymbol{x}}_N, \boldsymbol{\theta}) \prod_{i=1}^{N} p(\tilde{\boldsymbol{x}}_i \mid \boldsymbol{\theta}) \\ &= \prod_{i=1}^{N} p(\boldsymbol{x}_i \mid \tilde{\boldsymbol{x}}_i, \boldsymbol{\theta}) p(\tilde{\boldsymbol{x}}_i \mid \boldsymbol{\theta}) \\ &= \prod_{i=1}^{N} p(\tilde{\boldsymbol{x}}_i, \boldsymbol{x}_i \mid \boldsymbol{\theta}) \end{aligned} \tag{12.2.18}$$

式(12.2.18)第 1 行和第 2 行用了定理给出的条件。利用式(12.2.18)进一步导出一个有用的条件概率，即

$$\begin{aligned} p(\tilde{\boldsymbol{x}}_i \mid \boldsymbol{X}, \boldsymbol{\theta}) &= \frac{p(\tilde{\boldsymbol{x}}_i, \boldsymbol{X} \mid \boldsymbol{\theta})}{p(\boldsymbol{X} \mid \boldsymbol{\theta})} = \frac{\int p(\widetilde{\boldsymbol{X}}, \boldsymbol{X} \mid \boldsymbol{\theta}) \mathrm{d}\tilde{\boldsymbol{x}}_1 \cdots \mathrm{d}\tilde{\boldsymbol{x}}_{i-1} \mathrm{d}\tilde{\boldsymbol{x}}_{i+1} \cdots \mathrm{d}\tilde{\boldsymbol{x}}_N}{\int p(\widetilde{\boldsymbol{X}}, \boldsymbol{X} \mid \boldsymbol{\theta}) \mathrm{d}\widetilde{\boldsymbol{X}}} \\ &= \frac{\int \prod_{j=1}^{N} p(\tilde{\boldsymbol{x}}_j, \boldsymbol{x}_j \mid \boldsymbol{\theta}) \mathrm{d}\tilde{\boldsymbol{x}}_1 \cdots \mathrm{d}\tilde{\boldsymbol{x}}_{i-1} \mathrm{d}\tilde{\boldsymbol{x}}_{i+1} \cdots \mathrm{d}\tilde{\boldsymbol{x}}_N}{\int \prod_{j=1}^{N} p(\tilde{\boldsymbol{x}}_j, \boldsymbol{x}_j \mid \boldsymbol{\theta}) \mathrm{d}\widetilde{\boldsymbol{X}}} \\ &= \frac{p(\tilde{\boldsymbol{x}}_i, \boldsymbol{x}_i \mid \boldsymbol{\theta}) \prod_{j=1, j \neq i}^{N} \int p(\tilde{\boldsymbol{x}}_j, \boldsymbol{x}_j \mid \boldsymbol{\theta}) \mathrm{d}\tilde{\boldsymbol{x}}_j}{\prod_{j=1}^{N} \int p(\tilde{\boldsymbol{x}}_j, \boldsymbol{x}_j \mid \boldsymbol{\theta}) \mathrm{d}\tilde{\boldsymbol{x}}_j} \\ &= \frac{p(\tilde{\boldsymbol{x}}_i, \boldsymbol{x}_i \mid \boldsymbol{\theta}) \prod_{j=1, j \neq i}^{N} p(\boldsymbol{x}_j \mid \boldsymbol{\theta})}{\prod_{j=1}^{N} p(\boldsymbol{x}_j \mid \boldsymbol{\theta})} = \frac{p(\tilde{\boldsymbol{x}}_i, \boldsymbol{x}_i \mid \boldsymbol{\theta})}{p(\boldsymbol{x}_i \mid \boldsymbol{\theta})} \\ &= p(\tilde{\boldsymbol{x}}_i \mid \boldsymbol{x}_i, \boldsymbol{\theta}) \end{aligned}$$

推导过程中，积分符号只是形式符号，有多少重积分由 $\mathrm{d}\tilde{\boldsymbol{x}}_j$ 数目确定，推导的结论重写为

$$p(\tilde{x}_i \mid \boldsymbol{X}, \boldsymbol{\theta}) = p(\tilde{x}_i \mid \boldsymbol{x}_i, \boldsymbol{\theta}) \tag{12.2.19}$$

利用式(12.2.19),有

$$\begin{aligned} Q(\boldsymbol{\theta} \mid \boldsymbol{\theta}^{(m)}) &= E_{\widetilde{\boldsymbol{X}} \mid \boldsymbol{X}, \boldsymbol{\theta}^{(m)}}[\log p_{\widetilde{\boldsymbol{X}}}(\widetilde{\boldsymbol{X}} \mid \boldsymbol{\theta})] = E_{\widetilde{\boldsymbol{X}} \mid \boldsymbol{X}, \boldsymbol{\theta}^{(m)}}\left[\log \prod_{i=1}^{N} p(\tilde{\boldsymbol{x}}_i \mid \boldsymbol{\theta})\right] \\ &= E_{\widetilde{\boldsymbol{X}} \mid \boldsymbol{X}, \boldsymbol{\theta}^{(m)}}\left[\sum_{i=1}^{N} \log p(\tilde{\boldsymbol{x}}_i \mid \boldsymbol{\theta})\right] = \sum_{i=1}^{N} E_{\widetilde{\boldsymbol{X}} \mid \boldsymbol{X}, \boldsymbol{\theta}^{(m)}}[\log p(\tilde{\boldsymbol{x}}_i \mid \boldsymbol{\theta})] \\ &= \sum_{i=1}^{N} E_{\tilde{\boldsymbol{x}}_i \mid \boldsymbol{x}_i, \boldsymbol{\theta}^{(m)}}[\log p(\tilde{\boldsymbol{x}}_i \mid \boldsymbol{\theta})] = \sum_{i=1}^{N} Q_i(\boldsymbol{\theta} \mid \boldsymbol{\theta}^{(m)}) \end{aligned}$$

注意,从第 2 行和第 3 行用了式(12.2.19),定理证毕。

定理说明,在 IID 条件下,对 $Q(\boldsymbol{\theta} \mid \boldsymbol{\theta}^{(m)})$ 的计算可分解为对各样本单独计算的 Q 函数之和,这个结论使计算大为化简。

*12.2.3 EM 算法扩展到 MAP 估计

当采用贝叶斯方法估计参数,可利用$\boldsymbol{\theta}$ 的先验分布 $p_{\theta}(\boldsymbol{\theta})$时,可将 EM 算法推广到最大后验概率方法(MAP),用 $\boldsymbol{x}$ 表示样本向量时,MAP 估计器的自然对数形式为

$$\hat{\boldsymbol{\theta}} = \underset{\boldsymbol{\theta} \in \Omega}{\arg\max} \log p(\boldsymbol{\theta} \mid \boldsymbol{x}) = \underset{\boldsymbol{\theta} \in \Omega}{\arg\max}\{\log p(\boldsymbol{x} \mid \boldsymbol{\theta}) + \log p_{\theta}(\boldsymbol{\theta})\} \tag{12.2.20}$$

当用完整样本向量 $\tilde{\boldsymbol{x}}$ 替代样本向量 $\boldsymbol{x}$,从而用 $p(\tilde{\boldsymbol{x}} \mid \boldsymbol{\theta})$的最大化替代 $p(\boldsymbol{x} \mid \boldsymbol{\theta})$的最大化的过程与 MLE 一致,故将 EM 求解 MAP 问题的 E 步和 M 步总结如下。

E 步(期望计算)

$$Q(\boldsymbol{\theta} \mid \boldsymbol{\theta}^{(m)}) = E_{\tilde{\boldsymbol{x}} \mid \boldsymbol{x}, \boldsymbol{\theta}^{(m)}}[\log p_{\tilde{\boldsymbol{x}}}(\tilde{\boldsymbol{x}} \mid \boldsymbol{\theta})] = \int \log p_{\tilde{\boldsymbol{x}}}(\tilde{\boldsymbol{x}} \mid \boldsymbol{\theta}) p(\tilde{\boldsymbol{x}} \mid \boldsymbol{x}, \boldsymbol{\theta}^{(m)}) \mathrm{d}\tilde{\boldsymbol{x}} \tag{12.2.21}$$

M 步(最大值求解)

$$\boldsymbol{\theta}^{(m+1)} = \underset{\boldsymbol{\theta} \in \Omega}{\arg\max}\{Q(\boldsymbol{\theta} \mid \boldsymbol{\theta}^{(m)}) + \log p_{\theta}(\boldsymbol{\theta})\} \tag{12.2.22}$$

EM 算法求解 MAP 估计与 MLE 的不同主要表现在 M 步求最大值时考虑先验知识的贡献。

*12.2.4 通过 KL 散度对 EM 算法的解释

为了对 EM 算法给出一些更洞察性的理解,在隐变量情况下,对似然函数进行分解,将其表示为 KL 散度与下界函数之和。针对样本集的情况,将样本集表示为 $\boldsymbol{X}$,对应样本集的隐变量集表示为 $\boldsymbol{Z}$,假设隐变量是离散的,故完整数据集表示为 $\widetilde{\boldsymbol{X}} = \{\boldsymbol{X}, \boldsymbol{Z}\}$。可将对数似然函数分解为

$$\log p(\boldsymbol{X} \mid \boldsymbol{\theta}) = L(q, \boldsymbol{\theta}) + D_{\mathrm{KL}}(q \parallel p) \tag{12.2.23}$$

其中,

$$L(q, \boldsymbol{\theta}) = \sum_{\boldsymbol{Z}} q(\boldsymbol{Z}) \log \frac{p(\boldsymbol{X}, \boldsymbol{Z} \mid \boldsymbol{\theta})}{q(\boldsymbol{Z})} \tag{12.2.24}$$

$$D_{\mathrm{KL}}(q \mid p) = -\sum_{\boldsymbol{Z}} q(\boldsymbol{Z}) \log \frac{p(\boldsymbol{Z} \mid \boldsymbol{X}, \boldsymbol{\theta})}{q(\boldsymbol{Z})} \tag{12.2.25}$$

其中,$q(\boldsymbol{Z})$是一个任意的概率函数;$D_{\mathrm{KL}}(q \mid p)$是两个概率函数的 KL 散度(KL 散度的定义见 2.5 节)。首先给出式(12.2.23)的推导。由

$$p(\boldsymbol{X}, \boldsymbol{Z} \mid \boldsymbol{\theta}) = p(\boldsymbol{Z} \mid \boldsymbol{X}, \boldsymbol{\theta}) p(\boldsymbol{X} \mid \boldsymbol{\theta})$$

两边取对数,得

$$\log p(\boldsymbol{X},\boldsymbol{Z}|\boldsymbol{\theta})=\log p(\boldsymbol{Z}|\boldsymbol{X},\boldsymbol{\theta})+\log p(\boldsymbol{X}|\boldsymbol{\theta})$$

故

$$\log p(\boldsymbol{X}|\boldsymbol{\theta})=\log p(\boldsymbol{X},\boldsymbol{Z}|\boldsymbol{\theta})-\log p(\boldsymbol{Z}|\boldsymbol{X},\boldsymbol{\theta})$$

对于任意概率函数 $q(\boldsymbol{Z})$，上式两侧对 $q(\boldsymbol{Z})$ 求期望得

$$\sum_{\boldsymbol{Z}}q(\boldsymbol{Z})\log p(\boldsymbol{X}|\boldsymbol{\theta})=\sum_{\boldsymbol{Z}}q(\boldsymbol{Z})\log p(\boldsymbol{X},\boldsymbol{Z}|\boldsymbol{\theta})-\sum_{\boldsymbol{Z}}q(\boldsymbol{Z})\log p(\boldsymbol{Z}|\boldsymbol{X},\boldsymbol{\theta})$$

上式左侧求和变量与 $\log p(\boldsymbol{X}|\boldsymbol{\theta})$ 无关，右侧两项分别加和减一项 $-\sum\limits_{\boldsymbol{Z}}q(\boldsymbol{Z})\log q(\boldsymbol{Z})$ 得

$$\log p(\boldsymbol{X}|\boldsymbol{\theta})=\sum_{\boldsymbol{Z}}q(\boldsymbol{Z})\log\frac{p(\boldsymbol{X},\boldsymbol{Z}|\boldsymbol{\theta})}{q(\boldsymbol{Z})}-\sum_{\boldsymbol{Z}}q(\boldsymbol{Z})\log\frac{p(\boldsymbol{Z}|\boldsymbol{X},\boldsymbol{\theta})}{q(\boldsymbol{Z})}\tag{12.2.26}$$

对式(12.2.26)右侧两项分别用式(12.2.24)和式(12.2.25)的符号表示，即为式(12.2.23)。

在式(12.2.23)中，$D_{\mathrm{KL}}(q\|p)\geqslant 0$，故 $\log p(\boldsymbol{X}|\boldsymbol{\theta})\geqslant L(q,\boldsymbol{\theta})$，可将 $L(q,\boldsymbol{\theta})$ 看作对数似然函数 $\log p(\boldsymbol{X}|\boldsymbol{\theta})$ 的下界。对于任意 $\boldsymbol{\theta}$，$\log p(\boldsymbol{X}|\boldsymbol{\theta})$ 分别为两项的和，如图 12.2.1(a)所示。最大似然的目的是求使 $\log p(\boldsymbol{X}|\boldsymbol{\theta})$ 达最大的参数 $\hat{\boldsymbol{\theta}}$，以下通过该分解式(12.2.23)说明 EM 算法的原理和其收敛性。

在 EM 算法的一轮迭代开始时，设当前参数为 $\boldsymbol{\theta}=\boldsymbol{\theta}^{\mathrm{old}}$，若取 $q(\boldsymbol{Z})=p(\boldsymbol{Z}|\boldsymbol{X},\boldsymbol{\theta}^{\mathrm{old}})$，则 $D_{\mathrm{KL}}(q\|p)|_{\boldsymbol{\theta}=\boldsymbol{\theta}^{\mathrm{old}}}=0$，这时 $\log p(\boldsymbol{X}|\boldsymbol{\theta}^{\mathrm{old}})=L(q,\boldsymbol{\theta}^{\mathrm{old}})$，如图 12.2.1(b)所示。这时，将 $q(\boldsymbol{Z})=p(\boldsymbol{Z}|\boldsymbol{X},\boldsymbol{\theta}^{\mathrm{old}})$ 代入 $L(q,\boldsymbol{\theta})$ 的表达式，则有

$$\begin{aligned}L(q,\boldsymbol{\theta})&=\sum_{\boldsymbol{Z}}p(\boldsymbol{Z}|\boldsymbol{X},\boldsymbol{\theta}^{\mathrm{old}})\log\frac{p(\boldsymbol{X},\boldsymbol{Z}|\boldsymbol{\theta})}{p(\boldsymbol{Z}|\boldsymbol{X},\boldsymbol{\theta}^{\mathrm{old}})}\\&=\sum_{\boldsymbol{Z}}\log p(\boldsymbol{X},\boldsymbol{Z}|\boldsymbol{\theta})p(\boldsymbol{Z}|\boldsymbol{X},\boldsymbol{\theta}^{\mathrm{old}})-\sum_{\boldsymbol{Z}}p(\boldsymbol{Z}|\boldsymbol{X},\boldsymbol{\theta}^{\mathrm{old}})\log p(\boldsymbol{Z}|\boldsymbol{X},\boldsymbol{\theta}^{\mathrm{old}})\\&=Q(\boldsymbol{\theta},\boldsymbol{\theta}^{\mathrm{old}})+C\end{aligned}\tag{12.2.27}$$

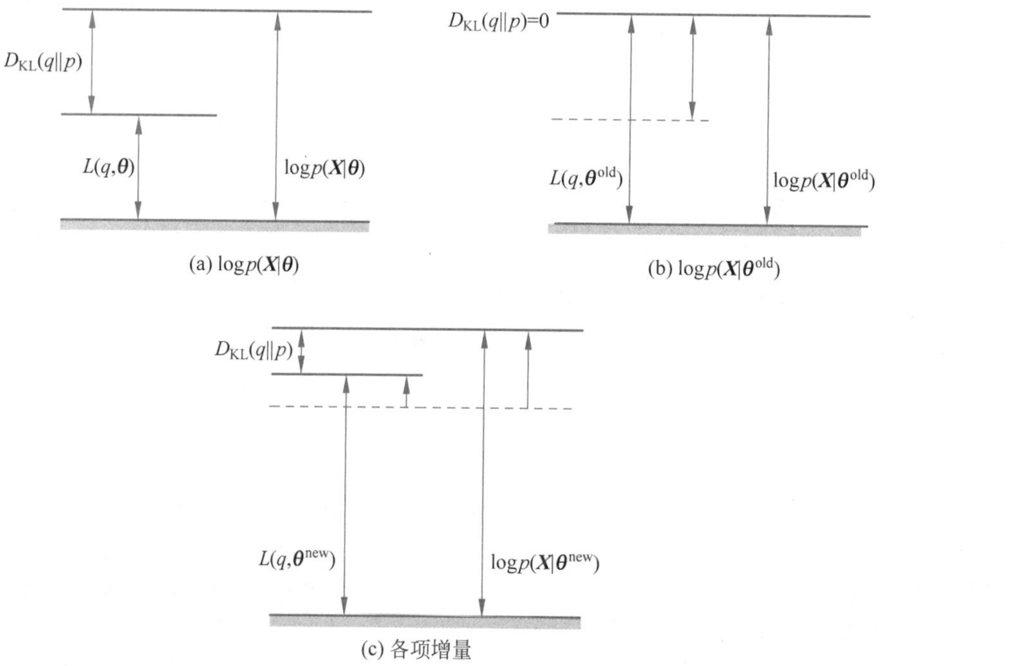

图 12.2.1 EM 算法的 KL 和下界解释

其中，第 2 行的第 2 项是 $\boldsymbol{Z}$ 的条件熵，是与参数 $\boldsymbol{\theta}$ 无关的常数，第 1 项是 EM 算法中的 $Q(\boldsymbol{\theta},\boldsymbol{\theta}^{\text{old}})$，故可以求 $\boldsymbol{\theta}^{\text{new}}$ 使其最大，即

$$\boldsymbol{\theta}^{\text{new}}=\arg\max_{\boldsymbol{\theta}} Q(\boldsymbol{\theta},\boldsymbol{\theta}^{\text{old}}) \tag{12.2.28}$$

显然，$L(q,\boldsymbol{\theta}^{\text{new}})\geqslant L(q,\boldsymbol{\theta}^{\text{old}})$，当取 $\boldsymbol{\theta}=\boldsymbol{\theta}^{\text{new}}$ 时，$D_{\text{KL}}(q|p)$ 也不再为 0，即 $D_{\text{KL}}(q|p)$ 也有增量，故 $\boldsymbol{\theta}=\boldsymbol{\theta}^{\text{new}}$ 时，对数似然函数 $\log p(\boldsymbol{X}|\boldsymbol{\theta}^{\text{new}})\geqslant\log p(\boldsymbol{X}|\boldsymbol{\theta}^{\text{old}})$，各项增量的示意图如图 12.2.1(c) 所示。

以上分析可见，对式(12.2.23)分解的这种操作过程正是 EM 算法的一轮迭代，故 EM 算法的一轮迭代可使对数似然函数单调增，EM 算法可收敛到局部极大值。式(12.2.23)的分解不但通过 KL 散度和下界函数给出了 EM 算法有效的一种解释，这种分解在一些学习算法中也得到更多的应用，如在变分贝叶斯学习中得到应用。

12.3 基于 EM 算法的高斯混合模型参数估计

EM 算法有效地解决了一些实际问题，在机器学习和信号模型参数估计中，用 EM 算法导出了估计高斯混合模型(GMM)和隐马尔可夫模型(HMM)参数的有效算法，EM 算法也在其他若干问题上发挥了作用，如利用 EM 算法可导出一种对 11.4 节介绍的变分自编码器的有效学习算法。本节介绍用 EM 算法估计 GMM 模型的参数。对 GMM 模型参数的估计具有两方面意义。其一，GMM 作为一种通用的概率密度函数模型，可拟合相当多的数据类型所对应的概率密度函数。有研究表明，若 GMM 的分量值 K 足够大，则 GMM 可以以任意精度逼近任意概率密度函数，故有效估计 GMM 参数是无监督学习的任务之一，是概率密度函数估计的一个重要实例；其二，稍后可以看到，通过 GMM 可以导出一种软聚类算法。

12.3.1 GMM 参数估计

设一个样本集为 $\boldsymbol{X}=\{\boldsymbol{x}_i|1\leqslant i\leqslant N\}$，各样本 $\boldsymbol{x}_i$ 是 IID 的。用 GMM 表示样本向量 $\boldsymbol{x}_i$，GMM 的概率密度函数写为

$$p(\boldsymbol{x}_i)=\sum_{k=1}^{K}w_k N(\boldsymbol{x}_i|\boldsymbol{\mu}_k,\boldsymbol{C}_k) \tag{12.3.1}$$

约束条件为

$$\sum_{k=1}^{K}w_k=1 \tag{12.3.2}$$

$$0\leqslant w_k\leqslant 1 \tag{12.3.3}$$

这里的目的是由 IID 样本集 $\boldsymbol{X}=\{\boldsymbol{x}_i|1\leqslant i\leqslant N\}$ 估计参数集 $\boldsymbol{\theta}=\{w_k,\boldsymbol{\mu}_k,\boldsymbol{C}_k|k=1,2,\cdots,K\}$。

为了应用 EM 算法，如例 12.2.2 所讨论的，对每个样本向量 $\boldsymbol{x}_i$ 定义一个隐变量 $z_i\in\{1,2,\cdots,K\}$，$z_i=k$ 表示 $\boldsymbol{x}_i$ 产生于混合模型中的第 k 个子模型 $N(\boldsymbol{x}_i|\boldsymbol{\mu}_k,\boldsymbol{C}_k)$，由 GMM 可知 $p(z_i=k)=w_k$。定义向量 $\boldsymbol{z}=[z_0,z_1,\cdots,z_{N-1}]^{\text{T}}$，则 $\widetilde{\boldsymbol{X}}=\{\boldsymbol{X},\boldsymbol{z}\}$ 表示完整样本集。显然有

$$\begin{aligned}p_{\tilde{\boldsymbol{x}}}(\boldsymbol{x}_i,\boldsymbol{z}_i=k|\boldsymbol{\theta})&=p_{\boldsymbol{x}}(\boldsymbol{x}_i|\boldsymbol{z}_i=k,\boldsymbol{\theta})p(\boldsymbol{z}_i=k)\\&=w_k N(\boldsymbol{x}_i|\boldsymbol{\mu}_k,\boldsymbol{C}_k)\end{aligned} \tag{12.3.4}$$

设参数向量的猜测值为 $\boldsymbol{\theta}^{(m)}$，则 $\boldsymbol{x}_i$ 条件下，$\boldsymbol{z}_i=k$ 后验概率为

$$p(z_i=k\mid \boldsymbol{x}_i,\boldsymbol{\theta}^{(m)})=\frac{p_{\tilde{x}}(\boldsymbol{x}_i,z_i=k\mid \boldsymbol{\theta}^{(m)})}{p(\boldsymbol{x}_i\mid \boldsymbol{\theta}^{(m)})}=\frac{w_k^{(m)}N(\boldsymbol{x}_i\mid \boldsymbol{\mu}_k^{(m)},\boldsymbol{C}_k^{(m)})}{\sum_{l=1}^{K}w_l^{(m)}N(\boldsymbol{x}_i\mid \boldsymbol{\mu}_l^{(m)},\boldsymbol{C}_l^{(m)})} \tag{12.3.5}$$

为了表示简单，定义

$$\gamma_{ik}^{(m)}=p(z_i=k\mid \boldsymbol{x}_i,\boldsymbol{\theta}^{(m)}) \tag{12.3.6}$$

其中，$\sum_{k=1}^{K}\gamma_{ik}^{(m)}=1$。

注意到，$\gamma_{ik}^{(m)}$ 就是在 EM 算法中，针对隐变量情况下求 $Q(\boldsymbol{\theta}\mid\boldsymbol{\theta}^{(m)})$ 所需要的条件概率 $p(z\mid \boldsymbol{x},\boldsymbol{\theta}^{(m)})$，这里 z 是离散的，故利用式(12.2.14)的求和公式求 $Q(\boldsymbol{\theta}\mid\boldsymbol{\theta}^{(m)})$，又因样本集满足 IID 条件，则可首先分别写出每个样本的 Q 函数为

$$\begin{aligned}
Q_i(\boldsymbol{\theta}\mid\boldsymbol{\theta}^{(m)})&=E_{z_i\mid \boldsymbol{x}_i,\boldsymbol{\theta}^{(m)}}[\log p_{\boldsymbol{x}}(\boldsymbol{x}_i,z_i\mid\boldsymbol{\theta})]\\
&=\sum_{k=1}^{K}\log p_{\boldsymbol{x}}(\boldsymbol{x}_i,z_i=k\mid\boldsymbol{\theta})p(z_i=k\mid \boldsymbol{x}_i,\boldsymbol{\theta}^{(m)})\\
&=\sum_{k=1}^{K}\gamma_{ik}^{(m)}\log[w_kN(\boldsymbol{x}_i\mid\boldsymbol{\mu}_k,\boldsymbol{C}_k)]\\
&=\sum_{k=1}^{K}\gamma_{ik}^{(m)}\left[\log w_k-\frac{1}{2}\log|\boldsymbol{C}_k|-\frac{1}{2}(\boldsymbol{x}_i-\boldsymbol{\mu}_k)^{\mathrm{T}}\boldsymbol{C}_k^{-1}(\boldsymbol{x}_i-\boldsymbol{\mu}_k)\right]+C
\end{aligned}$$

其中，C 为与求解无关的常数项，可舍弃，由定理 12.2.2，样本集的 Q 函数为各样本 Q 函数之和，即

$$\begin{aligned}
Q(\boldsymbol{\theta}\mid\boldsymbol{\theta}^{(m)})&=\sum_{i=1}^{N}Q_i(\boldsymbol{\theta}\mid\boldsymbol{\theta}^{(m)})\\
&=\sum_{i=1}^{N}\sum_{k=1}^{K}\gamma_{ik}^{(m)}\left[\log w_k-\frac{1}{2}\log|\boldsymbol{C}_k|-\frac{1}{2}(\boldsymbol{x}_i-\boldsymbol{\mu}_k)^{\mathrm{T}}\boldsymbol{C}_k^{-1}(\boldsymbol{x}_i-\boldsymbol{\mu}_k)\right]
\end{aligned} \tag{12.3.7}$$

E 步已完成，接下来进行 M 步，令 $Q(\boldsymbol{\theta}\mid\boldsymbol{\theta}^{(m)})$ 最大化，并注意要满足约束条件式(12.3.2)。为符号简单，令

$$n_k^{(m)}=\sum_{i=1}^{N}\gamma_{ik}^{(m)} \tag{12.3.8}$$

式(12.3.7)可整理为

$$\begin{aligned}
Q(\boldsymbol{\theta}\mid\boldsymbol{\theta}^{(m)})=&\sum_{k=1}^{K}n_k^{(m)}\log w_k-\frac{1}{2}\sum_{k=1}^{K}n_k^{(m)}\log|\boldsymbol{C}_k|-\\
&\frac{1}{2}\sum_{i=1}^{N}\sum_{k=1}^{K}\gamma_{ik}^{(m)}[(\boldsymbol{x}_i-\boldsymbol{\mu}_k)^{\mathrm{T}}\boldsymbol{C}_k^{-1}(\boldsymbol{x}_i-\boldsymbol{\mu}_k)]
\end{aligned} \tag{12.3.9}$$

注意到，式(12.3.9)中 w_k 仅与第 1 项有关，因此求 w_k 使 $J_1(\boldsymbol{w})=\sum_{k=1}^{K}n_k^{(m)}\log w_k$ 最大即可，简单求解使 $J_1(\boldsymbol{w})$ 最大的条件是 $w_k^{(m+1)}=n_k^{(m)}$，将这个解代入式(12.3.2)的归一化条件，得到加权系数的解为

$$w_k^{(m+1)}=\frac{n_k^{(m)}}{\sum_{l=1}^{K}n_l^{(m)}}=\frac{n_k^{(m)}}{N} \tag{12.3.10}$$

为求$\boldsymbol{\mu}_k$，进行求导运算

$$\frac{\partial Q(\boldsymbol{\theta}\mid\boldsymbol{\theta}^{(m)})}{\partial\,\boldsymbol{\mu}_k}=\boldsymbol{C}_k^{-1}\left(\sum_{i=1}^{N}\gamma_{ik}^{(m)}\boldsymbol{x}_i-n_k^{(m)}\boldsymbol{\mu}_k\right)$$

当$\boldsymbol{\mu}_k=\boldsymbol{\mu}_k^{(m+1)}$时导数为0，故得

$$\boldsymbol{\mu}_k^{(m+1)}=\frac{1}{n_k^{(m)}}\sum_{i=1}^{N}\gamma_{ik}^{(m)}\boldsymbol{x}_i \tag{12.3.11}$$

为求 $\boldsymbol{C}_k$，进行求导运算

$$\frac{\partial Q(\boldsymbol{\theta}\mid\boldsymbol{\theta}^{(m)})}{\partial\boldsymbol{C}_k}=-\frac{1}{2}n_k^{(m)}\boldsymbol{C}_k^{-1}+\frac{1}{2}\sum_{i=1}^{N}\gamma_{ik}^{(m)}\boldsymbol{C}_k^{-1}(\boldsymbol{x}_i-\boldsymbol{\mu}_k)(\boldsymbol{x}_i-\boldsymbol{\mu}_k)^{\mathrm{T}}\boldsymbol{C}_k^{-1}$$

当 $\boldsymbol{C}_k=\boldsymbol{C}_k^{(m+1)}$ 时导数为0，故得

$$\boldsymbol{C}_k^{(m+1)}=\frac{1}{n_k^{(m)}}\sum_{i=1}^{N}\gamma_{ik}^{(m)}(\boldsymbol{x}_i-\boldsymbol{\mu}_k)(\boldsymbol{x}_i-\boldsymbol{\mu}_k)^{\mathrm{T}} \tag{12.3.12}$$

至此，用EM算法求解GMM参数的所有公式均已导出，注意到，在迭代的每步，每个参数的求解都有闭式解。

为了便于查看，把EM算法求解GMM参数过程总结为以下算法描述。

求解 GMM 参数的 EM 算法

---

(1) 初始化$m=0$，设置停止门限ε，给出初值$w_k^{(0)}$，$\boldsymbol{\mu}_k^{(0)}$，$\boldsymbol{C}_k^{(0)}$，$k=1,2,\cdots,K$，并计算初始对数似然函数值

$$l(\boldsymbol{\theta}^{(m)}\mid\boldsymbol{X})=\frac{1}{N}\sum_{i=1}^{N}\log\left[\sum_{k=1}^{K}w_k^{(m)}N(\boldsymbol{x}_i\mid\boldsymbol{\mu}_k^{(m)},\boldsymbol{C}_k^{(m)})\right] \tag{12.3.13}$$

(2) E步：对$k=1,2,\cdots,K$，计算

$$\gamma_{ik}^{(m)}=\frac{w_k^{(m)}N(\boldsymbol{x}_i\mid\boldsymbol{\mu}_k^{(m)},\boldsymbol{C}_k^{(m)})}{\sum_{l=1}^{K}w_l^{(m)}N(\boldsymbol{x}_i\mid\boldsymbol{\mu}_l^{(m)},\boldsymbol{C}_l^{(m)})},\quad i=1,2,\cdots,N$$

$$n_k^{(m)}=\sum_{i=1}^{N}\gamma_{ik}^{(m)}$$

(3) M步：对$k=1,2,\cdots,K$，计算

$$w_k^{(m+1)}=\frac{n_k^{(m)}}{\sum_{l=1}^{K}n_l^{(m)}}=\frac{n_k^{(m)}}{N}$$

$$\boldsymbol{\mu}_k^{(m+1)}=\frac{1}{n_k^{(m)}}\sum_{i=1}^{N}\gamma_{ik}^{(m)}\boldsymbol{x}_i$$

$$\boldsymbol{C}_k^{(m+1)}=\frac{1}{n_k^{(m)}}\sum_{i=1}^{N}\gamma_{ik}^{(m)}(\boldsymbol{x}_i-\boldsymbol{\mu}_k)(\boldsymbol{x}_i-\boldsymbol{\mu}_k)^{\mathrm{T}}$$

(4) 收敛性验证,用式(12.3.13)计算 $l(\boldsymbol{\theta}^{(m+1)}|\boldsymbol{X})$ 并检查

$$|l(\boldsymbol{\theta}^{(m+1)}|\boldsymbol{X})-l(\boldsymbol{\theta}^{(m)}|\boldsymbol{X})|<\varepsilon$$

若成立则停止,否则令 $m=m+1$ 并转至步骤(2)。

12.3.2 GMM 的软聚类

高斯混合模型(GMM)可用于软聚类。设样本集为 $\boldsymbol{X}=\{\boldsymbol{x}_i|1\leqslant i\leqslant N\}$,通过 10.3.1 节介绍的算法可估计出 GMM 的参数。当估计的模型参数 $\hat{\boldsymbol{\theta}}=\{\hat{\omega}_k,\hat{\boldsymbol{\mu}}_k,\hat{\boldsymbol{C}}_k|k=1,2,\cdots,K\}$ 已确定,通过每个样本的隐变量的后验概率估计,可以将样本集 $\boldsymbol{X}$ 看作用 GMM 划分为 K 个类,每类对应 GMM 中的一个高斯分量。对于样本集 $\boldsymbol{X}$ 中的每个样本 $\boldsymbol{x}_i$,可以再次使用式(12.3.5)计算其属于各高斯分量的后验概率,不同的是,在 12.3.1 节的讨论中,式(12.3.5)是尚在更新中的参数,现在可以使用已估计出的最终参数。对于样本集中的一个样本 $\boldsymbol{x}_i$,其属于第 k 个高斯分量(属于第 k 类)的后验概率为

$$\hat{\gamma}_{ik}=p(z_i=k|\boldsymbol{x}_i,\hat{\boldsymbol{\theta}})=\frac{\hat{\omega}_k N(\boldsymbol{x}_i|\hat{\boldsymbol{\mu}}_k,\hat{\boldsymbol{C}}_k)}{\sum_{l=1}^{K}\hat{\omega}_l N(\boldsymbol{x}_i|\hat{\boldsymbol{\mu}}_l,\hat{\boldsymbol{C}}_l)} \tag{12.3.14}$$

举例说明,假设样本集对应的高斯分量数为 $K=3$,一个样本 $\boldsymbol{x}_i$ 的后验概率分别为 $\hat{\gamma}_{i1}=0.1$,$\hat{\gamma}_{i2}=0.75$,$\hat{\gamma}_{i3}=0.15$,这说明该样本以 0.1 的概率属于第 1 类,以 0.75 的概率属于第 2 类,以 0.15 的概率属于第 3 类。与 K 均值聚类相比,K 均值聚类中,一个样本只能属于一类,故 K 均值聚类是一种硬聚类,而 GMM 给出一个样本属于各类的后验概率,是一种软聚类。

当 GMM 确定后,除了可将样本集中的样本按软聚类进行分类外,对于新给出的样本 $\boldsymbol{x}$,用 $\boldsymbol{x}$ 替代式(12.3.14)中的 $\boldsymbol{x}_i$,计算新样本属于各类的后验概率 $\gamma_k=p(z=k|\boldsymbol{x},\hat{\boldsymbol{\theta}})$,可对其进行软聚类。

图 12.3.1 给出一个仿真实验的例子。用一个已知的 3 分量高斯混合分布产生样本集,如图 12.3.1(a)所示,由于 GMM 是已知的,故产生样本的过程是知道的,每个不同分量产生的样本用不同颜色表示。然后,去掉各样本所属分量的信息,即假设参数未知,只用各样本的坐标值 $\boldsymbol{x}_i$

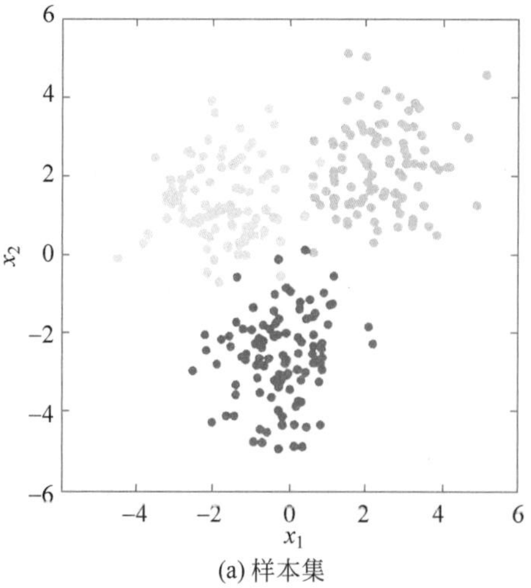

(a) 样本集

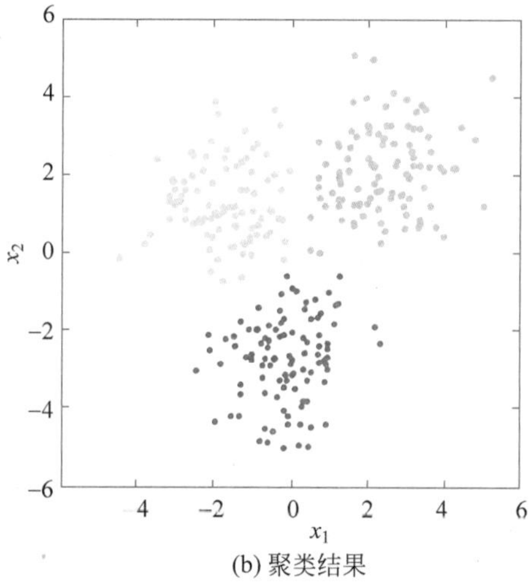

(b) 聚类结果

图 12.3.1 GMM 聚类的例子

估计 GMM 参数。当估计得到 GMM 参数后，利用式(12.3.14)计算各样本的后验概率 $\hat{\gamma}_{ik}$，选择后验概率 $\hat{\gamma}_{ik}$ 最大的 k 作为该样本的类，对所有样本用这种方式分类的结果如图 10.3.1(b)所示，注意到 GMM 聚类是一种软聚类，给出每个样本属于一个聚类的概率，但图 12.3.1(b)显示的只是一个样本所属的概率最大的类的颜色，相当于只显示了一种等价于硬聚类的结果。

GMM 除了软聚类的特点外，对于一些 K 均值聚类不能有效处理的情况，可提供有效的处理。例如，图 12.3.2 所示的数据分布，显然这可以聚集为两类，但是对于这种扁平和拉长的数据分布，K 均值聚类可能产生困难，图 12.3.2(a)显示出在竖直的这一类中，可能顶端的许多样本离扁平类的均值更近而错误地聚集到扁平类中。图 12.3.2(b)的 GMM 中，由样本训练了具有两个分量的 GMM，每个高斯分量很好地拟合了一类数据。

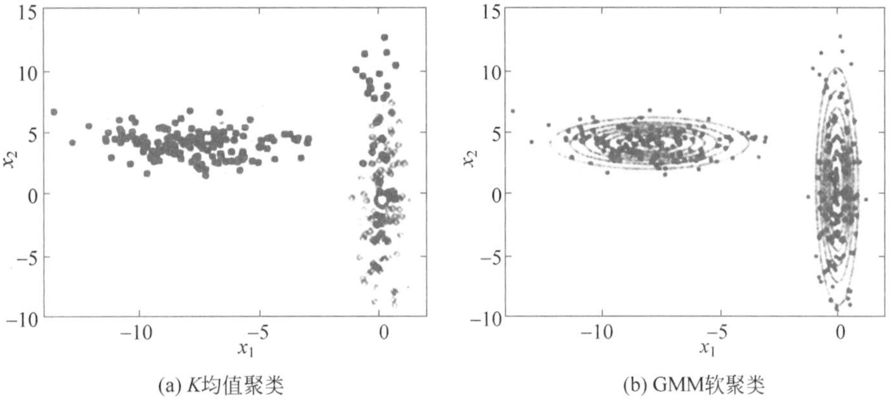

图 12.3.2　K 均值聚类与 GMM 软聚类的比较

本章小结

聚类算法是无监督学习中应用最广泛的一种基本算法，得到了广泛的研究，发展出众多算法，本章仅介绍了两种基本算法：K 均值聚类算法和基于密度的聚类算法 DBSCAN。Everitt 的 *Cluster Analysis* 是关于聚类的一本入门教材，一些模式识别的著作也给出了聚类算法的更多实例，如 Theodoridis 等的 *Pattern Recognition*。

EM 算法是统计学中一种求解最大似然的有效方法，其在机器学习中得到多方面应用，本章给出了 EM 算法的一般性介绍，考虑到机器学习的需要，讨论在隐变量情况和 IID 样本集条件下的 EM 算法。作为 EM 算法的应用，本章介绍了用 EM 估计高斯混合模型参数的算法，并利用已得到参数的 GMM 模型引出一种软聚类方法。EM 算法在隐马尔可夫模型参数估计、贝叶斯变分推断等问题上都得到应用，限于篇幅限制，本书不再展开讨论这些问题，有兴趣的读者可从 Bishop 的 *Pattern Recognition and Machine Learning* 或 Murphy 的 *Machine Learning* 中找到这方面的内容。

本章习题

1. 有一组数据集，样本均是平面上的二维数据，设数据集的样本可由两个均匀分布的概率函数按等概率生成，两个均匀分布的概率函数，第 1 个分布是中心位于(0.5,0.5)，长和宽均为 1 的正方形；第 2 个分布是中心位于(1.5,1.5)处，长和宽均为 1 的正方形。若数据充分多，试估计按

$K=2$ 聚类的质心位置。

上述问题中，第 1 个分布不变，第 2 个分布是中心位于(3,3)处，长和宽均为 1 的正方形。若数据充分多，仍按 $K=2$ 聚类，讨论可能的聚类结果。

2. 考虑一个伯努利分布向量 $\boldsymbol{x}=[x_1,x_2,\cdots,x_D]^{\mathrm{T}}$，每个分量 x_i 独立且服从伯努利分布，$\boldsymbol{x}$ 的参数为 $\boldsymbol{\mu}=[\mu_1,\mu_2,\cdots,\mu_D]^{\mathrm{T}}$，故其概率函数为 $B(\boldsymbol{x}\mid\boldsymbol{\mu})=\prod_{i=1}^{D}\mu_i^{x_i}(1-\mu_i)^{1-x_i}$。在此基础上考虑一个混合伯努利分布函数为

$$p(\boldsymbol{x}\mid\boldsymbol{\mu},\boldsymbol{\pi})=\sum_{k=1}^{K}\pi_k B(\boldsymbol{x}\mid\boldsymbol{\mu}_k)$$

其中，$B(\boldsymbol{x}\mid\boldsymbol{\mu}_k)=\prod_{i=1}^{D}\mu_{ki}^{x_i}(1-\mu_{ki})^{1-x_i}$。假设得到服从混合伯努利分布的样本集 $\{\boldsymbol{x}_1,\boldsymbol{x}_2,\cdots,\boldsymbol{x}_N\}$，用 EM 算法导出估计参数 $\boldsymbol{\mu}_k$ 和 π_k 的算法，$k=1,2,\cdots,K$。

第 13 章 降维和连续隐变量学习

CHAPTER 13

对高维特征向量做降维表示是机器学习中一个基本的无监督学习任务。若低维向量可以相当精确地表示高维向量，则降维可提高机器学习的效率，在很多问题上，将高维样本集降维为二维或三维表示，可对高维样本进行可视化，这对直观地分析一些数据是有益的，最常用的降维方法是主分量分析（Principal Component Analysis, PCA）。本章讨论的另一个问题是独立分量分析（Independent Component Analysis, ICA），也就是通过分析得到组成样本集所隐含的独立成分，这对于分析一个复杂样本的组成是有益的。

很多观测的数据样本是由几个无法直接观测的隐变量所构成的，而通过采样的数据向量估计这些隐变量则是需要解决的问题。这里主分量分析和独立分量分析是两种连续隐变量的例子，我们在第 12 章讨论高斯混合模型时，已经遇到过离散隐变量的例子。

第 21 集
微课视频

当高维数据向量可由几个小数目（相比信号向量维度）的隐向量即可相当精确地表示时，称这几个向量为主向量。从一个样本向量无法直接得到主向量，因此主向量是隐藏的。若能获得足够多的样本集，则可以由统计方法估计出这组主向量，则原样本向量可由其在主向量的投影系数确定，这些系数组成的系数向量（即主分量表示）的维度比原样本向量低，这是数据向量表示的一种有效降维方法，其关键技术是获得这组隐藏的主向量。这个问题称为主分量分析，其在机器学习中已获得广泛应用。

数据向量的另一种分析方式是找出组成一个向量的各独立分量。我们观测到的数据向量是由一组源分量混合组成的，但混合过程一般未知，利用一组样本集和一些合理的假设条件求得源分量也是一种求隐变量的问题。若我们假设各源分量是相互独立的，则所面对的问题称为独立分量分析。

降维是机器学习中的一个基本任务，PCA 和 ICA 都属于隐变量学习的问题，因此，本章主要讨论降维和连续隐变量学习问题。

13.1 主分量分析

主分量分析（或称为主成分分析）是机器学习中一种重要的降维方法，基本思路是对于满足一定条件的高维数据向量，可以对其进行降维处理，用低维数据向量逼近高维数据向量。

13.1.1 主分量分析原理

首先从原理上给出 PCA 的基本概念和意义，然后讨论在机器学习中，通过数据集计算样本向量的自相关矩阵，得到 PCA 表示的批处理算法。但在许多应用场合，批处理算法运算结构复杂，也不适用于数据集不断积累或更新的环境，因此进一步给出对样本集通过递推计算快速得到其PCA的在线算法。

PCA原理与KL(Karhunen-Loeve)变换紧密关联，首先简要介绍KL变换，由KL变换可直接得到PCA表示。

设一个样本向量 $\boldsymbol{x}=[x_1,x_2,\cdots,x_D]^{\mathrm{T}}$，为了化简处理，假设样本向量 $\boldsymbol{x}$ 是零均值的 D 维向量，即 $E(\boldsymbol{x})=\boldsymbol{0}$，其协方差矩阵等于自相关矩阵，即 $\boldsymbol{R}_x=\boldsymbol{C}_x=E[\boldsymbol{x}\boldsymbol{x}^{\mathrm{T}}]$。对 $\boldsymbol{R}_x$ 做特征分解，设 λ_k 为 $\boldsymbol{R}_x$ 的第 k 个特征值，定义对角线矩阵为

$$\boldsymbol{\Lambda}=\operatorname{diag}\{\lambda_1,\lambda_2,\cdots,\lambda_D\} \tag{13.1.1}$$

$\boldsymbol{q}_k$ 为 $\boldsymbol{R}_x$ 的第 k 个特征向量，特征向量 $\boldsymbol{q}_k$ 是归一化的，且由矩阵性质知各特征向量相互正交。以 $\boldsymbol{q}_k$ 为列构成特征向量矩阵 $\boldsymbol{Q}=[\boldsymbol{q}_1,\boldsymbol{q}_2,\cdots,\boldsymbol{q}_D]$，显然 $\boldsymbol{Q}$ 是正交矩阵，即 $\boldsymbol{Q}\boldsymbol{Q}^{\mathrm{T}}=\boldsymbol{Q}^{\mathrm{T}}\boldsymbol{Q}=\boldsymbol{I}$，回忆第2章曾给出 $\boldsymbol{R}_x$ 的分解式

$$\boldsymbol{R}_x=\boldsymbol{Q}\boldsymbol{\Lambda}\boldsymbol{Q}^{\mathrm{T}} \tag{13.1.2}$$

由特征矩阵 $\boldsymbol{Q}$，对样本向量 $\boldsymbol{x}$ 定义其变换向量为

$$\boldsymbol{y}=\boldsymbol{Q}^{\mathrm{T}}\boldsymbol{x} \tag{13.1.3}$$

由 $\boldsymbol{Q}$ 的正交性，显然由 $\boldsymbol{y}$ 可以完全无损地恢复 $\boldsymbol{x}$，即

$$\boldsymbol{Q}\boldsymbol{y}=\boldsymbol{Q}\boldsymbol{Q}^{\mathrm{T}}\boldsymbol{x}=\boldsymbol{x} \tag{13.1.4}$$

或重写为

$$\boldsymbol{x}=\boldsymbol{Q}\boldsymbol{y} \tag{13.1.5}$$

式(13.1.3)和式(13.1.5)分别称为KL变换和KL反变换，变换式(13.1.3)求得变换系数向量，反变换式(13.1.5)由变换系数恢复样本向量。对于KL变换，变换系数是互不相关的，且满足

$$\begin{aligned}E[\boldsymbol{y}\boldsymbol{y}^{\mathrm{T}}]&=E[\boldsymbol{Q}^{\mathrm{T}}\boldsymbol{x}\boldsymbol{x}^{\mathrm{T}}\boldsymbol{Q}]=\boldsymbol{Q}^{\mathrm{T}}E[\boldsymbol{x}\boldsymbol{x}^{\mathrm{T}}]\boldsymbol{Q}=\boldsymbol{Q}^{\mathrm{T}}\boldsymbol{R}_x\boldsymbol{Q}\\&=\boldsymbol{Q}^{\mathrm{T}}\boldsymbol{Q}\boldsymbol{\Lambda}\boldsymbol{Q}^{\mathrm{T}}\boldsymbol{Q}=\boldsymbol{\Lambda}=\operatorname{diag}\{\lambda_0,\lambda_1,\cdots,\lambda_D\}\end{aligned} \tag{13.1.6}$$

式(13.1.6)同时说明 $E[|y_i|^2]=\lambda_i$。由于

$$E[\|\boldsymbol{y}\|_2^2]=E\left[\sum_{k=1}^{D}|y_i|^2\right]=E[\boldsymbol{y}^{\mathrm{T}}\boldsymbol{y}]=\sum_{k=1}^{D}\lambda_i \tag{13.1.7}$$

另外

$$\begin{aligned}E[\|\boldsymbol{x}\|_2^2]&=E\left[\sum_{i=1}^{D}|x_i|^2\right]=E[\boldsymbol{x}^{\mathrm{T}}\boldsymbol{x}]\\&=E[\boldsymbol{y}^{\mathrm{T}}\boldsymbol{Q}^{\mathrm{T}}\boldsymbol{Q}\boldsymbol{y}]=E[\boldsymbol{y}^{\mathrm{T}}\boldsymbol{y}]=\sum_{k=1}^{D}\lambda_i\end{aligned}$$

即

$$E[\|\boldsymbol{y}\|_2^2]=E[\|\boldsymbol{x}\|_2^2]=\sum_{k=1}^{D}\lambda_i \tag{13.1.8}$$

式(13.1.8)称为KL变换的能量不变性(帕塞瓦尔定理)。

可由KL变换直接得到PCA表示。在式(13.1.3)中，若仅保留系数向量的前 $K<D$ 个系数，定义

$$\hat{\boldsymbol{y}}=[y_1,y_2,\cdots,y_K]^{\mathrm{T}} \tag{13.1.9}$$

由此得到样本向量 $\boldsymbol{x}$ 的近似表示 $\hat{\boldsymbol{x}}$，即

$$\hat{\boldsymbol{x}}=[\boldsymbol{q}_1,\boldsymbol{q}_2,\cdots,\boldsymbol{q}_K]\hat{\boldsymbol{y}}=\boldsymbol{Q}_K\hat{\boldsymbol{y}} \tag{13.1.10}$$

注意，$\hat{\boldsymbol{x}}$ 为 $\boldsymbol{x}$ 的近似表示，仍是 D 维向量，$\boldsymbol{Q}_K$ 为一个 $D\times K$ 矩阵，不难验证 $\boldsymbol{Q}_K^{\mathrm{T}}\boldsymbol{Q}_K=\boldsymbol{I}$，$\boldsymbol{I}$ 为 $K\times K$ 单位矩阵，则

$$E[\|\hat{\boldsymbol{x}}\|_2^2]=E\left[\sum_{i=1}^{D}|\hat{x}_i|^2\right]=E[\hat{\boldsymbol{x}}^{\mathrm{T}}\hat{\boldsymbol{x}}]$$
$$=E[\hat{\boldsymbol{y}}^{\mathrm{T}}\boldsymbol{Q}_K^{\mathrm{T}}\boldsymbol{Q}_K\hat{\boldsymbol{y}}]=E[\hat{\boldsymbol{y}}^{\mathrm{T}}\hat{\boldsymbol{y}}]=\sum_{k=1}^{K}\lambda_i \tag{13.1.11}$$

若定义误差向量为

$$\boldsymbol{e}=\boldsymbol{x}-\hat{\boldsymbol{x}} \tag{13.1.12}$$

则不难验证

$$E[\|\boldsymbol{e}\|_2^2]=\sum_{k=K+1}^{D}\lambda_i \tag{13.1.13}$$

注意到，若只用前 K 个 KL 变换系数表示一个样本向量，则近似误差等于没有用到的变换系数对应的自相关矩阵特征值之和。若把自相关矩阵的特征值按序号从大到小排列，即

$$\lambda_1\geqslant\lambda_2\geqslant\cdots\geqslant\lambda_D \tag{13.1.14}$$

相应的特征向量序号与其特征值对应，则仅用 K 个变换系数表示信号向量时，误差向量的能量为 $(D-K)$ 个最小特征值之和。因此，选择 K 个最大特征值所对应的 K 个系数，可以得到原向量的最准确逼近。

原样本向量 $\boldsymbol{x}$ 是 D 维的，若样本向量的自相关矩阵有 $(D-K)$ 个小的特征值，则选择 K 个大特征值对应的系数表示样本向量时，可得到原样本向量的非常准确的逼近，由于

$$\hat{\boldsymbol{x}}=[\boldsymbol{q}_1,\boldsymbol{q}_2,\cdots,\boldsymbol{q}_K]\hat{\boldsymbol{y}}=\sum_{i=1}^{K}y_i\boldsymbol{q}_i \tag{13.1.15}$$

即近似向量 $\hat{\boldsymbol{x}}$ 仅由 K 个向量的线性组合得到，它实际只有 K 个自由度，即 $\hat{\boldsymbol{x}}$ 可等价为 K 维向量，与其系数向量 $\hat{\boldsymbol{y}}$ 等价。也就是说，在满足前述的特征值条件下，可用 K 个分量非常近似地逼近 $\boldsymbol{x}$，称式(13.1.15)的表示为样本向量 $\boldsymbol{x}$ 的主分量分析。主分量分析的要点是用 K 维向量 $\hat{\boldsymbol{y}}=[y_1,y_2,\cdots,y_K]^{\mathrm{T}}$ 表示 D 维向量 $\boldsymbol{x}$。

前述在已知样本向量 $\boldsymbol{x}$ 的自相关矩阵情况下，直接对自相关矩阵 $\boldsymbol{R}_x$ 做特征分解，可以得到一个样本向量的主分量表示 $\hat{\boldsymbol{y}}$。在机器学习中，给出的是一个样本集，即

$$\{\boldsymbol{x}^{(n)},n=1,2,\cdots,N\} \tag{13.1.16}$$

注意，在本章我们将样本标号 n 放在上标中，主要是后续用下标表示各个分量的序号，以避免符号混乱。在样本集情况下，批处理方法是直接用全部样本估计自相关矩阵，或直接采用奇异值分解求得特征值和特征向量。可将数据表示为数据矩阵，即

$$\boldsymbol{X}=\begin{bmatrix}\boldsymbol{x}^{(1)\mathrm{T}}\\ \boldsymbol{x}^{(2)\mathrm{T}}\\ \vdots\\ \boldsymbol{x}^{(N)\mathrm{T}}\end{bmatrix} \tag{13.1.17}$$

则自相关矩阵可计算为

$$\hat{\boldsymbol{R}}_x=\frac{1}{N}\boldsymbol{X}^{\mathrm{T}}\boldsymbol{X}=\frac{1}{N}\sum_{i=1}^{N}\boldsymbol{x}^{(i)}\boldsymbol{x}^{(i)\mathrm{T}} \tag{13.1.18}$$

利用以上估计的自相关矩阵进行特征分解(或直接对 $\boldsymbol{X}$ 进行奇异值分解)，按特征值从大到小

排列，得到对应前 K 个特征向量 $\hat{\boldsymbol{q}}_1,\hat{\boldsymbol{q}}_2,\cdots,\hat{\boldsymbol{q}}_K$，主分量特征矩阵为

$$\hat{\boldsymbol{Q}}_K=[\hat{\boldsymbol{q}}_1,\hat{\boldsymbol{q}}_2,\cdots,\hat{\boldsymbol{q}}_K] \tag{13.1.19}$$

对于每个样本 $\boldsymbol{x}^{(i)}$，其主分量表示为

$$\hat{\boldsymbol{y}}^{(i)}=[y_1^{(i)},y_2^{(i)},\cdots,y_K^{(i)}]^{\mathrm{T}}=\hat{\boldsymbol{Q}}_K^{\mathrm{T}}\boldsymbol{x}^{(i)} \tag{13.1.20}$$

主分量表示的每个分量系数为

$$y_k^{(i)}=\hat{\boldsymbol{q}}_k^{\mathrm{T}}\boldsymbol{x}^{(i)},\quad k=1,2,\cdots,K \tag{13.1.21}$$

由主分量表示重构的样本向量近似表示为 $\hat{\boldsymbol{x}}^{(i)}$，即

$$\hat{\boldsymbol{x}}^{(i)}=[\hat{\boldsymbol{q}}_1,\hat{\boldsymbol{q}}_2,\cdots,\hat{\boldsymbol{q}}_K]\hat{\boldsymbol{y}}^{(i)}=\hat{\boldsymbol{Q}}_K\hat{\boldsymbol{y}}^{(i)}=\sum_{i=1}^{K}y_k^{(i)}\hat{\boldsymbol{q}}_i \tag{13.1.22}$$

注意 $\hat{\boldsymbol{x}}^{(i)}$ 是 $\boldsymbol{x}^{(i)}$ 的近似表示，仍是 D 维向量，则

$$E[\|\hat{\boldsymbol{x}}^{(i)}\|_2^2]=E\left[\sum_{k=1}^{D}|\hat{x}_k^{(i)}|^2\right]=E[\|\hat{\boldsymbol{y}}^{(i)}\|_2^2]=\sum_{k=1}^{K}\lambda_k \tag{13.1.23}$$

若定义误差向量为

$$\boldsymbol{e}^{(i)}=\boldsymbol{x}^{(i)}-\hat{\boldsymbol{x}}^{(i)} \tag{13.1.24}$$

不难验证

$$E[\|\boldsymbol{e}^{(i)}\|_2^2]=\sum_{k=K+1}^{D}\lambda_k \tag{13.1.25}$$

注意到，若只用 K 个特征向量逼近一个样本向量，则误差功率等于没有用到的对应的小特征值之和。

以上讨论了 PCA 的原理和批处理算法，下面介绍一种在线 PCA 算法。

13.1.2 广义 Hebb 算法

给出样本集 $\{\boldsymbol{x}^{(n)},n=1,2,\cdots,N\}$，可以按照式(13.1.18)一次计算自相关矩阵，进行特征分解或直接对式(13.1.17)的数据矩阵进行奇异值分解，均可得到式(13.1.19)的主分量特征矩阵，对于每个新的向量 $\boldsymbol{x}$，直接用式(13.1.20)计算其主分量表示。我们也可以给出序列算法，即一次只使用一个样本进行逐渐的逼近，这种方法可分散计算资源或可用于实时收集数据的情况，即每次收集到一个新的样本，更新一次主分量的结果，即在线学习。

为了给出 K 个主分量的有效在线估计，先研究如何估计第 1 个主分量，在式(13.1.21)中取 $k=1$，对于样本 n，得其第 1 个主分量系数为

$$y_1^{(n)}=\hat{\boldsymbol{q}}_1^{\mathrm{T}}\boldsymbol{x}^{(n)} \tag{13.1.26}$$

其中，$\hat{\boldsymbol{q}}_1$ 为最大特征值对应的特征向量，是第 1 个主向量；$y_1^{(n)}$ 为样本向量 $\boldsymbol{x}^{(n)}$ 的第 1 个主分量系数。如果使用在线算法递推求出 $\hat{\boldsymbol{q}}_1$，第 1 步递推只使用样本 $\boldsymbol{x}^{(1)}$，第 2 步递推使用样本 $\boldsymbol{x}^{(2)}$，依此类推，为了表示与递推序号有关，可用以下向量 $\boldsymbol{w}_1^{(n)}$ 表示递推中的 $\hat{\boldsymbol{q}}_1$，即

$$\boldsymbol{w}_1^{(n)}=[w_{11}^{(n)},w_{12}^{(n)},\cdots,w_{1k}^{(n)},\cdots,w_{1D}^{(n)}]^{\mathrm{T}} \tag{13.1.27}$$

则递推中的第 1 个主分量系数为

$$y_1^{(n)}=\boldsymbol{w}_1^{(n)\mathrm{T}}\boldsymbol{x}^{(n)}=\boldsymbol{x}^{(n)\mathrm{T}}\boldsymbol{w}_1^{(n)} \tag{13.1.28}$$

需要导出 $\boldsymbol{w}_1^{(n)}$ 的递推公式，使 $n\to\infty$ 时，$\boldsymbol{w}_1^{(n)}\to\boldsymbol{q}_1$。

显然，这里的问题是，求 $\boldsymbol{w}_1^{(n)}$ 使式(13.1.29)最大。

$$E[(y_1^{(n)})^2]=E[|\boldsymbol{w}_1^{(n)\mathrm{T}}\boldsymbol{x}^{(n)}|^2] \tag{13.1.29}$$

按照 PCA 原理最大值，$E[|y_1^{(n)}|^2]=\lambda_1$。显然直接求解式(13.1.29)需要自相关矩阵 $\boldsymbol{R}_x$，为了利用数据样本得到 $\boldsymbol{w}_1^{(n)}$ 的迭代更新算法，这里使用随机梯度算法(SGD)，直接将目标函数化简为

$$J(n)=(y_1^{(n)})^2=|\boldsymbol{w}_1^{(n)\mathrm{T}}\boldsymbol{x}^{(n)}|^2=\boldsymbol{w}_1^{(n)\mathrm{T}}\boldsymbol{x}^{(n)}\boldsymbol{x}^{(n)\mathrm{T}}\boldsymbol{w}_1^{(n)} \tag{13.1.30}$$

为使 $J(n)$ 最大，相当于使 $-J(n)$ 最小，利用梯度下降算法(相当于 $J(n)$ 的随机梯度上升算法)得到 $\boldsymbol{w}_1^{(n)}$ 的更新算法为

$$\begin{aligned}\boldsymbol{w}_1^{(n+1)}&=\boldsymbol{w}_1^{(n)}+\frac{1}{2}\eta\frac{\partial J(n)}{\partial \boldsymbol{w}_1^{(n)}}=\boldsymbol{w}_1^{(n)}+\eta\boldsymbol{x}^{(n)}\boldsymbol{x}^{(n)\mathrm{T}}\boldsymbol{w}_1^{(n)}\\&=\boldsymbol{w}_1^{(n)}+\eta\boldsymbol{x}^{(n)}y_1^{(n)}\end{aligned} \tag{13.1.31}$$

式(13.1.31)的权系数更新部分为 $\Delta\boldsymbol{w}_1^{(n)}=\mu\boldsymbol{x}^{(n)}y_1^{(n)}$，在神经网络的文献中，这类将权系数的更新表示为输入向量与输出乘积的形式，称为 Hebb 学习规则，这类算法称为 Hebb 学习算法。

在 PCA 原理中，$\boldsymbol{q}_1$ 是归一化的，即 $\|\boldsymbol{q}_1\|_2=1$，为了使最终收敛的 $\boldsymbol{w}_1^{(n)}$ 也是归一化的，希望式(13.1.31)的每步迭代也满足 $\|\boldsymbol{w}_1^{(n)}\|_2=1$，将式(13.1.31)修正为

$$\boldsymbol{w}_1^{(n+1)}=\frac{\boldsymbol{w}_1^{(n)}+\eta\boldsymbol{x}^{(n)}y_1^{(n)}}{\|\boldsymbol{w}_1^{(n)}+\eta\boldsymbol{x}^{(n)}y_1^{(n)}\|_2} \tag{13.1.32}$$

为了对式(13.1.32)进行化简，写出其任意一个标量形式为

$$w_{1i}^{(n+1)}=\frac{w_{1i}^{(n)}+\eta y_1^{(n)}x_i^{(n)}}{\left[\sum_{k=1}^{D}(w_{1k}^{(n)}+\eta y_1^{(n)}x_k^{(n)})^2\right]^{1/2}} \tag{13.1.33}$$

为了化简式(13.1.33)，假设 η 很小，将分母部分化简如下。

$$\begin{aligned}\frac{1}{\left[\sum_{k=1}^{D}(w_{1k}^{(n)}+\eta y_1^{(n)}x_k^{(n)})^2\right]^{1/2}}&=\frac{1}{\left[\sum_{k=1}^{D}(w_{1k}^{(n)})^2+2\eta y_1^{(n)}\sum_{k=1}^{D}w_{1k}^{(n)}x_k^{(n)}+O(\eta^2)\right]^{1/2}}\\&=\frac{1}{[1+2\eta(y_1^{(n)})^2+O(\eta^2)]^{1/2}}\approx\frac{1}{1+\eta(y_1^{(n)})^2}\\&\approx 1-\eta(y_1^{(n)})^2\end{aligned} \tag{13.1.34}$$

注意到，式(13.1.34)的化简中，用到 $\|\boldsymbol{w}_1^{(n)}\|_2=1$ 的条件，并使用了两个近似式，即 x 很小时，$\sqrt{1+x}\approx1+x/2$ 和 $(1+x)^{-1}\approx1-x$。将式(13.1.34)代入式(13.1.33)并忽略 η^2 项，得到

$$\begin{aligned}w_{1i}^{(n+1)}&\approx(w_{1i}^{(n)}+\eta y_1^{(n)}x_i^{(n)})[1-\eta(y_1^{(n)})^2]\\&\approx w_{1i}^{(n)}+\eta y_1^{(n)}x_i^{(n)}-\eta(y_1^{(n)})^2w_{1i}^{(n)}\end{aligned} \tag{13.1.35}$$

写成向量形式为

$$\boldsymbol{w}_1^{(n+1)}=\boldsymbol{w}_1^{(n)}+\eta y_1^{(n)}(\boldsymbol{x}^{(n)}-y_1^{(n)}\boldsymbol{w}_1^{(n)})=\boldsymbol{w}_1^{(n)}-\Delta\boldsymbol{w}_1^{(n)} \tag{13.1.36}$$

或

$$\Delta\boldsymbol{w}_1^{(n)}=\eta y_1^{(n)}\boldsymbol{x}^{(n)}-\eta(y_1^{(n)})^2\boldsymbol{w}_1^{(n)} \tag{13.1.37}$$

式(13.1.36)收敛的关键是学习率 η 取小值。起始时可取 $\boldsymbol{w}_1^{(0)}=\boldsymbol{0}$ 或一个小的随机数向量，令 $n=1$ 开始迭代执行式(13.1.36)，每次执行完令 $n\leftarrow n+1$，直到全部数据集被使用或在线采集过程结束。只要能得到充分多的样本，$\boldsymbol{w}_1^{(n)}$ 将收敛于 $\boldsymbol{q}_1$。式(13.1.36)称为 Oja 学习法则。

至此，得到了求第1个主分量的算法。Sanger把问题推广到一般情况，导出了一种同时递推求取 K 个主分量的递推算法，类似于第1个主分量，用 $\boldsymbol{w}_j^{(n)},j=1,2,\cdots,K$ 表示递推中的第 j 个主向量，对应主分量系数记为 $y_j^{(n)}$，其推导过程不再赘述，稍后给出一个直观性的解释，有兴趣的读者参考Sanger的论文，算法描述如下，该算法称为广义Hebb算法（Generalized Hebbian Algorithm，GHA）。

GHA 算法

初始化：$\boldsymbol{w}_j^{(0)},j=1,2,\cdots,K$；取小的随机数，构成 K 个随机数向量，分别赋给 $\boldsymbol{w}_j^{(0)}$；令 $n=1$；

循环起始：对于 $j=1,2,\cdots,K$，计算

$$y_j^{(n)}=\boldsymbol{w}_j^{(n)\mathrm{T}}\boldsymbol{x}^{(n)}$$

$$\Delta\boldsymbol{w}_j^{(n)}=\eta y_j^{(n)}\left(\boldsymbol{x}^{(n)}-\sum_{k=1}^{j}y_k^{(n)}\boldsymbol{w}_k^{(n)}\right) \tag{13.1.38}$$

$$\boldsymbol{w}_j^{(n+1)}=\boldsymbol{w}_j^{(n)}+\Delta\boldsymbol{w}_j^{(n)} \tag{13.1.39}$$

$n=n+1$，取 $\boldsymbol{x}^{(n)}$ 回到循环起始，直到停止。

算法收敛后，$\boldsymbol{w}_j^{(n)}$ 将收敛到 $\boldsymbol{q}_j,j=1,2,\cdots,K$。为了直观地理解GHA算法，观察式(13.1.38)，重写为

$$\begin{aligned}\Delta\boldsymbol{w}_j^{(n)}&=\eta y_j^{(n)}\left(\boldsymbol{x}^{(n)}-\sum_{k=1}^{j}y_k^{(n)}\boldsymbol{w}_k^{(n)}\right)\\&=\eta y_j^{(n)}\boldsymbol{x}_{(j)}^{(n)}-\eta y_j^2(n)\boldsymbol{w}_j^{(n)}\end{aligned} \tag{13.1.40}$$

其中，$\boldsymbol{x}_{(j)}^{(n)}$ 中的下标是一个指示因子，注意到

$$\boldsymbol{x}_{(j)}^{(n)}=\boldsymbol{x}^{(n)}-\sum_{k=1}^{j-1}y_k^{(n)}\boldsymbol{w}_k^{(n)} \tag{13.1.41}$$

式(13.1.40)与只求一个主分量的式(13.1.37)相比，用 $\boldsymbol{x}_{(j)}^{(n)}$ 替代 $\boldsymbol{x}^{(n)}$，为了直观，写出前3个 $\boldsymbol{x}_{(j)}^{(n)}$ 为

$$\boldsymbol{x}_{(1)}^{(n)}=\boldsymbol{x}^{(n)}$$

$$\boldsymbol{x}_{(2)}^{(n)}=\boldsymbol{x}^{(n)}-y_1^{(n)}\boldsymbol{w}_1^{(n)}$$

$$\boldsymbol{x}_{(3)}^{(n)}=\boldsymbol{x}^{(n)}-y_1^{(n)}\boldsymbol{w}_1^{(n)}-y_2^{(n)}\boldsymbol{w}_2^{(n)}$$

为了递推求第2个主分量，以 $\boldsymbol{x}^{(n)}-y_1^{(n)}\boldsymbol{w}_1^{(n)}$ 替代 $\boldsymbol{x}^{(n)}$，当 $\boldsymbol{w}_1^{(n)}$ 收敛于 $\boldsymbol{q}_1$ 时，$y_1^{(n)}$ 是 $\boldsymbol{x}^{(n)}$ 中包含分量 $\boldsymbol{q}_1$ 的系数，故 $y_1^{(n)}\boldsymbol{w}_1^{(n)}$ 表示迭代过程中 $\boldsymbol{x}^{(n)}$ 包含的第1个主分量，故 $\boldsymbol{x}_{(2)}^{(n)}$ 是减去了第一个主分量的差信号向量，可以用于求第2个主分量。类似地，$\boldsymbol{x}_{(3)}^{(n)}$ 是减去了第1个和第2个主分量的差信号向量，可以用于求第3个主分量，依此类推。因此，GHA算法可看作仅求一个主分量的式(13.1.36)或式(13.1.37)的直观推广。

例 13.1.1 对一类雷达信号进行短时傅里叶变换(Short-Time Fourier Transform，STFT)，此处并不涉及STFT的细节，只是用于说明PCA降维。对每个信号得到10000维的变换系数向量，得到1000个不同信号的样本进行迭代，保持95%的原向量能量的基础上，仅需要保留49个主分量，即主分量表示的维度为49，仅为原向量维度的0.49%。由于采用的STFT表示存在大量冗

余，这个降维的例子比较极端。另一个例子是对于手写字符图像进行 PCA 降维处理，保留 5%～10%的主分量即可取得良好降维逼近效果。

*13.2　样本向量的白化和正交化

在本书中多次提到对数据样本做白化预处理，白化数据作为输入一般可化简或加速机器学习训练过程，尽管白化是一种较理想的数据预处理方法，但对于高维向量和大数据集其实现较为困难，故实际中更多的是对每个分量单独归一化，典型代表是深度学习中的批归一化(BN，见 11.2 节)，而将白化延迟到本节介绍。由于白化与 PCA 方法联系非常紧密且后续 ICA 需要预白化作为基本步骤，故这里讨论样本向量的白化问题。另外，在一些问题中，需要计算出的特征向量或权向量是相互正交的，但很多递推算法的直接解不满足正交性，需要进行正交化，这里也给出矩阵正交化的基本算法。

13.2.1　样本向量的白化

为了后续 ICA 算法的简单，对样本向量 $\boldsymbol{x}^{(n)}$ 的预处理为零均值、白化和归一化。零均值的处理很简单，对于样本集 $\{\boldsymbol{x}^{(n)},n=1,2,\cdots,N\}$，计算均值 $\hat{\boldsymbol{\mu}}=\frac{1}{N}\sum_{n=1}^{N}\boldsymbol{x}^{(n)}$，然后将每个样本按如下替代：$\boldsymbol{x}^{(n)}\leftarrow\boldsymbol{x}^{(n)}-\hat{\boldsymbol{\mu}}$，故本章后续假设样本集已是零均值的。这里主要讨论白化和归一化，对于一个信号向量 $\boldsymbol{z}^{(n)}$，如果它是白化的，则其自相关矩阵为 $\boldsymbol{R}_z=\sigma_z^2\boldsymbol{I}$；如果它是归一化的，则 $\sigma_z^2=1$。因此，一个白化和归一化的信号向量的自相关矩阵是单位矩阵。

对于样本向量 $\boldsymbol{x}^{(n)}$，其自相关矩阵为 $\boldsymbol{R}_x$，对 PCA 加以变化即可进行白化和归一化，设 $\boldsymbol{R}_x$ 的特征值构成对角矩阵

$$\boldsymbol{\Lambda}=\mathrm{diag}\{\lambda_1,\lambda_2,\cdots,\lambda_D\}\tag{13.2.1}$$

特征向量矩阵为

$$\boldsymbol{Q}=[\boldsymbol{q}_1,\boldsymbol{q}_2,\cdots,\boldsymbol{q}_D]\tag{13.2.2}$$

取变换矩阵为

$$\boldsymbol{T}=\boldsymbol{\Lambda}^{-1/2}\boldsymbol{Q}^{\mathrm{T}}\tag{13.2.3}$$

变换后向量为

$$\boldsymbol{z}^{(n)}=\boldsymbol{T}\boldsymbol{x}^{(n)}=\boldsymbol{\Lambda}^{-1/2}\boldsymbol{Q}^{\mathrm{T}}\boldsymbol{x}^{(n)}\tag{13.2.4}$$

容易验证，$\boldsymbol{z}^{(n)}$ 是白化和归一化的，即

$$\begin{aligned}E[\boldsymbol{z}^{(n)}\boldsymbol{z}^{(n)\mathrm{T}}]&=E[\boldsymbol{\Lambda}^{-1/2}\boldsymbol{Q}^{\mathrm{T}}\boldsymbol{x}^{(n)}\boldsymbol{x}^{(n)\mathrm{T}}\boldsymbol{Q}\boldsymbol{\Lambda}^{-1/2}]=\boldsymbol{\Lambda}^{-1/2}\boldsymbol{Q}^{\mathrm{T}}\boldsymbol{R}_x\boldsymbol{Q}\boldsymbol{\Lambda}^{-1/2}\\&=\boldsymbol{\Lambda}^{-1/2}\boldsymbol{Q}^{\mathrm{T}}\boldsymbol{Q}\boldsymbol{\Lambda}\boldsymbol{Q}^{\mathrm{T}}\boldsymbol{Q}\boldsymbol{\Lambda}^{-1/2}=\boldsymbol{I}\end{aligned}$$

注意到，白化不是唯一的，对于任意正交矩阵 $\boldsymbol{U}$ 满足 $\boldsymbol{U}\boldsymbol{U}^{\mathrm{T}}=\boldsymbol{I}$，则新变换 $\boldsymbol{T}'=\boldsymbol{U}\boldsymbol{T}$ 也可以完成白化，$\boldsymbol{z}'=\boldsymbol{T}'\boldsymbol{x}^{(n)}$ 也是白化的，即

$$E[\boldsymbol{z}'\boldsymbol{z}'^{\mathrm{T}}]=\boldsymbol{U}\boldsymbol{T}\boldsymbol{R}_x\boldsymbol{T}^{\mathrm{T}}\boldsymbol{U}^{\mathrm{T}}=\boldsymbol{U}\boldsymbol{I}\boldsymbol{U}^{\mathrm{T}}=\boldsymbol{I}$$

正交矩阵 $\boldsymbol{U}$ 的作用是多维空间的一种旋转，因此两种不同白化矩阵 $\boldsymbol{T}'$ 和 $\boldsymbol{T}$ 作用的结果是其对应白化向量 $\boldsymbol{z}$ 和 $\boldsymbol{z}'$ 是一种旋转关系，白化对这种旋转不可辨别。

以上讨论的是在假设已知样本向量 $\boldsymbol{x}^{(n)}$ 的自相关矩阵 $\boldsymbol{R}_x$ 的基础上的解析解，若仅有一组向量样本集，则可以用式(13.1.18)估计自相关矩阵 $\hat{\boldsymbol{R}}_x$，然后对 $\hat{\boldsymbol{R}}_x$ 进行特征分解或等价地对数据矩

阵 $\boldsymbol{X}$ 做 SVD 得到白化变换。在只有有限数据样本集情况下只能得到近似白化,这在后续应用中就够了。

例 13.2.1 设有两个变量 $s_i, i=1,2$ 是相互独立的,并且都服从均值为 0,方差为 1 的均匀分布,即

$$p(s_i)=\begin{cases}\dfrac{1}{2\sqrt{3}}, & |s_i|<\sqrt{3}\\ 0, & 其他\end{cases}$$

设源向量 $\boldsymbol{s}=[s_1,s_2]^{\mathrm{T}}$,显然 $p(\boldsymbol{s})=p(s_1)p(s_2)$,随机产生若干样本 s_1,s_2,并以其取值为坐标在平面上画一个点,样本数充分多时,可用样本点集合逼近 $p(\boldsymbol{s})$,如图 13.2.1(a)所示。利用 $\boldsymbol{x}=\boldsymbol{A}\boldsymbol{s}$ 产生一个新的向量,其中

$$\boldsymbol{A}=\begin{bmatrix}1 & 0.5\\ 0.3 & 0.9\end{bmatrix}$$

$\boldsymbol{x}$ 的自相关矩阵为

$$\boldsymbol{R}_x=\begin{bmatrix}1.25 & 0.75\\ 0.75 & 0.9\end{bmatrix}$$

显然,$\boldsymbol{x}$ 的两个分量是相关的,由每个随机生成的 $\boldsymbol{s}$ 样本计算出 $\boldsymbol{x}$ 样本值并画在平面上得到 $\boldsymbol{x}$ 的概率密度函数的逼近,如图 13.2.1(b)所示。

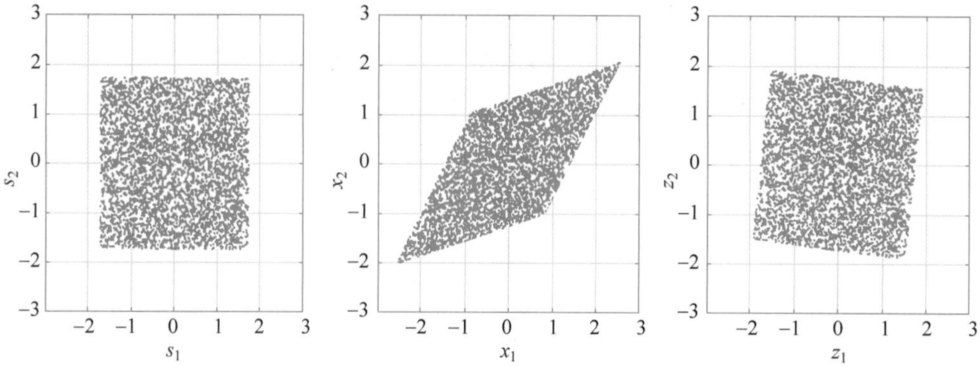

(a) $\boldsymbol{s}$ (b) $\boldsymbol{x}$ (c) $\boldsymbol{z}$

图 13.2.1 白化说明

对 $\boldsymbol{x}$ 白化,得到 $\boldsymbol{z}=\boldsymbol{\Lambda}^{-1/2}\boldsymbol{Q}^{\mathrm{T}}\boldsymbol{x}$,同样地,把白化向量 $\boldsymbol{z}$ 画在平面上,得到图 13.2.1(c)。可见本例白化的结果使 $\boldsymbol{z}$ 不相关且归一化,但非独立,若要求 $\boldsymbol{z}$ 独立,应该进行合理的旋转操作。

13.2.2 向量集的正交化

在 PCA 的 GHA 算法运行中,每次得到一组权向量 $\boldsymbol{w}_i^{(n)}, i=1,2,\cdots,K$,或将其表示为权向量矩阵 $\boldsymbol{W}^{(n)}=[\boldsymbol{w}_1^{(n)},\boldsymbol{w}_2^{(n)},\cdots,\boldsymbol{w}_K^{(n)}]^{\mathrm{T}}$,有的算法要求最终的各权向量 $\boldsymbol{w}_i$ 之间互相正交,但这些算法在运行过程中得到的权向量不一定满足正交性,这就需要对其进行正交化。可使用 Gram-Schmidt 正交化的算法,这里给出权向量矩阵的直接正交化公式。

如果把权向量写成矩阵形式,即

$$\boldsymbol{W}=[\boldsymbol{w}_1^{(n)},\boldsymbol{w}_2^{(n)},\cdots,\boldsymbol{w}_K^{(n)}]^{\mathrm{T}}$$

为了表示简单,将矩阵的上标序号省略。可直接通过矩阵运算一次性完成其正交化过程,$\boldsymbol{W}$ 的正

交化后的矩阵为

$$\widetilde{\boldsymbol{W}}=(\boldsymbol{W}\boldsymbol{W}^{\mathrm{T}})^{-1/2}\boldsymbol{W} \tag{13.2.5}$$

注意,这里用了一个矩阵 $\boldsymbol{A}$ 的逆开方表示 $\boldsymbol{A}^{-1/2}$,接下来对矩阵的逆开方表示做一点说明。

若 $\boldsymbol{A}$ 是对称的正定矩阵,则其可分解为 $\boldsymbol{A}=\boldsymbol{S}\boldsymbol{S}^{\mathrm{T}}$,则称 $\boldsymbol{A}^{1/2}=\boldsymbol{S}$ 为矩阵 $\boldsymbol{A}$ 的开方;类似地,其逆矩阵也可表示为 $\boldsymbol{A}^{-1}=(\boldsymbol{S}^{\mathrm{T}})^{-1}\boldsymbol{S}^{-1}=\boldsymbol{A}^{-1/2}\boldsymbol{A}^{-\mathrm{T}/2}$。对于矩阵 $\boldsymbol{W}\boldsymbol{W}^{\mathrm{T}}$,可以通过乔里奇分解算法得到逆开方,也可以通过特征分解进行。设 $\boldsymbol{W}\boldsymbol{W}^{\mathrm{T}}$ 的特征值作为对角元素的矩阵记为 $\boldsymbol{\Lambda}=\mathrm{diag}\{\lambda_1,\lambda_2,\cdots,\lambda_D\}$,其特征向量矩阵记为 $\boldsymbol{E}$,则 $\boldsymbol{W}\boldsymbol{W}^{\mathrm{T}}=\boldsymbol{E}\boldsymbol{\Lambda}\boldsymbol{E}^{\mathrm{T}}$,显然有

$$(\boldsymbol{W}\boldsymbol{W}^{\mathrm{T}})^{-1}=\boldsymbol{E}\boldsymbol{\Lambda}^{-1}\boldsymbol{E}^{\mathrm{T}} \tag{13.2.6}$$

则

$$(\boldsymbol{W}\boldsymbol{W}^{\mathrm{T}})^{-1/2}=\boldsymbol{E}\boldsymbol{\Lambda}^{-1/2} \tag{13.2.7}$$

注意到,一个矩阵的开方矩阵并不是唯一的,其乘以一个正交矩阵仍是开方矩阵,若 $\boldsymbol{U}$ 是一个正交矩阵,即 $\boldsymbol{I}=\boldsymbol{U}\boldsymbol{U}^{\mathrm{T}}$,则 $\boldsymbol{A}=\boldsymbol{S}\boldsymbol{S}^{\mathrm{T}}=\boldsymbol{S}\boldsymbol{U}\boldsymbol{U}^{\mathrm{T}}\boldsymbol{S}^{\mathrm{T}}$,$\boldsymbol{A}^{1/2}=\boldsymbol{S}\boldsymbol{U}$ 也是开方矩阵,由于 $\boldsymbol{E}^{\mathrm{T}}$ 是一个正交矩阵,故也可用式(13.2.8)构成一个逆开方矩阵。

$$(\boldsymbol{W}\boldsymbol{W}^{\mathrm{T}})^{-1/2}=\boldsymbol{E}\boldsymbol{\Lambda}^{-1/2}\boldsymbol{E}^{\mathrm{T}} \tag{13.2.8}$$

注意到,式(13.2.8)的逆开方矩阵是对称的,把式(13.2.8)代入式(13.2.5)完成的正交化称为对称正交化。

有了逆开方矩阵的讨论,很容易验证 $\widetilde{\boldsymbol{W}}\widetilde{\boldsymbol{W}}^{\mathrm{T}}=\boldsymbol{I}$,即 $\widetilde{\boldsymbol{W}}$ 为正交的。

*13.3　独立分量分析

设存在样本集 $\{\boldsymbol{x}^{(n)},n=1,2,\cdots,N\}$,每个样本 $\boldsymbol{x}^{(n)}$ 是 D 维向量,即

$$\boldsymbol{x}^{(n)}=[x_1^{(n)},x_2^{(n)},\cdots,x_D^{(n)}]^{\mathrm{T}} \tag{13.3.1}$$

在许多实际问题中,$\boldsymbol{x}^{(n)}$ 是由几个源分量隐含组成的,记源分量为 $\{s_i^{(n)},i=1,2,\cdots,K\}$,或写成向量形式 $\boldsymbol{s}^{(n)}$,即

$$\boldsymbol{s}^{(n)}=[s_1^{(n)},s_2^{(n)},\cdots,s_K^{(n)}]^{\mathrm{T}} \tag{13.3.2}$$

这些源分量经过一个混合系统,产生可采集到的样本向量 $\boldsymbol{x}^{(n)}$,首先看一个例子。

例 13.3.1　鸡尾酒会问题(Cocktail Party Problem)是语音处理中的一个经典问题。在鸡尾酒会上,参加宴会的每个人都在交谈,期望通过麦克风阵列记录现场混杂的音源,并通过一定的方法在嘈杂的环境中提取出感兴趣的声音,如单个人的语音或背景音乐等。

这本身是一个相当复杂的问题。首先,并不知道在该环境中有什么人在交谈,也不知道他们何时在说话,因而无法通过简单的方法分离出单个信号源。上述问题可以表述为:在多个信号源同时发出信号的时候,接收端(麦克风阵列)接收到的是源信号(每个人的说话声、音乐、噪声等)的混合信号,我们期望通过某种方法在混合过程未知的情况下从混合信号中分离出源信号。语音识别是机器学习应用的重要领域,实现鸡尾酒会中的个体语音识别是非常有挑战性的工作,首先是个体语音(独立源)的分离,然后对有噪声的源语音(分离一般不理想,混杂噪声仍存在)进行识别。

讨论最基本的无记忆线性模型做混合的情况,样本向量 $\boldsymbol{x}^{(n)}$ 是由一个混合矩阵 $\boldsymbol{A}$ 作用于源向量 $\boldsymbol{s}^{(n)}$ 产生的,即

$$\boldsymbol{x}^{(n)}=\boldsymbol{A}\boldsymbol{s}^{(n)} \tag{13.3.3}$$

其中,$\boldsymbol{A}$ 为一个 $D\times K$ 维的未知矩阵。由样本向量 $\boldsymbol{x}^{(n)}$ 估计 $\boldsymbol{s}^{(n)}$ 的问题可描述为:如果能够找到

一个 $K\times D$ 维矩阵 $\boldsymbol{W}$，使

$$\boldsymbol{W}\boldsymbol{A}\approx\boldsymbol{I} \tag{13.3.4}$$

则

$$\boldsymbol{y}^{(n)}=\hat{\boldsymbol{s}}^{(n)}=\boldsymbol{W}\boldsymbol{x}^{(n)}=\boldsymbol{W}\boldsymbol{A}\boldsymbol{s}^{(n)}\approx\boldsymbol{s}^{(n)} \tag{13.3.5}$$

这里用 $\boldsymbol{y}^{(n)}$ 表示对 $\boldsymbol{s}^{(n)}$ 的估计。问题是式(13.3.3)的模型中混合矩阵 $\boldsymbol{A}$ 是未知的，因此问题是一个欠定问题，需要补充辅助信息才能得到类似式(13.3.5)这样的解。若假设各源分量 $s_i^{(n)}$ 是相互独立的，则导出独立分量分析(或称为独立成分分析)。

假设各源信号分量 $s_i^{(n)}$ 是相互统计独立的，即 $\boldsymbol{s}^{(n)}$ 的联合 PDF 可写为

$$p_s(\boldsymbol{s})=p_{s_1}(s_1)p_{s_2}(s_2)\cdots p_{s_K}(s_K) \tag{13.3.6}$$

为了简单，式(13.3.6)中省略了时间序号 n。

设 $J_{\text{indep}}(\boldsymbol{y})$ 是描述 $\boldsymbol{y}$ 中各分量相互统计独立(简称 $\boldsymbol{y}$ 独立)的一种度量函数，则已知样本向量 $\boldsymbol{x}^{(n)}$，求 $\boldsymbol{W}$ 使 $\boldsymbol{y}^{(n)}$ 独立性最强，即求解以下优化问题。

$$\max_{\boldsymbol{W}}\{J_{\text{indep}}(\boldsymbol{y}=\boldsymbol{W}\boldsymbol{x})\} \tag{13.3.7}$$

如果能够求得 $\boldsymbol{W}$，使 $\boldsymbol{y}$ 是独立的或接近独立的，则 $\boldsymbol{y}$ 是 $\boldsymbol{s}$ 的有效估计。利用式(13.3.7)的准则求解各独立分量，就构成独立分量分析。

解决 ICA 问题的第 1 个关键就是得到描述随机向量中各分量独立性的准则，式(13.3.6)是独立性的定义式，直接使用它作为评价准则不容易实现，需要研究一些更容易实现的准则。

由 2.6 节可知，用互信息或 KL 散度可以描述独立性。稍后将会看到，独立性和非高斯性具有等价性，因此可用非高斯性度量替代独立性度量。概要地讲，标准 ICA 技术分离的各源分量是非高斯的，允许最多有一个高斯源。ICA 的一个基本要求是 $D\geqslant K$，即获得样本向量的传感器数目大于或等于待估计的独立源数目。

13.3.1 独立分量分析的原理和目标函数

在讨论具体的 ICA 算法之前，对 ICA 的原理给出更为深入的讨论，理解 ICA 所蕴含的深刻意义。从以下几方面讨论 ICA 问题。

1. ICA 的基本约束和限制

作为基本的 ICA 算法，对 ICA 问题给出几个基本条件。

条件 1：假设各源分量 $s_i^{(n)}$ 是相互统计独立的，即 $\boldsymbol{s}^{(n)}$ 的联合 PDF 可写为

$$p_s(\boldsymbol{s})=p_{s_1}(s_1)p_{s_2}(s_2)\cdots p_{s_K}(s_K) \tag{13.3.8}$$

条件 1 是 ICA 问题的基本假设，由于只有观测向量 $\boldsymbol{x}^{(n)}$，ICA 的目的是求矩阵 $\boldsymbol{W}$ 或 $\boldsymbol{y}$，使 $\boldsymbol{y}$ 的各分量是独立或近似独立的，则 $\boldsymbol{y}$ 是源信号 $\boldsymbol{s}$ 的逼近。

条件 2：各独立分量是非高斯的，至多存在一个高斯分量。利用独立性假设可分离的信号分量是非高斯的，这是 ICA 方法有效的前提，关于该问题，稍后给出相关定理，这里首先把非高斯分量作为 ICA 方法的基本条件列出。

条件 3：混合矩阵 $\boldsymbol{A}$ 是方阵，即 $D=K$。条件 3 是为了叙述简单而加入的，不是一个必要条件，本节的讨论中，为了简单，把它作为一个条件列出。

解 ICA 问题得到源信号的各分量 $s_i^{(n)}$，源信号的解有两个限制条件，这些限制条件在大多数应用中是无关紧要的。

限制条件 1：无法确定独立分量的能量。

由观测信号向量表达式(13.3.3)，当混合矩阵 $\boldsymbol{A}$ 和源 $\boldsymbol{s}^{(n)}$ 均未知时，对 $\boldsymbol{A}$ 的每列和 $\boldsymbol{s}^{(n)}$ 的相应行各乘以互为倒数的因子，结果 $\boldsymbol{x}^{(n)}$ 不变，即

$$\boldsymbol{x}^{(n)}=\boldsymbol{A}\boldsymbol{s}^{(n)}=\sum_{i=1}^{D}\boldsymbol{a}_i s_i^{(n)}=\sum_{i=1}^{D}(b_i\boldsymbol{a}_i)\left(\frac{1}{b_i}s_i^{(n)}\right) \tag{13.3.9}$$

其中，$\boldsymbol{a}_i$ 为矩阵 $\boldsymbol{A}$ 的列向量；$b_i\neq 0$ 为任意常数。式(13.3.9)说明，在 $\boldsymbol{A}$ 未知的情况下，$s_i^{(n)}$ 的解的幅度不能确定，一般情况下，可以假设 $E[s_i^2(n)]=1$，即源信号是归一化的，但即使如此，$b_i=\pm 1$ 只影响信号符号，即信号的符号仍是无法确定的。

限制条件 2：无法确定独立成分的次序。

取式(13.3.9)的第 2 个等号后的内容 $\boldsymbol{x}^{(n)}=\sum_{i=1}^{D}\boldsymbol{a}_i s_i^{(n)}$，其中可以把次序 i 任意交换均得到相同的样本向量，因此，无法用 $\boldsymbol{x}^{(n)}$ 得到 $s_i^{(n)}$ 的一种预定的排序，也就是说各独立分量的次序是无法识别的。例如，在鸡尾酒会上，有 3 个人在不同位置讲话，通过 ICA 可以分离出 3 个人的声音，但是若要求 ICA 方法自动按年龄次序给 3 个分量排序是做不到的，3 个声音的顺序可能是随机的。

本节讨论 ICA 算法时遵循这 3 个条件，而两个限制条件对大多数应用来讲无关紧要。

2. ICA 与去相关

概率论的基本知识说明，随机变量之间的独立性条件是强于不相关的，即两个(或多个)随机变量是统计独立的，则必是不相关的，反之不一定，独立性是比不相关性更强的条件。建立在独立性假设基础上的 ICA，则是比样本向量的去相关和白化更强的一种工具。

由例 13.2.1 看到白化尽管得不到独立分量，但白化后的联合 PDF 与 ICA 的要求只相差一个旋转操作，比原始样本向量更接近于 ICA 输出，因此，白化可以作为 ICA 的预处理过程，则可以降低 ICA 的复杂性，即将样本向量先白化，以白化向量作为 ICA 的输入，由 ICA 完成这个旋转操作，因此，在 ICA 文献中，白化操作常称为预白化。

下面不加证明地给出 ICA 的可分解性定理，其更详细的讨论可参考《现代信号分析和处理》一书。

定理 13.3.1(ICA 可分离性定理)　对于式(13.3.3)的模型，若 $\boldsymbol{s}^{(n)}$ 的各分量是非高斯的或至多有一个高斯分量，则可以利用 $\boldsymbol{y}^{(n)}=\boldsymbol{W}\boldsymbol{x}^{(n)}$，在允许存在次序模糊和一个比例因子不定的前提下，得到 $\boldsymbol{s}^{(n)}$ 的各源分量。

3. ICA 算法的目标函数

为了导出具体的 ICA 算法，需要定义目标函数从而得到优化算法。式(13.3.7)给出一般化的目标函数，即用 $J_{\text{indep}}(\boldsymbol{y}=\boldsymbol{W}\boldsymbol{x}^{(n)})$ 表示向量 $\boldsymbol{y}$ 的独立性度量，为了便于优化，希望使目标函数是分离矩阵 $\boldsymbol{W}$ 的显函数，这里简要讨论几个描述独立性的等价准则，其导出的具体算法在后续做更详细介绍。

1) 准则 1：最大化非高斯性

在 ICA 算法中，最常用和有效的准则是最大化非高斯性准则，可以验证，最大化非高斯性和最大化独立性是等价的。

对于一个随机变量的非高斯性度量，有几个有效的函数，其中之一是其峭度，即 4 阶累积量的一个值，一个随机变量 y_i 的峭度可表示为 $\text{kurt}(y_i)$，其定义为

$$\text{kurt}(y_i)=E[y_i^4]-3\sigma_i^2 \tag{13.3.10}$$

其中，σ_i^2 为 y_i 的方差。若 $\text{kurt}(y_i)=0$，则称 y_i 是高斯的；若 $\text{kurt}(y_i)>0$，则称 y_i 是超高斯的，

其在零点的尖峰比高斯函数更锐利；若 $\mathrm{kurt}(y_i)<0$，则称 y_i 是亚高斯的，其在零点的峰值比高斯函数平缓。超高斯和亚高斯都是非高斯性，故用 $|\mathrm{kurt}(y_i)|$ 表示非高斯性度量。图 13.3.1 给出了一个高斯和超高斯 PDF 实例，其均值为 0，方差都为 1，一个亚高斯的例子是方差为 1 的均匀分布。

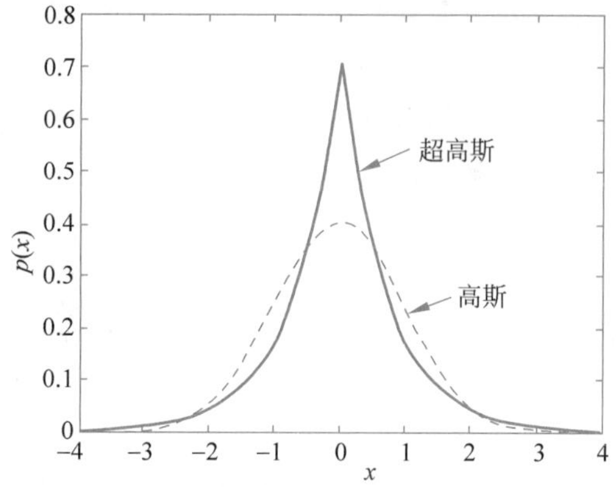

图 13.3.1 高斯和超高斯的例子

另一个描述随机向量非高斯性的度量是 2.6 节介绍的负熵 $J(\boldsymbol{y})=H(\boldsymbol{y}_G)-H(\boldsymbol{y})$，$\boldsymbol{y}_G$ 是表示与 $\boldsymbol{y}$ 等协方差矩阵的高斯向量，负熵最大化相当于非高斯性最大化。从 ICA 求解的角度讲，解 ICA 的问题等价为以下其中一个准则。

$$\max_{\boldsymbol{W}}\{\mathrm{kurt}(y_i)\} \tag{13.3.11}$$

或

$$\max_{\boldsymbol{W}}\{J(\boldsymbol{y})\} \tag{13.3.12}$$

2）准则 2：互信息准则

互信息准则比非高斯性准则更直接，由 2.6 节介绍的互信息，若 $\boldsymbol{y}$ 的各分量互相独立，$\boldsymbol{y}$ 的互信息达到最小值零，因此互信息的最小化和独立性是等价的，若用式(13.3.5)表示 ICA 的输出，由 2.6 节知 $\boldsymbol{y}$ 的互信息表示为

$$I(\boldsymbol{y})=I(y_1,y_2,\cdots,y_M)=\sum_{i=1}^{D}H(y_i)-H(\boldsymbol{x})-\log|\det\boldsymbol{W}|$$

由于 $\boldsymbol{x}$ 与待求的 $\boldsymbol{W}$ 无关，故利用互信息准则求解 ICA 的目标函数为

$$\min_{\boldsymbol{W}}\left\{\sum_{i=1}^{M}H(y_i)-\log|\det\boldsymbol{W}|\right\} \tag{13.3.13}$$

3）准则 3：信息最大化和最大似然原理

利用图 13.3.2 的结构框图进行 ICA，通过一个矩阵 $\boldsymbol{W}$ 和一组非线性函数 $f_i(\cdot)$ 获得独立分量 $\boldsymbol{z}_i$，这里 $f_i(\cdot)$ 是一组特定的非线性函数。希望输出向量的熵最大作为目标函数，即

$$\max_{\boldsymbol{W}}\{H(\boldsymbol{z})\} \tag{13.3.14}$$

由于

$$H(\boldsymbol{z})=\sum_{i=1}^{D}H(z_i)-I(\boldsymbol{z}) \tag{13.3.15}$$

实际上，式(13.3.14)等价于各 $H(z_i)$ 最大和互信息 $I(\boldsymbol{z})$ 最小，而互信息最小等价于最大化输出的独立性。

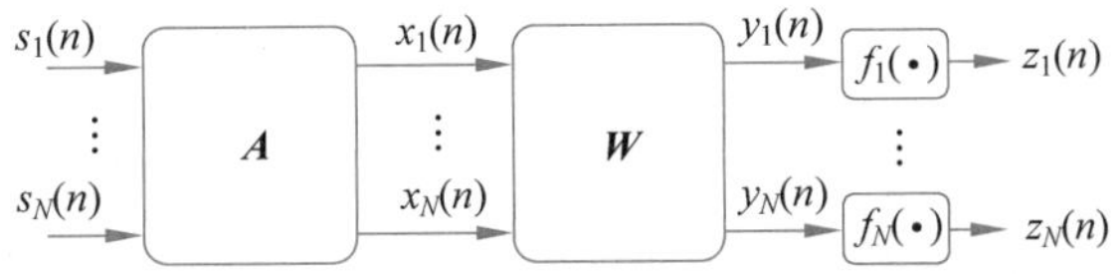

图 13.3.2　Infomax 准则下的 ICA 结构框图

通过推导可以将式(13.3.15)与 $\boldsymbol{W}$ 建立联系，即

$$H(\boldsymbol{z})=H(\boldsymbol{x})+E\left\{\sum_{i=1}^{D}\log(f_i'(\boldsymbol{w}_i^{\mathrm{T}}\boldsymbol{x}))\right\}+\log|\det \boldsymbol{W}|$$

由于 $H(\boldsymbol{x})$ 与 $\boldsymbol{W}$ 无关，故 ICA 算法的目标函数为

$$\max_{\boldsymbol{W}}\left\{E\left[\sum_{i=1}^{D}\log(f_i'(\boldsymbol{w}_i^{\mathrm{T}}\boldsymbol{x}))\right]+\log|\det \boldsymbol{W}|\right\} \tag{13.3.16}$$

可以证明，去掉与求解无关的常数项后，用最大似然原理求解 ICA 问题的目标函数为(稍后 11.3.4 节给出推导)

$$\max_{\boldsymbol{W}}\left\{J_{\mathrm{ML}}(\boldsymbol{W})=E\left[\sum_{i=1}^{D}\log(p_{s_i}(\boldsymbol{w}_i^{\mathrm{T}}\boldsymbol{x}))\right]+\log|\det \boldsymbol{W}|\right\} \tag{13.3.17}$$

可见，除了用源分量的 PDF 函数 $p_{s_i}(\cdot)$ 取代非线性函数 $f_i'(\cdot)$ 外，式(13.3.16)和式(13.3.17)是一致的。

尽管还有不同的准则和目标函数用于解 ICA 问题，本节不再赘述，下面将给出几种利用所讨论的准则构成的 ICA 算法。

13.3.2　不动点算法 Fast-ICA

ICA 的不动点算法是建立在非高斯性最大化准则基础上的，由于其收敛速度快，也称为 Fast-ICA 算法，是芬兰学者 Hyvärinen 提出的。非高斯性度量的两种基本度量函数：峭度和负熵，均可以导出 Fast-ICA 算法，由于实际中基于负熵的算法性能更好，本节只讨论负熵算法，对基于峭度的 Fast-ICA 算法感兴趣的读者可参考 Hyvärinen 的著作。

在导出 Fast-ICA 算法过程中，样本向量 $\boldsymbol{x}$ 是已经预白化的，即 $E[\boldsymbol{x}\boldsymbol{x}^{\mathrm{T}}]=\boldsymbol{I}$，为了推导简单，首先导出只求一个独立分量 y 的算法，分离矩阵 $\boldsymbol{W}$ 也退化成只是一个权系数向量 $\boldsymbol{w}$，且 $\|\boldsymbol{w}\|=1$。求 $\boldsymbol{w}$ 使 $y=\boldsymbol{w}^{\mathrm{T}}\boldsymbol{x}$ 为一个独立分量，即求 $\boldsymbol{w}$ 使 $y=\boldsymbol{w}^{\mathrm{T}}\boldsymbol{x}$ 的负熵最大化。

负熵的准确计算是非常复杂的，可以通过一些特殊的非线性函数化简计算。负熵的一种近似是找到一个特定的函数 $G(\cdot)$，对负熵准则的近似为

$$J(y)=k(E[G(y)]-E[G(v)])^2$$

其中，v 为单位方差的高斯随机变量，与优化无关。另需考虑约束项 $\|\boldsymbol{w}\|=1$，因此重新定义目标函数为

$$J(\boldsymbol{w})=E[G(\boldsymbol{w}^{\mathrm{T}}\boldsymbol{x})]+\lambda(\boldsymbol{w}^{\mathrm{T}}\boldsymbol{w}-1) \tag{13.3.18}$$

其中，λ 为拉格朗日常数。为求 $\boldsymbol{w}$ 使 $J(\boldsymbol{w})$ 最大，求梯度并令其为 0，即

$$\begin{aligned}\frac{\partial J(\boldsymbol{w})}{\partial \boldsymbol{w}}&=\frac{\partial}{\partial \boldsymbol{w}}\{E[G(\boldsymbol{w}^{\mathrm{T}}\boldsymbol{x})]+\lambda(\boldsymbol{w}^{\mathrm{T}}\boldsymbol{w}-1)\}\\&=E\left[\frac{\partial G(\boldsymbol{w}^{\mathrm{T}}\boldsymbol{x})}{\partial \boldsymbol{w}}\right]+\lambda\boldsymbol{w}=E[\boldsymbol{x}g(\boldsymbol{w}^{\mathrm{T}}\boldsymbol{x})]+\lambda\boldsymbol{w}=\boldsymbol{0}\end{aligned} \tag{13.3.19}$$

其中,用 $g(\cdot)$ 表示 $G(\cdot)$ 的导数,为了通过式(13.3.19)求解 $\boldsymbol{w}$,利用牛顿法进行迭代,令

$$f(\boldsymbol{w})=E[\boldsymbol{x}g(\boldsymbol{w}^{\mathrm{T}}\boldsymbol{x})]+\lambda\boldsymbol{w} \tag{13.3.20}$$

求向量函数 $\boldsymbol{f}(\boldsymbol{w})$ 的雅可比矩阵,即

$$\boldsymbol{J}(\boldsymbol{w})=\frac{\partial \boldsymbol{f}(\boldsymbol{w})}{\partial \boldsymbol{w}}=\frac{\partial E[\boldsymbol{x}g(\boldsymbol{w}^{\mathrm{T}}x)]}{\partial \boldsymbol{w}}+\lambda\boldsymbol{I}=E[\boldsymbol{x}^{\mathrm{T}}\boldsymbol{x}g'(\boldsymbol{w}^{\mathrm{T}}\boldsymbol{x})]+\lambda\boldsymbol{I} \tag{13.3.21}$$

为了化简计算,做如下近似。

$$E[\boldsymbol{x}^{\mathrm{T}}\boldsymbol{x}g'(\boldsymbol{w}^{\mathrm{T}}\boldsymbol{x})]\approx E[\boldsymbol{x}^{\mathrm{T}}\boldsymbol{x}]E[g'(\boldsymbol{w}^{\mathrm{T}}\boldsymbol{x})]=E[g'(\boldsymbol{w}^{\mathrm{T}}\boldsymbol{x})]\boldsymbol{I} \tag{13.3.22}$$

注意,式(13.3.22)约等号后是一个近似性假设,等号后的单位矩阵基于 $\boldsymbol{x}$ 已白化,雅可比矩阵化简为

$$\boldsymbol{J}(\boldsymbol{w})=\{E[g'(\boldsymbol{w}^{\mathrm{T}}\boldsymbol{x})]+\lambda\}\boldsymbol{I} \tag{13.3.23}$$

根据牛顿更新公式,权系数更新算法为

$$\boldsymbol{w}^{+}=\boldsymbol{w}-\boldsymbol{J}^{-1}(\boldsymbol{w})f(\boldsymbol{w})=\boldsymbol{w}-\frac{E[\boldsymbol{x}g(\boldsymbol{w}^{\mathrm{T}}\boldsymbol{x})]+\lambda\boldsymbol{w}}{E[g'(\boldsymbol{w}^{\mathrm{T}}\boldsymbol{x})]+\lambda} \tag{13.3.24}$$

式(13.3.24)两边同乘以 $E[g'(\boldsymbol{w}^{\mathrm{T}}\boldsymbol{x})]+\lambda$,得

$$\begin{aligned}\boldsymbol{w}^{+}\{E[g'(\boldsymbol{w}^{\mathrm{T}}\boldsymbol{x})]+\lambda\}&=\boldsymbol{w}\{E[g'(\boldsymbol{w}^{\mathrm{T}}\boldsymbol{x})]+\lambda\}-E[\boldsymbol{x}g(\boldsymbol{w}^{\mathrm{T}}\boldsymbol{x})]-\lambda\boldsymbol{w}\\&=E[g'(\boldsymbol{w}^{\mathrm{T}}\boldsymbol{x})]\boldsymbol{w}-E[\boldsymbol{x}g(\boldsymbol{w}^{\mathrm{T}}\boldsymbol{x})]\end{aligned}$$

注意到,更新的权系数 $\boldsymbol{w}^{+}$ 需要归一化,$\boldsymbol{w}^{+}$ 上乘的因子没有实际作用,故把更新公式重写为

$$\boldsymbol{w}^{+}=E[g'(\boldsymbol{w}^{\mathrm{T}}\boldsymbol{x})]\boldsymbol{w}-E[\boldsymbol{x}g(\boldsymbol{w}^{\mathrm{T}}\boldsymbol{x})] \tag{13.3.25}$$

为使 $\boldsymbol{w}^{+}$ 的范数为 1,需归一化,即

$$\boldsymbol{w}=\frac{\boldsymbol{w}^{+}}{\|\boldsymbol{w}^{+}\|} \tag{13.3.26}$$

至此,导出了只抽取一个独立分量的算法,得到权系数向量的递推公式,即式(13.3.25)和式(13.3.26)。这里有两点需要进一步讨论。其一,需要找到合适的函数 $G(\cdot)$ 用于近似负熵,Hyvärinen 在其 Fast-ICA 算法的论文中推荐了 3 个这样的函数,并验证了其有效性,表 13.3.1 列出了 3 个函数及其导数。

表 13.3.1 近似负熵和 Fast-ICA 的非线性函数例

$G(y)$	一阶导数 $g(y)$	二阶导数 $g'(y)$
$\frac{1}{a}\log\cosh(ay),\quad 1\leqslant a\leqslant 2$	$\tanh(ay)$	$a[1-\tanh^2(ay)]$
$-\exp(-y^2/2)$	$y\exp(-y^2/2)$	$(1-y^2)\exp(-y^2/2)$
$y^4/4$	y^3	$3y^2$

其二,式(13.3.25)中有两个求期望项 $E[\boldsymbol{x}g(\boldsymbol{w}^{\mathrm{T}}\boldsymbol{x})]$ 和 $E[g'(\boldsymbol{w}^{\mathrm{T}}\boldsymbol{x})]$,在实际中,可以用样本集进行估计,设 $\{\boldsymbol{x}^{(n)},n=1,2,\cdots,N\}$ 为信号向量的样本集,且每个样本向量是已白化的,则

$$E[\boldsymbol{x}g(\boldsymbol{w}^{\mathrm{T}}\boldsymbol{x})]\approx\frac{1}{N}\sum_{n=1}^{N}\boldsymbol{x}^{(n)}g(\boldsymbol{w}^{\mathrm{T}}\boldsymbol{x}^{(n)}) \tag{13.3.27}$$

$$E[g'(\boldsymbol{w}^{\mathrm{T}}\boldsymbol{x})]\approx\frac{1}{N}\sum_{n=1}^{N}g'(\boldsymbol{w}^{\mathrm{T}}\boldsymbol{x}^{(n)}) \tag{13.3.28}$$

单独立分量 Fast-ICA 算法总结描述如下。

单独立分量 Fast-ICA 算法

初始值 $\boldsymbol{w}$ 设为一个范数为 1 的初始向量，具体值可随机选取。

迭代过程

$$\boldsymbol{w}^{+}=E\left[g'(\boldsymbol{w}^{\mathrm{T}}\boldsymbol{x})\right]\boldsymbol{w}-E\left[\boldsymbol{x}g(\boldsymbol{w}^{\mathrm{T}}\boldsymbol{x})\right]$$

$$\boldsymbol{w}=\frac{\boldsymbol{w}^{+}}{\|\boldsymbol{w}^{+}\|}$$

判断是否收敛，若未收敛，则返回“迭代过程”重复。

由于 $\boldsymbol{w}$ 是范数为 1 的向量，向量是有方向的，因此，在迭代式(13.3.25)中新的权向量 $\boldsymbol{w}^{+}$ 若与旧向量 $\boldsymbol{w}$ 方向相同，则归一化后必相等，达到收敛条件，实际中可设置一个小的门限作为收敛条件。Fast-ICA 算法收敛速度很快，一般情况下经过几次迭代即可收敛，这也是 Fast 一词的由来。

上述算法仅用于抽取一个独立分量，称为一元 ICA 算法，当 $\boldsymbol{w}$ 收敛后，用 $y^{(n)}=\boldsymbol{w}^{\mathrm{T}}\boldsymbol{x}^{(n)}$ 计算出样本向量 $\boldsymbol{x}^{(n)}$ 中包含的一个独立分量 $y^{(n)}$，如果需要估计 K 个独立分量($K\leqslant D$)，则需要对以上算法进行修改。设 $\boldsymbol{w}_i$ 表示抽取第 i 个独立分量的权系数向量，则 $y_i=\boldsymbol{w}_i^{\mathrm{T}}\boldsymbol{x}$ 为第 i 个独立分量，则显然有

$$E\left[y_i y_j\right]=E\left[\boldsymbol{w}_i^{\mathrm{T}}\boldsymbol{x}\boldsymbol{x}^{\mathrm{T}}\boldsymbol{w}_j\right]=\boldsymbol{w}_i^{\mathrm{T}}E\left[\boldsymbol{x}\boldsymbol{x}^{\mathrm{T}}\right]\boldsymbol{w}_j=\boldsymbol{w}_i^{\mathrm{T}}\boldsymbol{w}_j=\begin{cases}1, & i=j\\0, & i\neq j\end{cases}$$

即

$$\boldsymbol{w}_i^{\mathrm{T}}\boldsymbol{w}_j=\begin{cases}1, & i=j\\0, & i\neq j\end{cases}\tag{13.3.29}$$

各权系数向量是相互正交的。利用这个条件，可导出一种串行使用以上一元算法计算各独立分量的方法。

首先抽取第 1 个独立分量，直接应用单独立分量 Fast-ICA 算法产生第 1 个权系数向量 $\boldsymbol{w}_1$，然后，产生一个范数为 1 的随机初始向量 $\boldsymbol{w}_2$，并且运行一次式(13.3.25)产生新的 $\boldsymbol{w}_2^{+}$，由于 $\boldsymbol{w}_2^{+}$ 与 $\boldsymbol{w}_1$ 不一定正交，需要对 $\boldsymbol{w}_2^{+}$ 与 $\boldsymbol{w}_1$ 正交化，用 Gram-Schmidt 正交化，得

$$\boldsymbol{w}_2^{++}=\boldsymbol{w}_2^{+}-(\boldsymbol{w}_2^{+\mathrm{T}}\boldsymbol{w}_1)\boldsymbol{w}_1\tag{13.3.30}$$

再对 $\boldsymbol{w}_2^{++}$ 归一化得到新的权系数向量，即

$$\boldsymbol{w}_2=\frac{\boldsymbol{w}_2^{++}}{\|\boldsymbol{w}_2^{++}\|}\tag{13.3.31}$$

若 $\boldsymbol{w}_2$ 已收敛，则停止，否则再次调用式(13.3.25)并重复正交化和归一化过程。注意到在求 $\boldsymbol{w}_2$ 时，在每次调用式(13.3.25)后都要进行正交化，而不是反复迭代结束后只进行一次正交化，为的是避免迭代过程中 $\boldsymbol{w}_2$ 收敛到 $\boldsymbol{w}_1$ 而得不到新的权系数向量。继续这个过程直到产生 K 个互相正交的权系数向量。

串行产生 K 个独立分量的 Fast-ICA 算法总结描述如下。

串行产生 K 个独立分量 Fast-ICA 算法

初始化：观测数据向量首先白化，$\boldsymbol{x}$ 是白化向量，确定 $K\leqslant D$，$k=1$；

(1) 选择范数为 1 的随机初始权向量 $\boldsymbol{w}_k$。

(2) 迭代计算

$$\boldsymbol{w}_k^+ = E[g'(\boldsymbol{w}_k^{\mathrm{T}}\boldsymbol{x})]\boldsymbol{w}_k - E[\boldsymbol{x}g(\boldsymbol{w}_k^{\mathrm{T}}\boldsymbol{x})]$$

$$\boldsymbol{w}_k^{++} = \boldsymbol{w}_k^+ - \sum_{j=1}^{k-1}(\boldsymbol{w}_k^{+\mathrm{T}}\boldsymbol{w}_j)\boldsymbol{w}_j$$

$$\boldsymbol{w}_k = \frac{\boldsymbol{w}_k^{++}}{\|\boldsymbol{w}_k^{++}\|}$$

(3) 若 $\boldsymbol{w}_k$ 尚未收敛,返回步骤(2)。

(4) 若 $k<K$,$k \leftarrow k+1$,返回步骤(1)。

串行 Fast-ICA 算法可以产生 K 个独立分量,串行算法仅需向量运算,实现简单,但串行算法不利于并行结构实现,而且串行算法存在误差积累问题,即 $\boldsymbol{w}_1$ 估计若存在误差,这个误差将影响所有其他权系数向量的精度。为此,可以使用并行正交算法,即把各 $\boldsymbol{w}_i$ 构成一个权向量矩阵 $\boldsymbol{W}=[\boldsymbol{w}_1,\boldsymbol{w}_2,\cdots,\boldsymbol{w}_K]^{\mathrm{T}}$,对其直接进行正交化。并行 Fast-ICA 算法总结描述如下。

并行产生 K 个独立分量的 Fast-ICA 算法

初始化:观测数据向量首先白化,$\boldsymbol{x}$ 是白化向量,确定 $K \leqslant M$;

随机产生 $\boldsymbol{w}_1,\boldsymbol{w}_2,\cdots,\boldsymbol{w}_K$,每个都是范数为 1 的随机向量,构成 $\boldsymbol{W}=[\boldsymbol{w}_1,\boldsymbol{w}_2,\cdots,\boldsymbol{w}_K]^{\mathrm{T}}$,并正交化为 $\boldsymbol{W} \leftarrow (\boldsymbol{W}\boldsymbol{W}^{\mathrm{T}})^{-1/2}\boldsymbol{W}$;

(1) 对于每个 $k=1,2,\cdots,K$,计算

$$\boldsymbol{w}_k^+ = E[g'(\boldsymbol{w}_k^{\mathrm{T}}\boldsymbol{x})]\boldsymbol{w}_k - E[\boldsymbol{x}g(\boldsymbol{w}_k^{\mathrm{T}}\boldsymbol{x})]$$

(2) $\boldsymbol{W}^+ = [\boldsymbol{w}_1^+,\boldsymbol{w}_2^+,\cdots,\boldsymbol{w}_K^+]^{\mathrm{T}}$,正交化为 $\boldsymbol{W}=(\boldsymbol{W}^+\boldsymbol{W}^{+\mathrm{T}})^{-1/2}\boldsymbol{W}^+$。

(3) 若尚未收敛,返回步骤(1)。

算法收敛后,得到矩阵 $\boldsymbol{W}$,对于任意输入向量 $\boldsymbol{x}$,得到

$$\boldsymbol{y}=[y_1,y_2,\cdots,y_K]^{\mathrm{T}}=\boldsymbol{W}\boldsymbol{x} \tag{13.3.32}$$

$\boldsymbol{y}$ 包括 K 个独立分量,它是混合模型式(13.3.3)的源向量 $\boldsymbol{s}^{(n)}$ 中的 K 个成分。$\boldsymbol{y}^{(n)}$ 是 $\boldsymbol{s}^{(n)}$ 的逼近,但是次序和幅度可能是变化的,这是 ICA 的模糊性决定的。

Fast-ICA 算法收敛快,不需要确定迭代步长参数,但为使算法快速稳健地收敛,每次迭代需要用全部样本集估计算法中的两个期望值,如式(13.3.27)和式(13.3.28)。对于批处理应用,没有任何限制;对于实时在线应用,可把式(13.3.27)和式(13.3.28)修改为小批量平均,为使算法保持稳健,小批量不能太小,Fast-ICA 算法在在线应用方面不如随机梯度类算法有效。

13.3.3 自然梯度算法

自然梯度算法是一类新的梯度算法,基于新的梯度算法,可导出一类 ICA 算法。对于目标函数 $J(\boldsymbol{W})$,若求 $\boldsymbol{W}$ 使目标函数最大或最小,则需要求梯度 $\frac{\partial J(\boldsymbol{W})}{\partial \boldsymbol{W}}$,由梯度确定每步迭代的更新量 $\Delta\boldsymbol{W}$ 为

$$\Delta\boldsymbol{W} \propto \pm \frac{\partial J(\boldsymbol{W})}{\partial \boldsymbol{W}} \tag{13.3.33}$$

其中，符号$\propto$表示"正比于"；$\pm$取决于最大化还是最小化目标函数。一般来讲，随着迭代的进行，$\Delta\boldsymbol{W}$的方向和大小都发生变化，若改变梯度策略为"保持$\|\Delta\boldsymbol{W}\|$不变，搜寻最优的方向"，则在此条件下，Amari 导出一种新的梯度，称为自然梯度，记自然梯度为$\frac{\partial J_{\text{nat}}(\boldsymbol{W})}{\partial \boldsymbol{W}}$，可证明

$$\nabla_{\text{nat}} J(\boldsymbol{W})=\frac{\partial J_{\text{nat}}(\boldsymbol{W})}{\partial \boldsymbol{W}}=\frac{\partial J(\boldsymbol{W})}{\partial \boldsymbol{W}}\boldsymbol{W}^{\mathrm{T}}\boldsymbol{W} \tag{13.3.34}$$

限于篇幅，略去式(13.3.34)的证明，感兴趣的读者请参考 Amari 的论文。用自然梯度迭代$\boldsymbol{W}$的更新量为

$$\Delta\boldsymbol{W}\propto\pm\frac{\partial J(\boldsymbol{W})}{\partial \boldsymbol{W}}\boldsymbol{W}^{\mathrm{T}}\boldsymbol{W} \tag{13.3.35}$$

自然梯度是一种新的梯度迭代方法，定义不同的目标函数$J(\boldsymbol{W})$，都可以得到一种相应算法，本节主要以互信息准则为例，推导 ICA 的自然梯度算法，然后简要讨论最大似然和信息最大化准则的相似性。

输出向量$\boldsymbol{y}$的互信息，或$p_{y}(\boldsymbol{y})$与$p_{y_1}(y_1)p_{y_2}(y_2)\cdots p_{y_M}(y_M)$的 KL 散度记为

$$I(\boldsymbol{y})=\sum_{i=1}^{K}H(y_i)-H(\boldsymbol{y})$$

代入$\boldsymbol{y}=\boldsymbol{W}\boldsymbol{x}$的关系，则有

$$\begin{aligned}I(\boldsymbol{y})&=\sum_{i=1}^{K}H(y_i)-H(\boldsymbol{x})-\log|\det\boldsymbol{W}|\\&=-\sum_{i=1}^{K}E[\log p_{y_i}(y_i)]-\log|\det\boldsymbol{W}|-H(\boldsymbol{x})\end{aligned} \tag{13.3.36}$$

若$\boldsymbol{y}$是独立向量，则目标函数可达到最小值 0，式(13.3.36)中，$H(\boldsymbol{x})$与待求矩阵$\boldsymbol{W}$无关，可不予考虑，故定义目标函数为

$$J(\boldsymbol{W})=-\sum_{i=1}^{K}E[\log p_{y_i}(y_i)]-\log|\det\boldsymbol{W}| \tag{13.3.37}$$

为了利用自然梯度法递推得到$\boldsymbol{W}$，首先推导目标函数的梯度，希望导出的算法能够实时在线执行，使用随机梯度，即去掉式(13.3.37)的期望运算，得到即时的目标函数为

$$\tilde{J}(\boldsymbol{W})=-\sum_{i=1}^{D}\log p_{y_i}(y_i)-\log|\det\boldsymbol{W}| \tag{13.3.38}$$

梯度写为

$$\nabla\tilde{J}(\boldsymbol{W})=-\frac{\partial\sum_{i=1}^{M}\log p_{y_i}(y_i)}{\partial\boldsymbol{W}}-\frac{\partial\log|\det\boldsymbol{W}|}{\partial\boldsymbol{W}} \tag{13.3.39}$$

由附录 B 知

$$\frac{\partial\log|\det\boldsymbol{W}|}{\partial\boldsymbol{W}}=\boldsymbol{W}^{-\mathrm{T}} \tag{13.3.40}$$

其中，上标中的$-\mathrm{T}$表示逆矩阵的转置。为了清楚，将式(13.3.39)右侧第 1 个求偏导数分解为首先对$\boldsymbol{W}=[\boldsymbol{w}_1,\boldsymbol{w}_2,\cdots,\boldsymbol{w}_M]^{\mathrm{T}}$中的一项$\boldsymbol{w}_i$求偏导数，即

$$\frac{\partial\log p_{y_i}(y_i)}{\partial\boldsymbol{w}_i}=\frac{\partial\log p_{y_i}(y_i)}{\partial y_i}\frac{\partial y_i}{\partial\boldsymbol{w}_i}=\frac{p'_{y_i}(y_i)}{p_{y_i}(y_i)}\boldsymbol{x}=-g_i(y_i)\boldsymbol{x} \tag{13.3.41}$$

式(13.3.41)用到了$y_i=\boldsymbol{w}_i^{\mathrm{T}}\boldsymbol{x}$，$p'_{y_i}(y_i)$是$p_{y_i}(y_i)$的一阶导数。$g_i(y_i)$是为了表示简单而定义的

函数，即

$$g_i(y_i)=-\frac{p'_{y_i}(y_i)}{p_{y_i}(y_i)} \tag{13.3.42}$$

把式(13.3.41)合在一起，有

$$\frac{\partial\sum_{i=1}^{K}\log p_{y_i}(y_i)}{\partial \boldsymbol{W}}=-\boldsymbol{g}(\boldsymbol{y})\boldsymbol{x}^{\mathrm{T}}=-\boldsymbol{x}\boldsymbol{g}^{\mathrm{T}}(\boldsymbol{y}) \tag{13.3.43}$$

其中，

$$\boldsymbol{g}(\boldsymbol{y})=[g_1(y_1),g_2(y_2),\cdots,g_K(y_K)]^{\mathrm{T}} \tag{13.3.44}$$

故梯度为

$$\begin{aligned}\nabla\widetilde{J}(\boldsymbol{W})&=-\boldsymbol{W}^{-\mathrm{T}}+\boldsymbol{g}(\boldsymbol{y})\boldsymbol{x}^{\mathrm{T}}\\&=-[\boldsymbol{I}-\boldsymbol{g}(\boldsymbol{y})\boldsymbol{x}^{\mathrm{T}}\boldsymbol{W}^{\mathrm{T}}]\boldsymbol{W}^{-\mathrm{T}}\\&=-[\boldsymbol{I}-\boldsymbol{g}(\boldsymbol{y})\boldsymbol{y}^{\mathrm{T}}]\boldsymbol{W}^{-\mathrm{T}}\end{aligned} \tag{13.3.45}$$

式(13.3.45)中有一个矩阵求逆运算，是非常复杂的，使用式(13.3.35)定义的自然梯度，则

$$\begin{aligned}\nabla_{\mathrm{nat}}\widetilde{J}(\boldsymbol{W})&=\frac{\partial\widetilde{J}_{\mathrm{nat}}(\boldsymbol{W})}{\partial\boldsymbol{W}}=\frac{\partial\widetilde{J}(\boldsymbol{W})}{\partial\boldsymbol{W}}\boldsymbol{W}^{\mathrm{T}}\boldsymbol{W}\\&=-[\boldsymbol{I}-\boldsymbol{g}(\boldsymbol{y})\boldsymbol{y}^{\mathrm{T}}]\boldsymbol{W}^{-\mathrm{T}}\boldsymbol{W}^{\mathrm{T}}\boldsymbol{W}=-[\boldsymbol{I}-\boldsymbol{g}(\boldsymbol{y})\boldsymbol{y}^{\mathrm{T}}]\boldsymbol{W}\end{aligned} \tag{13.3.46}$$

基于自然梯度的分离矩阵更新项为

$$\Delta\boldsymbol{W}=\eta[\boldsymbol{I}-\boldsymbol{g}(\boldsymbol{y})\boldsymbol{y}^{\mathrm{T}}]\boldsymbol{W} \tag{13.3.47}$$

其中，η 为迭代步长。

第 n 个的样本向量为 $\boldsymbol{x}^{(n)}$，则样本对应的独立分量输出为

$$\boldsymbol{y}^{(n)}=\boldsymbol{W}^{(n)}\boldsymbol{x}^{(n)} \tag{13.3.48}$$

由式(13.3.47)分离矩阵的更新公式为

$$\boldsymbol{W}^{(n+1)}=\boldsymbol{W}^{(n)}+\eta[\boldsymbol{I}-\boldsymbol{g}(\boldsymbol{y}^{(n)})\boldsymbol{y}^{(n)\mathrm{T}}]\boldsymbol{W}^{(n)} \tag{13.3.49}$$

可以利用随机矩阵 $\boldsymbol{W}^{(0)}$ 作为初始分离矩阵，从 $n=0$ 开始迭代反复执行式(13.3.48)和式(13.3.49)。

在导出的算法中，向量函数 $\boldsymbol{g}(\boldsymbol{y})$ 的每个分量由式(13.3.42)确定，即由 y_i 的 PDF 及其导数确定。实际情况中，y_i 的 PDF 一般是未知的，对于这个问题，Cardoso 等证明，不使用 y_i 的准确 PDF，而是使用一个能表征其超高斯性或亚高斯性的函数近似 $p_{y_i}(y_i)$ 即可以保证 ICA 算法的收敛，基于这个原则，给出两个典型 PDF 分别代表超高斯和亚高斯 PDF。

$$p_y^+(y)=\alpha_1-2\log[\cosh(y)] \tag{13.3.50}$$

$$p_y^-(y)=\alpha_2-\left\{\frac{1}{2}y^2-\log[\cosh(y)]\right\} \tag{13.3.51}$$

其中，α_1 和 α_2 是正常数，确保 $p_y^+(y)$ 和 $p_y^-(y)$ 满足 PDF 的基本性质。若 $p_{y_i}(y_i)$ 是超高斯的，用 $p_y^+(y)$ 表示；若 $p_{y_i}(y_i)$ 是亚高斯的，用 $p_y^-(y)$ 表示。代入式(13.3.42)得到相应的 $g(\cdot)$ 函数形式为

$$g^+(y)=2\tanh(y) \tag{13.3.52}$$

$$g^-(y)=y-\tanh(y) \tag{13.3.53}$$

一些实际应用中，通过经验可能确定 $p_{y_i}(y_i)$ 的分类。例如，若用于鸡尾酒会问题，各独立分量均为语音信号，则语音信号的 PDF 是超高斯的，算法中可选择 $g^+(y_i)$ 替代 $g_i(y_i)$。有的应用场景中，几个分量信号有不同的 PDF，甚至类型不同，这时需要用一个判定因子确定其类型，关于

怎样判断 PDF 类型的细节，本节不再赘述，一个带判断因子 γ_i 的完整自然梯度 ICA 算法描述如下，γ_i 用于判断 y_i 是超高斯还是亚高斯的。

互信息准则下的自然梯度 ICA 算法

初始化：观测数据向量首先白化，$\boldsymbol{x}$ 是白化向量，$n=0$；

选择 $\boldsymbol{W}^{(0)}$ 作为初始分离矩阵，其可随机生成，确定两个迭代步长 η 和 η_γ；

选择初始值 $\gamma_i, i=1,2,\cdots,K$，γ_i 可由经验选择，若无经验可用则随机选择。

(1) $\boldsymbol{y}^{(n)}=\boldsymbol{W}^{(n)}\boldsymbol{x}^{(n)}$。

(2) 若不需确定 $\boldsymbol{g}(\boldsymbol{y})$，则跳过该步。否则：

① 更新 $\gamma_i \leftarrow (1-\eta_\gamma)\gamma_i+\eta_\gamma\left[-y_i^{(n)}\tanh(y_i^{(n)})+(1-\tanh^2(y_i^{(n)}))\right]$；

② 若 $\gamma_i>0$，选 $g^+(y_i)$ 作为 $g_i(y_i)$，否则选 $g^-(y_i)$ 作为 $g_i(y_i)$。

(3) $\boldsymbol{W}^{(n+1)}=\boldsymbol{W}^{(n)}+\eta\left[\boldsymbol{I}-\boldsymbol{g}(\boldsymbol{y}^{(n)})\boldsymbol{y}^{(n)\mathrm{T}}\right]\boldsymbol{W}^{(n)}$。

(4) $n=n+1$ 若未结束，返回步骤(1)。

以上给出的是在线实现，若是小规模数据集，可进行批处理，则以 $E\left[\boldsymbol{g}(\boldsymbol{y})\boldsymbol{y}^{\mathrm{T}}\right]$ 替代 $\boldsymbol{g}(\boldsymbol{y}^{(n)})\boldsymbol{y}^{(n)\mathrm{T}}$，以 $\eta_\gamma E\left[-y_i\tanh(y_i)+(1-\tanh^2(y_i))\right]$ 作为 γ_i 的更新项，去掉样本序号 n，以有限样本平均近似期望值 $E[\cdot]$，则可得到更快的收敛速度和更好的精度。

以上利用互信息准则推导了自然梯度算法，研究发现有几个准则可以导出几乎一致的算法，以下简单介绍最大似然原理和信息最大准则，并讨论在这些准则下的自然梯度 ICA 算法与以上讨论几乎一致。

1. 最大似然 ICA 算法

对于观测样本模型 $\boldsymbol{x}^{(n)}=\boldsymbol{A}\boldsymbol{s}^{(n)}$，假设 $\boldsymbol{A}$ 是可逆的(未知)，则可以找到 $\boldsymbol{W}=\boldsymbol{A}^{-1}$，使 $\boldsymbol{y}^{(n)}=\boldsymbol{W}\boldsymbol{x}^{(n)}=\boldsymbol{W}\boldsymbol{A}\boldsymbol{s}^{(n)}=\boldsymbol{s}^{(n)}$，关键是求分离矩阵 $\boldsymbol{W}$，可以用 ML 准则求解参数矩阵 $\boldsymbol{W}$。假设 $\boldsymbol{x}^{(n)}$ 是已知观测向量，其 PDF 可写为

$$
\begin{aligned}
p_x(\boldsymbol{x}^{(n)}) &= |\det(\boldsymbol{A}^{-1})|\,p_s(\boldsymbol{s}^{(n)})=|\det(\boldsymbol{W})|\prod_{i=1}^{D}p_{s_i}(s_i(n)) \\
&= |\det(\boldsymbol{W})|\prod_{i=1}^{D}p_{s_i}(\boldsymbol{w}_i^{\mathrm{T}}\boldsymbol{x}^{(n)})
\end{aligned} \tag{13.3.54}
$$

若有观测信号集为 $\boldsymbol{X}=\{\boldsymbol{x}^{(n)}, n=1,2,\cdots,N\}$，则观测样本集的联合概率为

$$
p_{\boldsymbol{X}}(\boldsymbol{X})=\prod_{n=1}^{N}p_x(\boldsymbol{x}^{(n)})=\prod_{n=1}^{N}\prod_{i=1}^{D}p_{s_i}(\boldsymbol{w}_i^{\mathrm{T}}\boldsymbol{x}^{(n)})\,|\det(\boldsymbol{W})| \tag{13.3.55}
$$

其中，$\boldsymbol{X}$ 是已经产生的数据集，故若把 $\boldsymbol{W}$ 看作待求参数集，则可得到 $\boldsymbol{W}$ 的似然函数，为方便使用负对数似然函数，则

$$
\begin{aligned}
-\frac{1}{N}L(\boldsymbol{W}) &= -\frac{1}{N}\sum_{n=1}^{N}\sum_{i=1}^{D}\log\left[p_{s_i}(\boldsymbol{w}_i^{\mathrm{T}}\boldsymbol{x}^{(n)})\right]+\log|\det(\boldsymbol{W})| \\
&\approx -\sum_{i=1}^{D}E\{\log\left[p_{s_i}(\boldsymbol{w}_i^{\mathrm{T}}\boldsymbol{x}^{(n)})\right]\}-\log|\det(\boldsymbol{W})|
\end{aligned} \tag{13.3.56}
$$

注意到式(13.3.56)与式(13.3.36)相比除了缺一项 $H(\boldsymbol{x})$，其他是相同的，由于 $H(\boldsymbol{x})$ 与待求矩阵 $\boldsymbol{W}$ 无关，故 ML 准则下的目标函数(取负值)与互信息的目标函数一致，因此最小化互信息准则和负最大似然原理等价，由此，ML 准则下的自然梯度 ICA 算法与互信息准则下的自然梯度 ICA 算法一致。

一点微小的区别是，互信息准则用的 PDF 是输出 y_i 的，而 ML 准则用的 PDF 是 s_i 的，理想情况下 $s_i=y_i$，实际中两者有误差，但由于自然梯度类算法中，只用区分超高斯和亚高斯的函数近似表示 PDF，故这个微小差距对算法没有影响。

2. 信息最大化 ICA 算法

图 13.3.2 给出了 Infomax 准则下的 ICA 结构框图，式(13.3.16)给出 Infomax 的准则函数，比较式(13.3.16)和式(13.3.56)发现，只要取 $f_i'(\cdot)=p_{s_i}(\cdot)$，则两者是一致的。同样地，自然梯度算法的收敛不要求严格的函数集合，因此 $f_i'(\cdot)$取式(13.3.50)或式(13.3.51)中的一个，则其 ICA 算法与互信息准则下的自然梯度 ICA 算法一致。

13.3.4 仿真实验举例

鸡尾酒会问题是刺激 ICA 问题开展研究的因素之一，ICA 的研究成果在多讲话者的分离方面得到许多应用，神经和医学信号的分离问题也是 ICA 研究的主要目标之一，得到许多研究成果。PCA 和 ICA 以及与此紧密相关的一些问题也成了机器学习中无监督学习的一类工具。本节只给出一个简单例子说明 ICA。

例 13.3.2 设有两个变量 $s_i, i=1,2$ 是相互独立的，并且都为在$[-1,1]$之间均匀分布，随机产生 4000 个样本，并以其取值为坐标在平面上画一个点，样本数充分多时，可用样本点集合逼近 $p(\boldsymbol{s})$，如图 13.3.3(a)所示。

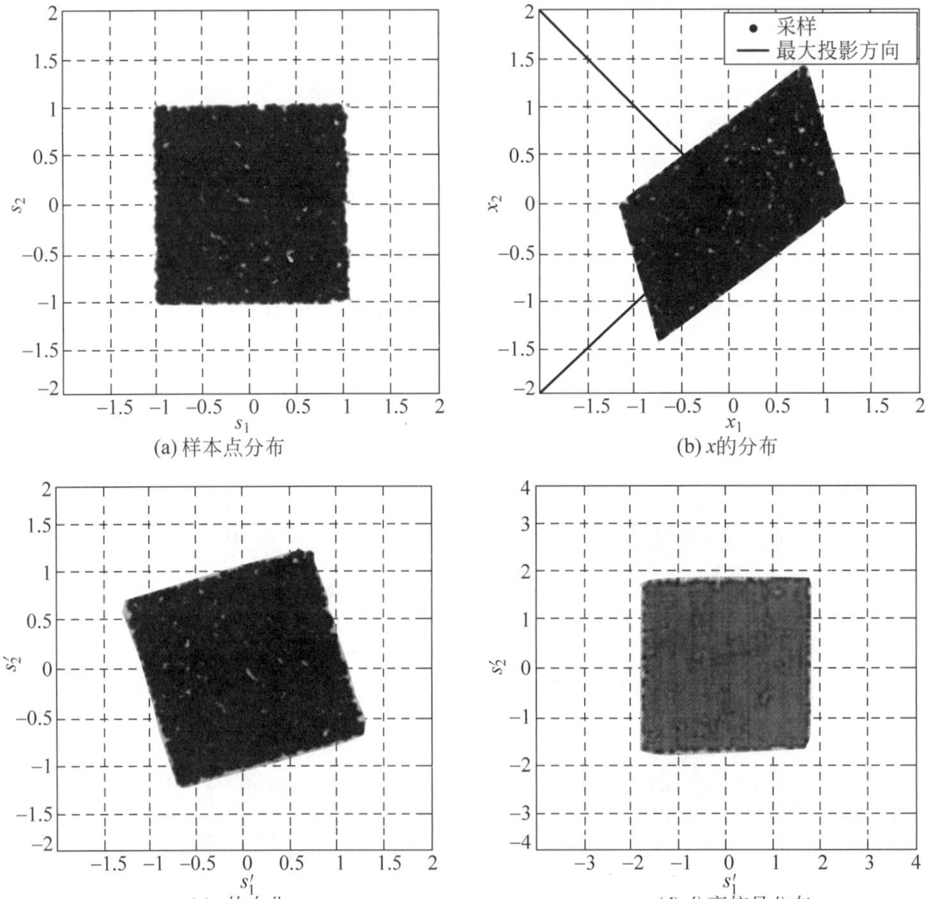

(a) 样本点分布　(b) x的分布　(c) x的白化　(d) 分离信号分布

图 13.3.3　两个均匀分布独立分量的分离

利用 $\boldsymbol{x}=\boldsymbol{A}\boldsymbol{s}$ 产生一个新的向量，其中

$$\boldsymbol{A}=\begin{bmatrix}-0.1961 & -0.9806\\ 0.7071 & -0.7071\end{bmatrix}$$

$\boldsymbol{x}$ 的分布如图 13.3.3(b)所示。利用白化技术将 $\boldsymbol{x}$ 白化，白化的分布如图 13.3.3(c)所示，注意前 3 步都没有归一化，将白化结果归一化后，用 Fast-ICA 算法分离源信号，分离信号分布如图 13.3.3(d)所示，可见 Fast-ICA 相当好地得到独立分量。

本节给出了 ICA 的一些基本算法，在机器学习中，ICA 属于无监督学习的范围，在信号处理和统计学领域中，对 ICA 的研究和应用都给予较多关注，在信号处理领域，ICA 是盲信号处理的重要组成部分。

本章小结

本章讨论了连续隐变量学习的两类算法：主分量分析(PCA)和独立分量分析(ICA)。PCA 是一类重要的降维算法，介绍了 PCA 的批处理算法和一种在线算法；ICA 从样本向量中分解出组成它的独立成分，有若干实际应用，主要介绍了快速 ICA 算法和基于自然梯度的 ICA 算法并说明了其与最大似然 ICA 算法的等价性。本章也给出了样本向量白化和权系数矩阵正交化的基本算法。

PCA 和 ICA 都属于无监督学习中的一些方法。PCA 是机器学习中应用较多的一种降维算法，有一些扩展，如基于核函数的 PCA 或概率 PCA 等，这些扩展算法的介绍可参考 Bishop 的 *Pattern Recognition and Machine Learning*。ICA 方法在机器学习、信号处理和统计学等多个领域中均被关注和研究，有大量算法存在，感兴趣的读者可进一步参考 Hyvärinen 等的 *Independent Component Analysis* 或 Comon 等的 *Handbook of Blind Source Separation: Independent Component Analysis and Applications*。Bartholomew 的 *Latent Variable Models and Factor Analysis* 则从统计学的视角给出了隐变量模型和因子分解的详尽论述。

本章习题

1. 设时间信号 $x(n)=4.0\cos(0.5\pi n)+1.5\sin(3\pi n/4)+v(n)$，这里 $v(n)$ 为白噪声，均值为 0，方差为 $\sigma^2=0.25$，以 $\boldsymbol{x}^{(n)}=[x(n),x(n-1),x(n-2),x(n-3)]$ 构成 4 维样本向量，求其自相关矩阵特征值。若用最大的两个特征值对应的特征向量为主向量进行 PCA 表示，PCA 表示与源信号向量表示的能量比为多少？

2. 用约束最优的思想导出主分量分析。设 $\boldsymbol{x}$ 表示 D 维零均值数据向量，$\boldsymbol{w}$ 表示一个 D 维向量，令 σ^2 表示 $\boldsymbol{x}$ 在 $\boldsymbol{w}$ 上投影的方差值。

(1) 证明：在 $\|\boldsymbol{w}\|^2=1$ 的约束下，求 $\boldsymbol{w}$ 使 σ^2 最大化，用拉格朗日乘数法构造的目标函数为

$$J(\boldsymbol{w})=\boldsymbol{w}^{\mathrm{T}}\boldsymbol{R}_x\boldsymbol{w}-\lambda(\boldsymbol{w}^{\mathrm{T}}\boldsymbol{w}-1)$$

其中，λ 为拉格朗日乘子。

(2) 由问题(1)的结果，证明 $\boldsymbol{w}$ 的解满足

$$\boldsymbol{R}_x\boldsymbol{w}=\lambda\boldsymbol{w}$$

即 $\boldsymbol{w}$ 的解是 $\boldsymbol{R}_x$ 的特征向量，其中 λ 为相应特征值。

3. 接第 2 题。设 $\boldsymbol{x}$ 表示 D 维零均值数据向量，$\boldsymbol{w}$ 表示一个 D 维向量，令 σ^2 表示 $\boldsymbol{x}$ 在 $\boldsymbol{w}$ 上投影的方差值。在 $\|\boldsymbol{w}\|^2=1$ 的约束下，求 $\boldsymbol{w}$ 使 σ^2 最大化，利用方差的瞬时估计值替代统计值，则拉

格朗日乘数法构造的目标函数为

$$J(\boldsymbol{w})=(\boldsymbol{w}^{\mathrm{T}}\boldsymbol{x})^{2}-\lambda(\boldsymbol{w}^{\mathrm{T}}\boldsymbol{w}-1)$$

其中,λ 为拉格朗日乘子。

(1) 证明:随机梯度为

$$\frac{\partial J(\boldsymbol{w})}{\partial \boldsymbol{w}}=2(\boldsymbol{w}^{\mathrm{T}}\boldsymbol{x})\boldsymbol{x}-2\lambda\boldsymbol{w}$$

(2) 利用梯度迭代

$$\hat{\boldsymbol{w}}^{(n)}=\hat{\boldsymbol{w}}^{(n)}+\frac{1}{2}\mu\frac{\partial J(\hat{\boldsymbol{w}}^{(n)})}{\partial \boldsymbol{w}}$$

并考虑约束条件 $\|\boldsymbol{w}\|^{2}=1$,导出权更新公式为

$$\hat{\boldsymbol{w}}^{(n+1)}=\hat{\boldsymbol{w}}^{(n)}+\frac{1}{2}\eta\left[(\boldsymbol{x}^{(n)}\boldsymbol{x}^{(n)\mathrm{T}})\hat{\boldsymbol{w}}^{(n)}-\hat{\boldsymbol{w}}^{(n)\mathrm{T}}(\boldsymbol{x}^{(n)}\boldsymbol{x}^{(n)\mathrm{T}})\hat{\boldsymbol{w}}^{(n)}\hat{\boldsymbol{w}}^{(n)}\right]$$

4. 如果两个随机变量 y_1,y_2 是统计独立的,则对于两个任意函数 $f(\cdot),g(\cdot)$,证明:$f(y_1),g(y_2)$是不相关的。

*5. 有 3 个随时间变化的源分量:$s_1^{(n)}=0.8\sin(0.9\pi n)\cos(10n)$,$s_2^{(n)}=\mathrm{sgn}\{\sin[20n+5\cos(3n)]\}$,$s_3^{(n)}$ 为在$[-1,1]$之间的均匀分布。

每个源信号各产生 2000 个样本,通过以下混合矩阵产生样本向量。

$$\mathbf{A}=\begin{bmatrix}0.3298 & 0.5062 & 0.2232\\ 0.1264 & 0.1162 & 0.2195\\ 0.3831 & 0.5787 & 0.4553\end{bmatrix}$$

(1) 画出源分量波形,画出混合后各样本分量波形;

(2) 用 Fast-ICA 和自然梯度算法(基于互信息的)分别通过样本向量分离各源分量,画出分离的源分量,与原始分量进行对比。

第 14 章 强化学习之一：经典方法

CHAPTER 14

强化学习或增强学习(Reinforcement Learning,RL)研究智能体如何基于对环境的认知做出行动最大化长期收益,是解决智能控制问题的重要方法。强化学习不同于监督学习,没有直接的标注信号引导学习过程,但存在一个奖励信号(Reward Signal)用于间接地引导学习过程。强化学习在与环境交互过程中学习一个最优控制策略,是通过利用按时间顺序排列的一系列观测、动作、奖励等序列过程完成的,样本数据往往不满足独立同分布(IID)假设。强化学习的目标是最大化控制策略的长期收益,而不仅仅是最大化当前奖励,因此,策略在当前状态生成的动作的优劣需要由其对后续状态和动作的影响进行评估,即对当前选择的动作的优劣评价是被延迟的。由于这种监督的间接性,评价的可延迟和长期性等诸多特点,强化学习可看作一种弱监督学习。

14.1 强化学习的基本问题

第 22 集
微课视频

强化学习的主体称为一个智能体(Agent),智能体面对一个环境(Environment),通过与环境的交互,感知当前环境的状态并获得当前环境的奖励(Reward),决策当前要采取的动作(Action),以达到最大化决策策略所能获得的环境长期收益的预期目标。

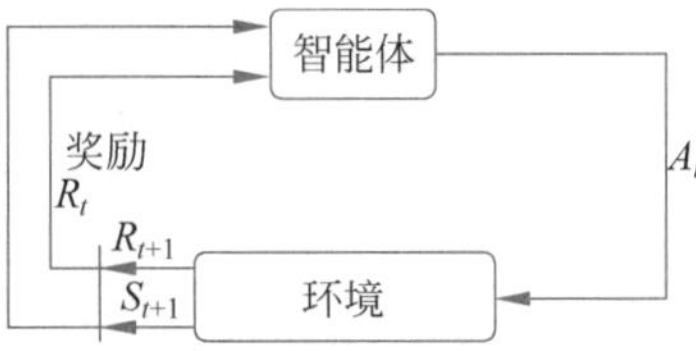

图 14.1.1 强化学习的基本结构模型

图 14.1.1 所示为强化学习的基本结构模型。智能体能够感知当前的环境状态 S_t,这里用 t 表示当前时刻,只处理离散时刻情况。强化学习的目标是为智能体学习一个策略 π,由其确定智能体在当前状态下要选择的动作 A_t,完成动作 A_t 后,从环境得到一个奖励 R_{t+1},并影响到环境的状态,智能体将观察到新的状态 S_{t+1}。若从 $t=0$ 开始记录,则得到一个“状态,动作,奖励”的序列,即

$$\{S_0,A_0,R_1,S_1,A_1,R_2,\cdots,S_t,A_t,R_{t+1},S_{t+1},A_{t+1},\cdots,\} \tag{14.1.1}$$

在大多数情况下,式(14.1.1)这样的序列不是预先采集好的样本,而是与环境交互中产生的样本,强化学习的任务是在这种交互过程中学习得到智能体的最优策略。

为了理解强化学习的机理,看几个例子。首先仔细观察猫和老鼠的例子。为了化简问题,把一个环境格式化为如图 14.1.2 所示的格子结构,这样表示的环境其状态数目是有限的,动作类型也是有限的,在讨论强化学习的开始阶段,我们以状态有限、动作有限的情况作为起点,以后会扩展到连续状态和连续动作的更一般情况。

图 14.1.2 的环境中有猫和老鼠,环境中有障碍物,用阴影格子表示障碍物。设要训练一个机器猫,猫从初始位置出发,规避障碍物,移动到老鼠所在位置。本章将多次用到这个例子,为了讨

论问题简单，猫的初始位置、障碍物位置以及老鼠的位置预先给定，在学习过程中不会发生变化。环境的状态由猫所在位置 S_t 确定，对这样的简单问题，可用两种方法表示状态，一是将格子从左到右从上到下编码，即将格子编码为(状态的集合)$\{1,2,3,\cdots,16\}$，由于用状态 S_t 表示猫所在位置，故起始时 $S_0=1$，状态是一个有限标量；也可用二维编码表示格子的(x,y)坐标，则状态集合为$\{(1,1),(1,2),\cdots,(4,3),(4,4)\}$，该例子的初始状态为 $S_0=(1,1)$，由此可见状态的表示方式并不唯一。该例子的动作有上、下、左、右。假设希望猫更快地抓住老鼠，可设立奖励：猫移动到老鼠的位置奖励为 $R_t=10$；移动到障碍物位置表示撞到障碍物，奖励为 $R_t=-10$；其他情况每移动一步奖励为 $R_t=-1$。结束条件：猫移动到老鼠的位置或者障碍物的位置则结束。

对于该例，我们不难看到猫的最优策略是什么，故可以帮助我们验证和理解强化学习的概念。本章以这样一种简单形式使用该例子。读者不难将该例子扩展到更复杂的场景。例如，将老鼠设置为按照一定方式运动，则可用猫和老鼠分别在格子中的位置表示状态，若用一维编码表示格子，状态是二维向量；若用二维编码格子，状态是四维向量；若将格子扩大到 40×40，并且环境中有随机布设的 50 个障碍物，则这是一个更有意思的强化学习问题，感兴趣的读者学习完本章可编程实现该问题。

猫和老鼠的例子是一个说明概念的简单例子，强化学习最有影响力的一个实例是围棋程序 AlphaGo。围棋盘如图 14.1.3 所示，有 19×19 个格子，每个格子中可填入白子、黑子或空格。智能体是机器棋手，状态表示目前棋盘的布局，可用一个矩阵表示围棋盘的状态，矩阵是 19×19 维，每个元素可取 3 个值，即$\{\pm1,0\}$(1 代表白子，-1 代表黑子，0 代表空格)，不考虑其他限制因素，围棋的状态数目可达 3^{361}，是非常巨大的，智能体感知到目前的状态，决策在哪一个空格位置上落子。与智能体对弈的是人类棋手，智能体的目标是赢得比赛。

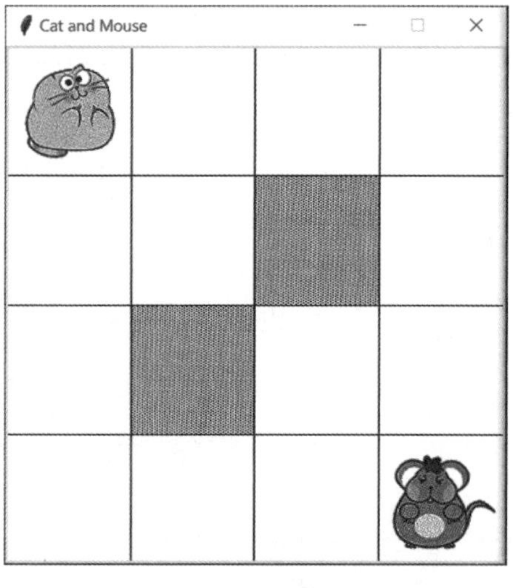

图 14.1.2 猫和老鼠的例子

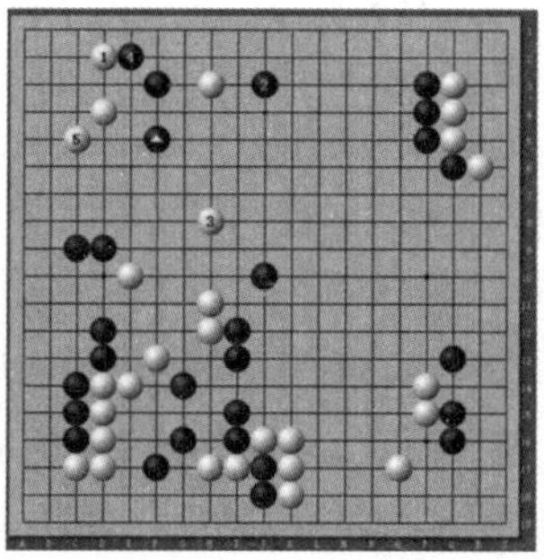

图 14.1.3 AlphaGo 围棋盘

强化学习用于求解棋牌类游戏由来已久，另一种近期由强化学习取得优异比赛成绩的是麻将。与围棋不同，尽管围棋布局极为复杂，但智能体能够感知围棋盘的完整状态，是一种"完全可观测"情况，对于麻将，强化学习的智能体与实际对弈的每个参与人一样，只能观测到自己的手牌和已公开的手牌，不知道对手的手牌，因此，麻将是一个部分可观测序列决策问题，我们将说明：对于强化学习，部分可观测是更有挑战性的问题。

很多现实生活中的问题可用强化学习来解决，实例不胜枚举，我们给出的最后一个例子是机器人。强化学习可以在机器人的很多应用场景发挥作用。例如，比较复杂的有机器人在一个复杂环境下的运动轨迹规划、机器人的充电控制，更复杂的有多机器人的协同规划(多智能体问题)。图 14.1.4 所示为控制机器人抓取一个物体，在这个问题中，智能体基于感知要抓取的物体的位置，控制机器人走近物体，然后控制手臂去抓取物体。精确地讲，这是一个连续动作的问题，本章首先讨论离散动作的情况，然后将算法推广到连续动作情况。

图 14.1.4 强化学习用于机器人控制

14.2 马尔可夫决策过程

强化学习依据的一个重要假设是马尔可夫性，其求解的大部分问题可建模为马尔可夫决策过程(Markov Decision Process，MDP)。下面以上述几个例子为基础，理解决策问题的马尔可夫性，并引出 MDP 的定义。

14.2.1 MDP 的定义

在得到式(14.1.1)所示的序列时，简单地假设在一个给定时刻 t，智能体可感知到环境的状态 S_t，这种叙述其实已经包含了很多假设。实际中智能体可得到一个观测 O_t，但 O_t 是否能代表环境的状态需要看具体情况。状态是一个专用名词，是对一个系统(环境)的完整表示，即若知道了系统的状态 S_t，则 S_t 可表示系统从初始时刻至 t 的全部积累信息，若考虑 t 之后的系统行为，则由 S_t 和 t 之后的系统激励确定，与 t 之前的激励无关，即状态 S_t 紧凑地表示了 t 之前系统的所有行为。

智能体的观测 O_t 是否可表示环境的状态，取决于环境是否是完全可观测的。猫和老鼠的例子中，用智能体在格子中的位置表征状态，状态是完全可观测的，围棋尽管复杂，其状态也是完全可观测的。机器人的例子中，若机器人的测量传感器是精确的，则也是完全可观测的。在这种完全可观测的条件下，智能体的观测与环境状态相等，即 $O_t = S_t$。

在这种完全可观测的情况下，当状态 S_t 已知，则后续状态 S_{t+1} 与 S_{t-1} 和以前的状态无关。这在猫和老鼠、围棋的例子中是显然的，既然知道了 S_t，如何通过前面的步骤达到 S_t 都与今后新状态的获取无关，只与 S_t 有关，因此这类问题的环境状态转移概率满足

$$P(S_{t+1} \mid S_0, S_1, \cdots, S_{t-1}, S_t) = P(S_{t+1} \mid S_t) \tag{14.2.1}$$

式(14.2.1)的关系称为马尔可夫性，可以看到对于大量完全可观测的强化学习问题，马尔可夫性假设是合理的。即使有些问题不严格满足马尔可夫性，但用马尔可夫性假设仍可得到相当好的结果。

除了状态的马尔可夫性，强化学习求解的这些问题还是一个序列决策过程，即从 t 时刻的 S_t 出发，需要选择一个动作 A_t，因这个动作获得一个奖励 R_{t+1} 并使环境发生变化，得到新状态 S_{t+1}，这个过程一直持续下去，实际上形成一个决策过程，这个决策过程产生一个样本序列为

$$\{S_t, A_t, R_{t+1}, S_{t+1}, A_{t+1}, R_{t+2}, \cdots, S_{T-1}, A_{T-1}, R_T, S_T\} \tag{14.2.2}$$

其中，S_T 为终止状态；T 为终止时刻。在一些具体场景中，T 是有限的，如猫和老鼠的例子；也有可能 $T \to \infty$，如一个机器人的漫游过程。

对于式(14.2.2)形成的序列，可以计算从 S_t 出发所获得的累积奖励，称为 S_t 的返回值(Return)，可表示为 G_t。为了统一考虑 T 有限和无限的情况，设置一个折扣因子 γ，要求 $0 \leqslant \gamma \leqslant 1$，则 G_t 表示为

$$G_t = R_{t+1} + \gamma R_{t+2} + \gamma^2 R_{t+3} + \cdots + \gamma^{T-t-1} R_T = \sum_{k=0}^{T-t-1} \gamma^k R_{t+k+1} \tag{14.2.3}$$

注意,之所以要加折扣因子 γ,有两个基本原因:①当 $T \to \infty$ 时,若没有折扣因子,则可能 G_t 不收敛;②在考虑 t 时刻从 S_t 出发的决策时,靠近 t 时刻的奖励对 t 时刻的决策影响更大,而非常遥远的未来的奖励则影响较小。在 T 有限的场景下允许取 $\gamma=1$。

强化学习求解的是具有马尔可夫性质的序列决策问题,这类问题可以被建模成马尔可夫决策过程 MDP。这里首先引入 MDP 的定义,然后介绍求解 MDP 常用的几种经典的 RL 算法。

MDP 描述的是一个具有马尔可夫性质的序列决策问题。假设在时刻 $t=1,2,\cdots$,环境所处的状态表示为 S_t,智能体在当前状态执行一个动作 A_t,环境跳转到了新的状态 S_{t+1},并反馈给智能体一个奖励 R_{t+1}。决策问题的马尔可夫性体现在环境的状态转移只取决于当前环境的状态以及智能体在当前状态所执行的动作,而与更早时刻的环境状态和智能体执行的动作无关。下面首先给出离散且有限状态和动作的马尔可夫决策过程的定义。

定义 14.2.1 马尔可夫决策过程(MDP)定义如下。一个 MDP 由一个五元组($\mathcal{S},\mathcal{A},r,P_{ss'}^a,\gamma$)构成。其中,$\mathcal{S}=\{s^{(1)},s^{(2)},\cdots\}$表示状态集合;$\mathcal{A}=\{a^{(1)},a^{(2)},\cdots\}$表示在任意状态下智能体可采取的所有动作集合;$P_{ss'}^a$:$\mathcal{S}\times\mathcal{A}\times\mathcal{S}\to[0,1]$ 表示状态转移概率函数,即 $P_{ss'}^a = P(S_{t+1}=s' \mid S_t=s, A_t=a)$ 表示在状态 $S_t=s$ 下执行动作 $A_t=a$,环境跳转到状态 $S_{t+1}=s'$ 的概率;r:$\mathcal{S}\times\mathcal{A}\to\mathbb{R}$ 为奖励函数,$r(s,a)=E(R_{t+1}\mid S_t=s, A_t=a)$ 为在状态 $S_t=s$ 执行动作 $A_t=a$,智能体获得的奖励的期望;$\gamma\in[0,1]$表示折扣因子。

MDP 的定义是相当一般性的,转移概率具有一般性的意义,若一个问题的状态具有 $|\mathcal{S}|$ 种可能的取值,则对于一个固定的动作 $A_t=a$,$\boldsymbol{P}_{ss'}^a$ 是一个 $|\mathcal{S}|\times|\mathcal{S}|$ 维矩阵。若有 $|\mathcal{A}|$ 种动作,一般意义下,对于每个 $a\in\mathcal{A}$,均有一个 $|\mathcal{S}|\times|\mathcal{S}|$ 维矩阵,合在一起最一般意义下 $\boldsymbol{P}_{ss'}^a$ 是 $|\mathcal{A}|\times|\mathcal{S}|\times|\mathcal{S}|$ 的三维张量。同样,$r(s,a)$是在每种状态与动作组合下奖励的均值。注意,在 MDP 定义中,S_t、A_t、R_{t+1} 分别表示状态、动作和奖励,是随机变量,用大写字母表示,其取值 s、a 或均值 $r(s,a)$是确定量,用小写字母。

MDP 模型具有理论上的重要意义,但在一个复杂的实际问题中,一般并不能预先确定 MDP 的所有参数,如 $P_{ss'}^a$ 或 $r(s,a)$并不是预先知道的,或对于一些复杂问题,这些模型参数过于庞大,并不能直接使用。例如,围棋中状态数目为 3^{361},显然无法表示 $P_{ss'}^a$,在这种情况下,可以使用后续定义的值函数,并通过函数逼近的方式实现决策。

例 14.2.1 对于猫和老鼠的例子,给出 MDP 的描述。可以看到,在这类问题中 MDP 可以化简。对例子中的格子按从左到右,从上到下编号,如图 14.2.1 所示。将猫所处的位置定义为状态值,此例中可用标量表示状态,状态集合为$\mathcal{S}=\{1,2,\cdots,16\}$。设猫在格子中每次只能移动一步,只有 4 个动作,即$\mathcal{A}=\{\text{up},\text{down},\text{left},\text{right}\}$。由于边界的限制,当猫在边界向边界外方向动作时,将留在原地不动。在这个例子中,当 $S_t=s$,选择动作 $A_t=a$ 时,猫将进入下一个确定的格子,即对应 $S_{t+1}=s'$,故只有一项 $P_{ss'}^a=1$,其他为 0。

观察图 14.2.1,可以得到 $P_{ss'}^a$ 的一些例子。例如,$P_{1,1}^{\text{up}}=P(S_{t+1}=1\mid S_t=1,A_t=\text{up})=1$,$P_{1,s'\neq 1}^{\text{up}}=P(S_{t+1}=s'\neq 1\mid S_t=1,A_t=\text{up})=0$;按照类似的符号,则有:$P_{1,2}^{\text{right}}=1$,$P_{1,s'\neq 2}^{\text{right}}=0$。类似地,可写出其他状态和其他动作下的 $P_{ss'}^a$。按照该例子中奖励的定义,可得到 $r(1,\text{right})=E(R_{t+1}\mid S_t=1,A_t=\text{right})=-1$ 和 $r(15,\text{right})=10$,$r(9,\text{right})=-10$。读者可自行补充其他的 $r(s,a)$。

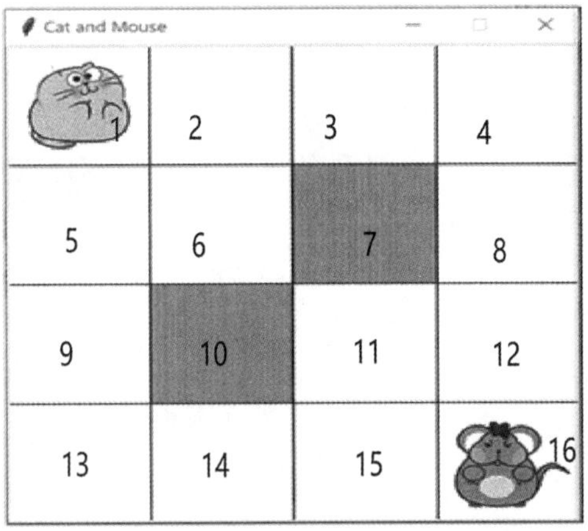

图 14.2.1 猫和老鼠的格子编号

对于本例这种一个完整的决策序列过程可在较短步数内结束的情况，可取折扣因子 $\gamma=1$。

大多数强化学习求解的序列决策问题可以用 MDP 模型描述，但也有部分问题不能直接建模为 MDP 问题，如前述实例中的麻将问题或观测值存在明显噪声的机器人控制问题。在这些问题中，时刻 t 的观测 O_t 不能表示环境的状态 S_t，而环境的状态 S_t 只有部分可观测，在这种情况下，没有完整的 S_t，而观测 O_t 明显不满足马尔可夫性。解决这一类问题的方法更加复杂。如果实际观测一个决策过程，至时刻 t 获得的序列为

$$H_t=\{O_0,A_0,R_1,O_1,A_1,R_2,\cdots,O_t\} \tag{14.2.4}$$

H_t 表示至 t 时刻的历史序列，利用全部历史序列可以估计当前状态为

$$S_t=f(H_t) \tag{14.2.5}$$

这样利用部分可观测的历史序列估计得到的状态 S_t 满足马尔可夫性。对于这种部分可观测情况下间接获得的马尔可夫决策过程称为部分可观测马尔可夫决策过程(Partially Observable Markov Decision Process，POMDP)。

在遇到 POMDP 问题时，一种处理方式是将 POMDP 转化为 MDP 问题进行处理。例如，目前一种常用的方式是通过 RNN，将 S_t 作为 RNN 的状态输出，则以 O_t 作为输入，由 S_{t-1} 和 O_t 共同得到对 S_t 的估计，即 $S_t=\tanh(\boldsymbol{W}_S S_{t-1}+\boldsymbol{W}_O O_t)$。关于 RNN 的细节可参考第 10 章。由于一般将 POMDP 转化为 MDP 问题进行处理，故本书主要讨论以 MDP 为基础的强化学习问题。

14.2.2 贝尔曼方程

对于一个由 MDP 建模的过程，最主要的是为智能体确定一个策略，策略是智能体的行动函数，将状态映射为行为，即在 $S_t=s$ 的条件下，确定智能体的动作 $A_t=a$。有两种典型的策略函数：确定性策略和随机策略。

确定性策略的定义为

$$a=\pi(s) \tag{14.2.6}$$

该函数的含义：当 $S_t=s$ 时 $A_t=a$，即当状态确定时，动作也是确定的。由于策略不随时刻 t 变化，故式(14.2.6)与时刻无关。

随机策略定义为

$$\pi(a \mid s)=P(A_t=a \mid S_t=s) \tag{14.2.7}$$

随机策略说明在 $S_t=s$ 条件下，A_t 可能取多个动作，式(14.2.7)给出了 A_t 可取动作的概率值。

对于例 14.2.1，一种简单的策略是采用随机策略，若猫在任意状态以等概率去向 4 个方向，则其策略函数为

$$\pi(\text{up} \mid s)=\pi(\text{down} \mid s)=\pi(\text{left} \mid s)=\pi(\text{right} \mid s)=1/4, \quad s=1,2,\cdots,15$$

确定性策略相当于在给定状态取一个动作的概率为 1，选其他动作的概率为 0，故确定性策略是随机策略的特例，因此，不加说明的话，以随机策略为基础讨论以下各种表示。对于一个给定的 MDP，一般存在多种可选择的策略，为一般化，用符号 π 表示一个任意给定的策略。

在一个给定策略 π 下，可以评价一个 MDP 中各状态的优劣性，以一个状态 $S_t=s$ 作为起点，观察其累积奖励，即返回值 G_t 的大小，为了对各状态的收益进行确定性评估，给定策略 π，对以 $S_t=s$ 为起点的所有可能返回值取期望，可定义一个状态的值函数为

$$v_\pi(s)=E_\pi\left[G_t \mid S_t=s\right]=E_\pi\left[R_{t+1}+\gamma R_{t+2}+\gamma^2 R_{t+3}+\cdots \mid S_t=s\right] \tag{14.2.8}$$

其中，E_π 为对按照策略 π 形成的各种序列取期望。这里 s 是一个指定的状态，$v_\pi(s)$ 取值大意味着从平均意义上讲，从 s 出发可能获得大的累积奖励。

$v_\pi(s)$ 称为状态值函数，类似地，可定义动作-值函数 $q_\pi(s,a)$ 为

$$\begin{aligned} q_\pi(s,a) &= E_\pi\left[G_t \mid S_t=s, A_t=a\right] \\ &= E_\pi\left[R_{t+1}+\gamma R_{t+2}+\gamma^2 R_{t+3}+\cdots \mid S_t=s, A_t=a\right] \end{aligned} \tag{14.2.9}$$

显然，$q_\pi(s,a)$ 是在 $S_t=s$ 状态下，取动作 $A_t=a$ 以后，在策略 π 控制下后续累积奖励的期望。

一个 MDP 过程是一个序列决策过程，在决策过程中各状态之间有转移，因此其各状态的值函数或动作-值函数之间也会建立起关系，表示 MDP 的状态之间值函数关系的一组方程称为贝尔曼(Bellman)方程。贝尔曼方程有以下几种等价形式。

$$v_\pi(s)=E_\pi\left[R_{t+1}+\gamma v_\pi(S_{t+1}) \mid S_t=s\right] \tag{14.2.10}$$

$$q_\pi(s,a)=E_\pi\left[R_{t+1}+\gamma q_\pi(S_{t+1},A_{t+1}) \mid S_t=s, A_t=a\right] \tag{14.2.11}$$

$$v_\pi(s)=\sum_{a\in\mathcal{A}} \pi(a \mid s)\left(r(s,a)+\gamma \sum_{s'\in\mathcal{S}} P_{ss'}^a v_\pi(s')\right) \tag{14.2.12}$$

$$q_\pi(s,a)=r(s,a)+\gamma \sum_{s'\in\mathcal{S}} P_{ss'}^a \sum_{a'\in\mathcal{A}} \pi(a' \mid s') q_\pi(s',a') \tag{14.2.13}$$

通过证明过程能够同时说明贝尔曼方程的含义。对于式(14.2.10)可直接由式(14.2.8)进一步分解而得，即

$$\begin{aligned} v_\pi(s) &= E_\pi\left[G_t \mid S_t=s\right] \\ &= E_\pi\left[R_{t+1}+\gamma R_{t+2}+\gamma^2 R_{t+3}+\cdots \mid S_t=s\right] \\ &= E_\pi\left[R_{t+1}+\gamma(R_{t+2}+\gamma R_{t+3}+\gamma^2 R_{t+4}+\cdots) \mid S_t=s\right] \\ &= E_\pi\left[R_{t+1}+\gamma G_{t+1} \mid S_t=s\right] \\ &= E_\pi\left[R_{t+1}+\gamma v_\pi(S_{t+1}) \mid S_t=s\right] \end{aligned} \tag{14.2.14}$$

式(14.2.11)的证明类似，此处省略。注意观察式(14.2.10)两侧，在左侧状态值函数 $v_\pi(s)$ 内的自变量 s 是确定性的量，是由定义中的条件 $S_t=s$ 所指定的值，但式(14.2.10)右侧的 $v_\pi(S_{t+1})$ 中，下一时刻的状态 S_{t+1} 是一个随机变量，这是因为从 $S_t=s$ 出发，由策略 π 可能以概率达到多个不同状态，故 S_{t+1} 是随机的，S_{t+1} 的取值服从策略 π，故 E_π 表示在服从策略 π 的条件下对 $v_\pi(S_{t+1})$ 取期望。

在定义 14.2.1 节的 MDP 模型中，若 MDP 模型的所有参数是已知的，即 $P_{ss'}^a$ 和 $r(s,a)$ 均已确定，则可以看到状态值函数 $v_\pi(s)$ 和动作-值函数是可以互相表示的，即相互具有等价性。从 $S_t=s$

出发，按照策略 $\pi(a|s)$（为了一般性，用随机策略）可能会取不同的动作 A_t，由此产生各 S_{t+1} 和奖励 R_{t+1}，由于值函数与动作-值函数均为期望值，故它们满足

$$v_\pi(s)=\sum_{a\in A}\pi(a\mid s)q_\pi(s,a) \tag{14.2.15}$$

另外，若以 $S_t=s,A_t=a$ 作为起点，即考虑 $q_\pi(s,a)$，则由该起点可能到达的新状态 $S_{t+1}=s'$ 由转移概率 $P_{ss'}^a$ 决定，即以概率 $P_{ss'}^a$ 转移到 s' 状态，且获得期望奖励 $r(s,a)$，故 $q_\pi(s,a)$ 可表示为

$$q_\pi(s,a)=r(s,a)+\gamma\sum_{s'\in\mathcal{S}}P_{ss'}^a v_\pi(s') \tag{14.2.16}$$

将式(14.2.16)代入式(14.2.15)可得式(14.2.12)。反之，将式(14.2.15)代入式(14.2.16)则得到式(14.2.13)。

例 **14.2.2** 继续例 14.2.1 猫和老鼠的例子，给出一个策略 π，假设在任意状态（7、10、16 除外），猫向 4 个方向等概率选择一个动作，即

$$\pi(\text{up}\mid s)=\pi(\text{down}\mid s)=\pi(\text{left}\mid s)=\pi(\text{right}\mid s)=1/4$$

当猫进入状态 7、10、16 时，游戏停止在该状态。

按式(14.2.10)可写出状态之间的关系方程，取 $\gamma=1$，以 $s=5$ 为例，设 $S_t=s=5$，则由给出的策略，从 $S_t=s=5$ 出发可完成以下可能的状态转移。

$$a=\text{up},\quad S_{t+1}=1,\quad r(5,\text{up})=-1$$
$$a=\text{left},\quad S_{t+1}=5,\quad r(5,\text{left})=-1$$
$$a=\text{right},\quad S_{t+1}=6,\quad r(5,\text{right})=-1$$
$$a=\text{down},\quad S_{t+1}=9,\quad r(5,\text{down})=-1$$

由给出的策略，以上各后续动作的概率均为 1/4，故

$$\begin{aligned}v_\pi(5)&=E_\pi[R_{t+1}+\gamma v_\pi(S_{t+1})\mid S_t=5]\\&=\frac{1}{4}[-1+v_\pi(1)]+\frac{1}{4}[-1+v_\pi(5)]+\frac{1}{4}[-1+v_\pi(6)]+\frac{1}{4}[-1+v_\pi(9)]\end{aligned}$$

整理得

$$\frac{3}{4}v_\pi(5)=-1+\frac{1}{4}[v_\pi(1)+v_\pi(6)+v_\pi(9)]$$

若利用式(14.2.12)，则注意到，从状态 $s=5$ 出发，只有几个转移概率为 1，即 $P_{5,1}^{\text{up}}=1,P_{5,5}^{\text{left}}=1,P_{5,6}^{\text{right}}=1,P_{5,9}^{\text{down}}=1$，其他转移概率为 0，将这些转移概率代入式(14.2.12)，稍加整理，得到同上的关系。

在本例中，由于猫将停留在状态 7、10 或 16，故 $v_\pi(7)=v_\pi(10)=v_\pi(16)=0$（注意，由于智能体将终止在这些状态，一旦智能体到达这些终止状态，则不再获得奖励，故终止状态值函数为 0）。读者可自行练习列出其他状态作为出发点的贝尔曼方程。

4 个贝尔曼方程尽管形式上不同，本质是相同的，都表示的是当前状态与后续状态的值函数（或动作-值函数）之间的联系，这种联系具有序列性，是前后状态之间的联系。在具有完整 MDP 模型的条件下，$v_\pi(s)$ 和 $q_\pi(s,a)$ 是等价的，值函数 $v_\pi(s)$ 更加简单。在具有有限离散状态和动作空间中，可用列表表示所有 $v_\pi(s)$，其数目只有 $|\mathcal{S}|$ 个，但要列表表示 $q_\pi(s,a)$，则其数目为 $|\mathcal{S}|\times|\mathcal{A}|$，表示 $q_\pi(s,a)$ 需要更多存储空间。这组贝尔曼方程是在期望运算下成立，故更确切地称为贝尔曼期望方程。

在MDP模型已知的情况下，既然 $v_\pi(s)$ 和 $q_\pi(s,a)$ 具有等价性，且 $v_\pi(s)$ 更简单，则更习惯使用 $v_\pi(s)$ 表述相关算法，如在动态规划问题中；而在MDP模型参数未知的情况下，由 $q_\pi(s,a)$ 函数更易于确定策略函数，故在与环境边交互边学习的强化学习算法中，更多使用函数 $q_\pi(s,a)$。

对于确定的MDP模型和给定的策略 $\pi(a|s)$，式(14.2.12)和式(14.2.13)分别表示了求解 $v_\pi(s)$ 和 $q_\pi(s,a)$ 的方程组，即 $\pi(a|s)$、$P_{ss'}^a$ 和 $r(s,a)$ 已知时，式(14.2.12)为求解 $v_\pi(s)$ 的线性方程组，式(14.2.13)为求解 $q_\pi(s,a)$ 的方程组。为了使用更方便，针对式(14.2.12)给出方程组的向量形式，将式(14.2.12)重写为

$$\begin{aligned}
v_\pi(s) &= \sum_{a\in\mathcal{A}}\pi(a\mid s)\left[r(s,a)+\gamma\sum_{s'\in\mathcal{S}}P_{ss'}^a v_\pi(s')\right] \\
&= \sum_{a\in\mathcal{A}}\pi(a\mid s)r(s,a)+\gamma\sum_{a\in\mathcal{A}}\sum_{s'\in\mathcal{S}}\pi(a\mid s)P_{ss'}^a v_\pi(s') \\
&= \sum_{a\in\mathcal{A}}\pi(a\mid s)r(s,a)+\gamma\sum_{s'\in\mathcal{S}}\sum_{a\in\mathcal{A}}\pi(a\mid s)P_{ss'}^a v_\pi(s')
\end{aligned} \tag{14.2.17}$$

为了表示紧凑，在式(14.2.17)中令

$$r_s^\pi = \sum_{a\in\mathcal{A}}\pi(a\mid s)r(s,a) \tag{14.2.18}$$

$$p_{s,s'}^\pi = \sum_{a\in\mathcal{A}}\pi(a\mid s)P_{ss'}^a \tag{14.2.19}$$

则式(14.2.17)化简为

$$v_\pi(s) = r_s^\pi + \gamma\sum_{s'\in\mathcal{S}}p_{s,s'}^\pi v_\pi(s'),\quad s\in\mathcal{S} \tag{14.2.20}$$

定义以下向量和矩阵。

$$\boldsymbol{v}_\pi = [v_\pi(s^{(1)}),v_\pi(s^{(2)}),\cdots,v_\pi(s^{(|\mathcal{S}|)})]^{\mathrm{T}} \tag{14.2.21}$$

$$\boldsymbol{r}^\pi = [r_{s^{(1)}}^\pi,r_{s^{(2)}}^\pi,\cdots,r_{s^{(|\mathcal{S}|)}}^\pi]^{\mathrm{T}} \tag{14.2.22}$$

$$\boldsymbol{P}^\pi = [p_{s,s'}^\pi]_{|\mathcal{S}|\times|\mathcal{S}|} \tag{14.2.23}$$

式(14.2.20)可写成矩阵形式为

$$\boldsymbol{v}_\pi = \boldsymbol{r}^\pi + \gamma\boldsymbol{P}^\pi\boldsymbol{v}_\pi \tag{14.2.24}$$

可直接解得所有状态值函数为

$$\boldsymbol{v}_\pi = (\boldsymbol{I}-\gamma\boldsymbol{P}^\pi)^{-1}\boldsymbol{r}^\pi \tag{14.2.25}$$

从原理上讲，对于已知模型参数的MDP，可得到 $\boldsymbol{P}^\pi$ 和 $\boldsymbol{r}^\pi$，解式(14.2.25)可求得值函数向量 $\boldsymbol{v}_\pi$。但实际上，式(14.2.24)更多的是理论意义，很少直接用式(14.2.25)求解值函数，原因是对于实际问题，$\boldsymbol{v}_\pi$ 的维度太高。在前述的猫和老鼠的简单例子中，$\boldsymbol{v}_\pi$ 是16维，但对于稍复杂的系统，$\boldsymbol{v}_\pi$ 的维度可能很高，矩阵求逆的运算量不可接受。稍后会看到，可以通过递推求解方程式(14.2.24)。

这种状态、动作及其值函数之间的序列关系可用图表示，如图14.2.2所示，其中图14.2.2(a)对应式(14.2.12)，图14.2.2(b)对应式(14.2.13)。图中用空心圆表示状态 s，实心圆表示动作 a。在图14.2.2(a)中，从状态 s 出发(对应值函数 $v_\pi(s)$)，由策略控制以概率 $\pi(a|s)$ 选择多个动作(图中只表示两个动作)，针对每个组合 s,a，以转移概率 $P_{ss'}^a$ 转移到 s' 状态(对应值函数 $v_\pi(s')$)，同时得到期望收益 $r(s,a)$。图中只画出一层转移关系，可以从 s' 继续出发，由于选择了折扣因子 γ，$v_\pi(s')$ 对 $v_\pi(s)$ 的贡献需要乘以因子 γ。图14.2.2(a)的关系与式(14.2.12)一致，同样可解释图14.2.2(b)，其对应式(14.2.13)。

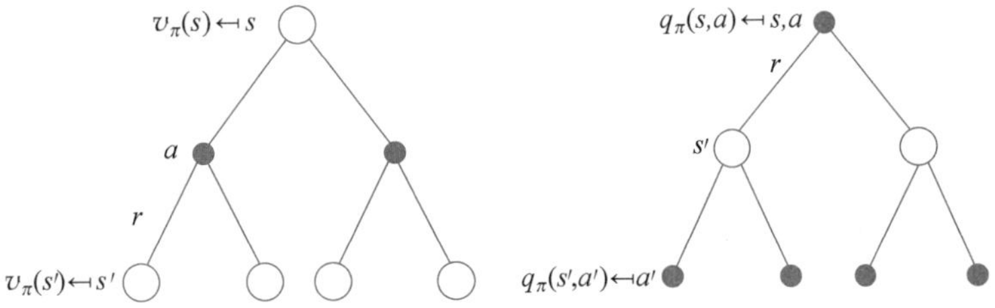

(a) 式(14.2.12)　　(b) 式(14.2.13)

图 14.2.2 状态-动作转移的图表示

14.2.3 最优策略

对于一个强化学习的问题，可给出很多策略 π，每种策略可对应不同的状态值函数 $v_\pi(s)$ 和动作-值函数 $q_\pi(s,a)$。由于值函数刻画的是从该状态出发的期望累积奖励，因此，对不同的策略 π，在状态 s 值函数越大，说明该策略下从状态 s 出发能获得更大奖励，因此，若存在两个策略 π 和 π'，对于任意 $s \in \mathcal{S}$ 均有 $v_\pi(s) \geqslant v_{\pi'}(s)$，则说明 π 是比 π' 更优的策略。对于策略的比较，可简单用符号 $\pi \geqslant \pi'$ 表示 π 是更优的策略。

例 14.2.3　为了直观地说明，不同策略带来的状态值函数的不同，也直观说明大的状态值函数对应更优的策略，以例 14.2.1 和例 14.2.2 猫和老鼠的例子进行说明。对应例 14.2.2 的策略，可计算出所有状态的值函数，并填到相应格子中（仅保留小数点后一位），则如图 14.2.3(a)所示。

为了比较，可以给出一个更优的策略，如图 14.2.3(b)所示，格子中的箭头表示猫在该格子中取的动作，若有一个箭头表示只有一个动作，有多个箭头表示各箭头的动作以等概率选择，对于有 • 的格子，表示将停留在该状态下。图 14.2.3(c)给出这个新策略的值函数（读者可自行检验这个值函数）。

由于这个例子非常直观，稍加思考即可知道第 2 个策略比 4 个方向等概率动作策略更优，实际上，对这个简单问题，第 2 个策略是最优策略。

−19.8	−17.8	−15.2	−14.9
−17.8	−14.4	0	−10.5
−15.2	0	−7.3	−3.6
−14.9	−10.5	−3.6	0

(a) 状态值函数

↓→	→	→	↓
↓	←↑	•	↓
↓	•	↓→	↓
→	→	→	•

(b) 更优的策略

5.0	6.0	7.0	8.0
6.0	5.0	0.0	9.0
7.0	0.0	9.0	10
8.0	9.0	10	0.0

(c) 新策略的值函数

图 14.2.3 猫和老鼠问题的不同策略和状态值函数比较

在所有的策略中，总可以找到一个最优的策略，记为 π^*，即对于所有可能存在的 π，存在至少一个 $\pi^* \geqslant \pi, \forall \pi$。对于最优的 π^*，存在最优的值函数 $v_*(s)$，它是所有策略对应的值函数中最大的（对所有状态），即

$$v_*(s) = \max_\pi \{v_\pi(s)\} \tag{14.2.26}$$

对于动作-值函数 $q_\pi(s,a)$，也同样存在最优函数

$$q_*(s,a) = \max_\pi \{q_\pi(s,a)\} \tag{14.2.27}$$

对于一个实际强化学习问题，可能的最优策略不止一个，但最优值函数是唯一的。

若得到了动作-值函数，可直接得到一个最优策略，$q_*(s,a)$ 已知时，在 $S_t = s$ 时，有多个动作可选，显然选择使 $q_*(s,a)$ 取得最大值的 a，按这个原则，可得到一个最优策略为

$$\pi^*(a \mid s)=\begin{cases}1, & a^*=\arg\max\limits_{a\in\mathcal{A}}\{q_*(s,a)\}\\ 0, & \text{其他}\end{cases} \tag{14.2.28}$$

当对于所有 $s\in\mathcal{S}$

$$a^*=\arg\max_{a\in\mathcal{A}}\{q_*(s,a)\} \tag{14.2.29}$$

都有唯一解时，以上策略成为一个确定性策略。但当式(14.2.29)有多个解 a_i^*，$i=1,2,\cdots,I$ 时(这里 I 是多解的数目)，则各解 a_i^* 表示的动作可等概率选择，这时需要对式(14.2.28)做相应修改，或只是从多解中任选其一。为简单起见，后续仍以式(14.2.28)的形式表示由 $q_*(s,a)$ 确定最优策略的方法。

式(14.2.10)～式(14.2.13)是给定一个策略 π 时的期望方程，在最优情况下，可对这组方程做一些针对最优性的调整，得到一组贝尔曼最优方程，可用于求解最优策略问题。

首先在式(14.2.15)中，由于最优策略 $\pi^*(a|s)$ 只选择使 $q_{\pi^*}(s,a)$ 取得最大值的动作 a，即按式(14.2.28)取策略，故最优策略下，状态值函数和动作-值函数的关系式(14.2.15)可变为

$$v_*(s)=\max_{a\in\mathcal{A}}\{q_*(s,a)\} \tag{14.2.30}$$

在式(14.2.16)两侧都用最优策略 π^* 替代一般策略 π，代入式(14.2.30)得

$$v_*(s)=\max_{a\in\mathcal{A}}\left\{r(s,a)+\gamma\sum_{s'\in\mathcal{S}}P_{ss'}^{a}v_*(s')\right\} \tag{14.2.31}$$

而将式(14.2.30)代入式(14.2.16)得

$$q_*(s,a)=r(s,a)+\gamma\sum_{s'\in\mathcal{S}}P_{ss'}^{a}\max_{a'\in\mathcal{A}}\{q_*(s',a')\} \tag{14.2.32}$$

式(14.2.31)和式(14.2.32)表示的贝尔曼最优方程并不是独立的新方程组，是式(14.2.10)～式(14.2.13)表示的贝尔曼期望方程在最优策略条件下的特殊形式。这些方程是构成强化学习算法的基础，在后续研究中将视情况选择其中的一些形式导出相关算法。

14.2.4 强化学习的类型

建立在 MDP 假设基础上的强化学习问题可大致分为以下几类。

1. 类型 1

所面对问题的 MDP 参数(如 $P_{ss'}^{a}$、$r(s,a)$等)均已知，并且离散状态和动作集规模有限，这种情况下，直接求解贝尔曼方程可得到最优状态值函数、动作-状态值函数和最优策略。这种情况对应的是确定的有限状态模型下的一种规划问题，并不是一种需要与环境交互的学习问题。这种情况下的问题还不能算是强化学习的问题，但其方法可引出实际的强化学习方法，故将其放在本章讨论，其主要解法是 14.3 节要介绍的动态规划方法。

2. 类型 2

未知 MDP 模型参数，但模型的离散状态和动作集规模有限，可用与环境交互的方法学习到状态值函数或动作-值函数，由值函数确定策略，随着学习过程推进，值函数和策略都得以改善，最终逼近最优值函数和最优策略。

3. 类型 3

一个 MDP 模型的参数未知，需要与环境进行交互，在交互过程中首先学习到 MDP 的模型参数，再利用动态规划方法求解最优策略；或边学习模型，边改善策略，最终逼近到模型的真实参数和最优策略。这类方法称为基于模型的强化学习方法。

常用的基于模型的方法一般都是边学习模型，边更新策略。但是模型的利用方式会有所不同，主要有3种：①直接利用学习到的模型做动态规划；②利用学习到的模型作为伪造环境（Fake Environment），智能体利用伪造环境产生的数据，采用强化学习得到策略；③智能体同时利用伪造环境和真实环境的数据更新策略。

4. 类型4

类型1和类型2可看作一种"表格方法"，即可以用表格方式存储和计算出针对所有状态的$v_*(s)$和所有状态与动作组合的$q_*(s,a)$的值。当状态空间和动作空间巨大时，实际中还可能遇到连续变化的状态和连续变化的动作时，类型1和类型2的表格方法不再适用，不管此时MDP模型参数是否可知（如围棋例子中，MDP参数可以获得，但因为参数规模巨大而无法使用表格方法）。这种情况下可以用参数化的函数表示值函数，称为值函数的函数逼近方法，这类方法可解决大规模强化学习问题。例如，AlphaGo就是利用深度神经网络逼近值函数从而构成深度强化学习（Deep Reinforcement Learning，DRL）。

5. 类型5

不通过值函数，而是直接通过学习得到策略函数。这类针对策略建立目标函数，直接优化逼近最优策略的算法称为策略梯度算法，是近代强化学习的一种重要方法，这类方法的一些成员也需要同时学习值函数，但这种情况下值函数起到评价或辅助作用，最优策略是在优化过程中直接得到的。

6. 类型6

前面提到的POMDP假设下的强化学习算法，前文已有介绍，一般可通过转化为MDP的算法实现。

7. 类型7

多臂赌博机问题。多臂赌博机不是一类标准的强化学习问题，但与强化学习存在密切关系，可看作只有一个状态的强化学习问题，因此，在介绍强化学习的本章中，专门对多臂赌博机问题做一个概要介绍。

以上所列类型并不能涵盖所有可能的强化学习类型，只是可包括在本书视角内的类型。在一章内包括所有这些方法将比较冗长，为便于教学和阅读，分两章介绍。本章集中于类型1和类型2这两类最基本或最经典的强化学习问题，也概要介绍类型7的多臂赌博机算法。第15章重点介绍类型4和类型5的两种算法，这些算法易与深度学习结合构成深度强化学习算法。类型3和类型6尚在快速进展中，只做简要介绍。

14.2.5 探索与利用

在14.2.4节给出的各种类型的强化学习中，除了类型1实际上是一种规划问题而非学习问题外，其他类型中都需要智能体与环境进行交互，这种交互是一种试错式（Trial-and-Error）的学习，在学习的过程中智能体从环境中积累经验，最终期待发现好的策略。

在强化学习的过程中，存在一个实际的平衡问题，即尽可能好地利用当前经验和探索式地试验一些未知状态，这个平衡称为"利用"（Exploitation）和"探索"（Exploration）。

利用是指通过目前的经验去最大化收益以得到尽可能好的策略。在强化学习过程中，如果已经经过一段与环境的交互，获得一定的经验。以类型2的强化学习为例，利用这种交互过程，可得到阶段性的状态值函数估计，这种阶段性估计使用了有限样本估计值函数，因此值函数具有随机性，记为$Q(s,a)$，可用这个阶段性估计的值函数，得到一个比随机猜测好一点的策略，即

$$\hat{\pi}(a \mid s)=\begin{cases}1, & a^{*}=\underset{a \in \mathcal{A}}{\arg\max}\{Q(s,a)\} \\ 0, & \text{其他}\end{cases} \tag{14.2.33}$$

这个过程称为“利用”，即仅靠已积累的经验来优化策略，并控制后续的与环境的交互过程。由式(14.2.33)得到的策略称为贪婪策略。

探索是尝试去发现环境的更多信息，如果一个强化学习过程仅依靠利用方式，则其可能被最早期的几个好的状态和好的动作所控制，无法去探究更多的状态和动作。因此，要依靠探索方式去试验更多的动作从而进入更多的状态，一个完全的探索模式是均匀随机地选取所有的动作，即

$$\hat{\pi}(a \mid s)=\frac{1}{|\mathcal{A}|}, \quad \forall a \in \mathcal{A} \tag{14.2.34}$$

式(14.2.34)是一个纯粹的探索过程，不考虑已经得到的经验，在每个状态处完全随机地选择一个动作，显然这种方式总是限制在一个随机猜测的水平上。

实际的强化学习算法，是在利用和探索之间平衡，尤其在学习过程的早期，要以一定的比例，既利用又探索。

由于利用和探索在强化学习中的重要性，近期有一些研究者提出许多复杂的利用和探索平衡的算法，本书不打算介绍这些更复杂的算法，主要介绍一种启发式的简单的利用和探索平衡的方法，称为 ε-贪婪(ε-Greedy)算法。

将式(14.2.33)确定策略的贪婪方法结合式(14.2.34)的随机探索模式，将取所有动作的概率1分为两部分，以 $1-\varepsilon$ 的概率由贪婪方法确定动作，将 ε 的概率平均分配给动作空间的所有动作，故每个动作都可能以概率 $\frac{\varepsilon}{|\mathcal{A}|}$ 被探索，这里 ε 是一个超参数。考虑了这种利用和探索均衡以后，以当前估计的动作-值函数确定策略的 ε-贪婪算法可表示为

第 23 集
微课视频

$$\hat{\pi}(a \mid s)=\begin{cases}1-\varepsilon+\frac{\varepsilon}{|\mathcal{A}|}, & a^{*}=\underset{a \in \mathcal{A}}{\arg\max}\{Q(s,a)\} \\ \frac{\varepsilon}{|\mathcal{A}|}, & \text{其他动作}\end{cases} \tag{14.2.35}$$

ε-贪婪算法是一种简单且实用的算法，对大多数强化学习问题有效，带来的问题是增加了一个参数 ε，在许多实际算法中，初始时给出较大的 ε，随学习过程进展可逐渐减小 ε 的值。

14.3 动态规划

当智能体的环境可由一个 MDP 完整描述，MDP 的所有参数均已确定的情况下，解贝尔曼方程可解决智能体的最优策略问题。在这种情况下可用动态规划(Dynamic Programming，DP)求解贝尔曼方程。

传统动态规划是求解贝尔曼方程的一种迭代算法。存在两种典型方法：策略迭代和值函数迭代。本节解决 14.2.4 节所描述的强化学习类型 1，针对离散状态和离散动作集规模有限的环境。本节针对的问题不是典型的强化学习环境，但所给出的方法为强化学习算法提供了必要的基础。

由于当 MDP 模型被完整描述时，状态值函数与动作-值函数完全等价，因状态值函数更简单，本节针对状态值函数进行讨论。

14.3.1 策略迭代方法

当智能体的 MDP 模型参数均确定时，可用策略迭代算法求其最优策略 $\pi^{*}(a \mid s)$ 和对应的最

优状态值函数 $v_*(s)$。由于起始时最优策略和最优值函数均未知，采用迭代算法进行求解。为解决该问题，分为两步。

(1) 对于一个策略 $\pi(a|s)$（起始时给出一个初始策略），利用贝尔曼期望方程求策略对应的状态值函数，这一步称为策略评估(Policy Evaluation)。

(2) 利用所求的状态值函数，对策略进行改进，得到更好的策略，然后回到步骤(1)，这一步称为策略改进(Policy Improvement)。

以上过程反复迭代，当改进后的策略不再变化，已得到最优策略，可停止。下面分别讨论这两步。

1. 策略评估

在这一步，策略 $\pi(a|s)$ 是给定的，求出对应策略的值函数 $v_\pi(s)$，这可以直接解式(14.2.12)所构成的方程组，或直接解式(14.2.24)的矩阵方程，但直接解方程或用消元法需要计算逆矩阵，运算复杂性高。一种办法是迭代求解贝尔曼方程。

首先给出状态值函数的初始值，即对于 $\forall s \in \mathcal{S}$，用 $v_0(s)$ 表示其初始值，用初始值代入式(14.2.12)计算第1次迭代的值 $v_1(s)$，迭代持续进行，设已得第 k 次迭代值 $v_k(s)$，第 $(k+1)$ 次迭代表示为

$$v_{k+1}(s) = \sum_{a \in \mathcal{A}} \pi(a \mid s)\left[r(s,a) + \gamma \sum_{s' \in \mathcal{S}} P_{ss'}^{a} v_k(s')\right] \tag{14.3.1}$$

或用矩阵形式计算为

$$\boldsymbol{v}_{k+1} = \boldsymbol{r}^{\pi} + \gamma \boldsymbol{P}^{\pi} \boldsymbol{v}_k \tag{14.3.2}$$

其中，$\boldsymbol{v}_k$ 为第 k 次迭代后所有状态值函数组成的向量。可预先给出一个精度门限参数 δ，若满足

$$\max_{s \in \mathcal{S}} |v_{k+1}(s) - v_k(s)| < \delta \tag{14.3.3}$$

迭代停止，得到满足精度的值函数 $v_\pi(s) = v_{k+1}(s)$，$\forall s \in \mathcal{S}$。

2. 策略改进

策略评估确定了策略 π 对应的状态值函数 $v_\pi(s)$，利用这个值函数可以改进策略，得到更好的策略 $\pi' \geqslant \pi$。

在式(14.2.28)中，若已知最优状态动作值函数 $q_*(s,a)$，则可以得到最优策略。但若得到的是一个策略的动作-值函数 $q_\pi(s,a)$，用 $q_\pi(s,a)$ 替代 $q_*(s,a)$，用式(14.2.28)得到一个新的策略 π'，这样的 π' 不能保证是最优策略，但可以得到改进策略，即 $\pi' \geqslant \pi$。在 MDP 参数确定的情况下，利用式(14.2.16)可用 $v_\pi(s)$ 表示 $q_\pi(s,a)$，故得到用 $v_\pi(s)$ 改进的策略为

$$\pi'(a \mid s) = \begin{cases} 1, & a^* = \arg\max_{a \in \mathcal{A}} \left\{ r(s,a) + \gamma \sum_{s' \in \mathcal{S}} P_{ss'}^{a} v_\pi(s') \right\} \\ 0, & \text{其他} \end{cases} \tag{14.3.4}$$

以上是 a^* 有唯一值的情况，若 a^* 有多个解，在 a^* 有 K 个解 $a_1^*, \cdots, a_K^*$ 时，可等概率地选择各动作，即

$$\pi'(a_i^* \mid s) = 1/K, \quad i = 1, 2, \cdots, K \tag{14.3.5}$$

或任选一个动作 $a_i^* \in \{a_1^*, \cdots, a_K^*\}$，有 $\pi'(a_i^* | s) = 1$，其他动作的概率为0，这样构成一个确定策略，而式(14.3.5)构成随机策略。

我们将采用式(14.3.4)，由 $v_\pi(s)$ 得到 $\pi'(a|s)$ 的策略改进算法称为由 $v_\pi(s)$ 改进策略的贪婪算法，可简单表示为

$$\pi'(a \mid s) = \text{greedy}[v_\pi(s)] \tag{14.3.6}$$

若 $\pi'(a|s)=\pi(a|s)$，则算法收敛，即 $\pi'(a|s)$ 是最优策略 $\pi^*(a|s)$，当前 $v_\pi(s)$ 已是最优状态值函数 $v_*(s)$，算法结束；否则，令 $\pi(a|s)\leftarrow\pi'(a|s)$，回到策略评估步骤继续迭代，直至收敛。可以证明，策略迭代算法总可以收敛到最优策略。限于篇幅，这里省略收敛性证明，有兴趣的读者可参考 Sutton 等的著作《强化学习》。

总结起来，策略迭代是一个链式递推过程，从输出的策略 π_0 起，不断在策略评估和策略改进之间向最优方向推进，最终收敛到最优策略，可表示为

$$\pi_0 \xrightarrow[\text{评估}]{} v_{\pi_0} \xrightarrow[\text{改进}]{} \pi_1 \xrightarrow[\text{评估}]{} v_{\pi_1} \xrightarrow[\text{改进}]{} \pi_2 \cdots \to \pi^* \to v_* \tag{14.3.7}$$

例 14.3.1 继续以猫和老鼠的例子说明策略迭代算法，假设开始时选用例 14.2.2 的策略作为初始策略 π_0，即在各状态以 0.25 的概率向上下左右移动，且设初始状态值函数均为 0，故初始状态值函数写入各状态格子中，如图 14.3.1(a)所示。

在策略评估步骤，$k=0$，利用式(14.3.1)做第 1 次迭代，求得各状态的值函数 $v_1(s)$，如图 14.3.1(b)所示。经过几轮迭代，得到该策略的状态值函数 $v_{\pi_0}(s)$，如图 14.3.1(c)所示。

在第 2 步，策略改进步骤，由图 14.3.1(c)的值函数采用 greedy$[v_{\pi_0}(s)]$ 算法得到的新策略如图 14.3.1(d)所示。

这个过程(策略评估＋策略改进)执行几轮以后，则策略收敛到最优策略，最优策略如图 14.2.3(b)所示，也可收敛到最优状态值函数，该函数值如图 14.2.3(c)所示，这里不再重复。

本问题比较简单，经过 3 轮过程即可收敛到最优策略，再经过第 4 轮确认策略不再变化，则该策略即是最优策略，同时也计算得到最优状态值函数。

3. 广义策略迭代

在上述的标准策略迭代算法中，在策略评估步骤，需要收敛到目前策略 π 对应的状态值函数 $v_\pi(s)$，然后利用 $v_\pi(s)$ 进行贪婪策略更新。实际上，每次策略评估过程不必要完成收敛，通过一次到几次迭代，已得到一个中间过程的状态值函数，就可以用于策略改进，即完成部分策略评估，就可进行一次策略改进，这样总体收敛速度可能更快。

例 14.3.2 再次考查例 14.3.1，在起始时给出一个随机策略 π_0，在策略评估步做多次迭代后，收敛到图 14.3.1(c)的 $v_{\pi_0}(s)$，然后通过策略改进，得到新策略。其实，观察完成部分策略评估后，如在 π_0 下只做一次迭代得到 $v_1(s)$，若我们不等到策略评估收敛，而是用部分策略评估结果 $v_1(s)$ 做策略改进，则不难验证改进的策略如图 14.3.2 所示。

0	0	0	0
0	0	0	0
0	0	0	0
0	0	0	0

(a) 初始状态值函数

−1	−1	$-\frac{13}{4}$	−1
−1	$-\frac{22}{4}$	0	$-\frac{13}{4}$
$-\frac{13}{4}$	0	$-\frac{22}{4}$	$\frac{7}{4}$
−1	$-\frac{13}{4}$	$\frac{7}{4}$	0

(b) 第1次迭代

−19.8	−17.8	−15.2	−14.9
−17.8	−14.4	0	−10.5
−15.2	0	−7.3	−3.6
−14.9	−10.5	−3.6	0

(c) n轮迭代后

↓→	↓	↓	↓
→	↓→	•	↓
→	•	↓→	↓
→	→	→	•

(d) 新策略

图 14.3.1 猫和老鼠的策略迭代实例

↔↕	←↑	↔	↑→
←↑	←↑	•	↓
↕	•	↓→	↓
←↓	→	→	•

图 14.3.2 部分策略评估后的改进策略

可见部分策略评估后，改进策略已有明显改善，下一步以改进后的新策略再做部分策略改进，这个过程一直到收敛到最优策略。

以上例子说明，策略评估不必到收敛，只做部分策略评估，则进入策略改进，这样也形成一个链式算法，即

$$\pi_0 \underset{\text{部分评估}}{\longrightarrow} v_{\pi_0} \underset{\text{改进}}{\longrightarrow} \pi_1 \underset{\text{部分评估}}{\longrightarrow} v_{\pi_1} \underset{\text{改进}}{\longrightarrow} \pi_2 \cdots \rightarrow \pi^* \rightarrow v_* \tag{14.3.8}$$

式(14.3.8)所示的链式递推过程称为广义策略迭代(Generalized Policy Iteration，GPI)，其中部分评估的选择可以是非常灵活的，GPI 方法广泛应用于与环境交互的实际强化学习算法中。

在本节的讨论中，我们假设采用同步方式，即在一轮更新中，所有状态的值函数不变，当所有值函数均更新完成后，用新的值函数做下一轮更新。也可采用异步方式，即每个值函数一旦被更新，在接下来的计算中即采用其更新后的值。在异步更新方式中，状态选择次序对中间过程的计算是有影响的，但在动态规划情况下，同步方式和异步方式都是可收敛的。

14.3.2　值函数迭代方法

值函数迭代方法可以不考虑策略，直接迭代计算最优的值函数，当求得最优值函数之后，再通过贪婪策略得到最优策略，即 $\pi^*(a|s)=\text{greedy}(v_*(s))$。这里只考虑状态值函数，类似方法可直接用于动作-值函数。值函数迭代依据的是式(14.2.31)表示的贝尔曼最优方程，为了参考方便重写如下。

$$v_*(s)=\max_{a\in\mathcal{A}}\left[r(s,a)+\gamma\sum_{s'\in\mathcal{S}}P_{ss'}^{a}v_*(s')\right] \tag{14.3.9}$$

如果已知从状态 s 可直接转移到的状态 s' 的最优值函数 $v_*(s')$，则由式(14.3.9)可得到状态 s 的值函数 $v_*(s)$，问题是 $v_*(s')$ 同样是未知的。再次利用迭代算法，首先假设初始值 $v_0(s)$，$\forall s\in\mathcal{S}$，将 $v_0(s)$ 用于式(14.3.9)的右侧，通过最优贝尔曼方程得到新的状态值函数 $v_1(s)$，依次对所有状态 $s\in\mathcal{S}$ 运行式(14.3.9)，可表示为

$$v_1(s)=\max_{a\in\mathcal{A}}\left[r(s,a)+\gamma\sum_{s'\in\mathcal{S}}P_{ss'}^{a}v_0(s')\right]$$

这个过程反复迭代，当已经得到 $v_k(s)$，则迭代公式的一般形式写为

$$v_{k+1}(s)=\max_{a\in\mathcal{A}}\left[r(s,a)+\gamma\sum_{s'\in\mathcal{S}}P_{ss'}^{a}v_k(s')\right],\quad \forall s\in\mathcal{S} \tag{14.3.10}$$

例 14.3.3　对于猫和老鼠的例子，设初始的状态值函数均为 0，以状态 $s=6$ 为例。观察采用式(14.3.10)的最优方程，在状态 $s=6$，可能的 4 个动作分别移动到状态 $\{2,5,7,10\}$，对应的 $\left[r(s,a)+\gamma\sum_{s'\in\mathcal{S}}P_{ss'}^{a}v_0(s')\right]$ 项为 $\{-1,-1,-10,-10\}$，故

$$v_1(6)=\max_{a\in\mathcal{A}}\{-1,-1,-10,-10\}=-1$$

通过第 1 轮迭代，状态值函数修改为如图 14.3.3 所示。

与例 14.3.1 中用同样初始值由第 1 步迭代得到的 $v_1(6)=-22/4$ 相比，值函数迭代的 max 操作避免选择带来非常大的负奖励的动作，可能用更少的迭代次数达到最优值函数，图 14.3.3 只给出了第 1 次迭代后的结果，多次迭代后可逼近最优值函数，然后利用 $\text{greedy}[v_*(s)]$ 得到最优策略。但要注意，贝尔曼最优方程是非线性方程。

−1	−1	−1	−1
−1	−1	0	−1
−1	0	−1	10
−1	−1	10	0

图 14.3.3　值函数迭代第 1 步

在本节中，不管是策略迭代算法还是值函数迭代算法，都用到

一种更新方式，称为自举(Bootstrapping)，以值函数迭代为例说明自举的含义。观察式(14.3.9)，为了计算值函数 $v_*(s)$，需要其相关状态 s' 的值函数 $v_*(s')$，所有的相关状态 s' 是状态子集，甚至可能包含 s 自身。问题是 $v_*(s')$ 也是未知的，故直接求解(14.3.9)的方法是对所有状态 $s\in\mathcal{S}$ 列出 $|\mathcal{S}|$ 个非线性方程，解这个非线性方程组可得到每个 $v_*(s)$ 的解。解非线性方程是复杂的，故使用迭代算法求解。在计算 $v_*(s)$ 时，使用不准确的 $v_*(s')$ 值(最初是初始猜测值)对 $v_*(s)$ 进行计算，以期改善 $v_*(s)$ 的准确度，这种方式称为自举。DP 的两类算法都是自举算法。

14.4 强化学习的蒙特卡洛方法

本节和 14.5 节分别介绍两类强化学习方法，分别称为蒙特卡洛方法和时序差分方法。本节讨论蒙特卡洛(Monte-Carlo，MC)方法。在这两种方法中，智能体通过与环境的交互进行学习，最终得到一种逼近最优的策略。

由于智能体需要在环境中进行实际交互，将智能体从开启到结束的过程称为一次试验。这样的一次试验有两种类型，一种类型是一次试验的步数有限，即在有限步 T 内结束(T 可以随机但有限)，将这种类型的试验称为一分幕(Episode)，很多强化学习任务是这种，如棋牌类游戏有限步结束、迷宫游戏也是有限步结束，本节的简单例子猫和老鼠也在有限步后结束；另一种类型的试验，其持续步数可能是无限的，这一类称为连续情景。例如，一个机器人在一个环境的服务，可能会持续到很久以致可以用无限步描述，这相当于 $T\to\infty$。

本节介绍的蒙特卡洛(MC)方法只用于分幕环境。这里给出 MC 方法的一种基本情景：起始时给出一个初始的策略 π_0，智能体在该策略控制下，在环境中完成一次试验(完成一次分幕)，在试验中记录“状态，动作，奖励”序列，通过这个序列用 MC 估计状态值函数 $v_{\pi_0}(s)$ 或动作-值函数 $q_{\pi_0}(s,a)$，由于是通过实际记录得到的估计函数，它们是随机的，分别用符号 $V(s)$ 和 $Q(s,a)$ 表示。然后利用广义策略迭代原则，通过 $Q(s,a)$ 做一次策略改进，得到新策略 π_1，由 π_1 控制智能体再次进行试验，按照这种方式依次进行，直到收敛。这是一种部分策略评估和策略改进过程的交替。

14.4.1 MC 部分策略评估

在 MC 学习中，一般是用一个给出的策略 π，首先完成一幕，如果从初始状态 S_0 出发，一幕的序列按如下记录。

$$\{S_0,A_0,R_1,S_1,A_1,R_2,\cdots,S_t,A_t,R_{t+1},S_{t+1},A_{t+1},R_{t+2},\cdots,S_{T-1},A_{T-1},R_T,S_T\} \tag{14.4.1}$$

从序列中任意时刻出发，其中 $S_t=s$，并从此时计算返回值，即累积奖励，回忆式(14.2.3)，有

$$G_t=R_{t+1}+\gamma R_{t+2}+\gamma^2R_{t+3}+\cdots+\gamma^{T-t-1}R_T=\sum_{k=0}^{T-t-1}\gamma^kR_{t+k+1} \tag{14.4.2}$$

回忆式(14.2.8)中状态值函数的定义，重写为

$$v_\pi(s)=E_\pi[G_t\mid S_t=s] \tag{14.4.3}$$

注意值函数是返回值 G_t 的期望，在只有有限样本的情况下，可用 G_t 的有限均值对值函数进行近似。

例如，若式(14.4.1)的序列是第 1 次记录，在某时刻 t，$S_t=s$，且状态 s 在记录中只出现一次，则可近似有

$$V(s)\leftarrow G_t,\quad N(s)=1 \tag{14.4.4}$$

其中，$N(s)$ 记录状态 s 被遇到的次数。若式(14.4.1)的序列是已进行了多幕以后的新一幕记

录，则

$$V(s) \leftarrow V(s) + G_t, \quad N(s) \leftarrow N(s) + 1 \tag{14.4.5}$$

最后，在所有幕结束后，取平均作为一个状态的值函数估计，即

$$V(s) \leftarrow \frac{V(s)}{N(s)} \tag{14.4.6}$$

式(14.4.4)～式(14.4.6)给出了用MC方法做策略评估的计算式，这需要由一个策略控制完成很多幕，然后通过MC方法由有限平均替代期望值对值函数进行的估计，当幕数趋于无穷时，估计趋于其期望值。

实际中，MC方法很少完成完整的策略评估，而是完成部分评估(一般每次只做一幕)，这种情况下，可导出一个增量计算平均的方式。若存在 n 个数 $\{x_1, x_2, \cdots, x_{n-1}, x_n\}$，求其均值 μ_n，则有

$$\begin{aligned}\mu_n &= \frac{1}{n}\sum_{i=1}^{n} x_i = \frac{n-1}{n}\frac{1}{n-1}\sum_{i=1}^{n-1} x_i + \frac{1}{n}x_n \\ &= \mu_{n-1} + \frac{1}{n}(x_n - \mu_{n-1})\end{aligned} \tag{14.4.7}$$

利用式(14.4.7)的增量均值算法，则当遇到式(14.4.1)的一个序列时，其中状态 S_t 对应的返回值是 G_t，则状态值函数更新为

$$\begin{cases} N(S_t) \leftarrow N(S_t) + 1 \\ V(S_t) \leftarrow V(S_t) + \dfrac{1}{N(S_t)}[G_t - V(S_t)] \end{cases} \tag{14.4.8}$$

MC方法在使用一幕记录的序列时，有两种处理状态 s 的方法。一种是首次访问记录，即对于一个状态 s，在序列式(14.4.1)中第1次遇到时，用式(14.4.8)对其进行计算，当该状态 s 再次遇到时，则忽略；另一种方式是每次访问记录，即每次遇到的状态，不管在序列中出现几次，都按式(14.4.8)计算其对值函数的贡献。

MC与DP不同，在DP算法中，MDP的参数均已知，只要计算得到状态值函数，就可以得到动作-值函数；而在MC算法中，MDP参数未知，无法由状态值函数获得动作-值函数，故若要进行策略改进，需要计算动作-值函数 $Q(s,a)$。同样，对于式(14.4.1)的记录序列，对于每个 (S_t, A_t) 对，可由式(14.4.2)得到同样的返回 G_t，可将式(14.4.8)推广到计算 $Q(s,a)$，即

$$\begin{cases} N(S_t, A_t) \leftarrow N(S_t, A_t) + 1 \\ Q(S_t, A_t) \leftarrow Q(S_t, A_t) + \dfrac{1}{N(S_t, A_t)}[G_t - Q(S_t, A_t)] \end{cases} \tag{14.4.9}$$

注意，必须要完成一幕后才能计算 G_t，MC算法的单元是一幕，故MC算法只能用于分幕情况，即一次试验是有限步终止的，对于终止状态 S_T，有 $Q(S_T, a) = 0, V(S_T) = 0$。

在实际中，对式(14.4.8)和式(14.4.9)的迭代公式，以小的学习率 η 替代 $1/N$，算法仍可收敛，即可将值函数更新修改为

$$\begin{cases} V(S_t) \leftarrow V(S_t) + \eta[G_t - V(S_t)] & (14.4.10) \\ Q(S_t, A_t) \leftarrow Q(S_t, A_t) + \eta[G_t - Q(S_t, A_t)] & (14.4.11) \end{cases}$$

14.4.2 MC策略改进

一般的MC通过一个策略 π 产生一幕，利用一幕的序列计算部分策略评估，然后转入策略改进。MC与DP不同，DP算法针对MDP模型参数完全确定的情况，直接可用贪婪方法改进策略。

在 MC 和后续的时序差分方法中，因为不知道模型，要进行利用和探索。利用是使用已有的经验，探索是要尝试尚未遇到的状态和动作。因此，在策略改进中采用 ε-贪婪策略，利用已经得到的 $Q(s,a)$ 函数，按照 ε-贪婪策略进行策略改进。14.2.5 节已介绍了 ε-贪婪策略，这里针对 MC 算法，再简单介绍 ε-贪婪算法。

在用已记录的一幕进行了动作-值函数的部分策略评估，得到当前函数记为 $Q(s,a)$，策略改进对每个状态 s 计算动作，得到一个最优动作为

$$a^* = \arg\max_{a \in \mathcal{A}} [Q(s,a)] \tag{14.4.12}$$

若 a^* 有多个解，这里任取一个，则 ε-贪婪策略为

$$\pi(a \mid s) = \begin{cases} 1-\varepsilon+\dfrac{\varepsilon}{|\mathcal{A}(s)|}, & a=a^* \\ \dfrac{\varepsilon}{|\mathcal{A}(s)|}, & \text{其他} \end{cases} \tag{14.4.13}$$

这里用符号 $\mathcal{A}(s)$ 表示不同状态 s 可能有不同的动作集合。为了表示方便，后续将式(14.4.12)和式(14.4.13)表示的 ε-贪婪算法记为

$$\pi(a \mid s) = \varepsilon\text{-greedy}[Q(s,a)] \tag{14.4.14}$$

将 MC 部分策略评估和策略改进结合在一起，构成一个基本的 MC 强化学习算法，算法描述如下。

MC 强化学习算法

算法参数：小的 $\varepsilon>0$，折扣因子 γ；

初始化：

  $\pi \leftarrow$ 初始策略，一般可选等概率策略；

  对于所有 $s \in \mathcal{S}, a \in \mathcal{A}(s)$；

  $Q(s,a)=0, N(s,a)=0$；

对于每幕重复

  根据 π 生成一幕序列 $\{S_0, A_0, R_1, S_1, A_1, R_2, \cdots, S_{T-1}, A_{T-1}, R_T, S_T\}$；

  $G \leftarrow 0$；

  对幕中每步做循环，按时序 $t=T-1, T-2, \cdots, 1, 0$

    $G \leftarrow \gamma G + R_{t+1}$；

    除非"状态-动作"二元组 (S_t, A_t) 在 $\{S_0, A_0, R_1, S_1, A_1, R_2, \cdots, S_{t-1}, A_{t-1}\}$ 已出现过

$N(S_t, A_t) \leftarrow N(S_t, A_t)+1$；

$$Q(S_t, A_t) \leftarrow Q(S_t, A_t) + \frac{1}{N(S_t, A_t)}[G_t - Q(S_t, A_t)];$$

$A^* \leftarrow \arg\max_{a \in \mathcal{A}(S_t)} \{Q(S_t, a)\}$（若有多解，任取其一）；

对所有 $a \in \mathcal{A}(S_t)$

$$\pi(a \mid S_t) = \begin{cases} 1-\varepsilon+\dfrac{\varepsilon}{|\mathcal{A}(S_t)|}, & a=A^* \\ \dfrac{\varepsilon}{|\mathcal{A}(S_t)|}, & a \neq A^* \end{cases};$$

注意，上述算法中，用首次访问记录方式计算动作-值函数，每次 $Q(S_t,A_t)$ 更新后，就可以马上更新相应的策略 $\pi(a|S_t)$，这是因为首次访问记录方式只更新首次遇到的 (S_t,A_t) 二元组的动作-值函数。只需要将判断 (S_t,A_t) 是否在早前序列出现的判断去掉，即可修改为每次访问记录方式。

14.4.3　在轨策略和离轨策略

在与环境交互的强化学习中，有两种利用策略形成样本序列的方式，分别称为在轨策略（On-Policy）和离轨策略（Off-Policy）。

首先以策略评估为对象讨论在轨策略与离轨策略。前面讨论的MC学习算法实际是在轨策略学习，只有一个策略 π，用 π 生成样本序列用于估计状态值函数。在策略评估中，用 π 生成样本，估计策略 π 的状态值函数，样本足够多时可收敛到 $v_\pi(s)$。

在离轨策略中，有两个策略 μ 和 π。μ 称为行为策略，由该策略控制生成样本序列；π 称为目标策略，目的是计算 π 的值函数。为叙述简单，先考虑状态值函数 $v_\pi(s)$，结果可直接推广到动作-值函数。在策略评估中，这种以行为策略生成序列用于估计目标策略值函数的方法称为离轨策略。

使用离轨策略有什么意义呢？一种情景是可重用以前的样本序列，为当前策略估计值函数；另一种情景是用探索性更强的策略生成序列。例如，若待求的目标策略是确定性策略，则该策略在经过若干步迭代后，自身探索能力降低。实际中，离轨策略在强化学习中是一种重要的与环境交互的方式。

用离轨策略估计目标策略 π 的值函数依据的方法是蒙特卡洛估计中的重要性采样（Importance Sampling）方法，简单介绍如下。

设有一个离散随机变量 X，其概率函数为 $P(X)$，为了用MC方法估计函数 $f(X)$ 的期望，需要从 $P(X)$ 中采样获得样本集 $\{x_1,x_2,\cdots,x_N\}$，但若从 $P(X)$ 难以采样，有一个更易采样的概率函数 $U(X)$，由该概率函数生成一组样本 $\{\tilde{x}_1,\tilde{x}_2,\cdots,\tilde{x}_N\}$，这组样本称为重要性采样，则 $f(X)$ 针对 $P(X)$ 的期望可逼近为

$$E_{X\sim P(X)}[f(X)]=\sum_X P(X)f(X)=\sum_X U(X)\left[\frac{P(X)}{U(X)}f(X)\right]$$
$$=E_{X\sim U(X)}\left[\frac{P(X)}{U(X)}f(X)\right]\approx\frac{1}{N}\sum_{i=1}^{N}\frac{P(\tilde{x}_i)}{U(\tilde{x}_i)}f(\tilde{x}_i) \qquad (14.4.15)$$

式(14.4.15)可用 $U(X)$ 生成的样本 $\{\tilde{x}_1,\tilde{x}_2,\cdots,\tilde{x}_N\}$ 估计 $f(X)$ 对 $P(X)$ 的期望，但每个样本前乘以系数 $\frac{P(\tilde{x}_i)}{U(\tilde{x}_i)}$，称这个系数为重要性采样比，重要性采样比存在的条件是对于 $P(x)>0$ 的 x 必有 $U(x)>0$。

这里采用重要性采样思想解决离轨策略的策略评估问题。有行为策略 μ 和目标策略 π，要求对于任意 $\pi(a|s)>0$ 必有 $\mu(a|s)>0$，称为 μ 覆盖 π。用策略 μ 产生多幕样本序列，用于估计 π 的值函数，为了使用式(14.4.15)，需要确定相应的重要性采样比。

对于值函数，需要求在 S_t 条件下，达到一幕的终止状态 S_T 所产生的返回 G_t 的期望，故需要得到从 S_t 到 S_T 的转移概率。对于 μ，这个转移概率为

$$P_\mu=\Pr\{A_t,S_{t+1},A_{t+1},\cdots,S_T|S_t,A\sim\mu\}$$
$$=\mu(A_t|S_t)P(S_{t+1}|S_t,A_t)\mu(A_{t+1}|S_{t+1})\cdots P(S_T|S_{T-1},A_{T-1})$$

$$=\prod_{k=1}^{T-1}\mu(A_k\mid S_k)P(S_{k+1}\mid S_k,A_k) \tag{14.4.16}$$

类似地，对策略 π 有

$$P_\pi=\prod_{k=1}^{T-1}\pi(A_k\mid S_k)P(S_{k+1}\mid S_k,A_k) \tag{14.4.17}$$

其中，状态转移概率 $P(S_{k+1}\mid S_k,A_k)$ 为 MDP 的参数，与策略无关。因此，重要性采样比可表示为

$$\rho_{t:T-1}=\frac{P_\pi}{P_\mu}=\frac{\prod_{k=1}^{T-1}\pi(A_k\mid S_k)}{\prod_{k=1}^{T-1}\mu(A_k\mid S_k)} \tag{14.4.18}$$

为了求状态值函数，以 G_t 代替式(14.4.15)中的 $f(\tilde{x}_i)$，以 $\rho_{t:T-1}$ 为重要性采样比，因此每个 G_t 将以加权值 $\rho_{t:T-1}G_t$ 的形式对 $v(S_t)$ 有一个贡献。若用增量式计算，可用 $\rho_{t:T-1}G_t$ 代替 G_t 代入式(14.4.8)。

下面给出一个更清晰的算法叙述。设以 μ 产生了很多幕样本序列。对于一个给定的状态 $s\in\mathcal{S}$，在各幕的样本序列中，多次出现状态 s，故将状态 s 每次出现(按首次访问记录和每次访问记录均可)对应的 G_t 和 $\rho_{t:T-1}$ 重新编号在一个集合中，即

$$\{(G_1,W_1),(G_2,W_2),\cdots,(G_n,W_n)\} \tag{14.4.19}$$

其中，n 为在各幕样本序列集合中 s 总计出现的次数。

在重要性采样统计中，存在两种计算值函数的 MC 算法。一种是普通重要性采样，即

$$V(s)=\frac{1}{n}\sum_{k=1}^{n}W_kG_k \tag{14.4.20}$$

另一种是加权重要性采样，即

$$V(s)=\frac{\sum_{k=1}^{n}W_kG_k}{\sum_{k=1}^{n}W_k} \tag{14.4.21}$$

式(14.4.20)对应了式(14.4.15)的直接实现，用 W_k 加权。加权重要性采样实际是对 W_k 进行归一化，相当于重新定义了一个概率函数 $\widetilde{W}_k=W_k/\sum_{i=1}^{n}W_i$，然后利用归一化概率计算

$$V(s)=\sum_{k=1}^{n}\widetilde{W}_kG_k \tag{14.4.22}$$

在不同应用中，式(14.4.20)和式(14.4.21)各有优缺点。普通重要性采样无偏但方差大，加权重要性采样有偏但方差小。在 MC 强化学习中，一般情况下更常用加权重要性采样。做一些简单变化，可得到式(14.4.21)的增量计算方式。

设

$$V_n=\frac{\sum_{k=1}^{n-1}W_kG_k}{\sum_{k=1}^{n-1}W_k},\quad n\geqslant 2 \tag{14.4.23}$$

则增量更新为

$$\begin{cases} V_{n+1} \leftarrow V_n + \dfrac{W_n}{C_n}(G_n - V_n), \quad n \geqslant 1 \\ C_{n+1} \leftarrow C_n + W_{n+1} \end{cases} \tag{14.4.24}$$

其中，C_n 是为了增量计算设置的量，且 $C_0=0$。

以上讨论了策略评估，比较独特的部分在于离轨策略的策略评估。在策略改进时，利用已估计的值函数改进目标策略，在离轨强化学习中，行为策略可选一个"软策略"。所谓软策略，是指对于任意 $a \in \mathcal{A}(s)$，$\mu(a|s)>0$，即每个动作概率非 0。一种典型的软策略是利用$Q(s,a)$导出的 ε-贪婪。一种 MC 离轨策略学习算法描述如下。

MC 强化学习离轨算法

算法参数：折扣因子 γ；

初始化：

　　对所有 $s \in \mathcal{S}, a \in \mathcal{A}(s)$，初始化 $Q(s,a)$为任意值，$C(s,a)=0$；

　　$\pi(s) \leftarrow \arg\max_a \{Q(s,a)\}$（贪婪策略）；

对于每幕重复

　　$\mu \leftarrow$任意软策略；

　　根据 μ 生成一幕序列$\{S_0, A_0, R_1, S_1, A_1, R_2, \cdots, S_{T-1}, A_{T-1}, R_T, S_T\}$；

　　$G \leftarrow 0$；

　　$W \leftarrow 1$；

　　对幕中每步做循环，按时序 $t=T-1, T-2, \cdots, 1, 0$

　　　　$G \leftarrow \gamma G + R_{t+1}$；

　　　　$C(S_t, A_t) \leftarrow C(S_t, A_t) + W$；

　　　　$Q(S_t, A_t) \leftarrow Q(S_t, A_t) + \dfrac{W}{C(S_t, A_t)}(G - Q(S_t, A_t))$；

　　　　$\pi(S_t) \leftarrow \arg\max_a \{Q(S_t, a)\}$（贪婪策略）；

　　　　如果 $A_t \neq \pi(S_t)$

　　　　　　退出本幕的循环；

　　　　$W \leftarrow W \dfrac{1}{\mu(A_t|S_t)}$；

在上述算法叙述中，倒数第 2 行的 $A_t \neq \pi(S_t)$判断有特殊含义，若该判断为假，即$A_t = \pi(S_t)$，则贪婪策略使 $\pi(A_t|S_t)=1$，故最后一行的分子用 1 替代 $\pi(A_t|S_t)$；否则$\pi(A_t|S_t)=0$，后续的 $\rho_{t:T-1}=0$ 相当于算法中的$W=0$，则后续不必再计算，退出循环。

MC 的离轨策略有可能收敛很慢，而且运算量也较大，在 MC 学习中引入离轨策略和在轨策略的概念比较自然，重要性采样技术本身就来自 MC 统计，在 14.5 节的时序差分方法中，利用 Q 函数可导出一种更常用的离轨学习算法。

14.5 强化学习的时序差分方法

MC 方法要求一幕结束后才可以更新值函数，本节给出一种实时性更高、更灵活的算法。在最基本的情况下，交互过程每进行一步，即在当前状态 S_t 下选择了一个动作 A_t，获得奖励 R_{t+1}，进入下一个状态 S_{t+1}，并选择下一个动作 A_{t+1}，就可以更新状态值函数 $V(S_t)$ 或动作-值函数 $Q(S_t, A_t)$。这种算法称为时序差分(Temporal Difference, TD)算法，基本的 TD 算法(或称为 TD(0)算法)只向前一步就可以更新值函数，也可紧跟着改进策略，TD 算法也可推广到多步情况或反向情况。

14.5.1 基本时序差分学习和 Sarsa 算法

重写 MC 计算值函数的迭代公式(14.4.10)如下。

$$V(S_t) \leftarrow V(S_t) + \eta[G_t - V(S_t)] \tag{14.5.1}$$

其中，计算 G_t 需要累积从当前到一幕结束的所有奖励，由 G_t 的定义可以分解为

$$\begin{aligned} G_t &= R_{t+1} + \gamma R_{t+2} + \gamma^2 R_{t+3} + \cdots \\ &= R_{t+1} + \gamma(R_{t+2} + \gamma^1 R_{t+3} + \cdots) = R_{t+1} + \gamma G_{t+1} \end{aligned} \tag{14.5.2}$$

若当前试验中已经实际完成了下一步，即已得到 S_{t+1}，可以用 $V(S_{t+1})$ 近似表示 G_{t+1}，故可得

$$G_t \approx R_{t+1} + \gamma V(S_{t+1}) \tag{14.5.3}$$

将式(14.5.3)代入式(14.5.1)得到状态值函数更新公式为

$$V(S_t) \leftarrow V(S_t) + \eta[R_{t+1} + \gamma V(S_{t+1}) - V(S_t)] \tag{14.5.4}$$

其中，η 为学习率。

也可以这样理解式(15.5.4)，对于要学习的值函数 $v_\pi(S_t)$，如果有准确值 $v_\pi(S_t)$ 存在，则可以以准确值为标注，利用梯度算法更新其估计值，即

$$V(S_t) \leftarrow V(S_t) + \eta[v_\pi(S_t) - V(S_t)] \tag{14.5.5}$$

但实际上，在强化学习中准确值函数 $v_\pi(S_t)$ 不存在，但贝尔曼期望方程式(14.2.10)给出

$$v_\pi(s) = E_\pi[R_{t+1} + \gamma v_\pi(S_{t+1}) \mid S_t = s] \tag{14.5.6}$$

在式(14.5.6)中，若去掉期望运算 E_π(相当于随机梯度)，用目前已估计的 $V(S_{t+1})$ 替代真实的 $v_\pi(S_{t+1})$，则 $v_\pi(S_t)$ 可近似为

$$\hat{v}_\pi(S_t) \approx R_{t+1} + \gamma V(S_{t+1}) \tag{14.5.7}$$

将式(14.5.7)的 $\hat{v}_\pi(S_t)$ 替代式(14.5.5)的 $v_\pi(S_t)$ 同样可得到式(14.5.4)。

式(14.5.4)的状态值函数更新公式就是 TD 算法的核心，该算法中，从 S_t 出发只要交互过程向前走一步，就可以更新一步状态值函数，用于更新 $V(S_t)$ 的是下一步实际观察到的状态 S_{t+1} 当前的值函数估计 $V(S_{t+1})$。可见 TD 算法是一种自举算法，在起始时为所有状态设置初始值函数。

在式(14.5.4)中，可定义 TD 误差(TD Error)为

$$\delta_t = R_{t+1} + \gamma V(S_{t+1}) - V(S_t) \tag{14.5.8}$$

其近似表示目标值函数与当前值函数的误差。用 TD 误差表示的更新公式为

$$V(S_t) \leftarrow V(S_t) + \eta\delta_t \tag{14.5.9}$$

以上讨论了状态值函数的更新策略，在实际 TD 算法中，更经常使用的是动作-值函数，相应的

$Q(S_t,A_t)$的更新公式为

$$Q(S_t,A_t) \leftarrow Q(S_t,A_t)+\eta\left[R_{t+1}+\gamma Q(S_{t+1},A_{t+1})-Q(S_t,A_t)\right] \tag{14.5.10}$$

为了与后续扩展的时序差分算法区别，式(14.5.4)和式(14.5.10)表示的值函数更新方法称为 TD(0)算法。

在 MC 类算法中，给出一个策略 π 产生一幕，然后更新计算值函数，一幕的全部序列更新完成，用 ε-贪婪策略进行策略改善。在 TD(0)算法中，交互过程每前进一步可更新相应的值函数，每次值函数更新后，立刻用更新后的值函数，进行策略更新，下一步即可用新策略控制交互过程。TD 算法的值函数更新和策略改善都是可以按一步进行的，是一种高度实时的算法。

一种基本的 TD 强化学习算法 Sarsa，即是按以上所述进行操作的，显然这是一个在轨策略算法，将 Sarsa 算法总结描述如下。

基本 Sarsa 算法(在轨策略算法)

初始化：对所有 $s\in\mathcal{S},a\in\mathcal{A}(s)$，任意初始化 $Q(s,a)$，Q(终止状态，·)=0；
给出参数：小的 $\varepsilon>0$，折扣因子 γ，学习率 η；
对于每幕重复
　　给出初始状态 S；
　　用 Q 函数导出的策略在 S 处选择一个动作 A(如可用 ε-贪婪策略)；
　　对于一幕的每步重复
　　　　执行动作 A，观察 R'和 S'；
　　　　用 Q 函数导出的策略在 S'处选择一个动作 A'(如可用 ε-贪婪策略)；
　　　　$Q(S,A)\leftarrow Q(S,A)+\eta\left[R'+\gamma Q(S',A')-Q(S,A)\right]$；
　　　　$S\leftarrow S',A\leftarrow A'$；
直到 S 为终止状态

在 Sarsa 算法叙述中，“用 Q 函数导出的策略在 S'处选择一个动作 A'(如可用 ε-贪婪策略)”表明，Sarsa 算法在每次选择动作时是通过最新的 Q 函数改进策略的，一般来讲会采用 ε-贪婪策略，但也可以采用其他方式改进策略。

可以看到，Sarsa 算法在每步迭代时，需要一个五元组$\{S_t,A_t,R_{t+1},S_{t+1},A_{t+1}\}$，算法描述中不用下标，用的是符号$\{S,A,R',S',A'\}$，而 Sarsa 算法名称的来源就是这样一个五元组舍去下标的字母组合。

14.5.2　离轨策略和 Q 学习

在 TD 算法中，也可采用离轨策略方法。以行为策略 μ 形成样本序列，用于评估目标策略 π 的值函数，在状态 S_t 以 μ 为策略选择动作 A_t，得到奖励 R_{t+1} 并转移到状态 S_{t+1}，更新状态值函数的目标值 $R_{t+1}+\gamma V(S_{t+1})$来自行为策略 μ，需要用重要性采样方法计算策略 π 的值函数，由于只进行了一步，故结合重要性采样的值函数更新为

$$V(S_t) \leftarrow V(S_t)+\eta\frac{\pi(A_t\mid S_t)}{\mu(A_t\mid S_t)}\left[R_{t+1}+\gamma V(S_{t+1})-V(S_t)\right] \tag{14.5.11}$$

类似地，可得到对策略 π 的 $Q(s,a)$函数的更新。

在 TD 算法情况下，可导出一种进行离轨策略更新的更有效的算法，称为 Q 学习算法。该算法建

立在对 $Q(s,a)$ 充分利用的基础上,并避免了加入重要性采样比 $\pi(A_t|S_t)/\mu(A_t|S_t)$ 导致的麻烦。

Q 学习算法作为离轨策略算法,同样采用两个策略:行为策略 μ 和目标策略 π,这两个策略都来自目前已估计的 $Q(s,a)$ 函数,但两个策略略有不同,行为策略 μ 是以 $Q(s,a)$ 为基础的 ε-贪婪策略,目标策略 π 是以 $Q(s,a)$ 为基础的贪婪策略。

在状态-动作二元组 (S_t,A_t) 下,得到奖励 R_{t+1} 并转移到状态 S_{t+1},以 μ 策略选择下一步动作 A_{t+1},这样在动作选择上依据“利用”和“探索”的平衡,但是在更新 $Q(S_t,A_t)$ 时,目标值却不用 $R_{t+1}+\gamma Q(S_{t+1},A_{t+1})$,而是用另一个策略 π 产生的动作 A' 代替 A_{t+1}。由于策略 π 是贪婪的,故

$$A'=\arg\max_{a'}[Q(S_{t+1},a')] \tag{14.5.12}$$

目标值为

$$R_{t+1}+\gamma Q(S_{t+1},A')=R_{t+1}+\gamma\max_{a'}[Q(S_{t+1},a')] \tag{14.5.13}$$

$Q(S_t,A_t)$ 的更新为

$$Q(S_t,A_t)\leftarrow Q(S_t,A_t)+\eta\{R_{t+1}+\gamma\max_{a'}[Q(S_{t+1},a')]-Q(S_t,A_t)\} \tag{14.5.14}$$

在 (S_t,A_t) 组合下,以 ε-贪婪策略控制交互实验的进行,但按目前经验的最优方式(利用)更新 $Q(S_t,A_t)$,因为 A_{t+1} 可能以 ε 概率选择探索一个随机动作,$Q(S_{t+1},A_{t+1})$ 可能没有被很好地预学习,故以 $\max_{a'}[Q(S_{t+1},a')]$ 作为替代实际是在利用目前最大可能的经验知识,是一种更好的更新 $Q(S_t,A_t)$ 的方法。

Q 学习算法在每步用 ε-贪婪策略 μ 产生下一步实际动作,却以贪婪策略 π 产生的动作 A' 更新值函数(实际算法中不出现 π,π 的作用以式(10.5.14)的更新式体现)。Q 学习算法是一种离轨策略算法,描述如下。看上去 Sarsa 算法和 Q 学习算法很接近,但注意其不同,Sarsa 是在轨策略算法,Q 学习算法是离轨策略算法。

Q 学习算法(离轨策略算法)

初始化:对所有 $s\in\mathcal{S},a\in\mathcal{A}(s)$,任意初始化 $Q(s,a)$,Q(终止状态,$\cdot$)$=0$;
给出参数:小的 $\varepsilon>0$,折扣因子 γ,学习率 η;
对于每幕重复
  给出初始状态 S;
  对于一幕的每步重复
    用 Q 函数导出的策略在 S 处选择一个动作 A(如可用 ε-贪婪策略);
    执行动作 A,观察 R' 和 S';
    $Q(S,A)\leftarrow Q(S,A)+\eta\{R'+\gamma\max\limits_{a}[Q(S',a)]-Q(S,A)\}$;
    $S\leftarrow S'$;
  直到 S 为终止状态

可以证明 Q 学习算法是收敛的,限于篇幅,此处略去证明,有兴趣的读者可参考 Watkin 等的 *Q-Learning*。

Sarsa 算法和 Q 学习算法按幕进行循环,按步进行更新,显然这些 TD 类算法可直接推广到无终止状态的连续试验环境中。

例 14.5.1 对于猫和老鼠的例子,通过编程用 Sarsa 算法和 Q 学习算法实际进行交互实验,

对比一下实验的结果。对于猫和老鼠这个简单游戏，只要选择合适的参数，通过交互可得到一种最优的策略。

为了直观，我们将学习得到的动作-值函数直接表示在猫和老鼠的格子中，由于每个状态对应上、下、左、右 4 个动作，故将每个格子分成 4 个三角形，每个三角形对应一个方向，这个三角形对应 $Q(S,A)$ 的值，如图 14.5.1(a)所示，我们用三角形的亮度表示取值大小，越亮表示取值越大。

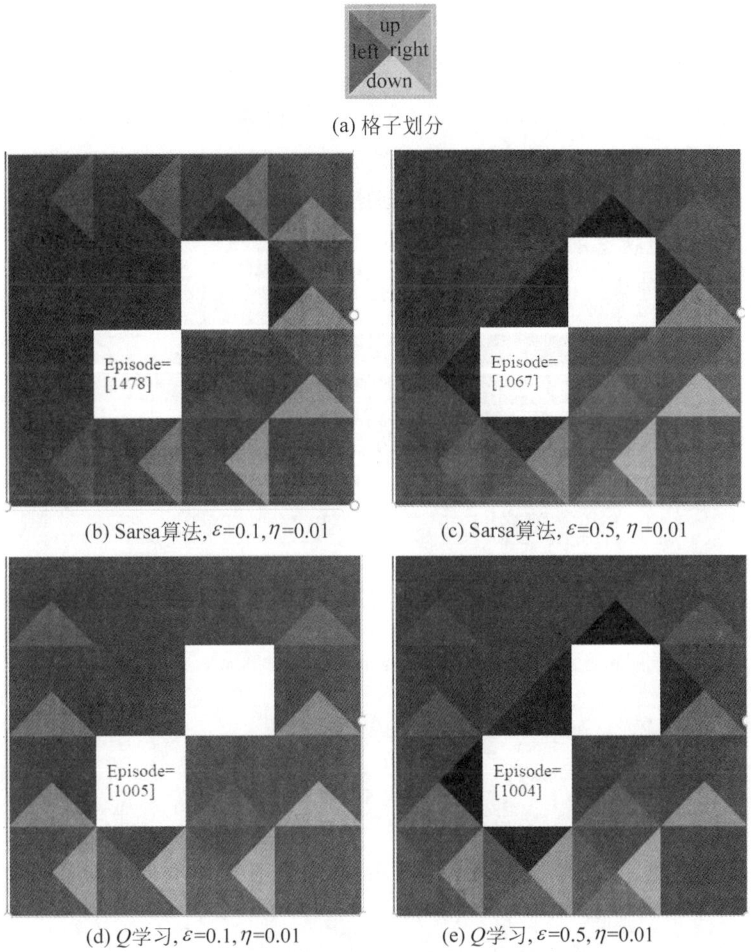

(a) 格子划分

(b) Sarsa算法, ε=0.1, η=0.01

(c) Sarsa算法, ε=0.5, η=0.01

(d) Q学习, ε=0.1, η=0.01

(e) Q学习, ε=0.5, η=0.01

图 14.5.1 猫和老鼠实际交互学习的 Q 函数

图 14.5.1(b)对应 Sarsa 算法，$\varepsilon=0.1$，$\eta=0.01$；图 14.5.1(c)对应 Sarsa 算法，$\varepsilon=0.5$，$\eta=0.01$；图 14.5.1(d)对应 Q 学习，$\varepsilon=0.1$，$\eta=0.01$；图 14.5.1(e)对应 Q 学习，$\varepsilon=0.5$，$\eta=0.01$。可见不管是 Sarsa 算法还是 Q 学习，在 $\varepsilon=0.1$ 的情况下，最后的 Q 函数都可给出一条最优策略(路径)。$\varepsilon=0.5$ 时，由于探索比例太高，尽管仍可给出最优路径，但在靠近出发的格子里，Q 值反差不是很明显。靠近障碍物附近 Q 值存在很负的取值，这说明在交互中经常进入障碍物的格子，可见 $\varepsilon=0.1$ 比 $\varepsilon=0.5$ 更合适。当然，在试验中为了比较 ε 取值的影响，用了定常的 ε，实际中可随学习的幕数增加而降低 ε 的值。我们在障碍物的 10 号格子中显示了每个试验结束时所达到的幕数。

14.5.3 DP、MC 和 TD 算法的简单比较

目前已讨论了 3 种方法：DP、MC 和 TD，可对 3 种算法做一概要比较，以进一步理解各算法的

特点。为讨论简单，这里只以状态值函数为例进行讨论，结论可推广到动作-值函数。设从一个状态 S_t 出发，为了更新值函数 $V(S_t)$，其计算公式分别为

$$\text{DP}: V(S_t)=E_\pi\left[R_{t+1}+\gamma v_\pi(S_{t+1})\right] \tag{14.5.15}$$

$$\text{MC}: V(S_t)\leftarrow V(S_t)+\eta\left[G_t-V(S_t)\right] \tag{14.5.16}$$

$$\text{TD}: V(S_t)\leftarrow V(S_t)+\eta\left[R_{t+1}+\gamma V(S_{t+1})-V(S_t)\right] \tag{14.5.17}$$

为了做 DP 的更新计算，需要知道 MDP 模型的全部参数，才可计算期望值，即可利用 S_t 之后跟随的所有可能的状态 S_{t+1} 进行平均；MC 需要完成一个完整的分幕后，才可以更新，这是因为 G_t 的计算需要完整一幕结束后才可以做累积；而 TD 的更新只需要向前走一步，即可得到下一个状态 S_{t+1}，并通过该状态的已有值函数 $V(S_{t+1})$ 对 $V(S_t)$ 进行更新。这 3 种方法中，DP 和 TD 都是自举算法，即计算一个值函数的更新，需要用到后续值函数的已有值，MC 算法是非自举的，其在更新 $V(S_t)$ 是不需要其他状态的值函数。

图 14.5.2 给出了 3 种算法的示意图，图中对每种算法均假设画出了从 S_t 出发的所有可能状

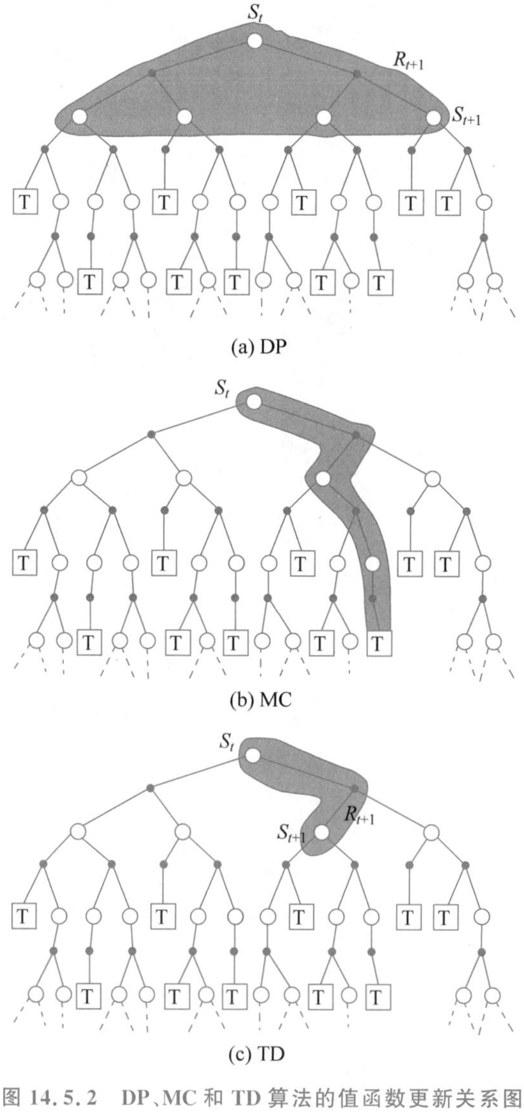

图 14.5.2 DP、MC 和 TD 算法的值函数更新关系图

态转移关系，其中标记 T 的节点表示一幕的终止状态。图 14.5.2 是图 14.2.2 的扩大版，空心圆点表示一个状态，实心圆点表示一个动作。在图 14.5.2(a)的 DP 方法示意中，为计算 $V(S_t)$ 的更新，需要平均所有可能动作以及动作引起的下一步状态；在图 14.5.2(b)的 MC 方法中，必须深度地完成一幕，然后在这一幕的序列中计算返回值 G_t；在图 14.5.2(c)的 TD 方法中，从 S_t 出发，在一幕中向前走过一步(先产生 A_t，再产生 S_{t+1} 并获得 R_{t+1})即可更新 $V(S_t)$。

以上是值函数更新，属于部分策略评估。策略改进也有所不同，在 DP 方法中，由于 MDP 模型参数已知，环境对算法完全透明，策略改进一般可简单使用贪婪算法，不必考虑利用和探索的平衡。在 MC 和 TD 算法中，MDP 模型的参数未知(或不能直接使用)，在策略改进步，需要考虑探索和利用的平衡，故一般可使用 ε-贪婪策略进行策略改进，在利用的同时，以一定的概率进行随机探索。

从性能上讲，DP 与 MC 和 TD 算法没有可比性，DP 面对环境完全确定且可用的情况，实际是一种规划算法，而不是学习算法，一般总可以收敛到最优策略，但无法适应各种环境复杂多变无法准确建模的情况。MC 和 TD 算法是环境自适应的，在交互中适应环境，对许多实际问题可得到良好的策略，但是无法保证能够准确地收敛到最优策略。若对 MC 和 TD 进行比较，由于迭代的目标值 G_t 是无偏的，但 $R_{t+1}+\gamma V(S_{t+1})$ 可能是有偏的，故一般 MC 是值函数的无偏估计，TD 是值函数的有偏估计；从方差来讲，MC 具有更大的方差，TD 有更小的方差。此外，由于 TD 算法利用自举性，对具有明显马尔可夫性的问题更有效，MC 算法在值函数估计中并没有利用马尔可夫性。许多实际情况的仿真表明，在选取良好参数的情况下，TD 算法一般收敛更快，且往往有更小的收敛误差。

*14.5.4 多步时序差分学习和资格迹算法

14.5.1 节给出了基本 TD 算法，也称为 TD(0)算法。TD 算法可推广到多步，如向前执行两步，则可得到两步的目标值，记为

$$G_t^{(2)}=R_{t+1}+\gamma R_{t+2}+\gamma^2 V(S_{t+2}) \tag{14.5.18}$$

为了方便，不妨把前向任意 $\tau=n$ 步的目标值均列于下：

$$\begin{cases}\tau=1: G_t^{(1)}=R_{t+1}+\gamma V(S_{t+1})\\ \tau=2: G_t^{(2)}=R_{t+1}+\gamma R_{t+2}+\gamma^2 V(S_{t+2})\\ \qquad\vdots\\ \tau=n: G_t^{(n)}=R_{t+1}+\gamma R_{t+2}+\cdots+\gamma^n V(S_{t+n})\end{cases}$$

在 S_t 状态下，前向 n 步，则 n 步 TD 学习表示为

$$V(S_t)\leftarrow V(S_t)+\eta\left[G_t^{(n)}-V(S_t)\right] \tag{14.5.19}$$

对于前向 TD 学习的更一般的方法是对 $G_t^{(n)}$ 进行加权组合，得到更一般的目标值，记为 G_t^{λ}，其中 $\lambda\in[0,1]$是一个可选择的参数，G_t^{λ} 的定义为

$$G_t^{\lambda}=(1-\lambda)\sum_{n=1}^{+\infty}\lambda^{n-1}G_t^{(n)} \tag{14.5.20}$$

其中，$(1-\lambda)$为校正项，校正加权系数 $\sum_{n=1}^{+\infty}\lambda^{n-1}=1/(1-\lambda)$。在分幕情况下，求和项中的上限无穷意指求和到一幕的终止。

通过 G_t^{λ} 的定义，得到更一般的 TD 算法，称为 TD(λ)算法，值函数更新为

$$V(S_t) \leftarrow V(S_t) + \eta [G_t^\lambda - V(S_t)] \tag{14.5.21}$$

类似地，也可给出动作-值函数 $Q(s,a)$ 的 TD(λ) 更新公式，留作习题由读者自行练习。

分析可见，TD(λ) 是一个一般化的方法，依据 λ 取值不同，结果不同。若 $\lambda=0$，则 G_t^λ 化简为 $G_t^{(1)}$，算法化简为 TD(0)，这也是将基本时序差分算法称为 TD(0) 的原因；若 $\lambda=1$，在分幕情况下，TD(1) 等价为 MC 算法。实际情况中选择 $\lambda<1$ 的适当值可取得比 TD(0) 和 MC 更好的效果，一些试验结果表明，对于一些适度规模的例子，在 $\lambda\in[0.85,0.95]$ 时，可取得更好的效果。

以上主要讨论的是 TD(λ) 做策略评估，结合策略改进可得到实际的强化学习算法，但 TD(λ) 的策略改进不能像 TD(0) 一样，在每步后都可以更新，策略更新存在较大延迟，策略更新的实时性更像 MC。

前向的 TD(λ) 的策略改进有较大延迟，将这种不同步长平均的思想引入反向过程，对反向的不同步长进行平均，为此引入资格迹。对每个状态有一个资格迹 $E_t(s)$，$\forall s\in\mathcal{S}$，初始化为 0，然后对于最新遇到的状态，给资格迹增量，同时其他状态资格迹按照 λ 衰减，故资格迹表示为

$$\begin{cases} E_0(s)=0 \\ E_t(s)=\lambda\gamma E_{t-1}(s)+I(S_t=s),\ \forall s\in\mathcal{S} \end{cases} \tag{14.5.22}$$

其中，$I(S_t=s)$ 为示性函数，$S_t=s$ 为真时示性函数为 1，否则为 0。即每次 S_t 发生后，为 S_t 实际取值的状态的资格迹加 1，其他状态资格迹按 λ 衰减。可见对于最新出现的状态或近期出现频次较高的状态，资格迹取值较大，其他状态的资格迹很小。

在 S_t 状态下向前一步，得到 TD 误差，重写如下。

$$\delta_t = R_{t+1} + \gamma V(S_{t+1}) - V(S_t) \tag{14.5.23}$$

则每个状态的值函数可由资格迹控制更新强度，即

$$V(s) \leftarrow V(s) + \eta E_t(s)\delta_t,\quad \forall s\in\mathcal{S} \tag{14.5.24}$$

注意，式(14.5.24)中，不只更新 $V(S_t)$，而是更新所有状态的值函数，不同的是更新受各状态资格迹控制。

可直接将对状态值函数的资格迹定义和算法推广到动作-值函数，直接列出相关公式。

$$\begin{cases} E_0(s,a)=0 \\ E_t(s,a)=\lambda\gamma E_{t-1}(s,a)+I(S_t=s,A_t=a),\quad \forall s\in\mathcal{S},a\in\mathcal{A}(s) \end{cases} \tag{14.5.25}$$

$$\delta_t = R_{t+1} + \gamma Q(S_{t+1},A_{t+1}) - Q(S_t,A_t) \tag{14.5.26}$$

$$Q(s,a) \leftarrow Q(s,a) + \eta E_t(s,a)\delta_t,\quad \forall s\in\mathcal{S},a\in\mathcal{A}(s) \tag{14.5.27}$$

资格迹记录了反向(以前贡献的强度系数)轨迹，是一种反向多步加权积累的度量，但由于积累是以前发生的，故其更新与 TD(0) 一致，只需要前向一步，除了值函数更新外，策略更新也只需要一步。将结合动作-值函数更新与资格迹的算法称为 Sarsa(λ)，描述如下。

资格迹的 Sarsa(λ) 算法(在轨策略算法)

初始化：对所有 $s\in\mathcal{S},a\in\mathcal{A}(s)$，任意初始化 $Q(s,a)$，Q(终止状态，·)$=0$；

给出参数：小的 $\varepsilon>0$，折扣因子 γ，学习率 η，衰减率 λ；

对于每幕重复

  $E_0(s,a)=0$，对所有 $s\in\mathcal{S},a\in\mathcal{A}(s)$；

  给出初始 S,A；

对于一幕的每步重复

执行动作 A，观察 R' 和 S'；

用 Q 函数导出的策略在 S' 处选择一个动作 A'（如可用 ε-贪婪策略）；

$\delta=R'+\gamma Q(S',A')-Q(S,A)$；

$E(S,A)\leftarrow E_{t-1}(S,A)+1$；

对于所有 $s\in\mathcal{S},a\in\mathcal{A}(s)$

$Q(s,a)\leftarrow Q(s,a)+\eta\delta E(s,a)$；

$E(s,a)\leftarrow\gamma\lambda E(s,a)$；

$S\leftarrow S',A\leftarrow A'$；

直到 S 为终止状态

实验和分析都表明，在一般情况下，反向的资格迹算法与前向 TD(λ)性能接近，资格迹算法是一种低延迟性能优良的算法。

本章讨论了强化学习的原理和经典方法，本章讨论的方法可称为表格方法，即限制在状态和动作均为有限离散情况，状态的取值空间 $\mathcal{S}=\{s^{(1)},s^{(2)},\cdots,s^{(K_\mathcal{S})}\}$，动作的取值空间 $\mathcal{A}=\{a^{(1)},a^{(2)},\cdots,a^{(K_\mathcal{A})}\}$。为了得到最优策略需要计算所有 $s\in\mathcal{S}$ 的值函数 $v_\pi(s)$，或所有 $s\in\mathcal{S},a\in\mathcal{A}$ 的 $q_\pi(s,a)$，这些量可存储于内存空间中（相当于列表），因此这些方法属于表格方法。当 $|\mathcal{S}|$ 和 $|\mathcal{A}|$ 巨大甚至是连续空间时，表格方法不再适用，这时，可用函数逼近方法表示值函数或直接通过迭代学习策略函数，将在第 15 章讨论强化学习的函数逼近方法和策略梯度方法。

*14.6 多臂赌博机

多臂赌博机（Multi-armed Bandit）是在线学习中的一个子问题，与强化学习有着密切联系，可看作只有一个状态情况下的强化学习问题。在这里，我们把多臂赌博机看作强化学习的一个特例仅作一些概要介绍。

一个多臂赌博机有多个臂，每个臂对应一个动作，在选择拉下一个臂时可获得随机收益。若多臂赌博机有 K 个臂，则对应有 K 个可选动作，对应的多臂赌博机可描述如下。

定义 14.6.1 一个多臂赌博机是一个二元组 $(\mathcal{A},r)$，其中 $\mathcal{A}$ 为 K 个动作集合；$r(a)=P(r|a)$ 表示取动作 a 时奖励 r 的概率分布。

多臂赌博机的任务：在每步 t，选择动作 $a_t\in\mathcal{A}$，环境产生奖励 $r_t\sim r(a_t)$，目标是在各步选择动作使累积奖励 $\sum_{\tau=1}^{t}r_\tau$ 最大。从这个意义上看，可将多臂赌博机看作只有一个状态（即代表该赌博机）的强化学习问题。故在多臂赌博机中，可忽略状态选择，因此多臂赌博机的动作值函数可定义为

$$Q(a)=E(r\mid a) \tag{14.6.1}$$

在实际中，各动作奖励的概率分布 $P(r|a)$ 是未知的，需要在交互中估计动作值函数。对于理论分析，若假设 $P(r|a)$ 已知，则可得到一个最优的值函数为

$$V^*=Q(a^*)=\max_a\{Q(a)\} \tag{14.6.2}$$

对于多臂赌博机，可定义后悔度（Regret）评价一个动作的性能。对于一步，后悔度定义为

$$l_t = E[V^* - Q(a_t)] \tag{14.6.3}$$

累积后悔度定义为

$$L_t = tV^* - E\left[\sum_{\tau=1}^{t} Q(a_t)\right] \tag{14.6.4}$$

最小后悔度相当于最大累积收益。

到第 t 步时，设已有记录 $\{a_\tau, r_\tau\}_{\tau=1}^{t-1}$，利用这些记录通过蒙特卡洛方法可估计动作值函数为

$$N_t(a) = \sum_{\tau=1}^{t-1} I(a_\tau = a) \tag{14.6.5}$$

$$\hat{Q}_t(a) = \frac{1}{N_t(a)} \sum_{\tau=1}^{t-1} r_\tau I(a_\tau = a) \tag{14.6.6}$$

其中，$I(\cdot)$为示性函数。可利用式(14.4.7)的增量算法实现式(14.6.6)中 $\hat{Q}_t(a)$的计算。

可利用 $\hat{Q}_t(a)$确定第 t 步的动作选择，在多臂赌博机问题中，存在类似的探索与利用的平衡问题，有两类常用的方法，其中一类是已熟悉的 ε-贪婪算法，即按 $1-\varepsilon$ 的概率选择$a^* = \arg\max_a \{\hat{Q}_t(a)\}$，按 ε 概率随机选择其他动作，且 ε 的值按照$O(1/t)$的方式减小。

另一类更常用的一种方法是利用上置信界（Upper Confidence Bounds，UCB）算法选择动作，上置信界定义为

$$D_t(a) = \hat{Q}_t(a) + \sqrt{\frac{2\ln(t)}{\hat{Q}_t(a)}} \tag{14.6.7}$$

则第 t 步动作选择为

$$a_t = \arg\max_a \{D_t(a)\} \tag{14.6.8}$$

对于 ε-贪婪策略，可以从开始的随机动作选择起，不断利用式(14.6.5)和式(14.6.6)进行 $\hat{Q}_t(a)$的更新，通过 ε-选择下一个动作并持续更新动作值函数。对于 UCB 算法，在开始 K 个动作，分别选择每个动作一次（以免一些 a 的 $\hat{Q}_t(a)=0$），然后按式(14.6.6)计算 $\hat{Q}_t(a)$，此后由式(14.6.7)和式(14.6.8)选择后续的动作和持续更新动作值函数。

多臂赌博机有很多形式和应用，如与博弈论结合的对抗赌博机，典型应用有互联网的在线应用，如互联网上广告拍卖等。在应用中，多臂赌博机不仅有奖励，也有代价和预算约束等问题，对于这些问题，本章不再展开讨论，感兴趣的读者可阅读相关文献①。

本章小结

本章讨论了强化学习的基本概念和方法，重点讨论了以表格方法为主的经典方法。首先给出了强化学习依据的基本模型——马尔可夫决策过程(MDP)，在其基础上讨论了贝尔曼方程的各种形式，以此为基础介绍了强化学习的 3 种基本学习方式：动态规划(DP)、蒙特卡洛方法(MC)和时序差分方法(TD)。动态规划应用于 MDP 参数确定并已知的环境，通过求解贝尔曼方程获得最优策略，实际是一种在预知环境模型下的规划类方法；在模型未知且不对模型进行估计的情况下(无模型方法)，利用智能体与环境的直接交互，可通过 MC 学习和 TD 学习获得最优策略。

---

① 见本书参考文献[37]。

本章对经典强化学习给出了一个概要性的介绍，需要对强化学习进行更全面和更深入学习的读者，可参考 Sutton 等的 *Reinforcement Learning：An Introduction* 而 Bertsekas 的 *Reinforcement Learning and Optimal Control* 则更多地反映了强化学习和最优控制的联系。

本章习题

1. 对于图 14.2.1 中猫和老鼠的例子，状态集合为$\mathcal{S}=\{1,2,\cdots,16\}$。设猫在格子中每次只能移动一步，只有 4 个动作，即$\mathcal{A}=\{\text{up},\text{down},\text{left},\text{right}\}$，由于边界的限制，当猫在边界向边界外方向动作时，将留在本地不动。对于这个 MDP 过程，写出所有状态转移概率 $P_{ss'}^{a}$ 和所有期望奖励 $r(s,a)$。

2. 对于第 1 题的 MDP 过程，定义策略为

$$\pi(\text{up}\mid s)=\pi(\text{down}\mid s)=\pi(\text{left}\mid s)=\pi(\text{right}\mid s)=1/4,\quad s=1,2,\cdots,16$$

(1) 写出对所有状态 $s=1,2,\cdots,16$ 的贝尔曼状态值函数方程；

(2) 利用以上写出的贝尔曼方程，求所有值函数 $v_\pi(s),s=1,2,\cdots,16$；

(3) 写出动作-值函数 $q_\pi(5,\text{right})$的贝尔曼方程。

3. 对例 14.3.1，补充计算循环过程中得到的中间策略。

4. 通过值函数迭代算法，迭代计算得到猫和老鼠例子的最优状态值函数。

5. 在猫和老鼠的例子中，用策略 π 产生了两幕结构为$\{S_0,A_0,R_1,S_1,A_1,R_2,\cdots,S_{T-1},A_{T-1},R_T,S_T\}$的序列，分别为

$$\{1,r,-1,2,d,-1,6,l,-1,5,d,-1,9,u,-1,5,d,-1,9,l,-10,10\}$$

$$\{1,d,-1,5,r,-1,6,u,-1,2,r,-1,3,r,-1,4,d,-1,8,d,-1,12,l,$$
$$-1,11,d,-1,15,r,10,16\}$$

其中，$r=\text{right}$，$l=\text{left}$，$u=\text{up}$，$d=\text{down}$，表示 4 种动作。利用这两幕序列估计状态值函数 $V(s)$。

6. 对于第 5 题的序列，通过 TD(0)算法估计状态值函数 $V(s)$和动作-值函数 $Q(s,a)$。

7. 对照 14.5.4 节针对值函数的 TD(λ)算法，给出针对动作-值函数 $Q(s,a)$相应的 $G_t^{(n)}$ 和 G_t^{λ} 表达式，给出 TD(λ)算法的 $Q(S_t,A_t)$更新公式。

第 15 章 强化学习之二：深度强化学习

CHAPTER 15

强化学习研究智能体如何基于对环境的认知做出行动最大化长期收益，是解决智能控制问题的重要方法。第 14 章讨论了强化学习的原理和经典方法，限制在状态和动作均为有限离散情况，即状态和动作的取值空间规模较小的情况。为了得到最优策略需要计算所有状态或所有状态-动作组合的值函数，这些量可存储于内存空间中(相当于列表)，因此，这些方法属于表格方法。当状态和(或)动作空间巨大甚至是连续时，表格方法不再适用，这时，可用函数逼近方法表示值函数或直接通过迭代学习策略函数，本章讨论强化学习的函数逼近方法和策略梯度方法。与表格方法相比，称这类方法为强化学习的现代方法，这类方法近期的一个重要进展是与深度学习结合，用深度神经网络逼近值函数或表示策略函数，从而构成了深度强化学习(Deep Reinforcement Learning, DRL)。

15.1 强化学习的值函数逼近

在第 14 章的表格方法中，状态取值空间 $\mathcal{S}=\{s^{(1)},s^{(2)},\cdots,s^{(K_S)}\}$ 和动作的取值空间 $\mathcal{A}=\{a^{(1)},a^{(2)},\cdots,a^{(K_A)}\}$ 均为有限离散，$|\mathcal{S}|$ 和 $|\mathcal{A}|$ 都不是一个巨大的数。为了得到最优策略，需要计算所有 $s\in\mathcal{S}$ 的值函数 $v_\pi(s)$ 或所有 $s\in\mathcal{S},a\in\mathcal{A}$ 组合的动作-值函数 $q_\pi(s,a)$，这些量可存储于内存空间中，因此这些方法属于表格方法。当 $|\mathcal{S}|$ 和 $|\mathcal{A}|$ 巨大(如围棋)，甚至当状态空间或动作空间取值连续时，经典的表格方法不再适用，这时可用函数逼近的方法表示值函数。

所谓值函数逼近，是指用一种参数化的函数分别表示值函数和动作-值函数，即

$$\hat{v}(s,\boldsymbol{w})\approx v_\pi(s) \tag{15.1.1}$$

$$\hat{q}(s,a,\boldsymbol{w})\approx q_\pi(s,a) \tag{15.1.2}$$

其中，$\hat{v}(s,\boldsymbol{w})$ 和 $\hat{q}(s,a,\boldsymbol{w})$ 均为由参数 $\boldsymbol{w}$ 表示的函数。采用参数化的函数逼近的值函数，具有一定的泛化能力，由有限状态-动作序列有效估计出值函数的参数 $\boldsymbol{w}$ 后，可用得到的值函数预测未遇到的新状态 S 的值函数。

注意，本章只关注用参数函数逼近值函数的问题，这是目前主要的方法。由于值函数取值是实值函数，故可将监督学习中的回归模型用于值函数逼近，原理上任意的回归模型均可以用于值函数逼近，如线性回归、神经网络、支持向量回归等。非参数回归模型(如决策回归树、最近邻回归等)原理上也可用于表示值函数，本章不对此开展讨论。限于篇幅，本章主要讨论两类值函数逼近模型：线性回归和神经网络。

本节的思路与第 14 章的方法一致，首先讨论值函数逼近情况下的策略评估方法，即在给定一个策略的条件下如何评估其值函数，然后再讨论策略改进问题，最后结合部分策略评估和策略改

进构成一个强化学习算法。

15.1.1　基本线性值函数逼近

若要用一个函数逼近一个值函数，需要用一个(输入)特征向量表示状态变量 S，一个特征向量表示为

$$\boldsymbol{x}(S)=[\boldsymbol{x}_1(S),\boldsymbol{x}_2(S),\cdots,\boldsymbol{x}_D(S)]^{\mathrm{T}} \tag{15.1.3}$$

特征向量 $\boldsymbol{x}(S)$可以有多种选择方式，必要的条件是可区分所有不同的状态。

例 15.1.1　用实例说明特征向量的选取。第 1 个例子是贯穿第 14 章的猫和老鼠的例子，这个例子中环境是一个 4×4 的格子，猫所在格子的位置作为状态。按图 14.2.1 的方式对格子编号为 1～16，故特征向量 $\boldsymbol{x}(S)$的第 1 个取法就是取一个整数标量 x，表示猫当前所在格子的编号；第 2 种取法是将格子的行列分别编号，取 $\boldsymbol{x}(S)=[l,c]^{\mathrm{T}}$，其中 l,c 表示猫所在格子的行、列标号；第 3 种取法是一种编码方式，取 $\boldsymbol{x}(S)=[I(S=1),I(S=2),\cdots,I(S=16)]^{\mathrm{T}}$，这里 $\boldsymbol{x}(S)$是 16 维向量，猫所在位置对应的向量元素为 1，其他元素为 0。可以发现，这 3 种特征向量均可表示和区分全部状态，但用于构造函数逼近的表达能力不同，若用线性函数作为值函数的逼近，则第 1 种特征向量的表达能力很弱，与实际值函数相差很大，而第 3 种表示即使使用线性函数也可准确表示值函数，但特征向量维度太高其实际等价于表格方法，第 2 种是一种折中。

以上的简单例子可说明对于一种回归模型，不同特征向量有不同表达能力，特征向量可有多种选择。再看围棋的例子，对于围棋的棋盘状态，可用 19×19 的矩阵作为特征向量$\boldsymbol{x}(S)$，矩阵中的每个元素只取 3 个不同值，如果用线性回归逼近，将 19×19 矩阵重排为一个 361 维向量，待确定参数为 362 个(增加一个偏置项)，若用 CNN 逼近，则可直接用 19×19 矩阵作为输入特征向量，参数个数与网络结构相关。对于围棋这种复杂游戏，可预计线性回归模型表达力是不够的，实际中可采用深度神经网络。

类似地，若表示动作-值函数，则可定义表示状态-动作对(S,A)的特征向量为

$$\boldsymbol{x}(S,A)=[\boldsymbol{x}_1(S,A),\boldsymbol{x}_2(S,A),\cdots,\boldsymbol{x}_D(S,A)]^{\mathrm{T}} \tag{15.1.4}$$

在定义了特征向量后，可选择一种回归模型用于逼近值函数，为了叙述简单，首先以状态值函数 $v_\pi(s)$的逼近为例进行讨论，结果可直接推广到 $q_\pi(s,a)$。对于状态变量 S，函数逼近可表示为

$$\hat{v}(S,\boldsymbol{w})=f[\boldsymbol{x}(S),\boldsymbol{w}] \tag{15.1.5}$$

其中，f 是一种模型，如线性回归。为了确定模型参数 $\boldsymbol{w}$，参考监督学习的方法，为了得到 $\hat{v}(S,\boldsymbol{w})$，首先假设真实值函数 $v_\pi(s)$是存在的(称为目标值或标注值)，则目标是求 $\boldsymbol{w}$，使目标函数

$$J(\boldsymbol{w})=E_\pi[(v_\pi(S)-\hat{v}(S,\boldsymbol{w}))^2] \tag{15.1.6}$$

达到最小。若采用梯度算法优化参数 $\boldsymbol{w}$，则参数更新量为

$$\Delta\boldsymbol{w}=-\frac{1}{2}\eta\nabla_{\boldsymbol{w}}J(\boldsymbol{w})=\eta E_\pi\{[v_\pi(S)-\hat{v}(S,\boldsymbol{w})]\nabla_{\boldsymbol{w}}\hat{v}(S,\boldsymbol{w})\} \tag{15.1.7}$$

与回归学习类似，实际中采用随机梯度，即对于一个样本 S，参数更新为

$$\Delta\boldsymbol{w}=\eta[v_\pi(S)-\hat{v}(S,\boldsymbol{w})]\nabla_{\boldsymbol{w}}\hat{v}(S,\boldsymbol{w}) \tag{15.1.8}$$

以上是对于式(15.1.5)的一般函数形式而言的，对于最基本的函数逼近方法，采用线性回归函数的情况，式(15.1.5)取线性回归形式，即

$$\hat{v}(S,\boldsymbol{w})=f[\boldsymbol{x}(S),\boldsymbol{w}]=\boldsymbol{w}^{\mathrm{T}}\boldsymbol{x}(S) \tag{15.1.9}$$

这里假设 $\boldsymbol{x}(S)$中包含了哑元，$\boldsymbol{w}$ 中包含了偏置项。由式(15.1.9)可得

$$\nabla_{\boldsymbol{w}}\hat{v}(S,\boldsymbol{w})=\boldsymbol{x}(S) \tag{15.1.10}$$

因此，对于式(15.1.9)的线性回归，随机梯度式(15.1.8)化简为

$$\Delta \boldsymbol{w}=\eta\left[v_\pi(S)-\boldsymbol{w}^{\mathrm{T}} \boldsymbol{x}(S)\right] \boldsymbol{x}(S) \tag{15.1.11}$$

在上述讨论中，假设在每个状态值函数 $v_\pi(S)$是已知的，其作用相当于监督学习中的标注值，所述的学习过程实际是监督学习过程，但在实际强化学习环境下，$v_\pi(S)$是未知的，不过可用交互过程产生的奖励对 $v_\pi(S)$进行估计(如 MC、TD 等)。然而，这个估计是不准确的，故在强化学习环境下的标注自身是一个迭代过程中的估计值，这一点反映出弱监督学习的特点。

1. MC 学习情况

对于分幕情况，设在策略 π 下产生一幕样本序列如下。

$$\{S_1, A_1, R_2, \cdots, S_t, A_t, R_{t+1}, S_{t+1}, A_{t+1}, R_{t+2}, \cdots, S_{T-1}, A_{T-1}, R_T, S_T\} \tag{15.1.12}$$

首先计算各状态 S_t 的返回 G_t，重写式(14.4.2)如下。

$$G_t=R_{t+1}+\gamma R_{t+2}+\gamma^2 R_{t+3}+\cdots+\gamma^{T-t-1} R_T \tag{15.1.13}$$

以 G_t 近似表示目标值，即 $v_\pi(S_t) \approx G_t$，相当于得到一个子样本集 $\{S_t, G_t\}_{t=1}^{T-1}$，将这个近似标注代入式(15.1.11)，得到 MC 线性值函数逼近 $\hat{v}(S, \boldsymbol{w})$的 SGD 系数更新公式为

$$\Delta \boldsymbol{w}=\eta\left[G_t-\boldsymbol{w}^{\mathrm{T}} \boldsymbol{x}(S_t)\right] \boldsymbol{x}(S_t) \tag{15.1.14}$$

对于动作-值函数，其线性回归逼近表达式为

$$\hat{q}(S, A, \boldsymbol{w})=\boldsymbol{w}^{\mathrm{T}} \boldsymbol{x}(S, A) \tag{15.1.15}$$

MC 的状态-动作对样本集为$\{(S_t, A_t), G_t\}_{t=1}^{T-1}$，则 $\hat{q}(s, a, \boldsymbol{w})$的 MC 系数更新为

$$\Delta \boldsymbol{w}=\eta(G_t-\boldsymbol{w}^{\mathrm{T}} \boldsymbol{x}(S_t, A_t)) \boldsymbol{x}(S_t, A_t) \tag{15.1.16}$$

由于 G_t 是 $v_\pi(S_t)$或 $q_\pi(S_t, A_t)$的无偏估计，MC 情况下的随机梯度值函数逼近是可收敛的。

2. TD(0)学习情况

对于基本时序差分学习 TD(0)，只要在策略 π 控制下，在 S_t 状态下，先向前一步得到 A_t，R_{t+1}，S_{t+1}，则可近似表示目标值为 $v_\pi(S_t) \approx R_{t+1}+\gamma \hat{v}(S_{t+1}, \boldsymbol{w})$，则 TD(0)的线性值函数逼近的 SGD 系数更新公式为

$$\begin{aligned}
\Delta \boldsymbol{w} & =\eta\left[R_{t+1}+\gamma \hat{v}(S_{t+1}, \boldsymbol{w})-\hat{v}(S_t, \boldsymbol{w})\right] \nabla_{\boldsymbol{w}} \hat{v}(S_t, \boldsymbol{w}) \\
& =\eta\left[R_{t+1}+\gamma \boldsymbol{w}^{\mathrm{T}} \boldsymbol{x}(S_{t+1})-\boldsymbol{w}^{\mathrm{T}} \boldsymbol{x}(S_t)\right] \boldsymbol{x}(S_t)
\end{aligned} \tag{15.1.17}$$

类似地，为了得到动作-值函数的参数更新，在状态 S_t，A_t 下，向前一步产生 R_{t+1}，S_{t+1}，A_{t+1}，则 $g_\pi(S_t, A_t) \approx R_{t+1}+\gamma \hat{\boldsymbol{q}}(S_{t+1}, A_{t+1}, \boldsymbol{w})=R_{t+1}+\gamma \boldsymbol{w}^{\mathrm{T}} \boldsymbol{x}(S_{t+1}, A_{t+1})$，$\hat{q}(s, a, \boldsymbol{w})$的 TD(0)系数更新为

$$\begin{aligned}
\Delta \boldsymbol{w} & =\eta\left[R_{t+1}+\gamma \hat{q}(S_{t+1}, A_{t+1}, \boldsymbol{w})-\hat{q}(S_t, A_t, \boldsymbol{w})\right] \nabla_{\boldsymbol{w}} \hat{q}(S_t, A_t, \boldsymbol{w}) \\
& =\eta\left[R_{t+1}+\gamma \boldsymbol{w}^{\mathrm{T}} \boldsymbol{x}(S_{t+1}, A_{t+1})-\boldsymbol{w}^{\mathrm{T}} \boldsymbol{x}(S_t, A_t)\right] \boldsymbol{x}(S_t, A_t)
\end{aligned} \tag{15.1.18}$$

3. 反向 TD(λ)学习情况

函数逼近方法可用多步 TD 方法，为了实用，这里只给出对动作-值函数 $\hat{q}(s, a, \boldsymbol{w})$的公式。对于任意模型的反向资格迹更新的表达式可写为

$$\left\{\begin{array}{l}
\delta_t=R_{t+1}+\gamma \hat{q}(S_{t+1}, A_{t+1}, \boldsymbol{w})-\hat{q}(S_t, A_t, \boldsymbol{w}) \\
\boldsymbol{E}_t=\lambda \gamma \boldsymbol{E}_{t-1}+\nabla_{\boldsymbol{w}} \hat{q}(S_t, A_t, \boldsymbol{w}) \\
\Delta \boldsymbol{w}=\eta \boldsymbol{E}_t \delta_t
\end{array}\right. \tag{15.1.19}$$

若采用式(15.1.15)的线性函数逼近，则式(15.1.19)可化简为

$$\begin{cases}\delta_t = R_{t+1} + \gamma \boldsymbol{w}^{\mathrm{T}} \boldsymbol{x}(S_{t+1}, A_{t+\_1}) - \boldsymbol{w}^{\mathrm{T}} \boldsymbol{x}(S_t, A_t) \\ \boldsymbol{E}_t = \lambda\gamma \boldsymbol{E}_{t-1} + \boldsymbol{x}(S_t, A_t) \\ \Delta \boldsymbol{w} = \eta \boldsymbol{E}_t \delta_t \end{cases} \tag{15.1.20}$$

4. 函数逼近情况下的策略改进

在一些应用环境下，状态空间元素数目巨大甚至是连续空间，但动作空间是有限离散的，在这种情况下，利用动作-值函数的函数逼近 $\hat{q}(S_t, A_t, \boldsymbol{w})$，在给定状态通过贪婪算法确定新的策略，选择当前逼近函数下的最优动作，即

$$A^* = \arg\max_a \{\hat{q}(S_t, a, \boldsymbol{w})\} \tag{15.1.21}$$

由贪婪策略结合探索，如利用 ε-贪婪策略作为改进策略，ε-贪婪策略为

$$\pi(a \mid A_t) = \begin{cases} 1 - \varepsilon + \dfrac{\varepsilon}{|\mathcal{A}|}, & a = A^* \\ \dfrac{\varepsilon}{|\mathcal{A}|}, & \text{其他} \end{cases} \tag{15.1.22}$$

结合本节介绍的 TD(0)动作-值函数逼近方法和 ε-贪婪策略，可得到在线性函数逼近情况下的 Sarsa 算法，总结描述如下。

线性函数逼近的 Sarsa 算法

输入：考虑线性动作-值函数逼近 $\hat{q}(S, A, \boldsymbol{w}) = \boldsymbol{w}^{\mathrm{T}} \boldsymbol{x}(S, A)$；

初始化：任意初始化 $\boldsymbol{w}$（可初始化为 $\mathbf{0}$ 向量）；

给出参数：小的 $\varepsilon > 0$，折扣因子 γ，学习率 η；

对于每幕重复

  给出初始 S；

  用 Q 函数导出的策略在 S 处选择一个动作 A（如可用 ε-贪婪策略）；

  对于一幕的每步重复

    执行动作 A，观察 R' 和 S'；

    如果 S' 为终止状态

      $\boldsymbol{w} \leftarrow \boldsymbol{w} + \eta(R' - \boldsymbol{w}^{\mathrm{T}} \boldsymbol{x}(S, A))\boldsymbol{x}(S, A)$；

      退出当前循环到下一幕；

    否则用 $\hat{q}(S, \cdot, \boldsymbol{w})$ 导出的策略在 S' 处选择一个动作 A'（如可用 ε-贪婪策略）；

    $\boldsymbol{w} \leftarrow \boldsymbol{w} + \eta(R' + \gamma \boldsymbol{w}^{\mathrm{T}} \boldsymbol{x}(S', A') - \boldsymbol{w}^{\mathrm{T}} \boldsymbol{x}(S, A))\boldsymbol{x}(S, A)$；

    $S \leftarrow S'$，$A \leftarrow A'$；

注意，比较 14.5 节的基本 Sarsa 算法和上述算法，主要不同在于基本 Sarsa 算法每步直接更新一个状态-动作对 (S, A) 的值函数，只有当一个状态-动作对 (S, A) 在学习过程中多次出现，才可能对其动作-值函数进行可靠估计，因此其状态和动作数量必须是有限且少量的。线性函数逼近的 Sarsa 算法是通过学习更新参数 $\boldsymbol{w}$，如果适当的步数后参数估计收敛，函数模型泛化能力较强，则对于训练中没有遇到的状态-动作对 (S, A)，仍可能较好地预测其值。因此，值函数逼近面对的问题与监督学习类似，要求学习过程训练的模型有强的泛化能力。

算法可直接推广到采用资格迹的反向 TD(λ)情况，读者可自行练习描述该算法（留作习题）。

线性值函数逼近和在轨策略是早期值函数逼近的主要方法，这些方法是有收敛保证的。更一

般的非线性值函数逼近和离轨策略不能保证收敛性，限制了其应用。实际上仔细观察可以发现，在值函数逼近情况下的随机梯度算法并不是真正的监督学习算法，或者说并不是真正的梯度算法。在监督学习中，梯度中包括标注值(目标值)与模型输出之间的误差项，但在强化学习中，目标值 $v_\pi(s)$ 或 $q_\pi(s,a)$ 并不存在，而是用其在交互中产生的奖励或自举方式对目标值进行近似，用于梯度中的目标值只是这样的近似值。例如，对于函数 $v_\pi(S_t)$，在 MC 方法中用 G_t 替代，在 TD(0) 中用 $R_{t+1}+\gamma\hat{v}(S_{t+1},\boldsymbol{w})$ 替代，由于 $\hat{v}(S_{t+1},\boldsymbol{w})$ 自身也受参数更新影响，这种替代是一种自举方式。实际上，在替代中若替代量是无偏的，如在 MC 方法中，$E_\pi(G_t)=v_\pi(S_t)$，则随机梯度通过迭代可收敛到目标值；但在 TD 算法中，由于自举性的存在，其替代的目标值并不是无偏的，不能保证收敛，只是线性函数是个例外。因此，对于值函数逼近技术，一般 MC 方法对于线性回归模型或非线性模型均可收敛，但对 TD 类算法除线性回归模型外，并没有一般的收敛性保证，由于目标值(监督项)也包含了参数 $\boldsymbol{w}$，但在计算梯度的时候并未考虑目标值产生的梯度，称这种基本的 TD 类梯度算法为半梯度算法。

在这些方面，近年的研究成果有了很大的进展，可保证收敛的离轨策略已被提出，克服了发散现象的深度神经网络值函数逼近已得以应用。值函数逼近结合离轨策略的算法这里不再进一步介绍，感兴趣的读者可参考 Suttor 等的著作《强化学习》；对于深度神经网络表示值函数逼近的进展，在 15.1.3 节再做进一步讨论。

*15.1.2 线性值函数逼近的最小二乘策略迭代算法

Q 学习作为表格方法中最有代表性的离轨学习算法，直接移植到值函数逼近中，不能保证收敛。但结合了最小二乘的批处理方法可通过迭代收敛到最优策略。

起始利用策略 π_0 产生一个样本序列

$$\boldsymbol{D}=\{S_1,A_1,R_2,\cdots,S_t,A_t,R_{t+1},S_{t+1},A_{t+1},R_{t+2},\cdots,S_{T-1},A_{T-1},R_T,S_T\} \tag{15.1.23}$$

在 TD 算法中，采用线性回归模型学习动作-值函数 $\hat{q}(S,A,\boldsymbol{w})$，则 $\hat{q}(S,A,\boldsymbol{w})$ 如式(15.1.15)所示。对于状态-动作对 (S_t,A_t)，用 $R_{t+1}+\gamma\hat{q}(S_{t+1},A_{t+1},\boldsymbol{w})$ 作为目标值(近似标注值)。

为了利用 Q 学习的思想，设样本序列 S_t,A_t,R_{t+1},S_{t+1} 是由旧策略 π_{old} 产生的，但目标值不用 π_{old} 产生，而是用新策略(标准 Q 学习中是贪婪策略)π 产生的动作 $A'=\pi(S_{t+1})$。这样，目标值修改为 $y_t=R_{t+1}+\gamma\hat{q}[S_{t+1},\pi(S_{t+1}),\boldsymbol{w}]=R_{t+1}+\gamma\boldsymbol{w}^{\mathrm{T}}\boldsymbol{x}(S_{t+1},\pi(S_{t+1}))$。同时，利用最小二乘技术，将经验序列 $\boldsymbol{D}$ 的误差平方和最小作为目标函数，则

$$\begin{aligned}J(\boldsymbol{w})&=\sum_{t=1}^{T}[y_t-\hat{q}(S_t,A_t,\boldsymbol{w})]^2\\&=\sum_{t=1}^{T}[y_t-\boldsymbol{w}^{\mathrm{T}}\boldsymbol{x}(S_t,A_t)]^2\end{aligned} \tag{15.1.24}$$

为求得最小二乘解，求

$$\frac{\partial J(\boldsymbol{w})}{\partial\boldsymbol{w}}=2\sum_{t=1}^{T}\boldsymbol{x}(S_t,A_t)[y_t-\boldsymbol{x}^{\mathrm{T}}(S_t,A_t)\boldsymbol{w}]^2=\boldsymbol{0} \tag{15.1.25}$$

将 y_t 代入式(15.1.25)并整理，得到 $\boldsymbol{w}$ 的最小二乘解为

$$\boldsymbol{w}=\left\{\sum_{t=1}^{T}\boldsymbol{x}(S_t,A_t)[\boldsymbol{x}(S_t,A_t)-\gamma\boldsymbol{x}(S_{t+1},\pi(S_{t+1}))]^{\mathrm{T}}\right\}^{-1}\sum_{t=1}^{T}\boldsymbol{x}(S_t,A_t)R_{t+1} \tag{15.1.26}$$

式(15.1.26)称为 Q 函数估计的 LSTDQ 算法。LSTDQ 算法可以通过迭代收敛到新的改进策略。设样本序列 $\boldsymbol{D}$ 是由 π_0 产生的，在第 1 次使用式(15.1.26)时，可选 $\pi=\pi_0$，得到 $\boldsymbol{w}$，通过贪婪算法由 $\boldsymbol{w}$ 表示的动作-值函数逼近式(15.1.15)得到新的 π，使用新的 π 再次应用式(15.1.26)(样本序列仍是 $\boldsymbol{D}$)，这样迭代，直到 π 不再改变。算法描述如下。

最小二乘策略迭代算法

Function LSTD-TD($\boldsymbol{D}$, π_0)

　　$\pi' \leftarrow \pi_0$;

　　循环

　　　　$\pi \leftarrow \pi'$;

　　　　$\hat{q}(s,a,\boldsymbol{w}) \leftarrow \text{LSTDQ}(\pi,\boldsymbol{D})$　(执行式(15.1.26));

　　　　对所有 $s\in\mathcal{S}$，执行

　　　　　　$\pi'(s) \leftarrow \arg\max\limits_a \hat{q}(s,a,\boldsymbol{w})$;

　　直到 $\pi\approx\pi'$;

　　返回 π;

End Function

上述算法是一个针对式(15.1.23)的样本序列的 Q 学习函数，通过迭代收敛到一个贪婪策略 π，可利用 π 产生 ε-贪婪策略并生成新的样本序列，这个过程可持续，从而得到一个相当于 Q 学习的值函数逼近算法。

15.1.3　深度 Q 网络

当经典的强化学习与深度学习结合，则构成深度强化学习(DRL)。深度强化学习借助了深度学习强大的特征表示学习能力，打通了从原始高维观测数据到状态表示以及从状态表示到策略学习之间的隔阂，将 RL 变成了一个可以直接从高维度观测数据映射到控制策略的端到端学习范式。深度学习与强化学习结合的一种方式是通过深度神经网络表示或逼近值函数，另一种常用方式是用深度神经网络表示策略函数，本节首先讨论前者。

如果用神经网络表示逼近的动作-值函数 $\hat{q}(S,A,\boldsymbol{w})$，按照神经网络学习的基本算法，对于一段样本序列

$$\boldsymbol{D}=\{S_1,A_1,R_2,\cdots,S_t,A_t,R_{t+1},S_{t+1},A_{t+1},R_{t+2},\cdots,S_{T-1},A_{T-1},R_T,S_T\} \tag{15.1.27}$$

如果采用 MC 方法，则可构成如下“带标注”的样本子集。

$$\boldsymbol{D}_{\text{MC}}=\{[(S_t,A_t),G_t]\}_{t=1}^{T-1} \tag{15.1.28}$$

如果采用 TD(0)算法，则相当于构成的样本子集为

$$\boldsymbol{D}_{\text{TD}}=\{[(S_t,A_t),R_{t+1}+\gamma\hat{q}(S_{t+1},A_{t+1},\boldsymbol{w})]\}_{t=1}^{T-1} \tag{15.1.29}$$

由于 G_t 是 q_π 的无偏估计，利用式(15.1.28)的子集序列训练神经网络，一般可收敛。但对于 TD 方法，由于式(15.1.29)的近似目标值通过自举生成，且不是 q_π 的无偏估计，故 TD 方法训练神经网络是不能保证收敛的。

TD 强化学习除了由于其自举带来的发散性以外，其与监督学习的以下几点不同，也是导致算法收敛困难的因素。用参数化的函数近似动作-值函数会导致算法：①在同一个状态-动作轨迹

$S_1,A_1,R_2,\cdots,S_t,A_t,R_{t+1}$ 中，状态之间存在强相关性，而传统监督学习样本一般是独立同分布的；②对 $\hat{q}(s,a,\boldsymbol{w})$ 函数的微小更新，可能会导致动作的分布剧烈变化；③目标值 $R_{t+1}+\gamma\hat{q}(S_{t+1},A_{t+1},\boldsymbol{w})$ 与 $\hat{q}(S_t,A_t,\boldsymbol{w})$ 存在强相关性。这些强相关和非平稳因素导致参数很难被优化。

为了解决训练神经网络遇到的困难，Minh(DeepMind)等提出一种深度 Q 网络(Deep Q-Networks,DQN)，DQN 是基于函数逼近的 DRL 中最有代表性的方法。首先，DQN 是 Q 学习算法在神经网络逼近动作-值函数的推广，采用一个 CNN 表示 Q 函数，这里将 CNN 逼近的 Q 函数表示为 $Q(s,a,\boldsymbol{w})$，$\boldsymbol{w}$ 表示 CNN 的所有参数，这个网络称为 Q 网络。

DQN 的智能体用于操作 Atari 的视频游戏机。输入是游戏机的屏幕图像，由于单帧图像包含的信息可能无法表示环境的真实状态，DQN 将连续 4 帧图像作为输入特征向量，每帧图像预处理为 84×84 像素，故输入特征向量 $\boldsymbol{x}(s_t)$ 是 84×84×4 的 4 个 84×84 矩阵，可直接作为 CNN 的输入。由于游戏操纵杆最多有 18 种动作，故针对每个不同动作 a_i，对应网络的一个输出，网络共有 18 个输出，即 $Q(s,a_i,\boldsymbol{w})=Q_i(s,\boldsymbol{w})$，故网络输入只有表示状态的 $\boldsymbol{x}(s_t)$。DQN 的结构如图 15.1.1 所示(该图是一个化简了的示意图)，DQN 有 3 层卷积层，第 1 卷积层有 32 个 8×8 卷积核，步幅为 4，非线性激活函数为整流函数；第 2 卷积层有 64 个 4×4 卷积核，步幅为 2，采用整流激活函数；第 3 卷积层有 64 个 3×3 卷积核，步幅为 1，采用整流激活函数；其后跟一个 512 个单元的全连接层，采用整流激活函数；最后输出层有 18 个输出，分别表示游戏杆可能的 18 种动作，作为回归输出，输出层是线性单元。

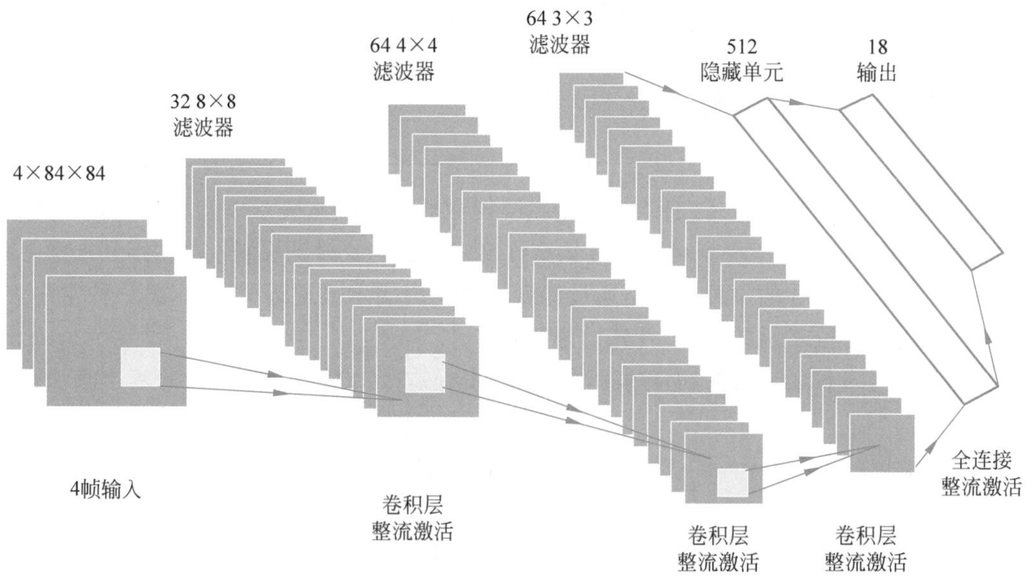

图 15.1.1 DQN 结构

DQN 通过以下方式解决神经网络训练问题：①应用经验回放机制，首先将当前状态转移元组 $(s_t,a_t,r_{t+1},s_{t+1})$ 保存到回放缓存 $\boldsymbol{D}_{\mathrm{R}}$ 中，然后随机的在 $\boldsymbol{D}_{\mathrm{R}}$ 中采样一小批量数据 $\{(s_i,a_i,r_i,s_i')\}_{i=1}^{m}$ 进行 Q 学习，经验回放缓存的使用打破了状态动作轨迹中状态的强相关性；②设置一个与 Q 网络伴随的“目标网络”，其产生一个目标动作值函数 $Q(s,a,\tilde{\boldsymbol{w}})$，这里 $\tilde{\boldsymbol{w}}$ 是目标网络的参数。使用目标动作-值函数 $Q(s',a,\tilde{\boldsymbol{w}})$ 计算目标值 $y_t=r_t+\max\limits_{a'}Q(s_t',a',\tilde{\boldsymbol{w}})$，其中，参数 $\tilde{\boldsymbol{w}}$ 不需要单独训练，而是用参数 $\boldsymbol{w}$ 周期性地更新，相当于 $\tilde{\boldsymbol{w}}$ 是 $\boldsymbol{w}$ 有一定延迟更新的参数，该方法降

低了目标值和当前动作-值函数的相关性。

对于每步的小批量“元组”样本，相当于最小化以下目标函数。

$$J(\boldsymbol{w}^{(t)})=\frac{1}{m}\sum_{i=1}^{m}\left[r_i+\gamma\max_{a'}Q(s_i',a',\tilde{\boldsymbol{w}}^{(t)})-Q(s_i,a_i,\boldsymbol{w}^{(t)})\right]^2 \tag{15.1.30}$$

对 CNN 的参数更新，可采用第 10 章介绍的 CNN 的学习方法。有了这些准备，DQN 的详细算法描述如下。

DQN 算法

初始化回放缓存 $\boldsymbol{D}_{\mathrm{R}}$；

随机初始化动作-值函数 $Q(s,a,\boldsymbol{w})$ 的参数 $\boldsymbol{w}$；

初始化目标值函数 $Q(s,a,\tilde{\boldsymbol{w}})$ 的网络参数：$\boldsymbol{w}\rightarrow\tilde{\boldsymbol{w}}$；

初始化 $\tilde{\boldsymbol{w}}$ 的更新频率 C 和 $\boldsymbol{w}$ 的学习率 η；

对于每幕重复

  给出初始动作 s_1；

  For $t=1,2,\cdots,T$

    利用 ε-greedy 方法由 $Q(s,a,\boldsymbol{w})$ 采样一个动作 a_t；

    执行动作 a_t，得到观测 s_{t+1} 和奖励 r_{t+1}；

    将状态转移元组 $(s_t,a_t,r_{t+1},s_{t+1})$ 放入回放缓存 $\boldsymbol{D}_{\mathrm{R}}$；

    从回放缓存 $\boldsymbol{D}_{\mathrm{R}}$ 中随机采样 m 个状态转移元组 $\{(s_i,a_i,r_i,s_i')\}_{i=1}^{m}$；

    计算目标值

$$y_i=\begin{cases}r_i, & s_i' \text{为终止状态}\\ r_i+\gamma\max_{a'}Q(s_i',a',\tilde{\boldsymbol{w}}), & \text{其他}\end{cases}$$

  更新 $Q(s,a,\boldsymbol{w})$ 的参数 $\boldsymbol{w}$

$$\boldsymbol{w}\leftarrow\boldsymbol{w}+\frac{\eta}{m}\sum_{i=1}^{m}\left[y_i-Q(s_i,a_i,\boldsymbol{w})\right]\nabla_{\boldsymbol{w}}Q(s_i,a_i,\boldsymbol{w});$$

  每 C 步更新 $Q(s,a,\tilde{\boldsymbol{w}})$ 的参数 $\tilde{\boldsymbol{w}}$：$\boldsymbol{w}\rightarrow\tilde{\boldsymbol{w}}$；

End For

DQN 算法中更新 $\boldsymbol{w}$ 用到的梯度可用 CNN 的反向传播算法，具体实现见第 10 章。

Minh 等报告了 DQN 在 Atari 2600 游戏上的表现，在大多数游戏中，DQN 表现超过人类水平，但仍在一些游戏中，尤其是高难度游戏中表现低于人类高手的水平。这些结果说明了 DRL 在模仿人类智能方面取得了长足的进步，但仍有许多问题需要进一步研究。

15.2 策略梯度方法

与值函数逼近类似，策略梯度法将策略函数 $\pi(a|s)$ 用参数化函数表示为 $\pi_{\theta}(a|s)=\pi(a|s,\boldsymbol{\theta})$，其中 $\boldsymbol{\theta}$ 为表示策略函数的参数，并利用梯度法等优化算法最大化从初始状态 s_0 出发得到的期望累积回报 $v_{\pi}(s_0)$ 从而学习函数参数 $\boldsymbol{\theta}$。不同于基于动作-值函数的方法，在策略梯度法中，动作直接由学

习到的参数化策略函数给出，而不是由动作-值函数给出。此外，基于动作-值函数的 RL 算法一般只能求解拥有离散动作空间的决策过程，其原因是在任意状态 s 的最优动作 a 是由$\arg\max_a Q(s,a)$的方式得到，如果动作空间连续，意味着在每个状态选取动作的时候需要首先求解一个连续优化问题，这是非常烦琐的。策略梯度法直接用参数化的函数表示策略，因此可以同时求解拥有离散动作空间和连续动作空间的决策过程。

本节首先讨论离散动作空间的随机策略优化问题，即动作 a 是离散的，策略是随机的，参数化策略函数表示为

$$\pi_\theta(a \mid s)=\pi(a \mid s,\boldsymbol{\theta})=P\{A_t=a \mid S_t=s,\boldsymbol{\theta}\} \tag{15.2.1}$$

对于离散动作 a，确定策略是随机策略的一个特例。用$\boldsymbol{\theta}$ 的连续函数表示策略函数，所谓策略梯度算法，是指给出描述策略优化的目标函数 $J(\boldsymbol{\theta})$，通过求梯度$\nabla_{\boldsymbol{\theta}} J(\boldsymbol{\theta})$，得到策略函数参数的更新为

$$\boldsymbol{\theta}^{(t+1)}=\boldsymbol{\theta}^{(t)}+\eta \nabla_\theta J(\boldsymbol{\theta}) \tag{15.2.2}$$

由于策略优化问题的目标函数一般需要最大化(累积收益最大)，故式(15.2.2)使用了梯度上升。为了使用式(15.2.2)的策略梯度迭代，一是需要给出策略函数的有效表示，二是需要给出策略优化的目标函数，接下来首先讨论这两个基本问题。

式(15.2.1)表示的是一个概率函数，不是所有函数都可表示概率函数，策略函数类似于多分类问题的表示。设动作集合为$\mathcal{A}=\{a^{(1)},a^{(2)},\cdots,a^{(K_A)}\}$，对于任意 $a=a^{(i)}\in\mathcal{A}$，$\pi_\theta(a|s)\geqslant 0$，且$\sum_a \pi_\theta(a \mid s)=1$，为此，可参考多分类中的 Softmax 函数，首先设计一个回归函数 $h(s,a,\boldsymbol{\theta})$，则$\pi_\theta(a|s)$定义为

$$\pi_\theta(a \mid s)=\frac{\exp[h(s,a,\boldsymbol{\theta})]}{\sum_b \exp[h(s,b,\boldsymbol{\theta})]} \tag{15.2.3}$$

回归函数 $h(s,a,\boldsymbol{\theta})$可以灵活选择，如 $h(s,a,\boldsymbol{\theta})$可选择为线性函数，即

$$h(s,a,\boldsymbol{\theta})=\boldsymbol{\theta}^{\mathrm{T}}\boldsymbol{x}(s,a) \tag{15.2.4}$$

其中，$\boldsymbol{x}(s,a)$为输入特征向量，其定义如式(15.2.4)。若使用神经网络表示 $\pi_\theta(a|s)$，则可直接采用输出端为 Softmax 的神经网络，不必单独写出 $h(s,a,\boldsymbol{\theta})$。

现在讨论策略梯度算法的目标函数，首先讨论分幕情况，简单起见，设在分幕情况下每幕都从一个起始状态 s_0 出发，希望策略可使累积收益最大化，故取目标函数为

$$J(\boldsymbol{\theta})=v_{\pi_\theta}(s_0) \tag{15.2.5}$$

其中，$v_{\pi_\theta}(s_0)$表示在策略 π_θ 下，从 s_0 出发的值函数。

如果是持续环境(即不必有限步后停止或不分幕)，则可假设在 π_θ 控制的持续过程中，状态 s 的概率分布为$\rho_{\pi_\theta}(s)$，可定义目标函数为平均值函数，即

$$J_{\mathrm{av}}(\boldsymbol{\theta})=\sum_s \rho_{\pi_\theta}(s) v_{\pi_\theta}(s) \tag{15.2.6}$$

在这些不同目标函数下，关于策略梯度均由以下定理描述。

定理 15.2.1(策略梯度定理) 对于可微的策略函数 $\pi_\theta(a|s)$和不同目标函数，策略梯度为

$$\nabla_\theta J(\boldsymbol{\theta}) \propto \sum_s \rho_{\pi_\theta}(s) \sum_a \nabla_\theta \pi_\theta(a \mid s) q_{\pi_\theta}(s,a) \tag{15.2.7}$$

或可写为更易推广应用的形式，即

$$\nabla_\theta J(\boldsymbol{\theta}) \propto E_{\pi_\theta}\{\nabla_\theta[\ln \pi_\theta(A_t \mid S_t)] q_{\pi_\theta}(S_t,A_t)\} \tag{15.2.8}$$

其中，$q_{\pi_\theta}(s,a)$为在策略π_θ下的动作-值函数；E_{π_θ}表示对策略π_θ取期望。

定理 15.2.1 中，$\propto$表示式(15.2.7)两侧可能相差一个常数系数，由于常数系数可合并到学习率η中，故式(15.2.7)也可写成等号形式。另外，在式(15.2.8)中，简单用E_{π_θ}表示对策略π_θ取期望，更详细地，可写为$E_{s\sim\rho_{\pi_\theta},a\sim\pi_\theta}$。

下面证明定理 15.2.1，只对分幕情况证明，为简单，设折扣因子$\gamma=1$。对$v_{\pi_\theta}(s)$求梯度，并利用值函数与动作-值函数的关系，有

$$\begin{aligned}
\nabla_\theta v_{\pi_\theta}(s) &= \nabla_\theta\left[\sum_a \pi_\theta(a\mid s)q_{\pi_\theta}(s,a)\right] \\
&= \sum_a\left[\nabla_\theta\pi_\theta(a\mid s)q_{\pi_\theta}(s,a)+\pi_\theta(a\mid s)\nabla_\theta q_{\pi_\theta}(s,a)\right] \\
&= \sum_a\left\{\nabla_\theta\pi_\theta(a\mid s)q_{\pi_\theta}(s,a)+\pi_\theta(a\mid s)\nabla_\theta\sum_{s'}P_{ss'}^a\left[r+v_{\pi_\theta}(s')\right]\right\} \\
&= \sum_a\left[\nabla_\theta\pi_\theta(a\mid s)q_{\pi_\theta}(s,a)+\pi_\theta(a\mid s)\sum_{s'}P_{ss'}^a\nabla_\theta v_{\pi_\theta}(s')\right] \\
&= \sum_a\left\{\nabla_\theta\pi_\theta(a\mid s)q_{\pi_\theta}(s,a)+\pi_\theta(a\mid s)\sum_{s'}P_{ss'}^a\times\right. \\
&\quad\left.\sum_{a'}\left[\nabla_\theta\pi_\theta(a'|s')q_{\pi_\theta}(s',a')+\pi_\theta(a'|s')\sum_{s''}P_{s's''}^{a'}\nabla_\theta v_{\pi_\theta}(s'')\right]\right\} \\
&= \sum_{x\in\mathcal{S}}\sum_{k=0}^{+\infty}P\{s\rightarrow x,k,\pi_\theta\}\sum_a\nabla_\theta\pi_\theta(a\mid x)q_{\pi_\theta}(x,a)
\end{aligned} \tag{15.2.9}$$

其中，$P\{s\rightarrow x,k,\pi_\theta\}$表示从状态$s$在策略$\pi_\theta$控制下，经过$k$步，跳转到状态$x$的概率，以状态$s_0$替代$s$，则式(15.2.9)为

$$\begin{aligned}
\nabla_\theta J(\boldsymbol{\theta}) &= \nabla_\theta v_{\pi_\theta}(s_0) \\
&= \sum_s\sum_{k=0}^{\infty}P\{s_0\rightarrow s,k,\pi_\theta\}\sum_a\nabla_\theta\pi_\theta(a\mid s)q_{\pi_\theta}(s,a) \\
&= \sum_s\tilde{\rho}(s)\sum_a\nabla_\theta\pi_\theta(a\mid s)q_{\pi_\theta}(s,a) \\
&= \sum_s\left(\sum_u\tilde{\rho}(u)\right)\frac{\tilde{\rho}(s)}{\sum_u\tilde{\rho}(u)}\sum_a\nabla_\theta\pi_\theta(a\mid s)q_{\pi_\theta}(s,a) \\
&= C\sum_s\rho_{\pi_\theta}(s)\sum_a\nabla_\theta\pi_\theta(a\mid s)q_{\pi_\theta}(s,a) \\
&\propto \sum_s\rho_{\pi_\theta}(s)\sum_a\nabla_\theta\pi_\theta(a\mid s)q_{\pi_\theta}(s,a)
\end{aligned} \tag{15.2.10}$$

其中，$\rho_{\pi_\theta}(s)=\dfrac{\tilde{\rho}(s)}{\sum_u\tilde{\rho}(u)}$为在$\pi_\theta$从$s_0$转移到状态$s$的概率；$C=\sum_u\tilde{\rho}(u)$为一常数。以上已证明了策略定理的基本形式，为了导出第 2 种形式，则

$$\begin{aligned}
\nabla_\theta J(\boldsymbol{\theta}) &\propto \sum_s\rho_{\pi_\theta}(s)\sum_a\nabla_\theta\pi_\theta(a\mid s)q_{\pi_\theta}(s,a) \\
&= \sum_s\rho_{\pi_\theta}(s)\sum_a\pi_\theta(a\mid s)\frac{\nabla_\theta\pi_\theta(a\mid s)}{\pi_\theta(a\mid s)}q_{\pi_\theta}(s,a)
\end{aligned}$$

$$=\sum_{s}\rho_{\pi_\theta}(s)\sum_{a}\pi_\theta(a\mid s)\nabla_\theta\ln\pi_\theta(a\mid s)q_{\pi_\theta}(s,a)$$
$$=E_{\pi_\theta}[\nabla_\theta\ln\pi_\theta(A_t\mid S_t)q_{\pi_\theta}(S_t,A_t)] \tag{15.2.11}$$

在式(15.2.11)中，在策略 π_θ 下对倒数第 2 行的概率运算等价于对所有可能出现的 $\nabla_\theta\ln\pi_\theta(A_t\mid S_t)q_{\pi_\theta}(S_t,A_t)$ 求平均(期望)，故得到策略定理的第 2 个形式。

策略梯度定理给出了利用梯度求解策略函数参数所需梯度的闭式表达式，下面将这个定理应用到具体环境，得到两类最基本的策略梯度算法。

15.2.1 MC 策略梯度算法 Reinforce

第 1 个策略梯度算法建立在 MC 基础上，以当前策略 $\pi_\theta(a\mid s)$产生一幕，即

$$S_0,A_0,R_1,S_1,A_1,R_2,\cdots,S_t,A_t,R_{t+1},\cdots,S_{T-1},A_{T-1},R_T,S_T$$

在每个状态-动作对(S_t,A_t)，计算返回值 G_t，并以 G_t 近似表示策略定理式(15.2.8)中的 $q_{\pi_\theta}(S_t,A_t)$，即将 $q_{\pi_\theta}(S_t,A_t)\approx G_t$ 代入式(15.2.8)，并以随机梯度代替梯度，可得一次参数更新为

$$\boldsymbol{\theta}^{(t+1)}=\boldsymbol{\theta}^{(t)}+\eta G_t\nabla_\theta\ln\pi_\theta(A_t\mid S_t) \tag{15.2.12}$$

以式(15.2.12)为更新公式的算法称为 Reinforce 算法，算法描述如下。

Reinforce 算法

输入：给出一个可微策略函数 $\pi_\theta(a\mid s)$；

学习率 η，策略函数的初始参数$\boldsymbol{\theta}$(初始为零向量或随机初始化向量)；

对于每幕重复

以 $\pi_\theta(a\mid s)$产生一幕 $S_0,A_0,R_1,S_1,A_1,R_2,\cdots,S_t,A_t,R_{t+1},\cdots,S_{T-1},A_{T-1},R_T,S_T$；

对于幕中每步 $t=0,1,\cdots,T-1$

$$G_t\leftarrow\sum_{k=t+1}^{T}\gamma^{k-t-1}R_k;$$

$$\boldsymbol{\theta}\leftarrow\boldsymbol{\theta}+\eta\gamma^t G\nabla_\theta\ln\pi_\theta(A_t\mid S_t);$$

在前面讨论时为了简单，假设 $\gamma=1$，当取折扣因子时，参数更新时需加一个 γ^t 的校正系数。在实际中，$\pi_\theta(a\mid s)$是预先选择确定。例如，可选择式(15.2.3)和式(15.2.4)所示的策略函数，在这些情况下，$\nabla_\theta\ln\pi_\theta(A_t\mid S_t)$可预先确定。若使用神经网络表示策略函数，可用 BP 算法计算梯度。

15.2.2 行动器-评判器方法

在策略定理的式(15.2.7)和式(15.2.8)中，需要动作-值函数 $q_{\pi_\theta}(s,a)$。为了应用策略定理，可以同时产生动作-值函数的估计。动作-值函数具有评估“状态-动作”好坏的功能，故可称为评判器(Critic)；策略函数控制智能体的行为，可称为行动器(Actor)。这类同时实现动作-值函数和策略函数功能的策略梯度方法称为行动器-评判器方法(Actor-Critic，也有译为“演员-评论家”)。

在实际算法实现时，动作-值函数也需要从样本序列中学习，一般采用 15.1 节介绍的函数逼近

方法实现参数化动作-值函数，记为 $Q_w(s,a)$，$\boldsymbol{w}$ 是动作-值函数的参数，以 $Q_w(s,a)$ 替代策略梯度定理中的 $q_{\pi_\theta}(s,a)$ 对策略函数参数进行更新。

当 $Q_w(s,a)$ 满足一定条件时，以 $Q_w(s,a)$ 替代 $q_{\pi_\theta}(s,a)$ 不会改变策略梯度，满足这个条件的 $Q_w(s,a)$ 函数形式称为兼容函数(Compatible Function)，有关兼容函数的所需满足条件及证明留作习题。

行动器-评判器中同时有两个参数化函数，一个表示策略函数，另一个表示动作-值函数，其参数分别用 $\boldsymbol{\theta}$ 和 $\boldsymbol{w}$ 表示。动作-值函数的学习可采用 15.1 节介绍的方法，其参数 $\boldsymbol{w}$ 表示了 $Q_w(s,a)$，因而影响了策略函数参数的学习。这两个函数可独立选择，既可以用线性函数实现，也可以采用神经网络甚至深度神经网络实现。下面给出行动器-评判器算法实现的一个一般性描述，其中动作-值函数的学习采用 TD(0)方法，对两个函数的选择不加限制。

行动器-评判器算法

随机初始化策略函数 $\pi_\theta(a|s)$ 和动作-值函数 $Q_w(s,a)$ 的参数 $\boldsymbol{\theta}$ 和 $\boldsymbol{w}$
　(线性函数时初始参数可设为 0)；
设定策略和动作-值函数参数更新的学习率为 η_1 和 η_2；
对于每幕重复
　生成初始状态 S；
　采样一个动作 $A \sim \pi_\theta(\cdot|S)$；
　对于幕中每步重复
　　执行动作 A；
　　观察新的状态 S' 并获得奖励 R；
　　采样一个动作 $A' \sim \pi_\theta(\cdot|S')$；
　　计算目标值 $y = R + \gamma Q_w(S',A')$；
　　更新策略参数：$\boldsymbol{\theta} \leftarrow \boldsymbol{\theta} + \eta_1 \nabla_\theta \ln\pi_\theta(A|S) Q_w(S,A)$；
　　更新动作-值函数参数：$\boldsymbol{w} \leftarrow \boldsymbol{w} + \eta_2 (y - Q_w(S,A)) \nabla_w Q(S,A)$；
　　$S \leftarrow S', A \leftarrow A'$；
　直到 S 为终止状态

在本节的梯度算法中，无论是 MC 类方法还是行动器-评判器方法，都可能存在梯度方差较大的问题。以行动器-评判器方法为例讨论该问题，一个降低策略梯度方差的方法是在动作-值函数 $q_\pi(s,a)$ 中减去一个与动作 a 无关的基准，最常使用的基准是值函数 $v_\pi(s)$，故可定义一个优势函数(Advantage Function)为

$$A_\pi(s,a) = q_\pi(s,a) - v_\pi(s) \tag{15.2.13}$$

以优势函数 $A_\pi(s,a)$ 取代动作-值函数，则策略梯度定理修改为

$$\nabla_\theta J(\boldsymbol{\theta}) \propto E_{\pi_\theta}\{\nabla_\theta [\ln\pi_\theta(A_t|S_t)] A_{\pi_\theta}(S_t,A_t)\} \tag{15.2.14}$$

使用优势函数，需要多学习一个参数化的值函数。

目前策略梯度方法是强化学习领域一个研究热点，不同的方法和改进不断提出，与深度学习结合的各类算法不断报道，其中以行动器-评判器算法为基础的各类新算法的研究尤为活跃。本节在离散动作的基础上对这类方法给出一个基本介绍，15.3 节针对连续动作问题，对策略梯度算法再给出更专门的讨论。

*15.3 连续动作确定性策略梯度方法

15.2 节介绍了策略梯度方法，主要集中在离散动作空间和随机策略函数 $\pi_\theta(a|s)$。本节将策略梯度方法推广到连续动作空间并且重点研究确定策略函数。

在游戏、棋牌、迷宫等问题中，在一个状态可选择的动作有限，是一种有限动作空间，但当将强化学习用于物理世界的很多问题的控制时，动作空间是连续的。例如，机器人在抓取一个物体时，其臂的动作是连续的；控制无人机在复杂环境下的运动，其转动角度、速度等都是连续物理量。对于这些连续动作，可以将连续动作离散化，然后用离散动作的算法进行处理，但这样做，一方面存在控制的精确性和平滑性的问题；另一方面，当表示动作的向量 $\boldsymbol{a}$ 是高维向量时，离散化会带来维度灾难问题。本节研究针对连续动作空间的策略梯度算法。

在连续动作情况下，可用向量 $\boldsymbol{a}$ 表示动作，如控制无人机在三维空间的运动方向，可改变其方位角和俯仰角，动作向量是两个角度组成的二维向量 $\boldsymbol{a}=[\phi,\theta]^{\mathrm{T}}$，其中 ϕ 表示方位角，θ 表示俯仰角，这两个角度的取值决定了无人机的运动动作。

除了连续动作外，本节主要讨论确定性策略，即一个策略函数表示为 $\boldsymbol{a}=\boldsymbol{\mu}_\theta(s)$，其中$\boldsymbol{\theta}$ 为策略函数的参数，$\boldsymbol{\mu}_\theta(s)$为可微函数，状态取 s 时，动作由策略函数确定，且动作是确定的，这符合物理系统的实际。例如，在给定状态下，无人机选择一个确定角度运动。本节介绍由 Silver 等提出的连续动作确定性策略梯度算法(Deterministic Policy Gradient，DPG)。

下面首先介绍 DPG 的定理和算法，然后推广到深度强化学习，介绍深度 DPG(Deep Deterministic Policy Gradient，DDPG)算法。

15.3.1 DPG 算法

DPG 的核心是给出了一个与定理 15.2.1 类似的策略梯度定理，称为确定策略定理。与 15.2 节类似，对于分幕情况，初始状态为 s_0，给出目标函数

$$J(\mu_\theta)=E[G_0|s_0,\mu_\theta] \tag{15.3.1}$$

目标是设计确定策略函数

$$\boldsymbol{a}=\boldsymbol{\mu}_\theta(s) \tag{15.3.2}$$

如果可确定目标函数的梯度表达式$\nabla_\theta J(\mu_\theta)$，则策略函数的参数更新为

$$\boldsymbol{\theta}^{(t+1)}=\boldsymbol{\theta}^{(t)}+\eta\nabla_\theta J(\mu_\theta) \tag{15.3.3}$$

Silver 等证明了在连续动作确定策略下的策略梯度定理。

定理 15.3.1(确定性策略梯度定理) 对于可微的策略函数$\boldsymbol{\mu}_\theta(s)$，策略梯度可表示为

$$\begin{aligned}\nabla_\theta J(\mu_\theta)&=\int_S \rho_{\mu_\theta}(s)\nabla_\theta\boldsymbol{\mu}_\theta(s)\nabla_a q_{\mu_\theta}(s,\boldsymbol{a})\big|_{\boldsymbol{a}=\mu_{\boldsymbol{\theta}}(s)}\mathrm{d}s\\&=E_{s\sim\rho_{\mu_\theta}}\left[\nabla_\theta\boldsymbol{\mu}_\theta(s)\nabla_a q_{\mu_\theta}(s,\boldsymbol{a})\big|_{\boldsymbol{a}=\mu_{\boldsymbol{\theta}}(s)}\right]\end{aligned} \tag{15.3.4}$$

其中，$q_{\mu_\theta}(s,\boldsymbol{a})$为在确定策略$\boldsymbol{\mu}_\theta$ 下的动作-值函数；$\rho_{\mu_\theta}(s)$为在$\boldsymbol{\mu}_\theta$ 下状态 s 的概率分布。

定理 15.3.1 的证明与定理 15.2.1 类似，不再赘述。下面给出一个关于定理的直观性的解释。

若已知一个模型的动作-值函数 $q_{\mu_\theta}(s,\boldsymbol{a})$，则最优动作为

$$\mu_\theta(s)=\arg\max_{\boldsymbol{a}} q_{\mu_\theta}(s,\boldsymbol{a}) \tag{15.3.5}$$

与离散动作不同，在连续动作情况下，对于式(15.3.5)的最大化需要求解一个连续函数的最大化

问题，用迭代算法求解假设经过了 k 步迭代后，策略函数记为 $\mu_\theta^{(k)}(s)$，动作-值函数记为 $q_{\mu_\theta}^{(k)}(s,\boldsymbol{a})$，则用式(15.3.5)求解新的策略函数，则

$$\mu_\theta^{(k+1)}(s)=\arg\max_{\boldsymbol{a}} q_{\mu_\theta}^{(k)}[s,\mu_\theta(s)] \tag{15.3.6}$$

式(15.3.6)是策略改进的原理性表示，实际由式(15.3.6)对应的参数更新为

$$\begin{aligned}\boldsymbol{\theta}^{(t+1)} &= \boldsymbol{\theta}^{(t)}+\eta\nabla_\theta q_{\mu_\theta}^{(k)}[s,\mu_\theta(s)] \\ &= \boldsymbol{\theta}^{(t)}+\eta\nabla_\theta\mu_\theta(s)\nabla_a q_{\mu_\theta}^{(k)}(s,a)\big|_{a=\mu_\theta(s)}\end{aligned} \tag{15.3.7}$$

式(15.3.7)的第 2 行使用了微分的链式法则。对式(15.3.7)右侧的梯度取期望，即得到式(15.3.4)策略定理的第 2 行。

有了确定性连续动作策略定理，可以构造基本的 DPG 学习算法。可以采用行动器-评判器结构构造两个基本的 DPG 算法。

1. 在轨策略确定性行动器-评判器算法

结合 TD(0)和 Sarsa 算法的思想，估计动作-值函数 $q_{\mu_\theta}(s,\boldsymbol{a})$ 的参数函数逼近 $Q_{\boldsymbol{w}}(s,\boldsymbol{a})$，其中，$\boldsymbol{w}$ 为 Q 函数的参数，同时学习确定性连续动作策略函数 $\boldsymbol{\mu}_\theta(s)$。利用策略 $\boldsymbol{\mu}_\theta(s)$ 产生样本序列

$$S_0,A_0,R_1,S_1,A_1,R_2,\cdots,S_t,A_t,R_{t+1},\cdots$$

并在产生序列的同时更新策略参数。为了节省空间，这里省略算法的完整描述，只给出参数更新的核心表示，注意到，这里对评判器使用的是 TD(0)算法。

$$\begin{cases}\delta_t=R_{t+1}+\gamma Q_{\boldsymbol{w}}(S_{t+1},A_{t+1})-Q_{\boldsymbol{w}}(S_t,A_t) \\ \boldsymbol{w}^{(t+1)}=\boldsymbol{w}^{(t)}+\eta_w\delta_t\nabla_{\boldsymbol{w}}Q_{\boldsymbol{w}}(S_t,A_t) \\ \boldsymbol{\theta}^{(t+1)}=\boldsymbol{\theta}^{(t)}+\eta_\theta\nabla_\theta\boldsymbol{\mu}_\theta(S_t)\nabla_{\boldsymbol{a}}Q_{\boldsymbol{w}}(S_t,A_t)\big|_{\boldsymbol{a}=\boldsymbol{\mu}_\theta(S_t)}\end{cases} \tag{15.3.8}$$

2. 离轨策略确定性行动器-评判器算法

在轨确定性策略算法可能的一个问题是探索性不够，为了增加探索性，可使用一个随机策略 $\beta(a|s)$ 作为行为策略用于产生样本序列，$\boldsymbol{\mu}_\theta(s)$ 作为目标策略。最基本的一种离轨策略是建立在 Q 学习思想上的离轨策略，目标是学习确定策略 $\boldsymbol{\mu}_\theta(s)$，在连续动作空间，无法直接使用 ε-贪婪策略作为行为策略，但可以在 $\boldsymbol{\mu}_\theta(s)$ 策略上施加小的噪声构成具有探索性的行为策略，如 $\beta(a|s)=\boldsymbol{\mu}_\theta(s)+n$，其中，$n$ 为一个特殊概率分布的噪声。

以 $\beta(a|s)$ 形成样本序列，但目标值不采用 $R_{t+1}+\gamma Q_{\boldsymbol{w}}(S_{t+1},A_{t+1})$，而是使用 $R_{t+1}+\gamma Q_{\boldsymbol{w}}[S_{t+1},\boldsymbol{\mu}_\theta(S_{t+1})]$，故建立在 Q 学习思想上的离轨确定性连续动作策略梯度算法的核心公式为

$$\begin{cases}\delta_t=R_{t+1}+\gamma Q_{\boldsymbol{w}}[S_{t+1},\boldsymbol{\mu}_\theta(S_{t+1})]-Q_{\boldsymbol{w}}(S_t,A_t) \\ \boldsymbol{w}^{(t+1)}=\boldsymbol{w}^{(t)}+\eta_w\delta_t\nabla_{\boldsymbol{w}}Q_{\boldsymbol{w}}(S_t,A_t) \\ \boldsymbol{\theta}^{(t+1)}=\boldsymbol{\theta}^{(t)}+\eta_\theta\nabla_\theta\boldsymbol{\mu}_\theta(S_t)\nabla_{\boldsymbol{a}}Q_{\boldsymbol{w}}(S_t,A_t)\big|_{\boldsymbol{a}=\boldsymbol{\mu}_\theta(S_t)}\end{cases} \tag{15.3.9}$$

比较式(15.3.8)和式(15.3.9)，似乎只有 δ_t 的计算有所不同，但注意在离轨学习中产生样本序列的策略函数是另一个策略 $\beta(a|s)$。

基本 DPG 算法有一些限制，在轨策略中 $Q_{\boldsymbol{w}}(S_t,A_t)$ 选择线性回归函数才能保证收敛；离轨策略中，即使采用线性 $Q_{\boldsymbol{w}}(S_t,A_t)$ 函数也没有收敛保证。人们研究了一些改进算法，如采用兼容函数(Compatible Function)和其他辅助函数可保证 DPG 离轨算法的收敛性，这里不再做进一步讨论，感兴趣的读者可阅读相关文献①。

---

① 见本书参考文献[32,138]。

15.3.2 DDPG 算法

DPG 算法的重要贡献是连续动作空间的确定性策略定理，该定理为设计连续动作的强化学习算法建立了基础。但早期的 DPG 算法能力有限，主要限制在线性评判器函数。在 DQN 获得成功后，DeepMind 的研究人员将 DQN 的主要技术和连续动作确定策略定理结合，设计深度 DPG 算法，简称为 DDPG 算法。

15.1.3 节介绍了 DQN，DQN 的收敛是因为采用了两项技术，一是回放缓存，将转移元组 $(s_t, a_t, r_{t+1}, s_{t+1})$ 放入回放缓存 $\boldsymbol{D}_\mathrm{R}$，在训练 Q 网络时从回放缓存中随机取出一个小批量元组；二是设计了一个目标网络，用于产生训练时的目标值，目标网络的网络参数是按周期复制 Q 网络的参数，故目标网络是 Q 网络的延迟版。

在 DDPG 算法中，首先设计两个基本的深度神经网络（可采用 CNN 结构），一个作为策略函数网络（行动器），一个作为动作-值函数网络（评判器），两个网络分别表示为 $\boldsymbol{\mu}(s|\boldsymbol{\theta})$ 和 $Q(s,a|\boldsymbol{w})$，为了表示清楚，分别将两个网络的参数 $\boldsymbol{\theta}$，$\boldsymbol{w}$ 表示在函数中。通过这两个函数，确定性策略定理可以近似表示为

$$\begin{aligned}\nabla_\theta J(\boldsymbol{\theta}) &\approx E_{s\sim\rho_\beta}\left[\nabla_\theta Q(s,\boldsymbol{a} \mid \boldsymbol{w})\big|_{s=s_t,\boldsymbol{a}=\mu(s_t|\theta)}\right] \\ &= E_{s\sim\rho_\beta}\left[\nabla_a Q(s,\boldsymbol{a} \mid \boldsymbol{w})\big|_{s=s_t,\boldsymbol{a}=\mu(s_t|\theta)}\nabla_\theta \mu(s|\theta)\big|_{s=s_t}\right]\end{aligned} \tag{15.3.10}$$

由于训练时使用的样本不是当时交互生成的样本，而是从回放缓存 $\boldsymbol{D}_\mathrm{R}$ 中取出的，故算法自身是离轨策略算法，故以上取期望是针对 $s\sim\rho_\beta$ 的行为策略。

除了以上两个基本网络产生行动器-评判器，还设计两个目标网络，目标网络的参数分别记为 $\tilde{\boldsymbol{\theta}}$ 和 $\tilde{\boldsymbol{w}}$，对应的网络输出函数分别为 $\tilde{\boldsymbol{\mu}}(s|\tilde{\boldsymbol{\theta}})$ 和 $\tilde{Q}(s,a|\tilde{\boldsymbol{w}})$。与 DQN 中，每隔 C 步将基本网络参数复制给目标网络参数不同；在 DDPG 中，这个参数更新是加权延迟的，即给出一个参数 $0<\lambda\leqslant 1$，在每次更新了 $\boldsymbol{\theta}$ 和 $\boldsymbol{w}$ 后，目标网络参数更新为

$$\begin{aligned}\tilde{\boldsymbol{\theta}} &\leftarrow \lambda\boldsymbol{\theta} + (1-\lambda)\tilde{\boldsymbol{\theta}} \\ \tilde{\boldsymbol{w}} &\leftarrow \lambda\boldsymbol{w} + (1-\lambda)\tilde{\boldsymbol{w}}\end{aligned} \tag{15.3.11}$$

有了这个准备，对于每个元组 $(s_t, a_t, r_{t+1}, s_{t+1})$，目标值为

$$y_t = r_{t+1} + \gamma\tilde{Q}(s_{t+1}, \tilde{\mu}(s_{t+1}|\tilde{\boldsymbol{\theta}})|\tilde{\boldsymbol{w}}) \tag{15.3.12}$$

训练回归网络 $Q(s,a|\boldsymbol{w})$，使目标函数 $L(\boldsymbol{w})$ 最小。

$$L(\boldsymbol{w}) = E\{[y_t - Q(s_t, a_t \mid \boldsymbol{w})]^2\} \tag{15.3.13}$$

在训练过程中，从回放缓存中取出一个小批量样本 $\{(s_i, a_i, r_{i+1}, s_{i+1})\}_{i=1}^m$，对于 $Q(s,a|\boldsymbol{w})$ 网络可用神经网络回归输出的训练算法，通过 BP 算法计算梯度并更新网络参数，对于策略函数 $\boldsymbol{\mu}(s|\boldsymbol{\theta})$，用策略定理计算梯度，进行参数更新。在训练过程中，对每个小批量样本，可采用批归一化（BN）方法改善训练性能，BN 技术在 11.2.2 节已做介绍。

在训练过程中，为了增加探索性，行为策略可在 $\boldsymbol{\mu}(s|\boldsymbol{\theta})$ 基础上加入少量噪声，即行为策略采用

$$\tilde{\boldsymbol{\mu}}(s_t) = \boldsymbol{\mu}(s_t|\boldsymbol{\theta}) + n_t \tag{15.3.14}$$

其中，n_t 为一个低功率的随机过程。

在采用这些技术后，得到了离轨的连续动作确定性策略梯度算法，描述如下。

DDPG 算法

随机初始化动作-值函数 $Q(s,a|\boldsymbol{w})$ 和策略函数 $\boldsymbol{\mu}(s|\boldsymbol{\theta})$ 的参数 $\boldsymbol{w}$ 和 $\boldsymbol{\theta}$；

初始化目标值函数 $\tilde{Q}(s,a|\tilde{\boldsymbol{w}})$ 和策略函数 $\tilde{\boldsymbol{\mu}}(s|\tilde{\boldsymbol{\theta}})$ 的网络参数：$\boldsymbol{w}\to\tilde{\boldsymbol{w}},\boldsymbol{\theta}\to\tilde{\boldsymbol{\theta}}$；

初始化回放缓存 $\boldsymbol{D}_{\mathrm{R}}$；

设置目标函数的更新率 λ，学习率 η_1 和 η_2；

对于每幕重复

　　为动作搜索初始化一个随机过程 n_t；

　　观测初始状态 s_0；

　　For $t=0,1,2,\cdots,T$

　　　　生成一个动作 $a_t=\boldsymbol{\mu}(s_t|\boldsymbol{\theta})+n_t$；

　　　　执行动作 a_t，得到观测 s_{t+1} 和奖励 r_{t+1}；

　　　　将状态转移元组 $(s_t,a_t,r_{t+1},s_{t+1})$ 放入回放缓存 $\boldsymbol{D}_{\mathrm{R}}$；

　　　　从回放缓存 $\boldsymbol{D}_{\mathrm{R}}$ 中随机采样 m 个状态转移元组 $\{(s_j^i,a_j^i,r_{j+1}^i,s_{j+1}^i)\}_{i=1}^m$；

　　　　对于每个元组，计算目标值 $y_j^i=r_{j+1}^i+\gamma\tilde{Q}[s_{j+1}^i,\tilde{\mu}(s_{j+1}^i|\tilde{\boldsymbol{\theta}})|\tilde{\boldsymbol{w}}]$；

　　　　更新 $Q(s,a|\boldsymbol{w})$ 的参数 $\boldsymbol{w}$：

$$\boldsymbol{w}\leftarrow\boldsymbol{w}+\frac{\eta_2}{m}\sum_{i=1}^{m}(y_j^i-Q(s_j^i,a_j^i|\boldsymbol{w}))\nabla_{\boldsymbol{w}}Q(s_j^i,a_j^i|\boldsymbol{w})$$

　　更新 $\boldsymbol{\mu}(s|\boldsymbol{\theta})$ 的参数 $\boldsymbol{\theta}$：

$$\boldsymbol{\theta}\leftarrow\boldsymbol{\theta}+\frac{\eta_1}{m}\sum_{i=1}^{m}\nabla_{\boldsymbol{\theta}}\boldsymbol{\mu}(s|\boldsymbol{\theta})\big|_{s=s_j^i}\nabla_{\boldsymbol{a}}Q(s,\boldsymbol{a}|\boldsymbol{w})\big|_{s=s_j^i,\boldsymbol{a}=\boldsymbol{\mu}(s_j^i|\boldsymbol{\theta})}$$

　　更新目标网络的参数

$$\tilde{\boldsymbol{\theta}}\leftarrow\lambda\boldsymbol{\theta}+(1-\lambda)\tilde{\boldsymbol{\theta}}$$
$$\tilde{\boldsymbol{w}}\leftarrow\lambda\boldsymbol{w}+(1-\lambda)\tilde{\boldsymbol{w}}$$

End For

15.3.3 连续动作 DRL 的一些进展概述

DQN 和 DDPG 算法是深度强化学习领域中两个有代表性的算法，都产生了广泛的影响。目前 DRL 是一个非常活跃且发展迅速的分支，新算法不断出现，作为一本教材，我们不再罗列更多的正在发展中的算法，本节针对 DDPG 之后在深度策略梯度领域的一些进展给予概要介绍，所介绍算法的细节可参考相关论文。

在 DDPG 之后，一个主要的改进方法是 A3C 算法。在 DQN 和 DDPG 中采用的回放缓存虽然使数据更加平稳，但额外占用非常大的存储资源；此外，回放缓存的使用导致算法必须是离轨策略算法，而离轨策略学习可能会降低对当前策略的利用效率，进而影响算法的学习效率。A3C 算法基于行动器-评判器算法，通过采用异步学习的机制，克服了这些缺点。A3C 算法主要有以下特点：①维护一个全局共享的随机策略；②多个智能体(虚拟)可以同时和多个环境的复本进行交互；③每个环境复本中的智能体独立收集数据，并根据收集到的数据计算策略梯度；

④每个智能体计算好的梯度，会被用来异步地更新全局策略的参数；⑤每个智能体在异步更新全局策略参数之后，复制全局策略的参数作为和环境交互的策略继续收集数据。从全局的角度看，A3C 的异步学习机制使这些智能体同时收集大量相关性低的数据，既避免了使用回放缓存存储数据，又能保证算法是在轨策略的学习。

另一个受到关注的算法是 TRPO 算法和与其相关的 PPO 算法。DDPG 算法和 A3C 算法虽然在很多问题上都取得了很好的效果，但它们无法保证参数的每次更新都能让策略性能提升，其原因在于没有理论指导参数学习率的选取，太小的学习率会极大降低算法的收敛速度，而过大的学习率又可能导致更新后的策略性能更差。TRPO 算法和它的扩展算法 PPO，通过优化目标函数 $J(\pi)=E_{s_0\sim\rho_0}[v_\pi(s_0)]$（$\rho_0$ 为初始状态分布），可以从理论上确保策略参数的每次更新都能带来策略性能的提升。

TRPO 算法的理论出发点是如下从 π 更新到 π' 的关系式。

$$J(\pi')=J(\pi)+\sum_{s'}\rho_{\pi'}\sum_a\pi'(a\mid s)A_\pi(s,a) \tag{15.3.15}$$

式(15.3.15)给出了任意两个策略 π 和 π' 对应的目标函数取值的关系。可知，只要确保

$$\sum_a\pi'(a\mid s)A_\pi(s,a)\geqslant 0,\quad \forall s\in\mathcal{S} \tag{15.3.16}$$

那么策略从 π 更新到 π' 之后，就有 $J(\pi')\geqslant J(\pi)$。经过一系列的近似和理论推导，TRPO 算法给出了能够满足式（15.3.16）的优化目标，即

$$\begin{aligned}&\min_\theta E_{s\sim\rho_{\pi_{\theta_0}},a\sim\pi_{\theta_0}(\cdot|s)}\left[\frac{\pi_\theta(a\mid s)}{\pi_{\theta_0}(a\mid s)}A_{\theta_0}(s,a)\right]\\&\text{s.t.}\ \ E_{s\sim\rho_{\pi_{\theta_0}}}\{D_{\mathrm{KL}}[\pi_{\theta_0}(a\mid s)\parallel\pi_\theta(a\mid s)]\}\leqslant\delta\end{aligned} \tag{15.3.17}$$

其中，π_{θ_0} 为上一次参数更新前的策略；$D_{\mathrm{KL}}(p_1\parallel p_2)$ 为概率分布 p_1 和 p_2 的 KL 散度；δ 为超参数。约束项的目的在于保证策略参数更新后策略不会发生很大变化，处在 δ 的置信区间内，这也是 TRPO 算法命名的根据。

式（15.3.17）是一个约束优化问题，求解优化问题较为复杂，如需要用共轭梯度法求解，这大大增加了 TRPO 算法的应用复杂度。为此，PPO 算法将约束项移除，并对可能导致策略发生较大变化的因素进行截断控制。

$$E_{s\sim\rho_{\pi_{\theta_0}},a\sim\pi_{\theta_0}(\cdot|s)}\{\min[r(\theta)A_{\theta_0}(s,a),\mathrm{clip}(r(\theta),1-\varepsilon,1+\varepsilon)A_{\theta_0}(s,a)]\} \tag{15.3.18}$$

其中，$r(\theta)=\dfrac{\pi_\theta(a|s)}{\pi_{\theta_0}(a|s)}$为重要性采样系数，其取值决定了参数更新前后策略的变化；$\mathrm{clip}(y,x_1,x_2)$为截断操作，可以将 y 的取值限制在$[x_1,x_2]$的范围内；ε 为超参数。式(15.3.18)通过截断那些超出置信区间$[1-\varepsilon,1+\varepsilon]$的重要性采样系数，移除了使重要性采样系数取值超出这个置信区间的梯度，从而保证参数更新后策略不会发生很大的变化。

在本书写作期间，DRL 仍是快速发展的研究方向，以本章提到的这些方法为基础的 DRL 的系统方法仍在快速发展，一些其他专题的研究也广泛开展，如：①奖励函数的设计；②探索和利用的自适应的选择；③利用已有数据进行模仿学习或加速强化学习；④只利用离线数据进行离线强化学习，离线强化学习的一个天然优势就是安全性；⑤基于模型的强化学习等。在应用领域，除了在棋牌、游戏等方面取得的进展，在实际物理系统控制方面，如机器人、无人机等的控制方面也取得许多研究结果，DRL 在多智能体的规划和协同等领域也展示了潜力。

*15.4 深度强化学习的应用实例

深度强化学习(DRL)作为一种针对序列决策优化问题的通用求解方法，已经在大型游戏智能体设计[①]、复杂形态机器人控制[②]等领域取得了诸多应用成果，本节概要介绍几个应用实例。

15.4.1 AlphaGo

围棋是完全信息的二人博弈游戏。AlphaGo 是 DeepMind 团队开发的人工智能围棋程序。2016 年，AlphaGo 击败了世界围棋冠军李世石，这一历史性的胜利标志着人工智能在复杂策略游戏中达到了新的里程碑。

AlphaGo 的成功归功于深度学习和强化学习的结合，其采用的主要技术如下。

(1) 神经网络架构：AlphaGo 使用了深度卷积神经网络(DCNN)作为其主要模型。它将棋盘状态作为一个 19×19 的图像输入，并通过卷积层构建出对当前状态的表示。AlphaGo 包含了两个神经网络模型，即策略网络(Policy Network)和价值网络(Value Network)。

(2) 监督学习阶段：首先，AlphaGo 使用监督学习从人类专家的棋局中训练策略网络。这个阶段的目标是让策略网络能够预测人类专家的下棋决策。训练数据包括了来自 KGS Go Server 的 3000 万个棋局。

(3) 强化学习阶段：接下来，AlphaGo 使用强化学习来提升策略网络的性能。在这个阶段，AlphaGo 通过与自己进行对弈来生成自我对弈数据，并利用这些数据来训练新的策略网络。强化学习的目标是最大化获胜的概率，而不仅仅是预测准确性。

(4) 蒙特卡洛树搜索(Monte Carlo Tree Search，MCTS)算法：为了进行决策选择和搜索，AlphaGo 采用了蒙特卡洛树搜索算法。MCTS 通过进行随机模拟来评估每个状态的价值，并根据模拟结果不断扩展搜索树。在搜索过程中，AlphaGo 使用策略网络来指导动作的选择，以提高搜索的效率。具体而言，AlphaGo 的蒙特卡洛树搜索算法包括以下几个步骤：

① 初始树的构建：从当前棋盘状态开始，构建一颗初始的搜索树；

② 选择：从根节点开始，根据一定的策略选择下一步的动作，通常使用上置信限(Upper Confidence Bounds，UCB)算法来平衡探索和利用；

③ 扩展：对于选择的动作，扩展搜索树，添加新的节点；

④ 模拟：通过模拟对局，随机选择动作，直到游戏结束，得到一个模拟的结果；

⑤ 反向传播：将模拟结果的得分反向传播到搜索树的节点，更新节点的统计信息，例如访问次数和累计得分；

⑥ 重复执行②～⑤，直到达到设定的搜索时间或计算资源限制。

(5) AlphaGo 的综合算法：最后，AlphaGo 将策略网络和价值网络与 MCTS 相结合，形成了一个综合的算法框架。在每一步决策中，AlphaGo 使用策略网络生成候选动作，并通过 MCTS 进行搜索和评估。最终，根据策略网络和价值网络的结果选择最佳的下棋决策。

总的来说，AlphaGo 的成功是基于深度学习、蒙特卡洛树搜索和深度强化学习等多种先进技术的融合。这些技术的结合使 AlphaGo 能够在围棋这个历史悠久且复杂的游戏中取得突破，展现

---

① 见本书参考文献[91,160]。

② 见本书参考文献[100]。

了人工智能的巨大潜力。AlphaGo的成功不仅是一场人机对决的胜利，更是对深度强化学习领域的一次重要突破。它展示了深度强化学习在复杂任务上的巨大潜力，并为该领域的研究和应用提供了新的思路和方法。随着深度强化学习的不断发展，我们可以期待它在更多领域的应用和突破，为人工智能的未来带来更多的可能性和机遇。

15.4.2 Suphx

尽管深度强化学习在一系列的游戏中取得了巨大的成功，但是想要将其直接应用在麻将AI上殊为不易，面临着若干的挑战：

(1) 麻将的计分规则通常都非常复杂，竞技麻将的规则就更加复杂。

(2) 从博弈论的角度来看，麻将是多人非完全信息博弈。麻将一共有136张牌，每个玩家只能看到很少的牌(包括自己的13张手牌和所有人打出来的牌)，更多的牌是看不到的(包括另外3个玩家的手牌以及墙牌)。面对如此多的隐藏未知信息，麻将玩家很难仅根据自己的手牌做出一个很好的决策。

(3) 麻将除了积分规则复杂之外，打法也会比较复杂，需要考虑多种决策类型：例如除了正常的摸牌和打牌之外还要经常决定是否吃牌、碰牌、杠牌、立直，以及是否胡牌，这些决策都会改变摸牌的顺序，因此很难为麻将构建一棵规则的博弈树(Game Tree)；即使构建一棵博弈树，这棵博弈树也会非常的大，有非常多的分支，导致以前一些很好的技术如蒙特卡洛树搜索(MCTS)、蒙特卡洛反事实遗憾最小化(Monte Carlo Counterfacutual Regret Minimization，MCCFR)算法无法直接被应用。

Suphx是一个人工智能麻将程序，它由微软亚洲研究院开发。Suphx基于深度强化学习，并引入了一些新的技术，包括全局奖励预测、先知教练和参数化的蒙特卡洛策略自适应：

(1) 全局奖励预测：Suphx引入了一个全局奖励预测器，它基于本局的信息和之前的所有局信息预测出最终的游戏奖励。奖励预测器的训练数据来自高手玩家在天凤平台的历史记录，它的训练过程是最小化预测值和最优游戏奖励之间的平方误差。预测器训练好后，对于自我博弈生成的游戏，用当前局预测的最终奖励和上一局预测的最终奖励之间的差值作为该局RL训练的反馈信号。这个预测器解决了轮次分数的歧义性，并为强化学习提供了有效的信号。此外，Suphx设计了前瞻特征来编码不同的获胜手牌及其在这一轮中的得分，以更好地处理不同的获胜模式。

(2) 先知教练：Suphx引入了一个先知(Oracle)智能体，可以看到其他玩家的隐藏信息，包括其他玩家的手牌和墙牌。这个先知由于(不公平地)访问隐藏信息而是一个超强的麻将AI。在强化学习的训练过程中，Suphx逐渐从先知中去除隐藏信息，并最终将其转换为只接收可观察信息作为输入的普通AI。在先知的帮助下，普通AI学习得更快，并且能够更好地处理由于丰富的隐藏信息而导致的大量不确定性情况。

(3) 参数化的蒙特卡洛策略自适应：由于大量的隐藏信息导致手牌估计和对手建模的困难，并阻止了蒙特卡洛树搜索等技术的应用，Suphx引入了参数化蒙特卡洛策略适应(pMCPA)来改进AI的线上性能。当一局开始，初始的手牌发到手中时，Suphx实时调整离线训练好的策略，使其更适应这个给定的初始手牌，具体过程为：

① 模拟：随机采样三个对手的手牌和墙牌，然后利用离线训练的策略将这一局模拟打完。总共做 K 次。

② 微调：利用这 K 次打牌的过程和得分进行梯度更新，微调策略。

③ 打牌：使用微调后的策略与其他玩家进行对战。

当游戏进行并且有更多信息可观察时(例如所有玩家丢弃的公共牌)，pMCPA逐渐修改和调整离线训练的策略，以适应特定的回合。

通过这些技术，Suphx 在平均表现上展现出比大多数顶级人类玩家更强的性能，在天凤平台上的表现超过了 99.99%的人类玩家，并达到了 10 段的水平。与此前的麻将 AI 相比，Suphx 在稳定排名上表现更强，超过了之前最好的 AI 约 2 段。这是 AI 程序第一次在麻将游戏中超过了大多数顶级职业玩家。

在以上两个实例的介绍中，我们主要强调 DRL 的作用，对于其中涉及的一些技术细节不做过多讨论，我们发现，一个完整的应用系统设计中，强化学习结合一些辅助的其他技术可获得更理想的效果。

15.4.3　DRL 在无人机自主导航中的应用

本节以一个化简的无人机在复杂场景中的自主导航问题①为例，给出基于深度强化学习的建模求解过程，并简单探讨一些与强化学习策略训练相关的技术，帮助读者了解深度强化学习在连续动作问题上的应用。

无人机在复杂场景中自主导航要求无人机依据自身状态信息以及感知到的环境信息进行速度、位置等不同模式的控制，从而完成从出发位置安全飞抵目标位置的任务。假设无人机在世界坐标系中的出发位置为 (x_0,y_0,z_0)、目标位置为 (x_d,y_d,z_d)、飞行高度 H 固定(即 $z_0=z_d=H$)、控制指令为油门大小 ρ_t 和航向角变化 φ_t、化简动力学模型为

$$\begin{cases} v_{t+1}=v_t+\rho_t \\ \phi_{t+1}=\phi_t+\varphi_t \\ x_{t+1}=x_t+v_{t+1}\times\cos(\phi_{t+1}) \\ y_{t+1}=y_t+v_{t+1}\times\sin(\phi_{t+1}) \end{cases}$$

其中，v_t 与 ϕ_t 表示 t 时刻无人机(在二维平面)的速度与航向角。假设无人机使用 GPS 实现在世界坐标系的定位功能。在三维空间中依据特定分布随机生成一些高度不同的圆柱体以模仿复杂三维空间，并假设无人机通过测距仪或激光雷达等设备在几个固定方向上获取其与障碍物的距离 $(d_1,d_2,\cdots,d_N)$，实现对周围环境结构的感知。图 15.4.1 所示为一个简单的三维空间导航场景以及无人机对环境感知的图示。

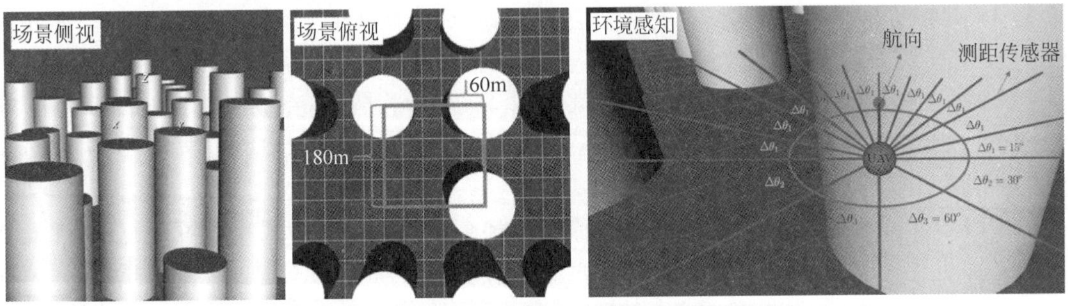

图 15.4.1　三维空间导航场景及无人机对环境感知

该问题是一个典型的序列决策优化问题，可采用马尔可夫决策过程对其进行建模，这主要包含状态空间、动作空间、状态转移函数、奖励函数，以及终止条件设计。状态向量 $\boldsymbol{s}_t=(v^t,\phi^t,$

① 见本书参考文献[165]。

$d_1^t,\cdots,d_N^t,d_r^t,\xi^t$)包含了无人机本体的状态信息($v^t,\phi^t$)、无人机感知到的环境状态信息($d_1^t,d_2^t,\cdots,d_N^t$),以及无人机感知到的目标信息($d_r^t,\xi^t$),即 t 时刻无人机所在位置相对于目标位置的距离和角度。动作向量为(ρ_t,φ_t)。状态转移函数由无人机的动力学模型以及其对环境和目标的观测模型三部分共同决定。若无人机成功到达目标位置(即 $\|(x_t,y_t,z_t)-(x_d,y_d,z_d)\|_2\leqslant r_d$,$r_d$ 为预设的常数)或者与障碍物发生碰撞(即 $\min(d_1^t,\cdots,d_N^t)\leqslant 0$),视导航任务终止。从导航任务是否完成的角度出发设计的奖励函数为

$$r_{\text{sparse}}(s_t,a_t)=\begin{cases}r_{\text{goal}}=1, & \|(x_t,y_t,z_t)-(x_d,y_d,z_d)\|_2\leqslant r_d\\ r_{\text{crash}}=-1, & \min(d_1^t,d_2^t,\cdots,d_N^t)\leqslant 0\\ 0, & \text{其他}\end{cases}$$

该奖励函数是典型的稀疏奖励,即只有任务成功或失败时环境才给予智能体反馈。深度强化学习策略的参数一般是随机初始化的,这意味着初始策略会对环境进行随机探索,当三维场景中障碍物密度较高或者场景的规模较大时,通过"随机游走"收集到的轨迹数据大多不包含有效奖励信号,这会导致深度策略优化时无法有效地进行梯度更新,进而导致策略优化效率低下或者失败。

奖励塑形①(Reward Shaping)或课程学习②(Curriculum Learning)是解决强化学习稀疏奖励问题的两种常用技术手段。奖励塑形在稀疏奖励的基础上,利用问题的先验知识,在状态转移过程中设置额外的奖励信号以引导智能体完成任务;而课程学习则是从调整环境复杂度的视角出发,先令智能体在相比原环境简单的环境中学习控制策略,在策略性能提升到一定程度后逐步提升环境的复杂度并在新的环境中持续训练控制策略,从而引导智能体逐步在复杂度更高的环境中学习控制策略。值得注意的是,奖励塑形可能会改变原问题的最优解,因为它直接对奖励函数进行修改,奖励是决定策略形态的重要因素;相反课程学习只要保证课程学习环境最终收敛至原始环境,就不会改变原问题的最优解。

针对奖励塑形方案,在稀疏奖励的基础上增加如下奖励:

$$r_{\text{target}}(s_t,a_t)=\|(x_{t-1},y_{t-1},z_{t-1})-(x_d,y_d,z_d)\|_2-\|(x_t,y_t,z_t)-(x_d,y_d,z_d)\|_2$$

此项奖励鼓励无人机朝目标位置方向移动。经过奖励塑形后的奖励函数可表示为 $r(s_t,a_t)=r_{\text{sparse}}(s_t,a_t)+\alpha r_{\text{target}}(s_t,a_t)$,其中,$\alpha$ 为权重系数。针对课程学习方案,显然可知,如果无人机出发位置靠近目标位置、环境障碍物稀少、无人机距目标点较远时就认为导航任务成功,即便是采用"随机游走"策略的智能体也比较容易搜索到目标位置,导航任务的复杂度显著降低;因此相较于原始导航问题,可以通过降低无人机出发位置与目标位置的距离 $d_{\text{init}}=\|(x_0,y_0,z_0)-(x_d,y_d,z_d)\|_2$、增加飞行高度 H(飞行高度越高障碍物越少),以及增加任务完成时与目标位置的距离 r_d 等方式构造复杂度较低的初始问题,并在智能体学习的过程中逐步调整这些参量直至它们与原问题的参量取值相同。

采用 PPO 算法求解上述四个导航问题(是否为稀疏奖励和是否为课程学习)。对于课程学习方案:将 H 与 r_d 放大为原问题对应参数的 5 倍,d_{init} 缩小为原问题参数的 1/5;开始优化策略,若近一段时间的策略的导航成功率稳定超过 70%,自动将 H 与 r_d 缩小为原问题参数的 $\frac{5}{6}$、d_{init} 放大 1.2 倍;以此迭代,直至环境复杂度提升至与原问题相同。与本实验相关的仿真环境、算法实现以及详细参数设置等相关代码参见 https://github.com/DennisWangCW/train_agent.git,此处

① 见本书参考文献[112]。
② 见本书参考文献[10]。

不再展开介绍。

图 15.4.2 所示为 PPO 算法分别求解四个导航问题的训练阶段任务成功率变化曲线(需要注意的是，当使用课程学习时，曲线对应的是课程学习环境的任务成功率，只有当课程学习终止时，即课程学习环境收敛至原始环境，四条成功率曲线片段才具备可比性)。当采用稀疏奖励时，在超过一半的训练过程中任务成功率始终接近 0，PPO 算法几乎未学习到任何有效的导航策略；当分别采用奖励塑形或课程学习来缓解稀疏奖励问题时，导航任务完成率都以较快的速度超过了90%；当奖励塑形和课程学习同时发挥作用时，策略任务完成率虽然也很快达到了 90%以上，但并未观察到二者共同作用带来的增益。可见在本应用案例中，奖励塑形和课程学习都起到了明显的引导导航策略快速收敛到有效策略的作用，而相较于奖励塑形方案，课程学习对策略训练的加速作用更为明显。由于本案例较简单，并未观测到奖励塑形和课程学习共同作用时可能带来的性能进一步提升的效果，但对于复杂的序列决策优化问题，二者共同作用往往能够得到更显著的效果。

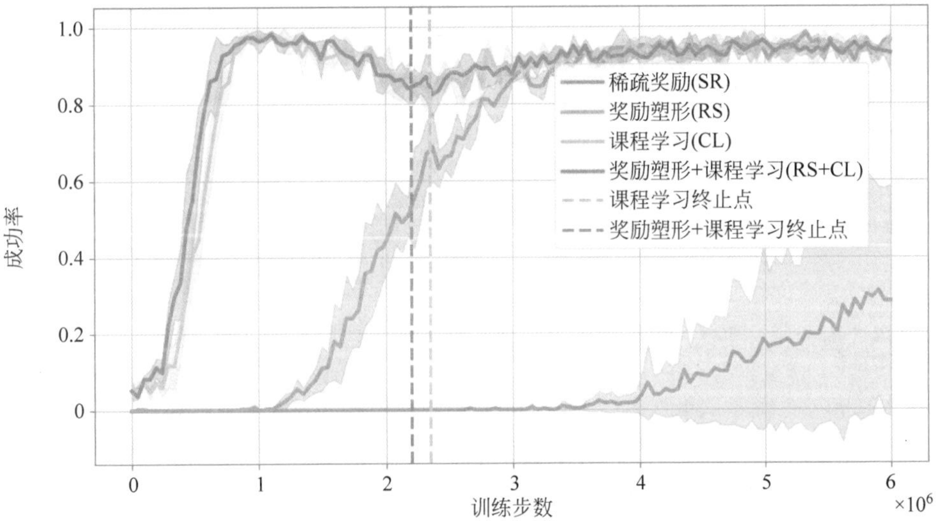

图 15.4.2 任务完成率曲线对比图

图 15.4.3 所示为仅采用奖励塑形方案时 PPO 算法在训练过程中不同成分奖励的变化曲线，从这些曲线中可以反演智能体的学习过程。在训练初始阶段，由于深度策略网络参数随机初始化，智能体采取“随机游走”的策略探索环境，非常容易与障碍物发生碰撞而获得较多的惩罚，此时 $\sum r_{\text{crash}}(s_t, a_t)$ 项很快趋于 0，较大的惩罚令智能体迅速学会了避免与障碍物发生碰撞的策略；随着学习的进行，智能体发现朝着目标方向移动可以获得更大的奖励，$\sum r_{\text{target}}(s_t, a_t)$ 很快进入迅速增长阶段，随着它的增长，智能体被引导进入目标位置区域的概率也迅速增加，因此 $\sum r_{\text{goal}}(s_t, a_t)$ 也随之迅速增长，可见新增的 $r_{\text{target}}(s_t, a_t)$ 对智能体策略的迅速提升起到了关键作用。

本应用案例比较简单，因此展示的状态动作空间设计、奖励塑形和课程学习等方案也比较直观。但对于大型游戏智能体设计、复杂机器人控制等更加复杂的序列决策问题，如何设计稳定有效的状态动作空间、奖励塑形函数以及课程学习等方案将直接影响强化学习在实际问题中的应用效果，特别是奖励塑形，不当的奖励设计可能导致不稳定的学习甚至不良的行为，这些问题仍然是当前深度强化学习算法应用研究的热点之一。

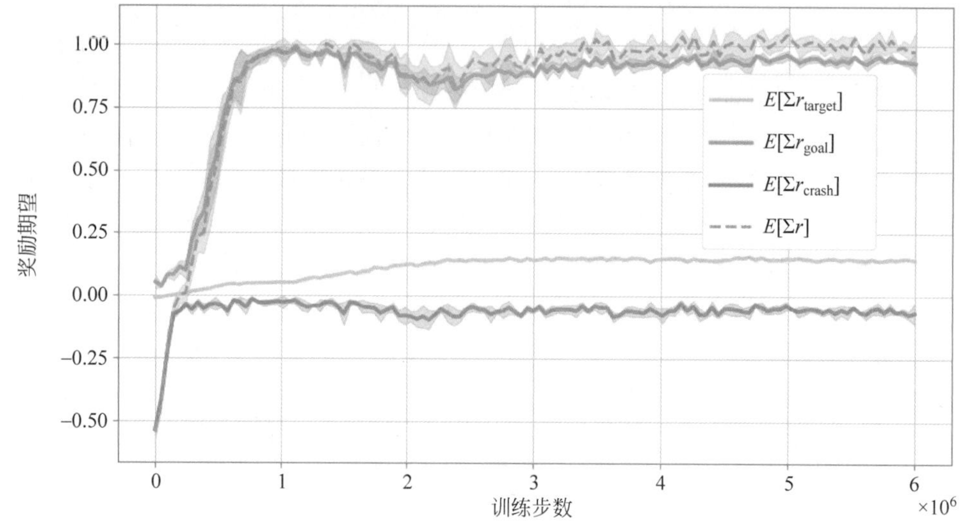

图 15.4.3　不同成分累计奖励期望值变化曲线

本章小结

本章在第 14 章有关经典强化学习的基础上，进一步介绍了强化学习的更现代的技术。主要讨论了两类方法，一是用函数逼近来表示值函数，包括用深度神经网络表示值函数的方法，如 DQN，讨论了在非线性值函数逼近尤其深度网络表示值函数时为使得算法收敛而采用的技术；二是策略梯度方法，从目标函数出发采用梯度优化直接学习最优策略，介绍并证明了策略定理，并应用策略定理构造了两类基本策略梯度算法，分别是 Reinforce 和行动器-评判器算法。然后讨论一个专题——连续动作确定性策略梯度方法。最后以实例介绍结束本章。

在本书写作期间，强化学习发展极为快速，不少新方法和一些专题都在快速发展中，作为教材，本书难以完全反映这种发展，但通过精心选择材料，可为读者打下良好的基础，使读者有能力阅读最新的研究文献。Sutton 等的 *Reinforcement Learning: An Introduction* 的第 2 版介绍了许多新的发展，对于最新发展希望有更多了解的读者，可参考最新的研究论文。

本章习题

1. 将 15.1 节的线性函数逼近的 Sarsa 算法推广到采用资格迹的反向 TD(λ)情况，描述基于资格迹的线性函数逼近 Sarsa 算法。

2. 设策略函数 $\pi_\theta(a|s)$可表示为

$$\pi_\theta(a \mid s)=\frac{\exp[h(s,a,\boldsymbol{\theta})]}{\sum_b \exp[h(s,b,\boldsymbol{\theta})]}$$

其中，$h(s,a,\boldsymbol{\theta})=\boldsymbol{\theta}^{\mathrm{T}}\boldsymbol{x}(s,a)$为线性函数，参数为$\boldsymbol{\theta}$。试导出策略梯度中的量$\nabla_\theta \ln\pi_\theta(a|s)$。

3. 针对用线性回归函数实现动作-值函数 $Q_w(s,a)$的特殊情况，对标行动器-评判器算法描述给出更具体的算法描述。

4. 15.2 节的策略定理表示为 $\nabla_\theta J(\boldsymbol{\theta})=E_{\pi_\theta}\{\nabla_\theta[\ln\pi_\theta(A_t|S_t)]q_{\pi_\theta}(S_t,A_t)\}$，在实际中，

可用于计算梯度的参数化动作-值函数为 $Q_w(s,a)$，当 $Q_w(s,a)$满足如下两个条件时称为兼容函数。

(1) $\nabla_w Q_w(S_t,A_t)=\nabla_\theta(\ln\pi_\theta(A_t|S_t))$；

(2) w 最小化目标函数

$$J=E_{\pi_\theta}[(q_{\pi_\theta}(S_t,A_t)-Q_w(S_t,A_t))^2]$$

证明：在这些条件下，$Q_w(s,a)$替代 $q_{\pi_\theta}(S_t,A_t)$保证策略梯度不变，即

$$\begin{aligned}\nabla_\theta J(\boldsymbol{\theta})&=E_{\pi_\theta}[\nabla_\theta(\ln\pi_\theta(A_t|S_t))q_{\pi_\theta}(S_t,A_t)]\\&=E_{\pi_\theta}[\nabla_\theta(\ln\pi_\theta(A_t|S_t))Q_w(S_t,A_t)]\end{aligned}$$

第16章 深度生成模型

CHAPTER 16

利用数据集通过学习获得描述数据集的概率密度函数(PDF),是生成模型的功能。对于高维向量,获得精确的概率描述是困难的任务。近年来,这个领域获得了长足的进步,本章对深度生成模型做概要的介绍,本章的许多方法是仍在快速发展的方向,这里的介绍立足于基本原理和算法。

16.1 深度生成模型概述

由数据集

$$\boldsymbol{D}=\{(\boldsymbol{x}_i)\}_{i=1}^{N} \tag{16.1.1}$$

第24集 微课视频

通过学习获得描述这个数据集的概率密度函数 $p(\boldsymbol{x})$,或由带标注的数据集

$$\boldsymbol{D}=\{(\boldsymbol{x}_i,y)\}_{i=1}^{N} \tag{16.1.2}$$

通过学习获得描述这个数据集的概率密度函数 $p(\boldsymbol{x},y)$,这样的方法称为生成模型,当使用深度神经网络表示概率密度函数或其参数集时,称为深度生成模型。本章的主要目的是由数据集通过学习获得概率密度函数,为叙述统一,本章后续均使用式(16.1.1)的数据集形式,生成的概率密度函数统一用 $p(\boldsymbol{x})$ 表示。生成模型属于无监督学习大类。

在本书前面的章节中,针对一些简单情况,介绍过由数据集学习概率密度表示的实例。例如在2.3节中,假设数据集满足高斯分布,其概率密度函数为 $N(\boldsymbol{x}|\boldsymbol{\mu},\boldsymbol{\Sigma})$,由数据集式(16.1.1)通过最大似然原理估计PDF的参数 $\boldsymbol{\mu}$ 和 $\boldsymbol{\Sigma}$。在12.3节中,假设数据集服从高斯混合分布,即

$$p(\boldsymbol{x})=\sum_{k=1}^{K}\pi_k N(\boldsymbol{x}|\boldsymbol{\mu}_k,\boldsymbol{\Sigma}_k) \tag{16.1.3}$$

通过EM算法导出了学习参数集 $\{\pi_k,\boldsymbol{\mu}_k,\boldsymbol{\Sigma}_k\}_{k=1}^{K}$ 的算法。这些简单方法都是建立在向量 $\boldsymbol{x}$ 维度较低,数据集规模较小且可由预先指定的概率函数形式有效表示的前提条件下的。

随着人们对复杂对象概率表示的需求,所面对的概率密度函数可能极为复杂,由数据集获得PDF高质量表示成为极为有挑战的任务。例如,针对图像表示,即使是128px×128px的小图片,将其向量化表示,也会构成49 152维向量(用RGB彩色分量表示),对于更高分辨率如1024px×1024px的图像,对应向量维度超过一百万。如果用计算机生成可直接对话的语音,则按每秒8000采样点计,生成1分钟语音的样本向量维度是48万。若生成一段文字,其有效表示是高维向量序列;视频序列则是更高维的向量序列。对于这些复杂对象,难以用预先给出的显式的概率密度函数来表示,即使从理论上,式(16.1.3)在分量数 K 充分大时可表示复杂对象,但当 K 巨大和数据集巨大时,12.3节的算法难以实用。

随着深度学习的发展,深度学习的方法被引入生成模型中,用深度神经网络表示PDF或其参

数集，通过深度神经网络的强大表达能力，可有效表示高度复杂的概率密度函数，得到有效的深度生成模型；同时，大规模数据集支撑了深度生成模型的训练，近年来，深度生成模型取得了长足的发展，成为 AI 领域一个备受关注的分支。

目前有多种深度生成模型方法被提出，限于本章篇幅，仅介绍几种有代表性的方法，包括生成对抗网络（Generative Adversarial Network，GAN）、变分自编码器（Variational Autoencoder，VAE）、扩散模型（Diffusion Models）和流模型。以上模型的结构简图如图 16.1.1 所示。

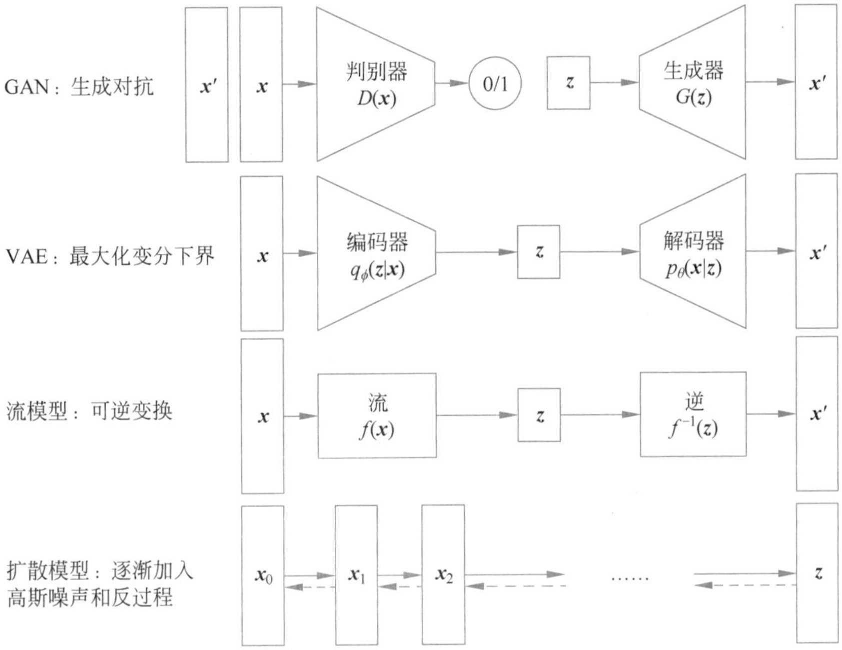

图 16.1.1 典型生成模型的结构

生成对抗网络不直接表示 PDF，而是训练一个生成网络作为 PDF 的等价网络，生成与训练集满足相同概率密度函数的样本。GAN 中有两个网络，一个鉴别网络和一个生成网络，鉴别网络可判别输入的样本是数据集中的样本 $\boldsymbol{x}$ 还是来自生成网络的生成样本 $\boldsymbol{x}'$，鉴别网络尽可能判别出两种样本，而生成网络生成的样本尽可能使鉴别网络不能区分，两个网络进行博弈，训练过程就是博弈双方的对抗过程，当博弈双方达到纳什均衡时，鉴别网络不能区别两种样本，生成网络生成的样本与数据集样本达到同分布。在训练过程中，生成器的输入是一个随机向量 $\boldsymbol{z}$，它由预定的概率密度函数 $p(\boldsymbol{z})$ 描述，$\boldsymbol{z}$ 可以看作隐变量向量。

变分自编码器由编码器和解码器结构组成。由编码器将输入样本 $\boldsymbol{x}$ 变换成隐变量向量 $\boldsymbol{z}$，通过解码器重构（生成）输入向量。但与第 11 章介绍的传统自编码器不同，在 VAE 中，编码器不是直接生成隐变量向量 $\boldsymbol{z}$，而是生成 $\boldsymbol{z}$ 的条件概率 $p(\boldsymbol{z}|\boldsymbol{x})$，由 $p(\boldsymbol{z}|\boldsymbol{x})$ 采样一个隐变量向量样本 $\boldsymbol{z}$ 作为解码器输入，解码器产生条件概率 $p(\boldsymbol{x}|\boldsymbol{z})$。在具体实现时，分别用神经网络表示两个条件概率，分别记为 $q_{\varphi}(\boldsymbol{z}|\boldsymbol{x})$ 和 $p_{\theta}(\boldsymbol{x}|\boldsymbol{z})$，这里 φ 和 θ 分别表示网络参数。当训练结束后，通过解码器网络 $p_{\theta}(\boldsymbol{x}|\boldsymbol{z})$，由给出的隐变量向量 $\boldsymbol{z}$ 生成新样本 $\boldsymbol{x}$。VAE 使用了变分贝叶斯学习中常用的变分下界作为目标函数，这是其名称中“变分”一词的由来。

扩散模型是由参数化的马尔可夫链组成，前向过程由数据集样本 $\boldsymbol{x}_0$ 逐级加入少量高斯噪声，形成隐变量序列 $\boldsymbol{x}_1,\boldsymbol{x}_2,\cdots,\boldsymbol{x}_T=\boldsymbol{z}$，当 T 充分大，即使每一级加入的噪声很小，最后 $\boldsymbol{z}$ 变成一个满足预定概率分布的纯噪声。反向过程从纯噪声 $\boldsymbol{z}$ 出发，每级相当于少量降噪，最终重构 $\boldsymbol{x}_0$。通过数据集学习每一级转换的参数(由神经网络表示)，当训练结束，通过反向过程可由纯噪声隐变量向量 $\boldsymbol{z}$ 生成与数据集样本同概率分布的新样本。

流模型通过训练可逆流函数 $f(\boldsymbol{x})$，由 $f(\boldsymbol{x})$ 通过变换将样本 $\boldsymbol{x}$ 变换为隐变量向量 $\boldsymbol{z}$，再由 $\boldsymbol{z}$ 通过逆变换 $f^{-1}(\boldsymbol{x})$ 重构 $\boldsymbol{x}$。本章对于流模型给出一个简略的介绍。还有一些其他形式的生成模型，限于篇幅本章不再介绍。

这里介绍的几种生成模型中，都使用了一个重要概念：隐变量向量 $\boldsymbol{z}$。为了利用已有的知识理解隐变量的重要性，重新审视 12.3 节通过 EM 算法估计高斯混合过程 GMM 参数的过程。对于式(16.1.3)表示的 GMM 过程，可以定义一个隐变量 z，在该例子中，隐变量 z 是取离散值的简单标量，$z=k$，$k\in\{1,2,\cdots,K\}$ 表示随机向量 $\boldsymbol{x}$ 产生自第 k 个高斯分量 $N(\boldsymbol{x}|\boldsymbol{\mu}_k,\boldsymbol{\Sigma}_k)$，因此有

$$p(\boldsymbol{x}\mid z=k)=N(\boldsymbol{x}\mid\boldsymbol{\mu}_k,\boldsymbol{\Sigma}_k) \tag{16.1.4}$$

其中，$p(z)$的概率可表示为 $p(z=k)=\pi_k$，可对 $p(z)$采样获得一个 $z=k$，则由式(16.1.4)用标准高斯密度产生一个样本 $\boldsymbol{x}$，利用高斯分布产生样本是一个简单的事情。由式(16.1.4)和 z 的离散性，可写出隐变量 z 和样本 $\boldsymbol{x}$ 的联合概率

$$p(\boldsymbol{x},z=k)=p(\boldsymbol{x}|z=k)p(z=k)=\pi_kN(\boldsymbol{x}|\boldsymbol{\mu}_k,\boldsymbol{\Sigma}_k) \tag{16.1.5}$$

式(16.1.5)的联合概率对 z 求和得 $\boldsymbol{x}$ 的分布，即为式(16.1.3)。

回忆 12.3 节的算法，关键是使用了 z 的后验概率 $p(z=k|\boldsymbol{x})$，利用联合概率 $p(\boldsymbol{x},z=k)$和隐变量的后验概率 $p(z=k|\boldsymbol{x})$，导出了求解参数集 $\{\pi_k,\boldsymbol{\mu}_k,\boldsymbol{\Sigma}_k\}_{k=1}^K$ 的有效算法。在这个过程中，联合概率比样本概率 $p(\boldsymbol{x})$更易于表示和处理。若要产生一组新样本，则从 $p(z)$出发产生一组隐变量 z，再通过式(16.1.4)的条件概率产生一组样本 $\boldsymbol{x}$ 则比直接使用式(16.1.3)的 $p(\boldsymbol{x})$更加有效。

从 GMM 的角度来看，隐变量 z 只是一个简单的离散随机标量，是比较简单的。在更复杂的模型下，隐变量向量 $\boldsymbol{z}$ 是一个连续取值的随机向量，可表示更复杂的隐空间。若通过数据集更有效的表示和学习联合概率 $p(\boldsymbol{x},\boldsymbol{z})$，则由联合概率可由式(16.1.6)或式(16.1.7)获得 $p(\boldsymbol{x})$，即

$$p(\boldsymbol{x})=\int p(\boldsymbol{x},\boldsymbol{z})\,\mathrm{d}\boldsymbol{z} \tag{16.1.6}$$

或

$$p(\boldsymbol{x})=\frac{p(\boldsymbol{x},\boldsymbol{z})}{p(\boldsymbol{z}\mid\boldsymbol{x})}=\frac{p(\boldsymbol{x}|\boldsymbol{z})p(\boldsymbol{z})}{p(\boldsymbol{z}\mid\boldsymbol{x})} \tag{16.1.7}$$

一般由式(16.1.6)计算 $p(\boldsymbol{x})$需要高维积分，不易实现，更常用式(16.1.7)的形式，在这种形式中，经常预取 $p(\boldsymbol{z})$为给定形式，通过数据集训练去学习条件概率 $p(\boldsymbol{x}|\boldsymbol{z})$和 $p(\boldsymbol{z}|\boldsymbol{x})$。用编解码器的思想理解问题，这里 $p(\boldsymbol{x}|\boldsymbol{z})$以隐变量向量为条件生成样本，可称之为解码器，$p(\boldsymbol{z}|\boldsymbol{x})$是隐变量向量的后验概率，可称之为编码器。这里用不带参数的函数形式 $p(\cdot)$表示这两个条件概率的准确表示，实际中用神经网络逼近这两个概率分布，可用 $p_\theta(\boldsymbol{x}|\boldsymbol{z})$表示解码器，$q_\varphi(\boldsymbol{z}|\boldsymbol{x})$表示编码器。本章后续介绍的 VAE 即是这种编解码结构，将这种结构推广，扩散模型实际上是一种多层的编解码结构。

对于生成模型，需要给出目标函数，优化目标函数获得模型参数。在本章介绍的几种生成模型中，GAN 可以看作独特的一种，GAN 的基本目标函数是建立在对抗双方 MinMax 博弈基础上的，后来又提出了改进的目标函数 Wasserstein 距离。对于其他三种模型，本质上其目标函数建立在最大似然基础上，其中，流模型直接依据最大似然原理，但 VAE 和扩散模型均采用了最大似然的代理函数：证据下界(Evidence Lower Bound，ELBO)。

由于 VAE 和扩散模型均使用证据下界作为目标函数，在此对证据下界做一个说明。在 12.2.4 节，曾给出概率密度函数 $p(\boldsymbol{x})$ 对数的一个分解公式(见式(12.2.23))，这里，对该分解公式稍作变化重写如下(证明过程类似，这里将 $\boldsymbol{z}$ 看作连续量，用积分替代求和，参考 12.2.4 节)

$$\log p(\boldsymbol{x})=E_{q_{\varphi}(\boldsymbol{z}|\boldsymbol{x})}\left[\log\frac{p(\boldsymbol{x},\boldsymbol{z})}{q_{\varphi}(\boldsymbol{z}\mid\boldsymbol{x})}\right]+D_{\mathrm{KL}}(q_{\varphi}(\boldsymbol{z}\mid\boldsymbol{x})\|p(\boldsymbol{z}\mid\boldsymbol{x}))\tag{16.1.8}$$

其中，$D_{\mathrm{KL}}(q_{\varphi}\|p)$ 表示两个概率密度的 KL 散度，由 $D_{\mathrm{KL}}(q_{\varphi}\|p)\geqslant 0$，可得

$$\log p(\boldsymbol{x})\geqslant E_{q_{\varphi}(\boldsymbol{z}|\boldsymbol{x})}\left[\log\frac{p(\boldsymbol{x},\boldsymbol{z})}{q_{\varphi}(\boldsymbol{z}\mid\boldsymbol{x})}\right]\triangleq L(p,\varphi)\tag{16.1.9}$$

将式(16.1.9)中的 $L(p,\varphi)$ 称为证据下界。实际上，可以最大化证据下界来替代优化似然函数。注意，这里用 $E_{p(\boldsymbol{x})}[g(\boldsymbol{x})]=\int g(\boldsymbol{x})p(\boldsymbol{x})\mathrm{d}\boldsymbol{x}$ 表示函数 $g(\boldsymbol{x})$ 对概率密度函数 $p(\boldsymbol{x})$ 求期望。

如前所述，在隐变量向量的帮助下，可能更易于获得联合概率 $p(\boldsymbol{x},\boldsymbol{z})$，通过式(16.1.7)的第一个等式可见，若可得到隐变量向量 $\boldsymbol{z}$ 的后验概率 $p(\boldsymbol{z}|\boldsymbol{x})$，则可以得到生成的概率密度函数 $p(\boldsymbol{x})$。在技术上用一个深度网络逼近后验概率 $p(\boldsymbol{z}|\boldsymbol{x})$，即用 $q_{\varphi}(\boldsymbol{z}|\boldsymbol{x})$ 去逼近 $p(\boldsymbol{z}|\boldsymbol{x})$。原理上，可以通过最小化 KL 散度 $D_{\mathrm{KL}}(q_{\varphi}(\boldsymbol{z}|\boldsymbol{x})\|p(\boldsymbol{z}|\boldsymbol{x}))$ 去优化参数集 φ，但由于 $p(\boldsymbol{z}|\boldsymbol{x})$ 未知，最小化 KL 散度难以直接实现。在式(16.1.8)中，最左侧的 $\log p(\boldsymbol{x})$ 是不带参数的 PDF，其不随参数集 φ 变化，因此，证据下界与 KL 散度之和不随 φ 变化，故优化 φ 使得证据下界最大则相当于最小化 KL 散度，使得 $q_{\varphi}(\boldsymbol{z}|\boldsymbol{x})$ 逼近于真实的 $p(\boldsymbol{z}|\boldsymbol{x})$。当证据下界达到最大值时同时逼近了似然函数 $\log p(\boldsymbol{x})$。这是用证据下界 $L(p,\varphi)$ 作为代理似然函数可优化生成模型的一个直观的说明。

16.2 生成对抗网络

本节讨论生成对抗网络，需要通过数据集 $\{\boldsymbol{x}_n\}_{n=1}^{N}$ 学习得到生成这些数据背后存在的概率密度函数 $p(\boldsymbol{x})$，为了与本节出现的其他 PDF 有所区别，用 $p_{\mathrm{data}}(\boldsymbol{x})$ 代表真实的 $p(\boldsymbol{x})$。对于实际中复杂的数据类型，例如图像、视频和语音等高维数据等，通过有限数据集准确地学习出数据所遵从的概率密度函数 $p_{\mathrm{data}}(\boldsymbol{x})$ 曾是相当困难的任务，GAN 给出一种替代实现方式。

16.2.1 基本的生成对抗网络

Goodfellow 等提出的生成对抗网络是一种替代的解决生成模型的方法。目的是通过一组训练数据得到一个生成模型，该生成模型可产生与训练数据服从相同概率密度函数的数据。GAN 方法不是直接学习得到概率密度函数，而是训练得到一个神经网络 G，G 产生高维样本，训练完成后，G 产生的样本与训练数据样本集有相同的概率密度函数。

为了得到这样的生成网络 G，GAN 方法训练两个神经网络：判决网络 D，输出为一个标量，判断输入样本为真实的训练集样本还是由 G 生成的伪样本；而生成网络 G 则生成伪样本，并尽力使得 D 将其生成的伪样本判决为真。D 和 G 构成博弈双方(对抗)。D 尽力将真实训练样本判为 1，将 G 生成的样本判为 0；而 G 则尽可能产生样本，使 D 判为 1。若训练达到纳什均衡，判决器输出 $D=1/2$。

对于生成网络 G，输入是噪声向量 $\boldsymbol{z}$，可看作一个隐变量向量，其满足一个预定的概率密度 $p_z(\boldsymbol{z})$，称其为先验概率。用一个神经网络构成生成网络，其函数关系表示为 $G(\boldsymbol{z};\boldsymbol{\theta}_{\mathrm{g}})$，其中，$\boldsymbol{\theta}_{\mathrm{g}}$ 表示其网络参数。每输入一个噪声向量 $\boldsymbol{z}$，生成网络输出一个样本 $\hat{\boldsymbol{x}}$，生成网络输出样本的概率密

度函数表示为 $p_g(\hat{x})$。

判决网络(或称判决器)的输出为 $D(\boldsymbol{x};\boldsymbol{\theta}_d)$,其中,$\boldsymbol{\theta}_d$ 是判决网络的参数,D 判别输入为训练样本还是生成器生成的样本,$D(\boldsymbol{x};\boldsymbol{\theta}_d)$表示输入 $\boldsymbol{x}$ 来自训练样本的概率。训练 D 最大化正确区别 $\boldsymbol{x}$ 是来自训练样本还是 G 生成的样本,D 的目标是当输入 $\boldsymbol{x}$ 来自训练样本时,输出大的值(等于或接近 1),当 $\boldsymbol{x}$ 来自生成样本时,D 输出接近 0 的值。图 16.2.1 所示为 D 和 G 的博弈过程。

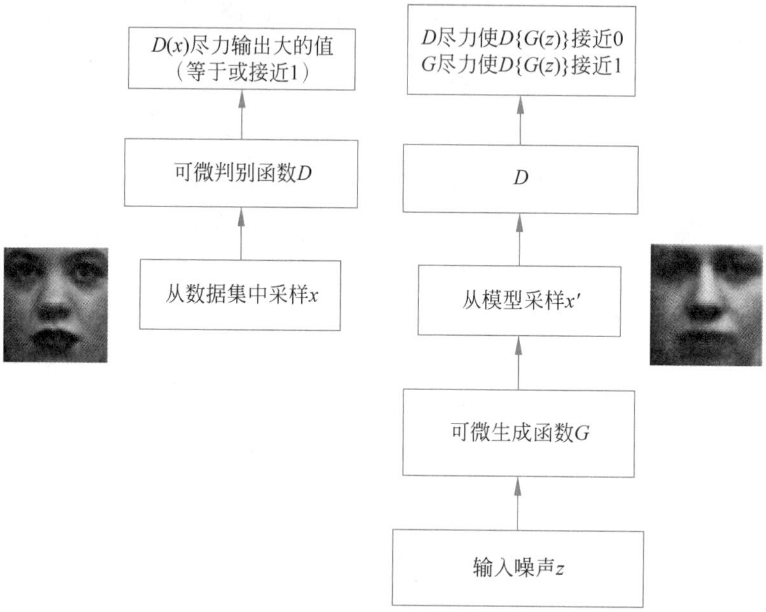

图 16.2.1 生成和判决网络的博弈

在 Goodfellow 等的初始工作中,生成网络和判决网络都采用了多层感知机(MLP)结构。

一方面,针对 $\boldsymbol{x}$ 来自训练样本时,最大化 $D(\boldsymbol{x};\boldsymbol{\theta}_d)$,另一方面,使 G 生成的样本对 D 有最大的欺骗性,即使 G 最小化 $\log(1-D(G(\boldsymbol{z})))$,这样 D 和 G 相当于两个玩家的 MinMax 博弈,可定义值函数 $V(G,D)$为

$$V(G,D)=E_{x\sim p_{\text{data}}(\boldsymbol{x})}[\log D(\boldsymbol{x})]+E_{z\sim p_z(\boldsymbol{z})}[\log(1-D(G(\boldsymbol{z})))] \tag{16.2.1}$$

由前面的分析可得,生成对抗网络的训练可表示为如下 MinMax 博弈问题

$$\underset{G}{\text{Min}}\,\underset{D}{\text{Max}}\{V(G,D)\} \tag{16.2.2}$$

注意,在式(16.2.1)中,为了表示简单,将 $D(\boldsymbol{x})$和 $G(\boldsymbol{x})$函数中的参数 θ_g 和 θ_d 都省略了。

稍后给出 GAN 的一些理论结果,首先直观地分析 GAN 的训练过程。交替优化 D 和 G,每优化 k 步 D 后优化 1 步 G,使得 D 较快逼近最优解,然后 G 缓慢改进,最后两者均收敛。GAN 的训练算法如算法 16.2.1 所述。

算法 16.2.1 GAN 的学习算法

生成对抗网络的小批量梯度训练算法,每次循环用于判决器的步数 k 是超参数,这里设 $k=1$,α 学习率。

for 在训练迭代步数内 do

  for k 步 do

    从分布 $p_z(\boldsymbol{z})$采样小批量 m 个样本 $\{\boldsymbol{z}_i\}_{i=1}^m$

从数据分布 $p_{\text{data}}(\boldsymbol{x})$ 采样小批量样本 $\{\boldsymbol{x}_i\}_{i=1}^{m}$

通过随机梯度上升更新判决器参数，梯度为

$$\boldsymbol{g}_{\theta_d} \leftarrow \nabla_{\theta_d} \frac{1}{m} \sum_{i=1}^{m} [\log D(\boldsymbol{x}_i) + \log(\log(1 - D(G(\boldsymbol{z}_i))))]$$

$$\boldsymbol{\theta}_d \leftarrow \boldsymbol{\theta}_d + \alpha \boldsymbol{g}_{\theta_d}$$

end for

从分布 $p_z(\boldsymbol{z})$ 采样小批量 m 个样本 $\{\boldsymbol{z}_i\}_{i=1}^{m}$

通过随机梯度下降更新生成器参数，梯度为

$$\boldsymbol{g}_{\theta_g} \leftarrow \nabla_{\theta_g} \frac{1}{m} \sum_{i=1}^{m} \log(\log(1 - D(G(\boldsymbol{z}_i))))$$

$$\boldsymbol{\theta}_g \leftarrow \boldsymbol{\theta}_g - \alpha \boldsymbol{g}_{\theta_g}$$

end for

注：梯度算法可用任何改进的梯度算法，Goodfellow 等推荐使用带动量的小批量随机梯度算法。

图 16.2.2 所示为 GAN 的训练过程。

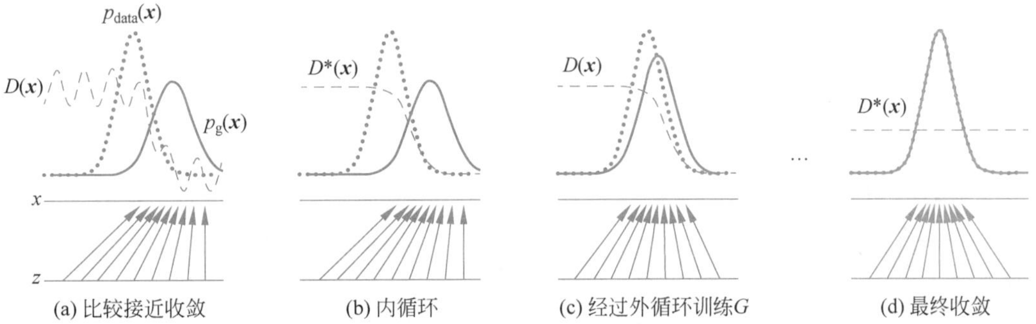

图 16.2.2 训练过程的变化示意

图 16.2.2 中上半部分的细点线表示判决器 D 的输出分布，粗点线表示样本分布 $p_{\text{data}}(\boldsymbol{x})$，实线表示生成器 G 输出的分布 $p_g(\boldsymbol{x})$，图中 16.2.2 下半部分表示由 $\boldsymbol{z}$ 到 $\boldsymbol{x}$ 的映射 $\boldsymbol{x}=G(\boldsymbol{z})$。图 16.2.2(a)表示训练过程的一步，这是已经比较接近收敛时，$p_{\text{data}}(\boldsymbol{x})$、$p_g(\boldsymbol{x})$ 和 D 的输出；图 16.2.2(b)表示内循环，即 G 保持不变，训练 D，稍后可证明，内循环的最优解为 $D^*(\boldsymbol{x})=\dfrac{p_{\text{data}}(\boldsymbol{x})}{p_{\text{data}}(\boldsymbol{x})+p_g(\boldsymbol{x})}$；图 16.2.2(c)表示经过外循环训练 G，使得 $p_g(\boldsymbol{x})$ 进一步接近 $p_{\text{data}}(\boldsymbol{x})$；图 16.2.2(d)表示最终收敛时，收敛到 $p_g(\boldsymbol{x})=p_{\text{data}}(\boldsymbol{x})$，且此时达到纳什均衡，判决器输出 $D(\boldsymbol{x})=1/2$。

下面证明当 G 保持不变，D 的最优解为

$$D^*(\boldsymbol{x}) = \frac{p_{\text{data}}(\boldsymbol{x})}{p_{\text{data}}(\boldsymbol{x}) + p_g(\boldsymbol{x})} \tag{16.2.3}$$

由式(16.2.1)，可得

$$\begin{aligned} V(G,D) &= E_{x\sim p_{\text{data}}(\boldsymbol{x})}[\log D(\boldsymbol{x})] + E_{z\sim p_z(z)}[\log(1 - D(G(\boldsymbol{z})))] \\ &= \int_{\boldsymbol{x}} p_{\text{data}}(\boldsymbol{x}) \log D(\boldsymbol{x}) \mathrm{d}\boldsymbol{x} + \int_{z} p_z(\boldsymbol{z}) \log(1 - D(G(\boldsymbol{z}))) \mathrm{d}\boldsymbol{z} \end{aligned}$$

$$=\int_{x}\left[p_{\text{data}}(\boldsymbol{x})\log D(\boldsymbol{x})+p_{\text{g}}(\boldsymbol{x})\log(1-D(\boldsymbol{x}))\right]\mathrm{d}\boldsymbol{x} \tag{16.2.4}$$

设 $y=D(\boldsymbol{x})$，上式最后一行对 y 求导为 0，得

$$\frac{\partial}{\partial y}\int_{x}\left[p_{\text{data}}(\boldsymbol{x})\log y+p_{z}(\boldsymbol{x})\log(1-y)\right]\mathrm{d}\boldsymbol{x}=0$$

$$\Rightarrow p_{\text{data}}(\boldsymbol{x})\frac{1}{y^{*}}-p_{z}(\boldsymbol{x})\frac{1}{1-y^{*}}=0$$

$$\Rightarrow y^{*}=\frac{p_{\text{data}}(\boldsymbol{x})}{p_{\text{data}}(\boldsymbol{x})+p_{\text{g}}(\boldsymbol{x})}$$

其中，y^{*} 表示最优解，代回 $y=D(\boldsymbol{x})$，上式即为式(16.2.3)。

可以证明[①]：在 D 和 G 的容量不受限的条件下，GAN 最终收敛到 $p_{\text{g}}(\boldsymbol{x})=p_{\text{data}}(\boldsymbol{x})$。即理论上通过对抗网络可实现由生成器网络生成与训练样本同概率分布的样本。在达到 $p_{\text{g}}(\boldsymbol{x})=p_{\text{data}}(\boldsymbol{x})$ 时，$D^{*}(\boldsymbol{x})=1/2$，代入式(16.2.4)得

$$V(G^{*},D^{*})=\int_{x}\left[p_{\text{data}}(\boldsymbol{x})\log D(\boldsymbol{x})+p_{\text{g}}(\boldsymbol{x})\log(1-D(\boldsymbol{x}))\right]\mathrm{d}\boldsymbol{x}=-2\log 2 \tag{16.2.5}$$

由式(16.2.5)可见，当生成网络和判别网络均达到最优时，目标函数达到常数 $-2\log 2$。在训练阶段，若判别器每轮迭代可达到式(16.2.3)的单项最优时，将式(16.2.3)代入式(16.2.4)整理得

$$\begin{aligned}
V(G,D^{*})&=\int_{x}\left[p_{\text{data}}(\boldsymbol{x})\log D(\boldsymbol{x})+p_{\text{g}}(\boldsymbol{x})\log(1-D(\boldsymbol{x}))\right]\mathrm{d}\boldsymbol{x}\\
&=\int_{x}\left[p_{\text{data}}(\boldsymbol{x})\log\frac{p_{\text{data}}(\boldsymbol{x})}{p_{\text{data}}(\boldsymbol{x})+p_{\text{g}}(\boldsymbol{x})}+p_{\text{g}}(\boldsymbol{x})\log\left(\frac{p_{\text{g}}(\boldsymbol{x})}{p_{\text{data}}(\boldsymbol{x})+p_{\text{g}}(\boldsymbol{x})}\right)\right]\mathrm{d}\boldsymbol{x}\\
&=\int_{x}\left[p_{\text{data}}(\boldsymbol{x})\log\frac{p_{\text{data}}(\boldsymbol{x})}{\frac{p_{\text{data}}(\boldsymbol{x})+p_{\text{g}}(\boldsymbol{x})}{2}}+p_{\text{g}}(\boldsymbol{x})\log\left(\frac{p_{\text{g}}(\boldsymbol{x})}{\frac{p_{\text{data}}(\boldsymbol{x})+p_{\text{g}}(\boldsymbol{x})}{2}}\right)\right]\mathrm{d}\boldsymbol{x}-2\log 2\\
&=2D_{\text{JS}}(p_{\text{data}}(\boldsymbol{x})\,\|\,p_{\text{g}}(\boldsymbol{x}))-2\log 2
\end{aligned} \tag{16.2.6}$$

其中，D_{JS} 称为 Jensen-Shannon 散度，以下简称 JS 散度，它是 KL 散度的一种对称化形式，可由 KL 散度定义：

$$D_{\text{JS}}(p\,\|\,q)=\frac{1}{2}D_{\text{KL}}\left(p\,\middle\|\,\frac{p+q}{2}\right)+\frac{1}{2}D_{\text{KL}}\left(q\,\middle\|\,\frac{p+q}{2}\right) \tag{16.2.7}$$

其中，D_{KL} 表示 KL 散度。由式(16.2.6)可知，在每一步训练生成网络 G 时，相当于最小化 $p_{\text{data}}(\boldsymbol{x})$ 和 $p_{\text{g}}(\boldsymbol{x})$ 的 JS 散度。

以上是理论的结果，但当 D 和 G 均是规模受限的神经网络时，以上结论受到实际网络、数据集和训练算法等诸多因素影响，难以保证收敛到理想的状态。

*16.2.2 改进生成对抗网络的目标函数

早期的 GAN 存在模型崩塌问题，模型训练较为困难。GAN 目前有各种改进和变化，已形成深度学习中一个非常活跃的子领域。一方面，改善 GAN 自身的能力，另一方面，扩展 GAN 的应

---

① 见本书参考文献[53]。

用能力，如生成样本的风格变换。改进 GAN 自身能力主要有两个方向，一是改进其评价函数，一是改进其网络结构，本小节首先简要讨论前者。

在 GAN 模型中，通过用生成网络表示的 $p_g(\boldsymbol{x})$ 去逼近真实数据的概率密度 $p_{\text{data}}(\boldsymbol{x})$，样本可能是高维向量，例如图像，但实际的图像数据集却常常分布在高维空间的低维流形上(即光滑的低维子空间)，可能两个待逼近的 PDF 的分布有大量非重叠区域，在这种情况下，KL 散度可能趋于无穷，尽管 GAN 对生成网络 G 的优化目标是 JS 散度，对此问题有所改进，但这种情况下 JS 散度存在大量饱和区域，仍难以收敛。即使在一些情况下收敛，也易于收敛到一个崩塌的模型，即生成的样本趋于一个固定的样式。为了解决这类问题，一种改进方式是重新设计目标函数。Wasserstein-1 距离是最重要的改进目标函数之一。

Wasserstein-1 距离也称为 Earth-Mover 距离(EMD)，对于两个 PDF $p_d(\boldsymbol{x})$ 和 $p_g(\boldsymbol{y})$，定义其 Wasserstein-1 距离为

$$W(p_d, p_g) = \inf_{\gamma \in \Pi(p_d, p_g)} E_{(\boldsymbol{x},\boldsymbol{y})\sim\gamma}[\|\boldsymbol{x}-\boldsymbol{y}\|] \tag{16.2.8}$$

注意到，对于给定的 $p_d(\boldsymbol{x})$ 和 $p_g(\boldsymbol{y})$，两者构成的联合概率密度函数集合为 $\Pi(p_d, p_g)$，即对于一个 $\gamma(\boldsymbol{x},\boldsymbol{y}) \in \Pi(p_d, p_g)$，有 $p_d(\boldsymbol{x}) = \int \gamma(\boldsymbol{x},\boldsymbol{y})\,\mathrm{d}\boldsymbol{y}$ 和 $p_g(\boldsymbol{y}) = \int \gamma(\boldsymbol{x},\boldsymbol{y})\,\mathrm{d}\boldsymbol{x}$。对于任意 $(\boldsymbol{x},\boldsymbol{y}) \sim \gamma(\boldsymbol{x},\boldsymbol{y})$，加权值 $\gamma(\boldsymbol{x},\boldsymbol{y})\|\boldsymbol{x}-\boldsymbol{y}\|$ 表示将 $\boldsymbol{x}$ 变换为 $\boldsymbol{y}$ 所需的开销的分布，故 $E_{(\boldsymbol{x},\boldsymbol{y})\sim\gamma}[\|\boldsymbol{x}-\boldsymbol{y}\|]$ 是将 $\boldsymbol{x}$ 变换为 $\boldsymbol{y}$ 所需的开销值，inf 是下确界，是一种最大下界度量。

如下给出一个例子，说明两个取值区域不重叠的 PDF，其 $W(p_d, p_g)$ 比 JS 散度和 KL 散度更好地刻画其距离。

例 16.2.1 设 $Z \sim U[0,1]$ 在 $[0,1]$ 之间服从均匀分布，定义两个概率：P 表示二维分布 $(0,Z)$，Q 表示二维分布 (θ,Z)，其中，θ 是一个参数，P 和 Q 两个分布如图 16.2.3 所示，除非 $\theta=0$，否则两个概率分布不重叠，直接利用定义可得：

$$W(P,Q) = |\theta|$$

$$D_{\mathrm{JS}}(P\|Q) = \begin{cases} \log 2, & \theta \neq 0 \\ 0, & \theta = 0 \end{cases}$$

$$D_{\mathrm{KL}}(P\|Q) = D_{\mathrm{KL}}(Q\|P) = \begin{cases} \infty, & \theta \neq 0 \\ 0, & \theta = 0 \end{cases}$$

可见 Wasserstein-1 距离是参数的连续函数并几乎处处可导，JS 散度在参数非零时饱和，参数为零时不连续，KL 散度在参数非零时为无穷。

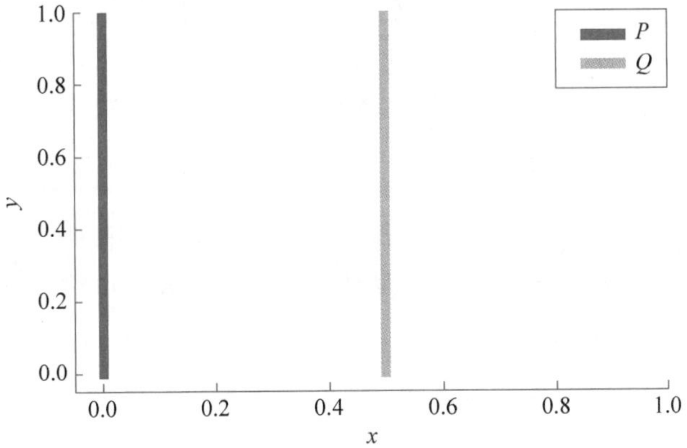

图 16.2.3 例 16.2.1 的概率分布示意

Arjovsky 等在 Wasserstein-1 距离基础上提出了 WGAN 算法，并证明了几个重要结论。最重要的一条是：若 $p_{\mathrm{d}}(\boldsymbol{x})$ 是给定的 PDF，例如其表示上小节的 p_{data}，$\boldsymbol{z}$ 为随机向量，服从 $p(\boldsymbol{z})$，这里 $p(\boldsymbol{z})$ 是预先给定的分布，如高斯或均匀分布等，如果有一个连续函数 $\boldsymbol{x}=\boldsymbol{g}_\theta(\boldsymbol{z})$，得到 $\boldsymbol{x}$ 的 PDF 为 $p_\theta(\boldsymbol{x})$，其中，θ 是参数，则 $W(p_{\mathrm{d}},p_\theta)$ 对参数 θ 处处连续和几乎处处可导。这里 $\boldsymbol{g}_\theta(\boldsymbol{z})$ 可由前馈神经网络表示，θ 是神经网络的参数。这相当于用神经网络实现一个生成网络，由噪声向量 $\boldsymbol{z}$ 作为输入，产生样本 $\boldsymbol{x}$。

目前仍存在的难点是式(6.2.8)定义的 Wasserstein-1 距离难以直接计算，幸运的是，存在一个 Kantorovich-Rubinstein 对偶形式，即

$$W(p_{\mathrm{d}},p_\theta)=\sup_{\|f\|_{\mathrm{L}}\leqslant 1} E_{\boldsymbol{x}\sim p_{\mathrm{d}}}[f(\boldsymbol{x})]-E_{\boldsymbol{x}\sim p_\theta}[f(\boldsymbol{x})] \tag{16.2.9}$$

式(16.2.9)的对偶形式对满足 $\|f\|_{\mathrm{L}}\leqslant 1$ 的函数集计算一个上确界(最小上界)。这里，$\{\|f\|_{\mathrm{L}}\leqslant 1\}$ 表示 $\{f(\cdot)\}$ 是满足 1-Lipschitz 连续的函数集。更一般的，满足 K-Lipschitz 连续的函数为函数 f：$\mathbf{R}\to\mathbf{R}$，存在 $K\geqslant 0$ 的实数，对于任意 $x_1,x_2\in\mathbf{R}$，满足

$$|f(x_1)-f(x_2)|\leqslant K|x_1-x_2| \tag{16.2.10}$$

当 $K=1$ 时，K-Lipschitz 连续的特例是 1-Lipschitz 连续。对于更一般的 K-Lipschitz 连续函数 f，Wasserstein-1 的对偶形式为

$$W(p_{\mathrm{d}},p_\theta)=\frac{1}{K}\sup_{\|f\|_{\mathrm{L}}\leqslant K} E_{\boldsymbol{x}\sim p_{\mathrm{d}}}[f(\boldsymbol{x})]-E_{\boldsymbol{x}\sim p_\theta}[f(\boldsymbol{x})] \tag{16.2.11}$$

将 Wasserstein-1 用于 GAN 时构成 WGAN，取 K-Lipschitz 函数集为 $\{f_w(\cdot)\}$，其中，w 表示参数集，$f_w(\cdot)$ 作为评论员(Critic)。用一个神经网络表示 $f_w(\cdot)$，w 是神经网络的参数集合，限制神经网络的结构，使其表示 K-Lipschitz 函数集。通过优化参数 w，将式(16.2.11)的上确界转换成如下优化问题：

$$\max_{w\in\boldsymbol{W}} E_{\boldsymbol{x}\sim p_{\mathrm{d}}}[f_w(\boldsymbol{x})]-E_{\boldsymbol{z}\sim p(\boldsymbol{z})}[f_w(\boldsymbol{g}_\theta(\boldsymbol{z}))] \tag{16.2.12}$$

其中，$\boldsymbol{W}$ 表示使 $f_w(\cdot)$ 满足 K-Lipschitz 性的神经网络参数空间，第二项将 $\boldsymbol{x}\sim p_\theta$ 的期望替换为生成网络 $\boldsymbol{x}=\boldsymbol{g}_\theta(\boldsymbol{z})$ 生成的样本，并对 $\boldsymbol{z}\sim p(\boldsymbol{z})$ 求期望。通过梯度算法优化神经网络参数 w，以优化评论员 $f_w(\cdot)$。注意在 WGAN 中用评论员替代了判别器，以逼近 Wasserstein-1 距离。

类似 GAN，用式(16.2.12)优化评论员后，接着用如下目标优化生成网络：

$$\min_\theta\{-E_{\boldsymbol{z}\sim p(\boldsymbol{z})}[f_w(\boldsymbol{g}_\theta(\boldsymbol{z}))]\} \tag{16.2.13}$$

在实际实现时，WGAN 将 $\boldsymbol{W}$ 限制在一个紧凑空间里，以保证迭代中 $f_w(\cdot)$ 满足 K-Lipschitz 性。取 $\boldsymbol{W}=[-0.01,0.01]^L$，其中，$L$ 表示神经网络参数数目，该限制条件要求迭代过程中神经网络各参数限制在 $[-0.01,0.01]$ 的范围内。

在以上基础上，结合小批量随机梯度算法，WGAN 的算法流程如算法 16.2.2 所示。

算法 16.2.2　WGAN 的学习算法

WGAN 的缺省参数设置：$\alpha=0.000\,05$，$c=0.01$，$m=64$，$n_{\mathrm{critic}}=5$；

α 表示学习率，c 表示参数限制，m 表示小批量样本数，n_{critic} 表示每轮评论员迭代次数，w_0 表示评论员初始参数，θ_0 表示生成器初始参数

while θ 尚未收敛 do

　For $t=0,1,\cdots,n_{\mathrm{critic}}$ do

从数据分布 $p_d(\boldsymbol{x})$ 采样小批量样本 $\{\boldsymbol{x}_i\}_{i=1}^m$

从分布 $p_z(\boldsymbol{z})$ 采样小批量 m 个样本 $\{\boldsymbol{z}_i\}_{i=1}^m$

$$g_w \leftarrow \nabla_w \frac{1}{m}\sum_{i=1}^{m}[f_w(\boldsymbol{x}_i)-f_w(\boldsymbol{g}_\theta(\boldsymbol{z}_i))]$$

$w \leftarrow w+\alpha \text{RMSProp}(w, g_w)$

$w \leftarrow \text{clip}(w, -c, c)$

end for

从分布 $p_z(\boldsymbol{z})$ 采样小批量 m 个样本 $\{\boldsymbol{z}_i\}_{i=1}^m$

$$g_\theta \longleftarrow -\nabla_\theta \frac{1}{m}\sum_{i=1}^{m} f_w(\boldsymbol{g}_\theta(\boldsymbol{z}_i))$$

$\theta \leftarrow \theta-\alpha \text{RMSProp}(\theta, g_\theta)$

end while

注：算法提出者推荐使用 RMSProp 优化算法，该算法细节见第 11 章。

在 WGAN 中，将神经网络系数限制在紧凑 $[-0.01, 0.01]$ 的范围是一个技巧性的尝试，Gulrajani 等通过加入惩罚项替代这种限制从而对 WGAN 给出一个更系统性的改进。

*16.2.3　改进生成对抗网络的结构

GAN 技术改进的另一个方面是网络结构，在 Goodfellow 等的经典工作中，生成器和判别器均采用了 MLP，WGAN 的经典论文也是采用了 MLP。对网络结构的改进是 GAN 技术发展中活跃的方向。

一个直接的想法就是，既然 CNN 在图像处理中取得了重大成功，将 CNN 结构引入 GAN 中实现生成器和鉴别器就成为一种自然的推广。研究发现将 CNN 引进 GAN 中，需要一些变化才能使得训练稳定并改善生成样本质量。Radford 等给出了一个用 CNN 结构实现 GAN 的典型工作，称为深度卷积生成对抗网络（Deep Convolutional Generative Adversarial Networks，DCGAN）。

DCGAN 主要采用了几个关键技术：①去除了池化层，在判别器采用 2 步幅卷积，以逐层降低输入图像尺寸，在生成器采用“分数步进卷积”（Fractional-strided Convolutions）以逐层提高尺寸；②在判别器和生成器均采用批处理归一化；③移除全连接层，使用纯 CNN 结构；④在生成器，除输出层外均采用 ReLU 激活函数，输出层采用 tanh 激活函数，将输出图像像素值归一化；⑤在鉴别器的各层均采用泄露 ReLU 作为激活函数，最后的卷积层归结到一个 sigmoid 函数。DCGAN 生成器的结构示意图[①]如图 16.2.4 所示。

在如图 16.2.4 所示的生成器中，输入是 100 维的噪声向量 $\boldsymbol{z}$，$\boldsymbol{z}$ 通过权矩阵变换成 16 维向量并重排为 4×4 图像，共产生 1024 个通道，后续的每一级卷积层将图像分辨率各方向提升 1 倍，即：4×4→8×8→…→64×64，最后产生 64×64 的 3 通道彩色图像，由 10.1.4 节介绍的分数步进卷积可有效增加图像的分辨率。

近期一些工作则给出了更复杂的结构，例如 Karras 等提出的 Style-GAN，这些近期的工作，在目标函数上采用了改进的 WGAN 目标函数，在网络结构上做了更大的变化，生成器的核心仍采用升分辨率的 CNN 结构，但附加了多种辅助因素，以提高所生成图像的质量和逼真度。

---

① 见本书参考文献[124]。

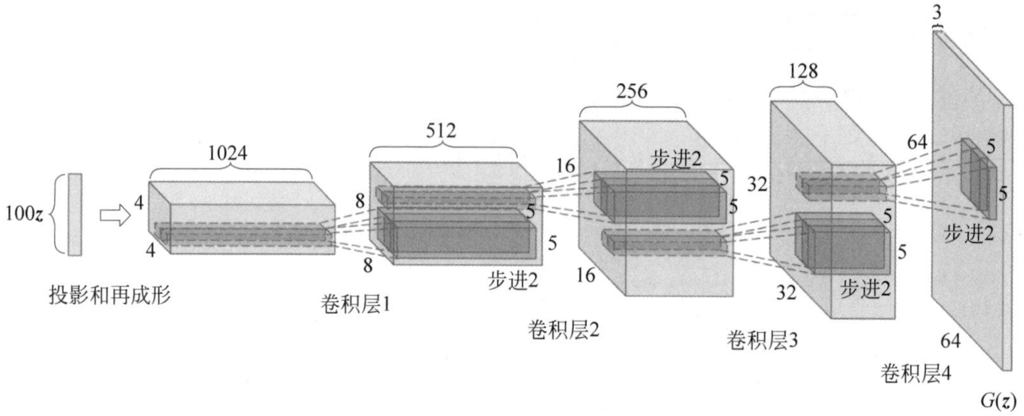

图 16.2.4 DCGAN 生成器的结构示意图

图 16.2.5 所示为 Style-GAN 生成器的组成示意图[①]。其右上角的虚框内是一个分辨层的组成，然后通过升采样进入下一个更高分辨率层，共 9 级分辨层，分辨率从 4×4 到 1024×1024，最终可生成 1024×1024 的高分辨率图像。

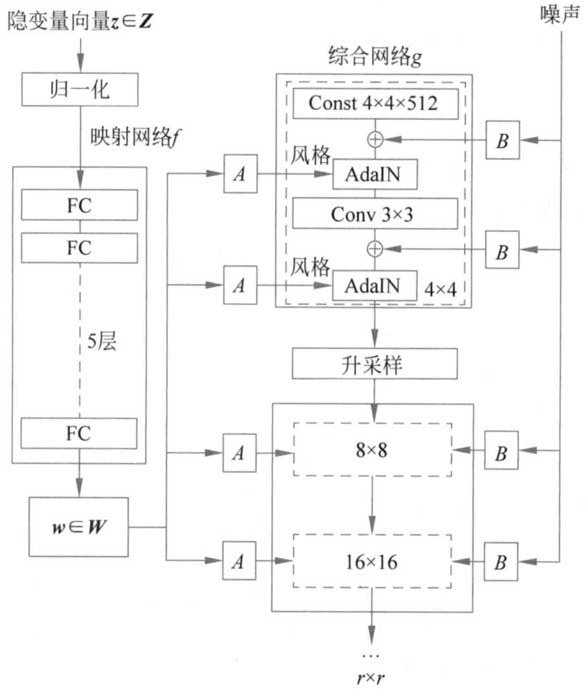

图 16.2.5 Style-GAN 生成器结构示意

在 Style-GAN 中，向量 $\boldsymbol{z}$ 并没有直接作为图像生成通道的输入，而是经过 8 层的全连接网络，生成一个中间的隐空间编码 $\boldsymbol{w}\in\boldsymbol{W}$，$\boldsymbol{w}$ 通过仿射变换输入各分辨层，图中中间列的 A 方框表示这一通道。图像生成通道的起始值是训练中学习得到的常数张量(4×4×512)，在每一层由隐编码通过 A 单元控制每一层的风格(Style)，同时由 B 通道注入噪声，各层噪声注入强度通过学习获得。这样，通过风格通道控制图像的高层属性(如姿态、特性等)，通过噪声通道控制细节和逼真度

① 见本书参考文献[77]。

(如发丝、皱纹等),将高层特征和细节特征的控制分离开。

Style-GAN 得到高质量的生成图像,图 16.2.6 所示为其生成的一些人脸图像样本示例。

图 16.2.6　Style-GAN 生成的图片示例(原图片为彩色)

GAN 是深度生成模型研究中最活跃的分支之一,取得了大量成果,除了在目标函数、网络结构以及其各种组合获得的进展,还有很多扩展性的应用,例如可获得图片风格的迁移,代表性的工作如 CycleGAN。

第 25 集
微课视频

16.3　变分自编码器

这一节讨论变分自编码器技术,VAE 是一种典型的直接优化概率密度函数的方法,具有代表性,扩散模型本质上可看作 VAE 的多层扩展。

16.3.1　变分自编码器原理

变分自编码器的出发点是第 11.4 节的自编码器结构,采用编码器/解码器结构。将编码器输出向量 z 称为隐变量向量,由 z 与 $\boldsymbol{x}$ 的联合分布 $p(\boldsymbol{x},z)$ 通过贝叶斯公式

$$p(\boldsymbol{x},z)=p(\boldsymbol{x}\mid z)p(z) \tag{16.3.1}$$

设 $p(z)$ 和 $p(\boldsymbol{x}|z)$ 都是更易于处理的概率密度函数,若已经获得了这两个 PDF,则可以通过两步生成新的样本 $\boldsymbol{x}$,即:第一步由 $p(z)$ 生成一个隐变量向量样本 z^{new},第二步由 $p(\boldsymbol{x}|z^{\text{new}})$ 生成一个新样本 $\boldsymbol{x}^{\text{new}}$。因此,只要确定了 $p(z)$ 和 $p(\boldsymbol{x}|z)$,且是易于产生样本的 PDF 形式,则可由对 $p(z)$ 和 $p(\boldsymbol{x}|z)$ 的采样替代直接对 $p(\boldsymbol{x})$ 的采样产生新样本。这里替代由 z 直接生成 $\boldsymbol{x}$ 的确定型解码器,由概率函数 $p(\boldsymbol{x}|z)$ 表示"概率解码器"。

为了描述编码器部分,不再由 $\boldsymbol{x}$ 直接生成隐变量向量 z 的传统编码器,而是学习由 $\boldsymbol{x}$ 描述 z 的条件概率的"概率编码器",以获取概率 $p(z|\boldsymbol{x})$。当概率 $p(z)$、$p(\boldsymbol{x}|z)$ 和 $p(z|\boldsymbol{x})$ 均已得到,则生成模型的概率函数 $p(\boldsymbol{x})$ 由式(16.1.7)表示,为方便重写如下:

$$p(\boldsymbol{x})=\frac{p(\boldsymbol{x},z)}{p(z\mid \boldsymbol{x})}=\frac{p(\boldsymbol{x}\mid z)p(z)}{p(z\mid \boldsymbol{x})} \tag{16.3.2}$$

在 VAE 结构中，由于隐变量向量是中间表示，只要其具有足够的表示能力，故选择 $\boldsymbol{z}$ 的维度后指定其 PDF，通过数据集学习 $p(\boldsymbol{z}|\boldsymbol{x})$ 和 $p(\boldsymbol{x}|\boldsymbol{z})$，这里指定 $p(\boldsymbol{z})=N(\boldsymbol{z}|\boldsymbol{0},\boldsymbol{I})$。

VAE 将生成模型转化为求解两个条件概率 $p(\boldsymbol{z}|\boldsymbol{x})$ 和 $p(\boldsymbol{x}|\boldsymbol{z})$ 的问题，在实现该模型时，可用两个神经网络表示这两个概率，分别为概率编码器(Probabilistic Encoder)$q_\phi(\boldsymbol{z}|\boldsymbol{x})$ 和概率解码器(Probabilistic Decoder)$p_\theta(\boldsymbol{x}|\boldsymbol{z})$，其中，$\theta,\phi$ 分别表示两个神经网络的参数。VAE 的组成结构如图 16.3.1 所示。

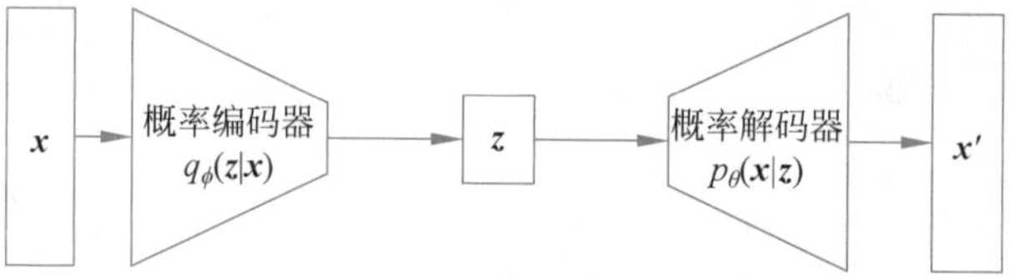

图 16.3.1 VAE 的组成结构示意图

由于需要优化两个条件概率的参数，如 16.1 节所述，不直接优化似然函数 $p(\boldsymbol{x})$，而是优化其替代函数：证据下界(ELBO)。

$$L(\theta,\phi,\boldsymbol{x})=E_{q_\phi(\boldsymbol{z}|\boldsymbol{x})}\left[\frac{p(\boldsymbol{x},\boldsymbol{z})}{q_\phi(\boldsymbol{z}\mid\boldsymbol{x})}\right] \tag{16.3.3}$$

用一个参数化函数 $q_\phi(\boldsymbol{z}|\boldsymbol{x})$ 逼近后验概率 $p(\boldsymbol{z}|\boldsymbol{x})$，且使用 ELBO 作为目标函数优化其参数是变分贝叶斯方法的基本步骤，故将变分法和自编码器的名称结合，称这一方法为变分自编码器(VAE)。

为了将 ELBO 显式地与两组参数 θ,ϕ 建立联系，对 ELBO 函数做进一步分解为

$$\begin{aligned}L(\theta,\phi,\boldsymbol{x})&=E_{q_\phi(\boldsymbol{z}|\boldsymbol{x})}\left[\frac{p(\boldsymbol{x},\boldsymbol{z})}{q_\phi(\boldsymbol{z}\mid\boldsymbol{x})}\right]\\&=E_{q_\phi(\boldsymbol{z}|\boldsymbol{x})}\left[\frac{p_\theta(\boldsymbol{x}\mid\boldsymbol{z})p(\boldsymbol{z})}{q_\phi(\boldsymbol{z}\mid\boldsymbol{x})}\right]\\&=E_{q_\phi(\boldsymbol{z}|\boldsymbol{x})}[p_\theta(\boldsymbol{x}\mid\boldsymbol{z})]+E_{q_\phi(\boldsymbol{z}|\boldsymbol{x})}\left[\frac{p(\boldsymbol{z})}{q_\phi(\boldsymbol{z}\mid\boldsymbol{x})}\right]\\&=E_{q_\phi(\boldsymbol{z}|\boldsymbol{x})}[p_\theta(\boldsymbol{x}\mid\boldsymbol{z})]-D_{\mathrm{KL}}(q_\phi(\boldsymbol{z}\mid\boldsymbol{x})\,\|\,p(\boldsymbol{z}))\end{aligned} \tag{16.3.4}$$

式(16.3.4)将 ELBO 函数 $L(\theta,\phi,\boldsymbol{x})$ 分解为两项的差，第一项关于解码器，相当于由解码器重构样本，类似于条件似然最大化，第二项是由编码器 $q_\phi(\boldsymbol{z}|\boldsymbol{x})$ 逼近先验分布 $p(\boldsymbol{z})$，由 KL 散度的概念，第二项需最小化。ELBO 的最大化等价于条件似然最大化和 KL 散度最小化。

式(16.3.4)给出了 VAE 分解的目标函数，为了用神经网络实现概率编码器和解码器，需要指定 $q_\phi(\boldsymbol{z}|\boldsymbol{x})$ 和 $p_\theta(\boldsymbol{x}|\boldsymbol{z})$ 的形式，这里假设 $\boldsymbol{z}$ 是 J 维向量，$\boldsymbol{x}$ 是 D 维向量，设两个 PDF 均满足高斯分布，即

$$q_\phi(\boldsymbol{z}\mid\boldsymbol{x})=N(\boldsymbol{z}\,|\,\mu_\phi(\boldsymbol{x}),\boldsymbol{\Sigma}_\phi(\boldsymbol{x})) \tag{16.3.5}$$

$$p_\theta(\boldsymbol{x}\mid\boldsymbol{z})=N(\boldsymbol{x}\,|\,\tilde{\mu}_\theta(\boldsymbol{z}),\tilde{\boldsymbol{\Sigma}}_\theta(\boldsymbol{z})) \tag{16.3.6}$$

其中，

$$\boldsymbol{\Sigma}_\phi(\boldsymbol{x})=\mathrm{diag}\{\sigma_{\phi,1}^2(\boldsymbol{x}),\sigma_{\phi,2}^2(\boldsymbol{x}),\cdots,\sigma_{\phi,J}^2(\boldsymbol{x})\} \tag{16.3.7}$$

$$\tilde{\boldsymbol{\Sigma}}_\theta(\boldsymbol{z})=\mathrm{diag}\{\sigma_{\theta,1}^2(\boldsymbol{z}),\sigma_{\theta,2}^2(\boldsymbol{z}),\cdots,\sigma_{\theta,D}^2(\boldsymbol{z})\} \tag{16.3.8}$$

当 $\boldsymbol{z}$ 和 $\boldsymbol{x}$ 均为高维向量时，相当于其每个分量均是独立的高斯变量，各分量的均值和方差均由独立函数构成，故 $\boldsymbol{\Sigma}_\phi(\boldsymbol{x})$ 和 $\tilde{\boldsymbol{\Sigma}}_\theta(\boldsymbol{z})$ 均为对角矩阵，为了后续表示方便，将其对角线各方差组成如下向量：

$$\boldsymbol{\sigma}_{\phi}^{2}(\boldsymbol{x})=[\sigma_{\phi,1}^{2}(\boldsymbol{x}),\sigma_{\phi,2}^{2}(\boldsymbol{x}),\cdots,\sigma_{\phi,J}^{2}(\boldsymbol{x})]^{\mathrm{T}} \tag{16.3.9}$$

$$\tilde{\boldsymbol{\sigma}}_{\theta}^{2}(\boldsymbol{z})=[\sigma_{\theta,1}^{2}(\boldsymbol{z}),\sigma_{\theta,2}^{2}(\boldsymbol{z}),\cdots,\sigma_{\theta,D}^{2}(\boldsymbol{z})]^{\mathrm{T}} \tag{16.3.10}$$

在做了这样的具体化假设后，可用一个神经网络表示概率编码器，即由 $\boldsymbol{x}$ 作为神经网络的输入，输出为高斯分布的参数向量：$\boldsymbol{\mu}_{\phi}(\boldsymbol{x})$和$\boldsymbol{\sigma}_{\phi}^{2}(\boldsymbol{x})$；类似地用一个神经网络表示概率解码器，$\boldsymbol{z}$ 作为神经网络的输入，输出为高斯分布的参数向量：$\tilde{\boldsymbol{\mu}}_{\theta}(\boldsymbol{z})$和$\tilde{\boldsymbol{\sigma}}_{\theta}^{2}(\boldsymbol{z})$。

为了建立更直观的认识，这里给出一个实例：用一个2层感知机实现概率编码器，用两层感知机实现概率解码器。在训练过程中，对每一个输入 $\boldsymbol{x}$，神经网络产生$\boldsymbol{\mu}_{\phi}(\boldsymbol{x})$和$\boldsymbol{\sigma}_{\phi}^{2}(\boldsymbol{x})$，可由 $N(\boldsymbol{z}\mid\boldsymbol{\mu}_{\phi}(\boldsymbol{x}),\boldsymbol{\Sigma}_{\phi}(\boldsymbol{x}))$采样产生一个隐变量向量 $\boldsymbol{z}$，以 $\boldsymbol{z}$ 作为概率解码器神经网络的输入，产生$\tilde{\boldsymbol{\mu}}_{\theta}(\boldsymbol{z})$和$\tilde{\boldsymbol{\sigma}}_{\theta}^{2}(\boldsymbol{z})$，可由 $N(\boldsymbol{x}\mid\tilde{\boldsymbol{\mu}}_{\theta}(\boldsymbol{z}),\tilde{\boldsymbol{\Sigma}}_{\theta}(\boldsymbol{z}))$采样产生一个输出样本 $\hat{\boldsymbol{x}}$。图16.3.2所示为这个实例的详细结构图。

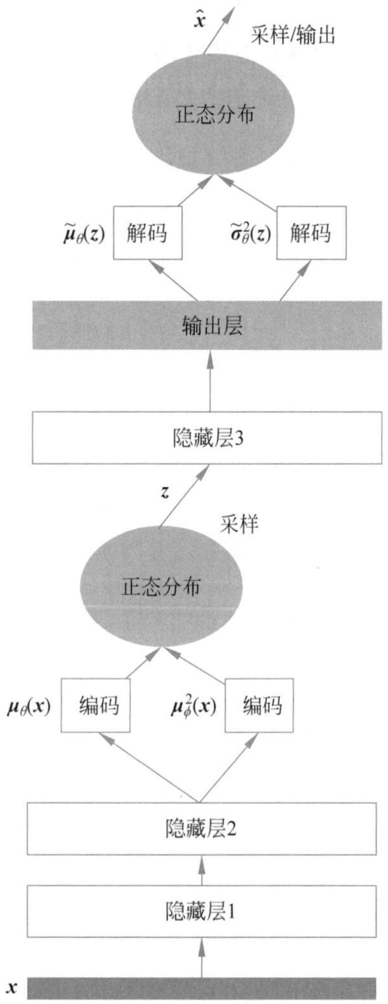

图16.3.2 一个变分自编码器实例的示意图

在如图16.3.2所示的实例中，概率编码器和解码器均采用2层的感知机，为了进一步更清晰地说明，这里给出概率解码器对应神经网路的各层表达式为

$$\begin{aligned}
&\boldsymbol{h}^{(3)}=\tanh(\boldsymbol{W}^{(3)}\boldsymbol{z}+\boldsymbol{b}^{(3)})\\
&\boldsymbol{a}_{1}^{(4)}=\boldsymbol{W}_{1}^{(4)}\boldsymbol{h}^{(3)}+\boldsymbol{b}_{1}^{(4)}\\
&\boldsymbol{a}_{2}^{(4)}=\boldsymbol{W}_{2}^{(4)}\boldsymbol{h}^{(3)}+\boldsymbol{b}_{2}^{(4)}\\
&\tilde{\boldsymbol{\mu}}_{\theta}(\boldsymbol{z})=\boldsymbol{a}_{1}^{(4)}\\
&\tilde{\boldsymbol{\sigma}}_{\theta}^{2}(\boldsymbol{z})=\exp(\boldsymbol{a}_{2}^{(4)})
\end{aligned} \tag{16.3.11}$$

其中，$\boldsymbol{a}_{2}^{(4)}$ 对应了$\tilde{\boldsymbol{\sigma}}_{\theta}^{2}(\boldsymbol{z})$，由于$\tilde{\boldsymbol{\sigma}}_{\theta}^{2}(\boldsymbol{z})$总是非负的，神经网络的回归输出经过指数函数，指数函数是针对每个分量计算的，这里，参数矩阵和向量 $\boldsymbol{W}^{(3)}$、$\boldsymbol{b}^{(3)}$、$\boldsymbol{W}_{1}^{(4)}$、$\boldsymbol{W}_{2}^{(4)}$、$\boldsymbol{b}_{1}^{(4)}$ 和 $\boldsymbol{b}_{2}^{(4)}$ 组成了参数集 θ。除了输入和输出的维度不同，概率编码器的结构是相似的，不再赘述。

16.3.2 变分自编码器训练算法

以上讨论了VAE的原理、目标函数和结构，接下来讨论利用数据集 $\boldsymbol{D}=\{(\boldsymbol{x}_i)\}_{i=1}^{N}$ 训练VAE模型的算法。为使算法叙述清晰，分几个部分分别介绍。

1. 一个样本对证据下界的计算

证据下界式(16.3.3)或式(16.3.4)均为期望表示，实际中需要用有限样本计算该期望。期望是对 $q_{\phi}(\boldsymbol{z}\mid\boldsymbol{x})$所取的，首先讨论对于数据集中的一个样本 $\boldsymbol{x}_i$，计算该样本对ELBO的贡献 $\widetilde{L}(\theta,\boldsymbol{\phi},\boldsymbol{x}_i)$。采用蒙特卡洛(MC)逼近期望运算，对于一个给定样本 $\boldsymbol{x}_i$，可以通过采样 $q_{\phi}(\boldsymbol{z}\mid\boldsymbol{x}_i)$产生$L$ 个样本，即

$$\boldsymbol{z}^{(l,i)}\sim q_{\phi}(\boldsymbol{z}\mid\boldsymbol{x}_i),\quad l=1,2,\cdots,L \tag{16.3.12}$$

若选用式(16.3.3)来计算 $\widetilde{L}(\theta,\boldsymbol{\phi},\boldsymbol{x}_i)$，可采用如下近似均值：

$$\widetilde{L}^A(\theta,\phi,\boldsymbol{x}_i)=\frac{1}{L}\sum_{l=1}^{L}\left[\log p(\boldsymbol{x}_i,\boldsymbol{z}^{(l,i)})-\log q_\phi(\boldsymbol{z}^{(l,i)}\mid\boldsymbol{x}_i)\right] \tag{16.3.13}$$

其中，$p(\boldsymbol{x}_i,\boldsymbol{z}^{(l,i)})=\log p(\boldsymbol{x}_i\mid\boldsymbol{z}^{(l,i)})p(\boldsymbol{z}^{(l,i)})$。

在 VAE 训练时，更常使用式(16.3.4)计算 $\widetilde{L}(\theta,\phi,\boldsymbol{x}_i)$，原因是对于高斯分布，其 KL 散度具有闭式解。信息论中的结论是，对于两个满足高斯分布的过程 $N(\boldsymbol{\mu}_1,\boldsymbol{\Sigma}_1)$ 和 $N(\boldsymbol{\mu}_2,\boldsymbol{\Sigma}_2)$，其 KL 散度为

$$D_{\mathrm{KL}}(N(\boldsymbol{\mu}_1,\boldsymbol{\Sigma}_1)\,\|\,N(\boldsymbol{\mu}_2,\boldsymbol{\Sigma}_2))=\frac{1}{2}\left[\log\frac{|\boldsymbol{\Sigma}_2|}{|\boldsymbol{\Sigma}_1|}-J+\mathrm{tr}(\boldsymbol{\Sigma}_2^{-1}\boldsymbol{\Sigma}_1)+(\boldsymbol{\mu}_2-\boldsymbol{\mu}_1)^{\mathrm{T}}\boldsymbol{\Sigma}_2^{-1}(\boldsymbol{\mu}_2-\boldsymbol{\mu}_1)\right] \tag{16.3.14}$$

将式(16.3.5)和假设的 $p(\boldsymbol{z})=N(\boldsymbol{z}\mid\boldsymbol{0},\boldsymbol{I})$ 代入式(16.3.14)，得

$$D_{\mathrm{KL}}(q_\phi(\boldsymbol{z}\mid\boldsymbol{x}_i)\,\|\,p(\boldsymbol{z}))=\frac{1}{2}\sum_{j=1}^{J}\left[-\log\sigma_{\phi,j}^2(\boldsymbol{x}_i)-1+\sigma_{\phi,j}^2(\boldsymbol{x}_i)+\mu_{\phi,j}^2(\boldsymbol{x}_i)\right] \tag{16.3.15}$$

因此，由式(16.3.4)计算的 $\widetilde{L}(\theta,\phi,\boldsymbol{x}_i)$ 为

$$\widetilde{L}^B(\theta,\phi,\boldsymbol{x}_i)=\frac{1}{2}\sum_{j=1}^{J}\left[\log\sigma_j^2(\boldsymbol{x}_i)+1-\sigma_j^2(\boldsymbol{x}_i)-\mu_j^2(\boldsymbol{x}_i)\right]+\frac{1}{L}\sum_{l=1}^{L}\log p_\theta(\boldsymbol{x}_i\mid\boldsymbol{z}^{(l,i)}) \tag{16.3.16}$$

2. 重参数化

可以看到，如式(16.3.12)所示，对 $q_\phi(\boldsymbol{z}\mid\boldsymbol{x}_i)$ 采集一组样本 $\boldsymbol{z}^{(l,i)}$，利用式(16.3.13)或式(16.3.16)计算由数据集样本 $\boldsymbol{x}_i$ 对 ELBO 的贡献 $\widetilde{L}(\theta,\phi,\boldsymbol{x}_i)$。若采用随机梯度算法，需要计算 $\widetilde{L}(\theta,\phi,\boldsymbol{x}_i)$ 对参数 θ,ϕ 的导数。当使用反向传播(BP)算法时，由于 $\boldsymbol{z}^{(l,i)}$ 相当于网络的中间位置，通过反向传播的方法，由链式法则

$$\frac{\partial\widetilde{L}(\theta,\phi,\boldsymbol{x}_i)}{\partial\phi}=\frac{\partial\widetilde{L}(\theta,\phi,\boldsymbol{x}_i)}{\partial\boldsymbol{z}^{(l,i)}}\frac{\partial\boldsymbol{z}^{(l,i)}}{\partial\phi} \tag{16.3.17}$$

需要计算 $\partial\boldsymbol{z}^{(l,i)}/\partial\phi$。由式(16.3.12)可见，原理上 $q_\phi(\boldsymbol{z}\mid\boldsymbol{x}_i)$ 是 ϕ 的函数，导数 $\partial\boldsymbol{z}^{(l,i)}/\partial\phi$ 是存在的，但是，由概率密度函数 $q_\phi(\boldsymbol{z}\mid\boldsymbol{x}_i)$ 采样一个样本的过程与参数 ϕ 的关系是高度非线性的，甚至采样技术存在不可导的操作，因此无法由式(16.3.12)的采样进一步计算 $\partial\boldsymbol{z}^{(l,i)}/\partial\phi$。

为了解决以上问题，可利用重参数化技术。重参数化的原理是概率论中变量变换的原理，即一个复杂概率密度函数 $q_\phi(\boldsymbol{z}\mid\boldsymbol{x}_i)$ 可由一个简单的概率密度 $p(\boldsymbol{\varepsilon})$ 通过一个变换 $\boldsymbol{z}=g_\phi(\boldsymbol{\varepsilon},\boldsymbol{x})$ 得到，则对于一个函数 $f(\boldsymbol{z})$，计算 $E_{q_\phi(\boldsymbol{z}\mid\boldsymbol{x})}[f(\boldsymbol{z})]$ 可由计算 $E_{p(\boldsymbol{\varepsilon})}[f(g_\phi(\boldsymbol{\varepsilon},\boldsymbol{x}))]$ 替代。如果通过蒙特卡洛逼近，则可由 $p(\boldsymbol{\varepsilon})$ 采样一组样本 $\boldsymbol{\varepsilon}^{(k)}\sim p(\boldsymbol{\varepsilon})$，通过变换计算样本 $\boldsymbol{z}^{(k)}=g_\phi(\boldsymbol{\varepsilon}^{(k)},\boldsymbol{x})$，则

$$E_{q_\phi(\boldsymbol{z}\mid\boldsymbol{x})}[f(\boldsymbol{z})]\approx\frac{1}{L}\sum_{k=1}^{L}f(g_\phi(\boldsymbol{\varepsilon}^{(k)},\boldsymbol{x}))=\frac{1}{L}\sum_{k=1}^{L}f(\boldsymbol{z}^{(k)}) \tag{16.3.18}$$

当 $q_\phi(\boldsymbol{z}\mid\boldsymbol{x})$ 是式(16.3.5)所示的高斯分布时，函数 $g_\phi(\cdot)$ 变得简单。首先假设

$$p(\boldsymbol{\varepsilon})=N(\boldsymbol{\varepsilon}\mid\boldsymbol{0},\boldsymbol{I}) \tag{16.3.19}$$

则

$$\boldsymbol{z}=\boldsymbol{\mu}_\phi(\boldsymbol{x})+\Sigma_\phi^{1/2}(\boldsymbol{x})\boldsymbol{\varepsilon}=\boldsymbol{\mu}_\phi(\boldsymbol{x})+\boldsymbol{\sigma}_\phi(\boldsymbol{x})\odot\boldsymbol{\varepsilon} \tag{16.3.20}$$

其中，$\boldsymbol{\sigma}_\phi(\boldsymbol{x})$ 相当于式(16.3.9)定义的方差向量 $\boldsymbol{\sigma}_\phi^2(\boldsymbol{x})$ 的按分量开根号，$\odot$ 是按分量乘。在式(16.3.20)重参数化表示的基础上，对于一个数据集样本 $\boldsymbol{x}_i$，代替式(16.3.12)的重参数化样本为

$$\boldsymbol{z}^{(l,i)}=\boldsymbol{\mu}_\phi(\boldsymbol{x}_i)+\boldsymbol{\sigma}_\phi(\boldsymbol{x}_i)\odot\boldsymbol{\varepsilon}^{(l)}$$

$$\boldsymbol{\varepsilon}^{(l)} \sim N(0, \boldsymbol{I}), \quad l=1,2,\cdots,L \tag{16.3.21}$$

有了式(16.3.21)的重参数化采样，式$\partial \boldsymbol{z}^{(l,i)}/\partial \phi$ 可表示为

$$\frac{\partial \boldsymbol{z}^{(l,i)}}{\partial \phi}=\frac{\partial \boldsymbol{\mu}_{\phi}(\boldsymbol{x}_i)}{\partial \phi}+\frac{\partial \boldsymbol{\sigma}_{\phi}(\boldsymbol{x}_i)}{\partial \phi} \odot \boldsymbol{\varepsilon}^{(l)} \tag{16.3.22}$$

由于$\boldsymbol{\mu}_{\phi}(\boldsymbol{x}_i)$，$\boldsymbol{\sigma}_{\phi}(\boldsymbol{x}_i)$是概率编码器部分神经网络的输出，因此，BP 算法可正常进行下去。

3. 学习过程的小批量实现

对于数据集的一个样本 $\boldsymbol{x}_i$，可通过式(16.3.21)的重参数化方法采集一组隐变量向量样本 $\boldsymbol{z}^{(l,i)}$，可使用式(16.3.13)或式(16.3.16)计算 $\boldsymbol{x}_i$ 贡献的证据下界$\widetilde{L}(\theta,\phi,\boldsymbol{x}_i)$。在实际中，当训练用的数据集充分大时，可采用小批量随机梯度算法，即一次迭代时随机从训练数据集中采集一个小批量样本 $\boldsymbol{D}_M=\{(\boldsymbol{x}_i)\}_{i=1}^{M}$，计算小批量样本下证据下界的平均值

$$\widetilde{L}^{M}(\theta,\phi,\boldsymbol{D}_M)=\frac{1}{M}\sum_{i=1}^{M}\widetilde{L}(\theta,\phi,\boldsymbol{x}_i) \tag{16.3.23}$$

通过 BP 算法计算如下梯度

$$\boldsymbol{g}=\nabla_{\theta,\phi}\widetilde{L}^{M}(\theta,\phi,\boldsymbol{D}_M)=\frac{1}{M}\sum_{i=1}^{M}\nabla_{\theta,\phi}\widetilde{L}(\theta,\phi,\boldsymbol{x}_i) \tag{16.3.24}$$

总结以上讨论，给出 VAE 的学习算法如算法 16.3.1 所示。

算法 16.3.1 VAE 学习算法

设 $M=100, L=1$
初始化：(θ,ϕ)
循环：
  随机抽取小批量样本集 $\boldsymbol{D}_M$
  随机采样$\boldsymbol{\varepsilon} \sim N(\boldsymbol{0},\boldsymbol{I})$
  计算梯度 $\boldsymbol{g} \leftarrow \nabla_{\theta,\phi}\widetilde{L}^{M}(\theta,\phi,\boldsymbol{D}_M)$
  更新 θ,ϕ (SGD 算法，如用 Adagrad、动量、Adam 等优化算法)
  直到(θ,ϕ) 收敛
返回(θ,ϕ)

第 26 集
微课视频

对于给出的数据集，选择概率编码器和概率解码器的神经网络结构，注意图 16.3.2 给出的网络结构只是一个说明性的实例，实际中根据数据规模、数据维度、数据类型等可选择一种合适的神经网络结构，通过表 16.3.1 的算法流程训练网络，当网络训练结束后，若需要生成新的样本，则 $\boldsymbol{z}^{\text{new}} \sim N(\boldsymbol{0},\boldsymbol{I})$，输入概率解码器部分产生新样本 $\boldsymbol{x}^{\text{new}} \sim p_{\theta}(\boldsymbol{x}|\boldsymbol{z}^{\text{new}})$。当训练结束后，生成新样本时，只有解码器部分工作。VAE 结构易于训练，且生成样本效率高，但基本的 VAE 算法生成的样本质量不高，因此，后续有许多改进算法对 VAE 进行改进，如结合矢量量化的 VA-VAE 等，限于篇幅本节不再展开讨论。

16.4 深度扩散模型

扩散模型是一种可生成高质量图像、视频和语音的生成模型，更严格的可称之为扩散概率模型(Diffusion Probabilistic Models，DPM)，简称扩散模型。扩散模型是一种参数化的马尔可夫链，由前向过程(扩散过程)和反向过程组成。

可以将扩散模型理解为多层次的VAE，将数据集样本记为 $\boldsymbol{x}_0$，由第一层概率编码器产生隐变量向量 $\boldsymbol{x}_1$，再由第2层编码器产生 $\boldsymbol{x}_2$，直到产生 $\boldsymbol{x}_T$，与传统VAE不同，这里每层隐变量 $\boldsymbol{x}_i, i=1, 2,\cdots,T$ 与样本集同维度，$\boldsymbol{x}_T$ 是纯噪声向量，由 $\boldsymbol{x}_T$ 反向经过多层概率解码器反向重构序列 $\boldsymbol{x}_i, i=T-1,\cdots,2,1$，最后一层 $p(\boldsymbol{x}_0 | \boldsymbol{x}_1)$ 重构数据集样本。将扩散模型理解为多层VAE，可自然地引出使用证据下界作为目标函数。

实际上，扩散模型的每一层相对更加简单，其由前向和后向过程链组成，层级 T 可能很大，为了更清楚地理解和导出扩散模型生成算法，以下几小节分别介绍其过程原理、目标函数、训练算法和一些技术扩展。

16.4.1 前向和反向过程

扩散模型的示意图如图16.4.1所示，包括了前向过程和反向过程。前向过程也称为扩散过程，通过逐渐加入噪声，将样本逐渐扩散为纯噪声分布，例如高斯噪声；反向过程从纯噪声分布出发，逐级重构样本，最后恢复样本。由非平衡热力学原理，若扩散参数充分小，则前向过程和后向过程可具有相同概率分布类型，例如高斯分布。

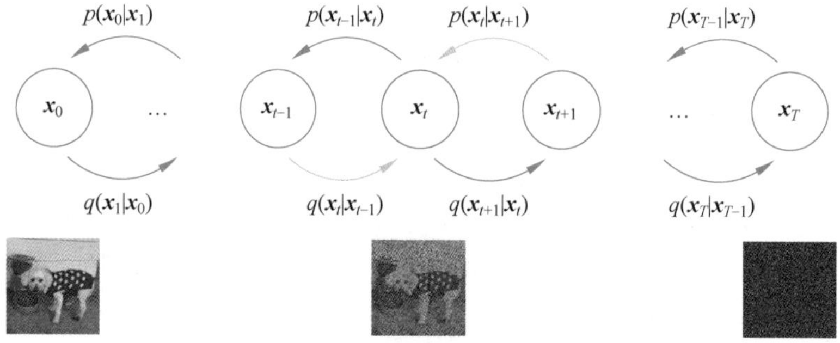

图16.4.1 扩散模型的示意图

1. 前向过程

前向过程是一个Markov链，从数据集的一个样本 $\boldsymbol{x}_0$ 出发，通过加入微小的噪声和衰减，得到 $\boldsymbol{x}_1$，变换关系为

$$\boldsymbol{x}_1 = \sqrt{1-\beta_1}\,\boldsymbol{x}_0 + \sqrt{\beta_1}\,\boldsymbol{\varepsilon}, \quad \boldsymbol{\varepsilon} \sim N(\boldsymbol{0}, \boldsymbol{I}) \tag{16.4.1}$$

其中，$\beta_1 \ll 1$ 是扩散系数，这个过程一直进行下去，给出 β_t 从 $\boldsymbol{x}_{t-1}$ 变换到 $\boldsymbol{x}_t$ 的关系为

$$\boldsymbol{x}_t = \sqrt{1-\beta_t}\,\boldsymbol{x}_{t-1} + \sqrt{\beta_t}\,\boldsymbol{\varepsilon}, \quad \boldsymbol{\varepsilon} \sim N(\boldsymbol{0}, \boldsymbol{I}) \tag{16.4.2}$$

可用条件概率表示转移过程为

$$q(\boldsymbol{x}_t \mid \boldsymbol{x}_{t-1}) = N\left(\boldsymbol{x}_t \,\middle|\, \sqrt{1-\beta_t}\,\boldsymbol{x}_{t-1}, \beta_t \boldsymbol{I}\right) \tag{16.4.3}$$

这个过程持续 T 步，T 充分大使得 $\boldsymbol{x}_T$ 成为纯噪声向量，满足 $\boldsymbol{x}_T \sim N(\boldsymbol{0}, \boldsymbol{I})$。

这个Markov链以 $\boldsymbol{x}_0$ 作为条件，$\boldsymbol{x}_i, i=1,2,\cdots,T$ 的联合概率表示为

$$q(\boldsymbol{x}_{1:T} \mid \boldsymbol{x}_0) = \prod_{t=1}^{T} q(\boldsymbol{x}_t \mid \boldsymbol{x}_{t-1}) \tag{16.4.4}$$

噪声扩散参数有 $\beta_1, \beta_2, \cdots, \beta_T$。图16.4.1中已画出前向过程的概率转移，其中给出的一幅图像被逐渐扩散为纯噪声的例子如图16.4.1中最下面一行的图片所示。

2. 反向过程

反向过程是从纯噪声向量 $\boldsymbol{x}_T$ 出发，每一步转移都是一种消噪的过程，通过 T 步重构样本向

量 $\boldsymbol{x}_0$，用 $p_\theta(\boldsymbol{x}_{t-1}|\boldsymbol{x}_t)$ 表示由 $\boldsymbol{x}_t$ 到 $\boldsymbol{x}_{t-1}$ 的一步转移概率密度函数，θ 表示转移概率的参数。$\boldsymbol{x}_{0:T}$ 的联合概率密度函数表示为

$$p_\theta(\boldsymbol{x}_{0:T})=p(\boldsymbol{x}_T)\prod_{t=1}^{T}p_\theta(\boldsymbol{x}_{t-1}\mid\boldsymbol{x}_t) \tag{16.4.5}$$

其中，$p(\boldsymbol{x}_T)=N(\boldsymbol{x}_T|\boldsymbol{0},\boldsymbol{I})$，既然式(16.4.3)选择前向概率是高斯分布，则后向过程也服从高斯分布，故

$$p_\theta(\boldsymbol{x}_{t-1}\mid\boldsymbol{x}_t)=N(\boldsymbol{x}_{t-1}|\boldsymbol{\mu}_\theta(\boldsymbol{x}_t,t),\boldsymbol{\Sigma}_\theta(\boldsymbol{x}_t,t)) \tag{16.4.6}$$

其中，$\boldsymbol{\mu}_\theta(\boldsymbol{x}_t,t)$，$\boldsymbol{\Sigma}_\theta(\boldsymbol{x}_t,t)$ 可用神经网络实现。

在扩散模型中，前向过程由式(16.4.4)和式(16.4.3)表示，其过程是预先确定的，只有参数集 $\beta_1,\beta_2,\cdots,\beta_T$ 可以选择。可有两种做法，其一是将参数集作为超参数，预先指定；其二是将参数集作为待定参数在训练过程中确定，在本节介绍原理和基本算法时，将该参数集看作超参数，对于训练过程是确定的。

对于扩散模型，采用神经网络表示 $\boldsymbol{\mu}_\theta(\boldsymbol{x}_t,t)$，$\boldsymbol{\Sigma}_\theta(\boldsymbol{x}_t,t)$，选择目标函数，使用训练数据集确定网络参数。

16.4.2 扩散模型的目标函数

在前面讨论扩散模型的前向过程和后向过程时，容易理解每一步前向过程可看作一个特殊的概率编码器，每一步后向过程可看作一个特殊的概率解码器，从这个观点看，可用证据下界作为扩散模型的目标函数，由于存在隐变量向量序列 $\boldsymbol{x}_i$，$i=1,2,\cdots,T$，证据下界的形式略有所变化，以 $\boldsymbol{x}=\boldsymbol{x}_0$ 表示任一个数据集样本，有

$$\begin{aligned}\log p(\boldsymbol{x})&=\log\left(\int p(\boldsymbol{x}_{0:T})\,\mathrm{d}\boldsymbol{x}_{1:T}\right)=\log\int\frac{p(\boldsymbol{x}_{0:T})}{q(\boldsymbol{x}_{1:T}|\boldsymbol{x}_0)}q(\boldsymbol{x}_{1:T}|\boldsymbol{x}_0)\,\mathrm{d}\boldsymbol{x}_{1:T}\\&=\log E_{q(\boldsymbol{x}_{1:T}|\boldsymbol{x}_0)}\left[\frac{p(\boldsymbol{x}_{0:T})}{q(\boldsymbol{x}_{1:T}|\boldsymbol{x}_0)}\right]\geqslant E_{q(\boldsymbol{x}_{1:T}|\boldsymbol{x}_0)}\left[\log\frac{p(\boldsymbol{x}_{0:T})}{q(\boldsymbol{x}_{1:T}|\boldsymbol{x}_0)}\right]\end{aligned} \tag{16.4.7}$$

式(16.4.7)的最后一个不等式用了 Jensen 不等式(在 2.5.2 节介绍过 Jensen 不等式)，利用 Jensen 不等式可以很容易得到式(16.4.7)的证据下界，即

$$L(\theta,\boldsymbol{x}_0)=E_{q(\boldsymbol{x}_{1:T}|\boldsymbol{x}_0)}\left[\log\frac{p(\boldsymbol{x}_{0:T})}{q(\boldsymbol{x}_{1:T}\mid\boldsymbol{x}_0)}\right] \tag{16.4.8}$$

为了使用式(16.4.8)的 ELBO 进行优化，将式(16.4.4)和式(16.4.5)代入式(16.4.8)进行整理，可把 ELBO 进一步分解为(证明留作习题)

$$\begin{aligned}L(\theta,\boldsymbol{x}_0)=&E_{q(\boldsymbol{x}_1|\boldsymbol{x}_0)}[\log p_\theta(\boldsymbol{x}_0\mid\boldsymbol{x}_1)]-E_{q(\boldsymbol{x}_{T-1}|\boldsymbol{x}_0)}[D_{\mathrm{KL}}(q(\boldsymbol{x}_T\mid\boldsymbol{x}_{T-1})\,\|\,p(\boldsymbol{x}_T))]-\\&\sum_{t=1}^{T-1}E_{q(\boldsymbol{x}_{t-1},\boldsymbol{x}_{t+1}|\boldsymbol{x}_0)}[D_{\mathrm{KL}}(q(\boldsymbol{x}_t\mid\boldsymbol{x}_{t-1})\,\|\,p_\theta(\boldsymbol{x}_t\mid\boldsymbol{x}_{t+1}))]\end{aligned} \tag{16.4.9}$$

分析式(16.4.9)可见，在第 1 项中，若把 $\boldsymbol{x}_1$ 看作隐变量向量 $\boldsymbol{z}$，其与 VAE 分解的目标函数中参数化的解码器相同，可作同样处理。第 2 项是先验匹配项，没有待优化参数，若 T 充分大，$q(\boldsymbol{x}_T|\boldsymbol{x}_{T-1})$ 逼近纯噪声分布 $p(\boldsymbol{x}_T)$，该项实际趋于 0，不必考虑。第 3 项是实质的，共 $T-1$ 项的和，每一项指出要求的逼近，即用 $p_\theta(\boldsymbol{x}_t|\boldsymbol{x}_{t+1})$ 逼近 $q(\boldsymbol{x}_t|\boldsymbol{x}_{t-1})$。如 16.4.1 节所述，在训练时，$q(\boldsymbol{x}_t|\boldsymbol{x}_{t-1})=N(\boldsymbol{x}_t|\sqrt{1-\beta_t}\boldsymbol{x}_{t-1},\beta_t\boldsymbol{I})$ 是已经确定的，优化表示 $p_\theta(\boldsymbol{x}_t|\boldsymbol{x}_{t+1})$ 的神经网络参数使第 3 项最小化。

在具体实现时，对于一个数据集样本，可通过采样 $q(\boldsymbol{x}_1|\boldsymbol{x}_0)$ 获得一组样本 $\boldsymbol{x}_1^{(k)}, k=1,2,\cdots,L$，用蒙特卡洛(MC)方法计算第一项的期望。类似地可采样 $q(\boldsymbol{x}_{t-1},\boldsymbol{x}_{t+1}|\boldsymbol{x}_0)$，得到一组样本 $\{\boldsymbol{x}_{t-1}^{(k)},\boldsymbol{x}_{t+1}^{(k)}\}, k=1,2,\cdots,L$ 并用 MC 方法去计算第 3 项的各期望，但是对 $q(\boldsymbol{x}_{t-1},\boldsymbol{x}_{t+1}|\boldsymbol{x}_0)$ 取期望，需要采集两个向量的联合样本，若要实现好的逼近需要更多样本，但在实际训练过程中，因为存在大量小批量随机梯度迭代，为了节省运算，往往只采集一个样本，即取 $L=1$，在这种情况下，对 $q(\boldsymbol{x}_{t-1},\boldsymbol{x}_{t+1}|\boldsymbol{x}_0)$ 取期望的方差较大，性能不够好，因此，可修改式(16.4.9)的分解，最好是每一项期望只针对单变量的条件期望进行，为此，重新对式(16.4.8)进行分解，可得如下分解

$$L(\theta,\boldsymbol{x}_0)=E_{q(\boldsymbol{x}_1|\boldsymbol{x}_0)}[\log p_\theta(\boldsymbol{x}_0\mid\boldsymbol{x}_1)]-D_{\mathrm{KL}}(q(\boldsymbol{x}_T|\boldsymbol{x}_0)\,\|\,p(\boldsymbol{x}_T))-\sum_{t=2}^{T}E_{q(\boldsymbol{x}_t|\boldsymbol{x}_0)}[D_{\mathrm{KL}}(q(\boldsymbol{x}_{t-1}\mid\boldsymbol{x}_t,\boldsymbol{x}_0)\,\|\,p_\theta(\boldsymbol{x}_{t-1}\mid\boldsymbol{x}_t))] \tag{16.4.10}$$

式(16.4.10)很重要，实际扩散模型的训练就基于式(16.4.10)，首先给出其证明，如下所示。

从式(16.4.8)出发，将式(16.4.4)和式(16.4.5)代入式(16.4.8)，按如下进行分解：

$$\begin{aligned}
L(\theta,\boldsymbol{x}_0)&=E_{q(\boldsymbol{x}_{1:T}|\boldsymbol{x}_0)}\left[\log\frac{p(\boldsymbol{x}_{0:T})}{q(\boldsymbol{x}_{1:T}\mid\boldsymbol{x}_0)}\right]\\
&=E_{q(\boldsymbol{x}_{1:T}|\boldsymbol{x}_0)}\left[\log\frac{p(\boldsymbol{x}_T)p_\theta(\boldsymbol{x}_0\mid\boldsymbol{x}_1)\prod_{t=2}^{T}p_\theta(\boldsymbol{x}_{t-1}\mid\boldsymbol{x}_t)}{q(\boldsymbol{x}_1\mid\boldsymbol{x}_0)\prod_{t=2}^{T}q(\boldsymbol{x}_t\mid\boldsymbol{x}_{t-1})}\right]\\
&=E_{q(\boldsymbol{x}_{1:T}|\boldsymbol{x}_0)}\left[\log\frac{p(\boldsymbol{x}_T)p_\theta(\boldsymbol{x}_0\mid\boldsymbol{x}_1)\prod_{t=2}^{T}p_\theta(\boldsymbol{x}_{t-1}\mid\boldsymbol{x}_t)}{q(\boldsymbol{x}_1\mid\boldsymbol{x}_0)\prod_{t=2}^{T}q(\boldsymbol{x}_t|\boldsymbol{x}_{t-1},\boldsymbol{x}_0)}\right]\\
&=E_{q(\boldsymbol{x}_{1:T}|\boldsymbol{x}_0)}\left[\log\frac{p(\boldsymbol{x}_T)p_\theta(\boldsymbol{x}_0\mid\boldsymbol{x}_1)}{q(\boldsymbol{x}_1\mid\boldsymbol{x}_0)}+\log\prod_{t=2}^{T}\frac{p_\theta(\boldsymbol{x}_{t-1}\mid\boldsymbol{x}_t)}{q(\boldsymbol{x}_t|\boldsymbol{x}_{t-1},\boldsymbol{x}_0)}\right]\\
&=E_{q(\boldsymbol{x}_{1:T}|\boldsymbol{x}_0)}\left[\log\frac{p(\boldsymbol{x}_T)p_\theta(\boldsymbol{x}_0\mid\boldsymbol{x}_1)}{q(\boldsymbol{x}_1\mid\boldsymbol{x}_0)}+\log\prod_{t=2}^{T}\frac{p_\theta(\boldsymbol{x}_{t-1}\mid\boldsymbol{x}_t)}{\dfrac{q(\boldsymbol{x}_{t-1}|\boldsymbol{x}_t,\boldsymbol{x}_0)q(\boldsymbol{x}_t\mid\boldsymbol{x}_0)}{q(\boldsymbol{x}_{t-1}|\boldsymbol{x}_0)}}\right]\\
&=E_{q(\boldsymbol{x}_{1:T}|\boldsymbol{x}_0)}\left[\log\frac{p(\boldsymbol{x}_T)p_\theta(\boldsymbol{x}_0\mid\boldsymbol{x}_1)}{q(\boldsymbol{x}_1\mid\boldsymbol{x}_0)}+\log\frac{q(\boldsymbol{x}_1\mid\boldsymbol{x}_0)}{q(\boldsymbol{x}_T|\boldsymbol{x}_0)}+\log\prod_{t=2}^{T}\frac{p_\theta(\boldsymbol{x}_{t-1}\mid\boldsymbol{x}_t)}{q(\boldsymbol{x}_{t-1}|\boldsymbol{x}_t,\boldsymbol{x}_0)}\right]\\
&=E_{q(\boldsymbol{x}_{1:T}|\boldsymbol{x}_0)}[p_\theta(\boldsymbol{x}_0\mid\boldsymbol{x}_1)]+E_{q(\boldsymbol{x}_{1:T}|\boldsymbol{x}_0)}\left[\frac{p(\boldsymbol{x}_T)}{q(\boldsymbol{x}_T|\boldsymbol{x}_0)}\right]+\sum_{t=2}^{T}E_{q(\boldsymbol{x}_{1:T}|\boldsymbol{x}_0)}\left[\log\frac{p_\theta(\boldsymbol{x}_{t-1}\mid\boldsymbol{x}_t)}{q(\boldsymbol{x}_{t-1}|\boldsymbol{x}_t,\boldsymbol{x}_0)}\right]\\
&=E_{q(\boldsymbol{x}_1|\boldsymbol{x}_0)}[p_\theta(\boldsymbol{x}_0\mid\boldsymbol{x}_1)]+E_{q(\boldsymbol{x}_T|\boldsymbol{x}_0)}\left[\frac{p(\boldsymbol{x}_T)}{q(\boldsymbol{x}_T\mid\boldsymbol{x}_0)}\right]+\sum_{t=2}^{T}E_{q(\boldsymbol{x}_t,\boldsymbol{x}_{t-1}|\boldsymbol{x}_0)}\left[\log\frac{p_\theta(\boldsymbol{x}_{t-1}\mid\boldsymbol{x}_t)}{q(\boldsymbol{x}_{t-1}|\boldsymbol{x}_t,\boldsymbol{x}_0)}\right]\\
&=E_{q(\boldsymbol{x}_1|\boldsymbol{x}_0)}[\log p_\theta(\boldsymbol{x}_0\mid\boldsymbol{x}_1)]-D_{\mathrm{KL}}(q(\boldsymbol{x}_T\mid\boldsymbol{x}_0)\,\|\,p(\boldsymbol{x}_T))-\\
&\quad\sum_{t=2}^{T}E_{q(\boldsymbol{x}_t|\boldsymbol{x}_0)}[D_{\mathrm{KL}}(q(\boldsymbol{x}_{t-1}\mid\boldsymbol{x}_t,\boldsymbol{x}_0)\,\|\,p_\theta(\boldsymbol{x}_{t-1}\mid\boldsymbol{x}_t))]
\end{aligned}$$

在以上证明中，从第 2 行到第 3 行，用了马尔可夫性：$q(\boldsymbol{x}_t|\boldsymbol{x}_{t-1})=q(\boldsymbol{x}_t|\boldsymbol{x}_{t-1},\boldsymbol{x}_0)$，第 4 行到第 5 行用了表示 $q(\boldsymbol{x}_t|\boldsymbol{x}_{t-1},\boldsymbol{x}_0)$ 的贝叶斯公式。

ELBO 的新分解式(16.4.10)的优点是取期望均对单一向量分布进行，用 MC 方法逼近的方差小，可得到更有效的训练算法。式(16.4.10)的第 1 项与式(16.4.9)的第 1 项相同，不再赘述，第 2 项仍是与参数无关且趋于 0 的，第 3 项是优化的主体，在每一步需优化反向过程参数 $p_\theta(\boldsymbol{x}_{t-1}|\boldsymbol{x}_t)$ 使之逼近由扩散过程构成的一个降噪概率 $q(\boldsymbol{x}_{t-1}|\boldsymbol{x}_t,\boldsymbol{x}_0)$，注意，前向过程本来是由 $\boldsymbol{x}_{t-1}$ 转移到 $\boldsymbol{x}_t$ 的，是加噪声过程，但由前向转移概率组合而成的 $q(\boldsymbol{x}_{t-1}|\boldsymbol{x}_t,\boldsymbol{x}_0)$ 却是由 $\boldsymbol{x}_t,\boldsymbol{x}_0$ 转移到 $\boldsymbol{x}_{t-1}$ 的，是一个降噪过程。

由于式(16.4.10)的第 3 项对于每一步 t 需要对 $q(\boldsymbol{x}_t|\boldsymbol{x}_0)$ 求期望，为了用 MC 方法逼近，需要对 $q(\boldsymbol{x}_t|\boldsymbol{x}_0)$ 采样，可以由式(16.4.3)的一步转移概率导出由 $\boldsymbol{x}_0$ 到 $\boldsymbol{x}_t$ 的转移概率 $q(\boldsymbol{x}_t|\boldsymbol{x}_0)$。为此，从式(16.4.2)的重参数化形式出发，进行归纳，为了方便设 $\alpha_t=1-\beta_t$，$\bar{\alpha}_t=\prod_{s=1}^{t}\alpha_s$，则式(16.4.2)针对两个时刻重写为

$$\boldsymbol{x}_t=\sqrt{\alpha_t}\boldsymbol{x}_{t-1}+\sqrt{1-\alpha_t}\,\boldsymbol{\varepsilon}_{t-1}^*,\quad \boldsymbol{\varepsilon}_{t-1}^*\sim N(\boldsymbol{0},\boldsymbol{I})$$

$$\boldsymbol{x}_{t-1}=\sqrt{\alpha_{t-1}}\boldsymbol{x}_{t-2}+\sqrt{1-\alpha_{t-1}}\,\boldsymbol{\varepsilon}_{t-2}^*,\quad \boldsymbol{\varepsilon}_{t-2}^*\sim N(\boldsymbol{0},\boldsymbol{I})$$

故

$$\begin{aligned}\boldsymbol{x}_t&=\sqrt{\alpha_t}\left(\sqrt{\alpha_{t-1}}\boldsymbol{x}_{t-2}+\sqrt{1-\alpha_{t-1}}\,\boldsymbol{\varepsilon}_{t-2}^*\right)+\sqrt{1-\alpha_t}\,\boldsymbol{\varepsilon}_{t-1}^*\\&=\sqrt{\alpha_t\alpha_{t-1}}\boldsymbol{x}_{t-2}+\sqrt{\alpha_t-\alpha_t\alpha_{t-1}}\,\boldsymbol{\varepsilon}_{t-2}^*+\sqrt{1-\alpha_t}\,\boldsymbol{\varepsilon}_{t-1}^*\\&=\sqrt{\alpha_t\alpha_{t-1}}\boldsymbol{x}_{t-2}+\sqrt{1-\alpha_t\alpha_{t-1}}\,\boldsymbol{\varepsilon}_{t-2},\quad \boldsymbol{\varepsilon}_{t-2}\sim N(\boldsymbol{0},\boldsymbol{I})\end{aligned}\tag{16.4.11}$$

注意，$\boldsymbol{\varepsilon}_{t-2}^*$ 和 $\boldsymbol{\varepsilon}_{t-1}^*$ 是两个独立的零均值高斯向量，由满足 $N(\boldsymbol{0},\sigma_1^2\boldsymbol{I})$ 和 $N(\boldsymbol{0},\sigma_2^2\boldsymbol{I})$ 的两个独立高斯向量之和构成一个新的高斯向量且满足 $N(\boldsymbol{0},(\sigma_1^2+\sigma_2^2)\boldsymbol{I})$，由此得到式(16.4.11)最后一行，式(16.4.11)继续进行下去，则归纳可得

$$\begin{aligned}\boldsymbol{x}_t&=\sqrt{\prod_{i=1}^{t}\alpha_i}\boldsymbol{x}_0+\sqrt{1-\prod_{i=1}^{t}\alpha_i}\,\boldsymbol{\varepsilon}_0\\&=\sqrt{\bar{\alpha}_t}\boldsymbol{x}_0+\sqrt{1-\bar{\alpha}_t}\,\boldsymbol{\varepsilon}_0\quad \boldsymbol{\varepsilon}_0\sim N(\boldsymbol{0},\boldsymbol{I})\end{aligned}\tag{16.4.12}$$

式(16.4.12)可写为

$$q(\boldsymbol{x}_t\mid\boldsymbol{x}_0)=N\left(\boldsymbol{x}_t\mid\sqrt{\bar{\alpha}_t}\boldsymbol{x}_0,(1-\bar{\alpha}_t)\boldsymbol{I}\right)\tag{16.4.13}$$

在式(16.4.10)的第 3 项中，要求 $p_\theta(\boldsymbol{x}_{t-1}|\boldsymbol{x}_t)$ 去逼近概率 $q(\boldsymbol{x}_{t-1}|\boldsymbol{x}_t,\boldsymbol{x}_0)$，为此需要导出 $q(\boldsymbol{x}_{t-1}|\boldsymbol{x}_t,\boldsymbol{x}_0)$ 的表示，应用如下贝叶斯公式

$$q(\boldsymbol{x}_{t-1}\mid\boldsymbol{x}_t,\boldsymbol{x}_0)=\frac{q(\boldsymbol{x}_t\mid\boldsymbol{x}_{t-1},\boldsymbol{x}_0)\,q(\boldsymbol{x}_{t-1}\mid\boldsymbol{x}_0)}{q(\boldsymbol{x}_t\mid\boldsymbol{x}_0)}\tag{16.4.14}$$

其中，由马尔可夫性可得 $q(\boldsymbol{x}_t|\boldsymbol{x}_{t-1},\boldsymbol{x}_0)=q(\boldsymbol{x}_t|\boldsymbol{x}_{t-1})=N(\boldsymbol{x}_t|\sqrt{1-\beta_t}\boldsymbol{x}_{t-1},\beta_t\boldsymbol{I})$，$q(\boldsymbol{x}_t|\boldsymbol{x}_0)$ 和 $q(\boldsymbol{x}_{t-1}|\boldsymbol{x}_0)$ 已由式(16.4.13)表示，将这些表达式代入式(16.4.14)进行整理得

$$q(\boldsymbol{x}_{t-1}\mid\boldsymbol{x}_t,\boldsymbol{x}_0)=N(\boldsymbol{x}_{t-1}\mid\boldsymbol{\mu}_q(\boldsymbol{x}_t,\boldsymbol{x}_0),\boldsymbol{\Sigma}_q(t))\tag{16.4.15}$$

其中，

$$\begin{cases}\boldsymbol{\mu}_q(\boldsymbol{x}_t,\boldsymbol{x}_0)=\dfrac{\sqrt{\alpha_t}(1-\bar{\alpha}_{t-1})\boldsymbol{x}_t+\sqrt{\bar{\alpha}_{t-1}}(1-\alpha_t)\boldsymbol{x}_0}{1-\bar{\alpha}_t}\\ \boldsymbol{\Sigma}_q(t)=\sigma_q^2(t)\boldsymbol{I}\\ \sigma_q^2(t)=\dfrac{(1-\alpha_t)(1-\bar{\alpha}_{t-1})}{1-\bar{\alpha}_t}\end{cases}\tag{16.4.16}$$

对于扩散模型的学习，至此给出了易于实现的目标函数式(16.4.10)和需要的概率转移函数$q(\boldsymbol{x}_t|\boldsymbol{x}_0)$和$q(\boldsymbol{x}_{t-1}|\boldsymbol{x}_t,\boldsymbol{x}_0)$，接下来讨论其训练算法。

16.4.3 扩散模型训练算法和实现实例

训练一个扩散模型，最主要的是优化式(16.4.10)最后求和符号里面的各项，即对于训练数据集的一个样本$\boldsymbol{x}_0$，分别优化以下各项

$$L_{t-1}=E_{q(\boldsymbol{x}_t|\boldsymbol{x}_0)}\left[D_{\mathrm{KL}}(q(\boldsymbol{x}_{t-1}\mid\boldsymbol{x}_t,\boldsymbol{x}_0)\,\|\,p_\theta(\boldsymbol{x}_{t-1}\mid\boldsymbol{x}_t))\right] \tag{16.4.17}$$

按照KL散度的原理，最优化的结果是由$p_\theta(\boldsymbol{x}_{t-1}|\boldsymbol{x}_t)$尽可能逼近$q(\boldsymbol{x}_{t-1}|\boldsymbol{x}_t,\boldsymbol{x}_0)$，既然式(16.4.15)已确定了$q(\boldsymbol{x}_{t-1}|\boldsymbol{x}_t,\boldsymbol{x}_0)$的表达式，可设

$$p_\theta(\boldsymbol{x}_{t-1}\mid\boldsymbol{x}_t)=N(\boldsymbol{x}_{t-1}\mid\boldsymbol{\mu}_\theta(\boldsymbol{x}_t,t),\sigma_q^2(t)\boldsymbol{I}) \tag{16.4.18}$$

由于逼近的要求，设$p_\theta(\boldsymbol{x}_{t-1}|\boldsymbol{x}_t)$的协方差矩阵与$q(\boldsymbol{x}_{t-1}|\boldsymbol{x}_t,\boldsymbol{x}_0)$相等，由一个神经网络来实现其均值向量$\boldsymbol{\mu}_\theta(\boldsymbol{x}_t,t)$。由于扩散模型训练过程有多步，而需要用一个神经网络实现各步的均值向量，故将步数t也作为神经网络的输入，即对于t步，以$\boldsymbol{x}_t$和t作为神经网络的输入，其输出为$\boldsymbol{\mu}_\theta(\boldsymbol{x}_t,t)$。由于两个概率函数均为高斯分布，利用式(16.3.14)给出的两个高斯分布的KL散度公式，得

$$D_{\mathrm{KL}}(q(\boldsymbol{x}_{t-1}\mid\boldsymbol{x}_t,\boldsymbol{x}_0)\,\|\,p_\theta(\boldsymbol{x}_{t-1}\mid\boldsymbol{x}_t))=\frac{1}{2\sigma_q^2(t)}\|\boldsymbol{\mu}_\theta(\boldsymbol{x}_t,t)-\boldsymbol{\mu}_q(\boldsymbol{x}_t,\boldsymbol{x}_0)\|^2+C \tag{16.4.19}$$

故

$$L_{t-1}=E_{q(\boldsymbol{x}_t|\boldsymbol{x}_0)}\left[\frac{1}{2\sigma_q^2(t)}\|\boldsymbol{\mu}_\theta(\boldsymbol{x}_t,t)-\boldsymbol{\mu}_q(\boldsymbol{x}_t,\boldsymbol{x}_0)\|^2\right]+C \tag{16.4.20}$$

可由$q(\boldsymbol{x}_t|\boldsymbol{x}_0)$通过重参数化采样获得样本$\boldsymbol{x}_t$，用MC方法求$q(\boldsymbol{x}_t|\boldsymbol{x}_0)$的期望，由于需要对大量样本进行迭代，实际MC方法在实现时一般只采集一个样本，由式(16.4.12)重参数化采样$\boldsymbol{x}_t$为

$$\boldsymbol{x}_t=\sqrt{\bar{\alpha}_t}\,\boldsymbol{x}_0+\sqrt{1-\bar{\alpha}_t}\,\boldsymbol{\varepsilon}\qquad\boldsymbol{\varepsilon}\sim N(\boldsymbol{0},\boldsymbol{I}) \tag{16.4.21}$$

实际上，由式(16.4.21)的重参数化采样，在实际实现时t的取值可不按顺序进行，对神经网络的参数优化可表示为

$$\hat{\theta}=\underset{\theta}{\operatorname{argmin}}E_{t\sim U\{2,T\}}E_{q(\boldsymbol{x}_t|\boldsymbol{x}_0)}\left[\frac{1}{2\sigma_q^2(t)}\|\boldsymbol{\mu}_\theta(\boldsymbol{x}_t,t)-\boldsymbol{\mu}_q(\boldsymbol{x}_t,\boldsymbol{x}_0)\|^2\right] \tag{16.4.22}$$

其中，$t\sim U\{2,T\}$表示t在整数范围$\{2,T\}$内均匀采样一个值。

在以上学习算法的原理基础上，给出如下两种具体实现方法和一个实例说明。

1. 第一种实现方法

鉴于$\boldsymbol{\mu}_q(\boldsymbol{x}_t,\boldsymbol{x}_0)$由式(16.4.16)表示，不直接用神经网络实现$\boldsymbol{\mu}_\theta(\boldsymbol{x}_t,t)$，而是将$\boldsymbol{\mu}_\theta(\boldsymbol{x}_t,t)$表示成如下形式：

$$\boldsymbol{\mu}_\theta(\boldsymbol{x}_t,t)=\frac{\sqrt{\alpha_t}(1-\bar{\alpha}_{t-1})\boldsymbol{x}_t+\sqrt{\bar{\alpha}_{t-1}}(1-\alpha_t)\hat{\boldsymbol{x}}_\theta(\boldsymbol{x}_t,t)}{1-\bar{\alpha}_t} \tag{16.4.23}$$

即不用神经网络直接实现$\boldsymbol{\mu}_\theta(\boldsymbol{x}_t,t)$，而是实现一个替代函数$\hat{\boldsymbol{x}}_\theta(\boldsymbol{x}_t,t)$，则新的目标函数为

$$\hat{\theta}=\underset{\theta}{\operatorname{argmin}}E_{t\sim U\{2,T\}}E_{q(\boldsymbol{x}_t|\boldsymbol{x}_0)}\left[\frac{1}{2\sigma_q^2(t)}\frac{\bar{\alpha}_{t-1}(1-\alpha_t)^2}{(1-\bar{\alpha}_t)^2}\|\hat{\boldsymbol{x}}_\theta(\boldsymbol{x}_t,t)-\boldsymbol{x}_0\|^2\right] \tag{16.4.24}$$

这相当于以$\boldsymbol{x}_t$为输入，$\boldsymbol{x}_0$为标注，训练回归函数$\hat{\boldsymbol{x}}_\theta(\boldsymbol{x}_t,t)$，如果模型已训练完成，则由$\boldsymbol{x}_T\sim N(\boldsymbol{0},\boldsymbol{I})$出发，按反向采样直至$\boldsymbol{x}_0$：

$$z \sim N(\mathbf{0},\boldsymbol{I})$$

$$\begin{aligned}\boldsymbol{x}_{t-1} &= \boldsymbol{\mu}_\theta(\boldsymbol{x}_t,t)+\sigma_q(t)\boldsymbol{z} \\ &= \frac{\sqrt{\alpha_t}(1-\bar{\alpha}_{t-1})\boldsymbol{x}_t+\sqrt{\bar{\alpha}_{t-1}}(1-\alpha_t)\hat{\boldsymbol{x}}_\theta(\boldsymbol{x}_t,t)}{1-\bar{\alpha}_t}+\sigma_q(t)\boldsymbol{z}\end{aligned} \tag{16.4.25}$$

2. 第二种实现方法

由式(16.4.21)的重参数化采样，可得

$$\boldsymbol{x}_0=\frac{\boldsymbol{x}_t-(1-\bar{\alpha}_t)\boldsymbol{\varepsilon}}{\sqrt{\bar{\alpha}_t}},\quad \boldsymbol{\varepsilon}\sim N(\mathbf{0},\boldsymbol{I}) \tag{16.4.26}$$

代入式(16.4.16)的$\boldsymbol{\mu}_q(\boldsymbol{x}_t,\boldsymbol{x}_0)$表达式整理得

$$\boldsymbol{\mu}_q(\boldsymbol{x}_t,\boldsymbol{x}_0)=\frac{1}{\sqrt{\alpha_t}}\boldsymbol{x}_t-\frac{(1-\alpha_t)}{\sqrt{1-\bar{\alpha}_t}\sqrt{\alpha_t}}\boldsymbol{\varepsilon} \tag{16.4.27}$$

由此，可设$\boldsymbol{\mu}_\theta(\boldsymbol{x}_t,t)$为

$$\boldsymbol{\mu}_\theta(\boldsymbol{x}_t,t)=\frac{1}{\sqrt{\alpha_t}}\boldsymbol{x}_t-\frac{(1-\alpha_t)}{\sqrt{1-\bar{\alpha}_t}\sqrt{\alpha_t}}\hat{\boldsymbol{\varepsilon}}_\theta(\boldsymbol{x}_t,t) \tag{16.4.28}$$

将式(16.4.27)和式(16.4.28)代入式(16.4.22)得

$$\begin{aligned}\hat{\theta} &= \underset{\theta}{\operatorname{argmin}} E_{t\sim U\{2,T\}}E_{q(\boldsymbol{x}_t|\boldsymbol{x}_0)}\left[\frac{1}{2\sigma_q^2(t)}\frac{(1-\alpha_t)^2}{(1-\bar{\alpha}_t)\alpha_t}\left\|\hat{\boldsymbol{\varepsilon}}_\theta(\boldsymbol{x}_t,t)-\boldsymbol{\varepsilon}\right\|^2\right] \\ &= \underset{\theta}{\operatorname{argmin}} E_{t\sim U\{2,T\}}E_{\boldsymbol{x}_0,\boldsymbol{\varepsilon}}\left[\frac{1}{2\sigma_q^2(t)}\frac{(1-\alpha_t)^2}{(1-\bar{\alpha}_t)\alpha_t}\left\|\hat{\boldsymbol{\varepsilon}}_\theta(\sqrt{\bar{\alpha}_t}\boldsymbol{x}_0+(1-\bar{\alpha}_t)\boldsymbol{\varepsilon},t)-\boldsymbol{\varepsilon}\right\|^2\right]\end{aligned} \tag{16.4.29}$$

相当于训练替代函数$\hat{\boldsymbol{\varepsilon}}_\theta(\boldsymbol{x}_t,t)$，该回归函数输入 $\boldsymbol{x}_t$ 时的标注为$\boldsymbol{\varepsilon}$。当由式(16.4.29)的目标函数训练结束后，可由 $\boldsymbol{x}_T\sim N(\mathbf{0},\boldsymbol{I})$出发，按式(16.4.30)反向生成新样本：

$$z \sim N(\mathbf{0},\boldsymbol{I})$$

$$\boldsymbol{x}_{t-1}=\frac{1}{\sqrt{\alpha_t}}\boldsymbol{x}_t-\frac{(1-\alpha_t)}{\sqrt{1-\bar{\alpha}_t}\sqrt{\alpha_t}}\hat{\boldsymbol{\varepsilon}}_\theta(\boldsymbol{x}_t,t)+\sigma_q(t)\boldsymbol{z} \tag{16.4.30}$$

3. 扩散模型训练实例

在 Ho 等关于降噪扩散模型(Denoising Diffusion Probabilistic Models，DDPM)的论文中，给出了以上两种训练算法，并给出一个化简目标函数，通过实验发现，对式(16.4.29)化简掉加权系数，即使用化简目标函数

$$L_{\text{simple}}=E_{t\in U\{1,T\},\boldsymbol{x}_0,\boldsymbol{\varepsilon}}\left[\left\|\hat{\boldsymbol{\varepsilon}}_\theta(\sqrt{\bar{\alpha}_t}\boldsymbol{x}_0+(1-\bar{\alpha}_t)\boldsymbol{\varepsilon},t)-\boldsymbol{\varepsilon}\right\|^2\right] \tag{16.4.31}$$

在训练时，每次随机从训练集取一个样本 $\boldsymbol{x}_0$，t 在 $U\{1,T\}$ 中均匀采样，$t=1$ 时对应式(16.4.10)的第 1 项。$\beta_1,\beta_2,\cdots,\beta_T$ 作为超参数给出，取 $\beta_1=10^{-4}$，$\beta_T=0.02$，$T=1000$，其他 β_t 按线性增加。训练算法如算法 16.4.1 所示，采样算法如算法 16.4.2 所示。

算法 16.4.1 DDPM 训练算法

重复

$\boldsymbol{x}_0\sim q(\boldsymbol{x}_0)$，从训练集随机取一样本

$t\sim U\{1,T\}$

$\boldsymbol{\varepsilon} \sim N(\mathbf{0}, \boldsymbol{I})$

按梯度下降算法更新权系数

$$\theta \leftarrow \theta - \eta \nabla_\theta \left\| \hat{\boldsymbol{\varepsilon}}_\theta \left(\sqrt{\bar{\alpha}_t} \boldsymbol{x}_0 + (1 - \bar{\alpha}_t) \boldsymbol{\varepsilon}, t \right) - \boldsymbol{\varepsilon} \right\|^2$$

直到收敛

算法 16.4.2 采样算法

$\boldsymbol{x}_T \sim N(\mathbf{0}, \boldsymbol{I})$

for $t = T, \cdots, 1$, do

if $t > 1$ $\boldsymbol{z} \sim N(\mathbf{0}, \boldsymbol{I})$ else $\boldsymbol{z} = \mathbf{0}$

$$\boldsymbol{x}_{t-1} = \frac{1}{\sqrt{\alpha_t}} \boldsymbol{x}_t - \frac{(1 - \alpha_t)}{\sqrt{1 - \bar{\alpha}_t} \sqrt{\alpha_t}} \hat{\boldsymbol{\varepsilon}}_\theta (\boldsymbol{x}_t, t) + \sigma_q(t) \boldsymbol{z}$$

end for

return $\boldsymbol{x}_0$

由训练集通过训练算法确定一个深度扩散模型，然后采样算法可生成新的样本，注意，在采样算法生成样本时，最后一步产生 $\boldsymbol{x}_0$ 使用了零噪声 $\boldsymbol{z} = \mathbf{0}$。在 DDPM 的基本工作中，神经网络选用了 U-Net。选用不同的训练集，可生成不同维度的样本，以图像为例，图 16.4.2 所示为生成的人脸图像和 CFAR 图像的例子。图 16.4.3 所示为生成的建筑物图像的实例。

图 16.4.2 DDPM 算法生成的人脸图像和 CFAR 图像实例

扩散模型具有清晰的原理阐述和性质，易于理解和训练。扩散模型可生成高质量样本，对于图像生成，可与最好的 GAN 类模型竞争，但是扩散模型的一个显著缺点是其生成样本过程需要 T 级反向过程，实际取 T 很大值，耗费资源很大。人们研究发现扩散模型和得分网络方法有密切的联系，人们对扩散模型进行各种推广和改进，包括条件模型、训练方法和采样方法的改进。

图 16.4.3　DDPM 算法生成的建筑物(教堂)图像实例

*16.4.4　扩散模型与评分网络的关系和其他扩展

与扩散模型并行发展起来的另一种生成模型是基于评分的生成模型。对于一个 D 维向量 $\boldsymbol{x}$，满足概率密度函数 $q(\boldsymbol{x})$，定义其评分函数(Score Function)为 $\nabla_{\boldsymbol{x}}\log q(\boldsymbol{x})$，学习一个评分网络(Score Network) $\boldsymbol{s}_\theta(\boldsymbol{x})$：$\mathbf{R}^D\to\mathbf{R}^D$ 用于逼近评分函数，评分网络 $\boldsymbol{s}_\theta(\boldsymbol{x})$ 由神经网络表示，θ 表示神经网络的参数。给出训练数据集 $\{\boldsymbol{x}_n\}_{n=1}^N$ 可学习神经网络的参数，使评分网络逼近评分函数，即 $\boldsymbol{s}_\theta(\boldsymbol{x})\approx\nabla_{\boldsymbol{x}}\log q(\boldsymbol{x})$，训练评分网络模型以最小化目标函数

$$L(\theta)=E_{q(\boldsymbol{x})}\left[\|\boldsymbol{s}_\theta(\boldsymbol{x})-\nabla_{\boldsymbol{x}}\log q(\boldsymbol{x})\|_2^2\right] \tag{16.4.32}$$

对于评分网络，利用郎之万动力学(Langevin Dynamics)生成样本，即

$$\boldsymbol{x}_t=\boldsymbol{x}_{t-1}+\frac{\delta}{2}\nabla_{\boldsymbol{x}}\log q(\boldsymbol{x}_{t-1})+\sqrt{\delta}\,\boldsymbol{\varepsilon}_t,\quad \boldsymbol{\varepsilon}_t\sim N(\boldsymbol{0},\boldsymbol{I}) \tag{16.4.33}$$

其中，δ 是小的步长，$\boldsymbol{x}_0$ 取自一个先验分布，当 $t\to\infty$ 时，$\boldsymbol{x}_t$ 趋于分布 $q(\boldsymbol{x})$，在实际中可取充分大步数 T 以充分逼近 $q(\boldsymbol{x})$。

评分网络在高维数据环境下会遇到两个实际问题，一是许多高维数据集实际上分布在一个低维流形上，在这个子集之外的评分函数难以确定；二是在概率分布低的区域缺少样本，难以准确估计评分函数，因此，郎之万动力学运行在这些区域时没有良好逼近的评分函数可用，影响有效的样本生成。为了解决这些问题，Song 等提出用高斯随机噪声对数据进行扰动，同时，提出降噪评分匹配方法，对样本 $\boldsymbol{x}$ 加以噪声扰动得到 $\tilde{\boldsymbol{x}}$，并指定转移概率 $q_\sigma(\tilde{\boldsymbol{x}}|\boldsymbol{x})$，其中，$\sigma$ 是干扰噪声强度参数，干扰后样本分布可写为

$$q_\sigma(\tilde{\boldsymbol{x}})=\int q_\sigma(\tilde{\boldsymbol{x}}\mid\boldsymbol{x})q(\boldsymbol{x})\mathrm{d}\boldsymbol{x} \tag{16.4.34}$$

可以证明，使用目标函数

$$\widetilde{L}(\theta,\sigma)=E_{q(\boldsymbol{x})}E_{q_\sigma(\tilde{\boldsymbol{x}}|\boldsymbol{x})}\left[\|\boldsymbol{s}_\theta(\tilde{\boldsymbol{x}})-\nabla_{\tilde{\boldsymbol{x}}}\log q_\sigma(\tilde{\boldsymbol{x}}\mid\boldsymbol{x})\|_2^2\right] \tag{16.4.35}$$

最小化该目标函数得到的评分网络满足 $\boldsymbol{s}_\theta(\tilde{\boldsymbol{x}})=\nabla_{\tilde{\boldsymbol{x}}}\log q_\sigma(\tilde{\boldsymbol{x}})$，当噪声充分小时，有 $\boldsymbol{s}_\theta(\boldsymbol{x})\approx\nabla_{\boldsymbol{x}}\log q(\boldsymbol{x})$。

在加噪声中存在矛盾因素，加入较大的噪声，可将样本分布到更广的区域而非集中在低维流形上，加入小的噪声可使训练的评分网络逼近实际评分函数，为解决这个矛盾，加入系列的分层噪声。设一个分层噪声集合为 $\{\sigma_i\}_{i=1}^L$ 且满足等比减少的特性，对于任意 $\sigma\in\{\sigma_i\}_{i=1}^L$，将评分网络记为 $\boldsymbol{s}_\theta(\boldsymbol{x},\sigma)$，用一个神经网络表示不同噪声层产生的评分输出，即将 σ 作为评分网络的输入。将单层目标函数式(16.4.35)推广到多层，最终目标函数为

$$\widetilde{L}(\theta,\sigma)=E_{q(\boldsymbol{x})}E_{q_\sigma(\tilde{\boldsymbol{x}}|\boldsymbol{x})}\left[\|\boldsymbol{s}_\theta(\tilde{\boldsymbol{x}},\sigma)-\nabla_{\tilde{\boldsymbol{x}}}\log q_\sigma(\tilde{\boldsymbol{x}}\mid\boldsymbol{x})\|_2^2\right] \tag{16.4.36}$$

$$L(\theta,\{\sigma_i\}_{i=1}^L)=\frac{1}{L}\sum_{i=1}^{L}\lambda(\sigma_i)\widetilde{L}(\theta,\sigma_i) \tag{16.4.37}$$

其中，$\lambda(\sigma_i)$ 是每一层贡献的加权系数，可预先指定。

可将评分网络与扩散模型对比，将每个噪声层 σ 对应扩散模型的一层 t，可将转移概率 $q_\sigma(\tilde{\boldsymbol{x}}|\boldsymbol{x})$ 对应扩散模型的转移概率 $q(\boldsymbol{x}_t|\boldsymbol{x}_0)=N\left(\boldsymbol{x}_t\left|\sqrt{\bar{\alpha}_t}\boldsymbol{x}_0,(1-\bar{\alpha}_t)\boldsymbol{I}\right.\right)$（$\tilde{\boldsymbol{x}}$ 对应 $\boldsymbol{x}_t$，$\boldsymbol{x}$ 对应 $\boldsymbol{x}_0$）。对于高斯分布来讲，评分函数易于计算，例如，当 $p(\boldsymbol{x})=N(\boldsymbol{x}|\boldsymbol{\mu},\sigma^2\boldsymbol{I})$，则

$$\nabla_{\boldsymbol{x}}\log p(\boldsymbol{x})=-\frac{\boldsymbol{x}-\boldsymbol{\mu}}{\sigma^2}=-\frac{\boldsymbol{\varepsilon}}{\sigma},\quad \boldsymbol{\varepsilon}\sim N(\boldsymbol{0},\boldsymbol{I}) \tag{16.4.38}$$

用 $q(\boldsymbol{x}_t|\boldsymbol{x}_0)$ 取代 $q_\sigma(\tilde{\boldsymbol{x}}|\boldsymbol{x})$，并利用式(16.4.38)，则式(16.4.36)可重写为

$$\widetilde{L}(\theta,\sigma)=E_{q(\boldsymbol{x}_0)}E_{q(\boldsymbol{x}_t|\boldsymbol{x}_0)}\left[\left\|\boldsymbol{s}_\theta(\boldsymbol{x}_t,t)+\frac{\boldsymbol{\varepsilon}}{\sqrt{1-\bar{\alpha}_t}}\right\|_2^2\right],\quad \boldsymbol{\varepsilon}\sim N(\boldsymbol{0},\boldsymbol{I}) \tag{16.4.39}$$

与式(16.4.29)相比，除了比例系数外（每一层的比例系数可通过 $\lambda(\sigma_i)$ 调整），$\boldsymbol{s}_\theta(\boldsymbol{x}_t,t)$ 等同于 $-\dfrac{\hat{\boldsymbol{\varepsilon}}_\theta(\boldsymbol{x}_t,t)}{\sqrt{1-\bar{\alpha}_t}}$，可见评分网络与扩散模型在一定条件下是等价的。

当分层评分网络训练后，在生成样本时，可将郎之万动力学与模拟退火结合，以进行改进，迭代中 δ 与 $\{\sigma_i\}_{i=1}^L$ 相对应，逐渐从大到小变化，当取与 σ_L 相应的最小值进行迭代后，得到合格的样本。本节主要是分析评分网络与扩散模型的对应性，从而用更广泛的视角来看待等价的方法，限于篇幅，对评分网络模型的细节不再赘述，有兴趣的读者可参考 Song 等的相关工作。

在扩散模型和评分网络中，分层或分级数目 T 要求取值较大，理论上甚至希望 $T\to\infty$，层级之间噪声级差很小，可趋于连续变化，这种情况下类似式(16.4.2)这样描述两级之间变化的关系可趋于一个随机微分方程。随机微分方程可描述连续变化的采样过程，刻画更多不同形式的变化，并引导出更有效的采样方式。有兴趣的读者可参考相关文献。

扩散模型可扩充到条件生成模型 $p(\boldsymbol{x}|y)$，可显式地由信息 y 控制生成样本的类型或特定性质，例如可得到由文字作为条件的图像生成。这方面的模型实例如 Imagen 和 DALI-E 2 等①。

*16.5 归一流模型

在前几节讨论的生成模型中，GAN 通过对抗方式训练一个生成网络来生成样本，并没有直接学习样本概率密度函数 $p(\boldsymbol{x})$；VAE 和扩散模型通过编码/解码结构训练隐变量向量和样本向量的条件概率间接评价 $p(\boldsymbol{x})$，没有直接使用似然函数作为目标函数，而是采用似然函数的替代函

① 见本书参考文献[67,133]。

数——变分下界作为目标函数。本节讨论的归一流模型(Normalizing Flows)直接训练 $p(\boldsymbol{x})$，并直接以对数似然函数作为目标函数。

归一流模型简称流模型，是建立在随机变量的变换基础上的。通过一个变换，可由一个标准的简单 PDF 变换为一个复杂的 PDF。本书在第 2.1.2 节介绍过随机变量变换的公式，给出了标量和向量两种形式的变换公式，为了方便这里首先复习这部分内容，且只给出向量情况。

设有 D 维随机向量 $\boldsymbol{z}$ 和 $\boldsymbol{x}$，满足变换关系 $\boldsymbol{x}=\boldsymbol{f}(\boldsymbol{z})$，其中，$\boldsymbol{f}(\cdot)$ 表示一个 $\mathbf{R}^D\to\mathbf{R}^D$ 的函数且存在唯一反函数，即 $\boldsymbol{z}=\boldsymbol{f}^{-1}(\boldsymbol{x})$，若已知 $\boldsymbol{z}$ 的 PDF 为 $p(\boldsymbol{z})$，则 $\boldsymbol{x}$ 的 PDF 为

$$\begin{aligned} p(\boldsymbol{x}) &= p(\boldsymbol{z})\left|\det\frac{\mathrm{d}\boldsymbol{x}}{\mathrm{d}\boldsymbol{z}}\right|^{-1} = p(\boldsymbol{z})\left|\det\frac{\mathrm{d}\boldsymbol{f}(\boldsymbol{z})}{\mathrm{d}\boldsymbol{z}}\right|^{-1} \\ &= p(\boldsymbol{f}^{-1}(\boldsymbol{x}))\left|\det\frac{\mathrm{d}\boldsymbol{z}}{\mathrm{d}\boldsymbol{x}}\right| = p(\boldsymbol{f}^{-1}(\boldsymbol{x}))\left|\det\frac{\mathrm{d}\boldsymbol{f}^{-1}(\boldsymbol{x})}{\mathrm{d}\boldsymbol{x}}\right| \end{aligned} \tag{16.5.1}$$

其中，

$$\boldsymbol{J}=\frac{\mathrm{d}\boldsymbol{x}}{\mathrm{d}\boldsymbol{z}}=\frac{\mathrm{d}\boldsymbol{f}(\boldsymbol{z})}{\mathrm{d}\boldsymbol{z}}=\begin{bmatrix}\dfrac{\partial f_1(\boldsymbol{z})}{\partial z_1} & \cdots & \dfrac{\partial f_1(\boldsymbol{z})}{\partial z_D} \\ \vdots & & \vdots \\ \dfrac{\partial f_D(\boldsymbol{z})}{\partial z_1} & \cdots & \dfrac{\partial f_D(\boldsymbol{z})}{\partial z_D}\end{bmatrix} \tag{16.5.2}$$

是函数 $\boldsymbol{f}(\cdot)$ 的雅可比矩阵，而 $\det\boldsymbol{J}=\det\dfrac{\mathrm{d}\boldsymbol{x}}{\mathrm{d}\boldsymbol{z}}$ 是其对应行列式。

若要求从简单 PDF 函数 $p(\boldsymbol{z})$，例如 $p(\boldsymbol{z})=N(\boldsymbol{z}|\boldsymbol{0},\boldsymbol{I})$ 通过变换直接得到复杂的 PDF 函数 $p(\boldsymbol{x})$，则需要非常复杂的变换 $\boldsymbol{f}(\cdot)$，直接得到这个变换非常困难。一个解决思路是形成一个深度分层结构，即由 $\boldsymbol{z}_0$ 出发，例如 $\boldsymbol{z}_0\sim N(\boldsymbol{0},\boldsymbol{I})$ 为简单标准分布，通过一层变换得到 $\boldsymbol{z}_1$，依次逐层变换，得到一个链：$\boldsymbol{z}_0,\boldsymbol{z}_1,\cdots,\boldsymbol{z}_{i-1},\boldsymbol{z}_i,\cdots,\boldsymbol{z}_{T-1},\boldsymbol{z}_T=\boldsymbol{x}$，即经过 T 层变换得到 $\boldsymbol{z}_T=\boldsymbol{x}$，若取 T 充分大，可使每一层变换相对简单，最终得到复杂的 PDF。这个过程如图 16.5.1 所示。

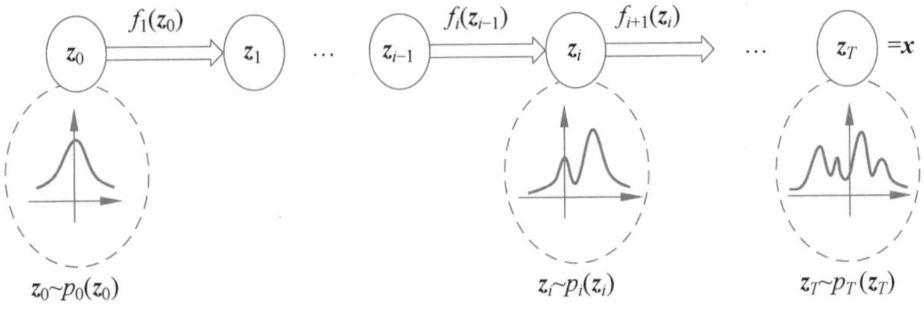

图 16.5.1 归一流结构示意

如图 16.5.1 所示，从 $\boldsymbol{z}_0\sim p_0(\boldsymbol{z}_0)$ 出发，$p_0(\boldsymbol{z}_0)$ 是一个预先选择的简单分布例如标准高斯或均匀分布等，每一层按如下变换

$$\boldsymbol{z}_{i-1}\sim p_{i-1}(\boldsymbol{z}_{i-1}) \tag{16.5.3}$$

$$\boldsymbol{z}_i=\boldsymbol{f}_i(\boldsymbol{z}_{i-1}),\quad 或\quad \boldsymbol{z}_{i-1}=\boldsymbol{f}_i^{-1}(\boldsymbol{z}_i) \tag{16.5.4}$$

$$p_i(\boldsymbol{z}_i)=p_{i-1}(\boldsymbol{f}_i^{-1}(\boldsymbol{z}_i))\left|\det\frac{\mathrm{d}\boldsymbol{f}^{-1}(\boldsymbol{z}_i)}{\mathrm{d}\boldsymbol{z}_i}\right| \tag{16.5.5}$$

其中，链 $\boldsymbol{z}_i=\boldsymbol{f}_i(\boldsymbol{z}_{i-1})$ 称为流，每一步都被归一化，故该方法称为归一流。

每一层 $\boldsymbol{z}_i$ 与 $\boldsymbol{x}$ 的维度同为 D，当 D 非常大时(例如 $\boldsymbol{x}$ 表示图像)，计算雅可比矩阵行列式运算

复杂度 $O(D^3)$ 非常大，另需要函数逆 $\boldsymbol{f}_i^{-1}(\cdot)$，因此变换 $\boldsymbol{f}_i(\cdot)$ 的选择需满足两个条件：易于求逆函数和易于计算雅可比矩阵的行列式。

接下来，首先导出对归一流方法的目标函数，由式(16.5.1)中的第一行公式，可将式(16.5.5)重新写为

$$p_i(\boldsymbol{z}_i)=p_{i-1}(\boldsymbol{z}_{i-1})\left|\det\frac{\mathrm{d}\boldsymbol{f}_i(\boldsymbol{z}_{i-1})}{\mathrm{d}\boldsymbol{z}_{i-1}}\right|^{-1} \tag{16.5.6}$$

上式取对数，得

$$\log p_i(\boldsymbol{z}_i)=\log p_{i-1}(\boldsymbol{z}_{i-1})-\log\left|\det\frac{\mathrm{d}\boldsymbol{f}_i(\boldsymbol{z}_{i-1})}{\mathrm{d}\boldsymbol{z}_{i-1}}\right| \tag{16.5.7}$$

从图 16.5.1 的最后节点 $\boldsymbol{z}_T=\boldsymbol{x}$ 出发，逐层反向应用式(16.5.7)得

$$\begin{aligned}\log p(\boldsymbol{x})&=\log p_T(\boldsymbol{z}_T)=\log p_{T-1}(\boldsymbol{z}_{T-1})-\log\left|\det\frac{\mathrm{d}\boldsymbol{f}_T(\boldsymbol{z}_{T-1})}{\mathrm{d}\boldsymbol{z}_{T-1}}\right|\\&=\log p_{T-2}(\boldsymbol{z}_{T-2})-\log\left|\det\frac{\mathrm{d}\boldsymbol{f}_{T-1}(\boldsymbol{z}_{T-2})}{\mathrm{d}\boldsymbol{z}_{T-2}}\right|-\log\left|\det\frac{\mathrm{d}\boldsymbol{f}_T(\boldsymbol{z}_{T-1})}{\mathrm{d}\boldsymbol{z}_{T-1}}\right|\end{aligned}$$

上式逐层递推下去，则最终得到

$$\log p(\boldsymbol{x})=\log p_0(\boldsymbol{z}_0)-\sum_{i=1}^{T}\log\left|\det\frac{\mathrm{d}\boldsymbol{f}_i(\boldsymbol{z}_{i-1})}{\mathrm{d}\boldsymbol{z}_{i-1}}\right| \tag{16.5.8}$$

在上式中，若各层变换由神经网络实现，且通过参数 θ 控制，则上式可改写为参数的函数为

$$\log p(\boldsymbol{x};\theta)=\log p_0(\boldsymbol{z}_0)-\sum_{i=1}^{T}\log\left|\det\frac{\mathrm{d}\boldsymbol{f}_i(\boldsymbol{z}_{i-1};\theta)}{\mathrm{d}\boldsymbol{z}_{i-1}}\right| \tag{16.5.9}$$

当给出 IID 的样本集 $\boldsymbol{D}=\{\boldsymbol{x}_n\}_{n=1}^N$，则对于样本集的负对数似然函数为

$$L(\boldsymbol{D},\theta)=-\frac{1}{|\boldsymbol{D}|}\sum_{\boldsymbol{x}\in\boldsymbol{D}}\log p(\boldsymbol{x};\theta)=\frac{1}{|\boldsymbol{D}|}\sum_{\boldsymbol{x}\in\boldsymbol{D}}\sum_{i=1}^{T}\log\left|\det\frac{\mathrm{d}\boldsymbol{f}_i(\boldsymbol{z}_{i-1};\theta)}{\mathrm{d}\boldsymbol{z}_{i-1}}\right| \tag{16.5.10}$$

由于 $\log p_0(\boldsymbol{z}_0)$ 预先确定与优化无关，在目标函数中可忽略。式(16.5.10)是归一流优化的目标函数，这是直接由对数似然函数表示的。在实际构成一种模型时，只要选定变换函数 $\boldsymbol{f}_i(\cdot)$ 的具体形式和参数，可通过式(16.5.10)的目标函数优化一个归一流模型。

至此，已经介绍了归一流的基本结构和目标函数，在这个结构下，选择不同的 $\boldsymbol{f}_i(\cdot)$ 可构成不同的具体实现算法，在选择 $\boldsymbol{f}_i(\cdot)$ 时保持两个原则：易于求逆函数和易于计算雅可比矩阵的行列式。目前已报告了多种归一流的实现算法，限于篇幅本节仅介绍 Dinh 等提出的仿射耦合类(Affine Coupling)算法。Dinh 等在 2015 年和 2017 年分别发表了简称为 NICE 和 RealNVP 的归一流算法，后者是一个更完整的实现，这里介绍 RealNVP 的核心算法。

在如图 16.5.1 所示的每一层，例如从 $\boldsymbol{z}_{i-1}$ 到 $\boldsymbol{z}_i$，采用一个可逆的双射变换函数(Bijective Transformation)，由于每层的结构是一致的，以下为了符号表示简单，用 $\boldsymbol{x}$ 替代 $\boldsymbol{z}_{i-1}$，用 $\boldsymbol{y}$ 替代 $\boldsymbol{z}_i$，用下标表示向量的各分量。在双射变换中，$\boldsymbol{x}$ 分为前 d 分量 $\boldsymbol{x}_{1:d}$ 和其余分量 $\boldsymbol{x}_{d+1:D}$，其中，前 d 分量保持不变，$\boldsymbol{x}_{d+1:D}$ 分量被施加仿射变换，双射变换为

$$\begin{cases}\boldsymbol{y}_{1:d}=\boldsymbol{x}_{1:d}\\ \boldsymbol{y}_{d+1:D}=\boldsymbol{x}_{d+1:D}\odot\exp(\boldsymbol{s}(\boldsymbol{x}_{1:d};\theta))+\boldsymbol{t}(\boldsymbol{x}_{1:d};\theta)\end{cases} \tag{16.5.11}$$

其中，$\odot$ 是向量按元素相乘运算，$\boldsymbol{s}(\boldsymbol{x}_{1:d};\theta)$ 和 $\boldsymbol{t}(\boldsymbol{x}_{1:d};\theta)$ 是与 $\boldsymbol{x}_{d+1:D}$ 同维度的向量函数，其输入为 $\boldsymbol{x}_{1:d}$，可用神经网络实现这两个函数，θ 表示神经网络的参数。

可以看到，式(16.5.11)的双射变换满足两个基本条件，即易于求逆函数和易于计算雅可比矩阵的行列式，由式(16.5.11)可直接写出其逆变换为

$$\begin{cases}\boldsymbol{x}_{1:d}=\boldsymbol{y}_{1:d}\\ \boldsymbol{x}_{d+1:D}=(\boldsymbol{y}_{d+1:D}-\boldsymbol{t}(\boldsymbol{x}_{1:d};\theta))\odot\exp(-\boldsymbol{s}(\boldsymbol{x}_{1:d};\theta))\end{cases} \tag{16.5.12}$$

由式(16.5.11)可得下三角形式的雅可比矩阵为

$$\boldsymbol{J}=\frac{\mathrm{d}\boldsymbol{y}}{\mathrm{d}\boldsymbol{x}}=\begin{bmatrix}\boldsymbol{I} & \boldsymbol{0}\\ \dfrac{\partial\boldsymbol{y}_{d+1:D}}{\partial\boldsymbol{x}_{1:d}} & \mathrm{diag}(\exp(\boldsymbol{s}(\boldsymbol{x}_{1:d};\theta)))\end{bmatrix} \tag{16.5.13}$$

其中，$\mathrm{diag}(\exp(\boldsymbol{s}(\boldsymbol{x}_{1:d};\theta)))$表示对角矩阵，将$\boldsymbol{s}(\boldsymbol{x}_{1:d};\theta)$的各分量指数$\exp(\boldsymbol{s}_j(\boldsymbol{x}_{1:d};\theta))$作为对角线元素。故此雅可比矩阵的行列式为

$$\det\boldsymbol{J}=\prod_{j=1}^{D-d}\exp(\boldsymbol{s}_j(\boldsymbol{x}_{1:d};\theta))=\exp\left(\sum_{j=1}^{D-d}\boldsymbol{s}_j(\boldsymbol{x}_{1:d};\theta)\right) \tag{16.5.14}$$

对于式(16.5.11)所示的双射变换，还存在一个问题，即前d个分量没有变化，为了解决这个问题又保持双射变换的简单结构，可在两层之间对向量次序进行交换。一个最简单的方法是在相邻的两层交换$\boldsymbol{x}_{1:d}$和$\boldsymbol{x}_{d+1:D}$的次序和角色，即在一层保持分量$1\sim d$不变，分量$d+1\sim D$做仿射变换，在下一层交换，$d+1\sim D$保持不变，$1\sim d$做仿射变换，通过相邻两层则所有分量都做了变换。也可以采用更复杂的次序交换方式，例如采用可逆的1×1卷积运算在分量上进行组合。这种对分量方向上的处理在层之间进行，不改变式(16.5.11)的基本双射变换形式。

双射变换是固定的，控制模型的参数在$\boldsymbol{s}(\boldsymbol{x}_{1:d};\theta)$和$\boldsymbol{t}(\boldsymbol{x}_{1:d};\theta)$中，可选择深度神经网络表示这两个函数，若各层使用同一个网络，则层序号可作为神经网络输入，函数修改为$\boldsymbol{s}(\boldsymbol{x}_{1:d},i;\theta)$和$\boldsymbol{t}(\boldsymbol{x}_{1:d},i;\theta)$，并将式(16.5.14)代入式(16.5.10)的目标函数中，则目标函数中仅有各层$\boldsymbol{s}(\boldsymbol{x}_{1:d},i;\theta)$函数的求和形式，直接利用BP算法确定目标函数对参数θ的梯度，可利用小批量SGD算法训练模型，并结合批归一化等正则化技术训练模型。

还有一些其他的归一流模型被提出，例如残差流、自回归流等，限于篇幅，本节不再介绍，可参考近期的相关论文。

本章小结

本章介绍了目前非常活跃的深度生成模型，仅给出了几种主流方法的基本原理和基本算法，列举了一些图像实例，目前在语音、文字、视频等方面均有很多成果。该方向仍在快速发展中，读者可以以本章的介绍作为起点，通过检索阅读更多的最新论文，关注该方向的新进展。

本章习题

1. 证明16.1.1节的不等式(16.1.9)，$\log p(\boldsymbol{x})\geqslant E_{q_\varphi(\boldsymbol{z}|\boldsymbol{x})}\left[\log\dfrac{p(\boldsymbol{x},\boldsymbol{z})}{q_\varphi(\boldsymbol{z}|\boldsymbol{x})}\right]$。

2. 设两个随机变量均服从均匀分布，一个取值在[0,1]区间，另一个取值在[2,4]区间，求两者的KL散度和JS散度。

3. 设两个随机变量均服从高斯分布，PDF分别为$N(0,1)$和$N(2,4)$，求两者的KL散度和JS

散度。

4. 证明 16.4.2 节的证据下界可分解为

$$L(\theta,\boldsymbol{x}_0)=E_{q(\boldsymbol{x}_1|\boldsymbol{x}_0)}[\log p_\theta(\boldsymbol{x}_0 \mid \boldsymbol{x}_1)]-E_{q(\boldsymbol{x}_{T-1}|\boldsymbol{x}_0)}[D_{\mathrm{KL}}(q(\boldsymbol{x}_T \mid \boldsymbol{x}_{T-1})\|p(\boldsymbol{x}_T))]-\sum_{t=1}^{T-1}E_{q(\boldsymbol{x}_{t-1},\boldsymbol{x}_{t+1}|\boldsymbol{x}_0)}[D_{\mathrm{KL}}(q(\boldsymbol{x}_t \mid \boldsymbol{x}_{t-1})\|p_\theta(\boldsymbol{x}_t \mid \boldsymbol{x}_{t+1}))]$$

5. 由

$$q(\boldsymbol{x}_{t-1} \mid \boldsymbol{x}_t,\boldsymbol{x}_0)=\frac{q(\boldsymbol{x}_t \mid \boldsymbol{x}_{t-1},\boldsymbol{x}_0)\,q(\boldsymbol{x}_{t-1}|\boldsymbol{x}_0)}{q(\boldsymbol{x}_t \mid \boldsymbol{x}_0)}$$

证明：

$$q(\boldsymbol{x}_{t-1} \mid \boldsymbol{x}_t,\boldsymbol{x}_0)=N(\boldsymbol{x}_{t-1}|\boldsymbol{\mu}_q(\boldsymbol{x}_t,\boldsymbol{x}_0),\boldsymbol{\Sigma}_q(t))$$

其中，

$$\boldsymbol{\mu}_q(\boldsymbol{x}_t,\boldsymbol{x}_0)=\frac{\sqrt{\alpha_t}(1-\bar{\alpha}_{t-1})\boldsymbol{x}_t+\sqrt{\bar{\alpha}_{t-1}}(1-\alpha_t)\boldsymbol{x}_0}{1-\bar{\alpha}_t}$$

$$\boldsymbol{\Sigma}_q(t)=\sigma_q^2(t)\boldsymbol{I}$$

$$\sigma_q^2(t)=\frac{(1-\alpha_t)(1-\bar{\alpha}_{t-1})}{1-\bar{\alpha}_t}$$

附录A 课程的实践型作业实例

APPENDIX A

在大学高年级或研究生课程中，机器学习是相对难度较大的"硬课"，真正要有收获，不仅要读懂、理解许多相对较为繁复的算法，还要完成实践型的练习。机器学习的实践性是非常强的，不通过实际编程实践的训练很难达到理想的学习效果。

本教材是在清华大学电子信息类"机器学习"课程讲义基础上整理而成的，在我们的课程教学中，一学期内布置并要求选课学生完成 3 个实践型作业，作业的数据源均来自网络资源的实际数据集。为了给使用本教材的读者一个完整的参考，本附录给出了 3 个实践作业的真实题目，在不同学年实践作业都会重新设计，但基本难度相当。

对于不同的院校和专业，不一定要求学生完成 3 个实践题，但要求完成一个针对实际数据的实践题，对于提高学生应用机器学习模型解决实际问题的能力是有帮助的。本附录仅作为参考，对于自学者，也可选择其中一两个习题测试自己的学习成果。

本教材及其相关课程不介绍有关编程语言，如 Python 等，假设学生已有编程基础或可通过自学入门编程语言，课程中助教会有两个学时的编程指导讲座，指导学生快速入门 Python 和 TensorFlow 或 PyTorch 等工具，为了控制篇幅，这些内容不包含在本教材中，有兴趣的读者可在本教材的出版社资源中下载参考。本附录最后给出几个编程入门的网络资源仅供参考。

A.1 第 1 次实践作业

1. 作业要求

(1) 任选一个任务完成。

(2) 使用 Python 和 TensorFlow。

(3) 数据预处理(数据缺失、数值差异大、非数值数据等问题)、训练集/测试集划分、交叉验证等可通过查找文献自行发挥，并在实验报告中做出说明。

(4) 提交实验报告和代码文件(单独文件)，代码要有必要的注释。

注意：两个任务的数据集均来自 Kaggle 网站，关于数据库细节请仔细阅读网站中的说明。

2. 任务介绍

(1) 任务 1：利用车载诊断系统(OBD-Ⅱ)和用户手机传感器收集的数据推测路面情况和驾驶员的驾驶风格。

实现逻辑回归推测路面情况，高斯概率生成模型推测驾驶风格，具体说明如下。

数据集来自 https://www.kaggle.com/gloseto/traffic-driving-style-road-surface-condition。

- 使用逻辑回归预测路面情况，使用高斯概率生成模型推测驾驶风格。

- 需要数据预处理。
- 使用 Python 和 TensorFlow。

(2) 任务 2：利用线性回归进行房价预测。

分别实现无先验和有先验的线性回归(先验分布自己定义)，具体说明如下。

数据集来自 https://www.kaggle.com/anthonypino/melbourne-housing-market。

数据集包括地址、房间数、面积、距离市中心距离、房价等。

- 使用没有和有先验的线性回归（如线性回归和贝叶斯线性回归）。
- 需要数据预处理。
- 使用 Python 和 TensorFlow。

A.2 第 2 次实践作业

1. 作业要求

(1) 认真阅读数据介绍。

(2) 参与训练的欺诈交易数据占总欺诈交易数据样本比例不超过 3/5。

(3) 详细分析不同情况下算法的性能。

(4) 请勿直接调用 SVM 的 API。

(5) 使用 TensorFlow 或 PyTorch。

(6) 提交代码和实验报告(代码单独文件，添加详细注释，不要出现在实验报告中)。

2. 任务介绍

数据集来自 https://www.kaggle.com/mlg-ulb/creditcardfraud。

任务：识别信用卡欺诈交易。

(1) 自行编写 SMO 算法，实现 Kernel SVM。

(2) 用编写的 SVM 识别信用卡欺诈交易。

- 合法交易数据样本远多于欺诈交易数据样本，该如何处理？
- 使用至少两种核函数实现 SVM。
- 使用 PR 曲线下面积(Area Under the Precision-Recall Curve，AUPRC)作为评价指标。
- 漏检一笔欺诈交易就会带来很大的损失，如何进一步降低漏检率？

A.3 第 3 次实践作业

本次作业(Final Project)提供了 4 个选做题目，任选其中一个即可。每个选做题目给出了最基本要求，可在此基础上实现性能更好的算法。要求用 TensorFlow 或 PyTorch 实现；要求撰写较详细的实验报告(各种训练曲线、测试结果和结果分析等)；另外，作业必须自己完成，切勿直接复制已有代码，如果有参考，请注明。

1. 选做 1：CNN

(1) 作业任务：使用卷积神经网络进行手语识别。

(2) 作业要求：设计一个手语识别的分类器，进行自动手语识别，要求训练集大小不超过数据集的 70%。

(3) 作业提交：代码、实验报告(报告中请指明所有的参数设置，如 Batch Size、学习率等)。

（4）数据集链接为 https://www.kaggle.com/ash2703/handsignimages。

2. 选做 2：RNN

（1）作业任务：使用 RNN，根据蛋白质的分子序列，预测蛋白质的种类。

（2）作业要求：从给定数据集中，筛选出样本最多的前 10 种蛋白质的相关数据作为数据集，利用 RNN（如 LSTM）实现对蛋白质种类的预测；说明数据的嵌入（表示）方式；认真阅读数据集介绍；数据集划分要求训练集样本数占比不超过 70.0%。

（3）作业提交：代码、实验报告（详细介绍所有实施细节，以及超参数设定等）。

（4）数据集链接为 https://www.kaggle.com/shahir/protein-data-set。

3. 选做 3：DRL

（1）作业任务：使用深度增强学习算法实现月球车月面着陆。

（2）作业要求：使用深度增强学习算法（具体算法不限，如 DQN、DDPG、PPO 等）实现仿真月球车在月面的着陆功能。

（3）作业提交：代码、实验报告（详细介绍所有实施细节，以及超参数设置等）。

（4）仿真环境链接为 https://gym.openai.com/envs/LunarLander-v2/或 https://gym.openai.com/envs/LunarLanderContinuous-v2/。

4. 选做 4：任选

（1）作业任务：利用 CNN/RNN/DRL 解决自己专业中遇到的实际问题。

（2）作业要求：所选问题难度不低于前 3 个作业的难度，经助教同意后方可；切忌将之前做过的工作直接拿来用。

（3）作业提交：代码、实验报告（详细的背景知识介绍、详细的实验过程）。

> 附加说明
>
> Python 的导论性学习指南：
>
> http://www.voidspace.org.uk/python/articles/python_datatypes.shtml
>
> https://scipy-lectures.org/
>
> Python 中基本的科学计算包 NumPy 的学习指南：
>
> https://www.numpy.org/devdocs/user/quickstart.html

附录B 函数对向量和矩阵的求导

APPENDIX B

在机器学习中经常用到一个标量函数对向量或矩阵的求导，大学“线性代数”课程教材可能不包括这部分内容，这里做一简单介绍供参考。

有一个标量函数 $f(\boldsymbol{x})$，假设 $\boldsymbol{x}$ 和 $f(\boldsymbol{x})$都是实的，$\boldsymbol{x}=[x_1,x_2,\cdots,x_M]^{\mathrm{T}}$，定义 $f(\boldsymbol{x})$对 $\boldsymbol{x}$ 的梯度为

$$\nabla f(\boldsymbol{x})=\frac{\mathrm{d}f(\boldsymbol{x})}{\mathrm{d}\boldsymbol{x}}=\left(\frac{\partial f}{\partial x_1},\frac{\partial f}{\partial x_2},\cdots,\frac{\partial f}{\partial x_M}\right)^{\mathrm{T}} \tag{B.1}$$

常见例子为

$$\frac{\mathrm{d}(\boldsymbol{a}^{\mathrm{T}}\boldsymbol{x})}{\mathrm{d}\boldsymbol{x}}=\boldsymbol{a}$$

$$\frac{\mathrm{d}(\boldsymbol{x}^{\mathrm{T}}\boldsymbol{A}\boldsymbol{x})}{\mathrm{d}\boldsymbol{x}}=(\boldsymbol{A}+\boldsymbol{A}^{\mathrm{T}})\boldsymbol{x}$$

$$\frac{\mathrm{d}(\boldsymbol{A}\boldsymbol{x})}{\mathrm{d}\boldsymbol{x}}=\boldsymbol{A}^{\mathrm{T}} \tag{B.2}$$

当 $\boldsymbol{A}$ 是实对称矩阵时，有

$$\frac{\mathrm{d}(\boldsymbol{x}^{\mathrm{T}}\boldsymbol{A}\boldsymbol{x})}{\mathrm{d}\boldsymbol{x}}=2\boldsymbol{A}\boldsymbol{x} \tag{B.3}$$

类似地，可定义函数对矩阵的求导，若 $\boldsymbol{A}=[a_{ij}]_{n\times m}$ 中每个 a_{ij} 是变量，$f(\boldsymbol{A})$对 $\boldsymbol{A}$ 的导数定义为

$$f(\boldsymbol{A})=\frac{\mathrm{d}f(\boldsymbol{A})}{\mathrm{d}\boldsymbol{A}}=\left[\frac{\partial f}{\partial a_{ij}}\right]_{n\times m} \tag{B.4}$$

容易验证，$\boldsymbol{x}^{\mathrm{T}}\boldsymbol{A}\boldsymbol{x}$ 对实对称矩阵 $\boldsymbol{A}$ 的导数为

$$\frac{\mathrm{d}(\boldsymbol{x}^{\mathrm{T}}\boldsymbol{A}\boldsymbol{x})}{\mathrm{d}\boldsymbol{A}}=\boldsymbol{x}\boldsymbol{x}^{\mathrm{T}} \tag{B.5}$$

另有

$$\frac{\mathrm{d}(\ln|\boldsymbol{A}|)}{\mathrm{d}\boldsymbol{A}}=(\boldsymbol{A}^{-1})^{\mathrm{T}} \tag{B.6}$$

$$\frac{\mathrm{d}[\mathrm{tr}(\boldsymbol{A}^{\mathrm{T}}\boldsymbol{B})]}{\mathrm{d}\boldsymbol{A}}=\boldsymbol{B} \tag{B.7}$$

$$\frac{\mathrm{d}[\mathrm{tr}(\boldsymbol{A}\boldsymbol{B}\boldsymbol{A}^{\mathrm{T}})]}{\mathrm{d}\boldsymbol{A}}=\boldsymbol{A}(\boldsymbol{B}+\boldsymbol{B}^{\mathrm{T}}) \tag{B.8}$$

$$\frac{\mathrm{d}[\mathrm{tr}(\boldsymbol{A}^{\mathrm{T}}\boldsymbol{B}\boldsymbol{A})]}{\mathrm{d}\boldsymbol{A}}=(\boldsymbol{B}+\boldsymbol{B}^{\mathrm{T}})\boldsymbol{A} \tag{B.9}$$

附录 C 术语表

APPENDIX C

A

Adaboost 算法

AUG 参数

B

Bagging

BERT 模型

半监督学习

贝尔曼方程

贝塔分布

贝叶斯决策

贝叶斯网络

边际概率

变分下界

变分自编码器

标注

伯努利分布

不纯性度量

不动点算法

不敏误差函数

C

C4.5 算法

CART 算法

参数模型

策略迭代

策略梯度方法

层归一化

测试误差

查全率

长短期记忆模型

超参数

重加权最小二乘

重参数化

初始化

D

DBSCAN 聚类

DDPG 算法

Dropout 技术

多臂赌博机

多层感知机

独立同分布

独立分量分析

对抗训练

E

EM 算法

二次规划

二叉树

二项分布

F

Fisher 线性判别分析

泛化误差

泛化误差界

反向传播算法

非线性 SVM

分类

分类树

分类错误率

分类准确率

负熵

G

GMM 参数估计

S

Sarsa 算法
Sigmoid 函数
SMO 算法
Softmax 函数
神经网络
神经网络的逼近定理
神经元结构
生成对抗网络
生成模型
深度 Q 网络
深度强化学习
松弛变量
时序差分学习
输入空间
输出空间
数据集
随机梯度下降
随机森林
损失函数

T

Transformer
探索与利用
特征向量
梯度算法
梯度提升树
提升树
条件概率
推断过程

V

VC 维

W

无监督学习
无向图模型

X

线性回归
线性可分
稀疏性约束
稀疏线性回归
小批量 SGD 算法
信息增益
信息增益率
行动器-评判器
序列到序列模型
学习过程
学习率
训练误差
循环神经网络

Y

异或问题
隐变量
预训练

Z

在轨策略
在线学习
增量学习
正定核函数
正则化
支持向量回归
支持向量机
智能体
指数族
值函数逼近
值函数迭代
主分量分析
注意力机制
自编码器
自监督学习
资格迹
自然梯度
自协方差矩阵
自助采样
自注意力机制
最大后验估计
最大似然估计
最小错误分类率

参考文献

[1] ALPAYDM E. 机器学习导论[M]. 范明,译. 3 版. 北京：机械工业出版社,2017.

[2] AMARI S I. Natural Gradient Work Efficiently in Learning[J]. Neural Computation,1998,10(2)：251-276.

[3] ANKERST M,BREUNIG M M,KRIEGEL H P,et al. OPTICS：Ordering Points to Identify the Clustering Structure[C]//Proceedings of the ACM Special Interest Group on Management of Data (SIGMOD). Philadelphia,1999：49-60.

[4] ARTHUR D,VASSILVITSKII S. K-Means++：The Advantages of Careful Seeding[C]//Proceedings of ACM-SIAM 18th Symposium on Discrete Algorithms. Louisiana USA,2017：1027-1035.

[5] BAHDANAU D,CHO K,BENGIO Y. Neural Machine Translation by Jointly Learning to Align and Translate [EB/OL]. [2021-06-25]. https://arxiv.org/abs/1409.0473.

[6] BARTHOLOMEW D I. Latent Variable Models and Factor Analysis：A Unified Approach[M]. New Jersey：Wiley,2011.

[7] BELLMAN R. Dynamic Programming[M]. Princeton：Princeton University Press,1957.

[8] BENGIO Y. Learning Deep Architectures for AI[J]. Foundations and Trends in Machine Learning,2019,2：1-127.

[9] BENGIO Y,COURVILLE A,VINCENT P. Representation Learning：A Review and New Perspectives[J]. IEEE Transactions on Pattern Analysis and Machine Intelligence. 2013,35(8)：1798-1828.

[10] BENGIO Y,LOURADOUR J,COLLOBERT R,et al. Curriculum learning[C]//Proceedings of the 26th Annual International Conference on Machine Learning. New York：ACM Press,2009,41-48.

[11] BERGER J O. Statistical Decision Theory and Bayesian Analysis[M]. 2nd ed. New York：Springer,1980.

[12] BERTSEKAS D P. Reinforcement Learning and Optimal Control[M]. Belmont MA：Athena Scientific,2019.

[13] BISHOP C M. Neural Networks for Pattern Recognition[M]. Oxford：Oxford University Press,1995.

[14] BISHOP C M. Pattern Recognition and Machine Learning[M]. New York：Springer Science＋Business Media LLC,2006.

[15] BISHOP C M,BISHOP H. Deep Learning：Foundations and Concepts[M]. Berlin：Springer,2024.

[16] BREIMAN L. Bagging Predictors[J]. Machine Learning,1996,24：123-140.

[17] BREIMAN L. Random Forests[J]. Machine Learning,2001,45：5-32.

[18] BREIMAN L,FRIEDMAN J. Classification and Regression Trees[M]. New York：Wadsworth,1984.

[19] BROCK A,DONAHUE J,SIMONYAN K. Large Scale GAN Training for High Fidelity Natural Image Synthesis[C]//Proceedings of International Conference on Learning Representations[S. l.]：DPLP,2019.

[20] CARDOSO J F. Blind Signal Separation：Statistical Principle[J]. Proceedings of the IEEE,1998,86(10)：2009-2025.

[21] CASELLA G,BERGER R L. Statistical Inference[M]. 2nd ed. New Jersey：Thomson Learning,2002.

[22] CHAPELLE O,SCHOLKOPF B. Semi-supervised Learning[M]. Cambridge MA：MIT Press,2006.

[23] CHEN T,GUESTRIN C. Xgboost：A Scalable Tree Boosting System [C]//Proceedings of ACM International Conference on Knowledge Discovery and Data Mining (SIGKDD). San Francisco, 2016：785-794.

[24] CHERKASSKY V,MULIER F. Learning from Data：Concepts,Theory,and Methods[M]. New Jersey：IEEE Press/Wiley-Interscience,2007.

[25] CHOROWSKI J K,BAHDANAU D,SERDYUK D,et al. Attention-based Models for Speech Recognition [EB/OL]. [2021-06-25]. https://arxiv.org/abs/1506.07503.

[26] CICHOCKI A,AMARI S. Adaptive Blind Signal and Image Processing[M]. New York：John Wiley,2003.

[27] COMON P. Independent Component Analysis: A New Concept? [J]. Signal Processing, 1994, 36(3): 287-314.

[28] COMON P, JUTTEN C. Handbook of Blind Source Separation: Independent Component Analysis and Applications[M]. New York: Academic, 2010.

[29] COVER T M, THOMAS J A. Elements of Information Theory[M]. New Jersey: Wiley, 1991.

[30] DAVENPORT W B, ROOT W L. An Introduction to the Theory of Random Signal and Noise[M]. New York: McGraw-Hill, 1958.

[31] DAVENPORT W B. Probability and Random Processing[M]. New York: McGraw-Hill, 1970.

[32] DEGRIS T, WHITE M, SUTTON R S. Linear Off-Policy Actor-Critic[C]//Proceedings of International Conference on Machine Learning(ICML 2012). Edinburgh, Scotland, UK, 2012.

[33] DELLAERT F. The Expectation Maximization Algorithm[R]. Technical Report, No. GIT- GVU-02-20. College of Computing. Georgia Institute of Technology, 2002.

[34] DEMPSTER A P, LAIRD N M, RUBIN D B. Maximum Likelihood from Incomplete Data via the EM Algorithm[J]. Journal of the Royal Statistical Society, Series B, 1977, 39(1): 1-38.

[35] DEVLIN J. CHANG M, LEE K, et al. BERT: Pre-training of Deep Bidirectional Transformers for Language Understanding[C]//Proceedings of the 2019 Conference of the North American Chapter of the Association for Computational Linguistice: Human Language Technologies. [S. l.]: Association for Computational Linguistics, 2019.

[36] DICKSTEIN J, WEISS E, MAHESWARANATHAN E, et al. Deep Unsupervised Learning Using Nonequilibrium Thermodynamics[C]//Proceedings of International Conference on Machine Learning. [S. l.]: DPLP, 2015, 2256-2265.

[37] DING W K, QIN T, ZHANG X D, et al. Multi-Armed Bandit with Budget Constraint and Variable Costs [C]//Proceedings of Association for the Advancement of Artificial Intelligence(AAAI). Washington, USA, 2013.

[38] DINH L, DICKSTEIN J, BENGIO S. Density Estimation Using Real NVP[C]//Proceedlings of International Conterence on Learning Representations [S. l.]: DPLP, 2017.

[39] DOSOVITSKLY A, BEYER L, KOLESNIKOV A, et al. An Image is Worth 16X16 Words: Transformers for Image Recognition at Scale[EB/OL]. [2021-06-25]. https://arxiv. org/abs/2010. 11929.

[40] DUDA R O, HART P E, STORK D G. 模式分类[M]. 李宏东, 姚天翔, 等译. 2 版. 北京: 机械工业出版社, 2010.

[41] EDRON B, HASTIE T. Computer Age Statistical Inference[M]. New York: Cambridge University Press, 2016.

[42] ESTER M, KRIEGEL H. A Density-Based Algorithm for Discovering Clusters in Large Spatial Databases with Noise[C]//Proceedings of 2nd KDD. Portland, 1996: 226-231.

[43] EVERITT B S, LAUDAU S, LEESE M. Cluster Analysis[M]. 4th ed. New York: Edward Arnold, 2001.

[44] FEDER M, WEINSTEIN E. Parameter Estimation of Superimposed Signals Using the EM Algorithm[J]. IEEE Transactions on Acoustics, Speech, and Signal Processing, 1988, 36(4): 477-489.

[45] FREUND Y, SCHAPIRO R. A Decision Theoretic Generalization of Online Learning and an Application to Boosting[J]. Journal of Computer and System Sciences, 1997, 55: 119-139.

[46] FRIEDMAN J. Greedy Function Approximation: A Gradient Boosting Machine[J]. Annals of Statistics, 2001, 29(5): 1189-1232.

[47] FRIEDMAN J. Stochastic Gradient Boosting[J]. Computational Statistics & Data Analysis, 2002, 38(4): 367-378.

[48] GEHRING J, AULI M, GRANGIER D, et al. Convolutional Sequence to Sequence Learning[C]//Proceedings of the 34th International Conference on Machine Learning, 2017, 1243-1252.

[49] GERON A. Hands-on Machine Learning with Scikit-learn & TensorFlow [M]. 2nd ed. Sebastopol:

O'REILLY,2017.

[50] GHOSAL S,VAART A. Fundamentals of Nonparametric Bayesian Inference[M]. Cambridge: Cambridge University Press,2017.

[51] GIRSHICK R,DONAHUE J,DARREL T,et al. Rich Feature Hierarchies for Accurate Object Detection and Semantic Segmentation[C]//Proceedings of IEEE Conference on Computer Vision and Pattern Recognition (CVPR). Columbus,Ohio,USA,2014: 580-587.

[52] GIRSHICK R. Fast R-CNN [C]//Proceedings of IEEE International Conference on Computer Vision (ICCV). Santiago,Chile,2015: 1441-1448.

[53] GOODFELLOW I J. Generative Adversarial Nets[C]//Proceedings of International Conference on Neural Information Processing Systems(NIPS). Montréal Canada,2014: 2672-2680.

[54] GOODFELLOW I J,SHLENS J,SZEGEDY C. Explaining and Harnessing Adversarial Examples[EB/OL]. [2021-06-25]. https://arxiv. org/abs/1412. 6572v2.

[55] GOODFELLOW I J,BENGIO Y,COURVILLE A. Deep Learning[M]. Cambridge MA: MIT Press,2016.

[56] GOPAL M. Application Machine Learning[M]. New York: McGraw-Hill,2018.

[57] GORDON A. Classification[M]. 2nd ed. London: Chapman and Hall,1999.

[58] GRAVES A. Supervised Sequence Labelling with Recurrent Neural Network [M]. New York: Springer,2012.

[59] GRAVES A,JAITLY N. Towards End-to-end Speech Recognition with Recurrent Neural Networks[C]// Proceedings of International Conference on International Conference on Machine Learning(ICML). Beijing, China,2014: II-1764-II-1772.

[60] GUPTA M R,CHEN Y. Theory and Use of the EM Algorithm[J]. Foundations and Trends in Signal Processing,2011,4(3): 1-88.

[61] HASTIE T, TIBSSHIRANI R, FRIEDMAN J. The Elements of Statistical Learning[M]. New York: Springer,2009.

[62] HASTIE T,TIBSSHIRANI R,WAINWRIGHT M. Statistical Learning with Sparsity[M]. London: CRC Press,2015.

[63] HAYKIN S. Neural Networks and Learning Machines[M]. 3rd ed. New York: Pearson Education,2009.

[64] HE K M,ZHANG X Y,REN S Q,et al. Deep Residual Learning for Image Recognition[C]//Proceedings of 2016 IEEE Conference on Computer Vision and Pattern Recognition (CVPR). Las Vegas, Nevada, USA, 2016: 770-778.

[65] HINTON G E,OSINDERO S,THE Y W. A Fast Learning Algorithm for Deep Belief Networks[J]. Neural Computation,2006,18: 1527-1554.

[66] HO J,JAIN,ABBEEL P. Denoising Diffusion Probabilistic Models[C]//Proceedings of Advances in Neural Information Processing Systems. Piscataway: IEEE Press. 2020,840-851.

[67] HO J,SAHARIA C,CHAN W,et al. Cascaded Diffusion Models for High Fidelity Image Generation[J]. Journal of Machine Learning Research,2022,23.

[68] HO J, SALIMANS T. Classifier-free Diffusion Guidance [C]//Proceedings of Advances in Neural Information Processing Systems Piscataway: IEEE Press,2021.

[69] HOCHREITER S, SCHMIDHUBER J. Long Short-Term Memory[J]. Neural Computation, 1997, 9(8): 1735-1780.

[70] HYVÄRINEN A. Fast and Robust Fixed-Point Algorithms for Independent Component Analysis[J]. IEEE Transactions on Neural Networks,1999,10(3): 626-634.

[71] HYVÄRINEN A,KARHUNEN J,OJA E. 独立成分分析[M]. 周宗潭,等译. 北京: 电子工业出版社,2007.

[72] HYVARINEN A. Independent Component Analysis: Recent Advances [J]. Philosophical Transactions: Mathematical,Physical and Engineering Sciences,2013,371: 1984.

[73] HUANG G,LIU Z,van der MAATEN L,et al. Densely Connected Convolutional Networks[C]//Proceedings

of 2017 IEEE Conference on Computer Vision and Pattern Recognition. Honolulu, Hawaii, USA. 2017: 2261-2269.

[74] HUSZÁR F. How (not) to Train Your Generative Model: Schedule Sampling, Likelihood, Adversary[EB/OL]. [2021-06-25]. https://arxiv.org/abs/1511.05101.

[75] IOFFE S, SZEGEDY C. Batch Normalization: Accelerating Deep Network Training by Reducing Internal Covariate Shift[EB/OL]. [2021-06-25]. https://proceedings.mlr.press/v37/ioffe15.pdf.

[76] JAIN A, DUBES R. Algorithms for Clustering Data[M]. Englewood Cliffs N J: Prentice-Hall, 1988.

[77] KARRAS T, LAINE S, AILA T. A Style-based Generator Architecture for Generative Adversarial Networks [J], arXiv: 1812.04948v3, 2019.

[78] KE G L, MENG Q, FINLEY T, et al. LightGBM: A Highly Efficient Gradient Boosting Decision Tree[C]// Proceedings of the 31st International Conference on Neural Information Processing Systems. Long Beach, CA, USA. 2017: 3149-3157.

[79] KINGMA D P, WELLING M. Auto-Encoding Variational Bayes[EB/OL]. [2021-06-25]. https://arxiv.org/abs/1312.6114.

[80] KINGMA D P, BA J. Adam: A Method for Stochastic Optimization[J]. [2021-06-25]. https://arxiv.org/abs/1412.6980.

[81] KINGMA D, SALIMANS T, POOLE B, et al. Variational Diffusion Models[C]//Proceedings of Advances in Neural Information Processing Systems. Piscataway: IEEE Press, 2021: 21696-21707.

[82] KOHONEN T. Self-organizing Maps[M]. Berlin: Springer, 1995.

[83] KOLLER D, FRIEDMAN N. Probabilistic Graphical Models: Principles and Techniques[M]. Cambridge MA: MIT Press, 2009.

[84] KONDA V R, TSITSIKLIS J N. Actor-critic Algorithms[C]//Proceedings of Conference on Neural Information Processing Systems. Denver, USA. 2000: 1008-1014.

[85] KRIZHEVSKY A, SUTSKEVER I, HINTON G. ImageNet Classification with Deep Convolutional Neural Networks[C]//Proceedings of Conference on Neural Information Processing Systems. Lake Tahoe, USA. 2012: 1090-1098.

[86] KUBAT M. 机器学习导论[M]. 王勇, 仲国强, 孙鑫, 等译. 2 版. 北京: 机械工业出版社, 2018.

[87] LECUN Y, BOSER B, DENKER J S, et al. Backpropagation Applied to Handwritten Zip Code Recognition [J]. Neural Computation, 1989, 1(4): 541-551.

[88] LECUN Y, BOSER B, DENKER J S, et al. Handwritten Digit Recognition with a Back-Propagation Network [C]//Proceedings of the 2nd International Conference on Neural Information Processing Systems. Denver, USA. 1990: 396-404.

[89] LECUN Y, BOTTOU L, BENGIO Y, et al. Gradient-based Learning Applied to Document Recognition[J]. Proceeding of the IEEE, 1998, 86(11): 2278-2324.

[90] LECUN Y, BENGIO Y, HINTON G. Deep Learning[J]. Nature, 2015, 521(7553): 436-444.

[91] LI J, KOYAMADA S, YE Q, et al. Suphx: Mastering Mahjong with Deep Reinforcement Learning[J]. arXiv: 2003.13590, 2020.

[92] LILLICRAP T P, HUNT J J, PRITZEL A, et al. Continuous Control with Deep Reinforcement Learning[EB/OL]. [2021-06-25]. https://arxiv.org/abs/1509.02971.

[93] LITTLE R J A, RUBIN D B. Statistical Analysis with Missing Data[M]. 2nd ed. New Jersey: Wiley-Interscience, 2002.

[94] LIU T Y. Learning to Rank for Information Retrieval[M]. New York: Springer, 2011.

[95] LLOYD S. Least Squares Quantization in PCM[J]. IEEE Transactions on Information Theory, 1982, 28(2): 129-137.

[96] LUO C. Understanding Diffusion Models: A Unified Perspective[J], arXiv: 2208.11970v1, 2022.

[97] MACKAY D J. Information Theory, Inference, Learning Algorithms[M]. Cambridge: Cambridge University

Press，2003.
[98] MCLACHLAN G J，PEEL D. Finite Mixture Model[M]. New Jersey：Wiley，2000.
[99] MCLACHLAN G J，KRISHNAN T. The EM Algorithm and Extensions[M]. 2nd ed. New Jersey：John Wiley & Sons，2008.
[100] MIKI T，LEE J，HWANGBO J，et al. Learning Robust Perceptive Locomotion for Quadrupedal Robots in the Wild[J]. Science Robotics. 2022(62)：2822.
[101] MIKOLOV T，CHEN K，CORRADO G，et al. Efficient Estimation of Word Representation in Vector Space [J]. arXin：1301. 3781，2013.
[102] MNIH V，KAVUKCUOGLU K，SILVER D，et al. Human-Level Control Through Deep Reinforcement Learning[J]. Nature，2015，518(7540)：529-533.
[103] MNIH V，BADIA A P，MIRZA M，et al. Asynchronous Methods for Deep Reinforcement Learning[C]// Proceedings of International Conference on Machine Learning(ICML). New York，USA. 2016，1928-1937.
[104] MINSKY M，PAPERT S. Perceptrons[M]. Cambridge MA：MIT Press，1969.
[105] MITCHELL T M. 机器学习[M]. 曾华军，张银奎，等译. 北京：机械工业出版社，2003.
[106] MOHRI M，ROSTAMIZADEH A，TALWALKAR A. 机器学习基础[M]. 张文生，等译. 2 版. 北京：机械工业出版社，2019.
[107] MOON T K. The Expectation Maximization Algorithm[J]. IEEE Signal Processing Magazine，1996，34(1)：47-60.
[108] MURPHY K P. Machine Learning[M]. Cambridge MA：MIT Press，2012.
[109] MURPHY，K. P. Probalilistic Machine Learning：An Introduction [M]. Massachusetts：The MIT Press，2022.
[110] NEAL R. Bayesian Learning for Neural Network[M]. New York：Springer，1996.
[111] NG A. Machine Learning Lecture Notes：CS229 Lecture Notes[R]. Stanford University，2012.
[112] NG AY，HARADA D，RUSSELL S. Policy Invariance Under Reward Transformations：Theory and Application to Reward Shaping[J]. InIcml，1999(99)：278-287.
[113] PAPOULIS A. Probability，Random Variables and Stochastic Processing[M]. 4th ed. New York：McGraw-Hill，2002.
[114] PEARL J. On Evidential Reasoning in a Hierarchy of Hypotheses[J]. Artificial Intelligence，1986，28：9-15.
[115] PEARL J. Causality，Models，Reasoning and Inference[M]. Cambridge：Cambridge University Press，2000.
[116] PETERS M，NEUMANN M，ZETTLEMOYER L，et al. Dissecting Contextual Word Embeddings：Architecture and Representation[C]//Proceedings of the 2018 Conference on Empirical Methods in Natural Language Processing. [S. l.]：DPLP，2018，1499-1509.
[117] PRINCE S. Computer Vision：Models，Learning and Inference[M]. Cambridge：Cambridge University Press，2012.
[118] POOR H V. An Introduction to Signal Detection and Estimation[M]. New-York：Springer，1988.
[119] QIN T，LIU T Y，ZHANG X D，et al. Global Ranking Using Continuous Conditional Random Fields[C]// Proceedings of the 21st International Conference on Neural Information Processing Systems. Vancouver Canada. 2008：1281-1288.
[120] QUINLAN J R. Discovering Rules by Induction from Large Collections of Examples[M]//Expert System in the Micro Electronic Age. Edinburgh，1979：168-201.
[121] QUINLAN J R. Induction of Decision Trees[J]. Machine Learning，1986，1：81-106.
[122] QUINLAN J R. C4. 5 Programs for Machine Learning[M]. San Mateo：Morgan Kaufmann，1993.
[123] RABINER L R. A Tutorial on Hidden Markov Models and Selected Application in Speech Recognition[J]. Proceedings of the IEEE，1989，72(2)：257-285.
[124] RADFORD A. Unsupervised Representation Learning with Deep Convolutional Generative Adversarial Networks (DCGAN)[OL]. [2021-06-25]. https://arxiv. org/abs/1511. 06434v2.

[125] RADFORD A, NARASIMHAN K, SALIMANS T, et al. Improving Language Understanding by Generative Pre-training[R]. Technical Report OpenAI, 2018.

[126] RADFORD A, WU J. CHILD R. et al. Language Models Are Unsurpervised Multitask Learners[R]. Technical Report OpenAI, 2019.

[127] RAO C R. Linear Statistical Inference and Its Application[M]. 2nd ed. New Jersey: J. Wiley Interscience, 1973.

[128] RASMUSSEN C E, WILLIAMS C K I. Gaussian Processes for Machine Learning[M]. Cambridge MA: MIT Press, 2006.

[129] REN S Q, HE K M, Girshick R, et al. Faster R-CNN: Towards Real-Time Object Detection with Region Proposal Networks[J]. IEEE Transactions on Pattern Analysis and Machine Intelligence, 2017, 39(6): 1137-1149.

[130] ROSENBLATT M. The Perceptron: A Probabilistic Model for Information Storage and Organization in the Brain[J]. Psychological Review, 1958, 65: 386-408.

[131] ROSS S M. Introduction to Probability Model[M]. 9th ed. Singapore: Elsevier Pte Ltd., 2007.

[132] RUMMERY G A, NIRANJAN M. On-line Q-learning Using Connectionist Systems[M]. Cambridge: Department of Engineering of University of Cambridge, 1994.

[133] SAHARIA C. CHAN W. Photorealistic Text-to-image Diffusion Models with Deep Language Understanding [J]. arXiv: 2205.11487, 2022.

[134] SALLAB A E L, ABDOU M, PEROT E, et al. Deep Reinforcement Learning Framework for Autonomous Driving[J]. Electronic Imaging. 2017, 19: 70-76.

[135] SANGER T B. Optimal Unsupervised Learning in A Single-Layer Linear Feed-Forward Neural Network [J]. Neural Network, 1989, 2: 459-473.

[136] SCHAPIRO R E, FREUND Y. 机器学习提升法：理论与算法[M]. 沙瀛，译. 北京：人民邮电出版社，2020.

[137] SCHWARTZ H M. Multi-Agent Machine Learning: A Reinforcement Approach[M]. New York: John Wiley & Sons Inc., 2014.

[138] SILVER D, LEVER G, HEESS N, et al. Deterministic Policy Gradient Algorithms[C]//Proceedings of the 31st International Conference on International Conference on Machine Learning- Volume 32. Beijing, China, 2014, 387-395.

[139] SILVER D, HUANG A, MADDISON C J, et al. Mastering the Game of Go with Deep Neural Networks and Tree Search[J]. Nature, 2016, 529(7587): 484-489.

[140] SILVER D. Reinforcement Learning Lecture[EB/OL]. [2021-06-25]. http://www.cs.ucl.ac.uk/staff/D.Silver/web/ Teaching.html.

[141] SIMONYAN K, ZISSERMAN A. Very Deep Convolutional Networks for Large-Scale Image Recognition [EB/OL]. [2021-06-25]. https://arxiv.org/abs/1409.1556v4.

[142] SHAI S S, SHAI B D. 深入理解机器学习：从原理到算法[M]. 张文生，等译. 北京：机械工业出版社，2016.

[143] SONG Y, ERMON S. Generative Modeling by Estimating Gradients of the Data Distribution[C]// Proceedings of Advances in Neural Information Processing Systems. Piscataway: IEEE Press, 2019.

[144] SONG Y, DICKSTEIN J, KINGMA D, et al. Scorebased Generative Modeling Through Stochastic Differential Equations[J]. arXiv: 2011.13456, 2020.

[145] SRIVASTAVA N. Dropout: A Simple Way to Prevent Neural Network from Overfitting[J]. Journal of Machine Learning Research, 2014, 15: 1929-1958.

[146] SUGIYAMA M. Statistical Reinforcement Learning-Modern Machine Learning Approaches[M]. New York: CRC Press, 2015.

[147] SUNDARAM R K. A First Course in Optimization Theory[M]. Cambridge: Cambridge University Press, 1996.

[148] SUTSKEVER I, VINYALS O, LE Q V. Sequence to Sequence Learning with Neural Networks[C]//Proceedings of the 27th International Conference on Neural Information Processing Systems-Volume 2. Montréal, Canada, 2014: 3104-3112.

[149] SUTTON R S. Learning to Predict by the Methods of Temporal Differences[J]. Machine Learning, 1988, 3(1): 9-44.

[150] SUTTON R S, BARTO A G. 强化学习[M]. 俞凯, 等译. 北京: 电子工业出版社, 2019.

[151] SZEGEDY C, LIU W, JIA Y Q, et al. Going Deeper with Convolutions[C]//Proceedings of 2015 IEEE Conference on Computer Vision and Pattern Recognition (CVPR). Boston, MA, USA. 2015: 1-9.

[152] THEODORIDIS S. Machine Learning: A Bayesian and Optimization Perspective [M]. Amsterdam: Academic Press, 2015.

[153] THEODORIDIS S, KOUTROUMBAS K. Pattern Recognition [M]. 4th ed. Amsterdam: Academic Press, 2009.

[154] van TREES H L. Detection, Estimation and Modulation Theory[M]. New Jersey: John Wiley &Sons Inc., 1968.

[155] VALIAN L G. A Theory of the Learnable[J]. Communications of the ACM, 1984, 27: 1134-1142.

[156] VAPNIK V N. Statistical Learning Theory[M]. New York: Wiley, 1998.

[157] VAPNIK V N. 统计学习的本质[M]. 张学工, 译. 2 版. 北京: 清华大学出版社, 2000.

[158] VASWANI A, SHAZEER N, PARMAR N, et al. Attention is All You Need [C]//Proceedings of Conference on Neural Information Processing Systems(NIPS). Long Beach, USA, 2017: 5998-6008.

[159] VINCENT P. Stacked Denoising Autoencoders-Learning Useful Representation in a Deep Network with a Local Denoising Criterion[J]. Journal of Machine Learning Research, 2010, 11: 3371-3408.

[160] VINYALS O, BABUSCHKIN I, CZARNECKI WM, et al. Grandmaster Level in StarCraft II Using Multi-agent Reinforcement Learning[J]. Nature. 2019, 575(7782): 350-354.

[161] VOROBEYCHIK Y, KANTARCIOGLU M. Adversarial Machine Learning[M]. New York: Morgan & Claypool Press, 2018.

[162] VRANCX P. Decentralised Reinforcement Learning in Markov Games [M]. Boeken: ASP/VUBPRESS/UPA, 2011.

[163] WANG C, WANG J, ZHANG X D. Automatic Radar Waveform Recognition Based on Time-Frequency Analysis and Convolutional Neural Network[C]//Proceedings of 2017 IEEE International Conference on Acoustics, Speech and Signal Processing(ICASSP). New Orleans, USA, 2017: 2473-2441.

[164] WANG C, WANG J, SHEN Y, et al. Autonomous Navigation of UAVs in Large-scale Complex Environments: A Deep Reinforcement Learning Approach [J]. IEEE Transactions on Vehicular Technology, 2019, 68(3): 2124-2136.

[165] WANG C, WANG J, WANG J, et al. Deep-Reinforcement-Learning-Based Autonomous UAV Navigation with Sparse Rewards[J]. IEEE Internet of Things Journal. 2020(7): 6180-6190.

[166] WATKINS C H, DAYAN P. Q-Learning[J]. Machine Learning, 1992, 8(3-4): 279-292.

[167] WATT J, BORHANI R, KATSAGGELOS A. Machine Learning Refined: Foundations, Algorithms and Applications[M]. Cambridge: Cambridge University Press, 2016.

[168] WEBB A R, COPSEY K D. 统计模式识别[M]. 王萍, 译. 3 版. 北京: 电子工业出版社, 2015.

[169] WENG L. What are diffusion models? [EB/OL]. https://lilianweng.github.io/posts/2021-07-11-diffusion-models/.

[170] WENG L. Flow-based Deep Generative Models[EB/OL]. https://lilianweng.github.io/posts/2018-10-13-flow-models/.

[171] WILSON A C, ROELOFS R, STERN M, et al. The Marginal Value of Adaptive Gradient Methods in Machine Learning[C]//Proceedings of the 31st International Conference on Neural Information Processing Systems. Long Beach, USA, 2017: 4151-4161.

[172] WITTEN I H,FRANK E,HALL M A. Data Mining：Practical Machine Learning Tools and Techniques[M]. 3rd ed. Singapore：Elservier,2011.

[173] ZACKS S. Parametric Statistical Inference：Basic Theory and Modern Approaches[M]. New York：Pergamon,1981.

[174] 陈希孺. 概率论与数理统计[M]. 合肥：中国科技大学出版社,2017.

[175] DENG L,YU D. 深度学习：方法及应用[M]. 谢磊,译. 北京：机械工业出版社,2016.

[176] 邓力,刘洋. 基于深度学习的自然语言处理[M]. 李轩涯,等译. 北京：清华大学出版社,2020.

[177] 邓乃杨,田英杰. 支持向量机：理论、算法与拓展[M]. 北京：科学出版社,2009.

[178] 丁文奎. 在线学习与算法博弈论在互联网应用中的研究[D]. 北京：清华大学,2014.

[179] 戈卢布,洛恩. 矩阵计算[M]. 袁亚湘,等译. 北京：科学出版社,2001.

[180] HUTTER F,KOTTHOFF L VANSCHOREN J. 自动机器学习(AutoML)：方法、系统与挑战[M]. 何明,刘淇,译. 北京：清华大学出版社,2020.

[181] 李航. 机器学习方法[M]. 北京：清华大学出版社,2022.

[182] 刘铁岩,陈薇,王太峰,等. 分布式机器学习：算法、理论与实践[M]. 北京：机械工业出版社,2018.

[183] 刘知远,韩旭,孙茂松. 知识图谱与深度学习[M]. 北京：清华大学出版社,2020.

[184] 秦涛. 基于机器学习的信息检索排序算法研究[D]. 北京：清华大学,2008.

[185] 邱锡鹏. 神经网络与深度学习[M]. 北京：机械工业出版社,2020.

[186] BOYD S,VANDENBERGHE L. 凸优化[M]. 王书宁,等译. 北京：清华大学出版社,2013.

[187] 王超. 面向无人机自主导航的深度增强学习算法研究[D]. 北京：清华大学,2020.

[188] 杨强,刘洋,程勇,等. 联邦学习[M]. 北京：电子工业出版社,2020.

[189] 杨强,张宇,戴文渊,等. 迁移学习[M]. 北京：机械工业出版社,2020.

[190] 袁亚湘,孙文瑜. 最优化理论与方法[M]. 北京：科学出版社,1997.

[191] 阿斯顿,李沐,扎卡里,等. 动手学深度学习[M]. 北京：人民邮电出版社,2019.

[192] 张旭东. 现代信号分析和处理[M]. 北京：清华大学出版社,2018.

[193] 郑君里,应启珩,杨为理. 信号与系统引论[M]. 北京：高等教育出版社,2009.

[194] 周志华. 机器学习[M]. 北京：清华大学出版社,2016.

[195] 周志华. 集成学习：基础与算法[M]. 李楠,译. 北京：电子工业出版社,2020.

[196] 佛登伯格,梯若尔. 博弈论[M]. 黄涛,等译. 北京：中国人民大学出版社,2010.

[197] 朱军. 概率机器学习[M]. 北京：清华大学出版社,2023.

[198] 朱雪龙. 应用信息论基础[M]. 北京：清华大学出版社,2001.